nd Laubhölzer

Kiefer (KI)

Lärche (LA)

Birke (BI)

Rüster (RU)

Kirschbaum (KB)

Nußbaum (NB)

Technologie für Holzberufe

Grund- und Fachbildung

von
Brigitte Deyda
Linus Beilschmidt
Günter Blötz
Hermann Kämmler
Hans Kersting
Manfred Kreutz
Christoph Markert
Werner Meier
Heinz Otto Pfingsten
Detlef Rohlfs
Peter Schülke
Albert Vennekamp
Walter Wilkening
unter Mitarbeit der Verlagsredaktion

1995

Verlag Dr. Max Gehlen · Bad Homburg vor der Höhe

Gehlenbuch 91022

Zeichnungen: Bernhard Peter, Hannover, Birgitt Biermann-Schickling, Hannover
Grafiken: Computergraphik Jörg Mair, Odelzhausen
Fotos: Michael Frühsorge, Hannover (andere, siehe Bildquelle)

ISBN 3-441-**91022**-2

© Verlag Dr. Max Gehlen · Bad Homburg vor der Höhe
Satz: Satz-Zentrum West GmbH & Co., Dortmund
Repro: Rohrssen, Hannover
Druck: Buchdruckerei Dr. Alexander Krebs · Bad Homburg vor der Höhe

Der Werkstoff Holz

1. Ein Kahlschlag dieses Ausmaßes schadet allen: der Landschaft, den Tieren und den Menschen

2. Wurzeln halten den Boden zusammen

3. Bäume schützen vor Steinschlag

1.1 Der Wald erfüllt viele Aufgaben

Die ausgedehnten Waldflächen unserer Erde werden, nach einer Schätzung von Umweltschützern, durch den Eingriff des Menschen pro Minute um 38 Hektar kleiner (Bild 1). Das ist die Fläche von etwa 50 Fußballplätzen. Ein fortgesetzter Kahlschlag in diesem Umfang würde die größten Wälder der Erde in 50 bis 60 Jahren vernichten. Können wir auf die Wälder verzichten? Diese Frage läßt sich nur beantworten, wenn man die Bedeutung der Wälder für Mensch und Natur kennt.

Der Wald hat viele Schutzfunktionen

Aus Bild 2 ist ersichtlich, mit welcher Kraft die Baumwurzeln das Erdreich zusammenhalten. Ein Wegspülen der Humusschicht wird unterbunden. Die Humusschicht bindet das Regenwasser und verhindert, daß es an Hanglagen zu schnell abfließt. Die Überschwemmungsgefahr ist so viel geringer.

Einen großen Teil des in den Boden eingedrungenen Wassers nehmen die Wurzeln auf und leiten es zu den Blättern. Der Grundwasserspiegel ist deshalb keinen großen Schwankungen unterworfen.

Ohne Schutz durch den Wald ist der Boden einer Auswaschung oder Erosion ausgesetzt.

Im Gebirge schützen die Bäume vor dem gefürchteten Steinschlag (Bild 3).

Die ausgedehnten Wälder der Erde verhindern weltweit größere Klimaschwankungen. Ein großer Teil des überschüssigen Kohlendioxides wird der Atmosphäre entzogen. Dadurch beugen die Wälder dem „Treibhauseffekt" mit seinen katastrophalen Folgen für unseren Planeten vor.

Der Wald ist ein Erholungsraum

Luftkurorte und Feriendörfer sind oft inmitten ausgedehnter Wälder angesiedelt. Die höhere Luftfeuchtigkeit und die ausgeglichenere Temperatur empfindet der Mensch als angenehm. Die Luft ist reiner als in dicht besiedelten Städten, weil die Bäume einen Teil der in der Luft befindlichen Schadstoffe mit ihren Blättern herausfiltern und gleichzeitig reinen Sauerstoff abgeben. Der Wald wirkt als „grüne Lunge" in der Natur und beugt vielen Krankheiten vor. Durch eine zu große Umweltbelastung können die Bäume selbst erkranken und sterben.

Der Wald kann ohne den Menschen gut leben, aber ohne Wald kann der Mensch nicht leben.

Im Wald sind viele Tiere und Pflanzen zu Hause

Viele Tiere und Pflanzen (Bild 4) sind auf den Schutz des Waldes angewiesen. Ohne Wald gäbe es weniger Wild. Viele Vögel finden nur hier ihre Nahrung. Auch manche Schmetterlingsarten sind ausschließlich in Wäldern zu Hause. Ohne Wald müßte der Mensch auf viele Kräuterpflanzen und Pilze verzichten.

Der Wald ist eine Lebensgemeinschaft für viele Tiere und Pflanzen.

4. Der Wald ist eine Lebensgemeinschaft von Pflanzen und Tieren

Der Wald ist ein wichtiger Rohstofflieferant

Holzbe- und verarbeitende Betriebe sind täglich auf den Rohstoff Holz angewiesen (Bild 5). Ohne Holz gäbe es die Berufe Tischler, Holzmechaniker, Sägewerker, Zimmerer u. a. nicht. Für viele Menschen schafft der Wald die zum Leben nötigen materiellen Voraussetzungen.

Der Holzeinschlag muß planvoll erfolgen

Nur ein sehr geringer Anteil des Holzeinschlages wird zu Nutzholz weiter verarbeitet. Viel zu viele Wälder in den ärmeren tropischen Gebieten werden durch Brandrodung vernichtet, um kurzfristig neues Ackerland zu gewinnen (Bild 6). Die meist dünne Humusschicht wird ohne Schutz durch den Wald von heftigen Regenfällen schnell weggespült. Der Boden verkarstet und wird schnell zur Wüste.

Leider werden die verheerenden Auswirkungen auf das Klima und somit auf viele Naturkatastrophen auf unserer Erde immer noch unterschätzt, die mit dem Kahlschlag von zu großen Flächen des tropischen Regenwaldes zusammenhängen.

Holzeinschlag und Holzanbau müssen verantwortungsvoll aufeinander abgestimmt werden.

5. Der Wald liefert für viele Betriebe den Werkstoff Holz

1. Warum ist in waldreichen Gebieten die Hochwassergefahr geringer?
2. Begründen Sie, warum die Böden kahlgeschlagener Flächen schnell verkarsten!
3. Welchen Einfluß haben Wälder auf das Klima?
4. In welcher Menge werden tropische Hölzer in Deutschland verarbeitet?

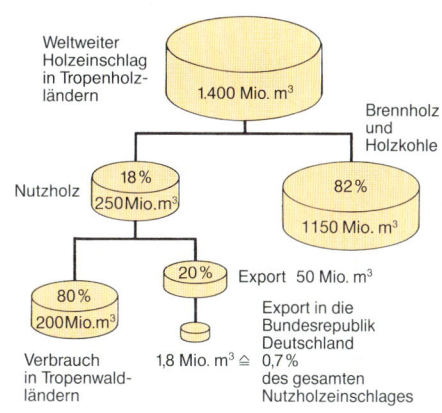

Weltweiter Holzeinschlag in Tropenholzländern — 1.400 Mio. m³

Brennholz und Holzkohle

Nutzholz — 18% 250 Mio. m³

82% — 1150 Mio. m³

80% 200 Mio. m³

20% — Export 50 Mio. m³

Export in die Bundesrepublik Deutschland

Verbrauch in Tropenwaldländern — 1,8 Mio. m³ ≙ 0,7% des gesamten Nutzholzeinschlages

6. In Deutschland wird relativ wenig Tropenholz verarbeitet

1. Rundholz wird für den Export vorbereitet

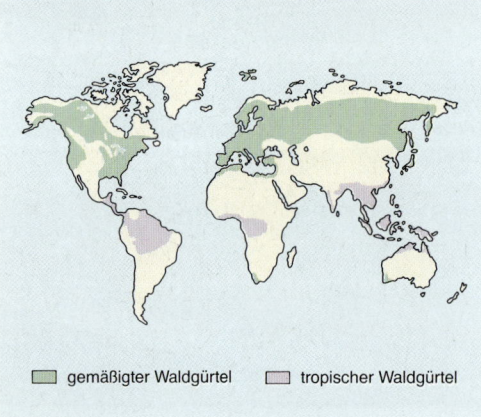

gemäßigter Waldgürtel   tropischer Waldgürtel

2. Gemäßigter und tropischer Waldgürtel

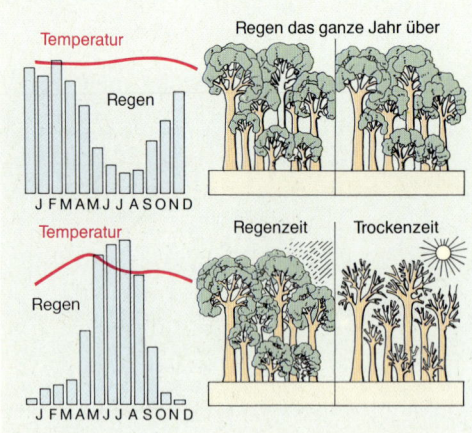

3. Tropische Wälder oben: immergrüne Regenwälder,
unten: regengrüne Wälder

1.2 Wälder wachsen nicht überall

Für viele Länder der Erde ist der Holzexport (Bild 1) eine wichtige Existenzgrundlage. Auch Deutschland ist Abnehmer ausländischer Holzarten. Woher kommt das importierte Holz? Wo wachsen die größten Wälder unserer Erde?

Die Waldverteilung auf der Erde

Etwa ein Drittel des Festlandes der Erde ist mit Wald bedeckt. Aus Bild 2 ist die unterschiedliche Verteilung ersichtlich. Es zeichnen sich ganz deutlich zwei Waldgürtel ab, die sich in Richtung der Breitengrade um die Erde ziehen.

> Die Hauptwaldgebiete liegen im gemäßigten (nördlichen) und im tropischen (südlichen) Waldgürtel.

Im vorwiegend gemäßigten Klima des nördlichen Waldgürtels sind die Nadelhölzer häufiger anzutreffen als die Laubhölzer. Vor allem in den nördlichen Teilen von Europa, Asien und Nordamerika bestimmen eintönige Nadelwälder das Landschaftsbild. Noch weiter nördlich, wo nicht wenigstens zwei Monate lang Durchschnittstemperaturen von mehr als 10 °C herrschen, kann kein Wald mehr wachsen.

Wegen der zu niedrigen Durchschnittstemperatur, von etwa Oktober bis März, werfen die Laubholzbäume im gemäßigten Klima ihre Blätter ab. Während dieser Zeit stellen sie ihr Wachstum ein. Erst wenn die kalte Jahreszeit vorüber ist, beginnen sie von neuem zu wachsen. Man spricht dann von den **Sommergrünen Laubwäldern**.

Das feuchtwarme Klima der Tropen, das ist das Gebiet zwischen dem Äquator und den Wendekreisen, bietet ideale Voraussetzungen für ein stetiges Wachstum während des ganzen Jahres. Die Laubbäume werfen ihre Blätter zu keiner Jahreszeit geschlossen ab. Sie bilden die **Immergrünen Regenwälder** (Bild 3). In subtropischen Gebieten, wo das Klima von lang anhaltenden Trockenzeiten und kurzen Regenzeiten bestimmt wird, wachsen die Bäume nur solange der Wasservorrat reicht. Laubbäume werfen dann ihre Blätter ab. Hier ist die Heimat der **Regengrünen Wälder**.

> In den immergrünen Regenwäldern und in den regengrünen Wäldern des tropischen Waldgürtels wachsen überwiegend Laubholzbäume.

Waldflächen in Europa

Im gemäßigten Klima Europas kommen größere Waldbestände vor allem in den weniger bewohnten Gebieten Rußlands und Skandinaviens vor. In den anderen Ländern beschränken sich die Waldgebiete hauptsächlich auf die Mittelgebirgslandschaften.

Die Walddichte in Europa nimmt von Norden nach Süden und von Osten nach Westen ab (Bild 4).

Die Waldverteilung in Deutschland

Die Wälder bedecken in Deutschland (Bild 5) knapp 30% der Festlandsfläche. Dies entspricht ungefähr dem Durchschnittswert auf der Erde. Die größten Waldanbaugebiete liegen in den Mittelgebirgslandschaften. Aber auch in den tiefen Lagen Norddeutschlands sind größere Waldflächen vorhanden.

In Deutschland überwiegen die Nadelwälder. Ihr Vorkommen nimmt von Norden nach Süden zu.

Am häufigsten wird die Fichte angebaut. Sie ist in fast allen Wäldern vertreten. Die Tanne wächst im Schwarzwald, die Kiefer auf den sandigen Böden in Norddeutschland und die Eiche im Spessart besonders gut.

Leider hat die anhaltende Luftverschmutzung auch bei uns dazu geführt, daß unsere Wälder krank sind. Besondere „Baumkiller" sind die Schwefeldioxide und Stickoxide, die täglich tonnenweise aus den Schornsteinen und als Abgase der Autos in die Luft gelangen. Diese Gifte verbinden sich mit den Regentropfen und gelangen als „saurer" Regen in den Boden. Sie führen bei Nadelbäumen zu vorzeitigem Nadelverlust. Die Baumkronen werden durchsichtig (Bild 6). Bei Laubbäumen kommt es zu einer vorzeitigen Laubverfärbung und zu einem Laubabfall bereits im Sommer.

1. Beschreiben Sie die Waldverteilung auf der Erde!
2. In welchen Gebieten der Erde wachsen überwiegend Laubholzbäume?
3. Informieren Sie sich über die wichtigsten Waldvorkommen in dem Bundesland in dem Sie wohnen! Welche Baumart ist dort am häufigsten vorhanden?
4. Beschreiben Sie die Waldverteilung in Deutschland!

Land	Waldfläche in Millionen ha	Bewaldung in %
Schweden	23	56
Finnland	21,7	71
Norwegen	7,5	24
Großbritannien	1,6	6
Deutschland	10,1	28,5
Polen	7,5	24
Österreich	3,2	28
Frankreich	11,6	21
Italien	5,8	19
Spanien	12,6	25
Griechenland	2	15

4. Waldvorkommen in einigen europäischen Ländern

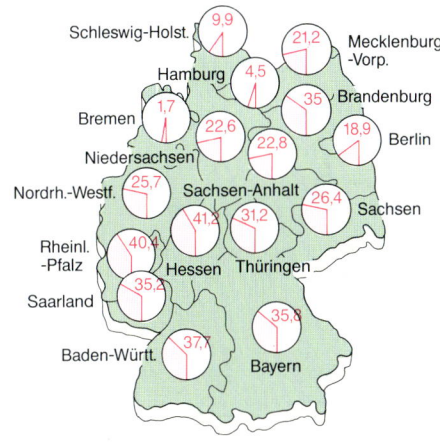

5. Der prozentuale Waldanteil an der Gesamtfläche der einzelnen Bundesländer ist sehr unterschiedlich

6. Kranke Fichten mit dürren Wipfeln

1. Einfluß der Höhenlage auf den Wuchs der Bäume

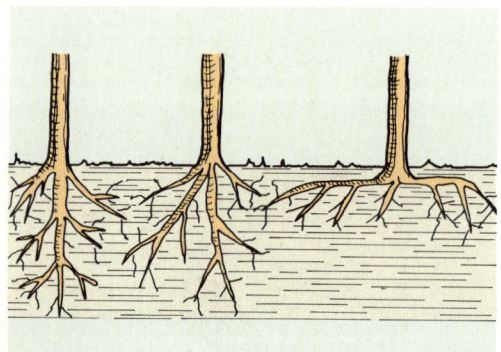

2. Wurzelarten: Pfahlwurzel, Herzwurzel, Tellerwurzel

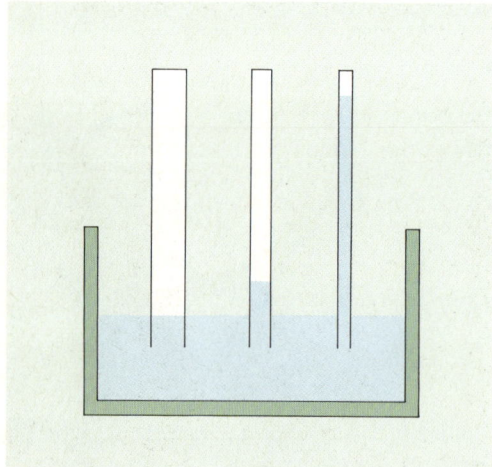

3. Kapillarwirkung: Die Flüssigkeit steigt im dünnen Röhrchen am höchsten

1.3 Der Baum benötigt Nährstoffe zum Leben

Die Bäume wachsen nicht an allen Plätzen gleich gut. Aus Bild 1 ist ersichtlich, daß die Größe der Bäume und die Walddichte mit steigender Höhenlage abnimmt. Ab einer bestimmten Höhe wachsen keine Bäume mehr. Dies zeigt, daß Leben und Wachstum auf bestimmte Bedingungen angewiesen sind.

Der Baum benötigt Nährstoffe

Zur Erhaltung seines Lebens und zum Wachsen nimmt der Baum aus dem Boden viel Wasser und verschiedene Mineralien auf. Feine Haarwurzeln saugen das Wasser mit den gelösten Mineralien wie Calcium, Phosphor, Stickstoff, Kalium u. a. m. aus dem Erdreich. Über die Haupt- und Nebenwurzeln (Bild 2) gelangen die aufgenommenen Stoffe durch ein spezielles Leitungssystem im Stamm, den **Splint**, in die Äste und Zweige bis in die Blätter. Die Nährstoffleitungen im Splint bestehen aus sehr dünnen „Leitungsröhren", den **Kapillaren**. Sie üben auf das Wasser eine Sogwirkung aus und tragen zum senkrechten Transport nach oben bei (Bild 3).

Die Blätter arbeiten wie eine chemische Fabrik

Mit dem in den Blättern angekommenen Wasser und den Mineralien kann der Baum zunächst noch nichts anfangen. Diese Stoffe müssen in Aufbaustoffe umgewandelt werden, die dem Baum zum Leben und Wachsen dienen. Die Stoffumwandlung ist Aufgabe der Blätter. Sie besitzen das für diesen chemischen Prozeß erforderliche Blattgrün oder **Chlorophyll**.

Mit Hilfe von Kohlendioxid aus der Luft produzieren die Blätter aus Wasser und Mineralien die Aufbaustoffe **Traubenzucker** und **Stärke**. Der dabei frei werdende Sauerstoff wird an die Umgebung abgegeben (Bild 4).

Der komplizierte chemische Vorgang läuft nur unter dem Einfluß von Licht und Wärme ab. Infolge der niedrigeren Temperatur in höheren Berglagen ist dort nur eine verminderte Nahrungsumwandlung möglich. Die Wachstumsgeschwindigkeit der Bäume nimmt darum mit zunehmender Höhenlage ab. Hinzu kommen die kargen, wasserarmen Böden in höheren Berglagen (Bild 1).

Der chemische Umwandlungsprozeß, von Mineralien und Wasser in die von den Pflanzen benötigten Aufbaustoffe, wird **Assimilation** genannt. Weil dafür Licht vorhanden sein muß, bezeichnet man ihn auch als **Fotosynthese**.

Rückleitung der Aufbaustoffe

Die Aufbaustoffe, die durch die Assimilation erzeugt werden, benötigt der Baum zum Leben und Wachsen. Sie müssen den Wachstumszentren, das sind das **Kambium** und die Endknospen, zugeführt werden. Die Kambiumschicht ist um den Stamm (Bild 5) und um die Äste angeordnet, die Endknospen sitzen in den Zweigspitzen. Nur hier vollzieht sich das Wachstum des Baumes. Die Wachstumszentren sind über ein spezielles Leitungssystem mit den Blättern verbunden. Dieses stammabwärts leitende System heißt **Bast**. Er ist direkt unter der Rinde in unmittelbarer Nähe des Kambiums angeordnet.

Bedeutung der Assimilation

Die Produktion von Traubenzucker und anderen Aufbaustoffen ist nur den Pflanzen möglich, die Chlorophyll besitzen. Pflanzen ohne Chlorophyll, z. B. Pilze, müssen anderen Pflanzen die lebensnotwendigen Aufbaustoffe entziehen. Ein Pilzbefall (Bild 6) hat für den Baum darum immer eine Störung des Wachstums zur Folge. Auch die Menschen und Tiere benötigen zur Deckung ihrer Grundnahrung ähnliche Aufbaustoffe. Weil die Menschen und Tiere keine Assimilation durchführen können, müssen sie sich von Pflanzen ernähren.

> Die Pflanzen versorgen die Menschen und die Tiere mit lebenswichtigen Aufbaustoffen und mit Sauerstoff. Ohne Pflanzen ist kein Leben möglich.

1. Die Kapillarwirkung spielt auch im täglichen Leben eine Rolle. Nennen Sie Beispiele!
2. Wie wird die Nährstoffleitung von den Wurzeln zu den Blättern genannt?
3. Welche Aufgabe hat der Bast?
4. An welchen Stellen des Baumes befindet sich das Kambium?
5. Beschreiben Sie den Vorgang der Fotosynthese oder Assimilation!
6. Worauf ist es zurückzuführen, daß einheimischen Holzarten eine Nahrungsumwandlung im Winter nicht möglich ist?
7. Erläutern Sie die Ursachen, warum die Vegetation mit zunehmender Höhenlage abnimmt!

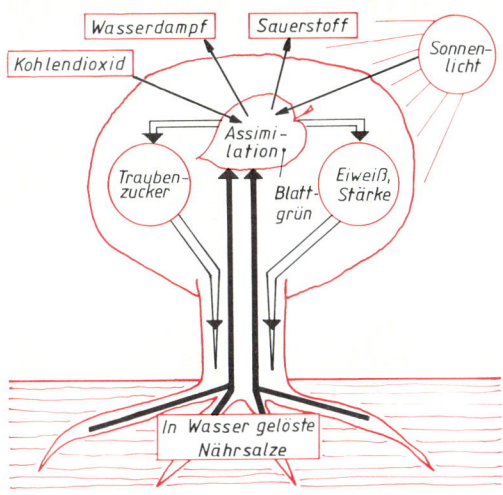

4. Nahrungshaushalt und Assimilation des Baumes

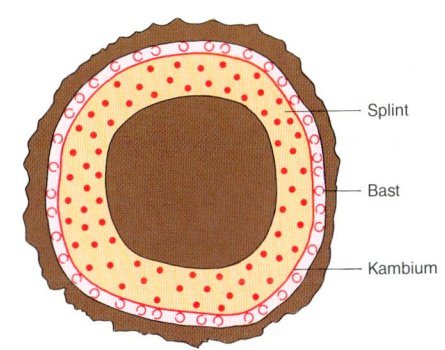

5. Stammquerschnitt mit den an der Assimilation beteiligten Zonen

6. Pilze entziehen ihre Nährstoffe dem Holz

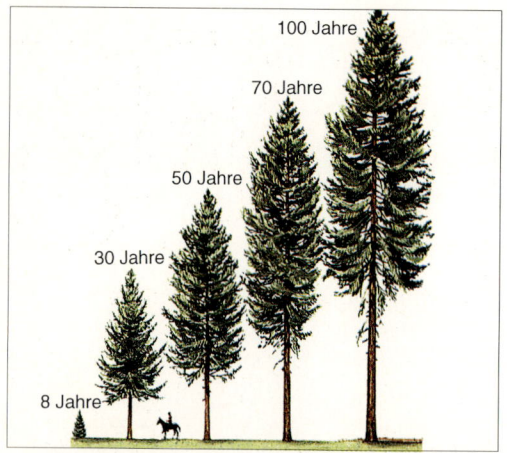

1. Größenvergleich verschieden alter Fichten

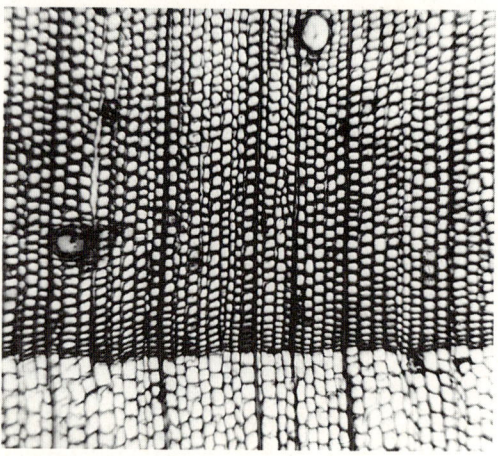

2. Querschnitt durch das Zellgewebe von Fichtenholz (50fache Vergrößerung)

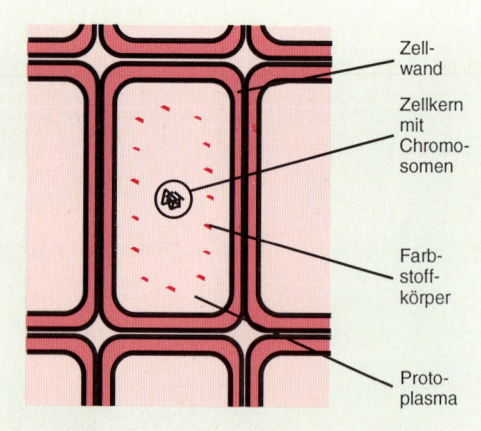

Zell-
wand

Zellkern
mit
Chromo-
somen

Farb-
stoff-
körper

Proto-
plasma

3. Schematische Querschnittsdarstellung lebender Zellen

1.4 Holz – ein Rohstoff mit Zuwachs

Bild 1 zeigt die Baumformen einer Fichte in verschiedenen Altersstufen. Der Baum wächst während seines ganzen Lebens. Welche Vorgänge laufen während des Wachstums ab? Um diese Frage zu beantworten, muß man sich zuerst über den stofflichen Aufbau des Holzes informieren.

Mikroskopischer Aufbau von Fichtenholz
Den Aufbau und die Zusammensetzung des Fichtenholzes kann man am besten bei starker Vergrößerung erkennen. Der Querschnitt zeigt dann eine Struktur, die mit einem Strickmuster vergleichbar ist (Bild 2). Die sich immer wiederholenden „Maschen" bezeichnet man als **Zellen**.

> Die Zellen sind die Grundbausteine für alle Holzarten.

Wie ist eine Holzzelle aufgebaut?
Jede lebende Zelle besteht aus einer äußeren Hülle, der Zellwand, und aus dem Zellinhalt (Bild 3). Die **Zellwand** stellt das äußere Zellgerüst dar. Sie setzt sich im wesentlichen aus **Zellulose** und dem Verholzungsstoff **Lignin** zusammen. Diese beiden Stoffe bildet der Baum aus dem durch die Assimilation erzeugten Traubenzucker, der Stärke und verschiedenen Stoffen aus dem Boden.
Im **Zellinhalt**, auch **Protoplasma** genannt, sind die Lebensfunktionen der Zelle gespeichert. Es ist eine zähe, schleimige, wasserreiche Masse. In ihr schwimmen kleine Farbkörperchen, die dem Stoffwechsel in der Zelle dienen.
Im Protoplasma schwimmt der kugelförmige **Zellkern**. Er enthält die **Chromosomen**, die Träger der Erbmasse. Es sind einzelne „Fäden". Sie haben die Eigenschaft, sich zu teilen.

Wachstum bedeutet Zellteilung
Nach der Teilung der Chromosomen ordnen sich die entstandenen Hälften in zwei gleiche Gruppen (Bild 4). Zwischen beiden Gruppen schiebt sich eine dünne Zellhaut. Sie trennt die beiden Chromosomengruppen voneinander und teilt den Zellkern. Die Zellhaut wächst weiter, bis sie die Zellwand der Mutterzelle erreicht hat. Aus der Mutterzelle sind zwei neue Zellen entstanden. Eine dieser neuen Zellen behält die Eigenschaft, sich wieder zu teilen, die andere wird zur toten Dauerzelle. Bei ihr beginnt unmittelbar nach der Teilung ein Verholzungsvorgang der Zellwand.

Die toten Dauerzellen bilden den Holzkörper des Stammes. Die Vermehrung der Holzzellen ist die Ursache für das Wachstum des Baumes.

Längen- und Dickenwachstum

Aus Bild 1 ist ersichtlich, daß die Bäume infolge des Wachstums höher und dicker werden. Das Längenwachstum erfolgt an den oberen Enden der Stämme, Äste und Zweige. Dort befinden sich in den Endknospen lebende, längsgestreckte Zellen.

Das Dickenwachstum vollzieht sich am Stammumfang. Im ersten Lebensjahr bildet der junge Sproß nur einen röhrenartigen Stengel, die **Markröhre**. An ihrem Umfang befindet sich die dünne Schicht lebender Zellen des **Kambiums**.

> Die Zellteilung im Kambium führt zu einem Dickenwachstum.

Die Wachstumsgeschwindigkeit ist sehr verschieden

Eine stetige Zellteilung ist nur möglich, wenn das Kambium mit einer ausreichenden Menge an Aufbaustoffen, vor allem mit Traubenzucker, versorgt wird. Traubenzucker entsteht durch die Fotosynthese. Damit dieser chemische Prozeß ohne Unterbrechung abläuft, sind u. a. Wasser und Wärme erforderlich.

Diese Voraussetzungen sind in Mitteleuropa nur von etwa Mitte April bis Mitte September gegeben. Während dieser Zeit wächst ein kreisringähnlicher Holzmantel am Stammumfang (Bild 5). Dieser Zuwachsmantel heißt **Jahrring**.

Die Wachstumsgeschwindigkeit hängt von vielen Faktoren ab. Sie ist in fruchtbaren Tallagen (Bild 6) viel größer als in kargen, kälteren Höhenlagen. Feuchte Jahreszeiten begünstigen das Wachstum, Schädlingsbefall durch Pilze und Insekten wirken wachstumshemmend. Auch das Alter des Baumes spielt eine Rolle. Junge Bäume wachsen schneller als ältere. Neben diesen Wachstumsfaktoren ist jede Baumart durch ihr arteigenes Höhen- und Dickenwachstum gekennzeichnet. So wächst z. B. eine Eiche viel langsamer als eine Pappel.

1. Aus welchen beiden Hauptbestandteilen setzt sich die Zellwand einer Holzzelle zusammen?
2. Beschreiben Sie den Aufbau einer lebenden Zelle!
3. In welchen Schritten läuft der Vorgang einer Zellteilung ab?
4. Warum wachsen bei uns die Bäume im Winter nicht?

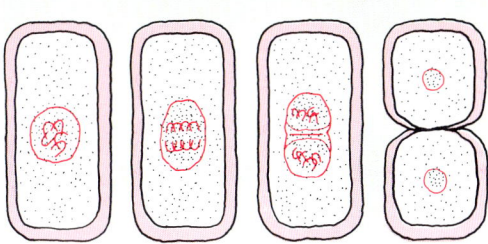

4. Schematische Darstellung einer Zellteilung

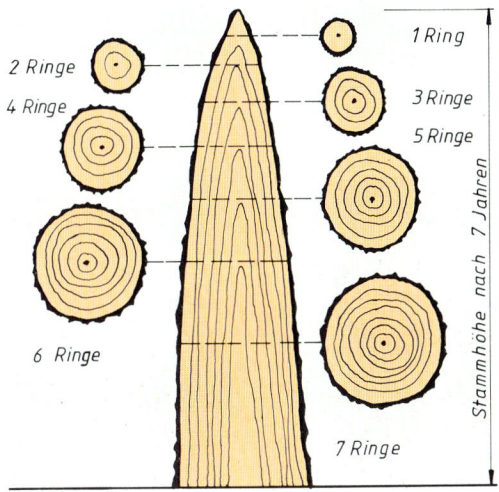

5. Kegelförmiger Stammaufbau

6. Verschiedene Jahrringbreiten von Fichtenholz: oben im Tal, unten im höheren Bergland gewachsenes Holz

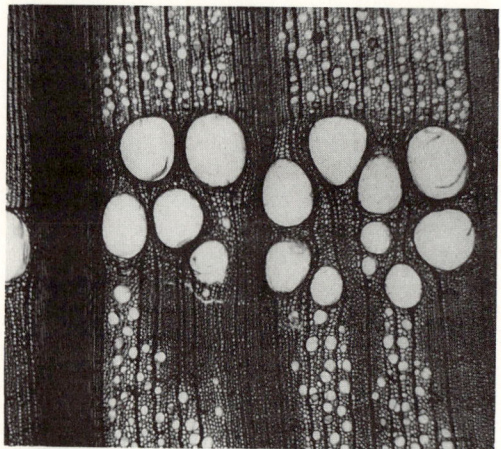

1. Mikroskopische Querschnittsdarstellung von Eiche

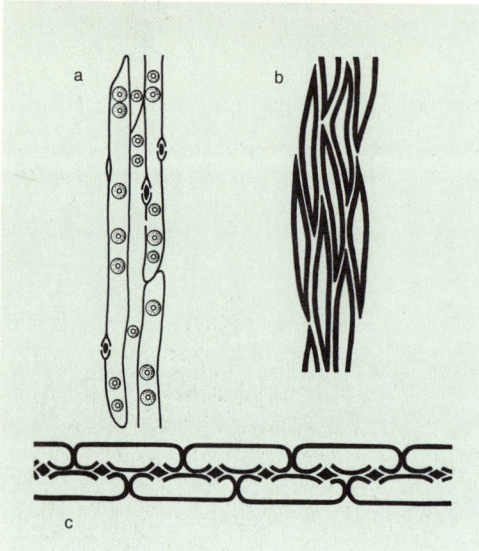

2. Längsschnitte: a = Leitungszellen, b = Festigungszellen,
c = Speicherzellen

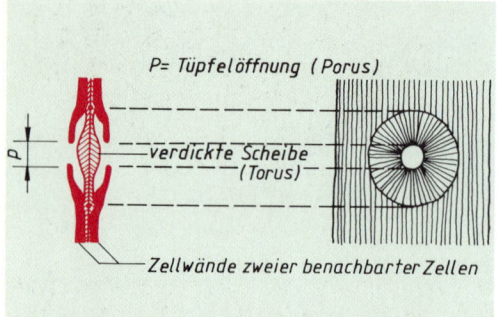

3. Schnittdarstellung durch einen Tüpfel (Hoftüpfel)

1.5 Das Holz ist systematisch aufgebaut

Bild 1 zeigt eine 100fache Vergrößerung des Querschnittes von Eichenholz. Deutlich ist zu erkennen, daß sich das Zellgewebe aus verschiedenen „Bausteinen" oder Zellen zusammensetzt.

Holzzellen unter die Lupe genommen
Die mikroskopische Vergrößerung des Zellgewebes ermöglicht eine genaue Betrachtung der abgestorbenen Zellen. Das Zellinnere ist leer. Das Zellgewebe besteht nur noch aus Zellwänden. Sehr auffällig ist der enorme Größenunterschied der Zellen. An der Jahrringgrenze (im Bild waagrechter Verlauf) stoßen größere Zellen an kleinere. Schmale, schwarze Linien und breitere Bänder laufen quer (im Bild senkrecht) zur Jahrringgrenze. Aus dem in Bild 4 dargestellten schematischen Querschnitt ist ersichtlich, daß die Zellwände der größeren Zellen dünner sind als bei den kleineren Zellen.

Warum sind nicht alle Holzzellen gleich?
Die Zellen haben verschiedene Aufgaben zu erfüllen, die für das Leben und für das Wachstum des Baumes unerläßlich sind. Sie leiten die flüssigen Nährstoffe, sie geben dem Baum die nötige Stabilität, und sie speichern Aufbaustoffe für die zu kalten oder zu trockenen Jahreszeiten. Für diese Aufgaben stehen dem Baum drei verschiedene, für ihren Aufgabenbereich speziell geeignete Zellarten (Bild 2) zur Verfügung.

Das Zellgewebe wird von **Leitungszellen, Festigungszellen** und **Speicherzellen** aufgebaut.

Leitungszellen bilden ein Kanalsystem im Holz
Die langgestreckten Leitungszellen müssen das Wasser mit den gelösten Mineralien gut und schnell von den Wurzeln über den Stamm zu den Blättern transportieren können. Dafür sind Zellen mit großem Zellhohlraum und dünner Zellwand am besten geeignet. Leichte, weiche Hölzer, z. B. die Fichte, besitzen viele Leitungszellen (Bild 5). Damit das Wasser mit den gelösten Nährsalzen von Zelle zu Zelle weiterfließen kann, müssen zwei Nachbarzellen durchlässig miteinander verbunden sein. Die Verbindungsstellen sind mit speziellen Mikrofiltern, den **Tüpfeln**, versehen (Bild 3). Sie regulieren den Stofftransport von Zelle zu Zelle.

Festigungszellen stützen den Baum

Diese Zellart muß mit dicken Zellwänden und kleinen Zellhohlräumen ausgestattet sein. Tüpfel an den Verbindungsstellen der Zellen sind nicht erforderlich. Festigungs- oder Stützzellen sind in großer Zahl bei schweren, harten Hölzern vorhanden, z. B. bei der Eiche.

Speicherzellen legen Vorräte an

Zur Speicherung von Aufbaustoffen eignen sich Zellen mit großem Zellhohlraum. Um einen Nährstoffaustausch von Zelle zu Zelle zu ermöglichen, benötigen auch sie Tüpfel. Wegen ihrer strahlenartigen Anordnung im Stammquerschnitt werden sie auch **Markstrahlen** genannt.

Wie entsteht ein Jahrring?

Die dünnwandigen Leitungszellen wachsen vorwiegend im Frühjahr. Sie bilden das helle, weiche **Frühholz**. Die dickwandigen Festigungszellen entstehen im Sommer. Aus ihnen ist das dunklere, härtere **Spätholz** aufgebaut.

> Ein Jahrring besteht aus einem hellen Frühholzring und einem dunklen Spätholzring.

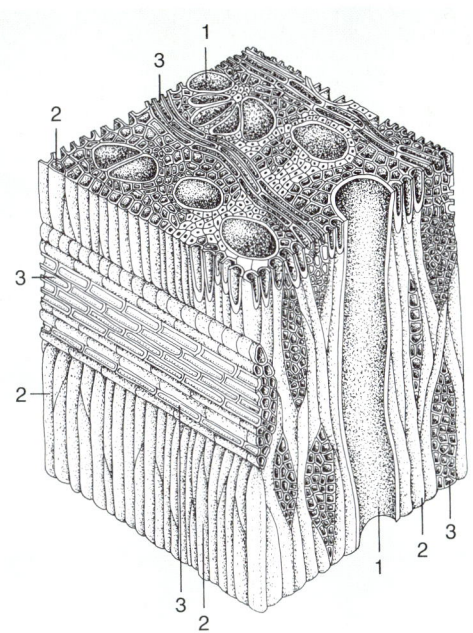

4. *Schema für die Zellanordnung an einem Laubholzwürfel: 1 = Tracheen, 2 = Libriformfasern, 3 = Markstrahlen*

Unterschiede zwischen Laub- und Nadelhölzern

Während bei den Laubhölzern (Bild 4) eine klare, eindeutige Trennung der drei Zellarten vorliegt, sind bei den Nadelhölzern (Bild 5) die Leitungs- und die Festigungszellen zu einer Zellart, den Tracheiden, zusammengefaßt. Die dünnwandigen **Frühholztracheiden** übernehmen die Aufgabe der Nährstoffleitung, die dickwandigen **Spätholztracheiden** geben dem Holz die Festigkeit. Bei den Laubhölzern übernehmen spezielle Leitungszellen, die **Tracheen** oder **Poren**, den Nährstoff- und Wassertransport von den Wurzeln zu den Blättern. Die Festigungszellen der Laubhölzer tragen die Fachbezeichnung **Libriformfasern**. Nur sie sind nicht mit Tüpfeln ausgestattet.

> Nadelhölzer zeigen einen einfacheren Zellaufbau als die Laubhölzer.

1. Nennen Sie drei verschiedene Aufgaben, die von den Zellen erfüllt werden müssen!
2. Worin unterscheidet sich eine Frühholztracheide von einer Spätholztracheide?
3. Müssen Speicherzellen mit Tüpfeln verbunden sein?
4. Erläutern Sie mit Hilfe von Bild 1 die unterschiedlichen Zellarten!

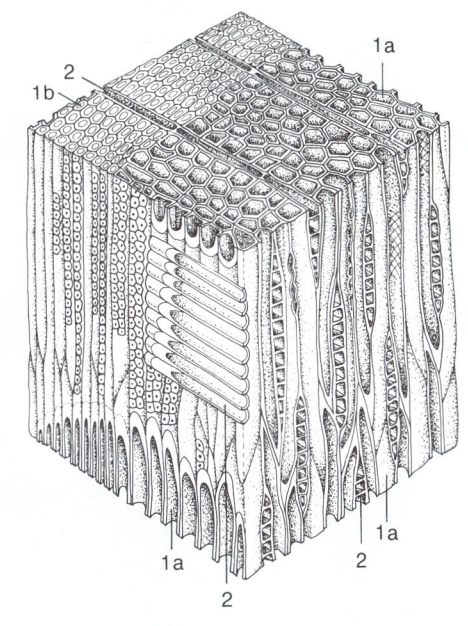

5. *Schema für die Zellanordnung an einem Nadelholzwürfel: 1a: Frühholztracheiden, 1b: Spätholztracheide, 2 Markstrahlen*

1. Stammscheiben (Querschnitte):
links: Rotbuche, rechts: Eiche

2. Etwa fünffach vergrößerte Holzquerschnitte:
links: Rotbuche, rechts: Eiche

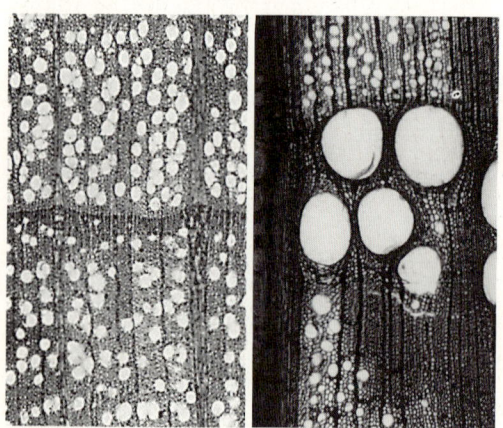

3. Etwa 30fache Vergrößerung der Querschnitte:
links: Rotbuche, rechts: Eiche

1.6 Jeder Holzquerschnitt sieht anders aus

Vergleicht man die Stammscheiben von Eiche und Buche, so erkennt man folgende Merkmale:
bei der Eiche:
- Die inneren Jahrringe sind dunkler gefärbt als die äußeren (Bild 1).
- Die Jahrringe heben sich deutlich ab.
- Helle Punktreihen an der Jahrringgrenze (Bild 2).
- Helle, glänzende Linien, die quer zu den Jahrringen verlaufen.

bei der Buche:
- Einheitliche Färbung aller Jahrringe (Bild 1).

Wie lassen sich diese unterschiedlichen Merkmale erklären?

Farbunterschiede im Stammquerschnitt

Im hellen äußeren Bereich des Eichenstammes werden die Nährstoffe von den Wurzeln zu den Blättern geleitet. Diese „saftführende" Zone bezeichnet man als **Splint**. In die Zellen des dunklen inneren Teils der Eiche sind Stoffwechselprodukte (Inhaltsstoffe) eingelagert worden. Dieser Stammteil ist für den Nahrungstransport unbrauchbar geworden. Er trägt die Fachbezeichnung **Kern**. Liegt wie bei der Buche ein innerer Stammteil vor, der nicht „saftleitend", aber gleich gefärbt ist wie der Splint, dann handelt es sich um **Reifholz**.

> Das saftführende Splintholz ist weicher als Reifholz und Kernholz.

Die Verteilung von Splint-, Kern- und Reifholz ist bei den Baumarten verschieden

Es gibt Baumarten, die über den gesamten Querschnitt aus „saftführendem" Splintholz bestehen, z. B. Ahorn. Man nennt sie **Splintholzbäume**. Ist der innere Stammteil verkernt, z. B. bei Eiche und Kiefer, so spricht man von **Kernholzbäumen**. Sie sind bei den Nutzholzarten am häufigsten anzutreffen. Häufig kommen in der Natur auch die **Reifholzbäume** vor. Sie bestehen aus einem Splintholzrand und einem gleich gefärbten, inneren Reifholzteil. Ein Beispiel dafür ist die Buche. Als einen **Kernreifholzbaum** bezeichnet man die Ulme. Ihr Querschnitt setzt sich aus Kernholz, dem angrenzenden Reifholz und dem äußeren Splintholz zusammen (Bild 4). Kernreifholzbäume sind selten.

Die Jahrringe beleben das Aussehen

Das Aussehen einer Stammscheibe wird durch den stetigen Wechsel von hellen und dunklen Ringen geprägt. Der helle Ring wächst in der Zeit von April bis Juni. Dieser Frühholzring setzt sich überwiegend aus Leitungszellen zusammen. Die großen Hohlräume der Leitungszellen lassen das Frühholz hell erscheinen. Die kleinen, dickwandigen Festigkeitszellen sind vermehrt im angrenzenden Spätholz zu finden. Sie bilden den dunkleren Spätzholzring. Ein Jahrring setzt sich aus einem hellen Frühholzring und einem dunkleren Spätholzring zusammen.

Die hellen Punkte auf dem Eichenquerschnitt stellen Leitungszellen oder Poren dar. Im Gegensatz zur Buche sind die Eicheporen so groß, daß man sie ohne Vergrößerung gut erkennen kann. Sie folgen in mehreren Reihen der Jahrringgrenze. Eine etwa 30fache Vergrößerung (Bild 3) zeigt, daß die kleinen Poren der Buche unregelmäßig über den Querschnitt zerstreut liegen.

> Die Leitungszellen von Laubhölzern können **ringporig** oder **zerstreutporig** angeordnet und **grob**- oder **feinporig** sein (Tabelle 5).

Große, um die Jahrringe angeordnete Poren betonen die Jahrringgrenzen und beleben die Zeichnung oder Textur des Holzes.

Markstrahlen sind nicht immer sichtbar

Im Querschnitt der Eiche (Bilder 1 und 2) erkennt man helle, schmale Linien, die quer durch die Jahrringstruktur nach außen verlaufen. Es handelt sich um Speicherzellen. Man nennt sie auch **Markstrahlen**, weil sie von der Markröhre ausgehen und nach außen strahlenförmig verlaufen. Wegen ihres natürlichen Glanzes ist zudem die Fachbezeichnung **Spiegel** üblich.

> Die Markstrahlen der Nadelhölzer sind fein. Bei manchen Laubhölzern sind sie ohne Vergrößerung deutlich sichtbar.

1. Wie ist die unterschiedliche Härte von Splint- und Kernholz zu erklären?
2. Wie unterscheidet sich Reif- von Kernholz?
3. Wie ist ein a) Kernholzbaum, b) Splintholzbaum, c) Reifholzbaum aufgebaut?
4. Erläutern Sie die Begriffe a) ringporig, b) zerstreutporig!
5. Erläutern Sie den Begriff „Markstrahlen"!

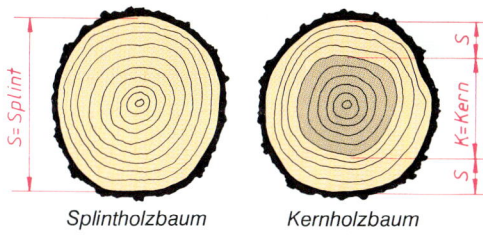

Splintholzbaum   *Kernholzbaum*

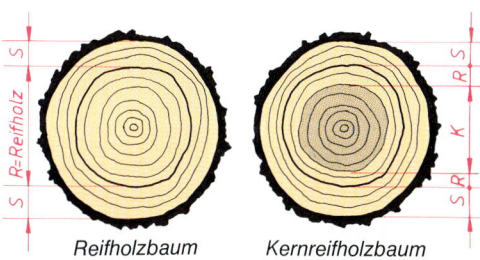

Reifholzbaum   *Kernreifholzbaum*

4. *Möglichkeiten für die Verteilung von Splint-, Kern- und Reifholz*

Holzart	ringporig	zerstreutporig	großporig	feinporig
Eiche	x		x	
Esche	x		x	
Ulme	x		x	
Rotbuche		x		x
Ahorn		x		x
Birke		x		x
Nußbaum		x		x
Pappel		x		x
Erle		x		x

5. *Porenanordnung und Porengröße*

1. 2 Eichebretter aus einem Stamm sehen nicht gleich aus

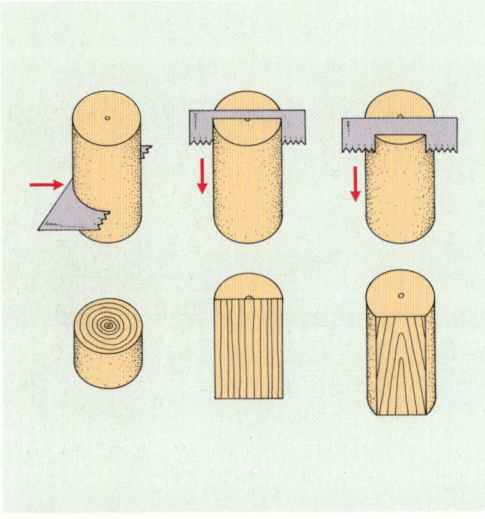

2. Die Schnittführung bestimmt das Aussehen der Textur

Holzfarbe	Holzarten
weißlich	Ahorn, Pappel, Roßkastanie, Tanne
gelblich	Abachi, Birke, Esche, Fichte, Limba, Linde, Rotbuche
bräunlich	Kiefer, Kirschbaum, Lärche, Nußbaum, Oregon-Pine, Palisander, Teak, Ulme
rötlich	Birnbaum, Erle, Gabun, Mahagoni, Makoré, Redpine, Redwood

3. Vorherrschende Grundfarben

1.7 Die Zeichnung einer Holzfläche ist einmalig

Vergleicht man die Texturen (Zeichnungen) von Eichebrettern aus demselben Stamm (Bild 1), so fällt auf, daß sie recht unterschiedlich aussehen. Wie kommen die verschiedenen Texturen zustande?

Die Schnittführung beeinflußt die Textur
Im **Querschnitt** (Bild 2) zeichnen sich die Jahrringgrenzen als deutliche kreisähnliche Ringe ab. Legt man die Schnittführung in Längsrichtung durch die Markröhre, so werden alle Jahrringe halbiert. Auf der Schnittfläche verlaufen die Jahrringgrenzen als annähernd parallele Längslinien. Diese Schnittart wird **Radialschnitt** genannt.

> Der Radialschnitt führt zu einer gleichmäßigen, schlichten Textur.

Der Radialschnitt kann an einem Baumstamm nur einmal vorgenommen werden. Alle anderen Längsschnitte verlaufen mehr oder weniger weit entfernt seitlich neben der Markröhre. Dabei werden die jährlich hinzukommenden kegelartigen Zuwachsmäntel schräg angeschnitten. Die Grenze eines Zuwachsmantels erscheint durch zwei schräg nach oben verlaufende Linien, deren obere Enden bogenförmig miteinander verbunden sind. Diese Textur bezeichnet man als **Fladerung**, die Art der Schnittführung als **Fladerschnitt**, **Tangential-** oder **Sehnenschnitt**.

> Eine Tangentialschnittfläche ist gefladert. Die Fladerung ist um so ausgeprägter, je weiter die Schnittfläche von der Stammitte entfernt ist.

Die Textur in einer Tangentialschnittfläche läßt den kegelförmigen Stammaufbau gut erkennen.

Die Schnittform der Leitungszellen
Weil die längsverlaufenden Leitungszellen nicht genau parallel zur Stammachse verlaufen, werden sie beim Einschnitt des Stammes zu Brettern schräg längs durchtrennt. Es entstehen nadelrißartige Vertiefungen, die auf dem grobporigen Eichenholz gut erkennbar sind. Bei der ringporigen Eiche folgen die Nadelrisse in der Radial- und in der Tangentialschnittfläche exakt den Jahrringgrenzen (Bild 4). Sie betonen die Textur.

Bei den zerstreutporigen Laubhölzern sind die Nadelrisse ungeordnet über die ganze Holzfläche verteilt. Die Ränder der angeschnittenen Frühholztracheiden von Nadelhölzern sind ohne Vergrößerung nicht erkennbar.

Markstrahlen können störend wirken

Im Bild 1 fallen in der Textur des rechts angeordneten Eichenbrettes quer und schräg verlaufende helle Streifen auf. Es sind Markstrahlbündel, die im Radialschnitt nach der Höhe und Länge geteilt worden sind. Nur selten stimmt die Markstrahlebene mit der Schnittebene überein. Die Messerschneide durchtrennt dann nur Teile des Zellbündels. Die Folge sind glänzende Linien oder Flecken, die in der schlichten Textur eines Radialschnittes oft störend wirken. Weil sich die Markstrahlen oder Spiegel im Radialschnitt besonders auffällig abzeichnen, wird dieser Schnitt auch „**Spiegelschnitt**" genannt. Im Tangentialschnitt fallen die Markstrahlen weniger deutlich auf. Es sind ungeordnete dunkle, an beiden Enden zugespitzte Linien (Bild 5). Sie sind bei der Eiche länger als bei der Buche.

Die Holzfarbe kann typisch sein

Neben dem Farbunterschied zwischen Kern- und Splintholz sowie zwischen Früh- und Spätholz sind manche Hölzer durch eine ganz typische Eigenfarbe gekennzeichnet (Bild 3). Zum Teil sind es nur Farbstreifen, z. B. rötliche Streifen bei Kirschbaum, oder schwarze „Adern" bei Nußbaum, die dem Holz einen ganz besonderen Ausdruck verleihen. Auch Wuchsunregelmäßigkeiten beeinflussen die Textur. So führen wimmrig (wellig) gewachsene Jahrringe zu einer **geriegelten** Zeichnung (Bild 6), überwachsene Knospen zu einer Textur mit „**Vogelaugen**".

Wie Streifen wirkende Hell- und Dunkelschattierungen können die Ursache für Wechseldrehwuchs sein.

> Durch die Einwirkung des ultravioletten Sonnenlichtes verändern sich die Holzfarben.

1. Welche Form haben die Poren im Querschnitt, im Radialschnitt und im Tangentialschnitt?
2. In welcher Schnittart erscheinen die Markstrahlen wie linsenartige, kleine Striche?
3. Erläutern Sie die Entstehung eines gefladerten Bildes!
4. Welchen Einfluß hat die Ringporigkeit auf das Aussehen der Textur?
5. In welcher Schnittart kommt der kegelförmige Stammaufbau gut zum Ausdruck?

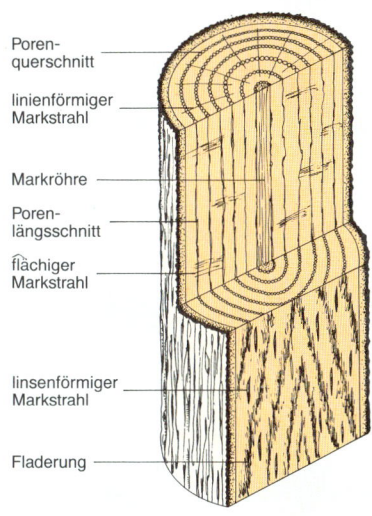

Poren-querschnitt

linienförmiger Markstrahl

Markröhre

Poren-längsschnitt

flächiger Markstrahl

linsenförmiger Markstrahl

Fladerung

4. Die Textur an einem ringporigen Holz

5. Längsschnitte durch Buche (zerstreutporig): links: Tangentialschnitt, rechts: Radialschnitt

6. Wuchsunregelmäßigkeiten verändern das Aussehen der Textur: links: gestreift, rechts: „geriegelt"

1. Nadeln und Zapfen

2. Blattarten

1.8 Jede Baumart hat ihre Erkennungsmerkmale

Die einzelnen Stationen eines Waldlehrpfades weisen immer wieder auf eine andere Baumart hin. Mit einer kurzen Beschreibung kann man sich an Ort und Stelle über die wichtigsten äußeren Kennzeichen informieren, nämlich über die Blattmerkmale, die Form der Baumkrone und zum Teil auch über das Aussehen der Rinde. Bei Nadelbäumen werden auch die Zapfen (Bild 1) erwähnt.

Deutliche Merkmale von Eiche, Buche und Esche

Bei der **Eiche** handelt es sich um einen mächtigen Baum (Bild 3) mit weit ausladender Krone und knorrigen Ästen. Die kleinen Blätter (Bild 2) haben einen glatten Blattrand, der durch regelmäßige Buchten und Lappen gekennzeichnet ist. Die Rinde ist tiefrissig. Die **Buche** (Rotbuche) sieht ganz anders aus. Die Blätter laufen spitz zu. Ihr glatter Rand ist ohne Unterbrechung und leicht wellig. Die graue Rinde hat keine Risse. Die Baumform wächst etwas schlanker als bei der Eiche. Die **Esche** kann am besten an ihrem Blatt erkannt werden. Es setzt sich aus mehreren gegenüberstehenden kleinen Blättchen zusammen, die nach vorne zugespitzt sind. Auffällig sind auch die einfach gesägten Blattränder.

Welche Blattformen sind möglich?

Faßt man die Erkenntnisse seiner Wanderung auf dem Waldlehrpfad zusammen, so fällt vor allem die Vielfalt der verschiedenen Blattformen auf (Bild 2). Sie können rund, elliptisch, zugespitzt, eingekerbt, länglich und herzförmig sein. Die Blattränder sind entweder glatt oder eingebuchtet oder einfach bzw. doppelt gezähnt. Die Blätter können wie bei der Eiche und Buche einzeln wachsen oder wie bei der Esche aus vielen kleinen Blättchen zusammengesetzt sein.

Auch die Baumformen können verschieden sein

Manche Bäume sind durch weit ausladende Kronen (Bild 3) gekennzeichnet, z. B. die Eiche.

Im Gegensatz zu vielen Laubbäumen verzweigen sich die Stämme von Nadelbäumen nicht oder wenig. Frei stehende Bäume bilden breitere, wuchtigere Kronen als Bäume im engen Bestand.

Nadeln und Zapfen sind Kennzeichnen von Nadelbäumen

Bild 1 zeigt die Größenunterschiede der Nadeln. Sehr lange Nadelpaare kennzeichnen die gemeine Kiefer. Lärchennadeln sind zu 15 bis 30 Stück gebündelt. Sie fallen im Herbst wie die Blätter der Laubbäume ab. Die stachelspitzigen Fichtennadeln können gut von den breiteren, eingekerbten Tannennadeln unterschieden werden.

Auch die Zapfengröße ist nicht einheitlich. Die großen Fichten- und Tannenzapfen unterscheiden sich durch ihre Lage am Zweig. Fichtenzapfen hängen, Tannenzapfen stehen am Zweig.

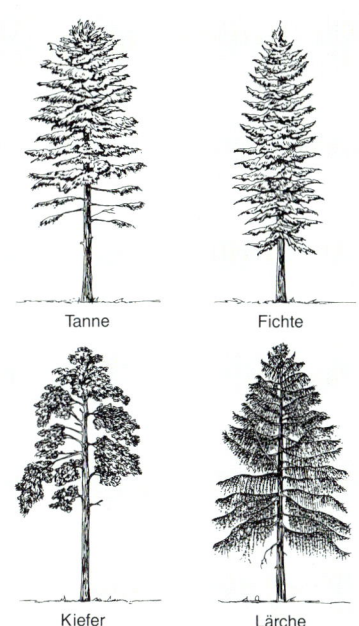

Tanne   Fichte

Kiefer   Lärche

1. Beschreiben Sie die unterschiedlichen Merkmale der Nadeln von Fichte, Tanne, Kiefer und Lärche!
2. Zählen Sie die Laubbäume auf, deren Blätter spitz zulaufen und einfach gesägt sind!
3. Welche Blätter setzen sich aus mehreren Einzelblättchen zusammen?
4. Welche Gruppe von Bäumen besitzt Stämme, die bis zum Wipfel durchgehen?

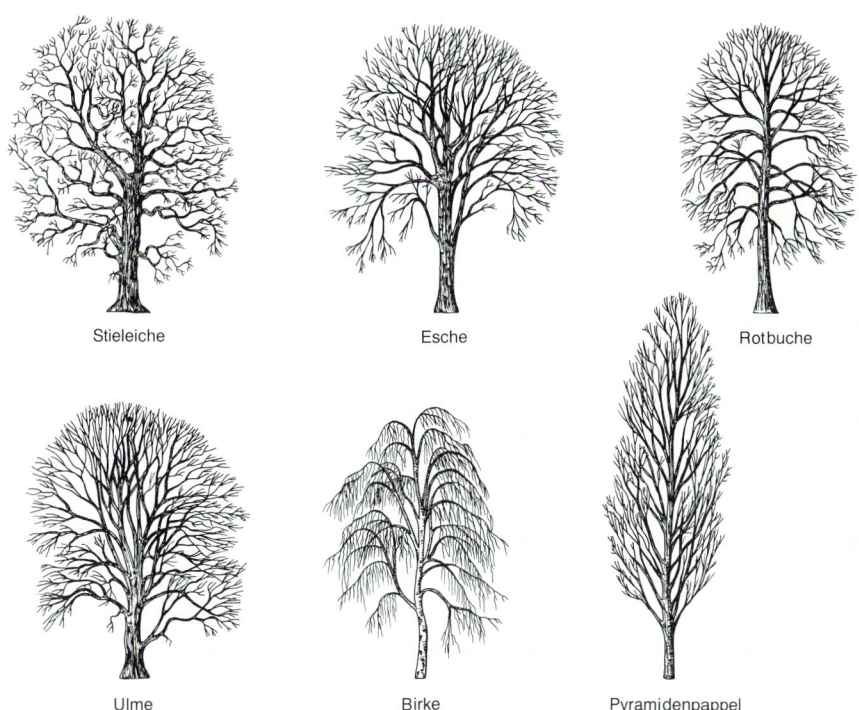

Stieleiche   Esche   Rotbuche

Ulme   Birke   Pyramidenpappel

3. Jeder Baum hat eine arteigene Form

1. Ein Bücherregal trägt eine große Last

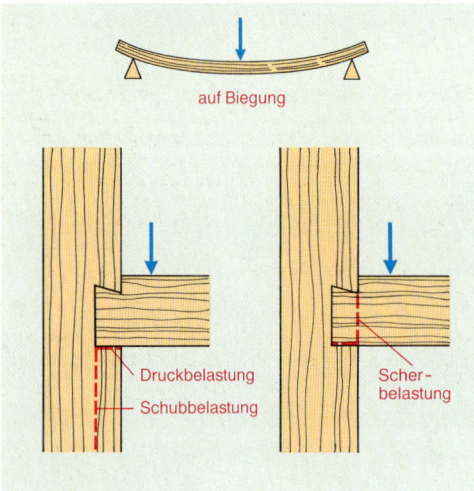

auf Biegung

Druckbelastung
Schubbelastung
Scher-
belastung

2. Die Regalteile werden unterschiedlich belastet

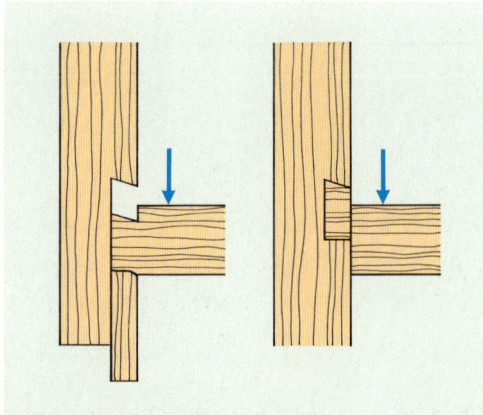

3. Zu Bruch gegangene Werkstücke

1.9 Oft muß das Holz viel aushalten

Für eine Bibliothek sind stabile Bücherregale (Bild 1) aus Vollholz herzustellen. Die Regalseiten und die Böden sollen mit einer einseitigen Gratverbindung zusammengehalten werden. Wie werden die Regalteile beansprucht, und was muß bei der Konstruktion berücksichtigt werden, damit das Regal die Bücherlast aushält?

Auf ein Regal wirken verschiedene Belastungen

Das große Gewicht der Bücher muß von den waagrecht liegenden Fachböden getragen werden (Bild 2). Dabei biegen sie sich etwas nach unten durch. Die Regalböden werden auf **Biegung** beansprucht.

Die Enden der eingegrateten Fachböden liegen auf den unteren Wangen der Gratnuten in den Regalseiten. Das Holz der Auflageflächen wird auf **Druck** belastet.

Die Auflagekräfte des unteren Fachbodens drücken auf das unten verbleibende „Vorholz". Dieses Holz muß **Schub**- oder **Scher**kräften entgegenwirken.

Worauf ist bei der Werkstoffauswahl zu achten?

Das Bücherregal kann nur dann seinen Zweck erfüllen, wenn es den genannten Belastungen standhält. Neben der fachlich richtigen Konstruktion muß für das Bücherregal Holz mit besonders guten **Festigkeitseigenschaften** verwendet werden.

Was versteht man unter Festigkeit?

Die Holzzellen sind zu einem unterschiedlich dichten Zellgewebe zusammengewachsen. Sie werden von inneren Material- oder Kohäsionskräften zusammengehalten. Diese Kräfte geben dem Holz seine Festigkeit. Übersteigen die äußeren Belastungskräfte die Materialfestigkeit, dann tritt eine zu starke Verformung und schließlich der Bruch ein (Bild 3).

> Die **Festigkeit** eines Werkstoffes muß größer sein als die auftretenden Belastungen!

Wie muß Holz mit hoher Festigkeit beschaffen sein?

Der mikroskopische Holzaufbau zeigt, daß die Zellen nur aus der Zellwand und dem Zellhohlraum bestehen. Die innere Festigkeit hängt ausschließlich von der Masse der Zellwandsubstanz ab. Eine große „**Masse**" dickwandiger Zellen gibt dem Holz eine hohe Festigkeit (Bild 4).

Die Masse von 1 m^3 Holz wird **Rohdichte** genannt. Sie wird in Kilogramm gemessen. Es besteht folgender rechnerischer Zusammenhang:

$$\text{Rohdichte} = \frac{\text{Holzmasse}}{\text{Holzvolumen}}$$

Beispiel: Wie groß ist die Rohdichte von 2,5 m^3 Holz bei einer Masse von 1500 kg?

$$\text{Rohdichte} = \frac{1500\ \text{kg}}{2,5\ \text{m}^3} = 600\ \text{kg/m}^3$$

Hölzer mit einer großen Rohdichte (Bild 5) besitzen auch eine große Festigkeit.

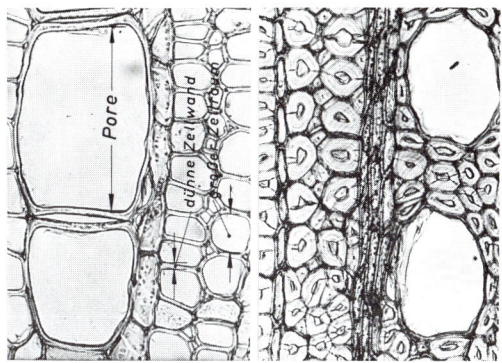

Große Poren,   Kleinere Poren,
dünne Zellwände   dickere Zellwände

4. Zellgewebe von Hölzern mit geringer Dichte (links) und großer Dichte (rechts)

Die Rohdichte und damit auch die Festigkeit sind bei jedem Holz anders

Vor allem die Zellen des Spätholzes mit ihren dicken Wänden und ihren kleinen Hohlräumen führen zu einer großen Rohdichte.

Ein hoher Anteil an Leitungszellen verringert, ein hoher Anteil an Festigungszellen vergrößert die Rohdichte und die Festigkeit des Holzes.

Holzarten	Rohdichte in kg/m^3
Pappel, Fichte Tanne, Kiefer Erle, Linde	450 bis 550
Kirschbaum Lärche, Ahorn	550 bis 650
Birke, Nußbaum Ulme, Eiche Esche, Birnbaum Rotbuche, Robinie	über 650

5. Rohdichte einheimischer Hölzer

Als Zwischen- und Endprodukte werden in den Zellen Inhaltsstoffe, wie Harze, Fette, Öle, Gerbstoffe und Farbstoffe eingelagert. Sie füllen die Hohlräume ganz oder teilweise aus. Dadurch wird die Dichte von Kernholz größer.

Die Festigkeit von Kernholz ist größer als von Splintholz.

Auch die vom Holz aufgenommene Feuchtigkeit vergrößert die Rohdichte. Die Feuchtigkeit in dampfförmigem oder flüssigem Zustand macht die Zellwände geschmeidiger (Bild 6).

Mit zunehmender Holzfeuchtigkeit nimmt die Festigkeit des Holzes ab.

1. Worauf ist bei der Holzauswahl für das Bücherregal zu achten?
2. Vergleichen Sie die Dichten von Kern- und Splintholz sowie von Früh- und Spätholz!
3. Welchen Einfluß hat die Feuchtigkeit auf die Festigkeit des Holzes?

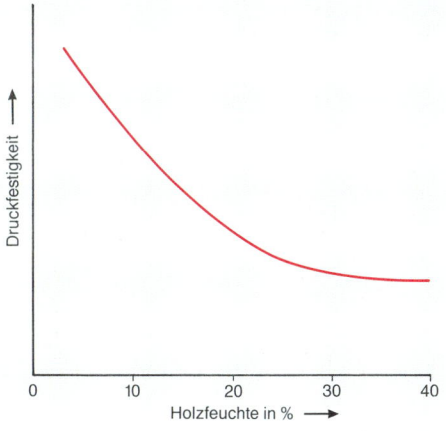

6. Einfluß der Holzfeuchte auf die Druckfestigkeit des Holzes

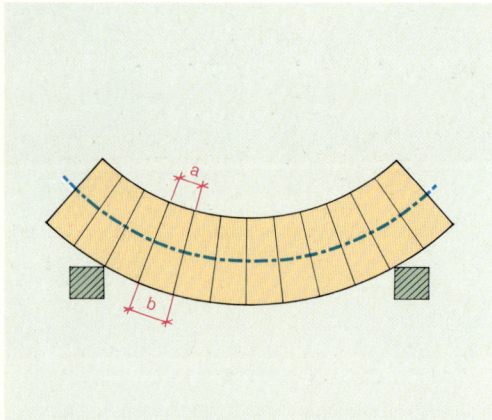

1. Auf Biegung beanspruchter Werkstoff.
   Der Abstand a ist kleiner als b.

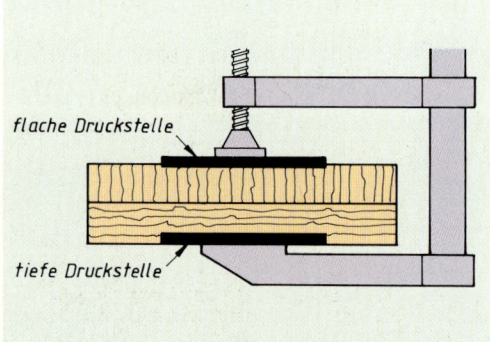

2. Die Druckfestigkeit und die Härte sind längs zur Faser
   besonders groß

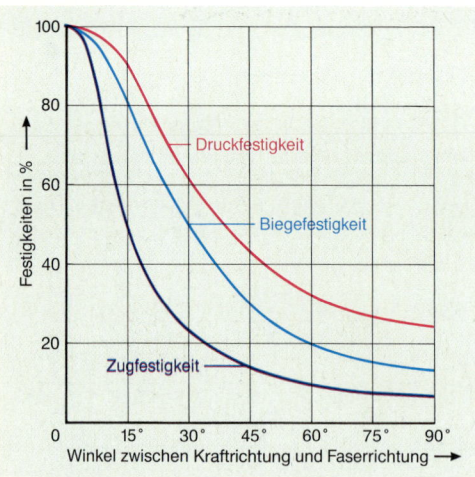

3. Einfluß des Faserwinkels auf die Zug-, Druck- und
   Biegefestigkeit

1.10 Die Festigkeit ist sehr verschieden

Die Regalböden des Bücherregals müssen einer Biegebelastung, die Regalseiten einer Scherbelastung standhalten.

Belastungsfälle bei Biegung

Versuch: Ein dicker Schaumgummistreifen wird über die ganze Dicke mit parallelen Linien versehen und dann auf Biegung belastet (Bild 1). Es zeigt sich, daß die Abstände auf der oberen Hälfte kleiner, auf der unteren Hälfte dagegen größer geworden sind. Nur genau auf halber Höhe sind die Linienabstände unverändert geblieben.

> Bei einer Biegebelastung wird die obere Querschnittshälfte auf **Druck**, die untere Hälfte auf **Zug** beansprucht.

Die Böden müssen eine gute Zug- und Druckfestigkeit haben, dann sind sie auch biegefest.

Die Druckfestigkeit von Holz

Die Höhe der Druckfestigkeit wird vom Anteil der dickwandigen Festigkeitszellen bestimmt.
Spätholz ist druckfester als Frühholz. Auch Kernholz ist druckfester als Splintholz.
Erstaunlich ist der große Einfluß der Faserrichtung auf die Höhe der Druckfestigkeit.

> Die Druckfestigkeit ist quer zur Faser etwa zehnmal geringer als längs zur Faser (Bild 2).

Für die **Härte** des Holzes gelten ähnliche Zusammenhänge wie für die Druckfestigkeit.

Die Zugfestigkeit von Holz

Längs zur Faser ist die Zugfestigkeit von Holz etwa doppelt so groß wie die Druckfestigkeit, weil die längsgestreckten Festigungszellen eng miteinander verzahnt sind.

> Selbst bei einer geringen Rohdichte ist die Zugfestigkeit längs zur Faser sehr hoch.

Die Querzugfestigkeit dagegen ist so gering, daß Zugbelastungen quer zur Faser vermieden werden müssen. Auch Äste und Abweichungen des Faserverlaufes wirken sich auf die Zugfestigkeit besonders nachteilig aus.

Wovon hängt die Höhe der Biegefestigkeit ab?

Für die Biegefestigkeit des Regalbodens sind die Zugfestigkeit des Holzes auf der unteren und die Druckfestigkeit auf der oberen Querschnittshälfte maßgebend. Hölzer mit einer guten Zug- und Druckfestigkeit haben eine gute Biegefestigkeit.

> Die Biegefestigkeit des Holzes ist längs zur Faser viel größer als quer zur Faser (Bild 3).

Die Faserrichtung der Regalböden muß parallel zur Regalbreite laufen.
Für die Höhe der Biegefestigkeit sind auch die Abmessungen entscheidend (Bild 4).

> Kurze und dicke Werkstücke sind biegefest.

Das Regal sollte aus kurzen Fachböden gebaut werden. Fachböden mit einer großen Länge sind in der Mitte zusätzlich zu unterstützen.

Die Schub- oder Scherfestigkeit

Das Holz, auf dem die Gratfedern der Regalböden aufliegen, wird auf Schub beansprucht. Nur wenn vor der Auflagefläche genügend **Vorholz** vorhanden ist, hält es den Schubkräften stand.

> Die Schub- oder Scherfestigkeit ist quer zur Faser größer als längs zur Faser.

Weil aber die Druckfestigkeit quer zur Faser außerordentlich gering ist, ist eine Schubbelastung (Bild 5) in Faserrichtung günstiger.

Die Biegsamkeit des Holzes

Bei der Herstellung von gebogenen Holzteilen, z. B. in der Gestellfabrikation (Bild 6), wird die Biegefestigkeit des Holzes durch Wärme und hohe Feuchtigkeit verringert. Das so behandelte Holz läßt sich dann leichter biegen, ohne zu brechen. Es ist biegsamer geworden.

1. Worauf ist bei der Herstellung eines biegefesten Regalbodens besonders zu achten?
2. Welchen Einfluß hat die Vorholzlänge einer auf Schub belasteten Holzverbindung?
3. Beschreiben Sie den Einfluß, den die Faserrichtung auf die a) Zugfestigkeit, b) Schub- oder Scherfestigkeit hat!
4. Erläutern Sie die Schubbeanspruchung der Holzverbindungen in Bild 5!

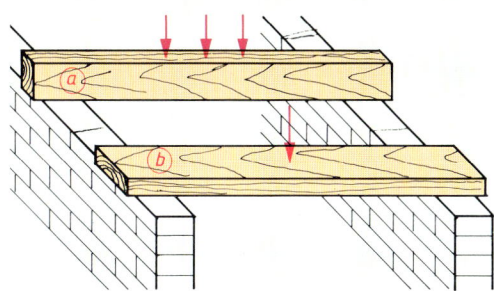

4. a) Balken hochkant mit stehenden Ringen, b) Balken flachkant mit liegenden Ringen

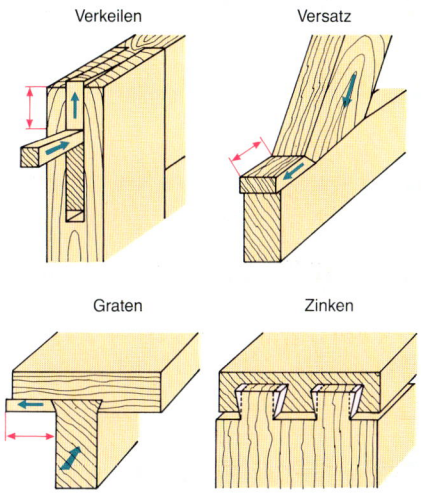

5. Auf Schub beanspruchte Werkstücke

6. Gebogene Holzteile an einem Stuhl

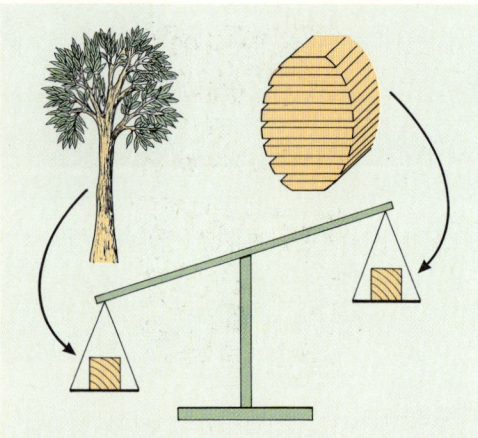

1. Frisch gefälltes Holz ist schwerer als über längere Zeit gelagertes Holz

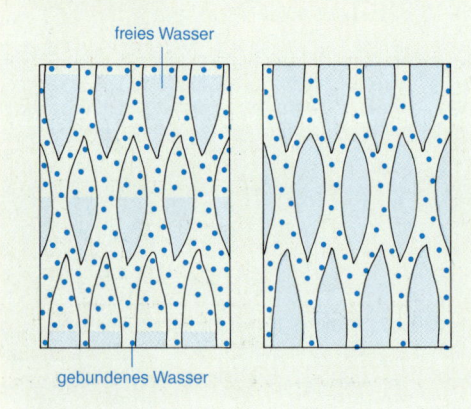

freies Wasser

gebundenes Wasser

2. Wassergehalt der Zellen nach der Baumfällung und bei Wassersättigung

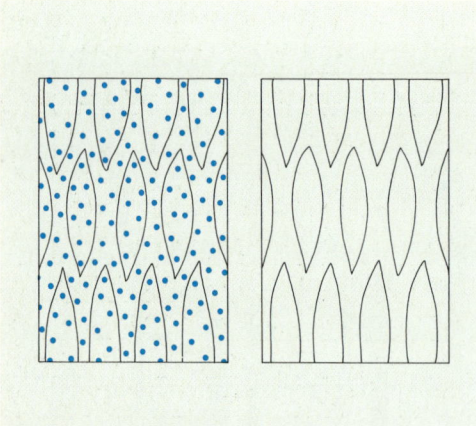

3. Holzzellen bei Fasersättigung und im Darrzustand

1.11 Die Holzfeuchtigkeit ändert sich dauernd

Das Holz eines frisch gefällten Baumes ist viel schwerer als monatelang gelagertes Schnittholz (Bild 1). Wie ist dies zu erklären?

Wasser im Holz

Der Baum benötigt zur Herstellung der lebensnotwendigen Aufbaustoffe viel Wasser. Zum Zeitpunkt der Fällung ist vor allem der Splint sehr feucht. Deshalb ist frisch gefälltes Holz schwerer. Während der Lagerung des Schnittholzes verdunstet ein Teil des Wassers im Holz. Die Folge ist eine Gewichtsabnahme. Wird dem Schnittholz eine Holzprobe entnommen und in Wasser getaucht, so kann man beobachten, daß sie im Laufe von Wochen und Monaten immer tiefer sinkt. Es dringt wieder Wasser ins Holz ein.

> Das Holz kann Wasser aufnehmen und abgeben.

Wohin gelangt das Wasser im Holz?

Es liegt nahe, daß das Wasser die Zellhohlräume ausfüllt. Hölzer mit einem großen Anteil an Zellhohlräumen können viel Wasser aufnehmen. Eine kleinere Menge an Wasser kann auch in die Zellwände eindringen. Weil aber innerhalb der Zellwände nur sehr kleine „Lücken" vorhanden sind, ist dort nur Platz für Wasserteilchen in Dampfform.

> In die Zellhohlräume gelangt flüssiges oder **freies** Wasser, in die Zellwände dagegen nur dampfförmiges oder **gebundenes** Wasser.

Vom wassersatten Zustand zum Darrzustand

Das Holz hat dann am meisten Wasser aufgenommen, wenn alle Zellhohlräume mit freiem und alle Zellwände mit gebundenem Wasser gefüllt sind (Bild 2). Dieser **wassersatte** Zustand spielt in der Praxis keine Rolle. **Fasersättigung** liegt vor, wenn die Zellwände die Höchstmenge an Wasserdampf gespeichert haben, die Zellhohlräume aber ohne freies Wasser sind. Eine Holzfeuchte von 0% entspricht dem **Darrzustand** (Bild 3). Zum Zeitpunkt der Baumfällung liegt die Holzfeuchtigkeit zwischen der Wassersättigung und der Fasersättigung. In den Zellen befindet sich dann freies und gebundenes Wasser.

Bestimmung der Holzfeuchtigkeit

Neben der Messung der Holzfeuchtigkeit mit einem elektrischen Meßgerät (Bild 4) läßt sich der genaue Prozentwert auch berechnen.

$$\text{Holz-}\atop\text{feuchtigkeit} = \frac{(\text{Naßgew.} - \text{Darrgew.})}{\text{Darrgewicht}} \cdot 100\%$$

Beispiel: Berechnen Sie die Holzfeuchtigkeit in Prozent für eine Holzprobe mit 175 N Naßgewicht und 125 N Darrgewicht!

$$\text{Holzfeuchte} = \frac{(175\,\text{N} - 125\,\text{N})}{125\,\text{N}} \cdot 100\% = 40\%$$

4. Holzfeuchtigkeitsmeßgerät

Die Luftfeuchtigkeit

Die Luft kann, im Gegensatz zum Holz, nur Wasser in Dampfform aufnehmen. Wenn sie damit gesättigt ist, führt eine weitere Wasserdampfzufuhr zum Niederschlag von Kondenswasser (flüssiges Wasser). Die aufgenommene Höchstmenge an Wasserdampf hängt sehr stark von der Temperatur der Luft ab (Bild 5). Darum spricht man auch von der **relativen Luftfeuchtigkeit**. Auch sie wird in Prozent gemessen.

Die Holzfeuchtigkeit ist um Ausgleich bemüht

Das Holz nimmt immer Feuchtigkeit auf, wenn seine Umgebung feuchter ist. An eine trockenere Umgebung gibt es Feuchtigkeit ab. Dieses **hygroskopische** Verhalten des Holzes führt zu einem **Feuchtegleichgewicht** mit der Umgebung. Es liegt dann die **Holzgleichgewichtsfeuchte** vor.

Ablesebeispiel (Bild 6): Bei 60% relativer Luftfeuchte und 30 °C stellt sich eine Holzgleichgewichtsfeuchte von 10,5% ein. Beachten Sie: Die relative Luftfeuchtigkeit und die Holzfeuchtigkeit sind zwei verschiedene Meßgrößen. Im Gleichgewichtszustand unterscheiden sich ihre Zahlenwerte.

1. Erläutern Sie den Unterschied zwischen Fasersättigung und Wassersättigung!
2. Wie verändert sich die relative Luftfeuchtigkeit bei einer Temperaturerhöhung?
3. Berechnen Sie die Holzfeuchtigkeit in Prozent, wenn ein Naßgewicht von 75 N und ein Darrgewicht von 60 N vorliegt!
4. Welche Holzgleichgewichtsfeuchte stellt sich bei einer Temperatur von 70 °C und einer relativen Luftfeuchte von 40% ein?

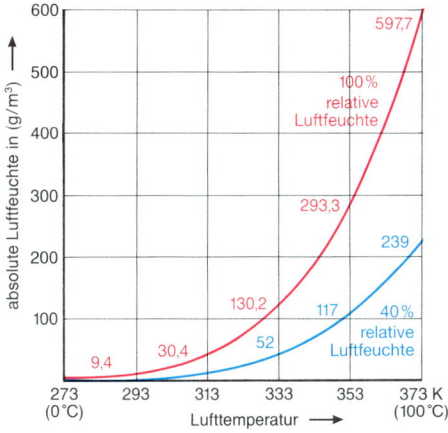

5. Wasserdampfmengen bei 100% und 40% relativer Luftfeuchte

rel. Luftfeuchtigkeit	Holzgleichgewichtsfeuchtigkeit in % bei verschiedenen Lufttemperaturen							
	10°C	20°C	30°C	40°C	50°C	60°C	70°C	80°C
20%	4,5	4,5	4,0	4,0	3,5	3,5	3,0	2,5
30%	6,5	6,0	6,0	5,5	5,0	4,5	4,5	4,0
40%	8,0	7,5	7,5	7,0	6,5	6,0	5,5	5,0
50%	9,5	9,0	9,0	8,5	8,0	7,5	6,5	6,0
60%	11,0	10,5	10,5	10,0	9,5	9,0	8,0	7,5
70%	13,5	13,0	12,5	12,0	11,5	11,0	10,0	9,0
80%	16,5	16,0	15,5	15,0	14,0	13,0	12,5	11,5
90%	21,0	21,0	20,0	19,0	18,0	17,0	16,0	15,5
100%	33,0	31,0	30,0	29,0	28,0	27,0	26,0	24,5

6. Die Holzgleichgewichtsfeuchtigkeit ergibt sich aus der Lufttemperatur und der relativen Luftfeuchtigkeit

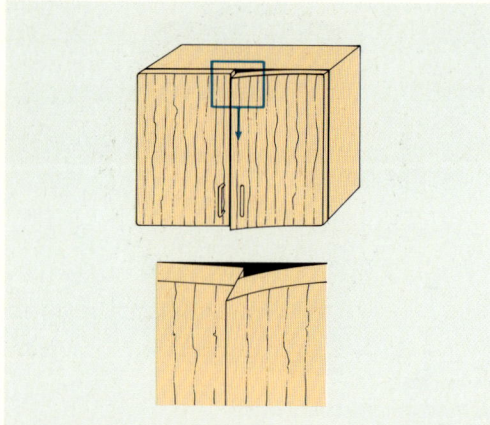

1. Die Vollholztüren „klemmen" und lassen sich nicht mehr abschließen

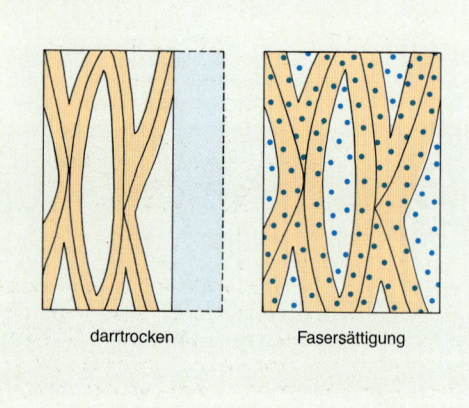

darrtrocken   Fasersättigung

2. Die Zellwände von fasersattem Holz sind dicker als im darrtrockenen Zustand

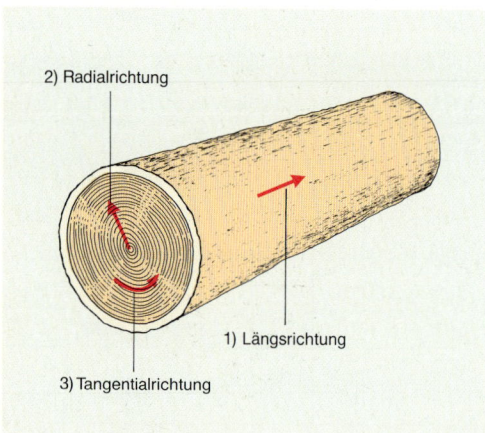

2) Radialrichtung

1) Längsrichtung

3) Tangentialrichtung

3. Die Schwundrichtungen des Holzes

1.12 Das Holz „arbeitet" immer

Ein halbes Jahr nach der Lieferung treten an den Vollholztüren eines Küchenschrankes (Bild 1) zwei Mängel auf:
Obwohl die beiden Türen mit einer Abstandsfuge von 2 mm angeschlagen wurden, streifen sie beim Öffnen aneinander. Sie sind breiter geworden.
Eine Tür hat sich etwas gewölbt und liegt an der oberen Schrankkante nur noch zum Teil an. Ihre Fläche hat sich verformt.

Warum sind die Türen breiter geworden?
Aufgrund seiner hygroskopischen Eigenschaft strebt das Holz mit der Luft immer ein Feuchtegleichgewicht an. Deshalb nimmt zu trockenes Holz bei hoher relativer Luftfeuchtigkeit in der Küche Wasserdampf auf. Die Wasserdampfteilchen dringen in die Zellwände ein und verschaffen sich dort Platz. Es kommt zu einer Vergrößerung der Zellwanddicken (Bild 2). Die Dickenzunahme vieler Zellwände führt zu einer Vergrößerung der Holzabmessungen. Darum sind die Türen breiter geworden. Diesen Vorgang bezeichnet man als **Quellung**.

> Das freie Wasser in den Zellhohlräumen hat keinen Einfluß auf die Quellung des Holzes. Sie findet nur im Bereich vom Darrzustand bis zur Fasersättigung statt.

Wird für die Türen zu feuchtes Holz verwendet, so geben die Zellen Wasserdampf ab. Der vom Wasserdampf eingenommene Platz wird frei. Die Zellwände werden wieder dünner. Diese Maßverkleinerung nennt man **Schwindung**.

> Schwere Hölzer mit ihrer großen Zellwandmasse quellen und schwinden mehr als leichte Hölzer.

Welche Ursache hat das Verformen?
Die Längen- und Breitenmaße der gebogenen Tür sind auf der Innenseite größer als auf der Außenseite. Die Türinnenfläche ist stärker gequollen. Wie ist das zu erklären?
Beide Türseiten unterscheiden sich nur in ihrem Jahrringverlauf. Daraus muß geschlossen werden, daß sich der Jahrringverlauf ganz entscheidend auf das Quell- und Schwundverhalten des Holzes auswirkt.

Welchen Einfluß hat die Faserrichtung auf die Quellung und Schwindung?

An einem maßgenau zugeschnittenen Holzwürfel mit stehenden Jahrringen kann man nach der Quellung oder Schwindung feststellen, daß alle drei Abmessungen verschieden sind. Die größte Maßabweichung (Bild 3) hat sich in Richtung der Jahrringe eingestellt. Es folgt das Maß senkrecht zu den Jahrringen. Längs zur Faser ist kaum eine Maßabweichung festzustellen. Es können folgende Durchschnittswerte für die Quellung oder Schwindung festgehalten werden:

In Längsrichtung (Stammrichtung):   0,3%
In Radialrichtung (Markstrahlrichtung):   5%
In Tangentialrichtung
(Jahrringrichtung):   10%

Um diese Prozentsätze würde das Holz seine Maße verändern, wenn es die Höchstmenge an gebundenem Wasser aufnehmen oder abgeben würde. Im Normalfall ist die Veränderung der gebundenen Wasserdampfmenge geringer.

In Tangentialrichtung quillt oder schwindet das Holz doppelt soviel wie in Radialrichtung und etwa 35mal mehr als in Längsrichtung.

Vor allem die unterschiedliche Quellung und Schwindung in radialer und tangentialer Richtung führte dazu, daß sich die Maße der „verzogenen" Tür während der Aufnahme von gebundenem Wasser ungleichmäßig verändert haben.

Das Verwerfen des Holzes ist auf die unterschiedlichen Quell- und Schwundwerte in radialer und tangentialer Richtung zurückzuführen (Bilder 4, 5 und 6).

Weil das Holz seinen Feuchtegehalt an die sich stetig ändernde Luftfeuchte anpaßt, muß immer mit einer Maß- und Formänderung, dem **Arbeiten** des Holzes, gerechnet werden.

1. Warum hat eine Erhöhung der Holzfeuchte von 35% auf 60% auf die Quellung keinen Einfluß?
2. Wie ist das Verwerfen der Vollholztür (Bild 1) zu erklären?
3. Welche Querschnittsform nimmt ein Seitenbrett während der a) Feuchtezunahme, b) Trocknung an?
4. Wie ändern sich die in Bild 5 dargestellten Querschnittsformen bei Quellung?

4. Schwindmaße nach Darrtrockenheit bei Schnittholz aus verschiedenen Stammlagen

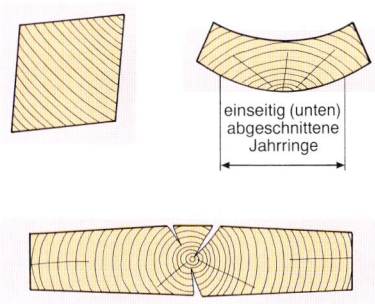

einseitig (unten) abgeschnittene Jahrringe

5. Der Jahrringverlauf bestimmt die Maß- und Formänderung verschiedener Holzquerschnitte während der Trocknung: a) Kantholz mit diagonal verlaufenden Jahrringen, b) Seitenbrett mit z. T. nur einseitig abgeschnittenen Jahrringen, c) Trockenrisse an einem Kernbrett

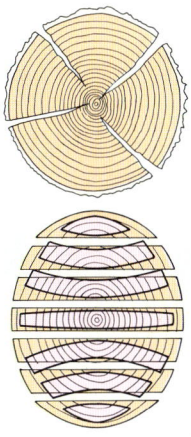

6. Schwundquerschnitte am ganzen und am zu Brettern eingeschnittenen Stamm

Riß

gewölbte
Tischplatte

1. Eine Tischplatte mit unzulässigen Fehlern

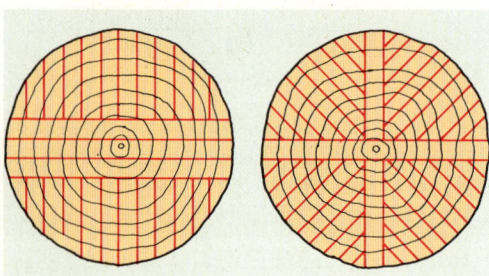

2. Einschnittarten mit überwiegend radial gerichteten Schnittfugen sind zeitaufwendig und mit viel Verschnitt verbunden

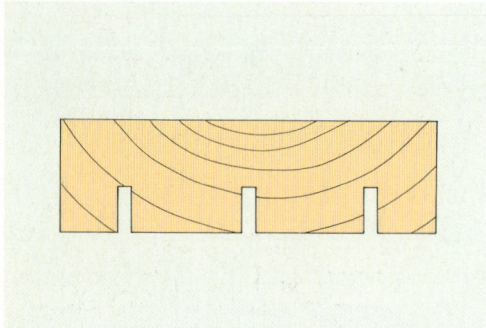

3. Nuten auf der linken Brettseite durchtrennen die längsten Jahrringe und verbessern somit das Stehvermögen

1.13 Das Holz darf nicht unbehindert „arbeiten"

Ein Kunde ist mit der Qualität eines Tisches unzufrieden. Die Tischplatte (Bild 1) aus Vollholz ist uneben und etwas wellig geworden. An einer Stelle hat sich ein langer Riß gebildet. Dieses „Arbeiten" ist auf das Bestreben des Holzes zurückzuführen, seine Feuchtigkeit an die Raumfeuchtigkeit anzupassen. Das unterschiedliche Schwundverhalten in tangentialer und radialer Richtung führt schließlich zu den unerwünschten Formänderungen. Wie können ähnliche Reklamationen künftig vermieden werden?

Auf den Jahrringverlauf kommt es an
Die größte Maßänderung stellt sich in Tangentialrichtung, also in Richtung der Jahrringe ein. Darum sollten die Bretter, die für die Tischplatte verwendet werden, möglichst kurze oder **stehende** Jahrringe haben (Bild 2).

> Querschnitte mit kurzen Jahrringen, z. B. Kernbretter, verwerfen sich weniger als Querschnitte mit langen Jahrringen, z. B. Seitenbretter.

Kernbretter mit geschlossenen Jahrringen müssen aufgeteilt werden, weil sonst beim Schwinden Kernrisse entstehen.
Ein unregelmäßiger Jahrringverlauf wirkt sich nachteilig auf das Stehvermögen des Holzes aus. Darum sollten alle Wuchsfehler und Äste vor dem Verleimen der Tischplatte herausgeschnitten werden.
Beim Einschneiden der Baumstämme fallen überwiegend Seitenbretter mit **liegendem** Jahrringverlauf an. Sie sind zur Herstellung einer Tischplatte nur als schmale Bretter geeignet.

Verleimregeln sind zu beachten
Verleimte Seitenbretter haben ein besseres Stehvermögen, wenn die Formänderungen benachbarter Teile einander entgegenwirken.

> Seitenbretter müssen „gestürzt" verleimt werden, d. h., die linken (zum Splint zeigenden) und die rechten (zur Markröhre zeigenden) Brettseiten zeigen abwechselnd nach oben (Bild 4).

Um Schwundspannungen am Leimstoß zu vermeiden, sollten die beiden Bretter an der Stoßfuge gleiches Schwundverhalten zeigen. Für Bretter mit überwiegend stehenden Jahrringen, z. B. Kernbrettern, gilt die Verleimregel (Bild 4):

> Kern an Kern, Splint an Splint.

Eine werkstoffgerechte Konstruktion wirkt dem Arbeiten des Holzes entgegen

Das Verwerfen der Tischplatte kann mit eingegrateten Leisten verringert werden (Bild 5). Die formschlüssig mit der Holzfläche verbundenen stehenden Gratleisten sind biegefester als die Tischplatte quer zur Faser. Sie sorgen darum für eine annähernd ebene Fläche.

Wird die Vergrößerung der Holzabmessungen während der Quellung durch die Konstruktion behindert, so ist mit der Entstehung von sehr großen Quelldruckkräften zu rechnen. Diese Kräfte können so stark anwachsen, daß sie die Holzfestigkeit übersteigen. Deshalb darf die Gratleiste nur an einem Ende mit der Platte verleimt werden. Ähnliches trifft für das Anbringen einer Hirnleiste (Bild 5) zu.

> Die von der Quellung und Schwindung hervorgerufenen Maßänderungen dürfen durch die Konstruktion nicht beeinträchtigt werden.

Nur richtig getrocknetes Holz verarbeiten!

Die wirksamste Maßnahme gegen das Verwerfen der Tischplatte ist eine fachgerechte Trocknung.

> Vor der endgültigen Weiterverarbeitung muß das Holz auf den Feuchtigkeitsgehalt getrocknet werden, den es später am Verwendungsort haben soll (Holzgleichgewichtsfeuchte, Bild 6).

Mit geringen Holzfeuchteänderungen muß aber immer gerechnet werden. Darum läßt sich eine Maß- und Formänderung nie ganz ausschließen.

1. Erläutern Sie das Formverhalten einer Tischplatte aus nicht gestürzt verleimten Seitenbrettern!
2. Warum sollten in einem Holzquerschnitt geschlossene Jahrringe vermieden werden?
3. Warum darf die Konstruktion die Maßänderungen durch die Quellung nicht behindern?
4. Seitenbretter für eine Deckenverkleidung sind auf der linken Seite genutet (Bild 3). Erläutern Sie den Einfluß der Nuten auf das Stehvermögen!

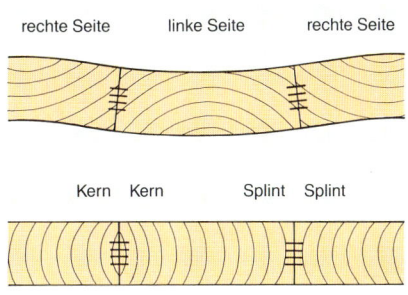

rechte Seite   linke Seite   rechte Seite

Kern   Kern   Splint   Splint

4. Verleimung von Seitenbrettern und Kernbrettern

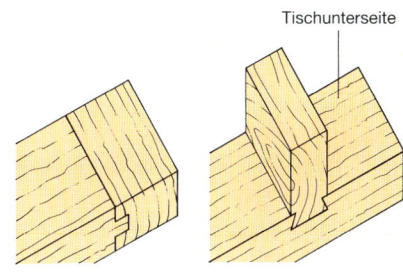

Tischunterseite

5. Hirnleiste (links) und Gratleiste (rechts) wirken der Formänderung entgegen

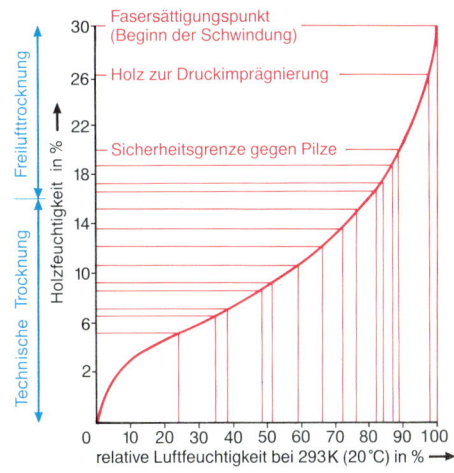

6. Die Holzgleichgewichtsfeuchtigkeit muß auf den späteren Verwendungsort abgestimmt werden

1. *Schnittholz wurde zum Trocknen auf einem Trocken-platz gestapelt*

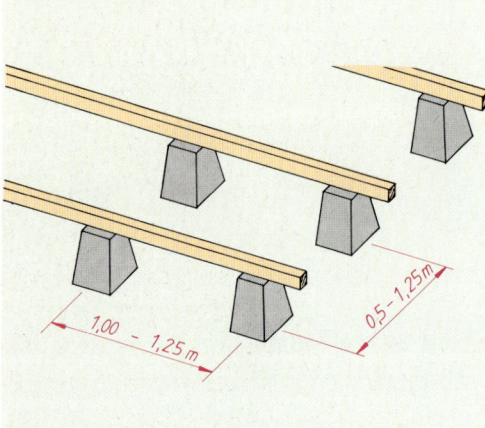

2. *Stapelunterbau für Schnittholz*

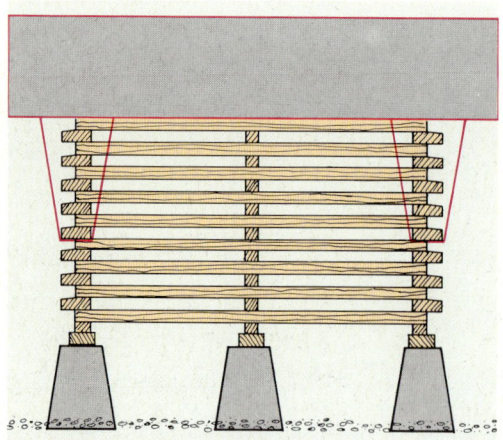

3. *Stapel mit Unterbau und Abdeckung*

1.14 Holz trocknet auch im Freien

Eine Tischlerei hat sich vorwiegend auf die Herstellung von Fenstern und Türen spezialisiert. Damit sich die Fenster- und Türflügel leichtgängig öffnen und schließen lassen, dürfen sich die fertigen Rahmen nicht mehr verziehen. Darum muß das Holz vor der Verarbeitung auf etwa 12 bis 15% Holzfeuchtigkeit (Bild 1) getrocknet werden.

Unter welchen Bedingungen trocknet das Holz?

Das hygroskopische Verhalten des Holzes führt zu einer ständigen Angleichung der Holzfeuchtigkeit an die Luftfeuchtigkeit. Wenn die Trocknung zügig voranschreiten soll, müssen folgende Bedingungen erfüllt sein:

- niedrige relative Luftfeuchtigkeit, dann sinkt auch die Holzgleichgewichtsfeuchte,
- erhöhte Lufttemperatur, dann kann die Luft mehr Wasserdampf aufnehmen,
- ständige Luftbewegung, damit die vom Holz abgegebene Feuchte abtransportiert wird.

Mit der Trocknung des Holzes im Freien kann dem Holz ein Teil der Feuchtigkeit entzogen werden. Für die **Freilufttrocknung** wird ein geeigneter Trockenplatz benötigt, auf dem das Schnittholz fachgerecht gelagert werden kann.

Wie muß der Trockenplatz beschaffen sein?

Eine niedrige relative Luftfeuchtigkeit setzt eine trockene Bodenoberfläche voraus. Dieser Forderung kann entsprochen werden, wenn der Platz nach dem Abtragen der Humusschicht mit Schotter oder Kies bedeckt wird. Betonierte oder asphaltierte Oberflächen sollten ein leichtes Gefälle erhalten, damit das Regenwasser schnell abfließen kann. Holzabfälle sind umgehend zu beseitigen, weil sie einen guten Nährboden für holzzerstörende Pilze bilden.

Beim Anlegen eines Trockenplatzes ist darauf zu achten, daß die Luftbewegung in der Hauptwindrichtung (meist West-Ost) nicht durch Gebäude oder andere Hindernisse behindert wird. Der Holzstapel soll auf einen 20 bis 60 cm hohen Unterbau quer zur Hauptwindrichtung gesetzt werden. Gut geeignet sind Betonsockel mit darüberliegenden Lagerhölzern (Bild 2). Ihr Abstand richtet sich nach dem Gewicht des Stapelgutes.

Der Stapelunterbau muß eben ausgefluchtet und gut tragfähig sein.

Stapelleisten trennen die einzelnen Brettlagen

Stapelleisten zwischen den Brettlagen ermöglichen einen allseitigen Zugang der Luft. Dickere Stapelleisten führen zu einer besseren Durchlüftung und somit zu einer schnelleren Trocknung. Je nach Brettdicke werden Stapelleisten von 20 bis 40 mm Dicke verwendet. Zu breite Stapelleisten behindern die Trocknung, zu schmale hinterlassen Eindruckstellen. Bewährt haben sich quadratische Querschnitte.

Stapelleisten werden senkrecht über den Lagerhölzern angeordnet. Innerhalb einer Brettlage müssen sie gleich dick sein (Bild 3).

Stapelarten

Oft werden die Bretter entsprechend ihrer Stammlage zu einem **Blockstapel** (Bild 4) aufgesetzt. In der unteren Stapelhälfte zeigen die zur Markröhre orientierten rechten Brettseiten nach oben. Obwohl die oberen Brettflächen schneller trocknen, verzieht sich das Holz wenig, weil der geringere Radialschwund auf der rechten Seite ausgleichend wirkt. Die Bretter der oberen Stapelhälfte, deren linke Brettseiten nach oben zeigen, verziehen sich etwas mehr. Beim **Halbblockstapel** liegt die rechte Brettseite immer oben. Weitere Stapelarten zeigt Bild 5.

Schutz des Holzstapels vor Regen und Sonne

Damit das Holz nicht zu schnell trocknet und Trockenrisse bekommt, muß es vor direkter Sonneneinstrahlung geschützt werden. Ein Schutz vor Regen verhindert eine unnötige Feuchtigkeitsaufnahme. Darum sollte jeder Holzstapel mit einer schräg angeordneten, gut befestigten Abdeckung versehen sein (Bild 3). Wertvolles Holz wird zusätzlich an den Hirnenden mit einem Schutzanstrich oder mit überstehenden Stapelleisten geschützt (Bild 6).
Den besten Schutz vor Witterungseinflüssen bietet ein offener Trockenschuppen (Bild 7).

1. Welche Trocknungsbedingungen müssen auf dem Trockenplatz erfüllt sein?
2. Welcher Zusammenhang besteht zwischen der Stapelleistendicke und der Trockenzeit?
3. Welche Einzelheiten sind beim Aufsetzen eines Brettstapels zu berücksichtigen?
4. Erläutern Sie, warum sich ein Seitenbrett weniger verzieht, wenn beim Trocknen die rechte Brettseite nach oben zeigt!

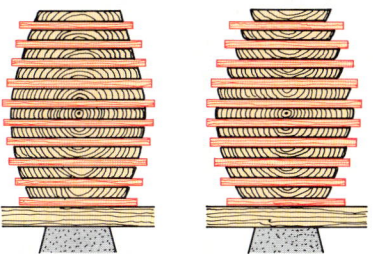

4. Unbesäumte Bretter setzt man zu einem Blockstapel (links) oder Halbblockstapel (rechts) auf

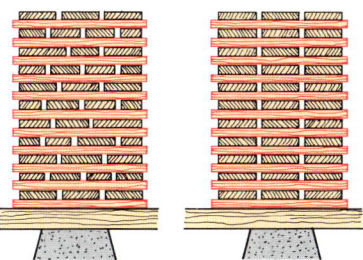

5. Besäumte Bretter können zu einem Kastenstapel (links) oder Gitterstapel (rechts) aufgesetzt werden

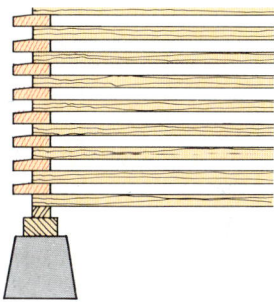

6. Überstehende, abgeschrägte Leisten schützen die Hirnenden vor Regen und Sonne

7. Zur Endtrocknung lagert das Schnittholz in einem Trockenschuppen

Holzart	Trockenzeiten in Tagen
Kiefer	60 bis 200
Fichte	90 bis 200
Mahagoni	60 bis 150
Ahorn	50 bis 200
Esche	60 bis 200
Buche	70 bis 200
Nußbaum	70 bis 200
Eiche	100 bis 300

1. Trockenzeiten bei einer Freilufttrocknung von 25 mm dickem Holz bis zu einer Restfeuchte von 20%

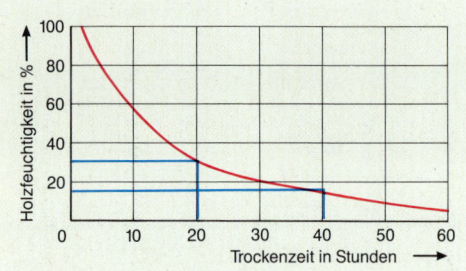

2. Die techn. Holztrocknung geht viel schneller als die Freilufttrocknung (Beispiel für 25 mm dicke Buchenbretter)

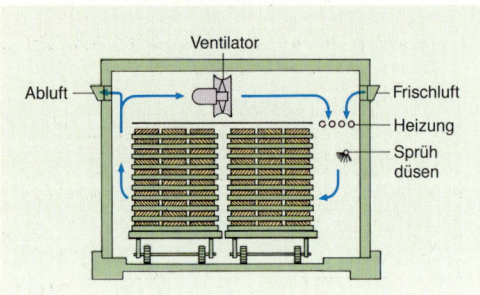

3. Prinzip einer Trockenanlage nach dem Frischluft-Abluftverfahren

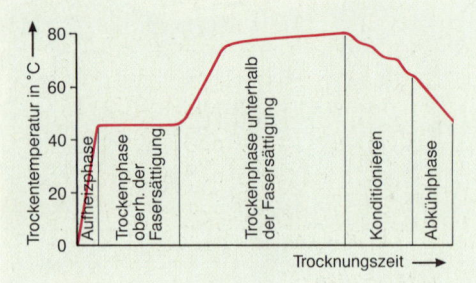

4. Verlauf der Trocknungstemperatur während der einzelnen Trocknungsphasen beim Frischluft-Abluftverfahren

1.15 Die technische Trocknung bietet viele Vorteile

In der Tabelle (Bild 1) sind die langen Trockenzeiten aufgeführt, mit denen bei der Freilufttrocknung zu rechnen ist. Zudem bleibt eine Restfeuchte im Holz, die für Arbeiten im Innenausbau zu hoch ist. Mit dem Einsatz moderner technischer Geräte lassen sich diese Nachteile beseitigen.

Die im Innenausbau geforderte Holzfeuchte von 6 bis 10% kann nur mit dem Einsatz technischer Geräte erreicht werden.

Trocknungsbedingungen – technisch erzeugt

Die Holztrocknung setzt immer folgende Trocknungsbedingungen voraus:
- Trockene, warme Luftumgebung
- Stetige Luftbewegung

Trockene, warme Luft läßt sich mit Heizgeräten, eine Luftzirkulation mit regelbaren Ventilatoren erzeugen.

Das Frischluft-Abluftverfahren

Für warme, relativ trockene Luft sorgt ein Heizsystem (Bild 3). Ventilatoren blasen die trockene Luft durch das Stapelgut. Das feuchte Holz strebt ein Feuchtegleichgewicht mit seiner Umgebung an und gibt Wasserdampf ab. Die vorbeistreichende Luft nimmt diesen Wasserdampf auf. Sie wird dadurch feuchter. Zu feuchte Luft kann über steuerbare Abluftklappen nach außen abgeführt werden. Gleichzeitig wird der Anlage über Zuluftklappen Frischluft zugeführt, erwärmt und anschließend durch den Holzstapel geblasen.

Die Trocknungsgeschwindigkeit muß genau auf das zu trocknende Holz eingestellt werden (Bild 5).

Mit Sprühdüsen läßt sich der Feuchtegehalt und die Temperatur der Luft verändern (Bild 4).
Eine exakte Steuerung des Trocknungsverlaufes ist mit einer vollautomatischen Regelung möglich. Im Holzstapel angebrachte Meßfühler stellen laufend die vorhandene Holzfeuchtigkeit fest. Mit Hilfe der Computer-Technik können die technischen Geräte nach einem auf das Trockengut abgestimmten Programm zu- oder abgeschaltet werden.
Infolge der großen Trocknungsgeschwindigkeit

(Bild 2) ist die Feuchteverteilung im Holz am Ende der Trocknung sehr unterschiedlich (Bild 6). Um dieses Feuchtigkeitsgefälle vom Holzinneren nach außen abzubauen, muß das getrocknete Holz für kurze Zeit wieder einem feuchteren Klima ausgesetzt werden. Dabei nehmen die äußeren, zu trockenen Holzzonen etwas Wasserdampf auf. Diesen Vorgang nennt man **Konditionieren**. Bei hohen Qualitätsansprüchen muß langsam abgekühlt werden, damit im Holz keine Oberflächenrisse infolge Temperaturspannungen entstehen.

Andere technische Trocknungsverfahren

Die Kondensationstrocknung. Die zu feuchte Luft wird nicht über Abluftklappen nach außen geleitet, sondern einem Entfeuchtungsgerät zugeführt. Nach Abgabe von Kondenswasser strömt dieselbe Luft wieder in die Trockenkammer zurück (Bild 7).

> Die Kondensationstrocknung ist energiesparend. Weil mit niedriger Temperatur gearbeitet wird, ist die Trocknungsgeschwindigkeit gering.

Die Vakuumtrocknung. Das Trockengut wird in einem Vakuumkessel gestapelt. Der durch Vakuumpumpen erzeugte Unterdruck führt dazu, daß der Wasserdampf das erwärmte Holz schneller verläßt.

Die Hochfrequenztrocknung. Ein elektrisches Wechselfeld erwärmt vor allem das innere, feuchte Holz innerhalb weniger Sekunden. Dadurch entsteht im Holzinneren ein großer Wasserdampfdruck. Das Druckgefälle von innen nach außen führt zu einer sehr schnellen Abwanderung der Holzfeuchtigkeit.

Trocknungsschäden.

Bei zu rascher Trocknung können sich **Trockenrisse**, Hirnrisse und Oberflächenrisse bilden. **Verschalungen** entstehen, wenn bei Anfangsfeuchten, die über dem Fasersättigungspunkt liegen, zu schnell getrocknet wird. Dann trocknen die Randschichten zu schnell ab und werden dadurch weniger wasserdurchlässig.

1. Welche Vorteile bietet die technische Holztrocknung gegenüber der Freilufttrocknung?
2. Beschreiben Sie den Ablauf der Trocknung nach dem Frischluft-Abluftverfahren!

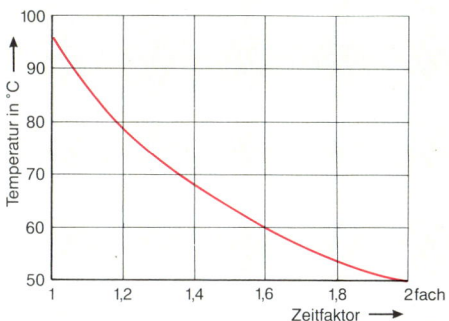

5. Einfluß der Temperatur auf die Trockenzeit (Annäherung)

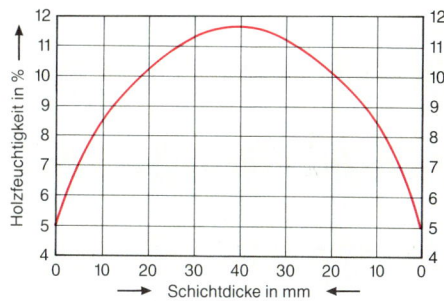

6. Holzfeuchtigkeitsverteilung in einem 80 mm dicken Holzquerschnitt nach der Trocknung

Einfluß der Holzdicke auf die Trockenzeit

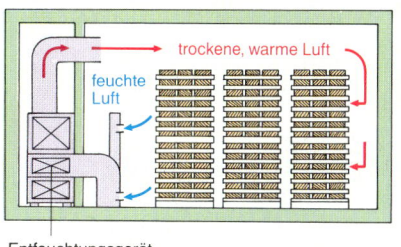

Entfeuchtungsgerät

7. Prinzip einer Kondensationstrockenanlage

1. Textur von Eiche und Limba

2. Querschnitte von Eiche und Limba

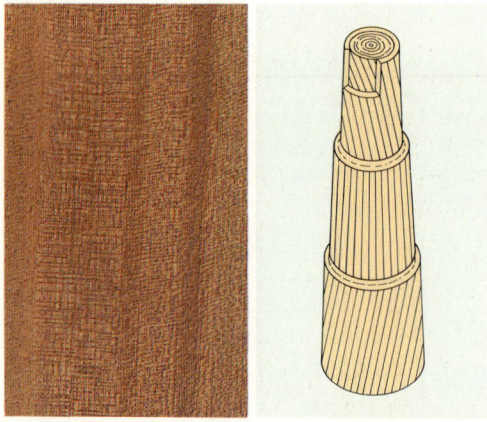

3. Wechseldrehwuchs; links: gestreifte Zeichnung, rechts: schematische Darstellung des Wechseldrehwuchses

1.16 Tropische Hölzer sehen anders aus

Vergleicht man ein europäisches Holz, z. B. Eiche, mit einem tropischen Holz, z. B. Limba (Bild 1), so kann man deutliche Unterschiede feststellen. Fladerungen sind beim tropischen Holz kaum erkennbar. Das Holz von Limba sieht gleichmäßiger aufgebaut aus. Wie sind diese Unterschiede zu erklären?

Limba, ein Holz mit schwach ausgeprägter Zeichnung (Textur)

Bereits eine geringe Vergrößerung des Querschnittes der beiden Hölzer zeigt den Unterschied im Zellaufbau (Bild 2). Bei der Eiche heben sich die ringförmig angeordneten Leitungszellen deutlich von den Festigungszellen ab. So entstehen scharf abgesetzte helle Jahrringgrenzen. Bei Limba sind die Leitungszellen und die Festigungszellen gleichmäßiger über den Querschnitt verteilt. Jahrringgrenzen gibt es nicht, nur breite, dunkel begrenzte Zuwachsringe. Die Erklärung dafür ist im tropischen Klima zu suchen, das ein kaum gestörtes Wachstum während des ganzen Jahres zuläßt.

> Die Zeichnung oder Textur von tropischen Hölzern ist weniger stark ausgeprägt als bei den europäischen Holzarten.

Unregelmäßigkeiten bei tropischen Holzarten

Betrachtet man die Holzflächen von anderen tropischen Holzarten, so fallen weitere Unterschiede zu den europäischen Hölzern auf. Bild 3 zeigt den Tangentialschnitt von Makoré. Deutlich ist eine längs verlaufende Hell-Dunkelschattierung zu sehen. Sie ist auf einen Wuchsfehler, den **Wechseldrehwuchs**, zurückzuführen. Die unterschiedlich schräg angeschnittenen Zellfasern reflektieren das auftreffende Licht verschieden und täuschen einen nicht vorhandenen Farbunterschied vor. Bei Teak beleben dunkle, manchmal schwarze, schmale Streifen die Textur. Diese „Adern" entstehen durch Einlagerung von Inhaltsstoffen. Auch Pilze gedeihen im feuchtwarmen Klima der Tropen besonders gut. Manche Baumarten schützen sich vor ihnen, indem sie wachsartige, ölige oder giftige **Inhaltsstoffe** in die Zellen einlagern. Das Holz dieser Bäume ist für die Verwendung im Außenbau besonders gut geeignet.

Weitere besondere Merkmale einiger tropischer Hölzer zeigen die Bilder 4 und 5.

Die giftigen Inhaltsstoffe können die Schleimhäute des Menschen reizen und zu Hautallergien führen. Darum ist bei der Verarbeitung tropischer Hölzer auf eine besonders sorgfältige Staubabsaugung zu achten.

Charakteristisch für viele Tropenhölzer sind ihre zum Teil sehr kräftigen Farben (Bild 6). Beachten Sie: Das tropische Klima wird von einer Vielzahl an Laubhölzern bevorzugt. Nadelhölzer sind überwiegend in Gebirgslagen anzutreffen.

Besonderheit subtropischer Holzarten
Zur Nahrungsumwandlung durch die Fotosynthese muß die Natur neben der Wärme viel Wasser bereitstellen. In Gebieten, deren Klima vom Wechsel kurzer Regen- und langer Trockenzeiten bestimmt wird, stellen die Bäume zeitweise ihr Wachstum ein. Diese Wachstumsunterbrechung markiert sich als Zuwachsgrenze in der Textur.

Bestimmungsbeispiel
Auf dem Tangentialschnitt eines Holzes lassen sich folgende Merkmale erkennen:
- Poren: zerstreut und groß
- Holzfarbe: goldbraun mit schwarzen Adern
- Besonderheiten: ölige Oberfläche

Die Aussage über die Poren deutet auf eine tropische Holzart hin. Für eine goldbraune Holzfarbe (Bild 6) kommen u. a. folgende Hölzer in Frage: Teak, Afrormosia, Palisander, Mansonia. Schwarze Adern sind vor allem bei Teakholz häufig. Das Vorhandensein der öligen Oberfläche läßt vermuten, daß es sich bei der zu bestimmenden Holzart um Teak handeln kann.
Beachten Sie: Diese makroskopische Holzartenbestimmung ist oft nicht zuverlässig genug.

Eine zuverlässige Holzartenbestimmung ist nur über den mikroskopischen Zellaufbau möglich.

1. Worauf ist die meist schwach ausgeprägte Textur tropischer Hölzer zurückzuführen?
2. Warum können die Poren von tropischen Hölzern nicht ringförmig angeordnet sein?
3. Wie schützen sich manche tropische Baumarten gegen Pilzbefall?
4. Wie unterscheidet sich die Textur eines subtropischen Holzes von einem tropischen Holz?

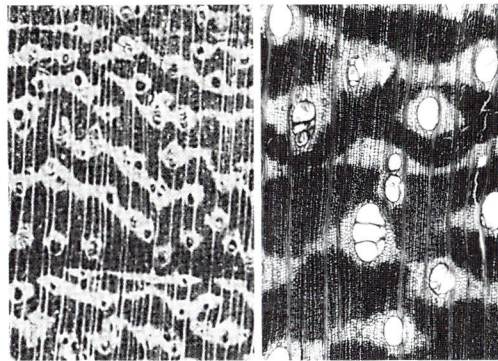

4. 10fache und 70fache Vergrößerung des Querschnittes von Iroko mit augenförmig um die Poren angeordnetem Speicherzellgewebe

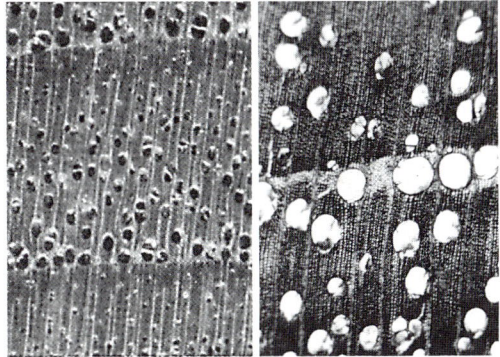

5. 10fache und 70fache Vergrößerung des Querschnittes von Teak mit deutlich sichtbarer Halbringporigkeit

Holzart	gelblich	rötlich	bräunlich	schwärzlich
Limba	x			
Abachi	x			
Ramin	x			
Gabun		x		
Redwood		x		
Mahagoni		x		
Makoré		x		
Teak			x	
Afrormosia			x	
Palisander			x	
Mansonia			x	
Wenge				x
Ebenholz				x

6. Vorherrschende Farbe einiger Hölzer

1. Holz mit einem guten Stehvermögen muß fehlerfrei gewachsen sein

2. Abholzige Stämme liefern stark gefladerte Brettabschnitte

3. Posthornwuchs und Bajonettwuchs

1.17 Stämme wachsen oft ungleichmäßig

Das Holz, aus dem eine Hauseingangstür in Rahmenbauweise gefertigt werden soll, muß ein besonders gutes Stehvermögen haben. Nur gleichmäßig gewachsene Stämme (Bild 1) liefern Holz von der geforderten Qualität. Welche Wuchsunregelmäßigkeiten müssen bei der Auswahl und beim Einschnitt des Holzes beachtet werden?

Abholzigkeit
Auf das Stehvermögen des Holzes würde es sich gut auswirken, wenn die Säge beim Zuschnitt genau faserparallel geführt werden könnte. Das kegelförmige Wachstum der Bäume führt aber immer zu einer mehr oder weniger stark ausgeprägten Abnahme des Stammdurchmessers von unten nach oben (Bild 2). Eine faserparallele Schnittführung ist darum leider nicht möglich.

> Stämme, deren Durchmesser pro 1 m Stammlänge mehr als 1 cm abnehmen, bezeichnet man als abholzig.

Vor allem kurze, dicke Stämme wachsen abholzig. Dies trifft für viele Laubholzarten zu. Eine starke Abholzigkeit führt zu einer schräg zur Brettkante verlaufenden Faserrichtung und zu einer konisch verlaufenden Brettform. Dadurch wird auch das Stehvermögen des Holzes beeinträchtigt. Die Zeichnung abholziger Bretter ist stark gefladert (Bild 2).

Krummschäftigkeit
Störungen der geradlinigen Stammform sind mit großen Unregelmäßigkeiten des Faserverlaufs verbunden. Krummschäftige Stämme liefern Holz mit sehr schlechtem Stehvermögen. Es ist grundsätzlich zur Herstellung von Türfriesen ungeeignet.
Der **Posthornwuchs** und der **Bajonettwuchs** (Bild 3) entstehen, wenn der Wipfeltrieb eines Baumes beschädigt worden ist. Dann übernimmt ein besonders kräftig gewachsener Seitentrieb die Führung für das Höhenwachstum. Bei der **Zwieselung** (Bild 4) haben zwei oder mehr Seitentriebe die Funktion des Wipfeltriebes übernommen. Wachsen zwei zu eng stehende Bäume zusammen, so entsteht ein echter Zwiesel. Eine einseitige Belastung des Baumes, zum Beispiel durch Wind oder infolge einer Hanglage, führt zum **Säbelwuchs** (Bild 4).

Das Holz aus gekrümmten Stammteilen ist zur Herstellung von Werkstücken mit gutem Stehvermögen ungeeignet.

Der Bildung einer Krummschäftigkeit versucht der Baum durch Bildung von **Reaktionsholz** entgegenzuwirken. Nadelhölzer bilden zu diesem Zweck Rot- oder Druckholz, Laubhölzer hingegen Weiß- oder Zugholz. Reaktionsholz besteht aus dickwandigen Zellen. Es ist besonders hart und darum schwer zu bearbeiten.

Wegen seines schlechten Stehvermögens eignet sich Reaktionsholz nicht zur Herstellung von Rahmenfriesen.

4. Zwieselung und Stammkrümmung durch Säbelwuchs

Das einseitige Dickenwachstum führt dazu, daß die Markröhre außerhalb der Mitte (exzentrisch) angeordnet ist (Bild 5).

Der **exzentrische Wuchs** ist durch die unterschiedliche Breite innerhalb der einzelnen Jahrringe gekennzeichnet. Der Holzeinschnitt muß immer nach der schmalen Seite erfolgen.

Drehwuchs

Gänzlich unbrauchbar zur Herstellung von Türrahmen ist drehwüchsiges Holz. Am Stamm ist dieser Wuchsfehler an den gewindeartig verlaufenden Konturen der Rinde zu erkennen (Bild 6). Der jährliche Zuwachsmantel hat sich um die Stammachse gedreht.

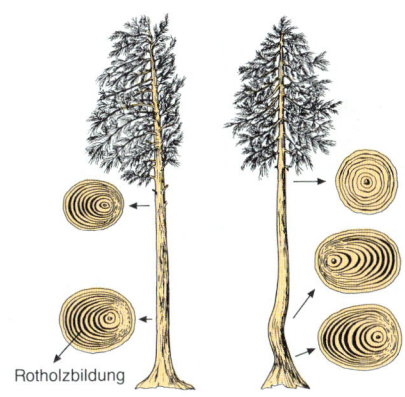

Rotholzbildung

5. Einseitig belastete und gekrümmte Stämme haben häufig exzentrische Querschnitte

Die schraubenförmig verlaufenden Holzfasern führen dazu, daß sich drehwüchsiges Holz „windschief" verzieht.

Bei **wechseldrehwüchsigen** Stämmen ändern die Fasern zum Teil mehrere Male ihre Drehrichtung. Die spanabhebende Bearbeitung solchen Holzes ist schwierig, weil die Faserrichtung ständig wechselt.

1. Warum darf das Rahmenholz für eine Haustür nicht unregelmäßig gewachsen sein?
2. Erläutern Sie die Entstehung folgender Wuchsfehler: a) Posthornwuchs, b) Bajonettwuchs, c) Zwieselung!
3. Beschreiben Sie die Form eines windschief verzogenen Brettes!
4. Wie wirkt sich eine starke Abholzigkeit auf die Fladerung eines Brettes aus?

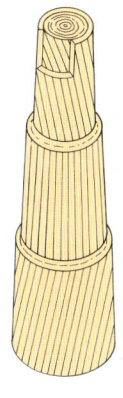

6. Drehwüchsiger Stamm und schematische Darstellung der Zuwachsmäntel bei Wechseldrehwuchs

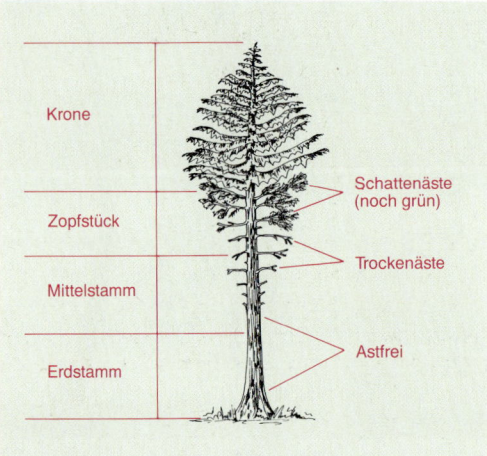

1. Die Astigkeit eines Stammes nimmt nach oben hin zu

Güteklasse A
Keine oder nur unbedeutende Fehler, die den Verwendungszweck nicht einschränken

Güteklasse B
Allgemein: normale Qualität

Fehler: schwache Krümmung, schwacher Drehwuchs, geringe Abholzigkeit, leicht exzentrischer Querschnitt

Äste: gesunde Äste mit kleinem oder mittlerem Durchmesser, wenige kranke kleine Äste

2. Rundholz der Güteklasse A und B liefert das Schnittholz für den Tischler

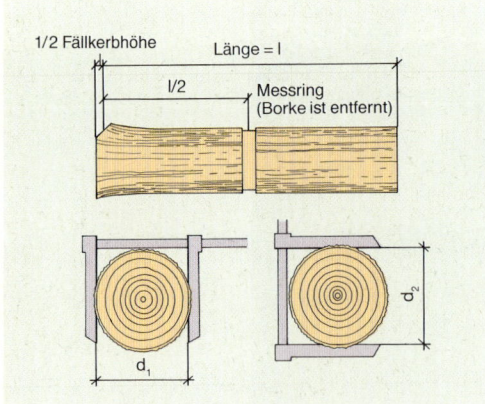

3. Bei mehr als 20 cm Stammdurchmesser wird der mittlere Durchmesser „über Kreuz" gemessen

1.18 Rundholz wird eingekauft

Manchen Tischlereien bietet sich die Möglichkeit, das Rundholz im nahe gelegenen Wald einzukaufen. So können vor Ort solche Stämme ausgesucht werden, die für den eigenen Betrieb besonders gut geeignetes Schnittholz liefern. Welche Faktoren müssen beim Aussuchen der Stämme und bei der Preisfestlegung beachtet werden?

Der Verwendungszweck des Holzes ist entscheidend

Bei der Auswahl des Rund- oder Rohholzes steht der Verwendungszweck im Vordergrund. Zur Herstellung von Tischplatten und Eckbänken werden dicke Stammabschnitte benötigt, für die Bretter einer Wandverkleidung sind schmale, dünne Stämme vorteilhafter. Weil sich die Verkleidungen und die Vollholzmöbel immer im Blickfeld des Menschen befinden, muß das Holz, aus dem sie gefertigt werden, schön gewachsen und von guter Qualität sein.

> Das Rund- oder Rohholz wird nach der Holzqualität und nach den Stammabmessungen ausgesucht. Danach berechnet sich auch der Preis.

Die Holzqualität hängt von vielen Faktoren ab

Für die Bewertung des Rundholzes spielt die Astigkeit zunächst die wichtigste Rolle. Gut stehende Tischplatten sollten astfrei sein. In Wandverkleidungen können Äste hingegen erwünscht sein, weil sie die Textur beleben.
Betrachtet man einen Baumstamm nach seiner ganzen Länge, so fällt auf, daß die Anzahl der Äste vom Erdstamm nach oben stetig zunimmt (Bild 1). Das Werkholz für die Tischlerarbeiten wird vorwiegend dem astfreien Erdstamm und dem Mittelstamm mit wenigen Ästen entnommen. Der Zopfteil ist zu astig und darum hauptsächlich für Bauschnittholz geeignet.
Das Rundholz, das zu Schnittholz für den Tischler weiterverarbeitet wird, darf neben einer geringen Astigkeit die in der Tabelle (Bild 2) dargestellten Fehler haben.

> In Abhängigkeit von der Menge der Wuchsfehler und der Fehlerart wird das Rundholz in die **Güteklassen** A, B, C und D sortiert.

Die übliche Holzqualität für Innenausbauarbeiten entspricht der Güteklasse B. Das Rundholz der Güteklasse A ist fast fehlerfrei. Das Holz der Güteklasse C ist zu fehlerhaft und darum für die meisten Tischlerarbeiten ungeeignet. Holz der Güteklasse D muß noch mindestens zu 40% gewerblich verwendbar sein.

Ermittlung des Stammdurchmessers
Neben der Ermittlung der Güteklasse muß das Stammvolumen bestimmt werden. Weil jeder Stammabschnitt etwas abholzig ist, dient der mittlere Durchmesser ohne Rinde (Bild 3) als Berechnungsgrundlage. Die ermittelten Daten werden am Stammquerschnitt vermerkt (Bild 5). Es gilt:

$$\text{Stammvolumen} = d_m \cdot d_m \cdot \frac{\pi}{4} \cdot L$$

Nach dem mittleren Durchmesser wird der Stamm in Stärkeklassen (Bild 4) eingeteilt und entsprechend seiner Güteklasse der m³-Preis festgelegt. Der m³-Preis steigt mit größer werdendem Stammdurchmesser.

Holzeinschnitt im Sägewerk
Vor der Verarbeitung des Holzes in der Tischlerei müssen die Stämme eingeschnitten werden. Meistens geschieht dies mit einem **Sägegatter** (Bild 6). In einen Metallrahmen eingespannte Sägeblätter werden über einen Kurbelantrieb auf- und abbewegt. Auf diese Weise entsteht eine Schnittbewegung. Einzugswalzen schieben den Stamm gegen die Sägeblätter.
Zum Teilen von Stämmen mit sehr großem Durchmesser ist eine **Blockbandsäge** erforderlich. Der Stamm wird mit einem auf Schienen laufenden Vorschubwagen gegen ein Sägeband geführt.
Zum Einschneiden von Kanthölzern werden neben dem Sägegatter auch **Kreissägen** mit sehr großen Sägeblättern verwendet. Mit **Vielblattkreissägen** lassen sich Bretter auf beiden Seiten in einem Durchgang besäumen.

1. Warum darf das Werkholz für den Möbelbau nicht zu astig sein?
2. Welche Wuchsfehler darf ein Stammabschnitt aufweisen, wenn er Schnittholz der Güteklasse B für eine Eckbank liefern soll?
3. Berechnen Sie das Volumen eines 4,5 m langen Stammabschnittes mit $d_1 = 45$ cm und $d_2 = 49$ cm!
4. Beschreiben Sie die Funktionsweise eines Sägegatters!

Klasse	Mittendurchmesser o.R.
L 0	unter 10 cm
L 1a	10 bis 14 cm
L 1b	15 bis 19 cm
L 2a	20 bis 24 cm
L 2b	25 bis 29 cm
L 3a	30 bis 34 cm
L 3b	35 bis 39 cm
L 4	40 bis 49 cm
L 5	50 bis 59 cm
L 6	60 cm und mehr

4. Nach der Größe des Mittendurchmessers wird das Rundholz in Stärke- oder Durchmesserklassen eingeteilt

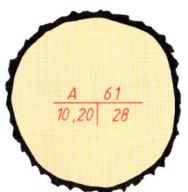

61 = Stammnummer
10,20 = Länge in m
28 = Mittendurchmesser in cm
A = Güteklasse

5. Die Bewertung eines Stammes wird auf dem Querschnitt vermerkt

6. Mit dem Vollgatter können mehrere Schnitte gleichzeitig erfolgen. Mit der Blockbandsäge ist nur eine Schnittführung möglich.

1. Ein Bauernschrank aus Kiefer

2. Spannrückige Stammquerschnitte führen zu unregelmäßig gefladerten Zeichnungen

3. Wundüberwallung im Anfangs- und im Endstadium

1.19 Faserabweichungen mindern die Holzqualität

Für einen Betrieb, der sich auf die Herstellung von Möbeln aus Fichte und Kiefer (Bild 1) spezialisiert hat, müssen Bretter im Sägewerk eingekauft werden. Die Zeichnung der Bretter aus den verschiedenen Brettstapeln ist zum Teil sehr unterschiedlich. Welche Bretter eignen sich für den Möbelbau? Welche Wuchsunregelmäßigkeiten mindern die Qualität?

Unerwünschte Abweichungen

Zunächst scheiden alle Bretter aus Stammkrümmungen aus.

Bei der Durchsicht der Brettstapel fallen immer wieder Störungen des Verlaufes der Fladerungen im unteren Brettbereich auf. Ihre Ursache ist ein wellenlinienartiger Jahrringverlauf im Stammquerschnitt. Diese Wuchsform wird **Spannrückigkeit** genannt (Bild 2).

> Spannrückiges Holz ist unregelmäßig gezeichnet und hat ein schlechtes Stehvermögen.

Es sollte darum in der Tischlerei nur für schmale Leisten Verwendung finden.

Auch **Hohlkehlen**, die sich oft unter den Astansätzen dickerer Äste bilden, führen zu ähnlichen Nachteilen.

Beim **Wimmerwuchs** verlaufen die Jahrringe zwar auch etwas gewellt. Die Querschnittsform des Stammes bleibt aber rund.

An einigen Brettern sind Rindeneinschlüsse, dunkel gefärbte Risse, starke Verharzungen und eine Unregelmäßigkeit des Jahrringverlaufes zu sehen. Dies sind Zeichen für eine **Wundüberwallung** (Bild 3). Diese Wuchsunregelmäßigkeit entsteht, wenn das Kambium durch äußere Einwirkungen beschädigt worden ist. An dieser Stelle ist kein Wachstum möglich. Um die Wunde zu schließen, stülpen sich die folgenden Jahrringe weiter und weiter über die beschädigte Stelle, bis sie zusammentreffen und miteinander verwachsen. Das Holz im Bereich der Wundüberwallung ist zu fehlerhaft, als daß es für die Herstellung eines Bauernschrankes oder anderer Tischlerarbeiten in Frage käme.

> Häufig ist eine nicht rechtzeitig gelungene Wundüberwallung die Ursache für einen Pilzbefall am Baum.

Auch größere Harzansammlungen im Holz sind auf der Sichtfläche eines Möbels unerwünscht. Solche **Harzgallen** (Bild 4) müssen herausgeschnitten oder ausgeflickt werden.

> Harzgallen verkleben die Werkzeuge und stören die Oberflächenbehandlung des Holzes.

Bei einigen Brettern gibt es Risse von mehreren Metern Länge. Für Holzflächen im Sichtbereich dürfen solche Bretter nicht verwendet werden. Ihre Ursache kann sehr verschieden sein.
Verwachsen zwei benachbarte Jahrringe infolge einer Wachstumsstörung nur unzureichend, dann kommt es zu einer **Ringschäle** (Bild 4).
Frostrisse (Bild 5) können entstehen, wenn durch strengen Frost zu große Spannungen im Holz entstehen. Es reißen vor allem bereits geschädigte Stammteile plötzlich über mehrere Meter Länge auf. Spannungen im Stamminneren können auch zu **Kernrissen** (Bild 5) führen.
Im Gegensatz zu den Trockenrissen laufen Kernrisse im Stammquerschnitt von innen nach außen spitz zu.

Äste können sehr verschieden aussehen

Gut verwachsene, gesunde Äste beleben vor allem bei Nadelhölzern das Aussehen.
Bei der Holzauswahl müssen die häufig vorkommenden kleinen **Punktäste**, die größeren **Rundäste** und die länglich ovalen **Flügeläste** unterschieden werden (Bild 6).

> An Seitenbrettern überwiegen Rundäste, an Kernbrettern Flügeläste.

Manche Bretter sind durch schwarze Äste gekennzeichnet. Sie eignen sich für die Herstellung von Qualitätsmöbeln nicht. Es handelt sich um kranke, nicht fest verwachsene Äste, die nach der Schwindung aus dem Brett herausfallen. Diese **Durchfalläste** (Bild 6) stellen eine sehr große Wertminderung dar.

1. Wie wirken sich weit aus dem Boden ragende Stützwurzeln auf die Querschnittsform eines Stammes aus?
2. Welche Fehler sind bei der Holzauswahl für einen Bauernschrank aus Kiefer zulässig?
3. Beschreiben Sie den Faserverlauf im Bereich eines großen Rundastes.
4. Erläutern Sie die Entstehung von Flügelästen an Kernbrettern!

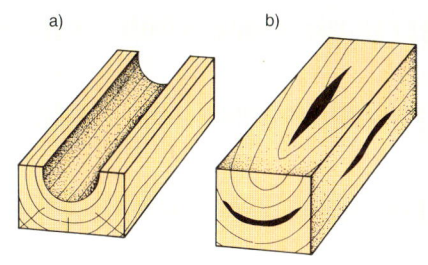

4. a) Ringschäle   b) Harzgallen

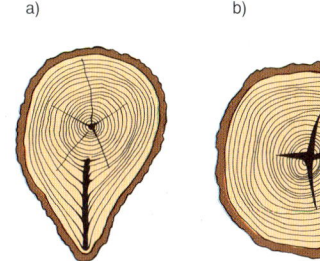

5. a) **Frostriß mit Frostleiste:** *Der Baum versuchte vergeblich den Frostriß zu überwallen;* b) **Kernriß oder Sternriß:** *ist von außen nicht erkennbar*

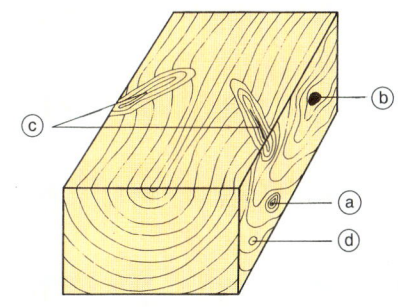

6. **Astformen:** *a) Rundast, b) schwarzer Durchfallast, c) Flügelast, d) Punktast*

1. Wohnbereich mit Wintergarten

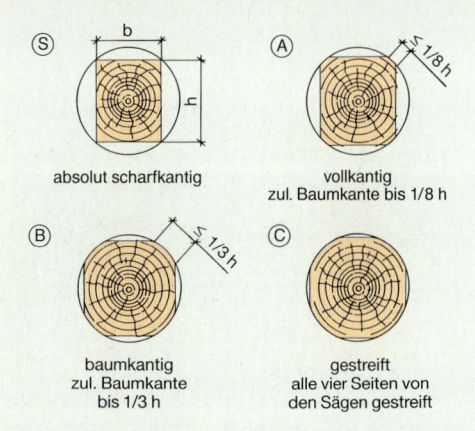

absolut scharfkantig

vollkantig
zul. Baumkante bis 1/8 h

baumkantig
zul. Baumkante
bis 1/3 h

gestreift
alle vier Seiten von
den Sägen gestreift

2. Die Schnittklassen S, A, B und C erfassen die nach dem Zuschnitt verbliebene Baumkante

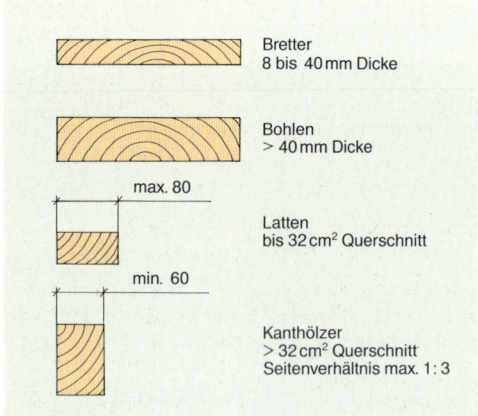

Bretter
8 bis 40 mm Dicke

Bohlen
> 40 mm Dicke

max. 80

Latten
bis 32 cm² Querschnitt

min. 60

Kanthölzer
> 32 cm² Querschnitt
Seitenverhältnis max. 1 : 3

3. Nach DIN 68 252 Teil 1 werden die Schnittholzsortimente nach ihren Querschnittsabmessungen sortiert

1.20 Schnittholz wird bewertet

Der Wohnbereich eines Wohnhauses mit sichtbarer Holzbalkenkonstruktion und Brettäfelung soll aus Fichtenholz angefertigt werden (Bild 1). Das Holz soll eine nicht deckende Oberflächenbehandlung erhalten. Dafür sind geeignete Kanthölzer und Bretter bereitzustellen.

Sortierung nach der Trägfähigkeit des Holzes

Die Decken- und Wandkonstruktion muß den äußeren Belastungen durch Schnee und Wind standhalten. Eine Gütesortierung nach Holzfehlern reicht nicht aus. Es ist eine Sortierung nach der Biegefestigkeit des Holzes erforderlich.

> Nach DIN 4074 wird Nadelschnittholz gemäß seiner Tragfähigkeit in die Sortierklassen **S7** (geringe Tragfähigkeit), **S10** (übliche Tragfähigkeit) und **S13** (überdurchschnittliche Tragfähigkeit) eingeteilt.

Die Höhe der Tragfähigkeit wird von der Anzahl der Äste, der Faserneigung, den Rissen im Holz und den Krümmungen sowie dem Befall durch tierische und pflanzliche Schädlinge bestimmt. Für allseits sichtbares Holz muß der Einschnitt ohne Baumkante erfolgen.

> Nach der Größe der Baumkante werden die **Schnittklassen S** (scharfkantig), **A** (vollkantig), **B** (fehlkantig) und **C** (sägegestreift) unterschieden (Bild 2).

Für die tragenden und sichtbaren Teile der Wand- und Deckenkonstruktion eignet sich Nadelschnittholz der Sortierklasse S10 und der Schnittklasse S.

Verschiedene Schnittholzerzeugnisse

Für die tragenden Hölzer der Decke (Bild 1) sollen Querschnitte von 10/18 cm verwendet werden. Nach DIN 68252 (Bild 3) handelt es sich dabei um **Kanthölzer**. Die Flächen zwischen den Kanthölzern sind mit 20 mm dicker Hobelware zu verkleiden.

> Es wird zwischen **Brettern** und **Bohlen** unterschieden. Bretter sind höchstens 40 mm dick, Bohlen sind dicker als 40 mm (Bild 3).

Einfache Nut- und Federbretter oder Bretter mit häufig gefragten Querschnittsformen sind im Handel als **Halbfabrikate** (Bild 4) erhältlich.

Anforderungen an das Holz für Tischlerarbeiten

Nach DIN 68 360 ist für die Holzauswahl (Bild 6) zwischen einer deckenden (D) bzw. nicht-deckenden (ND) Oberflächenbehandlung und einer Innenverwendung (I) bzw. Außenverwendung (A) des Holzes zu unterscheiden.
Für das Eingangsbeispiel müssen somit die Holzmerkmale für IND Berücksichtigung finden.

Wie wird die Schnittholzmenge bestimmt?

Für die Ermittlung des Verkaufspreises muß die Schnittholzmenge bekannt sein. Die Breite der unbesäumten Bretter und Bohlen wird nach halber Länge gemessen.

> Nach DIN 68 250 wird die Breite von Brettern stets auf der linken Seite gemessen. Die Breite von Bohlen hingegen errechnet sich als Mittelwert der Breiten auf beiden Brettseiten, oder sie wird blockliegend gemessen (Bild 5).

1. Für die Deckenkonstruktion eines Wohnzimmers wird Kiefer der Schnittklasse S und der Sortierklasse S13 vorgeschrieben. Erläutern Sie diese Aufgaben!
2. Um welche Schnittholzart handelt es sich bei folgenden Querschnittsmaßen: 160/60 mm?
3. Erläutern Sie die folgende Schnittholzbezeichnung: Bohle DIN 4074 – S 13 – KI!
4. Was ist unter einer „blockliegenden" Breitenmessung zu verstehen (Bild 5)?

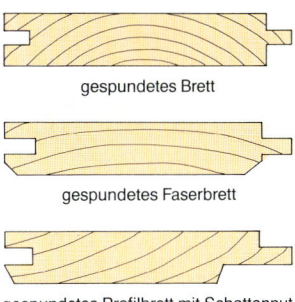

gespundetes Brett

gespundetes Faserbrett

gespundetes Profilbrett mit Schattennut

4. Halbfabrikate sind gehobelte und profilierte Erzeugnisse

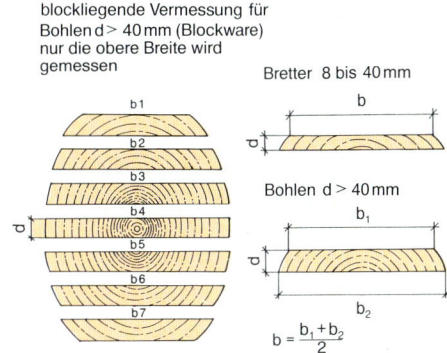

blockliegende Vermessung für Bohlen d > 40 mm (Blockware) nur die obere Breite wird gemessen

Bretter 8 bis 40 mm

Bohlen d > 40 mm

$b = \dfrac{b_1 + b_2}{2}$

5. Die Breite von Brettern und Bohlen wird unterschiedlich gemessen

Merkmale	ID	IND
Faserabweichung	unzulässig: Drehwuchs und Abweichungen des Faserverlaufs über 2 cm je m	
Längsrisse	zulässig: kleine Risse und dauerhaft [1] ausgebesserte Risse, die in Faserrichtung laufen, nicht durchgehen und nach der Oberflächenbehandlung nicht mehr stören	
Querrisse	unzulässig	
Harzgallen Harzzonen	unzulässig: Harzzonen zulässig: bis auf den Grund dauerhaft ausgebesserte Harzgallen, wenn sie an sichtbaren Flächen nicht zu erkennen sind	
Äste, nicht ausgebesserte	zulässig: nur gesunde, verwachsene Äste, die Stehvermögen und Gebrauchstauglichkeit der Teile nicht beeinflussen, d. h. der größte Ast-Ø darf nicht größer als 1/3 der Breite eines Teiles (z. B. Rahmenholzes) sein	unzulässig: Flügeläste und dunkle sichtb. Äste
Äste, ausgedübelte	zulässig: auch an ihren Kanten vollflächig verleimte Dübel bis Ø 25 mm und Kettendübelungen bis 3 Dübel	Dübel unzulässig an sichtbaren Möbelflächen, Wand- und Deckenbekleidungen

6. Beschaffenheit des Holzes für Tischlerarbeiten nach DIN 68 360 (Auszug)

1. Der Möbelfuß zeigt kleine kreisrunde Löcher mit etwa 1 bis 2 mm Durchmesser und dicht aneinanderliegende Fraßgänge eines Insekts

Insektenart	Vollinsekt	Befallsbild
Hausbock (Hylotrupes bajulus) Ovales Flugloch, ca. 4 x 7 mm		
	natürliche Länge ca. 8–20 mm	1
Gewöhnlicher Nagekäfer (Anobium punctatum) rundes Flugloch, Ø 1,5–2 mm		
	natürliche Länge ca. 2,5–4,5 mm	2
Brauner Splintholz- käfer (Lyctus brunneus) Rundes Flugloch, Ø ca. 1–1,5 mm		
	natürliche Länge ca. 3–6 mm	3

2. Holzzerstörende Insekten des verbauten Holzes – Erkennungsmerkmale

1.21 Tierische Holzschädlinge können Holz zerstören

Bild 1 zeigt einen Möbelfuß eines alten Tannen- holzschrankes, der vom „Holzwurm" stark zer- stört ist. Vor der Restaurierung des Schrankes muß zunächst der Schädlingsbefall genauer un- tersucht werden.

Welcher Schädling hat das Holz zerstört?

Vergleicht man das Befallsbild des Insekts (Bild 1) mit den Fraßbildern der wichtigsten holzzer- störenden Insekten (Bild 2), erkennt man, daß an dem Möbelfuß Anobienbefall vorliegt.
Anobien (Nagekäfer) sind kleine braune Käfer, die sich aus einem Ei über das Larvenstadium und das Puppenstadium zum Käfer entwickeln. Im Larvenstadium zerstört das Insekt das Holz und hinterläßt Bohrmehl. Nach der Verpuppung dicht unter der Holzoberfläche bohrt sich der Kä- fer ein Ausflugloch durch die äußerste Holz- schicht und gelangt so ins Freie.

Welche Ursachen gibt es für den Schädlingsbefall?

Nach Tabelle 3 benötigt die Anobienlarve als ei- gentlicher Holzzerstörer mindestens 10 % Holz- feuchte und mindestens 13° C Temperatur für ihre Entwicklung.
In beheizten Innenräumen stellt sich bei 50 % re- lativer Luftfeuchte und 20° C Lufttemperatur durchschnittlich jedoch eine Holzfeuchte von 8 % als Holzgleichgewichtsfeuchte ein.
Weil sich die Anobienlarven so gut entwickeln und den Möbelfuß so stark zerstören konnten, müssen sie über mehrere Jahre eine wesentlich höhere Holzfeuchte vorgefunden haben. Das Möbelstück muß feuchtem Umgebungsklima ausgesetzt gewesen sein, wie z. B. in Keller-, un- beheizten Lager- oder Abstellräumen.

Muß man das Möbelstück gegen Anobienbefall behandeln?

Durch Holzschutzbehandlung kann man die Schädlinge abtöten (bekämpfender Holzschutz) bzw. das Holz vor Neubefall schützen (vorbeu- gender Holzschutz).
Bekämpfungsmaßnahmen sind allerdings nur bei lebendem Befall erforderlich. Um dies festzustel- len, kann man die vorhandenen Fraßgänge auf lebende Larven untersuchen. Eine Holzfeuchte von über 10 %, ein feuchter Aufstellort und neue Ausfluglöcher geben weitere Hinweise. Heraus- rieselndes Bohrmehl und vorhandene Aus-

fluglöcher hingegen zeigen nur an, daß Schädlinge vorhanden waren. Lassen sich lebende Larven finden, ist zu fragen, ob ein weiterer Befall auch am vorgesehenen Aufstellungsort zu befürchten ist.

> Voraussetzungen für eine Weiterentwicklung der Larven und einen Neubefall sind eine Holzfeuchte von mehr als 10 % über längere Zeit und nährstoffreiches Holz.

Da sich die Anobienlarven von Eiweiß und Stärke des Holzes ernähren, bevorzugen sie Splintholz, Nadelholz und frisches Holz. Kernholz, Hartholz und altes Holz wird meistens nicht befallen.
Bei alten Möbelstücken, die in einem beheizten Innenraum aufgestellt werden sollen, ist ein weiterer Schädlingsbefall nahezu auszuschließen.

> Ein vorbeugender chemischer Holzschutz ist bei Möbeln in beheizten Innenräumen nicht erforderlich.

Bekämpfender Holzschutz sollte nur bei starkem lebenden Anobienbefall in Betracht gezogen werden.

Welche Möglichkeiten gibt es zur Anobienbekämpfung?
Mit Hilfe des Heißluftverfahrens (Tabelle 4) lassen sich die Anobienlarven abtöten. Der Schrank kann dabei allerdings durch Trockenrisse beschädigt werden.
Chemische Holzschutzmittel (Tabelle 4) lassen sich leicht anwenden (Bild 5) und bieten auch einen vorbeugenden Holzschutz. Da sie stark ausgasen, können sie die Gesundheit des Verarbeiters und des Benutzers des behandelten Möbelstücks gefährden.
Biologische Bekämpfungsverfahren kommen nur für unbewohnte Räume in Frage.
Wegen der Nachteile der einzelnen Verfahren sollte man möglichst auf eine Schädlingsbekämpfung verzichten und gegebenenfalls befallene Teile erneuern.

1. Woran kann man Hausbockbefall erkennen?
2. Welche Werkstücke und Bauteile könnten durch Hausbockbefall gefährdet sein?

Hausbock

Holzfeuchte mind. 10 %, optimal 30 %
Temperatur mind. 10 °C, optimal 30 °C
Entwicklungsdauer 2 bis 15 Jahre
nur in Nadelholz,
vorwiegend Splintholz

natürliche Länge ca. 15–30 mm

Anobium

Holzfeuchte mind. 10 %, optimal 28 %
Temperatur mind. 13 °C, optimal 23 °C
Entwicklungsdauer 2 bis 3 Jahre
in allen Holzarten,
vorwiegend Splintholz

natürliche Länge ca. 4–6 mm

Splintholzkäfer

Holzfeuchte mind. 7 %, optimal 15 %
Temperatur mind. 10 °C, optimal 26 °C
Entwicklungsdauer 1 Jahr
nur im Splintholz von Laubhölzern,
vorwiegend tropische Laubhölzer

natürliche Länge ca. 4–6 mm

3. Welche Entwicklungsbedingungen benötigen die Insektenlarven?

Bekämpfung durch	Verfahren
Heißluft	Erwärmen des Holzes auf über 50 °C für mehrere Stunden
Kälte	Durchkühlen des Holzes unter 0 °C
Chemische Holzschutzmittel	Durchgasen oder Tränken des Holzes mit Insektiziden
Biologische Verfahren	Aussetzen von Raubinsekten, Aufstellen von Fallen mit Lockstoffen

4. Wie kann man tierische Holzschädlinge bekämpfen?

5. So lassen sich chemische Holzschutzmittel einbringen

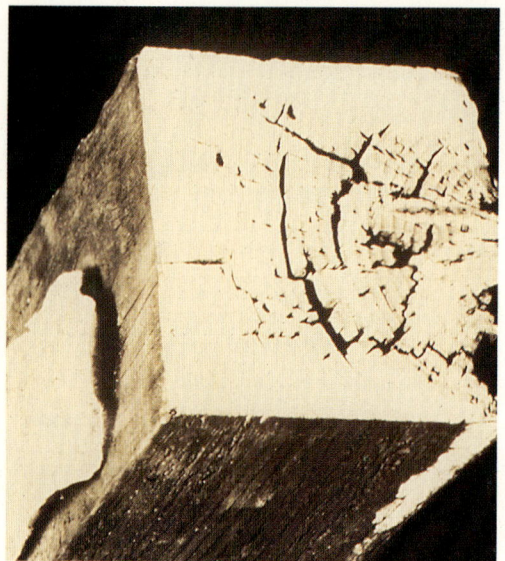

1. Das untere Rahmenholz des Fichtenholzfensters ist durch Fäulnis zerstört

Rotfäule (Destruktionsfäule)
rotbraune Verfärbung
Abbau der Cellulose
Risse, Würfelbruch
starke Abnahme
der Festigkeit

Weißfäule
Weißfärbung
Abbau des Lignins
faseriges Holz
Abnahme der Festigkeit

Blaufäule
blauschwarze Verfärbung
Abbau der Holzinhaltsstoffe
geringe Festigkeitsverluste
(nur bei starkem Befall)

2. Welches Schadbild verursachen holzzerstörende Pilze?

1.22 Wie schützt man Holz vor Pilzbefall?

Bild 1 zeigt ein durch Fäulnis stark zerstörtes Fenster aus Fichte. Was hat zu der Holzzerstörung geführt und wie hätte man das Holz davor schützen können?

Welcher Schädling hat das Holz zerstört?
Fäulnis wird von **Pilzen** verursacht. Das zerstörte Fichtenholz zeigt im Querschnitt (Bild 1) eine rötlich-braune Verfärbung. Das Holz hat einen Teil seiner Festigkeit eingebüßt und ist gerissen. Nach Tabelle 2 verursacht der Schädling also Rotfäule (Destruktionsfäule).

> Rotfäule verursachende Pilze bauen die Zellulose in den Zellwänden ab und hinterlassen lediglich das rotbraune Lignin.

Die Pilze bestehen aus einem Netz aus Zellfäden (Myzel), das das Holz durchzieht. Konnte sich das Myzel gut im Holz ausbreiten, bildet der Pilz Fruchtkörper außerhalb des Holzes. Die Fruchtkörper entwickeln zur Vermehrung Sporen, die durch Luftbewegungen weiter verbreitet werden. Aus den Sporen können bei günstigen Entwicklungsbedingungen neue Pilze entstehen.

Anhand der Erkennungsmerkmale der holzzerstörenden Pilze des verbauten Holzes (Tabelle 3) läßt sich der Fäulnis verursachende Pilz am Fenster als Blättling bestimmen. Typische Merkmale für diesen Pilz sind die Ringspaltigkeit (Risse entlang der Jahrringe) und die Innenfäule.

Welche Ursachen gibt es für den Schädlingsbefall?
Nach Tabelle 3 benötigen Blättlinge eine hohe Holzfeuchte (optimal 40 %). Es muß mindestens 20 % Holzfeuchte über einen längeren Zeitraum (mindestens sechs Monate) vorhanden sein.

Ein sachgemäß erstelltes Holzfenster weist normalerweise durchschnittlich etwa 12 % bis 15 % Holzfeuchte auf, so daß ein Pilzbefall gar nicht möglich ist.

> Ein Pilzbefall kann erst auftreten, wenn ständig größere Feuchtigkeitsmengen in das Holz eindringen und das Holz nicht schnell genug wieder austrocknen kann.

Das zerstörte Fichtenholzfenster (Bild 1) weist einen deckenden Anstrich auf. Durch Schadstellen im Anstrich ist nach einem Regenguß regelmäßig Wasser eingedrungen, das durch den dichten Anstrich hindurch nur sehr langsam wieder verdunsten konnte.

Auffällig ist auch, daß das untere Rahmenholz besonders stark zerstört ist. Bei Schlagregen besteht die Gefahr, daß das von der Scheibe ablaufende Wasser auf der nahezu waagerechten Oberkante des Rahmenholzes stehenbleibt bzw. zu langsam herunterläuft. Die Feuchtigkeit kann so leicht zwischen den Holzfasern und in feinste Risse und Fugen eindringen.

Ein weiterer Schwachpunkt ist die undichte Fuge zwischen dem aufrechten und dem unteren Rahmenholz. Durch Kapillarkräfte dringt Wasser in die Fuge ein, das über das Hirnholz weit in das untere Rahmenholz einzieht.

Wie kann man das Holz vor Schädlingsbefall schützen?

Das Holzfenster muß mit einem gleichmäßigen, wasserdichten Anstrich, der regelmäßig zu renovieren ist, versehen werden – **physikalischer Holzschutz** (Tabelle 4).

Fugen, in die Wasser eindringen könnte, dürfen nicht undicht sein. Verbindungen müssen dauerhaft dicht bleiben, so daß das Hirnholz keine Feuchtigkeit aufnehmen kann. Die Oberkante des unteren Rahmenholzes, auf der Wasser stehen bleiben würde, muß abgeschrägt werden, damit das Wasser gut ablaufen kann. Durch geeignete Konstruktionen wird das Holz somit vor starker Durchfeuchtung geschützt – **konstruktiver Holzschutz** (Tabelle 4).

Zum vorbeugenden Holzschutz zählt außerdem die korrekte Holzauswahl. Für Holzfenster sollte Kernholz ohne Äste und Risse gewählt werden. Besondere Bedeutung hat die Wahl der Holzart. Fichtenholz ist nach Tabelle 5 wenig resistent gegenüber Schädlingsbefall. Dagegen besitzen z. B. Robinie, Douglasie, Lärche durch ihre Holzinhaltsstoffe bereits einen gewissen **natürlichen Holzschutz** (Tabelle 4).

Desweiteren kann man das Holz mit einem holzschutzmittelhaltigen Anstrich behandeln – **chemischer Holzschutz** (Tabelle 4).

1. Kann man von Blaufäule befallenes Kiefernholz für Holzfenster noch verwenden?
2. Nennen Sie Beispiele für konstruktiven Holzschutz an einer Außentür!

Pilzart	Zerstörungsbild des Holzes	Oberflächenmyzel	Lebensbedingungen
Echter Hausschwamm (Serpula lacrymans = Merulius lacrymans)	Destruktionsfäule; große Würfel; leicht pulverisierbar	weiß bis silberweiß, locker, wattig; später: weiß-grau, oft mit gelben oder roten Flecken, dicke Haut; an Holz und Mauerwerk	große Zerstörungskraft; optimale Bedingungen bei 18–21°C und 30 % Holzfeuchte. Grenzen: 3–26°C und 20–55 % Holzfeuchte
Blättlinge (Gloeophyllium-Lenzites-Arten)	Destruktionsfäule; Innenfäule; Ringspaltigkeit	kein typisches Oberflächenmyzel (Substratpilz); selten umbrabraunes Luftmyzel, besonders in Holzrissen	größter Zerstörer im Freien verbauten Holzes; optimale Bedingungen 28–30 °C und 40 % Holzfeuchte

3. Erkennungsmerkmale der wichtigsten holzzerstörenden Pilze des verbauten Holzes

Vorbeugender Holzschutz
Physikalischer Holzschutz
Verringern der Feuchtigkeitsaufnahme durch einen schützenden Anstrich
Konstruktiver Holzschutz
Abdichten von Fugen, Hirnholz vor Feuchtigkeit schützen, guter Wasserablauf
Natürlicher Holzschutz
Verwendung resistenter Holzarten, Auswählen von splint-, ast-, rißfreiem Holz
Chemischer Holzschutz
Einbringen von chemischen Wirkstoffen gegen Holzschädlinge (Insektiziden, Fungiziden)

4. Wie kann man Holz vor Schädlingsbefall schützen?

Resistenzklasse	Holzart
1 (sehr resistent)	Teak, Robinie, Afzelia, Azobé, Bongossi, Macoré, Palisander
2 (resistent)	Eiche, Sipo-Mahagoni, Zeder Redwood, Meranti
3 (mäßig resistent)	Douglasie, Lärche, Pitch pine, Nußbaum
3–4	Kiefer
4 (wenig resistent)	Fichte, Tanne, Rüster, Limba, Birnbaum, Abachi
5 (nicht resistent)	Ahorn, Buche, Esche, Birke, Erle, Linde, Pappel

5. Welchen natürlichen Holzschutz haben die Holzarten (Kernholz)?

1. Müssen die Profilbretter mit chemischen Holzschutzmitteln behandelt werden?

Holzschutzmittel	
Wasserlösliches Holzschutzmittel	Lösungsmittelhaltige Holzschutzmittel
Inhaltsstoffe	
Giftige Metallsalze (z. B. mit Chrom, Fluor, Kupfer) oder Borsalze	In Lösungsmitteln gelöste Wirkstoffe gegen Pilze (Fungizide) und Insekten (Insektizide)
Eigenschaften	
gutes Eindringen nur bei feuchtem Holz (mehr als 20 % Holzfeuchte) Auswaschen bei direkter Wassereinwirkung ausreichende Fixierzeit erforderlich (bis zu 14 Tage) Ausgasen des Holzschutz- mittels (Ausnahme: Borsalze)	gutes Eindringen nur bei trockenem Holz Ausgasen der Wirkstoffe über lange Jahre hoher Lösungsmittelanteil (bei Imprägnierungen mehr als 90 %)

2. Welche Arten von Holzschutzmitteln gibt es?

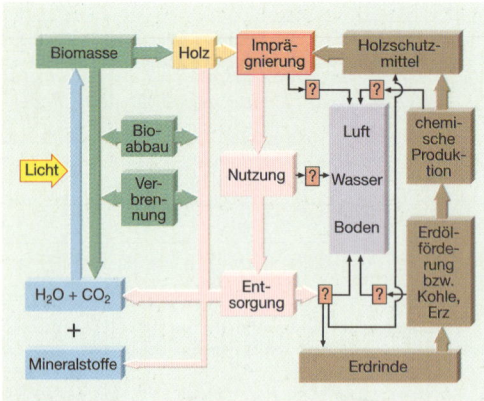

3. Stoffkreislauf von Holz und Holzschutzmittel

1.23 Ist chemischer Holzschutz empfehlenswert?

In einem Badezimmer sollen an den Wänden auch im Bereich von Waschbecken und Badewanne Kiefernholzprofilbretter (Bild 1) angebracht werden. Wegen der Feuchtebeanspruchung wird eine Behandlung der Profilbretter mit chemischen Holzschutzmitteln in Erwägung gezogen, um die Lebensdauer des Holzes zu verlängern.

Welche Holzschutzmittel kommen in Frage?

Nach Tabelle 2 unterscheidet man zwischen wasserlöslichen und lösungsmittelhaltigen Holzschutzmitteln.

Wasserlösliche Holzschutzmittel sind Salze, die vor dem Auftragen in Wasser aufgelöst werden müssen. Zum Kenntlichmachen der Behandlung sind den Holzschutzmitteln Farbstoffe zugegeben.

Lösungsmittelhaltige Holzschutzmittel sind als Holzschutzimprägnierung, -grundierung oder -lasur in Form eines Anstrichmittels erhältlich. Sie werden besonders für trockenes Holz verwendet, weil sie hier im Vergleich zu den wasserlöslichen Holzschutzmitteln tiefer eindringen.

Wegen der niedrigen Holzfeuchte der Profilbretter von etwa 6 bis 8 % sind lösungsmittelhaltige Holzschutzmittel daher besser geeignet.

Chemische Holzschutzmittel sind gesundheitlich problematisch

Die Wirkstoffe der Holzschutzmittel entweichen als Gas über einen langen Zeitraum aus dem Holz, insbesondere bei lösungsmittelhaltigen Mitteln. Die großflächige Anwendung eines lösungsmittelhaltigen Holzschutzmittels bei den Profilbrettern würde zu einer ständigen Belastung der Innenraumluft führen.

Nach einer solchen großflächigen Verwendung von lösungsmittelhaltigen Holzschutzmitteln in Innenräumen haben in den letzten Jahren zahlreiche Bewohner gesundheitliche Beeinträchtigungen erlitten.

Die geltende Norm zum Holzschutz empfiehlt daher einen Verzicht auf die großflächige Anwendung von Holzschutzmitteln im Innenraum.

Auch die wasserlöslichen Borsalze kommen für das Badezimmer nicht in Frage. Ihre Wirkstoffe gasen zwar nicht aus, dafür waschen sie jedoch leicht aus.

Ist chemischer Holzschutz vertretbar?

Um die Umweltverträglichkeit von Holzschutzmitteln bewerten zu können, benötigt man Informationen über die Belastung der Lebewesen, der Luft, des Bodens und des Wassers durch diese Produkte. Dabei muß man alle Stufen des Produktes von der Herstellung bis zur Entsorgung betrachten. Nach Bild 3 können bei allen Produktstufen des Holzschutzmittels Stoffe in Wasser, Boden und Luft gelangen, deren Verbleib und Wirkung unklar ist (offener Stoffkreislauf). Unbehandeltes Holz wird dagegen von Pilzen und Bakterien ohne Bildung von Schadstoffen abgebaut (geschlossener Stoffkreislauf).

> Bei der Imprägnierung des Holzes können große Mengen des Holzschutzmittels in die Umwelt gelangen und durch ihre giftigen Wirkstoffe den Boden und das Wasser erheblich belasten.

Holzschutzmittelreste, -gebinde und behandeltes Holz müssen bei der Entsorgung als Sondermüll behandelt und auf Sondermülldeponien gelagert werden. Desweiteren ist behandeltes Holz zu kennzeichnen.

Aus diesen Gründen sollte man chemische Holzschutzmittel nur verwenden, wenn die Gefahr eines Schädlingsbefalls besonders groß ist und durch den Schädlingsbefall am Bauteil erhebliche Werte verlorengehen würden.

Für die Badezimmerwandverkleidung sollte man deshalb auf chemischen Holzschutz verzichten und das Holz durch konstruktive Maßnahmen (z. B. Hinterlüftung) und eine wasserabweisende Oberflächenbehandlung schützen.

> Konstruktiver Holzschutz ist unverzichtbar und hat Vorrang vor chemischem Holzschutz.

Die Wahl einer widerstandsfähigeren Holzart für die Profilbretter kann außerdem einen chemischen Holzschutz überflüssig machen.

1. Beschreiben Sie Sicherheitsmaßnahmen für den Umgang mit Holzschutzmitteln (Bild 4)!
2. Welche Gesundheitsgefahren bestehen für den Verarbeiter von lösungsmittelhaltigen Holzschutzmitteln?
3. Was bedeutet P, Iv, W (Bild 5)?

Feuer, offenes Licht und Rauchen verboten

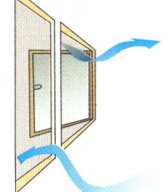
Für gute Be- und Entlüftung sorgen

Vor Regen geschützt arbeiten

Nicht essen oder trinken

Gebrauchsanweisung beachten

Anstrich- und Holzschutzmittel dürfen nicht ins Erdreich, Wasser oder Abwasser gelangen

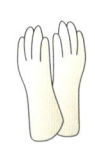
Schutzhandschuhe tragen, ggf. auch Atemschutzmaske

Bei Überkopf-Arbeiten Schutzbrille tragen

Reste und leere Gebinde der geordneten Entsorgung zuführen

4. Wie kann sich der Verarbeiter von Holzschutzmitteln schützen?

Prüfprädikate für die Schutzwirkung von Holzschutzmitteln	
P	gegen Pilze vorbeugend wirksam
Iv	gegen Insekten vorbeugend wirksam
W	auch für Holz, das der Witterung ausgesetzt ist, jedoch nicht im ständigen Erd- und Wasserkontakt
E	auch für Holz, das extremer Beanspruchung ausgesetzt ist (im ständigen Erd- und Wasserkontakt sowie bei Schmutzablagerung in Rissen und Fugen)

5. Was bedeuten die Prüfprädikate von Holzschutzmitteln?

Holzarten	Kurzbezeichnung	Splint-, Reif u. Kernholz					Harzgehalt			Poren		
		Splintholzbaum	Reifholzbaum	Kernholzbaum	breiter Splint	breiter Kern	harzreich	harzarm	ohne Harz	zerstreutporig	ringporig	großporig
Europäische Nadelhölzer (NH)												
Eibe	EIB			■		■		■				
Fichte	FI		■				■					
Kiefer	KI			■	■		■					
Lärche	LA					■						
Tanne	TA		■						■			
Nordamerikanische Nadelhölzer												
Douglasie (Oregon)	DGA			■								
Hemlock	HEL			■		■		■				
Pitch-Pine	PIP			■		■	■					
Redwood	REK			■		■						
Western Red Cedar	RCW											
Europäische Laubhölzer (LH)												
Ahorn	AH	■								■		
Birke	BI	■								■		
Eiche	EI			■		■			■		■	■
Erle	ER		■							■		
Esche	ES								■		■	
Kirschbaum	KB		■						■	■		
Linde	LI	■								■		
Nußbaum	NB			■	■					■	■	
Rotbuche	BU	■								■		
Rüster (Ulme)	RU		■								■	■

| Markstrahlen | | Textur | | Darrdichte | | | Härte | | | Beständigkeit* | | Schwindung | | Verwendung | | | | |
breit – deutlich sichtbar	fein – unsichtbar	deutlich	wenig deutlich	kleiner als 0,45 kg/dm³	0,45 bis 0,60 kg/dm³	größer als 0,60 kg/dm³	groß	mäßig	gering	gut – befriedigend	unbefriedigend	stark	mäßig	Außenbau	Fenster – Türen	Böden – Treppen	Deckfurniere	Holzwerkstoffplatten

bei Kern- und Reifholz

* Beständigkeit gegen Witterungseinflüsse

Holzarten	Kurzbezeichnung	Wuchsgebiet				Splint und Kern		Poren			
		Afrika (Tropen)	Südamerika (Tropen)	Mittelamerika (Tropen)	Süd- oder Ostasien	deutlicher Farbunterschied	undeutlicher Farbunterschied	zerstreutporig	ringporig	großporig	feinporig
Abachi	ABA	■					■	■			
Afrormosia	AFR	■				■		■		■	
Afzelia (Doussie)	AFZ	■				■		■		■	
Balsa	BAL		■								
Bubinga	BUB	■									
Cedro	CED		■								
Ebenholz – Makassar	EBM	■			■	■					
Iroko (Kambala)	IRO	■					■	■		■	
Limba	LMB	■					■				
Mahagoni Amerikan. / Sipo	MAE MAU		■	■						■	
Makoré	MAC	■						■			
Mansonia	MAN	■				■		■			
Meranti	MER				■	■				■	
Okoumé (Gabun)	OKU	■						■			
Palisander – Ostind.	POS				■						
Palisander – Rio	PRO		■								
Ramin	RAM				■		■	■			
Sen	SEN				■	■			■	■	
Teak	TEK				■	■		■	■		
Wenge	WEN	■									

Wuchsgebiet, Merkmale und Eigenschaften

Außereuropäische Laubhölzer (LH)

Markstrahlen		Textur		Darrdichte			Härte			Beständigkeit*		Schwindung		Verwendung				
							bei Kern- und Reifholz											
breit – deutlich sichtbar	fein – unsichtbar	deutlich	wenig deutlich	kleiner als 0,45 kg/dm³	0,45 bis 0,60 kg/dm³	größer als 0,60 kg/dm³	groß	mäßig	gering	gut – befriedigend	unbefriedigend	stark	mäßig	Außenbau	Fenster – Türen	Böden – Treppen	Deckfurniere	Holzwerkstoffplatten

* Beständigkeit gegen Witterungseinflüsse

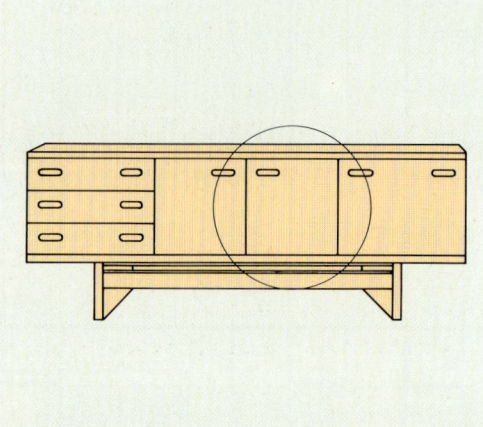

1. Furniertes Plattenmöbel mit Fußgestell aus Vollholz

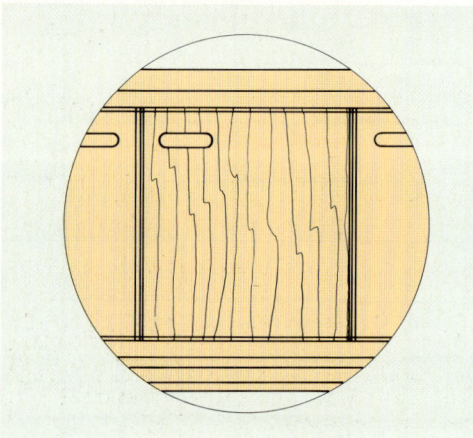

2. Tür des in Bild 1 abgebildeten Möbels (Ausschnitt)

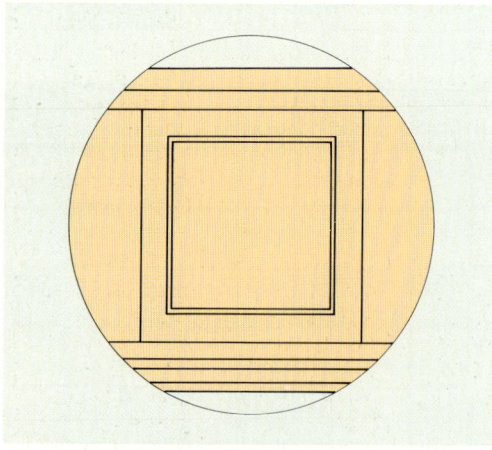

3. Möbeltüren können auch aus Vollholz in Rahmenkonstruktionen gefertigt werden (Variante zu Bild 2)

2.1 Trägerplatten ersetzen Vollholz

Der in Bild 1 gezeigte Schrank wurde aus Holz gefertigt. Das Fußgestell besteht aus Vollholz und das Gehäuse, auch Korpus genannt, und die Türen aus furnierten Holzwerkstoffplatten. Warum sind die aus Holzwerkstoffplatten gefertigten Werkstückteile nicht auch aus Vollholz? Und, warum werden im Möbel- und Inenausbau seit langer Zeit an Stelle des Vollholzes vorwiegend Plattenwerkstoffe, wie Sperrholz-, Holzspan- und Holzfaserplatten verwendet? Hierfür gibt es zahlreiche Gründe. Im folgenden sollen nur einige wesentliche Ursachen für das Verdrängen des Vollholzes genannt werden:

Die Türen, wie sie als Ausschnittvergrößerung Bild 2 zeigt, sollten nicht aus in der Breite verleimten Brettern gefertigt werden, denn: Aus breiten Vollholztafeln gefertigte Werkstücke sind nicht maßbeständig.

> Vollholz quillt und schwindet.

Die Breite der Türen würde sich zu sehr verändern.
Auch die Ebenheit der Türen könnte bei Feuchtigkeitszunahme und -abnahme nicht gewährleistet werden. Das **Holz quillt und schwindet in den drei Hauptrichtungen (Faserrichtung, Jahrringrichtung und Richtung der Markstrahlen) sehr unterschiedlich,** deshalb verändern sich bei Klimaschwankungen nicht nur die Abmessungen, sondern auch die Form. Die Türen könnten rund, gelegentlich auch windschief werden und Risse bekommen.
Sollen die Türen trotzdem aus Vollholz gefertigt werden, so würden sie sinnvoll, wie in Bild 3 zu sehen ist, als Rahmen gearbeitet werden. Doch dadurch würde nicht nur die Gestaltung dieses Möbels stark verändert, es würde auch wesentlich teurer.

> Die Fertigung von Werkstücken aus Vollholz ist zeitaufwendig.

Geeignete Bretter müssen ausgewählt, zugeschnitten, gefügt und verleimt und die daraus hergestellten „Tafeln" und Rahmenteile in mehreren Arbeitsgängen ausgehobelt und die Verbindungen angearbeitet werden.
Vor allem diese Mängel und Nachteile des Holzes führten zur Entwicklung neuer Werkstoffe.

Gute Edelhölzer sind knapp und teuer

Beim Herstellen von Plattenwerkstoffen können auch preisgünstige Holzsortimente und zum Teil auch Abfälle verarbeitet werden. Durch sie können die Werkstoffkosten und Fertigungszeiten verringert und die Güteeigenschaften der Erzeugnisse verbessert werden. Darüber hinaus kann der Verbrauch an edlen Hölzern verringert werden, wenn z. B. Möbel nicht aus Vollholz, sondern aus furnierten Plattenwerkstoffen gefertigt werden.
Die Plattenwerkstoffe werden in drei Hauptgruppen eingeteilt, in Trägerplatten, Belagplatten und Verbundplatten.

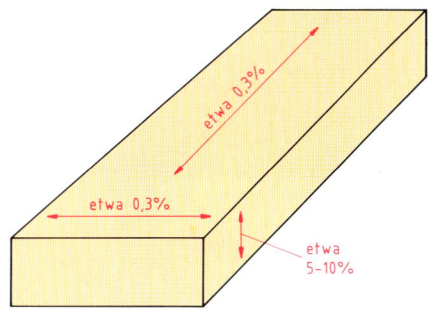

4. Maximale Maßänderung durch Quellen und Schwinden

> Die Trägerplatten werden in den meisten Fällen beschichtet, d. h. sie erhalten einen Belag aus Kunststoff, werden furniert oder mit einem Anstrich versehen.

Trägerplatten sollen fest, maß- und formbeständig sein

Hohe Anforderungen an Trägerplatten werden im Möbel- und Innenausbau gestellt. Dort verwendete Platten sollen bei den üblichen Klimaschwankungen in der Plattenebene nur wenig quellen und schwinden. Die maximale Quell- und Schwindneigung des Längsholzes von etwa 0,3 % darf, wie in Bild 4 verdeutlicht, nicht wesentlich überschritten werden. Hinsichtlich der Plattendicke können die Anforderungen am Vollholz (quer zur Faser) orientiert werden.

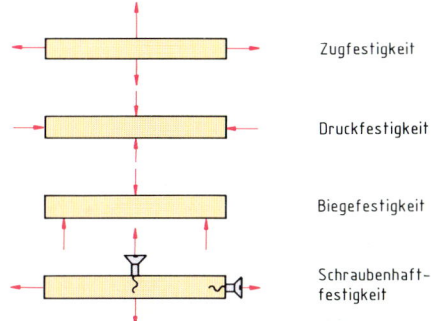

5. Prinzipdarstellung von Festigkeitsprüfungen

> Trägerplatten dürfen sich nur wenig wölben, wellig oder windschief werden.

Sie müssen im Gebrauch den zu erwartenden Anforderungen durch Druck-, Zug- und Biegebeanspruchung gewachsen sein (Bild 5). Auch die für das Befestigen von Beschlägen wichtige Schraubenhaftfestigkeit ist wichtig. In Tabelle 6 werden die üblichen Trägerplatten kurz beschrieben und dazu typische Anwendungsbeispiele genannt.

1. Welche Mängel oder Nachteile des Vollholzes haben zur Entwicklung von Plattenwerkstoffen geführt?
2. Nennen und erläutern Sie die Anforderungen an Trägerplatten!
3. Welche Aufgaben haben Trägerplatten zu erfüllen?
4. Nennen Sie je ein typisches Anwendungsbeispiel für Mittellagensperrholz, Holzspanplatten und MDF-Platten!

Arten	Beschreibung	Anwendungsbeispiele
Mittellagensperrholz („Tischlerplatten")	Mit dicken Furnieren beidseitig abgesperrte Vollholzmittellage	Besonders auf Biegung beanspruchte Bauteile, wie z. B. Einlegeböden in einem Bücherschrank
Holzspanplatten	Mit Leim besprühte Holzspäne unter Druck und Hitze gepreßt	Preisgünstige furnierte oder kunststoffbeschichtete Trägerplatten im Möbelbau vor allem Serienmöbel
Holzfaserplatten, z. B. MDF	Aus kleinsten Holzteilchen (Holzfasern) mit Leim verpreßte mitteldichte Platten	Trägerplatten im Möbelbau mit profilierten Schmalseiten („Kanten") gut geeignet für Farblackierung

6. Trägerplatten für den Möbelbau (ausgewählte Beispiele)

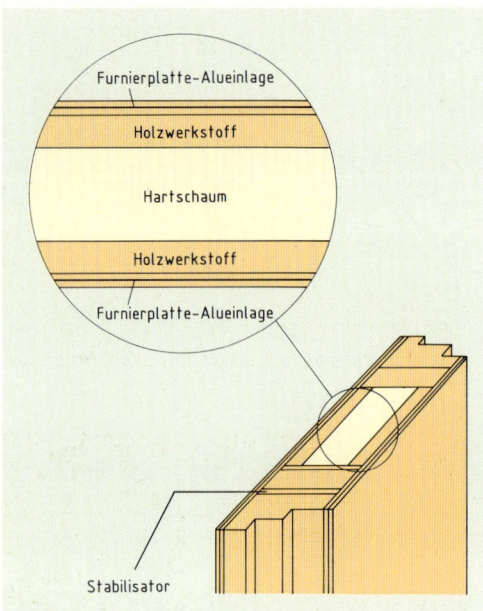

1. *Türblatt einer furnierten Außentür mit einer Ausschnittvergrößerung, die den Türaufbau zeigt*

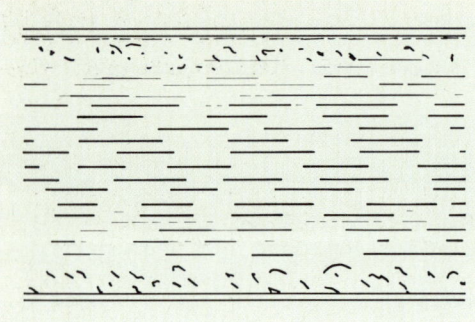

2. *Aufbau einer kunststoffbeschichteten Flachpreßplatte (KF)*

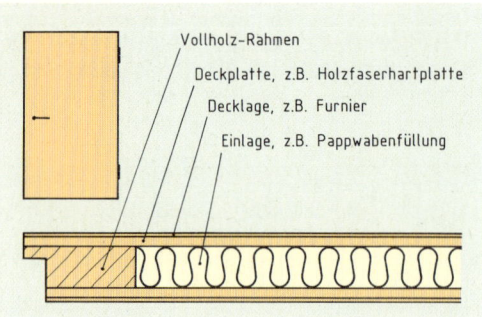

3. *Der Teilschnitt zeigt, daß die Zimmertür aus einer Verbundplatte gefertigt wurde*

2.2 Verbundplatten – Träger- und Belagplatten im Verbund

Die Eingangstür für ein Einfamilienhaus mit einem beheizten Eingangsflur soll ein furniertes Türblatt erhalten. Die üblichen Trägerplatten, wie Mittellagensperrholz („Tischlerplatte"), Holzspanplatten und Holzfaserplatten können dafür nicht verwendet werden, weil sie sich bei den zu erwartenden hohen Temperaturunterschieden zu beiden Seiten des Türblattes verziehen würden. Hinzu kommt, daß auch die geforderte Wärmedämmung nicht erreicht werden könnte. Diese hohen Anforderungen kann eine Verbundplatte erfüllen, wie sie in Bild 1 gezeigt wird. Die Festigkeit und das Stehvermögen des Türblattes gegen Verziehen wird durch den umlaufenden Vollholzrahmen und die symmetrisch auf beiden Seiten angeordneten Furnierlagen und die Aluminiumeinlagen erreicht. Dazu dienen auch die senkrecht zur Plattenebene zwischen der Einlage und dem Rahmen angeordneten Metallstreifen. Dadurch soll außerdem die Ausreißfestigkeit der Beschläge und die einbruchhemmende Wirkung der Tür verbessert werden. Für die bei Außenbauteilen geforderte Wärmedämmung sorgt die Einlage aus geschäumtem Kunststoff.

Verbundplatten im Möbel- und Innenausbau

Die kunststoffbeschichtete Spanplatte ist auch eine Verbundplatte. Sie besteht aus einer Holzspanplatte als Trägermaterial mit beidseitiger Beschichtung. Es handelt sich dabei um kunstharzgetränkte Papiere, wie sie zur Herstellung von HPL-Platten verwendet werden. Beim Aushärten des Kunstharzes bilden diese innig mit der Trägerplatte verbundene feste Belagschichten (Bild 2).

> Verbundplatten haben prinzipiell die Anforderungen an die Trägerplatten und die Belagplatten zu erfüllen.

Das bedeutet, sie müssen maß- und formbeständig, fest und biegesteif sein, und ihre Oberfläche hat den im Gebrauch zu erwartenden chemischen und physikalischen Beanspruchungen zu genügen. Bild 3 zeigt ein weiteres Anwendungsbeispiel für Verbundplatten.

1. Nennen Sie Anforderungen an Verbundplatten!
2. Welche Vorzüge bieten Verbundplatten bei der Fertigung von Außentüren?

2.3 Formteile aus Schichtholz

Bild 1 zeigt eine Sitzgruppe, wie sie in vielen Wohn- und Arbeitsräumen gebräuchlich ist. Die Gestelle der Stühle und des Tisches wurden aus Schichtholz gefertigt. Warum bestehen diese Werkstücke nicht aus Vollholz? Es wäre recht schwierig und zeitaufwendig, diese Stühle aus Vollholz herzustellen. Um eine ausreichende Festigkeit zu erreichen, müßten z. B. die gekrümmten Armlehnen aus mehreren fest miteinander verbundenen Einzelteilen hergestellt werden. Dabei ließen sich ein mehrfacher Wechsel von Lang- und Hirnholz auf den oberen Sichtflächen und aufwendige Holzverbindungen nicht vermeiden. Das wiederum würde eine ungleichmäßige Holzstruktur ergeben und eine fachgerechte Oberflächenbehandlung erschweren. Bild 2 zeigt die Auschnittvergrößerung des Knotenpunktes, wo das Bein und die Tischplatte zusammentreffen und fest miteinander verbunden sind.

1. Das Tischgestell und die Stuhlgestelle sind Formteile aus Schichtholz

> Durch das Auflösen des Vollholzes in dünne Lagen können beim Pressen gekrümmte Teile hergestellt werden, die nach dem Verfestigen des Leimes ihre Form behalten.

2. Der Knotenpunkt – Bein-Tischplatte eines Tischgestells

Die Holzfasern verlaufen dadurch genau in Richtung der Längsachse und verleihen diesen **Formteilen** hohe Festigkeit. Der sonst beim Ausarbeiten gekrümmter Teile anfallende hohe Schnittverlust wird erheblich verringert. Im Unterschied zum Sperrholz ist der Faserverlauf der einzelnen Schichten grundsätzlich gleichgerichtet. Die Güteeigenschaften des Vollholzes, wie hohe Zug- und Biegefestigkeit in Faserrichtung bleiben bei diesem Werkstoff voll erhalten und können sogar durch sorgfältige Holzauswahl, Verleimen mit Kunstharzleimen und Verdichten in der Presse noch verbessert werden. Die Nachteile des Vollholzes hingegen, wie geringe Festigkeit und hohe Quell- und Schwindneigung quer zur Faserrichtung können durch das Anreichern mit Leimharzen gemindert werden. Bild 3 zeigt ein weiteres typisches Anwendungsbeispiel für das Schichtholz.

1. Welche Vorzüge bietet das Schichtholz im Vergleich zum Vollholz?
2. Warum wird Schichtholz vorzugsweise für gekrümmte Werkstücke verwendet?

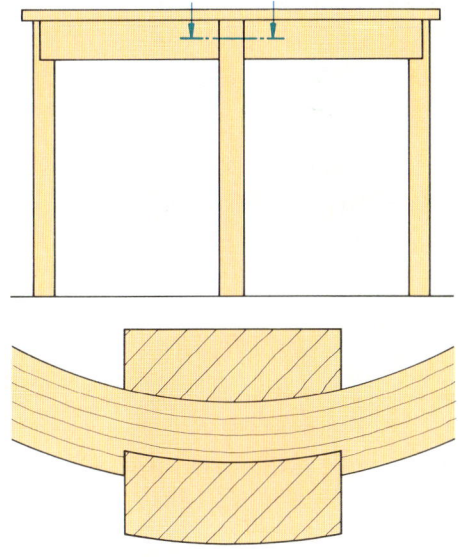

3. Zarge eines runden Tisches, Ansicht und Teilschnitt

1. Tablett mit einem Boden aus Furniersperrholz

Unterschei-dungs-merkmale	Plattentypen nach der Verleimung	
	IF	AW
Verleimung	nicht wetter-beständig	wetterbeständig
Leimfuge	hell: Harnstoff-harzleim (KUF)	dunkel: Phenol-Resorcinharzleim (KPF/KRF)
Anwendung	Verleimung nur beständig in Räumen mit im allgemeinen geringer Luftfeuchtigkeit	Verleimung auch beständig bei erhöhter Feuchtigkeits-beanspruchung

2. Verleim-Merkmale von Sperrholz für allgemeine Zwecke

3. Kunstharzpreßholz (Panzerholz) für durchschußhem-mende Einbauten in Geldinstituten

2.4 Furniersperrholz – Sperrholz aus Furnierlagen

Bild 1 zeigt ein Tablett mit Detail. Das Vorder-stück, die Seiten und das Hinterstück sollen aus Vollholz, der Boden aus **Furniersperrholz** ge-fertigt werden. Warum wurde für den Boden nicht auch Vollholz, sondern Furniersperrholz ge-wählt? Dieser aus kreuzweise verleimten Furnier-lagen hergestellte Plattenwerkstoff besitzt eine geringe Dichte (geringe Masse). Er weist in allen Richtungen – längs und quer – eine fast gleiche, hohe Festigkeit und geringe Quell- und Schwind-neigung auf. Das wird nicht von Vollholz erreicht.

> Furniersperrholz, früher auch „Sperrholz" oder „Furnierplatte" genannt, besteht aus kreuzweise verleimten Furnierlagen.

Die besonderen **Eigenschaften** des Furniersperr-holzes richten sich nach dem Verwendungs-zweck und den Anforderungen im Gebrauch. Man unterscheidet das in Tabelle 2 näher be-schriebene Innensperrholz (IF) und Außensperr-holz (AW). Außerdem bestehen Unterschiede in der Holzart, der Güteklasse, der Dicke der ver-wendeten Furniere und der Plattenoberfläche. Daneben werden durch besonders hohes Ver-dichten beim Pressen spezielle Platten für hohe mechanische Beanspruchung hergestellt, wie z. B. das **Kunstharz-Preßholz** (Bild 3). Diese be-sonders feste Furniersperrholzart unterscheidet sich von anderen Plattenarten vor allem durch den hohen Harzgehalt. Bei der Herstellung wer-den die Furnierlagen mit Phenol-Resorcinharz be-leimt und mit schweren beheizten Pressen bei etwa 140 °C mit hohem Druck (über 30 N/mm²) verdichtet.

Die Herstellung von Furniersperrholz

Das auf 5 bis 6 % Holzfeuchtigkeit getrocknete Schälfurnierband wird zwischen parallel schnei-denden Kreissägeblättern auf Länge und mit großen Scheren auf Breite geschnitten. Dann wird es, soweit erforderlich, gefügt, in der Breite ver-leimt und anschließend in der Leimauftragmaschi-ne vollflächig mit Kondensationsharzleim verse-hen. Die beleimten Furnierlagen werden kreuz-weise zu Paketen zusammengelegt. In schweren beheizten Mehretagenpressen verfestigt sich der Leim unter Druck. Die Platten werden anschlie-ßend auf Format geschnitten und kommen beid-seitig geschliffen oder beplankt in den Handel.

Sperrholz-Formteile

Der in Bild 4 dargestellte Stuhl besteht aus zwei unterschiedlichen Werkstückteilen: dem Stahlrohr-Fußgestell und einem schalenartigen Sitz mit einbezogener Rückenlehne. Dieser Stuhl ist mit Sicherheit kein Einzelstück. Er könnte für einen großen Raum bestimmt sein, der vielfältig genutzt werden soll. Es werden deshalb an ihn mehrere besondere Anforderungen gestellt: Er muß der im Gebrauch zu erwartenden hohen Biegebeanspruchung besonders im Bereich zwischen Sitz und Rückenlehne standhalten; er soll leicht und stapelbar sein und eine glatte, leicht zu pflegende Oberfläche haben. Bild 5 zeigt, daß die Sitzschale ein an allen Stellen gleich dickes Formteil ist, das aus dünnen, kreuzweise verleimten Holzlagen, also aus Furniersperrholz gefertigt wurde. Für die handwerkliche Einzel- und Kleinserienfertigung ist es sehr aufwendig, Zulagen für die Presse anzufertigen, mit denen in nicht nur einer Richtung gewölbte Formteile – wie diese Sitzschale – gepreßt werden können. Deshalb werden Sitzmöbel aus Furniersperrholz-Formteilen vorwiegend industriell gefertigt.

Formteile können selbst gefertigt werden

Sind breite, nur in einer Richtung gewölbte Formteile, wie der Korpus des in Bild 6 gezeigten Vitrinenschrankes anzufertigen, so können dafür in einer im Handwerksbetrieb selbst gefertigten Form handelsübliche, dünne Furniersperrholzplatten mit Leim zu Formteilen verpreßt werden.

> Aus Furniersperrholz gefertigte Formteile besitzen im Vergleich zu Werkstücken aus Holzspanplatten oder Holzfaserplatten hohe Festigkeit und geringe Dichte.

Gewölbte Werkstücke können auch aus anderen Holzwerkstoffen, wie z. B. aus geschlitzten MDF-Platten gefertigt werden.

1. Erläutern Sie den Begriff Absperren!
2. Nennen Sie Güteeigenschaften des Sperrholzes im Vergleich zum Vollholz!
3. Beschreiben Sie knapp die Herstellung des Furniersperrholzes!
4. Worin unterscheidet sich Innen- und Außensperrholz?
5. Nennen Sie ein typisches Anwendungsbeispiel für Furniersperrholzplatten!
6. Welche Vorzüge bieten Formteile aus Furniersperrholz im Vergleich zu anderen Holzwerkstoffen wie Holzspan- und Holzfaserplatten?

4. Stuhlsitz und Stuhllehne – ein Formteil aus Furniersperrholz

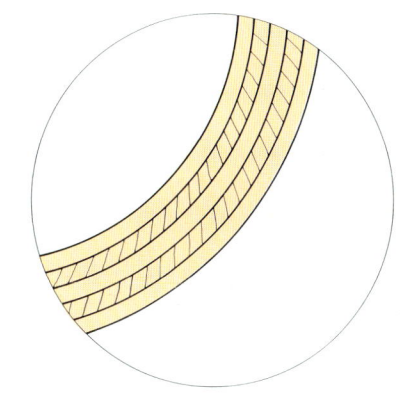

5. Der Teilschnitt der Sitzschale zeigt den Aufbau des Furniersperrholzes

6. Vitrinenschrank mit gewölbtem Korpus aus Furniersperrholz

1. Möbel aus Tischlerplatten, damit die Böden auf Biegung beansprucht werden können

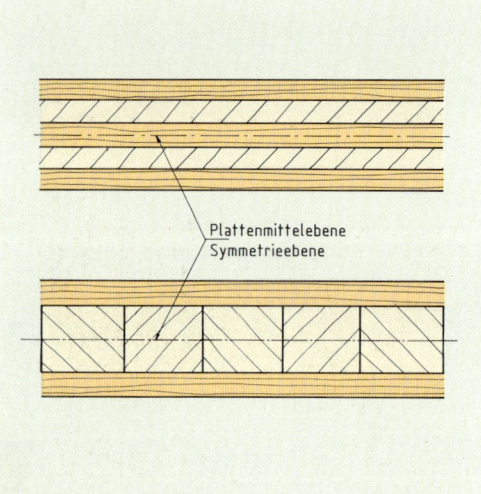

2. Sperrholz muß symmetrisch aufgebaut sein

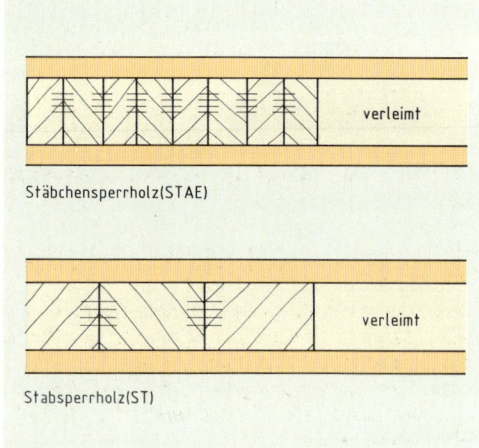

3. Mittellagensperrholz (Tischlerplatten), Prinzip-darstellung

2.5 Tischlerplatten – Sperrholz mit einer Mittellage

Plattenmöbel können aus Tischlerplatten, Holzspanplatten und Holzfaserplatten gefertigt werden: Der in der Herstellung aufwendigste und deshalb auch teuerste Plattenwerkstoff ist die Tischlerplatte. Sie wird aus diesem Grund seltener verwendet.

> Sperrholz mit einer Mittellage wird Mittellagensperrholz oder Tischlerplatte genannt.

Das in Bild 1 gezeigte Möbel ist ein typisches Anwendungsbeispiel für Tischlerplatten. Die recht langen Fachböden (Einlegeböden) dürfen sich bei der im Gebrauch zu erwartenden Beanspruchung nur wenig durchbiegen. Sie sind deshalb vorzugsweise aus einem Plattenwerkstoff mit einer hohen Biegefestigkeit und Biegesteife und geringen Dichte anzufertigen. Diese Vorzüge bieten die Tischlerplatten in weit höherem Maße als die Holzspanplatten und Holzfaserplatten.
Durch das kreuzweise Verleimen der Schichten treten bei Feuchteänderung in Tischlerplatten hohe Kräfte auf. Diese können die Platten durch Formänderung unbrauchbar machen.

> Damit sich Tischlerplatten nicht verziehen, muß beim Herstellen und Verarbeiten darauf geachtet werden, daß Symmetrie zur Plattenmittelebene herrscht.

Die Platten müssen spiegelbildlich aufgebaut sein (Bild 2).
Um den unterschiedlich hohen Anforderungen nach Maß- und Formbeständigkeit und der Forderung nach Wirtschaftlichkeit (günstiger Preis) gerecht zu werden, werden für den Möbel- und Innenausbau verschiedene Plattentypen hergestellt und im Fachhandel angeboten.

Stäbchensperrholz („Stäbchenplatte")
An die Formbeständigkeit von Möbelfronten, wie Türen und Klappen, werden besonders hohe Anforderungen gestellt. Diese Teile dürfen nach dem Fertigstellen bei den üblichen Klimaschwankungen im Gebrauch nicht wellig, rund oder windschief werden. Diese Forderung wird bei den Tischlerplatten am besten durch das Stäbchensperrholz erfüllt. Die Mittellage dieser Platte (Bild 3) besteht aus schmalen bis zu 8 mm brei-

ten Leisten („Stäbchen"). Da es sehr aufwendig ist, diese Stäbchen aus Schnittholz herzustellen, wird bei der industriellen Herstellung ein anderes, in Bild 4 veranschaulichtes Verfahren angewendet: Dicke Stämme preisgünstiger Holzarten werden zu Rundschälfurnier verarbeitet. Dieses Furnier wird zu dicken Blöcken verleimt und anschließend rechtwinklig zur Richtung der Furnierlagen in Scheiben der angestrebten Mittellagendicke aufgetrennt. Dadurch wird erreicht, daß die Jahrringe senkrecht zur Plattenebene stehen und genau parallel verlaufen.

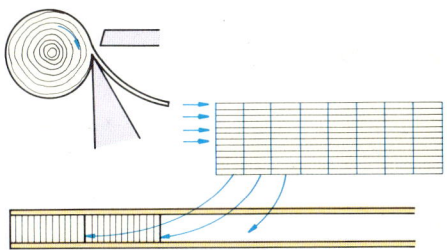

> Der Querschnitt der einzelnen „Stäbchen" bleibt auch bei Feuchtigkeitsänderung der Platte rechteckig. Die Platte bleibt eben.

Stabsperrholz („Stabplatte")
Die Mittellage des Stabsperrholzes wird aus 24 bis 30 mm breiten miteinander verleimten Leisten („Stäbe") hergestellt (Bild 3). Als Holzarten sind vorwiegend Fichte und Kiefer, aber auch andere preisgünstige Holzarten gebräuchlich. Der Jahrringverlauf dieser Stäbe ist regellos. Das führt bei Klimaschwankungen zwangsläufig zu Verformungen, die sich durch das Absperrfurnier hindurch abzeichnen, die Platte wird, wie es Bild 5 zeigt, wellig („Waschbrett").

> Stabsperrholz ist nicht für Werkstücke mit hohen Anforderungen an die Ebenheit, wie Möbeltüren und Möbelklappen, geeignet.

Die technischen Eigenschaften, wie Festigkeit und Biegesteife, werden durch diese meist nur geringe Verformung nicht beeinflußt. Deshalb kann Stabsperrholz für Möbelkorpusteile bedenkenlos verwendet werden. Stab- und Stäbchensperrholzplatten unterliegen einer in einem Normblatt festgelegten Gütesicherung. Die Platten werden durch einen Stempelaufdruck gekennzeichnet (Tabelle 6).

1. Für welche Aufgaben im Möbelbau sind Tischlerplatten besser geeignet als Holzspan- und Holzfaserplatten?
2. Worauf ist beim Verarbeiten von Tischlerplatten zu achten, damit sie sich nicht verziehen?
3. Worin unterscheiden sich in ihrem Aufbau Stäbchen- und Stabsperrholzplatten?
4. Warum neigen Stabsperrholzplatten zum Welligwerden?
5. Nennen Sie ein typisches Anwendungsbeispiel für Stäbchensperrholzplatten!

4. *So wird die Mittellage für Stäbchensperrholz hergestellt: Schälfurnier wird mit gleichgerichtetem Faserverlauf zu Blöcken verleimt und aufgeschnitten*

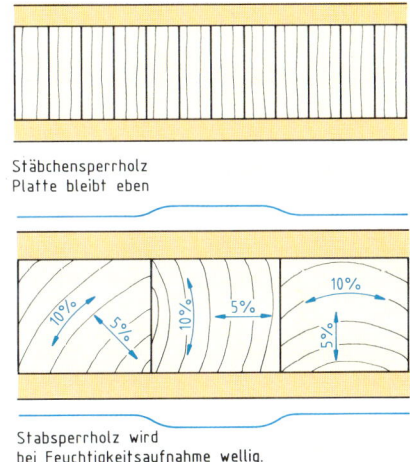

Stäbchensperrholz
Platte bleibt eben

Stabsperrholz wird
bei Feuchtigkeitsaufnahme wellig.

5. *Formänderung bei Mittellagensperrholz, wenn das Holz quillt*

Beispiel Sperrholz DIN 68705 – ST IF 1–2 – 19

Bezeichnung einer Stabsperrholzplatte (ST) für allgemeine Zwecke. Geeignet für Räume mit im allgemeinen niedriger Luftfeuchtigkeit (IF, nicht wetterbeständig). Gütesicherung nach DIN 68705, 19 mm dick, Deckfurnier: eine Seite Güteklasse 1, andere Seite Güteklasse 2.

6. *Kennzeichnung der genormten Mittellagensperrholzplatten*

1. Schränke aus Kunststoffbeschichteten Flachpreßplatten (KF)

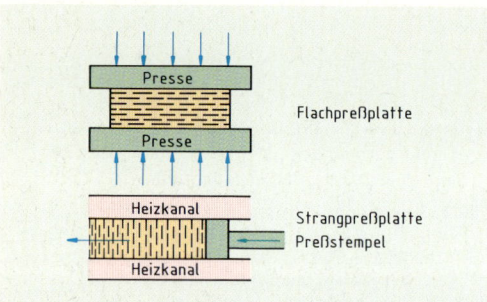

2. So werden Spanplatten hergestellt, Prinzipdarstellung

Skizzen	Beschreibung	Verwendung/ Eignung
	grob und stückig	mittlerer Bereich der FP
	dünn und flächig	Deckschichten der FPY
	dünn- faserig	Deckschichten der FPO
	„Maschinen- span"	nur bedingt für Spanplatten geeignet

3. Bei der maschinellen Holzbearbeitung entstehen diese Späne

Emissions- klasse	Formaldehyd- Emissionswerte in ppm (cm³/m³)	Perforatorwerte in mg Formal- dehyd/100 g atro Platte
E1	bis 0,1	bis 10
E2	über 0,1 bis 1,0	über 10 bis 30
E3	über 1,0 bis 2,3	über 30 bis 60
ppm = parts per million = Teile auf 1 Million atro = absolut trocken		

4. Emissionsklassen für die Formaldehydabgabe bei Spanplatten

2.6 Holzspanplatten im Möbel- und Innenausbau

Die in Bild 1 gezeigten Einbauschränke mit großflächigen Türen befinden sich in den Räumen einer Behörde. Welche Anforderungen werden an Möbel in öffentlichen Gebäuden gestellt? Es werden Möbel mit strapazierfähigen Front- und Innenflächen benötigt, die in der Anschaffung preisgünstig sind. Sie müssen weitgehend ritz- und kratzfest und unempfindlich gegen Feuchtigkeit und im täglichen Leben gebräuchliche Flüssigkeiten sein.

Aus welchen Werkstoffen können Bauteile von Möbeln und Inneneinrichtungen gefertigt werden, die diese Forderungen erfüllen? Die in Bild 1 gezeigten Schränke wurden aus kunststoffbeschichteten, dekorativen Flachpreßplatten (KF) gefertigt. Was bedeutet das?

Die Trägerplatte soll form- und maßbeständig sein

Die KF-Platten gehören zu der Holzwerkstoffgruppe der Spanplatten. Spanplatten werden aus geringerwertigen Holzsortimenten in hochmechanisierten und automatisierten Fertigungsanlagen hergestellt. Sie sind deshalb preisgünstiger als das Lagenholz.

Holzspanplatten sind kein minderwertiger Ersatzwerkstoff.

Sie wurden aufgrund jahrelanger Erfahrungen mit dem Lagenholz „konstruiert" und stellen vor allem bezüglich der Formbeständigkeit (Ebenbleiben der Platte bei Feuchtigkeitsänderung) eine Weiterentwicklung auf dem Gebiet der Holzwerkstoffe dar. Die Spanplatten werden nach dem Preß- und Verdichtungsverfahren unterschieden (Bild 2) in Flachpreßplatten (FP) und Strangpreßplatten (SP). Bei beiden Verfahren sind die Herstellung und die Aufbereitung der Späne prinzipiell vergleichbar: In speziellen Zerspanungsmaschinen werden vorwiegend aus entrindetem Rundholz und aus Industrie-Abfallholz Späne hergestellt. Die Form und die Größe der Späne (Bild 3) sind dabei recht unterschiedlich. Je nach der Plattenart, die hergestellt werden soll, und nach dem Herstellungsverfahren sind die Späne vorwiegend grob und stückig, dünn und flächig oder dünnfaserig. Allen Spänesorten gemeinsam ist aber, daß sie möglichst langfaserig sein sollen. Deshalb können Abfallspäne der üblichen Holzbearbeitungsmaschinen nur in geringen Anteilen zugegeben werden. Die Späne werden anschließend getrocknet und mit Kondensationsharzleim besprüht.

Gefahren durch Formaldehyd

Bestimmte, bei der Spanplattenherstellung verwendete Kunstharzleime, spalten über lange Zeit das gesundheitsschädliche Formaldehyd ab. Deshalb wurden für die Herstellung und Verwendung der Spanplatten die in Tabelle 4 genannten Vorschriften erlassen.

Die meisten Spanplatten werden flachgepreßt

Die Flachpreßplatte ist eine Spanplatte, deren Späne vorzugsweise parallel zur Plattenebene liegen. Sie wird einschichtig, mehrschichtig oder mit stetigem Übergang in der Struktur hergestellt (Bild 5).

Einschichtige Spanplatten werden wegen ihrer geringen Festigkeit und Biegesteife nur für untergeordnete Zwecke verwendet.

Dreischichtige Spanplatten bestehen im mittleren Bereich aus groben, stückigen Spänen mit geringem Leimharzgehalt. Dadurch wird die Dichte der Platte verringert, und es wird Leimharz eingespart.

Mehrschichtige Spanplatten, z. B. aus fünf Schichten, wurden entwickelt, weil sich bei der dreischichtigen Platte die groben Späne nachträglich durch die furnierte, beschichtete oder lackierte Fläche abzeichnen können.

> Die Platten bleiben nur eben, wenn auch beim Verarbeiten durch Beschichten und Schleifen der spiegelbildliche Aufbau zur Plattenmittelebene nicht gestört wird.

Diese Forderung ist bei der Herstellung mehrschichtiger Platten nur mit hohem technischen Aufwand (Bild 6) und großer Sorgfalt beim Einrichten und Überwachen der Anlagen zu erfüllen.

Die Kunststoffbeschichtung

Die Belagschichten der kunststoffbeschichteten dekorativen Flachpreßplatten bestehen aus mit härtbaren Kunstharzen imprägnierten Trägerbahnen, die in ihrem Aufbau und in den Anforderungen weitgehend den Schichtpreßstoffplatten (HPL) entsprechen. Die Beanspruchbarkeit und damit die Qualität und der Preis dieser Platten wird in erster Linie durch die Dicke und die

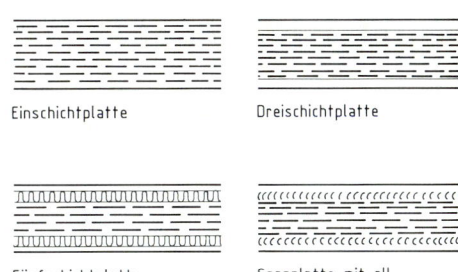

Einschichtplatte   Dreischichtplatte

Fünfschichtplatte   Spanplatte mit allmählichem Übergang

5. Aufbau der Flachpreßplatten, Prinzipdarstellung

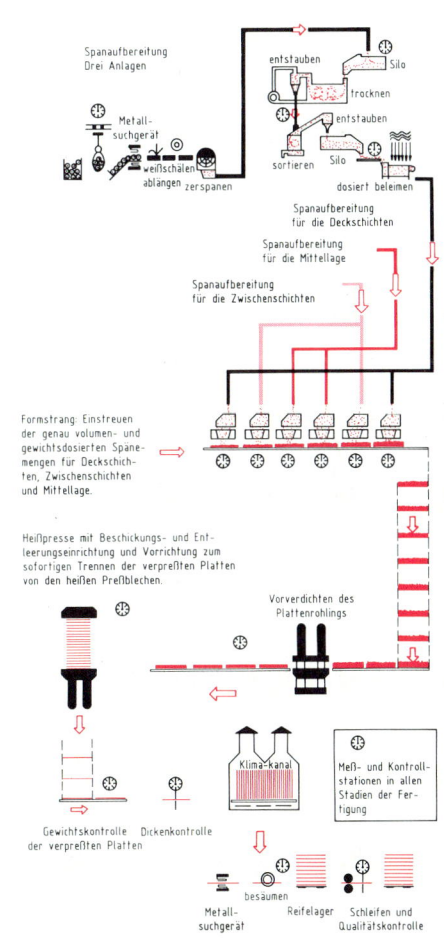

6. So werden Flachpreßplatten hergestellt

Beispiel	KF-Platte DIN 68765
	3000 x 2000 – 16 – M2

Kunststoffbeschichtete dekorative Flachpreßplatte, Gütesicherung nach DIN 68765 3000 mm lang, 2000 mm breit, 16 mm dick; Abriebklasse M; Schichtdicke 2

7. Bezeichnung genormter kunststoffbeschichteter dekorativer Flachpreßplatten

Kurz-zeich.	Beschreibung	Verwendungs-beispiele
FPO	Platte für allgemeine Zwecke mit feinspaniger Oberfläche	Furnierte Möbel, Tonmöbel und Geräte in Räumen mit im allgemeinen geringer Luftfeuchtigkeit
KF	Kunststoff-beschichtete dekorative Platte, beidseitige Beschichtung in Klassen nach Widerstand gegen Abrieb und nach Schichtdicke eingeteilt	Möbel- und Innenausbau mit besonderer Bean-spruchung der Oberflächen, z. B. Küchen
LF	Leichte Platte mit höherem Schall-absorptionsgrad (Schallschluckung), auch mit Beschichtung oder Beplankung	Wand- und Deckenverkleidung, auch zur Verbesserung der Raumakustik
V20	Platten für das Bauwesen	Trennwände für Räume mit im allgemeinen niedriger Luftfeuchtigkeit
V100	wie V20, jedoch Verleimung beständig gegen hohe Luftfeuchtig-keit (begrenzt wetterbeständige Verleimung)	Fußböden, Unterböden, Dachausbau
V100G	wie V100, jedoch mit Holzschutz-mittel geschützt gegen holzzerstörende Pilze	wie V100 jedoch auch geeignet bei mangelnder Hinterlüftung

8. Genormte flachgepreßte Holzspanplatten

Verschleißfestigkeit der Kunststoffbeschichtung bestimmt. Die Norm gibt für das Abriebverhalten vier und für die Schichtdicken zwei Klassen an: Das Abriebverhalten wird in die Klassen N („normal"), M („mittel"), H („hart") und S („sehr hart") eingeteilt. Für die Schichtdicken gelten die Klassen 1 (Schichtdicke bis 0,14 mm) und 2 (Schichtdicke über 0,14 mm). Diese Klassifizierung der Kunststoffbeschichtung ist auch für die Kennzeichnung der KF-Platten vorgeschrieben (Bild 7).

Pressen
Das „Herzstück" bei der Spanplattenherstellung ist die schwere, beheizte Mehretagen- oder Durchlaufpresse. In ihr werden die vorgepreßten „Formlinge" auf die durch Distanzleisten bestimmte Plattendicke verdichtet. Bei einer Temperatur von etwa 150 bis 160 °C härtet der die Späne umgebende Kunstharzleim aus. Die Preßzeit und der Preßdruck sind je nach Plattenart und Plattendicke verschieden.

Endfertigung
Die Platten müssen nach dem Verlassen der Presse sorgfältig nachbehandelt werden, damit das Gleichgewicht der inneren Kräfte (Vorspannung der Deckschichten) nicht gestört wird und die Platten auch nach dem Verarbeiten eben bleiben. Zuerst werden sie in Längs- und Querrichtung auf Format geschnitten und von beiden Seiten gleichmäßig abgekühlt. Unbeschichtete Platten werden auf gleichmäßige Dicke geschliffen. Abschließend muß den Platten in einem Zwischenlager („Reifelager") genügend Zeit zur Klimatisierung (Feuchtigkeitsausgleich) gegeben werden.
In Tabelle 8 werden Flachpreßplatten genannt und beschrieben, für die es eine in Normblättern genau festgelegte Gütesicherung gibt.

1. Für welche Zwecke werden kunststoffbeschichtete dekorative Flachpreßplatten verwendet?
2. Warum können Abfallspäne der üblichen Holzbearbeitungsmaschinen nur bedingt zu Holzspanplatten verarbeitet werden?
3. Warum dürfen E2 und E3-Spanplatten in Innenräumen nur beschichtet oder bekleidet verwendet werden?
4. Worin kann sich die Kunststoffbeschichtung von KF-Platten unterscheiden?

2.7 Stranggepreßte Holzspanplatten

In ein handelsübliches Zimmertürblatt soll nachträglich ein Lichtausschnitt eingearbeitet werden. Beim Ausschneiden der Öffnung wird der in Bild 1 dargestellte Aufbau des Türblattes sichtbar: Es handelt sich um eine beidseitig beplankte, stranggepreßte Röhrenspanplatte.

Strangpreßplatten sind Holzspanplatten, die vorwiegend im Bauwesen, aber auch für Türen und gelegentlich im Möbel- und Innenausbau verwendet werden. Sie unterscheiden sich von den Flachpreßplatten durch die andere Lage der Späne in der fertigen Platte. Während bei der Flachpreßplatte die Späne parallel zur Plattenebene ausgerichtet sind, liegen sie bei der Strangpreßplatte vorwiegend rechtwinklig dazu. Der Grund dafür ist der unterschiedliche Herstellungsvorgang.

Herstellung der Strangpreßplatte

Die Herstellung der Strangpreßplatte (Bild 2) erfolgt nicht taktweise (Einspannen/Ausspannen), sondern fortlaufend, d. h. kontinuierlich. Die mit Kondensationsharzleim besprühten Späne werden mit einem Stempel durch einen beheizten Kanal gepreßt („gestopft"). Dadurch werden die Späne verdichtet und durch Wärmewirkung der Leim verfestigt. Mit diesem Verfahren können auf rationelle Weise auch dicke Platten mit durchlaufenden röhrenartigen Hohlräumen, wie am Beispiel des Zimmertürblattes in Bild 1 verdeutlicht, hergestellt werden. Dazu werden im Preßkanal beheizte Röhren angeordnet, die gleichsam von innen heraus die Verfestigung des Leimes beschleunigen und die Dichte der Platte erheblich verringern. Die so entstehenden Hohlräume können im Fertighausbau für die Aufnahme von Installationsleitungen genützt werden oder einseitig aufgeschnitten auch bei Wand- und Deckenverkleidungen die Raumakustik verbessern.

Genormte Plattenarten

In Tabelle 3 werden Strangpreßplatten genannt und beschrieben, für die es Normblätter gibt. Darin sind die Gütemerkmale und die Gütesicherung festgelegt.

1. Beschreiben Sie knapp das Herstellungsverfahren stranggepreßter Spanplatten!
2. Wie kommen in Strangpreßplatten die röhrenartigen Hohlräume zustande?
3. Welche Vorteile bieten die Röhrenspanplatten im Vergleich zu den Vollplatten?

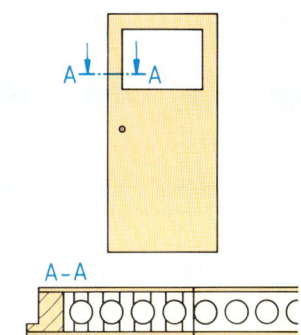

1. Zimmertür aus beidseitig beplankter Röhrenspanplatte

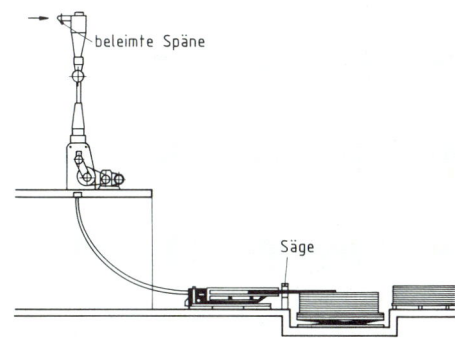

2. So werden Röhrenspanplatten hergestellt

Kurz-zeich.	Beschreibung	Verwendungsbeispiele
TSV1	Mit Buchenfurnier (mind. 1 mm dick) oder harter Holzfaserplatte (mind. 2 mm dick) beidseitig beplankt; Verleimung wenig beständig gegen Feuchtigkeit	Tafelbauweise für das Bauwesen für Räume mit im allgemeinen niedriger Luftfeuchtigkeit. TSV2-Platten für Räume mit erhöhter Luftfeuchtigkeit
LMD	Vollplatte beidseitig beschichtet oder beplankt mit Furnieren, Furniersperrholz, harten Holzfaserplatten oder glasfaserbewehrten Kunststoffen (GFK)	Wand- und Deckenbekleidungen zur Verbesserung der Raumakustik
LR	Röhrenplatte, wie LMD beidseitig beschichtet oder beplankt, jedoch mit geschlossener Oberfläche	Türblätter; Röhren sandgefüllt auch für schallhemmende Türen
LRD	Platte wir LR, jedoch mit durchbrochener Oberfläche	Wand- und Deckenbekleidung (zur Verbesserung der Raumakustik)

3. Genormte, stranggepreßte Holzspanplatten für das Bauwesen

1. Möbeltür aus MDF-Platte

2. Gewölbtes Werkstück aus MDF-Platte

	Dichte kg/m³	Biege- festig- keit N/mm²	Querzug- festig- keit N/mm²	Dicken- quel- lung max. %
MDF	600 bis 800	etwa 30	etwa 0,6	6 bis 10
FP	600 bis 700	etwa 18	etwa 0,35 bis 0,45	12 bis 16

3. Technische Eigenschaften von MDF-Platten im Vergleich zu flachgepreßten Holzspanplatten (FP)

2.8 Holzfaserplatten

Das in Bild 1 gezeigte Werkstück könnte bei flüchtiger Betrachtung für eine aus Vollholz gefertigte Rahmentür mit abgeblatteter Füllung gehalten werden. Beim genaueren Hinsehen fällt aber bei der Ausschnittvergrößerung auf, daß an der profilierten Schmalseite („Kante") und an der Füllung kein Hirnholz und auf der Frontfläche dieser Tür keine Holzmaserung zu sehen sind. Dieses Werkstück wurde aus **MDF-Platte** gefertigt. Dieser neue Plattenwerkstoff kann frei übersetzt als mitteldichte Faserplatte bezeichnet werden (MDF = Medium Density Fiberboard). Seine im Vergleich zum Lagenholz und den Holzspanplatten wichtigste Güteeigenschaft ist:

> MDF-Platten haben in allen Richtungen ein weitgehend gleichmäßiges, d. h. homogenes Gefüge.

Es können daraus, wie es Bild 1 zeigt, Möbelfronten gefertigt werden, die ohne Anleimer an den Schmalseiten profiliert, furniert und nach einer vorherigen Grundierung auch farblackiert werden können. Auch in den Breitseiten der Werkstücke können, z. B. mit der Oberfräsmaschine, Vertiefungen („Reliefs") ausgearbeitet werden. Ein weiteres Anwendungsgebiet für MDF-Platten sind gewölbte Werkstücke (Bild 2). Dafür werden einseitig eingeschlitzte Platten angeboten, die in zwei oder mehreren Lagen zu Formteilen verleimt werden können. Im Vergleich zu den Holzspanplatten besitzen MDF-Platten eine höhere Dichte, Biegefestigkeit und Querzugfestigkeit und eine geringere Dickenquellung (Tabelle 3).

Die Herstellung der Holzfaserplatten am Beispiel der MDF-Platten

Für die Herstellung von Holzfaserplatten können wie bei den Holzspanplatten geringerwertige Holzsortimente, wie dünnes Rundholz, Abfallholz und in geringem Umfang auch Abfallspäne verwendet werden. Für MDF-Platten wird Nadelholz bevorzugt. Das Holz wird zuerst von grobem Schmutz befreit, entrindet und zu „Hackschnitzeln" zerkleinert. Dann folgt bei einer Temperatur von etwa 140 bis 160 °C und einem Druck von etwa 7 bis 8 bar das „Weichkochen". Anschließend wird das Holz zu feinen Fasern zermahlen. Diese werden getrocknet und mit feinsten Leimtröpfchen besprüht, d. h. ummantelt. Nach dem Vorpressen wird der „Faserkuchen" in der kontinuierlich, d. h. fortlaufend arbeitenden Hauptpresse unter hohem Druck und bei hoher Temperatur zu einem Plattenwerkstoff gleichmäßig verdichtet. Nach einer dem Feuchte- und Spannungsausgleich dienenden mehrtägigen Reifezeit werden die Platten kreuzweise kalibriert (Zwischenschliff) und feingeschliffen.

Die Verarbeitung der MDF-Platten
Dieser Holzwerkstoff kann fast wie Vollholz verleimt und spanend bearbeitet werden. Wie beim Bearbeiten von Holzspanplatten werden wegen der hohen Dichte und wegen des Leimharzgehaltes die Werkzeugschneiden schneller stumpf. Es sind deshalb grundsätzlich mit Hartmetall (HM) oder Polykristallinem Diamant (PKD) bestückte Werkzeuge zu verwenden. Die Schnittgeschwindigkeit sollte mindestens 40 m/s betragen.

> MDF-Platten können durch Dübel und Feder und wie die Holzspanplatten auch durch paßgenaue stumpfe Gehrungsfugen verbunden werden.

Dabei sind die in Bild 4 aufgezeigten Regeln zu beachten.

Holzfaserhartplatten
Die älteste von Tischlern verarbeitete Holzfaserplatte ist die Holzfaserhartplatte, auch Hartfaserplatte genannt (HFH). Sie wird vorwiegend kunststoffbeschichtet für nicht selbsttragende Bauteile im Möbelbau, wie Schubkastenböden und Rückwände, verwendet. Diese Plattenart ist auch in abgewandelter Form bedruckt, strukturiert und gelocht für den Möbel- und Innenausbau gebräuchlich (Tabelle 5, KH-Platten).

Holzfaserdämmplatten
Neben den MDF- und den HFH-Platten sind diese auch als Akustikplatten bezeichneten Holzfaserplatten am weitesten verbreitet. Durch ihre geringe Dichte, aber auch durch die meist offenporige oder gelochte Oberfläche kann vor allem durch diese Platte in Unterrichts-, Büro- und Verwaltungsräumen die Raumakustik durch Schallschluckung verbessert werden.

1. Welche Vorzüge bieten MDF-Platten im Vergleich zu Holzspanplatten?
2. Worin unterscheiden sich in ihrem Aufbau Holzfaserplatten von Holzspanplatten?
3. Beschreiben Sie knapp die Herstellung von MDF-Platten!

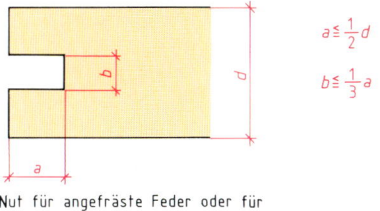

$$a \leq \tfrac{1}{2}d$$
$$b \leq \tfrac{1}{3}a$$

Nut für angefräste Feder oder für Fremdfeder

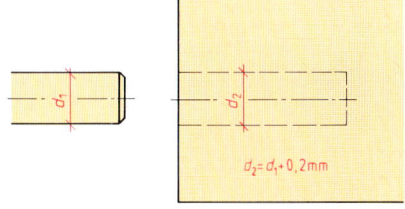

$$d_2 = d_1 + 0{,}2\,mm$$

4. Nut-Feder-Verbindung und Dübelverbindung bei MDF-Platten

Kurz-zeich.	Beschreibung	Anwendungs-beispiele
HFD	Poröse Holzfaserplatte mit einer Rohdichte zwischen 230 und 350 kg/m³ (auch Isolier- oder Dämmplatte genannt)	Wand- und Deckenverkleidung („Akustikplatten")
MDF	Mitteldichte Holzfaserplatte mit einer Rohdichte von ca. 700, in der Deckschicht bis ca. 1000 kg/m³, auch in größeren Dicken (über 16 mm) lieferbar	Trägerplatten; Profile furniert, beschichtet oder lackiert
HFH	Harte Holzfaserplatte mit einer Rohdichte von 800 kg/m³ und mehr (auch Hartplatte oder Hartfaserplatte genannt)	Beplankung für Verbundplatten, z.B. Zimmertüren; Füllungen in Rahmen
HFE	Extrahartplatte (nach einem besonderen Härtungsverfahren behandelt)	Schalhaut für Sichtbeton
KH	Kunststoffbeschichtete dekorative Holzfaserplatte	Schubkastenböden, Möbelrückwände
MHF	Verbundplatte mit Mittellage aus Holzfaserplatten	Trägerplatten im Möbel- und Innenausbau

5. Gebräuchliche Holzfaserplatten (Auswahl)

1. Beanspruchungen an die Arbeitsplatte eines Küchen-
möbels

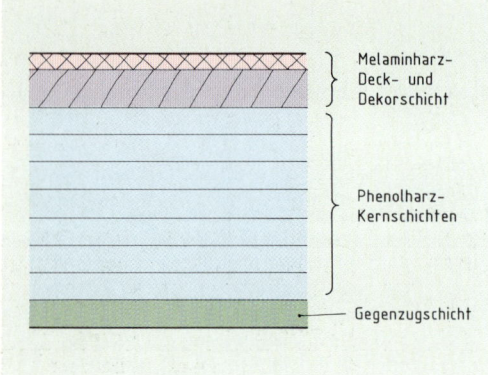

2. Aufbau einer dekorativen Schichtpreßstoffplatte (HPL)

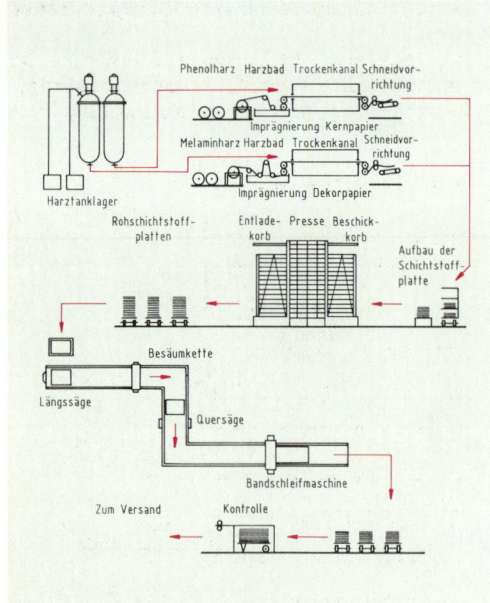

3. So werden Schichtpreßstoffplatten hergestellt

2.9 Kunststoffplatten für besonders beanspruchte Möbelflächen (HPL)

Bild 1 zeigt wie die Arbeitsplatte eines Küchen-
möbels beansprucht wird. Harte, scharfkantige
Metallgegenstände, wie die Reibe und die Mes-
serklinge, verschütteter Alkohol, Fruchtsaft und
sicher auch im Bild nicht erfaßte Löse- und Reinigungsmittel gehören zu den alltäglichen Beanspruchungen auf solche Arbeitsflächen in
Küchen, Labors und vielen Arbeitsräumen. Die
üblichen kunststoffbeschichteten Flachpreßplatten (KF), die für Fronten, für Seiten und für Innenflächen von Möbeln geeignet sind, dürfen für
solche hoch beanspruchten Oberflächen nicht
verwendet werden. Dafür sind HPL-Platten am
besten geeignet.

Der Aufbau der HPL-Platten

Dekorative Hochdruck-Schichtpreßstoffplatten
(HPL = High Pressure Laminates) sind Platten aus
Faserstoffbahnen (z. B. Papier), die mit härtbaren
Kunstharzen imprägniert sind. Die im Möbel-
und Innenausbau als Belagplatten verwendeten
Platten sind Schichtpreßstoffplatten, die in ihrem
Kern aus mit Phenolplastharz getränkten Bahnen
bestehen (Bild 2). Dieses Kunstharz kann an der
dunkelbraunen bis violettschwarzen Farbe erkannt werden und besitzt die für Belagplatten
günstige Eigenschaft der Wasserverträglichkeit.
Es ist also mit den in der Holzverarbeitung üblichen PVAC-Leimen gut verträglich.

> Für die Deckschichten der HPL-Platten werden
> Spezialpapierbahnen verwendet, die mit Ami-
> noplastharzen, vor allem mit Melaminformal-
> dehydharz getränkt sind.

Dieses Harz ist im verfestigten Zustand transparent, also farblos. Es ist lebensmittelecht und besitzt im Vergleich zu den als Leimharzen bevor-
zugten Harnstoff- und Phenol-Resorcin-Harzen
sehr gute physikalische Eigenschaften. Melamin-
harz ist ritz- und kratzfest und schlagzäh. HPL-
Platten erhalten ihr Aussehen vor allem durch die
zwischen die Träger- oder Kernschichten und die
obere Verschleißschicht (Overlay) angeordnete
Dekorschicht. Es werden dafür sehr feinfaserige,
saugfähige Cellulosebahnen verwendet, die je
nach Verwendung und Zeitgeschmack einfarbig
(uni), gemustert oder mit Holzdekormuster bedruckt sein können.

Die Herstellung der HPL-Platten

Von der in Bild 3 dargestellten Fertigung der HPL-Platten ist das abschließende Schleifen hervorzuheben. Dadurch sollen Trennmittelrückstände aus der Presse beseitigt und das Haften des Klebstoffes verbessert werden. Die Schleifrillen verlaufen stets in Längsrichtung der Platten. Sie lassen auch bei Reststücken die für die Verarbeitung der Platten bedeutsame Fertigungsrichtung erkennen.

Das Handhaben der HPL-Platten im Betrieb

Oberstes Gebot bei Tansport, Lagerung und Verarbeitung ist:

> Die Dekorseite der HPL-Platten darf nicht beschädigt werden, und die Platten dürfen keine Risse bekommen!

Beim Transport von Einzelplatten empfiehlt es sich, die Dekorseite zum Körper zu tragen und ein Handtragegerät zu benutzen (Bild 4).
Die Platten sollten möglichst paarweise jeweils mit den Dekorseiten gegeneinander in kühlen Räumen waagerecht gelagert werden. Um Kratzer zu vermeiden, sollte Papier dazwischengelegt werden. Können Platten nicht waagerecht gelegt werden, so sind sie in etwa 60 bis 70° Schrägstellung, längs und nicht hochkant, auf den Boden zu stellen.

Das maschinelle Bearbeiten

HPL-Platten können grundsätzlich mit den in der Holzverarbeitung üblichen spanenden Werkzeugen bearbeitet werden. Da aber die ausgehärteten Kunstharze die Stahlwerkzeuge schnell stumpfen, sind für das maschinelle Bearbeiten hartmetall- oder diamantbestückte Werkzeuge zu verwenden. Dabei sollte die Schnittgeschwindigkeit mindestens 40 m/s betragen. Der Vorschub soll gleichmäßig und nicht zu schnell sein.

Das Aufkleben auf Trägerplatten

Die HPL-Platten arbeiten bei Temperatur- und Feuchtigkeitsänderung in Längs- und Querrichtung unterschiedlich. Das kann besonders bei nicht fest eingespannten, also freitragenden Platten, wie Möbel- und Zimmertüren, dazu führen, daß sie sich verziehen. Deshalb gilt:

> Die Platten sind wie Furniere stets auf beiden Seiten der Trägerplatte gleichgerichtet (Schleifrichtung) zu verarbeiten.

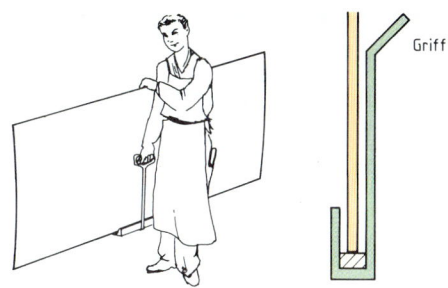

Dekorseite zum Körper gewandt   Handtragegerät

4. So sollen Schichtpreßstoffplatten transportiert werden

Klebstoffart	Auftrag-menge in g/m²	Preß-druck in bar	Preßzeit in min bei 20 °C
Dispersions-klebstoff **KPVAC**	80 bis 140	1 bis 3	8 bis 12
Konden-sations-klebstoff **KUF** **KPF/KRF**	80 bis 150 150 bis 180	3 bis 5 1,5 bis 5	15 bis 180 etwa 24 Std.
Kontakt-klebstoff	150 bis 200 (beidseitig)	mind. 5	nur kurz anpressen
Schmelz-klebstoff **KSCH**	180 bis 300	Druck-walzen	bei etwa 200 °C extrem kurz

5. Richtwerte für das Aufkleben von Schichtpreßstoffplatten (HPL).
   Weißleim (KPVAC) ist bevorzugt zu verwenden. Die Klebstofffuge härtet nicht aus, sie bleibt elastisch. Weißleim ist umweltfreundlich und preisgünstig.

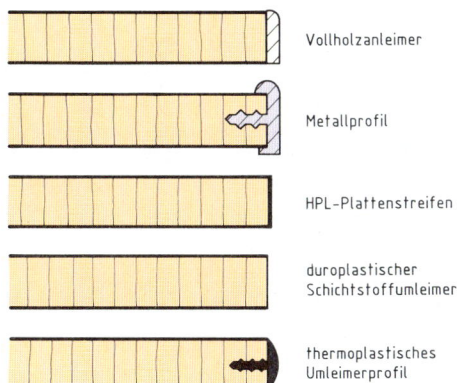

Vollholzanleimer

Metallprofil

HPL-Plattenstreifen

duroplastischer Schichtstoffumleimer

thermoplastisches Umleimerprofil

6. Kantenschutz an HPL-beschichteten Trägerplatten im Möbel- und Innenausbau

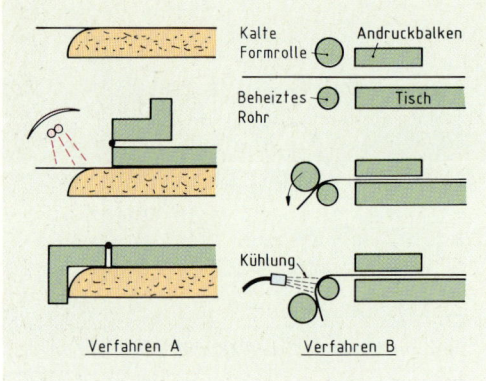

7. Bestimmte HPL-Platten können warm nachgeformt werden (Postforming). A: Die auf die ebene Fläche aufgeklebte Belagplatte wird unter Wärmeeinwirkung, z. B. durch Infrarotstrahler, nachgeformt und aufgeklebt. B: Die HPL-Platte wird über eine beheizte Form, z. B. ein Metallrohr, gedrückt. Die Form wird abgekühlt, und die so vorgeformte Platte wird aufgeklebt.

Anforderungsprofil	Material-Typ	Typische Anwendungsbeispiele
Sehr hoher Abriebwiderstand Hohe Stoßfestigkeit Sehr hohe Kratzfestigkeit	S	Kassentheken und Fußböden auf speziellen Trägern
Hoher Abriebwiderstand Hohe Stoßfestigkeit Hohe Kratzfestigkeit	S, F oder P	Küchenarbeitsflächen, Restaurant- und Hoteltische, Tür- und Wandverkleidungen mit hoher Beanspruchung. Innenwände von öffentlichen Verkehrsmitteln
Hoher Abriebwiderstand Mittlere Stoßfestigkeit Hohe Kratzfestigkeit	S, F oder P	Horizontale Anwendung in Büros (Computertische) und Badezimmermöbel
Mittlerer Abriebwiderstand Hohe Stoßfestigkeit Mittlere Kratzfestigkeit	S oder F	Frontelemente für Küchen, Büros und Badezimmermöbel, Wandverkleidungen, Regale
Nachformbares Material mit mittlerer Stoßfestigkeit	P	
Niedriger Abriebwiderstand Mittlere Stoß- und Kratzfestigkeit	S, F oder P	Spezielle dekorative Effekte für die vertikale Anwendung in Küchen, Ausstellungen usw.
Niedriger Abriebwiderstand Niedrige Kratzfestigkeit Mittlere Stoßfestigkeit	S	Sichtbare Schrankseitenteile

8. Materialtypen und Eigenschaften von HPL-Platten. Typ S = Standard-Qualität mit dekorativer Oberfläche; widerstandsfähig gegen Schlag, Abrieb, Verkratzen, Haushaltschemikalien und mäßige Hitze; Typ P = wie S, jedoch bei bestimmten Temperaturen (Wärme) nachformbar; Typ F = wie S, jedoch mit bestimmtem Brandverhalten (beständig bei Wärmeeinwirkung)

Vor dem Aufkleben sind die Trägerplatten und die HPL-Belagplatten einige Stunden im Arbeitsraum zu klimatisieren, damit sich anschließend die Platten nicht verziehen. Der Klebstoffauftrag soll nach den Herstellervorschriften erfolgen. Klebstoffmenge, Preßtemperatur und Preßdruck richten sich nach der verwendeten Klebstoffart. Als Anhaltswerte können die in Tabelle 5 aufgeführten Daten dienen. Auch bei der Verwendung von Kontaktklebern sind die Platten aufzupressen. Ist dies nicht möglich, so kann durch sorgfältiges Anklopfen (saubere Zulage verwenden!) und kräftiges Andrücken mit einer Gummi- bzw. weichelastischen Kunststoffwalze eine innige Verbindung ereicht werden. Dabei ist stets von innen nach außen vorzugehen.

Pressen
Damit die Platten nicht beschädigt werden, sollte zwischen die Metallplatten und die Dekorschicht eine weiche Pufferschicht angeordnet werden. Das kann eine sorgfältig faltenfrei ausgelegte Papierbahn sein.

Kantenschutz
Die Schmalseiten („Kanten") der HPL-beschichteten Werkstücke sind gegen eindringende Feuchtigkeit und vor Beschädigung zu schützen (Bild 6). Am meisten verbreitet, vor allem in der Serienfertigung, sind die bereits mit Schmelzkleber beschichteten, duroplastischen Schichtstoffumleimer. Diese können im Durchlaufverfahren mit beheizten Rollen aufgewalzt oder auch mit den üblichen Rahmen- und Kantenpressen unter Verwendung beheizter Zulagen („Heizschienen") aufgepreßt werden.

Postforming
Ein besonders im Küchen- und Ladenbau eingeführtes Verfahren des Kantenschutzes ist das fugenlose Umformen der Belagplatte. Dieses nur mit HPL-Platten Typ P unter Wärmeeinwirkung mögliche Nachformen kann bei Biegeradien ab etwa 6 mm durchgeführt werden (Bild 7). Eine Übersicht genormter Plattentypen mit Anforderungsprofil und Anwendungsbeispielen zeigt Tabelle 8.

1. Für welche Aufgaben im Möbelbau und im Innenausbau werden dekorative Schichtpreßstoffplatten verwendet?
2 Beschreiben Sie den Aufbau von HPL-Platten!
3. Nennen und erläutern Sie knapp zwei HPL-Plattentypen!

2.10 Gipskartonplatten

Der in Bild 1 gezeigte Dachraum eines Hauses soll ausgebaut werden. Womit können die geneigte Dachunterseite und die Decke verkleidet werden? Ebene, glatte Wand- und Deckenflächen können durch Gipskartonplatten geschaffen werden.

Woraus bestehen Gipskartonplatten?

Gipskarton-Bauplatten (GKB) bestehen aus Gipsplatten, deren Flächen (Breitseiten) und Längskanten (Schmalseiten) mit einem festhaftenden Karton ummantelt sind. Sie werden je nach dem Verwendungszweck in unterschiedlichen Plattentypen und Abmessungen hergestellt und im Holz- und Baustoffhandel angeboten (Tabelle 2 und 3).

Worauf ist beim Verarbeiten zu achten?

Gipskartonplatten können mit Schrauben, Klammern und Nägeln an senkrechten und geneigten bis waagerechten Unterkonstruktionen befestigt werden. Zu beachten ist dabei, daß der Randabstand der Befestigungsmittel bei kartonummantelten Platten mindestens 10 mm und bei zugeschnittenen mindestens 15 mm beträgt, damit die Kanten nicht ausbrechen.

> Die Befestigungsmittel dürfen die Holzunterkonstruktion nicht durchdringen, sonst wirken sie als Kälte- oder Wärmebrücke.

Sind alle Platten befestigt, so werden die Fugen zwischen den einzelnen Platten verspachtelt. Damit an diesen Stellen nicht nachträglich Risse entstehen, sind in die frische Spachtelmasse Bewehrungsstreifen aus Glasfaser oder Papier zu drücken. Abschließend werden diese Streifen mehrfach übergespachtelt und geglättet. Gipskartonplatten können auch mit Ansetzbinder auf senkrechten Wandflächen befestigt werden. Worauf dabei zu achten ist, kann den Verarbeitungsanleitungen der Plattenhersteller entnommen werden.

1. Für welche Aufgaben werden bevorzugt Gipskartonplatten (GK) verwendet?
2. Nennen Sie drei GK-Plattentypen!
3. Erläutern Sie den Aufbau von GK-Platten!
4. Worauf ist bei der Befestigung von GK-Platten auf Holzkonstruktionen zu achten?

1. *Blick in das noch nicht ausgebaute Dachgeschoß eines Wohnhauses*

Kurz-zeichen	Bezeichnung und Anwendungsbeispiele
GKB	**Gipskarton-Bauplatten B** zum Befestigen auf flächiger Unterlage, zum Ansetzen als Wand-Trockenputz, für Wand- und Deckenbekleidung auf Unterkonstruktion.
GKF	**Gipskarton-Bauplatten F** (Feuerschutz-platten) für Anwendungsbereiche der GKB-Platten mit besonderen Anforderungen an die Feuerwiderstandsdauer der Bauteile
GKBI	**Gipskarton-Bauplatten B – imprägniert** für Anwendungsbereiche der GKB-Platten jedoch mit verzögerter Wasseraufnahme
GKFI	**Gipskarton-Bauplatten F – imprägniert** für Anwendungsbereiche der GKF-Platten jedoch mit verzögerter Wasseraufnahme
GKP	**Gipskarton-Putzträgerplatten** vorwiegend als Putzträger auf Unterkonstruktion

2. *Genormte Gipskartonplatten (GK)* *Für diese Plattenarten gibt es eine in Normblättern festgelegte Gütesicherung.*

Dicke in mm	Regel breite in mm	Regellänge in mm
9,5	1250	2000; 2250; 2500; 2750; 3000; 3250; 3500; 3750
12,5 15		4000 –
≥18	600 1250	2000; 2250 2500; 2750; 3000; 3250; 3500
9,5	400	1500; 2000

3. *Handelsübliche Abmessungen der Gipskartonplatten*

1. Aus furnierten Platten gefertigter Schrank

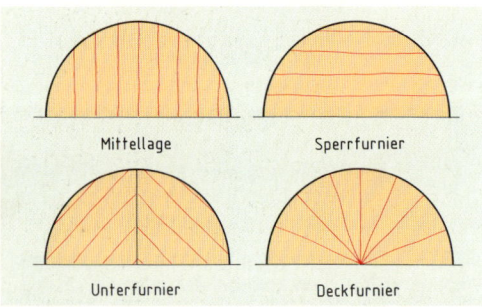

Mittellage   Sperrfurnier

Unterfurnier   Deckfurnier

2. Die Faserrichtung (rote Linien) übereinanderliegender Holzlagen dürfen nicht gleichgerichtet sein

Furnieren und Furniere		
Gestalten	„Absperren"	Ausgleichen
Edel- und Deckfurniere	Absperr- furniere	Unter- und Blindfurniere

3. Warum wird furniert?

schlicht   gefladert

Schälfurnier   Vogelaugenahorn

4. Die Struktur des Holzes bei ausgewählten Furnieren

2.11 Furnieren im Möbel- und Innenausbau

Die Türen des in Bild 1 gezeigten Schrankes sehen aus, als wenn sie aus in der Breite verleimten Brettern gefertigt wären. Möbeltüren müssen bei den üblichen zu erwartenden Klimaschwankungen (Änderung der Temperatur und der Luftfeuchtigkeit) besonders maß- und formbeständig sein. Sie dürfen deshalb nicht aus breiten Vollholzteilen hergestellt werden. Wie können nun großflächige Werkstücke eine echte Holzoberfläche, also keine Holznachbildung, sondern eine Oberfläche aus echtem Holz erhalten?

Echtholzoberflächen durch Furnieren

Sollen Werkstücke aus Holz oder Holzwerkstoff eine Echtholzoberfläche erhalten, so kann dies durch Beschichten mit dünnen Holzlagen geschehen.

Dünne Holzlagen von etwa 0,5 mm bis 8 mm Dicke nennt man **Furniere**. Das Beschichten von Trägerplatten oder Vollholz mit dünnen Holzlagen wird als **Furnieren** bezeichnet.

Deckfurniere, auch **Edelfurniere** genannt, sind ein besonderes Gestaltungsmittel für den Möbel- und Innenausbau. Durch vielfältige Techniken beim Herstellen und Verarbeiten der Furniere kann die Schönheit des Holzes gut zur Geltung gebracht werden.

> Edle Hölzer sind knapp. Durch das Verarbeiten des Holzes zu Furnieren kann dieser wertvolle Rohstoff sparsam genutzt werden.

Unterfurniere („Blindfurniere") werden im Möbel- und Innenausbau zwischen der Trägerplatte und dem Deckfurnier angeordnet, wenn zu befürchten ist, daß die Farbe oder Fehler des Trägermaterials, wie Risse und Äste, durch das Deckfurnier hindurch an der Oberfläche sichtbar werden. Das Furnier der halbkreisförmigen Blende über der mittleren Tür (Bild 1) wurde sternförmig zusammengesetzt. Das Trägermaterial (Stäbchensperrholz) wurde blindfurniert, damit ein Gleichlauf der Faserrichtung von Absperr- und Deckfurnier vermieden wird (Bild 2). Beim Furnieren ist streng darauf zu achten, daß benachbarte Furnierschichten nicht die gleiche Faserrichtung haben. Es können sonst Risse entstehen, die sich an der Oberfläche des fertigen Werkstückes abzeichnen.

Absperrfurniere werden im handwerklichen Möbel- und Innenausbau selten verwendet. Ihr wichtigster Anwendungsbereich ist die Sperrholz- und Verbundplattenherstellung (Tabelle 3). Absperrfurniere werden durch Rundschälen (Tabelle 6) aus dicken Stämmen preisgünstiger Holzarten hergestellt. Sie sind dicker als die üblichen Messerfurniere, weil sie bei der Feuchtigkeitsaufnahme des Holzes große Quellkräfte aufnehmen müssen.

Wie werden Furniere hergestellt?

Ziel des Furnierens ist in vielen Fällen eine Werkstückoberfläche zu schaffen, die beim Betrachter den Eindruck erweckt, es würde sich um gewachsenes Vollholz handeln.

Wie kann nun das Vollholz in so dünne Lagen aufgetrennt und in den Handel gebracht werden? Für Bild 4 wurden vier Furnierblätter ausgewählt, die typische Holzmaserungen zeigen: Die beiden oberen, links schlicht („gestreift"), rechts gefladert („blumig"), könnten Vollholzteile sein, so natürlich ist die Holzstruktur. Furniere dieser Art können durch **Messern, Sägen, Exzentrisch-Schälen** und **Staylok-Schälen** hergestellt werden (Tabelle 6).

Die beiden unteren Furnierblätter in Bild 4 sind auch Abbildungen echten Holzes. Eine solche Struktur entsteht beim **Rundschälen**, wenn der Baumstamm oder die Maserknolle wie in einer Drehmaschine eingespannt, zu einem langen Furnierband verarbeitet wird. Wird das Holz vor dem Rundschälen parallel zur Schneide des Schälmessers eingeschnitten, so können bei diesem Verfahren der Furnierherstellung auch wie beim Messern und Exzentrisch-Schälen viele gleichartige Furnierblätter hergestellt werden. Durch dieses **Rundschälen Blatt für Blatt** (Bild 5) können ausdrucksvolle Furniere, wie Vogelaugenahorn und Nußbaummaser gewonnen werden. Diese lassen sich z. B. durch „Kreuzfuge" zu interessanten Bildern zusammensetzen.

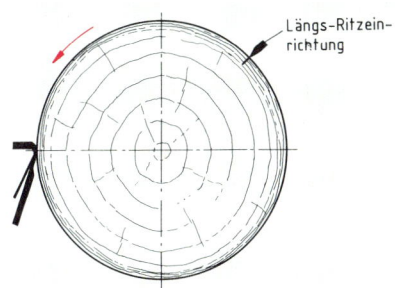

Längs-Ritzein-richtung

5. Deckfurniere können auch hergestellt werden durch „Rundschälen Blatt für Blatt"

	Vorzüge	Nachteile
Sägen	Holz wird nicht gedämpft und behält dadurch seine natürliche Farbe und Struktur; keine herstellungsbedingte Rißbildung	Hoher Zeitaufwand bei der Herstellung; hoher Schnittverlust; rauhe Oberfläche; Mindestdicke ca. 1 mm
Messern	Natürliche Holzstruktur; hohe Fertigungsgeschwindigkeit	Durch **Dämpfen** Farbänderung; herstellungsbedingte **Rißbildung**
Rundschälen	Geringer Zeitaufwand; wenig Schnittverlust	Dämpfen und Rißbildung; unnatürliche Holzstruktur
Exzentrisch-schälen	Größere Fertigungsgeschwindigkeit und größere Breite der Furnierblätter als beim Messern	Dämpfen und Rißbildung; Holzstruktur in der Breite etwas gedehnt
Staylok-Schälen	Sehr hohe Fertigungsgeschwindigkeit; geringer Schnittverlust; vielfältige Holzstrukturen	wie Exzentrisch-Schälen

6. So werden Furniere hergestellt

1. Nennen Sie typische Anwendungsbeispiele für Absperrfurniere im Möbel- und Innenausbau!
2. Welche Aufgaben haben Unter- oder Blindfurnier zu erfüllen?
3. Welche Grundtechniken der Furnierherstellung unterscheidet man?
4. Nennen Sie typische Anwendungsbeispiele für das Schälfurnier!
5. Welche Vorzüge bietet das Exzentrisch-Schälen beim Herstellen von Edelfurnieren im Vergleich zum Messern?

Furnierfehler	mögliche Folgen
Vermesserte Furniere	
Furniere sind ungleich dick (Messerschläge, dünne Stellen)	Fehlleimungen Durchschleifen beim Putzen
Dämpffehler	
Verfärbungen im Furnier	Flecke und/oder Streifen (treten nach Oberflächenbehandlung stärker hervor)
Schartenriefen	
durch Scharten in der Schneide des Messerbalkens verursachte Querstreifen (Erhebungen)	Riefen können beim Schleifen beseitigt werden, treten aber wegen größerer Saugfähigkeit beim Beizen wieder hervor
Fehler in der Blattfolge	
Furnierblätter fehlen oder die Reihenfolge wurde bei der Herstellung oder im Lager durcheinander gebracht	Schwierigkeiten beim Zusammensetzen des Furnierbildes
Wellige Furniere	
Maserfurniere werden bei Feuchtigkeitsänderung stark wellig, schlichte Furniere können durch fehlerhafte Trocknung wellig werden	Furnier kann beim Pressen einreißen, offene oder überschobene Fugen

1. Diese Fehler können Furniere haben

- Furniere behutsam transportieren. Auch das obere und das untere Blatt werden beim Zusammensetzen gebraucht und dürfen nicht unnötig beschmutzt und eingerissen werden.
- Eingerissene Furnierblätter mit Klebestreifen sichern.
- Auf Furniere darf nicht getreten werden.
- Die Reihenfolge der Furnierblätter im Paket darf nicht verändert werden.
- Furniere dürfen vor der Verarbeitung nicht zu trocken werden, sonst werden sie wellig und brüchig.
- Furniere dürfen nicht zu feucht gelagert werden. Feucht gewordene Furniere sind behutsam zu trocknen, sie erhalten sonst Stockflecken und nach der Verarbeitung Schwindrisse.

2. Regeln für den Transport, die Lagerung und die Pflege der Furniere

2.12 Furniere auswählen, transportieren und lagern

Furniere, besonders wenn sie als Deckfurniere verwendet werden sollen, müssen möglichst schon beim Einkauf und vor der Verarbeitung Blatt für Blatt sorgfältig überprüft werden. Zunächst unscheinbare Fehler können zu schwerwiegenden Mängeln am fertigen Werkstück und zu aufwendigen Nacharbeiten führen. Auf die in Tabelle 1 aufgezeigten Furnierfehler ist besonders zu achten.

Behutsam transportieren und richtig lagern

Damit beginnt die sparsame und fachgerechte Verarbeitung der Furniere, denn hochwertige Furniere sind teuer. Die in Tabelle 2 aufgeführten allgemeinen Regeln sind dabei besonders zu beachten. Furniere passen sich wegen ihrer geringen Dicke in ihrem Feuchtigkeitsgehalt schnell dem umgebenden Klima an. Die relative Luftfeuchtigkeit des Lagerraumes ist für das spätere Verarbeiten des Furniers sehr wichtig. Sie sollte deshalb mit einem Hygrometer überwacht werden. Anzustreben ist bei Deckfurnieren eine Holzfeuchtigkeit von etwa 10 bis 12 %. Bei einer Raumtemperatur von etwa 15 °C sollte die relative Luftfeuchtigkeit deshalb 55 bis 65 % betragen. Zu beachten ist außerdem, daß sich Furniere durch Sonneneinstrahlung verfärben können.

Räume, in denen Furniere gelagert werden, sollen gut belüftet, kühl, trocken und dunkel sein.

Durch Regale und Konsolen kann die Lagerhaltung übersichtlich gestaltet und das Auswählen der Furniere erleichtert werden. **Maserfurniere** werden bei Feuchtigkeitsänderung wellig. Sie sind deshalb im Lager und im Werkstattraum möglichst zwischen Platten zu legen.

Auswählen der Furniere

Holzart und Zusammensetzung bestimmen wesentlich Aussehen und Wert furnierter Werkstücke. Dabei sind Farbe und Maserung des Holzes sorgfältig zu beachten. Das Furnier sollte dabei stets im Blick auf das ganze Werkstück oder den ganzen Raum ausgewählt werden. Der Schrank im Bild 3 besitzt eine stark gegliederte Frontfläche. Für die Klappe, die Türen und die Schubkästen wurde deshalb schlichtes, gestreiftes Furnier gewählt. Besteht das „Gesicht" eines anspruchsvollen Werkstückes hingegen aus einer einfachen geometrischen Fläche, wie die im Bild 4 gezeigte Tischplatte, so kann diese mit ausdrucksvollem Furnier gestaltet werden.

Wie können Furniere zusammengesetzt werden?

Nur in Ausnahmefällen können Werkstückteile, wie Möbeltüren, -seiten und -böden mit einem Furnierblatt abgedeckt werden. Deshalb müssen jeweils zwei oder mehrere „gleiche" Furnierblätter zusammengesetzt werden. Das Zusammensetzen der Deckfurniere, z. B. für Möbelfronten oder Verkleidungen, bietet viele gestalterische Möglichkeiten. Es trägt wesentlich zum Erscheinungsbild des Werkstückes bei und ist deshalb mit besonderer Sorgfalt durchzuführen. Als allgemeiner Grundsatz kann für übliche Furnierarbeiten gelten:

3. Furnierter Schrank mit stark gegliederter Frontfläche

> Das Furnierbild soll natürlich wirken.

Das bedeutet, daß zum Beispiel bei Langfurnieren möglichst der Eindruck verleimter Vollholzbretter mit schöner Maserung anzustreben ist. Für das Furnierzusammensetzen sind mehrere Grundverfahren üblich, die in Tabelle 5 aufgezeigt und erläutert sind.

1. Nennen Sie Regeln für das Transportieren und Lagern von Furnieren!
2. Für welche Arbeiten sollten bevorzugt schlichte Furniere verwendet werden?
3. Welche Vorzüge bietet beim Furnierzusammensetzen das Verschieben in der Breite im Vergleich zum Stürzen in der Breite?
4. Erläutern Sie den Begriff „Kreuzfuge"!

4. Platte eines runden Tisches mit anspruchsvoller Furniergestaltung

Verschieben in der Breite
bietet den Vorteil, daß alle Blätter mit der gleichen, rißfreien Seite nach oben angeordnet werden können und somit auch bei Betrachtung von der Seite in Farbe und Struktur gleich erscheinen.

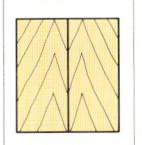
Stürzen in der Breite
gestattet auch bei schmalen Furnierpaketen vielfältige, reizvolle Gestaltungsmöglichkeiten. Wird das Furnier geschickt angeschnitten, so können jeweils zwei Blätter in ihrer Struktur als ein doppelt breites „Brett" erscheinen.

Stürzen in der Länge
wird abgesehen von speziellen Gestaltungsaufgaben üblicherweise nur angewendet, wenn die Länge des verfügbaren Furniers nicht ausreicht.

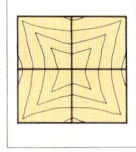
Stürzen in der Breite und in der Länge („Kreuzfuge") wird angewendet, wenn z. B. aus Maserfurnieren oder Langfurnieren mit geringen Abmessungen ausdrucksvolle Furnierbilder erreicht werden sollen.

5. Nach diesen Grundverfahren werden Furniere zusammengesetzt

1. Stollenschrank mit profilierten Vollholzanleimern an den Türen und an Korpusteilen

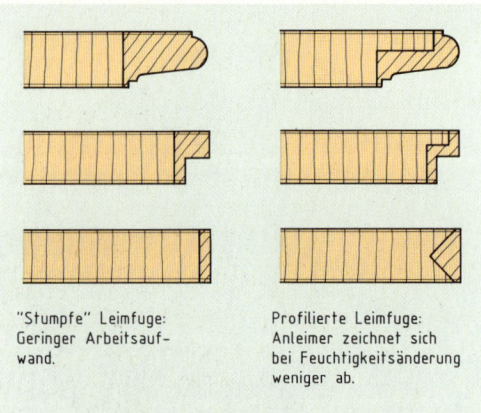

"Stumpfe" Leimfuge: Geringer Arbeitsaufwand.

Profilierte Leimfuge: Anleimer zeichnet sich bei Feuchtigkeitsänderung weniger ab.

2. Vollholzanleimer an Trägerplatten (Anwendungsbeispiele zum Schrank in Bild 1; oben: oberer Boden; mitte: Türen; unten: Mittelwand)

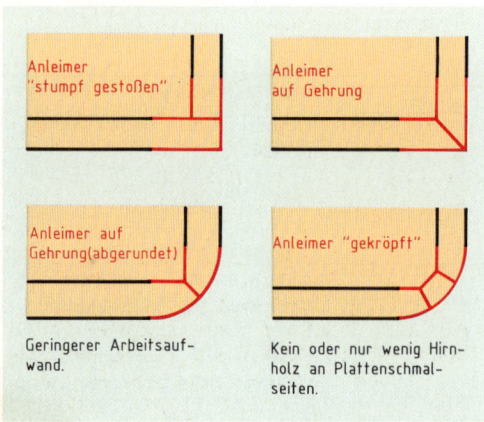

Anleimer "stumpf gestoßen"

Anleimer auf Gehrung

Anleimer auf Gehrung (abgerundet)

Anleimer "gekröpft"

Geringerer Arbeitsaufwand.

Kein oder nur wenig Hirnholz an Plattenschmalseiten.

3. So werden Vollholzanleimer an Plattenecken zusammengestoßen

2.13 Wichtige Vorarbeiten beim Furnieren

Der in Bild 1 dargestellte Stollenschrank ist ein furniertes Möbel. Der obere Boden wurde mit einem weitausladenden Profil („Kranzprofil") versehen. Die Türen sind überfälzt und schlagen auf vollkantige, d. h. nicht profilierte Schmalseiten der Böden und der Mittelwand auf.

Plattenschmalseiten müssen geschützt werden

Bild 2 zeigt für drei unterschiedliche Plattenschmalseiten je zwei Möglichkeiten des Kantenschutzes durch Vollholzanleimer. Das Umleimen der Trägerplatten mit Vollholzanleimern ist sehr aufwendig. Es ist erforderlich, wenn die Plattenschmalseiten nach dem Furnieren profiliert werden sollen oder im Gebrauch besonderen Beanspruchungen (Stoß, Abrieb u. a.) ausgesetzt sein werden. Das Holz für die Anleimer sollte in Farbe und Struktur gut zum Furnier passen. Der Feuchtigkeitsgehalt darf nur wenig von dem der Trägerplatten abweichen, weil sich die Anleimer sonst bei Feuchtigkeitsänderung durch das Furnier abzeichnen. Deshalb und aus Ersparnisgründen sind die Leisten möglichst schmal auszuführen. Werden für Profile breitere Anleimer benötigt, wie es das obere Beispiel in Bild 2 zeigt, so ist es vorteilhaft, die Verbindungsfuge zur Trägerplatte dem Profil anzupassen.

> Das Abzeichnen der Anleimer kann vermieden werden, wenn die Leimfuge nicht rechtwinklig, sondern schräg ausgeführt wird.

Ein Beispiel dafür zeigt Bild 2 unten rechts.

Vollholzanleimer an Plattenecken

Bild 3 zeigt vier Beispiele von umleimten Werkstücken in der Draufsicht. An Plattenecken, wie z. B. den Türen des Möbels in Bild 1, können die Anleimer stumpf oder auf Gehrung zusammenstoßen. Sollen die Ecken abgerundet werden, wie z. B. der obere Boden in Bild 1, so sind die Anleimer möglichst aus mehreren Teilen zusammenzukröpfen. Dieses beim rechten unteren Beispiel in Bild 3 gezeigte Verfahren erfordert zwar mehr Zeit als die Verwendung entsprechend dickerer Anleimer (links unten). Es ist aber zu bevorzugen, weil der Hirnholzanteil dadurch erheblich vermindert wird und weil dünnere Anleimer verwendet werden können.

Furniere werden zugeschnitten

Das Furnierzuschneiden und -zusammenkleben erfolgt parallel zur Vorbereitung des Trägermaterials. Ausgehend vom angestrebten Furnierbild geht es bei dieser Arbeit vor allem darum, mit möglichst wenig Verschnitt die Furnierblätter so zuzurichten, daß sie nach dem Zusammenkleben keine Fehler, wie Löcher, unschöne Äste und undichte Fugen, aufweisen. Ein wichtiger Grundsatz beim Furnieren ist:

Übereinanderliegende Furnierschichten dürfen in ihrem Faserverlauf nicht gleichgerichtet sein, sonst können beim Trocknen des Absperr- oder Unterfurniers Risse entstehen, die auch das Deckfurnier beschädigen.

Bei Tischlerplatten verläuft die Faserrichtung des Deckfurniers stets in Richtung der Mittellage. Sollen die Deckfurniere rechtwinklig zur Mittellage, d. h. parallel zum Faserverlauf des Absperrfurniers angeordnet werden, so sind vor dem Deckfurnieren die Tischlerplatten beidseitig mit je einer Lage Unterfurnier zu versehen. In Betrieben des Möbel- und Innenausbaus wird zum Furnierzuschneiden und -fügen eine Feinschnitt- und Fügemaschine verwendet. In Tabelle 4 wird das Verfahren des Zuschneidens und Fügens mit den allgemein verbreiteten Handwerkzeugen, wie Furniersäge und Furniermesser erläutert.

Furniere werden zusammengeklebt

Die zugeschnittenen und gefügten Furnierblätter sind vor dem Aufleimen auf die Trägerplatte fest miteinander zu verbinden, damit sie sich beim Aufpressen nicht übereinanderschieben können und die Furnierfugen dicht werden. In den furnierverarbeitenden Betrieben werden sehr unterschiedliche Verbindemittel, -techniken und -geräte angewendet. Am meisten verbreitet sind die in Tabelle 5 knapp beschriebenen Verfahren.

1. Wie kann bei breiten Anleimern das Abzeichnen der Verbindungsfuge zur Trägerplatte vermieden und die Haftfestigkeit der Leimfuge verbessert werden?
2. Wie kann verhindert werden, daß beim Ablängen der Furniere mit der Furniersäge (Handwerkzeug) das Furnier an den Kanten aussplittert?
3. Welche Vorzüge bietet das Furnierzusammenkleben mit Schmelzkleberfaden im Vergleich zum Fugenpapier?

Ablängen "Von Länge schneiden"	Abbreiten "Von Breite schneiden"	Fügen
Längsschnitt quer zur Faser	Breitenschnitt in Faserrichtung	Herstellen paßgenauer Fugen
Unterlage aus Holz oder Holzwerkstoff und Lineal aus Hartholz verwenden.		Furnier zwischen gerade Bretter flach auf die Hobelbank spannen. Überstand für das Fügen etwa 2 bis 3 mm. Mit der Doppelrauhbank möglichst mit der Faser fügen, bis keine Ausrisse mehr am Furnier vorhanden sind.
Damit Furnierkante nicht aussplittert, Säge nicht voll durchziehen; stets von außen nach innen schneiden.	Gefahr, daß Säge dem Faserverlauf des Holzes folgt und verläuft. Lineal fest aufdrücken oder festspannen. Säge nur wenig aufdrücken.	

4. Furniere können auch mit Handwerkzeugen zugeschnitten und gefügt werden

"Fugenpapier" von Hand oder mit Abrollgerät	Klebefaden ("Zick-Zack")	Fugenleim
Klebestreifen gelocht und ungelocht mit chemisch neutralem Klebstoff; sonst Verfärbungen am Furnier, besonders bei zu beizenden Flächen. Fugenpapier nach Furnieren sorgfältig abschleifen.	Reißfester mit Schmelzkleber getränkter Faden wird durch beheiztes Röhrchen geführt und auf das Furnier gedrückt. Klebefaden wird beim Furnieren abgedeckt und deshalb nicht abgeschliffen.	Ohne zusätzliches Verbindemittel innige Verklebung der Furnierblätter.
Anwendungsbeispiele		
Einzelfertigung spezieller Furnierarbeiten, z. B. Intarsien	Übliche Furnierarbeiten im Handwerksbetrieb	Sperrholzherstellung, Serienfertigung im Möbelbau

5. Vor dem Furnieren müssen die Furnierblätter fest miteinander verbunden werden

1. Dieses Möbel wurde aus furnierten Teilen gefertigt

2. Leimauftragmaschine zum Furnieren

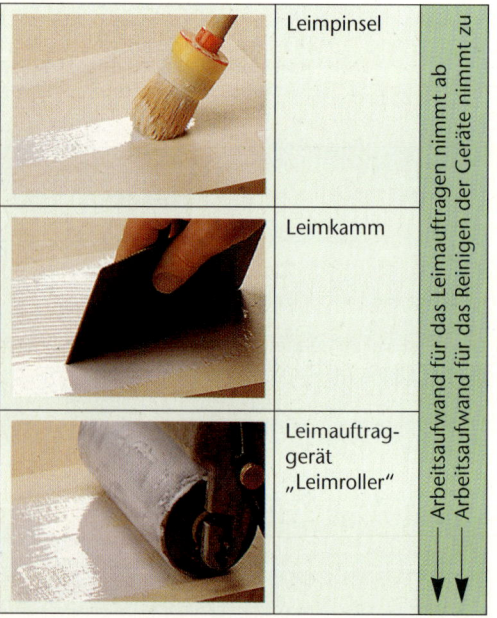

Leimpinsel

Leimkamm

Leimauftrag-
gerät
„Leimroller"

Arbeitsaufwand für das Leimauftragen nimmt ab
Arbeitsaufwand für das Reinigen der Geräte nimmt zu

3. Furnierleim kann auch „von Hand" aufgetragen werden

Leimbedarf	$= 1260$ g
Mischungsverhältnis:	Pulver zu Wasser = 2 zu 1
Leimpulver	$= \dfrac{1260 \text{ g} \cdot 2}{3} = 840$ g
Wasser	$= \dfrac{1260 \text{ g} \cdot 1}{3} = 420$ g (ml)

4. Rechenbeispiel für das Mischungsrechnen

2.14 Worauf ist beim Furnieren zu achten?

Für die in Bild 1 gezeigte Anrichte sollen die Korpusteile und die Türen furniert werden. Die Trägerplatten und die Furniere sind zugerichtet. Welche Arbeiten sind nun zu verrichten? Wie wird im Handwerksbetrieb furniert, und worauf ist dabei besonders zu achten?

Die Presse muß vorbereitet werden
Dazu gehören vor allem das **Reinigen der Preßflächen** (Zulagen), das **Aufheizen** und das Einstellen des **Manometerdruckes**. Die einzustellende **Temperatur** richtet sich nach der Leimart, mit der furniert werden soll (Herstellervorschrift beachten). Das **Einstellen des Manometers** ist mit äußerster Sorgfalt nach den Vorschriften des Pressenherstellers durchzuführen. Bei Furnieren bis etwa 1 mm Dicke genügt ein Preßdruck von etwa 2 bis 3 bar (20 bis 30 N/cm^2). Bei welligen Absperrfurnieren sollte der Preßdruck 3 bis 4 bar betragen.

Das Leimauftragen
Das Leimauftragen erfolgt meist mit einer Leimauftragmaschine (Bild 2). Für kleinere Furnierarbeiten lohnt oft das nachträgliche Reinigen der Maschine den Zeitaufwand nicht. Dafür können die in Bild 3 gezeigten Auftragsverfahren vorteilhaft sein. Die anzustrebende Auftragsmenge ist abhängig von der Leimart und dem Auftragsverfahren. Sie sollte etwa 100 bis 150 g/m^2 betragen.

Das Anrühren des Furnierleimes
Werden in Pulverform angebotene Furnierleime verwendet, so muß der Leim vor dem Furnieren angerührt werden. Dabei ist das vom Hersteller angegebene Mischungsverhältnis genau zu beachten. Ein Rechenbeispiel zeigt Bild 4.

Zu dünner Leim führt zu Leimdurchschlag, zu dicker Leim läßt sich schlecht auftragen und trocknet schnell an.

Spezielle Furnierleime enthalten Zusätze, wie **Streck- und Füllmittel**, die das Durchschlagen des Leimes verhindern und die Leimkosten verringern sollen.
Das Auflegen der Furniere ist, damit die Furniere nicht stark aufquellen und wellig werden, am besten erst kurz vor dem Einlegen der Teile in die beheizte Presse durchzuführen.

Presse beschicken und schließen

Dieser Arbeitsgang muß gut vorbereitet und schnell durchgeführt werden, damit vom Auflegen des ersten Teiles auf die beheizte Preßfläche bis zum Schließen der Presse nur sehr wenig Zeit verstreicht.

> Zu stark angetrockneter oder durch Wärme bereits verfestigter Leim kann das Furnier beim Pressen nicht vollständig benetzen und führt zu Fehlleimungen („Kürschner").

Die **Mindestpreßzeit** richtet sich nach der verwendeten Leimart, der eingestellten Zulagentemperatur und der Furnierdicke. Die Verarbeitungsvorschriften der Leimhersteller geben darüber Auskunft.

Nach dem Furnieren

Die furnierten Teile sind nach dem Öffnen der Presse sofort zu entnehmen und zum allseitigen Abkühlen und Trocknen am besten, wie es in Bild 5 gezeigt wird, senkrecht aufzustellen oder zwischen Stapelleisten zu legen. Diese Teile können sonst rund und windschief werden. Mit Kondensationsharzleim („Heißleim") furnierte Teile mit Vollholzanleimern sollten möglichst bald beschnitten werden. Der ausgehärtete Leim läßt sich nur mühsam entfernen, und das Werkzeug wird schneller stumpf. Bis zum weiteren Bearbeiten sind die Werkstücke zum Spannungsausgleich am besten auf eine ebene Unterlage vollflächig aufeinander zu legen und durch eine zusätzliche Trägerplatte abzudecken.

Fehler beim Furnieren können oft bei genügender Fachkenntnis und Sorgfalt beseitigt werden. In Tabelle 6 sind die am häufigsten auftretenden Fehler und ihre möglichen Ursachen aufgezeigt und Hinweise zum Beseitigen gegeben.

1. Warum enthalten Furnierleime Zusätze, wie Streck- und Füllmittel?
2. Berechnen Sie den Bedarf an Leimpulver, Streckmittel und Wasser in Gramm!
   Geg.: Gesamtleimfläche = 5 m^2
   Auftragsmenge = 150 g/m^2
   Mischungsverhältnis Leimpulver zu Streckmittel zu Wasser = 5 zu 1 zu 3
3. Warum muß das Beschicken der Furnierpresse schnell durchgeführt werden?
4. Nennen und erläutern Sie Ursachen für Fehlleimungen beim Furnieren (Kürschner)!

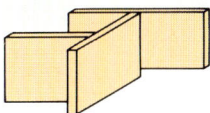

5. Die furnierten Teile werden zum Abkühlen und Trocknen aufgestellt

Fehlerarten	Ursachen	Beseitigung
Kürschner (ungeleimte Furnierstellen)	zu wenig Leim, zu dünner Leim, Leim angetrocknet, zu geringer Preßdruck, Fehlstellen in Trägerplatten (Löcher, Schmutz), vermessertes Furnier	**Thermoplastischer Leim:** Sofort nach Ausspannen befeuchten und nachpressen **Duroplastischer Leim:** Aufschneiden, Leim unterschieben und nachpressen (Papier auflegen, sonst klebt Zulage an)
Offene oder übergeschobene Fugen	welliges Furnier, Fehler beim Fügen der Furniere, Fehler beim Zusammenkleben der Furniere	Welliges Furnier vor dem Zusammensetzen befeuchten und glattpressen. Offene Fugen mit Furnier ausleimen oder kitten; übergeschobene F. mit Messer an Stahllineal nachschneiden; zu tief gepreßtes F. mit Feuchtigkeit und Wärme hochquellen
Eindruckstellen	Verunreinigungen auf Preßzulagen, umgeklappte oder abgerissene Furnierteile auf oder unter dem Werkstück beim Pressen	Mit Feuchtigkeit und Wärme hochquellen (Bügeleisen, Hammer)
Leimdurchschlag	grobporiges Furnier, zuviel Leim aufgetragen, zu dünner Leim	Dispersionsleim sofort nach Ausspannen mit Messingdraht- oder Wurzelbürste und warmem Wasser ausbürsten
Leimwülste (Leimansammlungen unter dem Furnier)	zuviel Leim, beim Pressen mit Zwingen oder Mehrspindelpresse nicht von innen nach außen angezogen	Dosierendes Leimauftraggerät verwenden, z. B. Leimkamm; Preßspindeln von innen nach außen anziehen

6. Diese Fehler können beim Furnieren entstehen

1. Gewölbtes Werkstück mit furnierten Oberflächen

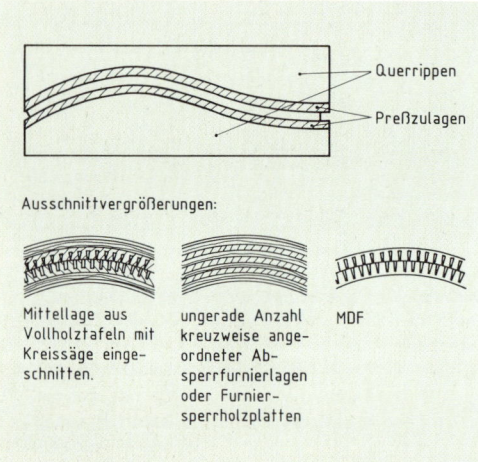

Querrippen

Preßzulagen

Ausschnittvergrößerungen:

Mittellage aus Vollholztafeln mit Kreissäge eingeschnitten.

ungerade Anzahl kreuzweise angeordneter Absperrfurnierlagen oder Furniersperrholzplatten

MDF

2. Herstellen gewölbter Werkstücke aus Sperrholz- und MDF-Platten

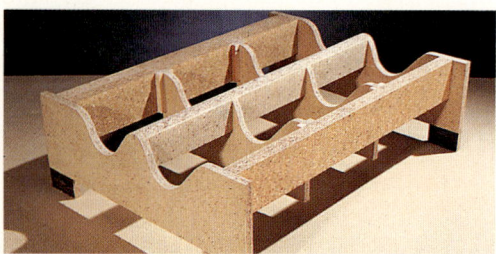

3. Mit einer solchen Schablone (Form) können gewölbte Werkstücke gepreßt werden

4. Die Rippen der Form (Schablone) sind, damit sie glatt werden, mit Kantenumleimern zu beschichten

2.15 Besondere Furnierarbeiten

Bild 1 zeigt ein **gewölbtes Werkstück**. Wie kann ein solches Werkstück mit furnierten Oberflächen gefertigt werden? Nach dem Aufbau der Trägerplatte sind die drei im Bild 2 aufgezeigten Verfahren gebräuchlich. Der Plattenaufbau kann dabei einer Mittellagensperrholzplatte (Tischlerplatte), einer Furniersperrholzplatte oder einer zwei- und auch mehrlagigen MDF-Platte entsprechen. In allen drei Fällen ist die Anfertigung entsprechend geformter Preßzulagen erforderlich. Seitdem geschlitzte, also biegbare MDF-Platten im Handel angeboten werden, hat sich dieses Verfahren im Vergleich zu den beiden anderen durchgesetzt. Mit diesem Plattenwerkstoff können mühelos auch Werkstücke mit engen Krümmungen, das heißt kleinen Biegeradien gefertigt werden.

Das Furnieren gewölbter Werkstücke

Für das Anfertigen der Form kann Aufwand an Zeit und Material gespart werden, wenn die Einzelplatten vor dem Formpressen furniert werden. Dann kann die Form aus quer miteinander verbundenen Rippen ohne flächige Preßzulagen gefertigt werden (Bild 3). Damit sich die Platten beim Formpressen gut der Schablone anpassen und die Deckfurniere nicht beschädigt werden, sind die Rippen zum Glätten der Oberfläche mit Kantenumleimern zu versehen (Bild 4). Zum Furnieren und zum Formpressen sind vorzugsweise PVAC-Leime zu verwenden, weil diese nicht hart und spröde werden.

> Beim Herstellen gewölbter Werkstücke ist eine ausreichende Preßzeit von mehreren Stunden erforderlich.

Für das Fertigen form- und maßgenauer Werkstücke sollte eine Probepressung durchgeführt werden. Dadurch kann festgestellt werden, ob die Wölbung beim Ausspannen voll erhalten bleibt oder ob es zu einer Rückstellung, das heißt zum Zurückfedern kommt.

Das Furnieren von Schmalseiten

Das Beschichten von Schmalseiten („Plattenkanten") mit Furnier oder Schichtstoffumleimern stellt meist einen weniger aufwendigen Ersatz für das Umleimen mit Vollholz dar. In Möbel- und Innenausbaubetrieben werden für diese Arbeiten spezielle Kantenanleimmaschinen verwendet. Ist eine solche Maschine nicht vorhanden oder nicht einsetzbar, wie z. B. bei gewölbten Werkstücken (Bild 1), so kann diese Arbeit mit einer hydraulisch oder pneumatisch betriebenen Presse für Schmalseiten („Verleimständer", „Kantenpresse") durchgeführt werden. Die Abbindezeit des Leimes dauert beim Verwenden von beheizten Zulagen („Heizschiene") nur wenige Minuten.

Das Furnieren von Profilstäben

Dies kann, wie in Bild 5 skizziert, erfolgen. Der obere Bildteil zeigt, wie das Aufpressen mit einer zum Profil genau passenden Gegenform (Zulage) durchgeführt werden kann. Weniger aufwendig als das Anfertigen einer solchen Zulage ist das Verwenden eines weichelastischen, luft- oder sandgefüllten Polsters als Preßzulage, wie es im unteren Bildteil dargestellt ist.

Das Herstellen einer Intarsie

Diese besondere Furnierarbeit (Bild 6) erfordert viel Zeit und Geschicklichkeit. Deshalb wird das Intarsienschneiden nur von wenigen Betrieben als Einzelanfertigung in reiner Handarbeit ausgeführt. Da diese Technik der Furnierverarbeitung gute Gestaltungsmöglichkeiten bietet, hat sie auch als Freizeitbeschäftigung viele Liebhaber gefunden. Für das Herstellen von Intarsien sind unterschiedliche Verfahren gebräuchlich. In Tabelle 7 sind für eine verbreitete Technik die Arbeitsschritte knapp aufgezeigt. Als Trägerplatte haben sich Platten mit feiner Oberfläche gut bewährt. Als Furnierleim ist Harnstoffharzleim (Heißleim) zu bevorzugen. Das Ergebnis kann verbessert werden, wenn die Furnierfugen der eingelegten Teile mit thermoplastischem Leim bestrichen werden. Dadurch können die Furnierkanten gegen Hochquellen gesichert und schmale Ritzen zwischen den Furnierteilen ausgefüllt werden.

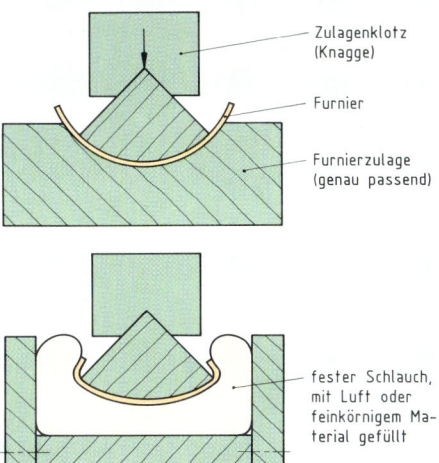

Zulagenklotz (Knagge)

Furnier

Furnierzulage (genau passend)

fester Schlauch, mit Luft oder feinkörnigem Material gefüllt

5. *Profilstäbe können in einer selbstgefertigten Form furniert werden*

6. *Furniereinlegearbeiten werden auch als Intarsien bezeichnet*

1. Wie können gewölbte Werkstücke mit furnierten Oberflächen gefertigt werden?
2. Worauf ist beim Anfertigen einer Schablone (Form) für das Pressen gewölbter Werkstücke zu achten?
3. Beschreiben Sie knapp das Furnieren von Schmalseiten ohne Kantenanleimmaschine!
4. Durch welche Hilfsmittel kann auf die Anfertigung einer genau passenden Form für das Querfurnieren von Profilstäben verzichtet werden?
5. Nennen Sie die Arbeitsschritte für das Anfertigen einer Intarsie!

- Herstellen des Grundfurniers (nicht spröde, gut mit dem Messer schneidbar).
- Aufzeichnen des Intarsienbildes auf das Grundfurnier.
- Ausschneiden eines Intarsienteiles mit scharfem Messer (z. B. Schnitzmesser)
- Unterlegen des einzulegenden Furniers.
- Durchschneiden des einzulegenden Furniers.
- Herausnehmen des ausgeschnittenen Teiles.
- Kanten (Schmalseiten) des Intarsienteiles mit thermoplastischem Leim bestreichen.
- Einlegen und mit Klebestreifen befestigen.

7. *Arbeitsschritte beim Herstellen von Intarsien*

1. Die Hobelbank dient zum Tragen und Festspannen des Werkstücks. Zwischen den Backen der Bankhaken und dem Werkstück liegt eine Zulage als Kantenschutz.

2. Ist die Arbeitshöhe der Hobelbank trotz nachträglich angebrachter Kufen für diesen Tischler zu niedrig?

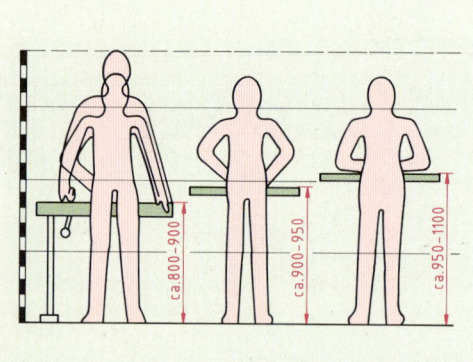

3. Werden die Arbeiten körperlich leichter, kann die Arbeitshöhe steigen. Das erhöht die Arbeitsgenauigkeit.

3.1 An der Hobelbank arbeiten

In Bild 1 ist ein maßgenau zugeschnittenes Brett auf der Hobelbankplatte fest eingespannt, um die Oberflächen weiter bearbeiten zu können. Dabei sollen sowohl die „Flächen" als auch die vier „Kanten" nicht beschädigt werden.

Den Arbeitsplatz anpassen

Die Hobelbank ist in Betrieben und Ausbildungsstätten des Berufsfeldes Holztechnik oft über längere Zeit der persönliche Arbeitsplatz, an dem viele Arbeiten durchgeführt werden müssen. Sie dient als Auflage für die Werkstücke und bietet gleichzeitig mehrere Möglichkeiten zum Festspannen von Werkstücken oder Teilen aus Holz und Holzwerkstoffen.

> Arbeit in ungünstiger Körperhaltung führt zu Fehlarbeit, zu vorzeitigem Ermüden und langfristig zu Gesundheitsschäden.

Die handelsüblichen Hobelbänke sind oft leider immer noch zu niedrig (Bild 2), weil die Arbeitstechniken in der Vergangenheit einen wesentlich größeren Krafteinsatz erforderten, z. B. beim Aushobeln von Vollholzflächen mit der langen und schweren Rauhbank. In Bild 3 wird dargestellt, daß die erzielbare Arbeitsgenauigkeit beim Arbeiten im Stehen mit der Höhe der Arbeitsfläche gesteigert werden kann.
Ist eine Hobelbank zu niedrig, kann sie durch Anbringen von Kufen der Körpergröße angepaßt werden (Bild 2), um gesundheitliche Schäden zu verhindern, das Arbeitsergebnis zu verbessern und um frühzeitiges Ermüden zu vermeiden.

Saubere Spann- und Arbeitsflächen

Die Auflage- und Einspannflächen („Backen") für die zu bearbeitenden Werkstücke und Einzelteile, ganz egal, ob aus Holz, Kunststoff oder Metallen, müssen stets sauber und eben sein.

> Unsaubere und unebene Auflageflächen an der Arbeitsplatte, an den Spannflächen oder am Werkstück führen zu Beschädigungen.

Diese Fehlstellen sind nachträglich oft nicht mehr zu beseitigen und ergeben Ausschuß. Deshalb ist der Zustand der Spann- und Auflageflächen vor Beginn einer Arbeit stets zu überprüfen. Sie müssen schonend behandelt und regelmäßig gereinigt, gepflegt und gewartet werden.

Die Spannvorrichtungen sind hilfreich für sicheres und genaues Arbeiten

Das Brett in Bild 1 ist mittels der **Bankhaken** eingespannt. Für das Bearbeiten der Kanten wird die **Vorderzange** (mit Parallelführung) gewählt (Bild 4). Diese dient vorwiegend zum Einspannen beim Bestoßen, Fügen, Schlitzen u. ä. Arbeiten.

> Mechanische Spannvorrichtungen bestehen in der Regel aus Backen, Spindel mit Schlüssel und einem Führungssystem.

Die **Hinterzange** (mit Spindel und Führung aus Stahl) eignet sich dagegen zum senkrechten Einspannen von breiteren Teilen, z. B. beim Zinkenschneiden, Absetzen oder Ablängen (Bild 4). Direkt auf der Hinterzange sollen möglichst keine Stemmarbeiten ausgeführt werden, weil die Führung durch das Klopfen beschädigt werden kann.

Weitere **Spannhilfen** sind Seitenbankhaken und Spitzbankhaken, ein Bankknecht oder auch in die Hobelbank einzuspannende Parallelschraubstöcke, z. B. für Modelltischlerarbeiten (Bild 5).

> Durch geschickte Auswahl der geeignetsten Einspannmöglichkeit wird genaues und sicheres Arbeiten von Hand erst ermöglicht!

Kunststoffe und Metalle bearbeiten

Spannvorrichtungen und Hobelbankplatte aus Holz oder Holzwerkstoffen sind nicht geeignet für das gleichzeitige Bearbeiten von härteren Werkstoffen. Aus diesem Grunde findet man in den Werkstätten der Holzbearbeitung auch Werkbänke mit den entsprechenden Vorrichtungen für die Metall- und Kunststoffverarbeitung. Der Schraubstock in Bild 6 ist höhenverstellbar und auch wegzuklappen, wenn für einen Arbeitsvorgang nur die Arbeitsplatte benötigt wird.

1. Welchen Zwecken dient eine Hobelbank?
2. Nennen Sie Folgen einer ungünstigen Arbeitshöhe und beschreiben Sie mit zwei praktischen Beispielen das Anpassen!
3. Wie kann man Beschädigungen an zu bearbeitenden Teilen vermeiden?
4. Nennen Sie fünf Einspannmöglichkeiten bzw. Einspannhilfen an der Hobelbank!
5. Wie pflegt man eine Hobelbankplatte?

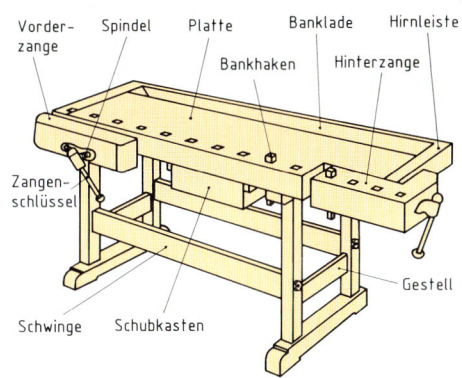

Vorder-zange · Spindel · Platte · Banklade · Hirnleiste · Bankhaken · Hinterzange · Zangenschlüssel · Gestell · Schwinge · Schubkasten

4. Hobelbank mit parallelgeführter Vorderzange sowie mit der Hinterzange mit Drehspindel und Bankhaken

5. Zusätzliche Spann- und Stutzelemente erweitern die Einspannmöglichkeiten und das Anpassen der Arbeitshöhe an den Menschen

6. Für Kunststoff- und Metallarbeiten sind Werkbänke mit höhenverstellbarem Schraubstock besonders geeignet

1. Mit einem Hobel werden Späne abgehoben. Ziel ist eine ebene und glatte Holzoberfläche ohne Ausrisse.

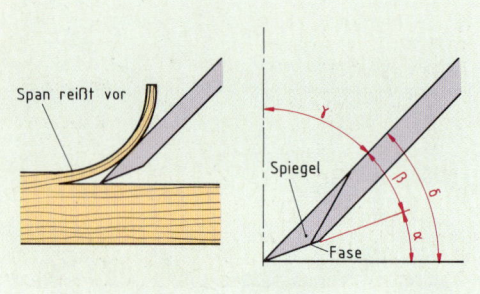

2. a. Der Holzspan spaltet beim Hobeln vor.
   b. Winkel am Hobeleisen: α = Freiwinkel, β = Keilwinkel, γ = Spanwinkel; δ = Schneidwinkel δ = 90° − γ

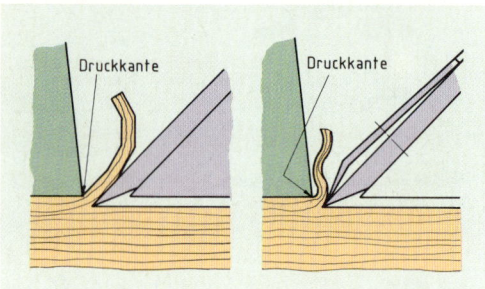

3. Die Druckkante am Hobelmaul vermindert das Vorreißen. Die „Klappe" am Hobeleisen hat eine Spanbrechkante.

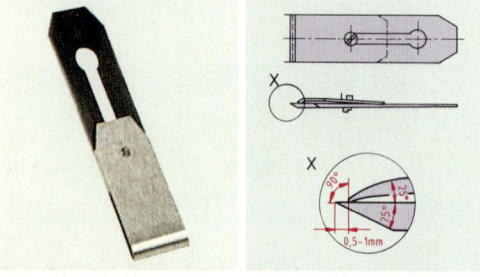

4. Hobeleisen mit Klappe

3.2 Was ist Hobeln?

In Bild 1 soll eine Leiste aus Fichtenholz geglättet werden. Dabei werden mit der Schneide eines Hobeleisens Hobelspäne von der Holzoberfläche abgetrennt. Wie erreicht man die gewünschte Oberflächengüte? Welche Zusammenhänge bestehen zwischen der Spanbildung und der Qualität einer von Hand gehobelten Oberfläche?

Spanabnahme und Winkel am Hobeleisen
Hobeln ist ein Trennvorgang. Hobelspäne werden mit der keilförmigen Schneide des Hobeleisens abgehoben. Beim Trennen in **Faserrichtung** eilt dabei im elastischen Holz der Schneide ein Riß unkontrollierbar voraus (Bild 2, links).

> Hobel sind geführte Messer.

Die Stellung des Hobeleisens im Hobelkasten wird durch den Schneidwinkel (Schnittwinkel) δ angegeben (Bild 2). Der Keilwinkel (Zuschärfungswinkel) β des Werkzeugs beträgt etwa 25°. Der Freiwinkel α und der Spanwinkel γ sind jeweils abhängig vom Schneidwinkel des Hobels.

Das Vorreißen des elastischen Spanes
Das unerwünschte Vorreißen des Hobelspans kann durch die **Druckkante** des „Hobelmauls" vermindert werden (Bild 3, links). Zusätzlich soll eine **Klappe** dem Span die zum Spalten erforderliche Elastizität nehmen (Bild 3, rechts).

> Schneide, Druckkante, Spanbrechkante und Spanfläche („Spiegel"), sind die eigentlich wirksamen Elemente eines jeden Hobels.

Die Spanbrechkante an der Klappe (Bild 4) ist so gestaltet (und gepflegt!), daß sie
- rechtwinklig zur Mittelachse der Klappe liegt,
- gleichmäßig breit ist (nicht anschärfen!),
- nach dem Anziehen der Schraube dicht auf der Spanfläche des Hobeleisens, dem „Spiegel", aufliegt, so daß sich keine Späne zwischen Hobeleisen und Klappe festklemmen können.

Für das Hobeln von Weichholz beträgt der Abstand der Spanbrechkante zur Schneide gleichmäßig etwa 1 mm, bei Hartholz etwa 0,5 mm. Bei einem Hobeleisen mit Klappe wird der elastische Span hinter der Schneide laufend gestaucht und gebrochen (Bild 4). Er verliert dadurch seine „Spannung" und reißt dann weniger vor.

Nicht gegen die Faser hobeln!

Entstehen beim Hobeln Holzausrisse, dann hat man bestimmt „gegen die Holzfaser" gehobelt: In Bild 5 wird deutlich, daß die **Bearbeitungs-richtung** immer „mit der Faser" verlaufen muß. Das ist aber nicht in jedem Fall möglich, weil die Holzfasern nicht immer parallel zur Bearbeitungsfläche verlaufen, schon gar nicht im Bereich von eingewachsenen Ästen.

> Beim Hobeln „gegen die Faser" besteht die Gefahr des Holzausrisses.

Aus diesem Grunde kommt der Wahl des geeigneten Hobels und dem Einstellen des Hobeleisens im Hobelkasten besondere Bedeutung zu.

Die Spandicke richtig einstellen

Je mehr die Schneide des Hobeleisens aus der Hobelsohle hervorragt, um so dicker wird der Hobelspan. Je feiner der Span, um so eher werden Holzausrisse vermieden. Die Spandicke muß jedoch so groß eingestellt werden, daß noch ein geschlossener Span („Fließspan") entstehen kann.

> Die **Spandicke** wirkt sich besonders aus auf die beim Hobeln einzusetzende Kraft und auf die Oberflächengüte.

Die Feineinstellung der Spandicke erreicht man nach dem Einsetzen und Festspannen des Hobeleisens durch leichte, kurze Schläge auf dessen obere Schmalseite oder auf den Schlagknopf am Hobelkasten (Bild 6).
Einfacher zu handhabende Verstellmöglichkeiten für die Spandicke (z. T. auch für die Maulweite) sind z. B. Regulierschrauben zur Feineinstellung (wie beim Reformputzhobel, Bild 7).

1. Wie kann das Vorreißen des Hobelspans vermieden werden?
2. Beschreiben Sie ein fachgerecht zum Einsetzen eingerichtetes Hobeleisen mit Klappe!
3. Welchen Einfluß hat die Faserrichtung des Holzes auf den Hobelvorgang?
4. Wie wirkt sich eine zu groß eingestellte Spandicke auf den Hobelvorgang aus?
5. Woran kann es liegen, wenn der Hobel „verstopft"? Wie sehen die Späne dabei aus?
6. Welchen Zwecken dient die Klappe am Hobeleisen? Soll man die Kante schärfen?

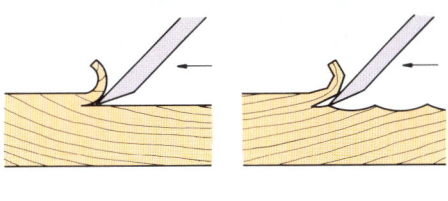

"mit der Faser"　　"gegen die Faser"

5. Holz darf nicht „gegen die Faser" gehobelt werden, weil es dann ausreißt. Die Oberfläche wird uneben.

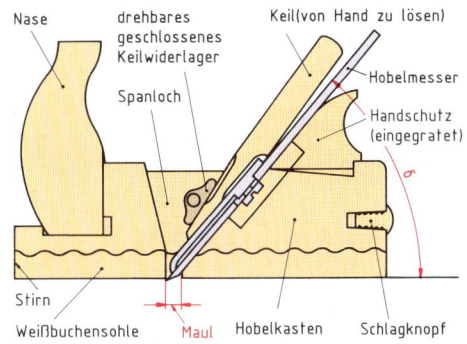

6. Aufbau eines Hobels mit eingesetztem Hobeleisen mit Klappe und von Hand zu lösender Verkeilung

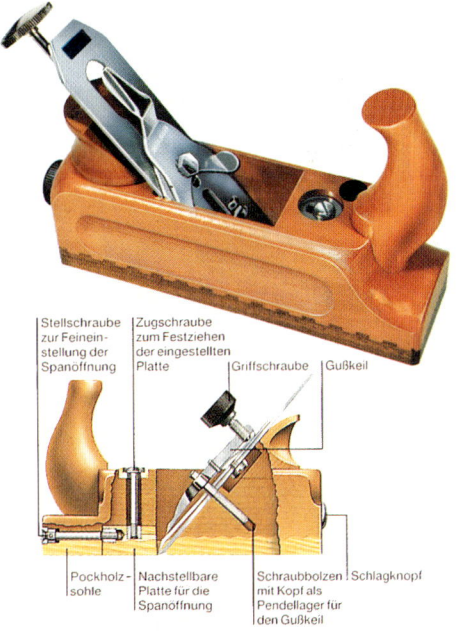

7. (Reform-)Putzhobel mit Regulier- und Spannschrauben zum Einrichten von Spandicke und Maulweite

1. Die Rauhbank ist ein langer Doppelhobel. Ist die Sohle eben, kann auch die Hobelfläche eben werden.

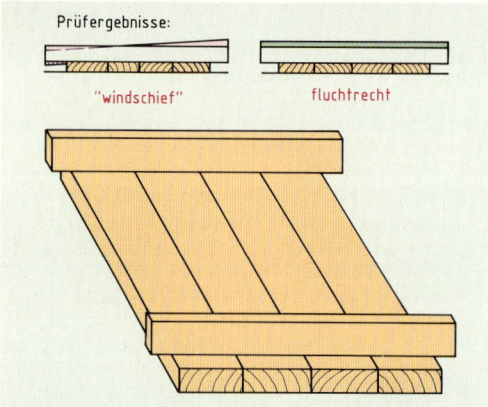

2. Zwei gleichmäßig breite Leisten werden als Richtscheite an den Brettenden aufgelegt und das Fluchten mit den Augen überprüft

Flächenhobel aus Holz	Schneid- (Schnitt-) Winkel δ	Länge in mm	Doppel-Hobel- eisen	Haupt- zweck	
				Ebnen	Glätten
Schrupphobel	45°	240	+ −		
Schlichthobel	45°	240	−		
Rauhbankhobel	45°	600	+		
Doppelhobel	45°	240	+		
Putzhobel	49°	220	+		
Reform- Putzhobel	50°	220	+		

3. Arten von Flächenhobeln mit oder ohne Doppel-Hobeleisen zum Ebnen und Glätten von Holzoberflächen unterscheiden sich nach ihrem Schneidwinkel δ und der Länge des Hobelkastens.

3.3 Flächenhobel für Vollholz

Eine kleine Tischplatte (750 mm x 460 mm) soll von Hand auf 22 mm Dicke ausgehobelt werden.

Zuerst eine Seite ebnen: „Abrichten"
Bild 1 zeigt eine unbarbeitete Platte aus sägerauh verleimten Brettern mit einer Rohdicke von 26 mm. Diese „Fläche" ist mit der linken (hohlen) Seite nach unten auf der Hobelbank eingespannt. Mit einem langen Hobel, einer Rauhbank, wird die Platte auf der rechten (runden) Seite zuerst „abgerichtet", d. h. geebnet. Die Ebenheit wird mit zwei Richtscheiten geprüft (Bild 2).

> Das Ziel des Aushobelns ist eine ebene, nicht windschiefe Platte mit einer gleichmäßigen Fertigdicke und glatten Oberflächen.

Um bei sehr rauhen, unebenen und eventuell mit Leim o. a. Stoffen verschmutzten Flächen die Rauhbank oder die Hobelmaschine zu schonen, kann ausnahmsweise mit einem Schrupp- oder einem Schlichthobel grob vorgearbeitet werden (Tabelle 3). Das Bearbeiten schräg zur Faserrichtung (etwa 45°) nennt man „Zwerchen".

Lange Hobel zum Ebnen und Abdicken
Tabelle 3 zeigt, daß Hobel zum Ebnen von Flächen länger sind, als Hobel zum Glätten. Bei Hobelversuchen mit der langen **Rauhbank** ist leicht festzustellen, daß bei den ersten Hobelstößen nur die hervorstehenden Unebenheiten abgespant werden. Erst nach und nach entsteht ein über die ganze Länge durchgehender und gleichmäßig dicker Hobelspan. Mit dem **Doppelhobel** sind nur kleinere Flächen zu ebnen.

> Je länger der Hobel, um so besser die Führung.

Nach dem Abrichten wird mit der Rauhbank eine fluchtrechte „Winkelkante" für alle späteren Anreißarbeiten „angestoßen" und die Fertigdicke mit dem Streichmaß angerissen. Das Abdicken auf dieses Maß genau bis an die Rißlinien ist mit den Hobelvorgängen beim Abrichten vergleichbar.

Doppelhobel und Putzhobel zum Glätten
Beide haben ein Hobeleisen mit Klappe. Putzhobel sind aber etwas kürzer als Doppelhobel und dienen nur zum Glätten. Deshalb steht das Putzhobeleisen auch steiler als das beim Doppelhobel.

Putzhobeleisen stehen steiler

Feine Hobelarbeiten erfordern einen größeren Schneidwinkel, z. B. von 50° bei den Putzhobeln (Bild 4). Rauhbank und Doppelhobel haben dagegen einen kleineren Schneidwinkel von 45°.

> Je kleiner der Schneidwinkel, um so größer die **Schneidwirkung**. Je größer der Schneidwinkel, um so größer die **Schabwirkung**.

Je mehr aus dem Schneiden ein Schaben (und Putzen) wird, um so geringer ist beim Hobeln die Gefahr des Vor- und Ausreißens der Holzfaser.

Einstellen und bequemes Handhaben

Beim Putzhobel wird die Spanabnahme besonders fein eingestellt. Dafür sind die unterschiedlichsten Handhabungs- und Einstellsysteme entwickelt (z. B. Bild 5).

Wendemesser erleichtern die Arbeit, besonders auf Montage. Trotz der Maschinenarbeit sind Handhobel immer noch unentbehrlich. Auch Neuentwicklungen sind nützlich (Bilder 5 und 6).

Arbeitsregeln

Die Schneide des Hobeleisens ist stets besonders zu schützen und zu pflegen:

- Hobeleisen durch rechtzeitiges Schleifen und Abziehen scharf halten, dabei nicht blau anlaufen lassen und „abschrecken"!
- Den Hobel nie mit der Sohle (und der vorstehenden Schneide) auf die Hobelbank legen!
- Nach dem Hobeln und beim Transport die Schneide in den Hobelkasten zurückstellen!
- Zum Bestoßen von härteren Werkstoffen, wie Kunststoffkanten, Spanplatten o. ä. Hobeleisen aus legiertem Werkzeugstahl verwenden!

Die Hobelsohle ist je nach Werkstoff sehr unterschiedlichen Beanspruchungen ausgesetzt. Sie wird deshalb von Zeit zu Zeit auf einem Schleifband, das man über einen Maschinentisch spannt, wieder plan geschliffen. Das zurückgestellte Eisen bleibt dabei im Hobelkasten. Die Sohle wird anschließend eingefettet. Zum Bestoßen gibt es aber auch Hobelsohlen aus Metall (Bild 6).

1. Vergleichen Sie Putzhobel und Doppelhobel!
2. Welche Vorzüge haben Hobel mit Wendemesser?
3. Erörtern Sie Vorzüge und Mängel eines großen Schneidwinkels beim Hirnholzhobeln!
4. Wie wird die Hobelsohle gepflegt?

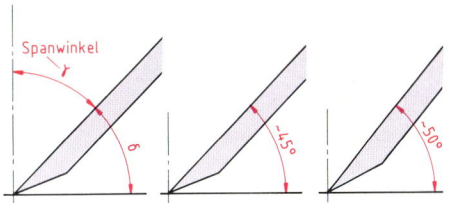

4. Schneidwinkel δ für Doppelhobel (45°) und Putzhobel (50°) beeinflussen den Spanungsvorgang und die Oberflächengüte

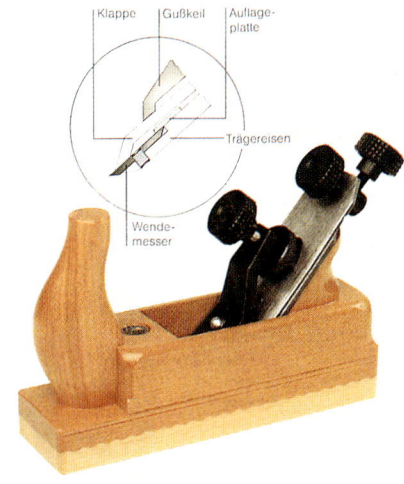

5. Reform-Putzhobel mit Feineinstellung der Spandicke und mit Wendemesser zum schnellen Werkzeugwechsel

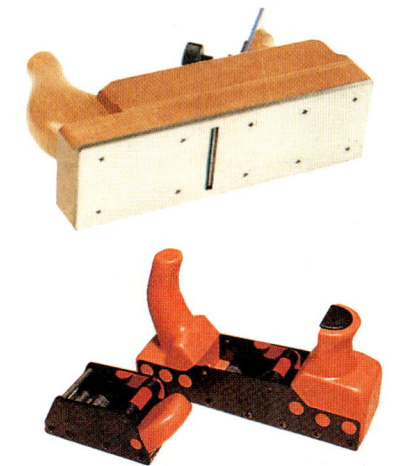

6. Verschleißfeste Hobelsohlen aus Metall und handlicher Hobel aus Kunststoff mit Wendemessern

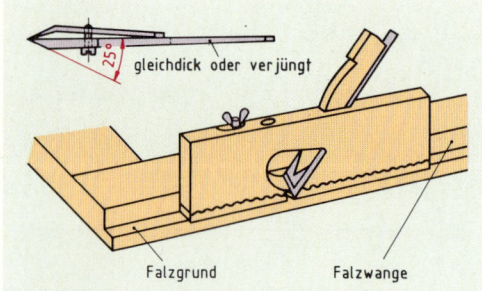

1. Mit dem Simshobel wird die ganze Fläche des Falzgrundes bis in die Ecke maßgerecht abgespant und auf ganzer Breite geglättet

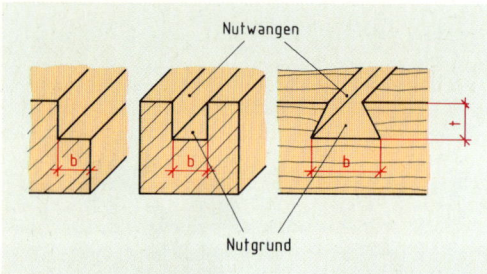

2. Bezeichnungen bei Falz, Nut und Gratnut; t = Falztiefe bzw. Nuttiefe, b = Falzbreite bzw. Nutbreite

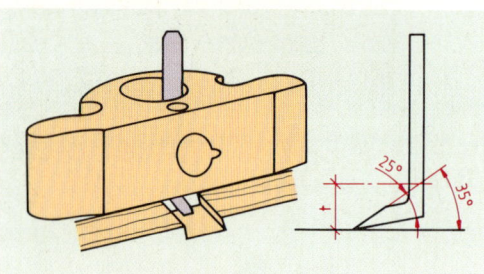

3. Der Grundhobel kann mit Hobeleisen unterschiedlicher Breite bestückt werden. Sie sind höhenverstellbar.

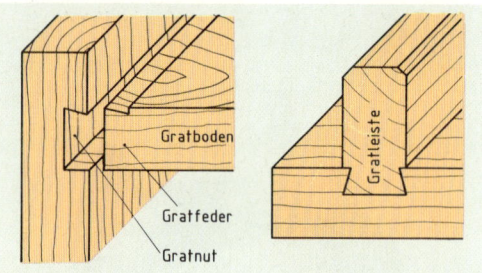

4. Die Gratnut verläuft stets quer zur Faser. Sie nimmt die ein- oder zweiseitige Gratfeder auf, die das Werfen verhindert, das Quellen und Schwinden aber ermöglicht.

3.4 Falzen und Formen mit Hobeln

In Bild 1 wird mit einem Simshobel eine Falzfläche abgespant, um diese nachzuarbeiten und zu glätten. Diese Einpaßarbeit von Hand kommt besonders bei Montagen recht häufig vor.

Der Doppelsimshobel – ein Lernmodell?

Dieser Hobel ist seitlich offen. Dadurch kann man den Spanungsvorgang genau beobachten und die erforderlichen Einstellungen gut ausprobieren:
- Größe des Hobelmauls (mit Druckkante),
- Spandicke (Vorstehen der Schneide),
- Abstand der Klappe von der Schneide.

Der Schneidwinkel δ beträgt wie beim Putzhobel 49° bis 50°. Das „Hobeleisen mit Stiel" wird von unten eingesetzt. Die Späne treten seitlich aus.

Sind Simshobel Flächen- oder Formhobel?

Mit dem Simshobel wird ein Falz nur am **Falzgrund** (Bild 1) oder nur an der **Falzwange** bearbeitet. Das Simshobeleisen ist ein wenig breiter als der Hobelkasten. Die rechtwinklige Schneide spant immer nur eine Falzfläche auf voller Breite bis scharf in die Falzecke hinein ab. Wegen der Reibung an seiner senkrechten seitlichen Führungsfläche hat das Simshobeleisen dort zwar auch einen Freiwinkel, aber keine Nebenschneide!

Mit dem Grundhobel eine Gratnut abtiefen

In Bild 3 wird mit dem Grundhobel ein **Nutgrund** (Bild 2) ausgehoben und in der festgelegten Tiefe geebnet. Als Anschlag dient die Werkstückoberfläche. Das abgewinkelte Hobeleisen wird genau auf die angerissene Tiefe eingestellt. Bei einem kleinen Schneidwinkel von etwa 35° kann das Messer besonders gut „zwerch", d. h. quer zu den Fasern abspanen. Vorher müssen aber die Holzfasern zur Bildung der **Nutwange** durchtrennt werden. In einer **Gratnut** (Bild 4) dient dazu eine Gratsäge und eventuell ein Stechbeitel.

Mit dem Grathobel zur Gratfeder

Die Gratfedern in Bild 4 wurden bei der **Gratleiste** in Faserrichtung, bei dem **Gratboden** aber quer zur Faser angehobelt. Der **Grathobel** (Bild 5) ist auf diese Bedingungen einstellbar. Die Hobelsohle ist der Gratschräge entsprechend abgeschrägt und mit einem Anschlag für die Tiefe der Gratfeder versehen. Der höhenverstellbare **Vorschneider** durchtrennt die Fasern beim Gratboden vor dem Abspanen. Für die Gratbreite ist kein Anschlag vorgesehen, weil die Feder etwas konisch angehobelt bzw. nachgepaßt wird.

Gratverbindungen für Vollholz

Vollholz „arbeitet" stärker als die relativ maßbeständigen Platten aus Holzwerkstoffen. Deshalb sind schwalbenschwanzförmige Gratverbindungen besonders geeignet, Vollholzteile formschlüssig so miteinander zu verbinden, daß sie sich nicht gegenseitig am „Arbeiten" hindern.

Gratfeder und Gratnut werden in der Länge leicht konisch (keilförmig) hergestellt. Dadurch wird das Zusammenfügen erleichtert. Das Festziehen der Gratverbindung erfolgt im letzten Teil des Einschubes. Ein Nachziehen ist möglich.

Falzen und Profilieren von Hand ist teuer

Gelegentlich findet man in der Tischlerei noch weitere Sonderformen von Hobeln, wie Falzhobel, Wangenhobel, Nuthobel und andere Formhobel für die Handarbeit.

Handhobel werden durch Maschinen ersetzt.

Auch Profilhobel dienen nur noch selten zum Herstellen einzelner Profile oder Ersatzstücke bei Restaurierungsarbeiten.

Bearbeiten von gekrümmten Flächen

Zum Hobeln von nicht ebenen Flächen benötigt man Hobel mit gekrümmten Sohlen, die sich der Form anpassen. Beim **Schiffhobel** (Bild 6) kann die in der Längsrichtung verstellbare Stahlsohle jedem größeren Radius angepaßt werden.
Schabhobel mit geradem oder gebogenem Messer werden zum Bearbeiten gechweifter oder runder Kanten z. B. bei Gestellmöbeln eingesetzt.

Schaben mit dem Ziehklingenhobel

Dieser „Furnierschabhobel" (Bild 7) entspricht einer eingespannten Ziehklinge. Er hat einen großen Schneidwinkel (etwa 70°) mit feiner Spanbildung. Geeignet ist er zum Abziehen großer Flächen und zum Entfernen von Leim- und Papierresten.

1. Warum ist der Doppel-Simshobel ein gutes Lernmodell für die Spanungsvorgänge?
2. Für welche Arbeiten eignet sich der Grundhobel? Beschreiben Sie diesen Hobel!
3. Entwerfen Sie ein kleines Wandregal aus Vollholz mit zwei Wangen und drei Gratböden!
4. Erläutern Sie zwei praktische Anwendungsbeispiele für die Konstruktion mit Gratleisten!
5. Erörtern Sie, warum das Hobeln o. ä. beim Glätten von Holz-Oberflächen wohl wieder zunimmt!

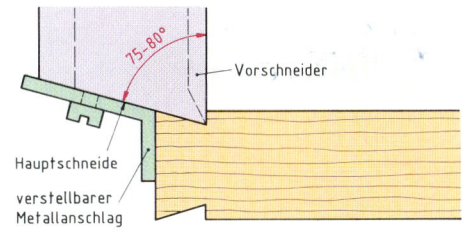

5. Das Grathobeleisen hat durch Schrägstellung einen ziehenden Schnitt. Der Vorschneider ist einstellbar.

6. Schiffhobel und Schabhobel zum Nachhobeln und Glätten gekrümmter Flächen sowie geschweifter Holzteile

7. Ein Furnierschabhobel („Ziehklingenhobel") kann beim Bearbeiten von Hand die Schleifstaubmenge vermindern!

1. Mit einer Säge werden die Holzfasern durchtrennt und Sägespäne ausgehoben. Ziel ist ein maßgenauer und glatter Sägeschnitt ohne Holzausrisse.

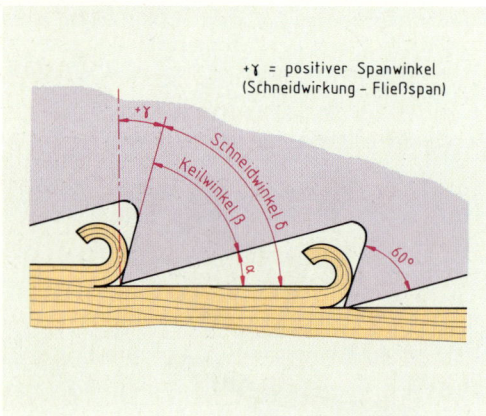

2. Die Winkel an der Hauptschneide des Sägezahns: Der Schneidwinkel δ bewirkt ein Schneiden oder ein Schaben

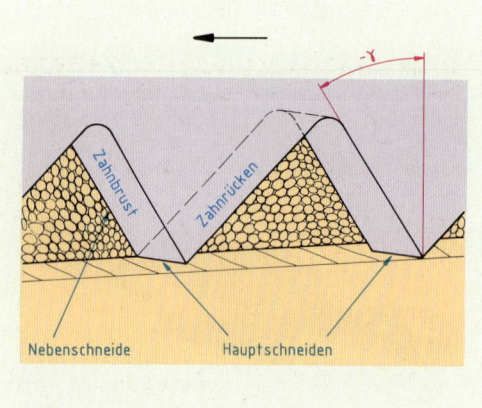

3. Die Nebenschneiden durchtrennen beim Querschneiden die Holzfasern (-γ = negativer Spanwinkel)

3.5 Handsägen richtig auswählen

In Bild 1 wird ein Vollholzbrett mit einer Handsäge auf ein vorher angerissenes Längenmaß genau zugeschnitten („formatiert").

> Beim Sägen entsteht immer eine Sägenut. Sie ist beim Anreißen zu berücksichtigen!

Das Sägeblatt: viele Schneidkeile

In Bild 2 ist erkennbar, daß bei einem Sägeblatt viele kleine Schneidkeile hintereinander angeordnet sind, die je nach Größe des Schneidwinkels δ beim Abspanen mehr schneiden oder nur schaben. Ein Vergleich mit dem Spanungsvorgang am Hobeleisen bietet sich an.

Bei dem Sägeschnitt in Bild 1, der quer zur Holzfaser verläuft, würden die Schneiden an der Zahnspitze allein aber nicht ausreichen, um einen ausrißfreien Schnitt zu erzeugen; denn im Gegensatz zum Hobelvorgang entsteht beim Sägen eine Sägenut mit Nutgrund und zwei Nutwangen.

> Sägezähne wirken meist zweifach: Sie haben eine **Hauptschneide** an der Zahnspitze **und** eine **Nebenschneide** an einer Zahnflanke.

Auf die Faserrichtung kommt es an

Beim Sägen quer zur Faser (Bild 1) erfüllen die Nebenschneiden sogar den Hauptzweck, nämlich die Holzfasern zu durchtrennen, damit die Hauptschneide am Schnittgrund Späne abheben und ausräumen kann (Bild 3). Dabei werden die Späne vorübergehend in die Zahnlücken aufgenommen. Diese dienen als Spanraum. So werden die Sägespäne aus der Sägenut heraustransportiert.

> Ein großer Schneidwinkel δ der Hauptschneide erzeugt an der Nebenschneide einen ziehenden Schnitt ($δ = α + β$ bzw. $δ = 90° + γ$).

Beim **Querschneiden** wird die Holzfaser dann nicht hochgerissen, sondern sauber durchtrennt, wie mit einem Messer. Die Holzfaser reißt nicht aus. Wie sieht der Spanungsvorgang vergleichsweise aus, wenn man in **Faserrichtung** sägt, z. B. beim Besäumen eines Brettes? Hier müssen die Hauptschneiden die Holzfasern durchtrennen! Ein Schneidwinkel $δ ≤ 90°$ ist nötig (Bilder 2 und 5). Diese Bezahnung „auf Stoß" erfordert einen hohen Krafteinsatz bei großer Schnittleistung.

Zahnteilung und Winkel am Sägezahn

Tabelle 4 gibt eine Übersicht über Arbeiten, die in der Holzverarbeitung mit gespannten Handsägen ausgeführt werden können. Für lange Schnittfugen und weiche Werkstoffe sind große Spanräume erforderlich. Dadurch wird die Zahnteilung t größer und grober. Feinere Zahnteilungen lassen sich am Werkstück besser ansetzen und springen nicht: mindestens zwei bis drei Zähne sollten beim Ansetzen des Sägeblattes aufliegen. Der **Keilwinkel** β beträgt bei Sägen, die mit einer Dreikantfeile geschärft werden, immer 60° an der Hauptschneide (Bild 5). Die Zahnteilung t ist daher von der Zahnhöhe h (zwischen Zahngrund- und Zahnspitzenlinie) und dem Schneidwinkel δ abhängig.

> „Auf Stoß" heißt eine Bezahnungsart mit einem Schneidwinkel von $\delta \leq$ **90°**. Von „schwach auf Stoß" spricht man bei $\delta >$ **90°**.

Die **Absatzsäge** mit feiner, **schwach auf Stoß** stehender Zahnteilung eignet sich nicht nur für Formatschnitte bei Vollholz (Bild 1), sondern besonders gut auch für das Absetzen von Zapfen oder das Anschneiden von Zinken und Schwalben sowie anderer Verbindungsformen.
Eine Schweifsäge ist ebenfalls eine Spannsäge. Sie hat ein aushängbares schmales Sägeblatt (etwa 6 mm) und eine feine Zahnteilung („Zahnweite") von etwa 3 mm.

Sägen kann man nachschärfen

Beim Einspannen in den Feilkloben soll die Zahngrundlinie nur wenig über dessen Spannbacken liegen, damit das Blatt beim Feilen nicht federt (Bild 6). Ziel des Schärfens sind scharfe Haupt- und Nebenschneiden und das Fluchten der Hauptschneiden. Eine Lehre ist nützlich, um gleichbleibende Schneidwinkel zu sichern. Vor dem Schärfen ist eine Säge bei Bedarf zu schränken. Beim Transport ist zur Sicherheit unbedingt ein Blattschutz zu verwenden.

1. Welche Bedeutung haben die Nebenschneiden?
2. Erläutern Sie Solleigenschaften und Verwendungsmöglichkeiten einer Absatzsäge!
3. Ordnen Sie den Bildern 2, 3 und 5 die Bezahnungsarten auf Stoß, stark auf Stoß bzw. schwach auf Stoß zu! Begründen Sie Ihre Zuordnung.
4. Beschreiben Sie das Nachschärfen einer Gestellsäge!
5. Warum muß man beim Anreißen die zu erwartende Sägenut stets mit berücksichtigen?

Grob-Zuschnitt		Maß-Zuschnitt	
Ablängen	Besäumen	Abbreiten	Formatschnd.
Absatzsäge mittel	**Spannsäge** grob	mittel	**Absatzsäge** fein
t = 3–5 mm	t = 5–7 mm	t = 5 mm	t = 2,5–3 mm

Sägenarm — Spandraht — Steg — Sägeblatt — Griff

„schwach auf Stoß"	„auf Stoß"		„schwach auf Stoß"

4. Gespannte Sägen unterscheiden sich durch die Größe der Sägeblätter und Sägezähne (Zahnteilung t) sowie durch deren Schneidwinkel (z. B. „schwach auf Stoß")

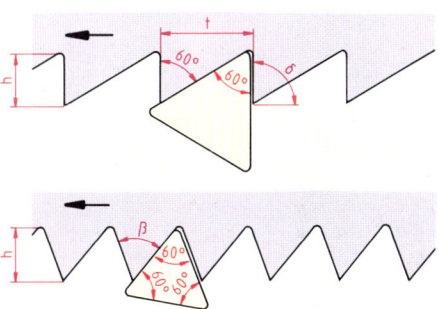

5. Der Keilwinkel β beträgt 60°. Der Schneidwinkel δ (hier z. B. 90° und 100°) beeinflußt die Schneidwirkung.

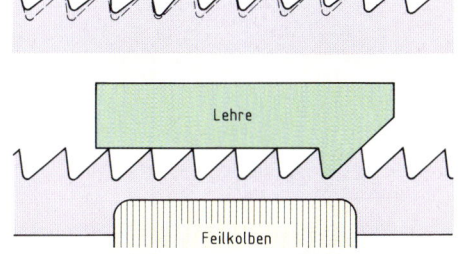

6. Verfeilte Säge und Prüflehre zum Schärfen

1. Anschneiden von „Schwalben" mit einer Feinsäge;
Geübte verwenden dafür lieber eine feine Absatzsäge

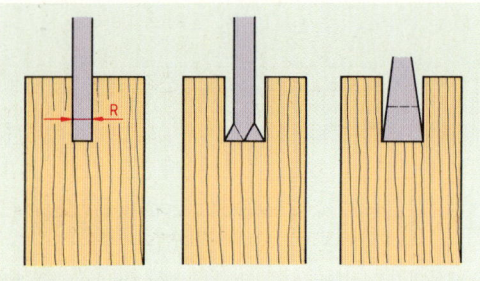

2. Das Festklemmen des Blattes vermeidet man z. B. durch
Schränken oder schmaleren Blattrücken (Stichsäge)

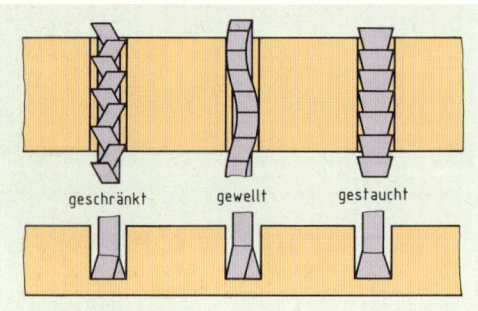

geschränkt   gewellt   gestaucht

3. Das Freischneiden eines Sägeblattes ist je nach Verwendungszweck in unterschiedlichen Formen möglich

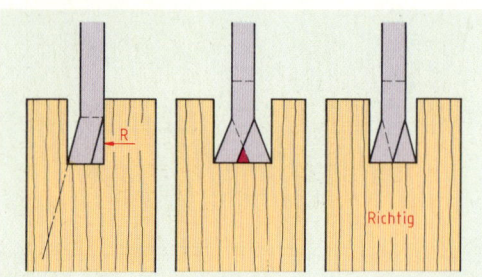

Richtig

4. Eine Säge verläuft oder erfordert unnötigen Krafteinsatz, wenn sie einseitig oder zu weit geschränkt ist

3.6 Handsägen – richtig geführt

In Bild 1 ist eine in jeder Werkstatt sehr beliebte und handliche Säge im Einsatz: die **Feinsäge**. Die schwach auf Stoß stehende feine Zahnteilung von $t \leq 2$ mm ermöglicht hier ein genaues Ansetzen an den Rissen des Schwalbenstücks. Wegen des mit aufgesetztem Rücken ausgesteiften Sägeblatts und einer manchmal auch gekröpften Angel sind Feinsägen sicher zu führen.

Für das Schneiden von **Kunststoffen oder Buntmetallen** (z. B. Messing) ist die Zahnteilung noch feiner ($t \leq 1,5$ mm). Das Sägeblatt dafür ist aus legiertem Werkzeugstahl hergestellt.

Wie verhindert man das Festklemmen des Sägeblatts in der Sägenut?

In Bild 2 wird deutlich, daß die Sägenut breiter sein muß als die Dicke des Sägeblatts.

> Freischneiden erzielt man durch geschränkte, gestauchte, gewellte oder hinterschliffene Sägeblätter (Bilder 2 und 3).

Elastische Werkstoffe federn beim Schneiden zurück. Um beim Sägen das Festklemmen des Sägeblattes in der Sägenut (Schnittfuge, Sägespalt) zu verhindern, sind auch die kleinen Zähne der Feinsägen ein wenig geschränkt.
Bei Sägen mit noch feinerer Zahnteilung, z. B. für härtere Metalle, ist das Schränken nicht möglich. Wir kennen dafür die gewellten Sägeblätter der Metall-Bügelsägen.
Das Schränken mit der Schränkzange (Bild 5) erfolgt vor dem Feilen im oberen Drittel des Zahnes, damit die geschärften Schneiden nicht beschädigt werden. Die Säge verläuft, wenn nicht nach beiden Seiten sehr gleichmäßig geschränkt wurde.

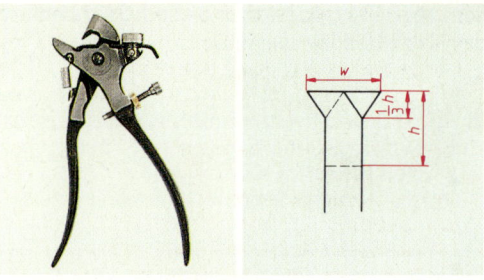

5. Schränkzange: Die Schränkweite W darf die doppelte
Blattdicke nicht überschreiten ($W \leq 2d$)

Warum nicht gleich mit Handmaschinen?

Sehr viele Sägearbeiten werden heute mit kleinen Handmaschinen durchgeführt. Oft beobachtet man leider aber auch große Mängel beim Umfang mit diesen nicht ungefährlichen Maschinen. Meist fehlen die Grundkenntnisse und Fertigkeiten der Spanungs- und Anreißtechnik, die man aber am besten im Umgang mit einigen typischen Handsägen erlernen kann und – besonders bei Montagearbeiten – manchmal auch dringend benötigt.

Ungespannte Sägen mit Griff

In Bild 6 sind einige der ungespannten Handsägen mit Griff („Heftsägen") abgebildet, die noch im Handel zu erhalten sind.

Der **Fuchsschwanz** hat keine Rückenversteifung und eine grobe Zahnteilung für den Plattenzuschnitt. Deshalb ist das Sägeblatt etwas dicker.

Die **Stichsäge** hat ein dickes Blatt mit einem konischen, d. h. am Blattrücken verjüngten Querschnitt (Bild 2). Die Nebenschneiden sind wechselseitig schräg angefeilt, um eine bessere Schneidwirkung zu erzielen.

Die **Gratsäge** für das Einschneiden von Gratnuten hat ein Rückenheft. Dieses ist je nach gewünschter Nuttiefe einstellbar. Die Bezahnung ist „auf Zug" eingerichtet und nur wenig geschränkt.

Die **Rückensäge** hat ein dünneres Blatt mit einer mittleren Zahnteilung „schwach auf Stoß". Verwendet wird sie unter anderem für möglichst ausrißfreies Zuschneiden von Furnierplatten.

Tabelle 7 vergleicht Heftsägen und Gestellsägen

Säge und Vorrichtung zugleich

„Gehrungssägen" haben ein leicht handhabbares Führungs- und Anschlagsystem für maßgenaue Winkelschnitte und Ablängschnitte. Sie sind entweder mit einer Rückensäge oder einer noch genauer zu führenden **Spannsäge** ausgestattet (Bild 8). Deren Sägeblatt ist je nach Werkstoff auswechselbar für Schnitte in Holz, in unterschiedlichen Metallen sowie in dickeren oder dünneren Kunststoffen. Die vielseitig verwendbare Gehrungssäge muß sorgfältig gewartet werden.

1. Beschreiben Sie eine funktionsfähige Feinsäge!
2. Nennen Sie Ursachen für das Verlaufen einer Säge! Wie kann man das ändern?
3. Warum wird vor dem Feilen geschränkt?
4. Unterscheiden Sie Heftsägen nach unterschiedlichen Blattformen und Bezahnungsarten!
5. Welche Vielecke kann man mit Hilfe der Rasterklinken einer Gehrungssäge zuschneiden?

6. Heftsägen: Fuchsschwanz für groben Plattenzuschnitt, Stichsäge für Ausschnitte, Gratsäge und Rückensäge

Heftsägen (Sägeblätter mit Griff)		
ohne Rückenversteifung	mit aufgesetztem Rücken	mit Rückenheft
Fuchsschwanz ($t = 3$–5 mm) **Stichsäge** ($t = 3$–4 mm)	**Rückensäge** ($t = 3$ mm) **Feinsäge** ($t = 1,5$ mm) **Furniersäge**	**Gratsäge** ($t = 4$ mm)
Gestellsägen (Tischlergestellsägen)		
mit breitem Blatt ($b = 50$ mm)		schmal ($b = 6$ mm)
Spannsäge früher: „Schlitzs." ($t = 5$–7 mm)	**Absatzsäge** früher: „Absetzs." ($t = 2,5$–3 mm)	**Schweifsäge** ($t = 3$ mm)

7. Übersicht über ungespannte und gespannte Sägen

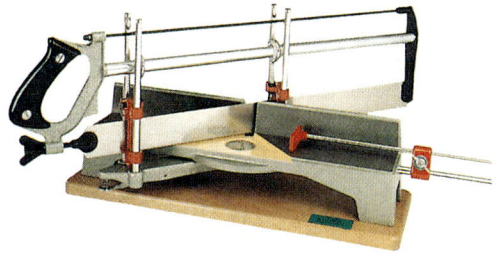

8. Gehrungssäge: Spannsäge für Winkelschnitte (z. B. mit Einstellklinke für 90°, 45°, 36°, 30° und 22,5°)

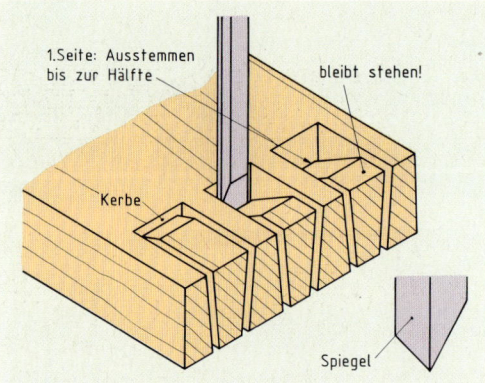

1. Schrittweises Ausstemmen von Zinken von zwei Seiten aus: Auf der ersten Seite eine Auflage stehen lassen!

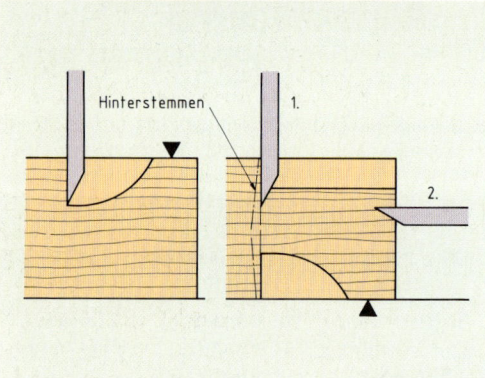

2. Ausstemmen von zwei Seiten aus: Nicht gleich am Riß beginnen! „Hinterstemmen" vermeiden, weil es zu Paßungenauigkeit und geringerer Haltbarkeit führt!

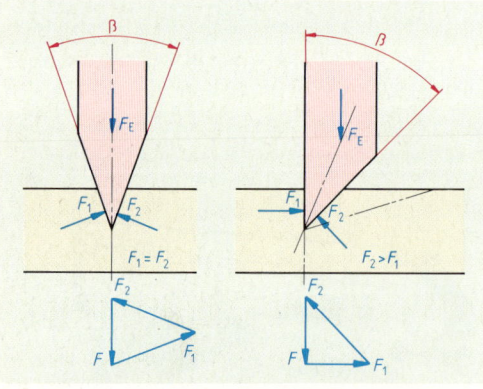

3. Der Schneidkeil am Stechbeitel wirkt im Vergleich zum Meißel nicht symmetrisch und neigt deshalb einseitig zum Verlaufen. Der Kräfteplan zeigt die unterschiedliche Richtung und Größe der Teilkräfte F_1 auf den Spiegel und F_2 auf die Fase als Gegenkräfte zur Eintreibkraft F_E.

3.7 Maßgenau mit dem Stechbeitel

Bild 1 zeigt das angerissene Teilstück einer offenen Zinkenverbindung. Die Zinken wurden bereits mit einer Säge angeschnitten. Die Sägeschnitte liegen in den Schwalbenteilen, die jetzt ausgestemmt werden müssen.

> Maßgerechtes Arbeiten mit dem Stechbeitel erfordert genaues Anreißen, handwerkliches Geschick und scharfe Werkzeuge.

1. Versuch: Ein Stechbeitel wird mit der Spiegelseite genau **an** (nicht „auf"!) einem Riß angesetzt und lotrecht gehalten. Beobachten Sie einmal nach einem kräftigen Schlag mit dem Holzhammer („Klüpfel") auf den Schlagkopf des Werkzeugs, ob die Rißlinie stehen blieb!
2. Versuch: Der Stechbeitel wird im auszustemmenden Bereich zunächst mindestens einen Millimeter entfernt von der Rißlinie angesetzt und eingetrieben. Danach wird eine Kerbe ausgehoben (Bild 1). Erst dann wird maßgenau und senkrecht bis an die Rißlinie nachgestochen.

> Beim Anstemmen nicht direkt am Riß ansetzen, sondern zuerst eine Kerbe ausheben und später rißgenau nachstechen (Bild 1)!

Durchgehende Stemmarbeiten, wie in Bild 1, werden von beiden Seiten angerissen und ausgestemmt. Dabei wird auf der ersten Seite eine Auflage für das anschließende Stemmen von der Gegenseite aus stehen gelassen (Bilder 1 und 2).

Welche Kräfte wirken am Keil?
In Bild 3 ist zu erkennen, daß der Schneidkeil des Stechbeitels nicht symmetrisch auf den zu trennenden Werkstoff trifft: Die Eintreibkraft F_E wirkt senkrecht. Die Schneide wird jedoch in Richtung der Winkelhalbierenden des Winkels β verlaufen.

Ein Kräfteplan zeigt die Wangenkräfte
Die asymmetrische Zerlegung der Hauptkraft F_E in die Nebenkräfte F_S am Spiegel und F_F an der Fase bewirkt einen höheren Gegendruck F_2 des Werkstoffs auf die Fase. Dieser Gegendruck F_2 auf die Fase des Werkzeugs führt zum Verlaufen der Schneide und der Spiegelseite gegen den Riß. Obwohl auch dieser asymmetrisch wirkende Keil zwei Wangen hat, wird er oft als „einseitiger Keil" bezeichnet (Bild 3).

Stech- und Stemmwerkzeuge (Beitel)

Das Stechen und Stemmen erfordert viel Geschick, weil das Werkzeug (Bild 4) nur von Hand geführt wird. Auf eine gute Griffform ist zu achten. Ungeschützte Schneiden können leicht stumpf werden. Dauernde Verletzungsgefahr besteht, wenn diese scharfen Werkzeuge offen herumliegen.

> Beim Handhaben, Lagern und Transportieren von Stech- und Stemmwerkzeugen ist größte Sorgfalt geboten, um Unfälle zu vermeiden!

Als Schlagwerkzeug wird ein **Schreinerklüpfel** (Holzhammer) aus Buchenholz verwendet, weil dieser im Gegensatz zum Tischlerhammer aus Stahl den Schlagkopf des Beitels nicht beschädigt. Zum Ausstemmen von größeren und tieferen Löchern, z. B. für Zapfen, gibt es **Lochbeitel** („Stemmeisen", 4 mm, 6 mm . . . 16 mm breit). Diese haben ein wesentlich dickeres Blatt mit abgeschrägten Seiten und einer nicht ganz so stark zum Verlaufen neigenden Keilform (Bild 5).

Hohlbeitel haben eine Außenfase oder eine Innenfase. Sie werden zum Nachstechen von Hohlkehlen, für Schnitzarbeiten und zum Einlassen von runden Beschlägen verwendet. Die Radien der bogenförmigen Schneide ergeben Blattbreiten des Hohlbeitels von 4 mm bis 40 mm.

Stech- und Stemmarbeiten vermeiden?

Soviel Spaß es auch macht, das handwerkliche Geschick zu erproben: Nach Möglichkeit sollten Stech- und Stemmarbeiten schon bei der Arbeitsplanung wenigstens teilweise vermindert werden (Bild 6)! Durch Verändern der Konstruktion ist oft eine rationellere Arbeitstechnik zu erzielen! Besser zu steuernde Spanungsvorgänge sind Bohren oder Fräsen. Deshalb werden z. B. abgerundete Beschläge den eckigen vorgezogen.

1. Warum darf man mit dem Stemmen nicht unmittelbar am Riß beginnen?
2. Zeichnen Sie den Kräfteplan für einen Stechbeitel mit der Eintreibkraft F_E = 800 N und mit einem Keilwinkel von 25° (200 N = 1 cm). Ermitteln Sie durch Nachmessen die Druckkräfte an Spiegel und Fase!
3. Warum neigt ein Lochbeitel weniger zum Verlaufen als ein Stechbeitel? (Kräfteplan!)
4. Nennen Sie Unfallursachen bei Stemmarbeiten!
5. Wie kann durch Planung Stemmarbeit vermieden werden? Nennen Sie Beispiele (Skizzen)!

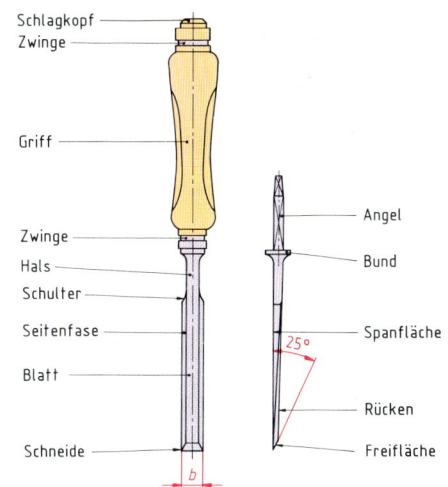

4. Am häufigsten verwendet werden Stechbeitel mit Seitenfasen am Blatt und in den Breiten b = 4, 6, 8. . . 30, 32, 38 mm

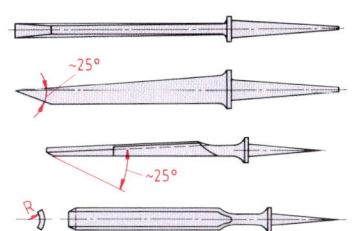

5. Lochbeitel („Stemmeisen"), Hohlbeitel („Hohleisen")

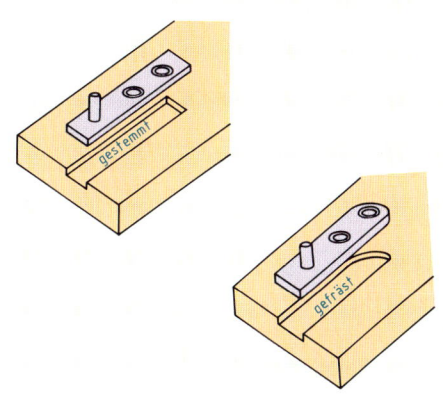

6. Stemm- und Stecharbeiten sind zeitaufwendig. Deshalb rechtzeitig auch an andere Arbeitstechniken denken!

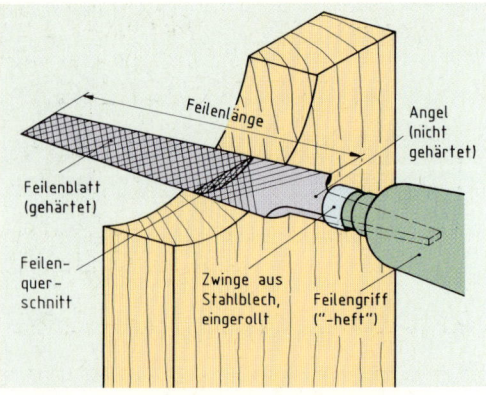

1. Raspeln und Feilen dienen zum Bearbeiten von gekrümmten Holzoberflächen (z. B. Schweifungen, Ausschnitte) sowie zum Bearbeiten von Kunststoffen und Metallen

Gehauener Raspelzahn	Gehauener Feilenzahn	Gefräster Feilenzahn
Schneidwinkel	$\delta > 90°$ = schabend; $\delta \leq 90°$ = schneidend	

2. Raspel- und Feilenzähne haben je nach ihrem Schneidwinkel δ schabende oder schneidende Wirkung

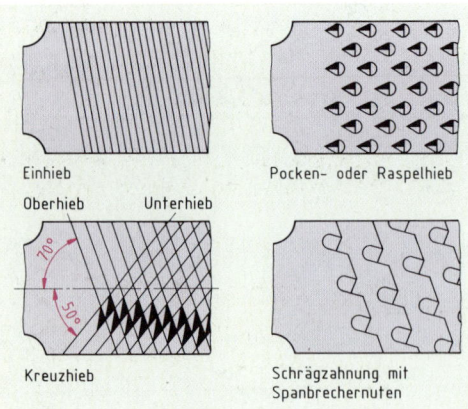

3. Unterschiedliche Hiebarten für Feilen und Raspeln bestimmen Spanungsvorgang und Verwendungszweck

3.8 Raspeln und Feilen

In Bild 1 wird eine ausgesägte Schweifung mit Raspel und Feile nachbearbeitet. Wie sieht der Spanungsvorgang bei diesen Werkzeugen aus?

Die Spanbildung beim Raspeln und Feilen
Im Vergleich zu einer Säge sind die Zähne auf dem Raspel- oder Feilenkörper nicht nur hintereinander, sondern auch nebeneinander angeordnet. Bewegt man das Werkzeug mit leichtem Druck vorwärts, werden kleine Späne abgehoben. Raspeln haben nahezu schneidende Wirkung, Feilen je nach Werkstoff und Feinheitsgrad vorwiegend schabende Wirkung (Bild 2).

> Gehauene Zähne bei **Raspeln** und **gefräste Feilenblätter** haben meist schneidende, **gehauene Feilen** haben schabende Wirkung.

Damit beim Raspeln und Feilen auf der Werkstückoberfläche möglichst nur feine „Spuren" entstehen, sind die Schneiden in Arbeitsrichtung hintereinander versetzt angeordnet. In Bild 3 werden unterschiedliche Hiebarten dargestellt, die zu dieser Anordnung führen. Sie sind nicht nur für Holz- und Holzwerkstoffe geeignet.

Raspeln für grobes Abspanen
Der Raspelhieb besteht aus einzelnen Spitzzähnen. Deren Anzahl je cm² ergibt die Hiebzahl. Raspeln werden nach ihrer Länge und nach den **Hiebnummern 1 bis 3** eingeteilt (Tabelle 4). Die gröbste Raspel (Hiebnummer 1) ist danach 300 mm lang und hat sieben gehauene Zähne je cm². Grobe Raspeln haben die größten Spanräume und setzen sich nicht so leicht voll.

Feilen für die Holzverarbeitung
Der Feilenhieb für das Bearbeiten von Vollholz kann ein- und zweihiebig (kreuzhiebig) sein. Die Hiebnummer ist das Kennzeichen für feine und grobe Feilen. Auch bei Feilen gilt:

> Je länger die Feile und je kleiner die **Hiebnummer**, umso gröber ist der Feilenhieb.

Werkstattüblich sind vor allen Dingen die zur Spitze hin verjüngten **Kabinettfeilen** (Bild 5) mit flachrundem Querschnitt. Die flache Seite und der runde Rücken haben einen Kreuzhieb, die beiden schmalen Kanten einen Einhieb.

Feilen für vielerlei Werkstoffe

In der Holzwerkstatt werden Feilen heute weit mehr für das Bearbeiten von Kunststoffen und Metallen eingesetzt ˙als für das Bearbeiten von Holz und Holzwerkstoffen.

> Für jeden Werkstoff die geeignete Feile!

Das weiche Aluminium wird z. B. mit einer einhiebigen gefrästen Feile zu bearbeiten sein. Diese hat eine schneidende Wirkung und ist meist mit Spanbrechernuten versehen (Bild 3). Die Fließspäne neigen zum Schmieren. Riefen (Feilspuren) von kleinen Zahnspitzen bei gehauenen Feilenzähnen sind auch nicht erwünscht.

Schärffeilen für Werkzeuge müssen dagegen für die feine Spanabnahme bei harten Werkstoffen ausgesucht werden. Feiner Hieb und großer Schneidwinkel mit schabender Wirkung werden dafür bevorzugt angewendet.

Die **Querschnittsform** (Bild 6) bezieht sich auf den jeweiligen Arbeitsvorgang: Ein runder Zahngrund bei Bandsägeblättern erfordert z. B. eine entsprechend abgerundete Dreikantfeile. Rundfeilen oder Vierkantfeilen können beim Bearbeiten von Beschlägen nützlich sein.

Arbeitsregeln beim Raspeln und Feilen

- Werkstücke immer fest, nicht federnd und in handlicher Arbeitshöhe einspannen!
- Arbeitsdruck nur beim Vorwärtsführen ausüben!
- Werkzeug gleichzeitig vorwärts und etwas seitlich führen, um Riefen zu vermeiden!
- Raspeln und Feilen immer nur für einen Werkstoff verwenden (z. B. nur für Holz, nur für Aluminium usw.)!
- Der Griff (Bild 7) muß stets fest sitzen!
- Verschmutzte Holzfeilen oder Holzraspeln mit heißem Wasser und Wurzelbürste reinigen!
- Feilen für Metalle mit Messing- und nicht mit Stahlbürste ausbürsten!

1. Vergleichen Sie das Raspeln quer zur Holzfaser mit dem entsprechenden Sägevorgang!
2. Wie unterscheiden sich ein- und zweihiebige Feilen in der Wirkung beim Spanungsvorgang?
3. Beschreiben Sie das Reinigen von Holz- und Schärffeilen
4. Unterscheiden Sie das Feilen von Aluminium im Vergleich zu Werkzeugstahl (Zahnformen)!
5. Warum soll man z. B. Holz und Aluminium nicht mit der gleichen Feile bearbeiten?

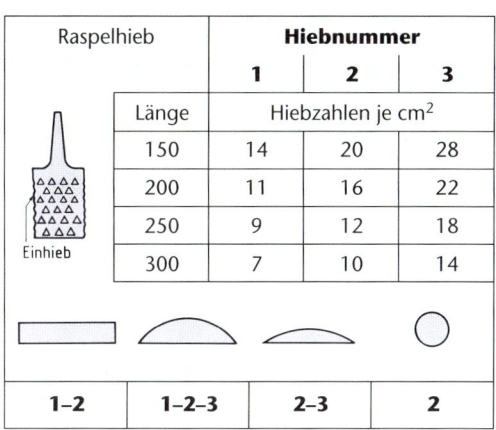

Raspelhieb		Hiebnummer		
		1	2	3
	Länge	Hiebzahlen je cm²		
	150	14	20	28
	200	11	16	22
	250	9	12	18
	300	7	10	14
1–2	1–2–3	2–3	2	

4. Holzraspeln: übliche Querschnittsformen mit Hiebnummern Längen (in mm)

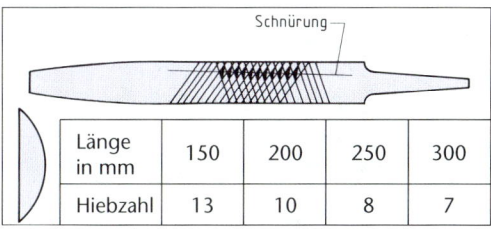

Länge in mm	150	200	250	300
Hiebzahl	13	10	8	7

5. Kabinettfeilen für Holz, Hiebnummer 1, z. B. mit Kreuzhieb („Zweihieb")

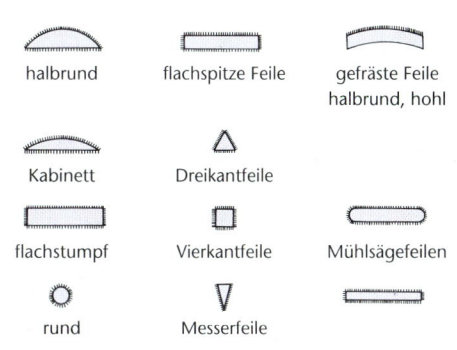

6. Raspeln und Feilen haben je nach Verwendungszweck unterschiedliche Querschnittsformen (rot: für Holz)

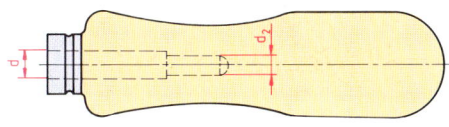

7. Feilenheft mit Stufenbohrung zum arbeitssicheren Befestigen der Angel bzw. des Feilenblattes

1. *Handschliff bei Holzoberflächen: Der Schleifstaub wird am besten auf einem Schleiftisch abgesaugt*

2. *Schleifmittel auf Unterlage („P"): Schleifpapier*

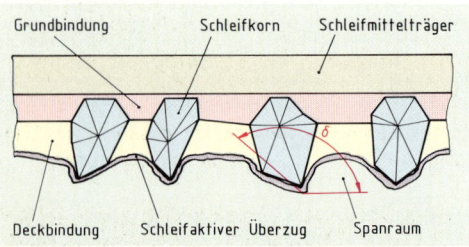

3. *Aufbau des Schleifpapiers; die Winkel an den Schneiden und die Spanräume beeinflussen den Schleifvorgang*

Körnung	Schleifarbeiten (Beispiele)
P20 bis P80	**Grobschliff:** Vorschleifen gehobelter Hölzer, Aufrauhen, Entfernen von Überzügen, Egalisieren
P80 bis P120	**Vorschliff:** Sperrholz und Spanplatten schleifen, Vorschliff gespachtelter Flächen, Nachschliff von Holz und Holzwerkstoffen
P120 bis P180	**Feinschliff:** von Weichhölzern, Holz-werkstoffen und furnierten Flächen, Nachschliff gespachtelter Flächen, Nichteisenmetalle
P180 bis P240	**Feinschliff:** von Harthölzern, gespach-telten Flächen und Kunststoff-Flächen
P240 bis P600	**Feinstschliff:** Lackschliff, Lackfertig-schliff, Zwischenschliff beim Beizen

4. *Korngrößen bei Schleifpapieren und Schleifgeweben*

3.9 Schleifpapier und Ziehklinge

In Bild 1 wird eine Holzoberfläche von Hand ge-schliffen. Als Schleifwerkzeug dient ein Schleif-korken mit „Schleifpapier". Die Schneidrichtung ist „mit der Faser". Von der rauhen Holzober-fläche werden wie beim Hobeln feine Späne ab-genommen, bis die Fläche glatt ist.

> Dabei fällt sehr viel feiner Schleifstaub an.

Das Glätten erfolgt durch Abtragen von zahlrei-chen dicht beieinander liegenden Einzelspänen.

Spanen mit „gestreuten Schleifmitteln"
Bild 2 zeigt feines und grobes Schleifpapier. Man erkennt die aufgestreuten Schleifkörner. Als „Un-terlage" dient Papier oder Gewebe. Die Schleif-körner sind senkrecht in einer Grundbindung und einer Deckbindung aus Kunstharz auf dem Schleifmittelträger verankert (Bild 3). Ein beson-derer Überzug kann die Schneidfähigkeit der Schleifmittel werkstoffbezogen verbessern.
Körnung: Diese besteht aus synthetisch herge-stellten Korund- oder Siliziumkarbidkörnern. Die Korntypen unterscheiden sich in Härte und Zähig-keit. Die Kornform ist blockig und splittrig, die Schneidenform scharfkantig. **Korund** ist beson-ders für Naturholz geeignet. **Siliziumkarbid** hat sehr scharfe Schneidkanten und wird häufiger beim Schleifen von Lackoberflächen eingesetzt.

> Die Schneiden der Schleifkörner haben nega-tive Spanwinkel, d. h. große Schneidwinkel ($\delta > 90°$) mit schabender Wirkung (Bild 3).

Korngrößen werden auf der Rückseite des Schleif-papiers durch Nummern angegeben: Von P12 bis P220 (Makrokörnung) und von P240 bis P1200 (Mikrokörnung). Tabelle 4 zeigt übliche Anwen-dungen. Ein Grobschliff bei Fußböden erfordert z. B. eine andere Korngröße als ein Lackfeinschliff bei Möbeloberflächen.
Streuung: Bei weichen, harzreichen Hölzern, bei großer Spanabnahme oder z. B. bei MDF-Platten werden zwischen den Schleifkörnern größere Spanräume benötigt, die sich nicht zusetzen sol-len. Bei dieser **offenen Streuung** ist das Schleif-papier nur zu etwa 60 % mit Körnern bedeckt.
Bei feineren Körnungen wird oft eine **geschlos-sene Streuung** (Korn an Korn, zu 100 % be-deckt) bevorzugt.

Schleifrichtung: In Bild 5 sind unerwünschte Schleifrillen erkennbar, weil **quer zur Faser** geschliffen wurde. Sie sind tiefer als bei **Längsschliff** und nur schwer wieder zu entfernen. **Abspanen ohne Staub** mit Putzhobel oder Ziehklinge (Bild 6) bietet sich hierfür ebenso an, wie beim Ebnen von Stoßfugen und Brüstungen.

„Gut gehobelt ist halb geschliffen!"

Dieser Grundsatz soll zum Vermindern der Schleifarbeit beitragen, insbesondere bei Eiche und Buche. Die **Betriebsanweisung** für den **Gefahrstoff Holzstaub** ist unbedingt zu beachten (Bild 7)!

Holzstaub muß möglichst an der Enstehungsstelle entsorgt werden – auch bei Handarbeit! **Atemschutz** P2 ist erforderlich (Bild 7)!

Beim unbedingt erforderlichen porentiefen **Entstauben** (Ausbürsten) der Oberflächen nach dem Schleifen und vor dem Beschichten gilt dieses ganz besonders.

Stufenweiser Holzschliff

Mit welcher Körnung soll man die Schleifarbeit beginnen? Das hängt immer vom Zustand der zu schleifenden Oberfläche und vom Werkstoff ab. Bei zu feiner Körnung muß man z. B. zu stark drücken: das Schleifpapier „schmiert" zu, die Holzfasern werden gestaucht und richten sich später wieder auf. Man beginnt deshalb beim **Vorschliff** mit einer groberen Körnung zum Egalisieren und setzt die Schleifarbeit mit einem **Zwischenschliff** bis zum **Fertigschliff** fort.

Die Körnung ist stufenweise zu verringern!

Je Stufe soll aber ein Korngrößen-Sprung von 20 bis 30 Nummern (z. B. P120 – P150 – P180) nicht überschritten werden (Tabelle 4). Dabei ist stets nur scharfes Schleifpapier zu verwenden.

1. Vergleichen Sie die Schleif- und Spanungsvorgänge in Faserrichtung und quer zur Faser!
2. Was verstehen Sie unter stufenweisen Schleifen? Begründen Sie diese Arbeitsweise!
3. Warum ist feiner Holzstaub gefährlich?
4. Nennen Sie einige Schutz-Maßnahmen, die sich aus der Betriebsanweisung Holzstaub ergeben!
5. Warum Putzen und Abziehen statt Schleifen?

5. Tiefe Schleifspuren in einer Holzoberfläche durch Querschleifen: Schneiden durchtrennen die Holzfaser

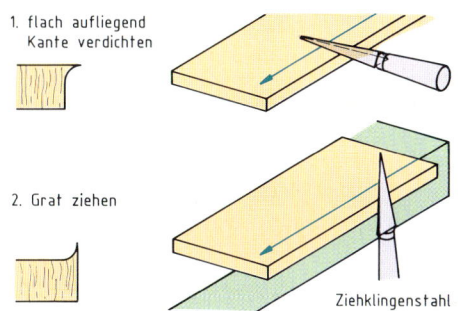

1. flach aufliegend
Kante verdichten

2. Grat ziehen

Ziehklingenstahl

6. Die schabende Wirkung der Längskanten einer Ziehklinge wird durch Anziehen einer Schneide erzielt

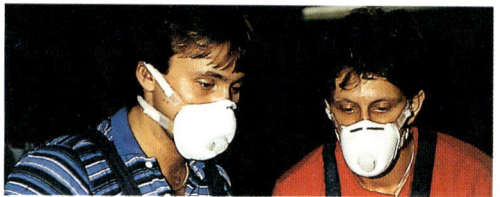

7. Staubabsaugung und Partikelfilter P2 sind Instrumente des Arbeitsschutzes nach der Gefahrstoffverordnung

Arbeitsstufen	Bezeichnung	Schleifkörnung
1. Einebnen	Vorschliff	P80 bis P120
2. Verfeinern	Zwischenschliff	P120 bis P180
3. Glätten	Fertigschliff	P150 bis P220

8. Nur stufenweises Schleifen bringt gute Ergebnisse!

1. Schleifen eines Stechbeitels an der Schleifmaschine. Was wird hier falsch gemacht?

Versuch 1: Prüfen Sie durch Hin- und Herbiegen mit Schraubstock und Zange die Elastizität einer Rasierklinge, eines alten Messers, Sägeblattes o. ä.!
Ergebnis: Der Werkzeugstahl ist elastisch.

Versuch 2: Erhitzen Sie ein Probestück (s. o.) bis zur Rotglut und schrecken Sie es dann durch Eintauchen in kaltes Wasser ab! Prüfen Sie nach dem Abkühlen erneut die Elastizität des so behandelten Werkzeugstahls!
Ergebnis: Der Werkzeugstahl bricht. Er ist versprödet.

Versuch 3: Machen Sie vergleichsweise den Versuch mit einem gewöhnlichen Nagel (aus Baustahl).
Ergebnis: Der Nagel läßt sich auch nach dem Abschrecken noch biegen, weil Baustahl nur einen geringen C-Gehalt hat.

2. Wie verändern sich Werkzeugstahl und Baustahl (vergleichsweise) nach dem Erwärmen und Abschrecken?

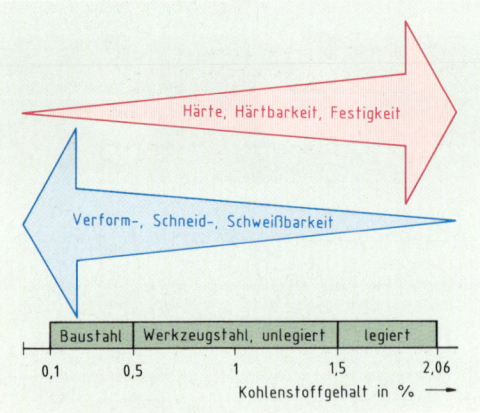

3. Stahl ist eine Legierung aus Eisen (Fe) und Kohlenstoff (C). Der C-Gehalt beeinflußt die Eigenschaften.

3.10 Scharfe Werkzeuge aus Stahl

In Bild 1 wird ein Stechbeitel an der Schleifscheibe geschliffen, „daß die Späne fliegen". Offensichtlich sind diese glühend heiß! Auf dem Spiegel des Werkzeugs beobachtet man ein Verfärben des Werkzeugstahls: Die Schneide läuft an, sie wird blau!
Neben der Schleifmaschine sieht man einen Wassertopf. Darin wird das Eisen beim Schleifen ab und zu abgekühlt, „daß es nur so zischt!" Der Werkzeugstahl wird abgeschreckt!
Ist dieses alles so in Ordnung? Man wünscht sich doch eine scharfe Schneide und keine versprödete, die sofort nach dem Schärfen beim nächsten harten Ast wieder ausbricht. Aber zu weich soll sie auch nicht werden und sich dann umbiegen.

> Durch zu hohes **Erwärmen und Abschrecken** wird Werkzeugstahl in den besonderen Eigenschaften verändert, meist unbrauchbar.

In den Versuchen 1 und 2 wird dieses deutlich. Ein ähnliches Ergebnis ist in der hauchdünnen Werkzeugschneide zu erwarten, wenn man beim Schärfen wie in Bild 1 vorgeht und so das Werkzeug durch Erwärmen und Abschrecken verdirbt.

Was ist Werkzeugstahl?
Werkzeugstahl gehört neben Gußeisen und Baustahl zu den Eisen-Kohlenstoff-Legierungen. Deren Eigenschaften, wie z. B. Bearbeitbarkeit, Härte, Elastizität, werden besonders durch ihren Kohlenstoffgehalt (C-Gehalt) beeinflußt (Bild 3). Durch andere Legierungsbestandteile, wie z. B. Silizium, Chrom, Nickel, Wolfram, Vanadium, Kobalt, können die Eigenschaften von Werkzeugstahl noch wesentlich verbessert werden (Tabelle 4).

> Werkzeugstahl ist härtbar (C-Gehalt > 0,5 %).

Das Härten wird beim Werkzeughersteller mit Sorgfalt und bei ganz bestimmten Temperaturen durchgeführt. Es erfordert drei Arbeitsgänge:
• **Erwärmen** auf etwa 760 °C Härtetemperatur,
• **Abschrecken** z. B. in Wasser (etwa 20 °C),
• **Anlassen** auf etwa 270 °C Anlaßtemperatur.
Nach dem Abschrecken ist der Werkzeugstahl spröde wie Glas. Durch erneutes, geringeres Erwärmen („Anlassen") werden Härte und Sprödigkeit vermindert, die Zähigkeit und Elastizität des Stahls aber wieder erhöht.

Wie schärft man richtig?

Hobeleisen und Stechbeitel, meist aus unlegiertem Werkzeugstahl, werden an der Schleifmaschine geschliffen und auf dem Abziehstein abgezogen.

Entweder ganz trocken oder ganz naß, aber nicht feucht (schmierend) schleifen!

Bei **Naßschliff** wird nicht nur gekühlt. Das gleichmäßige Zuführen von reichlich Kühlflüssigkeit (meist Wasser) spült die Poren des Schleifkörpers aus und hält diesen griffig. Beim Schärfen wird die stumpf glänzende Fase mittels der Schleifkörner so lange abgespant, bis an der Schneide ein feiner Grat entstanden ist.

Die **Schleifkörner** müssen härter sein als der zu schleifende Werkzeugstahl (Tabelle 5). Die **Körnung** einer Schleifscheibe ist in eine **Bindung** eingebettet. Diese soll die Schleifkörner frei geben, wenn sie stumpf geworden sind.
Die richtige Schleifscheibe erkennt man an einem feinen, zischenden Schleifton, weil sie „kühl" schleift und auch bei geringem Anpreßdruck einwandfrei arbeitet. Durch leichten Druck und zügiges Hin- und Herbewegen verhindert man bei **Trockenschliff** das Anlaufen des Werkzeugs!

Das Arbeiten an der Schleifmaschine ist nur mit **Schutzbrille** zulässig! Abdeckungen und Auflagen sind vorschriftsgemäß einzustellen!

Hohlschliff durch Schleifen am Mantel zylindrischer Scheiben verringert den Keilwinkel an der Schneide (Bild 7). Schleifscheiben sollten deshalb einen angemessenen Durchmesser haben.
Abziehen. Der beim Schleifen entstandene Grat wird mit natürlichen oder künstlichen Abziehsteinen im Naßschliff entfernt. Spiegel und Fase werden im Feinschliff behandelt, gut aufliegend, so daß eine scharfe Schneide entsteht. Auch das Nachschärfen ist mit dem Abziehstein üblich.

1. Warum darf Werkzeugstahl beim Schleifen nicht zu hoch erhitzt und abgeschreckt werden?
2. Was ist Stahl? Geben Sie eine Übersicht über einige Unterscheidungsmerkmale!
3. Welche Unfallgefahren bestehen beim Schärfen an der Werkzeugschleifmaschine?
4. Beschreiben Sie das Schärfen (Schleifen und Abziehen) eines Hobeleisens!

Unlegiert nur C-Anteile	Niedriglegiert weniger als 5 % Legierungsanteile	Hochlegiert mehr als 5 % Legierungsanteile
Hobeleisen Stechbeitel Äxte Scheren Zangen Hämmer	Spiralbohrer Sägeblätter Feilen Gewindeschneider	Maschinenwerkzeuge (Fräser, Bohrer) aus Hochleistungs- (HL-) und Schnellarbeits- (HSS-) Stählen

4. Werkzeugstahl wird nach seinen Legierungsbestandteilen (außer Kohlenstoff) in Gewichtsprozenten als unlegiert, niedriglegiert oder hochlegiert bezeichnet

Schleifmittel (Schleifkörner)			
natürliche		synthetische	
Sandstein Quarz (Glas) SIO_2	Natur-Korund Schmirgel Al_2O_3	Elektro-Korund Al_2O_3	Siliziumkarbid SiC
Härte nach Mohs („Ritzhärte")			
6–7	7–9	9	9,5

5. Ritzhärte der Schleifkörner. Zum Vergleich: Stahl liegt auf der Mohs-Skala bei > 4,5, Diamant (reiner Kohlenstoff) als höchster Wert bei der „Mohs-Härte" von 10.

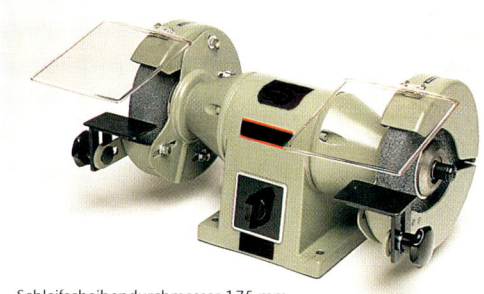

Schleifscheibendurchmesser 175 mm, 3000 U/min, 220 W, 220 V, auf Wunsch 380 V, auch mit 150 mm, 200 mm, 250 mm, 300 mm und 350 mm Schleifscheibendurchmesser lieferbar

6. Doppelschleifmaschine mit Zylinderscheibe

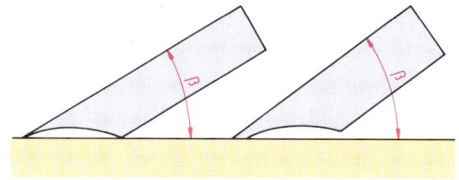

7. Abziehen der Hohlfasen; Einfluß auf den Keilwinkel β beim Anheben des Spiegels der Werkzeugschneide

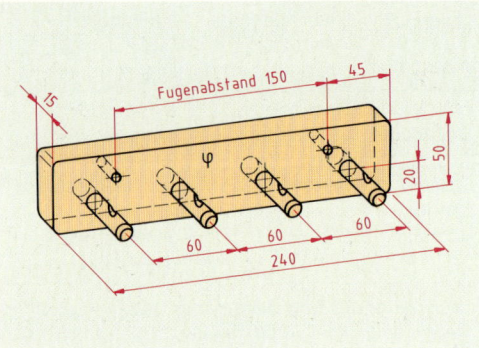

1. *Die Arbeitsaufgabe: Mehrere Hakenbretter sollen von Hand unter Verwendung von Holzdübeln (Ø 12 mm) hergestellt werden. Zur Verfügung stehen fertig ausgehobelte Leisten aus Buchenholz (50/15 – etwa 1000 mm lang) und Dübelstangen (Ø 12 x 800 – BU).*

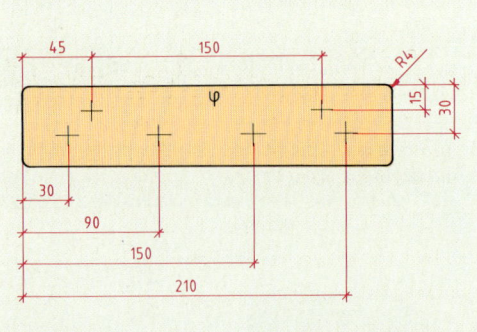

2. *Für das Anreißen wird eine Fertigungszeichnung bzw. ein Bohrplan mit fertigungsbezogener Bemaßung benötigt: Alle erforderlichen Maßzahlen müssen ohne Nachrechnen abzulesen und so eingetragen sein, daß sie mit den Arbeitsschritten beim Anreißen übereinstimmen!*

3.11 Anreißen von Bohrlöchern

In Bild 1 ist ein einfaches Werkstück dargestellt, das aus einem Brett und vier aus Holzdübeln gefertigten Haken besteht. Dieses Hakenbrett soll später mittels der beiden Montagebohrungen an eine gefliese Wand angeschraubt werden. Bei der Fertigung ist unter anderem auf gleiche Abstände der Dübel(löcher) sowie auf gleichmäßige Endabstände bei der Dübelreihe zu achten.

Wie sollen die einzelnen Bohrmittelpunkte eingemessen und angerissen werden?
Richtet man sich nach den Maßangaben in Bild 1, so wäre jedes Teilmaß einzeln anzureißen. Man könnte dafür z. B. einen Stechzirkel einstellen.

> Aber:
> Maßabweichungen summieren sich leicht!

Bei einer zulässigen Maßabweichung von beispielsweise ± **0,5 mm** ergeben 3 · 60 mm das Gesamtmaß von **180 mm**; 3 · 59,5 mm sind nur **178,5 mm** und 3 · 60,5 mm ergeben **181,5 mm**! Die Endabstände rechts und links sollten gleich sein! Sie könnten aber beim ungünstigen Anreißen von Einzelmaßen bei einer Brettlänge von 240 ± 0,5 mm z. B. zwischen 29,5 mm und 32,5 mm schwanken.
Bild 2 zeigt eine Fertigungsskizze, die nach den Konstruktionsmaßen aus Bild 1 angefertigt ist: Die Maßangaben sehen das praxisübliche Anreißen von einer **Bezugsebene** aus am Maßstab entlang vor. Die Bezugsebene für das Bemaßen und Anreißen könnte anstelle der gewählten linken Seite aber auch eine senkrechte Mittellinie sein.

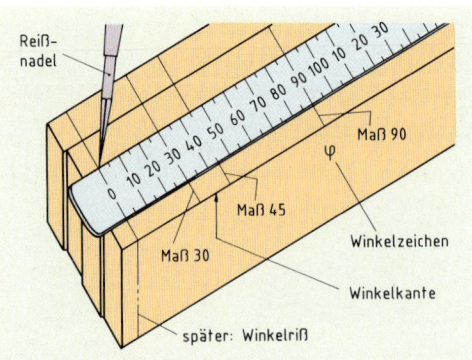

3. *Die Maße aus der Zeichnung werden auf der Winkelkante punktgenau markiert. Mit Anschlagwinkel und spitzem Bleistift werden mehrere gleiche Werkstücke angerissen.*

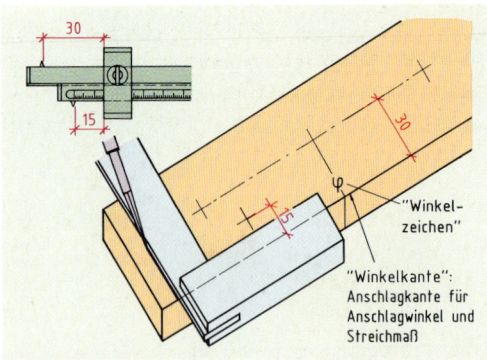

4. *Überwinkeln der Längenrisse mit dem Anschlagwinkel auf die Bezugsfläche (Winkelkante!) für das Ablängen und für das Anreißen der Bohrungen mit dem Streichmaß*

Zuerst die Winkelkante kennzeichnen

Die rechte Seite des Holzes soll die Ansichts- und Anreißfläche sein. Die obere Brettkante wird als Bezugskante (Bezugselement) für das Anreißen, also als „Winkelkante" festgelegt und durch ein Winkelzeichen gekennzeichnet (Bild 3).

Anreißen und Überwinkeln von Maßen

Alle Teilmaße werden unter Berücksichtigung der Winkelkante auf dem Werkstück angerissen. Ein spitzer Bleistift kann dabei vorteilhafter sein, als die **Reißnadel** aus Stahl (Bild 5). Deren Rißlinien sind später nur schwer wieder zu entfernen, besonders die quer zur Faser verlaufenden.

> Man muß stets von der gekennzeichneten Winkelkante aus messen und anreißen!

Werden mehrere gleiche Stücke hergestellt, wird man die einmal angerissenen Maße mit Hilfe eines Anschlagwinkels auf die anderen Teile „überwinkeln". Dadurch werden Meßfehler beim mehrfachen Wiederholen des Meß- und Anreißvorgangs vermieden.
In Bild 4 wird der Anschlagwinkel an der Winkelkante angelegt, um die auf der Schmalseite dieses Teils angerissenen Fertigungsmaße zum Ablängen und Bohren auf die Bearbeitungsebene des Brettes überzuwinkeln.

Meß- und Anreißwerkzeuge

Bild 5 zeigt einige ständig erforderliche Geräte: Ein **Anschlagwinkel** muß ab und zu auf Rechtwinkligkeit überprüft werden. Mit dem **Streichmaß** werden Parallelrisse zur Winkelkante ausgeführt (nach Bild 2 zum Beispiel 15 mm und 30 mm). Die Maßskala kann dabei als Einstellhilfe dienen. Das danach eingestellte Maß muß vor dem Anreißen durch einen Probeiß geprüft werden! Ein spitzer **Stechzirkel** kann auch zum Übertragen von Maßen verwendet werden. Für das Anreißen von 45°-Winkeln ist der **Gehrungswinkel** das geeignete Werkzeug.

1. Skizzieren Sie zu dem Werkstück in Bild 1 einen Bohrplan, der das Anreißen von der Mittellinie des Werkstücks aus vorsieht!
2. Beschreiben Sie die vermutlichen Arbeitsvorgänge für das Anreißen der vier Dübelbohrungen entsprechend Ihrer Skizze zur Aufgabe 1!
3. Beschreiben Sie das Prüfen eines Anschlagwinkels auf Rechtwinkligkeit (Bild 5).
4. Was ist eine Winkelkante?

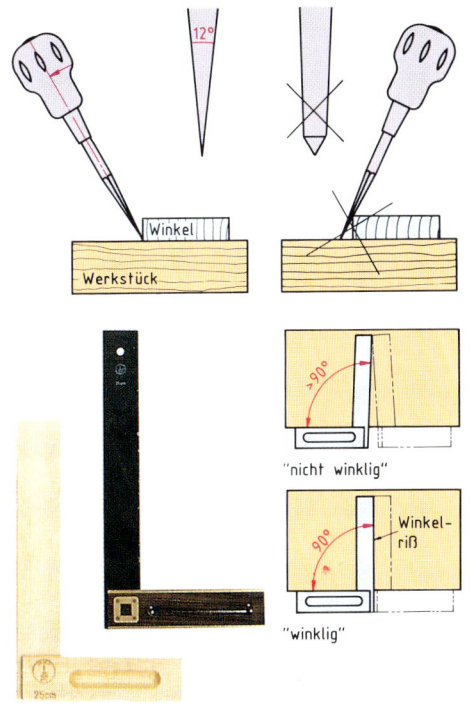

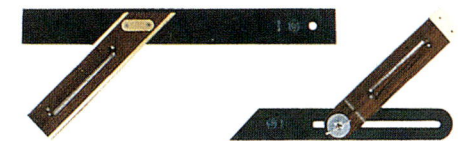

5. Anreißwerkzeuge: Reißnadel, Anschlagwinkel (90°) mit Stahl- oder Holzzunge, Stahlmaßstab, Streichmaß, Gehrungswinkel (45°), Schmiege (verstellbar)

1. Maßbohrung in einem Vollholzbrett: mit welchem Bohrer wurde wohl gebohrt?

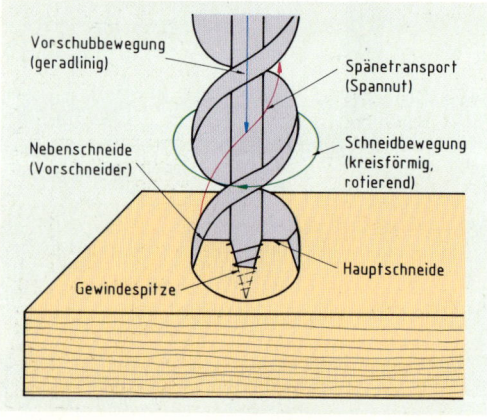

2. Wirkungsweise eines Schlangenbohrers mit Zentrierschnecke und Vorschneidern bei Querholz

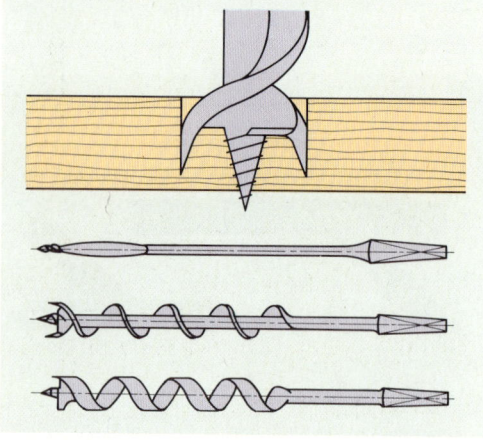

3. Mit Einzuggewinde und Vorschneider: Schnecken- una Schlangenbohrer mit Vierkantschaft für eine Bohrwinde

3.12 Ein Bohrloch in Vollholz

Bild 1 zeigt ein Bohrloch in einem Holzbrett und dazu drei „Bohrer" als Bohrwerkzeuge.

> Die Auswahl eines Werkzeugs hängt stets auch von dem zu bearbeitenden Werkstoff ab.

Das Loch wurde hier in eine Vollholzfläche gebohrt. Die Bohrrichtung liegt quer bzw. senkrecht zu der Faserrichtung. Der Lochrand ist scharfkantig und ohne Holzausrisse.

Bohren von Hand mit „Zentrierschnecke"
Bild 2 zeigt einen typischen „Holzbohrer" für das Bohren von Hand. Er hat eine schneckenförmige Gewindespitze. Diese kann man genau auf den Mittelpunkt des angerissenen und eventuell mit dem „Spitzbohrer" vorgebohrten Bohrlochs ansetzen. Beim Drehen zieht die Zentrierspitze den Bohrer schraubend in das Werkstück hinein.

> Für das **Bohren von Hand** ist eine Zentrierspitze **mit Einzuggewinde** erforderlich.

Die in Bild 3 gezeigten „Holzbohrer" haben alle eine Zentrierschnecke und eignen sich deshalb nicht für das Bohren mit einer Bohrmaschine.

Bohren ist ein Spanungsvorgang
Die spiralförmige **Schneidbewegung** setzt sich aus der kreisförmigen („rotierenden") Drehbewegung des Bohrers und seiner geradlinigen **Vorschubbewegung** in Achsrichtung zusammen. Die keilförmigen Schneiden („Hauptschneiden") heben dabei fortlaufend Späne ab.

> Die **Hauptschneide** legt einen spiralförmigen Arbeitsweg zurück mit laufend wechselnden **Bearbeitungsrichtungen:** längs und quer oder senkrecht zur Holzfaser („über Hirn").

Beim Bohren quer zur Faser sind zusätzlich Vorschneider („**Nebenschneiden**") erforderlich, um die Fasern am Bohrlochrand noch vor dem Abspanen zu durchtrennen. Die anfallenden **Bohrspäne** werden in den wendelförmigen **Spannuten** des Bohrers aus dem Bohrloch heraustransportiert. Die Form der Spannuten gibt manchem Bohrer den Namen:
Schnecken-, Schlangen- und Spiralbohrer.

„Holzspiralbohrer" als Maschinenbohrer

In Bild 4 werden Holzspiralbohrer gezeigt, wie sie für das Bohren von Holz und Holzwerkstoffen mit (Hand-)Bohrmaschinen vorwiegend eingesetzt werden. Auch das Bohrloch in Bild 1 kann mit einem solchen Spiralbohrer mit Zentrierspitze hergestellt sein. **Maschinenbohrer haben kein Einzuggewinde** und meistens einen zylindrischen Schaft zum Einsetzen in ein Bohrfutter.

> Holzspiralbohrer haben gewöhnlich eine **Zentrierspitze**, zwei mehr oder weniger steile Spannuten, zwei keilförmige **Hauptschneiden** und zwei **Vorschneider** als Nebenschneiden.

Die Vorschneider bewirken das randscharfe und ausrißfreie Bohren, insbesondere in Querholz oder bei grobfaserigen Holzwerkstoffen (Bilder 2 und 3). Für das Bohren in Hirnholz sind nicht unbedingt Vorschneider erforderlich (Bild 4).

Die Schneidenwerkstoffe bei Bohrern

Tabelle 5 zeigt unterschiedliche Schneidenwerkstoffe und Anwendungsmöglichkeiten für Spiralbohrer. Der Werkstoff der Bohrer spielt eine entscheidende Rolle für deren Brauchbarkeit.

> Zentrierspitzen und schlanke Vorschneider werden schnell verdorben!

Holzbohrer ohne Spannuten

Bohrer ohne selbsttätigen Spänetransport eignen sich für flache Bohrungen, wie z. B. randscharfe „Sacklöcher" mit ebenem Bohrgrund für das Einlassen von Beschlägen oder zum Ausdübeln von Astlöchern (Bild 6). Diese „Zylinderkopfbohrer" werden während des Bohrens wiederholt zum Späneauswurf aus dem Bohrloch zurückgeholt.

> Vorsicht bei Maschinenbohrern mit größeren Durchmessern! Nicht freihändig einsetzen!

1. Beschreiben Sie Arbeitsziel, Werkstoff und Bohrvorgang für das Werkstück in Bild 1!
2. Erläutern Sie, warum für das Bohren in Hirnholz nicht unbedingt Vorschneider erforderlich sind!
3. Erläutern Sie mit Hilfe des Sachwörterverzeichnisses die Abkürzungen für die Schneidenwerkstoffe aus Tabelle 5!
4. Erläutern Sie den Begriff „Holzbohrer" an zwei unterschiedlichen Einsatzbeispielen!

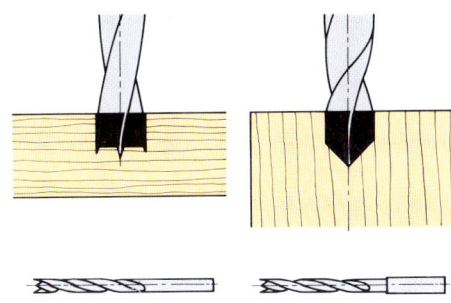

4. Holzspiralbohrer mit zylindrischem Schaft für Bohrmaschinen (rechts: abgesetzter Schaft). Vergleichen Sie das Bohren in Querholz und Hirnholz!

	**Bohrer- bzw. Schneidenwerkstoffe** und Anwendungsbeispiele	
WS	Unlegierter Werkzeugstahl: Handbohrer für Vollholz	Zähigkeit
SP	Spezialstahl: legierter Werkzeugstahl für Bohrmaschinen und Weichhölzer	
HSS	Hochleistungsschnellstahl: für Bohrmaschinen und HPL-Platten u. ä.	
HM	Hartmetall (Ø 2 bis Ø 4 mm): HPL u. ä. HM-bestückt (mit Bohrkopf oder Schneidplatten): MDF, beschichtete Plattenwerkstoffe, exotische und verleimte Hölzer; Dübelbohrer, Beschlagbohrer	Härte

5. Bohrer- bzw. Schneidenwerkstoffe (Auswahl) mit Anwendungsbeispielen für das Bearbeiten von Holz- und Holzwerkstoffen

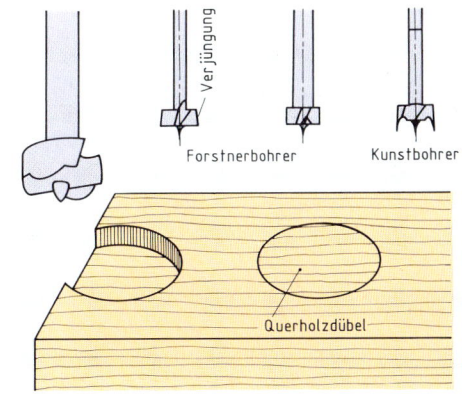

6. Holzbohrer mit zylindrischem Kopf für flache Bohrungen: Zentrumbohrer, Forstner- und Kunstbohrer

1. Maßbohrung für Dübellöcher in Hirnholz (in Faserrichtung): Welcher Bohrer wäre wohl geeignet?

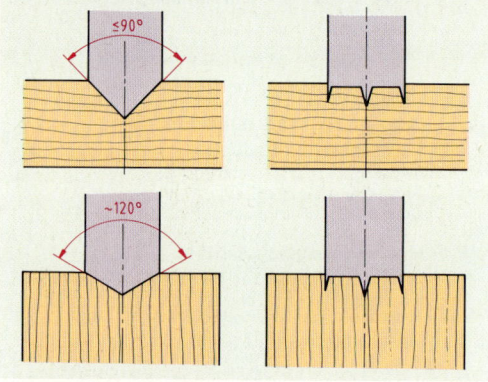

2. Bohren in Querholz und Hirnholz mit typischen „Holzspiralbohrern" mit Vorschneidern und Zentrierspitze im Vergleich mit Spiralbohrern mit Dachspitze (Kegelspitze)

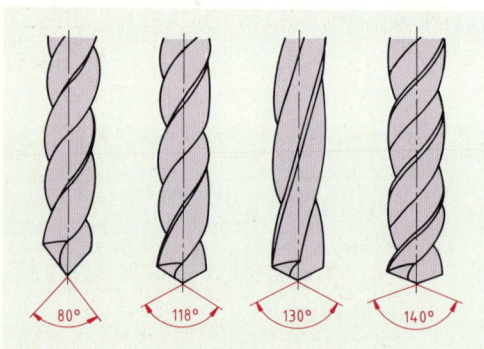

80°–90°:	116°–120°:	130°:	140°:
Querholz	Hirnholz	Thermopl.	Aluminium
Duroplaste	Stahl (118°)	Kupfer-Leg.	Kupfer

3. Geeignete Spitzenwinkel an Spiralbohrern mit Dachspitze für unterschiedliche Werkstoffe (Richtwerte)

3.13 Spiralbohrer mit Dachspitze

In Bild 1 sind drei Spiralbohrer aus Werkzeugstahl mit zylindischem Schaft zum Einspannen in eine elektr(on)ische Handbohrmaschine abgebildet. Welcher Bohrer ist besonders geeignet für das maßgenaue Einbohren in das Hirnholz des dargestellten Teilstücks aus Weichholz? Der fachkundige Blick fällt zuerst auf die Wendelung der Spannuten und auf die Bohrerspitze: Alle Bohrer haben nicht die für „Holzspiralbohrer" typische Zentrierspitze und auch keine Vorschneider

Bohren in Hirnholz und Querholz

Im Gegensatz zum Bohren in das Querholz (Längsholz, Bild 2) werden die Holzfasern beim Bohren in das Hirnholz vom Lochrand bis zur Lochmitte von den beiden symmetrisch angeordneten Hauptschneiden der dachförmigen Bohrerspitze durchtrennt. **Vorschneider** sind dabei nicht unbedingt erforderlich.
Die Spanbildung ist je nach dem Winkel an der Dachspitze des Bohrers mehr oder weniger mit umgekehrtem Bleistiftspitzen vergleichbar.

> Spiralbohrer mit Dachspitze werden für eine Vielzahl von Werkstoffen verwendet.

Spiralbohrer mit Dach(form)spitze

Der (Dach-)**Spitzenwinkel** ε spielt bei Bohrern mit Dachspitze eine entscheidende Rolle. Je nach dem zu bearbeitenden Werkstoff kann er zwischen 80° und 140° liegen.
Bei einem kleinen („spitzen") Winkel von etwa 80° könnte bei ausreichender Drehzahl, d. h. bei angemessener Schnittgeschwindigkeit, z. B. sogar ein Loch in Querholz randscharf gebohrt werden. Die kegelförmig in das Holz hineinarbeitenden Schneiden durchtrennen die Fasern und spanen in dieser Schräglage gleichzeitig ab. Sie sind dann Haupt- und Nebenschneiden zugleich.

> Für das Bohren in Hirnholz ist dagegen ein Spitzenwinkel von etwa 120° zweckmäßig.

In Bild 3 sind günstige Spitzenwinkel angegeben. Bei schlecht wärmeleitenden Werkstoffen, wie Kunststoffen, ist eine schlanke Bohrerspitze mit langen Schneiden günstiger zum Ableiten der Wärme. Wird durch Nachfeilen die Symmetrie des Spitzenwinkels beeinflußt, entstehen Bohrfehler: der Bohrer verläuft, das Bohrloch wird zu groß.

Der Drallwinkel als Maß für die Steigung

Bei den in Bild 4 abgebildeten Spiralbohrern erkennt man, daß die **Spannuten** für den Spänetransport unterschiedlich steil ansteigen. Das Maß der Steigung wird als Drallwinkel bezeichnet.

> **Großer Drallwinkel = kleine Steigung:**
> Je weicher und fließender der Werkstoff ist, um so kleiner kann die Steigung sein.

Harte und nicht gut „abfließende" Bohrspäne, wie z. B. Krümelspäne bei Holzwerkstoffplatten, erfordern dagegen Bohrer mit steileren Spannuten, also mit einem kleineren Drallwinkel.

Die Winkel an der Hauptschneide

Jede Spirale beginnt an einer keilförmigen Hauptschneide der Bohrerspitze. Im Bild 5 sind die Winkel dieses Werkzeugkeils eingezeichnet. Der Freiwinkel α ergibt sich aus der hinterschliffenen Freifläche und beträgt meist etwa 6° bis 8°. Der Spanwinkel γ entspricht dem Drallwinkel, ist also durch die Steigung der Wendelnuten unveränderbar vorgegeben: Je kleiner der Spanwinkel γ, um so größer der Keilwinkel β.

> Der Keilwinkel β sollte um so größer sein, je härter der Werkstoff ist.

Spiralbohrer für das Bohren von harten Metallen („Metallbohrer") oder von Steinen und Beton („Steinbohrer") haben deshalb steile Spannuten. In Bild 5 ist auch erkennbar, daß zwischen den beiden Hauptschneiden eine meißelförmige Querschneide mit schabender Wirkung liegt. Diese stört beim Bohren. Harte und auch schlecht wärmeableitende Werkstoffe werden deshalb mit einem Durchmesser, der mindestens der Länge der Querschneide entspricht, vorgebohrt. Für weichere Werkstoffe kann die Querschneide „ausgespitzt", d. h. durch Ausschleifen verkürzt werden. Die hinterfrästen „Fasen" längs der Spannuten am Bohrerschaft dienen dem Vermindern der Reibung im Bohrloch.

1. Beschreiben Sie einen Spiralbohrer für das Bohren von Dübellöchern in Hirnholz (Eiche)!
2. Welche Einflüsse haben Drallwinkel und Spitzenwinkel auf die Auswahl eines Bohrers bezüglich des zu bohrenden Werkstoffs?
3. Warum bohrt man Weichholz wohl nicht mit einem Metall- oder mit einem Steinbohrer?

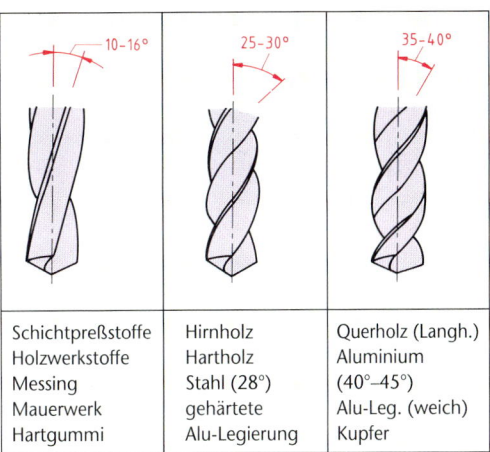

10–16°	25–30°	35–40°
Schichtpreßstoffe Holzwerkstoffe Messing Mauerwerk Hartgummi	Hirnholz Hartholz Stahl (28°) gehärtete Alu-Legierung	Querholz (Langh.) Aluminium (40°–45°) Alu-Leg. (weich) Kupfer

4. Drallwinkel: Unterschiedlich „steile" Spiralbohrer mit Dachspitze für unterschiedlichste Werkstoffe

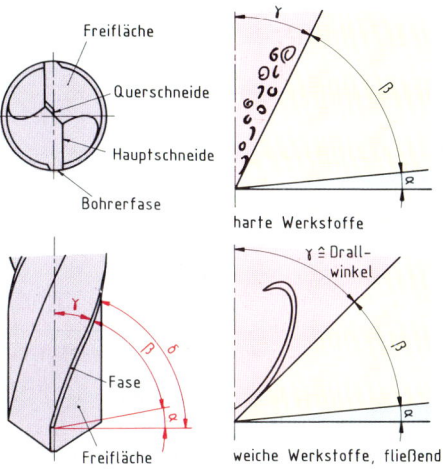

5. Schneiden und Winkel am Spiralbohrer („Wendelbohrer")

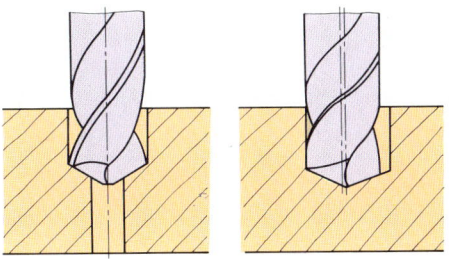

6. Bohrerspitze: Bohrfehler vermeiden z. B. durch Vorbohren bzw. durch symmetrische Spitzenwinkel

1. Zum Anschrauben eines Ausbauelements an Stahlstützen sind von Hand Schraubenlöcher mit metrischem Innengewinde für Sechskantschrauben herzustellen

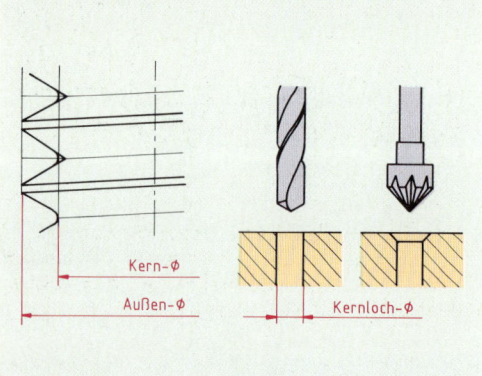

2. Zum Schneiden eines M10-Innengewindes (Muttergewindes) muß das Kernloch mit einem Bohrer von 8,5 mm Durchmesser hergestellt werden. Zum besseren Ansetzen des Gewindeschneiders wird das Kernloch angesenkt.

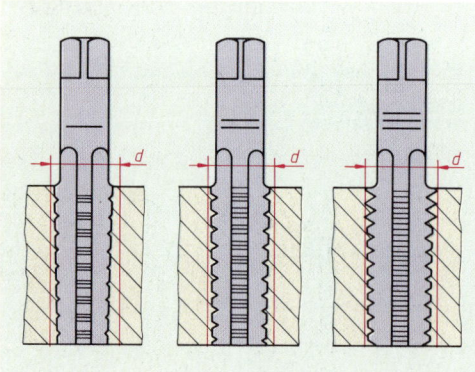

3. Beim Schneiden des Innengewindes in mehreren Arbeitsschritten muß die richtige Reihenfolge der Gewindebohrer (1 bis 3) unbedingt beachtet werden!

3.14 Ein Innengewinde schneiden

Bei einer Montagearbeit ist an einer vorhandenen Unterkonstruktion aus Stahl ein Ausbauelement fest verschraubt aber wieder lösbar anzubringen. Dazu soll eine handelsübliche Stahlschraube „M10" mit metrischem (Außen-)Gewinde verwendet werden. Das dazu passende Innengewinde M10 muß auf der Baustelle in die Stahlstütze gebohrt und geschnitten werden (Bild 1). Dieser Vorgang ist z. B. im Messebau nicht selten die einzige Möglichkeit, Bauteile einerseits sicher und andererseits auch lösbar zu befestigen.

Zuerst das Kernloch maßgenau bohren

Die im Bauwesen gebräuchlichen Befestigungsschrauben (Durchsteckschrauben) aus Stahl haben meist einen Sechskant-Kopf und eine Sechskant-Mutter. Sie sind international genormt und haben ein „ISO-Gewinde", z. B. „M10".
Die Schraube M10 hat einen Außendurchmesser (Nenndurchmesser) von 10 mm und einen Kerndurchmesser von 8,16 mm (Bild 2). Sie soll ohne Mutter als **Einziehschraube** verwendet werden. Dafür muß vor dem Gewindeschneiden ein **Kernloch** gebohrt werden, maßgenau auf den angerissenen und angekörnten Mittelpunkt.

> Der Kernloch(bohrer)durchmesser muß etwas größer sein als der Kerndurchmesser des fertigen Gewindes (Bild 2 und Tabelle 7).

Mit Gewindebohrer und Windeisen

Innengewinde werden mit Gewindebohrern geschnitten. Wegen der großen Spanabnahme, besonders bei längeren Gewinden, wird ein dreiteiliger Gewindebohrersatz verwendet (Bild 3):
* **Vorschneider,**
* **Mittelschneider,**
* **Fertigschneider.**
Zum Unterscheiden sind die Bohrer eines Satzes durch Ringe am Bohrerschaft gekennzeichnet.

> Gewindegänge entstehen durch Abspanen und Fließen des Werkstoffs im Kernloch.

Beim Schneiden des Gewindes wird der Werkstoff nicht nur abgespant, sonden durch die großen Kräfte an den Schneiden des Gewinde"bohrers" auch plastisch verformt. Besonders bei zähen Werkstoffen entstehen dadurch Aufwerfungen, die bei der Bohrergröße berücksichtigt werden.

Werkstoffe: In Bild 4 ist zu erkennen, daß die Schneidenform der Gewindebohrer auf die unterschiedlichen Werkstoffe abgestimmt ist.

Muttergewindebohrer: Damit werden kurze Gewinde in einem Arbeitsgang geschnitten.

Windeisen: Als Hebel zum Eindrehen der Gewindebohrer dient das Windeisen auf dem Vierkantzapfen des Bohrers (Bild 1). Der (Fließ-)Span ist beim Gewindeschneiden von Hand etwa nach jeder halben Umdrehung durch kurzes Zurückdrehen des Windeisens zu brechen.

Selbstschneidende Gewinde-Einsätze

Bei Schraubverbindungen mit Gewindebohrungen in Werkstoffen mit geringerer Festigkeit, wie z. B. bei Aluminium, Holz, Holzwerkstoffen oder bestimmten Kunststoffen, können Gewinde-Einsätze aus Stahl oder Messing mit Außen- und Innengewinde eingeschraubt werden (Bild 5). Diese Einsätze schneiden sich in den vorgebohrten Kernlöchern ihr Gewinde selbst. Die Belastbarkeit dieser so ergänzten (doppelten) Schraubenverbindungen wird in den Werkstoffen infolge der größeren Außendurchmesser erhöht.

Schneiden von Außengewinden

Außengewinde werden mit einem Schneideisen in einem Arbeitsgang geschnitten (Bild 6). Dabei muß der Bolzendurchmesser jedoch kleiner sein als der Außendurchmesser des Gewindes (Tabelle 7: bei ISO-Gewinde M10 z. B. 9,85 mm).

> Bei allen Arbeiten mit Metallen sind geeignete Schmiermittel zu verwenden:
> - **Schneidöl** für Stahl, Messing und Bronze,
> - **Petroleum** für Aluminiumlegierungen.

Die richtige Wahl des Schmiermittels erleichtert die Schneidarbeit und schont das Werkzeug. Dabei ist jedoch unbedingt zu beachten, daß diese Mittel zu Unfällen beitragen (z. B. durch Ausrutschen) und auch die Umwelt belasten können!

1. Beschreiben Sie die Arbeitsschritte beim Herstellen eines Innengewindes M10 in Stahl!
2. Was besagt die Bezeichnung „M8"?
3. Erläutern Sie Durchsteck- und Einziehschraube!
4. Wozu benötigt man beim Bohren Schmiermittel?
5. Warum muß der Bolzendurchmesser zum Anschneiden des Außengewindes etwas kleiner sein als der Außendurchmesser des Gewindes?
6. Was verstehen Sie unter Gewinde-Einsätzen?

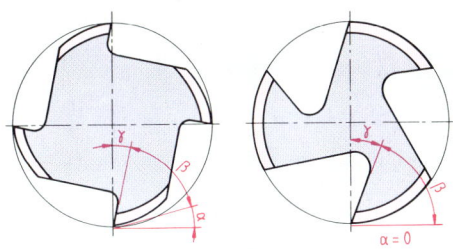

4. Die Gewindebohrer (links für Stahl, rechts für Aluminium) unterscheiden sich durch die Größe der Spanräume und durch die Winkel an der Schneide

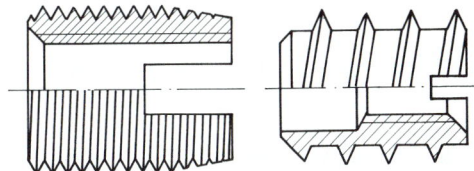

5. Selbstschneidende Gewindeeinsätze für Werkstoffe mit geringerer Scherfestigkeit haben Außen- und Innengewinde. Häufig verwendet werden sie bei Aluminiumkonstruktionen im Innenausbau.

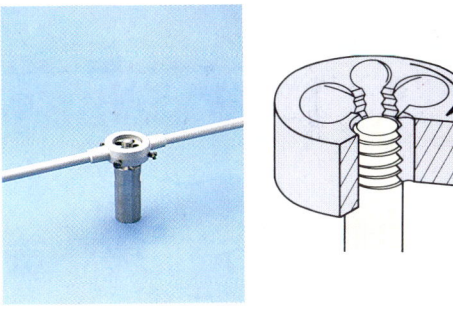

6. Außengewinde werden mit Schneideisen hergestellt

Innengewinde Kernlochbohrerdurchmesser					
3,3	4,2	5,0	6,8	8,5	10,5
M4	M5	M6	M8	M10	M12
3,9	4,9	5,9	7,9	9,85	11,85
Bolzendurchmesser Außengewinde					

7. Durchmesser beim Schneiden von metrischen Gewinden (Innen- und Außengewinde)

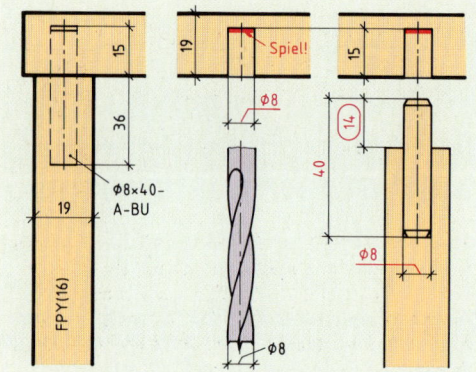

1. Dübel müssen die passende Dicke und Länge haben. Ganz wichtig ist ihr Sitz im oberen Sackloch: ausreichend tief (Haltbarkeit) und trotzdem genügend Spiel gegen „Durchscheinen" der Dübel auf der glänzenden Oberfläche!

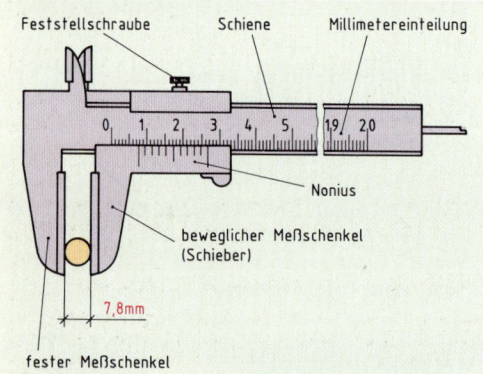

2. Meßschieber sind Strichmaßstäbe und können Meßflächen für Außenmessung, Innenmessung und Tiefenmessung haben. Die Ablesegenauigkeit auf 0,1 mm ermöglicht der Nonius.

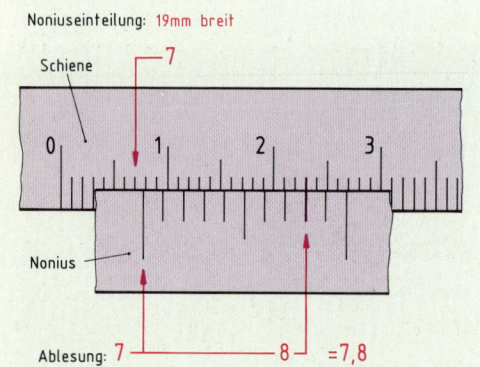

3. Meßergebnis am Nonius in drei Schritten feststellen:
1.) 7 mm ablesen; 2.) Der Nonius-Teilstrich 8 fluchtet mit einem Teilstrich auf der Schiene; 3.) Istmaß = 7,8 mm

3.15 Genaues Prüfen und Messen

In Bild 1 wird das Bohren von Dübellöchern für einen T-förmigen Anschluß bei 19 mm dicken HPL-beschichteten Holzspanplatten vorbereitet. In der Zeichnung ist als Durchmesser für Holzdübel, Dübellöcher und für den Bohrer das gleiche **Nennmaß von** $d = 8$ **mm** angegeben. Eine Probebohrung wurde also mit einem „8er-Bohrer" durchgeführt.

Auf Zehntelmillimeter genau nachmessen

Beim Prüfen wird festgestellt, daß die vorrätigen „8er-Dübel" trotz genormter Durchmesser zu viel Spiel im Bohrloch haben. Mehrere Dübel fallen aus dem gebohrten Loch gleich wieder heraus! Mit einem **Stahlmaßstab** sind weder die genaue Dicke der Dübel noch der Durchmesser des verwendeten Dübelbohrers oder der Innendurchmesser des Dübelloches genau zu messen. Deshalb wird ein **Meßschieber** verwendet (Bild 2).

> Meßschieber erlauben mit dem $^1/_{10}$-Nonius eine höhere Ablesegenauigkeit auf 0,1 mm.

Der Nonius (Bild 3) ist eine zusätzliche Teilung auf dem beweglichen Meßschenkel des Meßschiebers. **19 mm sind in 10 Teile unterteilt.** Jeder Teilstrichabstand beträgt dann 1,9 mm. Bei geschlossenen Meßschenkeln fällt der **Nullstrich des Nonius** mit dem Nullstrich der Millimeterskala auf der Schiene zusammen. Der letzte Teilstrich des Nonius liegt dann unter dem 9-mm-Teilstrich der Schiene. Öffnet man den Schieber z. B. um 0,1 mm, so fluchtet nur der Teilstrich 1 des Nonius mit einem Teilstrich der Schiene, bei 0,5 mm nur der Teilstrich 5 des Nonius usw.

Wie wird das Meßergebnis abgelesen?

In Bild 3 sind folgende Schritte dargestellt:
1. Links vom Nullstrich des Nonius wird auf der Maßskala der Schiene **das Maß 7 mm** abgelesen.
2. Nur der **Teilstrich 8** des Nonius fluchtet mit einem Teilstrich auf der Schiene: Der Ablesewert auf dem Nonius ist also **0,8 mm.**
3. **Das Istmaß** ergibt sich aus der Summe der beiden Ablesewerte der Schritte 1 und 2. Im Beispiel ist $d = 7$

Das **Nennmaß** war aber mit Ø 8 mm angegeben!?! Das Prüfen aus dem Dübelvorrat ergibt Istmaße zwischen Ø 7,8 mm und Ø 8,2 mm, am häufigsten Ø 7,8 mm. Der Bohrer wird mit Ø 8,3 mm gemessen!

Wie genau sind „8 mm x 40 mm" als Nennmaß?

Nach dem Prüfergebnis der Durchmesser wird nun auch die Länge der Dübel kritisch betrachtet: trotz gleicher Lochtiefen fluchten die Dübelenden nicht (Bild 4). Die Istmaße der vorrätigen Riffeldübel der **Normgröße Ø 8 x 40** (Bild 5) liegen zwischen 41 und 39 mm! Trotz festgestellter **Abmaße** gelten alle nachgemessenen Dübel als maßgenau! Gilt das auch für den verwendeten Bohrer?

> In der Praxis wird immer mit einer geduldeten Ungenauigkeit gearbeitet. Diese zulässigen Maßabweichungen heißen **Toleranzen**.

Welche Maßabweichungen sind zulässig?

Die Norm für Holzdübel nennt als zulässige Maßabweichungen ± **1mm** bzw. ± **0,2 mm** (Tabelle 5). **Als oberes und unteres Abmaß** sind daher beim Durchmesser je 0,2 mm zulässig und bei der Länge je 1 mm nach oben und unten.
Die Istmaße eines fehlerfreien Dübels „Ø 8 x 40" dürfen also zwischen Ø 8,2 mm (*G*) und Ø 7,8 mm (*K*) liegen. Für die Länge der Dübel ist ein „Toleranzfeld" von 41 mm (*G*) bis 39 mm (*K*) zulässig.
Für den Bohrer mit dem Nennmaß 8 mm ist entsprechend der Angabe in Tabelle 5 („+ **0,1 mm"**) nur ein **oberes** Abmaß gestattet, also ein Istmaß zwischen Ø 8,1 mm (*G*) und Ø 8,0 mm (*K*).

> Eine **Maßtoleranz** *T* ist die Differenz zwischen dem zugelassenen **Größtmaß** *G* und dem zugelassenen **Kleinstmaß** *K* (*T* = *G* − *K*).

Die **Maßtoleranz** dieser Dübel beträgt 2 mm für die Länge und 0,4 mm für den Durchmesser. Für Bohrer für Riffeldübel beträgt *T* aber nur 0,1 mm. Maßtoleranzen sind fertigungsgerecht einzuplanen. Im kurzen Bohrloch muß zusätzlich etwa 1 mm Spiel sein, damit Dübel nicht „durchscheinen". Zu viel Spiel vermindert aber die Haltbarkeit!

1. Prüfen Sie etwa 30 Dübel gleichen Nennmaßes und erstellen Sie eine Ergebnis-Tabelle!
2. Wie beurteilen Sie den verwendeten Bohrer?
3. Ermitteln sie Größtmaße und die Kleinstmaße, die Maßtoleranzen sowie die oberen und unteren Abmaße: a) Dübel Ø 16 x 160; b) $320^{-0,8}$; c) $76^{+0,6}_{-0,3}$; d) 39±0,2; e) $420^{+1}_{+0,4}$!

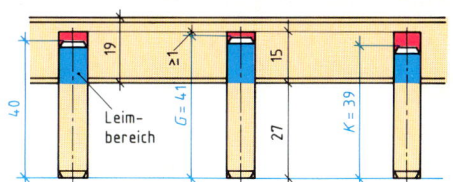

4. *Soll-Ist-Vergleich: Nennmaß der Dübel ist l = 40±1. Die Bohrtiefe 27 berücksichtigt das zulässige Größtmaß G = 40±1. Das ergibt bei zulässigen Dübel-Längen z. B. von 40 oder dem Kleinstmaß K = 39 zu viel Spiel bzw. zu wenig Leimfläche am Dübel. Was erwarten Sie bei Bohrtiefe 26?*

DIN 68150	Durchmesser d (±0,2) in mm								
	5	6	8	10	12	14	16	18	20
	25	25	25	30	35	50	60	80	60
Länge	30	30	30	35	40	60	80	120	120
7 (± 1)	35	35	35	40	45	80	120	140	160
in			40	40	45	50	120	140	160
mm			50	50	60	140	160		
				60	80	160			

Form A   Form B   Form C

Riffeldübel   Glattdübel   Quelldübel

„Für Dübel Form A werden Werkzeuge mit Durchmesser-Nennmaßen +0,1 verwendet" (DIN 68 150).

5. *Die Nennmaße für Holzdübel sind genormt, ebenso die Toleranzen für Durchmesser, Länge und zugehörigen Bohrer.*

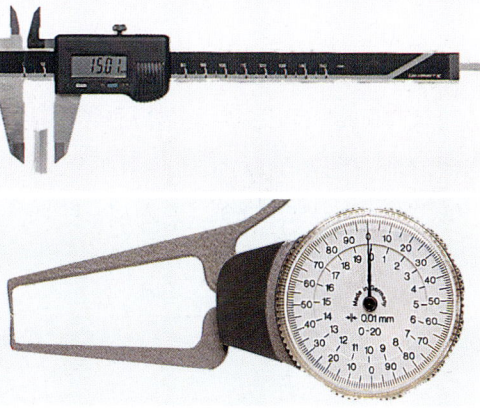

6. *Zum Erleichtern des Ablesens gibt es Meßschieber mit digitaler Anzeige sowie Meßuhren (z. B. „Schnelltaster" für Platten und Furniere).*

Holz- und Holzverbindungen

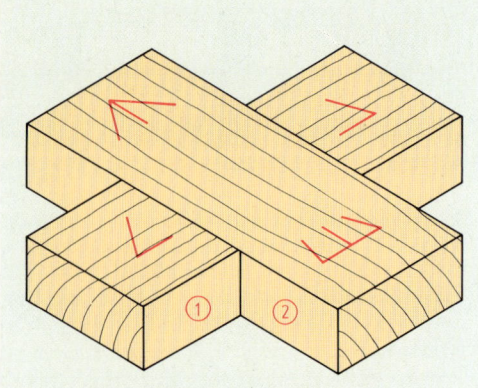

1. Kreuzüberblattung: „Kreuzungen" aus Holz sind mit nicht sichtbaren Verbindungsformen versehen

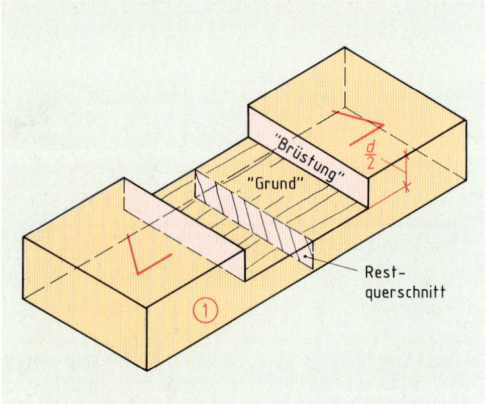

2. Einzelteil einer Kreuzüberblattung: Der Holzquerschnitt wird durch Einsägen und Ausstemmen geschwächt

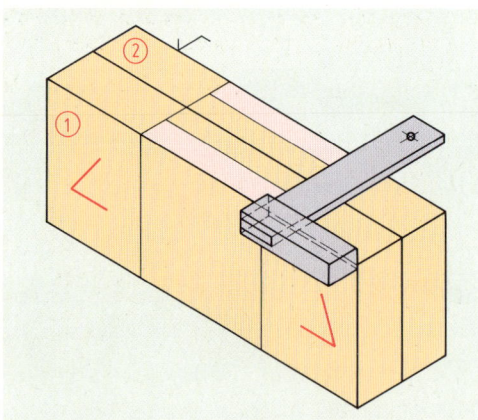

3. Zum Anreißen werden die beiden Teile so aneinandergelegt, daß man die Tiefe jeweils von der Bezugsfläche aus anreißen kann

4.1 Eine kreuzförmige Verbindung herstellen

Bild 1 zeigt ein einfaches Werkstück aus Vollholz, das z. B. als Fuß für einen Ständer weiter bearbeitet werden könnte. Zwei Hölzer mit gleichem Querschnitt werden rechtwinklig und flächenbündig zu einem Kreuz zusammengefügt.

Verbindungsform: Kreuzüberblattung

Die Darstellung des Einzelteils ① in Bild 2 gibt einen Hinweis auf die gewählte Verbindungsform und zeigt, daß zur Aufnahme des Gegenstücks ② eine Aussparung („Ausklinkung") in Holzbreite hergestellt werden muß. Die Tiefe der Aussparung ist bei beiden Teilen (Form und Gegenform) mit der halben Holzdicke angegeben.

Beim Anarbeiten dieser Verbindungsform bleibt von dem ursprünglichen Holzquerschnitt dann nur ein „**Restquerschnitt**" von 50 % stehen.

> Diese Verbindung ist „**formschlüssig**".

Bei der Kreuzüberblattung ist das Zusammenfügen und Lösen der Teile wegen der Form nur in einer Richtung möglich. Diese Richtung wird **durch Verleimen „stoffschlüssig"** gesichert.

Fertigen einer kreuzförmigen Verbindung

Das Herstellen einer Kreuzüberblattung aus maßgerecht vorbereiteten (Rahmen-) Hölzern mit Rechteckquerschnitt ist eine zwar einfache aber grundlegende Übung bei Vollholzverbindungen. Die wesentlichen Arbeitsvorgänge sind:

- Zusammenzeichnen der Teile: Kennzeichnen der „**Winkelkante**" bzw. der Bezugsfläche.
- Anreißen und Überwinkeln der Verbindungsbreite (Fertigmaß, Bild 3).
- Kontrolle durch Auflegen der Hölzer (an das Nachputzen der Schmalseiten denken!).
- Anreißen des Tiefenmaßes mit dem Streichmaß: bei beiden Teilen von der Winkelkante aus die halbe Holzdicke.
- Anschneiden („Absetzen") der Brüstungen mit der **Absatzsäge**:

> Der halbe Riß muß stehen bleiben!

- Ausstemmen (Ausstechen) mit dem Stechbeitel bis auf den angerissenen „Grund": Er muß als Leimfläche besonders eben und winklig sein! Nachprüfen! Halben Riß beachten!
- Genaue Tiefe mit **Grundhobel** herstellen?

Beim Anschneiden der maßgenau angerissenen Verbindungsform mit einer Absatzsäge entstehen zwei Hirnholz-„Brüstungen". Die Brüstungen sollen „formschlüssig" die Rechtwinkligkeit der Verbindung und deren Lage in zwei Richtungen sichern.

In der Tiefe wird die Ausklinkung durch den „Grund" begrenzt, der als spätere Leimfläche besonders eben und parallel zur Ansichtsfläche des Kreuzes sein muß. Nach dem Ausstemmen und Nachstechen muß beim Zusammenfügen eine bündige Oberfläche erreicht werden.

Eine T-förmige Überblattung

Im Vergleich zur Kreuzüberblattung hat bei einem T-förmigen Anschluß das anzuschließende Teilstück nur eine Brüstung und ist deshalb auch nur in einer Richtung gegen das Verschieben gesichert. In Bild 4 hat die Überblattung eine Schwalbenschwanzform, um – wie bei der Kreuzüberblattung – wieder in zwei Richtungen eine formschlüssige Verbindung zu erreichen. Der Restquerschnitt liegt dann jedoch unter 50 %!

Der kleinste Restquerschnitt in einer Holzverbindung beeinflußt die Haltbarkeit der gesamten Konstruktion. Auch für den geschwächten Querschnitt gilt eine Grundregel der Konstruktion:

> „Keine Kette ist stärker, als ihr schwächstes Glied!"

Beim Anreißen von Holzverbindungen sollte der **Restquerschnitt** aller Einzelteile deshalb möglichst gleichmäßig auf Form und Gegenform verteilt werden. Die ideale Verteilung von 50 % zu 50 % ist jedoch nicht immer zu erreichen.

Überblattung als Eckverbindung

Anstelle von stumpfen Gehrungen werden z. B. bei größeren Bilderrahmen die Gehrungsecken durch eine Teil-Überblattung haltbarer wegen der größeren Leimfläche (Bild 6). Auch das Verleimen wird dadurch erleichtert. Die Ecküberblattung ist als Verbindungsform nur bei Konstruktionsteilen mit geringer Beanspruchung zu verwenden.

1. Vergleichen Sie am Beispiel der Kreuzüberblattung die Begriffe formschlüssig und stoffschlüssig!
2. Vergleichen Sie kritisch die Verbindungsformen Eck- und Kreuzüberblattung!
3. Beschreiben Sie die vermutlichen Arbeitsvorgänge für das Herstellen einer Ecküberblattung im Vergleich zur Kreuzüberblattung!

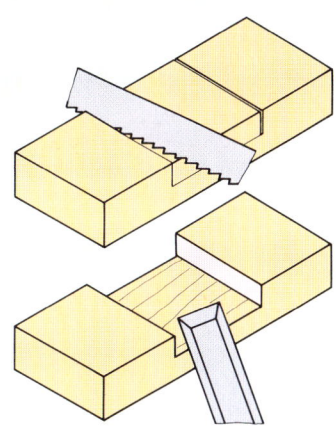

4. Herstellen der Verbindungsformen durch genaues Sägen und Stemmen/Stechen bis auf den „halben Riß"

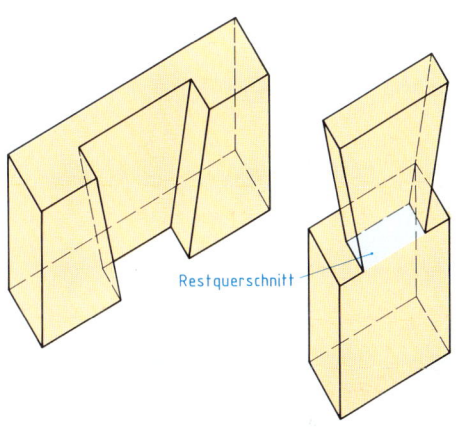

Restquerschnitt

5. T-förmige Überblattung, hier schwalbenschwanzförmig: formschlüssig, mit geschwächtem Restquerschnitt

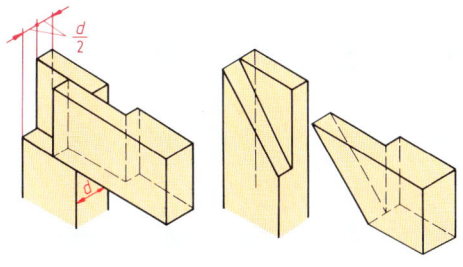

6. Ecküberblattung und Ecküberblattung auf Gehrung

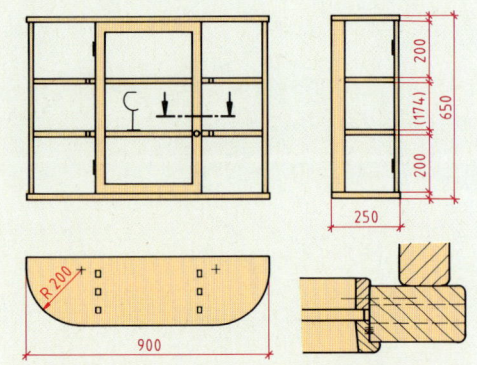

1. *Hängevitrine mit Rahmentür: Die Glasfüllung erfordert möglichst schmale Rahmenhölzer. Die Tür muß trotzdem „formstabil" sein und darf z. B. nicht durchhängen!*

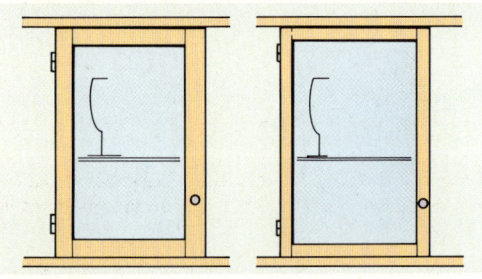

2. *Dem Ausstellungszweck einer Vitrine entsprechend soll die Glasfläche möglichst groß sein!*

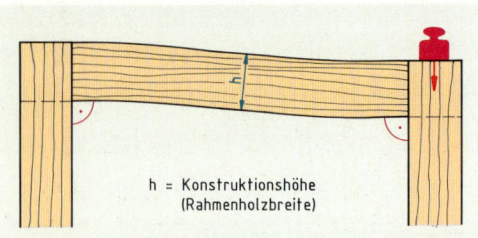

3. *Zu schmale Friese verformen sich bei Belastung: der Rahmen gerät trotz winkliger Ecken aus dem Winkel*

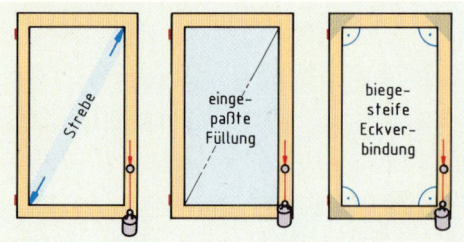

4. *Durch Aussteifen wird ein Rahmen formstabiler. Mit einer dünnen Glasscheibe ist das jedoch schwierig.*

4.2 Einen Rahmen gestalten

Beim Planen des Vitrinenschränkchens in Bild 1 soll die Rahmentür zweckentsprechend konstruiert werden. Als Füllung dient eine dünne Glasscheibe, die von innen in einen Falz eingelegt und mit Glashalteleisten befestigt wird.

Schmale Rahmenhölzer für eine Vitrine

Schmale Rahmenhölzer (Friese) vergrößern bei Glasfüllungen die Sichtfläche einer Vitrine. Ein leichter wirkender Rahmen paßt besser zu feineren Ausstellungsgegenständen (Bild 2).

> Rahmenfriese sollen so schmal wie möglich, aber so breit wie unbedingt nötig sein!

Je schmaler die Rahmenhölzer sind, um so größer ist aber auch die Gefahr des Durchhängens der Tür (Bild 3). Die Belastungen des Rahmens ergeben sich aus dem Eigengewicht der Tür und aus der anzunehmenden Beanspruchung beim Öffnen und Schließen. So könnte z. B. ein Kind die Tür am Knopf stark nach unten ziehen!
Das Erhöhen der Rahmenholzdicke verbessert den Widerstand gegen das Durchbiegen nur wenig. Sie verbessert jedoch den Widerstand gegen das Verwinden, wie das z. B. beim Öffnen klemmender Fensterrahmen zu beobachten ist.
Dickere Rahmenholzquerschnitte sind auch vorteilhaft für das Gestalten von Rahmenprofilen, für die Form der Eckverbindungen und für das Anbringen der Dreh- und Schließbeschläge.

Rahmen müssen formstabil sein

In Bild 4 wird gezeigt, wie ein Rahmen formstabil ausgesteift werden kann. Eine Strebe als Diagonalsprosse ist bei einer Glastür aber wohl nur in seltenen Fällen erwünscht. Eine genau eingepaßte Füllung aus einer Holzwerkstoffplatte wäre zwar zur Aussteifung möglich, aber bei einer Vitrine nicht angebracht.

> Bei verglasten Rahmen sichern haltbare und biegesteife Eckverbindungen die Form.

Eine dünne Glasscheibe wird man nicht den im Rahmen auftretenden Spannungen aussetzen wollen und daher mit etwas Spiel in den Falz einlegen. Anders ist das z. B. bei den dickeren Verglasungseinheiten, die durch diagonales Verklotzen einen Fensterrahmen mit aussteifen.

Rahmenecken stumpf oder auf Gehrung?

Geschlitzte Ecken haben gewöhnlich Zapfen mit rechtwinklig abgesetzten Brüstungen (Bild 5). Bei auf Gehrung abgesetzten Brüstungen an Zapfen- und Schlitzstücken wird die Haltbarkeit verringert. Gehrungen sind jedoch meistens bei profilierten Rahmenhölzern auf der Vorderseite erforderlich. Eine umlaufende Holzmaserung kann den Blick verstärkt in die Rahmenmitte lenken.

Rahmenhölzer fachgerecht auswählen

Daß Rahmenhölzer keine starke Fladerung haben sollen, ist nicht nur eine Frage des schönen Aussehens. In Bild 6 werden die Folgen des starken Schwindens bei liegenden Jahrringen und zu feucht verarbeitetem Holz ganz deutlich.

> Für Rahmenfriese müssen trockene Hölzer mit stehenden Jahrringen verarbeitet werden!

Damit die rechtwinkligen Brüstungsfugen beim Trocknen der Friese dicht bleiben, sorgt die Leimangabe im „inneren Quadrat" (Bild 6) für das Schwinden von Außen nach Innen. Bei Gehrungsfugen schwinden die Friese dagegen von Innen nach Außen. Die Brüstungsfugen öffnen sich, bei Gehrungen keilförmig infolge der sehr unterschiedlichen Schwindmaße (t = tangential, r = radial) (Bild 6). Die Maßhaltigkeit der lichten Maße und der Außenmaße wird dadurch erheblich beeinflußt.

Rahmenecken müssen sehr haltbar sein

Neben den durchgehenden Zapfenverbindungen gibt es weitere Gestaltungsmöglichkeiten (Bild 7), die aber oft arbeitsaufwendiger sind.

> Bei der Wahl der Verbindungen auf Haltbarkeit und rationelle Arbeitstechniken achten!

Die gewählten Verbindungsformen müssen immer absolut parallel zu der Bezugsebene des Rahmens angearbeitet werden können, weil sich die Rahmen sonst sehr leicht verwinden. Bild 8 zeigt einige Beispiele für Rahmenecken, die mit Verbindungsmitteln gefertigt werden. Dazu gibt es noch viele eigene Gestaltungsmöglichkeiten!

1. Erörtern Sie notwendige Überlegungen für die Gestaltung der Tür in Bild 1!
2. Warum sollen schmale Rahmenhölzer möglichst eine feine und gleichmäßige Struktur haben?

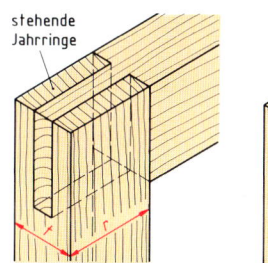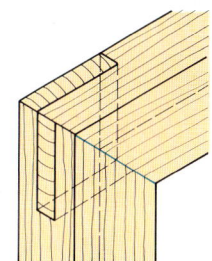

5. Rahmenecken mit Schlitz und Zapfen; rechts ist die Brüstung auf der Vorderseite auf Gehrung abgesetzt

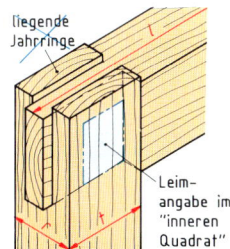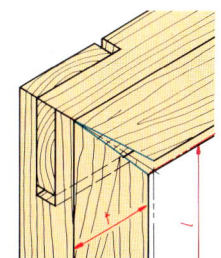

6. Deutliche Folgen des Schwindens, wenn Rahmenhölzer falsch zugeschnitten und zu feucht verarbeitet werden

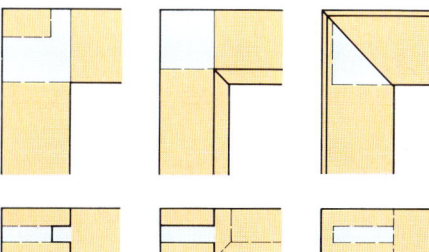

7. Gestemmter Zapfen mit Nutzapfen, Zapfenverbindung mit Innenprofil auf Gehrung, gestemmter Zapfen auf Gehrung

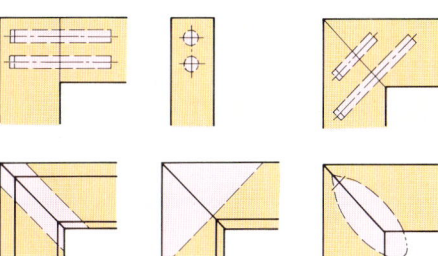

8. Gedübelte und gefederte Rahmenecken; auch Winkeldübel sind bei Gehrungsecken möglich

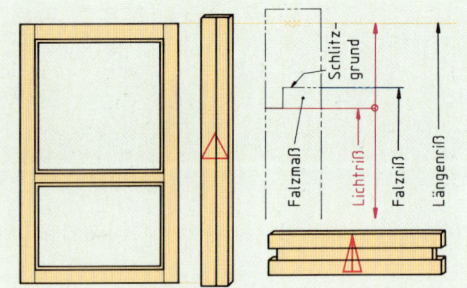

1. Das Anreißen vorbereiten: Hölzer für einen Rahmen auswählen, zusammenlegen und zusammenzeichnen (z. B. Lage von Ästen und Holzstruktur beachten!)

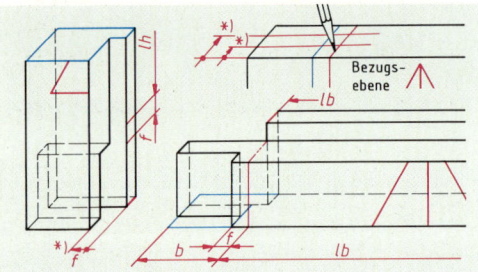

2. Die Zeichenseite als Bezugsebene; lb bzw. lh = lichte Maße, f = Falzbreite, *) = Streichmaßeinstellungen

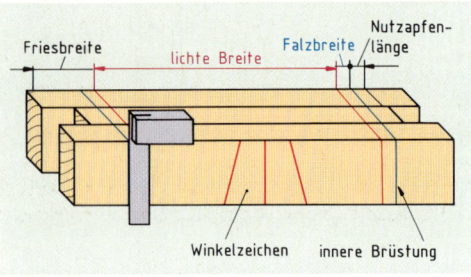

3. Mit Anschlagwinkel und spitzem Bleistift oder Reißnadel alle Maße vom Lichtmaß ausgehend anreißen

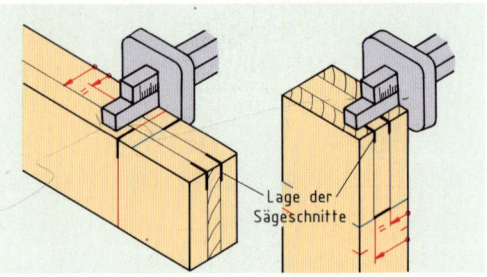

4. Schlitz und Zapfen haben die gleichen Nennmaße und werden deshalb mit der gleichen Streichmaßeinstellung angerissen

4.3 Einen Rahmen fertigen

Der in Bild 1 dargestellte Rahmen soll eine durchgehende Zapfenverbindung erhalten, das Mittelstück einen kürzeren Nutzapfen. Der Rahmen besteht aus zwei aufrechten „Schlitzstücken" und drei waagerechten „Zapfenstücken".

Friese auswählen und zusammenzeichnen

In Bild 1 sind die Rahmenhölzer ausgewählt, zusammengelegt und auf der „Zeichenseite" zusammengezeichnet. Diese „Winkelzeichen" kennzeichnen in diesem Fall als Anschlagseite zum Möbelkorpus die Rahmeninnenseite. Sie soll Bezugsebene für das Anreißen der Verbindungen, für das Fälzen der Rahmenhölzer und später auch für das Anbringen der Türbeschläge sein.

Rahmenverbindungen anreißen

Zum Anreißen einer Holzverbindung muß man sich deren Einzelteile genau vorstellen (Bild 2).

> Form und Gegenform skizzieren!

Die Rahmenstücke werden zusammengespannt und auf den Schmalseiten der Winkelkanten angerissen. Der Anschlagwinkel wird dabei immer an der Zeichenseite angelegt (Bild 3). Gleiche Maße werden stets auch zugleich angerissen!
Beim Anreißen soll von den „lichten Maßen" des Rahmens ausgegangen werden: die lichte Breite lb wird z. B. durch die äußeren Brüstungen der drei Querfriese bestimmt. Aufpassen: Der Falzriß (die Falzbreite f) muß stets auf der richtigen Seite des Licht(maß)risses angerissen werden!
Danach werden die Risse von der Anreißkante aus – soweit erforderlich – auf die anderen Seiten jedes einzelnen Rahmenstücks übergewinkelt.

> Unnötige und zu scharfe Risse verderben die Oberfläche und bewirken teure Nacharbeit!

Für das Absetzen der Zapfen-Brüstungen werden z. B. scharfe Risse benötigt. Beim Schlitzstück ist dagegen kein Riß über die ganze Ansichtsfläche erforderlich.
Die **Dickenmaße** für alle Schlitze, für das Zapfenloch, für den Nutzapfen und für alle durchgehenden Zapfen werden mit dem genau eingestellten Streichmaß angerissen (Bild 4). Es wird für beide Risse, sowie für Schlitz und Zapfen immer an der gezeichneten Seite geführt!

Die Rahmenverbindungen herstellen

Bei dem Rahmen (Bild 4) sollen die Zapfen und Schlitze mit einer Absatzsäge angeschnitten werden. Die Zapfen sind an den Brüstungen rechtwinklig abzusetzen. Der Schlitzgrund wird mit dem Stechbeitel rechtwinklig ausgestemmt. Bei diesen Arbeiten darf nur in den wegfallenden Teilen gesägt oder gestemmt werden.

> Genaues Arbeiten erhöht die Haltbarkeit!

Wird so genau gesägt und gestemmt, daß der „halbe Riß" erhalten bleibt, kann die Verbindung mit bündigen Brüstungsfugen und ohne Nacharbeit zusammengefügt werden. Andernfalls platzt sie beim Zusammenfügen oder sie hat zu viel Spiel. Eine zu dicke Leimfuge hält aber zu wenig!

Rahmeninnenkante und Brüstung

Bild 5 zeigt Rahmenecken aus Friesen mit einer Fase bzw. mit einem Profil an den Innenkanten. Das Anpassen an die Fase erfolgt durch Absetzen einer schrägen Brüstung. Für das Innenprofil ist hier auf Profilbreite eine Gehrung angearbeitet.

Bei profilierten Innenkanten werden aber vorzugsweise abgestimmte Werkzeugsätze zum Fräsen und Gegenfräsen („Kontern", „Unterschultern") verwendet (Bild 6). Bei maschineller Fertigung werden Konterprofile vorzugsweise und rationell mit Nutzapfen und Dübelverbindungen angewendet.

Zu dicke und zu breite Zapfen aufteilen

Dicke Rahmenhölzer (z. B. bei Fenstern) werden wegen des Schwindverhaltens und größerer Leimflächen mit Doppelzapfen versehen (Bild 7). Bei sehr breiten Rahmenquerstücken wird oft eine gestemmte Rahmenecke hergestellt (Bild 7). Bei dieser wird die Zapfenbreite innen auf etwa 80 mm beschränkt. Der restliche Zapfen ist als Nutzapfen nur noch etwa 12 bis 15 mm lang. Er soll das Querstück gegen Verdrehen und Werfen sichern. Bei hochbeanspruchten Rahmen können auch Keilzapfen hergestellt werden (Bild 8).

1. Beschreiben Sie das Anreißen und Fertigen der Schlitzstücke des Rahmens in Bild 1!
2. Nennen Sie unterschiedliche Konstruktionsmöglichkeiten für Rahmen mit Innenprofil!
3. Vergleichen Sie Vorzüge und Mängel geschlitzter bzw. gedübelter Rahmeneckverbindungen!
4. Skizzieren Sie Rahmenecken mit Konterprofilen!

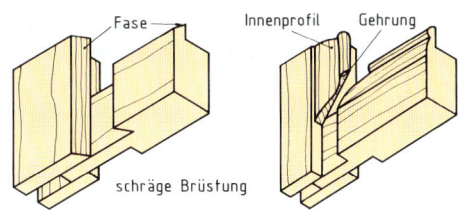

5. Fasen und Innenprofile an Querstücke anpassen

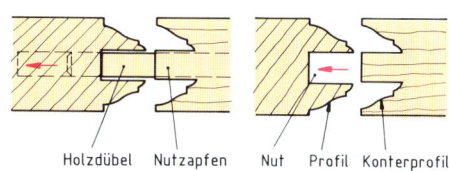

6. Anpassen der Rahmenquerstücke mit Konterprofilen

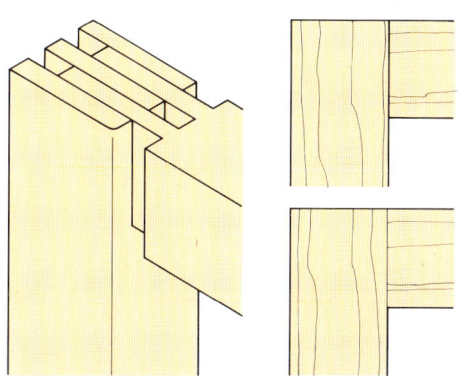

7. Doppelzapfen, einseitig mit offener Brüstung; Ansicht einer geschlossenen bündigen Brüstung zum Vergleich

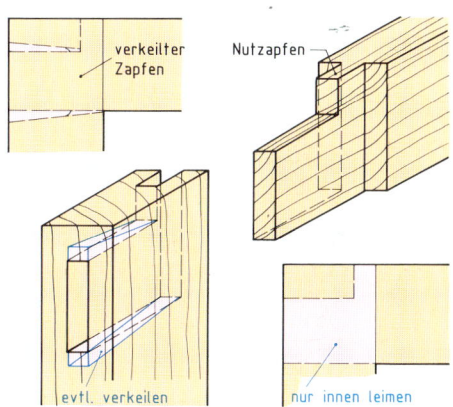

8. Gestemmte Rahmenecken: mit Keilzapfen wird die Haltbarkeit und Biegesteife noch verbessert

1. Ein Spielzeugkasten muß haltbar und zweckmäßig sein

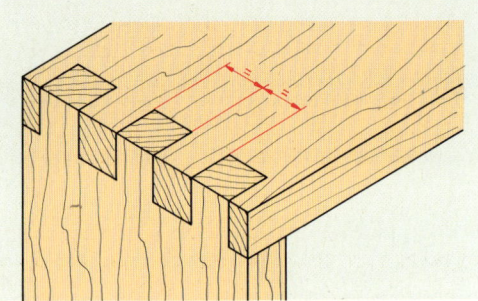

2. Kasteneckverbindungen mit „Fingerzinken"

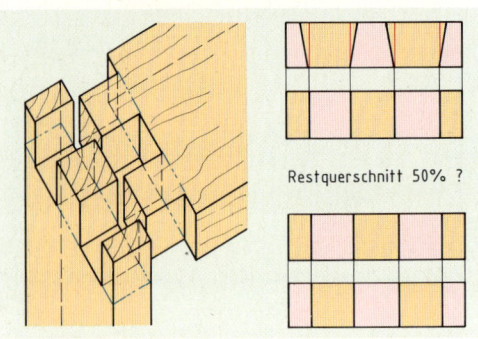

Restquerschnitt 50% ?

3. Der kleinste Restquerschnitt eines Verbindungsteiles ist maßgebend für die Haltbarkeit. 50 % sind ideal!

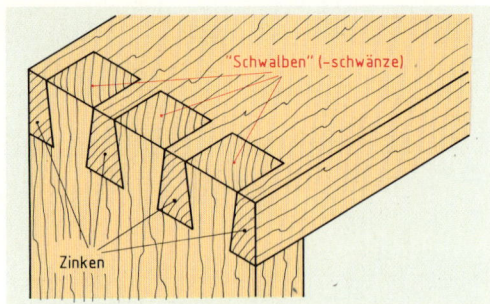

"Schwalben" (-schwänze)

Zinken

4. Verbindung mit „offenen Zinken": Schwalbenschwanz-zinken als Kennzeichen für solide Tischlerarbeit

4.4 Einen Vollholz-Kasten zinken

Bild 1 zeigt einen Kasten aus Fichtenholz für das Kinderzimmer. Dieser muß sehr haltbar sein und auch sicher im Gebrauch, weil er von den Benutzern vermutlich nicht nur zum Einsortieren von Spielzeug benutzt werden wird.

Die Kastenecken haltbar verbinden
Genau wie der Mensch kraftvoll die Finger beider Hände miteinander verschränken kann, so soll auch der Natur-Werkstoff Holz an den Ecken haltbar und gut aussehend ineinandergreifen. Unsere Finger können wir wieder auseinanderziehen, wenn die Kraft nachläßt. Parallel und gleichmäßig angearbeitete „Finger" einer Eckverbindung aus Holz ebenfalls. Sie werden deshalb zusätzlich verleimt.

> Kastenecken werden **formschlüssig** und auch noch **stoffschlüssig** verbunden.

Verbindungsformen bei Kastenecken aus Vollholz sind z. B. **Fingerzinken** (Bild 2) oder noch formschlüssigere **Schwalbenschwanzzinken** (Bild 4).

Fingerzinken sind Maschinenarbeit
Die Haltbarkeit einer Ecke hängt von der Paßgenauigkeit der Zinken (dünne Leimfuge!), vom Verleimen und von gleichmäßiger Verteilung der Zinken auf beide Verbindungsteile ab (Bild 3).

> Nur bei Kasteneckverbindungen mit Fingerzinken ist zu erreichen, daß an jedem Teilstück ein **Restquerschnitt von 50 %** verbleibt.

Bei heutigem Stand der Technik wird man Fingerzinken rationell mit der Maschine herstellen.

Schwalbenschwanzzinken als Handarbeit
Die einzelnen Teile dieser Holzverbindung heißen „Zinken" und „Schwalben" (Bild 4).

> Sind Schwalben- und Zinkenstück durchgehend gezinkt, spricht man von **offenen Zinken**.

Das Anfertigen dieser schönen Holzverbindung gilt trotz moderner Maschinentechnik immer noch als ein Qualitätsmaßstab handwerklicher Ausbildung. Geschicklichkeit, genaues Arbeiten und Formempfinden können bewiesen werden.

Gestalten der Zinkenverbindung

Schon beim Planen und Anreißen dieser typischen Vollholzverbindung werden Formempfinden, Gestaltungssinn und Konstruktionsvermögen gefordert. Neben der Natürlichkeit der Holzkonstruktion ist durch überlegtes Einteilen auch die Haltbarkeit zu berücksichtigen.

> Schönheit **und** Haltbarkeit anstreben!

So haben sich im Laufe der Zeit viele Verfahren für das Einteilen der schwalbenschwanzförmigen Zinkenverbindungen entwickelt. In Bild 5 werden einige dieser Anreißverfahren verglichen.
Die einen wollen hauptsächlich größtmögliche Haltbarkeit erreichen. Sie achten dabei besonders auf den verbleibenden Restquerschnitt an Zinken- und Schwalbenstücken und auf einfaches Anreißen und Herstellen der Teile. Andere wollen in erster Linie die schön gestaltete Zinkenform.

Zinkenteilungen haben vieles gemeinsam

- Die **Zinkenschräge** hat meistens einen Anschnittwinkel von etwa 80° bzw. ein Steigungsverhältnis von **etwa 1 : 6** (Bild 5). Wäre die Zinkung zu schräg, würde das Holz an den Schwalbenschwänzen beim Zusammenfügen keilförmig abscheren.
- Die Einteilung der Zinken wird auf der Hirnholzfläche des Zinkenstücks angerissen. Eingeteilt wird dabei entweder an der Mittellinie (Streichmaßriß) oder an der Außenkante bzw. der Innenkante (Bilder 5 und 6).
- Als Richtmaß gilt in allen Fällen das Maß der Holzdicke d (Bilder 5 und 6).
- Zu schmale Randzinken platzen beim Zusammenfügen leicht ab (Bild 6)!

Unterschiede liegen im Verhältnis der mittleren Breite von Schwalben und Zinken zueinander. Eine gute Form wird erreicht, wenn dieses mittlere Maß der Schwalben das Maß der Holzdicke nicht wesentlich übersteigt. Bewertungen, wie grob oder fein, präzise, spannend, aber auch billig oder ähnliche Beurteilungen sind bei Zinkeneinteilungen üblich.

1. Nennen Sie Beispiele für form-, stoff- und kraftschlüssige Verbindungsformen!
2. Was versteht man unter „offenen Zinken"?
3. Welche Vorteile bietet die Maschinenarbeit bei Verbindungen mit Fingerzinken?
4. Beschreiben und vergleichen Sie die drei Verfahren zur Zinkeneinteilung nach Bild 5!

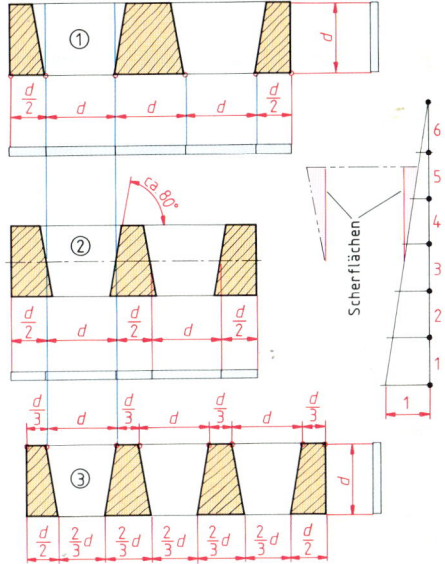

5. Einteilungsmöglichkeiten für Schwalbenschwanzzinken bezogen auf die Holzdicke im Vergleich

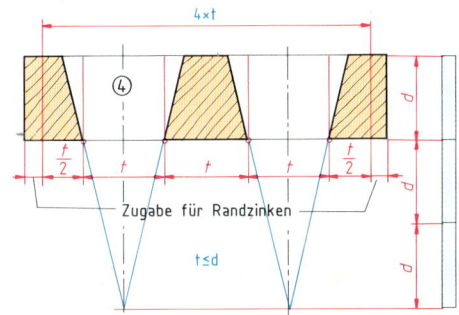

6. Zinkenschema mit verstärkten Randzinken ($t \leq d$)

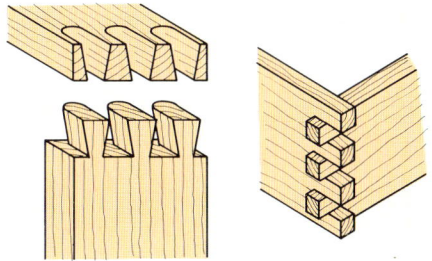

7. Gefräste Schwalbenschwanzzinken haben geringen Restquerschnitt. Zierzinken erfordern viel Fachkönnen!

1. Wie haltbar sind Holzkästen? Die Eckverbindungen werden bei großen Belastungen besonders beansprucht!

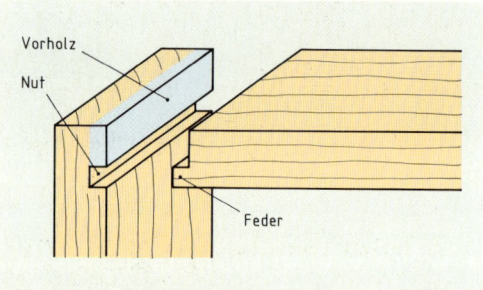

2. Gespundete Verbindung: Das Vorholz schert leicht ab!

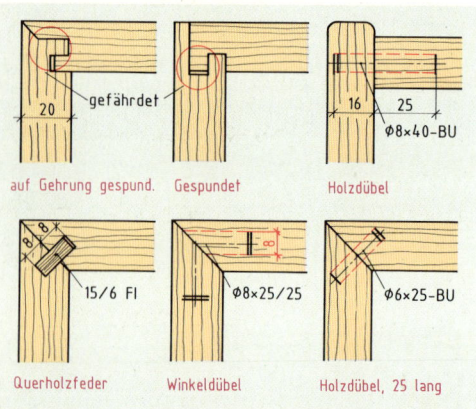

3. Kastenecken aus Vollholz im Schnitt, stumpf oder auf Gehrung, ohne oder mit Verbindungsmittel

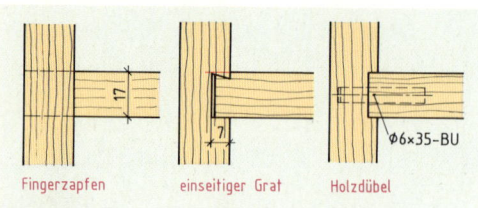

4. T-förmige Anschlüsse, die das Werfen behindern

4.5 Die Haltbarkeit eines Kastens

Bild 1 zeigt einen Kasten aus Vollholz bei einem Haltbarkeitstest. Zum mutwilligen Zerstören würde man den Kasten „über Eck" beanspruchen, so daß er „aus dem Winkel" gerät und die Eckverbindungen dieser außergewöhnlichen Belastung nicht mehr standhalten. Welche Maßnahmen sind daher geeignet, die Haltbarkeit von Kästen zu sichern?

Geeignete Eckverbindung auswählen

Am haltbarsten sind sicher fachgerecht gezinkte Eckverbindungen. Es kommt aber immer auf den Verwendungszweck an. Die Bilder 2 bis 4 zeigen Verbindungen für Kästen aus Vollholz, die zum Teil wirtschaftlicher herzustellen sind.

Normale Belastungen sollen von den gewählten Verbindungsformen so aufgenommen werden, daß sich die Form des Kastens nicht verändert.

> Verbindungen werden aber auch durch die Neigung zum Verwerfen beansprucht!

Deshalb sind die Verbindungsformen so auszuwählen, daß sie das Arbeiten des Holzes zulassen. Das Verwerfen der Teile soll durch die Form der Verbindung in Grenzen gehalten werden („formschlüssig"). Dafür sind durchgehende Federn (auch Gratfedern) besonders geeignet.

Gespundet, gegratet oder gefedert?

Bei **gespundeten** Verbindungen sind Form und Gegenform (z. B. Nut und Feder) direkt an die Holzteile angearbeitet (Bild 2). **Gefederte** Verbindungen haben dagegen eine **Fremdfeder**.

Für Brettverbindungen an Kastenecken eignen sich nur **Querholzfedern**, weil diese in gleicher Richtung „arbeiten", wie die durch sie verbundenen Teile. Bei einer „auf Gehrung gefederten" Eckverbindung soll die Feder möglichst weit nach innen angeordnet werden (Bild 3).

Die Gratverbindung ist besonders formschlüssig (Bild 4). Sie verhindert dadurch das „Werfen" der Bretter, läßt diese aber trotzdem „arbeiten".

Gedübelte Vollholzverbindungen

Weil Vollholzflächen immer zum Verziehen neigen, sind gedübelte Verbindungen (Bild 3) eigentlich für das Verbinden von Holzwerkstoffplatten bestimmt. Auf jeden Fall müssen Dübelabstände bei Vollholz sehr eng sein, wenn eine dauerhaft dichte Fuge erzielt werden soll.

Der Boden zum Aussteifen des Kastens

In Bild 5 wird gezeigt, daß ein Kasten aus dem Winkel geraten kann. Die Eckverbindungen werden dabei meist zerstört. Ein Kasten wird durch Aussteifen formstabiler.

Versuch:

a) Bilden Sie mit vier Gliedern eines Gliedermaßstabs ein Viereck: Das Viereck ist verschiebbar. Erst ein zusätzliches Diagonalglied macht das Viereck formstabil (Bild 6).
b) Bilden Sie mit drei Gliedern ein Dreieck: Es ist unverschiebbar, trotz der Gelenk-Ecken!

Zum Aussteifen von Rahmen und Kästen wird das „**Prinzip Dreieck**" als unverschiebbares Konstruktionselement angewendet.

Beim Fachwerk verwendet man im Holzbau dafür vergleichsweise Diagonalstreben. Bei einem Kasten bietet sich der **Kastenboden als Aussteifungselement** an. Dieser soll nach dem „Prinzip Dreieck" so eingespannt sein, daß er die Rechtwinkligkeit sichert und damit die Haltbarkeit der Eckverbindungen unterstützt (Bild 6).

Wie wird der Boden eingebaut?

Für die Planung von Konstruktion und Ablauf des Einbaus sind u. a. folgende Fragen zu klären:
- Wie dick und aus welchem Werkstoff soll der Boden sein (z. B. FU 6, KH 5, KF 8, FP 16)?
- Soll der Boden je nach Verwendungszweck
  - unter dem Kasten **aufliegend** oder
  - **flächenbündig** mit der Unterkante oder
  - im Kasten **innenliegend**
  angeordnet werden?
- Soll der Boden beim Zusammenbau oder erst nachträglich in den Kasten eingefügt werden?
- Ist der Boden rundherum einzupassen oder muß z. B. Spiel zum Einschieben vorgesehen werden?
- Wie wird durch das Einbauen und Befestigen des Bodens der Aussteifungseffekt erreicht?

In Bild 7 sind unterschiedliche Einbau- und Befestigungsmöglichkeiten dargestellt.

1. Warum dürfen bei breiteren Vollholz-Ecken keine Sperrholzfedern verwendet werden?
2. Warum ist das Dübeln bei Holzwerkstoffplatten wohl eher zu empfehlen als bei Vollholz?
3. Welche Nachteile hat die Kasten-Konstruktion mit eingenutetem Boden für die Haltbarkeit?
4. Skizzieren Sie vier Vollholz-Eckverbindungen!

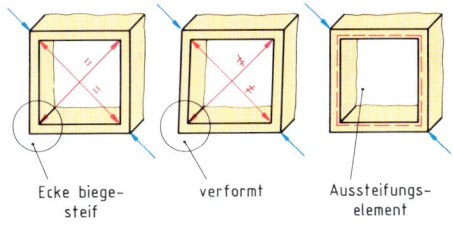

Ecke biege-   verformt   Aussteifungs-
steif   element

5. Durch biegesteife Eckverbindungen und Aussteifungen wird die Formstabilität eines Kastens erhöht

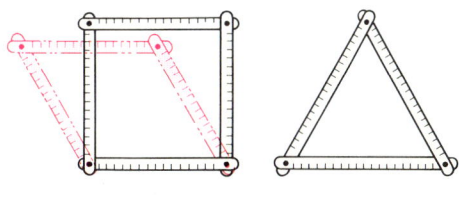

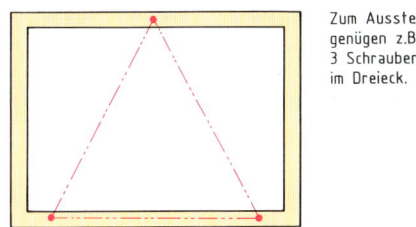

Zum Aussteifen genügen z.B. 3 Schrauben im Dreieck.

6. Das „Prinzip Dreieck" ist hilfreich beim Aussteifen

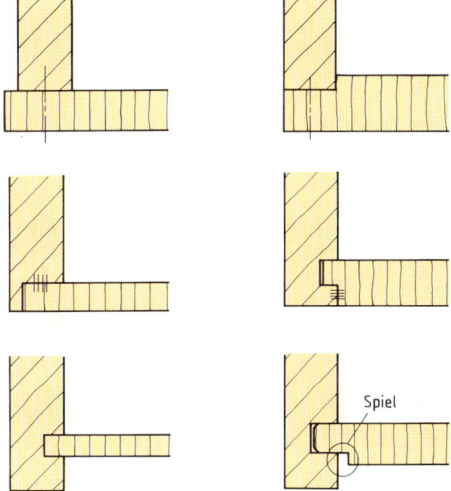

Spiel

7. Möglichkeiten zur Anordnung eines Kastenbodens: aufliegend, flächenbündig oder innenliegend

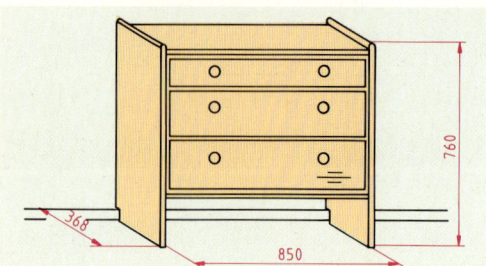

1. Die Schubladen dieser Kommode sollen vorn eine halbverdeckte Zinkenverbindung erhalten

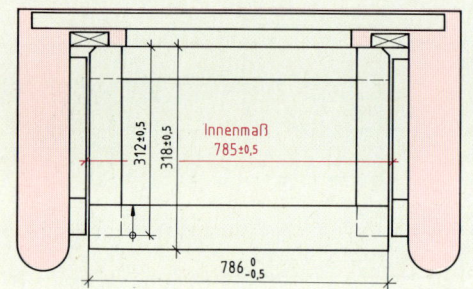

2. Unterschiedliche Nennmaße (Breite 785 und 786) mit Toleranzangaben berwirken ausreichende Spielpassung

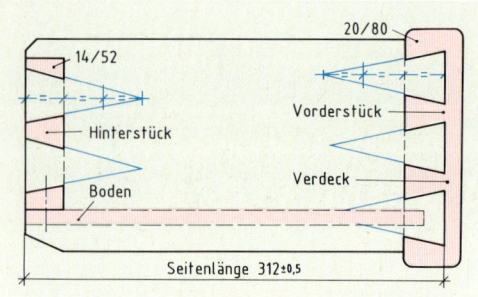

3. Einteilung bei verdeckten und offenen Zinken im Vergleich: das Verdeck bleibt unberücksichtigt

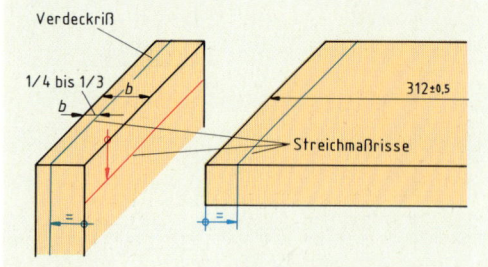

4. Anreißen der Zinken- und Schwalbenstücke mit dem Streichmaß von den zugeschnittenen Hirnenden aus

4.6 Ein Schubkasten auf Maß

Das typische Schubladenmöbel ist die Kommode (Bild 1). Maßgenaue Schubladen sollen gut laufen, nicht verkanten und nicht kippen.

> Schubkastenpaßmaße sind Außenmaße, bezogen auf die Innenmaße im Führungssystem.

Bei der „klassischen" Führung laufen die Schubladenseiten in der Höhe zwischen einem Laufboden und einer Kippleiste (oben). Seitlich werden sie zwischen zwei Streichleisten geführt. Bei Berücksichtigung des nötigen Spiels in der Höhe und Breite ergeben sich die Außenmaße (Bild 2).

Die Teile eines Schubkastens

Im Gegensatz zu einem gewöhnlichen Kasten mit vier gleichmäßigen Seiten sowie einem eingefälzten Boden hat der Schubkasten meist ein dickeres **Vorderstück**, zwei dünnere spiegelbildliche **Schubkastenseiten** sowie ein schmaleres **Hinterstück** (Bild 3). Der **Schubkastenboden** wird von hinten in die dreiseitig umlaufende Nut eingeschoben. Er hat nur seitlich etwas Spiel.

> Der Boden soll den Schubkasten aussteifen!

Der Boden muß daher im Vorderstück auf ganzer Länge am Nutgrund anliegen und gleichzeitig unter dem Hinterstück festgeschraubt werden!

Schubladen mit halbverdeckten Zinken

Sollen die Hirnflächen der Schwalben in der Vorderfront nicht sichtbar sein, wird „halbverdeckt" gezinkt (Bild 3). Dabei wird am Vorderstück ein „Verdeck" von etwa 1/4 bis 1/3 der Holzdicke bei der Zinkeneinteilung nicht mit berücksichtigt. Außerdem soll die Bodennut stets durch eine(n) Schwalbe(nschwanz) überdeckt werden.

Zuerst die Zinken anreißen und fertigen

Die Länge der Schwalben ist an den Hirnenden des Vorderstücks angerissen („Verdeck-Riß") und mit gleicher Streichmaßeinstellung von den Hirnenden aus am Schwalbenstück (Bild 4).
Weil man nicht durch das Verdeck hindurchsägen kann, wird die Säge von der Innenkante aus schräg angesetzt (Bild 5). Der Sägeschnitt verläuft am „halben Riß" im Schwalben-Teil. Die schrägen Anschnitte können z. B. mit einer alten Ziehklinge bis auf den Riß vorgetrieben werden.

Die fertigen Zinken als Anreißlehre

Das Schwalbenloch wird mit dem Stecheisen vorgestemmt und anrißgenau nachgestemmt. Das so fertig gestemmte Zinkenstück wird nun sozusagen als Anreißlehre senkrecht genau an den Streichmaßriß der Schubladenseite gehalten (Bild 6). Die Schwalben werden dann an den Schrägen der ausgestemmten Schwalbenlöcher mit der Reißnadel oder einem sehr spitzem Bleistift angerissen.

Warum müssen diese Risse beim Anschneiden der Schwalben wohl ganz stehen bleiben?

> Beim Bearbeiten angerissener Teile stets vorher überlegen, auf welcher Seite ein Riß ganz oder nur zur Hälfte stehen bleiben muß!

Beim Schwalbenstück fällt weniger Stemmarbeit an, weil man auf voller Holzdicke durchsägen kann. Der Platz für die Eckzinken wird mit der Feinsäge abgesetzt (am halben Riß!).

Verdeckte Zinken: Gehrungszinken

Wenn bei einer Eckverbindung die Konstruktion überhaupt nicht sichtbar sein soll, erhalten beide Teile ein Verdeck, das auf Gehrung zusammengefügt wird (Bild 8). Gehrungszinken sind aber als Handarbeit sehr arbeitsaufwendig und längst nicht so haltbar wie offene Zinken. Eine „Gehrungsecke" wird daher gewöhnlich anders konstruiert, z. B. mit Nut und Feder.

Schrägzinken

An der Schrägzinkung in Bild 8 wird deutlich, daß sich die Einteilung der Schrägzinken nicht wesentlich von den gewöhnlichen Schwalbenschwanzzinken unterscheidet. Man muß darauf achten, daß die Symmetrieachse der Schwalben in Faserrichtung verläuft. Sonst kommt es zum Abscheren auf der einen Seite der Schwalben.

1. Welche Bedeutung haben die Außenmaße eines Schubkastens für das Anreißen und Fertigen?
2. Wieviel Spiel in der Breite sehen die Maßangaben in Bild 2 für den Schubkasten vor?
3. Beschreiben Sie das Anreißen einer halbverdeckten Zinkung, Querschnittsmaß 22/160; fertigen Sie eine Skizze der Einteilung an!
4. Beschreiben Sie das Herstellen des Schubkastens aus den Bildern 2 und 3!
5. Skizzieren Sie eine Schrägzinkung: Seitenhöhe 120 mm, Schräge 120°, Holzdicke 20 mm!
6. Skizzieren Sie Gehrungsverbindungen bei Kastenecken aus Vollholz!

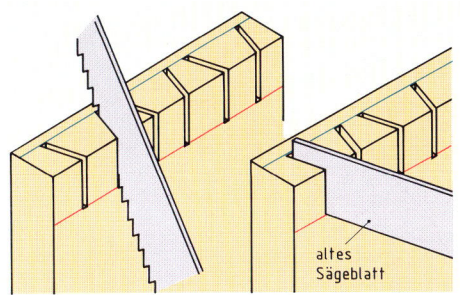

5. Schräges Anschneiden der Zinken im Schwalbenteil und vorschlagen zum leichteren Stemmen

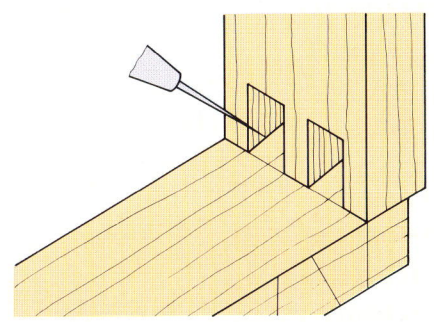

6. Anzeichnen der Schwalben mit Hilfe des ausgestemmten Zinkenstücks als Schablone

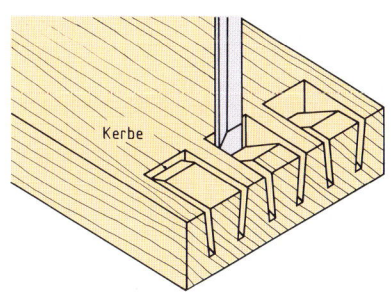

7. Ausstemmen der Schwalben, das Verdeck bleibt stehen

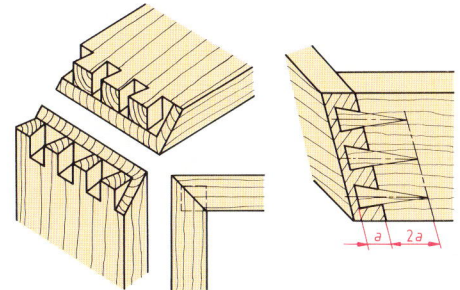

8. Gehrungszinken und Schrägzinken

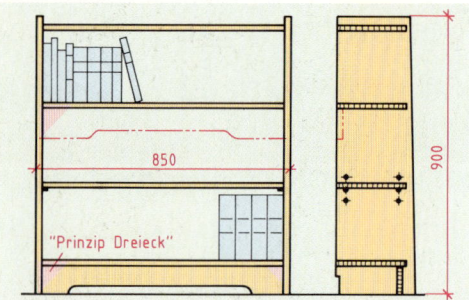

1. Nach dieser Skizze soll ein Bücherregal aus furnierten Holzwerkstoffplatten als Wangenmöbel konstruiert werden. Wie werden die Korpusverbindungen gestaltet?

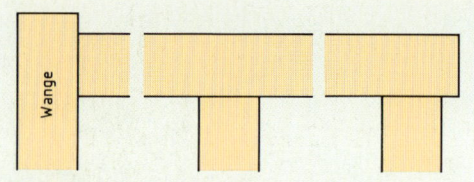

2. T-förmige Anschlüsse haben stumpfe Fugen

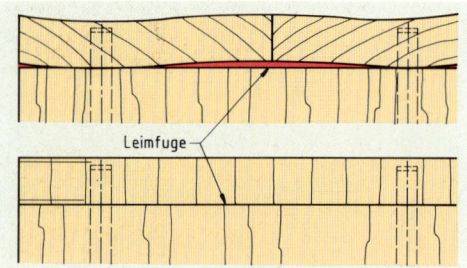

3. Stumpfe Leimfugen bei Vollholz-Anschlüssen öffnen sich zwischen den gedübelten Stellen. Bei den maßbeständigeren Holzwerkstoffen sind Verbindungsmittel in paßgenauen Fugen als Verleimhilfen erforderlich.

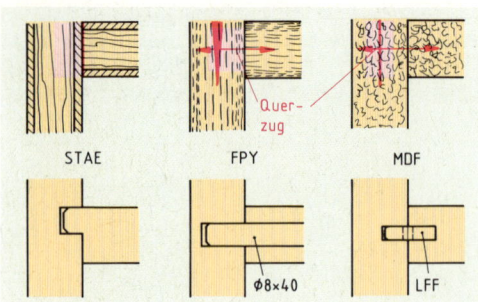

4. Ecken aus Stab- oder Stäbchensperrholz, Spanplatten und MDF-Platten im Vergleich: Wo sind die Bruchstellen bei Belastung zu erwarten? Sind Verbindungsmittel zum Sichern der Haltbarkeit erforderlich?

4.7 Regal aus Holzwerkstoffen

Bild 1 zeigt ein kleines Standregal für Bücher. Den Korpus bilden die beiden bis auf den Fußboden durchgehenden Wangen sowie Ober- und Unterboden, ein fester und ein loser Zwischenboden und Sockelleisten. Das Regal hat keine Rückwand und muß anders ausgesteift werden.

Wangen haben T-förmige Anschlüsse (Bild 2).

Welche Verbindungsformen ergeben haltbare und formstabile Plattenanschlüsse?

Stumpfe Leimfugen richtig planen
Das Planen mit Holzwerkstoffen unterscheidet sich sehr vom Arbeiten mit Vollholz (Bild 3).

Holzwerkstoffplatten sind maßbeständiger!

In Bild 4 werden stumpfe Leimfugen bei unterschiedlichen Plattenwerkstoffen verglichen. Alle Verleimkanten und Verleimflächen sind stets paßgenau und winkelgerecht vorzubereiten.
Stab- oder Stäbchensperrholz. Das Hirnholz in der Mittellage bietet keine gute Leimfläche. Sperrholz arbeitet jedoch weniger als Vollholz. Verbindungsmittel, wie Federn oder Dübel in geeigneter Form, Größe und ausreichender Anzahl sind erforderlich. Auch gespundete Ecken werden bei ausreichenden Mittellagen angewendet.
Holzspanplatten. Sie haben durch ihren schichtartigen Aufbau unterschiedliche Eigenschaften z. B. hinsichtlich der Querzugfestigkeit (Bild 4). Bei Belastung hält meist die Leimfuge selbst. Aber in der Plattenmitte können kurz- und grobfaserige Schichten zerreißen (Bild 4).
Holzfaserplatten. Im Möbel- und Innenausbau werden zunehmend die mitteldichten Holzfaserplatten („MDF-Platten") verarbeitet.

MDF-Platten sind besonders geeignet für das Gestalten von nicht lösbaren oder lösbaren Verbindungen mit Verbindungsmitteln und Befestigungselementen aller Art (Bild 5).

Sie bestehen aus beleimten Holzfasern, manchmal mit besonderer Deckschicht. Stumpfe Leimfugen sind sehr haltbar. Ein einheitliches Gefüge über den ganzen Querschnitt bewirkt auch in der Plattenmitte eine gute **Querzugfestigkeit**.

Verbindungsmittel und Haltbarkeit

Stumpf verleimte Kastenverbindungen aus Span- und Faserplatten zeigen sogar ohne Verbindungsmittel bei Festigkeitsprüfungen gute Ergebnisse. Verbindungsmittel sind aber nicht nur Montagehilfen. Sie unterstützen auch die Festigkeit in der Nähe der Leimfuge. Fachgerecht eingeleimte, ausreichend bemessene Holzdübel wirken z. B. in einer Spanplatte so ähnlich, wie runde Bewehrungsstähle in einer Betonplatte.

Gedübelte Kastenverbindungen

Im Korpusbau sind Dübelverbindungen (Bild 6) sehr verbreitet. Beim Verleimen lassen sie sich gut zusammenfügen. Sie sind sowohl mit Handbohrmaschinen und Vorrichtungen als auch mit speziellen Maschinen einfach herzustellen.

Der Dübeldurchmesser richtet sich nach der Holzdicke (etwa 2/5 bis 3/5 d). Nicht durchgehende Dübellöcher („Sacklöcher") sind etwas tiefer zu bohren, damit beim Zusammenbau Raum für überschüssigen Leim bleibt. Bei MDF-Platten soll das Dübelloch etwa 0,1 bis 0,2 mm größer als der Nenndurchmesser des Dübels gebohrt werden (z. B. $8 \, ^{+0,2}_{+0,1}$), damit der Dübel nach dem Einsetzen infolge der Leimangabe quellen kann.

> Verbindungsmittel aus Holz, wie **Quelldübel und Quellfedern** immer trocken lagern!

Kastenverbindungen mit Fremdfedern

Angearbeitete Verbindungsformen, wie Falze, Nuten, Federn oder Zinken schwächen den Querschnitt kurzfaseriger Holzwerkstoffe.

> **Plattenquerschnitt** nur wenig schwächen!

Darum werden vorwiegend die fertigungstechnisch einfach zu verarbeitenden kreisabschnittförmigen Plättchen („Formfedern") aus gepreßtem Vollholz verwendet. Beim Einleimen in vorgefräste Nuten quellen sie auf (Bilder 6 bis 8).

1. Warum hält eine stumpf verleimte Ecke aus Spanplatten besser als eine aus Vollholz?
2. Erläutern Sie den Begriff „Querzugfestigkeit" mit Beispielen für Spanplattenverbindungen!
3. Warum vermeidet man möglichst bündige Fugen?
4. Welche Plattenecken soll man nicht spunden?
5. Planen Sie einige Aussteifungsmöglichkeiten für das offene Regal (eventuell mit Skizzen)!

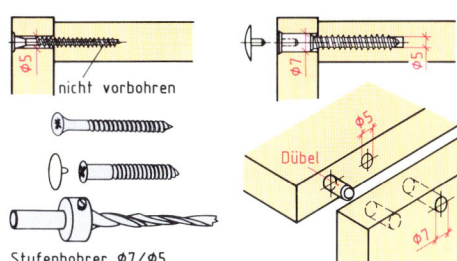

5. Lösbare Korpusecken aus MDF mit Einteilverbinder. Das selbstschneidende Gewinde wird vorgebohrt (links) oder direkt eingeschraubt. Dübel sind Montagehilfen.

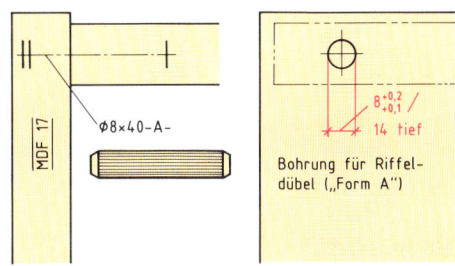

6. Holzdübel sind geeignete Verbindungsmittel für lösbare und nicht lösbare Verbindungsformen. Sie erfordern maßgenaues Bohren und richtige Bohrerauswahl.

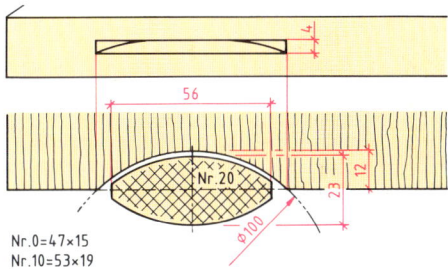

7. In segmentförmige Nuten (hier: Fräswerkzeug mit Ø 100 mm) werden die Formfedern eingeleimt

8. Mit einfach einstellbarer Handmaschine die Nuten in Stirnseite und Fläche einfräsen, Leim nur in die Nuten eingeben, weil die Formfedern sehr schnell aufquellen!

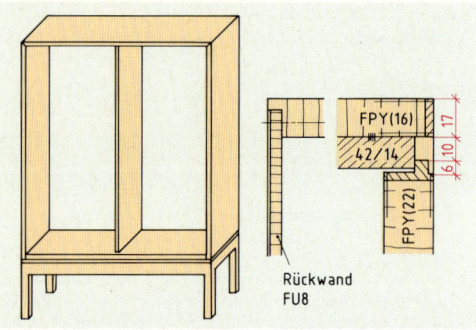

1. Ein Geschirrschrank soll aus Holzwerkstoffplatten hergestellt werden. Welche Eckverbindungen kommen in Frage? Sind Verbindungsmittel erforderlich?

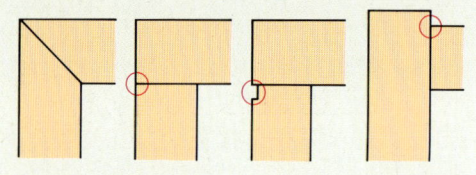

2. Korpus-Eckverbindungen werden auf Gehrung oder stumpf zusammengefügt. Sichtbare bündige Fugen sind dabei möglichst zu vermeiden oder mit Schattenfuge zu gestalten.

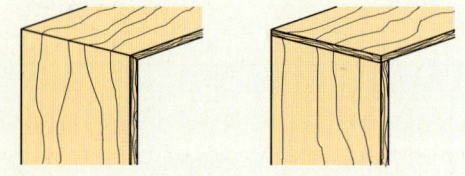

3. Bei einer Eckverbindung auf Gehrung ist das Gestalten und Zusammenfügen von Furnierbildern möglich

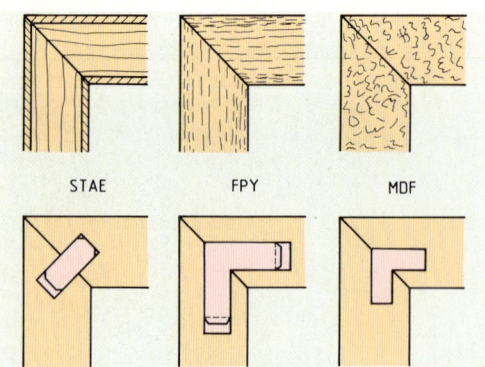

4. Werkstoffstrukturen im Plattenaufbau treffen in einer auf Gehrung zugeschnittenen Fuge gleichmäßig aufeinander

4.8 Ein Korpus mit Gehrungsecken

Bild 1 zeigt den Korpus für einen furnierten Geschirrschrank aus Holzwerkstoffplatten. Für das Verbinden der Seiten mit den Böden muß eine
- gut aussehende,
- günstig herzustellende, leicht montierbare
- und haltbare Verbindungsform gewählt werden (Geschirr ist schwer!).

Verbindungen stumpf oder auf Gehrung?
In Bild 2 sind mehrere Möglichkeiten für das Gestalten einer Platteneckverbindung dargestellt. Die beiden Seiten dieses Geschirrschrankes sollen mit dem Oberboden auf Gehrung verbunden werden. Für den Unterboden bietet sich dagegen aus arbeitstechnischen Gründen und wegen des geringeren Werkstoffbedarfs eine stumpfe Eckverbindung an, für die Mittelseite ein T-förmiger Anschluß. Die Rückwand aus Furniersperrholz soll den Möbelkorpus aussteifen und dadurch die Haltbarkeit der Plattenverbindungen unterstützen. Sie liegt ohne Spiel festgeschraubt im Falz.

Ein Korpus mit Gehrungsecken und umlaufendem Furnierbild wirkt meist feiner und leichter als mit stumpfen Anschlüssen (Bild 3).

Als Unterbau können z. B. Gestelle, Sockel oder Kufen aus unterschiedlichsten Materialien dienen. Aber auch bei Hänge-Möbeln sind oft umlaufende Furnierbilder erwünscht. Liegt die Möbel-Unterseite im Blickfeld (z. B. im Sitzen), erhalten die unteren Ecken ebenfalls Gehrungen.

Gehrungsfugen sind um 41,4. . . % breiter
Stumpf verleimte Ecken aus Span- oder Faserplatten sind recht haltbar und formstabil. Besser sind bei Festigkeitsvergleichen meist auf Gehrung verleimte Ecken. Die Leimfuge ist um 41,4 % breiter ($\sqrt{2}$!). Wegen des Gehrungsschnittes stoßen gleiche bzw. gleichmäßige und recht maßbeständige Werkstoffstrukturen aufeinander (Bild 4).

Die Qualität einer Fuge ist entscheidend vom Plattenwerkstoff, vom paßgenauen Zuschnitt und auch von der Oberflächengüte abhängig!

Verleimte glatte Stöße aus Vollholz in Korpussen oder Rahmen können fast nie dauerhaft fest sein, auch nicht bei Gehrungsschnitten (Ausnahme: schmale Bilderrahmenprofile)!

Verbindungsmittel für Gehrungsecken?

Bei Gehrungen ist das Verwenden von Verbindungsmitteln schon wegen der Gefahr des Verrutschens beim Zusammenbau nötig (Bild 5).

> Dübel oder Federn sichern als **Verleim- und Montagehilfen** das paßgenaue Zusammenfügen der Gehrungsecken!

Aus arbeitstechnischen Gründen werden auch andere Hilfen, wie z. B. Verleimbänder (Klebstreifen) während des Verleimens angewendet.

Verbindungsmittel sollen hauptsächlich die Festigkeit und Formbeständigkeit einer Verbindung erhöhen und langfristig sichern. Deshalb werden diese „Halbzeuge" vorwiegend ausgewählt
- nach der geplanten **Verbindungsform**,
- nach dem zu verbindenden **Plattenwerkstoff**,
- nach den üblichen **Fertigungsverfahren**.

Winkeldübel und Winkelfedern

Gerade Holzdübel sind wegen ihrer einfachen Verarbeitung bei Rahmen- und Plattenverbindungen sehr beliebt. Bei Gehrungsfugen ist aber schräges Bohren im Winkel von 45° erforderlich. Außerdem reicht die geringe Dübellänge wohl nur als Verleim- und Montagehilfe aus.

> Winkeldübel und Winkelfedern ermöglichen parallel zur Plattenebene ein einfaches Bohren der Dübellöcher bzw. Fräsen der Nuten.

Winkeldübel (Bild 6) sind recht haltbar aus Lagenholz oder aus Kunststoffen hergestellt.
Winkelfedern (Bild 7) sind schicht- und kreuzweise aus dicken Furnieren verleimt oder aus Kunststoffen hergestellt.
Formfedern sind wegen der zugehörigen handlichen und leicht einstellbaren Kleinmaschinen auch bei Gehrungen vielseitig verwendbar.

1. Warum hält eine auf Gehrung verleimte Kastenecke aus Holzwerkstoffplatten besser als eine stumpfe?
2. Welchen Zwecken dienen Verbindungsmittel beim Herstellen von Möbelkorpussen?
3. Vergleichen Sie das Anwenden von Verbindungsmitteln bei Sperrholz und bei Spanplatten!
4. Nennen Sie Vorzüge von Gehrungsecken!
5. Welche Vorzüge bieten Winkeldübel und Winkelfedern gegenüber den geraden Formen?

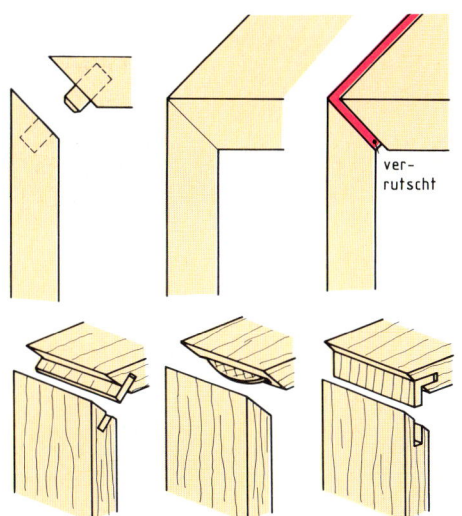

5. Dübel und Federn als Hilfen gegen das Verschieben der Gehrung beim Zusammenfügen und Spannen

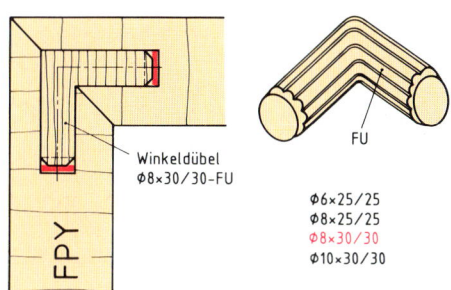

Winkeldübel
∅8×30/30–FU

FU

∅6×25/25
∅8×25/25
∅8×30/30
∅10×30/30

FPY

6. Möglichst lange Winkeldübel sind für die Mittelschicht der Spanplatte nötig und einfach einzubohren

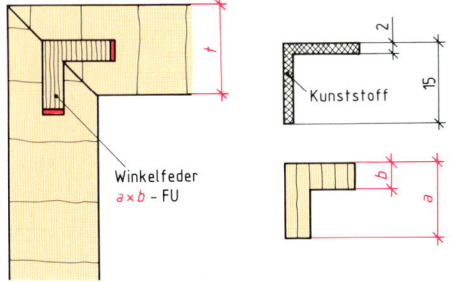

Winkelfeder
a×b – FU

Kunststoff

a	10	12	14	16	22	35
b	3	4	5	6	8	10
t	8/10	13	16	19	22	32

7. Winkelfedern aus Holzwerkstoff oder aus Kunststoff

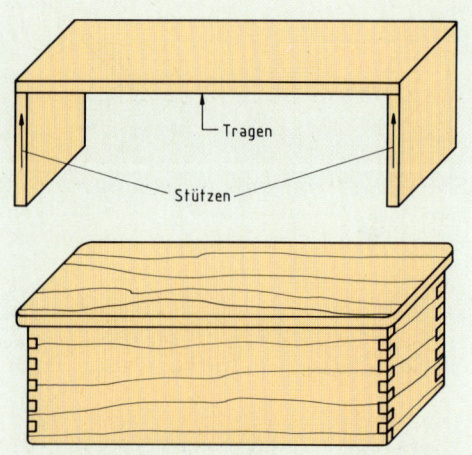

1. Gestell- und Kastenmöbel im Vergleich: Der Kasten wird durch die Seiten, das Gestell nur durch die Eckverbindungen ausgesteift

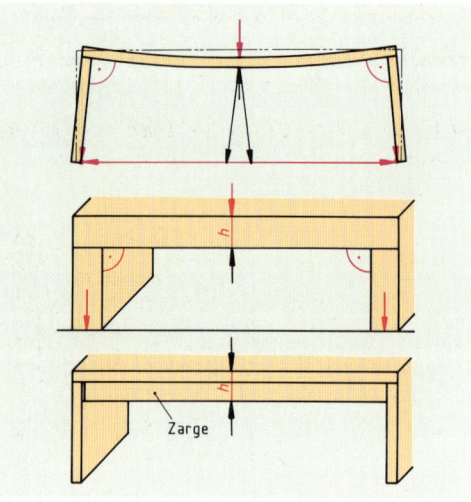

2. Die Zarge ist bei Biegebeanspruchung ein wichtiges Konstruktions- und Gestaltungselement

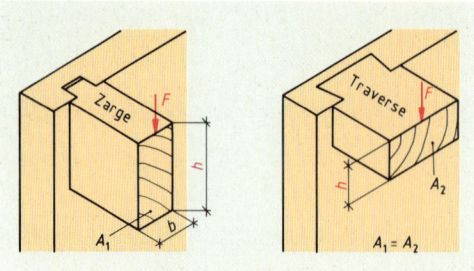

3. Hohe Zargen steifen Gestelle besser aus als Traversen (hier als Einzinker)

4.9 Vom Kasten zum Gestell

Bild 1 zeigt zwei Möbel die als Podest genutzt werden können. Bei der Bank wird dieser Zweck mit geringerem Materialaufwand erreicht. Wie unterscheidet sie sich aber vom Kasten?

Gestelle sind wie eine Brücke

Ein **Kasten** dient als **Behälter**. Er setzt sich aus sechs raumumschließenden Teilen zusammen: vier Seiten, Boden und Deckel. Die Haltbarkeit der Eckverbindungen wird besonders durch den auch zur Aussteifung dienenden Boden unterstützt.

Die **Bank** dient dagegen als **Gestell**. Sie hat nur drei Seiten: die beiden Wangen sind die stützenden Teile, die Platte ist das tragende Teil in dieser Konstruktion. Ist diese nicht dick genug, biegt sie sich durch (Bild 2). Die Wangen stehen dann nicht mehr senkrecht und schieben sich unten auseinander. Dadurch werden die Eckverbindungen besonders beansprucht. Sie können „aus dem Winkel geraten" und zu Bruch gehen.

> Eine Bank ist so haltbar wie eine Brücke zu gestalten, damit sie nicht zusammenbricht.

Die Platte darf sich nicht durchbiegen. Die Wangen müssen „im Lot" und die Ecken „im Winkel" bleiben. Wie ist das zu erreichen?

Das Durchbiegen verhindern

Dickeres Holz wird sich bei gleicher Belastung und gleicher Länge der Platte selbstverständlich weniger durchbiegen. Die Holzdicke muß aber in einem angemessenen Verhältnis zu den übrigen Abmessungen stehen. Sonst wird die Bank unnötig schwer und wirkt zu klobig.

> Durch überlegtes Planen kann die Form verbessert und die Fertigung rationeller werden.

Das Durchbiegen der Platte kann durch eine Trägerkonstruktion verhindert werden. Der Träger wird im Möbelbau als **Zarge** bezeichnet.

> Zargen werden auf Biegung beansprucht.

Der Widerstand gegen das Durchbiegen hängt von der Konstruktionshöhe h (Bild 3) und nicht so sehr von der Dicke b der Zarge ab. Diese beeinflußt aber auch die Verbindung zwischen Träger und Stützen: zwischen Zarge und Wangen.

Stützen können schräg stehen

Bei einer formstabilen Bank werden senkrecht stehende Wangen nur in Faserrichtung und auf Druck beansprucht. Schrägstehende Stützen erzeugen dagegen auch waagerecht wirkende Teilkräfte (Bild 4). Die Eckverbindungen halten diese zusätzlichen Belastungen meist nicht aus. Auch breitere Zargen mit entsprechend gestalteter Verbindungsform genügen oft nicht. Dann muß ein Steg als weiteres Konstruktionselement des Möbelbaus eingeplant werden.

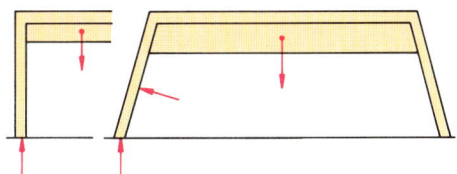

4. *Schräge Stützen werden bei Belastung unten auseinander gedrückt. Die Verbindungen müssen mehr aushalten als bei geraden Stützen. Höhere Zargen bewirken eine bessere Aussteifung.*

> Ein Steg wird vorwiegend **auf Zug** beansprucht.

In Bild 5 sind die Wangen bewußt schrägt angeordnet, z. B. um die Standsicherheit zu erhöhen. Der Steg hält das Gestell in Form, so daß Zargen bei ausreichender Plattendicke nicht erforderlich sind.
Der richtig angeordnete Steg entlastet und sichert außerdem die Eckverbindungen.

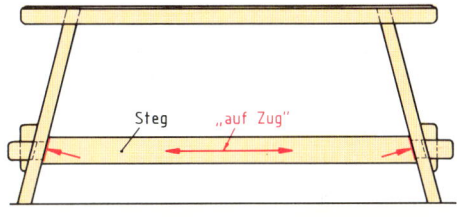

5. *Diese Bank mit verkeilten Stegzapfen benötigt keine Zargen*

Stegverbindungen, fest oder lose und verkeilt

Breite (hohe) Zargen können die Eckverbindungen und damit auch das Gestell besonders biegesteif und formstabil machen. Eine ähnliche aussteifende Wirkung hat auch die Querschnittsform eines Stegs, der zwischen den Wangen eingespannt wird. Schrägstehende Wangen werden durch eine lösbare **verkeilte Stegzapfenkonstruktion** miteinander verbunden (Bild 6a). Bei dem Loch zur Aufnahme des Keils ist darauf zu achten, daß die innere Flanke noch innerhalb der durchgestemmten Wange liegt. Nur dann kann der Keil z. B. nach dem Eintrocknen der Wangen nachgezogen werden.
Bei einer **durchgestemmten Stegverbindung** werden die Fingerzapfen verleimt, verkeilt und flächenbündig geputzt (Bild 6b).
Anstelle von Wangen werden bei Gestellen auch Rahmen oder Stollenkonstruktionen verwendet. Stollen sind mit ihren selten ausknickenden, oft symmetrischen Querschnitten ideale Stützen.

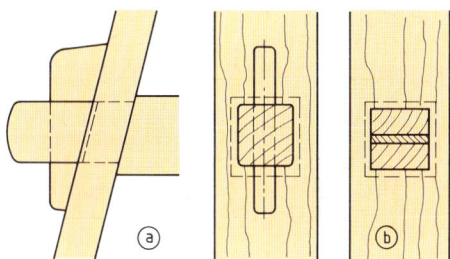

6. *a) Stegzapfenverbindungen mit losem Keil in Vorder- und Seitenansicht, b) fest verkeilter Stegzapfen*

1. Welche Bedeutung haben die Höhe und die Dicke einer Zarge für die Konstruktion?
2. Sind bei dem Tischgestell Bild Nr. 7 Zargen erforderlich?

7. *Tischgestell mit schrägstehenden Wangen. Die Keile in den Stegverbindungen sind nicht verleimt sondern „nachtreibbar".*

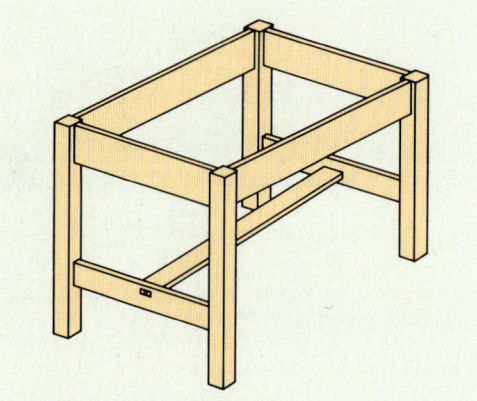

1. Dieses Tischgestell mit Beinfreiheit an den Längsseiten soll eine lose Platte tragen

2. Bei Stollenwänden erfolgt die Aussteifung durch Schrankelemente mit Rückwänden

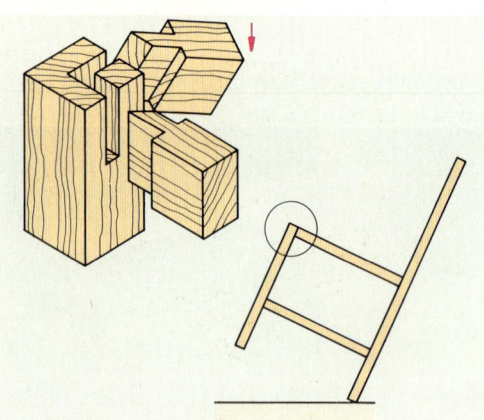

3. Beim „Kippeln" eines Stuhles finden Vollzapfen keinen Halt am Ende des Stollens

4.10 Stollen und Zargen verbinden

Bild 1 zeigt ein kleines Stollengestell für einen Beistelltisch. Es besteht aus den vier senkrechten Stollen, die oben durch Zargen und unten durch Stege nicht lösbar miteinander verbunden sind. Die Platte soll lose aufliegen. Deshalb entfällt sie als aussteifendes Element für das Gestell.

Vom Wangen- und Rahmen- zum Stollengestell

Auch die Wangen einer Regalwand aus Platten (Bild 2) werden manchmal als „Stollen" bezeichnet. Durch Zwischenböden und lösbar montierte formstabile Schrankelemente wird das Regal ausgesteift. Auch das Gestell in Bild 1 könnte so konstruiert werden. Zwei Wangen müßten oben durch zwei Zargen und mindestens einen möglichst tiefsitzenden Steg verbunden werden.

> Gestelle sind „dreiachsig" und können auch aus zweiachsigen Rahmen mit Zargen und Steg(en) als dritter Achse bestehen.

Bei dem Tischgestell in Bild 1 wird an Stelle der Wangen eine rahmenähnliche Stollen-Konstruktion verwendet. Jeweils zwei Stollen werden oben durch eine Zarge und weiter unten durch einen Steg miteinander verbunden. Die Eckverbindungen sollen das Gestell möglichst so formstabil machen, wie einen Kasten.

Stollen und Zargen fest verbinden

Wenn Stege z. B. aus gestalterischen Gründen ganz oder teilweise entfallen, so treffen alle Kräfte in den „Knotenpunkten" zwischen den Stollen und Zargen zusammen. Deshalb sind hier Holzverbindungen mit größter Haltbarkeit zu wählen, die außerdem gefällig aussehen.

> Die Stollenverbindungen müssen so gestaltet werden, daß sie alle Kräfte aufnehmen können.

Welche Belastungen so eine Gestellverbindung nicht selten aushalten muß, zeigt der „kippelnde" Stuhl in Bild 3.
Das Gestalten der Stollen-Zargen-Verbindung hängt in der Regel von den Maßen und der Form der Holzquerschnitte ab; denn viel Holz schwindet auch viel und umso leichter lockern sich dann die Zapfen.

Große oder kleine Zapfen?

In Bild 3 wird eine Stollenecke mit Zapfenverbindung gezeigt. Die Zargen sind schmal, die Zapfen deshalb wohl auf voller Breite in den Stollen eingelassen. Man erkennt, daß dadurch der Stollenquerschnitt oben unterbrochen ist, und daß die Zargen beim „Kippeln" keinen Halt mehr im Zapfenloch finden können.

Bei einer gestemmten Zapfenverbindung wird daher ein abgesetzter Zapfen mit Nutzapfen (Bild 4) verwendet. Dadurch wird das Stollenende weniger geschwächt und der Zapfen hat bei Biegebeanspruchung mehr Halt im Zapfenloch. Dieses sollte jedoch möglichst weit nach außen angeordnet sein, damit mehr Platz für den Zapfen der anderen Zarge bleibt. Schneidet man beide Zapfenenden auf Gehrung, so erreicht man außerdem noch die größtmögliche Zapfenlänge.

Gedübelte Zargenverbindung fugenbündig?

In Bild 5 ist eine gedübelte Stolleneckverbindung dargestellt. Dübelverbindungen können einfach und sehr paßgenau hergestellt werden. Die Zarge trifft oben bündig auf den Stollen. Breite Zargen werden durch Nutzapfen zusätzlich zu den Dübeln in Form gehalten. Ob Stollen- und Zargenaußenseite ebenfalls bündig liegen sollen, ist eine Frage des Aussehens, des Werkstoffs und des Fertigungsverfahrens.

> Die flächenbündige Brüstungsfuge wirkt feiner, aber sie „markiert" sich leicht.

Weil Längsholz- und Querholz zusammentreffen, können beim Putzen Schleifspuren entstehen, die nur schwer wieder zu entfernen sind. Bei offenen Brüstungen ist diese Gefahr wesentlich geringer. Einfacher ist die Konstruktion, wenn die Zarge gegenüber dem Stollen etwas zurückspringt. Bei der in Bild 6 dargestellten Gestellverbindung werden keine Markierungen sichtbar. Bedingt durch die geringen Verbindsflächen ist sie andererseits wenig belastbar.

1. Welchen Zwecken könnte in Bild 1 ein zusätzlicher Boden zwischen den Stollen dienen?
2. Vergleichen Sie Wangen- und Stollentische!
3. Nennen Sie Möglichkeiten zum Erhöhen der Haltbarkeit von Stolleneckverbindungen!
4. Beurteilen Sie die Eckverbindung in Bild 6 in Bezug auf Aussehen, Materialverbrauch, Festigkeit und maschinelle Herstellung!

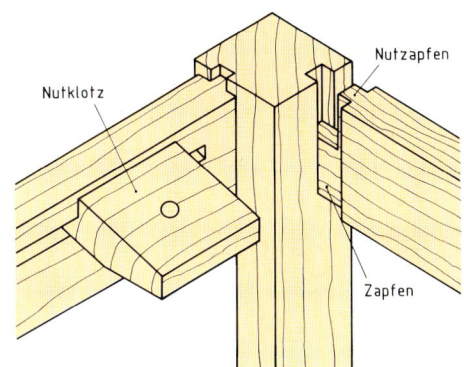

4. Zargen mit Lang- und Nutzapfen schwinden am Stollenende und ziehen die in einer Längsnut geführten Nutklötze mit

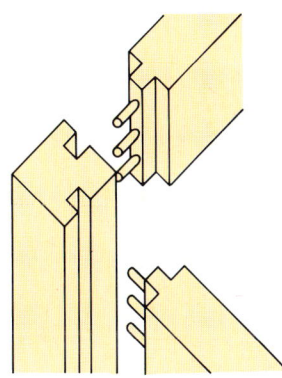

5. Bei dieser Nutzapfenverbindung sind die Dübel versetzt angeordnet. So wird eine große Dübellänge ermöglicht.

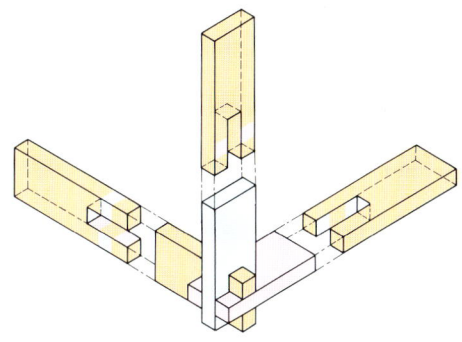

6. Die Einzelelemente dieses Gestells sind gleich. Sie lassen sich leicht maschinell herstellen und werden zusammengesteckt.

1. Der seitlich überstehende Deckel eines Nistkastens wird aufgenagelt, hinten bündig. Die Nägel werden schräg angesetzt und mit dem Tischlerhammer durch den Holzdeckel in das Hirnholz von Seiten und Rückwand schwalbenschwanzförmig eingeschlagen.

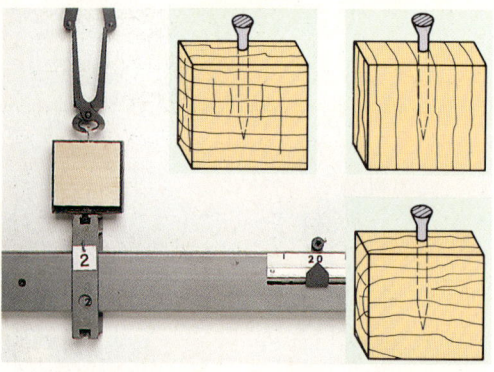

2. Bei Versuchen ist der Ausziehwiderstand von Nägeln zu vergleichen: im Hirnholz, in Längsholz senkrecht (radial) oder parallel (tangential) zur Jahrringrichtung

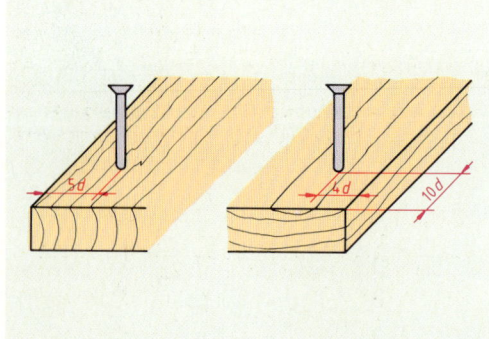

3. Mindestabstände verhindern das Aufspalten. Sie sind abhängig vom Nageldurchmesser und vom Randabstand. Bei Seitenbrettern können die Randabstände größer sein als bei Kernbrettern. Mit zunehmender Holzfeuchte wächst auch die Spaltneigung.

4.11 Nageln oder Schrauben?

In Bild 1 werden Nägel als leicht zu handhabende Verbindungsmittel verwendet. Wirken sich Größe, Art und Anordnung der Nägel sowie Holzart und Faserrichtung auf die Haltbarkeit und das gefällige Aussehen dieser Holzverbindung aus?

Nägel halten durch die Kraft des Holzes

Ein dicker Nagel ist schwerer einzutreiben, als ein dünner – in Weichholz nagelt es sich leichter als in Hartholz – in Faserrichtung geht es besser als quer zur Faser. Die gleichen Unterschiede bemerkt man z. B. auch beim Ausziehen von Nägeln (Bild 2).

> Die auseinandergedrängten, elastischen Holzfasern umschlingen den Nagelschaft und bewirken eine **kraftschlüssige** Verbindung.

Die Haltbarkeit der Nagelverbindung wird vermindert, wenn die Holzfasern beim Einschlagen durch eine gestauchte Nagelspitze zerstört werden. Der mit dem Stauchen erreichte Vorteil (geringere Neigung zum Aufplatzen) bewirkt den Nachteil einer geringeren Haltbarkeit.

Das Aufplatzen vermeiden!

Bei dem Nistkasten in Bild 1 ist die Gefahr des Aufspaltens am hinteren (bündigen) Rand des Daches am größten, weil der Nagelabstand in Faserrichtung ja nur etwa der halben Holzdicke der Rückwand entsprechen kann (warum?). Neben den Randabständen (Bild 3) ist die Neigung des Holzes zum Aufspalten auch abhängig von Holzart, Holzauswahl und Holzfeuchte. Durch Vorbohren mit 0,9 mal Nageldurchmesser d_n lassen sich die Mindest-Randabstände verringern.

> Bei der Angabe der Nagelgröße wird der Schaftdurchmesser d in 1/10 mm und die Länge l in mm angegeben.

In Bild 1 benötigt ein runder Drahtstift DIN 1152 – 22 x 55 (Tabelle 4) einen Randabstand von etwa 22 mm ($\approx 10\ d_n$). Wird jedoch vorgebohrt, reichen $3\ d_n$ bis $5\ d_n$ aus. Bei Nägeln mit dickerem Schaft wird folglich das Vorbohren empfohlen, um Spannungen im Holz zu vermindern.
Tabelle 4 gibt eine Übersicht über Arten von gebräuchlichen Nägeln mit unterschiedlichen Kopfformen. Für den Nistkasten wurde der Stauch-

kopf verwendet. Diese Form läßt sich gut mit einem Senkstift versenken (warum?).

„Getackerte" Klammern wirken ähnlich
Nageln von Hand ist zeitaufwendig und erfordert Geschick. Daher werden auch elektrisch oder pneumatisch betriebene Magazinnagler verwendet. Bild 5 zeigt einen Klammernagler, mit dem im Unterschied zu Drahtstiften unterschiedlich breite und lange Klammern eingetrieben werden. Die Anwendungsgebiete liegen besonders im Verpackungsbereich. Aber auch im Möbel- und Innenausbau, wie z. B. bei Möbelrückwänden und Verbretterungen, werden sie eingesetzt. Die Auswahl der Klammern ist vom jeweiligen Verwendungszweck abhängig. Für starre FU-Böden sind schmale Klammern geeignet. Bei Polsterstoffen sind breite Klammern sinnvoll. Für Weichhölzer sind lange Schäfte und für Hartholz kurze erforderlich.

Ist Schrauben ohne Vorbohren rationeller?
Holzschrauben dürfen nicht eingeschlagen werden, weil das scharfe Gewinde dabei Holzfasern zerstört. Eine kraftschlüssige Verbindung im Holz ist dann nur noch bedingt möglich (Ausnahme: Nagelschrauben).
Trotzdem verwendet man anstelle von Nägeln wegen der einfachen Verarbeitungsmöglichkeit gern auch Holz- bzw. Spanplattenschrauben. Diese haben ein selbstschneidendes Gewinde und z. B. einen Senkkopf mit Kreuzschlitz. Diese Schrauben werden ohne Vorbohren mit der passen Schraubendreherklinge („Bit") im handlichen Akku-Schrauber oder auch pneumatisch eingeschraubt.

> Für das Schrauben von Holz auf Holz sind selbstschneidende Schrauben mit Schaft („Kurzgewinde") zu verwenden (Bild 6).

Beim Einschrauben entsteht ein Zwangsvorschub, der z. B. den Deckel des Nistkastens fest auf die Seite drückt.

1. Erläutern Sie den Begriff **kraftschlüssige** Verbindung am Beispiel Nageln!
2. Erläutern Sie das Für und Wider des Stauchens von Nagelspitzen!
3. Warum ist es manchmal sinnvoll, Nagelverbindungen vorzubohren?
4. Durch welche Techniken kann das Nageln ersetzt werden? Nennen Sie Vorzüge!

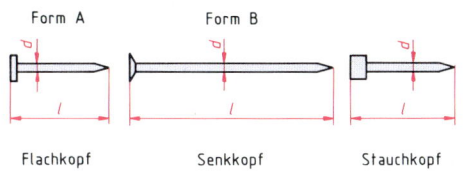

| Größe in mm | | DIN 1151 | | DIN 1152 |
d	l	Form A Flachkopf glatt	Form B Senkkopf geriffelt	Stauch-kopf
0,9	13	9 x 13	–	–
1,0	15	10 x 15	–	10 x 15
1,2	20	12 x 20	–	12 x 20
1,4	25	14 x 25	–	14 x 25
1,6	30	16 x 30	–	16 x 30
1,8	35	–	18 x 35	18 x 35
2,0	40	–	20 x 40	20 x 40
2,2	45	–	22 x 45	22 x 45
2,2	50	–	22 x 50	22 x 50
2,2	55	–	–	22 x 55
2,5	55	–	25 x 55	25 x 55
2,5	60	–	25 x 60	25 x 60
2,8	65	–	28 x 65	28 x 65
3,1	65	–	31 x 65	–
. . . usw. bis 8,8	260	–	88 x 260	–

4. Runde Drahtstife gibt es in unterschiedlichen Formen, Größen und Werkstoffen

5. Je nach Werkstoff werden mit dem Klammernagler unterschiedlich breite und lange Klammern eingetrieben

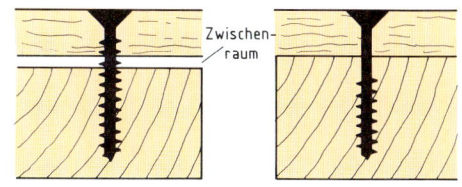

6. Holzschrauben mit und ohne Schaft: Fest Anziehen kann man nur, wenn das Gewinde nicht in das obere Teil reicht

1. Schrauben können wie Klemmzwingen Teile zusammenhalten und sind wieder lösbar. Im Gegensatz zu diesen stören sie aber nicht.

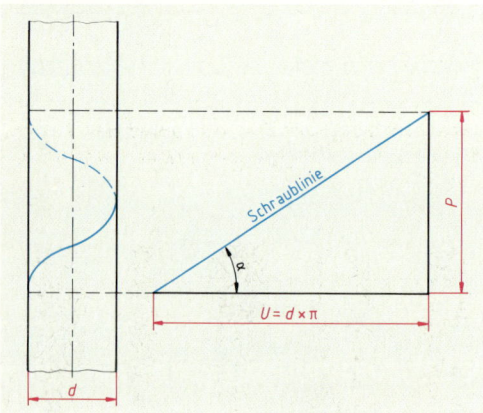

2. Die Abwicklung eines Gewindeganges zeigt eine Schraubenlinie mit dem Steigungswinkel

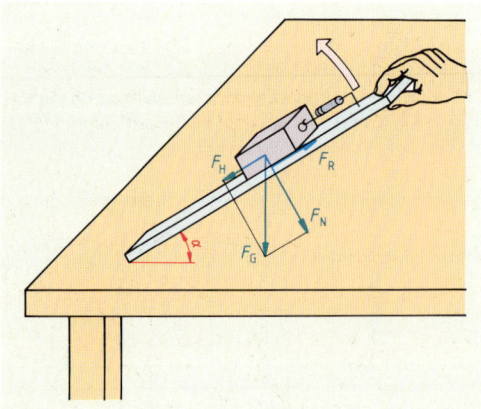

3. Der Steigungswinkel a wird langsam vergrößert. Welchen Einfluß hat das auf die Kräfte?

4.12 Lösbar verbinden mit Schrauben

Bild 1 zeigt, wie zwei Schrankteile vorläufig mit einer Schraubzwinge verbunden sind. Damit die Teile nach der Montage fest zusammen bleiben, die Verbindung aber bei Bedarf wieder gelöst werden kann, sollen sie miteinander verschraubt werden.

Prinzip von Schrauben

Betrachten wir die Abwicklung eines Gewindeganges, so fällt auf, daß die Schraubenlinie (Bild 2) eine geneigte Ebene ergibt. Diese kann beliebig lang sein. Daher sind Schrauben vielseitig einsetzbar.

Eindringtiefe je Umdrehung

Wir legen einen Probekörper auf eine geneigte Ebene (Bild 3) und messen mit der Federwaage die Hangabtriebskraft. Richtung und Größe der Gewichtskraft bleiben während des Versuchs unverändert. Der Kraftanteil F_H wächst jedoch mit steigendem Winkel α. Entsprechend dem Steigungswinkel haben Schrauben ein steiles oder ein flaches Gewinde. Bei einem steilen Gewinde ist der Krafteinsatz je Umdrehung beim Eindrehen (vergleichbar mit der Hangabtriebskraft) daher größer.

> Je steiler ein Gewinde (je größer die Steigung P), desto tiefer dreht sich die Schraube bei jeder Umdrehung in das Holz.

Kopfformen von Schrauben

Auffälligstes Unterscheidungsmerkmal für Holzschrauben ist die Form des Kopfes (Bild 4). **Senkkopfschrauben** werden gewählt, wenn der Kopf nicht überstehen soll. **Linsensenkköpfe** werden oft wegen ihres gefälligen Aussehens verwendet. **Halbrundköpfe** erzeugen ebenso wie Zylinderköpfe (Pan Head) und Schlüsselschrauben einen Flächendruck.

Arten der Drehkraftübertragung

Die Kraftübertragung beim Eindrehen von Holzschrauben erfolgt unterschiedlich. Schrauben mit der klassischen Schlitzform werden gewöhnlich mit einem Schraubendreher (Bild 5) eingedreht. Einfacher ist das Eindrehen der Kreuzschlitzschrauben mit den Kopfformen H und Z. Es erfolgt meist maschinell, weil diese Kopfform das Abrutschen der Schraubendreherklinge („Bit") verhindert (Bild 6). Bei Innensechskant ist ein noch besserer Sitz des Werkzeuges im Schraubenkopf gewährleistet. Die höchste Drehmomentübertragung ist bei dem Innenstern möglich. Bei dieser Art ist kein Gegendruck beim Eindrehen nötig und kein Ausgleiten der Schraubklinge zu befürchten. Zum Eindrehen sollten Schrauber mit Drehmomentbegrenzung verwendet werden, um die Bruchgefahr zu verringern. Gleitmittel verringern den Krafteinsatz beim Einschrauben.

Zum sicheren Eindrehen von Schrauben sind in Art und Größe für die Kopfform passende Klingen erforderlich (Bild 7).

Auswahl der Holzschrauben
Beim Auswählen der Schrauben sind außer der Kopfform und dem Werkzeug folgende Aspekte zu beachten:
- **Länge**: die Schraube muß tief genug in das Werkstück eindringen, darf aber nicht durchdringen.
- **Dicke**: genügend um übertragene Kräfte auszuhalten. Der Schaft darf aber das Holz nicht aufspalten.
- **Werkstoff**: abgestimmt auf die Verwendung, z. B. in Feuchträumen nicht rostend.
- **Gewindelänge**: ein Kurzgewinde (mit Schaft) kann Spaltbildung beim Aufschrauben von Teilen verhindern.

Schrauben zweckentsprechend auswählen
Für das Beispiel einer lösbaren Verbindung von Möbelteilen (Bild 1) sind Senk- oder Linsensenkkopfschrauben mit Schaft geeignet. Hier empfehlen sich Senkholzschrauben mit Kreuzschlitz. Spezialschrauben können einen oder mehrere Arbeitsgänge ersparen. Bei speziellen Spanplattenschrauben mit Fräskopf kann das Vorbohren und Versenken entfallen. Zum direkten Eindrehen in die Löcher von Bohrlochreihen werden Schrauben mit zylindrischem Schaft und Einzugsgewinde verwendet. Bei Schlitzschrauben ist darauf zu achten, daß die Schlitze in Faserrichtung des Holzes stehen.

1. Welche Vorzüge haben Schrauben mit Innenstern gegenüber anderen Kopfformen?
2. Nennen Sie für die jeweiligen Kopfformen der Schrauben typische Einsatzgebiete!
3. Welche Überlegungen sind bei der Auswahl von Holzschrauben erforderlich?

Holzschrauben			Schrauben mit metrischem Gewinde				Blechschrauben		
DIN 95	DIN 96	DIN 97	DIN 84	DIN 963	DIN 964	DIN 85	DIN 7971	DIN 7972	DIN 7973
DIN 7995	DIN 7996	DIN 7997							
			ISO 1207	ISO 2009	ISO 2010	ISO 1580	ISO 1418	ISO 1482	ISO 1483
Linsen-senkkopf	Halb-rundkopf	Senk-kopf							

4. Die Kopfformen der Schrauben sind für verschiedene Anwendungen national und international genormt

5. Schlitzschrauben werden mit passenden Drehern (durch ergonomisch gut geformte Griffe erleichtert) von Hand eingedreht

6. Klingen (Bits) für verschiedene Arten der Drehkraftübertragung. ① Flachklinge, ② Kreuzschlitz Form H (Philips), ③ Kreuzschlitz Form Z (Pozidriv), ④ Innensechskant (Inbus), ⑤ Innenstern (Innentorx)

7. Farbliche Markierungen am Schraubenregal erleichtern das Zuordnen der richtigen Klingengröße

1. Bei diesen Arbeitsböcken verhindern Durchsteckschrauben das Lösen der formschlüssigen Holzverbindung

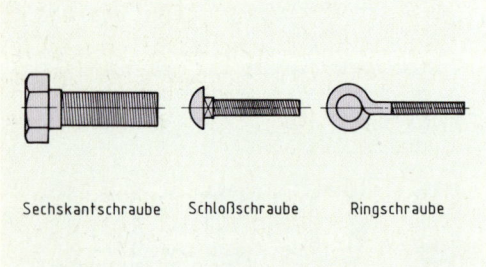

Sechskantschraube   Schloßschraube   Ringschraube

2. Durchsteckschrauben gibt es mit verschiedenen Köpfen sowie mit Voll- und Kurzgewinden

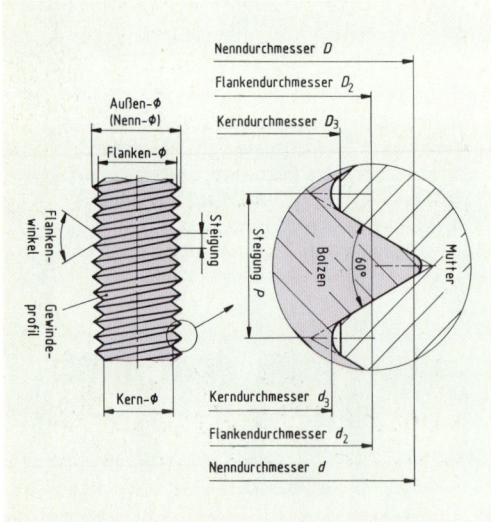

3. Begriffe am metrischen ISO-Gewinde (DIN 13)

4.13 Mit Schrauben und Muttern verbinden

Bild 1 zeigt, wie die Füße eines Arbeitsbockes an den Trageholm angeschraubt sind. Da solche „Tragehilfen" mitunter sehr stark belastet werden, müssen sie besonders fest mit dem Trageteil verbunden sein und verbunden bleiben. Weil Holzschrauben mit Einzugsgewinde ausreißen könnten, werden hier Durchsteckschrauben verwendet.

Durchsteckschrauben haben metrisches Gewinde
Bei Durchsteckschrauben (Bild 2) werden die zu verbindenden Teile mit Unterlegscheiben durch das Anziehen der Mutter zwischen Schraubenkopf und Mutter zusammengedrückt.

> Durchsteckschrauben mit Mutter sind sicherer als Holzschrauben.

Durchsteckschrauben garantieren bei ausreichender Dicke, daß sich die Füße des Bockes auch beim Verschieben unter Belastung nicht lösen. Diese Art der Schrauben kann in vielen Fällen eher Sicherheit geben als Holzschrauben.

Die Abkürzung M steht für metrisches Gewinde
Metrische ISO-Gewinde (Bild 3) sind Spitzgewinde und haben einen Flankenwinkel von 60°. Sie werden in Regelgewinde und Feingewinde eingeteilt. Schrauben mit 10 mm Nenndurchmesser haben bei Regelgewinde die Bezeichnung M10, bei Feingewinde die Kurzform M10x1,25. Der letzte Wert gibt die (geringere) Steigung bei den Feingewinden an.

> Die Größen metrischer Gewindeschrauben werden für Dicke und Länge wie bei Holzschrauben in mm angegeben z. B. M 8 x 60.

Schrauben mit metrischem Gewinde sind leicht lösbar und bestehen immer aus zwei gewindetragenden Teilen. Der Schraubenschaft hat ein Außengewinde und die Mutter ein Innengewinde. Beim Anziehen werden die Flanken der Gewindegänge aufeinander gepreßt. Bei geringer Dehnung der Schraube wird eine Vorspannkraft erzeugt. So gleicht die angezogene Schraube etwa einer starken Feder mit Rückstellwirkung.

Flügelmuttern können von Hand angezogen werden

Für das Anschrauben der Füße an den Arbeitsbock wurde eine Schraube mit Flachrundkopf (Schloßschraube) gewählt. Mit dem darunter befindlichem Vierkantansatz wird bei abgestimmter Bohrung erreicht, daß sich der Schraubenschaft beim Festziehen der Mutter nicht dreht. Damit sich die Flügelmutter nicht zu tief in das Holz eindrückt und leichter wieder gelöst werden kann, erhält sie eine Unterlegscheibe (Bild 1).

Form der Muttern richtig wählen

Die Wahl der Mutter (Bild 4) kann mit unterschiedlichen Zielsetzungen erfolgen. So ist z. B. eine Hutmutter ein guter Schutz für das Schaftende gegen mechanische Beschädigungen und gegen Korrosion. Bei Möbelgriffen schützen Hutmuttern oft auch vor Verletzungen durch scharfe Schraubenenden.

> Gewindestangen ermöglichen Verstärkungskonstruktionen von beliebiger Länge (Bild 5).

Mit Innengewinde versehene Möbelknöpfe können als Mutter in beliebiger, griffiger Form gesehen werden. Funktionsgebunden sind Hülsenmuttern. Sie werden z. B. bei Möbelverbindern genutzt und haben oft einen für Flach- und Kreuzschlitzklingen passenden Kombischlitz. Mit kugelartigen Schraubenköpfen können verschiedene Gehrungen (Bild 6) verbunden werden.

Lösen der Muttern verhindern!

Äußere Einflüsse wie Erschütterungen und, oder zum Beispiel, Holzfeuchteschwankungen beeinflussen Schraubenverbindungen derartig, daß sie sich lockern bzw. lösen können. Schraubensicherungen dienen der Unfallverhütung. Je steiler die Gewindesteigung desto leichter lösen sich Schrauben. Um dieses zu verhindern oder wesentlich zu erschweren, gibt es verschiedene Schraubensicherungen (Bild 7).

1. Welche Vor- und Nachteile hätten selbstsichernde Muttern mit nichtmetallischen Einsätzen bei dem Arbeitsbock?
2. Vergleichen Sie die Gewinde von Blechschrauben und gleich dicken M-Schrauben!
3. Welche Vorzüge haben Gewindeeinsätze im Vergleich zu Innengewinden?

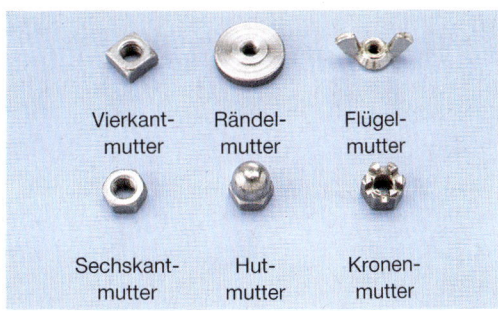

4. Für unterschiedliche Zwecke gibt es verschiedene Formen von Muttern

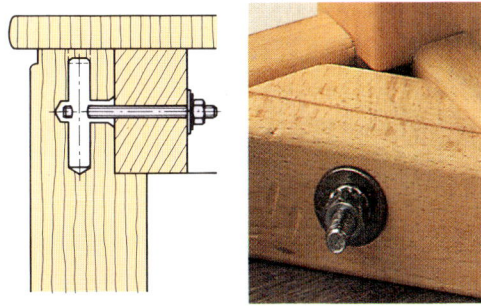

5. Mit Quermutterbolzen lassen sich Eckverstärkungen in Gestellen festschrauben

6. Eine Kombination von Schrauben und dem Kugelprinzip ermöglicht lösbare Gehrungsverbindungen mit verschiedenen Winkeln

7. Schraubensicherungen bieten Schutz vor Lösen

1. *In diesem Aluminium-Fenstergriff ist der verzinkte Kopf der Befestigungsschraube stark rostig geworden. Es ist nur noch eine Frage der Zeit, bis er seine Funktion nicht mehr erfüllt.*

2. *Während das metrische Gewinde dieser Stockschraube ungeschützt war, blieb das Einzugsgewinde im Holz geschützt*

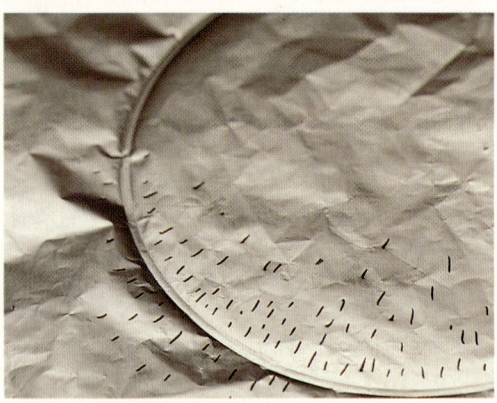

3. *Legt man auf angefeuchtete Aluminiumfolie ein Zehnpfennigstück, so werden nach etwa 15 Minuten im Berührungsbereich eine Vielzahl winziger Löcher sichtbar, wenn man die Folie gegen das Licht hält. Die meisten Löcher befinden sich im Randbereich der Münze. Das Metall der Münze ist edler als Aluminium, daß seine metallenen Eigenschaften verliert. Feine Metallspäne aus Eisen, Blei, Kupfer führen zum gleichen Ergebnis.*

4.14 Schrauben vor Korrosion schützen

Bild 1 zeigt die Aluminium-Regenschiene eines Holzfensters. Sie wurde mit verzinkten Stahl-Schrauben befestigt. Diese sind stark verrostet und das Aluminium rings um die Schrauben beginnt sich zu zersetzen. Wie ist es dazu gekommen?

Rost ist ein Korrosionsprodukt des Eisens

Eisen rostet, Kupfer wird an der Luft grün, Silber wird schwarz. Feuchte Luft bewirkt derartige Veränderungen an Metallen (Bild 2).

> Als **Korrosion** bezeichnet man bei Metallen die schädliche Zersetzung an der Oberfläche, die zur völligen Zerstörung führen kann.

Metalle haben das Bestreben, sich wieder mit solchen Stoffen zu verbinden, die den Metallerzen beim Verhüttungsprozeß entzogen wurden. Im Wasser und in der Luft sind diese Stoffe enthalten. Metalle können sich auch gegenseitig zerstören. Unter Einwirkung von Wasser wird diese Kontaktkorrosion beschleunigt (Bild 3).

Welche Werkstoffe sind korrosionsbeständig?

Viele Werkstoffe korrodieren im Laufe der Zeit. Entscheidend für die Korrosionsbeständigkeit ist bei Metallen deren Platz in der Spannungsreihe. Aus Bild 4 ist ablesbar, wie groß diese Spannung zwischen zwei Metallen ist. Je größer die Spannung, desto leichter wird das unedlere der beiden Metalle zerstört. Abweichungen von der Spannungsreihe entstehen dadurch, daß einige Metalle nach einer kurzen und heftigen Korrosion binnen Sekundenschnelle eine geschlossene, porenfreie Deckschicht bilden, die einen weiteren Korrosionsangriff verhindert. Ein solches Verhalten zeigen z. B. Nickel, Zink, Aluminium, Chrom und rostfreier Stahl.

Maßnahmen zum Korrosionsschutz

Ein wirksamer Korrosionsschutz mindert die Korrosionsgeschwindigkeit eines Werkstoffes. Vor Korrosion geschützte Werkstoffe behalten ihren metallischen Glanz. Sie haben eine längere Lebensdauer. Sind tragende Teile mit Schrauben befestigt (z. B. bei der Unterkonstruktion einer Deckenvertäfelung), kann Korrosion die Haltekraft entscheidend mindern.

Durch Beachten des Korrosionsschutzes wird die Sicherheit erhöht.

Korrosionsschutzmaßnahmen sind vor allem
• Werkstoffauswahl,
• Oberflächenschutz,
• konstruktive Maßnahmen.

Werkstoffe richtig auswählen
Ein guter Korrosionsschutz ist bereits durch die richtige Werkstoffauswahl möglich. Ein Beispiel ist das Verwenden von gleichen Metallen bei Verbindungen. Für Aluminiumregenschienen sollten deshalb auch Aluminium-Schrauben verwendet werden. Zu bedenken ist allerdings, daß Stahlschrauben aber grundsätzlich höhere Festigkeiten haben als zum Beispiel Aluminium- oder Messingschrauben.

Überzüge als Korrosionsschutz
Um Werkstoffoberflächen vor Zerstörung durch Luft und Wasser zu schützen, werden sie mit Überzügen versehen (Bild 5). Diese werden z. B. bei Schrauben entsprechend farblich gekennzeichnet z. B. durch „Passivieren". Dabei werden verzinkte Schrauben mit reaktionsarmen Oberflächen versehen. **Passivierte Schrauben** sind korrosionsbeständiger als verzinkte Schrauben.

Korrosionsschutz für Schrauben wird durch Überzüge aus Aluminiumlegierung, Chrom, Messing, Nickel, Phosphat oder Zink erreicht.

Überzüge (wie die Eloxalschicht der Regenschiene) werden beim Verarbeiten leicht beschädigt. Das ist bei Bild 1 geschehen! Dadurch konnte die Zersetzung des unedleren Metalles Aluminium durch den Eisenkern der Schraube erst beginnen. Beschädigungen von Überzügen müssen vermieden werden.

Schrauben konstruktiv schützen
In vielen Fällen ist es möglich, Schrauben so anzuordnen, daß sie wenig mit Feuchtigkeit in Berührung kommen. Dieser Forderung entspricht das Anordnen von Schrauben in geschützten Teilen der Regenschienen (Bild 6).

1. Weshalb sind einige Metalle nicht oder weniger von Korrosion betroffen?
2. Nennen und beschreiben Sie Anwendungsbeispiele, bei denen Schrauben konstruktiv vor Korrosion geschützt werden!

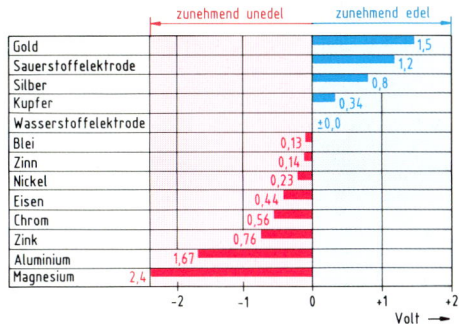

		zunehmend unedel		zunehmend edel	
Gold					1,5
Sauerstoffelektrode					1,2
Silber					0,8
Kupfer				0,34	
Wasserstoffelektrode				±0,0	
Blei			0,13		
Zinn			0,14		
Nickel			0,23		
Eisen			0,44		
Chrom		0,56			
Zink		0,76			
Aluminium	1,67				
Magnesium	2,4				

-2 -1 0 +1 +2 Volt →

4. Nach der elektrochemischen Spannungsreihe besteht zwischen der verzinkten Eisenschraube und Aluminium ein Potentialunterschied von 1,23/0,91 Volt. Aluminium geht als unedleres Metall in Lösung.

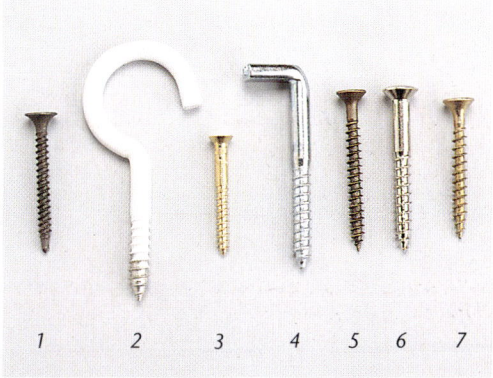

1 2 3 4 5 6 7

5. Die abgebildeten Schrauben sind mit folgenden Überzügen vor Korrosion geschützt: 1 = phosphatiert, 2 = kunststoffüberzogen, 3 = vermessingt, 4 = verzinkt, 5 = brüniert, 6 = verchromt, 7 = grün passiviert

6. Bei dieser Regenschutzschiene ist die Befestigungsschraube vor dem Tropfwasser geschützt. Zudem ist sie wie die Regenschiene aus Aluminium.

1. In der Tischlerei sollen Hölzer in der Breite miteinander verleimt werden.

Ausgangsstoffe

| Erdöl | Kohle | Erdgas |

darin enthalten

| Kohlenstoff (C) |

plus

| Kalk | Wasser | Luft |

ergeben

| Kunststoffe |

2. Die wesentlichen Rohstoffe der Kunststoffe

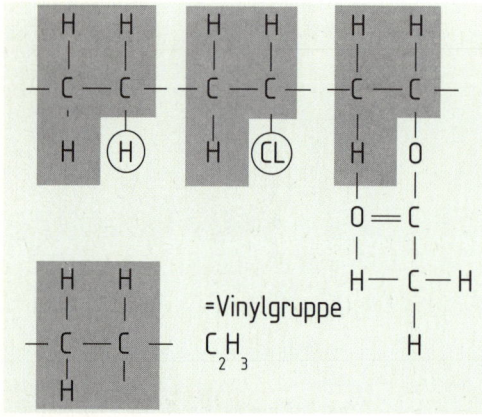

3. Chemische Formel zur Entstehung des PVAc-Leims

5.1 Breitenverleimung – Einsatz von Kunststoff

Für die Herstellung von Einlegeböden (Bild 1) sollen Hölzer in der Breite miteinander verbunden werden. In der Tischlerei wird ein Leim verwendet, der auf Grund seiner Farbe „Weißleim" genannt wird.

Was ist eigentlich „Weißleim"?
Beim Lesen der technischen Verarbeitungshinweise am Behältnis finden wir einen Begriff, dessen Bedeutung häufig nicht beschrieben ist: Polyvinylacetat-Leim.

Welche Inhaltsstoffe hat PVAc-Leim?
Zur Klärung dieser Frage benötigen wir Grundlagen der Kunststoffchemie, denn die heute verwendeten Leime und Kleber kommen fast ausschließlich aus der chemischen Industrie.
Hauptbestandteile der Kunststoffe (Bild 2) sind Erdöl, Erdgas und Kohle; daneben Kalk, Luft und Wasser. Diese natürlichen Stoffe, chemisch umgewandelt, sind die Ausgangsstoffe der meisten künstlichen (synthetischen) Substanzen.
Als wichtigstes Element aller dieser organischen Stoffe ist der Kohlenstoff anzusehen.

> Kunststoffe entstehen durch chemische Umwandlung oder Veränderung organischer Stoffe.

Woraus besteht PVAc-Leim?
Obwohl der Kohlenstoff in der Erdkruste nur das dreizehnthäufigste Element ist, so ist es dennoch Bestandteil aller Organismen. In der organischen Chemie kommt dem Kohlenstoff in Folge dessen eine besondere Bedeutung zu. Er bildet einen wesentlichen Bestandteil in den Ausgangsprodukten für Kunststoffe, also auch für den PVAc-Leim.

Kohlenstoffatome können sich im Gegensatz zu anderen Atomen in praktisch unbegrenztem Maße zu Ketten und Ringen verbinden. Daher existieren weit mehr Kohlenstoffverbindungen (über vier Millionen) als kohlenstofffreie Verbindungen (etwa vierhunderttausend).

Die besondere Eigenschaft der Atome des Kohlenstoffs (Bild 3) besteht darin, sich untereinander und mit Wasserstoff, Chlor, Fluor und anderen Atomen zu Makromolekülen (Riesenmolekülen) zu verbinden.

Was bedeutet „Wertigkeit"?

Ein Sauerstoffatom (Bild 4) kann sich mit zwei Wasserstoffatomen verbinden. Sauerstoff ist deshalb zweiwertig und Wasserstoff einwertig. Die Wertigkeit von Atomen erkennt man am besten in der Strukturformel. Hier wird jede Wertigkeit durch einen Bindungsarm dargestellt.

Wertigkeit und Verbindung

Der Kohlenstoff ist immer vierwertig, das heißt, er kann vier einwertige Wasserstoffatome binden. Außerdem hat der Kohlenstoff die besondere Fähigkeit, sich mit sich selbst zu binden, und zwar einwertig, zweiwertig und auch dreiwertig (Bild 5).

> Eine Verbindung entsteht durch eine chemische Reaktion (Synthese) aus Elementen. Die Eigenschaften der Elemente, aus denen sich die Verbindung zusammensetzt, bleiben nicht erhalten.

Aufspalten der Doppelbindungen

Die Doppel- und Dreifachbindungen zwischen den Kohlenstoffatomen lassen sich aufspalten (Bild 6), wenn die nötige Energie und andere Hilfsmittel eingesetzt werden.

Die freiwerdenden Bindungsarme (Bild 7) können sich dann mit anderen so „aktivierten" Molekülen zu Riesenmolekülen (Makromoleküle) vereinigen.

Diesen Vorgang bezeichnet man als Polymerisation (Poly = viel, Meros = Teilchen). Von der steuerbaren Länge der Molekülketten hängen die Eigenschaften der verschiedenen Polymerisate ab. Bei der Polymerisation werden Doppel- und Dreifachbindungen gleichartiger Kohlenwasserstoffe aufgebrochen und zu Makromolekülen verkettet.

Betrachtet man nun erneut den „Weiß-" oder PVAc-Leim, so findet man eines der beschriebenen Polymerisationsprodukte:
PVAc = Polyvenylacetat

1. Woraus entstehen Kunststoffe?
2. Was bedeutet Wertigkeit?
3. Was ist eine chemische Verbindung?
4. Wie kommt es zur Polymerisation?

Die Synthese ist der Aufbau einer chemischen Verbindung:

2 H	+	O	=	H_2O
Wasserstoff		Sauerstoff		Wasser
Element		Element		Verbindung

4. Die chemische Gleichung zur Entstehung des Wassermoleküls

C_2H6
Äthan (Gas)

C_2H_4
Äthylen (Gas)

C_2H_2
Acetylen (Gas)

5. Summenformel zur Darstellung der Wertigkeit des Kohlenstoffes

— = aufspaltbare Bindung bei Äthylen

aktiviertes Äthylenmolekül mit freien Bindungskräften

6. Summenformel zur Darstellung der aufgespaltenen Doppelbindung

7. Chemische Formel zur Darstellung des Kohlenstoff-Makromoleküls

1. Trotz genauer Arbeit reißt die Leimfuge der Breitenverbindung auf. Warum?

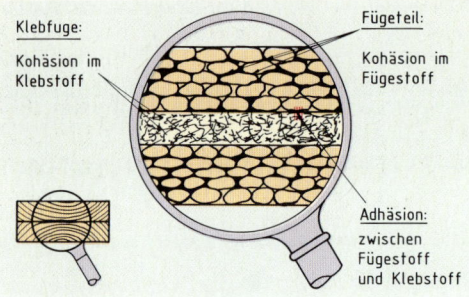

2. Schematische Darstellung der Adhäsion und Kohäsion in der Leimfuge (vergrößert)

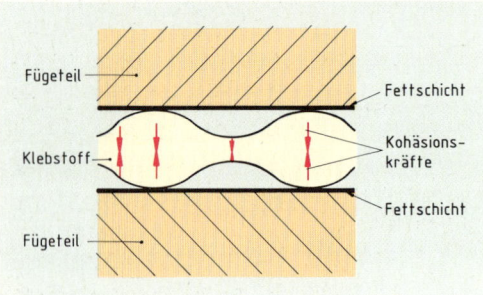

3. Fettschicht auf der Klebfläche ist die Ursache für Fehlleimungen

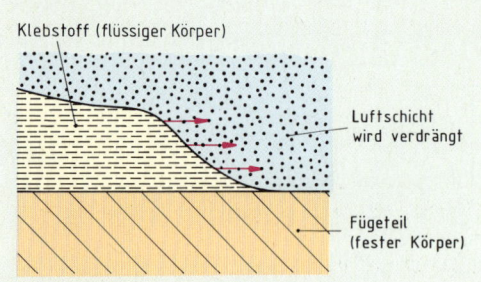

4. Schematische Darstellung der Verdrängung der Gaspufferschicht durch den Klebstoff

5.2 Funktion des Klebstoffs

Der PVAc-Leim kommt beim Herstellen der Einlegeböden (Bild 1) zum Einsatz. In diesem Fall werden beim Verleimen mehrere Teile (Fügeteile) aus dem gleichen Werkstoff fest und dauerhaft miteinander verbunden.

Anders ausgedrückt: Der Leim soll
- an den Fügeteilen haften,
- die Klebfuge füllen und in sich halten,
- nach dem Auftragen in einer angemessenen Zeit abbinden.

Technologische Voraussetzung

Aus diesen Anforderungen ergeben sich die physikalischen Voraussetzungen (Bild 2), die der Leim erfüllen muß:

- Die Leimflotte muß gut an der Oberfläche der Fügeteile haften. Man bezeichnet das als Anhangskraft (Adhäsionskraft).

Durch Adhäsionskräfte werden Atome oder Moleküle verschiedener Art zusammengehalten.

- Die Moleküle der Leimflotte müssen sich untereinander so eng zusammenlagern, daß sie sich verfilzen. Physikalisch wird das als Zusammenhangskraft (Kohäsionskraft) bezeichnet.

Durch Kohäsionskräfte werden Atome oder Moleküle gleicher Art zusammengehalten.

Wichtigste Voraussetzung zur Anwendung dieser physikalischen Prinzipien ist die Benetzbarkeit der Fügeteile (Bild 3). Je größer die Benetzbarkeit, desto besser ist die Qualität der Leimfuge. Der Leim muß die Gaspufferschicht verdrängen (Bild 4) und die Klebfuge füllen. Sind alle diese Vorbedingungen erfüllt, sollte ein einwandfreies Leimergebnis erfolgen.

Als wichtigstes Prüfungsmerkmal heute verwendeter Leime gilt das Prinzip „Holzbruch". Sollte es bei Belastung der Einlegeböden zu Bruchfehlern kommen, so müssen diese Fehler neben der Leimfuge liegen. Bricht die Leimfuge bei Belastung auf, so entspricht der verwendete Leim nicht den technischen Anforderungen nach DIN 68602.

Abbindeprozeß des Klebstoffs

Bei den Abbindevorgängen der Leime unterscheidet man zwischen wasser- und lösemittelhaltigen Klebstoffen.

Dem verwendeten PVAc-Leim wird bei der Herstellung Wasser als „Lösemittel" (Dispersionsmittel) zugefügt. Das Dispersionsmittel sorgt für eine feine Verteilung der PVAc-Moleküle, nicht für deren Auflösung im Wasser. PVAc-Leim wird auch nur in flüssiger Form vertrieben.

Nach dem fachgerechten Zusammenlegen der Fügeteile und dem Anbringen des Winkelzeichens kann man mit dem Verleimen beginnen. Zum Auftragen des PVAc-Leims wird bei der Breitenverleimung ein Borstenpinsel (Bild 5) verwendet. Die Leimflotte wird gleichmäßig auf den Fügeteilen verteilt.

> Niedrige Holzfeuchte sowie eine ebene und saubere Oberfläche des Fügeguts sind wichtige Voraussetzungen, um gute Adhäsion zu erreichen.

Auch die möglichst dünne Leimfuge ist eine wesentliche Bedingung zum Erreichen einer haltbaren Leimfuge.

Wenn das Wasser (Bild 6) aus der Leimfuge in die Fügeteile abwandert, können sich die Leimmoleküle berühren. Es kommt zur Bildung der Kohäsionskräfte. Der Leim bindet ab.

Verleimen der Fügeteile

Die Fügeteile werden entsprechend dem Winkelzeichen zusammengelegt und anschließend mit Schraubzwingen oder Schraubknechten verspannt.

Das Verspannen (Bild 8) ist notwendig, um den Kontakt zwischen den Fügeteilen und dem Leim zu erhöhen. Nach dem Abbinden des Leimes können die Schraubknechte gelöst werden.
Die fertig verleimten Einlegeböden werden zum weiteren Ablüften abgestellt.

1. Was versteht man unter Kohäsion/Adhäsion?
2. Welche Aufgaben hat der Klebstoff?
3. Welche mögliche Ursache ist für die fehlerhafte Verleimung (Bild 1) verantwortlich?

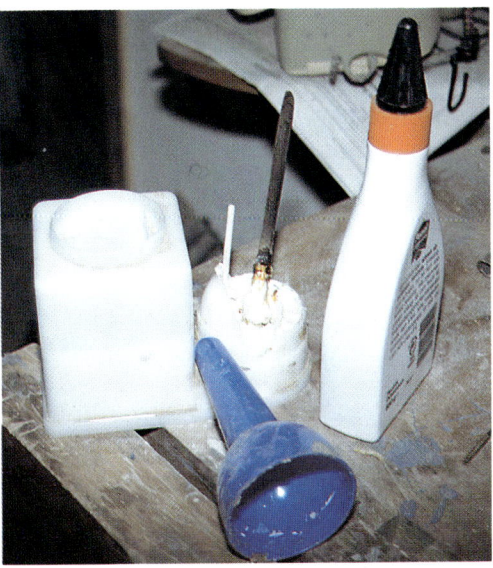

5. Praktischer Leimspender mit Behälter für den Leimpinsel

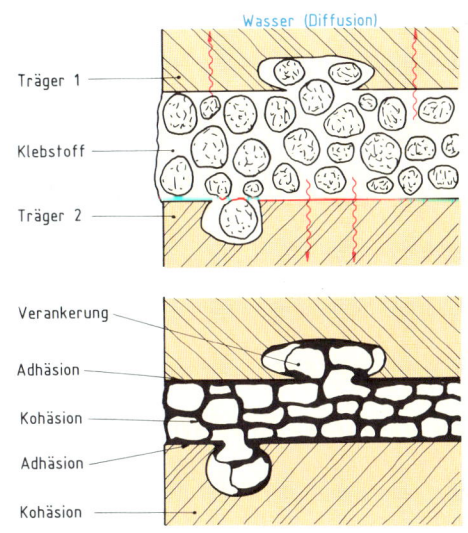

6. Schematische Darstellung einer Fuge bei wasserhaltigen Klebstoffen

mittlere Schraubzwingen	=	1200 bis 1400 N
Knechte	=	bis 2300 N
Furnierböcke	=	4 bis 6 Mg (t)
Handspindelpressen	=	6 bis 8 Mg (t)

7. Übersicht zur Preßkraft von Spannelementen

1. Der Auszubildende soll einen Möbelkorpus in Platten-
bauweise herstellen

2. Anbringen der Kanten mit Hilfe der Kantenanleimmaschine

3. Schematische Darstellung der gerichteten, nicht vernetzten Ketten der Plastomere

5.3 Furnieren von Korpusteilen

Für die bereits hergestellten Einlegeböden soll
auch ein Möbelkorpus (Bild 1) aus Plattenwerkstoffen angefertigt werden.

Nach dem Zuschnitt der Plattenwerkstoffe sollen
alle Korpuskanten einen massiven Anleimer erhalten. In einigen Betrieben werden Anleimer
noch mit Zulagen und Knechten oder Heizschienen angebracht, in der Regel kommt jedoch die
Kantenanleimmaschine (Bild 2) zum Einsatz.

Alle bereits kennengelernten Grundvorausset-
zungen (saubere, fettfreie Oberfläche, Benetzbarkeit usw.) sind auch beim Einsatz der Kantenanleimmaschine von großer Bedeutung.

Einsatz von thermoplastischen Leimen
Man weiß, daß PVAc-Leim durch Polymerisation
entsteht, das heißt die Makromoleküle (Bild 3)
bestehen aus langen Ketten, die untereinander
nicht vernetzt sind. Diese Struktur bestimmt das
physikalische Verhalten dieser Kunststoffe.

Thermoplastische Kunststoffe können durch
Zufuhr von Wärme ihre Zustandsform von fest
über elastisch bis plastisch und flüssig verändern. Dieser Vorgang ist bedingt wieder-
holbar.

Bei der Kantenleimung wird diese Kenntnis genutzt, indem man von vornherein nicht mit flüssigem PVAc, sondern mit modifiziertem Leim
(Bild 3) in Form von Leimkugeln oder Leim-
schmelzbändern arbeitet (Schmelzkleber). Wird
der Leim wieder erwärmt, ändert sich seine Zustandsform von fest in flüssig und kann somit erneut „kleben".

Ist die Kantenanleimmaschine entsprechend
dem anzubringenden Anleimer vorbereitet, kann
das Aufheizen beginnen. Bei Verwendung von
thermoplastischen Leimen wird eine Temperatur
von 60 bis 90° C benötigt, um den PVAc-Leim zu
verflüssigen. Die Bestückung der Kantenanleimmaschinen erfolgt in der Regel vollautomatisch.

Die Anleimer werden direkt nach dem Leimauftrag und dem Aufpressen auf Länge geschnitten,
die überstehenden Kanten werden beidseitig abgefräst. Das Korpusteil kann gleich nach Verlassen des Automaten weiterverarbeitet werden.

Verleimfehler beim Flächenverleimen

Nach dem Anleimen der Kanten, dem Zuschnitt und dem Fügen der Furniere kann mit der Flächenverleimung begonnen werden. Die beheizbare Presse (Bild 4) wird eingesetzt. Hier wird die Thermoplastizität genutzt, um den Abbindeprozeß des PVAc-Leims durch Wärmezufuhr zu verkürzen.

Preßtemperatur, Preßzeit und Preßdruck sind entsprechend von großer Bedeutung.

Trotz größter Sorgfalt und Vorsicht kommt es bei Flächenverleimungen immer wieder zu Verleimungsfehlern. Die am häufigsten auftretenden Fehler sind der sogenannte Kürschner und die Leimdurchschläge (Bild 5).
Hierbei handelt es sich um Fehlleimungen, die Ursachen wie:
- kein oder zu wenig Leim
- Schmutz oder Fett auf der Trägerplatte
- Furnier sehr grobporig
  haben können.

Wie werden die Fehler beseitigt?

Nutzt man das thermoplastische Verhalten des PVAc-Leims aus, können einige der genannten Leimfehler beseitigt werden.

Ist der Leim noch nicht vollständig abgebunden, können Leimdurchschläge vorsichtig mit Bürste und warmem Wasser ausgewaschen werden, weil PVAc-Leim Wasser als Lösemittel enthält.
Bei Verwendung sehr dünner Furniere ist es sinnvoll, den Leim entsprechend der Furnierfarbe vorher einzufärben.

Kürschner können unter Umständen durch Aufbringen von Wärme (erneutes Pressen) ganz oder teilweise beseitigt werden, weil die Moleküle unter Wärmezufuhr erneut plastisch bis flüssig werden und somit wieder „kleben".

Ist zuwenig oder kein Leim angegeben worden, muß das Furnier vorsichtig aufgeschnitten und Leim eingefügt werden. Durch erneutes Verpressen ist der Verleimfehler beseitigt.

Für Flächenverleimungen beim Furnieren werden heute oft Polykondensationsleime verwendet.

1. Was bedeutet thermoplastisch?
2. Welche weiteren Fehlleimungen gibt es?

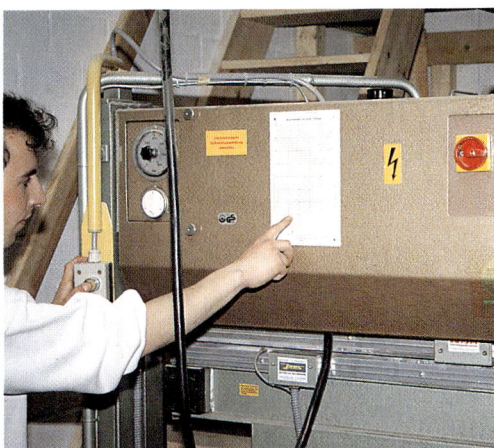

4. Der Auszubildende richtet Preßzeit, Preßdruck und Preßtemperatur an der Furnierpresse ein

5. Beseitigung von Verleimfehlern bei Flächenverleimungen

1. Nach dem Profilieren werden die Fensterrahmenecken verleimt

Gruppe	Anforderungen
B 1	Danach muß die Klebung in geschlossenen Räumen mit allgem. niedriger Luftfeuchte ohne unmittelbare Einwirkung des Freiluftklimas haltbar sein.
B 2	Danach muß eine Klebung in geschlossenen Räumen mit hoher, stark wechselnder Luftfeuchte und gelegentlicher Wassereinwirkung haltbar sein.
B 3	Bei Klebungen, die den üblichen Klimabedingungen einer Region ausgesetzt sind.
B 4	Die in der Beanspruchungsgruppe B 3 formulierten Anforderungen sind besonders hoch anzusetzen.

2. Gruppeneinteilung der Anforderungen an die Leimfuge

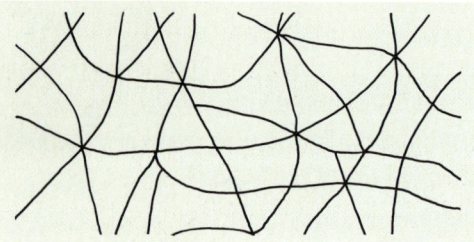

3. Schematische Darstellung der eng vernetzten Ketten der Duromere

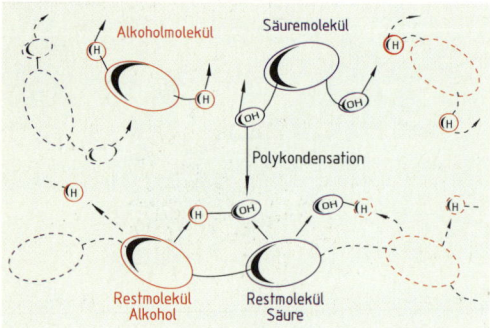

4. Räumliche Darstellung der Kettenbildung durch Abspalten von Wasser bei der Polykondensation

5.4 Verleimen von Rahmenecken

Den durch Polymerisation entstandenen PVAc-Leim können wir bei der Fensterherstellung (Bild 1) nicht verwenden, weil die fadenförmigen Moleküle sich zwar beim Abbinden (Wasserentzug) verfilzt haben, Wasser aber trotzdem erneut zwischen die Molekülfäden gelangen kann und somit den PVAc-Leim aufquellen läßt.
Der Leim verliert an Bindefestigkeit.

Eine typische Klebverbindung, bei der dies nicht passieren darf, liegt bei der Herstellung einer Fenstereckverbindung vor.
Gerade am Fenster treten neben extremen Temperaturunterschieden zwischen innen und außen besonders extreme Witterungsverhältnisse (Regen, Nebel und Schnee) auf.
An die Leimfuge werden deshalb besondere Anforderungen nach DIN 68602 (Bild 2) gestellt:
• Die Leimfuge muß witterungsbeständig und wasserfest sein.
• Die Leimfuge muß temperaturbedingte Ausdehnungen des Holzes aufnehmen können (Temperaturunterschied innen und außen).
Wie können diese Anforderungen erfüllt werden?

Polykondensation

Im Gegensatz zu den bei der Polymerisation entstehenden fadenförmigen Makromolekülen sind die bei der Polykondensation entstehenden Moleküle raumartig (Bild 3) vernetzt. Die ketten- oder ringförmigen Kohlenwasserstoffe verbinden sich bei der Polykondensation mit anderen reaktionsfähigen, ungesättigten Kohlenstoffverbindungen.
Unter Abspaltung von Wasser entsteht ein Kunststoff (Bild 4) mit neuer chemischer Zusammensetzung (Duroplaste).

Als Kennzeichen der Polykondensation versteht man die Entstehung eines chemisch neuen Stoffes unter Abspaltung von Wasser.

Harnstoffharz-Formaldehydleim

Polykondensationsleime sind Kunstharzleime, die meist in Verbindung mit Formaldehyd als flüssigem oder pulverisiertem Härter (Vernetzer) verarbeitet werden und chemisch abbinden.

Am verbreitetsten in der handwerklichen Anwendung ist der Harnstoff-Formaldehydleim (Bild 5). Er wird insbesondere im Fenster- und

Holzleimbau sowie industriell bei der Spanplattenherstellung eingesetzt.

Vorsicht: Beim Abbinden und auch danach wird Formaldehyd an die Raumluft und die Umgebung abgegeben.

Das Einatmen von Formaldehyd bedeutet eine gesundheitliche Gefährdung.

Die Vernetzung der Harze zu Riesenmolekülen wurde bei der Leimherstellung unterbrochen. Sie wird in der Leimfuge beim Abbinden des Leims unter dem Einfluß von Wärme und/oder Härter zu Ende gebracht.

Je nach Verwendungszweck sind Harnstoffharzleime als Pulver, Flüssigleim oder Leimfilm im Handel.

Verarbeitung des Harnstoff-Formaldehydleims

Zur Verleimung der Fensterecken rührt man Leimpulver (Bild 6) im vorgegebenen Mischungsverhältnis mit Wasser an. Nach der Reifezeit (Dauer bis zur weiteren Verarbeitung) von etwa 60 Minuten kann man der Leimflotte im Untermischverfahren entsprechend Härter zugeben. Je nach Härterzugabe liegt die offene Zeit bei etwa 10 bis 20 Minuten. Nach dem Auftragen des Leimes auf die Fügeteile werden diese in die Rahmenpresse eingelegt und mit entsprechendem Druck gepreßt.

Beim Umgang mit diesen Leimen muß auf folgendes geachtet werden:
- beim Abbinden handelt es sich um einen chemischen Vorgang, bei dem zwei Komponenten (meist Klebstoff und Härter, Bild 7) miteinander reagieren,
- der bei der Herstellung unterbrochene chemische Vorgang wird durch Wärme wieder in Gang gesetzt.

Neben dem Untermischverfahren wird auch das Vorstrichverfahren bei der Verarbeitung von 2-Komponentenklebern häufig angewandt. Hierbei erfolgt ein getrennter Auftrag von Leim und Härter. Ist der Härterauftrag des einen Werkstücks vollständig abgetrocknet, erfolgt der Leimauftrag am anderen Werkstück. Hierdurch wird die Abbindezeit verkürzt.

1. Weshalb müssen Fensterecken wasserfest verleimt werden?
2. Wie binden Kondensationsleime ab?

Chemische Bezeichnung	Kurzbezeichnung
Epoxidharze	EP
Phenoplaste:	
Phenol-Formaldehyd-Harz	PF
Resorcin-Formaldehyd-Harz	RF
Aminoplaste:	
Harnstoff-Formaldehyd-Harz	UF
Melamin-Formaldehyd-Harz	MF

5. Häufig verwendete Polykondensate in der Tischlerei

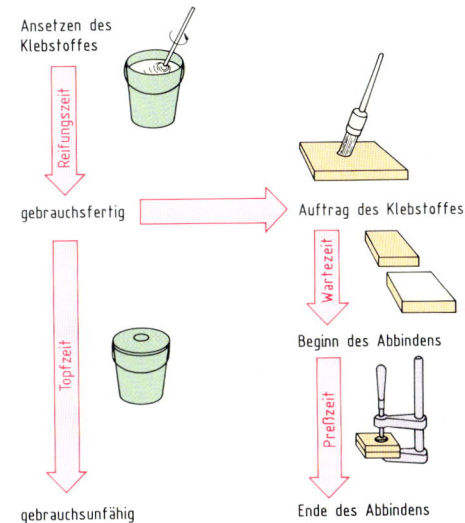

6. Schematische Darstellung der Zeiträume beim Verarbeiten von Klebstoffen

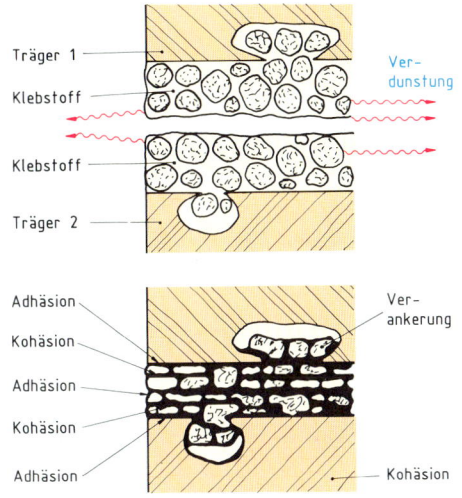

7. Verdampfungsprozeß in der Fuge bei Verwendung von lösungsmittelhaltigen Klebstoffen

1. Die Fuge zwischen Mauerwerk und Fenster muß abgedichtet werden

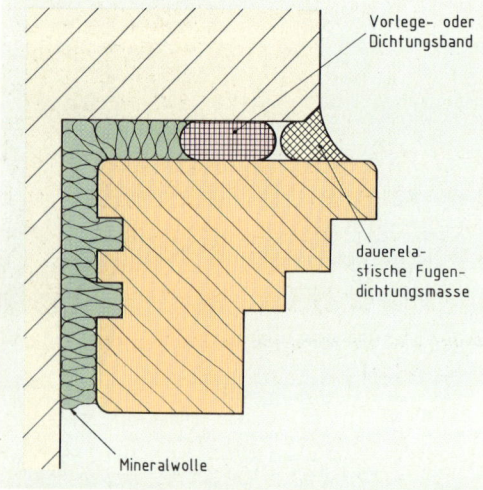

Vorlege- oder Dichtungsband

dauerelastische Fugendichtungsmasse

Mineralwolle

2. Mit Vorlegeband und Fugendichtungsmasse kommen erneut Kunststoffe zum Einsatz

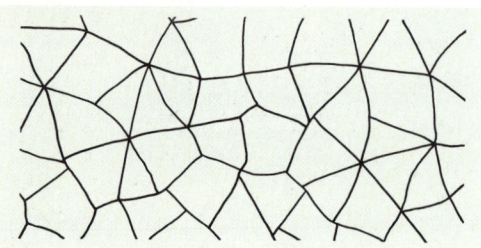

3. Schematische Darstellung des Molekülaufbaus der Elastomere

5.5 Dichtstoffe für die Fuge zwischen Fenster und Mauerwerk

Nach dem Einbau eines Fensters ergibt sich zwischen Mauerwerk und Fenster zwangsläufig eine Fuge (Bild 1), die je nach Ausführung des Mauerwerks größer oder kleiner ist. Diese Fuge muß abgedichtet werden, damit das Eindringen von Feuchtigkeit verhindert wird. Das Eindringen von Feuchtigkeit ist jedoch nicht das einzige Problem:

- Was geschieht mit der Fuge beim Quellen und Schwinden des Fensters bei Temperaturdifferenzen zwischen Tag und Nacht?
- Was geschieht in der Fuge, wenn der Wind Sog oder Druck ausübt?

Anforderungen an Dichtstoffe

Üblicherweise werden heutzutage auch hier Kunststoffe (Bild 2) eingesetzt. Aufgrund der oben angesprochenen Anforderungen wird ein Werkstoff benötigt, der

- eine dichte Verbindung zwischen Fenster und Mauerwerk herstellt,
- witterungsbeständig und wasserfest ist,
- durch Temperaturänderung bedingte Längenänderung aufnehmen kann.

Die bisher kennengelernten Kunststoffe wurden bei Temperaturänderung weich (Thermoplaste) oder sehr hart und spröde (Duroplaste), so daß kaum Formänderungen möglich waren.
Hier wird ein Kunststoff mit elastischen Eigenschaften benötigt.

Elastomere

Ähnlich wie bei den Duroplasten finden wir auch bei den Elastomeren (Bild 3) räumlich vernetzte Makromoleküle vor, die jedoch weitmaschiger und loser beieinanderliegen. Wird dieses Molekülnetz verformt, so passen sich die Maschen der Verformung an, ohne daß sie sich in den Verbindungsstellen lösen. Geht die Verformung zurück, kehren auch die Moleküle gummiartig wieder in ihre Ausgangsposition zurück.

> Elastomere sind in der Lage, Form- und Maßveränderungen eines Baukörpers ohne Aufreißen der Anschlußfugen aufzunehmen.

Diese „Gummielastizität" unterscheidet die Elastomere von den anderen Kunststoffarten, denn sie ist temperaturunabhängig (Silikon ist zwischen –60 °C und 250 °C elastisch).

Silikonkautschuk

Um die Fuge zwischen Mauerwerk und Fenster zu schließen, wird in der Tischlerei häufig Silikonkautschuk (SI) verwendet, weil Silikon eine dauerelastische Abdichtung bildet, die unseren Anforderungen (Bild 4) genügt.

Beim Einsatz von Dichtstoffen ist zu beachten, daß die Anschlußfugen (Bild 5) mindestens 10 bis 12 mm breit (DIN 18055) sein müssen, damit genügend Dichtstoff eingebracht werden kann. Ist die eingebrachte Dichtstoffmenge zu gering, kann die Fuge die Längsbewegungen durch Quellen und Schwinden sowie Sog und Druck durch Windkräfte nicht aufnehmen, die Fuge würde aufreißen.
Weiterhin ist dafür zu sorgen, daß Dichtstoffe nicht bei schlechter Witterung oder hoher relativer Luftfeuchte eingebracht werden, weil sie unter Umständen nicht am Baustoff haften.

> Elastische Dichtstoffe sind so ausreichend zu bemessen, daß sie die Längsbewegung des Fensters und des Baukörpers aufzunehmen vermögen, ohne an den Anschlußfugen zu reißen.

Auf die Silikonfuge wird heute bereits vielfach verzichtet, um eine Querlüftung zur Hohlschicht zu gewährleisten.
Je nach Umfang der auszuführenden Arbeiten wird eine Handspritzpistole oder eine Spritzpistole mit Druckluftanschluß eingesetzt.

Einsatzbereiche elastischer Dichtstoffe

Neben der Versiegelung von Fugen zwischen Fenster und Mauerwerk werden diese Dichtstoffe auch zur dauerelastischen Versiegelung von Verglasungen (Bild 6) verwendet.

Nach DIN 18545 werden Dichtstoffe, die im plastischen Zustand verarbeitet werden, der Dichtstoffgruppe B zugeordnet.
Bei Trockenverglasungen (Kunststoff- oder Aluminiumfenstern) können nur elastische Dichtungsprofile verwendet werden. Sie bestehen in der Regel aus Polychloroprenkautschuk.

1. Was sind Elastomere?
2. Warum wird eine Mindestbreite bei Fugen zwischen Fenster und Laibung gefordert?
3. Wo werden elastische Dichtstoffe eingesetzt?

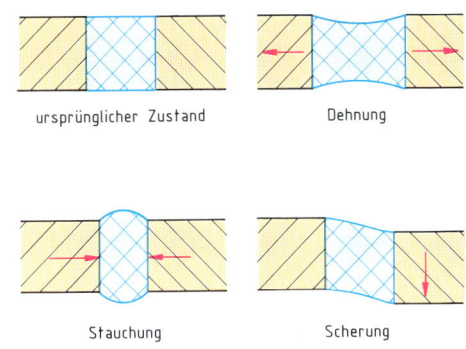

ursprünglicher Zustand   Dehnung

Stauchung   Scherung

4. Durch Materialverformung und Wind wird die Anschlußfuge stark beansprucht

5. Distanzklötze verhindern das Unterschreiten des Mindestabstandes

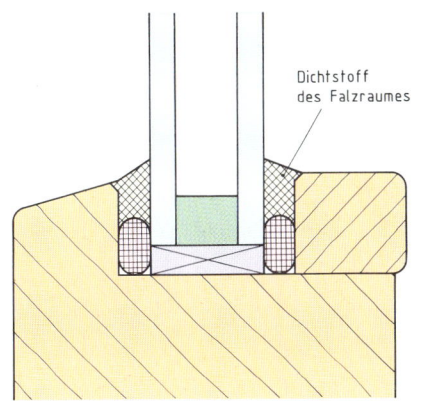

Dichtstoff des Falzraumes

6. Dauerelastische Dichtungen werden auch zum Verglasen eingesetzt

1. Mittels Montageschaum wird das Zimmertürfutter im Türloch befestigt

Chemische Bezeichnung	Kurzbezeichnung
Polyurethane	PUR
Epoxidharze	EP

2. Die für den Tischler wichtigsten Polyaddukte

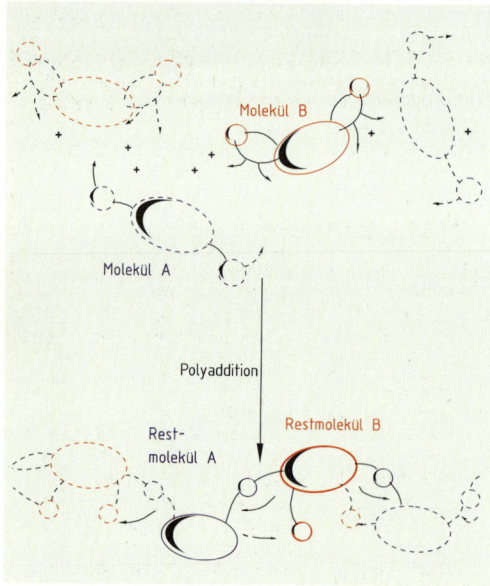

3. Räumliche Darstellung der Kettenbildung durch Umlagerung bei der Polyaddition

5.6 Einbau einer Zimmertürzarge

Beim Einbau (Bild 1) einer Türzarge aus Holz ist darauf zu achten, daß neben der exakten Ausrichtung besonders auf ausreichende Befestigung mit dem Mauerwerk geachtet wird. Herkömmlich wurde die Türzarge im Türloch verkeilt, gebohrt und verdübelt, oder es wurden Telleranker gesetzt, die dann mit dem Türfutter verleimt oder verschraubt wurden. Heute wird zum Einbau von Türzargen häufig ein Kunststoffschaum verwendet, der sich in der Fuge zwischen Türfutter und Mauerwerk ausdehnt, beide Teile miteinander verklebt und auch noch wärmedämmend wirkt. Durch das Öffnen und Schließen der Tür wird ständig Bewegungsenergie in das Türfutter übertragen, so daß zur sicheren Montage hier ein Kunststoff benötigt wird, der sowohl elastische als auch „starre" Eigenschaften aufweisen muß.

Können Türzargen mit den bisher kennengelernten Kunststoffarten befestigt werden?

Polyurethanschäume

Zur Lösung unseres Problems finden wir hier eine Besonderheit der Kunststoffe vor: Wird eine besondere Eigenschaft verlangt, so kann sie erzielt werden, indem verschiedene Kunststoffe oder verschiedene Herstellungsverfahren miteinander vermischt werden.

Hier zeigt sich die breite Palette der Einsatzmöglichkeiten der Kunststoffe besonders deutlich.

Polyurethane (Bild 2) sind solche Kunststoffe nach Maß. Je nach Molekülaufbau können sie thermoplastische, duroplastische oder elastomere Eigenschaften besitzen. Polyurethane haben einen räumlich vernetzten Molekülaufbau, sie entstehen durch Polyaddition (Bild 3) aus Kohle, Luft und Kalk.

Einschäumen der Türzarge

Nach dem Einsetzen, dem Ausrichten und dem Fixieren der Türzarge im Türloch kann mit dem Ausschäumen der Hohlräume begonnen werden.

Da sich der Montageschaum um ein Vielfaches seines Volumens ausdehnt, ist darauf zu achten, daß zwischen den Türfutterstücken Spreizen (Bild 4) eingesetzt werden. Diese Spreizen sollen verhindern, daß durch das Aufschäumen die Türfutter ins Türloch ausbeulen.

Außerdem ist sparsam zu schäumen, weil sonst die Fuge überfüllt wird und der Polyurethanschaum (PUR) aus dem Hohlraum herausquillt.

Nach dem Verfestigen des Schaummaterials können die Spreizen entfernt werden, und die Türbekleidung kann angebracht werden.

Weitere Einsatzbereiche von PUR

In der Anwendung sind Polyurethane heute in Tischlereien weit verbreitet, weil sie auf Grund ihrer Struktur von hart bis gummielastisch weich zu erhalten sind. Wir verwenden sie als aufschäumende Leime, zum Isolieren und Dämmen sowie als Dichtungsmittel.

Vorsicht beim Umgang mit PUR

Da Polyurethan den Gefahrstoff Isocyanat als Härter enthält, muß beim Umgang mit allen PUR-Materialien besondere Vorsicht angewandt werden.

Es ist gesundheitsschädlich beim Einatmen, reizt die Augen und die Haut, eine Sensibilisierung (Fähigkeit des Organismus zur Antikörperbildung) durch Einatmen ist möglich. Es darf nicht in die Hände von Kindern gelangen. Langzeiterfahrungen mit Polyurethanen lassen den Schluß zu, daß auf ihren Einsatz besser verzichtet werden sollte.

Ein Rückgriff auf herkömmliche Befestigungsmöglichkeiten würde diese Gefahrenquelle beseitigen.

> Bei der Verarbeitung von Polyurethanen ist besondere Vorsicht Voraussetzung. Es müssen Schutzhandschuhe und Schutzbrille getragen werden.

Kunststoffe sind Werkstoffe nach Maß?

Durch das Vermischen der Molekülstrukturen bei verschiedenen Herstellungsverfahren sind die Einsatzbereiche der Kunststoffe schier unermeßlich (Bild 5). Gerade deshalb sollte bei ihrem Einsatz verstärkt auf Umweltverträglichkeit und Entsorgungsmöglichkeiten geachtet werden; Langzeiterfahrungen liegen vielfach nicht vor.

Wie verhalten sich Kunststoffe im Fall eines Wohnungsbrandes? Wie lange „gasen" Kunststoffe nach der Verarbeitung noch aus? Was geschieht mit ihnen auf den Deponieflächen? Erst wenn Fragen wie diese geklärt sind, können wir von einem Werkstoff nach Maß sprechen.

1. Welche Vorteile bieten PU-Schäume bei der Montage?
2. Wozu werden weitere Polyurethane eingesetzt?

4. Um das Ausbeulen der Futterstücke beim Ausschäumen zu verhindern, werden Spreizen eingesetzt

Kunststoffe im Holzbereich	Anwendungsgebiete
1. Abgewandelte Naturstoffe	
Vulkanfiber	Behälter
Zelluloid	Schutzscheiben
2. Thermoplaste (Plastomere)	
Polyäthylen (PE)	Folien für Verpackungen, Müll u. a. Rohre, Behälter (Flaschenkästen, Eimer)
Polyamid (PA)	Beschläge, Zahnräder, Textilien, Schmelzklebstoffe
Polystyrol (PS)	Hartschaumplatten und -blöcke, Verpackungen
Polyvinylacetat (PVAC)	Holzleime, Ausschäummaterial in Perlform, Spachtelböden
Polymethylmethacrylat (PMMA)	Bauteile aus Acrylglas (Lichtkuppeln)
Polyvinylchlorid (PVC) – hart	Fensterprofile, Rolläden, Dachrinnen, Rohre, Betonschalung
– weich (mit „Weichmachern")	Kantenumleimer, Handläufe, Fußbodenbeläge, Fugenbänder, Dichtungsfolien, Kunstleder, Schläuche
Polyurethan (PUR)	Fensterrahmen aus Integral-Schaumstoff
3. Elastomere	
Chloropren-Kautschuk (CR)	Dichtungsprofile, Kontakt-Kleber
Silikon-Kautschuk (VMO)	Dichtungsmassen, Dichtungsprofile,
Polysulfid-Kautschuk	Versiegelungen,
Polyurethan (PUR)	Schaummaterial (Hart- und Weichschaum)
4. Duromere	
Phenolharze u. ä. (PF, UF, MF)	Holzleime, Schichtpreßstoffe, Formteile, Schalter, Gehäuse, Preßmassen
Ungesättigte Polyester (UP) (oft glasfaserverstärkt, GUP)	Schutzhelme, Halbzeuge, Gießharze, Lacke, Fensterprofile, Balkonverkleidungen, Schwimmbecken
Epoxidharze (EP)	Zwei-Komponenten-Kleber

5. Die wichtigsten im Holzbereich eingesetzten Kunststoffe in Tabellenform

1. Zuschnitt der Plattenwerkstoffe für den Kücheneinbauschrank

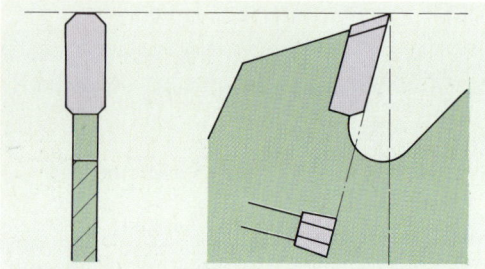

2. Schematische Darstellung des Trapezzahns am verwendeten Sägeblatt

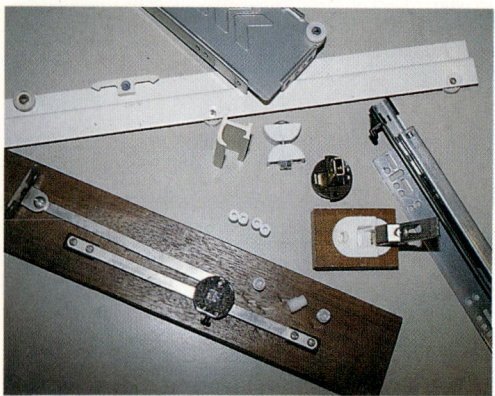

3. Auswahl aus der Vielzahl der Schrankbeschläge aus Kunststoff

4. Schubkastenformteil aus Kunststoff

5.7 Verarbeiten von Kunststoffen

Für den Einbau in eine Küche soll ein Schrank passend zur schon vorhandenen Küchenzeile aus kunststoffbeschichtetem Plattenwerkstoff (Bild 1) angefertigt werden. Nach der Skizze des Kunden wird der Aufriß und die Materialliste erstellt. Nun soll der Zuschnitt erfolgen.

Sind zum Zuschnitt und zur weiteren Bearbeitung die Werkzeuge des Tischlers einsetzbar?

Werkzeug zum Sägen von Kunststoff

Bereits an der Formatkreissäge steht man vor der Frage, welches Sägeblatt einzusetzen ist.

Kenntnisse über den Plattenwerkstoff und seine Beschichtung zahlen sich nun aus.

Bei der Besichtigung der Spanplatte handelt es sich um duromeren Kunststoff. Dieser ist hart und spröde. Das heißt, man benötigt einen Sägezahn, der das Ausreißen der beschichteten Oberflächen verhindert.

Zum Einsatz kommt ein Sägeblatt, das hartmetallbestückt ist und dessen Zahnform Trapezzahn (Bild 2) genannt wird.

Bearbeiten der Kanten

Nach dem Zuschneiden werden die Kanten mit einem Kantenanleimer versehen. Nach dem Aushärten des Klebers (in der Regel Schmelzkleber) müssen die Kanten nachbearbeitet werden.

Wurde ein thermoplastischer Anleimer verarbeitet, kann die überstehende Kante mit dem Stecheisen abgeschoben und anschließend geschliffen werden.
Wurde ein duromerer Anleimer verarbeitet, kommen Raspel und Feile zum Einsatz. Wenn man die überstehende Kante mit dem Hobel entfernen will, wird man einen Hobel mit Kunststoff- oder Metallsohle benutzen.

Zur Aufnahme der Schrankverbinder, der Bodenträger und der Topfbänder werden Bohrungen benötigt. Es sollten möglichst Bohrer aus HSS-Stahl mit Zentrierspitze und Vorschneider verwendet werden.
Nach dem Anbringen aller Bohrungen können die Korpusteile zusammengesetzt werden. Auch hier werden Teile aus Kunststoff (Bild 3) verwendet.

Nach dem Anbringen der Schrankverbinder und der Beschläge werden die Korpusteile zusammengesetzt. Selbst ein Schubkasten wäre im Schnellbauverfahren aus Formteilen kurzfristig herzustellen, weil keine aufwendigen Eckverbindungen notwendig sind (Bild 4). Fast alle Kundenwünsche lassen sich durch Kunststoffformteile erfüllen.

Warmverformen von Kunststoff

Die in Bild 5 dargestellte Besteckschale für den Küchenschrank soll hergestellt werden. Welche Kunststoffart ist zu verwenden? Hier handelt es sich um ein einteiliges Werkstück, das durch Verformen hergestellt werden soll. Ein Kunststoff, der sich unter Wärmeeinfluß verformen läßt, ist der thermoplastische Kunststoff.

Wollen wir die in Bild 5 gezeigte Schalenform erhalten, muß der thermoplastische Kunststoff im verformten Zustand abgekühlt werden. Die Fadenmoleküle werden in der zu erreichenden Form „eingefroren".

Wird der thermoplastische Kunststoff weiter erhitzt, wird die Bewegung der Moleküle stetig zunehmen. Der Kunststoff wird weicher (plastischer), bis er schließlich eine zähflüssige Masse bildet.

Verfahrensform „Warmformen"

Das Warmformen wird bei der Herstellung von Platten, Profilen, Rohren und Folien angewendet, wobei in der Produktion zwischen Streckformen (Bild 6) und Spritzgießen (Bild 7) unterschieden wird.

Ein weiteres Herstellungsverfahren ist das Strangpressen (Bild 8). Mit Hilfe sogenannter Extruder werden unter anderem auch die Profile für den Fensterbau hergestellt.

Abkühlen der Rohform

Nach dem Abkühlen kann die Besteckschale aus der Form entnommen werden und mit den normalen Tischlerwerkzeugen weiterbearbeitet werden. Beim Schleifen und Polieren muß darauf geachtet werden, daß die Flächen nicht überhitzt werden, weil sonst die Form wieder einfallen kann.

1. Weshalb lassen sich Kunststoffe warmverformen?
2. Was versteht man unter „Einfrieren"?
3. Lassen sich auch Duromere warmverformen?

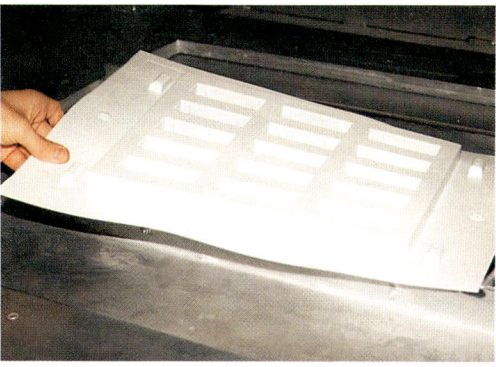

5. Durch Tiefziehen hergestellte Besteckschale

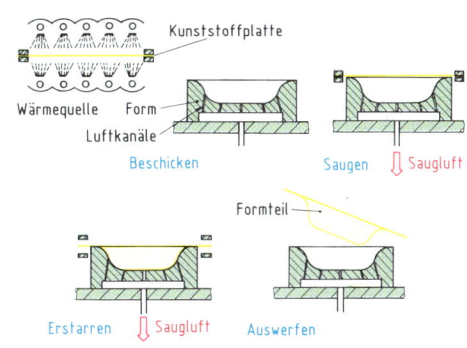

6. Schematische Darstellung des Streckformens

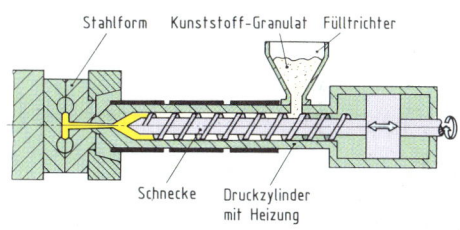

7. Schematische Darstellung einer Schneckenspritzmaschine

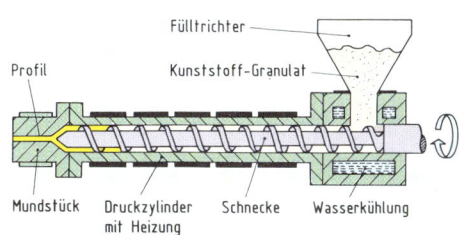

8. Schematische Darstellung der Strangpresse

1. Am Schweißautomat werden die Fensterrahmenteile miteinander verbunden

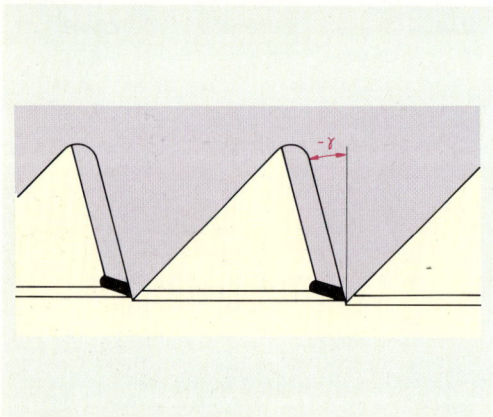

2. Negativer Spanwinkel an einer Säge für thermoplastische Kunststoffe

3. Am Bedienpult werden Schweißzeit, Schweißtemperatur und Schweißdruck eingestellt

5.8 Herstellen eines Kunststoffensters

Die in den letzten Jahren wohl größte Bedeutung erfuhren die Thermoplaste durch ihren Einsatz im Fensterbau (Bild 1). Hier nutzt man das thermoplastische Verhalten zum Verbinden der Ecken.
Da Thermoplaste schmelzbar sind, können Verbindungen durch Verschweißen hergestellt werden. Kunststoffe gleicher Dichte und chemischer Zusammensetzung lassen sich nach Erreichen des Fließpunktes durch Druck fest miteinander verbinden.

Zuschnitt der Profile

In der Regel werden heute thermoplastische Mehrkammerprofile eingesetzt, weil sie ein günstigeres Wärmedämmverhalten als Einkammerprofile zeigen.
Nach dem Festlegen der Maße des Fensters erfolgt der Zuschnitt der Profile. Nicht vergessen werden darf hierbei, daß beim Schweißen das Profil etwas kürzer wird. Dieses Toleranzmaß muß beim Zuschnitt zugegeben werden. Je nach Profilart beträgt das Toleranzmaß etwa 2,5 mm.
Beim Sägen von Thermoplasten ist besonders darauf zu achten, daß es nicht zum „schmierenden" Schnitt kommt, das heißt, der Kunststoff wird weich und verklebt die Schneiden. Es muß darauf geachtet werden, daß die Sägezähne einen negativen Spanwinkel (Bild 2) haben, die den Kunststoff schabend zerspanen.
Nach dem Zuschnitt müssen die Verstärkungsprofile (meist Aluminium- oder Stahlrohre) in die Fensterprofile eingeschoben werden. Wegen der unterschiedlichen Wärmedehnung müssen die Verstärkungsprofile kürzer als die Fensterprofile sein.

Schweißen der Eckverbindungen

Um Verschmutzungen oder Beschädigungen vorzubeugen, sollte das Verschweißen der Profile möglichst umgehend erfolgen. Der Schweißautomat wird aufgeheizt und eingestellt (Bild 3). Häufig zum Einsatz kommt ein Schweißspiegel, der elektrisch beheizt wird und mit einer Teflonschicht ausgestattet ist.
Auch ein Druckluftanschluß wird benötigt, um die beiden Profile pneumatisch miteinander verpressen zu können.
Beim Verschweißen ist darauf zu achten, daß die Profile nicht zu kalt sind (Thermoplaste sind dann sehr stoßempfindlich). An modernen Schweißautomaten lassen sich Schweißtemperaturen (etwa 230 °C), Schweißzeit (30 bis 40 Sekunden)

und auch der Schweißdruck (2 bis 3 bar) genau einstellen.

Zum Auskühlen müssen die Rahmenteile so gelagert werden, daß sie nicht windschief liegen.

Die durch das Zusammendrücken entstandene Wulst (Schweißraupe, Bild 4) wird bei modernen Schweißgeräten maschinell nachgearbeitet. Es entsteht eine kleine Nut, die jedoch zu tolerieren ist (Bild 5).

Gibt es diese Schweißraupenbegrenzung nicht, muß die Schweißraupe mit einem scharfen Messer entfernt werden. Hier sind aber erhebliche Nacharbeiten notwendig. Die Rahmenecke wird mit Schleifpapier Körnung 180 und Körnung 240 geschliffen und anschließend poliert.

Auch hier ist mit besonderer Vorsicht vorzugehen, weil bei Überhitzung der Kunststoff leicht einfällt.

Nach Beendigung der Arbeiten am Rahmen werden die Beschlagteile gefräst und eingesetzt.

Nun fehlt nur noch die Scheibe zur Fertigstellung des Kunststoffensters.

Die Glasscheiben werden heute fast ausschließlich „trocken" verglast. Zum Einsatz kommt in der Regel Polychloroprenkautschuk, der als elastisches Dichtungsband bereits vor dem Verschweißen in die Dichtungsebene eingezogen wurde, damit die Ecken mitverschweißt werden. Nach dem Einlegen der Scheibe und dem Verklotzen wird die Glasleiste, die ebenfalls mit einem Dichtungsprofil versehen ist, zur Fertigstellung eingesetzt.

Weitere Schweißverfahren

Man unterscheidet beim Schweißen zwischen Preßschweißen, Heizelementschweißen und Warmgasschweißen (Bild 6).

Eine besondere Art des Schweißens bildet das Kaltschweißen, wobei ein organisches Lösemittel das Plastomer in flüssigen Zustand versetzt.

Fensterprofile aus PUR

Da es immer wieder Probleme mit dem hohen Wärmeausdehnungskoeffizienten des Thermoplastes gab, werden in letzter Zeit verstärkt Polyurethanprofile (Bild 7) eingesetzt.

Die Profile werden dabei in Formen hergestellt, die sich jedoch nicht verschweißen lassen. Fenster aus PUR werden deshalb mittels Eckverbindern verschraubt.

1. Woraus bestehen Kunststoffenster?
2. Welche Nachteile bieten Kunststoffenster?
3. Worin bestehen die Entsorgungsprobleme?

4. Die entstandene Schweißraupe muß abgestochen werden

5. Verschweißte Rahmenecke mit gehrungsbetonter Nut

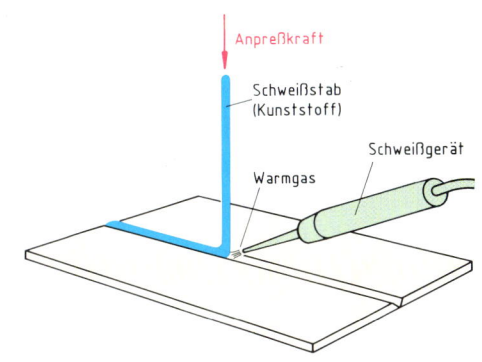

6. Mit Hilfe des Warmgasschweißgeräts werden Teile verbunden

7. Fensterrahmen aus PUR kommen immer häufiger zum Einsatz

100 Millionen Jahre brauchte die Natur, um die tropischen Regenwälder als die „Grüne Lunge unserer Erde" zu erschaffen. In nur 40 Jahren haben die Menschen die Hälfte davon restlos zerstört – mit der unaufhörlichen Ausbeutung scheinbar billiger Rohstoffe.
Nur für jeden zehnten gefällten Baum wird ein neuer gepflanzt. Urwaldriesen lassen ihr Leben für die Erschließung von Bodenschätzen, für Staudammprojekte, Plantagen und Rinderfarmen wie auch für den Handel mit Edelhölzern, die längst nicht mehr nur für Möbel, Türen, Fenster und Holzausbauten genutzt werden. Die Lebensader unserer Welt endet in Sperrholzschubladen, Zigarrenkisten und Bauverschalungen.
Der Regenwald – ein Wegwerfwald?
Heimische Wälder decken nur die Hälfte des Holzbedarfs, die Aufforstung mit schnellwachsenden Hölzern brachte die Zerstörung des Ökosystems. Monokulturen sind extrem gefährdet durch Insekten, Pilzbefall und Feuer.
Es gibt Alternativen. Eine davon hat sich bestens bewährt: Nahezu jedes zweite Fenster in Neu- oder Altbauten ist heute aus PVC. Witterungsbeständig, dauerhaft formstabil und wartungsfrei. Ausgezeichnete Dämmeigenschaften sparen Energie- und Heizkosten. Denn PVC läßt die Wärme drinnen und die Kälte draußen. Und den Wald in Ruhe.
Geben Sie unserer „Grünen Lunge" eine Chance. Mit PVC.

1. Zeitungsanzeige eines Kunststoffherstellers: Kunststofffenster sollen Holzfenster ersetzen

+ besser − schlechter ○ gleich	Holz	Kunst-stoff
regenerierbarer Rohstoff	+	−
Belastung aus Vorproduktion	+	−
Kapitalintensität	○	○
Energieintensität	+	−
Bodenbelastung	+	−
Luftbelastung	+	−
Lärm	+	−
Wasserverbrauch	○	○

2. Vergleich von Holz- und Kunststoffenstern

Fenster	Lebensdauer 25 Jahre						Lebensdauer 40 Jahre					
	Holz		Holz/ Alu		PVC		Holz		Holz/ Alu		PVC	
Unterhalt	A	B	A	B	A	B	A	B	A	B	A	B
Anstriche außen	2	3	−	−	−	−	4	6	−	−	−	−
Anstriche innen	1	1	1	1	−	−	2	2	2	2	−	−
Versiegelung ersetzen	1	1	1	1	1	1	2	2	2	2	2	2
Fälzdichtung ersetzen	1	1	1	1	1	1	2	2	2	2	2	2
	A geschützt				B exponiert							

3. Wie oft muß ein Fenster gewartet werden?

5.9 Sind Kunststoffenster wirklich billiger?

Die schier unendlich weite Palette der Anwendungsmöglichkeiten der Kunststoffe führten zum Einsatz in fast allen Bereichen des täglichen Lebens. Dies wurde unterstützt durch breit angelegte Werbekampagnen der chemischen Industrie (Bild 1) und des weiterverarbeitenden Gewerbes.

Erst in jüngster Vergangenheit wird, verstärkt durch ein aufkommendes ökologisches Bewußtsein, neben technischen und wirtschaftlichen Gesichtspunkten auf umweltrelevante Kriterien bei der Auswahl der Baumaterialien geachtet.

Immer mehr Bedeutung kommt daher der sogenannten Ökobilanz (Bild 2) zu. Nicht mehr allein die Frage der Recyclingfähigkeit von Baustoffen wird gefordert. Heute untersucht man die Baustoffe auf Energie- und Rohstoffverbrauch, auf Schadstoffemissionen in Luft, Wasser und Boden. Diese Untersuchungen geschehen sowohl bei der Rohstoffgewinnung, der Materialherstellung und der Produktfertigung als auch beim Gebrauch bis hin zur Entsorgung.

Von zunehmender Bedeutung sind hier auch die immens gestiegenen Entsorgungskosten, die, bedingt durch knapper werdende Deponieflächen, nicht mehr länger von der Allgemeinheit getragen werden.

Viele Gemeinden fordern bereits eine strikte Trennung der Bauabfälle, zum Beispiel bei ausgebauten Fenstern nach Holz-, Glas-, Metall- und Kunststoffabfällen zu sortieren. Dies ist für die Betriebe neben den Entsorgungskosten ein weiterer erheblicher Kostenfaktor.

Fensterwerkstoffe im Ökovergleich

Untersucht wurden die am weitesten verbreiteten Fensterwerkstoffe Holz und PVC. Von besonderer Bedeutung waren hierbei Energieverbrauchszahlen, Schadstoffausstöße, Nutzungsdauer der Fenster, Wiederverwertungsmöglichkeiten und für alle nicht wieder verwertbaren Rückstände die Müllverbrennung. Selbst die Aufwendungen für Renovierungsmaßnahmen (Bild 3) sind in der Untersuchung berücksichtigt.
Die Bilder 4, 5 und 6 zeigen auszugsweise einige Ergebnisse der Ökobilanz beim Vergleich verschiedener Fensterbaumaterialien.

Ergebnisse der Ökobilanz

Werden alle Ergebnisse der Untersuchung zusammengefaßt und ausgewertet, ergibt sich bei den derzeitigen Produktionsverhältnissen bei Holzfenstern das günstigere Ökoprofil. Dieses wird auch durch die notwendigen Unterhaltsarbeiten bei Holzfenstern nicht verändert.

Die anderen getesteten Materialien können ihr Ökoprofil wesentlich verbessern, wenn die mögliche Wiederverwertung tatsächlich praktiziert würde.

Von besonderer Bedeutung muß aber die Sachkenntnis des Verarbeiters über die von ihm verwendeten Baustoffe sein.

Inhaltsstoffe, chemischer Aufbau, Einsatzbereiche, Wiederverwertbarkeit und Abfallbeseitigung dürfen nicht länger nur dem Hersteller bekannt sein.

Konsequenz

Bereits bei der Beratung des Kunden, welches Fenstermaterial gewählt wird, sollte auf die Ökobilanz der verschiedenen Baustoffe hingewiesen werden. Sind nach dem Einbau neuer Fenster die Altfenster vom Betrieb zu entsorgen, muß Kunststoff, Metall, Glas und Holz getrennt werden. Das Fenster muß in seine Ausgangsstoffe zerlegt werden.

Nur so ist eine Wiederverwertung zu ermöglichen und die nicht wiederverwertbare Müllmenge zu reduzieren.

Auch die verstärkt auftretenden Fragen zur sozialen Verträglichkeit der verwendeten Baumaterialien in Hinsicht auf
• Gesundheitsbelastung am Arbeitsplatz
• Monotonie am Arbeitsplatz
• Arbeitsintensität
sind noch ungeklärt und müssen zukünftig mit bedacht werden.

Diese Veränderung in der Denkweise muß mitentscheidend bei der Auswahl der zu verwendenden Baustoffe werden.

1. Welche Baustoffe werden bereits getrennt entsorgt?
2. Welche Baustoffe könnten durch umweltschonende Materialien ersetzt werden?
3. Welche Auswirkungen haben verschärfte Abfallgesetze für Kleinbetriebe?

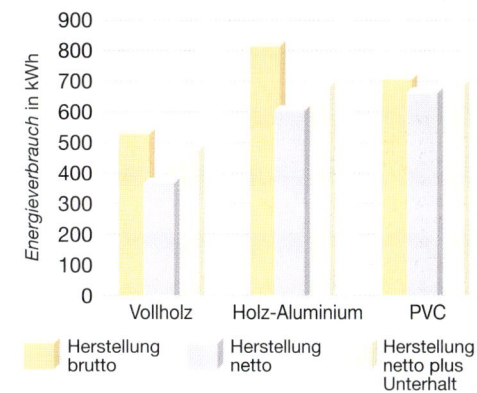

4. Wieviel Energie wird bei der Herstellung der Fenster benötigt?

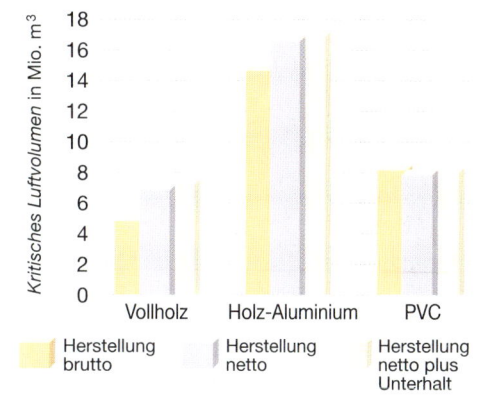

5. Wieviel Luft wird zur Herstellung der Fenster benötigt?

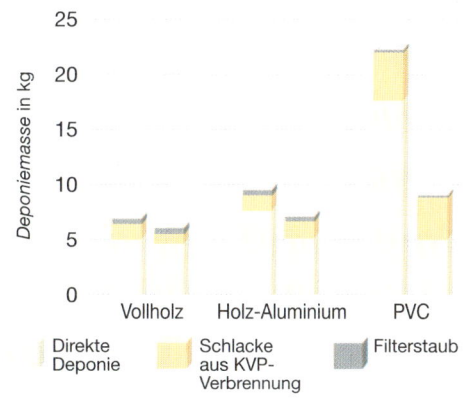

6. Was bleibt an Deponiemasse nach Entsorgung der Fensterprofile?

Maschinen in der Holzverarbeitung

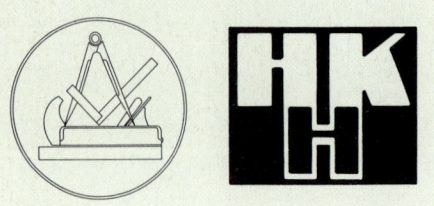

1. Altes Zunftzeichen des Tischler- und Schreinerhandwerks. HKH = Holz-, Aluminium- und Kunststoffverar-
   beitendes Handwerk.

1. Plattenaufteilsäge („Plattensäge")
2. Ausleger-Kreissäge („Kappsäge")
3. Tisch-Kreissäge mit Langlochbohrmaschine
4. Abricht-Hobelmaschine, 5. Dicken-Hobelmaschine
6. Kantenpresse
7. Breitband-Schleifmaschine
8. Furnierklebemaschine
9. Leim-Auftragmaschine 10. Furnierpresse
11. Format-Kreissäge 12. Tisch-Fräsmaschine
13. Mehrspindel-Bohrmaschine („Dübelautomat")
14. Korpuspresse 15. Hobelbänke
16. Lackspritzanlage

Weitere im Bild dargestellte Betriebsmittel sind:
17. Bandsägemaschine
18. Kantenschleifmaschine
19. Astlochbohrmaschine
20. Staubfilter

6.1 Die Arbeit im Tischler- und Schreinerhandwerk

Der Beruf des Tischlers, in Süddeutschland und
zum Teil auch in Westdeutschland Schreiner genannt, ist ein besonders vielseitiger Handwerks-
beruf, für den eine umfassende Ausbildung erforderlich ist.
Als Erkennungszeichen werden die in Bild 1 gezeigten Symbole verwendet.
Das Zunftzeichen des Tischler- und Schreinerhandwerks wird durch die Handwerkzeuge Hobel, Zirkel und Winkel gebildet. Unter dem Zeichen HKH haben sich Innungen dieses Berufs zu-
sammengeschlossen zum Wirtschaftsverband
des Holz-, Aluminium- und Kunststoffverarbei-
tenden Handwerks. Mit diesen Zeichen soll verdeutlicht werden, daß sich dieser Beruf der Tra-
dition und dem Fortschritt verpflichtet fühlt.

Das Betriebsgebäude einer Tischlerei
Bild 2 zeigt das Betriebsgebäude einer Tischlerei
im Grundriß. Der Schwerpunkt der Fertigung dieses Betriebes liegt im Möbel- und Innenausbau.
Im Text zu diesem Bild werden am Beispiel **Fertigen von furnierten Möbeln** wichtige Betriebsmittel, d. h. Arbeitsplätze und Einrichtungen in
der Reihenfolge der Ablaufschritte (Arbeitsgänge) genannt (Tab. 3).

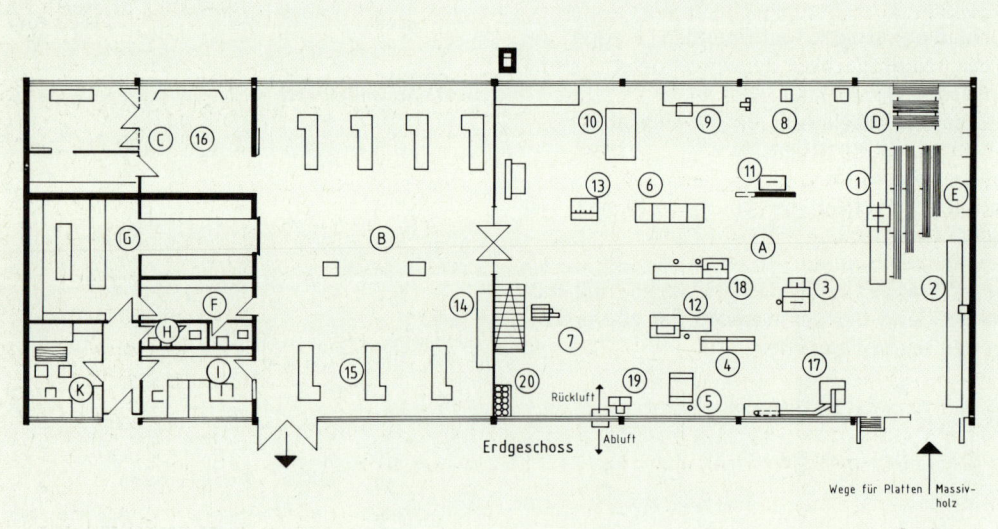

2. Werkstätten einer Tischlerei im Grundriß

Bau- und Möbeltischlerei

Die verbreitete Bezeichnung **Bau- und Möbeltischlerei** gibt einen Hinweis darauf, daß die Arbeit der dort tätigen Menschen nicht nur **ortsgebunden**, d. h. im Werkstattgebäude, sondern auch **ortsveränderlich** auf Baustellen oder in bereits genutzten Gebäuden verrichtet wird. Das können z. B. sein: Wohnhäuser, öffentliche Gebäude, wie Verwaltungen, Schulen und andere kulturelle Einrichtungen oder auch Gewerbebetriebe (Tab. 4). Kurzum, in fast allen Gebäuden, in denen Menschen leben und arbeiten, gibt es beim Errichten, Erneuern, Instandsetzen und Reparieren Aufgaben, die von den Mitarbeiterinnen und Mitarbeitern dieser Handwerksbetriebe ausgeführt werden können.

Arbeitsgebiete holzverarbeitender Betriebe

In Tabelle 5 werden die typischen Arbeitsgebiete holzverarbeitender Betriebe in Handwerk und Industrie genannt. Das mit den Kreuzen beschriebene Unternehmen ist eine handwerkliche Tischlerei, die mit etwa 10 bis 15 Beschäftigten im Übergangsbereich vom Klein- zum Mittelbetrieb einzuordnen ist. Diese Betriebsart ist in Deutschland, vor allem im ländlichen und kleinstädtischen Bereich, weit verbreitet. Ein wichtiges Merkmal dieser mittelständischen Betriebe ist der direkte Kontakt zum Kunden und Auftraggeber, was darin zum Ausdruck kommt, daß die im Betrieb gefertigten Erzeugnisse beim Kunden direkt abgeliefert oder in dessen Wohnung oder Gebäude eingebaut werden.

Die in der Tabelle angekreuzten Schnittpunkte zwischen den oben genannten **Arbeitsgebieten** und der in der linken Spalte vorgenommenen Unterscheidung in **Fertigen, Einbauen** und **Warten/Instandsetzen** zeigen, daß es sich bei dieser Tischlerei um einen ganz bestimmten Betrieb handelt. Es gibt daneben viele holzverarbeitende Unternehmen, für die die Kreuze zumindest zum Teil anders anzuordnen wären. Da in einem Betrieb von etwa 10 bis 15 Beschäftigten eine Spezialisierung auf nur einen Fertigungsbereich kaum möglich ist, werden von den Mitarbeiterinnen und Mitarbeitern vielfältige Fachkenntnisse und Fertigkeiten verlangt.

1. Nennen Sie ortsveränderliche Arbeiten einer Bau- und Möbeltischlerei!
2. Nennen Sie die Arbeitsgebiete Ihres Ausbildungsbetriebes!
3. Ordnen Sie Ihren Ausbildungsbetrieb in das Schema nach Tabelle 5 ein!

Erdgeschoß		
Fertigung	**Lager**	**Verwaltung**
A Maschinenraum B Bankraum C Oberflächenbehandlung	D Vollholz E Platten F Hilfsstoffe G Fertigerzeugnisse	H Sozialräume I Sekretariat (Büro) K Chef
Zurichten der Furniere	Furniere Kunststoffe Brennstoffe	Sozialräume: Umkleideraum Waschraum Pausenraum
Untergeschoß (nicht abgebildet)		

3. Räume und Bereiche der in Bild 2 dargestellten Tischlerei

Arbeitsabläufe		
ortsgebunden: Werkstatt, Lager, Büro		ortsveränderlich: Baustelle, Kundschaft
Fertigung	Wartung Reparatur Montage	Transport

4. Arbeitsabläufe in einer Bau- und Möbeltischlerei

Arbeitsgebiete in holzverarbeitenden Betrieben										
☒ Handwerk ☐ Industrie Beschäftigte: ☐ 1 – 4 ☐ 5 – 9 ☒ 10 – 15 ☐ 16 – 25 ☐ 25 – 50 ☐ …………		Bauelemente		Möbel- und Innenausbau					Sondergebiete	
	Holz	Kunststoffe	Aluminium	Kastenmöbel	Gestellmöbel	Ladenbau	Innenausbau	Zulieferteile	Sonstiges	
Fertigen Einzelfertigung Serienfertigung	X X				X			X		X
Einbauen (Montage) eigene Erzeugnisse Fertigteile	X	X						X X		
Warten Instandsetzen	X X	X X		X	X			X X		X
Beraten Handel	X	X X						X X	X X	

Beispiele für die Arbeitsgebiete in diesem Betrieb: **Bauelemente aus Holz und Kunststoff**, z. B. Fenster. **Kastenmöbel**, z. B. Verkaufstresen für ein Geschäft. **Innenausbau**, z. B. Wand- und Deckenverkleidungen. **Zulieferteile**, z. B. Beleuchtung für Verkaufstresen. **Sonstiges**, z. B. Regale für Lagerraum.

5. Beschreibung der Arbeitsgebiete einer handwerklichen Tischlerei mit 10 bis 15 Beschäftigten

1. Blick in die Fertigungshalle eines holzverarbeitenden Industriebetriebes

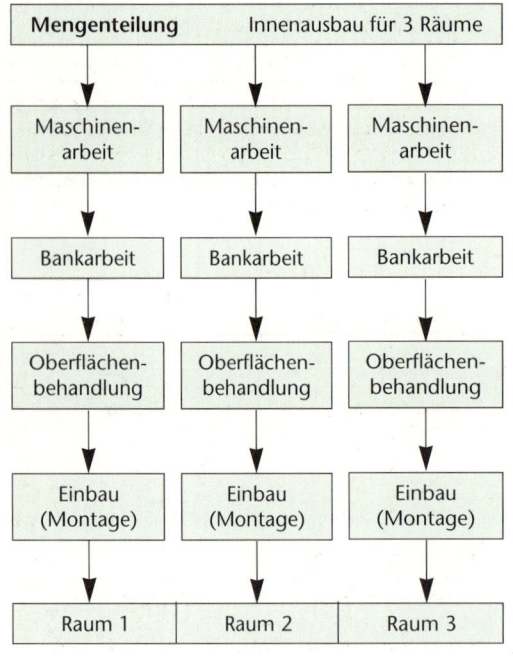

2. Arbeitsteilung in der Fertigung durch mengenmäßige Aufteilung eines Auftrages. Die Arbeiten werden in zwei oder mehreren Teilmengen parallel ausgeführt.

6.2 Die Arbeit im Industriebetrieb der Holzverarbeitung

Im holzverarbeitenden Industriebetrieb ausgebildete Facharbeiter, aber auch Tischler aus dem Handwerk, arbeiten in ihrem späteren Berufsleben in Industriebetrieben. Bild 1 zeigt beispielhaft, wie in einer großen Fertigungshalle Möbel, wie Schränke, Tische, Sessel und Stühle industriell gefertigt werden.
Worin unterscheidet sich die Arbeit der Tischler und Holzmechaniker in einer Möbelfabrik von der in einer handwerklichen Bau- und Möbeltischlerei?

Merkmale industrieller Fertigung
Schon die Bezeichnung der beiden Unternehmungen läßt einen deutlichen Unterschied erkennen: In einer Möbelfabrik werden nur Möbel, in einer Bau- und Möbeltischlerei werden auch Bauelemente, wie Fenster und Türen gefertigt.

Ein wesentliches Merkmal industrieller Fertigung ist die Serienfertigung. Bei ihr können nur im begrenzten Umfang besondere, meist über den Handel mitgeteilte Kundenwünsche berücksichtigt werden.

Arbeitsteilung
Werden in einem Mittel- oder Großbetrieb gleiche oder gleichartige Werkstücke in größerer Stückzahl gefertigt, so kann dies in unterschiedlicher Weise geschehen:

Mengenteilung. Sind in einem Unternehmen vorwiegend Tischler oder Holzmechaniker tätig, die in der Fertigung vielseitig einsetzbar sind, so können die Aufträge im Betrieb von einzelnen oder in Gruppen parallel nebeneinander erfüllt werden (Tab. 2).

> Wird die Gesamtmenge der Werkstücke von den Mitarbeiterinnen und Mitarbeitern in Teilmengen gefertigt, so spricht man von Mengenteilung

Diese Fertigungsweise ist für die Beschäftigten abwechslungsreich und fördert, wird sie in Gruppen durchgeführt, die sozialen Kontakte im Betrieb. Sie erfordert aber einen hohen Ausbildungsstand und ist zeitaufwendig, weil die Betriebsangehörigen die von ihnen ausgeführten Arbeiten nicht alle mit gleicher Geschicklichkeit verrichten werden. Hinzu kommt, daß gleiche Arbeitsplätze und damit auch Betriebsmittel mehrfach angeschafft und eingerichtet weden müssen, wodurch erhöhte Kosten anfallen.

Artteilung. Die in der Industrie vorherrschende Fertigungsweise ist anders. Hier werden die Aufträge, wie es in vereinfachter Form in Tab. 3 zu sehen ist, nicht parallel, sondern nacheinander im Betrieb ausgeführt. Die Beschäftigten sind dabei nur in einem Teilbereich des Betriebes, oder bei noch stärkerer Spezialisierung nur noch an einem Arbeitsplatz tätig.

Bei der Artteilung wird ein Auftrag so auf einzelne Mitarbeiterinnen und Mitarbeiter aufgeteilt, daß dabei jeweils nur ein Teil des Gesamtablaufs durchgeführt wird.

Bei dieser Fertigungsweise können auch Hilfskräfte eingesetzt werden, die nur für den jeweiligen Fertigungsbereich, z. B. für die Arbeit in der Oberflächenbehandlung, im Betrieb „angelernt" wurden. Durch eine solche Spezialisierung können der Zeit- und Kostenaufwand verringert werden.
Fallen einzelne Arbeitskräfte plötzlich aus, kann das zu Schwierigkeiten in der gesamten Fertigung führen, weil andere oder neue Mitarbeiter erst eingearbeitet werden müssen.

Durch weitgehende Arbeitsteilung wird die Tätigkeit des einzelnen Menschen spezialisiert. Dies kann zu monotoner Arbeit führen, die den Menschen einseitig beansprucht.

Aus diesem und anderen Gründen werden in vielen Betrieben die Aufträge, wie es Tab. 4 und 5 beispielhaft zeigen, durch Artteilung und Mengenteilung bearbeitet. Dabei wird versucht, die **Rationalisierung** nicht nur im Sinne von **wirtschaftlicher Arbeiten**, sondern auch von **humaner Arbeiten** durchzuführen.

1. Beschreiben Sie die Art der Arbeitsteilung, die in Ihrem Ausbildungsbetrieb bei den wichtigsten Arbeitsgebieten angewendet wird!
2. Nennen Sie Vorzüge und Mängel der Artteilung!
3. Worin unterscheidet sich die Mengenteilung von der Artteilung?
4. Wie kann beim Fertigen von Möbeln eine Mischform der Arbeitsteilung in Artteilung und Mengenteilung erfolgen?

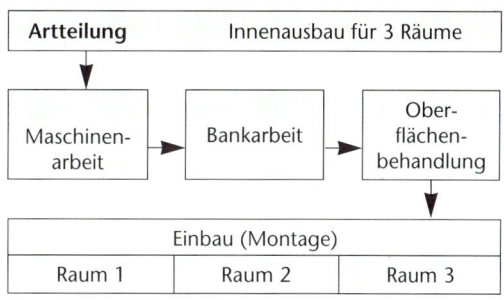

3. Arbeitsteilung in der Fertigung durch Artteilung: Die Mitarbeiterinnen und Mitarbeiter führen an den Werkstücken jeweils nur einen Teil der erforderlichen Arbeiten aus.

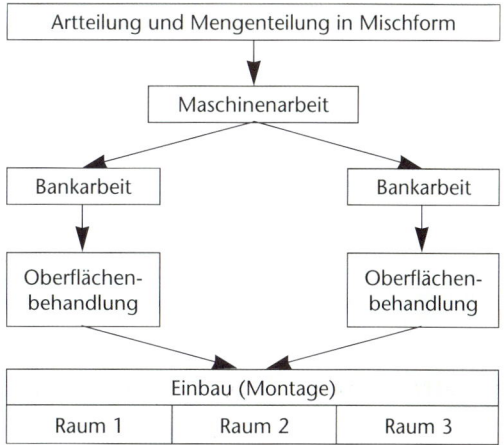

4. Arbeitsteilung in der Fertigung in Mischform von Artteilung und Mengenteilung: Bestimmte Arbeiten in der Fertigung werden von zwei oder mehreren Betriebsangehörigen nacheinander und andere Arbeiten parallel nebeneinander ausgeführt

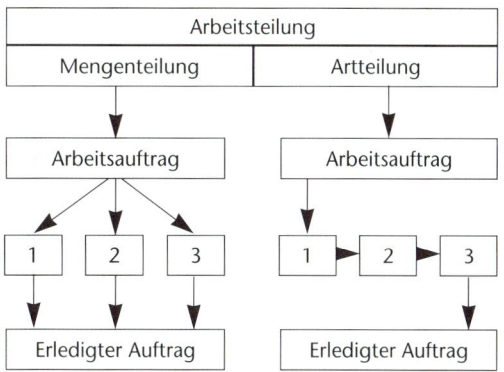

5. Arbeitsteilung in der Fertigung durch Artteilung und Mengenteilung. Bei bestimmten Aufträgen erfolgt die Arbeitsteilung nur durch Mengenteilung bei anderen nur durch Artteilung.

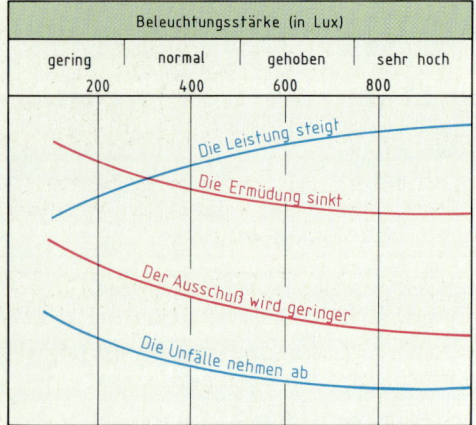

Beleuchtungsstärke (in Lux)			
gering	normal	gehoben	sehr hoch
200	400	600	800

Die Leistung steigt

Die Ermüdung sinkt

Der Ausschuß wird geringer

Die Unfälle nehmen ab

1. Gute Arbeitsplatzbeleuchtung ist sehr wichtig

Klimawerte in den Arbeitsräumen			
Art der Tätigkeit	Lufttemperatur in °C	Luftfeuchtigkeit in %	Luftbewegung in m/s
	min. max.	min. max.	max.
Leichte Handarbeit im Sitzen	18 24 20	40 70 50	0,1
leichte Arbeit im Stehen	17 22 18	40 70 50	0,2
Schwerarbeit	15 21 16	30 70 50	0,4

2. Werte für ein „behagliches" Raumklima

6.3 Humanisierung im Handwerksbetrieb

In kleinen und großen Betrieben besteht die Notwendigkeit zu rationalisieren.
So, wie es unvernünftig ist, unwirtschaftlich zu arbeiten, so ist es erst recht unvernünftig, die Arbeit nicht dem arbeitenden Menschen anzupassen, sie nicht zu humanisieren.
Die Arbeit soll im wörtlichen Sinne „vernünftig" gestaltet werden.

Rationalisieren heißt vernünftig handeln.

Der Arbeitsplatz muß richtig beleuchtet sein

Die Beleuchtung der Arbeitsplätze und die Farbgebung beeinflussen im hohen Maße die Arbeitssicherheit, die Arbeitsleistung und die Arbeitszufriedenheit.
Bild 1 zeigt, wie sich die Beleuchtungsstärke auf die Unfallgefahr und die Arbeitsleistung auswirkt. Neben der Beleuchtungsstärke ist auch die Verteilung des Lichtes auf den Arbeitsbereich wichtig. Es ist eine gleichmäßige Beleuchtung anzustreben, die starke Schattenbildung und durch die Lichtquelle oder durch Spiegelung bedingte blendende Lichtreflexe vermeidet.

Temperatur, Luftfeuchtigkeit und Luftbewegung

Das Raumklima soll behaglich sein. Was bedeutet das?
Bei schwerer körperlicher Arbeit wird eine niedrigere Temperatur und eine höhere Luftbewegung als angenehm empfunden. Bei leichter Arbeit im Sitzen hingegen soll die Temperatur höher und die Luftbewegung geringer sein. Welche Klimawerte in den Arbeitsräumen anzustreben sind, zeigt Tabelle 2.

Gesunde Umgebungseinflüsse

Ein für die Gesundheit und das Wohlbefinden des Menschen ebenfalls wichtiger Bereich ist eine durch Gase und Dämpfe unbeeinflußte Umgebung am Arbeitsplatz.
Es muß sicher nicht lange überlegt werden, wo in Tischlereien die Schwerpunkte der auch die Umwelt außerhalb des Betriebsgebäudes belastenden Umgebungseinflüsse liegen. So entstehen bei der Oberflächenbehandlung mit lösemittelhaltigen Lacken und Lasuren Dämpfe, die gesundheitsschädlich sind. Auch die Arbeit mit

Holzschutzmitteln zählt zu diesem Gefahrenbereich (Bild 3). Zu fordern ist deshalb:

Bei der Arbeit mit gesundheitsgefährdenden Stoffen sind die in der Betriebsanleitung genannten Arbeitsregeln streng zu beachten!

Zu diesen Arbeitsregeln gehört z. B.: Bei der Arbeit mit Holzschutzmitteln sind Schutzhandschuhe und – besonders in geschlossenen Räumen – Atemschutzmasken zu benutzen. Bei dieser Arbeit darf nicht gegessen, getrunken und geraucht werden!

Schafft Arbeit soziale Kontakte?
Wenn wir versuchen, diese Frage im Blick auf den Klein- und Mittelbetrieb des Handwerks zu beantworten, so wird deutlich, daß die sozialen Kontakte hier viel leichter herzustellen sind als im Großbetrieb. Die zahlenmäßig kleine Belegschaft arbeitet in überschaubaren Werkstätten, auf Bau- und Montagestellen meist im Team von zwei oder mehreren Mitarbeitern zusammen.
In den meisten Tischlereien arbeitet der Betriebsinhaber als Meister mit den Gesellen und Auszubildenden eng zusammen, indem er die Aufträge mit den Kunden bespricht, sie für die betriebliche Durchführung vorbereitet und die Erzeugnisse und Dienstleistungen selbst überprüft. Dadurch werden die Mitarbeiterinnen und Mitarbeiter an der Planung der von ihnen auszuführenden Arbeiten beteiligt. Sie erhalten nach Abschluß des jeweiligen Auftrages eine schnelle Rückmeldung. Diese kann darin bestehen, daß sie für eine gelungene Arbeit gelobt und für eine fehlerhaft oder unvollständig ausgeführte Arbeit kritisiert werden. Erfolgen Lob und Tadel in angemessen sachlicher und freundlicher Form, so können dadurch die Arbeitsfreude und das Betriebsklima verbessert werden.
Tabelle 4 gibt einen zusammenfassenden Überblick der Voraussetzungen für humane Arbeitsbedingungen.

1. Nennen Sie Voraussetzungen für humane Arbeitsbedingungen!
2. Warum ist am Arbeitsplatz auf richtige Beleuchtung zu achten?
3. Welche Bedingungen hinsichtlich Temperatur, Luftfeuchtigkeit und Luftbewegung müssen erfüllt sein, damit an einem Arbeitsplatz für schwere körperliche Arbeit ein behagliches Klima herrscht?
4. Nennen Sie Umgebungseinflüsse in Tischlereien, die für Menschen gesundheitsgefährdend sind!

3. Beim Arbeiten mit chemischen Holzschutzmitteln sind Schutzmaßnahmen, wie das Tragen von Handschuhen und Atemschutzmaske nötig

Voraussetzungen für humane Arbeitsbedingungen
Soziale Kontakte zu • Kolleginnen und Kollegen • Vorgesetzten • Kunden
Menschengerechte Gestaltung des Arbeitsplatzes dem Körper angepaßte • Stühle • Arbeitstische • Werkzeuggriffe • Bedienelemente an Maschinen und Geräten
Günstige Umgebungseinflüsse wenig Belastung durch • Dämpfe • Staub • Lärm • Luftbewegung angenehme • Helligkeit • Farbe • Temperatur • Luftfeuchtigkeit

4. Was macht menschliche Arbeit im Betrieb angenehm?

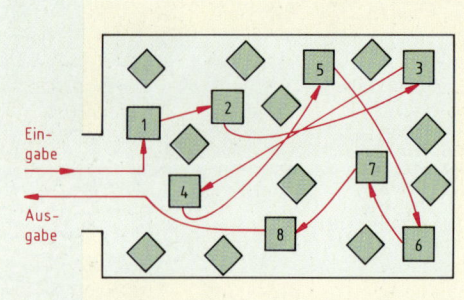

1. Werkstattraum im Ist-Zustand. Die Arbeitsplätze sind in der Reihenfolge der Ablaufabschnitte (Arbeitsgänge) numeriert; dazwischen befinden sich Flächen für das Zwischenlagern der Werkstücke und Werkstückteile.

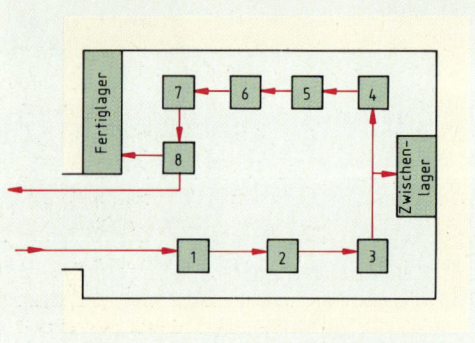

2. Werkstattraum im verbesserten Soll-Zustand. Die Arbeitsplätze liegen in der Reihenfolge der Ablaufschritte der Fertigung geordnet hintereinander.

3. Fertigungsstraße für die Möbelfertigung

6.4 Arbeits- und Betriebsorganisation – Voraussetzung für Erfolg

Die Produktionsbetriebe der freien Wirtschaft müssen wirtschaftlich arbeiten, wenn sie erfolgreich sein und ihren Mitarbeiterinnen und Mitarbeitern eine sicheren Arbeitsplatz mit angemessenem Einkommen sichern wollen.

Wirtschaftlich Arbeiten, was heißt das?
Es heißt z. B., daß unnütze Transportwege der Werkstücke und des Materials im Betrieb vermieden werden.
Bild 1 zeigt einen Werkstattraum mit acht Arbeitsplätzen, an denen in der Reihenfolge der Numerierung gefertigt wird. Warum liegen die Arbeitsplätze so ungeordnet „verstreut"?
Vielleicht wurden neue Betriebsmittel nachträglich aufgestellt oder die Fertigung wurde auf andere Produkte umgestellt. Sicher scheint zu sein, daß dieser Werkstattraum nicht planvoll eingerichtet wurde. Die Wege zwischen den einzelnen Arbeitsplätzen sind z. T. recht lang und kreuzen sich, wie die Pfeile zeigen.
Bild 2 zeigt einen Vorschlag, wie die Wege zwischen den Arbeitsplätzen abgekürzt und Überschneidungen vermieden werden können. Man kann hier von einer „fließenden Fertigung" sprechen, denn die Arbeitsplätze sind in der Reihenfolge des Fertigungsablaufs hintereinander angeordnet.

Durch eine „fließende" Fertigung können Transportzeiten eingespart und gegenseitige Behinderungen bei der Arbeit und Unfallgefahren vermindert werden. Ein Anwendungsbeispiel zeigt Bild 3.

Betriebsorganisation durch Gestalten, Planen und Steuern
Bevor ein Werkstück in einer handwerklichen Tischlerei oder in einem Industriebetrieb der Holzverarbeitung gefertigt werden kann, sind vielfältige Arbeiten der **Gestaltung** und **Planung** zu verrichten. So müssen z. B. die Werkstücke des Möbel- und Innenausbaus durch **schöpferische Formgebung** gestaltet werden, sollen sie ihren Zweck erfüllen und dem Kunden gefallen.
In der Fertigung muß der **Arbeitsablauf geplant** und müssen die **Arbeitsplätze gestaltet** werden, damit an ihnen rationell, d. h. mit vertretbarem Aufwand an Zeit, Material und Energie unter humanen Arbeitsbedingungen gearbeitet werden kann.

Sind das Gestalten und Planen der Werkstücke und der Fertigung abgeschlossen, so kann gefertigt werden. Nun setzt als übergreifende Aufgabe das **Steuern** ein: Es müssen das Bereitstellen der Produktionsfaktoren Mensch, Maschine und Material veranlaßt, Fertigungsprozesse überwacht und die gesamte Aufgabendurchführung gesteuert werden. Tabelle 4 zeigt, welch vielfältige Aufgaben den Leitbegriffen Gestalten, Planen und Steuern zugeordnet werden können.

In Großbetrieben sind für diese Aufgaben Spezialisten, d. h. Fachleute für das Gestalten, Planen und Steuern zuständig. In Klein- und Mittelbetrieben des Handwerks werden diese Aufgaben sehr oft nur vom Meister, der meist der Inhaber ist, wahrgenommen. Das kann auf die Dauer eine Überforderung einer einzelnen Person sein.

> Werden viele Beschäftigte eines Betriebes an den Aufgaben des Gestaltens, Planens und Steuerns beteiligt, so wird das Interesse am Betrieb verstärkt und der betriebliche Erfolg verbessert.

Betriebstechnik, die zentrale Aufgabe der Arbeits- und Betriebsorganisation

Tabelle 5 gibt einen zusammenfassenden Überblick zur Arbeits- und Betriebsorganisation im Produktionsbetrieb. Die hier genannten Aufgaben sind weitgehend unabhängig von der Betriebsgröße, d. h. von der Beschäftigtenzahl. Diese übergreifenden Ziele jeder Rationalisierung, **Verbessern der Wirtschaftlichkeit** und **Humanisierung der Arbeit**, müssen fortwährend angestrebt werden. Das ist erforderlich, damit der Betrieb auf Dauer seine Leistungen zu einem konkurrenzfähigen Preis anbieten und seinen Mitarbeiterinnen und Mitarbeitern einen erstrebenswerten Arbeitsplatz sichern kann. Daß diesen Fragen der Betriebstechnik bereits in der Berufsausbildung des Tischler- und Schreinerhandwerks große Bedeutung beigemessen wird, zeigen die in Tabelle 6 genannten Lerninhalte aus dem Rahmenlehrplan.

1. Nennen Sie übergreifende Ziele der Arbeits- und Betriebsorganisation!
2. Warum sollten an den Aufgaben der Betriebsorganisation Planen, Gestalten und Steuern möglichst viele Betriebsangehörige beteiligt werden?
3. Überprüfen Sie, ob in Ihrem Ausbildungsbetrieb durch eine geschickte Anordnung der Arbeitsplätze oder Betriebsmittel die Fertigung verbessert werden könnte!

Gestalten	Planen	Steuern
Schöpferisches Formgeben der Werkstücke (Erzeugnisgestaltung) Gestalten der Arbeitsplätze, des Materialflusses und der Fördermittel	Festlegen von Zielen Vorbereiten von Arbeitsaufgaben Planen des Arbeitsablaufes für die Fertigung (Arbeitsvorbereitung)	Veranlassen, Überwachen und Sichern der Aufgabendurchführung Termine festlegen und überwachen Zusammenwirken der Produktionsfaktoren steuern und überwachen

4. Betriebsorganisation durch Gestalten, Planen und Steuern

Arbeits- und Betriebsorganisation		
Humanisierung der Arbeit	← Ziele →	Verbessern der Wirtschaftlichkeit
kaufmännische Aufgaben	technische Aufgaben	personelle Aufgaben
Betriebswirtschaft	**Betriebstechnik**	Personalwirtschaft
	Fertigungs- und Arbeitswirtschaft	
Werbung Verkauf Einkauf Betriebsabrechnung Finanzierung	Betriebseinrichtung Fertigungsplanung und -steuerung Lagerhaltung	Betriebshygiene Mitarbeitereinsatz Aus- und Weiterbildung Entlohnung
	Arbeitsgestaltung, Ergonomie, Arbeitssicherheit	

5. Die Betriebstechnik im Zentrum der Arbeits- und Betriebsorganisation

Betriebstechnik (Lerninhalte)

- Produktionsablauf und Betriebseinrichtung
- Betriebsverfassungsgesetz § 90, Arbeitsstättenverordnung; Klima, Beleuchtung, Lärm
- Arbeitsablaufplanung; Einzel- und Serienfertigung (Rationalisierung), Maschinenanordnung, Transportmöglichkeiten, Transportwege
- Abschreibung, Betriebskosten, Versicherungen, Sozialaufwendungen, Steuern, indirekt produktive Löhne

6. Auszug aus dem Rahmenlehrplan für das Tischler- und Schreinerhandwerk

1. Tischlereigebäude mit Spänesilo

Maschinen	Beurteilungspegel in dB (A) 60 70 80 90 100 110 120	
Abrichthobel		Schädlicher Bereich
Dickenhobel		
Tischkreissäge		
Vielblattkreissäge		
Mehrseitenhobel		
Doppelendprofiler		
Gesteinsbohrer		
Bolzenschußgerät		
Gehörschutz erforderlich ⟶	Gefahrenbereich	

2. Lärmpegel an Holzbearbeitungsmaschinen. Als gesicherte Erfahrungswerte können angenommen werden: Länger andauernder oder wiederholter Lärm von

- 70 dB (A) belästigt den Menschen,
- 80 dB (A) belastet die Gesundheit des Menschen und ab
- 90 dB (A) schädigt das Gehör des Menschen auf Dauer.

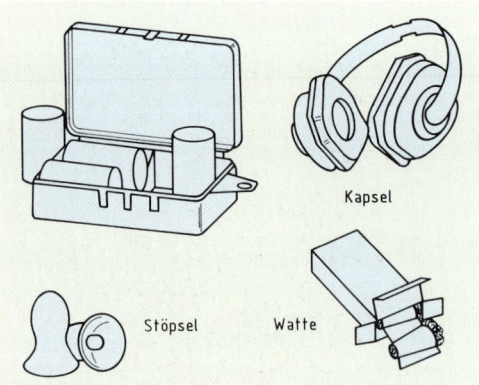

Kapsel

Stöpsel   Watte

3. Persönliche Schallschutzmittel sind ab 85 dB (A) vom Arbeitgeber zur Verfügung zu stellen und müssen ab 90 dB (A) getragen werden

6.5 Gesundheitsgefahren durch Lärm und Staub

Worin unterscheidet sich das äußere Erscheinungsbild einer Tischlerei von Betrieben anderer Fachrichtungen, z. B. von einem metallverarbeitenden Betrieb?

Ein sicheres Merkmal sind die schon aus einiger Entfernung wahrnehmbaren Maschinengeräusche. Auch weist das Betriebsgebäude oft eine schon von weitem sichtbare Besonderheit auf: den in Bild 1 rechts erkennbaren Spänesilo.

Spanabhebende Maschinen sind laut

Oft wird an mehreren Maschinen gleichzeitig gearbeitet. Dabei wird vor allem bei der spanenden Bearbeitung des Holzes mit schnelllaufenden Werkzeugen Lärm verursacht. Die Stärke des Lärmes, auch Schalldruck oder Lärmpegel genannt, wird in Dezibel A, dB (A), gemessen. Die Tabelle 2 gibt einige Beispiele für lärmverursachende Maschinen und Geräte, den von ihnen ausgehenden Lärmpegel und deren Einfluß auf den Menschen. Was kann und was muß getan werden, damit diese Einflüsse auf den Menschen ausgeschaltet oder zumindest stark abgemindert werden? Denn:

Lärmschwerhörigkeit ist nicht heilbar!

Schutz vor zu großem Lärm

Ein erster und sicher sehr wichtiger Ansatzpunkt ist die Lärmquelle selbst. Es ist beim Kauf von Maschinen auf deren Lärmentwicklung zu achten. So kann z. B. an Abrichthobelmaschinen durch kammartige Tischlippen die Lärmentwicklung vermindert werden.

Der Lärmausbreitung ist durch schalldämmende und schallschluckende Verkleidungen an Maschinen und an den Wänden und Decken der Arbeitsräume zu begegnen.

Die Wirkung solcher Maßnahmen ist begrenzt. Menschen, die sich längere Zeit in der Nähe von Holzbearbeitungsmaschinen aufhalten, die Lärm von mindestens 90 dB (A) verursachen, müssen persönlich gegen Lärm – am besten durch Schallschutzkapseln – geschützt werden (Bild 3).

Späne und Staub müssen abgesaugt werden

Betritt man den Maschinenraum einer Tischlerei, wie er im Bild 4 als Teilaufnahme gezeigt wird, so fällt auf, daß kaum Abfallspäne zu sehen sind. Diese werden mit der zentralen Absauganlage von den einzelnen Maschinen abgesaugt und über das im Fußboden oder über den Maschinen verlegte Rohrleitungssystem zu einer zentralen Sammelstelle außerhalb des Gebäudes geleitet (Bild 1).

Der Wirkungsgrad einer solchen Absauganlage kann dadurch verbessert werden, daß nur von den Maschinen Luft angesaugt wird, an denen gerade gearbeitet wird. Die anderen Maschinen sind durch geschlossene Schieber vom luftführenden Leitungssystem abzutrennen (Bild 5). Dies kann von Hand oder bei Neuanlagen verbessert durch elektrische Steuerung geschehen.

Warum müssen die beim Sägen, Fräsen, Hobeln, Bohren und Schleifen anfallenden Späne und der Staub abgesaugt werden?

Neben Störungen im Arbeitsablauf und erhöhter Brandgefahr kann besonders Schleifstaub das Wohlbefinden und die Gesundheit des Menschen erheblich beeinträchtigen.

4. Werkstattraum einer Tischlerei mit zentraler Absauganlage. Die Späne und der Staub werden von den einzelnen Maschinen abgesaugt und über ein Rohrleitungssystem zu einer zentralen Sammelstelle geleitet.

Durch gesetzliche Vorschriften ist festgelegt, daß der Grenzwert von 2 mg/m³ Gesamtstaub in der Luft nicht überschritten werden darf.

Ein erster wichtiger Schritt ist, die Staubentwicklung an den Maschinen selbst zu vermindern. Beim Kauf von Maschinen ist deshalb darauf zu achten, daß sie das GS-Zeichen „staubgeprüft" haben. Das gilt in besonderer Weise für Staubsauger, die zum Reinigen der Maschinen und Werkstätten zu verwenden sind.

Holzspäne und Schleifstaub sind wegen der besonderen Brand- und Explosionsgefahr grundsätzlich getrennt abzusaugen und zu lagern!

Da an Schleifmaschinen auch im Dauerbetrieb nicht so große Staubmengen anfallen, werden die Staubabscheider (Filter), Bild 6, auch wegen des geringeren Wärmeverlustes in der kalten Jahreszeit bevorzugt innerhalb des Werkstattgebäudes aufgestellt.

1. Warum müssen Menschen vor Lärm geschützt werden?
2. Nennen Sie die in der Holzverarbeitung üblichen persönlichen Schallschutzmittel! Welches Schallschutzmittel ist am besten geeignet?
3. Wie sollen Späne und Staub bei der maschinellen Holzverarbeitung entfernt werden?

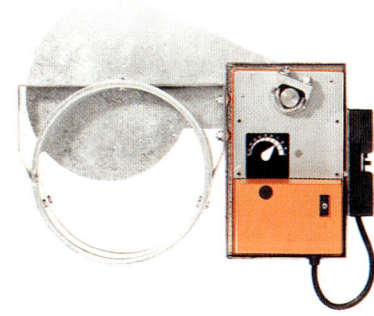

5. Absperrschieber im Rohrleitungssystem einer zentralen Absauganlage

6. Der Staubabscheider filtert den Holzstaub aus der Luft

1. *Diese Kabeltrommel ist nicht sicher. Die Steckdosen sind beschädigt und am Kabel ist die Isolierung abgerissen, so daß ein blanker Draht zu sehen ist.*

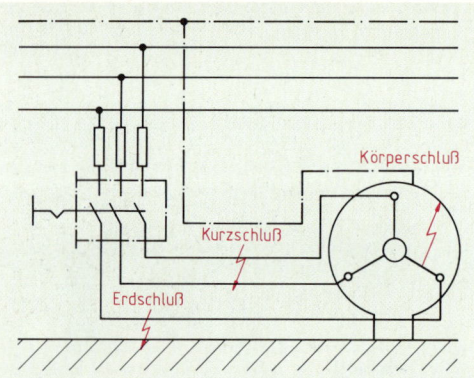

2. *Fehler in elektrischen Anlagen. **Kurzschluß:** Zwei stromführende Leitungen (Phasen) oder eine Phase und der Rückleiter berühren sich gegenseitig. **Körperschluß:** Eine Phase berührt das Metallgehäuse eines Elektrogerätes, z. B. des Motors. **Erdschluß:** Eine Phase kommt über das Gehäuse des Elektrogerätes oder eine Maschine, eine Wasser-, Gas- oder Heizungsleitung zu intensivem Erdkontakt.*

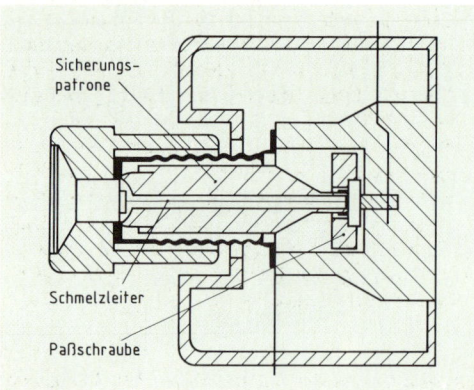

3. *Aufbau einer Schmelzsicherung*

6.6 Unfälle durch elektrischen Strom

Wie kann es dazu kommen, daß Menschen in Gewerbebetrieben durch elektrischen Strom zu Schaden kommen?

Bild 1 zeigt eine Kabeltrommel, wie sie in Gewerbebetrieben vorwiegend auf Baustellen, aber auch in den Werkstätten gebäuchlich ist. Diese als Verlängerungsleitung und als Verteilerstation für elektrische Geräte, wie Kleinmaschinen und Handlampen genutzte Kabeltrommel ist in dem abgebildeten Zustand nicht betriebssicher und darf deshalb nicht genutzt werden.

Das Berühren stromführender Leitungen ist gefährlich

Zuleitungen für elektrische Handgeräte müssen flexibel sein, damit sie sich gut bewegen lassen und bei der Arbeit nicht stören. Jede dieser Leitungen enthält in der Regel drei gegeneinander mit Kunststoffummantelung isolierte, jeweils aus vielen dünnen Drähten bestehende Metallitzen. Selbst bei größter Vorsicht und Aufmerksamkeit kann es zu einer Beschädigung der Isolierung kommen. Dann kann es für den Menschen gefährlich werden.

Bild 2 zeigt, welche Fehler in elektrischen Anlagen – dazu zählen auch die Zuleitungen zu elektrischen Geräten – auftreten können.

Kurzschluß, Erdschluß und **Körperschluß** können zur Bedrohung des Menschen und zu Brandgefahr führen.

Diesen Gefahren muß durch geeignete Sicherungsmaßnahmen entgegengetreten werden. Unbedingt erforderlich für elektrische Anlagen und Geräte ist die Absicherung des Stromkreises mit **Schmelzsicherungen** (Bild 3) oder **Sicherungs-Automaten** (Bild 4).

Durch Sicherungen wird im Stromkreis bewußt eine „schwache Stelle" angeordnet, die keine zu hohe Stromstärke zuläßt.

Die Sicherung muß ansprechen, wenn durch einen Fehler im Leitungssystem oder durch Überlastung ein stärkerer Strom fließt, als es die von einem Elektrofachmann festgelegte Sicherungsstärke zuläßt.

Schutz vor Fehlerstrom

Besondere Sorgfalt ist beim Installieren und Benutzen von Maschinen und Geräten aus Metall oder mit einem metallischen Gehäuse geboten. Wenn durch einen Fehler spannungsführende Leitungen mit dem Gehäuse in Berührung kommen, kann über den menschlichen Körper Strom fließen. Dieser Gefahr wird durch **Nullung**, **Erdung** oder durch **Fehlerstrom-Schutzschaltung** begegnet.

Nullung. Berührbare metallische Teile der Geräte werden über den **Schutzleiter** (Leitung mit gelb-grüner Ummantelung) an den Nulleiter („Rückleiter") angeschlossen. Fehlerstrom wird somit auf ungefährliche Weise abgeleitet und führt zum Abschalten des Stromkreises.

Erdung. Bei stationären Maschinen wird durch Massekontakt auftretender Fehlerstrom direkt in die Erde abgeleitet. Dafür werden wie bei der Nullung gelb-grün ummantelte Leitungen verwendet, die fest mit dem Maschinenständer verbunden sind.

Fehlerstrom-Schutzschaltung (Bild 5). Bei diesem besonderen Schutz an elektrischen Anlagen führt im Falle einer Störung der Fehlerstrom bereits in Bruchteilen einer Sekunde zum Abschalten des Gerätes.

Damit Menschen, Tiere und Sachen nicht zu Schaden kommen und auch möglichst nicht gefährdet werden, sind die in Tabelle 6 aufgeführten Regeln für den Umgang mit elektrischen Anlagen unbedingt zu beachten.

Maßnahmen bei Unfällen durch elektrischen Strom:
1. Strom abschalten!
2. Arzt rufen!

1. Erläutern Sie knapp die Absicherung elektrischer Geräte durch Nullung und Erdung!
2. Welchen besonderen Vorteil bietet ein Fehlerstrom-Schutzschalter im Vergleich zu den üblichen Schutzmaßnahmen wie Nullung und Erdung?
3. Nennen Sie allgemeine Regeln für den Umgang mit elektrischem Strom!
4. Welche ersten Maßnahmen sind bei Unfällen durch elektrischen Strom zu ergreifen?

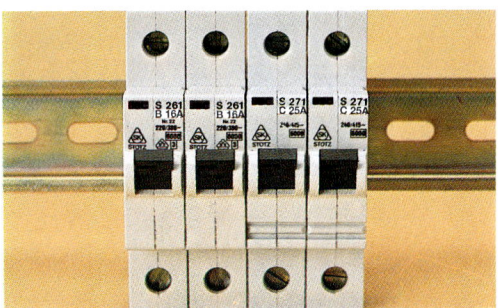

4. Sicherungsautomaten

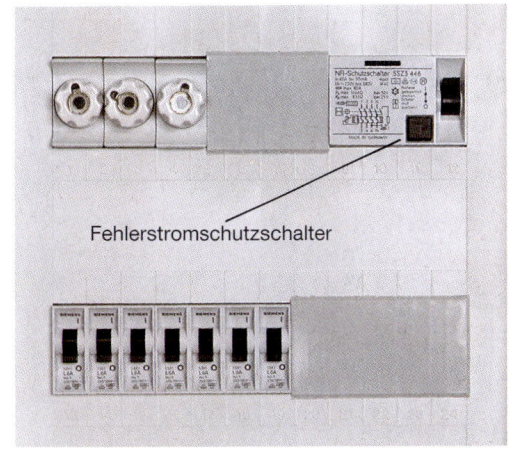

Fehlerstromschutzschalter

5. Fehlerstrom-Schutzschalter

- Das Einrichten, Ändern und Instandsetzen elektrischen Anlagen darf nur vom Elektrofachmann durchgeführt werden.
- Mängel an elektrischen Anlagen und Geräten sind sofort zu melden.
- Können Menschen, Tiere oder Sachen gefährdet werden, ist die Anlage oder das Gerät bzw. Betriebsmittel stillzusetzen. Der Bereich, in dem der Schaden aufgetreten ist, ist abzuschalten.
- Nur mängelfreie elektrische Betriebsmittel und Geräte verwenden, die den Bestimmungen des Verbandes Deutscher Elektrotechniker (VDE) entsprechen.
- Defekte Sicherungen nicht überbrücken oder flicken! Nur für den Sockel vorgesehene, passende Sicherungen mit dem Aufdruck **flink** verwenden. Andere Sicherungen, z. B. mit dem Aufdruck **träg** nur durch den Elektrofachmann einsetzen lassen.
- Nur zulässige Steckvorrichtungen und Mehrfachsteckdosen verwenden.

6. Regeln für den Umgang mit elektrischen Anlagen und Geräten

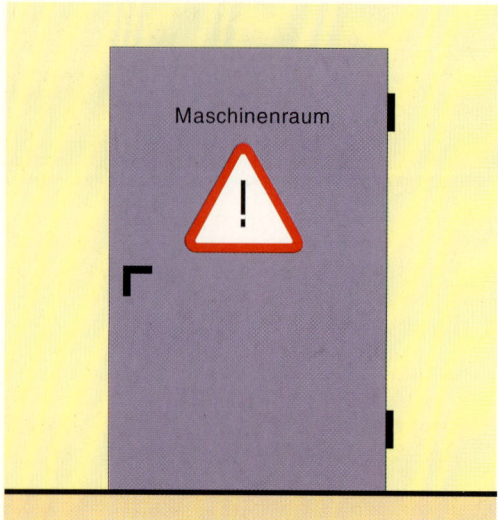

1. Der Maschinenraum ist ein Gefahrenbereich

2. Zeichen der Berufsgenossenschaften

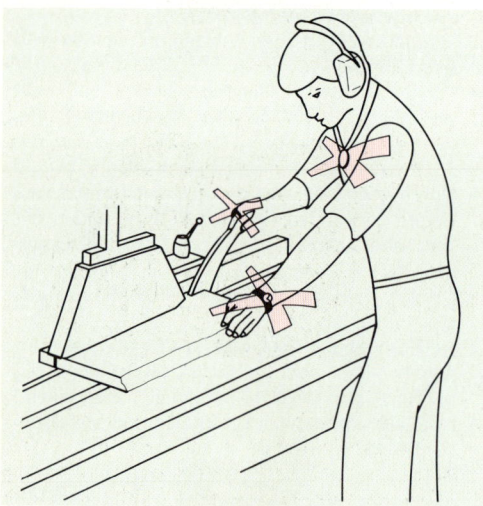

3. Schmuckstücke oder ähnliches dürfen beim Arbeiten an Maschinen nicht getragen werden!

6.7 Unfallgefahren in den Maschinenwerkstätten

Das in Bild 1 dargestellte Zeichen kennen wir als Verkehrszeichen. Aber warum wurde es hier auf der Tür zum Maschinenraum einer Tischlerei angebracht?

Vorsicht, allgemeiner Gefahrenbereich!
Bei der Arbeit in der Tischlerei gibt es Unfallgefahren. Dabei wird vor allem an die Arbeit an Holzbearbeitungsmaschinen gedacht. So betrachtet, kann der Maschinenraum als Unfallschwerpunkt des Tischlereibetriebes bezeichnet werden.
Auch im Straßenverkehr gibt es durch Verkehrsschilder gekennzeichnete Unfallschwerpunkte. Dadurch sollen die Verkehrsteilnehmer zu besonderer Vorsicht und auch zu besonderer Rücksichtnahme aufgefordert, ja geradezu ermahnt werden.
Die Arbeit in der Tischlerei, auch die Arbeit im Maschinenraum, ist nicht gefährlicher als die Teilnahme am Straßenverkehr, wenn die Unfallgefahren allen dort tätigen Menschen bekannt sind und wenn die geltenden Regeln und Vorschriften sorgfältig beachtet werden.

> Die Gefahr, beim Umgang mit Maschinen zu Schaden zu kommen, ist häufig auf Unkenntnis und Unachtsamkeit zurückzuführen.

Unfälle lassen sich vermeiden
Die häufigsten Unfallursachen sind Unaufmerksamkeit und Unkenntnis. Deshalb dürfen an den meisten Holzbearbeitungsmaschinen nur sachkundige, d. h. ausgebildete Mitarbeiterinnen und Mitarbeiter selbständig und ohne Aufsicht arbeiten. Dazu gehört nach einer in der Regel einjährigen Grundausbildung eine besondere Maschinenausbildung.

In diese Richtung zielen die Bemühungen der Berufsgenossenschaften zur Unfallverhütung (Bild 2).
Alle holzverarbeitenden Gewerbebetriebe sind Mitglieder der Holzberufsgenossenschaft (Holz BG). Dies ist durch Gesetz vorgeschrieben. Diese Berufsgenossenschaft erarbeitet und überwacht vor allem die Einhaltung der Unfallverhütungsvorschriften für Tischlereien. Sie ist Träger der Unfallversicherung und muß sofort benachrichtigt werden, wenn ein Arbeitsunfall passiert ist.

Die von den Berufsgenossenschaften festgesetzten Unfallverhütungsvorschriften (UVV) sind Mindestanforderungen für die Sicherheit am Arbeitsplatz, die unbedingt einzuhalten sind.

Die im folgenden aufgeführten allgemeinen Regeln zu Arbeitssicherheit und Unfallverhütung sind für das Arbeiten an Holzverarbeitungsmaschinen zu beachten. Die für die einzelnen Maschinen besonders geltenden Regeln zur Unfallverhütung werden bei den jeweiligen Maschinen in diesem Kapitel genannt und erläutert.

Allgemeine Regeln zur Arbeitssicherheit:

- Im Bereich der Maschinen Ordnung halten (Abfälle sofort beseitigen)!
- Eng anliegende Kleidung tragen. Keine losen Ärmel, keine Ringe (Bild 3)!
- Lange Haare dürfen nicht offen getragen werden (Bild 4).
- Personen an laufenden Maschinen nicht von hinten ansprechen (Gefahr des Erschreckens)!
- Scharfe Werkzeuge verwenden (Rückschlaggefahr)!
- Bei zusammengesetzten Werkzeugen auf sichere Messerbefestigung achten!
- Werkzeuge und verstellbare Anschläge vor dem Einschalten der Maschine gut sichern (Schrauben fest anziehen).
- Richtige Drehzahl einschalten. Die von der Berufsgenossenschaft vorgeschriebene Drehzahl auf den Werkzeugen sollte möglichst erreicht, darf aber niemals überschritten werden.
- Sich grundsätzlich seitlich zum Schneidenflugkreis (Kreissäge) oder zum Werkstück (Hobelmaschine) aufstellen (Rückschlaggefahr; Bild 5).
- Vorsicht Rückschlaggefahr, wenn mehrere Werkstücke gleichzeitig bearbeitet werden (Dickenhobelmaschine ohne gegliederte Einzugswalze, Vielblattkreissäge)!
- Nur Maschinen mit dem Zeichen für geprüfte Sicherheit verwenden (Bild 6)!

1. Welches sind die Hauptursachen für Verletzungen beim Arbeiten an Maschinen?
2. Nennen Sie fünf allgemeine Regeln für Arbeitssicherheit beim Arbeiten an Maschinen!
3. Wie soll die Kleidung beschaffen sein, die beim Arbeiten an Maschinen getragen wird?
4. Welche Aufgaben hat die Holzberufsgenossenschaft hinsichtlich der Arbeitssicherheit beim Arbeiten an Maschinen?

4. Langes Haar darf beim Arbeiten an Maschinen nicht offen getragen werden!

5. Wenn an Maschinen gearbeitet wird, ist der Aufenthalt im Gefahrenbereich zu vermeiden!

6. Zeichen für geprüfte Sicherheit. Beim Kauf von Maschinen ist darauf zu achten, daß sie diese Kennzeichnung haben. Sie wird von einer anerkannten Prüfstelle vergeben, wenn die Maschine den arbeitstechnischen Anforderungen des Gesetzes über technische Arbeitsmittel (GtA) entspricht.

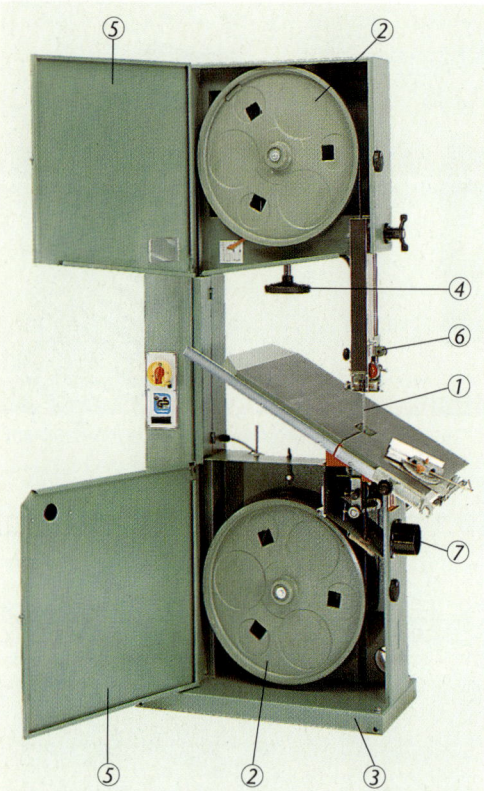

1. Bandsägemaschine mit geöffneter Verkleidung:
① Sägeblatt, ② Rollen, ③ Ständer, ④ Handrad zum Höhenverstellen der oberen Rolle und zum Spannen des Sägeblattes, ⑤ Verkleidung (geöffnet), ⑥ obere Säge-blattführung (höhenverstellbar), ⑦ Absaugstutzen

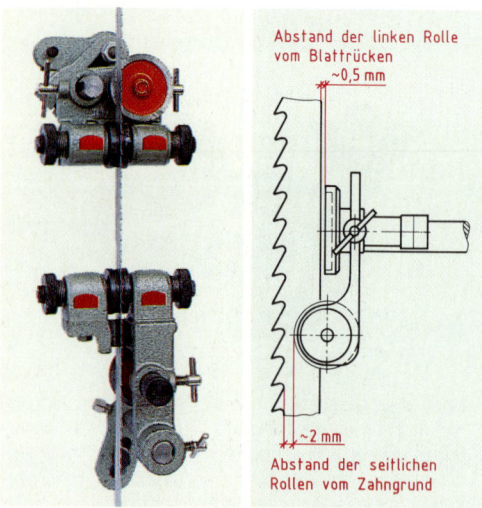

2. Die Führung des Sägeblattes

6.8 Aufbau und Einrichten der Bandsägemaschine

Die Bandsägemaschine (Bild 1) ist eine sehr viel-seitig einsetzbare Sägemaschine. An ihr möchten viele Auszubildende bereits sehr früh selbständig arbeiten, weil sie kaum Unfallgefahren vermuten. Das ist ein Irrtum, denn unsachgemäßes Arbei-ten, Unwissenheit und Mängel an der Maschine können zu ernsthaften Verletzungen führen. Wie muß die Maschine beschaffen sein, damit an ihr sicher gearbeitet werden kann?

Zweck und Aufbau der Bandsägemaschine

Bild 1 zeigt eine Maschine, bei der die Verklei-dung geöffnet ist. Im Unterschied zu den Kreis-sägemaschinen besteht das **Werkzeug** dieser Maschine nicht aus einem kreisförmigen Säge-blatt, sondern aus einem endlosen, schmalen **Sägeband**. Es können damit gerade Säge-schnitte, aber auch Schweifungen ausgeführt werden.

Bandsägemaschinen werden je nach Bedarf in unterschiedlichen Größen und Ausführungen an-geboten. Allen gemeinsam ist, daß über zwei **Rol-len** das Sägeband geführt und in Bewegung ge-setzt wird. Diese Scheiben sind in einem **Stahl-ständer** drehbar gelagert. Die untere Scheibe wird direkt oder über Keilriemen angetrieben. Die obere Scheibe kann in der Höhe verstellt wer-den. Eine kräftige Feder oder ein über einen He-bel angesetztes Gewicht drückt die Scheibe nach oben und gibt dem Sägeblatt die für das ein-wandfreie Schneiden erforderliche Spannung.

Das Sägeblatt muß geführt werden

Damit das Sägeblatt beim Sägen nicht verläuft, muß es über und unter dem Maschinentisch durch eine **Bandsägeblattführung** (Bild 2) ge-führt werden. Die obere Führung muß durch Höhenverstellen der Werkstückdicke (Schnitt-höhe) angepaßt werden, denn vor allem aus Gründen der Arbeitssicherheit gilt:

> Die Länge des freien Sägeblattes über dem Ar-beitstisch darf nur wenig größer sein als das zu bearbeitende Werkstück dick ist.

Dabei soll nicht nur der Gefahr eines versehentli-chen Berührens des laufenden Sägeblattes mit den Händen begegnet, sondern auch die Blatt-führung verbessert werden.

Da die Führung des schmalen Sägeblattes nicht völlig spielfrei sein kann, besteht immer die Gefahr, daß es vom Riß abweicht. Es ist deshalb besonders auf fachgerechtes Einstellen der Sägeblattführung (Bild 2), auf gute Schärfe und ausreichende, gleichmäßige Schränkung und auf eine angemessene Vorschubgeschwindigkeit zu achten. Zum Verbessern der Werkstückauflage befindet sich im Maschinentisch eine **Einlage**, die besonders bei Schweifarbeiten seitlich abgenutzt wird. Sie ist deshalb rechtzeitig zu erneuern. Erleichtert wird dies durch Tischeinlagen mit austauschbarem Verschleißteil, wie sie Bild 3 zeigt.

Das Sägeblatt läuft auf Bandagen

Damit die Schränkung der Sägezähne nicht beim Arbeiten zurückgedrückt und die Rollen nicht beschädigt werden, sind die Bandsägerollen, wie im Bild 4 dargestellt, mit **Bandagen** aus Kork, Gummi oder Kunststoff beklebt.

Unfallgefahr durch Ablaufen des Sägeblattes

Die Laufflächen der Rollen sind gewölbt, damit beim Einstellen der Sägeblattführung und beim Arbeiten das Sägeblatt nicht so leicht abläuft. In Schnittrichtung wird dies durch die richtig eingestellte Laufrolle der oberen Blattführung verhindert (Bild 2). Die obere Bandsägerolle läßt sich neigen. Damit kann der Lauf des Sägeblattes auf den Rollen verändert werden.

> Das Werkstück darf bei laufender Maschine nur mit äußerster Vorsicht aus dem Sägeschnitt zurückgezogen werden, weil sonst das Blatt von den Rollen ablaufen und reißen kann.

Eine besondere **Unfallgefahr** entsteht, wenn beim Arbeiten das Sägeblatt reißt und seitlich herausgeschleudert wird. Bild 5 zeigt in der Draufsicht deutlich den Gefahrenbereich, in dem sich deshalb beim Sägen niemand aufhalten darf.

1. Beschreiben Sie den Aufbau der Bandsägemaschine!
2. Warum ist vor dem Sägen mit der Bandsägemaschine grundsätzlich die obere Blattführung neu einzustellen?
3. Wozu dient die Tischeinlage?
4. Wie kann eine ausgeschlagene Tischeinlage in Ordnung gebracht werden?
5. Warum gilt der Bereich rechts neben der Bandsägemaschine als Gefahrenbereich?

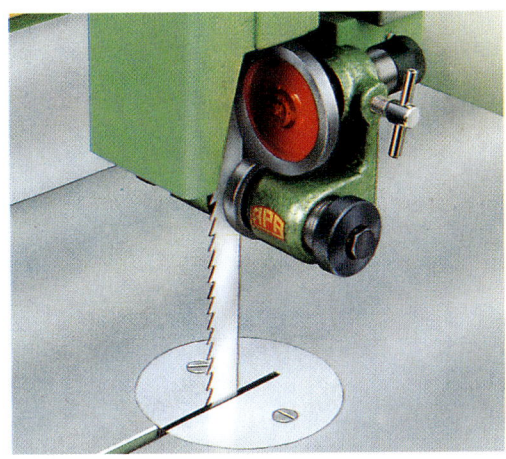

3. Tischeinlage

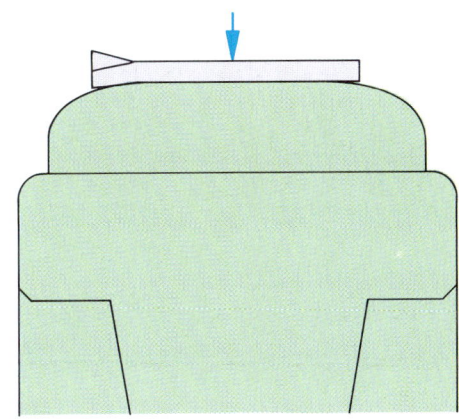

4. Bandage auf Sägerolle (Schnittdarstellung)

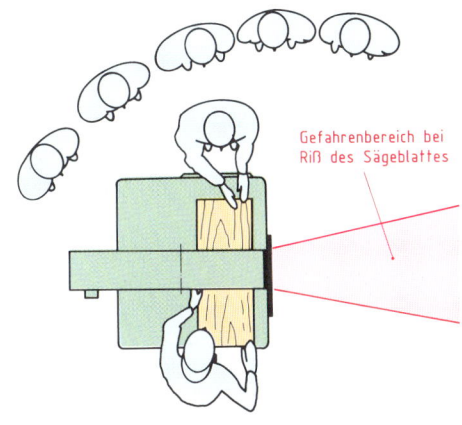

Gefahrenbereich bei Riß des Sägeblattes

5. Gefahrenbereich an Bandsägemaschinen

1. Stuhl mit geschweiften Beinen

6.9 Viele Arbeiten lassen sich mit der Bandsägemaschine ausführen

Für den in Bild 1 gezeigten Tisch sollen die Beine gefertigt werden. Da das Ausschneiden geschweifter Werkstücke mit der Handschweifsäge sehr zeitaufwendig und anstrengend ist, verwenden wir dafür die Bandsägemaschine (Bild 2). Diese Arbeit erfordert hohe Geschicklichkeit, weil das Werkstück dabei freihändig, d. h. ohne Anschlag dem Sägeblatt zugeführt werden muß. Beim Schweifen besteht die Schwierigkeit darin, daß das Werkstück beim Vorschieben seitlich gedreht werden muß. Damit das Sägeblatt nicht klemmt, ist es wichtig, die Sägeblattbreite gegebenenfalls durch einen Blattwechsel dem Schweifungsbogen anzupassen.

Sägen kleiner Werkstücke
Ein Vorzug im Vergleich zur Kreissäge ist der durch dünne Sägeblätter ermöglichte geringe Schnittverlust. Ebenfalls von Vorteil ist, daß beim Arbeiten an der Bandsäge kaum Rückschlaggefahr besteht und daß auch kleine Werkstücke ohne aufwendige Vorrichtungen dem Sägeblatt von Hand zugeführt werden können. Jedoch ist darauf zu achten, daß die Finger nicht zu dicht an das laufende Sägeblatt herankommen.

Beim Sägen an der Bandsägemaschine muß für das Zuführen kleiner Werkstücke ein Schiebestock verwendet werden.

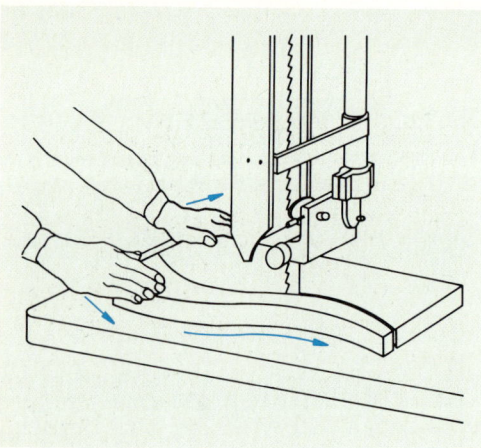

2. Schweifen mit der Bandsäge

Bretter hochkant ablängen
Sollen Bretter abgelängt werden und es steht dafür keine Kapp- oder Pendelsägemaschine zur Verfügung, so kann dies, wie Bild 3 zeigt, auch an der Bandsäge geschehen. Aus Gründen der Arbeitssicherheit ist zu beachten:

Beim Ablängen auf die Schmalseite gestellter Bretter hat der Schnitt stets an der unteren Werkstückkante zu beginnen.

Dadurch wird verhindert, daß das Werkstück beim Sägen in das Sägeblatt hineinkippen kann.

Rundstab ablängen
Eine Arbeit mit besonderer Unfallgefahr, ist das in Bild 4 gezeigte Rundholzschneiden. Damit das Werkstück beim Sägen nicht in das Sägeblatt hineingezogen werden kann, gilt für diese Arbeiten:

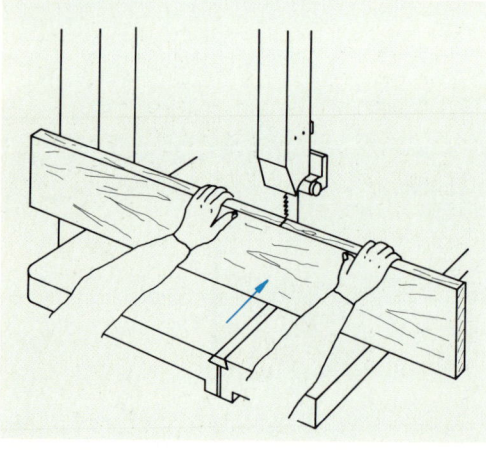

3. Bretter können mit der Bandsäge hochkant abgelängt werden

Zylindrische Werkstücke dürfen niemals freihändig vorgeschoben werden.

Mittels einer geeigneten Vorrichtung läßt sich das Werkstück dem Sägeblatt sicher zuführen. Dies kann eine Keilstütze oder bei wiederkehrenden Arbeiten eine dem Werkstückdurchmesser angepaßte Keillade sein.

Auftrennen dicker Werkstücke
Obwohl die Bandsäge im Vergleich zu den stationären Kreissägemaschinen nur mit einem Motor geringer Leistung ausgestattet ist, können damit, wie Bild 5 zeigt, auch dicke Werkstücke bearbeitet, d. h. aufgetrennt werden. Das Auftrennen schmaler, hoher Werkstücke nach Riß kann mit Hilfe eines Anlegewinkels erleichtert werden. Sollen mehrere Werkstücke mit gleicher Breite zugeschnitten werden, so lohnt es, das den meisten Bandsägemaschinen als Vorrichtung bzw. Zubehör mitgelieferte Anschlaglineal am Maschinentisch links vom Sägeblatt aufzuspannen. Dieser dem Parallelanschlag an Tischkreissägemaschinen vergleichbare Anschlag kann auf einer Führungsschiene in der Breite verstellt und festgeklemmt werden.

Kreisschneiden
Für besondere Aufgaben kann die sonst beim freihändigen Schneiden nur geringe Schnittgüte durch Vorrichtungen zum Führen des Werkstückes wesentlich verbessert und der erforderliche Zeitbedarf gesenkt werden (Bild 6). Das Werkstück wird dabei auf einer Vorrichtung festgeklemmt, die auf dem Maschinentisch im Mittelpunkt des Kreises drehbar gelagert ist. Das Werkstück kann auch durch Nagelspitzen gegen Verrutschen gesichert werden.

1. Warum muß vor Beginn von Schweifarbeiten meist das Sägeblatt gewechselt werden?
2. Für welche Arbeiten an der Bandsägemaschine ist ein Schiebestock zu verwenden?
3. Warum hat beim Ablängen von Brettern an der Bandsägemaschine der Sägeschnitt stets an der unteren Werkstückkante zu beginnen?
4. Beschreiben Sie das Auftrennen schmaler, hoher Werkstücke an der Bandsägemaschine!
5. Wie kann verhindert werden, daß ein zylindrisches Werkstück beim Ablängen an der Bandsägemaschine in das Sägeblatt hineingezogen wird?

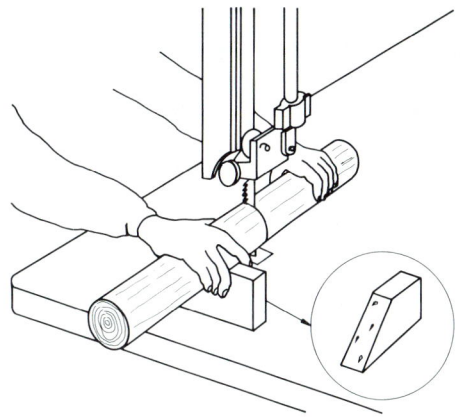

4. Rundstabablängen mit der Bandsäge

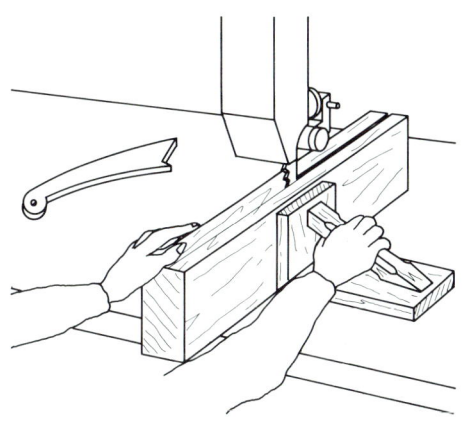

5. Auftrennen dicker Werkstücke mit der Bandsäge

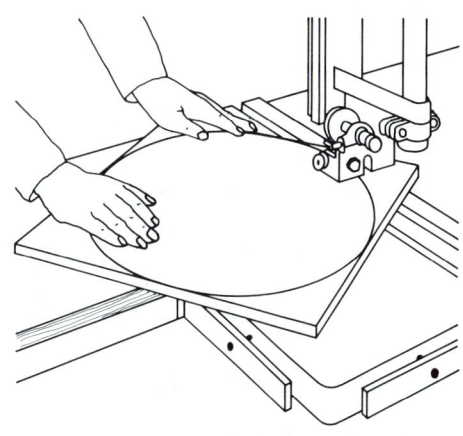

6. Sägen mit einer Kreisschneidevorrichtung

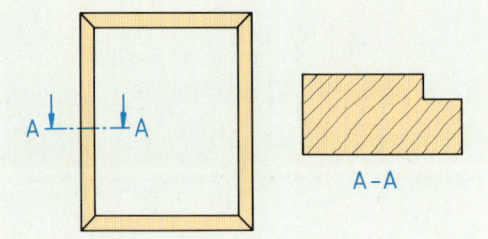

1. Dieser Bilderrahmen soll aus Vollholz gefertigt werden

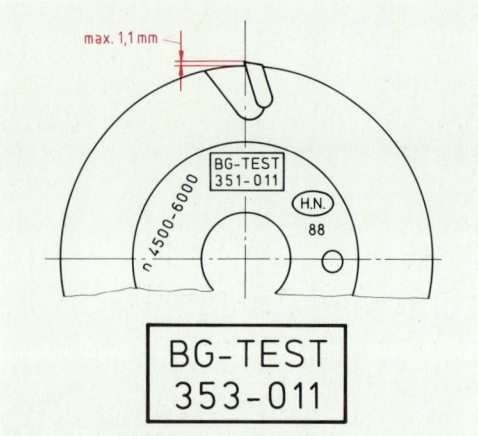

2. Fräswerkzeug mit BG-Test-Prüfzeichen

3. Tischfräsmaschine ① Fräsdorn (Werkzeugträger);
② Maschinenständer, ③ Eltanschluß, ④ Anschlag,
⑤ Handrad zum Höhenverstellen von Spindel, Fräsdorn
und Werkzeug, ⑥ Schaltpult

6.10 Die Tischfräsmaschine – Fräsen mit Handvorschub

Die Rahmenteile für einen Bilderrahmen sollen für die Aufnahme und Befestigung des Bildes einen Innenfalz erhalten (Bild 1). Die Rahmenteile sind nur 25 mm breit und sollen mit Handvorschub gefräst werden.

Fräswerkzeug

Als Werkzeug müssen wir aus Gründen der Arbeitssicherheit nach den Vorschriften der Holzberufsgenossenschaft ein **BG-TEST-Werkzeug** verwenden. Der in Bild 2 gezeigte Falzfräser, auch Falzkopf genannt, ist ein BG-TEST-Werkzeug. Es erfüllt die folgenden Forderungen:

> Für den Handvorschub geeignete Werkzeuge müssen **rückschlagarm** sein. Dies wird erreicht durch **Spandickenbegrenzung** auf höchstens 1,1 mm, weitgehend **kreisrunde Form** und **engbegrenzte Spanlückenweite.**

Die Fräsmaschine wird gerüstet

Der Falzfräser wird auf dem **Werkzeugträger**, dem Fräsdorn (Bild 3), möglichst tief aufgespannt. Wir legen deshalb nur einen Zwischenring unter das Werkzeug. Es wird vor allem wegen der geringeren Verletzungsgefahr von unten gefräst (Bild 4, rechts). Als Fräsdorn wird für diese Arbeit ein Kurzdorn von mindestens 30 mm Durchmesser verwendet. Dieser wurde in die Maschinenwelle, die **Frässpindel**, eingesetzt.
Die Spindel wird über Treibriemen von einem im **Maschinenständer** eingebauten polumschaltbaren Motor angetrieben. Die bei Tischfräsmaschinen üblichen polumschaltbaren Motoren können von einer Grunddrehzahl von etwa 1500 Umdrehungen pro Minute auf die doppelte Drehzahl und damit etwa 3000 1/min umgeschaltet werden. Da bei den meisten Maschinen auch durch Umlegen des Riemens die Drehzahl verändert werden kann, ergeben sich in der Regel vier unterschiedliche Drehzahlen, z. B. 3000; 4500; 6000 und 9000 1/min.

Welche Drehzahl ist zu wählen?

Ein wichtiger Anhaltspunkt für die Wahl der geeigneten Werkzeugdrehzahl ist die **Schnittgeschwindigkeit**. Beim Bearbeiten von Vollholz ist eine Schnittgeschwindigkeit von mindestens 45 Meter pro Sekunde (m/s) anzustreben, damit auch beim Fräsen gegen die Faser das Holz nicht ausreißt. Arbeiten wir mit dem in Bild 2 gezeigten Fräser, so ist mit der aufgeprägten Drehzahl von 6000 1/min, mindestens aber mit 4500 1/min zu arbeiten, denn es gilt:

> Die auf Fräserwerkzeugen mit dem Prüfstempel der Holz-BG angegebene Drehzahl soll möglichst erreicht, sie darf aber nicht überschritten werden.

Sind zwei Drehzahlen angegeben, so darf die kleinere nicht unterschritten werden. Eine geringere Drehzahl kann zu Holzausrissen und Rückschlaggefahr führen. Für eine höhere Drehzahl ist das Werkzeug nicht zugelassen.

Unfallgefahren – Unfallverhütungsvorschriften

Die Hauptunfallgefahr beim Fräsen mit Handvorschub ist das Berühren des rotierenden Werkzeuges mit den Händen. Um dieser Gefahr vorzubeugen, ist das Werkzeug hinter dem Anschlag bis auf die Spanauswurföffnung (Absaugstutzen) vollständig und vor dem Anschlag durch Vorrichtungen soweit zu verkleiden, daß ein Berühren des Werkzeuges beim Arbeiten und im Leerlauf weitgehend ausgeschlossen ist. Wir wählen die in Bild 5 dargestellte Führung des Werkstückes durch Druckkämme. Beim Fräsen dünner und schmaler Werkstücke wird durch diese Vorrichtung ein Zurückfedern verhindert, d. h. das Werkstück wird fest gegen den Anschlag und den Maschinentisch gedrückt. Durch die stets schräg nach vorn gerichteten Kämme wird außerdem das Zurückschlagen des Werkstückes verhindert.

Werden beim Handvorschub-Fräsen von Werkstücken keine Druckkämme angesetzt, so können dafür auch Bogendruckfedern aus Holz (Bild 6) oder ein von oben auf den Anschlag aufgesteckter Handabweisbügel verwendet werden. Diese Technik kann bei Werkstücken mit größeren Querschnittflächen und beim Rahmenfräsen (Außenprofil) angewendet werden.

1. Welche Forderungen müssen Fräswerkzeuge für Handvorschub erfüllen?
2. Welche Bedeutung hat der Stempel „BG-TEST" auf Fräswerkzeugen?
3. Auf einem Fräswerkzeug sind zwei Drehzahlen angegeben. Warum darf die kleinere Drehzahl nicht unterschritten und die größere nicht überschritten werden?
4. Warum ist beim Profilieren grundsätzlich von unten zu fräsen, wie es Bild 4 rechts zeigt?

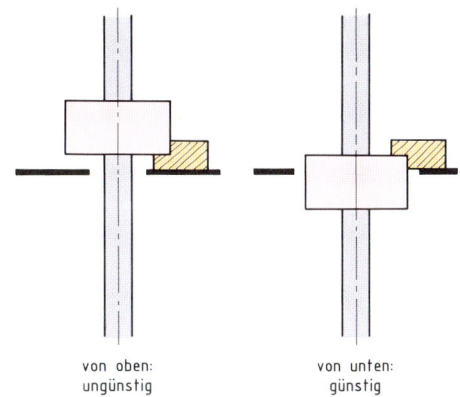

von oben: ungünstig   von unten: günstig

4. Wenn von unten gefräst wird, verdeckt das Werkstück das Werkzeug

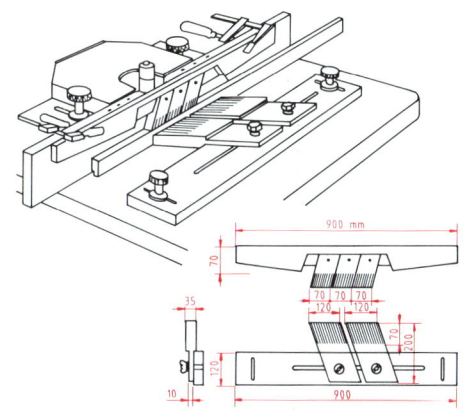

5. Das Werkstück wird durch Druckkämme geführt

Die Maßangaben sind Richtwerte.

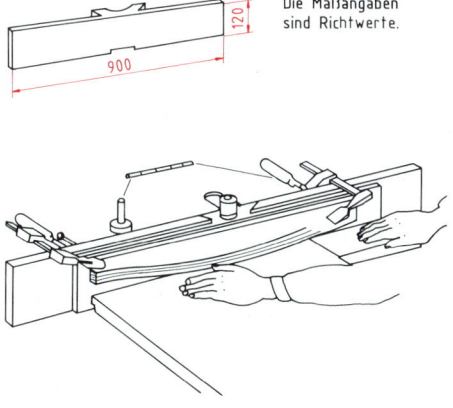

6. Das Werkstück wird durch eine Bogendruckfeder fest auf den Maschinentisch gedrückt

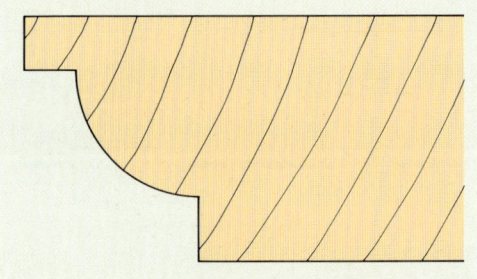

1. Kranz- und Sockelprofil an einem Kleiderschrank

*2. Fräsen mit dem Vorschubapparat an der Tischfräs-
maschine*

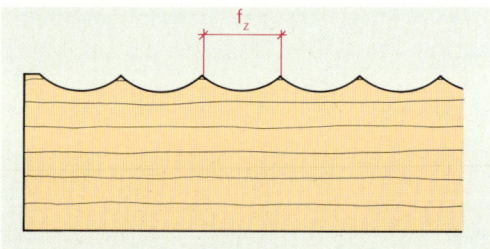

Wird mit einem zweischneidigen Werkzeug (z = 2),
einer Drehzahl des Werkzeuges von 6000 1/min und
einer Vorschubgeschwindigkeit von 9 m/min gearbeitet, so beträgt die Länge des Messerschlagbogens
$f_z = 0{,}75$ mm.

$$f_z = \frac{v_f \cdot 1000}{n \cdot z} \qquad f_z = \frac{9 \text{ m/min} \cdot 1000 \text{ mm/m}}{6000 \text{ 1/min} \cdot 2}$$

$$f_z = \mathbf{0{,}75 \text{ mm}}$$

*3. Länge des Messerschlagbogens mit einem Rechen-
beispiel*

6.11 Fräsen an der Tischfräsmaschine mit dem Vorschubapparat

Für einen Schrank aus Vollholz sollen an Kranz
und Sockel das in Bild 1 gezeigte Profil gefräst
werden. Wir verwenden für diese Arbeit den Vorschubapparat. Es sollte an der Tischfräsmaschine
nur in begründeten Ausnahmefällen ohne Vorschubapparat gearbeitet werden.

Warum soll mit dem Vorschubapparat gearbeitet werden?
Mit dem Vorschubapparat, wie er in Bild 2 gezeigt wird, kann an der Tischfräsmaschine sicherer, genauer und dazu noch schneller und mit geringerer Kraftanstrengung gearbeitet werden.
Der Vorschubapparat ermöglicht es, die Werkstücke gleichmäßig, mit einer festgelegten Ge-
schwindigkeit vorzuschieben. Dadurch wird erreicht, daß die Wellenmarkierungen, d. h. die Länge der Messerschlagbögen genau gleich werden
und daß bei einer guten Abstimmung von Drehzahl des Werkzeuges und Vorschubgeschwindigkeit eine saubere Oberfläche erzielt wird.
Messerschlagbögen bis $f_z = 1{,}0$ mm Länge gelten
beim Hobeln und Fräsen als gutes Arbeitsergebnis (Bild 3).

Werkzeuge für das Fräsen mit dem Vorschubapparat
Diese Vorschubart wird nach den Vorschriften
der Holz-BG als Handvorschub bezeichnet und
damit gilt:

Beim Fräsen mit dem Vorschubapparat sind
ausnahmslos für den Handvorschub zugelas-
sene rückschlagarme Werkzeuge, d. h. BG-
TEST-Werkzeuge zu verwenden.

Der Antrieb des Vorschubapparates
Der Vorschubapparat wird mit einem Elektromo-
tor angetrieben und ist mit einem Schaltgetriebe
oder einem stufenlosen Getriebe ausgestattet, so
daß die gewünschte Vorschubgeschwindigkeit
eingestellt werden kann.

Arbeiten mit dem Vorschubapparat
Beim Einrichten des Vorschubapparates ist darauf
zu achten, daß das Werkstück fest auf den Maschinentisch und gegen den Anschlag gedrückt
wird. Er ist deshalb stets um etwa 5 bis 10 mm
gegen die Vorschubrichtung geneigt einzustellen
(Bild 4).

Fräsen mit geneigter Spindel

Wird das in Bild 1 gezeigte Profil mit senkrechter Spindel gefräst, so wird dafür ein Fräser mit großem Durchmesser benötigt, weil das Profil weit ausladend, d. h. recht breit ist. Das ist ungünstig, weil dann der Schneidenflugkreis sehr unterschiedlich ist. Das kann zu unbefriedigenden Arbeitsergebnissen (ungleichmäßige Wellenmarkierung und unsaubere Oberfläche) und zu erhöhter Werkzeugstumpfung führen. Das gilt besonders für Profilbereiche, die rechtwinklig zur Drehachse des Werkzeuges liegen. Für diese Arbeiten ist es vorteilhaft, wenn die Tischfräsmaschine eine schwenkbare Spindel besitzt, wie es das Beispiel in Bild 5, rechts, zeigt.

Obwohl viele neue Tischfräsmaschinen mit einer neigbaren Spindel ausgerüstet sind, wird diese verbesserte Arbeitsweise in der betrieblichen Praxis oft nicht angewendet, weil die dafür erforderlichen speziellen Fräsmesser meist nicht vorhanden sind.

Fräsen in Hockkantstellung

Wie Bild 6 zeigt, kann der Vorschubapparat auch verwendet werden, wenn Werkstücke in Hochkantstellung gefräst werden müssen, wie es zum Beispiel beim Nuten von Schubkastenseiten und Schubkastenvorderstücken erforderlich ist. Die federnd gelagerten Transportwalzen drücken dabei gegen den Anschlag. Durch die 5 bis 10 mm Schrägstellung wird das Werkstück auch bei dieser Arbeitsweise fest auf den Maschinentisch gedrückt.

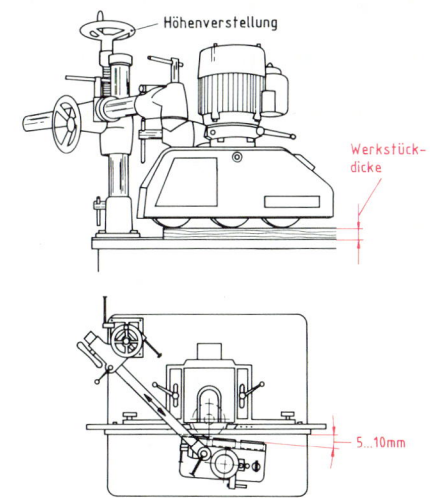

4. Einstellen des Vorschubapparates

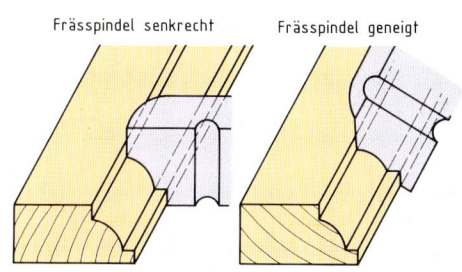

5. Fräsen mit senkrechter (links) und mit geneigter (rechts) Spindel

1. Für welche Arbeiten an der Tischfräsmaschine sollte der Vorschubapparat verwendet werden?
2. Welche Werkzeuge sind nach den Unfallverhütungsvorschriften (UVV) der Berufsgenossenschaft beim Fräsen mit dem Vorschubapparat zu verwenden?
3. Berechnen Sie die Länge des Messerschlagbogens f_z für das Fräsen mit einem zweischneidigen Werkzeug, einer Drehzahl von 4500 1/min und einer Vorschubgeschwindigkeit von 6 m/min!
4. Mit einem zweischneidigen Werkzeug soll bei einer Drehzahl von 6000 1/min die Länge der Messerschlagbögen 1,0 mm betragen. Berechnen Sie die Vorschubgeschwindigkeit.
5. Worauf ist beim Aufsetzen des Vorschubapparates zu achten, damit das Werkstück fest gegen den Anschlag gedrückt wird?
6. Beschreiben Sie das Fräsen von Werkstücken in Hochkantstellung mit Hilfe des Vorschubapparates!

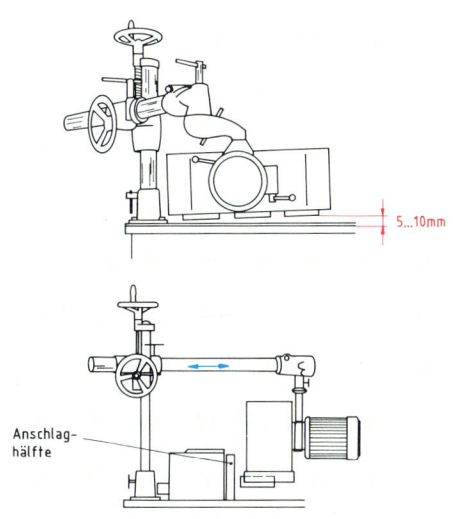

6. Hochkantfräsen mit dem Vorschubapparat

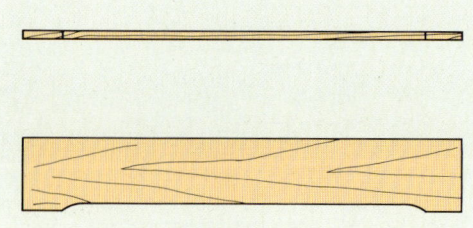

1. Werkstück zum Einsetzfräsen

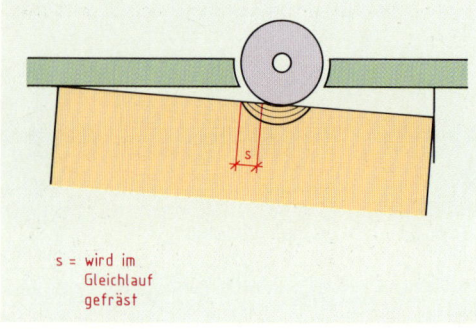

s = wird im
Gleichlauf
gefräst

2. Beim Einsetzfräsen muß ein Stück im Gleichlauf gefräst werden

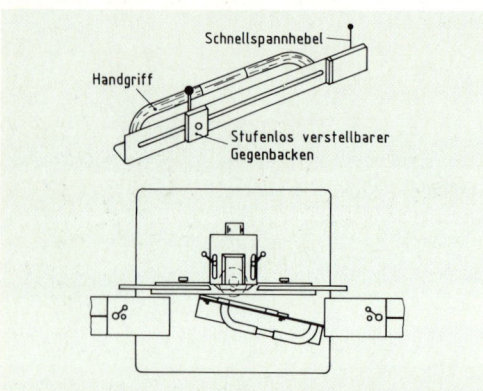

3. Einsetzfräsen kurzer Werkstücke mit einer Spannlade

6.12 Arbeiten an der Tischfräsmaschine mit besonderen Anforderungen an die Arbeitssicherheit

Das in Bild 1 dargestellte Werkstück soll ein nicht durchlaufendes Längsprofil erhalten.
Wie kann diese Einsetzfräsung ohne besondere Unfallgefahr durchgeführt werden?

Einsetzfräsen

Diese Arbeitsaufgabe weist zwei besondere Schwierigkeiten auf:
• Das Werkstück muß beim Beginn der Fräsung eingesetzt, d. h. gegen den Anschlag eingeschwenkt und am Ende vom Anschlag weg ausgeschwenkt werden.
• Diese Arbeit kann deshalb nicht mit dem Vorschubapparat, sondern muß von Hand ausgeführt werden.

Beim Einsetzfräsen muß ein Stück im Gleichlauf gefräst werden (Bild 2). Dadurch werden von den Werkzeugschneiden große Schnittkräfte gegen die Vorschubrichtung auf das Werkstück übertragen, die zu Rückschlaggefahr führen.

> Beim Einsetzfräsen muß mit Rückschlagsicherung gearbeitet werden!

Kürzere Werkstücke sollten beim Einsetzfräsen auf einer Spannlade befestigt und damit sicher dem Werkzeug zugeführt werden (Bild 3).
Bei **Einsetzfräsarbeiten an längeren schlanken Werkstücken** kann eine Vorrichtung verwendet werden, die mit einem Drehbeschlag am Anschlag auf dem Maschinentisch befestigt wird. Das sichere Führen des Werkstückes wird hier durch den auf der Vorrichtung befestigten Druckkamm erreicht (Bild 4, rechts).
Für **flächige Werkstücke**, wie Möbeltüren und

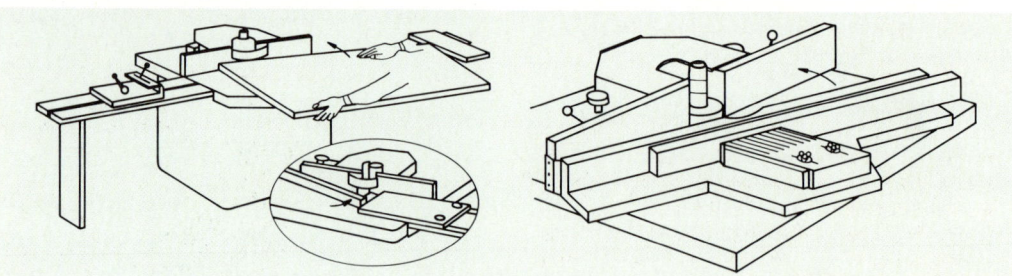

4. Einsetzfräsen langer Werkstücke mit Anschlägen an Tischverlängerung (links) und mit Druckkamm auf einschwenkbarer Vorrichtung (rechts)

Korpusteile, können die Längsanschläge auf einer Tischverlängerung befestigt werden. Diese müssen fest mit dem Maschinentisch verbunden sein (Bild 4, links).

Fräsen von geschweiften Werkstücken – Vorsicht – Verletzungsgefahr!

An der Bandsäge ausgeschnittene geschweifte Stuhlbeine (Bild 5) sollen an der Fräsmaschine nachgearbeitet, d. h. auf Maß gefräst werden. Da es sich um mehrere gleiche Werkstücke handelt, wird dafür eine Schablone angefertigt.

Fräsen am Anlaufring

Beim Fräsen wird die Schablone, wie es Bild 6 zeigt, an einem Anlaufring geführt. Der Anlaufring ist ein auf dem Fräsdorn direkt über oder unter dem Werkzeug angeordneter drehbar gelagerter Ring. Bei dieser Fräsarbeit kann das Werkzeug, wie es die Bilder 6 bis 8 zeigen, nur von oben und zum Teil von hinten verkleidet werden. Deshalb ist diese Arbeit gefährlich.

> Beim Fräsen mit Anlaufring ist das sichere Führen des Werkstückes oberstes Gebot!

Das einfachste Verfahren zeigt Bild 6. Dabei wird die Schablone von oben auf das Werkstück gedrückt und durch Nagelspitzen gegen seitliches Verrutschen gesichert. Die Hände müssen beim Arbeiten stets an der dem Werkzeug abgewandten Schablonenkante gehalten werden.
Sicherer, und deshalb besser, ist die in Bild 7 dargestellte Fräsvorrichtung. Hier wird das Werkstück von oben auf die Schablone gespannt. Die Spannhebel können beim Vorschieben als sichere Griffe dienen.
Das beste, weil sicherste Verfahren, zeigt Bild 8, denn dabei erfolgt der Vorschub des Werkstückes mit dem Vorschubapparat.

1. Welche besondere Unfallgefahr besteht beim Einsetzfräsen?
2. Beschreiben Sie das sichere Einsetzfräsen kurzer Werkstücke!
3. Wie kann beim Einsetzfräsen langer Werkstücke die Gefahr des Rückschlagens ausgeschlossen werden?
4. Bei welcher Arbeit an der Tischfräsmaschine wird das Werkstück am Anlaufring geführt?
5. Welche besondere Unfallgefahr besteht beim Fräsen am Anlaufring. Nennen Sie eine wichtige Regel für die Arbeitssicherheit!
6. Beschreiben Sie das Fräsen am Anlaufring mit einer Schablone!

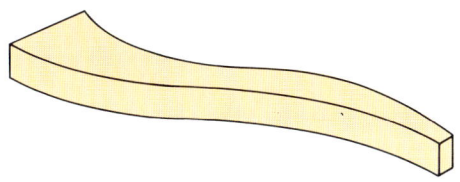

5. Mit der Bandsäge ausgeschnittenes geschweiftes Stuhlbein

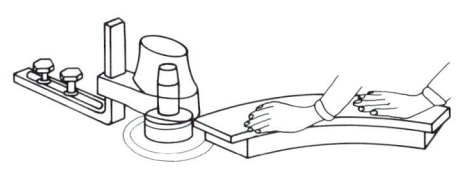

Anlaufring oben   überstehende Stiftschablone

6. Fräsen am Anlaufring mit Stiftschablone auf dem Werkstück

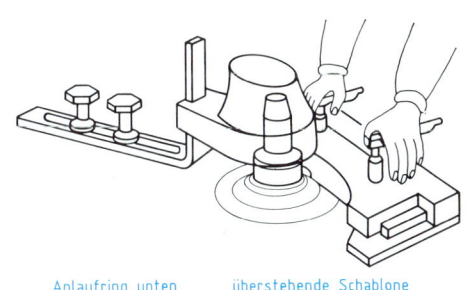

Anlaufring unten   überstehende Schablone

7. Fräsen am Anlaufring mit Spannvorrichtung auf der Frässchablone unter dem Werkstück

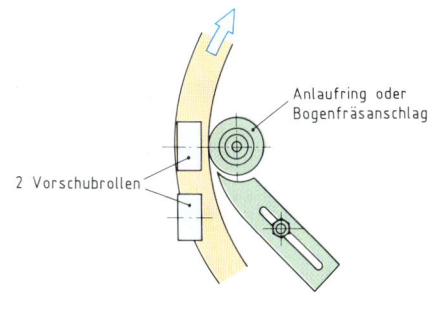

Anlaufring oder Bogenfräsanschlag

2 Vorschubrollen

8. Fräsen am Anlaufring mit Vorschubapparat

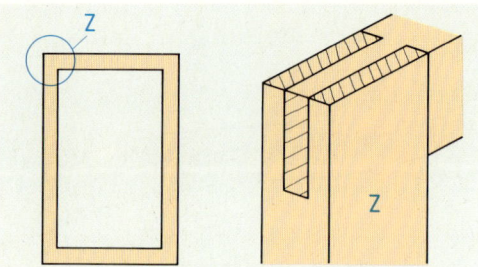

1. Rahmen mit Schlitz-Zapfen-Verbindung

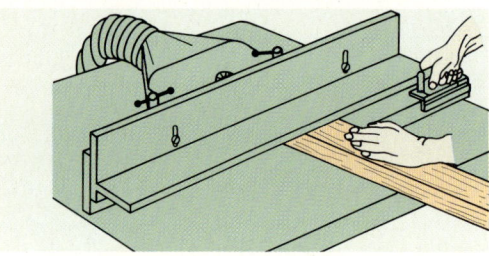

2. Anfräsen von kurzen Zapfen an kleinen Werkstücken („Nutzzapfen") mit der Fräsmaschine

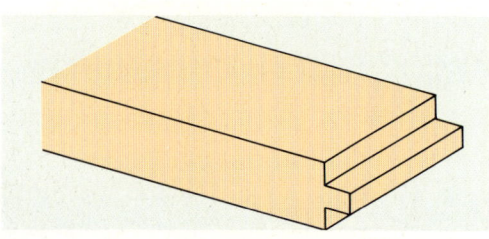

3. Werkstück mit kurzem Zapfen als Zwischenstück für einen Rahmen

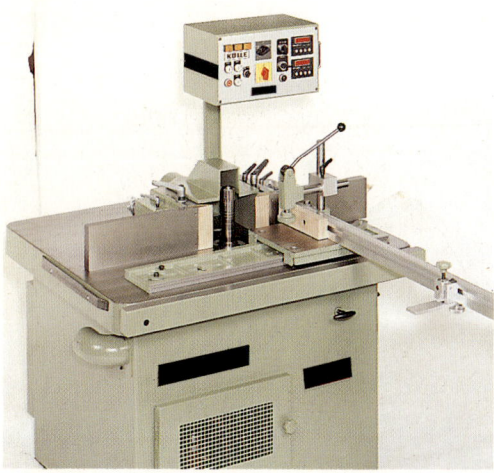

4. Fräsmaschine mit einem Schiebeschlitten als abnehmbarer Zusatzeinrichtung

6.13 Zapfenschneiden und Schlitzen

Bild 1 zeigt einen Rahmen mit Schlitz-Zapfen-Verbindung.

Wie können die im Rahmenbau vorherrschenden Schlitz-Zapfen-Verbindungen rationell, d. h. mit vertretbarem Zeitaufwand, paßgenau und bei geringer Unfallgefahr ausgearbeitet werden? Diese Frage kann auf sehr unterschiedliche Weise beantwortet werden, je nachdem, ob es sich beim Fertigen der Rahmen um Werkstückteile des Möbel- und Innenausbaus oder um Bautischlerarbeiten, wie Fenster und Haustüren handelt. Sicher spielt auch die Art des Betriebes, ob vielseitige Bau- und Möbeltischlerei oder spezialisierter Fensterbaubetrieb, eine wichtige Rolle.

Schlitzen an der Tischfräsmaschine

Bild 2 zeigt, wie an einer Tischfräsmaschine mit geringem Aufwand an Vorrichtungen kurze, schlanke Werkstücke quer zur Faser profiliert werden können.

Bei dieser im Handvorschub auszuführenden Fräsarbeit können die Werkstücke leicht verkanten. Das führt zu schlechter Passung der Verbindung und macht in der Regel Nacharbeit erforderlich. Aus diesen Gründen wird auf diese einfache Weise nur geschlitzt, wenn nur kurze Zapfen anzufräsen sind und wenn keine hohen Anforderungen an die Paßgenauigkeit gestellt werden. So können z. B. als Unterkonstruktionen zu verwendende Rahmen für Wandverkleidungen gefertigt werden (Bild 3).

Schlitzen an der Tischfräsmaschine mit Schiebeschlitten oder Rolltisch

Mit der in Bild 4 gezeigten Tischfräsmaschine und einer Zusatzeinrichtung können Rahmenteile mit kleiner Querschnittfläche sicher und genau bearbeitet werden. Das auf genaue Länge geschnittene Rahmenteil wird dabei auf einen Schiebeschlitten gespannt und mit diesem dem rotierenden Werkzeug zugeführt. Sollen auf diese Weise längere Werkstücke endprofiliert werden, so kann durch einen parallel zur Vorschubrichtung aufgestellten Bock die Arbeit erleichtert und das Abkippen des Werkstückes verhindert werden. Sonst wäre bei einer solchen Arbeit eine zweite Person erforderlich.

Sind häufig solche Fräsarbeiten auszuführen, so eignet sich dafür besser eine Tischfräsmaschine mit einem Rolltisch. Das Werkstück kann so mit geringerer Kraftanstrengung sicher dem Werkzeug zugeführt werden (Bild 5).

Beim Fräsen von Schlitz-Zapfen-Verbindungen sollten die Rahmenhölzer mit einem Schiebeschlitten oder einem Rolltisch sicher geführt werden.

Schlitzen mit der Zapfenschneide- und Schlitzmaschine

Für schwere Zapfenschneide- und Schlitzarbeiten, wie sie vor allem im Fenster- und Türenbau erforderlich sind, eignet sich gut die in Bild 6 dargestellte Maschine. Sind die Maschinen der Bilder 2, 4 und 5 noch reine Fräsmaschinen, so handelt es sich hier um eine Kombination aus einer Kreissäge- und einer Tischfräsmaschine. Damit können die grob abgelängten Rahmenteile in einem Arbeitsgang mit der Kreissäge auf genaue Länge geschnitten und mit dem Schlitzwerkzeug geschlitzt werden.

5. Fräsmaschine mit einem Rolltisch

Das Schlitzwerkzeug besteht aus mehreren zu einem **Werkzeugsatz** verbundenen Einzelwerkzeugen, die im Vergleich zu anderen Werkzeugen einen großen Durchmesser haben (Bild 7). Es darf deshalb damit nur mit einer vergleichsweise geringen Drehzahl gearbeitet werden, weil der große Durchmesser zu hohen Schnittgeschwindigkeiten führt.

Zu hohe Schnittgeschwindigkeiten haben zu große Fliehkräfte zur Folge.

Dadurch können sich von zusammengesetzten Werkzeugen Teile lösen, die zu gefährlichen Geschossen werden. Wird die Drehzahl eines Werkzeuges verdoppelt, so wachsen die Fliehkräfte im Werkzeug auf das Vierfache.

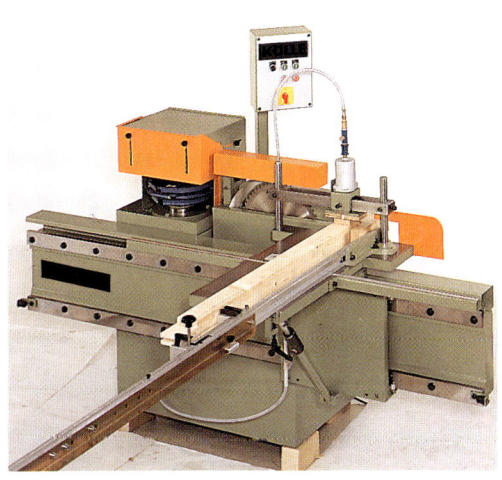

6. Zapfenschneide- und Schlitzmaschine

1. Nennen Sie zwei typische Anwendungsbeispiele für die Schlitz-Zapfen-Verbindung!
2. Warum sollten Schlitz-Zapfen-Verbindungen an der Tischfräsmaschine grundsätzlich nur gefertigt werden, wenn diese mit einem Schiebetisch oder Rolltisch ausgestattet ist?
3. Welche beiden Tischlerei-Grundmaschinen sind in der Zapfenschneide- und Schlitzmaschine kombiniert eingesetzt?
4. Aus welchen Einzelwerkzeugen besteht ein Werkzeugsatz für das Schlitzen von Fensterrahmen?

7. Werkzeugsatz zum Zapfenschneiden und Schlitzen

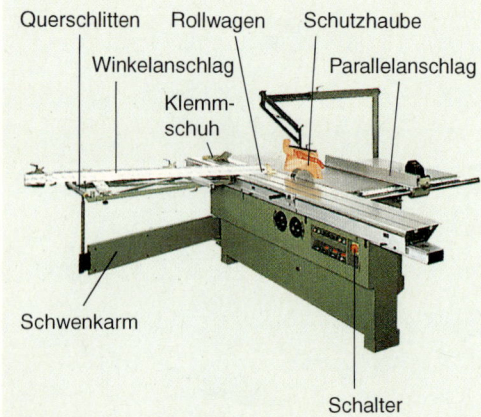

Querschlitten Rollwagen Schutzhaube
Winkelanschlag Parallelanschlag
Klemm-
schuh
Schwenkarm
Schalter

1. Aufbau der Formatkreissäge

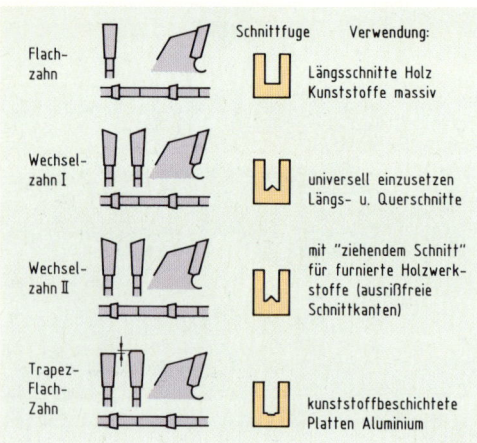

Flach-
zahn

Schnittfuge Verwendung:

Längsschnitte Holz
Kunststoffe massiv

Wechsel-
zahn I

universell einzusetzen
Längs- u. Querschnitte

Wechsel-
zahn II

mit "ziehendem Schnitt"
für furnierte Holzwerk-
stoffe (ausrißfreie
Schnittkanten)

Trapez-
Flach-
Zahn

kunststoffbeschichtete
Platten Aluminium

2. Zahnformen der hartmetallbestückten Kreissägeblätter

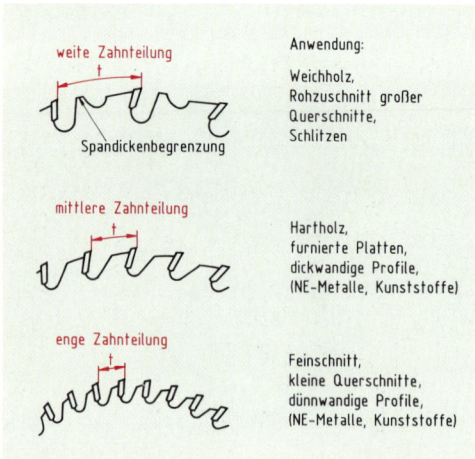

weite Zahnteilung

Anwendung:

Weichholz,
Rohzuschnitt großer
Querschnitte,
Schlitzen

Spandickenbegrenzung

mittlere Zahnteilung

Hartholz,
furnierte Platten,
dickwandige Profile,
(NE-Metalle, Kunststoffe)

enge Zahnteilung

Feinschnitt,
kleine Querschnitte,
dünnwandige Profile,
(NE-Metalle, Kunststoffe)

3. Zahnteilung

6.14 Mit der Kreissäge besäumen

Für die Fensterfertigung sollen aus unbesäumten Kiefernbohlen Rahmenhölzer zugeschnitten werden. Für diese Arbeit eignet sich die Format- und Besäumkreissäge (Bild 1). Der Querschlitten wird dazu abgenommen.

Welches Sägeblatt ist zum Besäumen geeignet?

Nach dem Schneidenmaterial unterscheidet man einteilige Sägeblätter aus legiertem Werkzeugstahl und Verbundsägeblätter als hartmetallbestückte Werkzeuge.

Stahlsägeblätter mit unterschiedlichen Zahnformen sind preiswert und können leicht nachgeschäft werden, haben jedoch einen geringeren Standweg. Sie sind gut geeignet für das Bearbeiten von Weichholz, Dämm- und Schaumstoffen. Wegen des längeren Standweges werden jedoch heute fast ausschließlich **hartmetallbestückte Kreissägeblätter** (Bilder 2 und 3) verwendet.

> Die Auswahl des Sägeblattes beeinflußt die Schnittgüte, den Krafteinsatz für Vorschub und Zerspanung, den Standweg und die Schärfkosten.

Da für Längsschnitte in Vollholz keine besonderen Anforderungen an die Schnittgüte gestellt werden, sondern nur eine hohe Zerspanungsleistung erwartet wird, ist der Flachzahn oder der Wechselzahn (Bild 2) mit einer weiten Zahnteilung (Bild 3) geeignet.

> Je weniger Zähne ein Sägeblatt hat, desto geringer ist der Krafteinsatz für Vorschub und Zerspanung.
> Die Schnittgüte wird jedoch schlechter, und die Rückschlaggefahr steigt.

Deshalb müssen Werkzeuge mit einer weiten Zahnteilung eine Spandickenbegrenzung haben (Bild 3).

Das Einrichten der Maschine

Hartmetallbestückte Sägeblätter sind niemals auf den Maschinentisch zu legen, weil die harten und spröden Schneiden leicht beschädigt werden können.

Beim **Einspannen des Sägeblattes** ist darauf zu achten, daß die beiden Spannscheiben (Flansche) frei von Verunreinigungen sind. Die Druckmutter hat ein Linksgewinde und verhindert somit ein Lösen während des Laufs. Sie braucht deshalb auch nur mit geringem Kraftaufwand gespannt werden.

Die auf dem Werkzeug angegebene höchstzulässige Drehzahl darf nicht überschritten werden.

Der **Spaltkeil** hält die Schnittfuge auseinander und verhindert so ein Klemmen des Sägeblattes. Er muß deshalb dicker als das Sägeblatt, aber etwas dünner als die Schnittfuge sein. Bild 4 zeigt die richtige Einstellung. Die **Schutzhaube** (Bild 1) als Sicherung gegen das Berühren des Sägeblattes dient gleichzeitig der Absaugung von oben.

Das Arbeiten am Parallelanschlag
Zum **Besäumen der Bohle** wird ein Klemmschuh auf dem Rollwagen befestigt.
Die **Höhen- und Neigungsverstellung** des Sägeblattes erfolgt mittels Handrad, durch Hydraulikpumpe mit Fußbetrieb, elektromotorisch oder durch eine elektronische Positioniersteuerung.
Die Bohle wird mit der rechten Seite so auf den Tisch gelegt, daß die abzutrennende Baumkante übersteht.

Beim Arbeiten ist der Gefahrenbereich hinter dem Sägeblatt und dem Werkstück zu meiden.

Zum **Abbreiten** (von Breite schneiden) wird der Parallelanschlag je nach Breite des Werkstückes entsprechend der Bilder 5 oder 6 eingestellt. Die Einstellung des **Parallelanschlages** kann bei modernen Maschinen elektrisch oder elektronisch mit einer Genauigkeit von 1/10 mm erfolgen.
Bei Werkstücken unter 120 mm Breite ist ein **Schiebestock** zu verwenden.
Auch an Tisch- und Formatkreissägen kann mit einem **Vorschubapparat** gearbeitet werden.

1. Welches Sägeblatt ist für Längsschnitte in Weichholz geeignet? Begründen Sie Ihre Antwort!
2. Warum muß der Spaltkeil dünner als die Schnittfuge, aber dicker als das Sägeblatt sein?
3. Beschreiben Sie das Besäumen und Abbreiten von Vollholz!
4. Warum werden Bretter und Bohlen zum Besäumen und Abbreiten immer mit der rechten Seite auf den Maschinentisch gelegt?

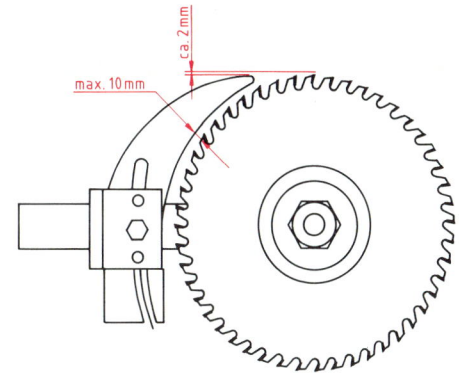

4. Einstellen des Spaltkeils

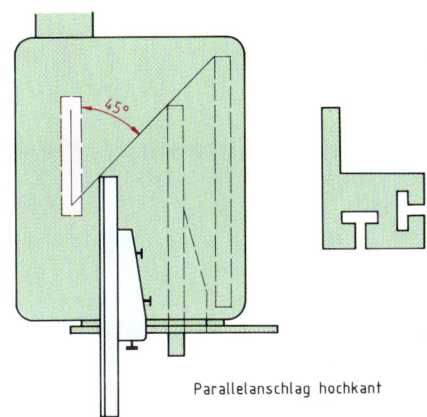

Parallelanschlag hochkant

5. Einstellen des Parallelanschlages bei einer Breite >120 mm

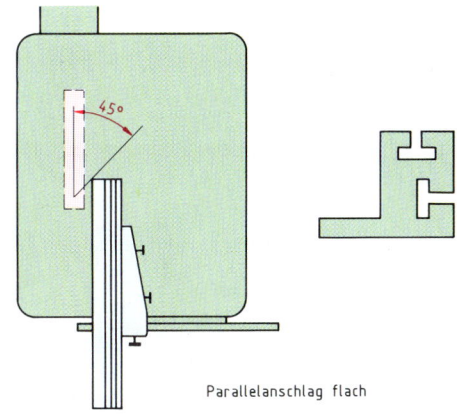

Parallelanschlag flach

6. Einstellen des Parallelanschlages bei einer Breite <120 mm

1. Aufteilen großformatiger Platten

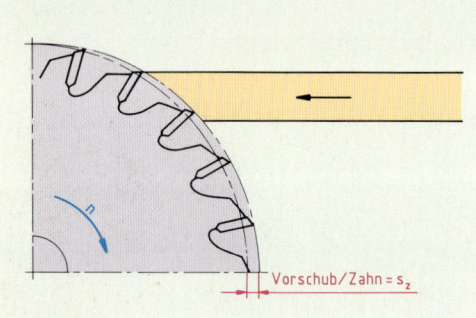

Richtwerte für s_z:

Weichholz, längs	0,2 mm
quer	0,1 mm
Hartholz	0,1 mm
Spanplatten, Sperrholz	0,05 bis 0,25 mm
furnierte Platten	0,03 bis 0,08 mm
HPL-beschichtete Platten	0,03 bis 0,06 mm

2. Der Vorschub pro Zahn (s_z)

3. Kreissägemaschine mit Vorritzaggregat

6.15 Platten auf Format schneiden

Für einen Einbauschrank sollen die Korpusteile aus einer kunststoffbeschichteten dekorativen Flachpreßplatte (KF-Platte) zugeschnitten werden (Bild 1).

Anforderungen an die Schnittgüte

Die Platten erhalten nach dem Zuschnitt Kunststoffkanten, die voll sichtbar sind. Es werden daher eine saubere Schnittfläche und insbesondere ausrißfreie Kanten gefordert. KF-Platten stellen wegen ihrer großen Härte und der damit verbundenen Sprödigkeit höchste Ansprüche an Werkzeug und Maschine.

Sicherung der Schnittgüte

Grundvoraussetzung für eine hohe Schnittgüte ist ein **einwandfreier Zustand der Maschine** (Plan- und Rundlaufgenauigkeit des Maschinenflansches). Sägeblatt und Parallelanschlag müssen genau parallel zueinander stehen, weil sonst die aufsteigenden Zähne einen Ausriß auf der Oberseite verursachen.

Für den Zuschnitt von KF-Platten ist ein **HM-bestücktes Sägeblatt mit Trapez-Flachzähnen** mit großer Zähnezahl (80 oder 96) geeignet.

Der **Blattüberstand,** bezogen auf die Werkstückoberfläche, ist so festzulegen, daß an der Unterkante und an der Oberkante des Werkstückes kein Ausriß entsteht. Je größer der Blattüberstand ist, desto sauberer wird die Oberkante. Desto unsauberer wird aber auch die Unterkante.

> Der optimale Blattüberstand ist durch Probeschnitte zu ermitteln.

Die Schnittgüte wird auch entscheidend durch die Vorschubgeschwindigkeit, die Drehzahl und die Anzahl der Schneiden bestimmt. Aus dem Zusammenwirken dieser drei Größen ergibt sich der **Vorschub pro Zahn** (Bild 2).

$$s_z = \frac{v_v \cdot 1000}{n \cdot z}$$

s_z Vorschub pro Zahn in mm
v_v Vorschubgeschwindigkeit in m/min
n Drehzahl in 1/min
z Anzahl der Schneiden

Der Vorschub pro Zahn ist klein, wenn Drehzahl und Zähnezahl groß sind und die Vorschubgeschwindigkeit klein ist. Nach Bild 2 sollte s_z für den Zuschnitt von kunststoffbeschichteten Platten zwischen 0,03 und 0,06 mm liegen.

Das Arbeiten mit der Vorritzsäge
Formatkreissägen sind häufig mit einem Vorritzaggregat (Bild 3) ausgestattet. Die Platten werden von der Vorritzsäge an der Unterseite nur etwa 1 bis 2 mm tief im Gleichlauf eingeschnitten und dann vom Hauptblatt im Gegenlauf durchtrennt. So läßt sich eine saubere Schnittkante an der Ober- und Unterseite des Werkstückes erzielen. Bedingung hierfür ist jedoch, daß das Vorritzsägeblatt genau mit dem Hauptblatt fluchtet (an der Maschine einstellbar) und 1/10 mm dicker ist als das Hauptblatt. Dies wird bei zweiteiligen Ritzsägen durch Zwischenlegen von Distanzscheiben erreicht.

> Beim Arbeiten mit der Vorritzsäge ist äußerste Vorsicht geboten, weil das laufende Sägeblatt, das nur 1 bis 2 mm über den Tisch vorsteht, mit dem Auge kaum wahrgenommen wird.

Aus Sicherheitsgründen läßt sich das Vorritzaggregat nur nach Inbetriebnahme des Hauptmotors einschalten.

Winkel- und Formatschneiden mit dem Querschlitten
Für den Zuschnitt großformatiger Platten wird der Querschlitten auf den Besäumtisch aufgesetzt. Das eingestellte Maß ist am Winkelanschlag durch eine Lupe oder über eine digitale Anzeige abzulesen. Bei einem Sägeblattwechsel ist jedoch die Skala zunächst entsprechend der neuen Schnittfuge einzustellen.

Mit Hilfe eines **Gehrungsanschlages** sind auch Gehrungsschnitte auf dem Querschlitten möglich (Bild 4).
Bild 5 zeigt eine Formatkreissäge mit zwei Querschlitten zum Bearbeiten schwerer und großformatiger Platten.
In Bild 6 ist das Sägeblatt mit Hilfe eines Handrades geschwenkt. Mit Hilfe moderner Elektronik ist eine Genauigkeit von 1/10° zu erreichen.

1. Durch welche Maßnahmen ist eine einwandfreie Schnittgüte zu erzielen?
2. Beschreiben Sie das Arbeiten mit der Vorritzsäge!

4. Gehrungsschneiden auf dem Querschlitten

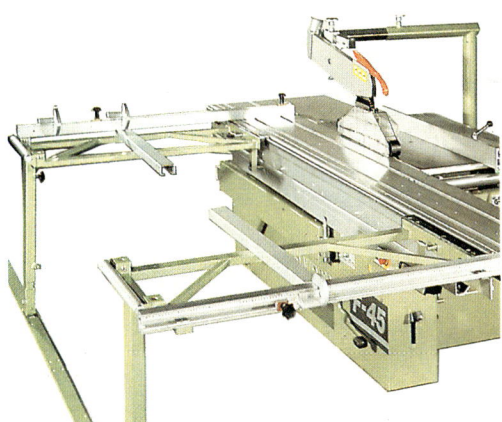
5. Formatkreissäge mit zwei Querschlitten zum Bearbeiten schwerer und großformatiger Platten

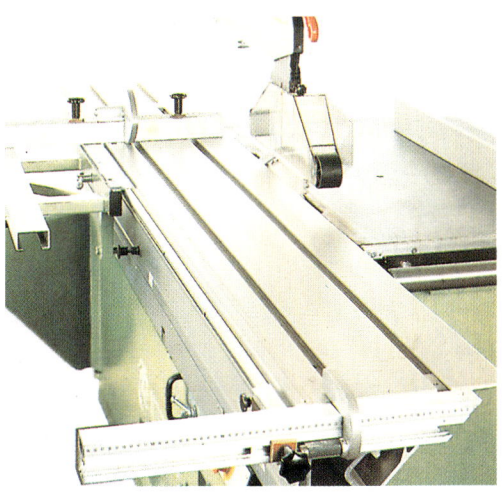
6. Für Gehrungsschnitte ist das Sägeblatt stufenlos bis 45° schwenkbar

1. Ein Seitenbrett wird abgerichtet
   a) Breitseite b) Schmalfläche

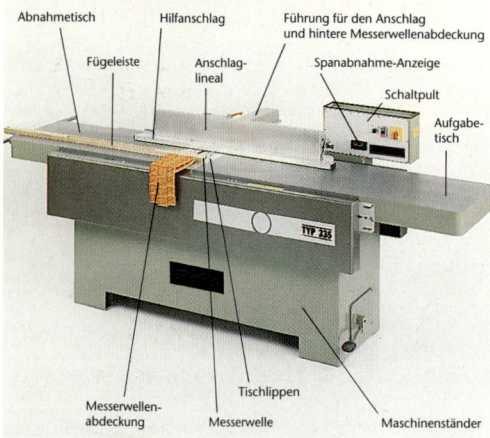

Abnahmetisch   Hilfanschlag   Führung für den Anschlag
                                und hintere Messerwellenabdeckung

Fügeleiste   Anschlag-   Spanabnahme-Anzeige
              lineal

                            Schaltpult

                                     Aufgabe-
                                     tisch

                    TYP 235

Messerwellen-   Tischlippen
abdeckung   Messerwelle   Maschinenständer

2. Aufbau der Abrichthobelmaschine

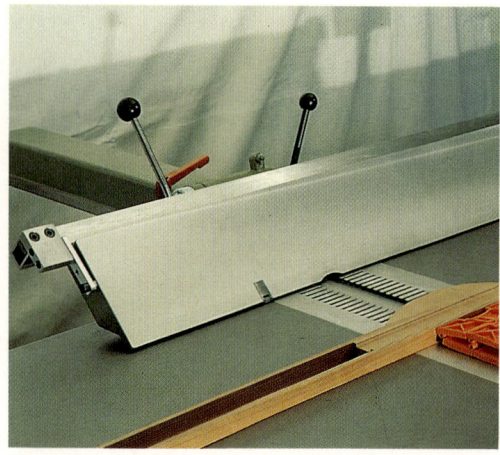

3. Geschlitzte Tischlippen

6.16 Abrichten von Seitenbrettern

Für ein Bücherregal aus Kiefer sollen die Seiten und Böden abgerichtet werden. Es stehen Seitenbretter zur Verfügung, die beim Schwinden einer besonders starken Formänderung unterliegen (Bild 1).

Das Ziel des Abrichtens ist es, eine ebene Breitseite und eine ebene Schmalfläche zu erzielen, die einen rechten Winkel zueinander bilden.

Dazu sind zwei Arbeitsgänge an der Abrichthobelmaschine erforderlich (Bild 1).

Der Aufbau der Abrichthobelmaschine
Bild 2 zeigt eine Abrichthobelmaschine mit allen erforderlichen Schutzvorrichtungen.
Beide Abrichttische haben zur Messerwelle hin Tischlippen aus Stahl, die zur Lärmminderung häufig kammartig ausgebildet sind (Bild 3).

Die Hobelmesser werden gewechselt
Die in Bild 2 abgebildete Abrichthobelmaschine ist mit einer **Messerwelle** ausgestattet, **deren Messer sich durch die Fliehkraft** beim Einschalten der Maschine **selbsttätig spannen** (Bild 4). Bild 5 zeigt die einzelnen Arbeitsschritte beim Messerwechsel. Die Einweghobelmesser aus Spezialmesserstahl besitzen zwei Schneiden und können gewendet werden.
Manche Hobelmaschinen sind auch mit **Spiralmesserwellen** (Bild 6) ausgestattet. Die Hobelmesser sind biegsam und können nach dem Schärfen außerhalb der Maschine auf dem Spiralmesserträger montiert und eingestellt werden. Dadurch wird die Rüstzeit gegenüber der heute noch häufig verwendeten Keilleisten-Welle erheblich verkürzt. Ein weiterer Vorteil der Spiralmesserwellen ist die erhebliche Lärmminderung und die verbesserte Schnittgüte.

Das Rüsten der Maschine
Die Spanabnahme (Aufgabetisch) soll auf 2 mm eingestellt werden. Sie läßt sich über einen Handhebel, eine pedalbetätigte Hydraulikpumpe oder elektromotorisch einstellen. An einer Skala oder einer Meßuhr wird die eingestellte Spanabnahme abgelesen.
Das Anschlaglineal wird auf 90° eingestellt. Es ist an einer stufenlos verstellbaren Führung befestigt, die gleichzeitig auch als hintere Messerwellenabdeckung dient.

Um schwere Unfälle zu vermeiden, ist der nicht benutzte Teil der Messerwelle abzudecken (Klappenband, Schwenkschutz, Fügeleiste).

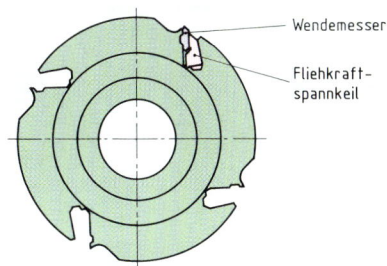

Wendemesser

Fliehkraft-spannkeil

Der Anschlag läßt sich zwischen 90° und 45° stufenlos schrägstellen (Bild 3), wobei die 90°- und die 45°-Stellung einrastet.

Die Breitseite wird abgerichtet
Um ein Wackeln des Werkstückes zu vermeiden, muß die linke (hohle) Seite der Bretter auf dem Maschinentisch aufliegen (Bild 1a).

4. Bei dieser Messerwelle werden die Hobelmesser durch die Fliehkraft gespannt.

Beide Hände sollen auf dem Werkstück aufliegen. Die Finger sind dabei geschlossen, und der Daumen liegt an.

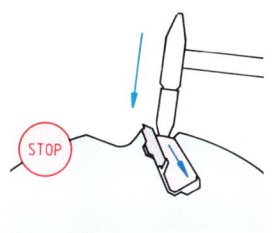

Auf keinen Fall dürfen die Werkstückkanten umfaßt werden.
Kurze Werkstücke werden mit der Zuführlade zugeführt.

Lösen der Fliehkraft-spannkeile

Die Schmalfläche wird abgerichtet
Dazu wird die Fügeleiste leicht auf Druck eingestellt. Dadurch wird das Werkstück sicher am Anschlaglineal geführt. Gleichzeitig ist der nicht benötigte Teil der Messerwelle abgedeckt (Bild 1b).

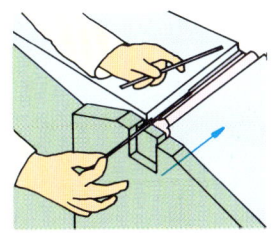

Messerwechsel

1. Beschreiben Sie den Messerwechsel bei einer Messerwelle, deren Messer durch die Fliehkraft gespannt werden!
2. Welche Vorteile hat eine Spiralmesserwelle?
3. Welche Schutzvorrichtungen muß eine Abrichthobelmaschine haben?
4. Beschreiben Sie das Abrichten und Fügen eines Seitenbrettes!

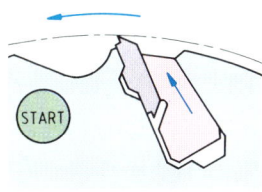

Spannen der Messer durch Fliehkraft

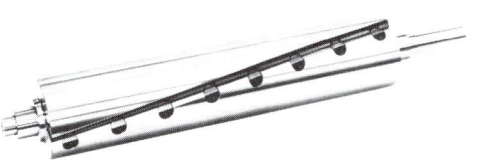

6. Spiralmesserwelle

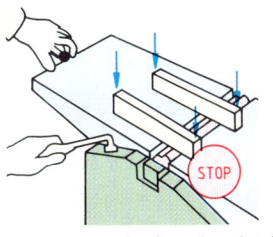

Einstellen des Abgabe-tisches auf den Messerflugkreis

5. Messerwechsel an der Abrichthobelmaschine

1. Die Dickenhobelmaschine

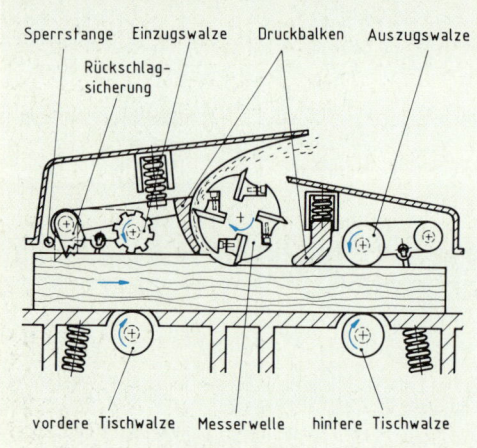

2. Schematischer Aufbau einer Dickenhobelmaschine

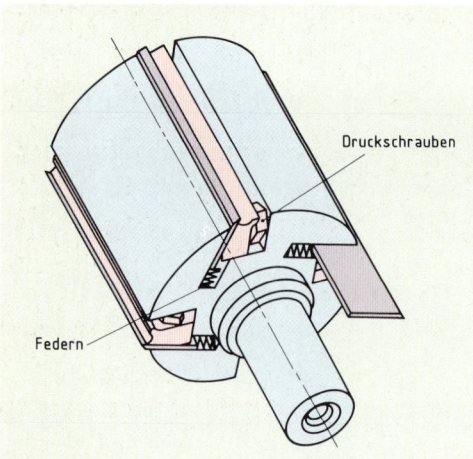

3. Keilleistenwelle mit vier Streifenhobelmessern

6.17 Auf Dicke hobeln

Mit der **Dickenhobelmaschine** (Bild 1) sollen Seitenbretter aus Kiefer auf Breite und Dicke gehobelt werden. Vorher muß jedoch schon eine Breitseite und eine Schmalfläche abgerichtet sein.

Der Aufbau der Dickenhobelmaschine

Die Grundelemente der Dickenhobelmaschine sind der Maschinenständer, der höhenverstellbare Maschinentisch, die von oben arbeitende Messerwelle und der mechanische Vorschub. Bild 2 zeigt eine Dickenhobelmaschine im Schnitt.

Das Wechseln der Hobelmesser

Die Messer sind stumpf geworden und sollen gewechselt werden.

> Vor dem Messerwechsel und vor Wartungsarbeiten ist die Maschine durch Abschließen des Hauptschalters oder Herausdrehen der Sicherung gegen unbeabsichtigtes Einschalten zu sichern.

Die für unsere Aufgabe zur Verfügung stehende Maschine hat eine **Keilleisten-Welle** mit vier Messern (Bild 3). Die Druckschrauben werden so weit gelöst, bis das Messer durch die Federn herausgedrückt wird. Wenn die Messer keine Scharten aufweisen, können sie nochmals von Hand abgezogen und sofort wieder verwendet werden. Dazu werden sie nach dem sorgfältigen Entharzen in eine Abziehlade eingespannt und zuerst mit der groben und dann mit der feinen Seite des Abziehsteines abgezogen und danach entfettet (z. B. mit Kreide). Auch die Keilleiste und die Welle sind gründlich zu reinigen. Die Messer werden jetzt mit Hilfe einer **Einstellehre** (Bild 4) so eingesetzt, daß der Schneidenüberstand maximal 1,1 mm beträgt. Die Druckschrauben werden von der Mitte ausgehend wechselseitig zunächst leicht angezogen und dann nochmals in der gleichen Reihenfolge nachgezogen.

> Nach einem Probelauf ist nochmals der Schneidenüberstand und der feste Sitz der Schrauben zu überprüfen, weil die Messerbefestigung ausschließlich kraftschlüssig erfolgt.

Es darf jedoch auf keinen Fall eine Schlüsselverlängerung verwendet werden. Auch Schlagbewegungen sind nicht zulässig, weil die Schraube überlastet oder das Messer verspannt werden könnte.

Das Rüsten der Maschine

Bevor wir die Kiefernbretter hobeln, wird die Maschine auf einwandfreien Zustand überprüft. Die **Rückschlagsicherung** (Bild 2) besteht aus einzelnen stählernen Greifern, die das Werkstück in Vorschubrichtung durchlassen, aber mit ihren scharfen Kanten einen Rückschlag verhindern. Es ist daher zu prüfen, ob die einzelnen Glieder frei beweglich und nicht verharzt sind. Falls erforderlich werden die geriffelte **Einzugswalze**, die glatte **Auszugswalze** sowie die **Tischwalzen** entharzt und gesäubert, damit die Bretter gleichmäßig und sicher transportiert werden und die Oberfläche keine Druckstellen oder Riefen bekommt. Häufig setzen sich lose Äste oder Splitter zwischen Tischwalze und Maschinentisch fest.

Die Tischwalzen stehen 0,1 bis 0,7 mm gegenüber dem Tisch vor. Nasse und rauhe Werkstücke erfordern einen großen Überstand, während für unsere abgerichteten, trockenen, aber harzreichen Kiefernbretter etwa 0,3 mm Überstand gewählt werden. Der **Maschinentisch** wird gelegentlich mit einem Gleitmittel eingerieben oder eingesprüht. Die **Höheneinstellung** erfolgt mittels Handrad oder Hilfsmotor. Eine digitale Maßanzeige auf 1/10 mm ist bei den neueren Maschinen schon Standard. Auch **elektronische Positioniersteuerungen** (Bild 4) werden als Sonderausstattung angeboten.

Das Arbeiten an der Dickenhobelmaschine

Wenn die Maschine keine gegliederte Einzugswalze und Glieder-Druckbalken wie in Bild 5 hat, können die Bretter nur einzeln nacheinander in die Maschine geschoben werden. Sonst wird das schmalere bzw. dünnere Brett nicht gehalten und kann in der Maschine flattern oder sogar zurückgeschlagen werden.

> Wegen der größeren Auflagefläche werden die Bretter zuerst auf Breite gehobelt und dann auf Dicke.

Der Gefahrenbereich hinter den Brettern ist auf jeden Fall zu meiden.

1. Welchen Vorteil haben gegliederte Einzugswalzen und Druckbalken?
2. Welche Aufgaben haben die Tischwalzen?
3. Beschreiben Sie das Wechseln der Hobelmesser!

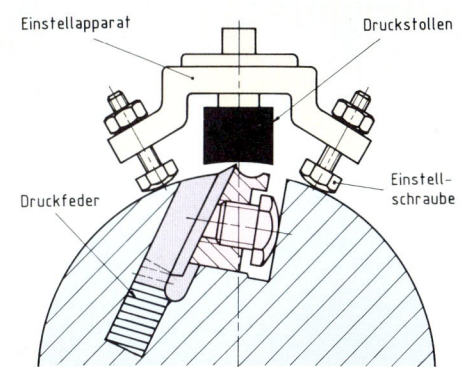

4. Einstellen der Hobelmesser mit Einstellehre

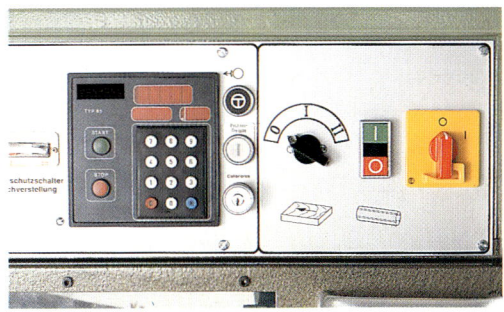

5. Elektronische Positioniersteuerung

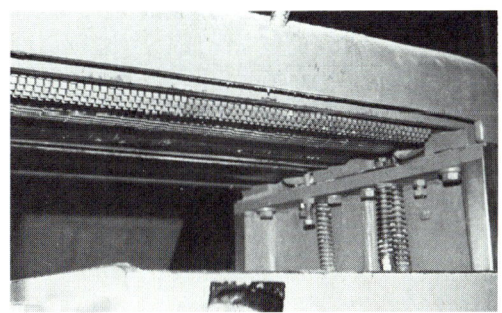

6. Gliederdruckbalken (oben) und Gliederdruckwalze (unten)

1. Der Transportwagen erleichtert die Plattenentnahme

2. Die vertikale Plattensäge wird mit einem Transportwagen beschickt

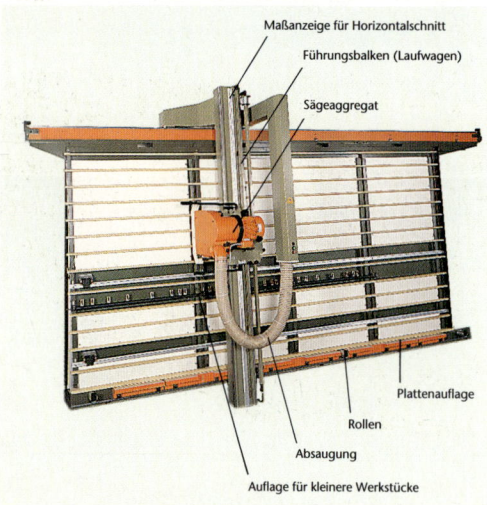

Maßanzeige für Horizontalschnitt
Führungsbalken (Laufwagen)
Sägeaggregat
Plattenauflage
Rollen
Absaugung
Auflage für kleinere Werkstücke

3. Vertikale Plattensäge

6.18 Platten zuschneiden und Furnier zurichten

Für einen Schrank sollen die Korpusteile aus Spanplatte zugeschnitten und das Furnier gefügt und geklebt werden.

Das Plattenlager

Die Platten werden senkrecht in einem **Plattenregal** gelagert (Bild 1). Diese Art der Aufbewahrung ist besonders übersichtlich und platzsparend, und bei unterschiedlichen Plattensorten sind auch in der Mitte stehende Platten leicht zugänglich.

Die Entnahme für den Zuschnitt erfolgt bequem und ohne Bücken mit einem **Plattenentnahmehaken**, mit dessen Hilfe die Platten über die Transportrollen auf einen **Transportwagen** gezogen werden.

Mit Hilfe des Transportwagens erfolgt die Übergabe der Platte an die Säge (Bild 2).

Eine Spanplatte wird aufgeteilt

Zum Aufteilen von großformatigen Platten steht in vielen Tischlereien eine **vertikale Plattensäge** (Bilder 2 und 3) zur Verfügung. Sie beansprucht wenig Platz im Betrieb und kann mühelos von einer Person beschickt und bedient werden.

Die Platte steht auf den Rollen der Plattenauflage, die zum Verschieben der Platten angehoben und für den Schnitt abgesenkt werden. Für die genaue Maßeinstellung besitzt die Maschine mehrere Anschläge mit Maßskalen, die von Hand eingestellt werden können. Die Führungen des Laufwagens sind im Abstand von einem Meter mit festen Raststellen versehen, an denen der Laufwagen für vertikale Schnitte arretiert werden kann. Dadurch wird ein relativ genauer Winkelschnitt auch bei einem großen Plattenmaß ermöglicht.

Wegen der Schnitt- und Winkelgenauigkeit von ± 0,5 mm ist die vertikale Plattensäge nur bedingt für den Fertigschnitt geeignet.

Das Sägeaggregat ist auf dem Laufwagen in vertikaler Richtung beweglich und wird für horizontale Schnitte um 90° geschwenkt.

Manche Maschinen sind auch mit einem elektronischen Maßanschlag-System ausgerüstet. Das Zuschnittmaß wird einfach eingetippt, und schon verschiebt sich der Anschlag auf einer stabilen Gewindespindel auf das gewünschte Maß.

Das Furnier wird zugeschnitten

In den meisten kleinen und mittelgroßen Handwerksbetrieben werden Furniere mit der **Furniersäge** (Bild 4) abgelängt und gefügt.

> Ziel des Fügens ist es, fugendichte und ausrißfreie Kanten zu erzielen.

Damit auch wellige Furniere fest und sicher gespannt werden können, besitzt die Furniersäge einen Druckbalken, der meist pneumatisch betätigt wird.

Die Furnierblätter werden zusammengeklebt

Die gefügten Furnierblätter müssen jetzt mit Hilfe der **Furnierklebemaschine** (Bild 5) zu einer Fläche zusammengeklebt weden. Dabei muß die Maschine das Furnier ausrichten, transportieren und dabei zusammenziehen und die Furnierblätter verkleben.

Beim Zuführen des Furniers wird ein Kontakt ausgelöst, der den Vorschub und die Zufuhr des Klebefadens in Gang setzt.

Als Klebemedium dient ein mit Polyester oder Polyamid ummantelter **Glasfaserfaden**, der in Zick-Zack-Linien von einem beheizten Fadenführer aufgetragen und von einer Rolle auf das Furnier aufgewalzt wird. Der Klebefaden hat eine starke Haftung sowie eine hohe Reißfestigkeit und gewährleistet eine dichte Fuge auch bei welligen Furnieren.

> Der Klebefaden wird beim Furnieren nach innen gelegt und braucht somit nicht abgeschliffen zu werden.

Gelochtes oder ungelochtes **Fugenpapier** als Klebemedium wird heute kaum noch eingesetzt, weil das Abschleifen des Papieres sehr aufwendig ist.

Eine preiswerte Alternative zur Furnierklebemaschine ist das **Furnier-Handklebegerät** (Bild 6), das nach dem gleichen Prinzip wie die Furnierklebemaschine arbeitet.

1. Welche Hilfsmittel sind erforderlich, damit die Plattensäge von einer Person beschickt und bedient werden kann?
2. Beschreiben Sie das Fügen und das Kleben von Furnier!
3. Welche Vorteile hat der Klebefaden gegenüber dem Fugenpapier?

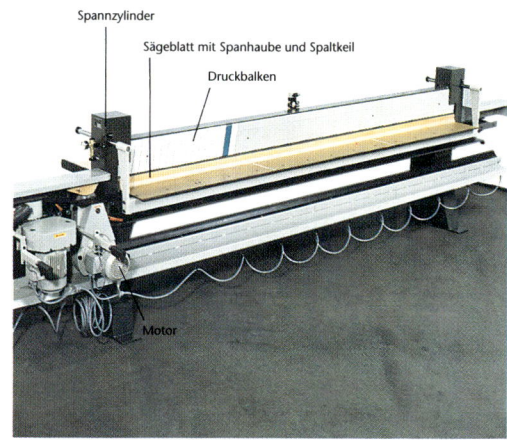

4. Die Furniersäge dient zum Fügen der Furniere

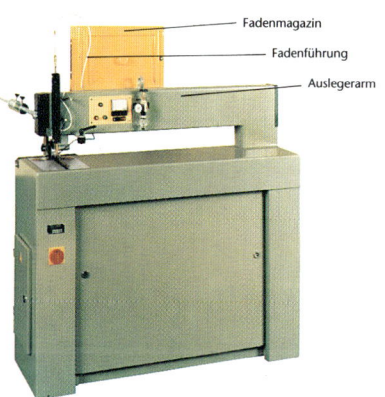

5. Die Furnierklebemaschine stellt im Längsdurchlauf eine dauerhafte und dichte Verbindung zweier Furnierblätter her

6. Das Furnier-Handklebegerät für kleinere Furniermengen

1. Furnierpresse

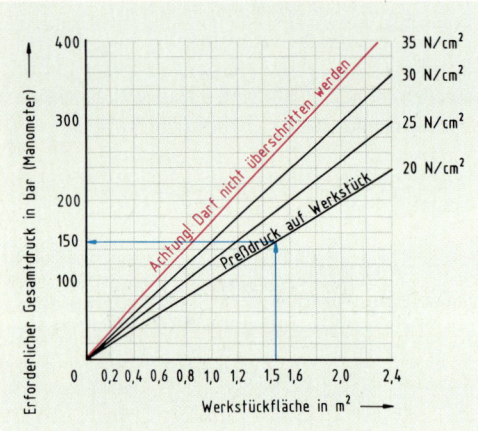

2. Diagramm zur Druckbestimmung an hydraulischen Furnierpressen

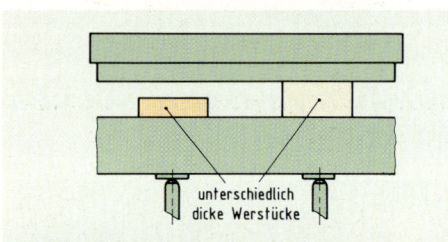

So nicht!

3. Falsche Belegung der Presse

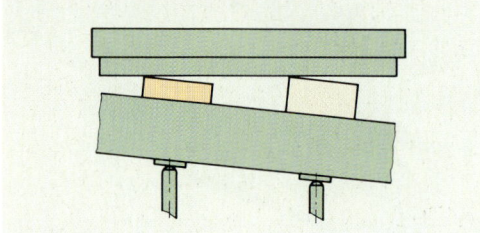

Material und Presse werden beschädigt!

6.19 Flächen und Kanten werden furniert

Die bereits zugeschnittenen Korpusteile aus Spanplatte sollen furniert werden. Nach dem Formatschnitt werden die Schmalflächen mit einer Furnierkante versehen.

Für das Furnieren der Platten steht eine hydraulische Furnierpresse (Verleimmaschine für Breitseiten) zur Verfügung (Bild 1).

Wie ist die Furnierpresse aufgebaut?

Der Pressenkörper besteht aus einem stabilen geschweißten **Gestell**, das alle anderen Bauteile trägt. In der Mitte des Pressenunterteils ist gut geschützt vor Beschädigungen das **Hydraulikaggregat** untergebracht, das einen Druck bis zu 400 bar erzeugen kann. Stabile **Hydraulikkolben** heben den unteren Preßtisch an. Die **Preßtische** aus massiven Längsträgern und kleineren quer dazu angeordneten Trägern übertragen den Druck der Preßzylinder gleichmäßig über die Preßbleche auf die Werkstücke. Die **Preßbleche** sind aus Aluminium und werden elektrisch beheizt.

Die Presse wird vorbereitet

Vor Beginn der Arbeit sollten die Preßbleche auf Verschmutzungen kontrolliert werden, weil sonst Druckstellen im Furnier entstehen. Falls erforderlich, werden Leimreste nach dem Erhitzen der Presse mit einem Stück Hartholz entfernt. Spitze oder scharfe Werkzeuge könnten die Preßbleche beschädigen.

> Um Energie und Zeit zu sparen, wird die Presse im geschlossenen Zustand aufgeheizt.

Damit die Platten beim Leimdurchschlag nicht am Preßblech kleben bleiben, wird auf den Blechen ein spezielles Trennmittel aufgetragen. Leimreste lassen sich dann auch mühelos entfernen.

Der Manometerdruck wird eingestellt

Der an der Presse einzustellende Manometerdruck richtet sich nach der zu pressenden Werkstückfläche und dem gewünschten Preßdruck auf die Werkstücke.

> Zu hoher Druck kann die Werkstücke oder sogar die Presse beschädigen, zu geringer Druck führt zu Fehlleimungen.

Der Preßdruck auf das Werkstück sollte beim Furnieren zwischen 20 und 35 N/cm² liegen.
Bild 2 zeigt ein Diagramm, das meist an der Presse befestigt ist und es ermöglicht, den erforderlichen Manometerdruck abzulesen.

Die Presse wird beschickt
Bild 3 zeigt, was passiert, wenn die Presse falsch belegt wird.

Die Werkstücke müssen genau gleich dick sein und sind gleichmäßig über die ganze Preßfläche zu verteilen.

Ist die Gesamtfläche der einzulegenden Werkstücke zu klein, so sind Ausgleichsstücke mit derselben Dicke beizulegen.
Eine Sicherheitsleiste, die an jeder Stelle mit dem Fuß betätigt werden kann, ist der Not-Aus-Schalter der Presse.

Nach dem Furnieren werden die Platten an der Formatkreissäge auf genaues Maß gesägt.

Die Schmalflächen werden furniert
Für diesen Arbeitsgang steht in vielen Betrieben eine **Kantenanleimmaschine** (Bild 4) zur Verfügung. Die abgebildete Maschine ist neben der Verleimvorrichtung auch mit Aggregaten zum Kappen, Bündigfräsen und Kantenbrechen (Schwabbeln) ausgerüstet (Bild 5). Es können alle gängigen Kantenmaterialien (Furnier, Melamin, PVC) als Rollenmaterial bis 2 mm Dicke verarbeitet werden.
Als Klebstoff wird ein Schmelzklebergranulat (Körner) verwendet, das je nach Typ auf bis zu 220 °C erhitzt wird. Der Klebstoffauftrag erfolgt mittels einer fein dosierbaren Rolle auf die Werkstückkante.

Bild 6 zeigt eine preiswerte Alternative für den Kleinbetrieb zu der in Bild 4 gezeigten Maschine. Sie verarbeitet mit Schmelzkleber vorbeschichtetes Kantenmaterial von der Rolle.

1. Beschreiben Sie das Vorbereiten der Furnierpresse!
2. Es sollen vier Einlegeböden in der Größe 520/940 mm mit einem Preßdruck von 25 N/cm² furniert werden. Welcher Manometerdruck muß eingestellt werden?
3. Was ist beim Beschicken der Presse zu beachten?
4. Beschreiben Sie die einzelnen Arbeitsgänge beim Beschichten der Schmalflächen!

4. Kantenanleimmaschine

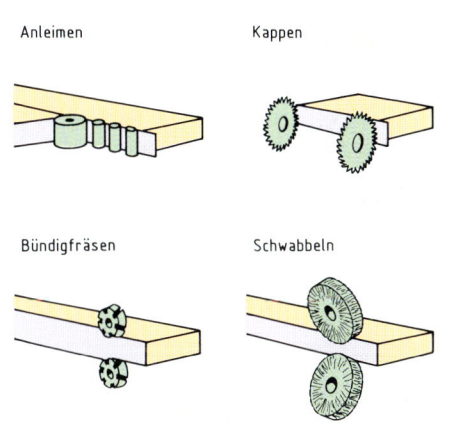

5. Die Kantenanleimmaschine erledigt mehrere Arbeitsgänge in einem Durchlauf

6. Kantenanleimmaschine für Kleinbetriebe

1. Eine furnierte Platte wird geschliffen

Körnung	Verwendung
16 bis 60	**Grobschliff**: Abricht-Schleifen, Aufrauhen, Entfernen alter Überzüge
80 bis 120	**Vorschliff**: Vorschleifen gehobelter und furnierter Flächen („Egalisierschliff")
120 bis 180 (...240)	**Feinschliff**: Zwischenschliff und Fertigschliff bei unbehandelten Flächen
220 bis 500	**Feinstschliff**: Lackschliff, Lackfertigschliff; Zwischenschliff beim Beizen

2. Die Körnung hat entscheidenden Einfluß auf die Oberflächengüte

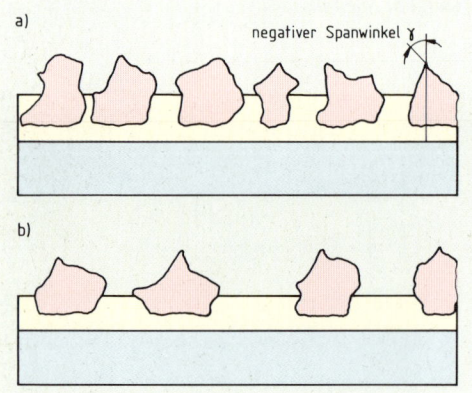

3. Geschlossene Streuung für harte Hölzer (oben), hohe Schleifleistung und saubere Oberfläche.
Offene Streuung für harzige und weiche Hölzer (unten), geringere Gefahr des Verklebens und Zusetzens.

6.20 Holzflächen werden geschliffen

Für einen Schrank aus eichefurnierter Spanplatte sollen die Flächen der Korpusteile, Böden und Türen geschliffen werden.
Für diese Arbeit soll die Bandschleifmaschine (Bild 1) eingesetzt werden.

Welches Schleifband ist geeignet?
Für das Schleifen der Korpusteile und Böden wird nach Bild 2 ein Schleifband mit der **Körnung** 120 gewählt, weil die Ansprüche an die Oberfläche nicht so hoch sind. Für hochwertige Oberflächen, wie zum Beispiel die Türen des Schrankes, ist die Korngröße stufenweise zu verringern. Der Fertigschliff erfolgt mit der Körnung 150.

> Je größer die Rohdichte des Holzes ist, desto feiner kann die Körnung sein.

Die Schleifbänder können eine unterschiedliche **Streudichte** haben. Das heißt, die einzelnen Schleifkörner haben einen unterschiedlichen Abstand zueinander (Bild 3).

Die Bandschleifmaschine wird vorbereitet
Beim **Aufspannen des Schleifbandes** (Bilder 4 und 5) ist darauf zu achten, daß der Pfeil auf der Innenseite des Bandes in die Richtung des Anschlages zeigt. Das Spannen erfolgt durch ein verstellbares Spanngewicht.
Ein **verstellbarer Anschlag** verhindert, daß die Werkstücke vom Schleifband während der Bearbeitung mitgerissen werden. Bei modernen Maschinen sorgen pneumatisch wirkende Saugnäpfchen für eine sichere Auflage.

> Der obere Bandteil und die Umlenkrollen sind zum sicheren Arbeiten stets durch die Bandabdeckung (Bild 4) gegen unbeabsichtigtes Berühren zu sichern.

Zum Bearbeiten von kleinen Werkstücken ist die Bandschleifmaschine in der Regel mit einer zusätzlichen **Schleifunterlage** (Bild 6) ausgestattet. Für das Schleifen der mit Eiche furnierten Platten wird eine **Schnittgeschwindigkeit** von 20 bis 30 m/s gewählt, während man für Weichhölzer 15 bis 20 m/s einstellen würde. Durch die Wahl einer höheren Schnittgeschwindigkeit kann bei gleicher Körnung eine feinere Oberfläche erzielt werden.

Der Schleifvorgang

Beim Schleifen trägt das Schleifwerkzeug mit seinen vorwiegend negativen Spanwinkeln (Bild 3) Späne mit einer sehr kleinen Spandicke ab. Das ist jedoch nur mit scharfen Schleifwerkzeugen möglich. Sind die Schneidkanten des Schleifmittels stumpf, werden die Fasern im Bereich des Frühholzes heruntergedrückt, während das härtere Spätholz noch abgeschliffen wird. Bei der Oberflächenbehandlung quellen die heruntergedrückten Holzfasern wieder auf, und die Oberfläche wird rauh. Eine glatte Oberfläche ist nur bei trockenen Hölzern zu erzielen.

Mit Schleifstaub oder Schmutz und Harz zugesetzte Schleifbänder ergeben ebenfalls ein unbefriedigendes Ergebnis.

> Die Oberflächengüte ist abhängig vom Zustand des Schleifbandes, der Feinheit der Körnung, der Schnittgeschwindigkeit, dem Druck auf das Werkstück und der Holzfeuchte.

Die **Oberflächengüte** wird auch entscheidend von der Geschicklichkeit des Maschinenbedieners beeinflußt, der über den Schleifschuh einen gleichmäßigen und wohldosierten Druck auf das Werkstück ausüben muß. Gleichzeitig muß er den Tisch quer zur Schleifrichtung und den Schleifschuh in Längsrichtung führen. Bei zu hohem Druck oder zu langem Verweilen des Schleifschuhs auf einer Stelle besteht beim Furnierschliff immer die **Gefahr des Durchschleifens**.

Reinigung der Maschine und des Schleifraumes

Schleifstaub darf nicht abgeblasen oder gefegt werden, sondern muß mit staubgeprüften Staubsaugern abgesaugt werden.

> Holzstaub gefährdet die Gesundheit.

Die **Strömungsgeschwindigkeit** der Luft an der Absaugstelle muß wie an allen Holzbearbeitungsmaschinen mindestens 20 m/s betragen und muß alle drei Monate mit einem Meßgerät überprüft werden.

1. Beschreiben Sie den Aufbau der Bandschleifmaschine!
2. Was ist beim Schleifen zu beachten, damit eine einwandfreie Oberfläche erzielt wird?
3. Sie sollen Kiefernbretter schleifen. Welches Schleifband ist geeignet? Begründung!

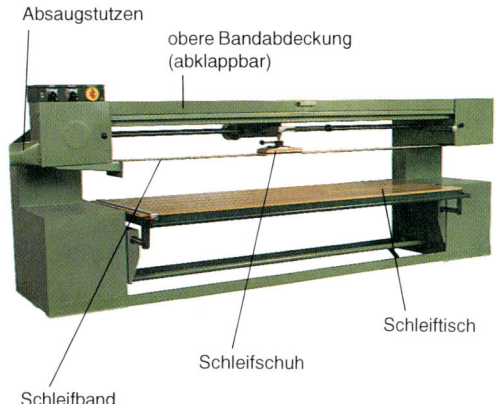

4. Die Bandschleifmaschine

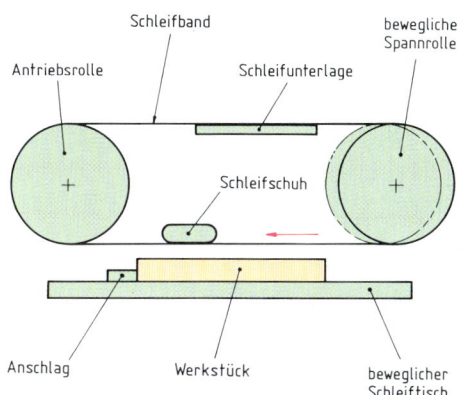

5. Funktionsprinzip des Schleifens auf der Bandschleifmaschine

6. Kleine Werkstücke werden auf der Schleifunterlage geschliffen

1. Breitbandschleifmaschine im Einsatz

2. Breitbandschleifmaschine mit zwei Schleifaggregaten

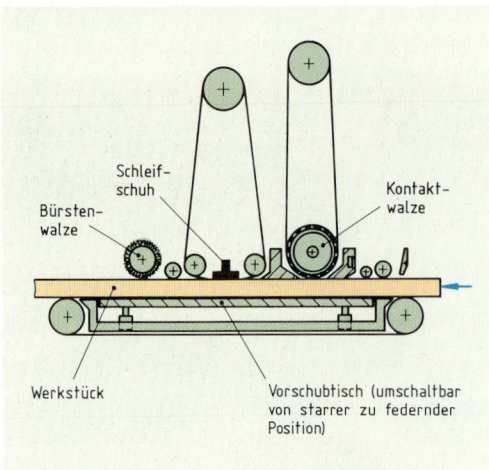

3. Aufbau einer Breitbandschleifmaschine

6.21 Kalibrieren und Kantenschleifen

In einem Innenausbaubetrieb sollen Vollholzböden geschliffen werden. Die Böden müssen nach dem Schleifen eine genau vorgegebene Dicke haben, eben sein und eine fein geschliffene Oberfläche aufweisen. Für diese Arbeit steht eine **Breitbandschleifmaschine** zur Verfügung (Bild 1).

Wie ist die Breitbandschleifmaschine aufgebaut?

Die in Bild 2 abgebildete Breitbandschleifmaschine hat zwei hintereinanderliegende Schleifaggregate. Dadurch wird ein Arbeitsgang gespart. Bild 3 zeigt die unterschiedliche Arbeitsweise. Das erste Aggregat besitzt eine Kontaktwalze, um die Böden zu ebnen und auf die vorgegebene Dicke zu bringen (kalibrieren). Mit dem zweiten Aggregat erfolgt der Feinschliff.

Das Kalibrieren

Beim Kalibrieren ist ein großer Spanabtrag erforderlich, der durch die Wahl einer geeigneten Körnung des Schleifbandes (z. B. Körnung 80) sowie auch durch die Arbeitsweise der Kontaktwalze erreicht wird.

Die **Kontaktwalze** in Bild 4 ist starr gelagert, hat jedoch eine elastische Ummantelung. Dadurch werden stoßartige Belastungen gedämpft, wie sie zum Beispiel beim Einzug der Schleifbandverbindung in die Eingriffszone vorkommen.

> Die Kontaktwalze dient zum Ebnen, Kalibrieren und Vorschleifen.

Zum Kalibrieren wird der federnd gelagerte Vorschubtisch (Bild 3) in eine starre Position gebracht.

Werden jetzt die Vollholzböden durch das Vorschubband zwischen starrem Tisch und starrer Walze hindurchtransportiert, entsteht – ähnlich wie bei der Dickenhobelmaschine – eine ebene Fläche und eine konstante Dicke. Durch die kleine Kontaktfläche zwischen Werkstück und Schleifband wird bei relativ geringem Energieaufwand ein großer Werkstoffabtrag erreicht.

Der Feinschliff

Das zweite Schleifaggregat ist mit einem elastischen Druckbalken mit Luftschlauch (Bild 5) ausgestattet. Durch die große Kontaktfläche kann jedoch nur wenig Material abgetragen werden.

Durch das Schleifen mit dem elastischen Druckbalken entsteht eine gleichmäßige und feingeschliffene Oberfläche.

Für die Vollholzböden aus dem Beispiel ist eine Körnung von 120 ausreichend.
Nach dem Feinschliff wird der Schleifstaub mit einer Bürstenwalze (Bild 3) ausgebürstet und abgesaugt.

Das Schleifen von furnierten Holzwerkstoffen

Mit der Breitbandschleifmaschine können auch furnierte Platten geschliffen werden. Dabei übernimmt die Kontaktwalze des ersten Aggregates den Vorschliff (z. B. mit Körnung 120) und der Druckbalken des zweiten Aggregates den Feinschliff (z. B. mit Körnung 150).
Da bei furnierten Holzwerkstoffen nicht kalibriert werden darf, sondern ein gleichmäßiger Abschliff der ganzen Fläche erfolgen soll, wird der Vorschubtisch in die federnde Position gebracht (Bild 3). Dadurch wird ein gleichmäßiger Anpreßdruck auch bei geringen Dickentoleranzen erreicht.

Das Schleifen der Schmalflächen

Für das Schleifen der Schmalflächen der Vollholzböden wird eine **Kantenschleifmaschine** (Vertikal-Bandschleifmaschine) eingesetzt (Bild 6). Der Vorschub erfolgt von Hand. Der Schleiftisch kann in der Höhe und in der Neigung verstellt werden. Dadurch kann die gesamte Bandbreite zum Schleifen ausgenutzt werden.
Für profilierte Schmalflächen gibt es spezielle **Profilschleifmaschinen**, die je nach Einsatzzweck mit Bandschleif-, Schwingschleif- oder Schleifscheibenaggregaten ausgestattet sind. Der Schleifschuh oder die Schleifscheibe muß jeweils das Gegenprofil des Werkstückes aufweisen.

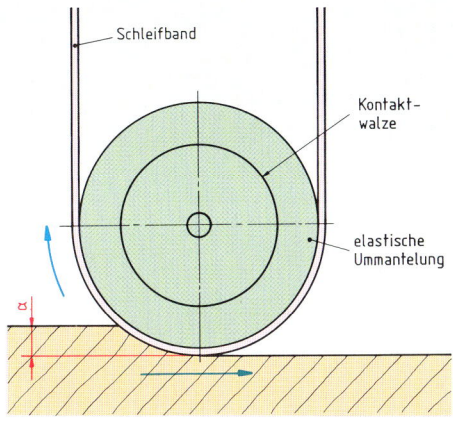

4. Kontaktwalze

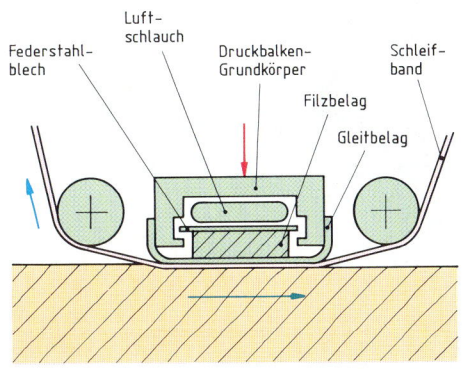

5. Elastischer Druckbalken mit Luftschlauch

6. Kantenschleifmaschine

1. Was versteht man unter „Kalibrieren"?
2. Beschreiben Sie den Aufbau und die Wirkungsweise eines elastischen Druckbalkens mit Luftschlauch!
3. Wozu dient die Kontaktwalze beim Schleifen von
   a) Vollholz
   b) furnierten Holzwerkstoffen?
4. Beschreiben Sie den Aufbau und die Wirkungsweise der Kantenschleifmaschine!

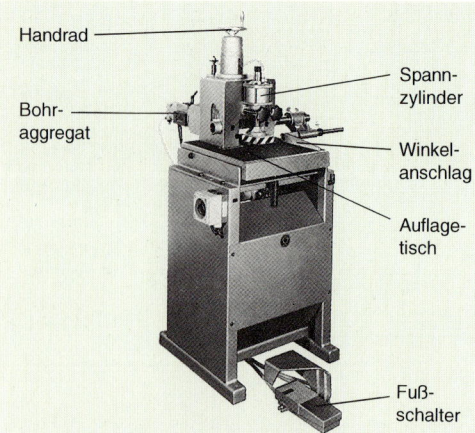

Handrad

Bohr-
aggregat

Spann-
zylinder

Winkel-
anschlag

Auflage-
tisch

Fuß-
schalter

1. Dübellochbohrmaschine

2. Die Längsfriese werden gebohrt

3. Die Querfriese werden stirnseitig gebohrt

6.22 Maschinen zum Dübeln und Verleimen

Für eine Haustür in Rahmenbauweise soll die Eckverbindung hergestellt und die Tür in einer Rahmenpresse verleimt werden.

Eine Rahmenecke wird gedübelt

In vielen Betrieben werden Rahmenecken gedübelt, weil diese Verbindung rationell herzustellen ist, eine gute Festigkeit aufweist und gegenüber der gestemmten Rahmenecke Holz gespart werden kann (Zapfenlänge).

Welche Maschine wird eingesetzt?

Zum Bohren der Dübellöcher steht eine **Dübellochbohrmaschine** (Bild 1) zur Verfügung. Die abgebildete Maschine ist speziell für Bohrungen im Rahmenbau geeignet. Das Bohraggregat ist mit einem mehrspindligen Getriebe ausgestattet, so daß z. B. alle drei Bohrungen für einen Rahmenfries in einem Arbeitsgang gebohrt werden können. Der Bohrmotor wird mittels Handrad (Bild 1) in der Höhe verstellt. Der stabile Werkstückauflagetisch ist starr und dient gleichzeitig zur Aufnahme des umsteckbaren Winkelanschlages. Zum Spannen des Werkstückes dient ein Sicherheits-Druckluftzylinder. Die pneumatische Steuerung für das Bohraggregat arbeitet vollautomatisch nach Impulsgabe über das Fußventil.

Das Bohren der Längsfriese

Vor dem Bohren müssen die Friese unbedingt gezeichnet werden. Damit werden gleichzeitig die **Bezugsebenen** festgelegt.

> Beim Bohren müssen zwei Bezugsebenen an den Anschlägen anliegen und die dritte liegt auf dem Werkstückauflagetisch.

Wenn die Bezugsebenen beachtet werden und die Werkstücke genau am Anschlag anliegen, werden die Bohrungen immer übereinstimmen. Wie in Bild 2 erkennbar ist, wird das Werkstück flach eingespannt. Das Hirnholz liegt dabei am Winkelanschlag an, und die Bezugsebene liegt auf dem Werkstückauflagetisch.

Das Bohren der Querfriese

Beim Bohren der Querfriese liegt die Schmalfläche am Winkelanschlag an (Bild 3). Auch hier muß die Bezugsfläche auf dem Werkstückauflagetisch aufliegen. Die Gegenseite wird nach

Umstecken des Klapp-Anschlagsystems auf die andere Seite des Gehäuses auf die gleiche Weise gebohrt.

Können Rahmen und Korpusse mit der gleichen Maschine gebohrt werden?

In vielen Betrieben werden Bauelemente und Korpusmöbel gefertigt. Für eine solche gemischte Fertigung haben sich **Universal-Dübelloch-bohrmaschinen** (Bild 4) bewährt.

Zum **Dübeln von Rahmen** muß einer der beiden Winkelanschläge entfernt werden. Ansonsten kann genauso gearbeitet werden, wie mit der zuvor beschriebenen Maschine.

Im **Korpusmöbelbau** dient die Maschine zum Lochreihenbohren, zum Beschlageinbohren und zum Bohren von Dübellöchern. Die Maschine in Bild 4 ist mit einer Zentralverstellung der beiden Seitenanschläge ausgerüstet. Durch Betätigen eines Drehgriffs werden die beiden Seitenanschläge gleichzeitig symmetrisch verfahren, so daß sie zwangsläufig den gleichen Abstand von der Anschlagkante zur jeweils ersten Bohrspindel rechts oder links aufweisen. Das gewährleistet spiegelbildliches Bohren linker und rechter Werkstücke ohne zusätzliche Rüstzeit.

Der Rahmen wird verleimt

Die **Rahmenpresse** (Bild 5) hat als tragendes Element einen massiven Stahlrahmen, der die verstellbar angeordneten Preßzylinder trägt. Rahmenpressen arbeiten häufig hydraulisch, weil sich so höhere Druckkräfte (bis 35000 N je Zylinder) als bei pneumatischen Pressen erzielen lassen. Die abgebildete Presse ist mit einer automatischen Steuerung für das Aus- und Einfahren der Zylinder ausgestattet.

Ein Korpus wird verleimt

Ähnlich wie die Rahmenpresse arbeitet auch die **Korpuspresse** (Bild 6). Unterschiedliche Spannvorrichtungen (Flach-, Ecken- und Gehrungsspannvorrichtungen) in Verbindung mit zum Teil programmgesteuerten Arbeitsabläufen bewirken eine schonende und präzise Verleimung von Möbelstücken vielfältiger Art.

1. Warum müssen Sie die Bezugsebenen beim Bohren der Dübellöcher beachten?
2. Beschreiben Sie den Aufbau einer Universal-Dübellochbohrmaschine nach Bild 4!
3. Warum ist die Universal-Dübellochbohrmaschine mit zwei Anschlägen ausgestattet?

4. Die Universal-Dübellochbohrmaschine ist zum Dübeln von Rahmen und von Korpussen geeignet

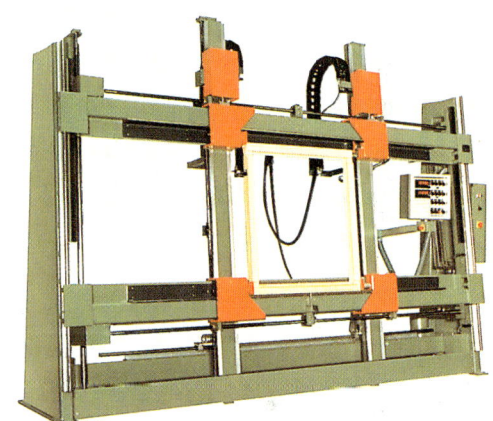

5. Die Rahmenpresse im Einsatz

6. Korpuspresse

1. Mit der Schlagbohrmaschine werden die Dübellöcher gebohrt

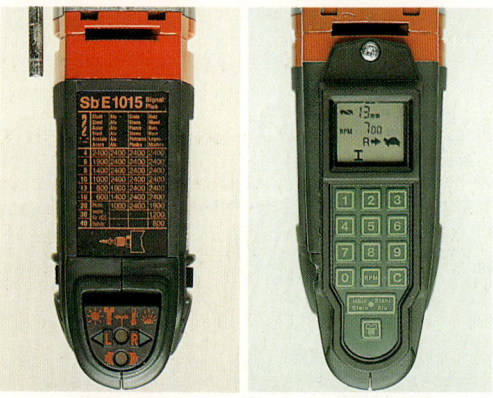

2. Moderne Elektronik erleichtert die Arbeit; a) Elektronische Funktionsanzeige für Betriebsbereitschaft, Rechtslauf, Linkslauf, Blinksignal bei einer sich anbahnenden Überlastung, Erreichen des eingestellten Drehmomentes und fälliger Kohlebürsten-Wechsel; b) Schlagbohrmaschine mit Mikrocomputer

3. Bohrhämmer sind vielseitig einsetzbar

6.23 Handmaschinen erleichtern Montagearbeiten

In einem Neubau soll eine Betondecke mit Profilbrettern verkleidet werden. Als Unterkonstruktion werden Latten an die Decke gedübelt (Bild 1).

Welche Bohrmaschine ist geeignet?
Eine Bohrmaschine, die auf der Baustelle eingesetzt wird, sollte eine Leistung von mindestens 500 Watt haben und mit einer **elektronischen Drehzahlregelung** ausgestattet sein. Zum Bohren in Beton und Mauerwerk ist ein **Schlagbohrwerk** erforderlich, das zum Bohren in anderen Materialien auch abgeschaltet werden kann. Wenn die Maschine auch zum Eindrehen von Schrauben verwendet werden soll, ist eine elektronische Drehmomentbegrenzung sinnvoll.

Moderne Bohrmaschinen besitzen **elektronische Funktionsanzeigen** (Bild 2a) oder können sogar mit einem Mikrocomputer ausgestattet sein (Bild 2b). Die Drehzahl kann per Tastendruck eingegeben werden, oder es wird Material und Bohrerdurchmesser eingegeben, und der Mikrocomputer errechnet selbst die optimale Drehzahl. Über ein LCD-Display zeigt die Maschine die Drehzahl, die Getriebeeinstellung und die Drehrichtung an und gibt ein Blinksignal bei einer sich anbahnenden Überlastung.

> Moderne Elektronik erhöht die Bedienungsfreundlichkeit, die Anwendungsmöglichkeiten und die Lebensdauer der Maschinen.

Für schwere Bohr- und Stemmarbeiten in Mauerwerk oder Beton verwendet man **Bohrhammer**, die mit Hartmetall-Hammerbohrern und auch mit verschiedenen Meißeln betrieben werden können (Bild 3).
Maschinen mit integrierter Staubabsaugung dienen dem Schutz der Gesundheit und eignen sich insbesondere für den Einsatz in bewohnten Räumen.

Die Latten werden angeschraubt
Zum Eindrehen von Schrauben werden heute meistens **Akku-Schrauber** verwendet (Bild 4), die auch zum Bohren und sogar zum Schlagbohren verwendet werden können. Akku-Werkzeuge bieten den großen Vorteil, daß kein Kabel die Bewegungsfreiheit stört. Allerdings ist die Kapazität der bis zu 3000mal wiederaufladbaren

Akkus begrenzt. Um ein kontinuierliches Arbeiten zu ermöglichen, sollte man deshalb auf der Baustelle immer einen Reserve-Akku haben. Das Aufladen eines leeren Akkus dauert in der Regel mehrere Stunden, kann jedoch mit Schnelladegeräten auf bis zu zehn Minuten verkürzt werden.

> Je größer die angegebene Spannung (in Volt) eines Akku-Werkzeuges ist, desto größer ist das maximale Drehmoment, und desto länger kann man mit einer Ladung arbeiten.

Allerdings ist zu bedenken, daß leistungsstarke Geräte auch schwerer sind.

Ein Brett wird angepaßt
Auf der Baustelle müssen Werkstücke oft mit der **Handhobelmaschine** nachgehobelt werden (Bild 5). Sie ist auch zum Nachhobeln von Fälzen oder zum Anschrägen von Brettkanten gut geeignet. Mit einem Untergestell ist die Handhobelmaschine auch als kleine Abrichthobelmaschine und als Dickenhobelmaschine zu verwenden (Bild 6).

Sicheres Arbeiten mit Handmaschinen
Beim Arbeiten mit Handmaschinen gilt:
- Die Maschine ist vor dem Einsatz auf ordnungsgemäßen Zustand zu prüfen (Schutzeinrichtungen, elektrischer Anschluß).
- Bei Regen darf nicht im Freien gearbeitet werden. Die Maschinen sind vor Feuchtigkeit zu schützen.
- Das Werkstück muß sicher und fest aufliegen. Handmaschinen werden möglichst beidhändig geführt.
- Die Maschine darf erst nach Stillstand des Werkzeuges aus der Hand gelegt werden.
- Bei allen Arbeiten an der Maschine (z. B. Werkzeugwechsel) ist der Stecker herauszuziehen.
- Auch Handmaschinen sollen mit Absaugung betrieben werden.

4. Die Latten werden angeschraubt

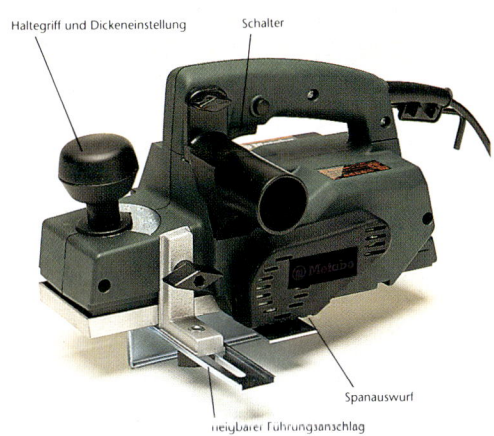

Haltegriff und Dickeneinstellung   Schalter

Spanauswurf

neigbarer Führungsanschlag

5. Handhobelmaschine

6. Die Handhobelmaschine kann mit einem Untergestell zum Abrichten und Dickenhobeln verwendet werden

1. Welche Vorteile haben Bohrmaschinen, die mit einem Mikrocomputer ausgestattet sind?
2. Welche Vor- und Nachteile haben Akku-Werkzeuge?
3. Welche Arbeiten können mit der Handhobelmaschine verrichtet werden?

1. Durch den Dachausbau wird neuer Wohnraum geschaffen

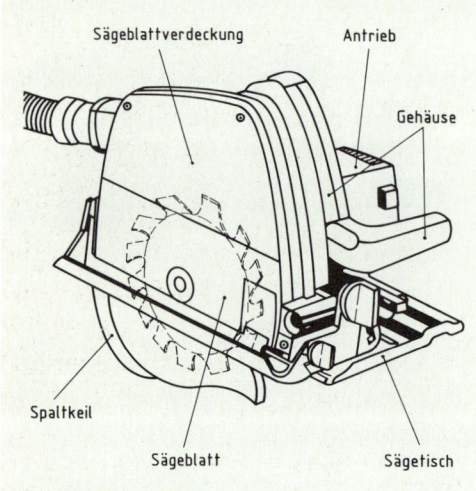

2. Aufbau der Handkreissägemaschine

6.24 Sägen und Schleifen mit Handmaschinen

Der bisher ungenutzte Dachboden in Bild 1 soll für Wohnzwecke ausgebaut werden. Die Wände und Decken, die Dachschräge und die Dachgaube müssen wärmegedämmt und verkleidet werden. Der Fußboden wird erneuert. Welche Maschinen werden auf der Baustelle benötigt?

Die Handkreissägemaschine

Bild 2 zeigt die Hauptelemente einer Handkreissägemaschine. Sie ist geeignet zum Besäumen, Ablängen, Schrägschneiden, Auftrennen, Nuten, Fälzen und Einsatzschneiden.

Mit entsprechenden Zusatzeinrichtungen werden viele Sägearbeiten erleichtert (Bilder 3 und 4). Handkreissägemaschinen sind mit einem Spaltkeil und mit einer beweglichen Schutzhaube ausgerüstet, die im Leerlauf selbsttätig den Zahnkranz des Sägeblattes verdecken muß.

Kapp- und Gehrungssägemaschinen

Die Kapp- und Gehrungskreissägemaschine ist eine handliche und vielseitig einsetzbare Maschine und besonders für Montagearbeiten geeignet. Sie läßt sich meist mit einem Handgriff um 180° drehen und kann wahlweise als Tischkreissägemaschine oder als Kapp- und Gehrungssägemaschine verwendet werden (Bild 5).

> Zum Verstellen muß die Maschine abgeschaltet und der Stillstand des Sägeblattes abgewartet werden.

Für Gehrungsschnitte kann man das Sägeblatt um 45° schwenken.

3. Der Parallelanschlag ermöglicht parallele Schnitte zu einer Kante. Die max. Zuschnittbreite wird durch den jeweiligen Anschlag begrenzt.

4. Die Führungsschiene eignet sich für nichtparallele Schnitte, zum Besäumen und zum Aufteilen von Werkstücken mit größeren Abmessungen

Die Stichsägemaschine

Die Pendelhubeinrichtung der Maschine in Bild 6 sorgt dafür, daß die Sägespäne besser ausgeworfen werden, daß der Kraftbedarf für den Vorschub der Maschine verringert wird und durch Verringerung der Reibung die Lebensdauer der Sägeblätter steigt. Insgesamt steigt die Schnittleistung der Maschine. Die Auflageplatte kann für Schrägschnitte um bis zu 45° geschwenkt werden.

Die Handbandschleifmaschine

Mit der Handbandschleifmaschine (Bild 7) kann im Gegensatz zu allen anderen Handschleifmaschinen in Faserrichtung geschliffen werden.

Holzstaub steht im Verdacht, Krebs zu erzeugen und muß deshalb abgesaugt werden.

Maschinen mit elektronischer Regelung der Bandgeschwindigkeit eignen sich auch zum Schleifen von wärmeempfindlichen Werkstoffen.

Die Schwingschleifmaschine

Die Schwingschleifmaschine (Bild 8) hat einen rechteckigen Schleifschuh und ermöglicht somit ein Schleifen bis in die Kanten und Ecken des Werkstückes. Allerdings ist die Schleifleistung gering, und durch die schwingende Bewegung des Schleifschuhes kommt es zu Querschliff auf Holzoberflächen.

1. Nennen Sie Zusatzeinrichtungen für Handkreissägemaschinen, und erläutern Sie deren Einsatzmöglichkeiten!
2. Welche Vorteile bietet die Pendelhubeinrichtung bei Stichsägemaschinen?

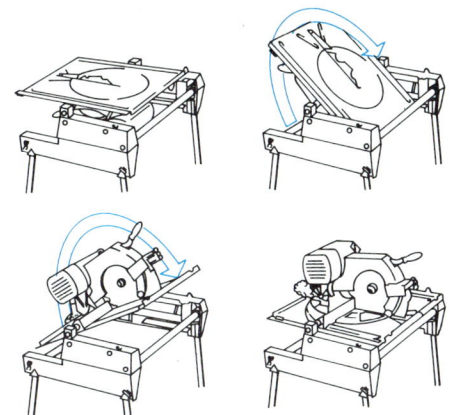

5. Umrüsten einer Kapp- und Gehrungssägemaschine

6. Die Elektronik-Stichsäge mit Pendelhubeinrichtung zum Sägen von Holz, Holzwerkstoffen, Kunststoff und Metall. Die Hubzahl kann dem Werkstoff stufenlos angepaßt werden.

7. Die Handbandschleifmaschine kann zum Schleifen von kurzen Teilen und schmalen Leisten mit Hilfe eines Untergestelles auch stationär betrieben werden

8. Schwingschleifmaschine mit Staubabsaugung durch das gelochte Schleifband

1. Die Lamellennut für eine Gehrungsverbindung wird gefräst

2. Zum Werkzeugwechsel wird der Frässchlitten abgenommen

3. Fräsen einer Schattennut

4. Harzgallen werden ausgefräst

6.25 Handfräsmaschinen sind vielseitig einsetzbar

Ein furnierter Möbelkorpus aus Flachpreßplatte soll auf Gehrung verleimt werden. Als Verbindungsmittel werden Lamellen-Formfedern (LFF) gewählt.

Wie werden die Nuten für die Lamellen-Formfedern gefräst?
Für das Einfräsen der Nuten ist eine spezielle **Lamellennutfräsmaschine** (Bild 1) erforderlich. Um die Nuten für eine Gehrungsverbindung zu fräsen, wird der Schwenkanschlag der Maschine auf 45° eingestellt (Bild 1). Die **Lamellen-Formfedern**, die es in drei Größen gibt, sind der Form der Fräsung angepaßt, haben jedoch in der Breite noch etwas Spiel. Dadurch können Meß- und Anreißungenauigkeiten noch beim Verleimen korrigiert werden.

Mit der Lamellennutfräsmaschine können mit geringem Arbeitsaufwand paßgenaue Eckverbindungen hergestellt werden.

In Bild 2 ist der Frässchlitten zum Werkzeugwechsel abgenommen, und man erkennt den HM-bestückten Fräser, der eine Fräsbreite von 4 mm hat.

Die Lamellennutfräsmaschine ist vielseitig einsetzbar
Weitere Einsatzbereiche sind z. B. das Fräsen von Schattennuten (Bild 3) und das Nuten von Schrankrückwänden und Schubkastenböden.
Zum Ausflicken von Harzgallen und Rissen wird die Maschine mit einem speziellen Fräser bestückt (Bild 4). Die Ausfräsungen werden mit

paßgenauen Flicken ausgeleimt, die anschließend bündig gehobelt und geschliffen werden.

Die Handoberfräsmaschine zum Einlassen von Beschlägen

Vor dem Verleimen des Korpusses soll noch das Schließblech eingelassen werden. Für diese Arbeit eignet sich die Oberfräsmaschine (Bild 5), die mit Hilfe einer Frässchablone geführt wird.

Die Handoberfräsmaschine wird weiterhin zum Fräsen von Nuten, Gratnuten und Profilen an geraden, gewölbten und geschweiften Kanten (Bild 6) eingesetzt.

Handoberfräsmaschinen für besondere Zwecke

Mit der **Dichtungsnutfräsmaschine** kann man z. B. bei Blendrahmen von alten, bereits eingebauten Fenstern problemlos bis in die Ecken nuten (Bild 7). Somit können alte Fenster und Türen auch ohne Nageln oder Kleben nachträglich mit auswechselbaren Dichtungen ausgestattet werden.

Die **Kantenfräsmaschine** eignet sich zum Bündigfräsen von Furnierüberständen und Kunststoffbelägen (Bild 8) sowie zum Planfräsen, Abschrägen, Abrunden und Fasen von Massivholzanleimern.

1 Skizzieren Sie eine stumpfe Eckenverbindung mit Lamellen-Formfedern, und beschreiben Sie das Einfräsen der Lamellennuten!
2. Für welche Arbeiten eignet sich die Lamellennutfräsmaschine?
3. Für welche Arbeiten können Handoberfräsmaschinen eingesetzt werden?

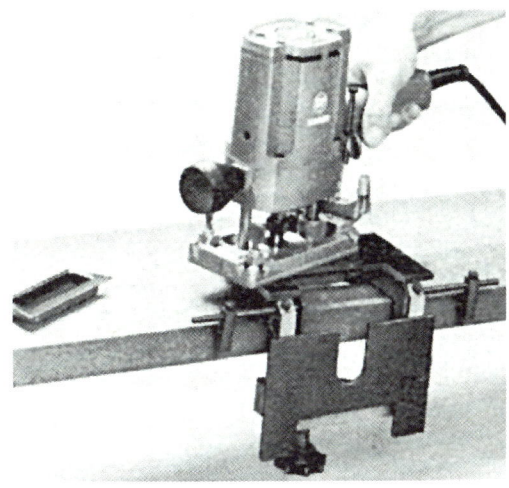

5. Einlassen von Beschlägen

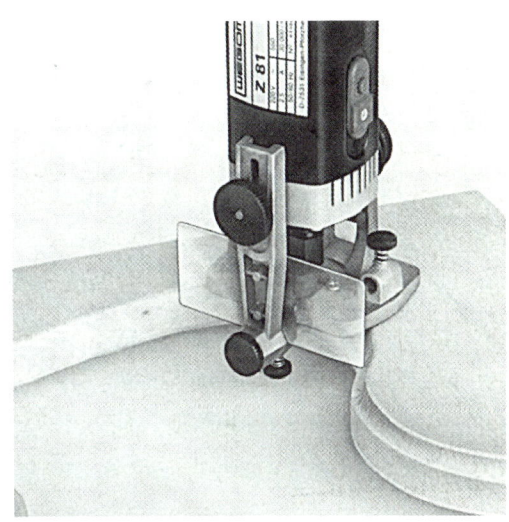

6. Eine geschweifte Kante wird profiliert

8. Mit der Kantenfräsmaschine werden überstehende HPL-Platten abgefräst

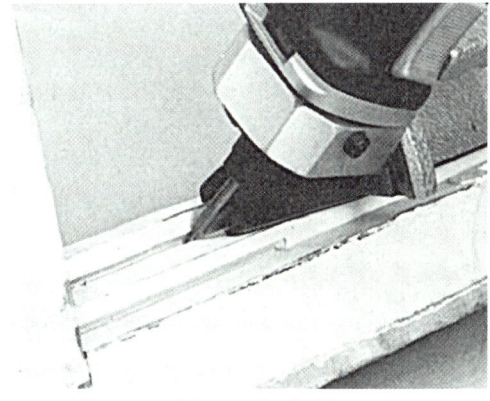

7. Die Dichtungsnutfräsmaschine im Einsatz

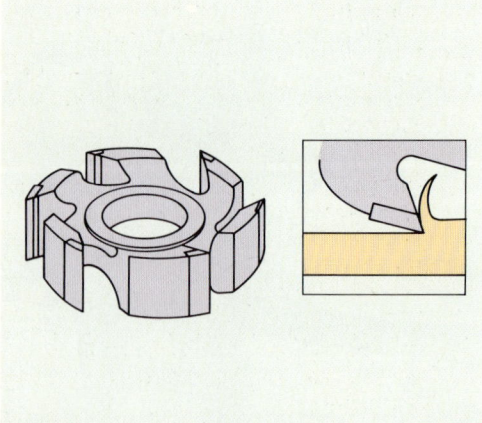

1. Hartmetallbestücktes Fräswerkzeug

Kurzzeichen	typische Anwendungsbeispiele
K 10	Duromere Kunststoffe Schichtpreßstoffplatten (HPL) Kunstharzbeschichtete Holzwerkstoffplatten, z. B. KF und KH Kunstharzpreßholz (KP)
K 20	Plastomere Kunststoffe, z. B. PVC-hart Holzspanplatten, z. B. FPY MDF-Platten Schichtholz, Sperrholz, z. B. FU
K 30	sehr harte Naturhölzer Holzfaserdämmplatten (HFD)
K 40	Harthölzer und Weichhölzer, frei von losen Ästen

2. Hartmetalle der Zerspannungshauptgruppe K

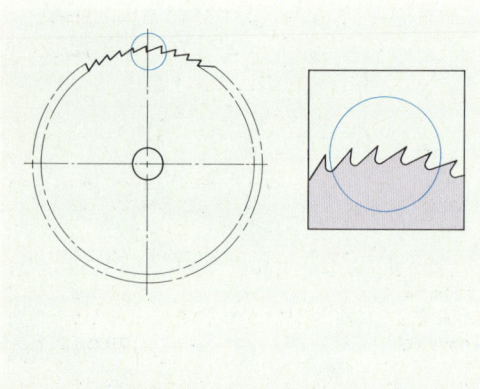

3. Kreissägeblatt für weiches Vollholz

6.26 Schneidenwerkstoffe für Maschinenwerkzeuge

Bild 1 zeigt ein Fräswerkzeug. Mit diesem Werkzeug sollen Schmalseiten („Kanten") von Holzfaserplatten bearbeitet werden.

Werkzeugschneiden sollen hart sein

Der Grundkörper des Werkzeuges besteht aus Stahl, einer Legierung aus Eisen und Kohlenstoff. Wie die Ausschnittvergrößerung in Bild 1 zeigt, wurde als Schneide ein Plättchen aus Hartmetall eingesetzt. Die mit besonderen Schneidenplättchen ausgestatteten Werkzeuge nennt man **Verbundwerkzeuge.**

Das spanabhebende Bearbeiten von Holzwerkstoffplatten stellt hohe Ansprüche an die Werkzeugschneiden. Am wichtigsten ist der Standweg (die „Standzeit") der Schneiden. Die Schneiden sollen lange scharf sein, d. h. sich wenig abnutzen und nicht ausbrechen. Diese Anforderungen sind beim Fräsen, Hobeln, Bohren und Sägen von Holzspan- und Holzfaserplatten, aber auch von Hölzern mit harten Ästen, wie z. B. Fichte und Tanne, sehr hoch. Es werden deshalb Schneidenwerkstoffe mit hoher Härte und Abriebfestigkeit benötigt.

Hartmetallschneiden haben eine größere Abriebfestigkeit und damit eine bessere Schneidhaltigkeit als Stähle.

Hartmetalle sind nicht eisenhaltig

Sie bestehen vorwiegend aus Verbindungen von Kohlenstoff mit Wolfram, Titan und Tantal (Carbide). Diese sehr harten und verschleißfesten Körner werden in das Bindemetall Kobalt unter hohem Druck und hoher Temperatur eingebettet und dadurch zusammengehalten.

Hartmetalle werden in unterschiedlicher Härte und Zähigkeit hergestellt. Die in der Holz- und Kunststoffverarbeitung gebräuchlichsten sind in Tabelle 2 aufgeführt.

Werkzeuge aus legiertem Werkzeugstahl

Das im Bild 3 gezeigte Kreissägeblatt ist, wie auch die Ausschnittvergrößerung zeigt, nicht hartmetallbestückt. Das ist nicht erforderlich, wenn mit diesem Werkzeug weiches Vollholz ohne harte Äste, wie z. B. Erle bearbeitet werden soll. Dabei werden die Werkzeugschneiden nicht so hoch beansprucht, wie beim Bearbeiten von Holzwerkstoffen. Das Sägeblatt kann als **einteiliges**

Werkzeug aus einem Material, z. B. aus einem legierten Werkzeugstahl hergestellt werden. Durch Zusatz von Legierungsmetallen, wie Chrom, Nickel, Vanadium und Mangan, wird die Festigkeit, die Schneidhaltigkeit und gleichzeitig auch die Korrosionsbeständigkeit des Stahles verbessert.

> Werkzeuge aus Stahl sind nicht sehr hart aber zäh.

Werkzeuge aus Stahl sind weniger aufwendig in der Herstellung, lassen sich einfacher schärfen und besitzen eine hohe Schlagzähigkeit, d. h. sie sind nicht spröde. Die Schneidhaltigkeit dieser Werkzeuge ist aber geringer. Deshalb werden Kreissägeblätter vorzugsweise hartmetallbestückt.

Werkzeuge aus unlegiertem Werkzeugstahl

Stahl aus Eisen und Kohlenstoff hat bei geringem Kohlenstoffgehalt eine geringe Härte und damit auch nur eine geringe Schneidhaltigkeit. Durch höheren Kohlenstoffgehalt kann zwar der Standweg der Schneiden verbessert werden, das Material wird dadurch aber hart und spröde. Unlegierter Werkzeugstahl wird vor allem für Bandsägeblätter, aber auch für Bohrwerkzeuge verwendet. Tabelle 4 gibt einen Überblick der gebräuchlichsten Schneidenwerkstoffe, die für Werkzeuge der Holz-, Holzwerkstoff- und Kunststoffbearbeitung verwendet werden.

Der Keilwinkel an der Werkzeugschneide wird vom Schneidenwerkstoff bestimmt

Hartmetalle sind verschleißfest, aber spröde und schlechte Wärmeleiter. Damit die Schneide beim Bearbeiten harter Werkstoffe nicht ausbricht, muß sie einen größeren Keilwinkel haben als die Stahlschneide. Schneiden mit großem Keilwinkel haben einen kleineren Freiwinkel und Spanwinkel (Bild 5). Dadurch entstehen beim Arbeiten größere Schnittkräfte und Reibungswärme.

1. Warum werden für das maschinelle Bearbeiten von Holzwerkstoffen vorzugsweise hartmetallbestückte Werkzeuge verwendet?
2. Warum sind auch für die spanabhebende Bearbeitung von Fichte und Tanne hartmetallbestückte Werkzeuge zu verwenden?
3. Welche Vorzüge bietet legierter Werkzeugstahl als Schneidenwerkstoff? Nennen Sie ein typisches Anwendungsbeispiel!
4. Warum haben Hartmetallschneiden einen größeren Keilwinkel als Stahlschneiden?

WS	Unlegierter Werkzeugstahl	Bohrwerkzeuge Bandsägeblätter
SP	Legierter Werkzeugstahl (Spezialstahl); bis 5% Legierungsanteile	wie WS, jedoch auch Kreissägeblätter
HL	Hochlegierter Werkzeugstahl (Hochleistungsstahl): mehr als 5% Legierungsanteile	Fräswerkzeuge
SS	Schnellarbeitsstahl; bis 12% Legierungsanteile	Fräs- und Hobelwerkzeuge
HSS	Hochlegierter Schnellarbeitsstahl (Hochleistungs-Schnellarbeitsstahl)	wie SS; auch Verbundwerkzeuge
HM	Hartmetall Harte, verschleißfeste Körner, z. B. Wolframkarbide, werden durch weiche Metalle, z. B. Kobalt und Nickel, verbunden	(Tab. 2)
PKD	Polykristalliner Diamant; bei 1300 bis 1400 °C Temperatur und 6000 bis 7000 MPa Druck synthetisch hergestellt	Für extrem beanspruchte Schneiden und lange Standwege

4. Schneidenwerkstoffe zum Bearbeiten von Holz, Holzwerkstoffen und Kunststoffen

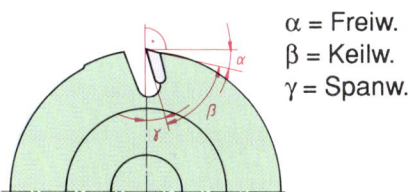

α = Freiw.
β = Keilw.
γ = Spanw.

Winkel	Stahlschneide Vollholz	Hartmetallschneide	
		Spanplatten	Kunststoffe
Spanwinkel	30°	20°	10 bis 15°
Keilwinkel	42 bis 45°	55 bis 58°	60 bis 70°
Freiwinkel	15 bis 18°	12 bis 15°	10 bis 15°

5. Winkel an der Schneide von Maschinenwerkzeugen (Empfehlung der Holz-Berufsgenossenschaft)

Möbelbau

1. Die Möbel und die Kleidung haben jeweils zeittypische Merkmale, durch die sie bestimmten Zeitepochen zugeordnet werden

2. Die romanische Frontstollentruhe ist aus grob bearbeiteten Brettern zusammengefügt

3. Die Faltwerkfüllungen dieses gotischen Stollenschrankes sind aus dem dicken Holz herausgehobelt

7.1 Möbelgestaltung im Stil der Zeit

Das Bild 1 zeigt Menschen und Möbel aus unterschiedlichen Zeiten. Das links gezeigte Möbel ist 1993 gebaut. Rechts sehen wir ein Möbel aus der Barockzeit (1660 – 1720). Beide Möbel dienen annähernd gleichen Zwecken, nämlich dem Aufbewahren und Zur-Schau-Stellen von zum Beispiel schönem Geschirr. Trotzdem sind sie ganz unterschiedlich gestaltet.

Wir erfahren Möbel als Abbild des Zeitgeistes

Möbel sind Gegenstände der bewohnten Räume, mit denen die Bewohner ständig umgehen. Sie sind deshalb Ausdruck des jeweiligen individuellen Geschmacks und des allgemeinen Lebensgefühls, des gesellschaftlichen und kulturellen Umfeldes der entsprechenden Zeit.

> Zu allen Zeiten hat die Freude am Gestalten immer andere, aber stets eigenständig aus dem Zeitgeist erwachsende Möbelformen und Schmuckelemente hervorgebracht.

Die größere Kenntnis vom Holz verändert die Möbelgestaltung

Die ersten Möbel in Mitteleuropa, die Möbel der romanischen Zeit, waren meist grob mit dem Beil bearbeitet. Wie Bild 2 zeigt, hatte man für die technischen Eigenschaften des Holzes wenig Verständnis. Die mit Nägeln und Eisenbändern längs und quer aufeinandergesetzten Seiten- und Vorderteile einer romanischen Truhe zeigen Schwindungsrisse. Schon in der folgenden Stilepoche, der Gotik, sind die Truhen mit Rahmen und Füllung konstruiert. Damit wird das Schwinden und Quellen des Holzes berücksichtigt.

Handwerkszeuge beeinflussen die Möbelgestaltung

Für das Herstellen von Rahmen und Füllung wurden die nun zur Verfügung stehenden Profil- und Nuthobel benötigt. Auch die Profile der typischen gotischen Faltwerkfüllungen (Bild 3) wurden mit entsprechenden Profilhobeln angearbeitet und an den Enden mit dem Stechbeitel nachgestochen. Auch die Nuten, Falze und Profile des Rahmens werden mit entsprechenden Profilhobeln angearbeitet. Gleichzeitig ermöglicht die Anwendung von Flächenhobeln nun besonders ebene und glatte Holzflächen, die ohne Schnitzerei schön sind.

Wie man auf einem Stuhl sitzt

Der Stuhl ist vielleicht das „mobilste" und damit dem wörtlichen Ursprung nach das typische „Möbel". Er ist Spiegel der Sitz-Sitten über Jahrhunderte. Für die beiden Stühle in Bild 4 sind ganz unterschiedliche Holzbearbeitungs- und Konstruktionstechniken eingesetzt. Die Einzelteile des romanischen Stuhles sind gedrechselt, eine sehr alte Holzbearbeitungstechnik. Die angedrechselten Zapfen sind in gebohrte Löcher eingeleimt. Die Teile des gotischen Kastenstuhles mit der Faltwerkfüllung wurden ausgesägt und gehobelt. Die Ecken sind mit Schlitz und Zapfen verbunden.

4. Zwei Stühle mit unterschiedlichen Konstruktionen, links romanischer, rechts gotischer Stuhl

Freude am Gestalten

Auch mit gleichen Bearbeitungstechniken sind z. B. ein Gotik- und ein Renaissancestuhl ganz unterschiedlich gestaltet. Die neue Rahmen- und Füllungskonstruktion scheint in der Gotik besondere Gestaltungsfreude bereitet zu haben. Ein Renaissancestuhl hat keine Füllungen, die in der Gotik glatten Zargen sind geschnitzt. Er ist gepolstert und durch die leicht schräge Rückenlehne ist er bequemer. Auf solchen Stühlen saß man gerade wie auf einem Thronsitz. Gemütliches Sitzen lassen die typischen gepolsterten Sessel des Barock und des Rokoko eher zu (Bild 5). Aber selbst in den prachtvollen Barockschlössern gab es nicht für jeden Gast einen Stuhl. Erst die schlichten Biedermeierstühle konnten sich mehr Menschen leisten. Sie sind Möbel für gemütliches Sitzen in jedem Haus.

5. Im Barock werden die Stühle bequemer. Die zurückgestellte Armlehne des Rokokostuhles ermöglicht das Sitzen mit dem Reifrock.

Gestalten als Teamwork

Richtiges Sitzen gilt heute als Voraussetzung für die Gesundheit und Leistungsfähigkeit. Bei dem Schreibtischstuhl auf Bild 6 stellt sich die Sitz- und Lehnenneigung durch Synchronautomatik auf jede Körperhaltung des Benutzers ein. Dieser Stuhl ist wie ein Auto in mehreren Jahren entwickelt und optimiert worden. Seine Funktionalität und technische Gestaltung machen ihn zu einem typischen Produkt unserer Zeit. Dem entspricht auch die Tatsache, daß er nicht von einem einzelnen Handwerker gestaltet ist, sondern von einem Team von Technikern und von Designern.

1. Welches war der erste Möbelstil in Deutschland?
2. Welche technischen Entwicklungen führen zu anderen Möbelgestaltungen?

6. Dieser von einem Team entwickelte Schreibtischstuhl ist ergonomisch und funktional durchgestaltet

1. Der sogenannte Dürerschrank aus der spätgotischen Zeit

2. Ein Schreibtisch mit vergoldeten Bronzebeschlägen aus dem Rokoko

Tätigkeit des Menschen	Möbel dafür
Arbeiten	Schreibtisch, -stuhl, Aktenregal
Spielen	Spielkiste, Kindermöbel
Zubereiten, Kochen, Spülen	Küchenmöbel
Essen, Trinken	Eßtisch, Anrichte
Entspannung, Unterhaltung, Kommunikation	Wohnzimmermöbel, Sammlerschrank, Musikschrank
Schlafen	Liegemöbel, Bett
Waschen, Körperpflege	Badezimmermöbel

3. Der Zweck eines Möbels ergibt sich aus den Tätigkeiten des Menschen

7.2 Funktionalität bestimmt die Gestalt des Möbels

Bild 1 zeigt einen Schrank, an dessen Seiten Truhengriffe angebracht sind. Die Füllungen sind nach Kupferstichen von Albrecht Dürer gestaltet. Die breiten, glatten Türrahmenhölzer und Flachschnitzereien der Füllungen sind typisch für einen gotischen Schrank.

Möbel für bestimmte Lebensweisen

In der romanischen Zeit waren viele „Möbel" der Burgen und Herrensitze, z. B. Bänke und Schränke, mit der Wand verbunden. Wenn aber Burgherren und Troß zu Kriegszügen, Turnieren oder Versammlungen auszogen, mußten Kleider, Hausgeräte und vieles andere mitgenommen werden.

> Die Truhe ist das richtige Behältnismöbel für den Transport auf Pferdefuhrwerken.

In der Gotik wurden Truhen aufeinandergestellt und zu Schränken umgearbeitet. Auch dieser gotische Schrank vermittelt den Eindruck zweier aufeinandergesetzter Truhen. Renaissance-Schränke werden dagegen von vornherein als Schränke gestaltet. Wegen der Veränderung der Lebensumstände in dieser Zeit brauchte man nicht mehr die mobilen Truhen.

Tätigkeiten beeinflussen die Möbelgestaltung

Möbel dienen bestimmten Tätigkeiten des Menschen. Sie müssen ihrer jeweiligen Funktion entsprechend gestaltet sein. Am Eßtisch sitzt man ringsherum, essend und sich unterhaltend. Der Schreibtisch (Bild 2) wird nur von einer Seite genutzt.

> Die Gestaltung eines Möbels wird wesentlich durch die Tätigkeiten der Menschen bestimmt.

Manche Tätigkeiten haben in bestimmten Zeiten besondere Bedeutung. So gibt es z. B. viele Schreibtische in der Zeit des aufkommenden Beamtentums für die Verwaltung der modernen, säkularisierten Staaten.
Die Tabelle in Bild 3 zeigt, daß auch heutige Möbel auf Tätigkeiten der Menschen zurückgeführt werden können. Auch Muße und Erholung sind dabei als Tätigkeiten zu sehen, für die entsprechende Funktionsmöbel gestaltet werden.

Der Zweck ist wichtigstes Gestaltungselement

Jede der Kommoden in Bild 4 und in Bild 5 ist ein für die jeweilige Zeit typisch gestaltetes Stilmöbel. Trotzdem ist jede für den Zweck gestaltet, Wäsche aufzubewahren. Typisch dafür sind die Schubladen, die das Einordnen der Wäsche begünstigen. Man muß diese oft sehr breiten Schubladen bequem anfassen können, um sie gut bewegen zu können.

Griffe und Knöpfe als Zierelemente

Möbelgriffe und Möbelknöpfe werden als typische zeitentsprechende Zierelemente eines Möbels angesehen.

Zier- und Dekorationsformen dürfen die Handhabung, beispielsweise der Schublade, nicht behindern.

Griffe und Knöpfe sind wichtige Zweckteile des Möbels. Die Bilder zeigen die unterschiedlich gestalteten Griffelemente der Kommoden. Mit ihrer Zier- und Dekorationsfunktion müssen sie sich in die Gesamtgestaltung des Möbels so einfügen, daß ihre Funktion – Handhaben der Schubladen – nicht gemindert wird. Sie müssen deswegen auch griffig sein. Wobei zu berücksichtigen ist, daß für das Bewegen der breiten Schubladen sehr viel Kraft notwendig ist.

Dekorationsformen sind zeittypische Formen

Wie unsere Kleidung soll auch das Mobiliar in unserer zweiten Hülle, dem Wohnraum, „schön" sein. Es ziert das Leben im bewohnten Raum der jeweiligen Zeit. Heute erhalten wir dadurch Kunde vom Leben der Menschen in der damaligen Zeit. Bestimmte Zier- und Dekorationsformen sind typisch für bestimmte Stilepochen. Viele der Schmuckelemente des Möbels in Bild 6 sind auch in der Architektur zu finden. Das Haus hat oft die gleichen Dekorationsformen aus dem gleichen Lebensgefühl der jeweiligen Zeit. Insbesondere Schränke haben ja einen ähnlichen körperhaften Aufbau wie ein Haus.

1. Vergleichen Sie Möbel aus verschiedenen Stilepochen, die gleichen Tätigkeiten dienen!
2. Beschreiben Sie Schmuckelemente verschiedener Stilepochen!
3. Bewerten Sie Griffe und Knöpfe an Möbeln vergangener und der heutigen Zeit!

4. Bei dieser barocken Kommode sind die kräftigen Möbelgriffe kaum zu erkennen

5. Die klassizistische Kommode mit dem kubischen Korpus hat auffällige zierliche Griffe

6. Dieser Renaissance-Schrank zeigt geschnitzte Dekorelemente, die auch an Gebäuden verwendet werden

7.3 Die Möbelstilepochen

	Romanik (800 – 1250)	Gotik (1250 – 1500)	Renaissance (1500 – 1650)	Barock (1650 – 1730) Rokoko (1720 – 1770)	Klassizismus (1770 – 1810) Empire (1790 – 1830) Biedermeier (1820 – 1848)	Jugendstil (1895 – 1914)
Geistes-geschichte	Christianisie-rung	Rittertum, Minnesang	Reformation, Naturwissen-schaften, Aufklärung	Absolutismus, Aufklärung	nationale Bestrebungen, industrielle Ansätze	Naturalismus, Symbolismus, Nationalismus
Politisches Ge-schehen	Klöster, Stadt-gründungen	Kreuzzüge, Pest, Hexen, Verstädterung, Handwerks-, Handelsorgani-sationen	Bildung des modernen Staatswesens, Erfindungen und Ent-deckungen	Beginn der Nationalstaaten	Französische Revolution, Revolutions-kriege	gesellschaft-liche Umwäl-zungen
Technische und konstruktive Entwicklung	Gedrechselte Stäbe, Bohrun-gen, Kerb-schnitzen, Bretter mit Beschlägen zusammen-gehalten	Sägemühle, Rahmen- und Kasterverbin-dungen, geho-belte Faltwerk-füllung, Goldener Schnitt	Einlegearbeiten aus tropischen Hölzern, Profilleisten-Verkröpfungen	Flächenfurnie-rungen auch schwieriger, gewölbter Flächen, mechanische Möbel	flächige Furnie-re aus edlen Hölzern	Rückkehr zu „natürlicher" handwerklicher Fertigung, Massenferti-gung, maschi-nelle Bearbei-tung, Sperrholz
Bevorzugte Möbelarten	Truhe, Tisch, Stuhl	Schrank, Tisch, Stuhl, Bank	Schrank, Tisch, Stuhl, Bett	Konsoltisch, Kommode, Schrank, Sitzgruppe, Chaiselongue	Schreibtisch, Damenschreib-tisch, Nähtisch, Sofa, Sitzgruppe	Zimmereinrich-tung als Ge-samtensemble, Kleinmöbel
Grundformen der Möbel	grob bearbeite-te Bretter, kompakte eckige Formen	kubische Formen mit flächenhaftem Schnitzwerk, Stollenschrank	stark gegliederte Fronten in Ansicht und Tiefe, aber rechtwinkliger Grundriß	gewölbte, kräf-tige Schrank-simse, mech. Möbel, im Rokoko elegantere Formen	kubische Form, bequeme Sitze, gerade oder nur leicht geschwungene Beine, Kannelierung	individuelle zweckmäßige Gebrauchs-form, auch pflanzlich geschwungene Form
Schmuck-elemente	kreisförmige Kerbschnitze-reien in geometrischen Grundformen, Rundbogen, Bemalung, gedrechselte Stabgitter, reichgeschmie-dete Beschläge und Beschlag-bänder	stilisierte Pflanzen- und Tierreliefschnit-zerei, Spitzbo-gen, Maßwerk, Betonung der Senkrechten, Zinnen-Kranz-gesims, Figu-ren- und Kreuz-blumen-be-krönte Stollen und Wangen	überschweng-liche meist rechtwinklig gegliederte Lei-stendekoration, kräftige Profile, Pilaster, Säulen, teils vollplasti-sche Figuren, antike Formen, Bandwerk, Kartuschen	geometrische und Bildintar-sien, geschnitz-tes Knorpel-werk, im Roko-ko: verfeinert, asymmetrisch (Rocaille) ver-goldete Bronze-beschläge, chi-nesische Lackar-beiten, weiß gestrichene Stühle, Gobelin	rötlich poliertes Mahagonifur-nier, schlichte Holzfläche, sparsame Verwendung vergoldeter Beschläge, antike Formen, Zopf, Kreis, Oval, Lyra, später nur Furnierader	bewußte Abkehr vom Historismus, bewegte ver-spielte Linien, auch geometri-sche Formen und Flächen-gliederungen, „einfache" Form
Bevorzugte Holzarten	Eiche in Nord-, Buche in Süd-deutschland	Eiche, in den Alpen Nadel-holz	Eiche, Nadel-holz mit Fur-nier, Nuß	Eiche, exoti-sche Hölzer	Mahagoni, Laubholz (Kirschbaum)	einheimisches Laubholz
Architektur	Klöster, Kirchen	Kathedralen, Dome, Klöster	Rathäuser, städtische Bürgerhäuser	Schlösser, Kirchen	städtische Palais, Bran-denburger Tor	Industrie- und Zweckbauten, Wohnhäuser

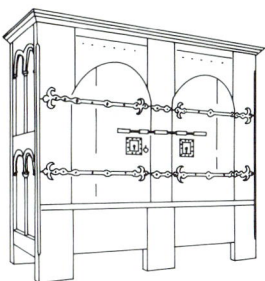

1. Romanik: Sakristeischrank aus Frankreich, um 1176

2. Gotik: Truhe mit x-Füllungen aus den Niederlanden, um 1500

3. Renaissance: Schrank aus den Niederlanden, um 1570

4. Barock: Augsburger Kasten, um 1700; süddeutscher Tisch

5. Rokoko: Tisch aus Berlin, um 1750

6. Klassizismus: Sekretär von David Röntgen, um 1780

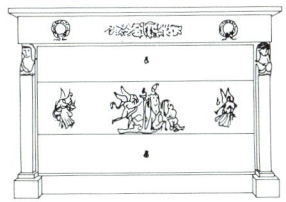

7. Empire: Kommode aus Frankreich, um 1805

8. Biedermeier: Sitzgruppe aus Süddeutschland, mit Nähtischchen aus Norddeutschland, beide um 1830

9. Jugendstil: Pariser Weltausstellung 1900

1. Unterschiedlich große Bücher können auf verschiedene Weise geordnet werden

Werkstoff	Belastung	Durchbiegung
Vollholz (Kiefer) stehende Jahrringe	400 N	0,7 mm
Vollholz (Kiefer) liegende Jahresringe	400 N	0,8 mm
Stabplatte (ST)	400 N	1,4 mm
Spanplatte (KF)	400 N	2,2 mm
Spanplatte (FP Y)	400 N	2,9 mm

2. Durchbiegung verschiedener Plattenwerkstoffe für Einlegeböden, Probenquerschnitt 13/70, Auflagerweite 200 mm

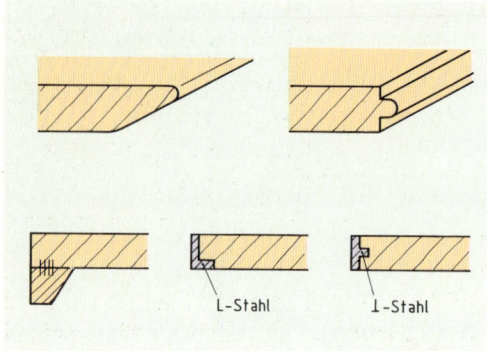

L-Stahl ⊥-Stahl

3. Dicke Fachböden können durch Profile dünner erscheinen, dünne durch Versteifen biegefester werden

7.4 Wir gestalten ein Bücherregal

Es soll ein Bücherregal gestaltet werden. Das Bücherregal muß die Bücher, für die es gedacht ist, funktionsgerecht aufnehmen. Die Bücher müssen gut erreichbar sein.

Wodurch werden die Maße des Regals bestimmt?

Das Bild 1 zeigt unterschiedliche Bücherreihen. Romane oder auch Taschenbücher haben jeweils weitgehend gleiches Format. Wenn man dagegen Bücher nach Sachgebieten ordnen will, muß man meist unterschiedlich hohe Bücher in ein Fach stellen. Deswegen ist es günstig, ein breites Regal in mehrere nebeneinander geordnete Fächer einzuteilen. Wenn außerdem die Fachböden in der Höhe verstellbar sind, lassen sich Bücher gut nach Sachgebieten ordnen.

Die Belastung der Fachböden für Bücher

Nimmt man ein großes, dickes Buch in die Hand, merkt man, wie schwer Bücher sind. Entsprechend groß ist die Belastung der Fachböden. Sie biegen sich unter der Last und werden dann beanstandet.

Nach der Norm darf die zulässige Durchbiegung von Fachböden unter Prüflast nicht mehr als 1/100 der Stützweite betragen.

Das Bild 2 zeigt die Ergebnisse eines Biegeversuches in der Berufsschule, bei dem unterschiedliche Werkstoffe für Fachböden geprüft wurden. Man kann diesen Versuch auch mit anderen Materialien fortführen.

Verbessern der Biegesteife

Eine Gestaltungsregel sagt, daß eine hohe Belastungssicherheit auch optisch durch entsprechend große Querschnitte der belasteten Teile sichtbar gemacht werden soll. Nach dieser Regel müssen Fachböden für Bücher sehr dick sein. Oft werden solche dicken Böden nicht gewünscht. Sie sollen leicht und dünn erscheinen. Bild 3 zeigt dicke Fachböden, die durch entsprechende Profilierung der Vorderkante optisch dünner erscheinen. Aber oft spielt für die optische Wirkung auch die Blickrichtung auf das Profil, von oben oder von unten, eine Rolle. Das Bild zeigt auch technische Möglichkeiten für die Verbesserung der Biegesteife verhältnismäßig dünner Fachböden.

Bücherregale müssen zum Raum passen

Das Bücherregal in Bild 4 bildet mit den ihn umgebenden Möbeln eine Einheit. Es paßt auch zu der übrigen Einrichtung des Raumes. neben den offenen Bücherregalen gibt es furnierte Türen und Glastüren, hinter die ebenfalls Bücher aufgestellt werden könnten.

Bücherregale können wie folgt gestaltet sein

• offen, hängend oder stehend an der Wand,
• offen frei im Raum stehend,
• verschlossen als Schrank.

Ein frei im Raum stehendes Bücherregal (Bild 5) ist besonders funktionell. In Büchereien können solche Regale nahe aneinandergestellt werden und sind doch leicht zugänglich. Aber jedes Möbel muß neben seiner Funktionalität auch schön sein.

> Ein schönes Möbel wirkt auf den Benutzer anziehend, angenehm.

In Büchereien kann sich das sogar verkaufsfördernd auswirken.

Wie hoch darf ein Bücherregal sein?

Oft reichen Bücherregale bis unter die Decke. Dann müßte eine Leiter vorhanden sein, um die Bücher zu erreichen. Ohne solche Steighilfen lassen sich die Bücher nur bis zu einer begrenzten Höhe erreichen. Die Tabelle 6 nennt die Maße von Männern und Frauen, wie sie in einer entsprechenden Untersuchung ermittelt wurden. Die durchschnittliche Reichhöhe eines Mannes beträgt demnach 2060 mm, die einer Frau nur 1860 mm. Diese Reichhöhe wird aber noch gemindert, wenn man ein Buch auf einem Fachboden greifen will. Die Greifhöhe ist dann um etwa 100 mm niedriger.

Maße für die Gestaltung von Bücherregalen

Aus den Überlegungen zu dem Bücherregal ergibt sich, daß die Zweckmaße bestimmt werden durch

• Höhe und Tiefe der Bücher,
• Gewicht der Bücher,
• Ordnungssystem für die Bücher,
• Zugriffsmöglichkeit zu den Büchern.

1. Entwerfen Sie ein Bücherregal für ein Jugendzimmer!
2. Begründen Sie die gewählte Gestaltung unter Berücksichtigung der genannten Gestaltungsgrundsätze!

4. Ein Bücherregal mit Glasvitrine und furnierten Türen und Schubladen in einer Schrankwand

5. Dieses frei im Raum stehende Bücherregal ist um seine Achse beweglich und so immer wieder anders aufzustellen

| | Männer | | Frauen | |
	unterer Grenzwert	oberer Grenzwert	unterer Grenzwert	oberer Grenzwert
Körperhöhe h_1	161	183	150	172
Augenhöhe h_2	150	172	139	161
Reichhöhe nach unten h_3 nach oben h_4	69 192	81 220	64 172	76 200
Ellenbogenhöhe h_5	98	114	69	105

6. Körpermaße bei stehender Haltung in cm, die für 95 % der Männer und Frauen in Deutschland gelten

	Männer		Frauen	
	unterer Grenzwert	oberer Grenzwert	unterer Grenzwert	oberer Grenzwert
Scheitelhöhe h_1	84	96	79	91
Schulterhöhe h_2	54	64	49	59
lichte Unterschenkelhöhe h_3	42	48	40	46
Ellenbogenaußenbreite b_1	38	50	33	47
Gesäßbreite b_2	33	39	43	51

1. Körpermaße bei sitzender Haltung für 95% der Männer und Frauen in cm

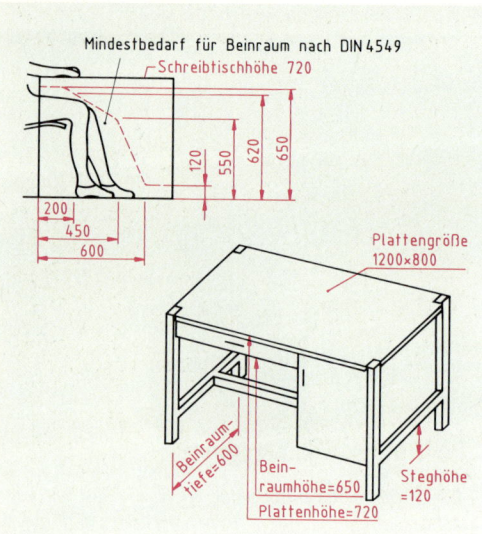

2. Schreibtischstuhl und Schreibtisch gehören zusammen und beeinflussen sich gegenseitig in der Gestaltung

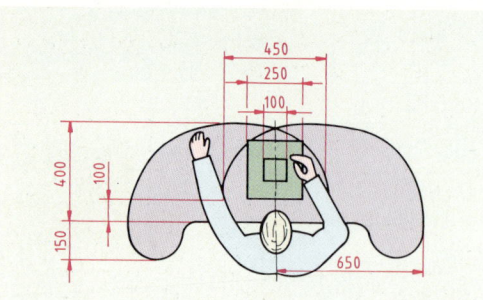

3. Die Greifmaße des Menschen beeinflussen die Plattengröße

7.5 Die Arbeit am Schreibtisch bestimmt sein Aussehen

Der Schreibtisch ist ein Arbeitsplatz, der häufig viele Stunden benutzt wird. Die Abmessungen des Schreibtisches und des Stuhles müssen deswegen aufeinander abgestimmt sein (Bild 1). Die Maße müssen dem Menschen angepaßt sein.

Schreibtischarbeit ist sitzende Tätigkeit
Die Leistungsfähigkeit des am Schreibtisch Arbeitenden hängt neben der richtigen Größe des Schreibtisches insbesondere auch von der richtigen Sitzhaltung ab. Der Schreibtischstuhl ist das Möbel, mit dem der am Schreibtisch Arbeitende unmittelbarsten Kontakt hat. Wie gut ein Stuhl ist, läßt sich individuell bei einer Sitzprobe ermitteln. Wie Bild 2 zeigt, muß am Schreibtisch entsprechender Beinraum vorhanden sein. Neben den ergonomisch richtigen Maßen müssen auch die Standsicherheit und die Festigkeit des Stuhles stimmen. Aber auch die ästhetische Gestaltung des Stuhles, also die angenehme, schöne Form, spielt für den, der einen ganzen Tag darauf sitzen muß, eine Rolle.

Wie groß muß ein Schreibtisch sein?
Bild 3 zeigt die Greifmaße eines Menschen in sitzender Haltung. Von der Körperachse kann er nach links und rechts durchschnittlich 650 mm zur Seite greifen. Daraus ließe sich die Länge einer Schreibtischplatte von 1300 mm ableiten.

Alle Maße eines Schreibtisches müssen den ergonomischen Maßen des Menschen entsprechen.

Aus den Maßen des sitzend arbeitenden Menschen kann man ein Idealgerüst eines Schreibtisches entwickeln. Man muß aber berücksichtigen, daß die in Untersuchungen ermittelten Maße nur für etwa 95% aller Männer und Frauen zutreffen. Für besonders große oder kleine stimmen sie nicht. Individuell ermittelte Maße sind im Einzelfall also günstiger. Für Kinder oder Jugendliche ist es sogar wünschenswert, einen Schreibtisch zu gestalten, dessen Maße veränderbar sind, zum Beispiel dadurch, daß die Platte höhenverstellbar ist. Bei einem Schreibtisch ist die Funktionalität das wichtigste Gestaltungselement. Aber trotzdem geht es auch darum, das funktionale maßlich richtige Idealgerüst des Schreibtisches schön zu machen.

Schreibtisch als Behältnis
für Arbeitsgeräte

Der Schreibtisch ist nicht nur Arbeitsfläche, sondern muß auch Arbeitsmittel aufnehmen (Bild 4). Diese müssen möglichst griffnah im Schreibtisch untergebracht werden. Für Bleistift, Radiergummi und ähnlich kleine Teile ist eine sehr flache Schublade gut geeignet. Genauso muß für die anderen Arbeitsmittel, z. B. Hängeregister, die günstigste Unterbringung gesucht werden, auch um sie bei Bedarf gut erreichen zu können.

> Die Schreibtischmaße werden bestimmt durch Körper- und Arbeitsmaße des Menschen und durch die unterzubringenden Arbeitsmittel.

Ästhetische Gestaltung
des Schreibtisches

Die Arbeitsleistung und das Wohlbefinden hängt immer auch von der Umgebung ab, in der die Arbeit erbracht wird. Daraus ergibt sich, daß ein Schreibtisch ästhetisch angenehm gestaltet sein soll. Das Bild 5 zeigt individuell gestaltete Schreibtische. Der Schreibtisch für Jugendliche muß anders aussehen als ein Chefschreibtisch. Der individuell gestaltete Schreibtisch ist Ausdruck der Persönlichkeit desjenigen, der an ihm arbeitet.

Büroschreibtische

In Büros nebeneinanderstehende Schreibtische müssen in ihren Formaten zueinander passen. Ebenso braucht man schon für die Planung von Büroräumen entsprechende Planungsmaße (Bild 6). Die in der Norm festgelegten Maße können auch für die individuelle Gestaltung eines Schreibtisches Grundlage sein. Viele Schreib- und Archivierungsarbeiten werden in Büros heute durch informationstechnologische Geräte erleichtert. Die Geräte bestimmen oft das Bild eines Büros oder auch des Schreibplatzes zu Hause. In solch einem Fall erfordert die Verkabelung der Geräte eine entsprechende Gestaltung beispielsweise des Schreibplatzes mit Kabelkanälen.

1. Stellen Sie eine Liste von Arbeitsmitteln und deren Maße auf, die in einem Schreibtisch untergebracht werden sollen!
2. Erstellen Sie eine Liste der ergonomischen Maße für einen Schreibtisch!
3. Gestalten Sie einen „Jugendschreibtisch"!

4. Funktionsgerechte, unterschiedlich hohe Schubladen eines Schreibtisches nehmen die Schreibgeräte und Papiere auf

5. Zwei Schreibtische in unterschiedlicher Gestaltung trotz gleichem funktionellem Aufbau

	Plattengröße		
	Breite	Tiefe	Höhe
Schreibtische	1600 1200	800 800	720 720
Schreibmaschinen-tische	1600 1200	600 600	650 650

6. Schreibtischmaße nach DIN 4549

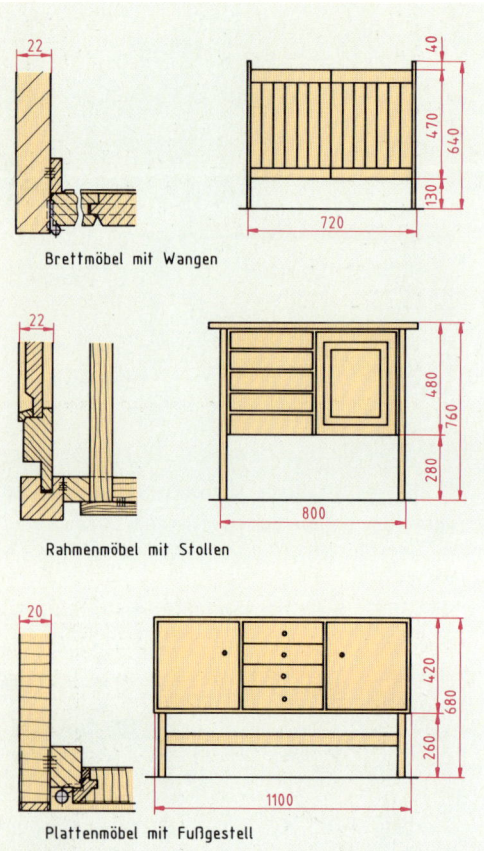

Brettmöbel mit Wangen

Rahmenmöbel mit Stollen

Plattenmöbel mit Fußgestell

1. Anrichten in unterschiedlicher Bauart mit passendem Trageteil

Korpus / Trageteil	Brett-möbel	Platten-möbel	Rahmen-möbel
Wangen	Ursprüng-liche und beste Bauart	Möglich	Nicht zu emp-fehlen
Fuß-gestell	Möglich	Heute bevorzugte Bauart	Möglich
Stollen	Nicht zu emp-fehlen	Möglich	Ursprüng-liche und beste Bauart

2. Schaubild für die Zuordnung von Korpus und Trageteil nach allgemein-ästhetischem Formempfinden

7.6 Überlegungen zu Gestaltungs-grundsätzen für eine Anrichte

Dem Namen nach dient eine Anrichte (Bild 1) zum Anrichten von Speisen und Getränken. Durch diesen Zweck ist die Anrichte dem Eßtisch zugeordnet. Sie muß daher in der Höhe dem Eßtisch angepaßt sein oder auch stehendes Arbeiten beim Anrichten der Speisen begünstigen. Außerdem dient eine Anrichte als Behältnis für Tischwäsche und Besteck oder auch für Eß- und Kaffeegeschirr und muß demgemäß gestaltet sein. Entsprechend funktional muß eine Anrichte auch dann gestaltet sein, wenn sie anderen Zwecken dient, z. B. als Phonomöbel. Solch eine niedrige Anrichte wird dann meist als Sideboard bezeichnet.

Ordnungssystem für die Möbelbauarten

Die in Bild 1 gezeigten Anrichten sind ganz unterschiedlich gestaltet. Dabei soll auf eine gewisse Gestaltungsordnung von Korpus und Tragegestell verwiesen werden. Nach der Art des Möbelkorpusses sind Möbel nach drei Bauarten zu unterscheiden:

Brettmöbel. Diese älteste Möbelbauart aus Vollholzplatten (Bretter) ist schon aus der romanischen Zeit bekannt. Die damals verwendeten einfachen Verbindungen mit Holz- oder Schmiedeeisennägeln und mit Eisenbändern müssen allerdings durch Verbindungsformen ersetzt werden, die das Quellen und Schwinden des Holzes berücksichtigt.

Rahmenmöbel. Sie ist die Bauart vieler gotischer Möbel, als man wegen des größer gewordenen technischen Verständnisses für das Quellen und Schwinden des Holzes Möbel mit Rahmen und Füllungen baute.

Plattenmöbel. Diese geschichtlich jüngste Möbelbauart ist aus abgesperrten Holzwerkstoffplatten gefertigt. Stilgeschichtlich gehört zu den Korpussen jeweils eine entsprechende Gestaltung des Stütz- und Tragegestells.

Es gehören zusammen:
• Brettmöbel und Wangen,
• Rahmenmöbel und Stollen,
• Plattenmöbel und Fußgestell.

Diese Kombinationen von Korpus und Tragegestell sind in Bild 2 als jeweils beste Kombination bezeichnet. Sie sind auch heute noch wegen ihrer ästhetischen Wirkung zu bevorzugen. Aber nicht alle Kombinationsmöglichkeiten sind nach unserem allgemeinen ästhetischen Empfinden zu empfehlen.

Welche Flächenformen empfinden wir als harmonisch?

Der Korpus einer Anrichte hat in der Vorderansicht oft die Form eines liegenden Rechtecks. Liegende und aufrecht stehende Rechtecke rufen bei Menschen unterschiedliche Empfindungen hervor. Probieren Sie das, indem Sie in Bild 3 abwechselnd die aufrechten oder die waagerechten Flächen abdecken. Die meisten Menschen empfinden

- liegende Rechtecke als ruhend, erdverbunden,
- stehende jedoch als wachsend, dynamisch und himmelstrebend.

An dem Bild 3 läßt sich auch erproben, daß ebenso die Seitenverhältnisse eine Rolle spielen. So wird das Seitenverhältnis nach dem **Goldenen Schnitt** (etwa 1:1,6) von den meisten Menschen als angenehm empfunden. Je mehr sich das Seitenverhältnis einer Fläche dem Quadrat nähert, um so mehr wird ihr optischer Eindruck als ruhig und langweilig empfunden. Bei einer Verschiebung der Seitenverhältnisse zu einem immer längeren Rechteck, verändern sich die Beziehungen der Seiten zueinander immer mehr: Das Rechteck wird immer weniger als Fläche und immer mehr als Strecke empfunden.

Harmonische Flächenteilungen

Auch zum Aufteilen von Flächen wird der Goldene Schnitt angewendet (Bild 4).

Teilung im Goldenen Schnitt m : M = M : G

Die kleine Strecke Minor (m) verhält sich zur großen Strecke Major (M), wie Major zu der ungeteilten Gesamtstrecke (G). Der sogenannte Modulor des französischen Architekten Le Corbusier ist entwickelt aus dem Rechteck mit den Seitenverhältnissen 1:2 („Doppelquadrat") und dem Goldenen Schnitt. Auch andere Gestaltungsmodule werden angewendet, z. B. die ganzzahligen Verhältnisse 1:1, 1:2, 1:3 usw., also das Aneinanderreihen von Quadraten. In Bild 5 ist eine Anrichte gezeigt, die aus dem Quadrat und aneinander gereihten kleineren Quadraten gestaltet wurde.

1. Zeichnen Sie eine Anrichte und berücksichtigen Sie dabei die aufgeführten Gestaltungsgrundsätze!

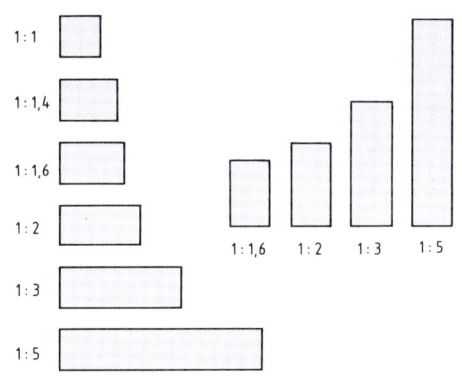

3. Optischer Eindruck des Quadrates und verschiedener Rechtecke

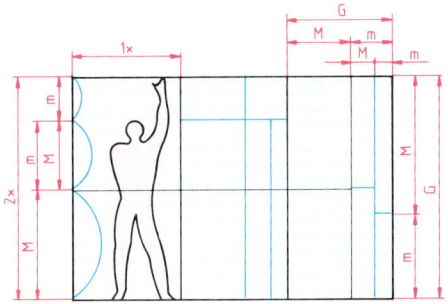

4. Flächenteilungen nach den Maßverhältnissen des Goldenen Schnitts im Modulor von Le Corbusier

5. Diese Anrichte wurde als Gesellenstück durch das Aneinanderreihen von Quadraten gestaltet

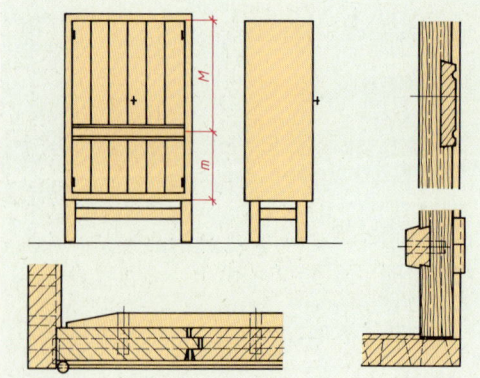

1. Anrichten und Teilschnitte für einen Schrank mit Vollholzkorpus

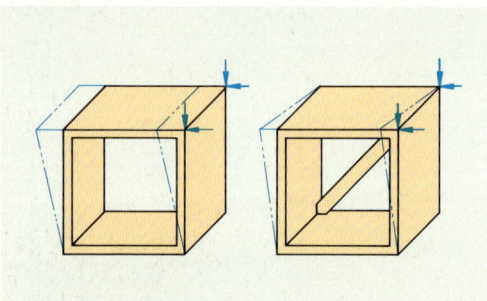

2. Eine Diagonalstrebe im hinteren Bereich eines Kastens, schützt ihn vor Verbiegen

Eckverbindungsform	Eignung für	
	Vollholz	Sperrholz Spanplatte
Stumpf aufeinander	o	+
Stumpf auf Gehrung	o	+
Stumpf eingenutet	+	+
Einfach gespundet	+	o
Doppelt gespundet	+	o
Auf Gehrung gespundet	+	o
Vollholzfeder (Hirnholz)	+	–
Sperrholzfeder	–	o
Winkelfeder	–	+
Formfeder (Lammelo)	o	+
Stumpf gedübelt	o	+
Auf Gehrung gedübelt	o	+
Fingerzinkung	+	–
Einfache Zinkung	+	–
Halbverdeckte Zinkung	+	–
Gehrungszinkung	+	–
+ = geeignet		
– = nicht geeignet		
o = bedingt geeignet		

3. Eignung von verklebten Verbindungsformen für L-förmig verbundene Korpusecken

7.7 Herstellen eines Möbelkorpusses

Das Möbel im Bild 1 ist der Entwurf für ein Gesellenstück. Es ist ein typisches Behältnismöbel, das einen kastenförmigen Korpus besitzt.

Möbelkorpus aus Vollholz

Wie die Zeichnung zeigt, sind Boden, Platte und die beiden Seiten, die umschließenden Teile des Korpusses, aus Vollholz gefertigt. Die Türen sind ebenfalls aus aneinandergefügten Vollholzbrettern hergestellt. Der Korpus erhält eine Rückwand aus 8 mm dickem Furniersperrholz.

Warum ist die Rückwand so dick?

Bild 2 zeigt, was passiert, wenn an einem Kasten einseitig Druck ausgeübt wird. Der Kasten wird aus dem rechten Winkel gedrückt. Bei einem Korpus wirkt die Rückwand als aussteifendes Element. Sie muß daher in sich ausreichend fest sein und unverschieblich eingepaßt oder befestigt sein. Die Steifigkeit in der Ebene der Rückwand wird durch die Festigkeit der Eckverbindungen unterstützt. Im vorderen Bereich des Korpusses hängt die Verwindungssteifigkeit nur von der Festigkeit der Eckverbindungen ab. Möbel, die schwer beladen sind, verbiegen sich meist im vorderen Bereich. Solche Möbel müssen auf einem unebenen Fußboden deswegen ausgerichtet werden.

Vollholzeckverbindung

Die Fingerzinken des Korpusses für dieses Gesellenstück sollen maschinell hergestellt werden. Diese sind besonders paßgenau und bieten auch an den Hirnflächen des Zinkengrundes ebene Leimflächen. Eine Vollholzeckverbindung muß die Formänderung beim Quellen und Schwinden des Holzes möglichst weitgehend verhindern. Verbindungsstellen zwischen den zu verbindenden Brettenden müssen daher eng beieinander liegen. Zinken sollen ungefähr so breit sein, wie das Holz dick ist. Somit entspricht auch der Abstand der durchgehenden Leimfugen ungefähr der Holzdicke. Durch diese nah beieinander liegenden Leimfugen erreicht diese Vollholzeckverbindung hohe Festigkeit.

Wie Bild 3 zeigt, sind Dübel für Vollholzverbindungen von Korpussen weniger geeignet. Sie haben meist einen zu großen Abstand voneinander. Die Hirnflächen dazwischen lösen sich beim Quellen und Schwinden verhältnismäßig leicht. Es entsteht eine offene Fuge.

Möbelkorpus aus Holzwerkstoffplatten

Es wird überlegt, den Korpus des Möbels aus 19 mm dicker Spanplatte herzustellen, die furniert wird (Bild 4).

Welche Konstruktionsänderungen sind nötig?

Bei diesem Korpus ergeben auf Gehrung geschnittene, stumpf verleimte Eckverbindungen hohe Festigkeit. Bei Holzwerkstoffen sollen die zusammengefügten Plattenenden möglichst wenig eingeschnitten oder profiliert werden. Insbesondere sind schräg eingeschnittene Sperrholzfedern, wie Bild 5 zeigt, wenig geeignet. Verbindungsmittel, wie Formfeder oder Dübel, dienen oft nur als Montagehilfe während des Verleimens. Stumpf verleimte Gehrungsecken lassen sich aber mit Verleimbändern ähnlich dem Faltverfahren oder in Korpuspressen gut maßgenau verleimen.

Korpusse aus abgesperrten Platten, deren Kanten furniert oder mit Anleimern versehen sind, werden an den Ecken oft mit Dübeln oder Formfedern stumpf aufeinandergeleimt. Bild 5 zeigt, daß sich die Fuge unschön markiert. Wenn solch eine Ecke am Möbel sichtbar bleibt, sollen deswegen die Platten nie bündig, sondern immer die eine Platte mindestens 2 mm über die Fläche der anderen Platte überstehend verleimt werden.

Zerlegbare Möbelkorpusse

Große Korpusse aus Holzwerkstoffen sind oft zerlegbar. Bild 6 zeigt dafür spezielle Verbindungsbeschläge. Es gibt verschiedene Beschläge für unterschiedlich hohe Belastungen der Korpusecken. Ein Vorteil dieser Beschläge ist, daß die einzelnen Korpusteile an verschiedenen Arbeitsplätzen fertiggestellt werden können. Oft sind Verbindungsbeschläge für Bohrreihen im System 32 zu verwenden.

In solche Lochreihen können außer diesen Eckverbindern auch viele andere Möbelbeschläge, wie beispielsweise Bodenträger, Rückwandverbinder oder Scharniermontageplatten eingesetzt werden.

1. Wählen Sie für einen Vollholzkorpus und einen Korpus aus Holzwerkstoffplatten je eine Eckverbindung aus!
2. Begründen Sie die Wahl!
3. Suchen Sie aus Prospekten Verbindungsbeschläge aus und ordnen Sie diese in einer Liste nach der Art ihrer Verwendung!

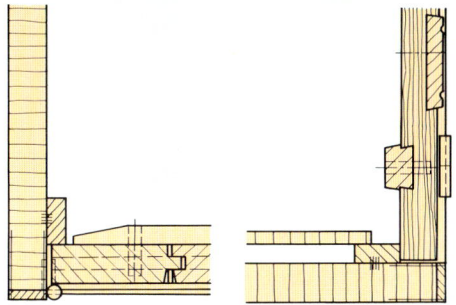

4. Teilschnitte des Schrankes mit einem Korpus aus Holzwerkstoffplatten

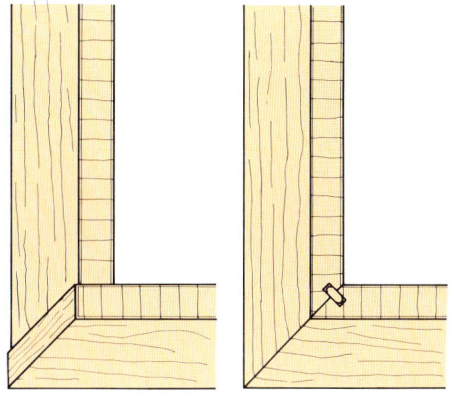

5. Gehrungsecken aus Spanplatte mit eingeschnittener Feder haben geringe Festigkeit. Stumpf verleimte Ecken sind unschön.

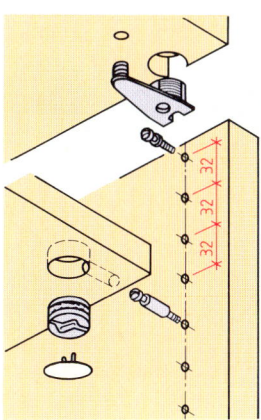

6. Verbindungsbeschläge die für Bohrungen im System 32 geeignet sind

1. Möbel mit hohem Fußgestell

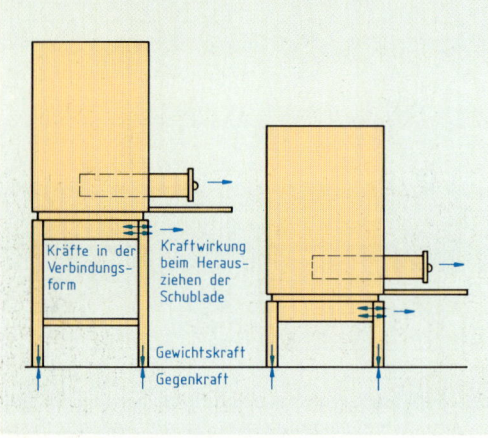

2. Bei welchem Fußgestell ist die Wirkung der waagerechten Kräfte beim Bewegen der Schubladen in den Eckverbindungen am größten?

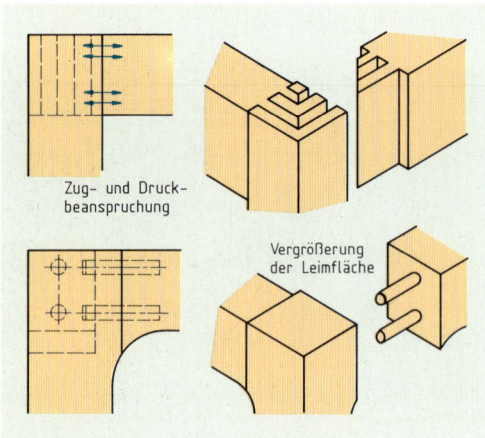

3. Eckverbindungsformen von Fußgestellen

7.8 Stütz- und Tragegestelle müssen zum Korpus passen

Der Schrank in Bild 1 hat ein besonders hohes Tragegestell. Es muß das Möbel sicher tragen. Der Schrank darf nicht wackeln, wenn das Möbel benutzt wird, z. B. beim Öffnen der Klappe oder dem Herausziehen der inneren Schubladen.

Am Fußgestell wirken hohe Kräfte

Das Fußgestell muß das senkrecht wirkende Gewicht des Korpusses und dessen manchmal beträchtlichen Inhalts aufnehmen. Außerdem wirken beim Benutzen des Schrankes auch waagerechte Kräfte. Da Holz in Faserrichtung hoch druckfest ist, sind die Füße für das Aufnehmen der senkrechten Last fast immer ausreichend dimensioniert. Selbst die dünnen Füße dieses Schrankes tragen sicher die senkrechte Last des Korpusses. Bild 2 zeigt, welche Kräfte an dem Fußgestell wirken können, wenn eine Schublade herausgezogen wird. Beim Verschieben eines Schrankes, insbesondere, wenn er dabei nicht angehoben wird, wirken meist noch viel höhere Kräfte.

Festigkeit des Fußgestells

Beim Gestalten des Fußgestells ist zu bedenken, daß sich Konstruktionsteile aus Holz leicht durchbiegen. Bei breiten Fußgestellen z. B. biegen sich die Zargen durch. Dann hängen der ganze Korpus und die Platte durch. Dabei werden die Zapfen des Gestelles auf Zug und Druck belastet. Vergleichbar ist das mit der Beanspruchung von Stühlen. Wenn Stühle repariert werden müssen, sind fast immer die Zapfen- oder Dübeleckverbindungen gelöst.

Die Eckverbindungen von Fußgestellen müssen besonders paßgenau hergestellt und vollflächig verleimt werden.

Da die Festigkeit einer geleimten Verbindungsecke insbesondere auch von der Größe der Leimfläche abhängt, soll diese möglichst groß sein. Bild 3 zeigt, wie bei dünnen, zierlichen Fußgestellen die Leimfläche vergrößert werden kann. Zu berücksichtigen ist aber, daß die kurzen Holzfasern in den Rundungen leicht abscheren. Schon beim Bearbeiten dieser Ecken muß das bedacht werden. Fußgestelle aus anderen Werkstoffen, z. B. Stahlgestelle, müssen ebenfalls ausreichend fest sein. Beim Verwenden von fertigen Fußgestellen sind diese auf ihre Festigkeit zu prüfen.

Optische Festigkeit eines Fußgestelles?

Zu der notwendigen statischen Festigkeit sollte ein Fußgestell auch optisch den Eindruck von Festigkeit und Standsicherheit beim Betrachter erzeugen.

> Der optische Eindruck von Festigkeit unterstützt das Vertrauen in die statische Festigkeit.

Bild 4 zeigt ein Stollenmöbel. Es hat eine besonders hohe Festigkeit des Tragegestells. Die tragenden Stollen sind gleichzeitig Teil des Korpusses. So wird auch optisch eine hohe Festigkeit vermittelt.

Möbel dürfen nicht vollflächig aufstehen

Bild 5 zeigt Sockel und Wangen als Tragegestell für Möbel. Sockel oder Wangen tragen den Möbelkorpus besonders fest und sicher. Aber da der Fußboden nicht immer eben ist, wackeln diese Möbel, wenn sie vollflächig auf dem Boden stehen. Bei schiefstehenden Möbeln lassen sich Türen und Schubladen oft nicht bewegen.

> Auf vier kleinen Standflächen läßt sich das Möbel leichter „ausrichten".

Genaues Ausrichten ermöglichen die in Bild 5 gezeigten Sockelverstellbeschläge. Es sind längenverstellbare Füße, die unter dem Korpusboden befestigt werden. Oft sind sie so angebracht, daß sie vom Innern des Möbels verstellt werden können. Damit ist ein Ausrichten des fertig aufgestellten Möbels möglich.

Tragegestelle

Bild 6 zeigt ein Möbel mit Tragegestell. Optisch wirkt ein solches Möbel wie ein Kasten in einem Regalgestell. Gestalterisch sollte die Wirkung unterstützt werden, indem der Korpus ohne überstehende Platte oder hochstehende Seiten konstruiert wird. Zwischen dem Korpus und dem Tragegestell sollte immer ein kleiner Abstand sein, weil ein anliegender Korpus eine unsaubere Fuge ergibt.

1. Zeichnen Sie ein Möbel mit Fußgestell und ein Stollenmöbel!
2. Beschreiben und bewerten Sie die jeweiligen Konstruktionsmerkmale!

4. Die Stollen verbinden die Teile des Korpusses und sind gleichzeitig selbst das Tragegestell

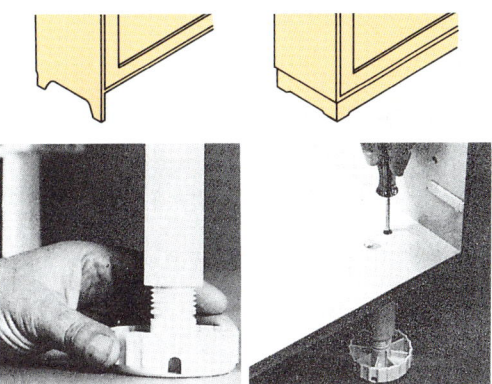

5. Wangen und Sockel dürfen nicht vollflächig aufstehen. Sockelverstellbeschläge können auch vom Innern des Schrankes verstellt werden.

6. Ein schlichter Korpus in einem Tragegestell, das auch eine Platte trägt

1. *Kleine Teile lassen sich in Schubladen besonders gut geordnet unterbringen*

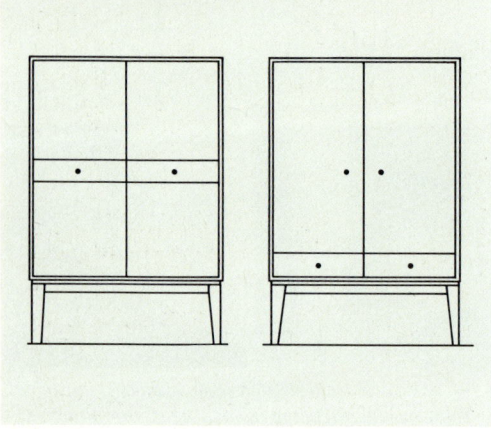

2. *Die Lage der Schubladen im Möbel hat sowohl gestalterische als auch funktionale Aspekte*

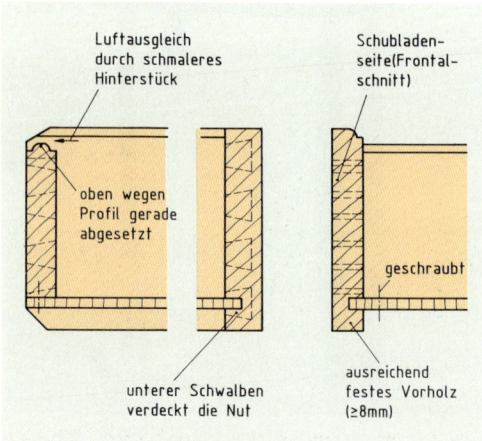

Luftausgleich durch schmaleres Hinterstück

Schubladenseite(Frontalschnitt)

oben wegen Profil gerade abgesetzt

geschraubt

unterer Schwalben verdeckt die Nut

ausreichend festes Vorholz (≥8mm)

3. *Schubladenkonstruktion aus Vollholz*

7.9 Möbel mit Schubladen

Das Bild 1 zeigt die Schubladen eines Schreibtisches. Schubladen verursachen einen höheren Zeit- und Materialaufwand als Fachböden. Warum werden sie trotzdem eingebaut?

Welchen Vorteil haben Schubladen?

Schubladen sind von oben leicht zugänglich. Man kann in ihnen Gegenstände geordnet und übersichtlich unterbringen. Die Übersichtlichkeit wird um so besser, je flacher die Schublade ist. Vorteilhaft ist eine innere Fächerung, z. B. bei der Schublade für Bleistifte und andere Kleinteile. Hohe Schubladen sind eigentlich nur für entsprechend hohe Gegenstände geeignet, z. B. für Hängeregister. So wie die Schubladenhöhe ist die Einbauhöhe wichtig (Bild 2). Schubladen müssen von oben einsehbar sein. Sie dürfen also im Möbel nicht zu hoch, keinesfalls über Augenhöhe, angebracht sein.

> Die günstigste Einbauhöhe im Möbel liegt für Schubladen zwischen 30 cm und 130 cm.

Aber auch verhältnismäßig tief angebrachte Schubladen sind noch gut zugänglich. So ist eine tief liegende Schublade meist besser zu erreichen als ein tief gelegenes Schrankfach, das man nur liegend einsehen kann.

Eckverbindungen

Schubladen müssen unbedingt formstabil sein. Die ausgewählten Eckverbindungen müssen ausreichend fest sein.

> Schubladen, die beim Hineinschieben verkanten, sind besonders in den Eckverbindungen hoch belastet.

Bild 3 zeigt die Konstruktion einer Schublade aus Vollholz, die gezinkt ist. Dies ist immer noch die traditionelle Schubkastenverbindung, die beim Fertigen von Hand hohe Festigkeit erreicht. Maschinell gefertigte Fingerzinken sind allerdings rationeller herzustellen und wegen ihrer Paßgenauigkeit oft fester als konische Zinken. Bei vorgefertigten Schubladenseiten aus kunststoffummantelter Spanplatte, die im Faltverfahren zusammengefügt werden, müssen wegen der hohen Beanspruchung der Ecken die Eckklebeflächen besonders gut geleimt werden.

Schubladenaufdoppelungen

Die Schubladen des Schreibtisches sind aus Vollholz, die Aufdoppelungen (Bild 4) bestehen aus furnierten Sperrholzplatten. In diesem Fall muß das unterschiedliche Quellen und Schwinden von Vollholz und abgesperrten Platten berücksichtigt werden. Bei diesen niedrigen Schubladen mit 95 mm Höhe wirkt sich die unterschiedliche Maßänderung kaum aus. Schubladenvorderstück und Aufdoppelung können vollflächig verleimt werden. Bei hohen Vollholzschubladen ist besondere Sorgfalt anzuwenden. Der obere Teil der Fuge muß in jedem Fall auf der ganzen Länge geleimt werden. Im sichtbaren Bereich muß sie dicht sein. Eventuell muß bei hohen Schubladenvorderstücken dann der untere Teil der abgesperrten Aufdoppelung nur von innen angeschraubt werden. Diese Schraubenverbindung bleibt im geringen Maße verschieblich. Damit bleibt die unterschiedliche Maßänderung von Vollholz und abgesperrter Platte möglich.

Gestalten von Schubladenvorderstücken

Für die Gestaltung der Schubladenvorderstücke zeigt Bild 5 einige Möglichkeiten. Das Schubladenvorderstück sollte niemals mit der Vorderfläche des Korpusses bündig sein. Durch die Abnutzungen beim ständigen Hin- und Herziehen würden die Flächen bald gegeneinander verspringen.

Schubladen hinter Türen

Schubladen, die hinter Turen liegen, müssen so gestaltet sein, daß sie herausgezogen werden können, wenn die Tür 90° geöffnet ist (Bild 6). Die Schublade muß dann um einiges schmaler als die lichte Fachbreite sein. Hinter Türen werden oft „Englische Züge" eingebaut.

Englische Züge haben ein schmales Vorderstück. So hat man Einblick in die Schublade, ohne sie zu öffnen.

Weil man das Vorderstück von oben und unten greifen kann, benötigt ein „Englischer Zug" keinen Möbelgriff. So kann die volle Korpustiefe hinter der Tür genutzt werden.

1. Beschreiben und bewerten Sie je drei Eckverbindungen für Schubladen aus Vollholz und aus Holzwerkstoffplatten!
2. Gestalten Sie Schubladenaufdoppelungen, die für Vollholzschubladen geeignet sind!

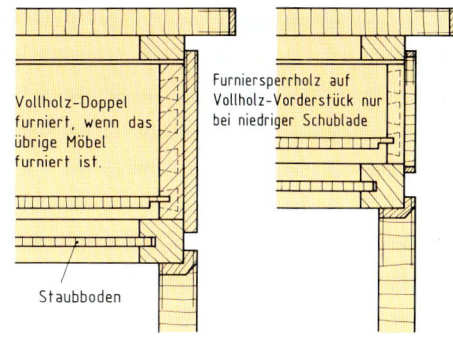

4. Die Gestaltung der Schubladenaufdoppelung hängt von den Vorgaben ab

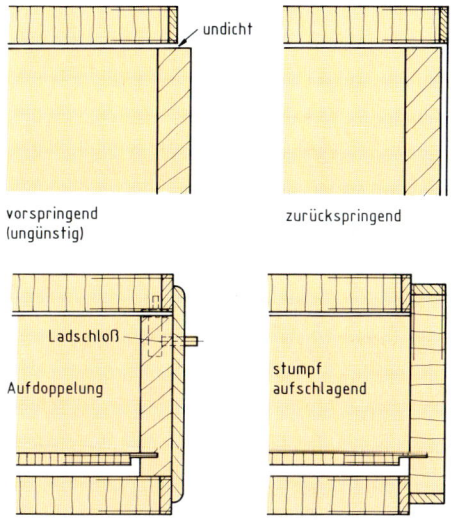

5. Die Schubladenvorderstücke können sehr verschieden gestaltet werden

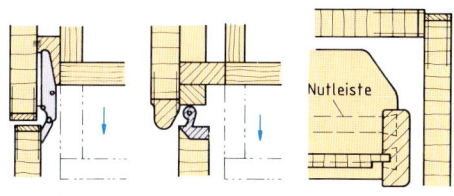

6. Als Schubladen hinter Türen sind Englische Züge besonders gut geeignet

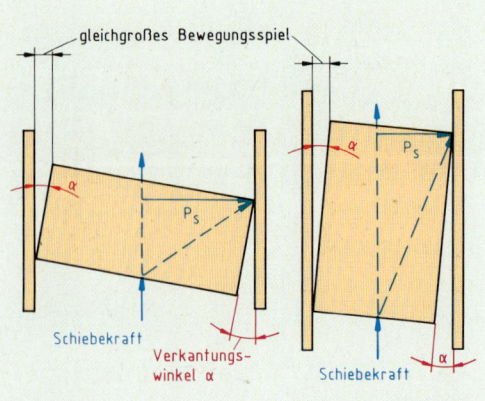

1. Der Verkantungswinkel α ist bei der querliegenden Schublade am größten, somit auch die für das Festklemmen entscheidende Seitenkraft P_S

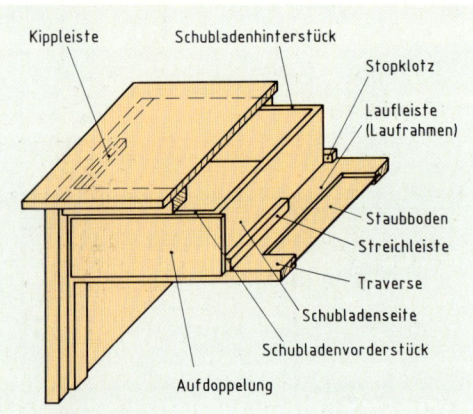

2. Teile des Schubladengehäuses und der Schublade mit klassischer Führung

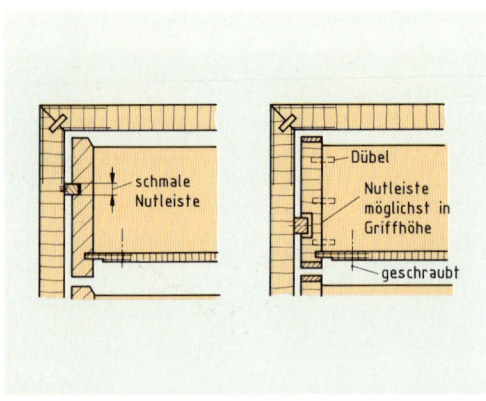

3. Schubladenlaufkonstruktion mit Nutleisten können für Schubladenseiten aus Vollholz und auch aus Spanplatte angewendet werden

7.10 Schubladen sollen dauerhaft gängig sein

Eine Schublade soll sich leicht bewegen lassen. Welche Bedingungen sind gefordert, damit sie auch auf Dauer gut läuft?

Einfluß des Schubladenformats

Die in Bild 1 dargestellten Versuche werden mit einem Schubladenmodell durchgeführt, das doppelt so lang wie breit ist. Es wird im Versuch sowohl längs als auch quer geführt. Beim Versuch, bei dem die Schublade quer geführt wird, klemmt diese sich oft zwischen den Führungsleisten fest. Die beim Verkanten auftretende Seitenkraft, die gegen die seitliche Führungsleiste wirkt, wird um so höher, je größer das seitliche Bewegungsspiel ist.

> Schubladen müssen mit möglichst wenig Bewegungsspiel eingepaßt werden.

Klassische Schubladenführung

Bild 2 zeigt eine Schubladenführung, wie sie von Tischlern seit Jahrhunderten gebaut wird. Der Laufrahmen geht hier über zwei Türen hinweg. Er ist mit Füllungen versehen, damit der Staub beim Bewegen der Schubladen nicht nach unten in den Schrank fällt. Die klassische Schubladenführung zeigt besonders deutlich die Funktionsteile, die für leichte und dauerhafte Gängigkeit der Schublade notwendig sind:
- Laufleiste = Tragfläche,
- Streichleiste = Seitenführung,
- Kippleiste = Kippsicherung.

Die Nutleistenführung

Bild 3 zeigt Schubladen auf Nutleisten. Hier sind Tragflächen, seitliche Führungsfläche und Kippsicherung in der Nutleiste vereint. Durch die lange, schmale Nutleiste werden günstige Führungseigenschaften erreicht.

> Die Nutleistenführung ist weniger zeit- und materialaufwendig als die klassische Schubladenführung.

Nutleisten und die Flächen der Nute in den Schubladenseiten werden durch die Reibung leicht abgenutzt. Dann kann die verhältnismäßig schwache Nutleiste von einer schweren Schublade abgeschert werden.

Die Höhe der Reibung

Die Schublade wird ständig bewegt, darum sollen für die Reibungsflächen besonders verschleißfeste, glatte Werkstoffe, wie Hartholz (Buche) oder ausgewählte Kunststoffe (Schichtpreßstoff) verwendet werden.

Die Rollreibung einer mechanischen Schubladenführung ist geringer als die Gleitreibung der klassischen Schubladenführung oder der Nutleistenführung.

Roll- und Kugelführung

Die Rollreibung verursacht die geringste Reibung. Deswegen sind mechanische Schubladenführungen (Bild 4) besonders vorteilhaft. Da die Teile reibungsarm aufeinanderlaufen, verschleißen sie nur gering. Voraussetzung ist, daß die Beschläge für die zu erwartende Belastung ausreichend stark ausgewählt werden. Der Vorteil einer Schublade mit mechanischer Führung ist, daß sie sich immer sehr weit herausziehen läßt, ohne daß sie herunterfällt. Bild 5 zeigt Roll- und Kugelführungen für Überauszug. Hiermit kann die Schublade vollständig aus dem Korpus herausgezogen werden. Nachteilig ist für mechanische Schubladenführungen die zusätzlich erforderliche Einbaubreite oder Einbauhöhe. Diese muß um so größer sein, je weiter die Schublade herausgezogen werden kann. Dadurch wird die nutzbare Schubladengröße gemindert. Fertigschubladen aus Vollkunststoff oder Aluminium haben oft in die Seiten integrierte Roll- oder Kugelführungen.

Dauerhafte Gängigkeit

Schubladen sind nur dann auf Dauer gut gängig, wenn sie ihre Form nicht verändern. Verwindungsfeste Fertigschubladen aus Vollkunststoff (Bild 6) sind deswegen gut geeignet. Die Wahl verschleißfester Werkstoffe ist nur eine der Voraussetzungen für die Gängigkeit auf Dauer. Vollholz für Schubladenseiten darf seine Form und Maße nur gering ändern. Neben der Holzart und Holzfeuchte spielt auch die Jahrringneigung eine wesentliche Rolle.

1. Beschreiben Sie die Bedingungen für die dauerhafte Gängigkeit von Schubladen!
2. Skizzieren Sie den Frontalschnitt einer Schublade mit Nutleistenführung und bezeichnen Sie die Funktionsflächen, die für das Bewegen der Schublade wirksam sind!

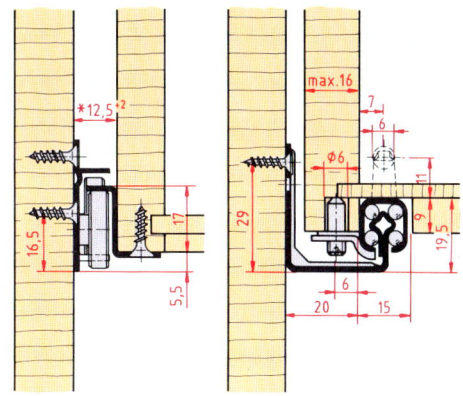

4. Roll- und Kugelführungen haben wegen der geringen Reibung gute Laufeigenschaften

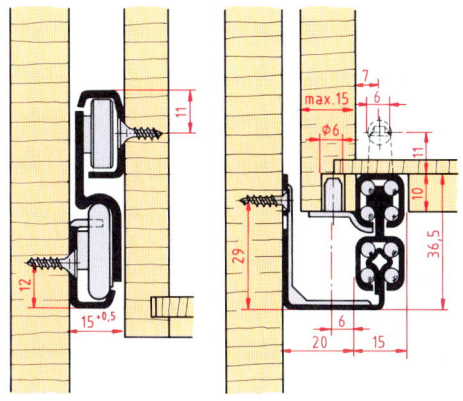

5. Je weiter die Schubladen herausgezogen werden können, um so größer ist der zusätzliche Platzbedarf im Schubladengehäuse

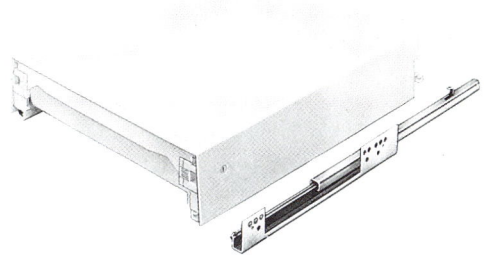

6. Verbindungsfeste Vollkunststoffschublade mit integrierter Kugelführung, die mit beliebigem Vorderstück ergänzbar ist

1. Sammlungsschrank mit Glastüren für den Ausstellbereich und geschlossenen Türen unten

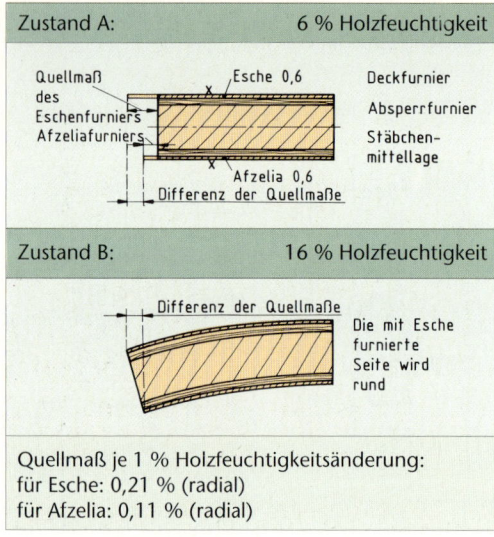

Zustand A: 6 % Holzfeuchtigkeit

Quellmaß des Eschenfurniers Afzeliafurniers — Esche 0,6 — Deckfurnier, Absperrfurnier, Stäbchenmittellage, Afzelia 0,6, Differenz der Quellmaße

Zustand B: 16 % Holzfeuchtigkeit

Differenz der Quellmaße — Die mit Esche furnierte Seite wird rund

Quellmaß je 1 % Holzfeuchtigkeitsänderung:
für Esche: 0,21 % (radial)
für Afzelia: 0,11 % (radial)

2. Formänderung durch Quellen bei einer Stäbchenplatte, die auf den beiden Flächen mit unterschiedlichen Holzarten furniert ist

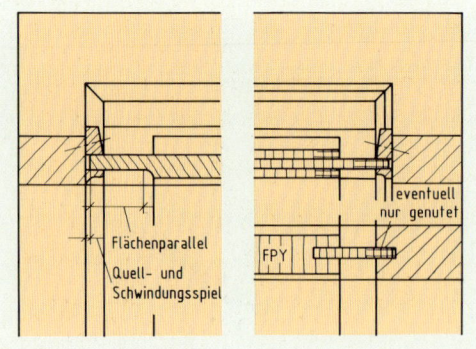

Flächenparallel
Quell- und Schwindungsspiel
FPY
eventuell nur genutet

3. Schranktür mit abgeblatteter Füllung aus Vollholz oder aus flächensymmetrisch aufgebauter Füllung aus Tischlerplatte

7.11 Gestalten von Möbeldrehtüren

Der Schrank in Bild 1 für eine Porzellansammlung soll im unteren Teil Aktenordner mit Literaturhinweisen aufnehmen. Darum sind oben Rahmentüren mit Glasfüllungen und unten furnierte Plattentüren gewählt.

Furnierte Plattentüren
Bild 2 zeigt, daß Plattentüren durch Veränderung der Holzfeuchte gefährdet sind. Die Kräfte zur Mittelebene der Platte müssen symmetrisch sein. Im Bild verändern sie sich beim Quellen der beiden Deckfurniere und machen die Tür uneben. Asymmetrie der Kräfte entsteht neben dem unterschiedlichen Quellen der Furnierholzarten auch durch unterschiedliche
• Furnierdicke,
• Feuchteaufnahme,
• Klebstoffart,
• Lackschicht- oder Oberflächenart.
Die Kräftesymmetrie wird besonders auch durch aufgeleimte Leisten oder Platten (Aufdoppelungen) empfindlich gestört.

Plattentüren aus Vollholz
Werden Plattentüren aus Vollholz gefertigt, sollen sie aus 40 bis 60 mm breiten Streifen verleimt werden. Zusätzlich sollten Einschubleisten, beispielsweise Gratleisten, die mögliche Formänderung mindern. Eine Breitenänderung durch Feuchteaufnahme und -abgabe läßt sich nie ganz verhindern. Daher sind Vollholztüren ohne Einschubleisten nur geeignet, wenn Räume fast gleichmäßige Luftfeuchte und -temperatur beibehalten.

Rahmentüren
Die schmalen Rahmentüren des Schrankes sind leicht aus den rechten Winkel zu schieben. Deshalb müssen die Eckverbindungen hier besonders fest sein. Die Glasfüllungen sollen den Rahmen zusätzlich aussteifen.
Wenn Füllungen wie in Bild 3 aus Vollholz gefertigt sind, müssen sie mit Spiel eingepaßt werden. Sie werden zweckmäßiger Weise im Falz mit Füllungsleisten befestigt. Dann kann, bevor sie fest eingebracht werden, die Oberfläche bearbeitet werden. Die Leisten für abgeblattete Füllungen werden kräftig profiliert. Bild 3 zeigt auch wie abgeblattete Füllungen aus furnierten Holzwerkstoffplatten kräftesymmetrisch gefertigt werden können. Sie dürfen nie einseitig „aufgedoppelt" werden.

Profile für Füllungsleisten

Profilierte Füllungsleisten sind schmückende Gestaltungselemente eines Möbels. Wie Bild 4 zeigt, wirken Profile als Linienbündel. Unterschiedliche Helligkeitswerte der Profilelemente erzeugen unterschiedliche Schattenwirkung. Je nach Profil sind es harte oder weiche Schatten. Durch Kontraste von harten und weichen Schatten und durch unterschiedliche Schattenbreiten werden Profile spannungsreich. Durch die Art des Schattens können benachbarte Teile optisch zusammengefügt oder auseinandergedrückt werden (Bild 5). So wirken Füllungen z. B. größer, wenn sich die Füllungsleisten mit weichem Schatten der Füllung anschmiegen und sich zum Rahmen hart und kantig abheben. Die Wahl eines Profils hängt nicht nur von der optischen Wirkung, sondern auch vom Werkstoff ab. So können Profile für glattes Holz (z. B. Ahorn) feingliedriger sein als für poriges Holz (z. B. Eiche). Um Linieneindrücke zu vermitteln, soll die Holzmaserung im Profil gradfaserig (nicht flammig) sein.

Konstruktionselemente als Profile

Türriegel oder Sprossen wirken ebenfalls linienhaft in der Art von Profilen. Auch überstehende Plattenteile an Ecken oder Möbelflächen wirken als Profil, wie Bild 6 zeigt. Durch die Gestaltung des Plattenüberstandes lassen sich unterschiedliche Zwecke optisch betonen:
- Aufbewahren (Behälter, Kasten),
- Ablegen (Plattenüberstand),
- Aufstellen (Seitenüberstand).

Profile für Griffleisten

Auch Griffleisten wirken als Profil. Sie müssen sich anderen Profilen und der Gesamtgestaltung des Möbels zuordnen.

> Durch das Profil soll der Zweck eines Möbelteils optisch betont werden.

Eine Griffleiste muß so gestaltet sein, daß man sie mit der Hand gut greifen kann. Scharfe Kanten mindern die Griffigkeit und den zweckmäßigen Gebrauch einer Griffleiste.

1. Gestalten Sie Profile für unterschiedlich strukturierte Holzarten!
2. Begründen Sie die Profilgestaltung!

Viertelstab	Fase	Stab- u. Hohlkehl	Platte	Platte und Karnies
(weich)	(hart)	(weich)	(hart)	(weich und hart)

4. Durch kantige oder runde Profile werden unterschiedlich harte bis weiche Schatten erzeugt

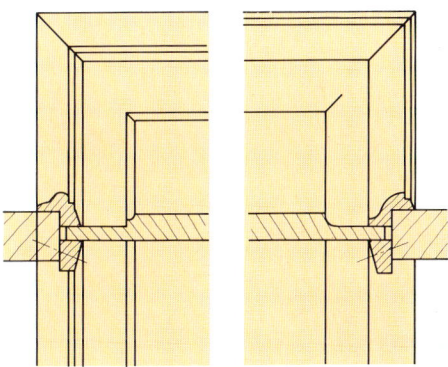

5. Profile für Rahmen mit abgeblatteter Füllung mit harten und weichen Übergängen

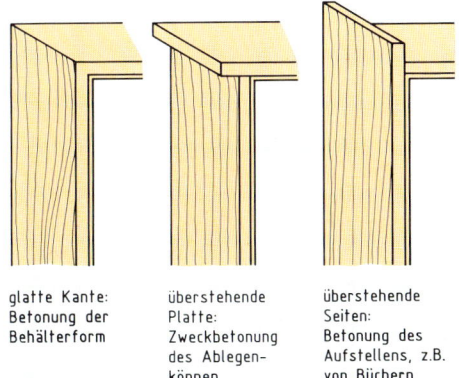

glatte Kante: Betonung der Behälterform

überstehende Platte: Zweckbetonung des Ablegenkönnen

überstehende Seiten: Betonung des Aufstellens, z.B. von Büchern

6. Korpuskonstruktionen die als Profile wirken und dadurch unterschiedliche Zwecke optisch betonen

1. Schrank mit Rahmentüren für Füllungen aus Glas und Furniersperrholz

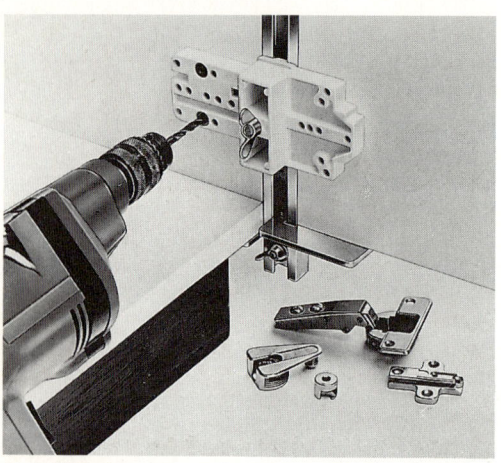

2. An einer Anschlag-Bohrlehre können die Bohrungen für die Montageplatte direkt durchgeführt und gleichzeitig die Topfbohrung an der Tür präzise markiert werden

7.12 Anschlagen von Möbeltüren

Die Türen des Schrankes in Bild 1 sollen angeschlagen werden. Was muß beim Anschlagen beachtet werden, damit die Türen gut und dauerhaft schließen?

Dichtheit der Tür

Türen sind „dicht", wenn sie „staubdicht" sind. Das ist erreichbar durch dichtes Aufliegen der aufschlagenden Flächen.

> Je größer die aufschlagende Fläche, je ebener und glatter sie ist, um so dichter schließt die Tür.

Türen schützen nicht nur gegen Staub. Sie schützen die unterzubringenden Gegenstände auch zum Beispiel davor, daß sie unbefugt angefaßt werden. Glasfüllungen ermöglichen, trotzdem die Gegenstände anzuschauen. Bild 2 zeigt eine Bohrlehre für das Anschlagen verschiedener Beschläge, z. B. auch von Topfscharnieren und Montageplatten. Damit ist genaues Anschlagen rationell erreichbar. Die Türflächen liegen gleichmäßig an. Dem Dichtsein steht das notwendige Bewegungsspiel der Tür entgegen. Bild 3 zeigt den Zusammenhang zwischen Bewegungsspiel und Dichtsein der Tür. Die Anschlagdichte windschiefer Türen kann durch Beschläge verbessert werden, die das Einstellen von Bewegungsspiel und Aufschlagfläche nach dem Anschlagen ermöglichen. Leicht windschiefe Türen können durch einen entsprechenden Schließbeschlag an den Korpus gezogen werden.

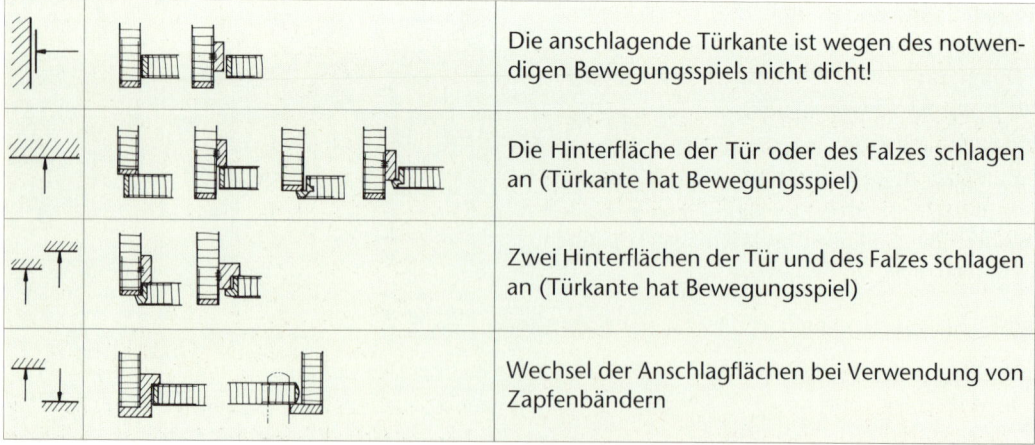

		Die anschlagende Türkante ist wegen des notwendigen Bewegungsspiels nicht dicht!
		Die Hinterfläche der Tür oder des Falzes schlagen an (Türkante hat Bewegungsspiel)
		Zwei Hinterflächen der Tür und des Falzes schlagen an (Türkante hat Bewegungsspiel)
		Wechsel der Anschlagflächen bei Verwendung von Zapfenbändern

3. Wie dicht die Tür ist, wird durch die an den Korpus anschlagenden Türflächen bestimmt

Kräfte am Drehbeschlag

Bild 4 zeigt die von einem Beschlaghersteller vorgeschriebene Topfscharnieranzahl. Sie erscheint recht hoch. Jedes Scharnier kann aber nur eine begrenzte Kraft (Türgewicht) von der Tür auf den Korpus übertragen.

> Je größer und schwerer die Tür, um so größer muß die Anzahl der Scharniere sein.

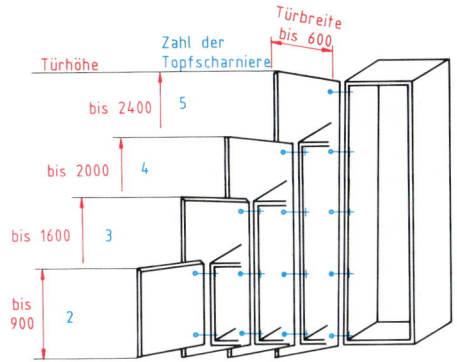

4. Beispiel für die Zahl der benötigten Topfscharniere für eine 19 mm dicke Spanplattentür

Bild 5 zeigt flächenmäßig gleich große Türen. Das Gewicht ist ebenfalls gleich. Das Gesamtgewicht, das vom Beschlag aufzunehmen ist, ist also bei beiden Türen gleich groß. Die auftretenden Zug- und Druckkräfte sind dagegen jeweils unterschiedlich groß. Dabei ist das Verhältnis von Türbreite zur Türhöhe entscheidend, genauer der Abstand der beiden Drehbeschläge zueinander und zum Schwerpunkt der Tür. Wie das Bild zeigt, wird der obere Drehbeschlag waagrecht auf Zug, der untere auf Druck beansprucht. Dabei werden jeweils die Zug- und Druckkräfte, die als Teil der Gesamtkraft auch auf die Befestigungsmittel einwirken, um so höher, je näher die Beschläge zueinander stehen.

> Der Abstand zwischen den Türscharnieren soll möglichst groß sein.

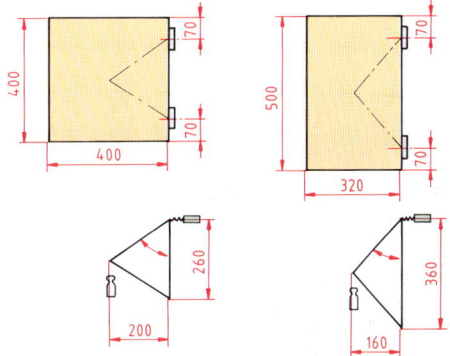

5. Zwei Möbeltüren mit gleichem Flächeninhalt und gleicher Gewichtskraft, aber unterschiedlichen Seitenverhältnissen

Belastung der Befestigungen

Damit alle Scharniere hohe Kräfte aufnehmen können, müssen sie am Korpus und an der Tür paßgenau angeschlagen werden.

> Die Befestigungsschrauben müssen sorgfältig eingedreht werden, damit die Beschläge dauerhaft fest sind.

Bild 6 zeigt eine Kleinmaschine für das Bohren und Einpressen von Topfscharnieren. Durch das rationelle und präzise Anschlagen der Scharniere werden die Kräfte am Drehbeschlag optimal übertragen.

1. Entwerfen Sie den Horizontalschnitt des Glasschrankes!
2. Markieren Sie in dem Schnitt die Anschlagflächen und bewerten Sie diese!
3. Beschreiben Sie die Belastungen, die Türscharniere aufnehmen müssen!

6. Mit dieser Bohr- und Einpreßmaschine für Topfscharniere können auch Lochreihen nach Bohrsystem 32 rationell hergestellt werden

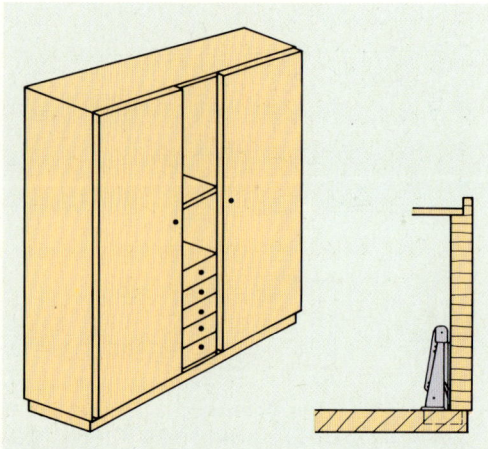

1. Die Türen dieser Schränke schlagen vollflächig auf

2. Topfscharniere lassen sich auch noch nach dem Anschlagen verstellen

7.13 Anschlagen von aufschlagenden Türen

Für eine Serie von Schränken (Bild 1) müssen Drehbeschläge ausgewählt werden. Welche sind geeignet?

Wie gut eignen sich Topfscharniere?

Topfscharniere (Bild 2) werden oft verwendet. Sie lassen sich leicht anschlagen. Mit Schließautomatik werden die Türen durch Federdruck zugezogen. Die beiden Türen brauchen daher keinen Schließbeschlag.

> Nachdem die Tür mit dem Topfscharnier auf die Montageplatte gesteckt ist, kann die Tür im Korpus seitlich, in der Tiefe und in der Höhe noch verstellt werden.

Im System 32 gebohrte Lochreihen sichern ein genaues Zusammenpassen von Montageplatte und Scharnier. Bohrungen nach dem System 32 können auch für andere Beschläge genutzt werden (Bild 3). Eine Kleinmaschine oder eine Bohrlehre ermöglichen rationelles Fertigen. Durch das Einstecken der Montageplatte in die Bohrungen sind die Verbindungen sehr fest. Nachteile der Topfscharniere sind, daß sie z. B. sehr weit in den Korpus hineinragen, was bei geöffneter Tür zudem nicht schön aussieht.

Distanzberechnung

Der Topfabstand (Bild 4) ist innerhalb der in den Katalogen vorgegebenen Maße festzulegen. Je dicker die Tür ist, umso größer soll der Topfabstand sein. Nach Berechnung der Distanz kann

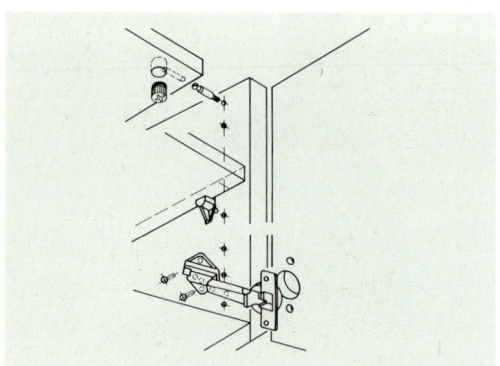

3. Die für die Montageplatten genutzten Bohrreihen nach System 32 können auch für viele andere Beschläge genutzt werden

Topfabstand C in mm	Türanschlag bei 19 mm Türdicke
3	1,7
4	1,6
4,5	1,6
5	1,6
6	1,6

Distanz = C + 13 mm – Auflage
= 4,5 mm+13 mm–17 mm
= 0,5 mm

Montageplatte mit 0 mm Distanz.
Stellschraube um 0,5 mm herausdrehen.

4. Beispiel einer Distanzberechnung für die Topfscharniere des Schrankes mit 19 mm dicken Türen

eine Montageplatte mit z. B. 0, 1,5, 3 oder 8 mm Distanz gewählt werden. Der Scharnierarm kann gerade (Kröpfung 0 mm) oder gekröpft sein.

Überprüfen der Scharnierauswahl

Welche anderen Möbelscharniere können für die Schränke mit den vollaufschlagenden Türen verwendet werden? Bild 5 zeigt einfache Scharniere. Die Stangenscharniere, auch „Klavierband" genannt, gibt es auch aushängbar. Stangenscharniere verbinden die Tür auf der gesamten Länge mit dem Korpus. Sie dichten die Tür auf der Drehbeschlagseite staubsicher ab. Die Stangenscharniere sollten deswegen eingefalzt werden. Die Kurzscharniere gibt es in verschiedenen Längen. Sie müssen „von Hand" oder, wenn die Ecken gerundet sind, mit der Oberfräse eingelassen werden. Bild 6 zeigt Einbohr-Zylinderscharniere. Sie werden für die aufschlagenden Türen dieser Schränke im Korpus stirnseitig eingebohrt oder eingefräst. Es gibt sie in verschiedenen Größen. Vorteilhaft ist, daß die Türen um 180° geöffnet werden können. Sie werden auch für Tischplatten verwendet, die aufeinandergeklappt werden sollen.

Möbelbänder

Bild 7 zeigt ein Möbel-Winkelscharnier und ein entsprechendes Winkelband. Beide sind zum Anschlagen der Türen für diese Schränke geeignet.

> Bei Möbelbändern können die beiden Teilglieder (Stift- und Lochlappen) auch im eingebauten Zustand in der Drehachse (Gewerbe) ausgehängt werden.

Für das Aushängen von Möbelbändern muß ein ausreichend großes Aushängespiel vorhanden sein. Eine vorstehende Möbelplatte muß deswegen soviel Spiel über der Tür haben, daß diese zum Aushängen um mindestens 15 mm angehoben werden kann. Gerade Möbelbänder können wie Kurzscharniere verwendet werden. Auch sie gibt es zum Einlassen und mit gerundeten Ecken zum Einfräsen. Möbelbänder können, weil man sie aushängen kann, leichter angeschlagen werden.

1. Wählen Sie für die Serienschränke aus den aufgeführten Drehbeschlägen einen Beschlag aus und begründen Sie die Auswahl!
2. Wägen Sie die Vor- und Nachteile der Drehbeschläge ab (auch aus Katalogen)!

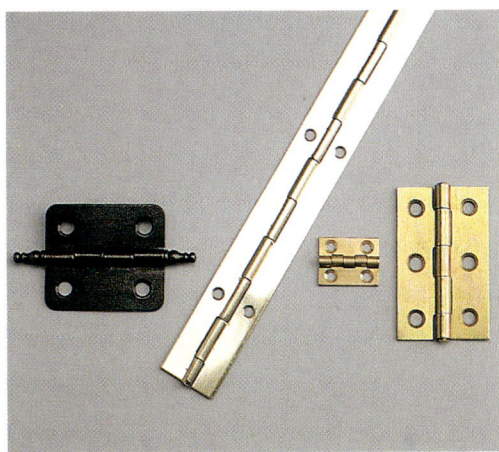

5. Stangenscharniere und Kurzscharniere sind für vollaufschlagende und auch für einschlagende Türen geeignet

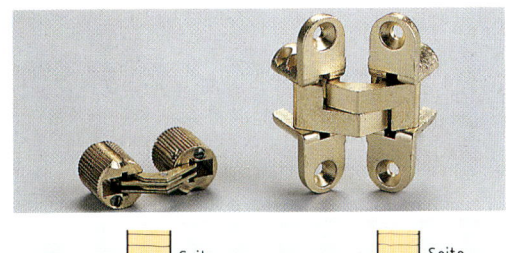

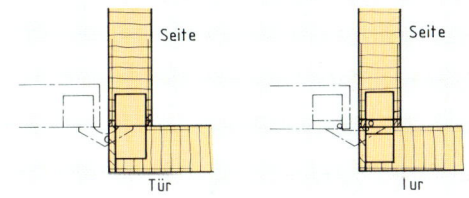

6. Einbohrscharniere ermöglichen ein Öffnen um 180°, sind aber eher für leichtere Türen geeignet

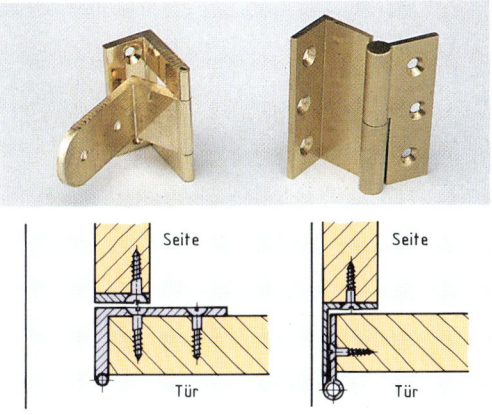

7. Winkelscharniere und Winkelbänder sind Spezialbeschläge für voll aufschlagende Türen

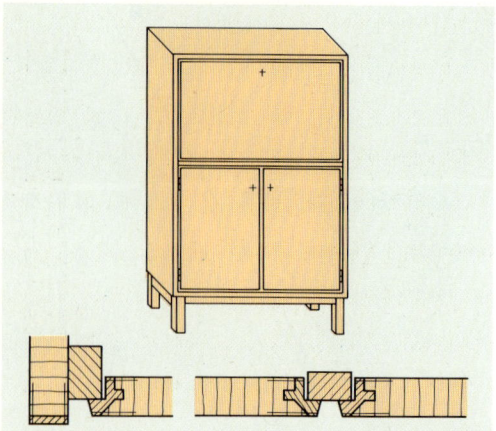

1. Ein Schreibsekretär mit zwei gefalzten Türen und einer Klappe

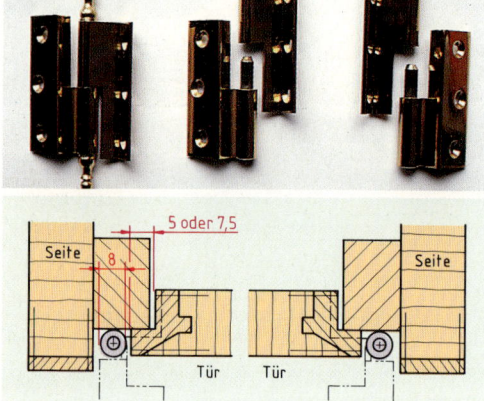

2. Einlaßbänder müssen für Links- und Rechtstüren gesondert bestellt werden

7.14 Drehbeschläge für gefalzte Türen und Klappen

Der im Bild 1 dargestellte Schrank hat unten zwei gefalzte Türen. Die Klappe ist entsprechend gestaltet. Damit sie die gleiche Ansicht zeigt, hat sie an den Seiten einen Außenfalz.

Auswahl der Türdrehbeschläge

Für die Türen sind Einlaßbänder, Kröpfung D, vorgesehen (Bild 2). Die Falztiefe (Aufschlagbreite) beträgt 7,5 mm.

> Einlaßbänder sind nach dem Anschlagen nicht mehr verstellbar.

Das Einlassen von Hand erfordert große Sorgfalt, damit die Bandteile fest eingepaßt sind. Die Festigkeit hängt auch von der Festigkeit der Schraubenverbindung ab. Die Schrauben dürfen nicht überdreht werden. Für diesen Schrank sind Bänder mit glattem Zylinder verwendet. Es gibt sie auch als „Stilband" mit Zierknopf, wie es Bild 2 zeigt.

Die in Bild 3 gezeigten Einbohrbänder sind darum nicht verwendet, weil der Falzaufschlag, in den das Türband eingebohrt wird, verhältnismäßig dick sein müßte. Dann müßte auch der Außenfalz an der Klappe sehr tief sein. Dadurch wird die seitliche Kante zu dünn, um Beschläge anzubringen. Bild 4 zeigt eine Bohrlehre mit der Einbohrbänder rationell anzuschlagen sind. Einbohrbänder können mittels des Gewindes des Lochlappens (Türlappen) heraus- oder hineingedreht. Dadurch wird das Band seitlich verstellt.

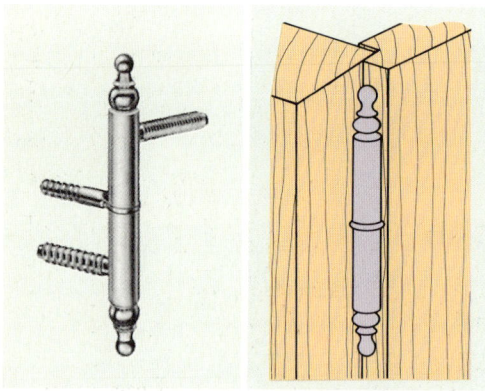

3. Einbohrbänder gibt es wie die Einlaßbänder mit glattem Knopf und mit Zierknopf

4. Die Bohrlehre erleichtert das Anschlagen von Einbohrbändern

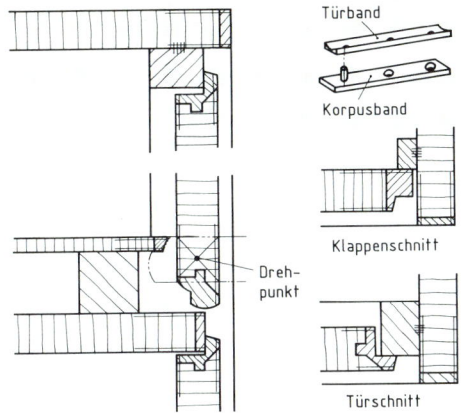

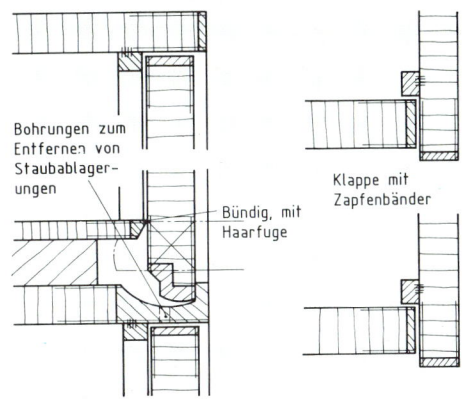

5. Die Möbelklappe hat einen seitlichen Außenfalz, um sie optisch der gefalzten Tür anzugleichen. Sie ist mit Zapfenbändern angeschlagen.

6. Bei einem Schrank mit volleinschlagender Klappe und Türen sind Besonderheiten zu beachten

Anschlagen einer Möbelklappe

Die in Bild 5 gezeigte Möbelklappe des Schrankes ist mit Zapfenbändern angeschlagen. Im Bild ist erkennbar, daß der unter dem Drehpunkt liegende Teil der Klappe beim Öffnen in den Schrank hineinschlägt. Dadurch schlägt dieser Teil unter den Korpusboden.

> Der Drehpunkt für ein Zapfenband muß zeichnerisch (im Maßstab 1:1) ermittelt werden.

Bei geöffneter Klappe sollen der Korpusboden und die Klappe in einer Ebene liegen. Dabei soll die Fuge zwischen Korpus und Klappe möglichst klein sein. Wie Bild 6 zeigt, sind Zapfenbänder besonders gut für eine in der gesamten Dicke einschlagende Möbelklappe geeignet. Die Rundung für die Nut unter der Klappe wird ebenfalls von dem ermittelten Drehpunkt aus mit dem Zirkel gezeichnet. Auch eine schräge Möbelklappe, wie in Bild 7, kann mit Zapfenbändern angeschlagen werden. Zapfenbänder lassen sich aber auch für normale Drehtüren verwenden. Für aufschlagende Möbelklappen (Bild 8) gibt es Klappenscharniere mit 35 mm Einbohrtopf. Es ist nach dem Anschlagen noch verstellbar.

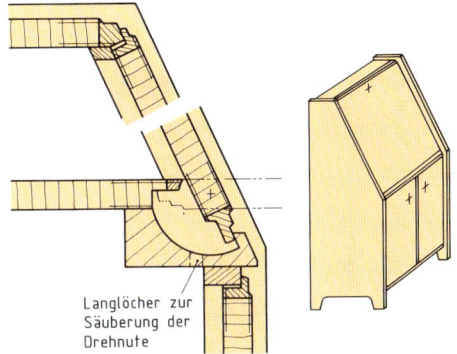

7. Eine schräge Möbelklappe findet man häufig an einem Schreibsekretär

1. Beschreiben Sie die Vor- und Nachteile der Einlaß- und der Einbohrbänder für gefalzte Möbeltüren!
2. Gestalten Sie einen Schrank mit einer Möbelklappe!
3. Listen Sie mit Hilfe eines Kataloges die Maße für Einlaßbänder auf!

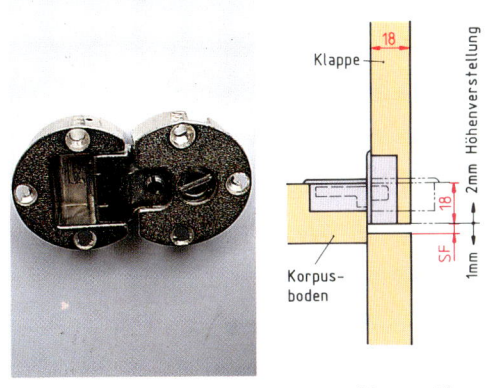

8. Mit diesem Klappenscharnier angeschlagene Klappen lassen sich durch Einstellschrauben zur Seite, Höhe und Tiefe ausrichten

1. Ein Schrank mit Rolladen, die vertikal und horizontal geschoben werden

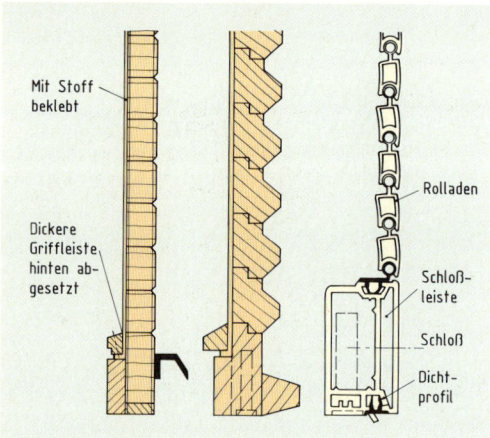

Mit Stoff beklebt

Dickere Griffleiste hinten abgesetzt

Rolladen

Schloß- leiste

Schloß

Dicht- profil

2. Rolladenstäbe für selbstgefertigte Rolladen aus Holz oder Kunststoff-Fertigprofilen

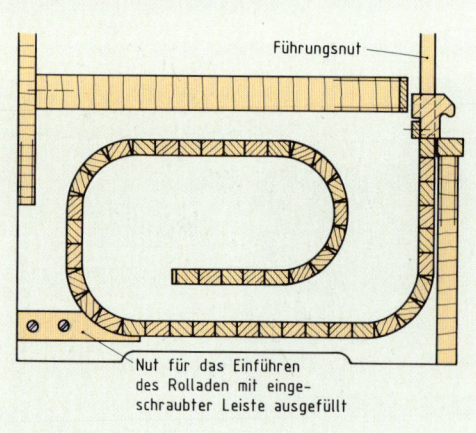

Führungsnut

Nut für das Einführen des Rolladen mit einge- schraubter Leiste ausgefüllt

3. Rolladen können hinter die Rückwand geschoben oder hinter einem hohen Sockel aufgerollt werden

7.15 Schränke mit platzsparenden Türen

Der Schrank in Bild 1 hat einen Rolladen, der zum Öffnen nach oben weggeschoben ist. Wie das Bild zeigt, läuft dieser in einer Nut, die hinter die Rückwand des Schrankes führt. So ist er nach dem Aufschieben nicht sichtbar. Beim Öffnen des Rolladens vor dem Schrank wird kein zusätzlicher Bewegungsraum benötigt.

Wie wird ein Rolladen gefertigt?
Bild 2 zeigt, daß ein Rolladen aus Holz auf der Rückseite mit Stoff bezogen wird.

Der Stoff auf der Rückseite des Rolladens muß mit einem elastisch bleibenden Klebstoff, bei- spielsweise KPVAC, auf die fest zusammenge- drückten Leisten geklebt werden.

Der später in der Führungsnut laufende Teil der Rolladenstäbe sollte nicht beleimt werden. Even- tuell muß der Stoff nach dem Beleimen be- schnitten werden. Der Stoff darf nämlich nicht innerhalb der Nut laufen. Der beklebte Rolladen muß vor dem vollständigem Aushärten des Kleb- stoffs ausgespannt werden. Dann werden die Stäbe, die trotz dichtem Zusammendrücken verklebt sein können, zur Stoffseite aufgerollt. Dadurch lösen sich die Stäbe noch ohne Beschä- digung voneinander, bleiben aber am Stoff haf- ten. Nach dem vollständigen Aushärten wird der Rolladen auf Format geschnitten und von der Hinterseite des Schrankes in die Führungsnut geschoben. Die Nut wird mit einer Leiste verschlossen (Bild 3). Danach wird der überste- hende Stoffteil des Rolladens mit der dickeren Griffleiste verbunden, in die auch ein Schloß eingelassen sein kann. Bild 2 zeigt auch einen Rolladen aus Kunststoffstäben. Die Stäbe werden einfach ineinandergeschoben und danach mit der Schloßleiste verbunden. Kunststoffrolladen haben besonders gute Gleiteigenschaften.

Rolladenführungen
Der Rolladen in Bild 3 öffnet sich vertikal nach un- ten. Er wird hinter einen hohen Sockel geführt. Auch horizontal geführte Rolladen können hinter die Rückwand geführt oder auch neben den Kor- pusseiten aufgerollt werden. Die Rolladenstäbe dürfen immer nur so breit sein, daß sie sich in dem entsprechenden Radius der Führungsnut bewegen lassen.

Gestalten von Schiebetürschränken

Bild 4 zeigt einen Büroraum. Zwischen dem Schreibtisch und dem dahinterstehenden Schrank ist nur wenig Platz. Die Schiebetüren dieses Schrankes sind ähnlich platzsparend wie Rolladen, während Drehtüren beim Öffnen sich in den Raum drehen.

> Schiebetüren benötigen, genau wie Rolladen, vor dem Schrank keinen Platz zum Aufdrehen der Türen.

Bei Schiebetüren ist aber, anders als bei Rolladen oder Drehtüren, der Schrank immer nur etwa zur Hälfte geöffnet. Eine Schiebetür ·wird nämlich beim Öffnen jeweils hinter oder vor die andere Tür geschoben. Bild 5 zeigt, daß die Führungsrollen für die Schiebetüren dieses Schrankes unten laufen. Die Führungsrollen stehen im Verhältnis zur Türhöhe weit auseinander. Türen mit diesem Seitenverhältnis wären als Drehtüren weniger geeignet. Sie sind sehr viel breiter als hoch. Das breite Türformat hat den Vorteil, daß die unten laufenden Schiebetüren beim Hin- und Herschieben fest aufstehen.

Hängend geführte Schiebetüren

Für hohe schmale Schiebetüren, zum Beispiel für Kleiderschränke, ist es üblich, die Türen an den Führungsrollen hängend zu schieben (Bild 6). Man nennt hängend geführte Schiebetüren auch „Schwebetüren".

> Schiebetüren mit einem Format, das im Verhältnis zur Breite sehr hoch ist, laufen besser, wenn sie hängend geschoben werden.

Das Schwergewicht solcher Türen liegt unterhalb der Führungsrollen. Für besonders schwere Türen wie Kleiderschranktüren mit aufgesetztem Spiegel müssen entsprechende Beschläge für hohe Belastungen ausgewählt werden.

1. Entwerfen und zeichnen Sie Rolladenstäbe mit dazu passender Griffleiste!
2. Welche Vor- und Nachteile haben Schiebetüren und Rolladen gegenüber Drehtüren?
3. Suchen Sie aus Katalogen Schiebetürbeschläge aus für breite, niedrige und für schmale, hohe Türformate!

4. In diesem Büro steht hinter dem Schreibtisch ein abschließbarer Schiebetürenschrank

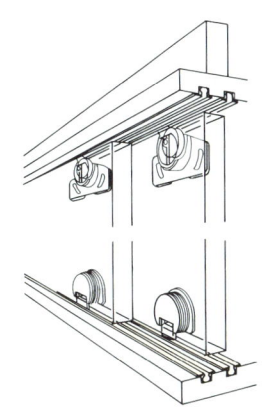

5. Die breiten Schiebetüren des Schrankes werden unten auf Rollen geführt, die höhenverstellbar sind

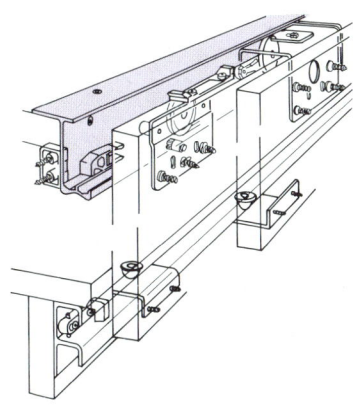

6. Hohe Schiebetüren werden sinnvollerweise oben hängend geführt

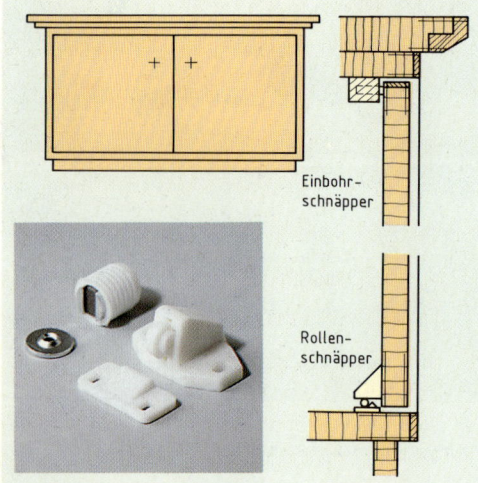

1. Möbelschnäpper sind einfache Beschläge, preisgünstig und rationell anzuschlagen

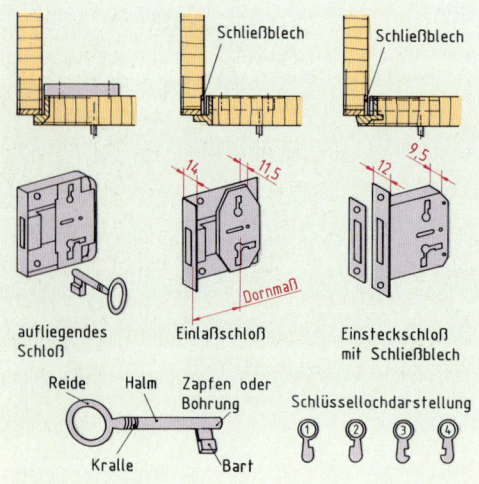

2. Möbelschlösser und ihre Einbauebenen, die alle als Links-, Rechts- oder Unterschloß (Ladschloß) verwendbar sind

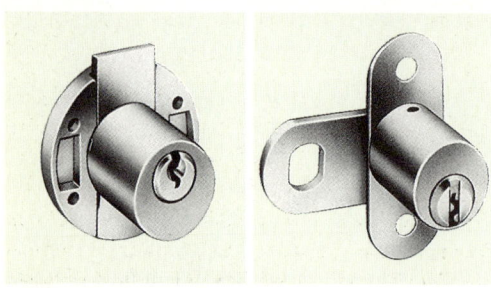

3. Riegel- und Hebelschlösser

7.16 Auswählen der Schließbeschläge

Der in Bild 1 dargestellte Schrank mit zwei einschlagenden Türen soll schließbar gemacht werden. Welche Beschläge werden zweckentsprechend gewählt?

Möbelschnäpper

Zuerst wird geprüft, ob die Türen mit Topfscharnieren angeschlagen sind, die automatisch schließen. Diese ziehen die Tür durch Federdruck an den Korpus. Dann ist nicht unbedingt ein besonderer Schließbeschlag nötig.
Bild 1 zeigt, daß die Türen mit Möbelschnäpper geschlossen werden. Bei den oft verwendeten Magnetschnäppern wird durch einen im Beschlag integrierten Magneten ein Metallplättchen, das an der Tür angebracht ist, angezogen und festgehalten. Für den Schrank ist oben jeweils an der linken und rechten Tür ein Einbohr-Magnetschnäpper gewählt. Unten ist an der rechten Tür ein Rollenschnäpper angebracht. Die auf den Schrankboden aufgeschraubte Festhalteplatte ist so geformt, daß sie die Nutzung des Schrankes kaum behindert.

Möbelschlösser

Bild 2 zeigt Schlösser mit Nutbartschlüssel. Sie erfüllen keine hohen Sicherheitsanforderungen. Nur sechs unterschiedliche Nutstellungen gibt es. Der Schließriegel ist nicht durch Zuhaltungen gesichert. Ein aufliegendes Möbelschloß wird ohne einzulassen angeschraubt. Die eingedrehten Schrauben müssen ausreichende Festigkeit haben. Das Schloß kann somit verhältnismäßig leicht mitsamt den Schrauben herausgerissen werden. Bild 2 zeigt auch, daß die verschiedenen Möbelschlösser in unterschiedlichen Ebenen des Türblattes eingebaut werden. Die Dicke und Festigkeit des vor dem Schloß liegenden Teils der Tür bestimmt, ebenso wie die Schloßbefestigung, die Einbruchsicherheit der Tür.

> Die verschiedenen Schließarten der Möbelschlösser bieten unterschiedliche Sicherheit.

Bild 3 zeigt Riegel- und Hebelschlösser mit Sicherheitszylinder. Sicherheitszylinder haben nur ein schmales Schlüsselloch und wegen der größeren Tiefe eine hohe Zahl von Zuhaltungen. Sie bieten somit eine höhere Sicherheit vor unbefugtem Aufschließen als Schlösser mit Bartschlüssel.

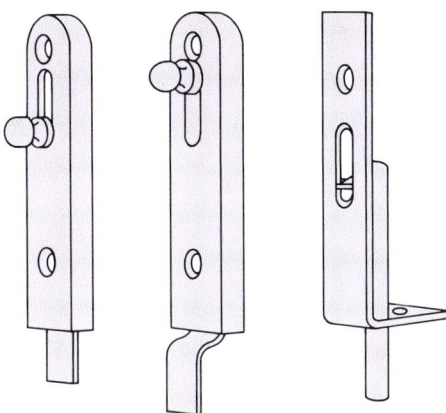

4. Möbelriegel, gerade, gekröpft, Kantenriegel

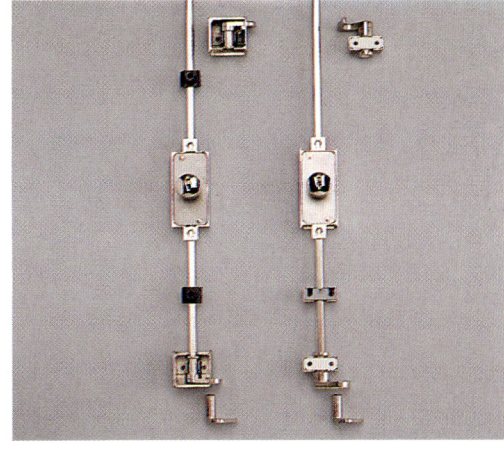

5. Drehstangenschlösser mit Sicherheitszylinder

Möbelriegel

An einem zweitürigen Schrank mit Möbelschloß wird dieses in der Regel an der rechten Tür angebracht. Die linke Tür muß dann mit einem Möbelriegel festgesetzt werden (Bild 4). Für eine Tür mit Glasfüllungen sollte immer ein Kantenriegel ausgewählt werden, insbesondere, wenn die Rückwand verspiegelt ist, z. B. bei einem Barschrank. Ein hinter die Tür geschraubter Möbelriegel wäre dann unschön im Spiegel sichtbar.

Drehstangenschlösser

Die beiden Schranktüren könnten auch mit einem kurzen Drehstangenschloß verschlossen werden (Bild 5). Sie werden vor allem für hohe Türen verwendet. Hier wäre es einzusetzen, wenn die Türen etwas windschief sind. Drehstangenschlösser können solche Türen noch an die Anschlagebene des Korpusses heranziehen. Bild 6 zeigt ein Drehstangenschloß mit Vierkantnuß. Es kann mit einem Drehgriff versehen werden. Solche Schlösser werden vor allem für sogenannte Objekt-Aufträge verwendet. Das sind große Aufträge, z. B. Schrankwände für ein Bürogebäude (Bild 7). Mit dem Drehgriff können die Türen, ohne einen Schlüssel zu benutzen, einfach aufgedreht werden. Bei Verwendung von Drehgriffen mit Sicherheitszylinder lassen sich die Schränke aber auch zusätzlich abschließen.

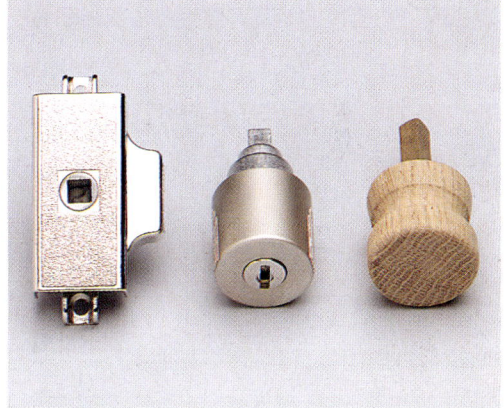

6. Drehstangenschloß mit Vierkantnuß und Drehgriff, auch zum Schließen möglich

7. Eine Schrankwand, die mit Drehstangenschlössern und Drehgriffen verschlossen wird, ist leicht zugänglich, kann aber auch abgeschlossen werden

1. Beschreiben Sie die verschiedenen Schließbeschläge für einen zweitürigen Schrank!
2. Welche Vorteile haben Drehstangenschlösser gegenüber anderen Möbelschlössern?

1. Ein Schreibschrank mit Rollade und Schubladen

2. Haken- und Flügelriegelschlösser

3. Zuhaltungsschloß, offen mit sichtbaren Zuhaltungen. Aus dem Bild des geöffneten Schlosses ist ersichtlich, daß die Zuhaltungsbleche angehoben werden müssen, um den Riegel bewegen zu können.

7.17 Schlösser für einen Rolladenschrank mit Schubladen

An dem Rolladen und den beiden oberen Schubladen des Schreibschrankes in Bild 1 sind Schlüssel zu sehen. Der Rolladen und die beiden Schubladen sind also abzuschließen. Welche Schlösser sind geeignet?

Schlösser für Rolladen
Für Rolladen sind Schlösser erforderlich, deren Schließriegel sich nicht nur in das Schließblech hineinschieben, sondern sich in diesem festhaken (Bild 2).

> Für Rolladen werden Schlösser mit Haken- oder Flügelriegel verwendet.

Die Riegel werden nur durch Betätigen der Zuhaltefeder mit einem Schlüssel geöffnet. Danach gehen der Haken oder die Flügel sofort wieder in Schließstellung zurück. Flügelriegelschlösser werden vor allem für vertikal laufende Rolladen verwendet. Wenn der Rolladen sich vertikal nach unten öffnet, ist unbedingt ein Schloß erforderlich. Der Rolladen würde sich sonst allein durch sein Eigengewicht öffnen.

Schließbeschlag für Schubladen
Die beiden Schubladen sind jeweils mit einem Einsteckschloß versehen. Wegen der größeren Schließsicherheit sind hier Schlösser mit Zuhaltungen gewählt. Wie Bild 3 zeigt, wird bei dieser Schließart der Riegel durch Zuhaltungsbleche festgesetzt. Das Schloß läßt sich nur mit dem passenden Schlüsselbart öffnen. Wegen der geringen Schloßdicke können nur drei Zuhaltungsbleche untergebracht werden. Deswegen gibt es nur sechs verschiedene Schlüsselbart-Kombinationen.

Schubladen-Zentralverschlüsse
Die übereinander liegenden Schubladen an der rechten Seite des Schrankes können mit einem Zentralverschluß geschlossen werden (Bild 4).

> Ein Zentralverschluß schließt übereinander liegende Schubladen mit einem einzigen Schloß.

Die obere Schublade betätigt beim Zuschieben den Zentralverschluß. Die darunter liegenden

Schubladen greifen mit ihren Fanghaken in die Zentralverschlußstange und können nur bewegt werden, wenn der obere Schubladen geöffnet ist. Beim Einschieben hebt er die Zentralverschluß-Stange an und verriegelt dadurch alle Schubladen. Die Zentralverschluß-Stange kann auch direkt durch ein Exzenterschloß nach oben oder unten bewegt werden (Bild 5). Dieses Schloß schließt mit einem Sicherheitszylinder. Durch eine größere Zahl von Zuhaltungsstiften bieten Sicherheitszylinder eine höhere Schließsicherheit. Direkt zu schließende Zentralverschlüsse sind oft daran zu erkennen, daß das Schloß nicht in der Mitte der Schublade, sondern seitlich angebracht ist. Es kann sogar in die Korpusseite eingelassen sein. Dadurch faßt es unmittelbar in die in der Korpusseite liegende Zentralverschluß-Stange.

Schiebetür mit Schloß

Schiebetüren benötigen nicht unbedingt einen Schließbeschlag. Durch ihr Eigengewicht bleiben sie am Anschlag stehen. Besondere Sicherheitsanforderungen, z. B. in einem Büro, können aber das Anbringen eines Schlosses erfordern (Bild 6).

> Für Schiebetüren werden Hakenriegel- oder Druckzylinder-Schlösser verwendet.

Druckzylinder-Schlösser (Bild 6) sind leicht einzubauen. Bei ihnen wird ein Stiftriegel in die hintere Tür eingedrückt. Die vordere und die hintere Tür sind dadurch zwischen den beiden Korpusseiten unverschieblich festgesetzt. Wie Bild 6 zeigt, werden Druckzylinder-Schlösser auch für Glasschiebetüren verwendet. Die Glasscheibe wird dabei zweckmäßiger Weise in einer Führungsschiene befestigt. An dieser Führungsschiene wird dann ebenfalls der Stiftzylinder befestigt.

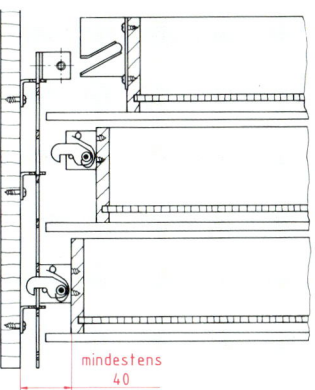

4. Bei den übereinander liegenden Schubladen erhält die obere ein Ladschloß. Wenn sie eingeschoben ist, hebt sie die Verschlußstange an, so daß alle anderen Schubladen festgehakt sind.

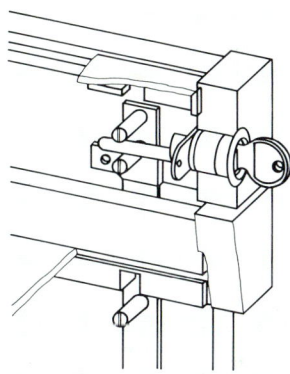

5. Der Stift des Exzenterschlosses wird ausmittig bewegt und hebt oder senkt so die Zentralverschlußstange

6. Schiebetürschrank mit Schloß (oben) und Glasschiebetür mit Stiftschloß (unten)

1. Welche Schlösser sind für Rolladen, welche für Schiebetüren geeignet?
2. Welche Vorteile bietet ein Schubladen-Zentralverschluß?
3. Wie werden Zentralverschlüsse eingebaut?
4. Welche Sicherheit bietet ein Möbelschloß mit Zuhaltungen?

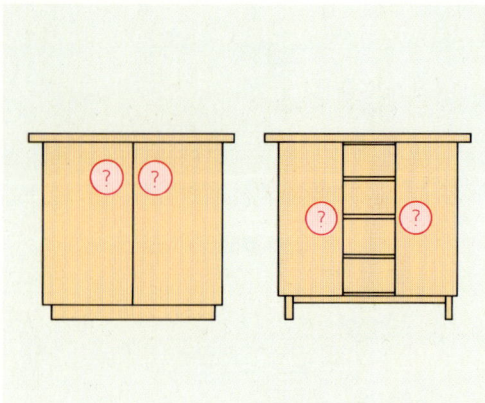

1. Zwei Zeichnungen für Anrichten als Gesellenstück

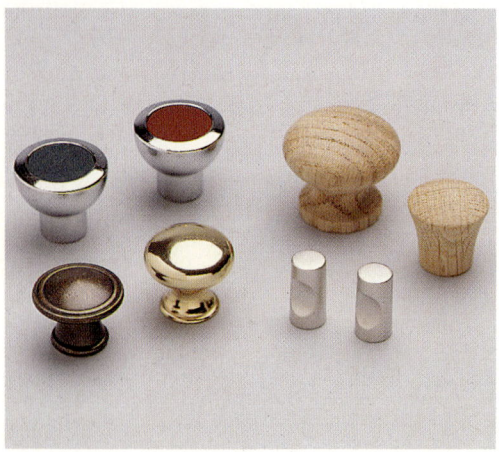

2. Verschiedene Möbelknöpfe

3. Sideboard mit schönem Furnierbild der Türen

7.18 Möbel erhalten Zierbeschläge

Die beiden Gesellenstücke in Bild 1 werden in derselben Werkstatt hergestellt. Der linke Schrank wird in Eiche, dunkel gebeizt, der rechte Kirschbaum natur gefertigt. Sie sollen jetzt Möbelknöpfe erhalten. In der Zeichnung stehen dafür Kreuze, ohne daß die Beschläge genau gezeichnet sind.

Die Lage der Möbelknöpfe

Die Kreuze für die Möbelknöpfe am linken Schrank sind oberhalb der Mitte angebracht. Da der Schrank verhältnismäßig niedrig ist, ist das ergonomisch richtig. Möbelknöpfe sind nämlich Funktionsteile und müssen als solche bedacht werden. Wenn an einem Schrank die Knöpfe an verschiedenen Stellen angehalten werden, erkennt man, daß die veränderte Knopflage auch das Bild des Schrankes verändert. Das kann man selbst beim Verändern auf einer Ansichtszeichnung feststellen.

Welche Möbelknöpfe für welchen Schrank?

In der Werkstatt stehen die in Bild 2 gezeigten Möbelknöpfe zur Verfügung. Welche Überlegungen müssen angestellt werden, um die geeigneten Möbelknöpfe auszuwählen?

> Die Holzstruktur und -farbe der Möbelfront sind Auswahlkriterien für die Möbelknöpfe.

Zu dem Charakter eines „antiken" Möbels gehört ein ebensolcher Beschlag. So kann zu einem mit „Antik-Beize" behandeltem dunklem Eichenmöbel ein brünierter Knopf passen. Ein polierter Messingknopf paßt eher zu glattem, hellem Holz, wie es das Kirschbaumholz ist. Die Form, die Farbe und das Material des Möbelknopfes spielen eine Rolle bei der Auswahl. Je größer und glänzender oder leuchtend farbig ein Knopf ist, um so auffälliger ist er. Je auffälliger die Möbelknöpfe sind, um so mehr wird das Bild einer Möbelfront durch sie beeinflußt.

Die besonders schön und lebhaft gemaserte Möbelfront in Bild 3 wirkt wie ein schönes Bild. Bei diesem Möbel wurde auf Möbelknöpfe verzichtet. Zu diesem schönen Furnierbild würde höchstens ein unauffälliger oder besonders ausgewogener Beschlag passen. Dessen Lage muß genau überlegt sein. Oft sind Knöpfe aus dem gleichen oder ähnlich strukturiertem Holz geeignet.

Möbelgriffe

Bild 4 zeigt ein fertiges Gesellenstück. Die Türen haben Möbelknöpfe, aber die Schubladen sind mit Möbelgriffen versehen. Durch ihre Form sind sie besonders griffig. Sie sind deswegen für die schweren Schubladen gut geeignet. Metall oder Kunststoff lassen zierliche und auch stark verschnörkelte Formen von Griffen und Knöpfen zu. Metall hat hohe Festigkeit. Metallgriffe oder -knöpfe können besonders zierlich sein. „Zierlich" und „verziert" soll hier aber unterschieden werden.

Schlichte, zweckmäßige Griffe oder Knöpfe passen zu den modernen Möbeln oft besser als aufwendig verzierte.

4. Die fertige Anrichte

Bild 5 zeigt Griffe aus Holz. Sie sind oft eine gute Lösung, wenn es darum geht, für ein Möbel mit schöner Furnieroberfläche einen Beschlag auszuwählen. Sie passen sich genau wie ein in die Schubladenvorderstücke integriertes Griffprofil aus der gleichen Holzart sehr gut der Gestaltung des Schrankes an.

Schlüssel und Schlüsselschilder

Vielfach werden für Gesellenstücke Schlösser und somit Schlüssel gefordert. Schlüssel, Schlüsselschilder oder -buchsen sind dann ebenfalls Gestaltungselemente. Die unterschiedlich gestalteten Schlüssel (Bild 6) müssen zum Möbel passend ausgewählt werden. Dazu müssen die Schlüsselschilder oder -buchsen passen. Schlichte Schlüssel und Schlüsselbuchsen passen zu modernen Möbeln.

5. Eine Auswahl von Möbelgriffen

Bündig liegende Schlüsselbuchsen müssen besonders sorgfältig angebracht werden.

Gut angebrachte Schlüsselbuchsen zeigen das besonders hohe Können des Handwerkers.

1. Verändern Sie in der Ansichtszeichnung eines Schrankes die Lage der Möbelknöpfe und bewerten Sie sie jeweils!
2. Erläutern Sie, wie Möbelgriffe oder -knöpfe das Aussehen eines Möbels beeinflussen!
3. Sammeln Sie Prospekte von Möbelgriffen, -knöpfen und -schlüsseln und bewerten Sie diese Beschläge
4. Bewerten Sie Schmuck- und Griffbeschläge an Möbeln (z. B. in einer Ausstellung von Gesellenstücken)!

6. Schlüssel und Schlüsselschilder

Innenausbau

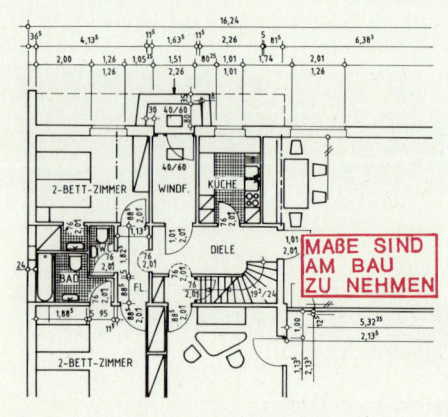

1. Bauzeichnung mit Etagengrundriß

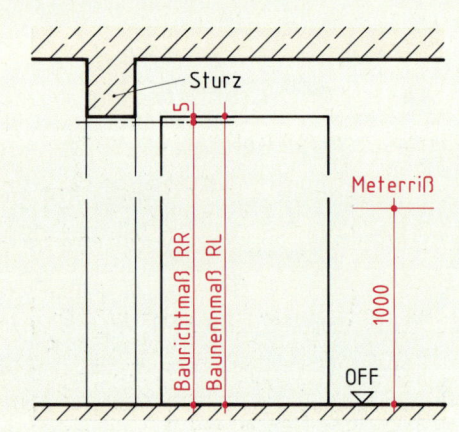

2. Höhenschnitt mit Sturz und Meterriß

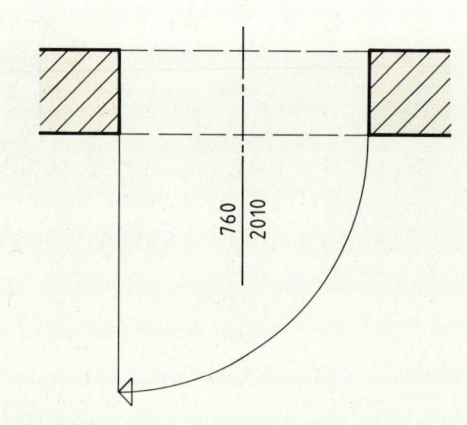

3. Symbol einer einflügeligen Drehtür DIN links

8.1 Wir nehmen die Maße am Bau

Eine Tischlerei erhält den Auftrag, für ein Wohnhaus Türen und Fenster anzufertigen und einzubauen. Eine Grundrißzeichnung (Bild 1) dient dabei als Grundlage. Obwohl die Zeichnung bemaßt ist, enthält sie den Aufdruck: „Maße sind am Bau zu nehmen."

Warum müssen diese Maße überprüft werden?

Die Zeichnungen des Architekten entsprechen der Maßordnung im Hochbau nach DIN 4172. Die Ausführungen am Bau können aber hiervon abweichen, was besonders für die Maßhaltigkeit gilt. Auch geänderte Ausführungen sowie lot- und waagrechte Abweichungen hat der Innenausbauer zu berücksichtigen.

Wie messen wir am Bau?

Da ist zunächst der **Meterriß** (Bild 2) zu beachten. Er wird 1 m über der **O**berkante des **f**ertigen **F**ußbodens (**OFF**) angerissen. Von diesem Riß aus mißt der Handwerker alle Höhen wie z. B. die Mauerlochhöhe oder die Deckenhöhe. Der Meterriß soll am Haus- und Wohnungseingang und an jedem Treppenaustritt angebracht sein. Von diesen Markierungen ausgehend, wird er mittels Schlauchwaage an jede benötigte Stelle übertragen. Der Meterriß ist besonders dann erforderlich, wenn Einbauten vor der Fertigstellung des Fußbodens erfolgen sollen. Warum?
Um Verwechslungen bei der Maßangabe (Bild 3) zu vermeiden, gilt nach DIN 18100, daß die Maße für Türen und Fenster in der Reihenfolge: **Breite x Höhe** anzugeben sind, z. B.: **760** x **2010**.

> Zuerst ist das Breitenmaß und dann das Höhenmaß in der Zeichnung einzutragen.

Die Maßordnung im Hochbau basiert auf dem Achtelmeter (am)

Das Achtelmeter ist das Grundmaß für die Steinmaße (Bild 4), für einzelne Bauteile und somit für alle Gebäudemaße.

> 1 am = 125 mm = Steinbreite + 10 mm Fuge

Die Maßordnung ist Pflichtnorm im öffentlich geförderten Wohnungsbau, um rationelles, preiswertes Bauen zu fördern. Dabei muß zwischen zwei Maßen unterschieden werden, dem **Roh-**

baurichtmaß **RR** und dem **Rohbaulichtmaß RL**, das auch **Nennmaß** genannt wird (Bild 5).
Die Nennmaße entsprechen den Abmessungen der Mauersteine ohne Mörtelfuge. So ist der normalformatige Stein (**NF**):

240 mm lang, 115 mm breit, 71 mm hoch
= 1 NF

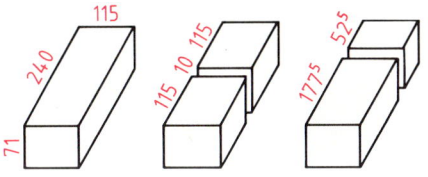

Die Rohbaurichtmaße dieses NF-Steins betragen: 250 mm x 125 mm x 83,3 mm (Bild 4). Während die Rohbaurichtmaße nach DIN 18100 theoretische Maße sind und ein Vielfaches des Achtelmeters betragen, geben die Nennmaße die wahren Rohbaumaße an (Bild 5). Beim Mauerwerksbau ergeben sich die Nennmaße dadurch, daß man den Rohbaurichtmaßen bei Öffnungsmaßen 10 mm hinzurechnet und bei Außenmaßen 10 mm abzieht.

	RR	Fuge	RL
Steinlänge	250mm	10mm	240mm
Steinbreite	250:2	10mm	115mm
Steinhöhe	250:3	12,3mm	71mm

4. Mauersteinmaße und Teilmaße

Kennummern als Bestellgrößen für genormte Türblätter nach DIN 18101

In Bild 6 sehen wir die Zusammenhänge zwischen der Kennummer, den Maueröffnungsmaßen und den Türblattmaßen. Multipliziert man z. B. die Kennummern 7 x 15 jeweils mit 125 mm, so erhält man die Richtmaße für die Breite und Höhe der Maueröffnung. Diesen Maßen entsprechen die Außenmaße des Türblatts, die jeweils 15 mm kleiner sind: **860 mm x 1860 mm**.

Was besagt die Verdingungsordnung für Bauleistungen – die VOB?

Als Grundlage des Bauvertragswesens ist die VOB für alle am Bau beteiligten verbindlich. Sie ist in die Teile **A**, **B** und **C** unterteilt.
• **A:** Allgemeine Bestimmungen für die Vergabe
• **B:** Allgemeine Vertragsbedingungen für die Ausführung von Bauleistungen
• **C:** Allgemeine **t**echnische **V**ertragsbedingungen für Bauleistungen (**ATV**)

Für die Fertigung und den Einbau von Bautischlerarbeiten ist Teil C der VOB besonders zu beachten. Die DIN 18355 ist verbindlicher Vertragsbestandteil und schreibt z. B. Holzqualität und Konstruktionen vor.

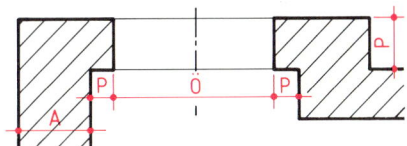

Bauteil	Maß	Nennmaße RL		
A	Außenmaß	11,5	24	36,5
Ö	Öffnungsmaß	13,5	26	38,5
P	Pfeilermaß	12,5	25	37,5

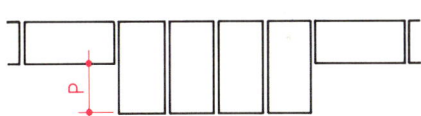

5. Gebäudeabmessungen in cm nach DIN 18100

Kennummer des Türblatts	Rohbaurichtmaße RR = Türöffnung	
	Breite	Höhe
7 x 15	875	1875
6 x 16	750	2000
7 x 16	875	2000
8 x 17	1000	2125

6. Tür-Kennummern und Baurichtmaße nach DIN 18101.
Die Kennummer ist mit 125 mm zu multiplizieren.

1. Weshalb sind die Maße am Bau zu überprüfen?
2. Nennen Sie den Zusammenhang von Kennummern und Türblattmaßen!
3. Erläutern Sie Sinn und Zweck des Meterrisses!
4. Wie werden die lichten Türmaße eingetragen?
5. Was besagt die ATV in der VOB?

1. Brettertür zu einer Hausbar

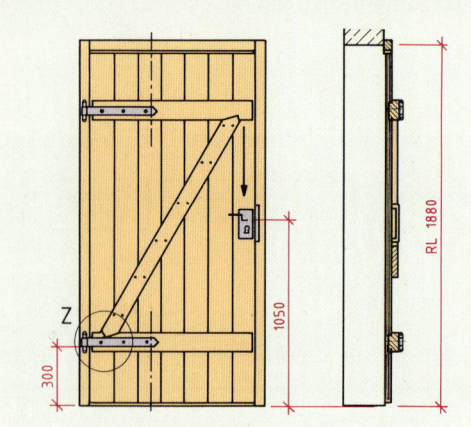

2. Brettertür mit Diagonalstrebe (Ansicht und Schnitt)

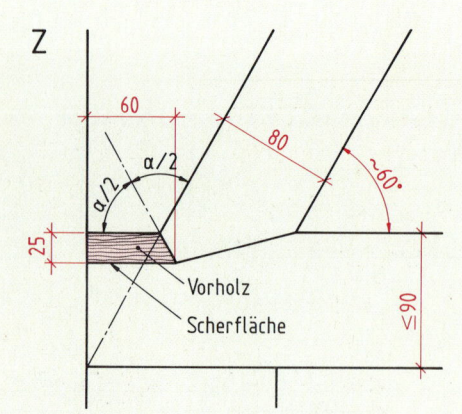

3. Diagonalstrebe mit einfachem Versatz

8.2 Eine Brettertür zur Kellerbar

Bild 1 zeigt eine zweifach verstrebte Brettertür zur Kellerbar. Die Brettertür entspricht der ältesten Türbauweise. Sie waren früher mit reichverzierten Beschlägen versehen. Heute werden Brettertüren ausschließlich im Keller- und Dachgeschoß verwendet.

Welches Konstruktionsprinzip hat eine Brettertür?

Die Brettertür in Bild 2 soll angefertigt werden. Sie zeigt die typische Konstruktionsweise. Das „Türblatt" besteht aus einer Anzahl gefügter Bretter. Die Bretter werden von zwei Gratleisten gehalten, oder sie sind mit zwei Querriegeln verschraubt. Zwischen den beiden Querriegeln verläuft eine **Diagonalstrebe**. So bilden die Riegel mit der Diagonalstrebe ein „Z", weshalb auch von einer Z-Rahmentür gesprochen wird.

Welche Funktion erfüllt die Diagonalstrebe?

Gewöhnlich ist die Brettertür nicht verleimt, sondern verschraubt. Bei einer Tür ohne Diagonalstrebe setzen sich die Bretter infolge der vertikalen Gewichtskraft (siehe Pfeil in Bild 2) stufenweise nach unten ab. Damit die Rechtwinkligkeit gesichert ist, muß die vertikale Gewichtskraft über eine Diagonalstrebe auf den unteren Querriegel abgeleitet werden. Von da geht sie in das untere Band.

> Die Diagonalstrebe stützt sich immer im unteren Querriegel an der Bandseite ab.

Damit die Gewichtskraft vom Querriegel aufgenommen werden kann, muß die Verbindung zwischen Riegel und Strebe fachgerecht ausgeführt sein. Ohne diese Verbindung könnte sich durch die Gewichtskraft die Strebe zwischen den Querleisten seitlich verschieben.

Welche Verbindung hat die Strebe mit den Querriegeln?

Bild 3 zeigt die Verbindung der Diagonalstrebe mit dem unteren Querriegel. Die Strebe ist mit einem **einfachen Versatz** in den Querriegel eingelassen. Der Winkel der Druckfläche zwischen Strebe und Querriegel ergibt sich durch eine Halbierung des Außenwinkels. Der Versatz reicht etwa 25 mm in den Querriegel. Wegen der geringen Scherfestigkeit des Holzes darf die Strebe nicht zu nahe am Ende des Querriegels eingelassen werden. Ein ausreichender Abstand ist gegeben, wenn die Fluchtlinie der Strebe durch die untere Ecke des Querriegels geht. Die Strebe muß paßgenau eingearbeitet werden.

Wegen der geringen Scherfestigkeit des Holzes muß auf genügend **Vorholz** geachtet werden!

Der Einbau der beiden Gratleisten und der Diagonalstrebe

Die auf gleiche Breite ausgehobelten Bretter werden beidseitig gefast und wie in Bild 4 gespundet. Dann spannt man die einzelnen Bretter zum Türblatt zusammen. In diesem Vollholzblatt (Bild 5) müssen die Querriegel eingegratet werden. Sie lassen das Arbeiten der einzelnen Bretter zu und wirken einer Formveränderung des Türblattes entgegen.

Die Gratleisten werden um die Höhe der Gratfeder dicker ausgehobelt als die Diagonalstrebe. Wegen des Schwindens sind die Gratleisten weniger als 90 mm breit und haben stehende Jahrringe. Sie sind an beiden Seiten um einige mm nach innen versetzt, und die Gratfeder muß abgesetzt sein (Bild 6). Die Diagonalstrebe ist flächenbündig mit den Gratleisten und wird unten wie oben mit einem einfachen Versatz paßgenau eingelassen. Entlang einem unteren und oberen Riß wird sie von der Brettseite aus angeschraubt.

Der Anschlag erfolgt mit Langbändern an einem Blendrahmen

Bild 6 zeigt, wie die Brettertür mit einem 400 mm **Langband** an einem gefälzten Blendrahmen angeschlagen ist. Das Langband wird mittig auf die Gratleiste geschraubt, wobei die Flachrund-Schloßschraube festen Halt gibt. Das Klobenteil ist im Blendrahmen eingelassen. Zum Verschließen der Brettertür eignet sich ein Kastenschloß. Es gibt die Ausführungen „auswärts" bzw. „einwärts". Hier ist ein DIN-Linksschloß-auswärts verwendet. Beim Anschrauben ist die Drückerhöhe von 1050 mm einzuhalten. Dann wird der Schließkasten angeschraubt und die Tür schließbar gemacht.

1. Beschreiben Sie den Aufbau der Brettertür!
2. Welchen Zweck erfüllt die Diagonalstrebe?
3. Zeichnen Sie eine Strebe mit einfachem Versatz!
4. Warum werden die Bretter gespundet?
5. Was ist das Besondere an den Langbändern?

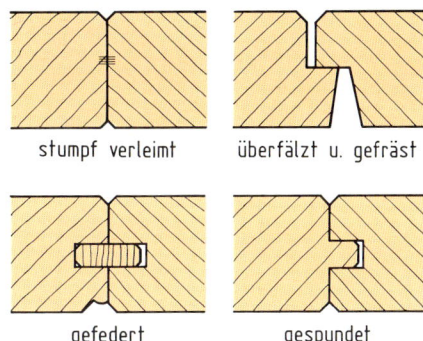

stumpf verleimt   überfälzt u. gefräst

gefedert   gespundet

4. Bretterverbindungen

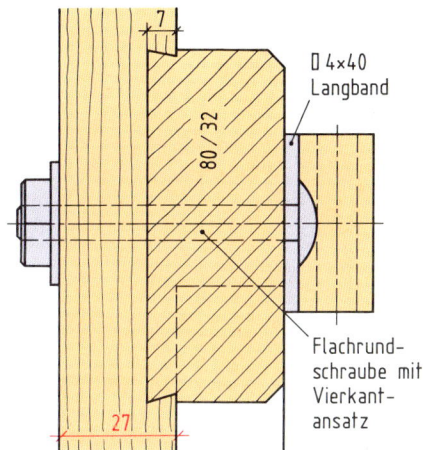

5. Eingegratete Querleiste mit Langband

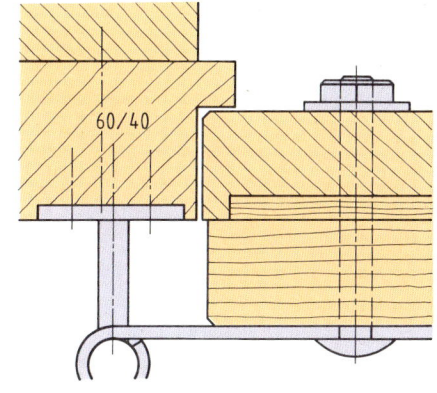

6. Brettertür am Blendrahmen angeschlagen

1. Rahmentür mit geschweifter Füllung

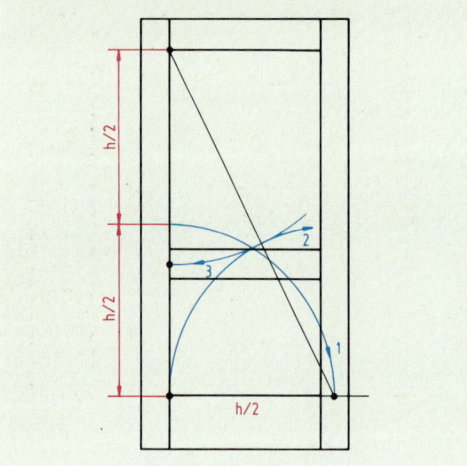

2. Querfriesposition nach Goldenem Schnitt

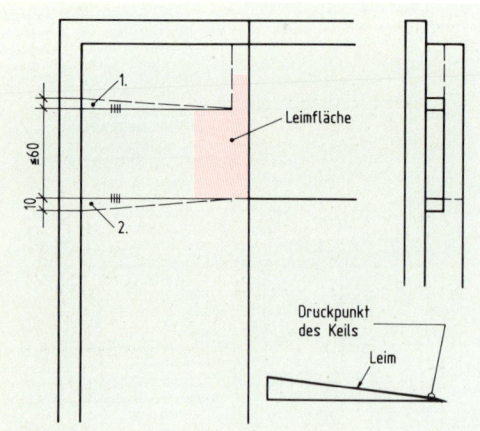

3. Verkeilte Zapfenverbindung

8.3 Rahmentüren für ein Landhaus

Für ein Landhaus sollen rustikale Rahmentüren in Fichte mit Plattbahnfüllungen hergestellt werden (Bild 1). Rahmentüren haben die handwerklich aufwendigste Konstruktion. Ihre Formstabilität ist größer als bei Brettertüren.

Die Herstellung beginnt mit der Holzauswahl

Vorbedingung für eine einwandfreie Rahmenbauweise ist fachgerecht getrocknetes Holz mit gutem Stehvermögen. Es ist darauf zu achten, daß die Friese stehende Jahrringe mit geradem Faserverlauf aufweisen. Sie sollen aus ast-, riß- und harzgallenfreiem, feinjährigem Holz von Kern- oder Mittelbrettern sein. Um ein Verziehen der Tür zu vermeiden, darf drehwüchsiges Holz nicht verwendet werden.

Handwerkliches und gestalterisches Können sind erforderlich

Bild 2 zeigt den Türrahmen mit dem mittleren Querfries. Die Gestaltung der Rahmentür hängt von den Proportionen der Füllungen und ihrer Maserung sowie der Breite der Friese und der Profilierung ab. Gute Maßverhältnisse der Füllungen werden durch die richtige Position des mittleren Querfrieses erreicht. Um die richtige Höhe zu ermitteln, kann man nach dem Goldenen Schnitt verfahren. Dabei ist die zu teilende Strecke das Maß zwischen dem oberen und unteren Querfries. Danach liegt der mittlere Querfries unterhalb des Schlosses, so daß die Friesverbindung mit Zapfen oder Dübel durch den Einbau des Schlosses nicht geschwächt wird. Entscheidend sind auch die Friesbreiten. Sie richten sich nach dem Dornmaß des Schlosses und dem Schwindverhalten des Holzes. Sie liegen bei 130 bis 160 mm, wobei der mittlere Querfries auch breiter sein kann als der obere. Der untere Querfries ist mit etwa 230 mm deutlich breiter als der obere.

> Vollholzfüllungen sollen wegen des Schwindens nicht zu breit sein.

Die traditionelle Rahmenverbindung ist der verkeilte Zapfen

Die Rahmentürecke in Bild 3 ist durch einen verkeilten Nutzapfen verbunden. Die Zapfenbreite ist wegen des Schwindens höchstens 60 mm. Durch das Ausklinken des Zapfens entsteht ein etwa 15 mm langer Nutzapfen. Jeder Fries hat grundsätzlich nur einen Zapfen. Für breitere Friese werden zwei überschoben. Beiderseits der Zapfen angeleimte Keile geben ihm eine Schwalbenschwanzform. Die Zapfenlöcher werden deshalb um halbe Zapfendicke konisch erweitert. Die Keile erhalten durch Zuschnitt (Bild 3) einen **Druckpunkt**, der jeweils am Zapfen anliegt. Nach verzugsfreiem Spannen werden zuerst die äußeren Keile eingeschlagen. Langholzeinlagen verdecken die Zapfenenden.

> Der Druckpunkt des Keils muß nahe der Brüstung wirken und die Verbindung festigen.

Die Dübelverbindungen sind genormt

Bild 4 zeigt Ansicht und Schnitt einer gedübelten Rahmentür mit mittlerem Querfries. Die Zapfenverbindung wird aus Kostengründen zunehmend durch die Dübelung ersetzt. Sie weist zumindest die gleiche Festigkeit auf. Worin liegen die Vorteile? Anzahl, Größe und Anordnung der Dübel sind festgelegt. Friese mit einer **K**onstruktions**b**reite (KB) unter 150 mm erhalten zwei, solche über 150 mm drei Dübel. Die Länge der Dübel entspricht 2x2/3 der KB mit einem Durchmesser von etwa 2/5 der **F**ries**d**icke (RD). Eine Brüstung ohne Konterprofil sollte zusätzlich zwischen den Dübeln eine lose Feder erhalten – warum? Bei diesem nicht zu konternden Innenprofil erfolgt ein Klinkschnitt auf Gehrung. Zapfen und Dübel werden nur im Brüstungsbereich verleimt (Bild 3).

Wie sind die Füllungen eingebaut?

In Bild 5 werden zwei Varianten gezeigt, wie die Füllungen in den Rahmen eingebaut werden. Für die **abgeplattete** Vollholzfüllung wurde die stark profilierte Füllungshalteleiste beidseitig ausgewählt. Die Ausführung b mit dem ausgefälzten Fries erhält meist ein einfaches Profil, das als Konterprofil an die Brüstungen der Querfriese angefräst werden kann. Vollholzfüllungen sind in einer mindestens 15 mm tiefen Falz. Füllungen aus Plattenwerkstoffen können auch in die Friese eingenutet werden.

1. Was ist bei der Holzauswahl der Türrahmen zu beachten?
2. Teilen Sie 1640 mm nach dem Goldenen Schnitt!
3. Erläutern Sie die verkeilte Zapfenverbindung!
4. Berechnen Sie die Dübel bei KB 120; RD 56!
5. Worin liegen die Vorteile bei der Verwendung von Konterprofilen?

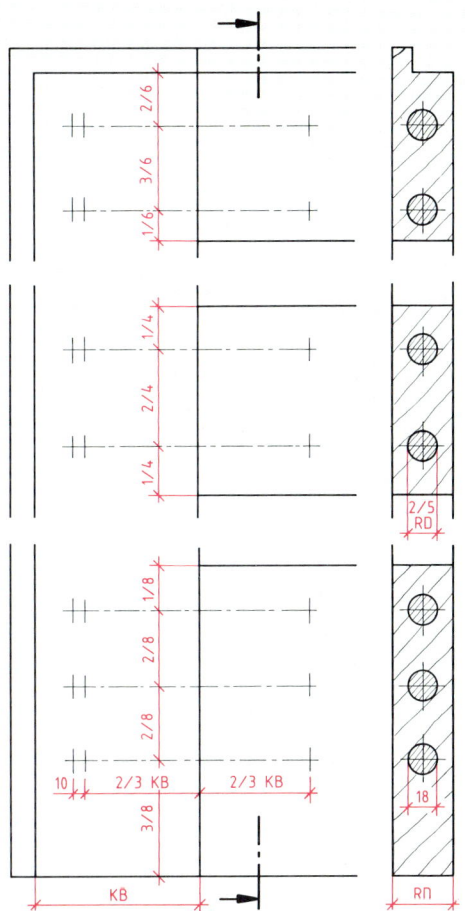

4. Gedübelte Rahmentür

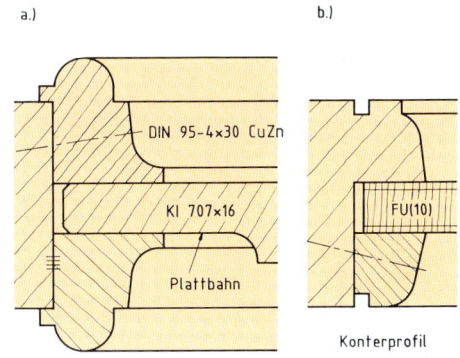

a.) b.)

DIN 95-4×30 CuZn

KI 707×16

FU(10)

Plattbahn

Konterprofil

5. Konstruktion von Rahmen und Füllung

1. Glattes, furniertes Sperrtürblatt (DIN 68706)

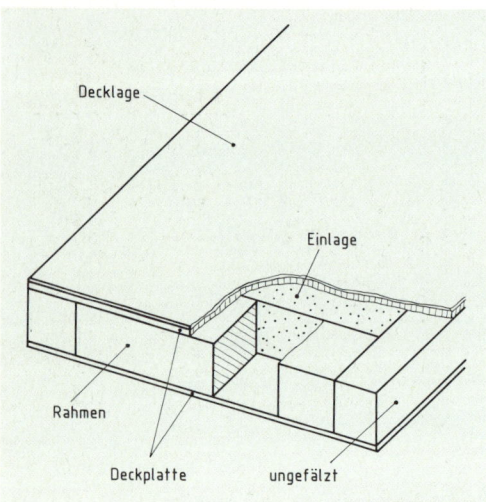

2. Aufbau und Benennung der Teile einer Sperrtür nach DIN 68706

Kenn-Nr.	Rohbau-Richtmaße RR		Türblatt-Außenmaße nach DIN 18101		
	Breite in mm	Höhe in mm	Breite in mm	Höhe in mm	zul. Abwei.
7 x 15	875	1875	860	1860	
5 x 16	625	2000	610	1985	+ 0
6 x 16	750	2000	735	1985	– 2
7 x 16	875	2000	860	1985	mm

3. Wandöffnungen und Außenmaße für einflügelige gefälzte Sperrtüren nach DIN 18101

8.4 Sperrtüren und ihr Aufbau

Für einen Neubau werden Sperrtürblätter (Bild 1) benötigt. Es sind leichte Türblätter aus Holzwerkstoffen. Sperrtürblätter haben im Innenausbau die herkömmlichen Rahmentüren weitgehend ersetzt.

Grundaufbau eines Sperrtürblattes

In Bild 2 sind der Aufbau und die Benennung der Teile eines Sperrtürblattes ohne Anleimer zu sehen. Die DIN 68706 bestimmt die Konstruktion und die Bezeichnung der Teile einer Sperrtür. Das tragende System ist ein stumpf zusammengefügter Blindrahmen zur Befestigung der Bänder und zur Aufnahme des Schlosses. Dazwischen sind Einlagen als Abstandhalter für die Deckplatten eingebracht. Auf den Rahmen und die Einlage ist beidseitig eine Deckplatte aufgeleimt. Die beiden Deckplatten bestehen aus mindestens 5 mm dicken FU-, KH-, MDF-Platten oder anderen geeigneten Holzwerkstoffplatten. Die Decklage kann ein Furnier oder eine Folie sein. Damit sich die Sperrtür nicht verzieht, ist beidseitig ein in Material und Dicke gleicher Aufbau erforderlich.

> Ein flächensymmetrischer Aufbau ist Voraussetzung für ein verwindungsfreies Türblatt.

Warum werden heute überwiegend Sperrtüren verwendet?

Die wesentlichen Vorteile der Sperrtüren gegenüber Rahmentüren liegen im geringen Materialverbrauch und in der rationellen Herstellungsweise. Eine moderne Rotationspresse fertigt pro Stunde 240 Rohtürblätter. Das nahezu verziehungsfreie Türblatt erfüllt darüber hinaus mit speziellen Einlagen eine Reihe besonderer Anforderungen. Schließlich entspricht das schlichte, glatte Türblatt unserem Zeitgeschmack.

Genormte Sperrtüren – Zur Bestellung genügt die Angabe der Kennummer

Tabelle 3 enthält die Wandöffnungsmaße, Außenmaße einflügeliger Türblätter nach DIN 18101 sowie deren Kennummern. Mit diesen Kennummern können die Türblätter, industriell gefertigte, genormte Halbfabrikate, bestellt werden. Einem Türblattaußenmaß von 860 x 1985, dem sogenannten Typmaß, entspricht die Kennummer **7 x 16**. Multipliziert man die Kennummer mit 125 mm (am), so ergibt dies das Rohbaurichtmaß. Die Dicke des Türblattes soll 39 mm bis 42 mm betragen.

Das Falzmaß ist ebenfalls genormt
Bild 4 zeigt das gefälzte Türblatt mit den genormten Falzmaßen. Die Falzbreite beträgt 13 mm + 0,5 mm Toleranz; die Falztiefe 25,5 mm + 0,5 mm. Die Falztiefe bestimmt das Falzmaß der Türumrahmung unter Berücksichtigung des verwendeten Dichtungsprofils.

Die Einlage bestimmt den Verwendungszweck
Bild 5 zeigt wellen- oder lamellenförmige Türeinlagen. Diese und andere Strukturen aus Pappe, Holz, Kunststoff, Holzfaser oder Streifen von Strangpreßröhrenplatten sind in den leichten Türblättern eingebaut. Volleinlagen aus Span-, Stab- oder Stäbchenplatten werden vornehmlich für Türen mit erhöhten Anforderungen verwendet. Sie sind auch erforderlich, wenn das Türblatt nachträglich furniert werden soll.

Spezialtüren wie Brandschutztüren haben z. B. feuerhemmende Korkeinlagen oder Wärmeschutztüren-Einlagen aus Polystyrol. Schallschutztüren werden z. B. mit Mittellagen aus Strangpreßröhrenplatten aufgebaut.

Das werkstattgebaute Sperrtürblatt
Türen für den individuellen Innenausbau (Bild 6) mit normabweichenden Größen, Stichbögen, passenden Deckfurnieren oder erhöhten Anforderungen werden häufig handwerklich gefertigt. Blindrahmenfriese und Einlagenhölzer werden auf gleiche Dicke ausgehobelt und gefast. Die Querfriese bekommen Lüftungsschlitze. Rahmen und Einlagenhölzer werden mit Formfedern oder Kurzzapfen verbunden. Wegen des Markierens der Friese in den Deckplatten darf bei ihrem Aufleimen kein Leim an die Frieskanten kommen.

> Leim nicht auf ganzer Friesbreite auftragen!

Vor dem Aufleimen des Deckfurniers werden Umleimer gleicher Holzart seitlich und oben angeleimt.

1. Welchen Aufbau hat ein Sperrtürblatt?
2. Was ist das wichtige Prinzip beim Aufbau?
3. Welche Funktionen erfüllen die Einlagen?
4. Geben Sie die Maße der Kennummer 5 x 16 an!
5. Beschreiben Sie die handwerkliche Fertigung!

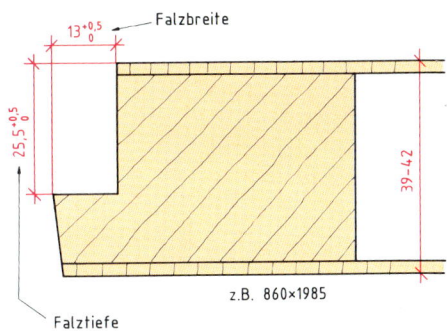

4. Schnitt durch ein einfaches Sperrtürblatt mit Falzmaßen

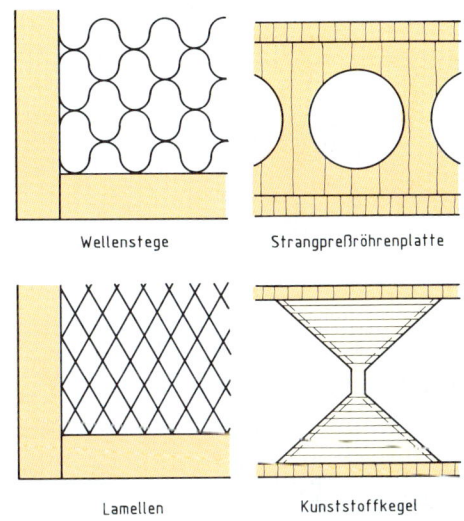

Wellenstege   Strangpreßröhrenplatte

Lamellen   Kunststoffkegel

5. Einlagenvarianten glatter Sperrtüren

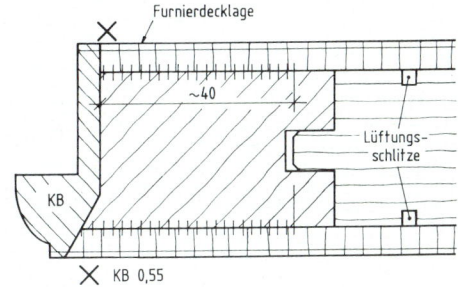

6. Werkstattgefertigtes Sperrtürblatt

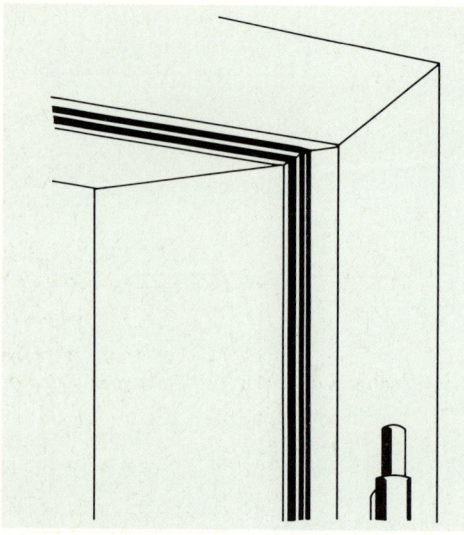

1. Anschlagseite eines Futters mit Bekleidung

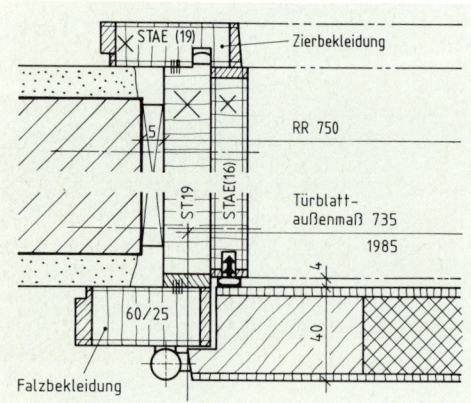

2. Futter und Bekleidung in Plattenwerkstoff

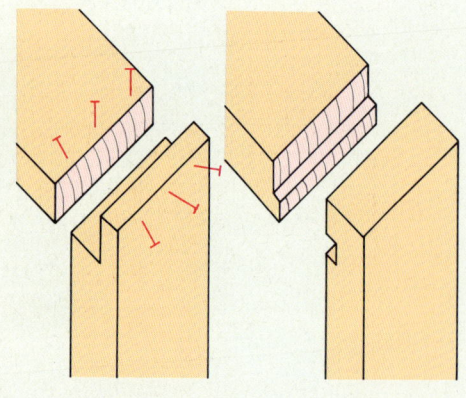

3. Eckverbindungen genagelt und gefedert

8.5 Eine Türumrahmung für Drehtüren

Für glattfurnierte Sperrtürblätter sollen Türumrahmungen geliefert werden, die die ganze Mauerleibung verkleiden. Dafür sind **Türfutter** gut geeignet.

Aufbau und Funktion von Futter und Bekleidung

Bild 2 zeigt den Horizontalschnitt durch ein eingebautes Futter mit Bekleidung. Das Türfutter ist die klassische und repräsentativste Art der Türumrahmung. Mauerleibung und Sturz werden dabei voll umkleidet. Nach den Baurichtmaßen und den daraus resultierenden Türblattaußenmaßen ergeben sich zwischen Mauerleibung und Futter 5 mm Spiel. Die Maßangabe für Türloch und Futter erfolgt in der Weise:

> Das erste oder obere Maß 735 entspricht der Breite; das zweite oder untere Maß 1985 ist die Angabe der Höhe.

Das Futter besteht aus den aufrechten Seitenteilen und dem Querstück. Eingenutete Bodendichtungen ersetzen die Türschwelle. Die Futterbreite entspricht der Wanddicke plus 2 bis 3 mm. Dadurch können Unebenheiten der Wand ausgeglichen werden. Die 50 bis 80 mm breiten Bekleidungen decken die Mauerfuge zwischen Wandleibung und Futter ab. An der Türanschlagseite ist die 25 mm dicke **Falzbekleidung** aufgeleimt. Bei dünneren Falzbekleidungen muß das Futter ausgefälzt werden. Die weniger dicke **Zierbekleidung** bildet einen Zierfalz von ungefähr 5 mm. Um Maßungenauigkeiten der Wanddicke ausgleichen zu können, wird die Zierbekleidung mit Nut und breiter Feder an die Kante des Futters gestoßen. Die Verleimung dieser Verbindung erfolgt nach der Montage der Türumrahmung. Die Bekleidungen schließen mit einer Schattennut oder Kragenleiste zur Wand hin ab. Die Eckverbindung der Bekleidung ist meist auf Gehrung gearbeitet und mit Formfedern verleimt.

Vollholz oder Plattenwerkstoffe für Umrahmungen?

Die Entscheidung hierüber hängt auch von der Mauerdicke ab. Beträgt sie mehr als 115 mm, so ist wegen des Verziehens von Vollholz ein Plattenwerkstoff oder eine Rahmenkonstruktion zu wählen.

Das Türfutter in Bild 2 ist aus Plattenmaterial. Span-, Tischler- oder MDF-Platten sind bei breiteren und aufgedoppelten Konstruktionen wie z. B. bei Schallschutztüren üblich. Dabei werden furnierte Futter mit Anleimern versehen. Damit sich Vollholzfutter nicht verziehen, haben sie rückseitig Längsnuten und stehende Jahrringe.

Die Eckverbindungen des Türfutters
Bild 3 zeigt eine genagelte Falz- sowie eine Federverbindung. Weitere Eckverbindungen sind die Zinkung, Dübelung oder Verleimung mit Formfedern. Schwellenlose Futter sind bis zum Einbau mit einer aufgenagelten Leiste stabilisiert.

Holzzargen ermöglichen elegante Wandanschlüsse
In Bild 4 ist der Schnitt durch eine alternative Türumrahmung, der Holzzarge, zu sehen. Zargen haben keine Bekleidungen, was moderne, flächenbündige Wandanschlüsse ermöglicht. Bei der putzbündigen Zarge in Plattenwerkstoff oder in Vollholz reicht die Putzschiene in die genutete Zarge und bildet eine Schattennut. Vorstehende Zargen können mit Paßleisten umschlossen werden. Auch konische Zargen sind möglich.

Stahlzargen sind problemlos und schlicht
Genormte Stahlzargen (Bild 5) sind mit einer Nut für das Dichtungsgummi, Bandlöchern sowie Schließaussparungen versehen. Sie werden bauseitig eingesetzt und mit Mörtel hinterfüllt. Sie sind für Rechts- und Linksanschlag vorgearbeitet. Für größere Mauerdicken gibt es neben der Umfassungszarge auch schmale Eckzargen.

> Stahlzargen sind nach DIN 18111 genormt.

Türdichtungen sind heute Standard
Bild 6 zeigt Falzdichtungen unterschiedlichen Querschnitts. Sie gewährleisten eine bessere Schall- und Wärmedämmung und ein geräuscharmes Schließen der Tür. Die PVC-Profildichtungen werden mittels gerippter Stege in die Nut am Futter bzw. an der Holzzarge eingedrückt. Die Dichtungen sollen bereits bei einem geringen Anpreßdruck abdichten.

1. Welchen Zweck erfüllen Türumrahmungen?
2. Worin unterscheiden sich Futter und Zargen?
3. Entwerfen Sie weitere Zargenkonstruktionen!
4. Zeichnen Sie alternative Wandanschlüsse!
5. Welche anderen Falzdichtungen kennen Sie?

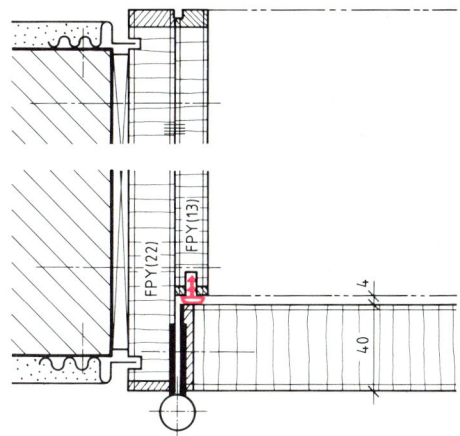

4. Zargenanschluß mit ungefälztem Türblatt

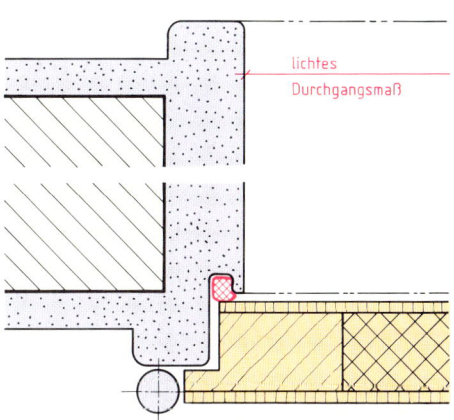

5. Stahlzarge nach DIN 18111 (Standardzarge)

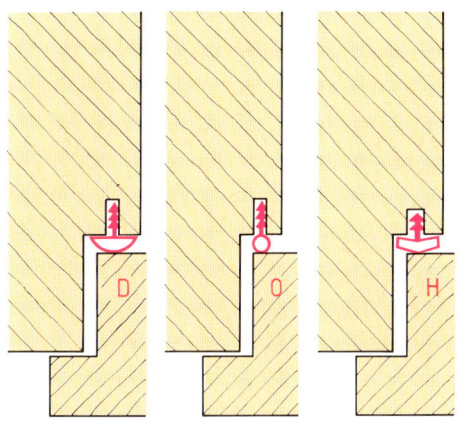

6. Falzdichtungen (Hohlprofile)

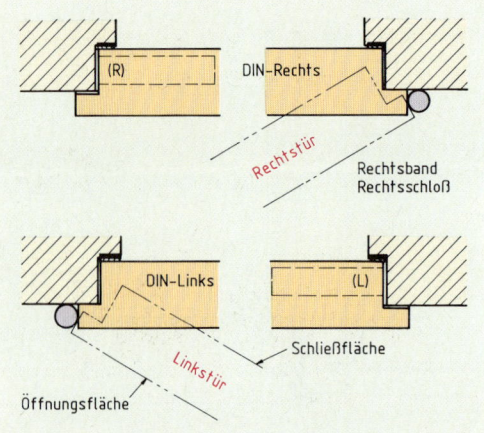

1. Die Öffnungsfläche ist die Bezugsebene zur Bestimmung der Tür nach DIN 107

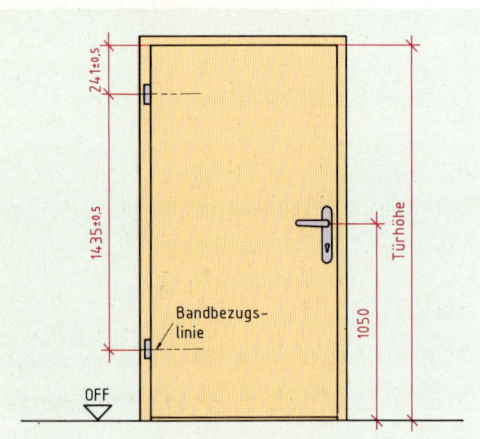

2. Bänder- und Drückerhöhe nach DIN 18101

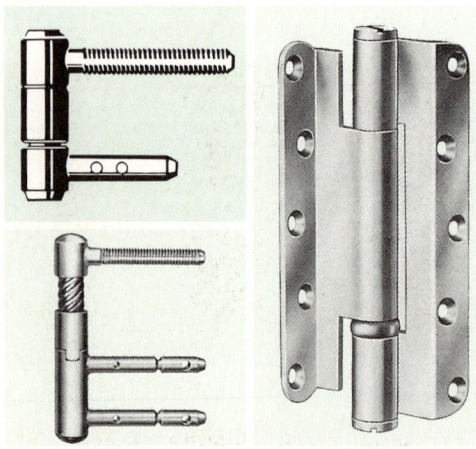

3. Einbohrbänder und Winkelband für Drehtüren

8.6 Eine Drehtür wird angeschlagen und schließbar gemacht

Neben der richtigen Konstruktion ist auch die Auswahl zweckentsprechender Beschläge für die Drehtüren von großer Bedeutung. Nach DIN 107 sind Drehtüren (Bild 1) nach DIN-Rechts und DIN-Links bestimmt. Zum funktionstüchtigen Anschlagen einer Drehtür gehören ein Dreh- und Schließbeschlag mit Drückergarnitur sowie Falz- und Bodendichtungen.

DIN-Rechtstür oder DIN-Linkstür?

Drehtüren werden, wie in Bild 1, von der Öffnungsfläche aus bestimmt. Danach ist eine DIN-Rechtstür rechts angeschlagen mit „DIN-rechten" Bändern und einem „DIN-rechten" Schloß.

> Nach DIN 107 ist die Öffnungsfläche die Bezugsfläche für die einheitliche Bezeichnung von Tür, Bändern und Schloß

Die Bandhöhen sind genormt

Bild 2 zeigt die Anschlaghöhen für die Bänder und den Türdrücker. Die Bandmitte bzw. die Rollenoberkante des Rahmenteils ist die Bandbezugslinie für die Abstandsangaben der Bandhöhen.
Danach ist das obere Band 241 mm unter der Türoberkante angeschlagen und der Abstand zwischen den Bändern beträgt 1435 mm.

Aufsatzbänder oder Einbohrbänder?

Die Auswahl der Bänder (Bild 3) erfolgt nach Türart, -gewicht und -umrahmung. Einbohr- wie Aufsatzbänder werden maschinell eingelassen. Verstellmöglichkeiten sowie die beidseitige Verwendbarkeit sind bei allen Einbohrbändern und einigen Aufsatzbändern gegeben. Winkelaufsatzbänder sind für schwere, gefälzte Türen geeigneter. Vor dem Anschlagen sind die Bandmitten anzureißen. Wenn die Flügelteile angeschlagen sind, wird die Tür, mit 2 mm Spiel im Querfalz, in die Umrahmung gelegt. Nach dem Riß der Bandmitte wird das Rahmenteil ausgerichtet und eingelassen.
Mit einer Bohrlehre und einem Spezialbohrer (Bild 4) lassen sich Einbohrbänder rationell anschlagen. Zum gleichzeitigen Einbohren der Löcher für Flügel- und Rahmenteil des Bandes wird die Tür mit richtigem Falzabstand in die Türumrahmung gelegt. Dann wird die Bohrlehre am Bandmittenriß an Tür und Rahmen aufgespannt. So wird eine paßgenaue Bohrarbeit ermöglicht.

Das Einsteckschloß mit Zuhaltung und Wechsel

In Bild 5 sind alle Funktionsteile des geöffneten Einsteckschlosses zu sehen. Die bei Etagentüren geforderte erhöhte Sicherheit gewährleisten die **Zuhaltungen**. Es sind Metallplättchen, die nur mit bestimmten Fräsungen am Bart des Schlüssels bewegt werden können. Durch den **Wechsel** läßt sich die Falle mit dem Schlüssel zurückziehen. Die Normbezeichnung des Schlosses ist: **Zuhaltungseinsteckschloß** A2 – R2.

Die beiden wichtigsten Angaben des Schlosses sind das **Dornmaß** (besonders bei Rahmentüren) und die **Entfernung**. Das übliche Dornmaß ist 55 mm; die übliche Entfernung 72 mm.

> Das Dornmaß ist das Maß von der Vorderkante Stulp bis Mitte Nuß.
> Die Entfernung ist der Mittenabstand zwischen Nuß und Schlüsselloch.

Die Drückerhöhe bestimmt den Sitz des Schlosses

Die in Bild 2 eingezeichnete Drückerhöhe berücksichtigt die Körpergröße des Menschen. Sie bestimmt die Einbauhöhe des Schlosses.

> Die Drückerhöhe beträgt 1050 mm über OFF.

Die Drückerhöhe entspricht der Position Mitte Nuß, nach der das Schloßkastenmaß angerissen wird. Vor dem Einstemmen des Schlosses mit der Kettenfräse oder Langlochbohrmaschine werden mittels einer Schablone die Bohrungen für Drücker und Schlüssel ausgeführt. Danach erfolgt die Ausfräsung für den Stulp.

Das Schließbarmachen erfolgt in der Werkstatt

Bei geschlossener Tür wird die Fallenhöhe markiert und das aufgelegte Schließblech (Bild 6) mit den Aussparungen angerissen. Nachdem die Ausnehmungen für Falle und Riegel erfolgt sind, wird mit der Oberfräse nach Schablone die Ausnehmung für das Blech gefräst. Alle Nacharbeiten werden beim Türeinbau vorgenommen.

1. Was ist unter einer Drehtür-DIN-links zu verstehen?
2. Nennen Sie die Band- oder Drückerhöhen!
3. Auf welche Maße kommt es beim Einbau eines Einsteckschlosses besonders an?
4. Wie erfolgt das Schließbarmachen?

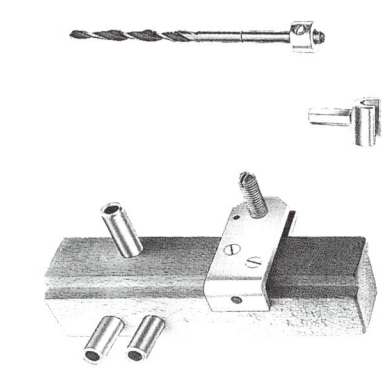

4. Bohrlehre und Bohrer für Einbohrbänder

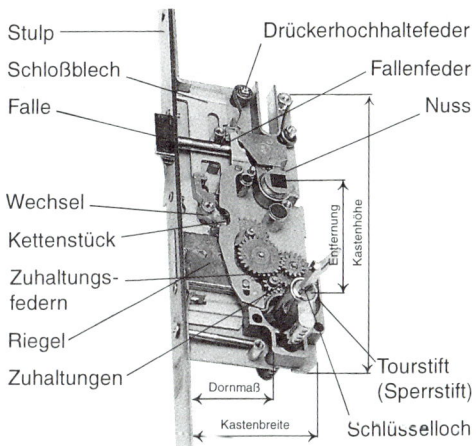

5. Einsteckschloß mit Zuhaltung und Wechsel

6. Fallen- und Riegelschloß als Sonderschlösser, Winkelschließblech mit gerundeten Ecken

1. Falttüren und Schiebewände erlauben das Unterteilen großer Räume schnell und problemlos

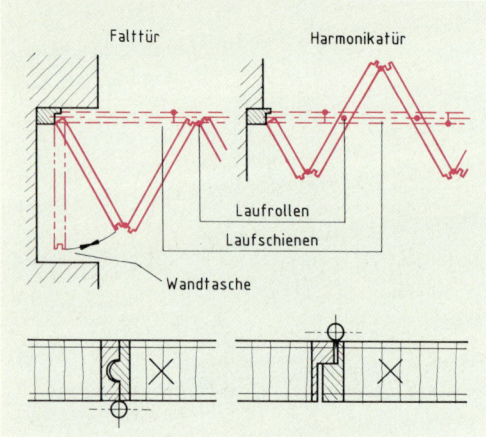

2. Laufschemata auch für runde Räume oder Segmente mit gerundeten oder schmalen Flügeln

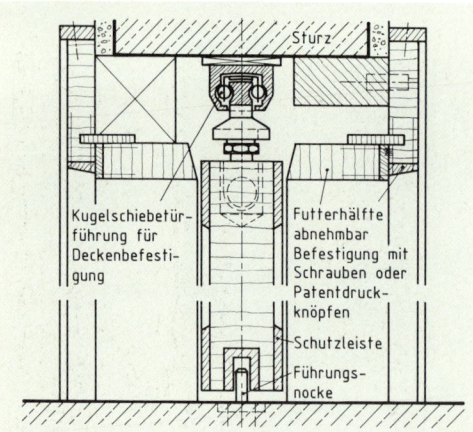

3. Eingebaute Schiebetür mit Kugelführungsschiene und Führungsnocke im Boden

8.7 Türen mit besonderer Bedienungsart

In einem Gemeindezentrum soll der Festsaal zeitweise in kleinere Arbeitsräume unterteilt werden können. Hierfür sind Schiebewände oder Falttüren (Bild 1) besonders geeignet.

Schiebewände unterteilen große Räume

Größere Räume werden durch **Falt-** und **Harmonikatüren** oder **Schiebewände** unterteilt (Bild 1). Die Elemente sind an den profilierten Anschlüssen mit Scharnieren oder Magnetstangen verbunden und zu beiden Seiten auseinanderschiebbar. Segmentelemente erlauben auch das Schließen gerundeter Räume. Zusammengefaltet lassen sich die geschlossenen oder verglasten Elemente in Wandtaschen verstauen.

Das Laufschema unterscheidet die Systeme

Bild 2 zeigt, daß die Harmonikatür im Gegensatz zur Falttür mit einer halben Flügelbreite beginnt. Deshalb werden die Laufrollen an Harmonikatüren flügelmittig eingelassen. Das hat den Vorteil, daß Harmonikatüren und Schiebewände keine Bodenführungen benötigen, allerdings Bodenverriegelungen.

Die Schiebetür für schmale Durchgänge

Schiebetüren (Bild 3) werden besonders bei fehlendem Platz verwendet oder da, wo eine breitere Verbindung zweier Räume ohne störende Türflügel gewünscht wird. Schiebetüren sind ein- oder zweiflügelig und sollen nicht zu schmal sein. Mehrflügelige sind als Klapp- oder Teleskopschiebetüren gearbeitet. Zweiflügelige erhalten einen überschobenen Mittelanschluß. Beim Öffnen läuft die Schiebetür in eine Mauertasche oder hinter eine Wandverkleidung. Als Türumrahmung dienen einseitig abnehmbare Futter oder Zargen zwecks Justierarbeiten.

Kugel- oder Rollenlaufwerke in Führungsschienen

Schiebetüren gleiten mittels Rollen- oder Kugellaufwerken. Der Laufbeschlag soll wartungsfrei und geräuschlos funktionieren. Er ist höhenverstellbar und muß dem Türgewicht entsprechen. Die Führungsschiene wird waagrecht an der Wand oder unter dem Sturz befestigt. Dabei soll die Tür mit den aufgeleimten Schutzleisten lotrecht hängen und reibungsfrei laufen. Die Schiene muß wegen möglicher Reparaturen oder zum

Justieren leicht zugänglich sein, weshalb die eine Futterseite abnehmbar ist. Eine untere Führungsnocke läuft in einer genuteten Hartholzleiste in der Türunterkante. Ein Gummipuffer stoppt die Tür in der Laufschiene und am Boden.

Ein Schloß mit Hakenriegel und Ziehgriff

Wie Bild 4 zeigt, funktionieren Schiebetürschlösser völlig anders als Drehtürschlösser. Anstelle des Riegels kommt auf Knopfdruck ein Ziehgriff aus der Stulp, und statt der Falle haben sie einen Haken- oder Zirkelriegel. Mit einem kurzen Gelenkschlüssel, der durch die eingelassene, vertiefte Griffmuschel gesteckt wird, bedient man die Verriegelung. Wegen der starken Zugbelastung wird die Stulp mit vier Schrauben befestigt.

Ein Schiebetürschloß ist ohne Falle und Drücker.

Hakenriegel

Ziehgriff/ Springgriff

Knopf

4. Schiebetürschloß mit Ziehgriff und Hakenriegel

Die Pendeltür öffnet nach beiden Seiten

Die Windfangtür einer Bank mit regem Publikumsverkehr soll leicht zu öffnen und selbstschließend sein. Das ist mit einer zweiflügeligen Pendeltür möglich (Bild 5).

Die zweiflügelige Pendeltür ist eine nach beiden Seiten durchschwingende, mittels Federdruck selbstzuschlagende Tür. Sie gewährleistet an häufig benutzten Durchgängen ein problemloses Passieren. Aus Sicherheitsgründen muß die hohe Pendeltür mit einem Durchblick aus Sicherheitsglas versehen sein. Die Türkanten sind stumpf; nur die Schließkanten haben gerundete Schlagleisten. Flexible Bürsten- oder Gummidichtungen schließen die Tür an der Durchschlagkante sowie oben und unten staubdicht ab.

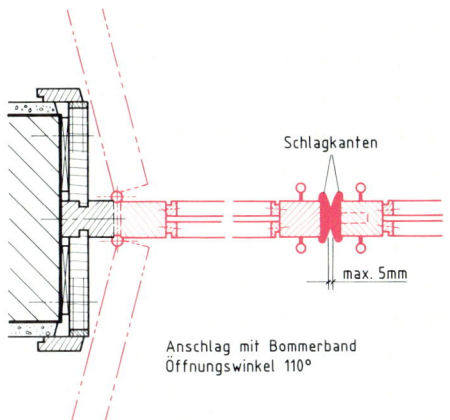

Schlagkanten

max. 5mm

Anschlag mit Bommerband Öffnungswinkel 110°

5. Pendeltüren mit Wandanschluß

Die Pendeltür braucht besondere Beschläge

Das Bommerband (Bild 6) ist ein zu beiden Seiten drehendes Scharnier mit einem Öffnungswinkel von etwa 110°. Es schließt die Tür selbsttätig mit einer am Spannring nachstellbaren Feder. Die Scharniergröße richtet sich nach dem Türgewicht. Die Tür darf nicht hängen und das Spiel an der Schloßkante maximal 5 mm betragen. Das Schloß hat eine federnd gelagerte Rollenfalle und einen Riegel. Stulp und Schließblech sind für die Schlagkanten leicht gewölbt.

1. Beschreiben Sie Falt- und Harmonikatüren!
2. Worauf ist beim Schiebetüreinbau zu achten?
3. Was ist das Besondere an Pendeltürbeschlägen?

6. Pendeltürschloß und Bommerband

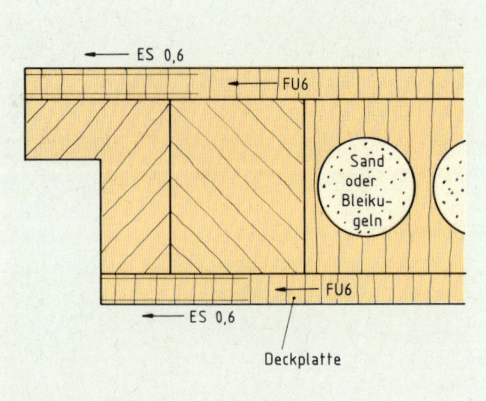

1. Einschalige Schalldämmtür durch höheres Gewicht. Türblatt aus Röhrenspanplatte. Die Röhren werden mit Bleikugeln oder Sand gefüllt.

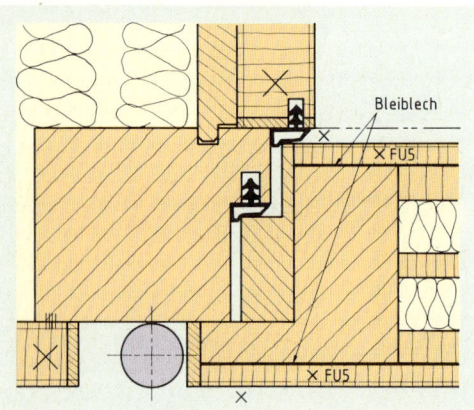

2. Mehrschalige Schalldämmtür mit HFD-Platten und Doppelfalz mit Umrahmung (≈ 37 dB-A)

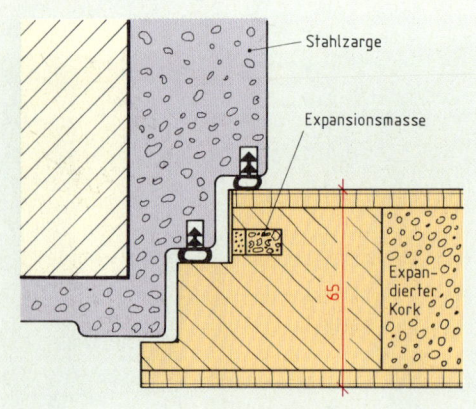

3. Fh-Tür aus Holz (T 30) in Stahlzarge (mit Mineralfaserfüllung T 90-feuerbeständig)

8.8 Konstruktionen für Türen mit besonderen Anforderungen

Für den Konferenzraum einer großen Firma ist eine **Schallschutztür** gemäß Bild 1 zu liefern. Sie soll einen **Schalldämmwert** von ≈ 30 dB (A) haben. Diese Eigenschaft wird durch eine besondere Konstruktion des Türblatts und der Umrahmung sowie die Verwendung geeigneter Materialien und Beschläge erreicht. Außerdem muß ein fachgerechter Einbau erfolgen.

Wie ist der Aufbau einer schalldämmenden Tür?

Bild 1 zeigt ein einschaliges Türblatt, dessen höhere Schalldämmung auf einem höheren Flächengewicht beruht. Die unbedingt waagrecht verlaufenden Röhren einer 40 mm Röhrenspanplatte werden vor dem Anleimen der Umleimer mit trockenem Sand oder **Bleikugeln** gefüllt. Der Schalldämmwert dieser Tür mit den Deckplatten liegt bei 30 dB (A) und damit 50% über dem normalen Wert einer Zimmertür.

Ein Schalldämmwert bis 45 dB (A) wird mit einem mehrschaligen Türblatt mit Doppelfalz und Dichtungen erzielt (Bild 2). Es besteht aus biegeweichen Schalen mit zwischenliegenden Dämmatten. Unter den beidseitigen Deckplatten aus 5 mm Furnierplatten liegen **Bleibleche** zur Erhöhung des Flächengewichts.

Um den hohen Schalldämmwert zu erreichen, muß die Tür außer der doppelten Falzdichtung auch eine Bodendichtung haben. Dafür wird entweder eine Türschwellendichtung oder eine automatische Bodendichtung eingebaut. Außerdem ist der Hohlraum zwischen Türumrahmung und Mauerwerk voll ausgeschäumt bzw. dicht mit Dämmaterial ausgefüllt und gut mit Compriband abgedichtet.

Nur eine geeignete Konstruktion und ein fugendichter, sorgfältiger Einbau gewährleisten eine gute Schalldämmung der Tür.

Das Schloß mit dem **Keiltreiber** (Bild 6), durch ein Hochstellen des Drückers ausgefahren, erlaubt ein dichtes Anpressen des Türblatts. Versetzte Bohrungen für Drücker und Schließzylinder wie bei Strahlenschutztüren verhindern den direkten Schalldurchgang. Wegen des höheren Gewichts der Tür wird sie mit drei Bändern angeschlagen.

Besonders hohe Schalldämmwerte, z. B. für Tonstudios, sind nur durch Doppeltüren mit einem größeren Zwischenraum zu erzielen.

Feuerschutztüren für ein Krankenhaus

In den Korridoren des Krankenhauses sind **Feuerschutztüren** nach Bild 3 einzubauen. Dies ist nach geltender Bauordnung an besonders feuergefährdeten Durchgängen vorgeschrieben.

Dabei ist der geforderte Brandschutz nach DIN 4102 in **Feuerwiderstandsklassen** eingeteilt, wie in Tabelle 4 zu sehen. Entsprechend werden **feuerhemmende (fh)** oder bei größerer Brandgefahr **feuerbeständige (fb)** Türen erforderlich.

Der Einbau solcher Feuerschutztüren ist baubehördlich vorgeschrieben und definiert.

Feuerhemmende Türen aus Holz?

Die feuerhemmende Tür **T 30** nach Bild 3 darf während der Brandprüfzeit von 30 Minuten weder entflammen noch Feuer durchlassen. Auf der feuerabgewandten Seite darf sie nicht über 140 °C erhitzen. Das wird mit diesem Holztürblatt, in einer Stahlzarge eingebaut, erreicht. Das Türblatt hat einen Doppelfalz mit Dichtungen sowie eine feuerhemmende Korkeinlage von mindestens 45 mm Dicke. Die Deckplatten sind aus fünffachem Furniersperrholz und mit einem Feuerschutzanstrich versehen. In den Falzen sind durch Hitze aufschäumende Streifen eingenutet. Sie schließen im Brandfall die Fugen dicht ab. **Feuerbeständige Türen (T 60 bzw. T 90)** bestehen aus nicht brennbaren Stoffen wie Stahltüren mit Mineralfaserfüllung (Tabelle 4).

Durch Weiterverarbeitung geprüfter Elemente dürfen Eigenschaften nicht geändert werden.

Strahlenschutztüren für eine Arztpraxis

Die **Strahlenschutztür** in Bild 5 ist für einen Röntgenraum vorgesehen. Je nach Strahlenstärke verhindern 2 bis 12 mm dicke Bleilagen auch in der Türumrahmung einen Strahlendurchgang. Das **Strahlenschutzschloß** (Bild 6) mit versetzten Bohrungen erlaubt eine lückenlose Beschichtung.

1. Welche Konstruktionen und Materialien erhöhen den Schalldämmwert einer Tür?
2. Worin unterscheiden sich fh- von fb-Türen?
3. Was ist bei Strahlenschutztüren wichtig?
4. Erklären Sie die Besonderheiten von Strahlen- und Schallschutzschlössern!

Baustoff-klasse	Bauaufsichtliche Benennung	Baustoffe
A	nicht brennbare Stoffe	Glas, Beton, Stahl
B	**brennbare Stoffe:**	
B1	schwer entflammbar	Spanplatten
B·2	normal entflammbar	Holz > 2 mm
B3	leicht entflammbar	Holzwolle

Brennbarkeitsklassen von Baustoffen

Bauteil-klasse	Bauaufsichtliche Benennung	Feuerwiderstand des Bauteils (Tür) in min.
T 30	feuerhemmend-fh	30
T 60/90	feuerbeständig-fb	60/90
T 120/180	hochfeuerbeständig	120/180

4. Feuerwiderstands- und Brennbarkeitsklassen

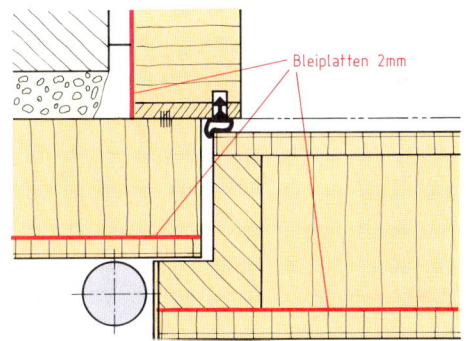

5. Strahlenschutztür mit 2 mm Bleiplatteneinlage im Türblatt sowie in Futter und Bekleidung

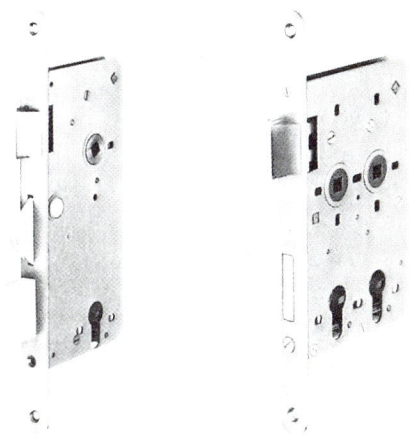

6. Schallschutzschloß und Strahlenschutzschloß

1. Erstes Einstellen des Futters in das Mauerloch, nachdem auf Länge geschnitten ist

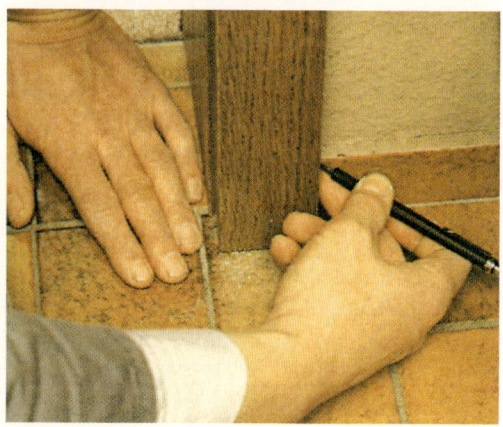

2. Anreißen von Unebenheiten im Putz oder Ausnehmungen an Sockel, Sparren usw.

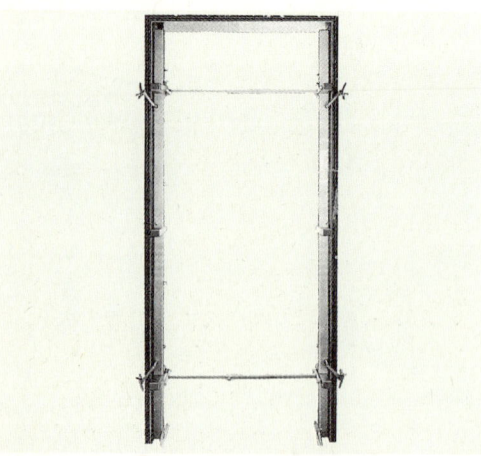

3. Verspreizungssystem ohne zu unterlegen

8.9 Ein Türfutter wird eingebaut

In einem Wohnhaus sollen Türen mit Futter und Bekleidung eingebaut werden (Bild 1). Dabei ist das Futter fest und dauerhaft mit dem Mauerwerk zu verbinden, so daß die Tür leicht geht und dicht schließt. Die furnierten, nicht gebeizten Türfutter sind glänzend lackiert. So kommt nur eine verdeckte Befestigung in Frage.

Bauliche Voraussetzungen für den Einbau des Türfutters

Furnierte Türen oder Türen mit Bodenschwellen werden nach dem Verlegen des Fußbodens eingebaut. Dann besteht nur wenig Gefahr, daß durch nachfolgende Ausbauarbeiten die Türumrahmung beschädigt wird. Nachträgliche Putzerarbeiten sollten dann nicht mehr nötig sein. Auf dem fertigen Fußboden kann auch gleichzeitig das Türblatt dem Boden angepaßt werden.

Grundsätzlich können Türumrahmungen aber auch auf dem Estrich oder vor dem Einbringen des Estrichs eingebaut werden. Futter oder Zarge sind dann fest eingegossen. In dem Falle erfolgt die Höhenausrichtung nach dem Meterriß. Der Bodenbelag muß dann am Futter angepaßt werden, wie es bei Stahlzargen üblich ist. Mauerwerk und Putz müssen beim Einbau trocken sein.

Die Vorarbeiten für den verdeckten Einbau

Das Türfutter (Bild 1) wird zunächst auf Länge geschnitten und von der Seite in das Mauerloch gestellt, wie es in der Zeichnung angegeben ist.

Beim Einbau muß auf die richtige Türanschlagseite geachtet werden; bei Unklarheit ist der Architekt zu fragen.

Nun wird das Futter in der Breite mittig ausgerichtet und ins Lot gestellt. Wenn keine Ausklinkungen an Futter und Falzbekleidung vorzunehmen sind (Bild 2), muß die Falzbekleidung dicht auf der Wandfläche anliegen. Ebenso muß das Futter fugenlos auf dem fertigen Fußboden stehen und auf der Seite der Zierbekleidung bündig mit der Wand abschließen. Warum? Wenn erforderlich, sind Nacharbeiten am Futter oder am Putz vorzunehmen. Es gibt Konstruktionen der Zierbekleidung, unterschiedliche Mauerdicken in gewissem Umfang auszugleichen. Nun kann das Futter befestigt werden. Wir entscheiden uns für ein Hinterschäumen mit einem Kleber.

Die schnellste Türfuttermontage erfolgt mit umweltverträglichem PUR-Montageschaum

Bild 3 zeigt eines der **Spreizensysteme**, wie es während des Ausschäumens erforderlich ist. Das Futter wird mit den Spreizen in Position gehalten, nachdem es in beiden Richtungen mit Richtscheit und Wasserwaage ausgerichtet worden ist. Das Türblatt wird kontrollweise eingehängt. Es soll minimal ansteigen, nicht spannen und gleiches Falzspiel haben. Die in Bänder- und Schloßhöhe sitzenden, stufenlos verstellbaren Spreizen verhindern auch ein „Ausbeulen" des Futters durch den expandierenden Schaum. Die Klebeflächen müssen staub- und fettfrei sein.

Das Ausschäumen ist ein Vorgang von Minuten

Beim Ausschäumen (Bild 4) mit einem PU-Zweikomponentenschaum wird eine Druckdose mit Treibmittel oder besser die Kartusche mit einer Handdruckpistole verwendet. Während dieses Futter nur punktuell in Höhe der Spreizen ausgeschäumt wird, sind die Futter von Abschlußtüren sowie von Schall- und Wärmeschutztüren voll auszuschäumen.

Kartuschen sind stehend, kühl, trocken und frostfrei zu lagern und vor Erwärmung über 50 °C zu schützen. Es sind umweltverträgliche Schaum- und Treibmittel zu verwenden.

4. Ausschäumen mit Kartusche und Handdruckpistole oder mit ozonschonendem Treibmittel

Der Schaum aus der etwa 20 °C temperierten, gut geschüttelten Kartusche expandiert in 10 bis 30 Sekunden ohne Nachtrieb. Nach etwa 2 Minuten kann der ausgetretene Schaum abgeschnitten werden und ist nach etwa 10 Minuten montagefest. Schaumflecken sind sofort zu entfernen.

Die Zierbekleidung bildet den Abschluß

Bild 5 zeigt das eingebaute Futter, das hier jedoch mit zwei gegenläufigen, verschraubten und verleimten Keilen befestigt ist. Nun ist die bereits auf Gehrung verleimte Zierbekleidung auf Länge zu schneiden und mit Zwingen und Zulagen anzuleimen. Schließlich wird das Türblatt eingehängt, die Drückergarnitur aufgeschraubt und die Schließbarkeit überprüft.

1. Wie ist die Arbeitsabfolge einschließlich der Vorarbeit beim Einsetzen des Türfutters?
2. Worauf ist beim Ausschäumen des Futters mit PUR-Schaum zu achten?

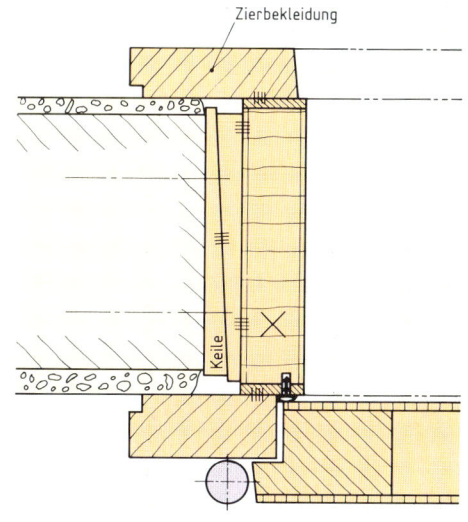

5. Futterbefestigung mit Keilen verleimt

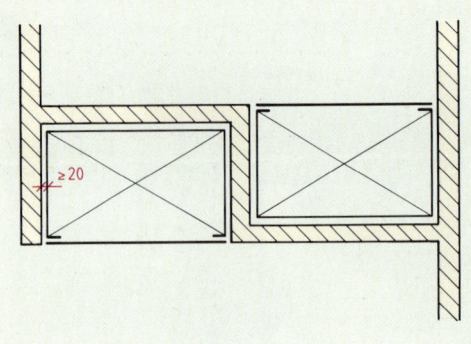

1. Wandnischen für den Einbauschrank

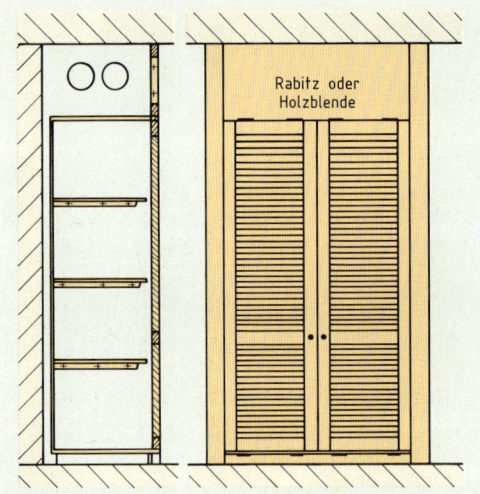

2. Einbauschrank in obiger Nische. Schnitt und Ansicht.

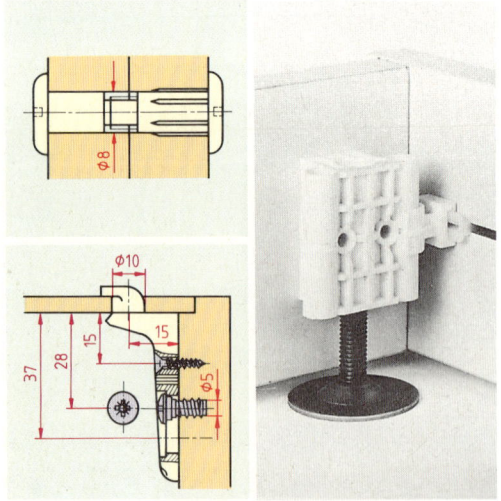

3. Beschläge für Einbauschränke

8.10 Einbauschränke sind zweckmäßig

Im Schnitt des Bildes 1 sind zwei seitenversetzte Wandnischen zu sehen. In diese Nischen soll, mit der Wand bündig, je ein Schrank eingebaut werden.

Überlegungen für den Einbau in Nischen

Der Einbauschrank (Bild 2) wird in einer Küche eingebaut; bietet aber auch in Dielen, Arbeits-, Büro- und Schlafräumen eine gute Lösung. Meist nimmt er nur einen Teil der begrenzenden Wandfläche ein und schließt mit ihr bündig ab. Er reicht bis zur Zimmerdecke, wobei die Türen mit der Zimmertürhöhe übereinstimmen können. Nach oben schließt eine Blende ab.

Baubedingte Wandvorsprünge, Schornsteine oder Installationsleitungen werden gleichzeitig damit verkleidet. Vor der Anfertigung muß ein genaues Aufmaß erfolgen.

Die Konstruktion des Einbauschrankes

Bild 2 zeigt den Aufriß und die Vorderansicht des zweitürigen Einbauschrankes. Der Korpus besteht aus Plattenwerkstoffen. Die Lamellentüren sorgen für Durchlüftung. Sie sind aufschlagend. Den teilweise gelochten Rücken halten Rückwandverbinder (Bild 3). Eine lose, mit **Lüftungsöffnungen** versehene Sockelblende erleichtert den Einbau. Sie wird erst nach der Montage des Korpus angeschraubt.

Was ist beim Einbau zu beachten?

Zunächst wird der Rahmen mit der oberen Blende montiert. Er verkleidet die Rohre. Der zusammengebaute Schrank wird dann in die Nische geschoben. Dabei müssen Mauerwerk und Putz trocken sein. Der Abstand zwischen Schrank und Putz soll allseitig 20 bis 25 mm betragen. Befindet sich in der Nische ein Schornstein, so sind außerdem Brandschutzauflagen zu erfüllen.

> Alle Anforderungen nach VOB sind einzuhalten.

Nun wird mit den **Sockelverstellern** (Bild 3), die an den Schrankseiten verschraubt sind, der Einbauschrank ausgerichtet. Die Sockelversteller sind durch ein Loch in der Bodenplatte mit dem Schraubendreher bedienbar. Der bündig ausgerichtete Schrank wird beidseitig oben und unten mit einem Distanzholz hinterlegt und mit der Wand verschraubt. Alle Beschläge und Verbindungsmittel müssen korrosionsgeschützt sein.

Die anzuschraubende Sockelblende schließt mit einer Gummilippe zum Boden. Seitlich bilden zurückstehende Paßleisten eine Schattennut. Mehrtürige Einbauschränke werden als Einzelteile oder als transportable Schrankeinheiten vor Ort mit Schrankverbindern montiert (Bild 3).

> Eine ausreichende Hinterlüftung ist besonders bei eingebautem Kühlschrank notwendig.

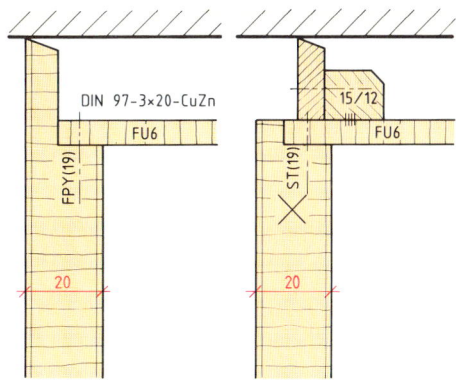

4. *Horizontalanschlüsse von Hängeschränken*

Variante des Einbauschrankes

Die einfachste Variante, die Nische zu schließen, besteht aus einem in der Mauernische befestigten Blendrahmen und bis zum Boden reichenden Türen. Dahinter liegen die Einlegeböden auf Tragleisten in einer verputzten und abwaschbar gestrichenen Nische.

Wandanschlüsse bei Hängeschränken

Die Wandanschlüsse in Bild 4 zeigen den geforderten Wandabstand von mindestens 20 mm. Dabei wird die notwendige Hinterlüftung gewährleistet. Auch wird damit ein schnelles und sauberes Anpassen der Seiten ermöglicht. Die rechte Ausführung ergibt eine breite Schattennut.

Sichtbare oder verdeckte Schrankaufhänger?

Bei Schrankaufhängern (Bild 5) ist besonders die sichere Befestigung am Korpus und an der Wand wichtig. Bei niedriger Aufhängung ist aus optischen Gründen ein verdeckt liegender, verstellbarer Beschlag zu wählen. Eine Aufhängung mit schrägen Leisten ist einfach herzustellen und hoch belastbar. Im rechten Schnitt ist ein höhenverstellbarer Aufhängebeschlag zu sehen.

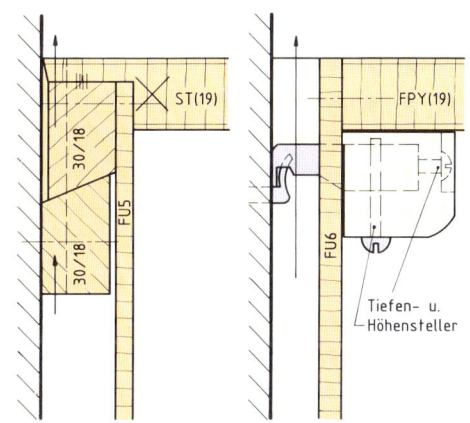

5. *Aufhänger für Hängeschränke*

Auch Garderoben können eingebaut werden

Die Garderobe in Bild 6, als Einbauschrank gefertigt, muß in Holzart und Gestaltung mit der übrigen Dielenausstattung harmonisieren. Türen und Schubladen, besonders als Schuhablage, sollen luftdurchlässig gearbeitet sein. Deshalb sind die Kastenvorderstücke leicht geneigt und die Türen mit Jalousiebrettchen offen gestaltet. Sie können auch Stäbe oder Flechtwerk erhalten.

1. Worin liegen Vorteile von Einbauschränken?
2. Welche Auflagen gelten für Einbaumöbel?
3. Nennen Sie drei mögliche Konstruktionen!
4. Skizzieren Sie einige Wandanschlüsse!

6. *Eingebauter Garderobenschrank*

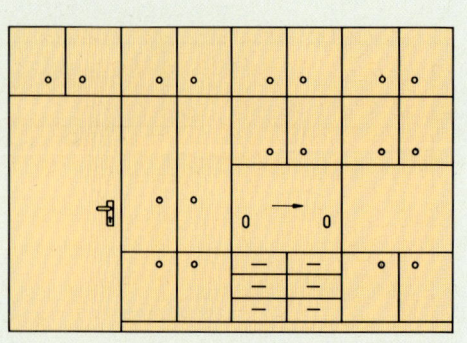

1. Schrankwand mit eingebauter Zimmertür – von der Küchenseite gesehen – mit Durchreiche

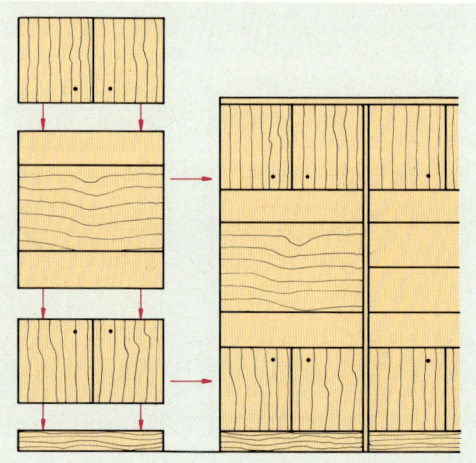

2. Zusammenbau der Schrankwand aus transportbedingten Teilelementen. Ansicht vom Eßraum.

8.11 Eine Schrankwand als Raumteiler

Die Schrankwand (Bild 1) soll zwischen Küche und Eßzimmer anstelle einer Trennwand eingebaut werden. Als Raumteiler nimmt sie die gesamte Wandfläche ein. Die einbezogene Zimmertür verbindet beide Räume. Die Doppelfunktion der Schrankwand ergibt eine optimale Nutzung der Raumfläche.

Das Aufmaß erfolgt unter Berücksichtigung der baulichen Besonderheiten

Bei der als Raumteiler genutzten Schrankwand sind außer den unterschiedlich gestalteten Räumen die Durchgangstür, ein Pfeiler, ein Unterzug und auch die Lage der Fenster zu berücksichtigen. Ebenso ist die Position technischer Geräte und Versorgungsleitungen festzulegen. Der beidseitigen Nutzung des Schrankes wird mit einer größeren Tiefe sowie einer Durchreiche entsprochen.

Gestalterische Überlegungen

Die Front einer Schrankwand wirkt raumbeherrschend (Bilder 1 und 7). Deshalb müssen Aufteilung, Holzart und Ausrichtung beider Fronten wohl abgestimmt und zweckmäßig sein.

Durch eine horizontalbetonte Ausrichtung wird der Raum gestreckt, während raumhohe, schmale Türen ihn höher erscheinen lassen. Eine wilde Maserung auf großen Flächen sowie eine unregelmäßige Aufteilung wirken unruhig und störend. Glatte, hellfarbige Flächen haben eine ruhige, neutrale Wirkung. Eine lebendige Struktur wird durch den Wechsel geschlossener und offener Elemente ungleicher Tiefe erreicht.

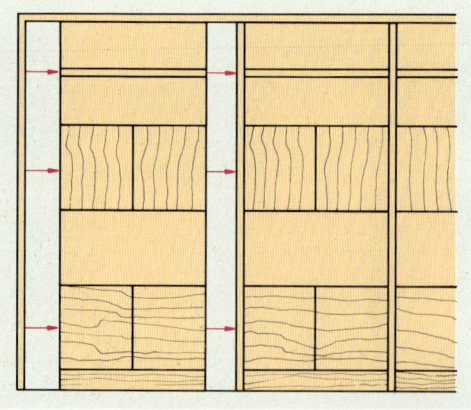

3. Stollenaufbau als Konstruktionssystem der Schrankwand

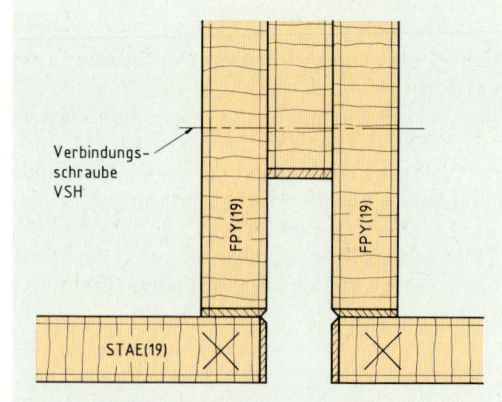

4. Mittenanschluß mit einer Schattennut

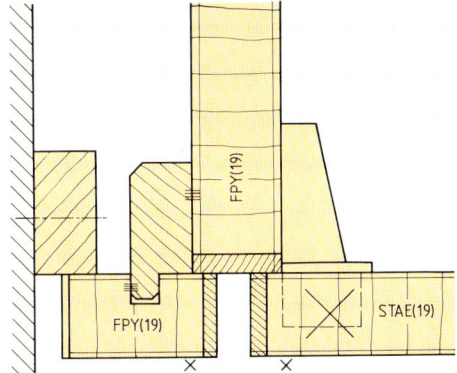

5. Wandanschluß durch angefederte Blende

Die Schrankwand wird in Einzel-elementen gefertigt und erst am Verwendungsort montiert

Bild 2 zeigt das Aufbauprinzip der Schrankwand. Die Einzelkorpusse bedingen einen erhöhten Materialaufwand, ein Festlegen der Furnierbilder sowie exakte Maßeinhaltung. Bei der Montage werden erst die Bodenelemente verbunden und ausgerichtet. Zum Schluß erfolgen die Raumanschlüsse. Die alternative Stollenkonstruktion wirkt leichter (Bild 3). Raumhohe Elemente sind rationeller.

Mitten- und Raumanschlüsse sind wichtige Detailpunkte

Die Bilder 4, 5 und 6 zeigen je einen möglichen Anschluß zwischen den Schrankelementen wie zu Wand, Boden und Decke. Auf Grund der genannten Aufbausysteme gibt es mehrere Mittenanschlußvarianten. Neben der Funktionalität und Gestaltung der Anschlüsse sollen sie eine schnelle Montage ermöglichen. Durch Verbindungs- und Sockelverstellschrauben werden der Zusammenbau und das genaue Ausrichten des Schrankes erleichtert.

Die vorgesetzte Schrankwand

Bild 7 zeigt eine Schrankwand vor einer Wand. Beim Aufstellen vor einer Außenwand muß durch geschlitzte Paß- und Sockelleisten eine genügende Hinterlüftung gewährleistet sein. Falls erforderlich, kann eine Wärmedämmung erfolgen.

1. Worin liegen die Vorteile einer Schrankwand?
2. Worauf ist bei der Gestaltung eines Raumteilers zu achten?
3. Zeichnen Sie je einen weiteren Anschluß einschließlich des Durchgangstüranschlags!

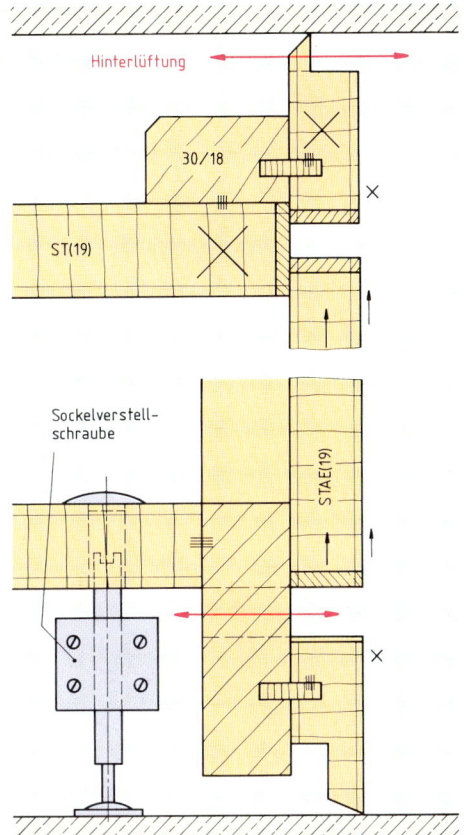

6. Decken- und Fußbodenanschluß

7. Schrankwand vor einer tragenden Wand

1. Dachgeschoß mit Pfettendachstuhl vor dem Ausbau

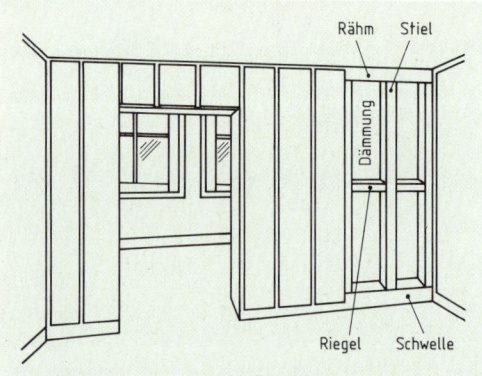

2. Einfachständerwand mit Paneelen beplankt

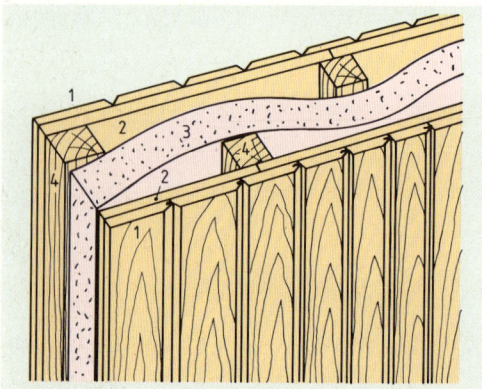

1 Profilbretter, 2 Spanplatten 16 mm, 3 Dämmatte mind. 40 mm, 4 Doppelständer

3. Schalldämmende Doppelständerwand mit zweilagiger Beplankung

8.12 Leichte Trennwände für den Ausbau des Dachgeschosses

Das Dachgeschoß in Bild 1, mit einem zweifach stehenden Pfettendachstuhl, soll ausgebaut und in mehrere Räume unterteilt werden. Dafür sind Trennwände einzuziehen, während in der Decke die Dachsparren sichtbar bleiben sollen.

Welche Trennwand ist die beste?

Eine einfache und zweckmäßige Bauart sind Holzständerwände, Bild 2 und 3, mit Holzbeplankung. Sie sind leicht einzubauen und entsprechen der rustikalen Decke mit den sichtbar gelassenen, zwischenverkleideten Sparren. Die parallel zum Giebel laufenden Wände werden als Einfachständerwände ausgeführt (Bild 2). Die Längswände in Doppelständerbauweise mit zweilagiger Beplankung ergeben den geforderten Wärme- und Schallschutz.

Wie ist der Aufbau der Einfachständerwand?

Bild 2 zeigt die fest eingebaute Einfachständerwand mit dem offenen Ständerwerk. Das Holzständerwerk aus gehobelten Kanthölzern von 60x60 mm wird zwischen den Zangen, das sind die querlaufenden Balken in Bild 1, und dem Holzboden befestigt. Beim Aufbau wird zuerst die Schwelle in Waage gelegt und dann die verzapften Stiele und Riegel zusammengesteckt. Schwelle und Rähm sind zur Verringerung der Trittschallübertragung mit Dämmstreifen unterlegt und nicht starr mit dem Boden und der Zange verbunden. Die gefasten Beplankungen aus Vollholz werden auf den Stielen gestoßen oder auf Fuge gesetzt und mit Schrauben, Klammern oder Einhängebeschlägen befestigt. Zwischen der beidseitigen Bekleidung wird der Hohlraum in voller Dicke und fugendicht mit Dämmatten ausgefüllt.

> Eine oberflächenfertige Beplankung wird erst nach den Malerarbeiten im Raum angebracht.

In feststehenden Trennwänden sind nach vorheriger Planung wie Wanddicke und Position der Stiele Hausinstallationen problemlos einzubauen. Dabei sind alle Sicherheitsvorschriften einzuhalten.

Die Doppelständerwand mit erhöhter Wärme- und Schalldämmung

Die Längswände der Dachgeschoßräume stehen wie Außenwände, für die erhöhte Wärme- und

Schalldämmwerte gelten. Mit einer Doppelständerwand (Bild 3) sind diese Werte erreichbar. Es
gelten folgende konstruktive Anforderungen:
- Zweischaligkeit mit möglichst großem Abstand,
- hohes Gewicht biegeweicher Vorhangschalen,
- ungleich dicke, möglichst schwingende Platten,
- mindestens 40 mm dicke Dämmatten dazwischen,
- Dämmstreifen zwischen den Raumanschlüssen
- eingebaute Türen müssen gleiches Dämmaß
  haben.

Die Doppelständerwände sind zwischen Boden
und Mittelpfetten eingebaut (längslaufende Balken in Bild 1). Sie können, wie hier, eine durchgehende Dämmschicht erhalten oder jeweils eine
Dämmschicht dicht zwischen die Stiele gepaßt,
was einen höheren Dämmwert ergibt.

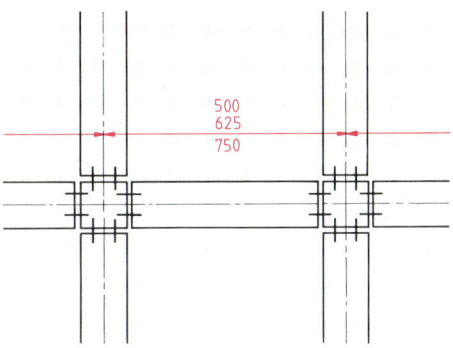

4. Bandrastersystem mit Achtelmetermodul (am)

Systeme multifunktionaler, versetzbarer Trennwandelemente – die Rastersysteme

Das in Bild 4 gezeigte **Bandrastersystem** ist besonders für versetzbare Trennwandelemente
geeignet. Die mit Platten aus Holzwerkstoffen
(Bild 5) oder Glas versehenen Elemente werden
nach Rastermaßen – ein Vielfaches vom Achtelmeter – vorgefertigt und mit Verbindern zusammengesteckt. Die meist raumhohen Elemente
werden zwischen Boden und Decke eingespannt.
Gleiche Maße und Austauschbarkeit sind Folge
und Vorteil rationeller Fertigung.

> Das Rastersystem der Wand muß auch der Ra-
> sterung der Decke entsprechen und umge-
> kehrt.

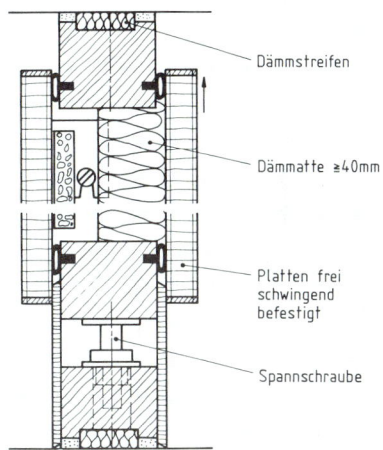

5. Schalldämmendes, einspannbares Wandelement

Brandschutzverglasungen erhöhen die Sicherheit

Sind verglaste Trennwände (Bild 6) erforderlich,
so sind sie als feuerhemmende Trennwände mit
Brandschutzglas zu verglasen. Die feuerhemmende Wirkung wird z. B. durch vier Verbund-
glasscheiben mit eingelagerten Brandschutz-
schichten erreicht. Diese schäumen bei etwa
120 °C auf und wirken wie ein Hitzeschild. Auch
der Glaseinbau und die Rahmen müssen den
Brandschutznormen entsprechen.

1. Welche Trennwandkonstruktionen gibt es?
2. Beschreiben Sie den konstruktiven Aufbau einer Einfachständerwand!
3. Welchen Vorteil hat das Rastersystem?
4. Beschreiben Sie die Materialien, den Aufbau und den
   Einbau schalldämmender Trennwände!

6. Dekorative Trennwand mit Brandschutzverglasung

1. Wandvertäfelung mit Simsbrett

wirkt breiter
und niedriger

wirkt höher
und schmaler

wirkt streng

wirkt lebendig

2. Raumwirkungen unterschiedlicher Verkleidungen

3. Einpassen der Dämmatten

8.13 Die Wände eines Raumes werden vertäfelt

Der Wohnraum einer Altbauwohnung wird nur sehr langsam und ungenügend warm. Dadurch fallen erhöhte Heizkosten an. Außerdem stören die über Putz verlegten Versorgungsleitungen. Somit entschließt sich der Eigner für den Einbau einer Wandverkleidung (Bild 1), mit der überdies die Wohnlichkeit erheblich gesteigert wird.

Vorüberlegungen und Aufmaß

Bild 2 zeigt, daß neben dem Wunsch des Kunden nach mehr Wärme und Wohnlichkeit auch gezielt eine bestimmte Raumwirkung erreichbar ist. Das geschieht durch folgende Maßnahmen:

* Richtungsbetonung,
* Flächengliederung,
* Konstruktion sowie
* Holzauswahl und Farbgebung der Verkleidung.

Zimmertüren im Bereich der Verkleidung können in die gewählte Ausführung einbezogen werden. Die gewünschte schnelle, aber nur kurzfristige Erwärmung des Raumes wird gleichfalls mit der raumseitigen Wandverkleidung erreicht. Mit einer zusätzlichen Wärmedämmschicht (Bilder 3 und 4) wird die Dämmwirkung erhöht.

> Eine Wandverkleidung mit Dämmschicht läßt den Raum schnell erwärmen und spart Heizkosten.

Nachdem man sich über die zu erzielende Raumwirkung einig ist, werden die Wände ausgemessen. Der Raum soll nun allseitig mit wandhohen Plattenelementen verkleidet werden und nicht, wie in Bild 1, mit einer Rahmenvertäfelung.

Der Einbau beginnt mit einer soliden Unterkonstruktion

Die **Unterkonstruktion** (Bild 4) sollte aus gehobelten Fichtenleisten mit einem Rohmaß von 48/24 mm oder 50/30 mm sein. Die Abstände der senkrecht montierten Grundlattung entsprechen den Mittenabständen der **Konterrahmen** zum Einhängen der Verkleidungsplatten.

Die Unterkonstruktion hat folgende Aufgaben:

* Sie ist dauerhaftes Bindeglied zwischen der Wand und der Verkleidung.
* Mit der Lattung werden Unebenheiten der Wand ausgeglichen.
* Sie ergibt den nötigen Abstand für die Hinterlüftung und alte Versorgungsleitungen.

• Sie schafft den Raum für zusätzliche Wärme- und Schallschutzmaßnahmen.

Damit sind auch die Punkte umrissen, die beim Einbau zu beachten sind. Das Holz der Unterkonstruktion mit maximal 12% Holzfeuchte wird allseitig gehobelt und vor dem Anschrauben mit einem vorbeugenden chemischen Holzschutzmittel imprägniert. Die gehobelten Latten lassen sich leichter ausrichten und besser imprägnieren. Die Feuchtigkeitsaufnahme ist geringer. Die Unterkonstruktion wird nur auf einer trockenen, möglichst verputzten Wand befestigt. Die verputzte Wand ist hygroskopisch aktiver und die Lattung leichter ausrichtbar. Die Befestigungsmittel müssen nichtrostend sein.

Zwischen der Vertikallattung (Bild 4) und den Stuhl- und Deckenleisten werden die Dämmatten fugendicht eingepaßt. Die Matten sind mit einer zur Innenraumseite orientierten **Alufolie** kaschiert. Sie dient als **Wasserdampfbremse**. Eine Durchfeuchtung der Dämmatten infolge einer Kondenswasserbildung ist dadurch unmöglich. Feuchte Materialien haben eine geringere Dämmwirkung als trockene.

Die waagrechten Friese der 22 mm dicken Sperrholzrahmen sind mit **Lüftungsschlitzen** versehen. Für die Hinterlüftung sind 20 cm^2 pro m^2 nötig.

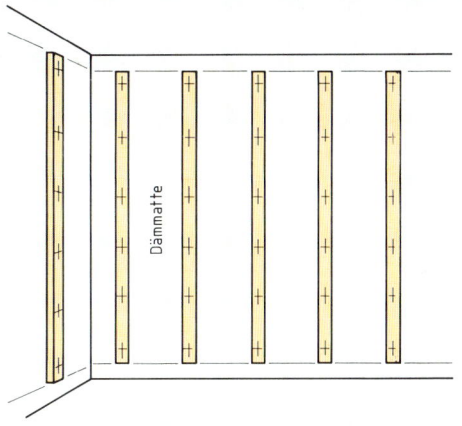

4. Dämmatten zwischen vertikaler Grundlattung

> Wandverkleidungen werden auf trockene Wände mit ausreichender Hinterlüftung befestigt.

Einhängbare Verkleidungselemente

Bild 5 zeigt im Vertikalschnitt den Rahmen auf den exakt ausgerichteten Latten der Unterkonstruktion. Die Rahmen sind aus Sperrholz und mit Nut und Feder verbunden. Ihre aufrechten, sichtbaren Friese sind mit einem dunklen Holz furniert oder gebeizt, um die **Schattennut** zu betonen. Die vorgehängten Verkleidungsplatten haben Umleimer und sind hell furniert. Rückseitig werden die Platten mit je sechs verzinkten Winkeln versehen und in die Rahmen eingehängt. Den unteren Wandabschluß bildet eine Stuhlleiste zum Schutz der Vertäfelung; den Deckenabschluß eine gefälzte Schattennutleiste.

1. Welche Vorteile bietet eine Wandverkleidung?
2. Wie kann mit der Wandverkleidung die Raumwirkung verändert werden?
3. Was ist bei der Unterkonstruktion zu beachten?
4. Zeichnen Sie weitere Wandverkleidungen!

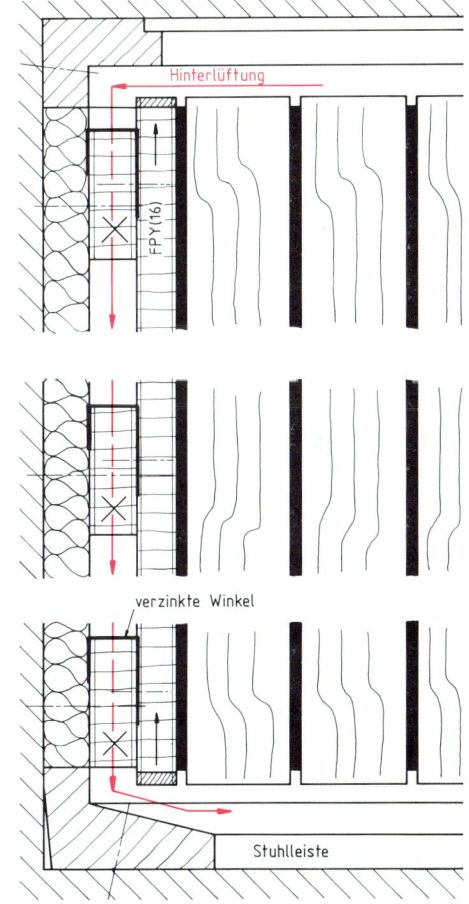

5. Schnitt und Ansicht der Plattenverkleidung

1. Der schallgedämmte Discoraum

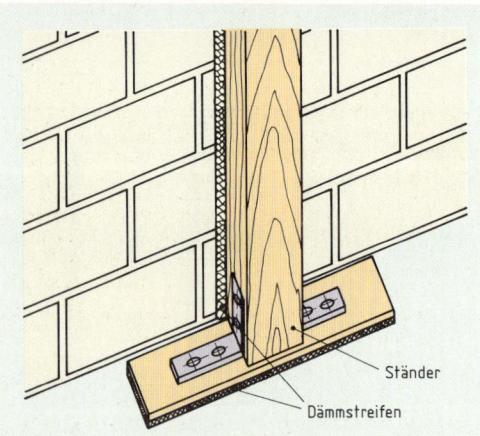

2. Anschrauben freistehender Rahmen

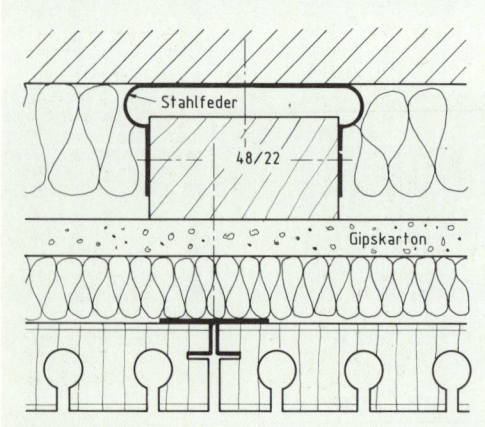

3. Schallschluckende kombiniert mit schalldämmender Verkleidung

8.14 Der Discoraum wird schallschutzverkleidet

In der Disco (Bild 1) entsteht durch die laute Musik ein hoher, störender Luftschallpegel. Geeignete Maßnahmen sollen verhindern, daß Schall nach außen dringt und Anwohner in ihrer Nachtruhe gestört werden.

Eine Wandverkleidung soll schalldämmend wirken

Bild 2 zeigt, daß die Schalldämmung einer Wandverkleidung erhöht wird, wenn sie freistehend vor der Wand montiert ist. Die Rahmenhölzer bzw. Ständer sind zum Boden sowie zur Wand und Decke hin jeweils mit einem Dämmstreifen unterlegt. Bei der Befestigung an der Wand wird mittels geeigneter Stahlfedern (Bild 3) oder Bügeln ein schwingender Abstand gehalten. Durch beide Maßnahmen werden übliche **Schallbrücken** vermieden. Treffen nun die Schallwellen in Form von Luftschall auf die zweischalige Wand, werden die vorgesetzte biegeweiche Platte der Verkleidung und die biegesteife Massivwand in unterschiedliche Schwingungen versetzt. So erfahren die Schallwellen einen höheren Energieverlust, was sich schalldämmend auswirkt.

> Schweres, biegeweiches Material dämmt besser.

Zur weiteren Verringerung des Schalldurchgangs sind dünne, biegeweiche, aber schwere Gipskartonplatten eingebaut. Sehr geeignet sind auch mit Metall gefüllte Beschwerungsfolien.

Schallschluckung verringert die Echowirkung im Raum

Schallschluckmaßnahmen in Bild 3 werden meist mit der Schalldämmung verbunden. Das wird durch leichte Materialien mit offenporiger Oberfläche wie Mineral-, Glas- oder leichten Holzfaserplatten erreicht. Hier sind Mineralwolleplatten lückenlos zwischen den Rahmenhölzern und auch vor den Gipskartonplatten eingepaßt. Die äußere Verkleidung bilden geschlitzte Röhrenspanplatten oder überfälzte Profilstäbe.

1. Wodurch unterscheiden sich Schalldämmung und Schallschluckung?
2. Wie wird erhöhter Schallschutz erreicht?
3. Erklären Sie die Schallschluckwirkung einer Verkleidung aus überfälzten Profilstäben!

8.15 Eine Wandverbretterung im Badezimmer?

Bild 1 zeigt ein Bad im Dachgeschoß, das mit Profilholz aus Western Red Cedar verkleidet wurde. Auf die wohnliche Atmosphäre durch Vollholzverkleidung muß in Naßräumen nicht verzichtet werden, wenn konstruktive Maßnahmen und die geeignete Oberflächenbehandlung erfolgen.

Das Problem ist die hohe Luftfeuchtigkeit

Die Luft, besonders in Naßräumen, enthält unsichtbaren Wasserdampf. Die Tabelle zeigt, daß die Luft bei steigender Temperatur mehr Feuchtigkeit aufnehmen kann. Doch schon bei niedriger Temperatur auf der Wandfläche ist der Taupunkt erreicht. Es kommt zum **Schwitzwasserniederschlag**. Aber auch Spritzwasser trifft direkt auf das Holz. Was ist zu tun?

Welche konstruktiven Maßnahmen sind zu treffen?

Bild 3 zeigt die Montage der Verbretterung auf gehobelter Grund- und Konterlattung mit ausreichendem Wandabstand. Eine Reihe Fliesen bildet den Wandabschluß über Wanne und Boden. Die Profilbretter enden mit einer schrägen Tropfkante etwa 50 mm darüber. Der Deckenanschluß erfolgt mit einer Schattenfuge von 20 mm. Durch diese Maßnahmen ist die Luftzirkulation gewährleistet.

> Durch eine gute Hinterlüftung bleiben Wand und Holz trocken und pilzfrei.

Darüber hinaus können die Unterkonstruktion sowie die Brettrückseiten mit einem öligen Holzschutzmittel gestrichen werden. Hierdurch wird die Wasseraufnahmefähigkeit des Holzes verringert. Gegebenenfalls ist Bläuesperrgrund hinzuzugeben. Die Oberfläche erhält einen farblosen Lasuranstrich, kann aber auch gewachst werden. Die Eckausbildungen sind stets offen zu gestalten. Bei einer Horizontalverbretterung werden die Federn nach oben genommen. Alle Befestigungsmittel müssen aus nichtrostendem Material sein. Plattenwerkstoffe sind in einer Verleimqualität von AW 100 G bzw. V 100 G zu verwenden.

1. Erklären Sie den Zusammenhang zwischen Luft, Temperatur und Wasserdampfaufnahme der Luft!
2. Worauf ist bei Vollholzverkleidungen in Naßräumen zu achten?

1. Profilholzverkleidetes Bad. Warum senkrecht?

Lufttemperatur in °C	max. Feuchtigkeitsmenge in g/m³	Taupunkttemperatur in °C bei relativer Luftfeuchte	
		von 65%	von 90%
30	30,3	22,8°	28,5°
25	23,0	18,0°	23,2°
20	17,3	13,2°	18,3°
10	9,4	3,7°	8,4°
0	4,8	−4,7°	−0,9°

2. Luftfeuchtigkeitsmengen und Taupunkttemperaturen bei bestimmten Lufttemperaturen

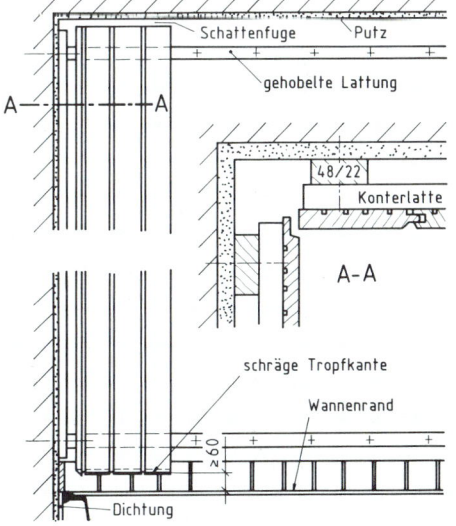

3. Mit Konterlattung hinterlüftetes Profilholz mit offener Eckausbildung und schräger Tropfkante

1. Dämmatten werden fugendicht angebracht

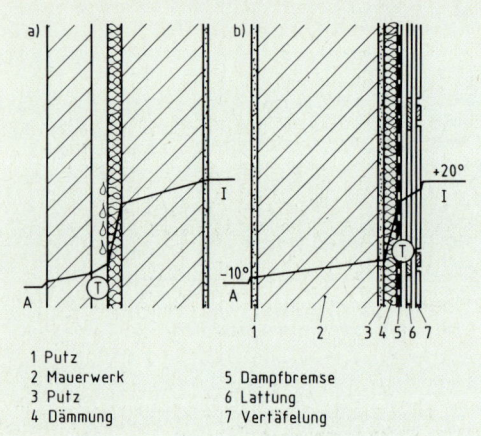

1 Putz
2 Mauerwerk
3 Putz
4 Dämmung

5 Dampfbremse
6 Lattung
7 Vertäfelung

2. Temperaturverlauf in a) außen- und b) innengedämmter Wand mit Taupunktbereich

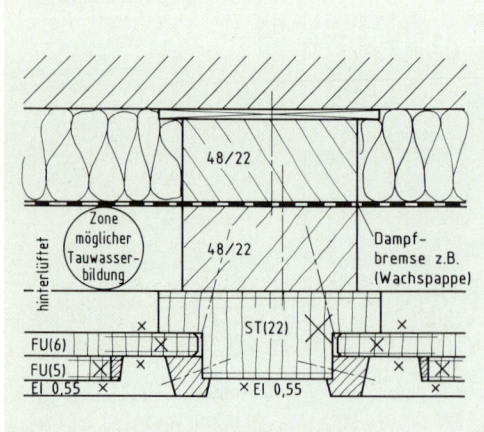

3. Vertäfelung auf Konterlattung montiert

8.16 Eine Außenwand mit Heizkörper wird verkleidet

Die Außenwand eines Wohnraumes (Bild 1) soll vertäfelt und gleichzeitig voll wärmegedämmt werden. Darum müssen entsprechend dicke Dämmatten zwischen Wand und Vertäfelung.

Was ist bei der Wärmedämmung zu beachten?

Aus bauphysikalischen Gründen sollte die Wärmedämmung wie in Bild 2a außen angebracht werden, weil der **Taupunkt** dann außerhalb des Mauerwerks liegt und die Wärmespeicherung der Wand genutzt wird. Dabei ist ein Schutz vor mechanischer Zerstörung durch eine Blende nötig. Bei der in Bild 2b vorgesehenen Vertäfelung der Wand werden die Wärmedämmatten sinnvollerweise innen angebracht. Das ist kostengünstiger, und der Raum ist wegen der geringeren Wärmespeicherung der Wand schneller warm. Da bei Innendämmung der Taupunkt ungünstig zwischen Dämmschicht und Mauerwerk liegt, muß bei zu erwartender hoher Luftfeuchte eine **Dampfbremse** eingebaut werden. Sie muß auf der Warmseite der Dämmschicht liegen und dicht verklebt sein, da feuchter Dämmstoff weit weniger dämmt. Zwischen Dampfbremse und Verkleidung liegt ein gut hinterlüfteter Hohlraum.

> Die Dampfbremse auf der Warmseite hält die Dämmschicht trocken. Die Hinterlüftung sorgt für den Wasserdampfausgleich.

Aufbau der Wandvertäfelung

Bild 3 zeigt den Horizontalschnitt. Zuerst wird die gehobelte Unterlattung entsprechend den Maßen der Dämmatten auf Ausrichtleisten mit Schrauben montiert. Nachdem die Dämmatten sauber eingepaßt sind, werden sie mit einer Dampfbremsfolie absolut dicht überklebt. Bei Dämmatten aus extrudiertem Hartschaum kann die Dampfbremse entfallen. Warum? Auf die Unterlattung wird nun die Konterlattung geschraubt, die den nötigen Raum für die Hinterlüftung ergibt. Nun werden die Vertäfelungsrahmen, die aus Sperrholz sind, befestigt. Sie haben unten und oben ausreichend Hinterlüftungsschlitze.

Die funktionsgerechte Heizkörperverkleidung

Im Schnitt des Bildes 4 ist die Heizkörpernische mit dem verkleideten Radiator zu sehen. Der Radiator gibt Strahlungs- und Konvektionswärme ab, die bei sachgerecht ausgeführter Verkleidung nur minimal reduziert wird. Eine möglichst offen gestaltete Rahmenausführung wie in Bild 5 gewährt nahezu den vollen Durchgang der Strahlungswärme. Die alu-kaschierte Dämmatte verhindert einen Wärmeverlust durch die Wand und reflektiert weitere Strahlungswärme in den Raum. Öffnungen von 70 bis 100 mm über und unter der Verkleidung bewirken infolge der Luftzirkulation die Wärmemitführung.

> Heizkörperverkleidungen dürfen die Heizleistung nur unwesentlich verringern.

Die hohen Temperaturen dicht am Heizkörper erfordern eine fachgerechte Holzauswahl

Das Holz für Rahmen und Stäbe muß mild, astfrei und feinjährig sein. Stark verziehende Hölzer wie Buche dürfen nicht verwendet werden. Die Holzfeuchte soll nur 6 bis 8 % betragen. Ist ein längerer Heizkörper wie in Bild 5 zu verkleiden, so wird man zwei Frontrahmen vorsehen. Aus wärmetechnischen wie ästhetischen Gründen sind Rahmenhölzer und Stäbe so schmal wie möglich gehalten. Alle Friese haben stehende Jahrringe. Die überschobenen und eingezapften Stäbe sind profiliert oder trapezförmig. Die Alternative ist ein Rohr- bzw. Metallgeflecht.

Der Einbau ist individuell

Die Verkleidungsrahmen werden problemlos bündig zwischen den verstärkten Vertäfelungsrahmen angeschlagen, die beiden Traversstücke eingezapft. Der freistehende Verkleidungsrahmen (Bild 5) erhält zwei schmale Seitenteile wie im Schnitt zu sehen. Bei tiefen Nischen kann der Verkleidungsrahmen zwischen den Leibungen eingebaut werden. Eine Marmorplatte oder ein Gitterrahmen deckt die Heizkörpernische ab.
Bild 6 zeigt spezielle Beschläge für Verkleidungsrahmen, die ein leichtes Ein- und Aushängen wie Schrägstellen erlauben. Die eingebohrten Stifte sind durch Drehen verstellbar.

1. Welche Folgen hat eine Innendämmung?
2. Beschreiben Sie den Aufbau der wärmegedämmten Wandvertäfelung!
3. Was ist bei Konstruktion und Holzauswahl von Heizkörperverkleidungen zu beachten?
4. Entwerfen Sie zwei Verkleidungsrahmen!

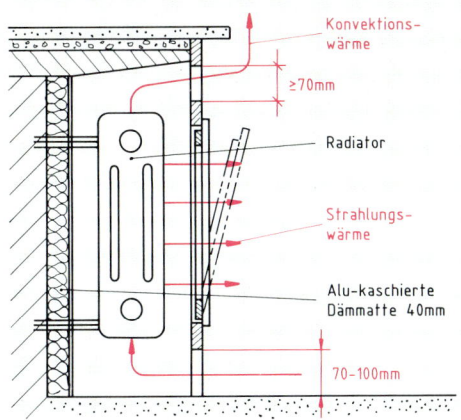

4. Wärmegedämmte Heizkörpernische mit Stabverkleidung

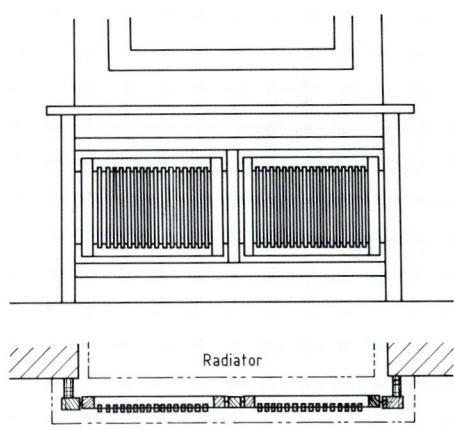

5. Eingebaute Stabverkleidung in Ansicht und Schnitt

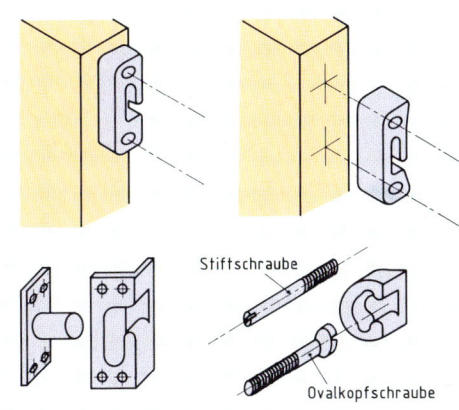

6. Heizkörper-Klappenbeschläge

1. Kassettendecke mit tiefliegenden Füllungen und umlaufendem Fries

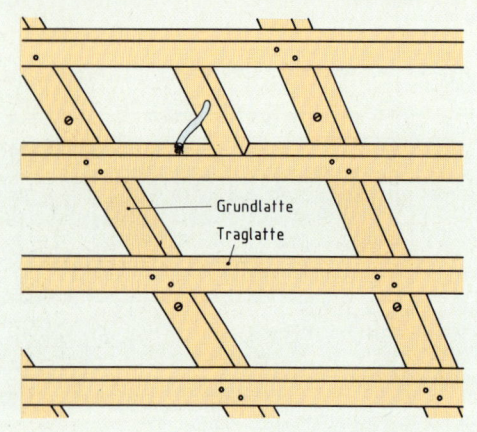

*2. Konterlattung mit **Jamo**-Schrauben befestigt*

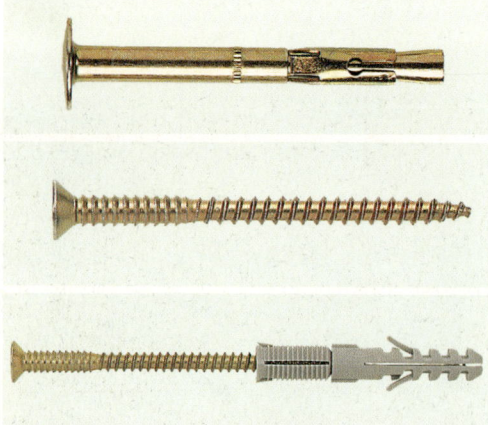

3. Befestigungsmittel – Abstandsschraube

8.17 Eine Deckenverkleidung für eine Gaststube

Als Deckenverkleidung für eine Gaststube (Bild 1) wird eine **Kassettendecke** mit tiefliegenden Füllungen gewählt. Eine gediegene Ausstattung und bautechnische Verbesserungen wie erhöhte Trittschalldämmung sind entscheidende Gründe dafür, eine Holzdecke einzubauen.

> Die streng und plastisch wirkende Kassettendecke ist für große, hohe Räume geeignet.

Was ist charakteristisch für eine Kassettendecke?

Bild 1 zeigt die übliche Kassettendecke mit profilierter Rahmenkonstruktion und tiefliegenden, quadratischen Füllungen. Rahmen oder Zargen bilden das tragende Element, in das die Füllungen eingelegt sind. Die gleiche Wirkung wird dadurch erreicht, daß zunächst Plattenstreifen auf der Unterkonstruktion befestigt und Rahmenfriese daraufgesetzt werden. Eine betont plastische Raumwirkung ergibt sich bei beiden Ausführungen. Die Art der Füllungsfläche entspricht meist dem Grundmaß des Raumes. Sie kann aber auch jede andere regelmäßige Vieleckform haben.

Als Unterkonstruktion dient eine Konterlattung

Die Unterkonstruktion der Deckenbekleidung in Bild 2 ist eine Konterlattung aus gehobelter Grundlattung und Traglattung. Das Holz beider Lattungen entspricht der Güteklasse II und ist mit einem Holzschutzmittel behandelt. Die Lattung wird mit korrosionsbeständigen Befestigungsmitteln direkt an der Betondecke, dem tragenden Bauteil, verschraubt. In öffentlichen Bauten sind hierbei keine Kunststoffdübel erlaubt.

> Wegen der Zugkräfte muß die Lattenbefestigung mit nichtrostenden Verbindungsmitteln erfolgen. Die tragende Decke muß völlig trocken sein, um mögliche Quellschäden zu vermeiden.

Bild 3 zeigt neben üblichen Dübelschrauben eine justierbare **Abstandsmontageschraube**. Mit dem Haltering am Schaft wird die Lattung ohne Unterlegholz exakt gehalten und durch Drehen ausgerichtet. Darauf wird die Traglattung im Mittenabstand der Rahmenhölzer, etwa 600 mm, angeschraubt. Kabelführung und Lampenaufhängung müssen bei der Montage berücksichtigt werden. Die Konterlattung ergibt Raum für die Hinterlüftung und Trittschalldämmung, die bei abgehängten Decken am wirkungsvollsten ist.

Worauf ist bei der Deckenkonstruktion zu achten?

In Bild 4 sehen wir den Aufbau der Rahmenkonstruktion mit den eingefälzten Füllungen. Die Rahmenhölzer und Profilleisten sind aus feinjährigem, astfreiem Lärchenholz mit einer Holzfeuchte von 6 % bis 8 %. Die Hölzer sind relativ schmal, um ein Schwinden möglichst gering zu halten. Die zwischengefederten Rahmen aus Stabsperrholz sind mit der Traglattung verschraubt und halten die Deckenkonstruktion. Die Rahmenhölzer 40/64 bilden mit den Kehlstäben eine optische Einheit. Für die großflächigen Füllungen eignen sich Furniersperrholzplatten wegen ihrer Maßhaltigkeit besser als Vollholz. Damit sich die aufgedoppelten, von einem Kehlstab gehaltenen Füllungen nicht verziehen, sind sie unbedingt beidseitig zu furnieren. Zur erhöhten **Trittschalldämmung** ist eine schwere Dämmatte zwischen der Grundlattung befestigt.

Die Flächenteilung und der Wandanschluß

Der in Bild 5 gezeigte, umlaufende Wandanschlußfries erlaubt es, ungleiche Flächenteilungen oder schiefwinklige Grundrisse problemlos auszugleichen. Im Fries lassen sich auch die Vorhangführungsschienen oder eine indirekte Beleuchtung leicht einbauen. Die Schattennutleiste ist zur Hinterlüftung in Abständen ausgeklinkt und hat das Profil der Stäbe.

Die Vielfalt der Deckengestaltung

Die Teilverkleidung (Bild 6) einer großen Deckenfläche zeigt Kassettenfelder, die reich mit Einlegearbeiten ausgestattet sind. Unterschiedliche Konstruktionen, Ausführungsarten und Tönungen machen es leicht, für jeden Raum die passende Deckenverkleidung zu wählen. Kassetten, Raster-, Platten-, Bretter-, Lamellen- oder **Balkendecken** bieten dem Innenausbauer eine Fülle guter Gestaltungsmöglichkeiten.

1. Welche Möglichkeiten und Vorteile bieten Deckenverkleidungen?
2. Weshalb ist viel Sorgfalt auf die Unterkonstruktion zu legen?
3. Beschreiben Sie die Konstruktion der Decke!
4. Skizzieren Sie zwei genannte Decken! (Schnitt)

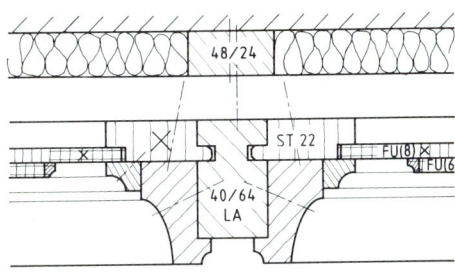

4. Schnitt durch die Kassettendecke mit aufgedoppelten Füllungen

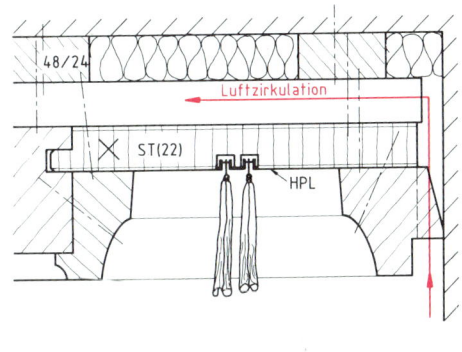

5. Wandanschlußfries mit Vorhangschiene und Profilstab mit Schattennut

6. Teilverkleidung. Füllungen mit Intarsien.

1. Abgehängte Rasterdecke mit Füllungen

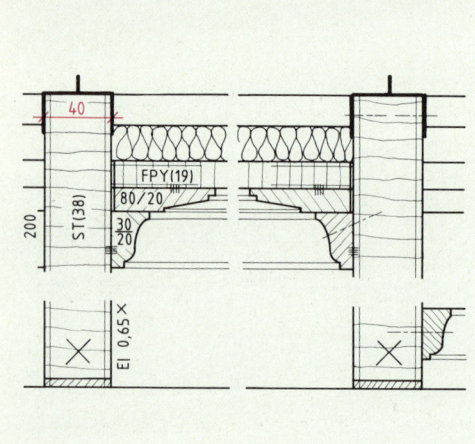

2. Schnitt durch die geschlossene Rasterdecke

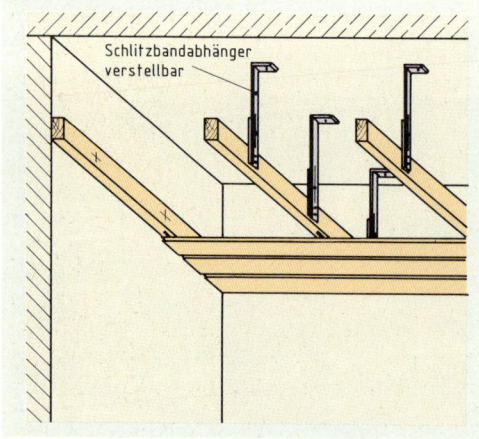

3. Abgehängte Unterkonstruktion mit Paneelen

8.18 Die abgehängte, geschlossene Rasterdecke

Bild 1 zeigt eine **abgehängte Decke** aus Rastern, die nach oben geschlossen sind. Der Auftrag war, mit einer schalldämmenden Deckenkonstruktion die Klimaanlage so zu verkleiden, daß sie im Störfall schnell zugänglich bleibt. Anders als eine Deckenverkleidung wird die abgehängte oder Unterdecke nicht unmittelbar an der tragenden Decke montiert, sondern mit einem mehr oder weniger großen Zwischenraum.

Weshalb werden Decken abgehängt?

Durch das Einziehen von Unterdecken auf Normalhöhe werden vor allem in öffentlichen Gebäuden Versorgungs- und Installationsleitungen verkleidet. Außerdem wird dadurch in hohen Altbauräumen die Raumwirkung verbessert, und die Heizkosten verringern sich dadurch.

In Konzertsälen (Bild 6) soll mit der abgehängten Decke neben dem gestalterischen Effekt vor allem eine akustische Verbesserung erzielt werden.

> Mit Unterdecken verkleidete Versorgungsleitungen müssen stets leicht zugänglich sein.

Wie ist die Rasterdecke konstruiert?

Der Schnitt in Bild 2 geht durch die eichenfurnierte Decke aus quadratischen Rastern. Wegen der darüberliegenden Luftkanäle sind sie durch herausnehmbare Füllungen geschlossen. Bei **offenen Rasterdecken** wird der darüberliegende Bereich dunkel gestrichen.

Die 200 mm hohen, rasterbildenden Lamellen aus 38 mm Stabplatte sind stumpf gedübelt bzw. mit Verbindungsbeschlägen gehalten. Die 19 mm dicken Spanplattenfüllungen haben eine Mineralwollmattenauflage und liegen auf einem Karniesstab. Jeweils neun Raster bilden hier eine Teildeckeneinheit, eingefaßt von einem Füllungsfries. Eine zurückspringende Paßleiste bildet den Wandanschluß. In geeigneten Abständen sind Deckenstrahler in die Füllungen eingebaut.

Abhängung ohne Holzunterkonstruktion

Die in Bild 3 gezeigte, abgehängte Unterkonstruktion ist für Bretter-, Platten- und Kassettendecken erforderlich. An der Lattung werden Einzelelemente oder Rahmen befestigt. Die Unterkonstruktion wird mit Laserstrahl und Richtlatte ausgerichtet, was durch die höhenverstellbaren Abhänger erleichtert wird (Bild 4).

Bei der Rasterdecke wird eine komplette Deckeneinheit nicht an der Lattung, sondern direkt an geeigneten Abhängern befestigt.

Abhänger müssen rostfrei sein. Wegen der großen Zugkräfte sind sie seitlich anzuschrauben.

Wie wird mit der Decke eine erhöhte Luft- und Trittschalldämmung erreicht?

Bild 5 zeigt einen trittschalldämmenden Fußbodenaufbau. Der Trittschall, eine Sonderform des Körperschalls, entsteht beim Begehen einer Decke. Er wird von der Decke wieder als Luftschall abgestrahlt, wobei er im Hohlraum zwischen Decke und Unterdecke durch Dämmaterial weitgehend geschluckt wird.

Für den Fußbodenaufbau gilt, daß die Lagerhölzer lose auf breiten Dämmstreifen liegen müssen und zwischen den Lagerhölzern Dämmatten paßgenau eingebracht sind. Die Nut- und Federplatten werden dann auf die Lagerhölzer geschraubt.

Ferner muß durch **federnde Abhänger** (Bilder 4 und 5) eine direkte Schallübertragung vermieden werden. Die Unterdecke soll Material mit hohem Flächengewicht und geringer Biegesteifigkeit aufweisen. Überdies werden auf die Decke schallschluckende Mineralfasermatten gelegt (Bild 2).

Unterdecken dürfen nicht starr mit den tragenden Decken verbunden werden.

Die Akustikdecke als technische Sonderform

Die abgehängte Konzertsaaldecke in Bild 6 weist unregelmäßige Teilflächen mit unterschiedlichen Neigungen auf. Als Verkleidung wurden gelochte Alu-Profilschienen verwendet. Ebenso erfüllen gelochte bzw. geschlitzte Dämmplatten oder Paneele den Zweck, die Schallwellen teils umzulenken, teils zu schlucken. Zusätzlich liegen kaschierte Schallschluckmatten auf der Verkleidung. Die gesamte Ausführung erfolgt nach Plänen eines Akustikingenieurs, mit dem auch die Gestaltungsfragen zu klären sind.

1. Was ist der Zweck abgehängter Decken?
2. Wodurch unterscheiden sich Rasterdecken von Kassettendecken?
3. Wie wird die Trittschalldämmung verbessert?
4. Zeichnen Sie eine offene Rasterdecke!

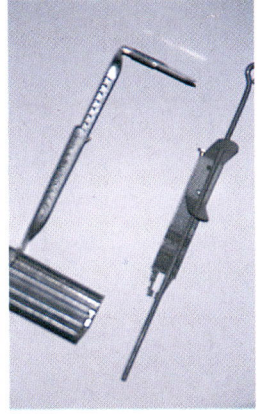
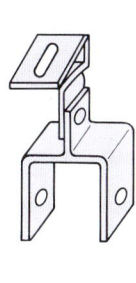

4. Verstellbare Abhängvorrichtungen

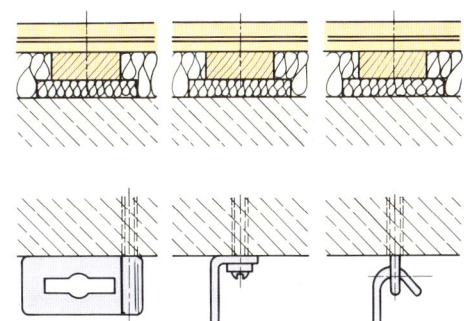

5. Trittschalldämmender Fußbodenaufbau und Abhängerbefestigungen

6. Akustikdecke aus Profilschienen. Teilflächen mit unterschiedlichen Neigungen.

1. Offene Treppe mit geraden Läufen und Podesten

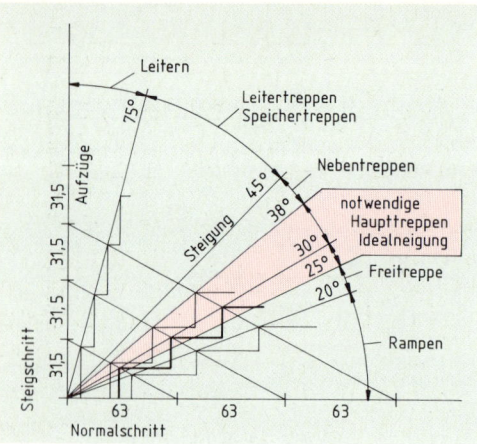

2. Neigungsdiagramm mit Schrittmaßregel

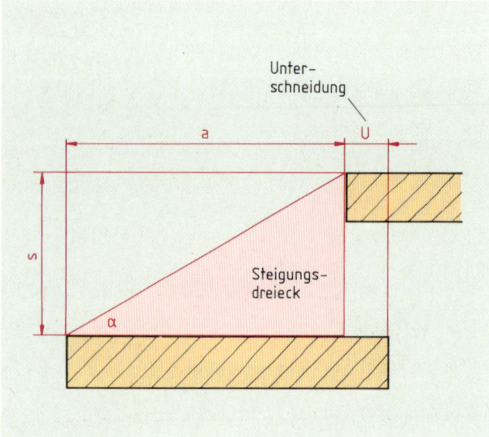

3. Auftrittbreite a und Steigungshöhe s ergeben das
   Steigungsdreieck

8.19 Eine Holztreppe mit geraden Läufen

Für ein Wohnhaus soll eine Treppe nach Bild 1 hergestellt werden. Es handelt sich um eine offene Treppe mit geraden Läufen und Podesten.

Funktion und Beanspruchung einer Treppe

Form und Konstruktion der Treppe (Bild 1) werden durch die Geschoßhöhe und die Architektur des Hauses wesentlich mitbestimmt. Durch die offene Bauweise, d. h. ohne senkrechte **Setzstufen** zwischen den **Trittstufen**, wirkt das Treppenhaus heller und freundlicher. Die Treppe ist durch das leichte Geländer in besonderem Maße ein dekoratives Element der Raumgestaltung.

Die kurzen und geraden Läufe der Treppe werden von einem **Podest** unterbrochen. Dadurch ist sie bequem und sicher begehbar. Die leichte Begehbarkeit hängt außerdem sehr von der **Auftrittbreite** und der **Steigungshöhe** ab. Sie ergeben sich aus dem **Neigungsdiagramm** (Bild 2).

Das richtige Steigungsverhältnis ist Voraussetzung für eine gut begehbare Treppe

Bild 2 zeigt ein Neigungsdiagramm mit den Steigungsverhältnissen von Freitreppen bis Leitertreppen. Das **Steigungsverhältnis** einer Treppe, d. h. das Verhältnis der Steigungshöhe s zur Auftrittbreite a, ist nicht beliebig festlegbar. Es ergibt sich vielmehr aus dem waagrechten Schrittmaß von 63 cm und dem senkrechten Steigmaß von 31,5 cm sowie dem Steigungswinkel der Treppe. Die Steigungshöhe s ist der rechtwinklige Abstand von Stufenoberkante zu Stufenoberkante; die Auftrittbreite a ist der waagrechte Abstand von Stufenvorderkante zu Stufenvorderkante. Die **Schrittmaßregel** lautet:

$$2\,s + a = 63\ \text{cm}$$

Aus dem Diagramm in Bild 2 ist zu erkennen, daß bei abnehmender Auftrittbreite die Steigungshöhe zunimmt und umgekehrt. Mit abnehmender Auftrittbreite verringert sich jedoch die Sicherheit und die Bequemlichkeit des Begehens. Eine Treppe mit dem Steigungsverhältnis von 17/29 erfüllt alle Anforderungen. Der Steigungswinkel beträgt dabei 30°.

Das Steigungsdreieck in Bild 3 verdeutlicht dieses Verhältnis von Auftrittbreite und Steigungshöhe. Die festgelegten Maße für *a* und *s* sind für alle Stufen einer Treppe unbedingt einzuhalten.

Beim günstigsten Steigungsverhältnis entspricht: $s = 17$ cm; $a = 29$ cm und $\alpha = 30°$.

Konstruktion der offenen Treppe

Bild 4 zeigt einen Vertikalschnitt durch eine einläufige, **ganzgestemmte Wangentreppe**. Ohne die Setzstufen entspricht sie der Bauart der offenen bzw. halbgestemmten Treppe. Die Trittstufen werden etwa 20 mm tief in die 50 mm dicken Wangen gefräst. Die Wangenbreite ergibt sich aus der Stufenbreite plus oberes und unteres Vorholz. Durchgehende oder kurze Treppenschrauben halten die Wangen und Stufen zusammen. Die Geländerpfosten sind mit den Wangen verzapft.

Forderungen an eine Treppe

Neben der Einhaltung der örtlichen Bauvorschriften, z. B. der **Durchgangs**- und **Geländerhöhe** und einer guten Begehbarkeit, ist die Auswahl des Holzes sehr wichtig. Treppenholz, besonders für Trittstufen, muß eine große Härte sowie eine hohe Abrieb- und Biegefestigkeit aufweisen. Überdies soll es feinjährig und geradwüchsig sein und eine schöne Struktur haben.

Breite Stufen und Podeste werden blockverleimt oder in Holzwerkstoffen ausgeführt.

Welcher Treppengrundriß eignet sich am besten?

Bild 5 gibt vier Grundrisse, welcher entspricht der Treppe in Bild 1? Die Raumaufteilung sowie das Platzangebot des Hauses bestimmen den Grundriß. Geradläufige Treppen brauchen mehr Platz als gewendelte, wobei sie ab 18 Stufen auch zusätzlich ein Podest haben müssen.

Wodurch unterscheiden sich die Bauarten?

Die Bauarten der Treppen (Bild 6) unterscheiden sich in der Art des Stufeneinbaus. Sie können zwischengestemmt oder überstehend eingeschoben sein, auf ausgeklinkten Wangen aufliegen oder mit Konsolen auf Tragholmen befestigt sein.

1. Was bedeuten Schrittmaß und Steigungsdreieck?
2. Was hat die Funktion der Treppe mit der Holzauswahl zu tun?
3. Erklären Sie die gezeigten Treppenbauarten!

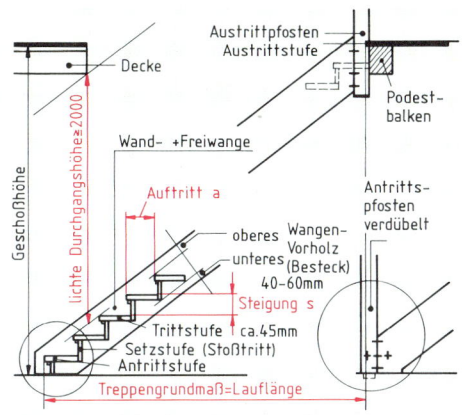

4. Bezeichnungen des Treppenbaus an einer gestemmten Treppe

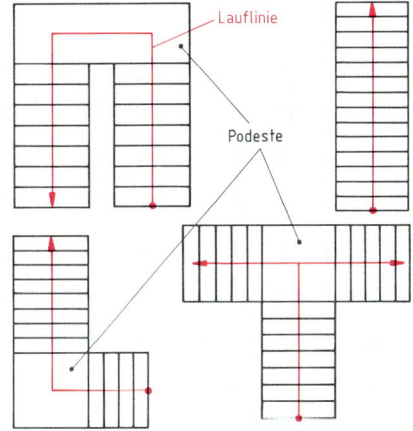

5. Geradläufige Grundrisse mit Podesten

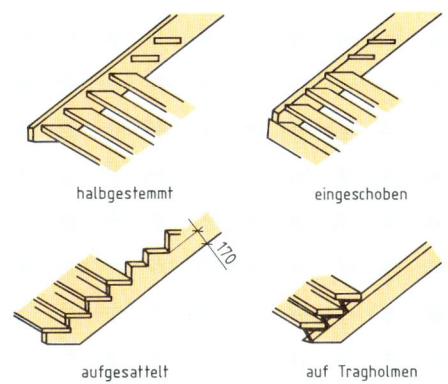

6. Die Bauarten erlauben Gestaltung. Kennen Sie weitere Treppenbauarten?

1. Treppe mit Viertelwendelung im Antritt

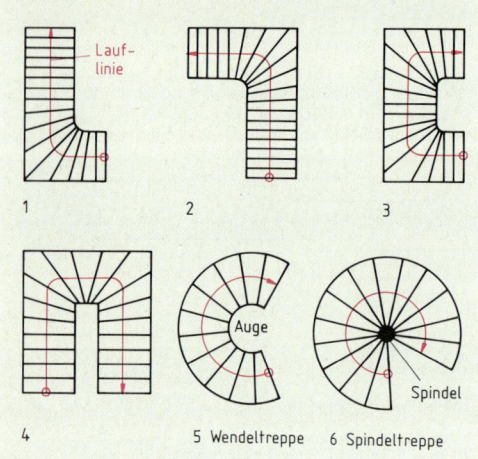

2. Einläufige, gewendelte Treppen – Grundrisse

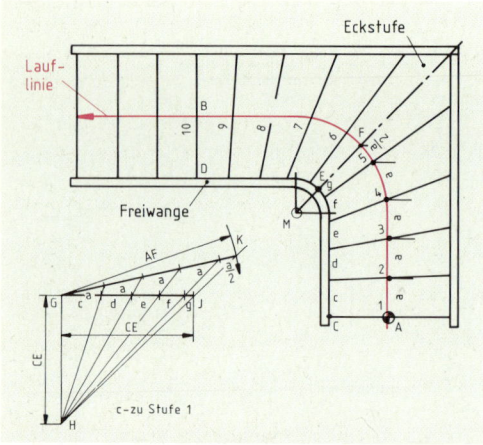

3. Stufenverziehung nach der Winkelmethode

8.20 Gewendelte Treppen durch Stufenverziehung

Für ein Landhaus ist eine einläufige, gewendelte Treppe zu bauen (Bild 1). Sie hat eine Viertelwendung im Antritt. Auffallend ist, daß sie zwar eine **Wandwange**, aber keine **Freiwange** hat.

Wie ist die viertelgewendelte Treppe gebaut?

Die in Bild 1 gezeigte Treppe ist linksseitig als Wangentreppe, rechts mit aufgehängten Stufen konstruiert. Entsprechend der Verziehung im Grundriß werden die Stufen verleimt und auf Maß geschnitten. Die geschweiften Wandwangenhälften werden gleichfalls verleimt und anhand der Aufrißschablonen ausgesägt. Die Eckverbindung ist gezinkt. Stufen und Wandwangen werden auf Distanz verschraubt. Rechts werden sie mittels der Geländerstäbe an den tragenden Holmen des Handlaufs aufgehängt. Hierdurch wirkt diese Treppe sehr leicht.

Was sind gewendelte Treppen?

Die Grundrisse in Bild 2 zeigen eine Auswahl gewendelter Treppen von der **Viertelwendelung** bis zur **vollgewendelten** Treppe. Die Stufenbefestigung erfolgt an Wangen, Holmen oder Spindeln. Zur Änderung der Laufrichtung brauchen gewendelte Treppen kein Podest. Die Wendelung erfolgt allein durch den keilförmigen Zuschnitt der Stufen. Obwohl sie keilförmig sind, müssen sie auf der **Lauflinie** gleich breit sein. Wie werden die Keilformen der Stufen bei der Viertelwendelung erreicht?

Eine methodische Stufenverziehung führt zu einem harmonischen Treppenverlauf

Es gibt mehrere Methoden der **Stufenverziehung**. Bild 3 zeigt die **Winkelmethode** an einer viertelgewendelten Treppe. Zunächst wird durch die **Eckstufe** eine Treppenachse gezeichnet. Vor und hinter der Eckstufe (Stufe 5) werden je vier Stufen verzogen, insgesamt neun. Dann errechnet man die Längen AF und CE. Mit der Strecke von CE wird ein rechter Winkel gezeichnet. Die Verbindungslinie HJ über J hinaus schneidet in K den Kreisbogen um G mit dem Radius AF. Diese Strecke GK ist entsprechend der Anzahl zu verziehender Stufen, hier vier und eine halbe, unterteilt. Diese Risse, mit H verbunden, teilen den waagrechten Schenkel GJ in die Stufenbreiten an der Freiwange. Die Maße werden auf die Freiwange übertragen und mit den Teilstrichen auf der Lauflinie verbunden. Damit ergeben sich die Vorderkanten der verzogenen Stufen.

Die Eckstufe ist an beiden Wandwangen befestigt und hat eine Mindestbreite von 100 mm.

Wendelung um 180° mit dem Halbkreisverfahren

In Bild 4 ist das **Halbkreisverfahren** an einer halbgewendelten Treppe dargestellt. Der Mittelpunkt für den Halbkreis liegt auf der Treppenachse und auf der Linie der Vorderkante der ersten sowie der Hinterkante der letzten zu verziehenden Stufe. Der Halbkreis tangiert an der Treppenachse den **Krümmling**. Wenn die **Scheitelstufe** angerissen ist, werden die Kreisbögen davor und dahinter in soviel gleichgroße Strecken geteilt, wie Stufen zu verziehen sind. Die Risse werden auf die Freiwange projeziert und mit den Teilrissen auf der Lauflinie verbunden.

Moderne Bauarten zeichnen sich durch elegante Gestaltung aus

Die verzogene Einholmtreppe (Bild 5) veranschaulicht die Gestaltungsvielfalt. Der aus Furnierplatten mit Hilfe von Gerüstschablonen verleimte Holmen beschreibt den Treppenverlauf entlang der Lauflinie. Die gleichförmig verzogenen Stufen sind auf Konsolen gedübelt, die parallel zur Stufe verlaufen. Die Konsolen sind ausgeklinkt, überschoben und kippsicher auf dem Holmen befestigt, der seinerseits sicher in den Decken verankert sein muß. Auch die Sicherheitsvorschriften, wie ≥ 90 cm Geländerhöhe und ≤ 12 cm Stabzwischenraum, sind einzuhalten.

Einholmtreppen sind gegen Kippen zu sichern.

Platzsparende, ganzgewendelte Treppen

Spindeltreppen (Bild 6) und **Wendeltreppen** haben einen kreisförmigen Grundriß (Bild 2) und flächengleiche Stufen. Wendeltreppen, als Holmen- oder Wangentreppen, verlaufen um eine runde bzw. ovale Öffnung, das Auge, während die Stufen der Spindeltreppe auf kleinstem Raum um die Spindel herum auf Kragarmen befestigt sind bzw. in der Spindelkonstruktion.

1. Wie unterscheiden sich gewendelte Treppen?
2. Erklären Sie eine der Verziehungsmethoden!
3. Welche Regeln sind im Treppenbau einzuhalten?
4. Welche Vorteile haben ganzgewendelte Treppen?

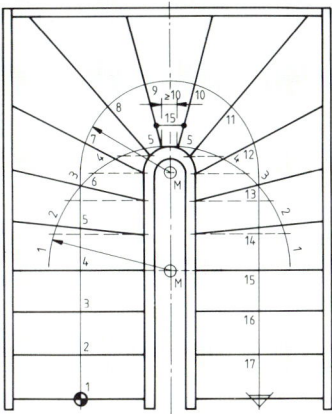

4. Stufenverziehung nach dem Halbkreisverfahren

5. Einholmtreppe – sperrholzformverleimt mit aufgesattelten Stufen

6. Spindeltreppe – elegant und platzsparend

1. Flachglasherstellung im Mittelalter. Zuerst werden Hohlkörper geblasen. Sie werden halbiert und dann durch schnelles Drehen zu einer runden Scheibe „geschleudert".

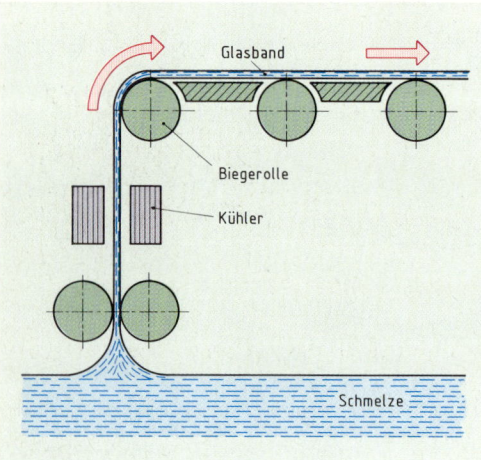

2. Aus der Glasschmelze wird ein Glasband gezogen oder auf einem Tisch ausgewalzt

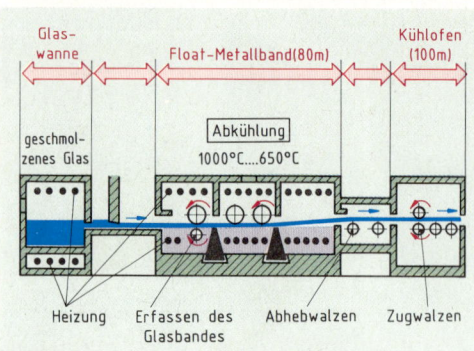

3. Spiegelglas wird nach dem Floatverfahren hergestellt

9.1 Glas – kein Werkstoff wie andere

Die meisten Fenster eines Wohnhauses sind mit klar durchsichtigen Glasscheiben versehen. Im Eingangs- und Sanitärbereich sind aber solche Glasscheiben unerwünscht. Welche Glasarten stehen dem Tischler zur Verfügung? Um diese Frage zu beantworten, muß zunächst geklärt werden, um welchen Werkstoff es sich hierbei handelt, der die Menschen schon vor 7000 Jahren fasziniert hat.

Glas ist ein „Gemenge" verschiedener Rohstoffe

Der Hauptbestandteil ist feiner, sauberer **Quarzsand**. Um den hohen Schmelzpunkt von etwa 1700 °C des Quarzsandes zu senken, wird ein Flußmittel (Soda) dazu gemengt. Durch Zusätze von Härtemitteln, z. B. Kalk, erreicht man die nach dem Erkalten erforderliche Härte des Glases. Das Gesamtgemenge schmilzt bei etwa 1450 °C. Es entsteht die **Glasschmelze**, aus der unter anderem **Flachglas** (Glasscheiben) für den Fenster- und Türenbau hergestellt wird.

Flachglasherstellung

Größere, glatte Glasscheiben wurden früher nach dem Ziehverfahren hergestellt (Bild 2). Es entstanden gleichmäßig dicke Tafeln. Typisch sind die herstellungsbedingten leichten Ziehstreifen, die zu einer geringen Verzerrung beim Durchblick durch das Glas führen. Absolut planparallele Oberflächen werden mit dem **Floatverfahren** erzielt. Die Glasschmelze fließt über ein flüssiges Zinnbad und erhält dabei eine Oberflächengüte, die in dieser Qualität nur noch durch mechanisches Polieren erreicht werden kann (Bild 3). Dieses Glas ist absolut verzerrungsfrei und 3 bis 19 mm dick.

> Mit dem Ziehverfahren wurde früher **Fensterglas**, mit dem Floatverfahren wird heute **Spiegelglas** hergestellt.

Soll die Glasoberfläche mit bestimmten Mustern (Ornamenten) versehen sein, dann muß die Glasschmelze über Walzen laufen, die das gewünschte Ornament in die Oberfläche eindrücken (Bild 2). Die Oberfläche kann einseitig oder beidseitig gemustert werden. Solche Glasscheiben sind durchscheinend, also nicht durchsichtig, sie können farblos oder eingefärbt sein. Auch Drahtnetzeinlagen sind möglich.

Mit dem Walzverfahren wird **Gußglas** hergestellt. Bei Gußgläsern ist zwischen Ornamentglas, Drahtglas und Drahtornamentglas zu
unterscheiden.

Flachglas kann vielseitig verwendet werden

Wegen seiner welligen Oberfläche infolge von
Ziehstreifen dient Fensterglas nur noch unterge-
ordneten Zwecken. Im modernen Fensterbau
wird vorwiegend Spiegelglas verwendet.
Für Gußglas gibt es eine Vielzahl verschiedener
Muster, Glasfarben und Drahteinlagen.
Ornamentglasscheiben dienen dekorativen
Zwecken. Sie werden auch dann verwendet,
wenn die Durchsicht unerwünscht ist und das
einfallende, weit gestreute Tageslicht das
Rauminnere gleichmäßig erfassen soll (Bild 5).
Drahtglasscheiben erhalten durch die einge-
walzte Drahtnetzeinlage eine bessere Stabilität.
Sie sind einbruchhemmend.

Eigenschaften von Glas

Glas ist härter als Eisen, aber weicher als Stahl. Die
Druckfestigkeit ist groß, die Biegefestigkeit aber
sehr gering.

Die Glasdicke muß auf die Länge und Breite
der Glasscheibe abgestimmt werden (Bild 6).

Die Wärmedämmeigenschaften sind unbefriedi-
gend. Ein besonderes Merkmal ist die gute Licht-
durchlässigkeit von über 90 %.

Glasbearbeitung

Glas läßt sich mechanisch bearbeiten, z. B. durch
Bohren und Schleifen. Wegen der großen Mate-
rialhärte entsteht dabei eine große Reibungswärme, die sorgfältiges Kühlen notwendig macht.
Das Trennen einer Scheibe erfolgt mit dem Glas-
schneider. Mit einem harten Stahlrädchen oder
einer Diamantspitze wird eine feine Rille in die
Glasfläche geritzt. An dieser Stelle läßt sich die
Scheibe brechen.

1. Welche Glasdicke muß eine Schaufensterscheibe mit
   l = 3,5 m und b = 2,0 m haben?
2. Warum sollten Glasscheiben stehend gelagert und
   hochkant transportiert werden?
3. Führen Sie Verwendungsbeispiele an für
   a) Spiegelglas, b) Ornamentgläser,
   c) Drahtornamentgläser!

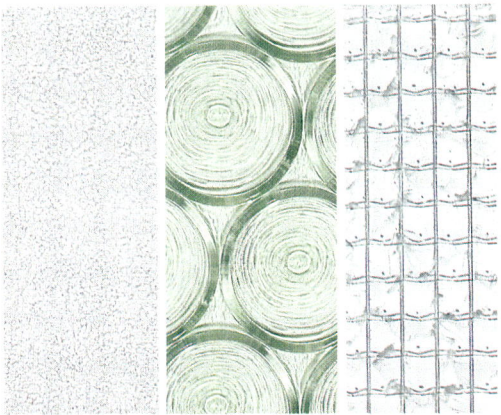

4. Verschiedene Gußgläser: Ornamentgläser und Drahtornamentglas

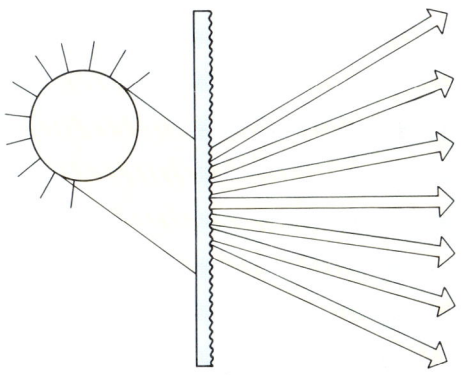

5. Die Lichtstrahlen werden an einer Ornamentglasschei-
be „gestreut"

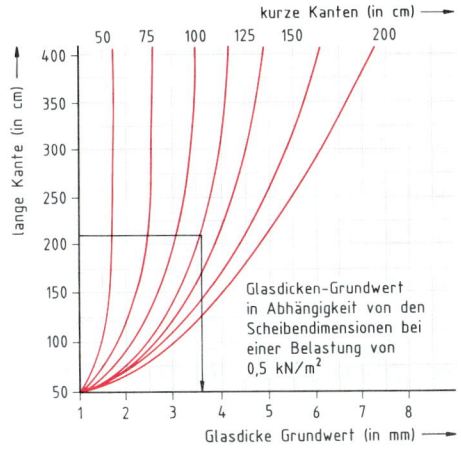

6. Die Glasdicke muß auf die Länge und Breite der Glasscheibe abgestimmt werden

1. *Im Eingangsbereich sind die Fenster kleiner als im Wohnbereich*

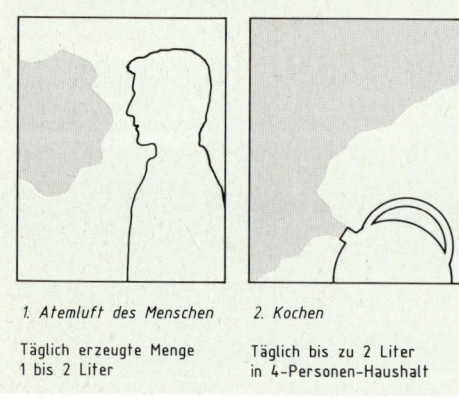

1. Atemluft des Menschen

Täglich erzeugte Menge
1 bis 2 Liter

2. Kochen

Täglich bis zu 2 Liter
in 4-Personen-Haushalt

2. *Die Luft in Wohnräumen muß viel Wasserdampf aufnehmen*

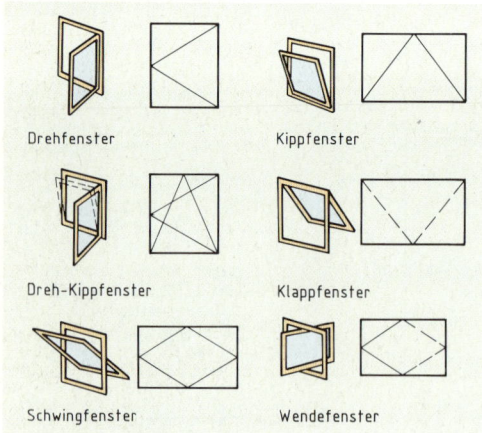

Drehfenster

Kippfenster

Dreh-Kippfenster

Klappfenster

Schwingfenster

Wendefenster

3. *Gebräuchliche Fensteröffnungen mit den symbolischen Darstellungen nach DIN 18 059*

9.2 Fenster dienen vielen Zwecken

Die Fenster von Wohnhäusern sind an der Eingangsseite meistens viel kleiner als im Wohnbereich (Bild 1). Nach welchen Gesichtspunkten werden Größe und Form der Fenster festgelegt?

Fenster sollen den Raum hell machen

Zum Wohlbefinden des Menschen in seiner Wohnung gehört unter anderem das Vorhandensein von natürlichem Tageslicht. Menschen, die auf Dauer nur künstlichem Licht ausgesetzt sind, fühlen sich beengt und gestreßt. Sie werden anfälliger für seelische Krankheiten. Darum ist es zwingend erforderlich, im Wohnbereich für helles Tageslicht durch große Fenster zu sorgen. Mit Fenstern wird gleichzeitig dem menschlichen Bedürfnis nach Sichtkontakt zur Umwelt entsprochen.

> Durch große, weit nach oben reichende Fenster kann viel Licht in den Raum einfallen.

Fenster werden zum Lüften benötigt

Ein behagliches, gesundes Raumklima setzt „unverbrauchte, frische" Luft voraus. Darum muß in Räumen, in denen sich Menschen für längere Zeit aufhalten, die „verbrauchte" Luft immer wieder durch Frischluft erneuert werden.
Frischluft führt dem Menschen den nötigen Sauerstoff zu und verdrängt Schad- und Geruchstoffe aus der Wohnung.
Die meisten Luftwechsel sind zur Abführung der Raumfeuchte erforderlich. Eine Person gibt pro Tag durch Ausatmen einen Liter Wasserdampf oder mehr ab (Bild 2). Hinzu kommt die Feuchtigkeit, die während des Kochens, durch Zimmerpflanzen und anderes in die Raumluft gelangt.

> Nach DIN 1946 sind in Wohnräumen stündlich 20 m³ Frischluft pro Person erforderlich.

Berechnungsbeispiel:

Raumvolumen: 6 m · 4 m · 2,5 m = 60 m³.
Errechnete Luftwechsel: Bei einer Person nach drei Stunden, bei zwei Personen nach 1,5 Stunden, bei drei Personen stündlich.
Rauchen erfordert noch intensiveres Lüften. Der Lüftungsgrad eines Fensters hängt von der Größe und der Öffnungsart (Bild 3) des Flügels ab.

Einen hohen Lüftungsgrad haben große Dreh-, Schwing- und Wendefensterflügel.

Bei Kippfenstern nimmt der breite Lüftungsspalt von oben nach unten keilförmig ab. Dies hat einen geringen Lüftungsgrad zur Folge.

Fenster sind Gestaltungsmittel

Bild 1 macht deutlich, in welchem Maße das Aussehen einer Hausfassade von den Fenstern abhängt. Die großen Fensterflächen des Wohnbereichs lockern die Hausfassade angenehm auf. Die kleinen Fenster des Eingangsbereichs wirken dagegen nüchtern und beengt.
Statt der üblichen Rechteckform können Bogenformen den Charakter einer Hausfassade prägen (Bild 4 und 5).
Fensterflächen lassen sich zudem beliebig unterteilen (Bild 4). Unterteilungen beleben die Fensterfläche.
Selbst mit der Breite der Fensterrahmen wird der Charakter einer Hausfassade entscheidend mitbestimmt. Breite Rahmen eignen sich für schwere, wuchtig aussehende Hausfassaden. Sie betonen das Fensterelement.

Das Aussehen der Fenster muß auf den Gesamtcharakter der Hausfassade abgestimmt werden.

Gestaltung von Hochhausfassaden mit Fenstern

Fensterkonstruktionen, die einen Teil der Hauswand ersetzen und vom Boden bis zur Decke reichen, werden als **Fensterwand** bezeichnet. Ein **Fensterband** (Bild 6) setzt sich aus vielen horizontal oder vertikal angeordneten Einzelfenstern zusammen. Eine **vorgehängte Fensterfassade** verkleidet den gesamten Gebäudekern und verleiht dem Gebäude ein leichteres Aussehen.

1. Welche Ursache können feuchte Wände in Küchen und Schlafzimmern haben?
2. Berechnen Sie den Luftwechselbedarf einer fünfköpfigen Familie in einem 2,4 m hohen Wohnzimmer mit 20 m² Grundfläche!
3. Erläutern Sie, warum die Lüftungswirkung bei einem Drehfenster besser ist als bei einem Kippfenster!
4. Mit welchen Gestaltungsmitteln kann das Aussehen der Fenster beeinflußt werden?

4. Mehrfach unterteilte Fensterfläche mit Segmentbogen

5. Zwei Rundbogenfenster mit darüber angeordnetem Korbbogen

6. Fensterbänder wirken gleichförmig

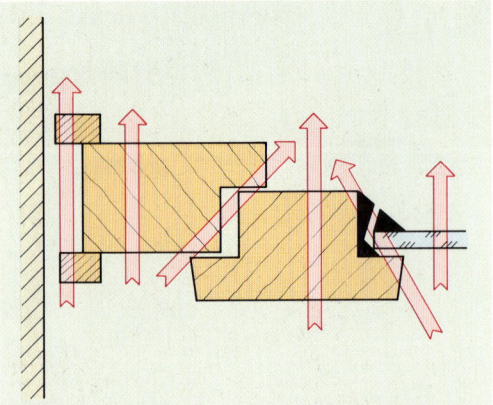

1. Es gibt viele Wege (rote Pfeile) für den Wärmedurchgang an einem Fenster

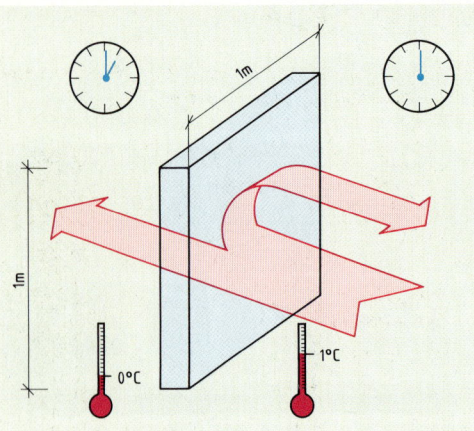

2. Der k-Wert gibt die Wärmemenge an, die in 1 Stunde
durch 1 m² eines Materials geleitet wird, wenn auf beiden
Seiten ein Temperaturunterschied von 1 Grad herrscht

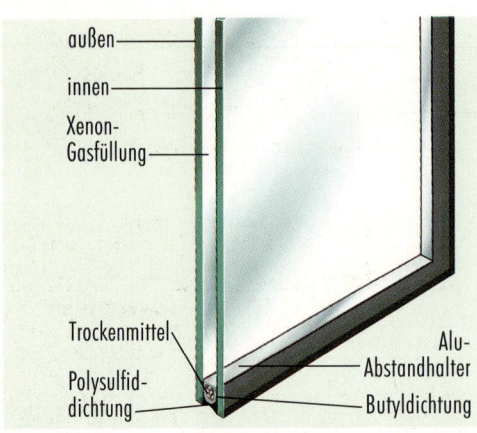

außen
innen
Xenon-
Gasfüllung

Trockenmittel
Alu-
Abstandhalter
Polysulfid-
dichtung
Butyldichtung

3. Aufbau eines Zweischeiben-Isolierglases

9.3 Wärmeverluste am Fenster müssen niedrig sein

Ein Hausbesitzer hat die Absicht, das leerstehen-
de Dachgeschoß seines Altbaues zu Wohnräumen auszubauen. Im Zuge dieser Baumaßnahme
müssen auch die alten, einfach verglasten Fenster
ersetzt werden, weil sie keinen zufriedenstellen-
den Wärmeschutz bieten.
Wo sind die Schwachstellen der alten Fenster,
durch die viel Wärme abwandern kann? Wie können diese Schwachstellen vermieden werden?

Wärmedurchgang an einem Fensterelement
Bild 1 zeigt die Stellen, die für die Wärmeabwan-
derung verantwortlich sind.

> Wärmeverluste entstehen infolge Wärmelei-
> tung der Glasscheibe und des Rahmens aber
> auch durch undichte Fälze oder Fugen.

Darauf ist bei der Herstellung und bei der Montage der neuen Fenster besonders zu achten.

Auf den k-Wert kommt es an
Um die Wärmedämmung beurteilen zu können,
muß der **k-Wert** oder die **Wärmedurchgangszahl** des Fensters ermittelt werden (Bild 2).

> Gut wärmedämmende Fenster haben einen
> kleinen k-Wert.

Eine Faustregel lautet: Eine Minderung des
k-Wertes um 0,1 führt zu einer jährlichen Ein-
sparung von 1,2 l Heizöl pro m² Fensterfläche.

Welche k-Werte sind bei Glasscheiben möglich?
Der k-Wert der 4 mm dicken Glasscheibe der alten Fenster ist mit etwa 5,8 viel zu groß. Selbst
die Verdoppelung der Glasdicke führt zu keiner
nennenswerten Verbesserung. Erst der Einschluß
von trockener Luft zwischen zwei Scheiben verbessert die Wärmedämmung merklich. Mit diesem **Zweischeiben-Isolierglas** (Bild 3) wird ein
k-Wert von etwa 2,8 erreicht.
Niedrigere k-Werte lassen sich mit einem **Wär-
meschutzglas** erreichen. Es ist in der Regel ein
Isolierglas mit einer **Reflexionsglasscheibe** (Bild
4). Die Besonderheit dieser Isolierglasscheibe besteht darin, daß auf eine Glasfläche, die dem

Scheibenzwischenraum zugewandt ist, eine hauchdünne, wärmereflektierende Edelmetallschicht aufgebracht wurde. Ein Teil der an die Edelmetallschicht stoßenden Wärme wird, wie Lichtstrahlen an einem Spiegel, zurückgeworfen oder reflektiert. Dies führt zu einem k-Wert von bis zu 1,3.

Anmerkung: Der g-Wert gibt den Wärmegewinn einer Glasscheibe durch Sonneneinstrahlung an. Die Verwendung von Dreischeiben-Isolierglas (Bild 5) setzt eine große Glasfalztiefe und somit eine große Dicke für das Rahmenholz voraus. Darum kommt diese Glasscheibe zur Ausführung des oben beschriebenen Auftrages nicht in Frage.

Eine Isolierglasscheibe, die neben dem Wärmeschutz auch dem Sonnenschutz dient, ist die **Absorptionsglasscheibe.** Ihre Wirkung beruht auf der wärmeabsorbierenden (schluckenden) Eigenschaft von eingefärbtem Glas.

Wärmedurchgang am Fensterrahmen

Ein Teil des Wärmeverlustes ist auch auf die Wärmeleitung des Rahmenmaterials zurückzuführen. Bei Wohnraumfenstern nimmt der Rahmen durchschnittlich etwa 30 % der Fensterfläche ein. In Abhängigkeit vom k-Wert unterscheidet DIN 4108 zwischen drei Materialgruppen (Bild 6).

> Nur die k-Werte von Fensterrahmen aus Holz und Kunststoff sind ausreichend.

Vom 01. Januar 1995 an ist nach der 3. Wärmeschutzverordnung für Fenster bei einer Altbaumodernisierung ein k-Wert von höchstens 1,8 W/m²K zulässig. Der sogenannte **Jahresheizwärmebedarf** in Neubauwohnungen berücksichtigt alle Bauteile eines Hauses, durch die Wärme abwandern kann. Er ist bei Einfamilienhäusern auf höchstens 100 kWh, bei den kompakter gebauten Mehrfamilienhäusern auf höchstens 54 kWh pro m² Wohnfläche begrenzt.

1. Wieviel l Heizöl können in 5 Jahren eingespart werden, wenn der k-Wert von 23 m² Fensterfläche um 1,5 verbessert worden ist?
2. Worauf ist die wärmeisolierende Wirkung einer Isolierglasscheibe zurückzuführen?
3. Beschreiben Sie die Wirkung einer Reflexions- und einer Absorptionsglasscheibe!
4. Welche Verglasungseinheit und welches Rahmenmaterial schlagen Sie für ein Fenster mit einem k-Wert von 1.8 vor?

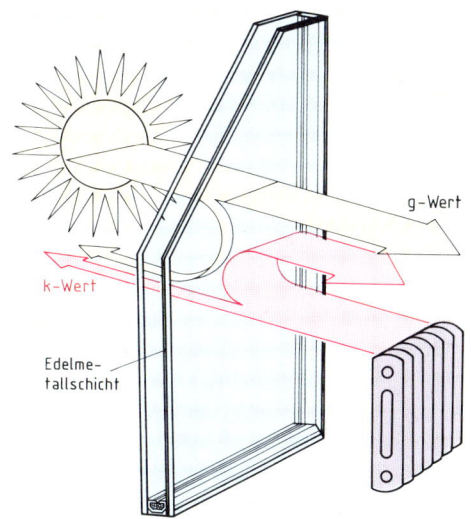

4. Mit Reflexionsglasscheiben nützt man die wärmereflektierende Wirkung von Edelmetallen

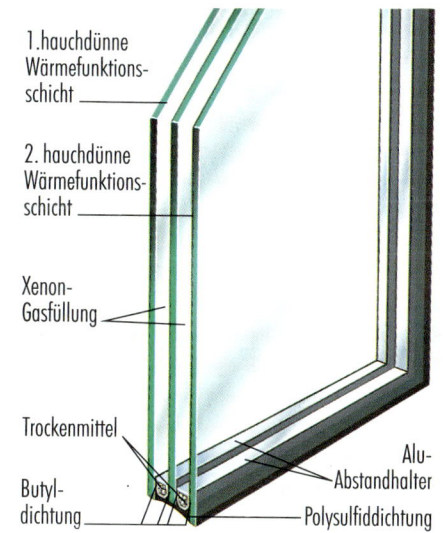

1. hauchdünne Wärmefunktionsschicht
2. hauchdünne Wärmefunktionsschicht
Xenon-Gasfüllung
Trockenmittel
Butyldichtung
Alu-Abstandhalter
Polysulfiddichtung

5. Aufbau eines Dreischeibenisolierglases

Rahmen materialgruppe	k-Wert	Rahmenmaterial
1	≤ 2,0	Holz Kunststoff
2	2,0 – 4,5	Wärmegedämmte Aluminiumprofile
3	> 4,5	Alle übrigen Profile

6. k-Werte für verschiedene Rahmenmaterialien

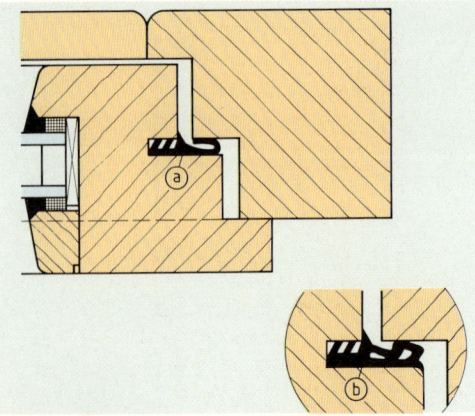

1. Die Falzdichtung ist eine gute „Windsperre"
   a) Lippendichtungsprofil
   b) Hohlkammerdichtungsprofil

2. Die Gummidichtung wurde mit einem Klinkschnitt versehen und dann um 90° abgekantet

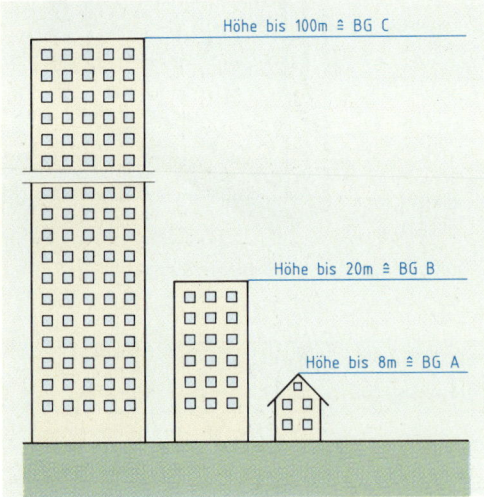

3. Für die Einteilung in Beanspruchungsgruppen (BG) infolge Wind- und Schlagregen ist die Gebäudehöhe maßgebend

Höhe bis 100m ≙ BG C

Höhe bis 20m ≙ BG B

Höhe bis 8m ≙ BG A

9.4 Die Flügelfälze und Fugen müssen dicht sein

Bei älteren Fenstern muß man sehr häufig in Kauf nehmen, daß es an kalten oder windreichen Tagen „zieht". Die Ursache dafür sind undichte Fälze und Fugen. Sie lassen sich mit einer fachgerechten und maßgenauen Fertigung vermeiden.

Flügelfälze sind bewegliche Anschläge

Die Fensterflügel müssen in einen **Doppelfalz** am Blendrahmen anschlagen (Bild 1). Eine umlaufende elastische Profildichtung in der mittleren oder inneren Falzebene gleicht Maßabweichungen zwischen den Flügel- und Blendrahmenfälzen aus. Der Luftdurchgang wird dadurch erheblich erschwert.

Verwendet werden überwiegend **Profildichtungen** mit beweglichen Dichtungslippen (Bild 1a), die nach dem Schließen des Fensters dicht an der Falzwange anliegen. Hohlkammerdichtungen sind geschlossen (Bild 1b). Sie haben ein größeres Rückstellvermögen, d. h. sie sind formstabiler. Die meist thermoplastischen Dichtungen werden an den Ecken miteinander verschweißt oder mit einem Klinkschnitt versehen (Bild 2). Sie sind umlaufend in den Flügel- oder Blendrahmen eingenutet. Beim Verriegeln drückt der Beschlag den Fensterflügel fest gegen die Dichtungsebene.

Nach DIN 18055 sind für die Fugendurchlässigkeit bestimmte Höchstwerte, **a-Werte oder Fugendurchlaßwerte**, einzuhalten (Bild 3). In Abhängigkeit von der Gebäudehöhe sind die **Beanspruchungsgruppen A bis D** zu unterscheiden.

> Bei einer Druckdifferenz von zehn Pascal dürfen pro Stunde durch 1 m Falzlänge in der Beanspruchungsgruppe A maximal 2 m³, in den Gruppen B und C darf maximal 1 m³ Luft entweichen.

In der modernen Fensterproduktion werden die geforderten a-Werte deutlich unterschritten.

Worauf ist bei der Ausführung der Mauerfuge zu achten?

An älteren Fenstern sind Wärmeverluste auch auf undichte Fugen zwischen Blendrahmen und Mauerlaibung zurückzuführen. Die etwa 10 mm breite Fuge ist ähnlichen äußeren Belastungen ausgesetzt wie der Glasfalz. Damit sie dauerhaft dicht bleibt, müssen sich die unvermeidbaren Bewegungen zwischen dem Blendrahmen und dem Baukörper in engen Grenzen halten.

Bei der Fenstermontage ist auf eine stabile mechanische Befestigung zu achten, z. B. mit Dübelanker, Laschen, Krallen, Winkel oder Distanzschrauben. Der verbleibende Mauerfugenraum muß sorgfältig mit Glaswolle oder PU-Schaum wärmegedämmt werden. Die äußere Abdichtung kann mit einem elastischen Dichtstoff auf einer Dichtstoffvorlage erfolgen (Bild 4).

Der Glasanschluß ist besonders wichtig

Auch der Anschluß der Scheibe an die Glasfalzwange wird vielseitig beansprucht (Bild 5). Die dadurch hervorgerufenen Bewegungen zwischen der Glasscheibe und dem Flügelholz können nur **von elastischen** Dichtstoffen aufgenommen werden. Sie besitzen die Eigenschaft, bei hoher Belastung etwas nachzugeben, im belastungsfreien Zustand aber wieder in die ursprüngliche Form zurückzukehren. Sie haben ein gutes Rückstellvermögen.

DIN 18 545 unterscheidet die **Dichtstoffgruppen** A bis E. Der Auszug (Tab. 7) enthält zwei wesentliche Eigenschaften.

> Elastische Dichtstoffe eignen sich gut für dauerhafte, dichte Fugen. Sie dienen somit in besonderer Weise dem Wärmeschutz.

Härtende Kitte (Leinölkitte) und die **plastischen** Dichtstoffe kommen für Außenabdichtungen nicht in Frage, weil ihr Rückstellvermögen zu schlecht ist. Es kommt zu einem Adhäsions- oder Kohäsionsfehler (Bild 6).

1. Was drückt der a-Wert aus?
2. Wie kann durch die Fensterfertigung der a-Wert beeinflußt werden?
3. Welche Dichtstoffe stehen dem Fensterbauer zur Verfügung?
4. Die Verglasungsarbeiten an älteren Fenstern wurden mit härtenden Kitten vorgenommen. Was spricht dagegen?

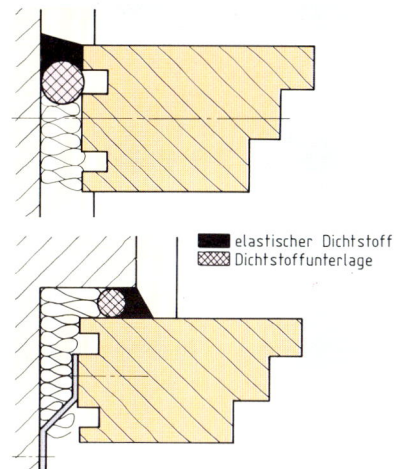

elastischer Dichtstoff
Dichtstoffunterlage

4. Blendrahmenmontage:
 • an glatte Laibung gedübelt
 • Anschlag an Mauerpfalz mit Lasche befestigt

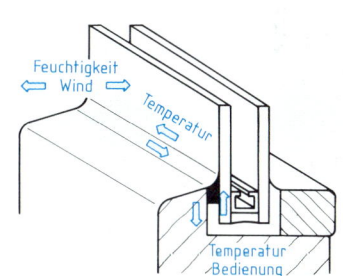

5. Auf die Verglasung wirken viele Kräfte ein

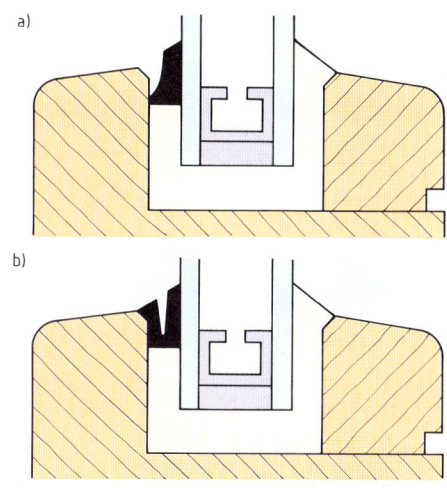

6. Dichtstoffehler: a) Adhäsionsfehler (Haftverlust)
   b) Kohäsionsfehler (Materialversagen)

Dichtstoffgruppen	A	B	C	D	E
Rückstellvermögen	–	–	≥ 5%	≥ 30%	60%
Haft- und Dehnverhalten	–	5%	50%	75%	100%

7. Dichtstoffgruppen und ihre Eigenschaften

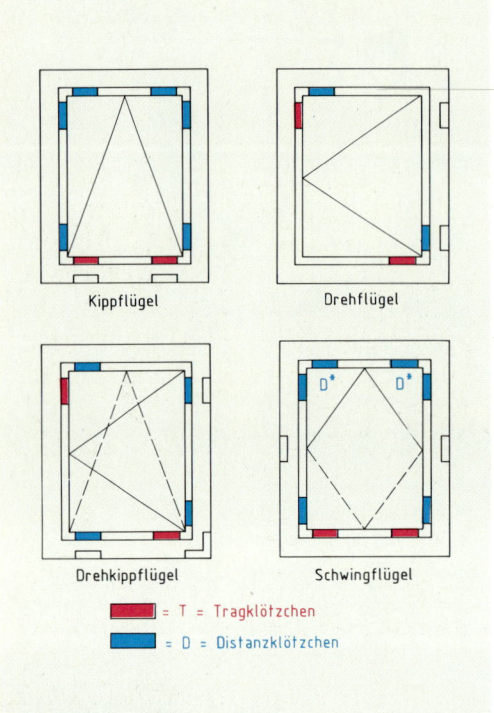

Kippflügel   Drehflügel

Drehkippflügel   Schwingflügel

= T = Tragklötzchen

= D = Distanzklötzchen

1. Die Lage der Klötzchen hängt von der Öffnungsart des Flügels ab

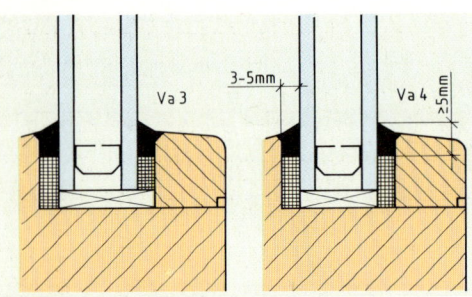

2. Verglasung mit ausgefülltem Glasfalzgrund

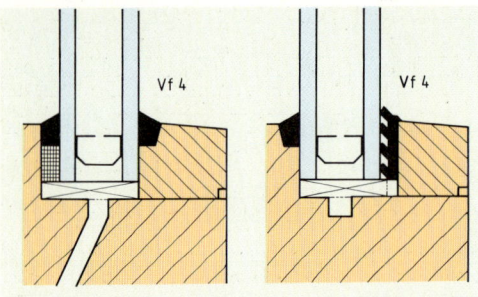

3. Verglasung mit dichtstofffreiem Glasfalzgrund u. d. Glasfalzentlüftung (Dampfdruckausgleich)

9.5 Der Flügelrahmen wird verglast

An älteren Holzfenstern treten häufig zwei Mängel auf:
- Die Flügel klemmen, weil sich die Winkel der Rahmenecken verändert haben.
- Der Verbindungsbereich der Glasscheibe ist durch Fäulnis geschädigt.

Ähnliche Schäden lassen sich vermeiden, wenn die Glasscheibe fachgerecht mit dem Holzrahmen verbunden wird.

Die Glasscheibe muß fest im Flügel sitzen

Nachdem ein selbstklebendes Vorlegeband (Dichtstoffvorlage) so an der Glasfalzwange des Flügels befestigt worden ist, daß etwa 5 mm nach außen für den Dichtstoff frei bleiben, wird die Scheibe in den Glasfalz gelegt. Die Scheibe muß nun unverschiebbar mit dem Glasfalzgrund „verklotzt" werden (Bild 1).

Die Verklotzung soll eine Bewegung der Glasscheibe an der Dichtstoffuge unterbinden und den Flügelrahmen rechtwinklig aussteifen.

Diese Arbeit muß nach den **Klotzungsrichtlinien** des Glasherstellers ausgeführt werden. Man unterscheidet zwischen **Tragklötzchen** und **Distanzklötzchen**. Die Tragklötze verlagern das Gewicht der Glasscheibe so, daß der Fensterflügel die Glasscheibe trägt und dabei winklig bleibt. Die Distanzklötze verhindern mit den Tragklötzen das Verschieben der Glasscheibe.

Beispiel: Bei einem Drehflügel muß die Klotzung die Gewichtskraft des Flügels auf das untere Band lenken. An der Verriegelungsseite bleibt der waagerechte Rahmenfries belastungsfrei, damit sich der Flügel nicht absenkt. Die Klötzchen bestehen aus hartem, dauerhaftem Holz oder Kunststoff. Sie sind 80 bis 100 mm lang und etwas breiter als die Glasdicke. Von der Glasecke sollen sie mindestens 100 mm entfernt sein.

Nach dem Verklotzen erfolgt die Befestigung der mit einer selbstklebenden Dichtstoffvorlage versehenen Glashalteleiste.

Auf die Abdichtung kommt es entscheidend an

Sie sollte nach den Vorgaben der Tabelle (Bild 5) ausgeführt werden (Verglasungstabelle des Instituts für Fenstertechnik Rosenheim in Abstimmung mit DIN 18 545). Bei älteren Verglasungssystemen wird der Falzgrund ausgefüllt.

Die moderne Fertigung läßt eine plane Glasauflage auch ohne Dichtstoffvorlage zu (Bild 3). Eine bei Holzfenstern noch selten angewandte Möglichkeit bietet die Trockenverglasung mit einer Profildichtung (Bild 3).

> Bei Wegfall der äußeren Dichtstoffvorlage und bei Trockenverglasungen muß der Falzraum dichtstofffrei (Vf) bleiben.

Dichtstofffreie Falzräume müssen trocken sein

Schäden infolge eines zu feuchten Glasfalzgrundes lassen sich vermeiden, wenn für eine Belüftung des Glasfalzes gesorgt wird. Die **Glasfalzentlüftung** erfolgt mit Bohrungen von 8 mm Durchmesser und mit einer Nut im Glasfalzgrund, die nach außen durchgeht (Bild 4).

1. Warum müssen Glasscheiben verklotzt werden?
2. Wie ist ein Fenster der Beanspruchungsgruppe 4 zu verglasen?
3. Welchem Zweck dient die Glasfalzentlüftung?

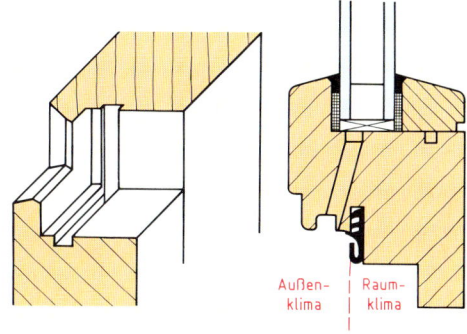

Außen- | Raum-
klima | klima

4. Der Glasfalz wird belüftet

Beansprungsgruppen	1	2	3		4		5	
Verglasungssysteme nach DIN 18545 Teil 3								
Schematische Darstellung								
Kurzzeichen	Va 1	Va 2	Va 3	VI 3	Va 4	VI4	Va 5	VI 5
Beanspruchung aus								
Bedienung	Zuordnung über die Öffnungsart							
	Festverglasung, Drehfenster, Drehknopffenster							
			Schwingfenster, Hebefenster und Fenster mit vergleichbarer Beanspruchung					
Umgebungseinwirkung	Zuordnung über Einwirkung von der Raumseite							
					Feuchtigkeit			
					Mechanische Beschädigung			
Scheibengröße	Zuordnung über Rahmenmaterial, Kantenlänge und Dichtstoffvorlage							

Rahmenmaterial	Dichtstoffvorlage						
Aluminium	3 mm		Farbton hell	Kantenlänge bis 0,80 m	bis 1,00 m	bis 1,50 m
			dunkel	bis 0,80 m	bis 1,00 m	bis 1,50 m
	4 mm		hell	bis 1,50 m	bis 2,00 m	bis 2,50 m
			dunkel	bis 1,25 m	bis 1,50 m	bis 2,00 m
	5 mm		hell	bis 1,75 m	bis 2,25 m	bis 3,00 m
			dunkel	bis 1,50 m	bis 2,00 m	bis 2,75 m
Holz	3 mm	Kantenlänge bis 0,80 m	bis 1,00 m	bis 1,50 m	bis 1,75 m	bis 2,00 m
	4 mm			bis 1,75 m	bis 2,50 m	bis 3,00 m
	5 mm			bis 2,00 m	bis 3,00 m	bis 4,00 m
Kunststoff	4 mm		Farbton hell	Kantenlänge bis 0,80 m	bis 1,00 m	bis 1,50 m
			dunkel	bis 0,80 m	bis 1,00 m	bis 1,50 m
	5 mm		hell	bis 1,50 m	bis 2,00 m	bis 2,50 m
			dunkel	bis 1,25 m	bis 1,50 m	bis 2,00 m
	6 mm					
			dunkel	bis 1,50 m	bis 1,50 m	bis 2,50 m

Dichtstoffgruppe nach DIN 18545 Teil 2	für Falzraum	A	B	B	–	B	–	B	–
	für Versiegelung	–	–	C		D		E	

5. Die Auswahl des Dichtstoffes hängt von der Art und der Größe der Beanspruchung ab. Beispiel: Scheibenmaße: 1100/1550 mm, Dichtstoffvorlage 4 mm dick. Bei einem Dreh-Kippfenster entspricht dies der BG 4. Die höchste BG ist zu wählen. Es ist also nach BG 4 zu verglasen. Die Tabelle schreibt für den Falzraum einen Dichtstoff der Gruppe B und für die Versiegelung die Dichtstoffgruppe D vor.

1. Fenster an einer verkehrsreichen Straße müssen eine gute Schalldämmung haben

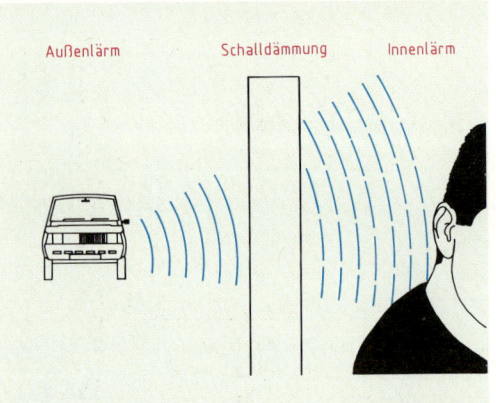

2 Schallwellen werden von einer dicken Glasscheibe an ihrer Ausbreitung behindert

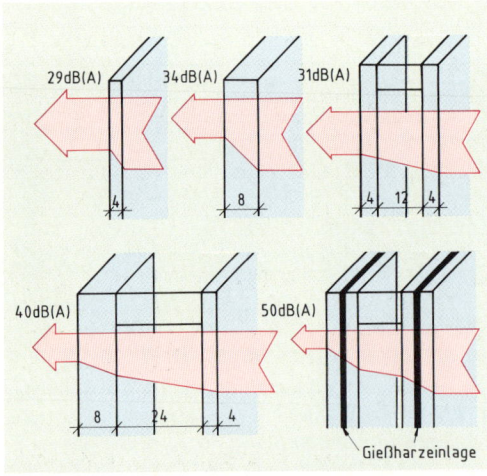

3. Schalldämmende Wirkung verschiedener Gläser

9.6 Ein Schallschutzfenster wird geplant

Ein Kunde, der an einer verkehrsreichen Hauptstraße wohnt (Bild 1), leidet unter dem lauten Verkehrslärm. Darum möchte er sich Fenster einbauen lassen, die den Lärm in seiner Wohnung deutlich mindern. Zwei Fragen müssen geklärt werden:
- Wie groß muß die Schalldämmung sein?
- Worauf muß bei der Konstruktion und beim Einbau solcher Fenster geachtet werden?

Welche Lautstärke ist noch erträglich?

Die Lautstärke des Schalls wird in Dezibel dB(A) gemessen. Die Benennung dB(A) ist ein an das menschliche Gehör angepaßtes Maß für die empfundene Lautstärke. Schon bei 30 dB(A) fühlen wir uns in unserer Nachtruhe empfindlich gestört. Im Bild 2 ist die Schalldämmwirkung einer Außenwand vereinfacht dargestellt. Zur Verringerung des lauten Verkehrslärms von etwa 80 dB(A) auf ein erträgliches Maß ist an einer Schlafzimmerwand eine Schalldämmung von mehr als 50 dB(A) erforderlich.

Schallübertragung am Fenster

Für die Schallübertragung sind dieselben Schwachstellen verantwortlich wie für den Wärmedurchgang, nämlich das Glas, das Rahmenmaterial, die Glas- und Flügelfälze sowie der Maueranschluß.

Wie läßt sich die Schalldämmung der Glasscheiben verbessern?

Die unzureichende Schalldämmung eines Standardfensters ist vor allem auf die Glasscheibe zurückzuführen. Glas dämmt die Luftschallschwingungen nur unzureichend. Es ist leicht in Schwingung zu versetzen. Die Schalldämmung kann verbessert werden mit (Bild 3):
- einer größeren Glasdicke,
- einer Mehrfachverglasung; die Schalldämmung steigt mit größer werdendem Scheibenabstand,
- unterschiedlichen Glasdicken,
- Schwergasfüllung im Scheibenzwischenraum,
- Verbund-Sicherheitsglas mit Gießharzeinlage zwischen den Scheiben.

Mit Schallschutzverglasungen können Schalldämmwerte von über 50 dB(A) erreicht werden.

Wie muß ein schalldämmender Holzrahmen beschaffen sein?

Das Holz für die Blend- und Flügelrahmen muß eine große Dicke und eine große Dichte haben. Die Flügelfälze dürfen nur geringe Fertigungstoleranzen aufweisen. Vorteilhaft ist die Dreifachfälzung mit zwei hintereinander angeordneten Dichtungsebenen (Bild 4). Der Beschlag muß den Flügel fest in die Blendrahmenfälze drücken.

Abdichtung der Glasfälze und Mauerfugen

Für die Glasabdichtung und für den Maueranschluß eignen sich nur die dauerelastischen Dichtstoffe.

Die schalldämmende Wirkung eines Fensterelementes kann nur im fertig montierten Endzustand geprüft und beurteilt werden.

Geforderte Schalldämmwerte

Die geforderte Schalldämmwirkung von Fenstern wird mit **Schallschutzklassen** (Tabelle 7) beschrieben.
Ein Standard-Isolierglasfenster erfüllt die Forderungen der Schallschutzklasse 2. Die besten Schalldämmwerte lassen sich mit einem Kastenfenster erzielen (Bild 5), weil der Scheibenabstand besonders groß ist.

Ein guter Schallschutz erfordert eine teure Verglasung und eine aufwendige Konstruktion.

1. Welche Maßnahmen führen bei einer Glasscheibe zu einer besseren Schalldämmung?
2. Warum ist es sinnvoll, nur das fertig montierte Fensterelement einer Schalldämmprüfung zu unterziehen?
3. Welcher Schallschutzklasse sind Fenster mit 40 dB(A) Schalldämmung zuzuordnen?
4. Um dem lauten Verkehrslärm zu entgehen, bestellt ein Kunde Fenster mit der besten Schalldämmung. Beschreiben Sie die Merkmale für diese Fenster!

Schallschutzklasse	Schalldämmung in dB(A)
1	25 bis 29
2	30 bis 34
3	35 bis 39
4	40 bis 44
5	45 bis 49
6	50 und mehr

7. Die Schalldämmung der verschiedenen Schallschutzklassen

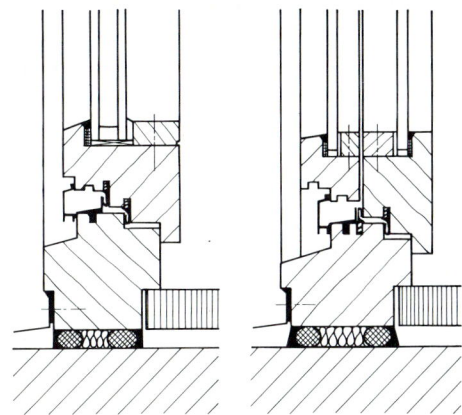

4. Schallschutzfenster der Schallschutzklasse 4

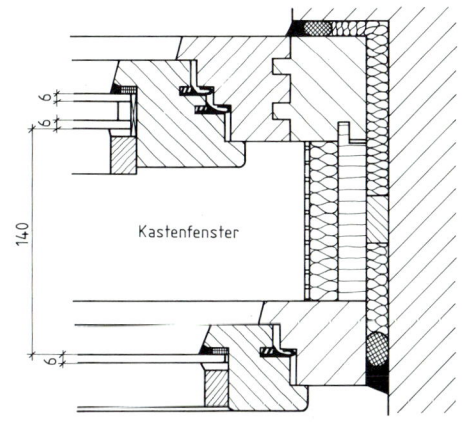

5. Schallschutzfenster der Schallschutzklasse 6

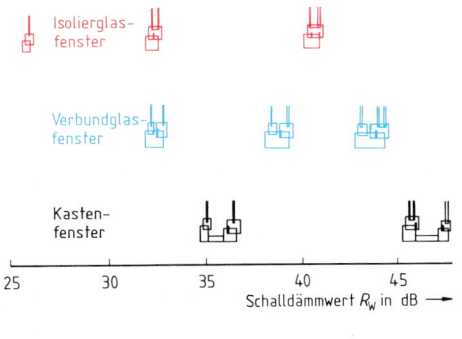

6. Schalldämmende Wirkung verschiedener Konstruktionen im Vergleich

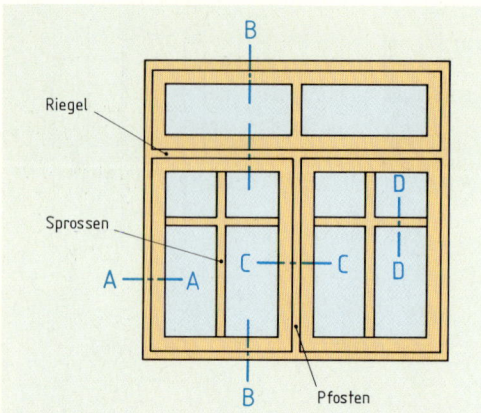

1. Innenansicht eines mehrteiligen Fensterelementes

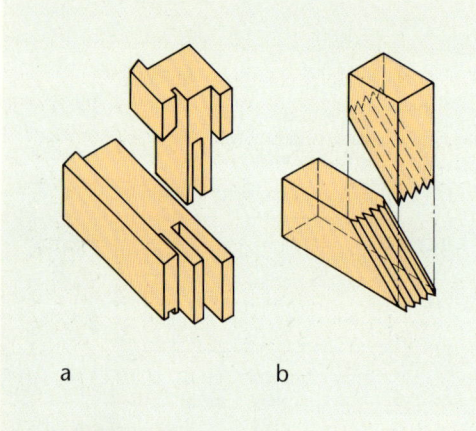

2. Rahmeneckverbindungen
   a) Doppelschlitz mit Doppelzapfen
   b) Minizinkung auf Gehrung

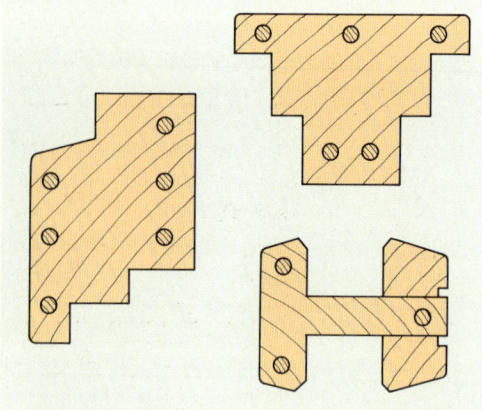

3. Dübelanordnung an einem Riegel, einem Pfosten und einem Sprossen

9.7 Die Blend- und Flügelrahmen werden bearbeitet

Für ein Bauvorhaben soll das in Bild 1 mit der Vorderansicht dargestellte Holzfenster hergestellt werden. Dafür wird eine Konstruktionszeichnung verlangt, aus der die Wahl der Eckverbindungen und die Profilgestaltung der Rahmenquerschnitte zu ersehen sind.

Wahl der Rahmeneckverbindung

In Handwerksbetrieben wird die Schlitz- und Zapfenverbindung (Bild 2a) bevorzugt.

Wegen des Quell- und Schwundverhaltens von Holz sollte die Dicke der Schlitzwangen und der Zapfen nicht größer als 15 mm sein.

Die Rahmenecken für ein Standardfenster müssen deshalb mit **Doppelschlitz und Doppelzapfen** versehen werden. Für die Unterteilung der Fensterfläche mit Riegel, Pfosten oder Sprossen sind **Dübel** vorteilhafter (Bild 3). Sie sollten möglichst weit außen angeordnet sein, damit die Stoßfugen besser geschlossen bleiben. Die Holzverbindungen werden bei deckend weißem Anstrich mit Klebstoffen nach D3, sonst nach D4, verleimt.

In der Serienfertigung haben sich für die Rahmeneckverbindung auch **Minizinken** (Bild 2b) am Gehrungsstoß durchgesetzt. Sie lassen sich rationeller und kostensparender herstellen, weil alle vier Rahmenecken mit derselben Fräsergarnitur hergestellt werden können.

Wahl der Rahmenquerschnittprofile

Die konstruktiven Lösungen zeigen die Bilder 4 bis 8.

Zunächst müssen die einschlägigen Forderungen des Wärmeschutzes erfüllt werden. Diesem Zweck dient der **Doppelfalzanschlag** mit einer Nut im mittleren Flügelfalz zur Aufnahme einer **Profildichtung** (Windsperre).

Wichtig ist auch die Ableitung des in den Falzraum eingedrungenen Schlagregens nach außen. Deshalb ersetzt eine **Wetterschutzschiene** den unteren Doppelfalz des waagrechten Blendrahmens (Regensperre). Eingedrungenes Wasser fließt umgehend durch Schlitzöffnungen nach außen ab. Das untere waagrechte Flügelholz erhält eine **Wasserabreißnut** (Wassernase). Aus Gründen des konstruktiven Holzschutzes sind alle äußeren Kanten abzurunden. Alle äuße-

ren waagrechten Flächen sind etwa 15 Grad ab-
zuschrägen, damit das Regenwasser abfließt. Ein
Abstand von 1 mm zwischen der Flügelaußen-
fläche und der Falzwange des Blendrahmens ermöglicht eine Belüftung des äußeren Falzes.

Profilgestaltung der Fensterunter-
teilungen

Die waagrechte Unterteilung des Blendrahmens,
der **Riegel**, erhält an der Oberkante eine Wetterschutzschiene und an der Unterkante einen Doppelfalz (Bild 7b). Dies ist bei der Bemessung der
Holzbreite zu berücksichtigen. An die senkrechte
Unterteilung des Blendrahmens, den **Pfosten**,
wird auf beiden Seiten ein Doppelfalz angefräst
(Bild 5).
Bei der Festlegung der Sprossenbreite müssen die
beidseitig anzufräsenden Glasfälze berücksichtigt
werden (Bild 7c).
Zweiflüglige Fenster ohne Pfosten bezeichnet
man als **Stulpfenster**. Beide Flügel sind ineinan-
der gefälzt (Bild 6). Während der rechte, zuerst
aufgehende Flügel die gleichen Fälze erhält wie
ein einflügliges Fenster, muß der Aufschlag des
linken Flügels mit den Gegenfälzen versehen werden. Eine Anschlagleiste auf der Außenseite
(eventuell auch auf der Innenseite) deckt die offene Stoßfuge zwischen den beiden Flügeln re-
gendicht ab. Die Anschlagleiste ist so zu bemessen und anzuleimen, daß die beiden nicht abge-
deckten Flügelholzbreiten gleich groß sind.

Sind Verbundfenster noch zeitgemäß?

Vor der Entwicklung der Isolierglasscheiben wurde das Problem der Wärmedämmung mit Verbundfenstern gelöst (Bilder 9 und 10). Zwei einfach verglaste Rahmen werden mit speziellen
Bändern und Kupplungen zu einem Verbundfensterflügel zusammenmontiert.

Die wärme- und schalltechnischen Eigenschaften der Verbundfenster sind so gut, daß
diese Fensterkonstruktion in der Altbausanie-
rung und auch bei Neubauten ihren Platz be-
hauptet hat.

1. Wie sind die Dübel für eine Pfostenverbindung mit
   dem Blendrahmen anzuordnen?
2. Beschreiben Sie die Funktion einer Wetterschutzschiene!
3. Beschreiben Sie am Profilquerschnitt Maßnahmen,
   die dem konstruktiven Holzschutz dienen!
4. Können Verbundfenster den heutigen Ansprüchen
   noch genügen?

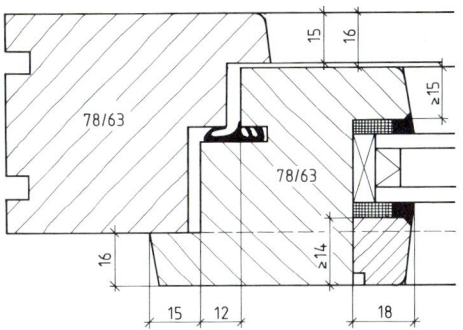

4. Horizontalschnitt A–A durch das linke Blend- und Flü-
   gelrahmenfries eines Isolierglasfensters

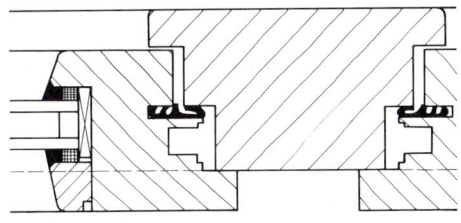

5. Horizontalschnitt C–C durch einen Pfosten und Isolier-
   glasfensterflügel mit Beschlagnuten

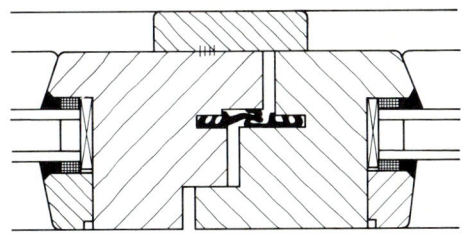

6. Horizontalschnitt durch ein Stulpfenster

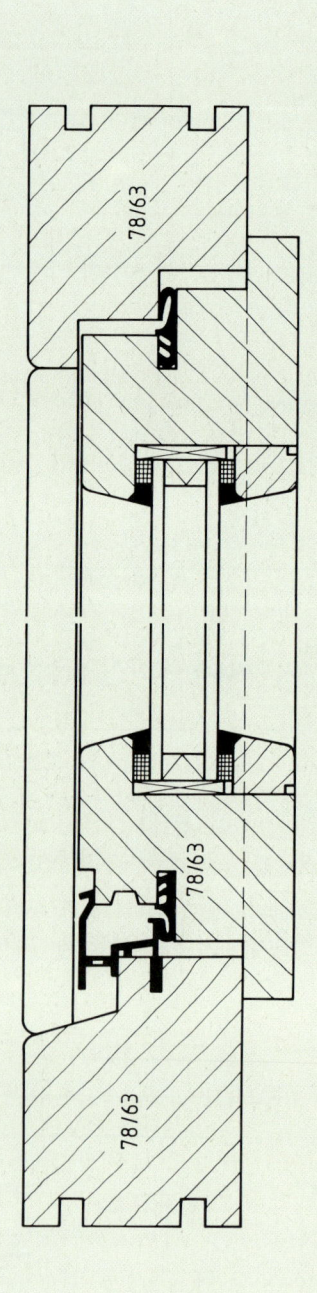

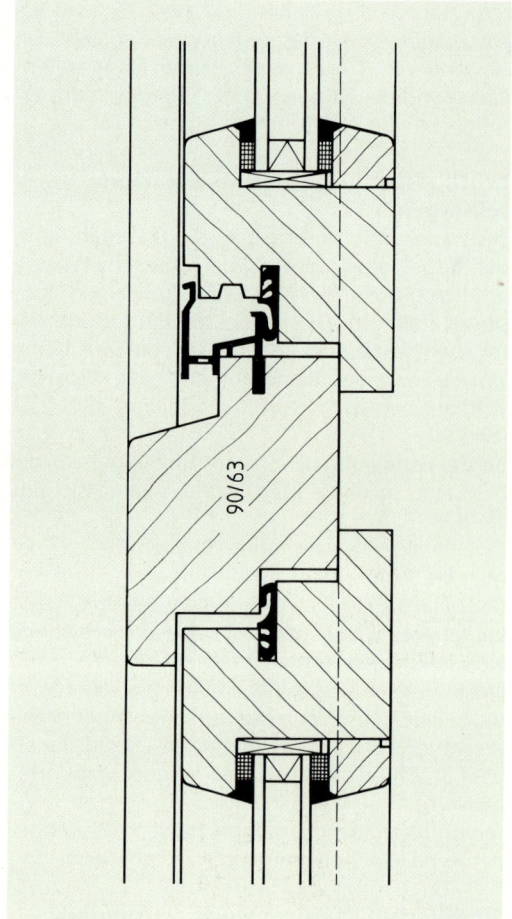

b) Schnitt B – B

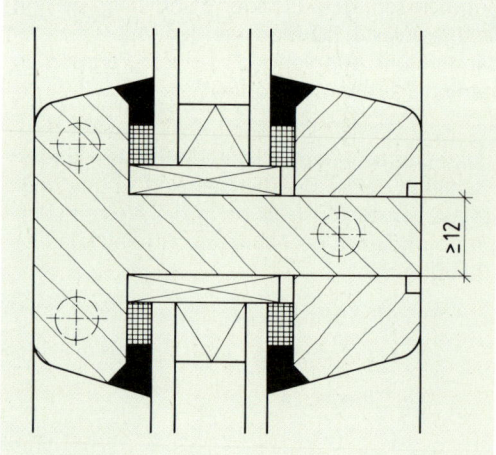

a) Schnitt B – B
7. Vertikalschnitte durch ein Isolierglasfenster mit Sprossen

c) Schnitt D – D

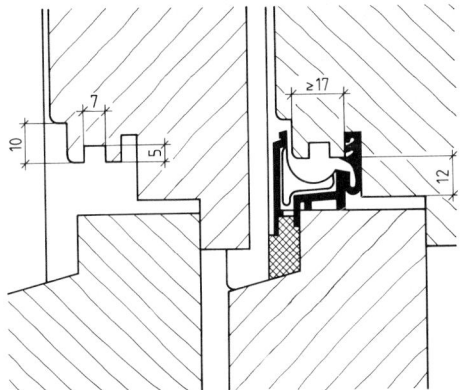

8. Mit fachgerechten Ausfräsungen und Abdichtungen kann ein Holzfenster auch am unteren waagerechten Rahmenteil gut gegen das Eindringen von Wind und Regen geschützt werden

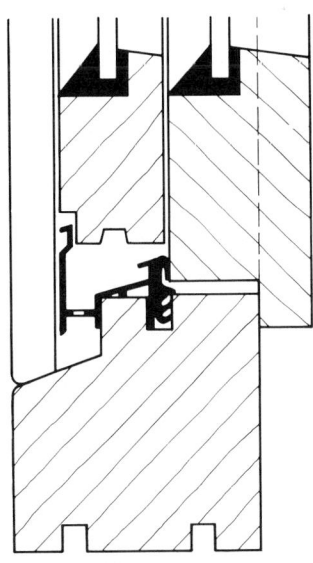

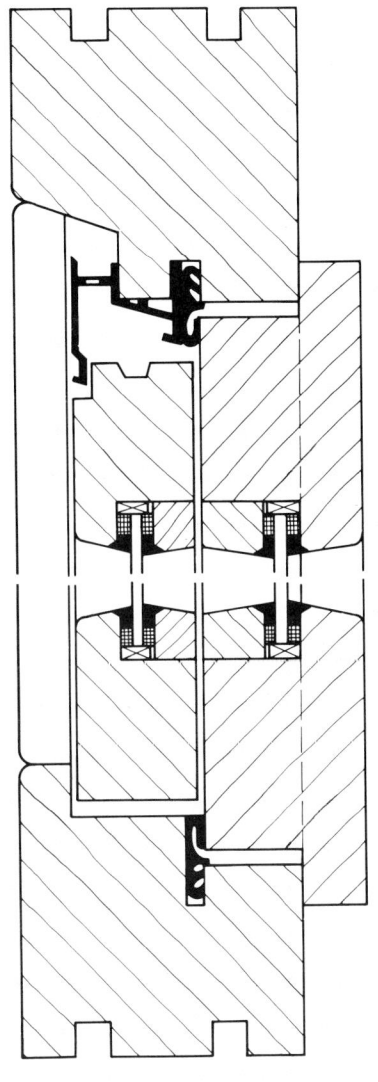

9. Verbundfensterflügel mit außen angebrachter Kittfase

10. Vertikalschnitt durch ein Verbundfenster

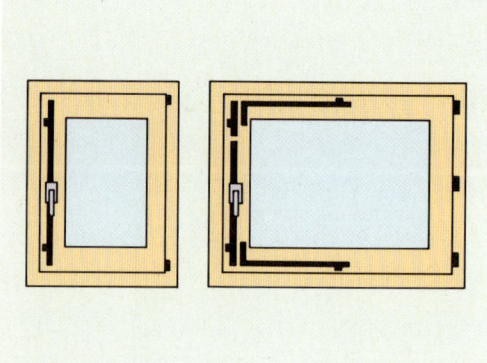

1. Drehflügelbeschläge an einem schmalen und an einem breiten Flügel

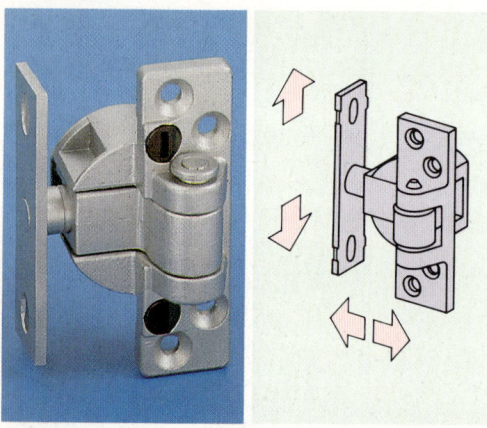

2. Drehflügelband in der Ausführung als Topfband. Es ist rechts und links verwendbar und ermöglicht die Höheneinstellung, das Anheben und Senken des Flügels.

3. Über den Getriebekasten aus Stahl wird der Beschlag betätigt

9.8 Der Beschlag bestimmt die Fensteröffnung wie Drehen oder Kippen

Bei der Planung spielt neben der Fenstergröße auch die Lüftungswirkung eine entscheidende Rolle. Danach wird die zweckmäßigste Art der Fensteröffnung festgelegt.
In den meisten Fällen wird bei Wohnraumfenstern eine Flügelöffnung durch Drehen oder Kippen bevorzugt. Es müssen die Beschlagteile ausgewählt werden.

Beschläge für Drehfenster

Ein Drehflügel wird mit Bändern am Blendrahmen angeschlagen und mit einem Kantengetriebe verriegelt. Neben den **Einbohrbändern** haben sich verschiedene **Topfbandarten** (Bild 2) bewährt. Für ihre flächenbündige Montage ist jeweils nur eine Bohrung im Blendrahmen erforderlich. Mit einem **Drehgriff** (Griffolive) wird das **Getriebe** (Bild 3) zur Verriegelung des Fensterflügels betätigt. Die **Gleit-** oder **Rollzapfen** des Getriebes greifen in die im Blendrahmen befestigten **Schließplatten** (Bild 5). Für schmale Flügel genügt ein Getriebe an der Kante des senkrechten Rahmenfrieses.

> Überschreitet eine Flügelabmessung das Maß 1100 mm, so ist an diesem Rahmenfries eine **Zusatzverriegelung**, ab 2000 mm sind zwei Zusatzverriegelungen nötig.

Beschläge für Kippfenster

Kippflügel werden mit ähnlichen Beschlägen angeschlagen wie Drehfenster. Sie müssen zusätzlich mit **Scheren** (Bild 7) in geöffneter Lage gehalten werden. Kippflügel eignen sich besonders gut für breite Fenster oder für sehr hoch im Raum angeordnete Oberlichtfenster. Schwer zugängliche Kippfenster, z. b. Oberlichtfenster, werden über ein am senkrechten Blendrahmen montiertes Gestänge betätigt.

1. Warum sind Drehfenster mit sehr großen Breiten nicht zu empfehlen?
2. Welche Bänder sind an Dreh- und Kippfenstern üblich?
3. Worin liegt der Vorteil des Falzsystems mit Euronut und Eurofalz (Bild 5)?
4. Warum eignen sich Kippflügel für große Flügelbreiten besser als Drehflügel?
5. Beurteilen Sie die Lüftungswirkung eines Drehfensters und eines Kippfensters.

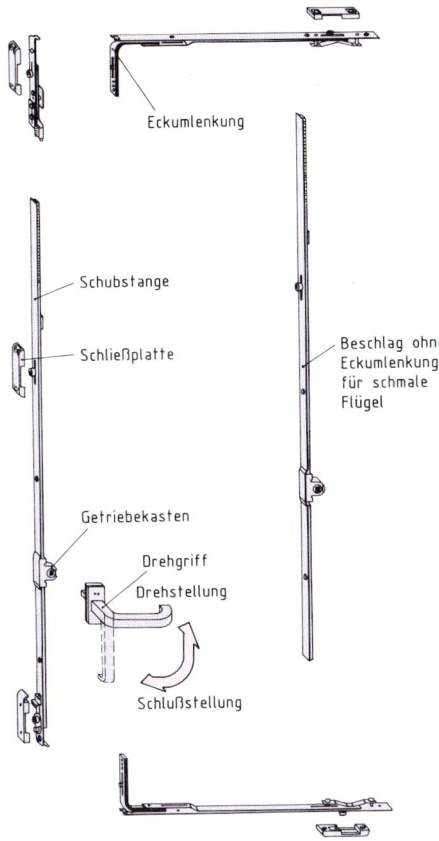

4. Drehflügelgetriebe

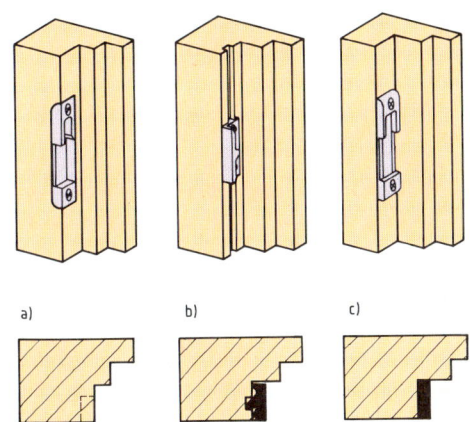

5. Montage der Schließplatten
a) eingefräst oder rationeller
b) Euronut und c) Eurofalz

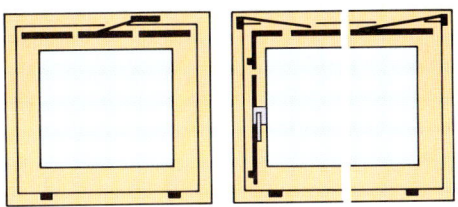

6. Kippflügelbeschläge an einem schmalen und an einem breiten Flügel

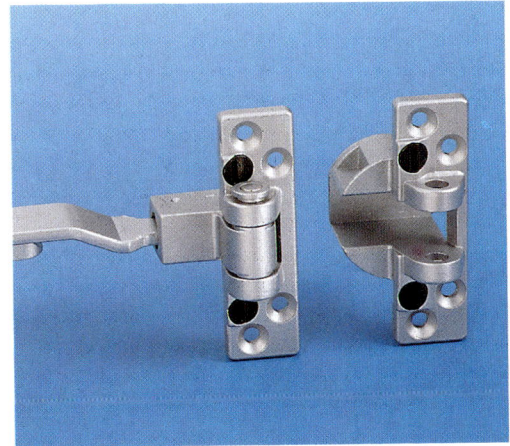

7. Kippflügel werden im geöffneten Zustand von Scheren gehalten. Montage durch Aufschrauben am Blendrahmen oder durch Einbohren des Topfes.

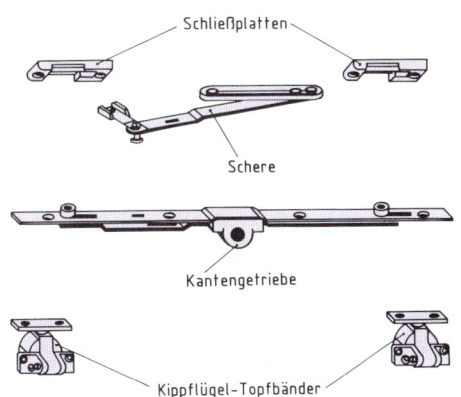

8. Beschlaggarnitur für einen schmalen Kippflügel

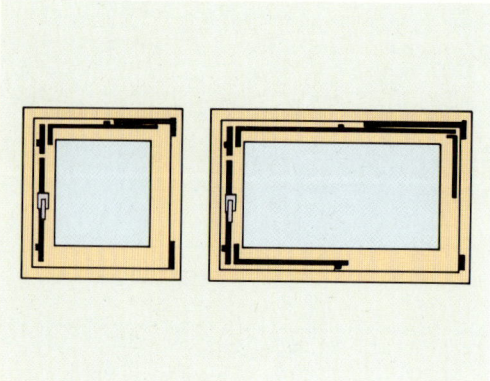

1. Dreh-Kippflügelbeschläge an einem schmalen und einem breiten Flügel

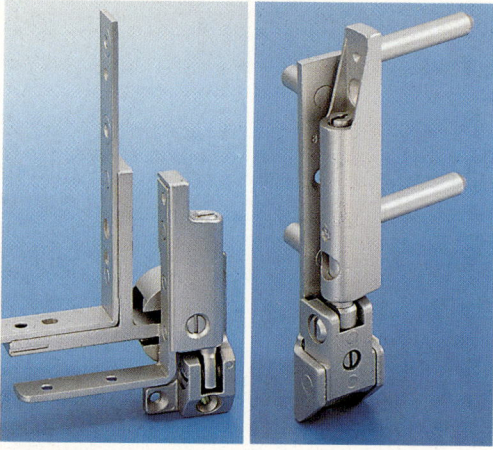

2. Das Ecklager muß eine Dreh- und Kippöffnung ermöglichen
   a) Ecklager mit Einbohrtopf, b) mit Einbohrzapfen

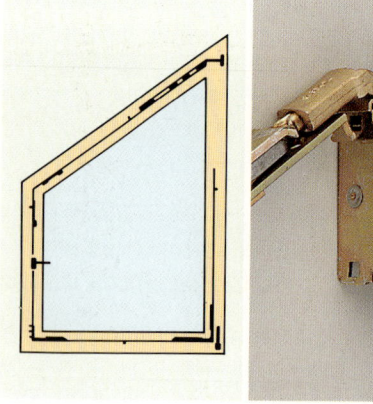

3. Die Gelenkschere für Schrägfenster paßt sich jeder Schräge an

9.9 Beschläge zur wahlweisen Dreh- oder Kippöffnung

Es ist oft von Vorteil, wenn man bei der Fensteröffnung zwischen einer kurzzeitigen Stoßbelüftung durch Drehen und einer Dauerlüftung durch Kippen des Flügels wählen kann.

Üblicher Dreh-Kipp-Fensterbeschlag

Dreh-Kippflügel (Bild 1) müssen mit Bändern angeschlagen werden, die das Öffnen wahlweise durch Drehen oder durch Kippen ermöglichen. Diese Aufgabe übernimmt an der oberen Flügelecke ein **Scherenlager** und unten ein **Ecklager** (Bild 2). In Drehstellung wird die **Schere** durch einen verschiebbaren Nocken arretiert. Gelenkscheren sind bei Schrägfenstern vorteilhaft (Bild 3). Die **Schließplatten** sind unterschiedlich. Während die üblichen Schließplatten sowohl in Dreh- als auch in Kippstellung nicht verriegeln, dient die Kippschließplatte in Kippstellung als zweites unteres Drehlager (Bild 4). **Stulp** und **Schubstangen** sind entsprechend der Flügelmaße abzulängen, in die **Eckumlenkungen** einzuhängen und in einer umlaufenden Nut am Flügel verdeckt liegend festzuschrauben (Bild 5).

> Schere, Ecklager und Schließplatten müssen nach dem Einbau funktionsgerecht eingestellt werden (Bild 6).

Varianten zum Dreh-Kippbeschlag

Preiswertere Lösungen sind der Beschlag mit aufliegender Schubstange und die Ausführung mit einem zusätzlichen Bedienungshebel für die Dreh- und Kippeinstellung (Bild 7).
Am Stulpfenster ist eine zusätzliche Verriegelung des Drehflügels (Zweitflügel) mit einem **Kantenriegelbeschlag** erforderlich (Bild 8).

Beschläge für sehr große Fensterflügel

Sehr große Fensterflügel müssen in der Mitte der Flügelbreite oder -höhe gelagert werden. Dafür stehen Schwingfenster- und Wendefensterbeschläge mit schweren Flügellagern und umlaufendem Zentralverschluß zur Verfügung. Beim Öffnen des Fensters bewegt sich eine Flügelhälfte nach innen, die andere nach außen.

1. Erläutern Sie die Funktion der unteren Schließplatte (Bild 4)!
2. Welche Beschlagteile sind einstellbar (Bild 6)?

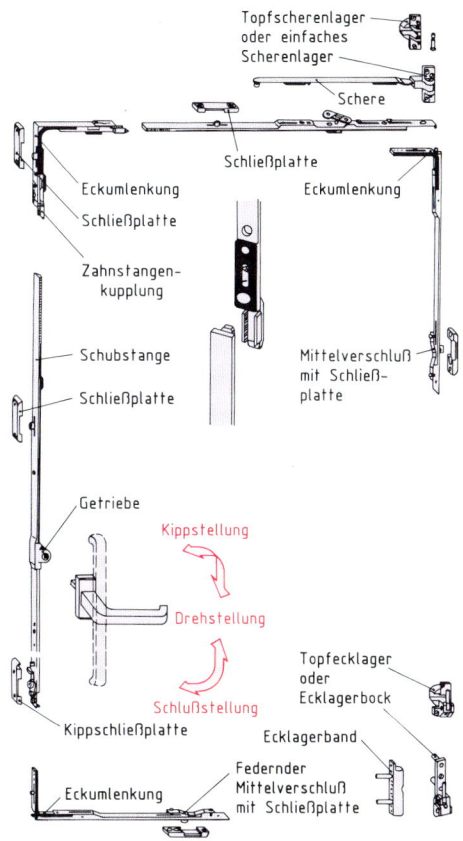

Topfscherenlager
oder einfaches
Scherenlager

Schere

Schließplatte

Eckumlenkung

Eckumlenkung

Schließplatte

Zahnstangen-
kupplung

Schubstange

Mittelverschluß
mit Schließ-
platte

Schließplatte

Getriebe

Kippstellung

Drehstellung

Topfecklager
oder
Ecklagerbock

Schlußstellung

Kippschließplatte

Ecklagerband

Kippschließplatte

Eckumlenkung

Federnder
Mittelverschluß
mit Schließplatte

4. Beschlagteile für einen Dreh-Kippflügel mit verdeckt einzubauender Zentralverriegelung

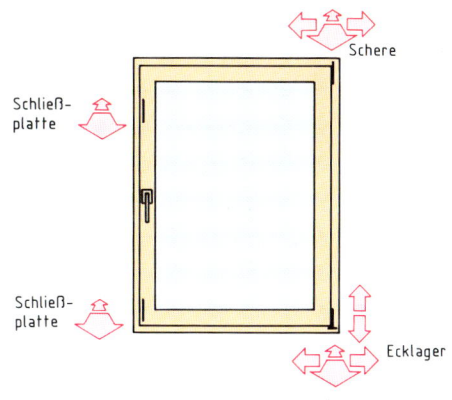

Schere

Schließ-
platte

Schließ-
platte

Ecklager

6. Einstellmöglichkeiten an einem Dreh-Kippbeschlag

7. Dreh-Kippfenster mit verdecktliegendem Drehkippbeschlag in Eingriffbedienung

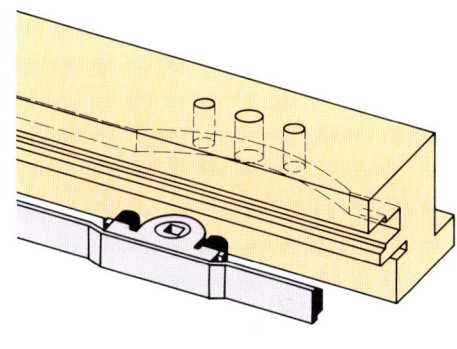

5. Getriebe und Schubstangen werden in das Flügelholz eingefräst

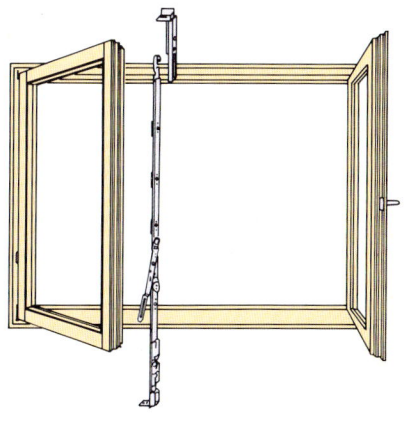

8. Der linke Flügel eines Stulpfensters wird mit einem Kantenriegel zugehalten

1. Abgeplatzter Anstrich

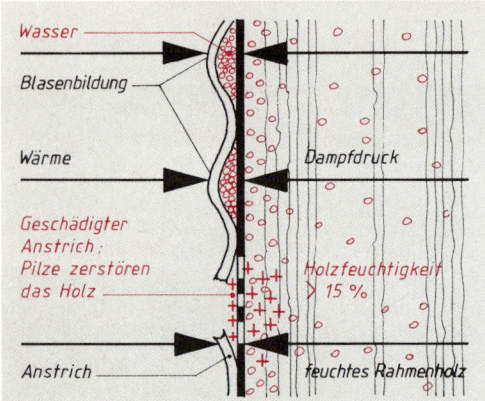

2. Ein wasserdampfundurchlässiger Anstrich ist durch einen zu hohen Dampfdruck aufgeplatzt

Oberflächenschutz			Lasuranstrich			Deckender Anstrich		
Holzartengruppe			I	II	III	I	II	III
Beanspruchung	Farbton							
Außenraumklima (indirekte Bewitterung)	ohne Einschränkung	1	A	A	A	C	C	C
Freiluftklima bei normaler direkter Bewitterung	hell	2				C	C	C
	mittel	3	B	B	B	C	C	C
	dunkel	4	B	B	B	C	C	C
Freiluftklima bei extremer direkter Bewitterung	hell	5				C	C	C
	mittel	6		B	B	C	C	C
	dunkel	7		B	B		C	C
Erstanstrich: E	Renovierungsanstrich: R		Überholungsanstrich: RÜ Erneuerungsanstrich: RE					
Freie Felder besagen, daß mit Harzfluß und/oder Rißbildung gerechnet werden muß								

3. Anstrichgruppen für Holz in der Außenanwendung

9.10 Das Holz muß durch Anstrich geschützt werden

An älteren Fenstern fallen häufig rissige und abgeplatzte Stellen des Anstrichs auf (Bild 1). An diesen Stellen kann der Anstrich seine wichtigste Aufgabe, das Holz zu schützen, nicht mehr erfüllen. Wie entstehen solche Schäden und worauf muß bei einer fachgerechten Oberflächenbehandlung geachtet werden?

Mögliche Gründe für die Schäden

Wegen der hygroskopischen Eigenschaft des Holzes vollzieht sich eine ständige Anpassung der Holzfeuchte an die aktuelle relative Luftfeuchte. In wärmeren Jahreszeiten gibt das Holz einen Teil des gebundenen Wassers ab. Dieser Wasserdampf muß ungehindert nach außen gelangen können. Dampfdichte Anstrichfilme sind dabei im Weg. Sie werden weggedrückt (Bild 2). Die zerstörende Wirkung von ultraviolettem Sonnenlicht und Witterungseinflüssen führen schließlich zum Abplatzen größerer Lackfilmteile. In das ungeschützte Holz können Wasser und Pilzsporen fortlaufend eindringen. Die Zerstörung des Holzes schreitet dann sehr schnell voran.

Solche Schäden lassen sich bei Verwendung eines geeigneten Anstrichmittels vermeiden.

Welche Eigenschaften muß ein geeignetes Anstrichmittel für ein Holzfenster haben?

Der ausgehärtete Anstrich sollte **elastisch** sein. Versprödete Anstriche reißen und lösen sich ab, weil sie die Quellung und Schwindung des Holzes nicht mitmachen.

> Anstrichmittel müssen wasserdampfdurchlässig, witterungsbeständig und unempfindlich gegen das ultraviolette Sonnenlicht sein.

Auswahl des richtigen Anstrichmittels

In Tabelle 3 sind alle Einflußgrößen enthalten, die bei der Auswahl geeigneter Anstrichmittel zu berücksichtigen sind. Anmerkung: Ein Freiluftklima bei extremer direkter Bewitterung liegt vor, bei starker Schlagregenbelastung an Gebäuden mit mehr als drei Geschossen oder an Hanglagen und wenn auf die Fenster eine starke Bewitterung aus Regen, Sonne und Wind einwirkt.

Beispiel: Ermitteln Sie die Beanspruchungsgruppe für Kiefernfenster an einem vierstöckigen Gebäude. Der deckende Anstrich soll einen mittleren Farbton haben.

Die Kiefer zählt zu den harzigen Hölzern der Holzartengruppe I. Harzarme Nadelhölzer werden der Gruppe II, Laubhölzer der Gruppe III zugeordnet. Im Freiluftklima mit extremer direkter Bewitterung ist nur ein deckender Anstrich problemlos verwendbar. Das Anstrichmittel muß die Eigenschaften der Anstrichgruppe C6/I-E erfüllen.

Wie muß ein deckender Anstrich aufgebaut sein?

Nadelhölzer sind grundsätzlich durch Tauchen (Bild 4) oder Fluten zu **imprägnieren** und zu **grundieren**. Nach der Trocknung müssen die aufgerichteten Holzfasern abgeschliffen werden. Es folgen mindestens ein **Zwischen-** und ein **Deckanstrich** durch Spritzen (Bild 5).

Lasuren für die Oberflächenbehandlung

Neben deckenden Lacken werden im Fensterbau Lasuren auf Alkyd- und Acrylharzbasis verwendet. **Imprägnier-** oder **Dünnschichtlasuren** dringen tiefer ins Holz ein. Sie sind nicht filmbildend und eignen sich darum am besten für die Imprägnierung und Grundierung.

Lacklasuren (Dickschichtlasuren) dringen weniger tief ins Holz ein. Sie bilden einen dickeren Schutzfilm als Imprägnierlasuren. Zu den umweltfreundlichen Lasuren zählen die **wasserverdünnbaren** und die **Bio-Lasuren**. Eine große Bedeutung haben die wasserverdünnbaren Lacklasuren und in steigendem Maße auch die wasserverdünnbaren Imprägnierlasuren. Zu lasierende Holzoberflächen werden mit einer Imprägnierlasur vorbehandelt und mit einer durch Spritzen aufgetragenen Lacklasur endbehandelt. Dabei sind die vom Hersteller angegebenen Mindestschichtdicken überall einzuhalten. Dies gilt insbesondere für die Kanten. Sie sind deshalb abzurunden (Bild 6).

> Um Schäden vorzubeugen, sollte der Oberflächenschutz regelmäßig überprüft und gegebenenfalls instand gesetzt werden.

1. Warum sollen Anstrichmittel für Holzfenster wasserdampfdurchlässig sein?
2. Warum müssen vor der Oberflächenbehandlung die Beschlagteile entfernt werden?
3. Nach welchen Gesichtspunkten ist ein geeignetes Anstrichmittel auszuwählen?
4. Warum führen gerundete Außenkanten (Bild 6) zu weniger Schäden am Anstrichmittel?

4. Manuelles Tauchen eines Rahmens in einer Tauchwanne

5. Deckend behandeltes Holzfenster mit Imprägnierung, Grundierung, einem Zwischen- und einem Deckanstrich

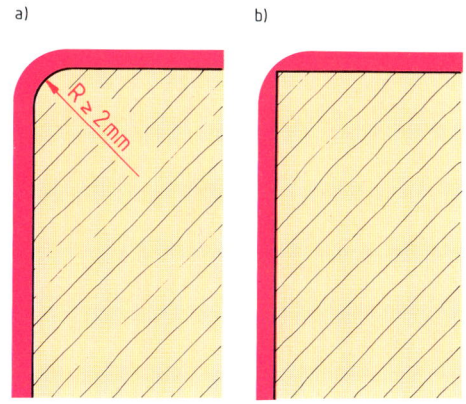

a) b)

6. Außenkanten
  a) Richtig mit gerundeter Kante
  b) Falsch mit eckiger Kante

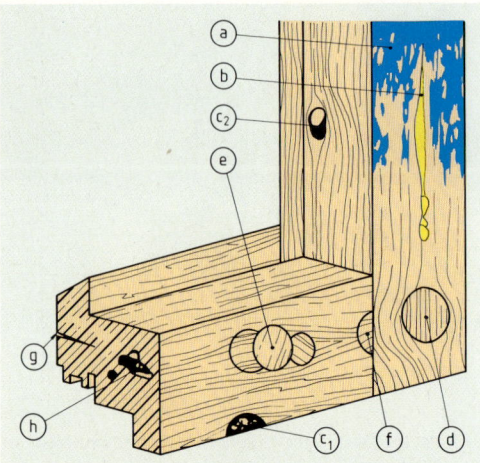

1. Unzulässige Fehler für deckenden Anstrich im Außenbau (AD)

2. „Minizinkung" als Längsverbindung

3. Anordnung der Leimfugen an lamellierten Holzquerschnitten

9.11 Holzauswahl und Holzabmessungen sind genormt

Ein Kunde ist mit den deckend behandelten Kiefernfenstern an einem mehrgeschossigen Wohnhaus unzufrieden. Ein Gutachter bemängelt die unzureichende Holzqualität und die zu geringe Holzdicke von 56 mm. Worauf muß bei der Holzauswahl und bei der Festlegung der Holzabmessungen geachtet werden?

Viele Holzfehler sind im Fensterbau unzulässig

Die Holzauswahl ist ganz eng mit der später vorgesehenen Oberflächenbehandlung verknüpft. Nach DIN 68 360 sind für die Außenverwendung bei deckendem Anstrich (AD) folgende Fehler unzulässig (Bild 1):
a) fortgeschrittene Bläue,
b) Harzgallen über 5 mm Breite,
c) schwarze Äste über 5 mm Durchmesser oder Durchfalläste im Sichtbereich,
d) ausgedübelte Äste mit mehr als 25 mm Durchmesser,
e) Kettendübelung mit mehr als zwei Stück,
f) Äste im Verbindungsbereich und Überschlag,
g) große Trockenrisse,
h) Insektenfraß, ausgenommen vereinzelt bis 2 mm bei Frischholzinsekten.
Unzulässige Wuchsfehler sind Drehwuchs und Faserabweichungen von mehr als 2 cm pro m Rahmenlänge.
Bei nicht deckendem Anstrich (AND) sind außerdem nicht erlaubt:
Längsverbindung mit Keil- oder Minizinken (Bild 2), Kettendübelung, störende Farbunterschiede und Harzgallen.

Nicht alle Hölzer eignen sich für Fenster
An den Rahmenwerkstoff werden besondere Anforderungen gestellt.

Ein für den Fensterbau geeignetes Holz muß ein gutes Stehvermögen haben und dauerhaft sein.

Der Versuch einer Klassifizierung der im Fensterbau verwendeten Hölzer führte zu nachfolgendem Ergebnis. Dabei wurden zusätzlich zum Stehvermögen und dem Widerstand gegen Pilzbefall die Festigkeit, das Trocknungsverhalten und die Bearbeitbarkeit berücksichtigt. Die Bewertungsziffern lassen einen Vergleich der Hölzer zu.

• Teak	90	• Dark Meranti	73
• Afzelia	89	• Pitch Pine	72
• Afrormosia	82	• Oregon Pine	67
• Redwood	75	• Fichte	61
• Sipo Mahagoni	73	• Kiefer	60

Lärchenkernholz hat ähnliche Eigenschaften wie Pitch Pine. Es ist dauerhafter als Fichte und Kiefer. Der starke Harzausfluß infolge Erwärmung führt aber dazu, daß Lärche im Fensterbau selten verwendet wird. Auch Eiche ist ein gut geeignetes Fensterholz. Der hohe Holzpreis von qualitativ gutem Eichenholz ist der Grund dafür, daß Fenster aus Eiche die Ausnahme sind.

Querschnittsmaße sind genormt

Die für ein Fenster erforderlichen Querschnittsmaße der Rahmenfriese sind in DIN 68 121 (Bild 4) festgelegt. In Abhängigkeit von der Beanspruchung durch den Wind sind für die Beanspruchungsgruppen A bis C die maximalen Flügelaußenmaße auf die Rahmenquerschnitte abgestimmt. Damit wird verhindert, daß sich die Rahmenfriese infolge der zu erwartenden Windbelastung zu stark durchbiegen. Im Bild 4 sind diese Zusammenhänge für IV 63–78 dargestellt. Bild 5 enthält die gebräuchlichsten Fenstergrößen für die Beanspruchungsgruppe B.

Beispiel: Welche Querschnittsmaße hätte man bei den Rahmenhölzern der oben beschriebenen 1385 mm breiten und 1385 mm hohen Kiefernfenster in 10 m Einbauhöhe einhalten müssen? 10 m Einbauhöhe entspricht der Beanspruchungsgruppe B. Daraus ergibt sich IV 68 – 78 (Bild 5). Die Rahmenholzquerschnitte für den Blend- und Flügelrahmen müssen mindestens 78 mm breit und 68 mm dick sein. Die Reklamation ist berechtigt.

Sind verleimte Holzquerschnitte zulässig?

Die Verleimung von einzelnen Schichten (Lamellen) führt zu einer günstigeren Holzausbeute und zu einer geringeren Astigkeit im Sichtbereich (Bild 3). Diese **Lamellierung** ist zulässig, wenn der Querschnitt symmetrisch aufgebaut ist. Die Klebstoffe müssen die Bedingungen nach D4 erfüllen und vor direkter Bewitterung geschützt sein.

1. Was besagt die Angabe Holz DIN 68 360-AD-FI?
2. Bestimmen Sie mit Bild 4 für IV 63–78 die größten Flügelbreiten und die entsprechenden Höhen aller Beanspruchungsgruppen!

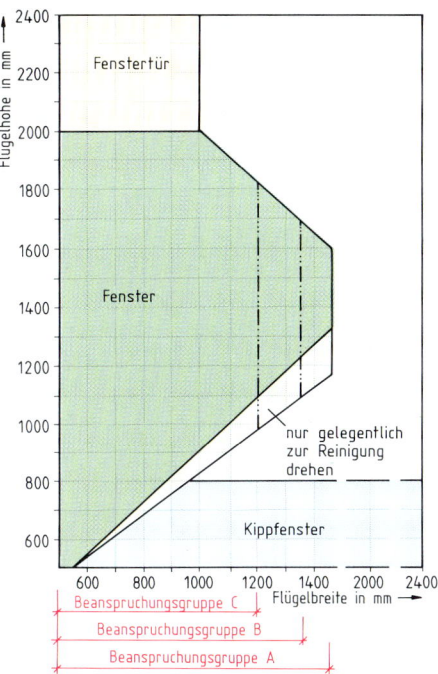

4. Maximale Flügelgrößen für IV 63–78 nach DIN 68 121

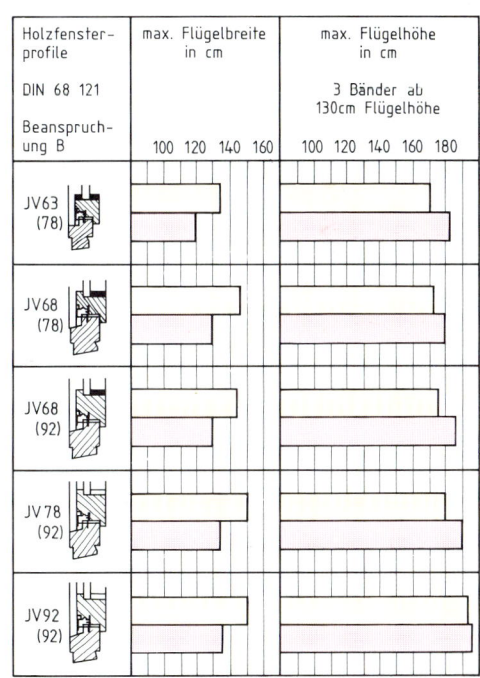

5. Maximale Flügelgrößen nach DIN 68 121 (Zusammenfassung)

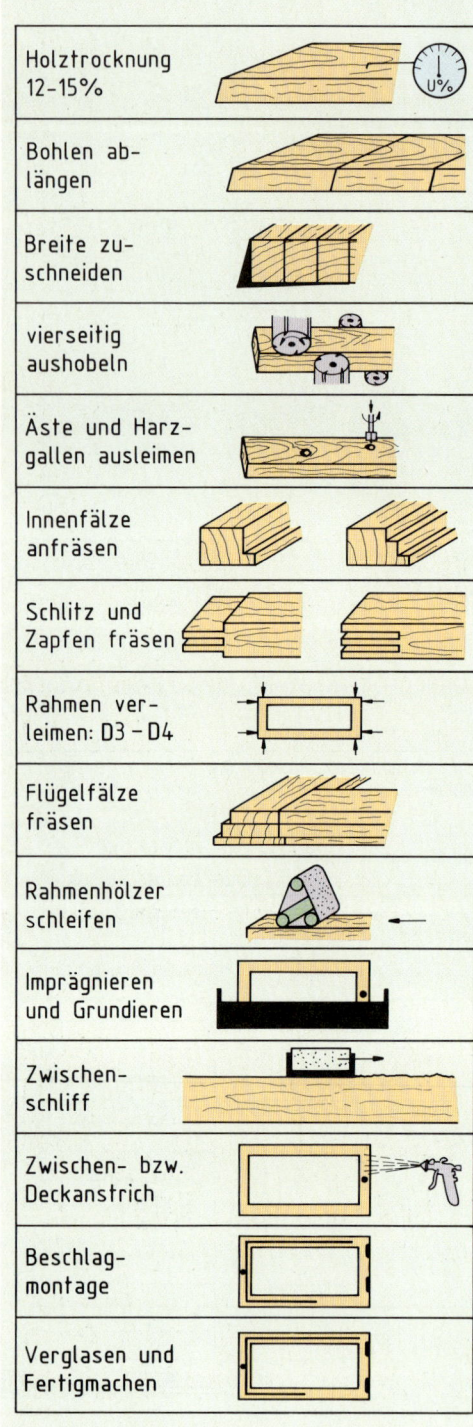

Holztrocknung 12–15%	
Bohlen ab-längen	
Breite zu-schneiden	
vierseitig aushobeln	
Äste und Harz-gallen ausleimen	
Innenfälze anfräsen	
Schlitz und Zapfen fräsen	
Rahmen ver-leimen: D3 – D4	
Flügelfälze fräsen	
Rahmenhölzer schleifen	
Imprägnieren und Grundieren	
Zwischen-schliff	
Zwischen- bzw. Deckanstrich	
Beschlag-montage	
Verglasen und Fertigmachen	

1. Arbeitsfolge bei der Herstellung von Holzfenstern

9.12 Ein Holzfenster wird hergestellt

Der Preis, der für ein Fenster zu bezahlen ist, setzt sich überwiegend aus Material- und Lohnkosten zusammen. In den Lohnkosten müssen alle zur Herstellung erforderlichen Tätigkeiten erfaßt werden. Wer einen exakten Preis ermitteln möchte, muß die Arbeitsfolge für eine Fensterproduktion genau kennen und berücksichtigen.

Herstellen der Normprofile
In Bild 1 sind die wichtigsten Arbeitsgänge einer handwerklichen Fensterproduktion vereinfacht dargestellt.
Bei der **Auswahl** und beim **Zuschnitt** des 12 % bis 15 % feuchten Holzes sind die in DIN 68 360 beschriebenen Holzfehler zu vermeiden.

Das Stehvermögen ist besser, wenn die Jahresringe zur Holzdicke orientiert sind.

Dem Beseitigen von Ästen und Harzgallen folgt das vierseitige **Aushobeln** der Rahmenfriese. Mit der Abrichthobelmaschine werden zwei Flächen rechtwinklig zueinander gehobelt, anschließend mit der Dickenhobelmaschine die endgültige Holzbreite und Holzdicke erzeugt. Die gesamten Hobelarbeiten lassen sich mit einer vierseitigen Hobelmaschine rationeller in einem Arbeitsgang erledigen.
Mit zusammengesetzten Fräswerkzeugsätzen werden die **Blendrahmenfälze** und die abgerundeten Außenkanten in einem Durchgang hergestellt. Am **Flügelinnenprofil** entstehen zunächst die Stütz- und die Entlüftungsnuten. Dann folgt das Heraustrennen der Glashalteleisten (Bild 2). Die **Flügelfälze** einschließlich der Beschlag- und Dichtungsnuten werden erst gefräst, wenn die Rahmen verleimt worden sind.

Anfräsen und Verleimen der Eckverbindungen
Das Fräsen der **Schlitz- und Zapfenverbindungen** (Bild 3) erfolgt mit genau aufeinander abgestimmten Werkzeugen. Sie führen, neben der rationellen Fertigung, zu paßgenauen Eckverbindungen. Im Gegensatz zum Flügelrahmen verlaufen die Brüstungsstöße beim Blendrahmen waagerecht. Damit wird erreicht, daß das Hirnholz der senkrechten Blendrahmenfriese nicht mehr im Außenbereich angeordnet ist. Zudem können Nuten und Fälze für eine Außen- oder Innenfensterbank durchgehend angefräst werden.

Für das **Verleimen** der Rahmen sind bei deckend weißer Oberfläche Klebstoffe nach D3, in allen übrigen Fällen D4-Klebstoffe zu verwenden. Das Zusammenpressen in hydraulisch oder pneumatisch betriebenen Rahmenpressen läßt sich ohne großen Zeitaufwand durchführen und garantiert die Rechtwinkligkeit der Rahmen.

Das **Schleifen** der Holzoberfläche kann vor oder nach dem Verleimen der Rahmen erfolgen. Das Schleifen vor dem Verleimen ermöglicht einen exakten Längsschliff. Bearbeitungsspuren durch nachfolgende Maschinenarbeiten sind aber unvermeidbar.

Anbringen der Beschläge und Verglasen

Vor diesen Arbeiten müssen die **Grundierung** und der **Zwischenauftrag** ausgeführt worden sein, damit alle später verdeckten Flächen ausreichend geschützt sind.

Alle Bohrungen und Ausfräsungen haben vor Beginn der Oberflächenbehandlung zu erfolgen.

Die **Beschlagmontage** ist nach den Angaben des Beschlagherstellers durchzuführen. Bei der **Verglasung** müssen die Verglasungsrichtlinien des Glasherstellers eingehalten werden.

Wetterschutzschienen können am Blendrahmen angeschraubt oder mit einem Steg in eine Nut eingepreßt werden (Bild 4). Endkappen sorgen für einen dichten Stoß am Blendrahmenfalz.

Die Fensterherstellung kann auch CNC gesteuert werden

Der Einsatz moderner Maschinen erlaubt es, mehrere Arbeitsgänge zusammenzufassen. Mit Hilfe der **CNC-Technik** können Maschinenkombinationen gesteuert werden, die in wenigen Minuten die gesamte Maschinenarbeit vom Aushobeln der Rahmenhölzer bis zum Verleimen der Blend- und Flügelrahmen erledigen.

1. Welche Holzfehler sind nach DIN 68 360 für
   a) deckenden Anstrich,
   b) nicht deckenden Anstrich unzulässig?
2. Warum werden die Profildichtungen bei Isolierglasfenstern um den Flügel, bei Verbundfenstern aber im Blendrahmen angebracht?
3. Nennen Sie einen Vorteil und einen Nachteil für das Verleimen der Rahmenhölzer vor dem Schleifen!

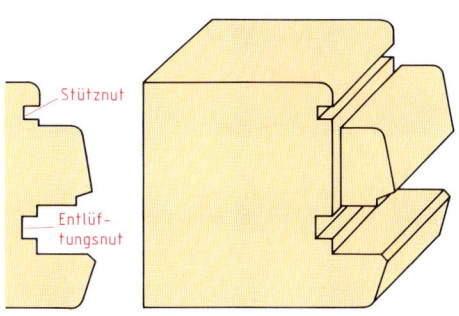

2. Glasfalzprofil: die Glasleiste wird in einem gesonderten Arbeitsgang herausgetrennt

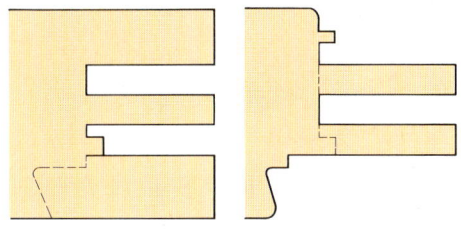

3. Profil für einen Doppelschlitz mit Doppelzapfen an einer Flügelrahmenecke

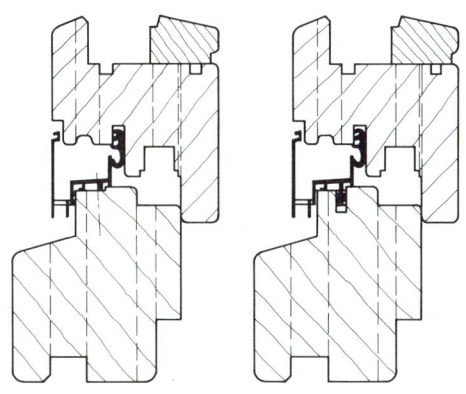

4. Befestigung der Wetterschutzschiene links: geschraubt, rechts: gepreßt

zu verrichtende Arbeiten
1. Jahr: Erstanstrich
(Erneuerungs-
anstrich)
3. Jahr: Inspektion und
Ausbesserung
6. Jahr: Ausbesserung und
Überholung
9. Jahr: Inspektion und
Ausbesserung
12. Jahr: Beginn eines
neuen Intervalls
mit einem Erneue-
rungsanstrich

1. Wartungsvorschlag für Holzfenster

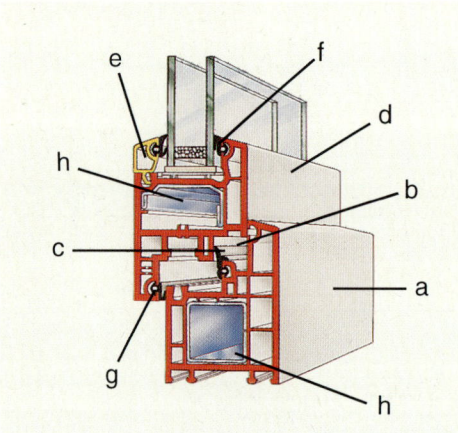

2. Profilaufbau des Blend- und Flügelrahmens eines Kunststoffensters

3. Eine Fensterecke wird auf Gehrung verschweißt

9.13 Auch Fenster aus Kunststoff sind gefragt

Es läßt sich nicht vermeiden, daß die Oberfläche von Holzfenstern im Laufe der Zeit von Witterungseinflüssen in Mitleidenschaft gezogen wird. Darum ist eine systematische Wartung der äußeren Holzflächen unerläßlich (Bild 1). Wer das immer wiederkehrende Streichen umgehen möchte, muß für die Fensterrahmen einen anderen Werkstoff wählen, z. B. Kunststoff.

Sind Kunststoffe die idealen Werkstoffe?

Aus fertigungstechnischen Gründen kommen für die Fensterherstellung vorwiegend thermoplastische Kunststoffe (PVC) in Betracht. Das typische Verhalten dieser Kunststoffe bei Erwärmung hat für ein Fensterelement zwei Nachteile.

- Die Materialausdehnung ist sehr groß.
- Die Biegefestigkeit nimmt ab.

Darum sollten hellere Farben auf der Rahmenaußenseite den Vorrang bekommen. Bei größeren Fensterabmessungen müssen die mit Hohlkammern versehenen Kunststoffprofile des Blend- und Flügelrahmens mit verzinkten Stahl- oder Aluminiumrohren versteift werden (Bild 2, Detail h). Dies hat nach den Angaben des Profilherstellers zu erfolgen.

Fensterrahmen aus Kunststoff

Die Hohlkammerprofile zeigen einen fertigen Querschnittsaufbau. Arbeiten wie auf Breite schneiden, Abrichten, auf Dicke hobeln, Fälzen, Eckverbindungen fräsen und vor allem die aufwendige Oberflächenbehandlung fallen bei der Herstellung von Kunststoffenstern nicht an. In Bild 2 ist eine Möglichkeit für den Aufbau der Hohlkammerprofile dargestellt:
a) Blendrahmen als Mehrkammerprofil,
b) Wasserrinne mit Entwässerung (ersetzt die Wetterschutzschiene),
c) Gummidichtung im Blendrahmen,
d) Flügelprofil als Mehrkammerprofil,
e) aufgeklemmte Glashalteleiste,
f) Trockenverglasung,
g) Gummidichtung im Flügelrahmen.

Herstellung eines Kunststoffensters

Fenster aus Kunststoffhohlprofilen werden in der Regel vom Tischler mit speziellen Maschinen hergestellt. Bild 4 zeigt den Arbeitsablauf in groben

Zügen. Es handelt sich um eine einfache und schnelle Herstellung. Die Rahmenecken werden auf Gehrung abgelängt, an den Stoßstellen plastisch erwärmt und so miteinander verschweißt (Bild 3).

Fertigungsbedingte Wartezeiten, wie sie beim Holzfenster nach dem Verleimen und nach dem Lackieren entstehen, gibt es beim Herstellen von Kunststoffenstern nicht.

Die Beschläge lassen sich mit Spezialschrauben an den Hohlprofilen befestigen. Der Markt bietet eine Vielzahl verschiedener Hohlkammerprofile an, die u. a. flächenversetzte und flächenbündige Konstruktionen ermöglichen.

Montage des Kunststoffensters

PVC dehnt sich je Meter bei einem Grad Erwärmung um 0,08 mm aus. In dunklen Rahmenmaterialien muß von einer durch die Jahreszeit bedingten mittleren Temperaturschwankung bis zu 80 Grad gerechnet werden. Dies ergibt je Meter Profillänge eine Maßänderung von 0,08 mm · 80 = 6,4 mm. Die Maßänderungen wirken sich vor allem bei der Montage des Blendrahmens am Baukörper nachteilig aus. Die Befestigung und die Abdichtung müssen die Maßänderungen von mehreren mm zulassen und ohne Schaden mitmachen (Bild 5). Deshalb muß die Mauerfuge 10 bis 15 mm breit sein und **dauerelastisch** abgedichtet werden.

Kunststoffenster oder Holzfenster?

Diese Frage stellt sich häufig bei einem Beratungsgespräch mit Bauherren. Preisvergleiche zeigen keinen erheblichen Unterschied. Die Wärme- und Schalldämmung kann bei beiden Fensterarten befriedigend gelöst werden.

> Vorteilhaft ist der vergleichsweise geringe Wartungsaufwand für Kunststoffenster. Problematisch sind ihre umweltbelastende Entsorgung und die große Wärmeausdehnung.

1. Welche Arbeiten, die zur Herstellung eines Holzfensters erforderlich sind, fallen bei der Kunststoffensterproduktion weg?
2. Wie beurteilen Sie Kunststoffenster aus dunkel eingefärbten PVC-Profilen?
3. Worauf ist bei der Montage eines Kunststoffensters besonders zu achten?
4. Warum sollten die Außenmaße der Blendrahmen von Kunststoffenstern nicht zu groß sein?
5. Welcher fertigungstechnische Grund spricht für die Verwendung von PVC im Fensterbau?

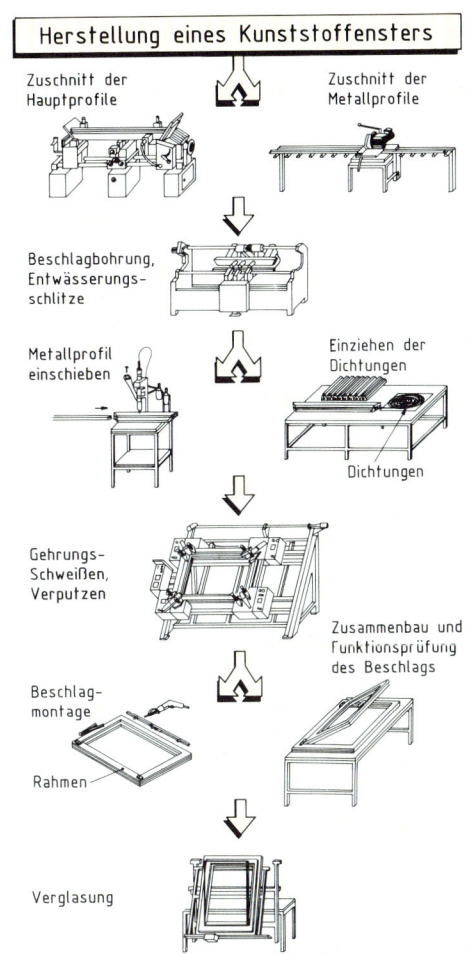

Herstellung eines Kunststoffensters

Zuschnitt der Hauptprofile

Zuschnitt der Metallprofile

Beschlagbohrung, Entwässerungsschlitze

Metallprofil einschieben

Einziehen der Dichtungen

Dichtungen

Gehrungs-Schweißen, Verputzen

Zusammenbau und Funktionsprüfung des Beschlags

Beschlagmontage

Rahmen

Verglasung

4. Arbeitsfluß für die Herstellung eines Kunststoffensters

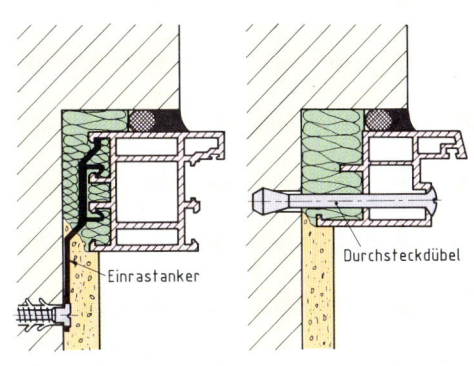

Einrastanker

Durchsteckdübel

5. Befestigung des Blendrahmens mit Bewegungsausgleich

1. *Aluminium ist ein geeigneter Werkstoff für leichte Konstruktionen*

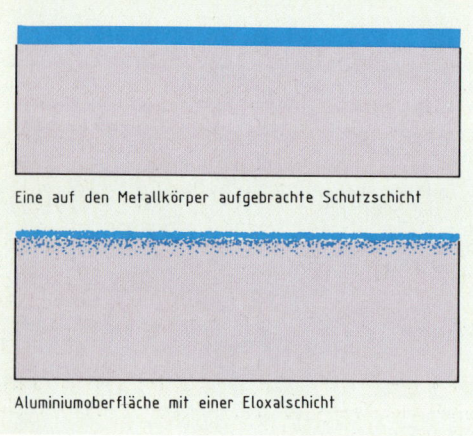

Eine auf den Metallkörper aufgebrachte Schutzschicht

Aluminiumoberfläche mit einer Eloxalschicht

2. *Beim Eloxieren verändert sich das Material an der Oberfläche*

3. *Eloxalschichten können verschieden gefärbt sein*

9.14 Aluminium – ein viel verwendetes Leichtmetall

Bild 1 zeigt einen Wintergarten in Leichtbaukonstruktion. Für die tragenden Teile wurden Aluminiumprofile gewählt, ebenso für die verglasten Elemente. Welche Überlegungen können zur Entscheidung für den Werkstoff Aluminium geführt haben?

Aluminiumkonstruktionen haben sich bewährt

Vor allem die lange „Haltbarkeit" von Aluminium ist ein Grund dafür, daß manche Bauherrn diesen Werkstoff dem Holz für die Außenverwendung vorziehen. Die Festigkeitseigenschaften von Aluminiumbauteilen reichen für viele Konstruktionen aus.

Wie ist die lange Lebensdauer zu erklären?

Aluminium geht mit Sauerstoff gern eine chemische Verbindung ein. Dabei bildet sich an der Oberfläche eine sehr dünne Oxidschicht. Im Gegensatz zu Stahl bleibt diese Schicht zusammenhängend geschlossen. Sie macht eine weitere Oxidation unmöglich. Die Dicke dieser Schutzschicht kann durch technische Verfahren auf das Hundertfache vergrößert werden (Bild 2).

> Elektrisch **ox**idiertes **Al**uminium wird kurz **Eloxal** genannt.

Die Eloxalschicht läßt sich verschiedenfarbig herstellen (Bild 3). Das von Natur aus silberweiß glänzende Aluminium kann dem Farbton anderer Werkstoffe angepaßt werden.

> Eloxalschichten sind kratzempfindlich. Sie werden von Säuren und Laugen chemisch zersetzt.

Darum müssen eloxierte Aluminiumbauteile an der Baustelle so lange mit einer Schutzfolie versehen bleiben, bis alle Arbeiten mit Mörtel, Gips, Farben u. a. m. abgeschlossen sind.
Nur wenn Aluminium mit anderen Metallen in Berührung kommt, muß mit Korrosion (Kontaktkorrosion) gerechnet werden.

> Aluminium darf mit Schwermetallen, z. B. Stahl und Kupfer, nicht in Berührung kommen.

Die Befestigung von Aluminiumteilen, z. B. Wetterschutzschienen, Fensterbänken und Abdeckbleche, darf nicht mit Eisenschrauben erfolgen (Bilder 4 und 5).

Wie groß ist die Festigkeit?

Aluminium ist ein **Leichtmetall** mit einer Dichte von nur 2,7 g/cm³. Darum besitzt Reinaluminium eine geringe Festigkeit.

> Für hochbeanspruchte Bauteile müssen Legierungen mit anderen Metallen verwendet werden.

Vor allem Mangan (Mn), Magnesium (Mg), Silicium (Si) und Kupfer (Cu) verbessern die Festigkeit der Aluminiumlegierungen.
Beispiel: Im Fensterbau wird häufig die Legierung AlMgSi verwendet. Einem Anteil von etwa 98 % Aluminium werden Magnesium und Silicium beigemengt (Bild 6).

Eigenschaften und Bearbeitungsmöglichkeiten

Aluminium ist weich und darum leicht mit spanenden Werkzeugen bearbeitbar. Es läßt sich gut durch Schweißen und Löten verbinden.

> Die gute Wärmeleitung und die große Wärmeausdehnung von Aluminium sind im Metallbau unerwünscht.

Aluminium-**Gußlegierungen** eignen sich besonders gut zur Herstellung verschiedener Gußformen, z. B. für Türbänder und Türdrücker. Aus **Knetlegierungen** werden Profile für Fenster und Fensterbänke, für Rolläden und Fassadenverkleidungen gezogen.

Wie wird Aluminium gewonnen?

Dieses Metall kommt in reinem Zustand in der Natur nicht vor. Aluminium wird aus **Bauxit** gewonnen. Es stellt mit etwa 8 % in der Erdkruste einen größeren Anteil dar als Eisen mit 5 %.

1. Warum darf an einen Aluminiumblendrahmen keine Fensterbank aus Kupfer geschraubt werden?
2. Vergleichen Sie die Dichte von Aluminium mit der Dichte von Stahl und Holz!
3. Um welche Zusammensetzung handelt es sich bei der Legierung AlMn?
4. Welche Eigenschaften von Aluminium sprechen für eine Verwendung im Fensterbau?

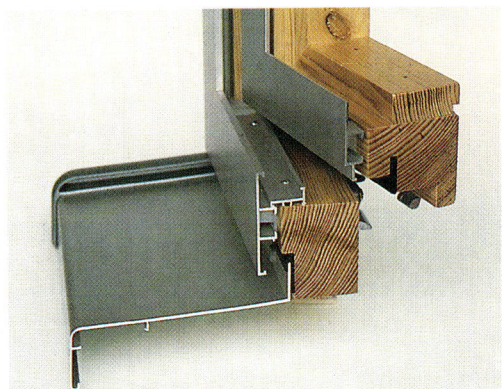

4. Ein mit Aluminiumprofilen verkleidetes Holzfenster

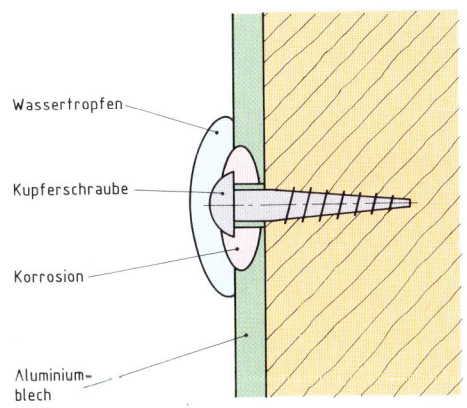

5. Weil ein Alu-Blech an einem Holzfenster mit Stahlschrauben befestigt wurde, kam es zu einer Kontaktkorrosion

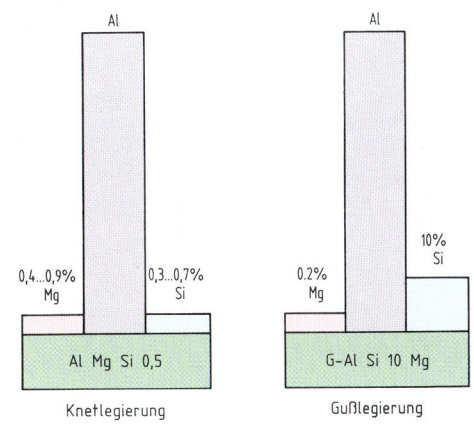

6. Zusammensetzung von Al-Legierungen

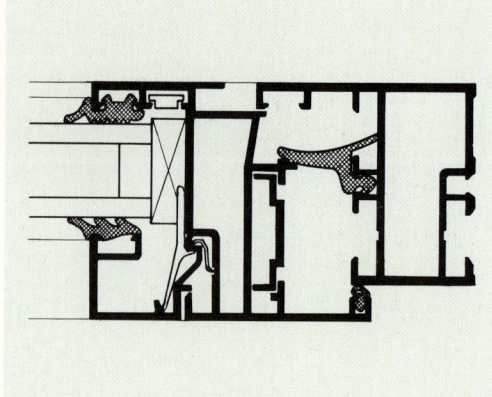

1. *Horizontalschnitt durch ein nicht wärmegedämmtes Aluminiumfenster*

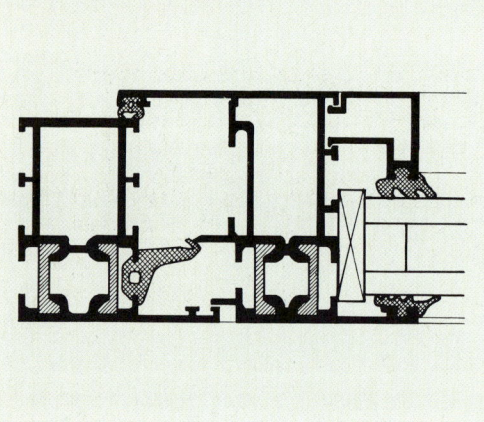

2. *Horizontalschnitt durch ein wärmegedämmtes Aluminiumfenster*

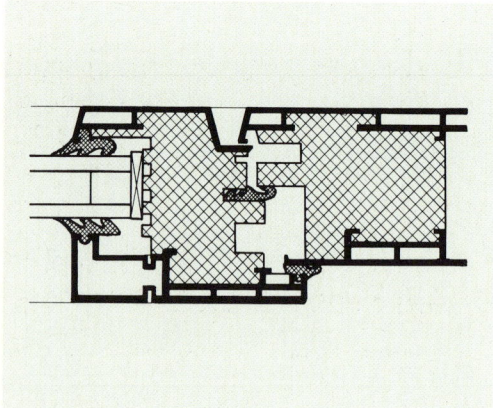

3. *Horizontalschnitt durch ein Fenster mit Polyurethankern mit beidseitiger Aluminiumverkleidung*

9.15 Fenster aus Aluminium sind widerstandsfähig

Bauherren und Architekten von öffentlichen Gebäuden lehnen oft Holzfenster wegen der aufwendigen Wartung der Holzoberfläche und Kunststofffenster wegen der zu geringen Stabilität ab. Sie fordern ein wartungsfreies Fenster mit guten Festigkeitseigenschaften. Diese Forderung kann von korrosionsbeständigen Metallen erfüllt werden, z. B. von Aluminium.

Ist Aluminium der „ideale" Werkstoff für Fenster?

Der Korrosionsbeständigkeit und der guten Biegefestigkeit auch bei starker Sonneneinstrahlung steht eine unbefriedigende Eigenschaft gegenüber:

> Aluminium leitet die Wärme etwa 1400 mal besser als Nadelholz!

Die gute Wärmeleitung hat eine völlig unzureichende Wärmedämmung zur Folge. Der Wärmeverlust von Alu-Fenstern aus einteiligen stranggepreßten Hohlprofilen (Bild 1) ist zu hoch! Die Forderung nach einem verbesserten Wärmeschutz im Wohnungsbau führte zur Herstellung von **wärmegedämmten** Aluminiumprofilen (Bild 2). Die Kältebrücke wird durch die Trennung des Verbindungssteges unterbrochen. Wärmedämmende Kunststoffstege halten das Innen- und Außenprofil fest zusammen. Die Wärmedurchgangszahl (k-Wert) wird dadurch deutlich vermindert. Sie ist aber noch höher als bei einem Rahmen eines Standardfensters aus Holz oder Kunststoff.

> Im Wohnungsbau erfüllen nur wärmegedämmte Aluminiumrahmen die geforderten Bedingungen für einen befriedigenden Wärmeschutz.

Aufbau eines Standardfensters aus Aluminium

Wie die Kunststofffenster sind auch Fenster aus Aluminiumverbundprofilen so aufgebaut, daß die einschlägigen Forderungen über Wärmedämmung, Wind- und Schlagregensicherheit, Verklotzung und Verglasung erfüllt werden.
Eine große Mitteldichtung im Blendrahmen und eine innere Dichtung am Flügelprofil sorgen für

einen dichten Anschlag. Wie beim Kunststoffenster ist die Trockenverglasung mit Glasfalzentlüftung üblich. Die Rahmenecke hält ein Eckwinkel zusammen, der in die Profile eingeschoben und dort befestigt wird.

Sonderausführung für ein Aluminiumfenster

Mit der im Bild 3 dargestellten Konstruktion wird ein k-Wert von 1,5 W/(m²K) erreicht. Kern der Konstruktion ist ein hoch tragfestes, wärmedämmendes Polyurethan-Profil.

Aluminium mit Holz kombiniert

Die unzureichende Witterungsbeständigkeit von Holzfenstern wirkt sich nicht mehr nachteilig aus, wenn die äußere Oberfläche mit Aluminium verkleidet ist (Bild 4).

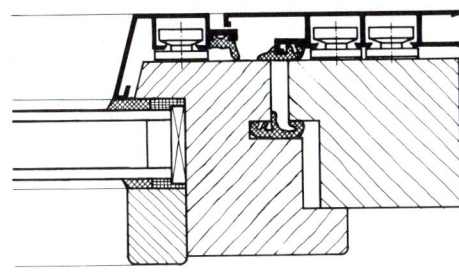

4. Horizontalschnitt durch ein Aluminium-Holzfenster

> Ein Aluminium-Holzfenster vereinigt die Vorzüge eines Holz- und eines Aluminiumfensters.

Die Befestigung des äußeren Aluminiumrahmens auf dem Holzteil muß die unterschiedliche Wärmeausdehnung der beiden Materialien (8fache Ausdehnung bei Aluminium) zulassen. Bewährt haben sich Haltenocken, die auf das Holz aufgeschraubt werden. Der Aluminiumrahmen läßt sich dann in eine Nut der Haltenocken fest eindrücken. Nach dem Einrasten in die Nut bleibt ein genügend großer Abstand für die Hinterlüftung des Holzes (Bild 4).

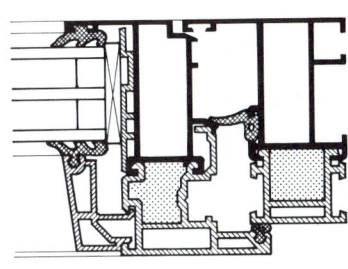

5. Horizontalschnitt durch ein Aluminium-Kunststoffenster

Aluminium-Kunststoffenster

Mit dieser Materialkombination wird die hohe Wärmeleitfähigkeit des Aluminiums mit einem inneren PVC-Hohlkammerprofil unterbunden (Bild 5). Wegen der unterschiedlichen Wärmeausdehnung müssen auch diese beiden Werkstoffe gleitend miteinander verbunden werden.

1. Beschreiben Sie ein wärmegedämmtes Aluminiumverbundprofil!
2. Welche Eigenschaften sind bei einem Fenster aus Aluminium besser als bei einem a) Holzfenster, b) Kunststoffenster?
3. Wie muß bei einem Aluminium-Holzfenster der Aluminiumrahmen mit dem Holz verbunden werden?
4. Vergleichen Sie die k-Werte für die verschiedenen Fensterkonstruktionen aus Aluminiumverbundprofilen, PVC-Hohlkammerprofilen und Holzprofilen (Bild 6)!

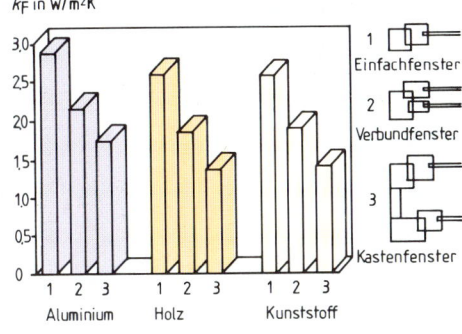

6. Das Rahmenmaterial hat einen großen Einfluß auf den k-Wert des Fensters

1. Giebelfront mit Balkon- und Terrassentürelement

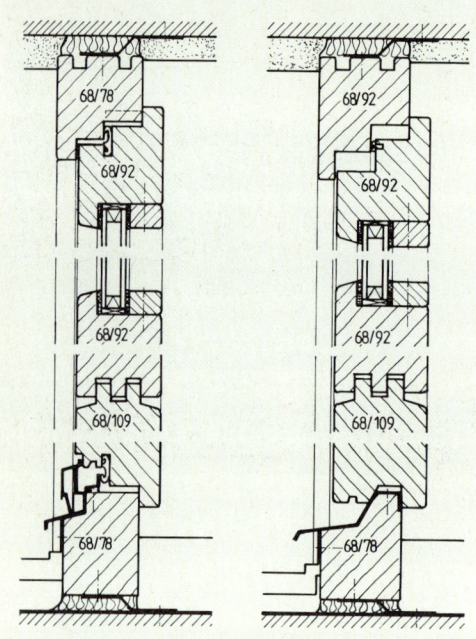

Dreh-Kipptüre   Hebe-Drehtüre
2. Balkontürarten (Vertikalschnitte)

9.16 Türen, die wie Fenster konstruiert sind

Für eine Wohnanlage sollen schmale Balkontüren und breite Terassentüren nach Bild 1 hergestellt werden. Welche Türarten kommen dafür in Frage?

Schmale Fenster-Türen

Für eine schmale Glastür an der Außenfassade eignet sich eine **Drehtür** bzw. eine **Dreh-Kipptür**. Es ist im wesentlichen ein bis an die Fußbodenoberfläche verlängertes Fenster mit breitem unteren Querfries (Bild 2) und entsprechend kräftig dimensioniertem Beschlag. Seltener werden die **Hebe-Drehtüren** angewandt. Sie lassen sich erst öffnen, wenn der Türrahmen mit Hilfe eines Griffhebels und einem Hebeband über eine Sattelschwelle angehoben worden ist. Am oberen waagerechten Rahmenfries muß genügend Falzspiel für den Hebeweg vorhanden sein (Bild 2).

Breite Fenster-Türen

Für die großflächige Terrassentür ist eine Drehtür aus folgenden Gründen ungeeignet:
* Der geöffnete Türflügel würde mit seiner ganzen Breite zu weit in den Raum ragen.
* Die große Flügelrahmenbreite hätte ein sehr großes Drehmoment zur Folge. Das würde die Beschläge zu sehr belasten.

Beide Nachteile lassen sich mit Schiebetüren vermeiden.

Für breite Terrassentüren eignen sich **Parallel-Schiebe-Kipptüren** (Bild 3). Zum Lüften wird der breite Türflügel in Kippstellung gebracht (Bild 4). Mit einem Drehgriff können die im oberen Falz liegenden Scheren zwangsgesteuert werden. Dabei drücken sie den Flügel beim Öffnen vom oberen Blendrahmenfries weg. Bevor sich der Flügel seitlich verschieben läßt, muß er unten aus dem Blendrahmen herausgefahren werden. Die Tür-

3. Parallel-Schiebe-Kipptür

4. Ausstellschere einer Parallel-Schiebe-Kipptür

fläche ist dann vor den Blendrahmen parallel abgestellt. In dieser Stellung ist eine Schiebebewegung möglich. Ein auf einer Schiene rollender Laufwagen (Bilder 5 und 9) sorgt für eine spielend leichte Schiebebewegung und für eine sichere untere Führung des Flügels.

Zum Schließen wird der Flügel zunächst in Kippstellung gebracht. Mit den zwangsgesteuerten Scheren läßt sich der Flügel wieder in die Blendrahmenfälze zurückziehen. Ein umlaufender Zentralverschluß mit einstellbarem Flügelanpreßdruck verriegelt den Flügel sicher und erzeugt den richtigen Anpreßdruck für die Flügelfalzdichtung (Bild 8).

5. Laufschiene mit Ausstellarm einer Parallel-Schiebe-Kipptür

Bauarten für sehr breite Terassentüren

Für sehr breite Türöffnungen sind die **Faltschiebetüren** besonders gut geeignet. Durch eine Faltmechanik werden die Einzelflügel zu einem „Türpaket" zusammengeschoben (Bild 7).

Faltschiebetüren ermöglichen eine große Öffnungsbreite ohne Unterbrechung durch Pfosten.

Zu den älteren Bauarten zählen **Kipp-Schiebetüren** und **Hebe-Schiebetüren**. Die Schiebebewegung kann entweder nur in Kippstellung oder bei angehobenem Türflügel erfolgen. Eine Lüftung ist bei der Hebe-Schiebetür nur möglich, indem der Flügel zur Seite geschoben wird. Dabei entsteht ein Lüftungsspalt, der bis zum Boden reicht. Der Schiebetürflügel ist an den Außenkanten nicht gefälzt. Die Windsperre muß durch frei liegende Gummidichtungen erfolgen. Diesen Nachteil haben Parallel-Schiebe-Kipptüren nicht.

6. Obere Führung einer Falt-Schiebetür

1. Warum sollten breite Türflügel nicht durch Drehen, sondern durch Schieben geöffnet werden können?
2. Welche besonderen Vorzüge haben Faltschiebetüren gegenüber den Parallel-Schiebe-Kipptüren?
3. Welche nachteilige Eigenschaft hat dazu beigetragen, daß Hebe-Schiebetüren kaum noch gefragt sind?

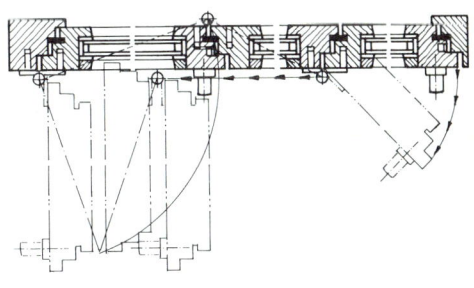
7. Horizontalschnitt durch eine Falt-Schiebetür

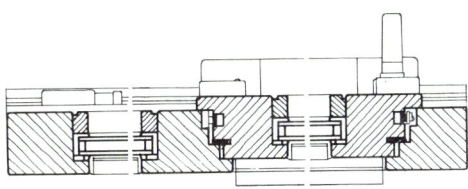
8. Horizontalschnitt durch eine Parallel-Schiebe-Kipptür

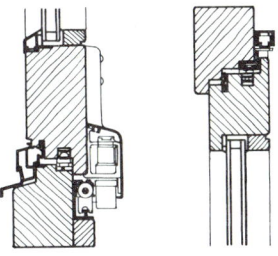
9. Vertikalschnitt durch eine Parallel-Schiebe-Kipptür

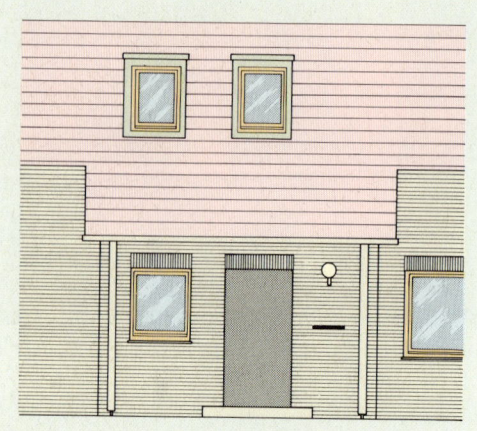

1. Türöffnung im Verblendmauerwerk

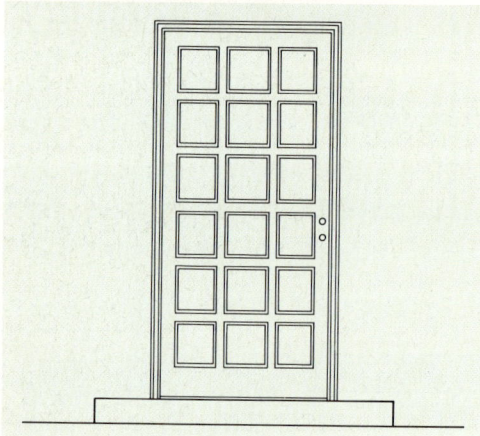

2. Einflügelige Gitterwerk-Rahmentür

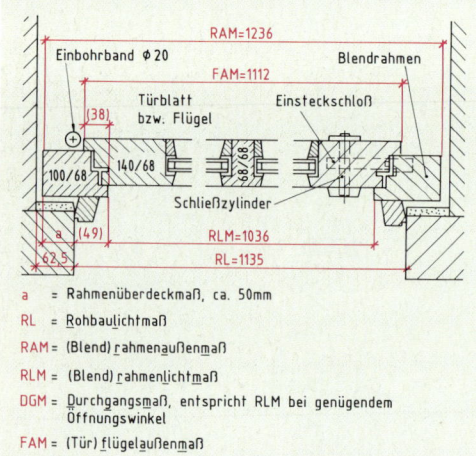

a = Rahmenüberdeckmaß, ca. 50mm

RL = Rohbaulichtmaß

RAM = (Blend) rahmenaußenmaß

RLM = (Blend) rahmenlichtmaß

DGM = Durchgangsmaß, entspricht RLM bei genügendem Öffnungswinkel

FAM = (Tür) flügelaußenmaß

3. Hauptabmessungen im Horizontalschnitt

10.1 Haustüren werden gestaltet

Außentüren sind Türen für Haupt- und Nebeneingänge von Gebäuden. Als Haustür im engeren Sinne bezeichnet man die Haupteingangstür von Wohngebäuden.
Gestalten, Herstellen und Einbauen von Haustüren erfordern umfangreiche Kenntnisse und Fertigkeiten.

Unser Kunde bestellt eine Rahmentür

Der Bauherr Müller wünscht eine schlichte Haustür. Die Tür soll zugleich die Grenze seines Wohnbereiches symbolisieren. Der Eingang ist an der Nordseite unter einem schützenden Vordach. Bild 1 zeigt die Maueröffnung für die Haustür. Durch den Türeingang soll Tageslicht in die Diele fallen. An den Wärme-, Schall- und Einbruchschutz werden die üblichen Mindestanforderungen gestellt. Zur lehmgelb verklinkerten Fassade sind Fenster aus Lärche vorgesehen. Namenschild mit Klingel, Lichtschalter, Briefklappe und Gegensprechanlage sollen als Funktionsgruppe vor dem waagerechten Mauerschlitz angeordnet werden.

Wie gestaltet der Tischlermeister die Tür?

Er entwirft zunächst mehrere Varianten. Als Holzart wird ebenfalls Lärche gewählt, damit Fenster und Tür zueinander passen. Man einigt sich auf eine Gitterwerk-Rahmentür. Bild 2 zeigt die Außenansicht der geplanten Tür. Ein Blendrahmen umfaßt den Türflügel. Im Falzbereich wird ein Dichtungsprofil vorgesehen. Der Flügel soll ein Einsteckschloß mit Wechsel und Mehrpunktverriegelung erhalten. Über den Wechsel ist die Schloßfalle von außen mit dem Zylinderschlüssel zurückzuziehen. Die Gitterfelder werden mit Mehrscheiben-Isolierglas ausgefüllt. Die nach innen aufgehende Tür soll rechts angeschlagen werden.
Nach diesem Entwurf liegen nun Funktionen, Werkstoffe, Form und die grundsätzliche Konstruktion fest. Um die Tür zu fertigen, sind noch die Details zu konstruieren und die erforderlichen Fertigungsmaße zu bestimmen.

Wie erhalten wir die Hauptabmessungen?

Die Bilder 3 und 4 zeigen die Tür im Horizontal- und Vertikalschnitt. Der besseren Übersicht wegen sind auf diesen beiden Bildern Befestigungsmittel, Dämmung und Dichtstoffe nicht dargestellt. Blatt, Umrahmung und Beschläge sind die Baugruppen dieser Tür. Das Blatt einer Drehtür heißt Flügel. Zunächst ermitteln wir die lichten Rohbaumaße (RL) und die Einbaumaße der Zukaufteile. Für die Rahmenquerschnitt-Abmessungen können bekannte Erfahrungswerte zugrundegelegt werden. Falzausbildung und Rahmendicke orientieren sich am Fensterbau, sind jedoch auf die vorgesehenen Beschläge abzustimmen. Unter diesen Voraussetzungen ermittelt man die Außenabmessungen für den Blend- und den Flügelrahmen.

Mindestanforderungen

An die technischen Eigenschaften einer Haustür werden heute höhere Forderungen gestellt. In Prüfnormen und RAL-Bestimmungen sind Mindestgrenzen für die technische Qualität festgelegt. Außentüren sollen genau wie Fenster das Hausinnere vor Witterungseinfluß, Wärmeverlusten und Straßenlärm schützen. Die Tür muß genügende Durchgangsmaße haben und leicht zu bedienen sein. Sie muß einbruchhemmend wirken und vor weiteren Gefahren schützen. Außerdem müssen Außentüren bei minimalem Wartungsaufwand funktionsbeständig bleiben.

Wie groß ist der Freiraum für Gestaltung?

Außentüren bestimmen die architektonische Wirkung von Gebäudefassaden wesentlich mit. Daher müssen solche Türen sorgfältig gestaltet werden (Bild 5). Erforderliche Funktionen, geeignete Werkstoffe, eine sinnvolle Form und dauerhafte Konstruktion sind aufeinander abzustimmen. Die technische Qualität kann zwar im Prüfinstitut für Türentechnik gemessen werden, die Einstufung der ästhetischen Qualität von Türen unterliegt jedoch weitgehend dem persönlichen Geschmack. Einige Regeln zur Gestaltung (Bild 6) helfen, dauerhafte Türen mit bestimmter architektonischer Wirkung zu bauen.

> Eine Tür gestalten heißt: Werkstoffen und Zubehör durch dauerhafte Konstruktionen eine zweckmäßige und formschöne Gestalt geben.

Durch sinnvolle Kombination unterschiedlicher Flächengliederungen, Werkstoffe, Oberflächen-Schutzmittel, Beschläge, Türblätter und Umrahmungen ergibt sich ein großer Freiraum.

1. Welche Baugruppen bilden eine Haustür?

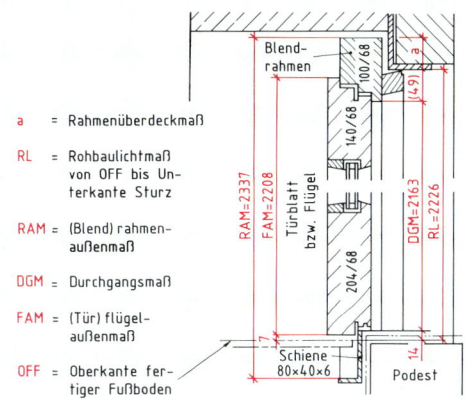

a   = Rahmenüberdeckmaß

RL   = Rohbaulichtmaß von OFF bis Unterkante Sturz

RAM = (Blend)rahmen-außenmaß

DGM = Durchgangsmaß

FAM = (Tür)flügel-außenmaß

OFF = Oberkante fertiger Fußboden

4. Hauptabmessungen im Vertikalschnitt

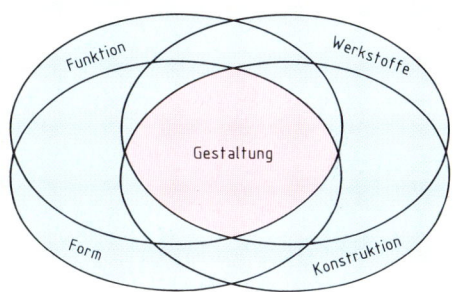

5. Für die Gestaltung einer Haustür sind umfangreiche Fachkenntnisse erforderlich

Witterungsschutz
Maueröffnungen möglichst an Nordseite, Türen unter Vordach und/oder in Mauernische planen, Holz konstruktiv schützen!

Umfeld
Tür auf Baustil des Gebäudes abstimmen, Form und Farbe zu den Fenstern passend wählen! Holz- und Fassadenfarbe sollen einen verträglichen Kontrast bilden. Dunkle Türblätter betonen den Eingang.

Optische Wirkung
Größere Glasfüllungen wirken einladend, Brettaufdopplungen setzen ein Haltesignal. Eine Tür mit breiten Rahmenhölzern sieht behäbig aus. Aufrechte Sprossen, Aufdopplungen o. ä. strecken die Tür in die Höhe, waagerechte in die Breite. Die waagerechte oder senkrechte Gliederung der Maueröffnung geschieht vorteilhaft mit dem Goldenen Schnitt.

6. Gestaltungsregeln

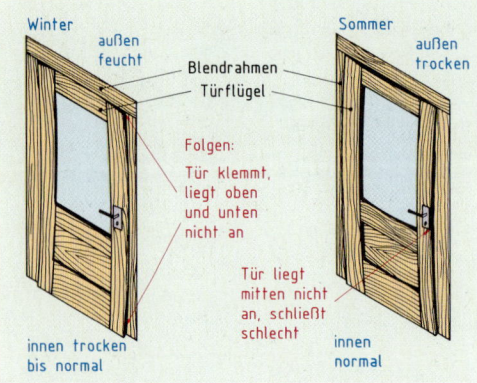

1. Türblatt ohne ausreichende Formbeständigkeit

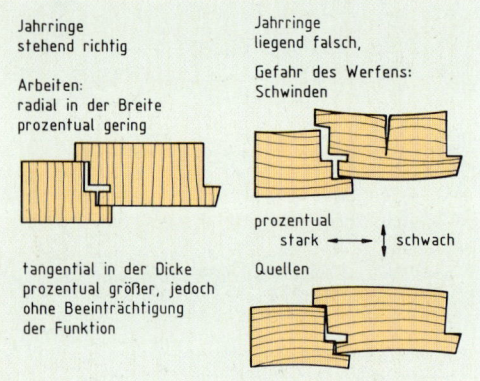

2. Auswirkung der Jahrringrichtung

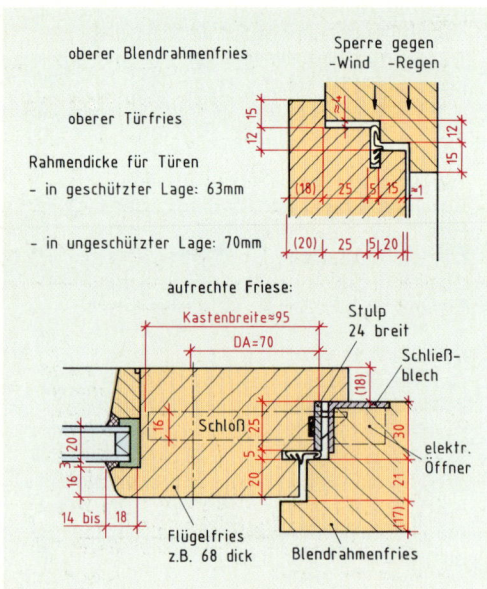

3. Die Dicke ergibt sich aus Einzelmaßen

10.2 Rahmenholz-Querschnitte

Das Gitterwerk-Türblatt besteht im wesentlichen aus den aufrechten Rahmenhölzern, dem oberen und dem unteren Rahmenholz, breiten Sprossen und den Füllungen. Rahmenhölzer bezeichnet man auch als Friese. Blatt und Umrahmung sind als Klimascheide den jahreszeitlichen Schwankungen der Luftfeuchte und der Temperatur ausgesetzt (Bild 1). Sie müssen Erschütterungen und Winddruck standhalten. Außerdem dürfen die schloßseitigen Rahmenecken infolge schwankender Holzfeuchte höchstens um 3,5 mm abheben. Andernfalls bleiben die Falzdichtungen wirkungslos. Das Türblatt muß also besonders formbeständig und dauerhaft sein. Die Holzart Lärche ist für den Türenbau geeignet, wenn das Holz nicht drehwüchsig ist.

Dicke und Breite der Rahmenfriese

Der Friesquerschnitt richtet sich nach der Türblattgröße, nach den zu erwartenden Belastungen und nach der beabsichtigten gestalterischen Wirkung. Aber auch die gewählten Beschläge, Füllungen und Dichtungen bestimmen den Friesquerschnitt mit. Türfunktionen können durch starkes Schwinden (Bild 2) und Quellen in Richtung der Friesbreite beeinträchtigt werden. In Richtung der Friesdicke wirkt sich das Arbeiten jedoch kaum nachteilig aus. Friese müssen daher stehende Jahrringe aufweisen.

Friesdicke. Wir müssen nach der Wärmeschutzverordnung Mehrscheiben-Isolierglas einsetzen, weil die Glasfläche größer als ein Zehntel der Türfläche ist (Bild 3). Der innere Falz muß den Schloßstulp aufnehmen können und sollte daher 20 bis 25 mm breit sein. Für die Winddichtung ist ein Abstand von 20 mm zur Regendichtung wünschenswert. Der Blattüberschlag sollte bei Verwendung von Einbohrbändern möglichst 20 mm dick sein. Damit ergäbe sich eine Friesdicke von 70 mm. Wird die Tür in geschützter Lage eingebaut, darf die Winddichtung gegebenenfalls im kleineren Abstand angeordnet werden.
Besteht ein Zusammenhang zwischen Friesdicke und Stehvermögen? Zur Klärung betrachten wir die Feuchtigkeitsverteilung im ungeschützten Holz (Bild 4). Bei einer gleichmäßigen Feuchtigkeitsaufnahme um z. B. 6 % bleibt die Quellung unter einem Tausendstel der Länge und ist damit praktisch bedeutungslos. Nimmt jedoch die Feuchtigkeit im Leistenquerschnitt von der trockenen zur feuchteren Fläche um etwa 6 % zu,

stellt sich eine unerwünschte Längswölbung ein. Bei einer angenommenen Quellung der feuchten Fläche um 2 mm ist die Wölbung von der Leistendicke abhängig.

Türen mit großer Friesdicke reagieren weniger empfindlich auf Feuchtigkeitsunterschiede.

Obwohl Stehvermögen, Biegesteifigkeit und Einbau des Zubehörs für möglichst dicke Friese sprechen, werden aus Gewichtsgründen meist Friesdicken zwischen 63 und 70 mm gewählt. Wir fertigen das Türblatt in 68 mm Dicke.

Breite der Friese. Winkelbeständigkeit, solide Eckverbindungen, Beschlagabmessungen und Falztiefen erfordern zum einen genügend große Friesbreiten. Andererseits darf die Friesbreite nicht zu groß sein, um Schwindrisse zu vermeiden, Brüstungen dicht zu halten und die Maßzunahme infolge Quellung zu begrenzen.
Bild 5 zeigt übliche Friesbreiten. Mit der größeren Breite des unteren Frieses wird das Türblatt in Bodennähe besser geschützt. Ein aufgeleimter Wetterschenkel ist zweckmäßig, wenn eine Tür dem Schlagregen ausgesetzt wäre, oder wenn ein optischer Abschluß zum Boden erreicht werden soll. Breiten über 220 mm lassen sich nur mit geteilten Vollholzfriesen ausführen. Hierbei müssen Feuchtenester vermieden werden. Die Verformung von Türblättern bleibt in zulässigen Grenzen, wenn Friesquerschnitte nach Tabelle 6 bemessen werden. Wir wählen für das Gitterwerk-Türblatt die aufrechten Friese und den oberen Fries 140 mm, den unteren Fries 204 mm und die Sprossen 68 mm breit.

Friese aus Lagenholz
Breitere Friese sind mit einer Stäbchen-Mittellage und Sperrholz-Decklagen erreichbar (Bild 7). Die Anleimer können mit einem dicken Sägefurnier überdeckt werden.
Für Friese in normaler Breite hat sich mittlerweile die Lamelliertechnik bewährt. Allerdings muß die Herstellung sorgfältig nach Norm erfolgen. Alle Verleimungen müssen D4 genügen.

1. Warum sollen Rahmen dicker als 60 mm sein?
2. Weshalb sollen die aufrechten Vollholz-Friese 180 mm Breite nicht überschreiten?

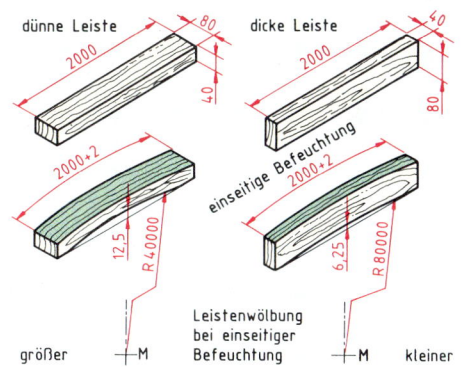

4. Leistendicke und Wölbung bei einseitiger Befeuchtung

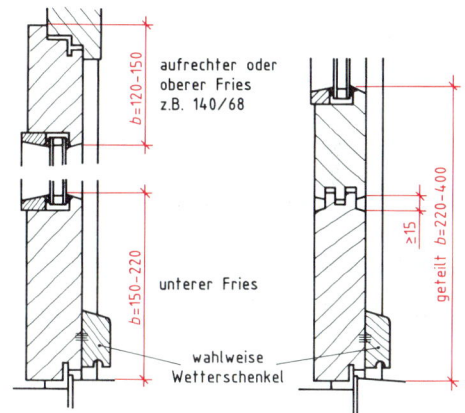

5. Übliche Friesbreiten für Rahmentüren

Breite in mm	180	150	120	100	85
Dicke in mm für EI	60	63	69	73	81
Dicke in mm für FI	66	70	75	80	86

6. Empfohlene Friesquerschnitte auszugsweise

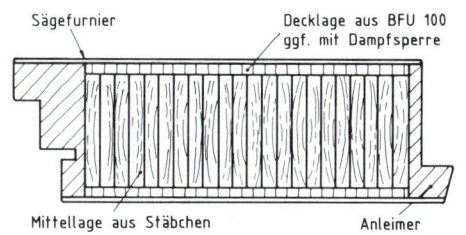

7. Breite Friese aus Verbundholz

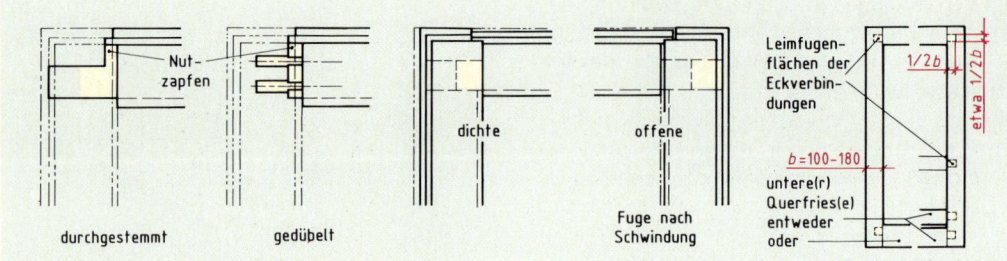

1. Eckverbindungen in Rahmentüren

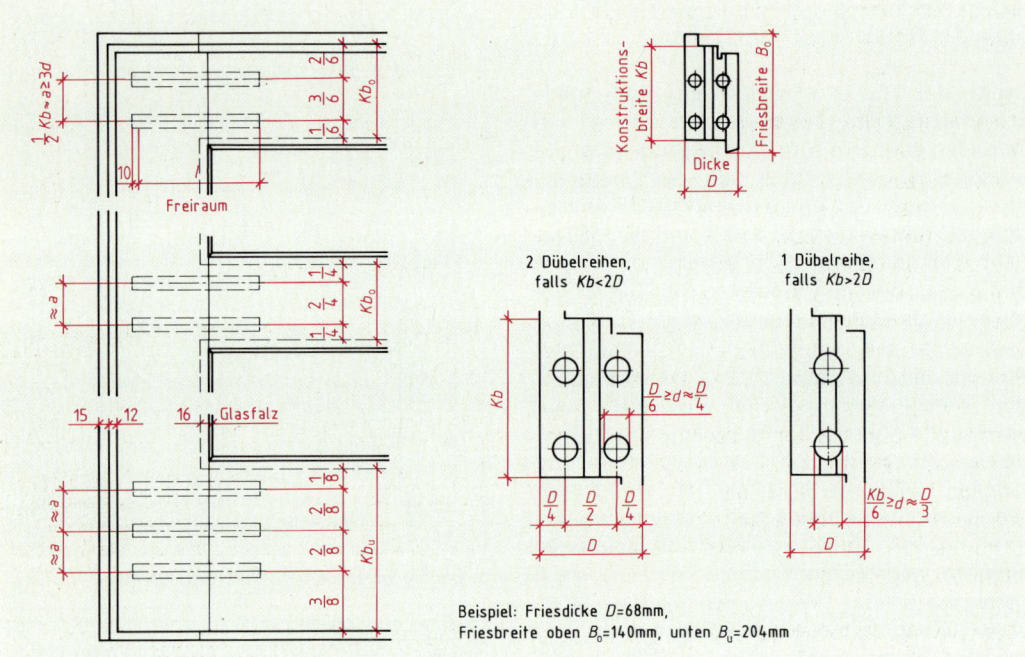

2. Dübelabstände

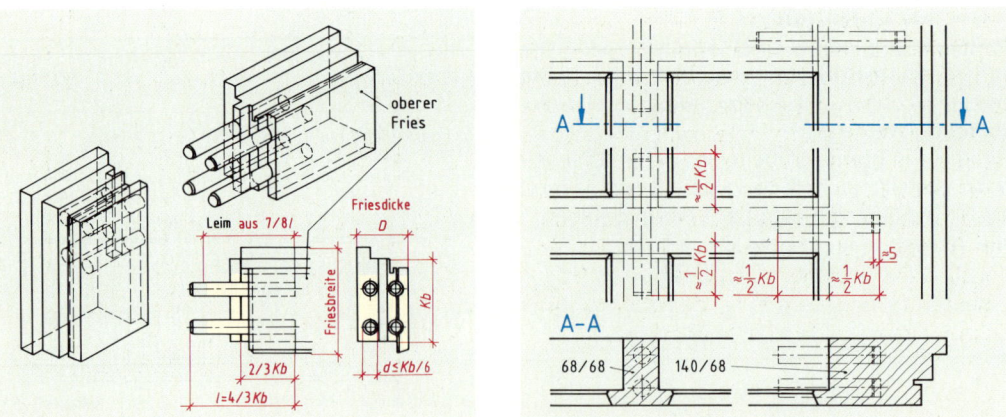

3. Dübelabmessungen

4. T-Verbindungen des Gitterwerks

10.3 Rahmeneckverbindungen

Rahmentüren mit Friesbreiten über 100 mm werden entweder gedübelt oder gestemmt. Bild 1 zeigt das Verleimgebiet der Eckverbindungen in richtiger Größe und Anordnung. Die aufrechten Friese müssen genug Vorholz behalten. Außerdem sollen im Falle des Schwindens die Brüstungen und Anschlüsse zur Füllung dicht bleiben. Die Verleimung im Gebiet nahe der Innenecke garantiert ein Schwinden der Friese von außen nach innen. Die Querfriese erhalten grundsätzlich einen Nutzapfen, damit die Brüstung bündig und dicht bleibt. Außenfälze werden meist nach der Verleimung angefräst.

Gedübelte Rahmentüren

Rahmenecken sind in gedübelter Ausführung rationell herzustellen. Sie sind ebenso haltbar wie die gestemmten Rahmenecken, wenn die Bohrungen mit hoher Paßgenauigkeit erzeugt werden. Bild 2 zeigt uns eine bewährte Dübelanordnung. Anzahl und Abmessungen richten sich nach dem Friesquerschnitt. Bild 3 stellt die Dübelabmessungen in Bruchteilen der verfügbaren Konstruktionsbreite dar. Übliche Lochdurchmesser sind 16, 18 und 20 mm. Die hierauf abgestimmten Dübel aus Buche oder Sipo mit Längsrillen nach DIN 68150 T 1 sollen 10 % Holzfeuchte haben. Mit 1/10 bis 2/10 mm Durchmesser-Aufmaß wird ein Preßsitz erreicht. Die T-Verbindungen des Gitterwerks (Bild 4) werden ebenfalls gedübelt.

Gestemmte Rahmenecken

Diese bewährte handwerkliche Verbindung (Bild 5) kann heute in exakter Ausführung maschinell hergestellt werden: Zapfenlöcher mit Ketten- oder Schwingmeißelstemmaschinen, Zapfen mit Zapfenfräsmaschinen. Allerdings erfordert der gestemmte Rahmen im Vergleich zum gedübelten bis zu 10 % mehr Holz. Aufgrund der betrieblichen Ausstattung entscheiden wir uns jedoch für die gestemmte Ausführung. Tabelle 6 weist die Zapfenanzahl je Verbindung aus. Die Verbindung entsteht durch Leimen in der inneren Frieshälfte und Verkeilen in Brüstungsnähe. Für die T-Verbindungen des Gitterwerks (Bild 7) eignet sich in diesem Falle der eingestemmte Doppelzapfen mit etwa 40 mm Länge.

1. Vergleichen Sie die Leimfugenfläche von gedübelter und gestemmter Eckverbindung.

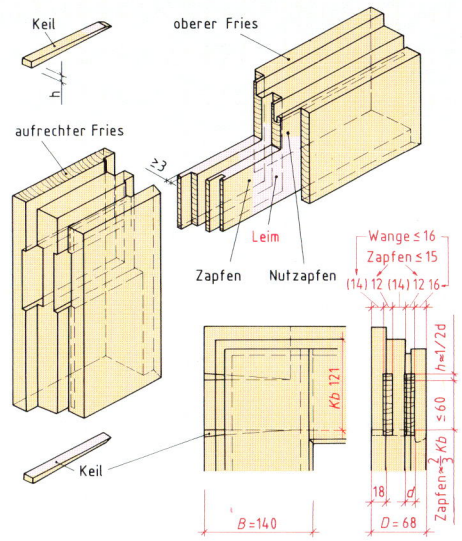

5. Gestemmte Rahmenecke

Rahmendicke	unter 45 mm	über 45 mm
in Richtung Friesdicke:	1 Zapfen	2 Zapfen
Friesbreite:	grundsätzlich 1 Zapfen, auch am unteren Querfries	

6. Anzahl durchgestemmter Zapfen je Verbindung

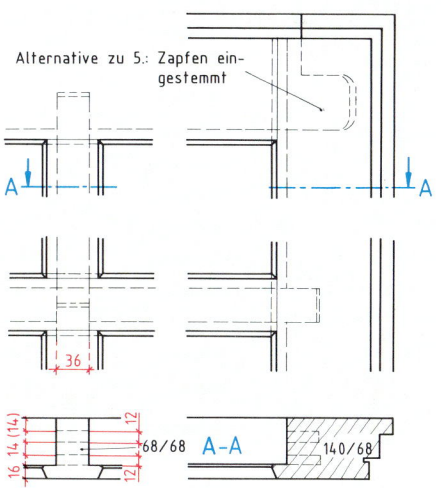

7. Eingestemmte T-Verbindungen des Gitterwerks

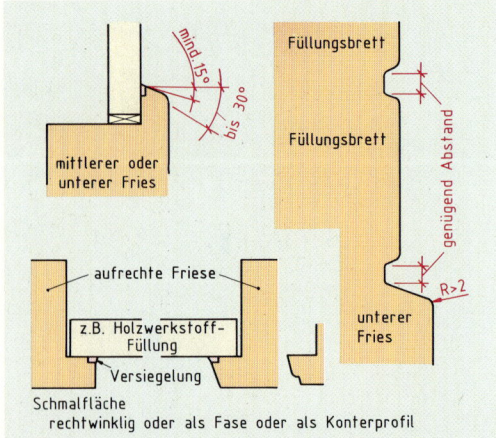

1. Anschluß der Füllungen mit konstruktivem Holzschutz

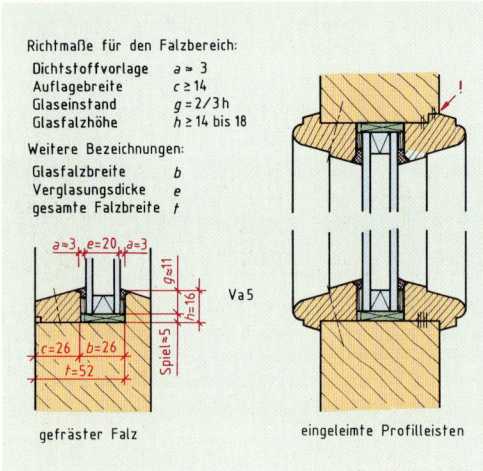

2. Isolierglasfüllungen

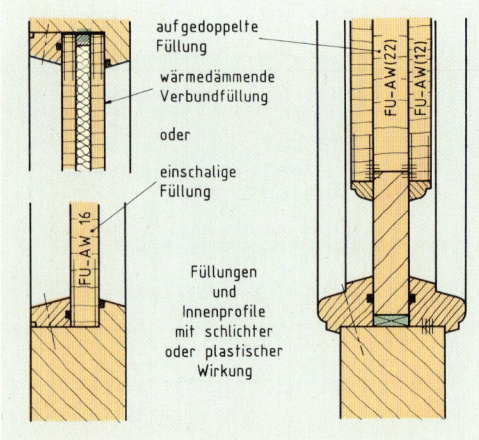

3. Sperrholzfüllungen

10.4 Füllungen und Rahmen-innenprofile

Grundsätzlich sind waagerechte Flächen an Querfriesen und -sprossen zu vermeiden (Bild 1). Niederschlagswasser kann ungehindert abfließen, wenn die Schmalflächen um etwa 20 Grad geneigt sind. Lasuren und filmbildende Anstriche sind an scharfen Kanten erhöhter Rißgefahr ausgesetzt. Aus diesem Grunde werden Kanten mit mindestens 2 mm Radius abgerundet. Wassernester müssen vermieden werden. Deswegen wird der Spalt zwischen Falzwange und Füllung versiegelt oder anderweitig abgedichtet. Enge Spalten zwischen Füllungsbrettern oder Füllungsbrett und Querfries sind zu vermeiden.

Glasfüllungen

Unser Kunde hatte sich für die übliche Zweischeiben-Isolierverglasung entschieden (Bild 2). Diese Verglasungseinheiten sind bewitterungsgerechte Konstruktionsgruppen und genügen der Wärmeschutzverordnung. Ein besonderer Schallschutz oder eine erhöhte Einbruchhemmung wurde nicht verlangt.

Welche konstruktiven Einzelheiten sind bei Türen mit Isolierglasfüllungen zu beachten?

Der Glasfalz wird entweder gefräst oder durch Einleimen der äußeren Profilleiste gebildet. Die Leimung erfolgt mit einem D4-Leim. Mit profilierten Leisten kann das Türblatt wirkungsvoll geschmückt werden. Der Witterungsbeständigkeit sind allerdings Grenzen gesetzt. Mit dem oberen Querfries ist die Profilleiste besonders sorgfältig zu verleimen. Bei stärkerer Bewitterung sollte der gefräste Falz bevorzugt werden.

Für unsere Gitterwerk-Rahmentür haben wir den gefrästen Falz gewählt. Die Verglasungsrichtlinien des Fensterbaus gelten sinngemäß auch für Haustüren. Der Falzgrund wird im Türenbau meist mit plastischem Dichtstoff ausgefüllt. Die Verglasung einer Haustür muß mindestens der Beanspruchungsgruppe 3 (= VA 3) genügen.

Glasfalzhöhe und Spiel richten sich nach der Glasflächeneinteilung: Bei Glaslängen von 500 mm (2000 mm) soll die Glasfalzhöhe mindestens 14 mm (18 mm) betragen.

Bild 2 zeigt links das Verglasungssystem VA 5 mit den gewählten Abmessungen des Falzbereichs. Bei Verglasungen mit Sprossen sollte das Spiel mindestens 3 mm, ohne Sprossen 5 mm betragen. Damit die Tür im Winkel bleibt, sind die Gewichtskräfte des Rahmens und der Verglasung auf das untere Band zu leiten. Die spätere Verklotzung wird bei ausgerichteter Tür mit imprägnierten Hartholzklötzchen vorgenommen.

Füllungen aus Holzwerkstoffen oder Vollholz

Worauf ist bei der Ausführung von Türen mit Holzfüllungen besonders zu achten?
Grundsätzlich sind solche Türen vor direkter Bewitterung zu schützen.

Füllungen aus Holzwerkstoffen. Die Maßänderungen in Länge und Breite bleiben hier bei Holzfeuchteänderungen in praktisch vernachlässigbaren Grenzen. Als Trägerplatten eignen sich FU AW- oder STAE AW-Sperrholz sowie V 100- oder V 100 G-Flachpreßplatten (Bild 3). Beim Anleimen eines Kantenschutzes oder beim Überfurnieren sind D4-Leime zu verwenden. Sperrholzfüllungen mit Aufdopplungen geben der Tür eine plastische Wirkung. Der Spalt zwischen Füllung und Falzwange muß abgedichtet werden.

Vollholzfüllungen. Aus gestalterischen Gründen können Vollholzfüllungen vorgesehen werden. Sie unterliegen im Gegensatz zu Glasfüllungen den Maßänderungen entsprechend dem Holzfeuchtegleichgewicht. Diese Eigenschaft muß durch ausreichende Quellräume konstruktiv berücksichtigt werden. Breitere Füllungen verformen sich zu sehr.

> Die Breite solcher Füllungen sollte je nach Holzart und Einbausituation auf 250 bis 350 mm begrenzt bleiben.

Auch die von der Verglasung bekannte Versiegelung wird problematisch, weil elastische Dichtstoffe höchstens 25 % Dehnung ermöglichen. Bild 4 zeigt eine Füllung im überschobenen Kehlstoßrahmen. Der 100 mm dicke Kehlstoß läßt den Einbau einer zweischaligen Füllung mit einem Wärmedämmstoff-Kern zu.
Überschobene Füllungen können werkstoffgerecht mit einem Sprossenrahmen eingefaßt werden (Bild 5). Das obere Hirnholz der Füllungen muß allerdings einen geeigneten Oberflächenschutz erhalten.
Bild 6 zeigt eine Rahmentür mit eingeschobener Bretterfüllung für einen Nebeneingang. Diese Konstruktion ist besonders werkstoffgerecht.

1. Welche konstruktiven Maßnahmen ermöglichen einen ungehinderten Wasserablauf auf dem Türblatt?

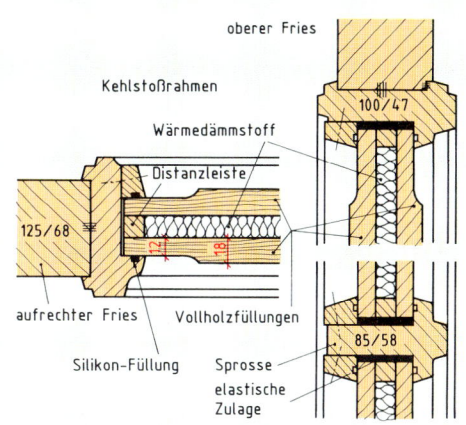

4. Vollholzfüllungen im überschobenen Kehlstoßrahmen

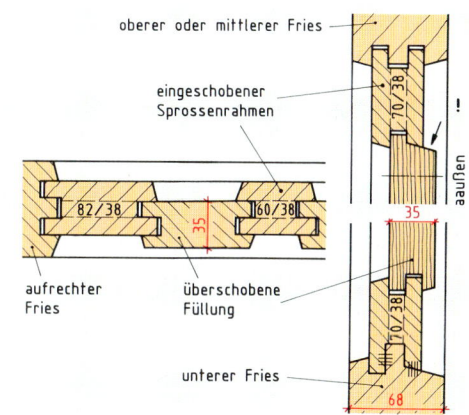

5. Überschobene kleinformatige Füllungen

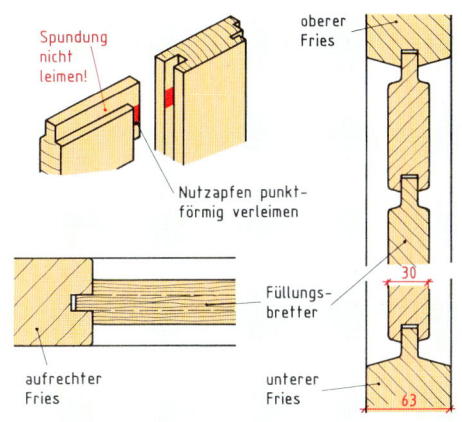

6. Waagerechte eingeschobene Bretterfüllung

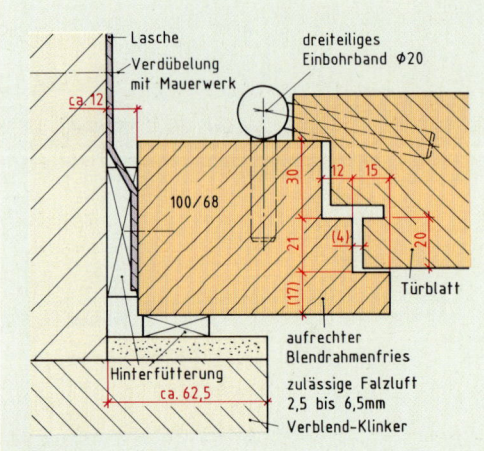

1. Blendrahmen-Befestigung am 1/4 Stein-Anschlag

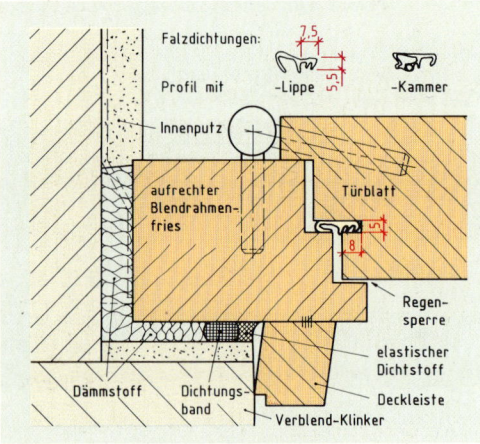

2. Dichtungen und Dämmstoff in Fugen

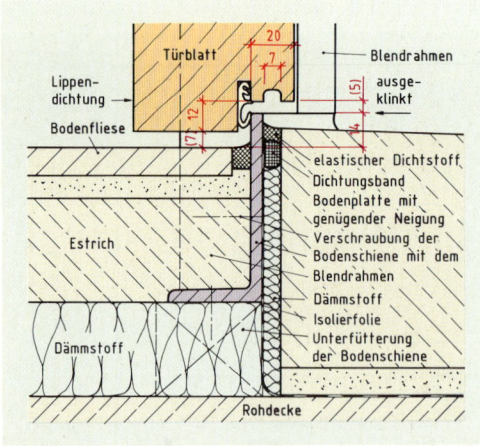

3. Schwellenaufschlag mit Dichtungen und Dämmstoffen

10.5 Türumrahmungen

Wie gestalten wir die Türblatt-Umrahmung?
Die Umrahmung muß beträchtliche Kräfte, wie Stöße, Gewichtskräfte und Windkräfte, vom Blatt übernehmen und an den Baukörper weiterleiten. Außerdem sollen Umrahmung und Blatt gemeinsam vor Einbruch, Witterung, Wärmeverlusten und Schalleinwirkung schützen.

Blendrahmen

Die Maueröffnung unseres Kunden hat einen Viertelstein-Anschlag (Bild 1). Unter dieser Voraussetzung entscheiden wir uns für einen Blendrahmen, bestehend aus zwei aufrechten Friesen und dem Querfries.

Friesquerschnitte. An Friesen mit 100 bis 140 mm Breite und 60 bis 70 mm Dicke können erfahrungsgemäß Bänder und Verschlußbeschläge zuverlässig angebracht werden. Wir wählen einen Querschnitt von 100/68.

Rahmenbefestigung am Baukörper. Die auf den Blendrahmen wirkenden horizontalen Kräfte sollen in Nähe der Fries-Enden und in Höhe der Bänder und Schließstellen auf das Mauerwerk übertragen werden. Dies geschieht mit Befestigungselementen, die in Richtung Blattebene kleinste Federwege zulassen. Bild 1 zeigt die Befestigung mit einer gekröpften und verzinkten Stahl-Lasche. Nach dem Anschrauben der Laschen wird der Rahmen ausgerichtet und hinterfüttert. Dann werden die Laschen am Mauerwerk verdübelt. Der Höhenabstand zweier Befestigungselemente soll 800 mm nicht übersteigen.

Dichtungen und Dämmstoffe. Die Rahmenfugen zum Blatt und zum Baukörper müssen gegen Niederschlag, Wärmeverluste und Schalldurchgang abgeschirmt werden. Bild 2 zeigt den Türaufschlag mit Doppelfalz und mittig liegender, ringsumlaufender Dichtung als Windsperre. Türfalzdichtungen sollen bei geringer Anpreßkraft große Federwege haben und nach Entlastung die Ausgangsform wieder einnehmen. Lippendichtungen aus Silikon erfüllen diese Forderungen am besten. Dichtungsprofile schirmen nicht nur ab, sie dämpfen auch Stöße beim Schließen der Tür. Ein auf dem Blendrahmen haftendes komprimierbares Band dichtet den Hohlraum zum Mauerwerk ab. Nach dem Befestigen des Rahmens kann nun die Fuge von innen mit wärmedämmendem und schallschluckendem Stoff ausgefüllt werden. Die Fuge vor dem Dichtungsband wird versiegelt. Raumseitig kann man den Rahmen anputzen.

Schwellenaufschlag. Im Bodenbereich hat das Blatt nur einen einfachen Falz. Die Lippendichtung berührt die Bodenschiene (Bild 3). Für diesen unteren Teil der Türumrahmung werden meist L-Profile aus Messing, Aluminium oder verzinktem Stahl eingesetzt. Der Blendrahmen wird mit der bereits verschraubten Bodenschiene in die Maueröffnung gesetzt. Auf den Rahmen wirkende Vertikalkräfte müssen auf die Rohdecke abgeleitet werden.

Nach dem Ausrichten des Rahmens wird die Schiene seitlich und mittig unterfüttert.

Nach dem Einbauen der Tür können der Fußboden fertiggestellt und die Bodenplatte gesetzt werden. Eine Isolierfolie soll die unter dem Estrich liegende Dämmschicht vor Durchfeuchtung schützen. Aus diesem Grunde müssen die Fugen neben der Schiene sorgfältig versiegelt werden. Anstelle der L-Schiene sind auch vorgefertigte Bodenschwellen einsetzbar.

Blendrahmen mit Mittelpfosten
Soll in einer breiten Maueröffnung neben dem Blatt eine feste Verglasung eingebaut werden, ist ein Mittelpfosten im Querfries einzuzapfen oder einzudübeln (Bild 4). Dieser ist meist nicht biegesteif genug. Ein aufgeleimter Fries kann Stabilität gewährleisten.

Blockrahmen
Wenn die Maueröffnung keinen Anschlag hat, ist ein Blockrahmen (Bild 5) erforderlich. Am lot- und waagerecht angebrachten Montagerahmen läßt sich der Blockrahmen sicher befestigen. Ist das Mauerwerk nicht zu porös, kann dieser Montagerahmen am Baukörper mit Durchsteckdübeln befestigt werden. Beim Einbau ist die Fuge zwischen Montage- und Blockrahmen sorgfältig zu hinterfüttern. Anschließend wird der Blockrahmen am Montagerahmen verschraubt. Nach dem Dämmen und Versiegeln der Fugen erfolgt das beidseitige Anputzen des Montagerahmens. Leisten decken die Fuge und Putzreste ab.
Kombination. Ist der Maueranschlag besonders schmal (Bild 6) und soll die Umrahmung betont werden, können Blend- und Blockrahmen miteinander verleimt werden.

1. Welche Zwecke muß eine Umrahmung erfüllen?
2. Wie kann die Umrahmung am Baukörper befestigt werden?

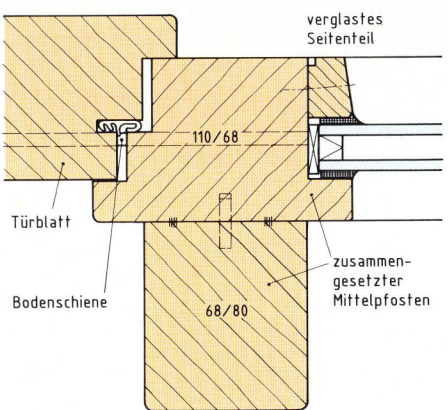

4. Der Mittelpfosten eines Blendrahmens wird gegen Durchbiegen versteift

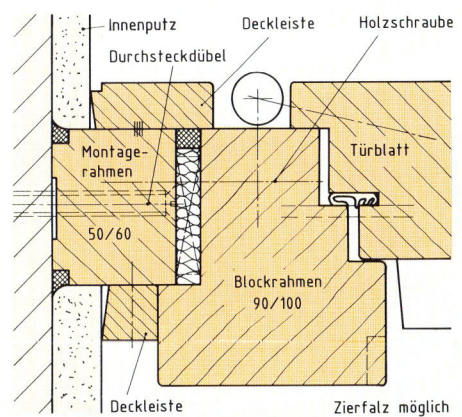

5. Der Blockrahmen hebt die Umrahmung hervor

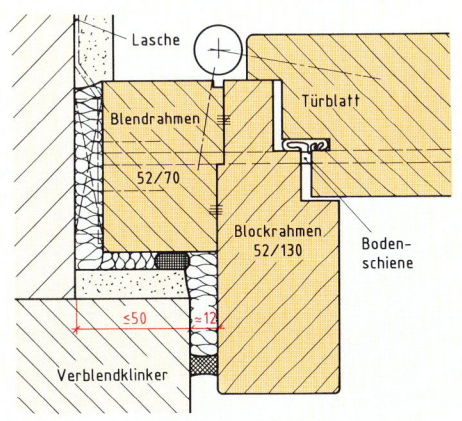

6. Bei schmalem Maueranschlag sind Kombinationen sinnvoll

1. Die Tür liegt zum Einlassen der Beschläge bereit

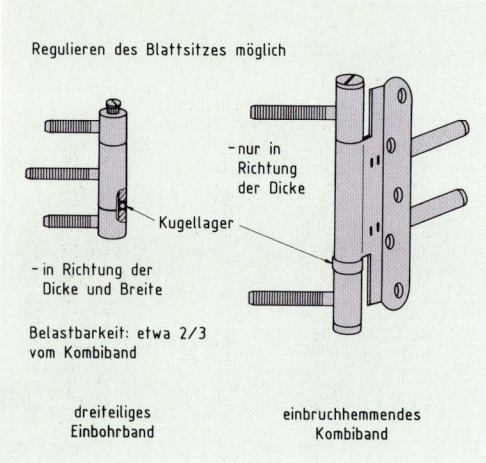

2. Türbänder

10.6 Haustürbeschläge

Wir wollen nun in der Gitterwerk-Rahmentür die Beschläge einlassen (Bild 1). Beschläge sollen ein störungsfreies Öffnen und Schließen gewährleisten und dekorativ aussehen. Da etwa ein Viertel aller Hauseinbrüche durch die Haustür versucht werden, sollen Beschläge zudem einbruchhemmend wirken.

Türbänder

Bild 2 zeigt Türbänder, für DIN L und R zu verwenden. Die Hersteller empfehlen für normale Blattgewichte zwei Bänder je Blatt. Besonders schwere oder breite Blätter können mit drei Bändern angeschlagen werden. In diesem Falle soll das mittlere Band etwa 300 mm unter dem oberen sitzen und exakt fluchten. Wir sehen drei Einbohrbänder vor.

Einsteckschloß

Einsteckschlösser für Haustüren können mit Einfach- oder mit Mehrfachverriegelung (Bild 3) ausgestattet sein. Die Schloßfalle darf von außen nur mit dem Schlüssel zu öffnen sein, der Riegel muß mindestens 20 mm schließen, das Schloß soll Nachschließ-, Aufsperr- und Aufbruchversuchen Widerstand bieten und der Schlüssel soll handlich sein. Wir entscheiden uns für ein Dreifach-Verriegelungsschloß mit eingesetztem Schließzylinder. Bild 3a zeigt, wie die Falle mit dem Schlüssel über den Wechsel zu öffnen ist. Die konischen Schließbolzen der Zusatzschlösser ziehen das Blatt dicht an den Rahmen und wirken einbruchhemmend.

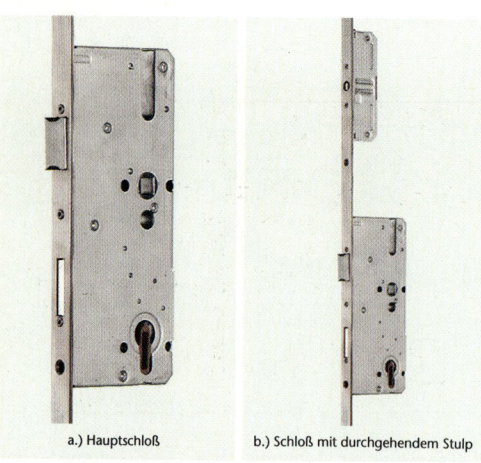

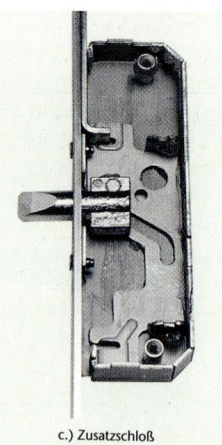

a.) Hauptschloß   b.) Schloß mit durchgehendem Stulp   c.) Zusatzschloß

3. Dreifach-Verriegelungsschloß mit Profilzylinder

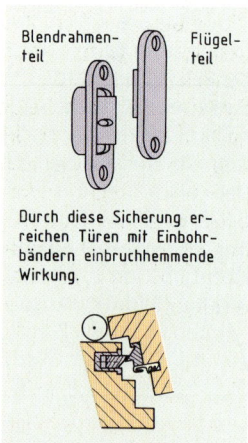

4. Bandseitensicherung

Hintergreifhaken

Die schloßseitige Mehrfachverriegelung ist nur dann als Einbruchschutz sinnvoll, wenn die Bandseite mit Hintergreifhaken (Bild 4) gegen Aufhebeln gesichert wird. Wir sehen etwa in Höhe der Bänder drei Haken vor.

Schließzylinder nach DIN 18252

Nach der Gehäuseform kann man Profil-, Oval- und Rundzylinder unterscheiden. Bild 5 zeigt einen Profilzylinder.

Schließzylinder bieten eine hohe Sicherheit gegen Nachschließen.

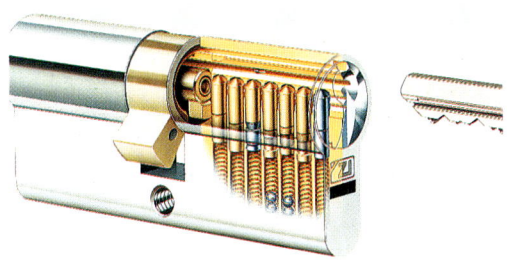

5. Siebenstiftiger Profil-Doppelschließzylinder

Durch Kombination von Schlüsselquerschnitt, Anzahl der Stifte und Stiftlängen sind nämlich im Bedarfsfalle Milliarden von Variationsmöglichkeiten zu erreichen. Neben den dargestellten Stiftzuhaltungen gibt es auch Magnetscheibenzuhaltungen. Gegen Aufbruchversuche wie Kern- oder Gehäuseziehen bauen die Hersteller Sperren ein. Vor Aufbohrversuchen schützen gehärtete Stifte und Stahlkugeln. Wir wählen einen siebenstiftigen Profil-Doppelzylinder der mittleren Sicherheitsklasse 2.

Schließbleche und -platten

Kurze Schließbleche mit geringer Dicke bilden oft eine Schwachstelle. Wir wählen daher ein stabiles und genügend langes Schließblech (Bild 6) mit eingebautem elektrischen Türöffner. Schließplatten nehmen die Schließbolzen der Zusatzschlösser auf.

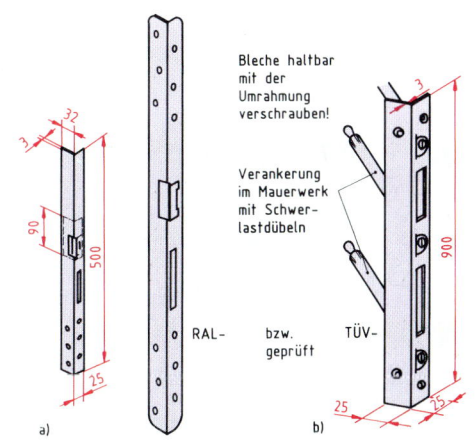

6. Einbruchhemmende Sicherheitsschließbleche

Schutzbeschläge nach DIN 18257

Dieser Beschlag (Bild 7) soll den Profilzylinder gegen gewaltsames Abdrehen sichern und den Schloßmechanismus vor Aufbohrversuchen schützen. Wir entscheiden uns für eine Wechselgarnitur der mittleren Sicherheitsklasse ES 2 (Bild 7 a). Sie besteht aus Knopfschild, Drückerschild, Drehstift, Drücker und hochfesten Schrauben. Bild 7 b zeigt den Aufbau eines Schutzbeschlages. Manchmal werden aus gestalterischen Gründen Schutzrosetten bevorzugt. Sie bieten weniger Schutz als Wechselgarnituren.

1. Mit welchen Angaben bestellen wir ein Mehrfachverriegelungsschloß?
2. Wie lang muß der Schließzylinder sein?
3. Weshalb soll das mittlere Türband etwa 300 mm unter dem oberen sitzen?

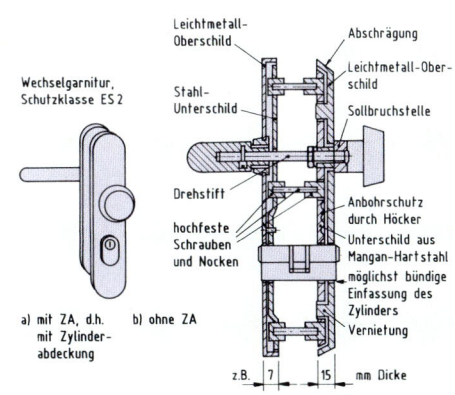

7. Schutzbeschlag

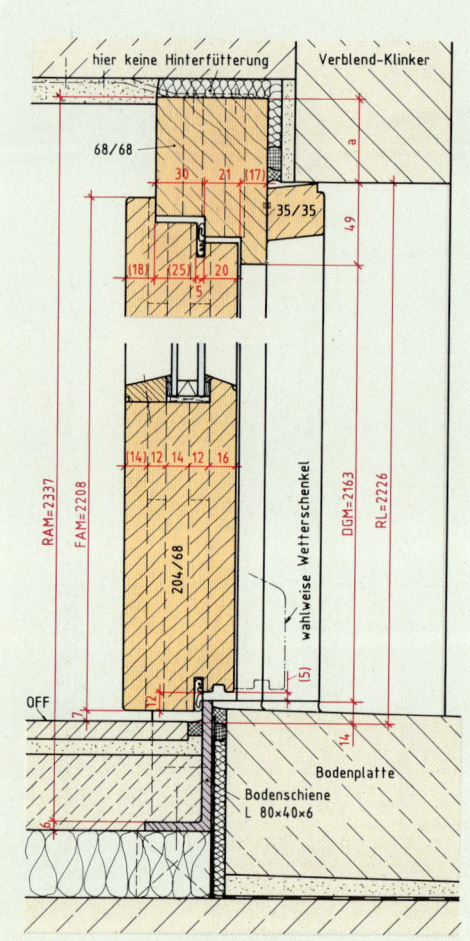

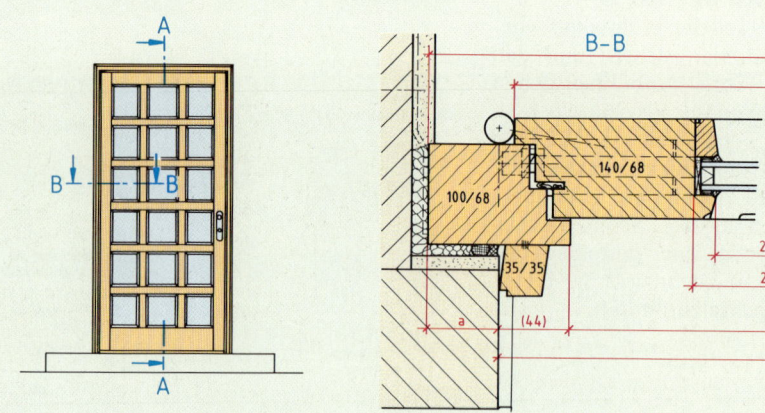

1. Gitterwerk-Rahmentür im Blendrahmen

10.7 Fertigen und Einbauen der Rahmentür

Zuerst legen wir die Blendrahmen-Maße nach den lichten Rohbaumaßen fest (Bild 1). Dann reißen wir die Tür-Schnitte auf, erstellen die Stückliste und fordern die Zukaufteile an. Für den Schutz der Holzoberfläche ist eine Lasur mittlerer Tönung vorgesehen.

Welche Holzarten eignen sich für Außentüren?

Nach DIN 68360 sind die Gütebedingungen zu beachten. Außerdem müssen nach VOB Bauteile aus Vollholz die funktionellen und optischen Anforderungen erfüllen. Vollholz für Außentüren muß fest, gesund und witterungsbeständig sein, darf nicht zu Pilz- und Insektenbefall neigen und muß ein gutes Stehvermögen besitzen.

> Von den inländischen Hölzern eignen sich Eiche, Lärche, (Douglasie), Fichte und Kiefer.

Worauf ist während der Bearbeitung zu achten?
- Holzfeuchtigkeit u von 11 bis 15 %.
- Friese möglichst mit stehenden Jahrringen.
- Werkstückkante möglichst parallel zur Faser.
Wir wählen drehwuchsfreie Gebirgslärche.

Welcher Fertigungsablauf bietet sich an?

Zunächst wird das Holz ausgesucht, zugeschnitten und nachgetrocknet. Dann hobeln wir die Friese und Sprossen aus und reißen die Verbindungen an. Nach dem Herstellen der Eckverbindungen können die inneren Schmalflächen profiliert werden. Nun schleifen wir alle Rahmenteile mehrseitig. Anschließend verleimen wir das Blatt und den Blendrahmen. Jetzt kann das Blatt ringsum profiliert, eingepaßt und geschliffen werden. Wir lassen die Beschläge ein und passen die Glashalteleisten ein. Sind alle sichtbaren Flächen sauber, erhalten Blatt und Blendrahmen durch Tauchen eine Grundlasur.

> Erst nach der Grundlasur werden die Beschläge ein- bzw. angeschraubt.

Beim Verglasen ist das Blatt **plan** auszurichten und sorgfältig zu **verklotzen**.

Wie wird die Tür eingebaut?

Wir richten den Blendrahmen nach dem Meterriß aus und befestigen ihn. Anschließend unterfüttern wir die Bodenschiene. Dann hängen wir das Blatt ein und stellen die Gangbarkeit sicher. Jetzt können die Fugen ausgestopft und versiegelt werden. Nach dem Fußbodenlegen, Anputzen und dem Schlußanstrich werden die Dichtungsprofile eingesetzt, der Schutzbeschlag montiert und die Funktionen überprüft.

Zweiflügelige Gitterwerk-Rahmentür

Der schmalere Standflügel (Bild 2) wird mit stabilen Kantenriegeln festgesetzt. Vor dem Briefkasten und hinter dem Stoßgriff befinden sich mattgebürstete Edelstahl-Blenden.

1. Stellen Sie für die zweiflügellige Rahmentür die Stückliste und die Arbeitsfolge auf!
2. Welche Beschlag-Einlaßarbeiten sind erforderlich?

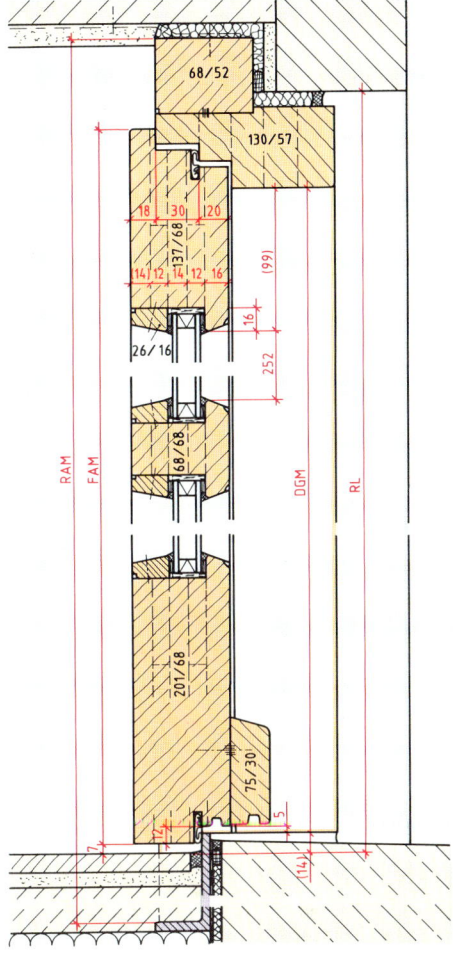

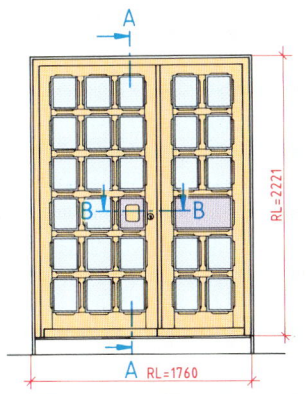

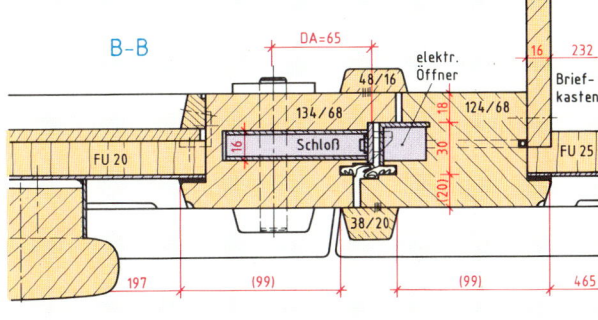

2. Zweiflügelige Gitterwerk-Rahmentür im Blockrahmen

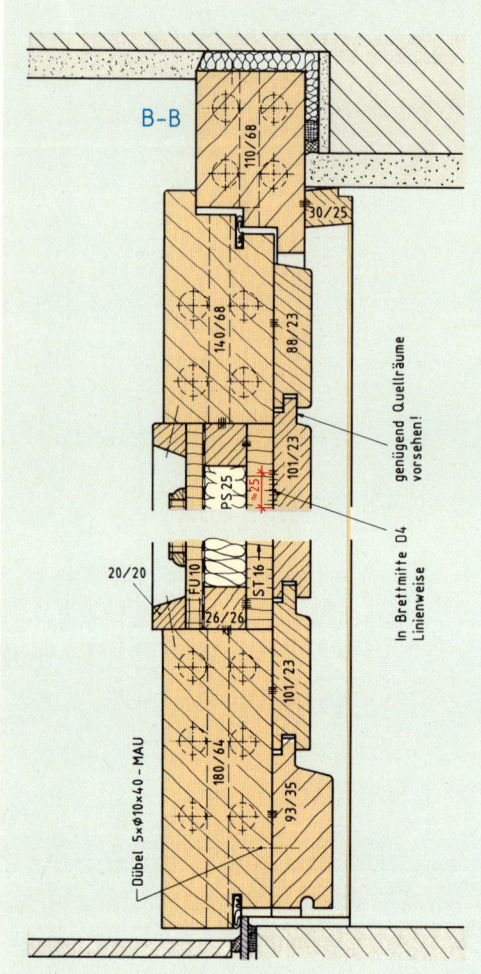

10.8 Aufgedoppelte Türen

In der hell zu verputzenden Nordwest-Fassade befindet sich die Maueröffnung mit Innenanschlag. Die Diele erhält durch ein Fenster Tageslicht. Besuchern soll die Grenze zwischen Außen- und Privatbereich verdeutlicht werden. Unter diesen Voraussetzungen entscheidet sich unser Kunde Schmidt für eine Tür mit waagerechter Brettaufdopplung (Bild 1, Ansicht) in Eiche. Aufgedoppelte Türen können witterungsbeständig und gut wärmedämmend gestaltet werden.

Konstruieren der aufgedoppelten Tür

Der tragende Teil des Blattes ist von außen kaum sichtbar und wird als Blindflügel bezeichnet. Er muß die Formstabilität gewährleisten. Da der Kunde raumseitig eine eingelegte Füllung sehen möchte, planen wir den Blindflügel in Rahmenbauweise (Bild 1, Teilschnitte). Die gespundeten Bretter bilden die aufgedoppelte Außenschale. Der Raum zwischen Füllung und Außenschale wird mit wärmedämmendem Hartschaum ausgefüllt. Eine Dampfbremse soll zwischen Füllung und Dämmschicht liegen.

Formänderungen der Aufdopplung infolge schwankender Holzfeuchte dürfen sich nicht auf den tragenden Blindflügel auswirken.

Deshalb werden aufzudoppelnde Bretter bei kreuzweiser Faserberührung nur mittig punktweise verleimt. Es ist vorteilhaft, den Rahmen mit einer Stabplatte auszusteifen und auf dieser die Bretter aufzudoppeln.

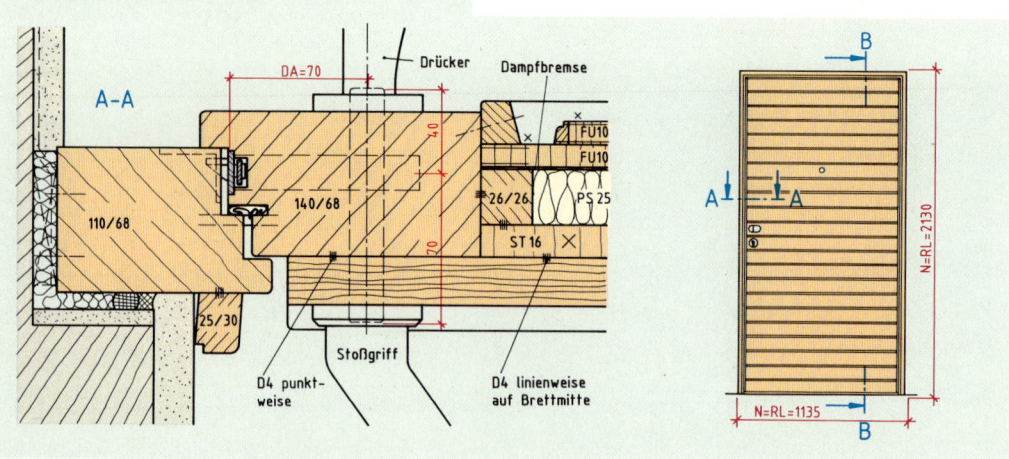

1. Aufgedoppelte Tür im Blendrahmen

Wie fertigen wir die Tür?

Wir beginnen wie bei der Gitterwerktür. Allerdings entfallen die Innenprofile. Nach dem Einlassen der Beschläge leimen wir die Stabplatte zur Aussteifung in den Rahmen. Jetzt können die Dopplungsbretter mit dem Rahmen und der Platte verbunden werden. Nach dem Einbringen der Grundlasur bringen wir die Beschläge an. Abschließend setzen wir die Wärmedämmung, Dampfbremse und raumseitige Füllung ein. Der Türeinbau erfolgt wie bei der Gitterwerktür.

Weitere Konstruktionsmöglichkeiten

Der Blindflügel kann auch aus Holzwerkstoff-Verbundplatten hergestellt werden. Bindet man hier Vierkant-Stahlrohre oder KP-Platten ein, ist ein höherer Einbruchschutz zu erreichen.

1. Stellen Sie für die Türanlage mit Blockrahmen die Stückliste auf!
2. Entwickeln Sie hierzu eine lückenlose Arbeitsfolge!

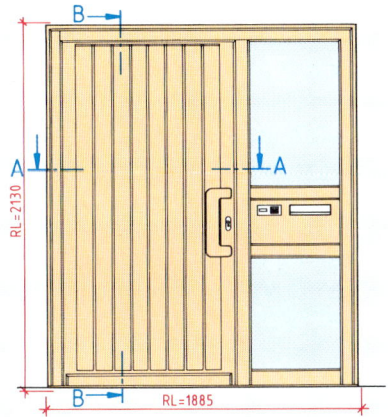

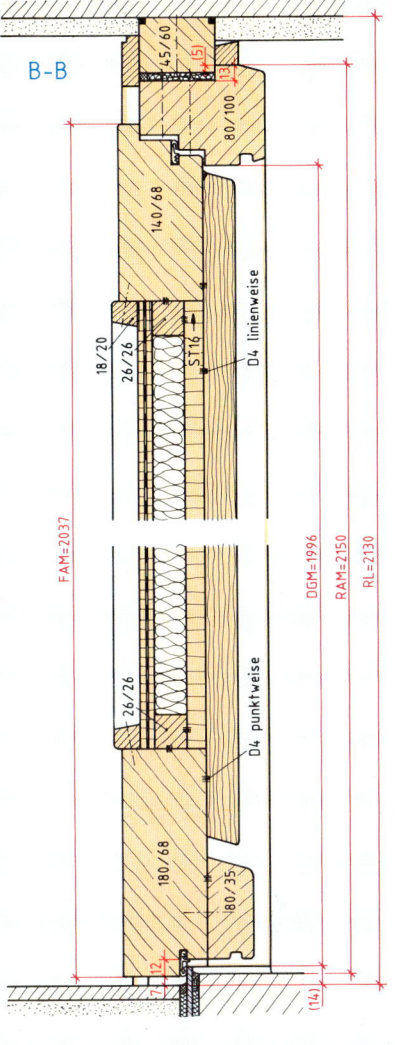

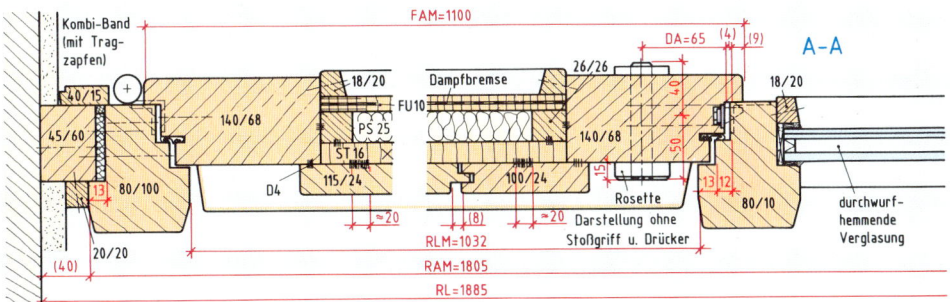

2. Aufgedoppelte Tür im Blockrahmen, Seitenteil verglast

Veredeln von Holzoberflächen

1. Diese Profilbretter sollen oberflächenbehandelt werden

Die Oberflächenbehandlung
schützt Holz vor:

- Feuchtigkeit

- Schmutz

- mechanischer Beanspruchung
durch Abrieb, Eindrücken

- UV-Licht

- Chemikalien

2. Welche Beanspruchungen wirken auf Holzoberflächen
im Innenbereich?

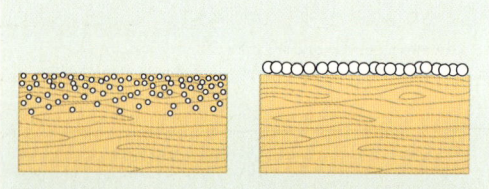

Grundierung	Oberflächenveredelung
- kleine Bindemittel-teilchen	- größere Bindemittel-teilchen
- dringt in das Holz ein	- bildet Film auf der Holzoberfläche
- verfestigt und füllt die Holzfaser	- schützt vor mechanischer Beanspruchung
- belebt die Holzstruktur	

3. Wodurch unterscheiden sich Grundierung und Oberflächenschutz?

11.1 Wir wählen ein Oberflächen-behandlungsmittel für eine Wandverkleidung

Die Fichtenholzprofilbretter in Bild 1 für eine Wandverkleidung in einem Wohnraum sollen auf Kundenwunsch einen Oberflächenschutz aus natürlichen Rohstoffen erhalten.

Warum ist ein Oberflächenschutz für das Holz überhaupt erforderlich?

Bild 2 gibt einen Überblick über die Beanspruchungen, denen Holzoberflächen in Innenräumen ausgesetzt sind. Bei unbehandelten Profilbrettern würden sich mit der Zeit auf der Holzoberfläche Staub und Schmutz ablagern, insbesondere in Vertiefungen. Die Holzoberfläche ließe sich davon schlecht reinigen.
Kontakt mit Schmutz oder Chemikalien könnte zu Verfärbungen des Holzes führen. Ein Gegenstoßen mit scharfkantigen, härteren Gegenständen könnte Kratzer oder Druckstellen hinterlassen, insbesondere im weichen Frühholz.

> Durch die Oberflächenbehandlung soll das Holz geschützt und eine widerstandsfähige Oberfläche erzielt werden.

Wie muß das Oberflächenbehandlungsmittel zusammengesetzt sein?

Die **Grundierung** (Bild 3) muß die Oberfläche des Fichtenholzes verfestigen. Damit sie in das Holz eindringen kann, müssen die Bindemittelteilchen möglichst klein sein: z. B. durch Auflösen in Lösungsmitteln oder durch kleine Moleküle des Bindemittels. Sie soll außerdem für ein gleichmäßiges Saugvermögen für die anschließende Oberflächenveredelung sorgen und gegebenenfalls gegenüber Holzinhaltsstoffen absperren, die ihre Aushärtung beeinträchtigen können.
Um eine widerstandsfähige Oberfläche zu erzielen, muß bei der **Oberflächenveredelung** (Bild 3) das Anstrichmittel einen Film auf der Holzoberfläche der Bretter bilden. Es darf somit nicht tief in die Holzoberfläche eindringen. Das erfordert Bindemittel mit größeren Teilchen.

Welche Bindemittel aus natürlichen Rohstoffen sind geeignet?

In Tabelle 4 sind die Eigenschaften natürlicher Bindemittel gegenübergestellt. Für eine Grundierung eignen sich Oberflächenbehandlungsmittel mit **Leinöl** als Bindemittel.

Leinöl verfestigt die Oberfläche bei guter Eindringtiefe und schützt das Holz vor Wasser und Chemikalien.

Die Leinölgrundierung ist wasserdampfdurchlässig, so daß die Wandverkleidung Wasserdampf aus der Raumluft aufnehmen und wieder abgeben kann. Die luftfeuchteregulierende Eigenschaft einer Wandverkleidung aus Holz bleibt erhalten. Um einen schützenden Film auf der Oberfläche der Bretter zu erreichen, eignen sich **Harze und Wachse**, die in Lösungsmitteln gelöst sind.

Harze und Wachse besitzen eine geringe Beständigkeit gegenüber Wasser- und Chemikalieneinwirkung und gegenüber mechanischer Beanspruchung.

Sie sind für gering beanspruchte Flächen, wie die Wandverkleidung im Wohnraum, gut geeignet. Gewachste Oberflächen lassen sich leicht durch Bürsten oder erneutes Wachsen auffrischen. Im Gegensatz zu Harzen sind Wachse außerdem wasserdampfdurchlässiger und sorgen durch ihre antistatische Wirkung für ein geringes Verstauben der Wandverkleidung. Einen insgesamt guten Oberflächenschutz für die Fichtenholzbretter kann man also durch Grundieren mit Leinölprodukten und anschließendem Wachsen erreichen.

Für die Holzoberflächenbehandlung stehen zahlreiche Produkte aus natürlichen Rohstoffen zur Verfügung. **Leinölfirnis** enthält neben Leinöl zusätzlich Trockenstoffe (Sikkative) zur Verringerung der Trockenzeit. Bei **Halböl** sind Leinöl Lösungsmittel zugegeben, die das Eindringen des Mittels verbessern. Die Produkte der Naturfarbenhersteller enthalten häufig Kombinationen verschiedener Bindemittelarten, deren Eigenschaften je nach dem Anteil der einzelnen Bindemittel variieren. So wird Leinöl z. B. Harz zugegeben (**Hartöl**). Der Harzanteil sorgt für eine höhere Härte der Oberfläche und für eine gewisse Filmbildung. Ebenso verbessert die Harzzugabe zu Wachsen etwas die Abriebfestigkeit des Films (Bild 5). Da die Hersteller meist keine genauen Angaben über die Bindemittelanteile machen, lassen sich die Eigenschaften des Produktes nur mit Hilfe der Produktmerkblätter oder durch eigene Versuche abschätzen.

1. Warum ist eine Grundierung erforderlich?

Leinöl

Öle:
- gute Eindringtiefe
- härtet mit Luftsauerstoff unter Vernetzung aus/lange Trocknungszeit
- wasserfeste, chemikalienbeständige Oberfläche nach mehrmaligem Auftrag
- „Anfeuern" der Oberfläche, verstärkt Ungleichmäßigkeiten der Holzstruktur
- vergilbt besonders bei geringer Lichteinwirkung
- nicht zur Filmbildung geeignet (kleben, blocken)

Dammar

Lärchenharz

Schellack

Harze:
- bilden gasdichten, glänzenden Film
- geringe Wasser- und Chemikalienbeständigkeit
- begrenzte Abrieb- und Kratzfestigkeit (jedoch höher als bei Wachsen und Ölen), abhängig von verwendeten Harzen

Carnaubawachs

Bienenwachs

Wachse:
- bilden schützenden Film
- geringe Wasser- und Chemikalienbeständigkeit
- geringe Abriebfestigkeit
- antistatisch
- elastisch
- reparaturfreundlich

4. Welche Eigenschaften ergeben Bindemittel aus natürlichen Rohstoffen für die Holzoberflächenbehandlung?

Technisches Merkblatt Möbelwachs	
Anwendungsbereich:	Bienenwachspräparat zur Veredelung von Möbeln, Türen, Wand- und Deckenverkleidungen im Innenbereich nach Vorbehandlung mit Hartöl. Nicht geeignet für rauhe Oberflächen, Fußböden und Spritzwasserbereiche. Zur Pflege von Linoleum.
Eigenschaften:	Bildet eine hauchdünne, schützende Oberfläche. Seidenglänzende, antistatisch wirkende Oberfläche nach dem Polieren.
Zusammensetzung:	Deklaration aller Inhaltsstoffe in absteigender Reihenfolge ihrer Konzentration: Isoaliphate, Carnaubawachs, Bienenwachs, Orangenschalenöl (7 %), Lärchenharz, Dammar, Äthanol, Propolis und Rosmarinöl.

5. Produktmerkblatt eines Oberflächenbehandlungsmittels mit natürlichen Bindemitteln (Auszug)

1. Die Profilbretter sollen geölt und gewachst werden

2. Welche Arbeitsmaterialien benötigt man zum Ölen und Wachsen?

11.2 Das Holz wird geölt und gewachst

Die Fichtenholzprofilbretter (Bild 1) sollen mit Leinölfirnis grundiert und anschließend mit Bienenwachs oberflächenveredelt werden.

Wie grundiert man mit Leinölfirnis?

Leinöl verfestigt als trocknendes Öl durch Aufnahme von Sauerstoff aus der Luft. Bei dieser chemischen Reaktion wird Wärme abgegeben, so daß sich mit Leinöl getränkte Lappen, Schwämme usw. selbst entzünden können.

> Mit Leinöl getränkte Lappen, Schwämme usw. müssen luftdicht in Metallbehältern oder in Wasser aufbewahrt werden.

Vor dem Auftragen der Leinölfirnis auf die Fichtenholzprofilbretter muß kontrolliert werden, ob das Holz und die Oberfläche trocken, harz- und staubfrei ist, weil sonst mit geringer und ungleichmäßiger Eindringtiefe zu rechnen ist.
Das Auftragen des dünnflüssigen (niedrigviskosen) Öls läßt sich gut durch Streichen mit einem Flachpinsel (Bild 2) ausführen. Dabei sollte soviel Öl aufgetragen werden, daß die gesamte Holzoberfläche, insbesondere auch das saugfähige Frühholz, gesättigt ist. Die Eindringtiefe wird durch Zugabe von Lösungsmitteln verbessert.
Das Abnehmen des Überschusses erfolgt nach etwa 30 Minuten mit einem trockenen, nicht fasernden Lappen.

> Ungleichmäßig glänzende und klebende Oberflächen können entstehen, wenn zuviel Leinöl auf der Holzoberfläche stehenbleibt.

Grundsätzlich soll kein Leinöl auf der Fläche stehenbleiben. Leinöl ist nicht blockfest. Der Leinölfilm auf der Holzoberfläche würde zum Kleben neigen. Nach einer **Trockenzeit** von mindestens 24 Stunden können die grundierten Profilbretter (Bild 3) gewachst werden.

Wie veredelt man das Holz mit Wachs?

Das in Lösungsmittel aufgelöste Wachs wird dünn mit einem Lappen oder einem Schaumgummistück in kreisförmigen Bewegungen auf die grundierten Bretter aufgetragen und anschließend in Faserrichtung verrieben. Dabei muß man das Wachs gut aufreiben, damit die einzelnen Wachskristalle, die im Lösungsmittel schwimmen, gut aneinandergedrückt und ausgewalzt werden.

Nach mindestens 24 Stunden Trockenzeit muß die gewachste Oberfläche mit einem Lappen oder einer Bürste kräftig in Faserrichtung poliert werden. Die durch die Lösungsmittelverdunstung zwischen den Wachskristallen entstandenen Hohlräume werden dadurch verkleinert. Es entsteht eine Schuppenstruktur im Wachsfilm. Die Oberfläche wird unempfindlicher.

Wir beurteilen die Oberflächen-behandlung

Beim Vergleichen der geölten Profilbretter mit den noch unbehandelten in Bild 3 erkennt man, daß sich die Holzfarbe geändert hat. Die Zeichnung des Holzes ist deutlicher erkennbar, Strukturunterschiede werden hervorgehoben.

> Durch das Ölen wird das Holz stark angefeuert, weil die kleinen Leinölteilchen tief in das Holz eindringen.

Holz wird immer dann angefeuert, wenn bei kleinmolekularem Bindemittel keine Lufteinschlüsse zwischen Film und Holz mehr vorhanden sind.

Wuchsunregelmäßigkeiten des Holzes können durch das Ölen deutlicher sichtbar werden, weil das unterschiedliche Aufnahmevermögen des Holzes zu einer ungleichmäßigen Eindringtiefe des Öls führt.

Die gewachste Oberfläche (Bild 3) zeigt einen leichten Glanz. Die dünne Wachsschicht auf der Holzoberfläche reflektiert also das Licht. Je glatter sie ist, desto stärker glänzt sie.

Zur Beurteilung der Beständigkeit der Oberflächenbehandlung kann man ihre Widerstandsfähigkeit gegenüber Wasser und Chemikalien untersuchen. Dazu läßt man Wasser und Chemikalien jeweils eine bestimmte Zeit auf die Oberfläche einwirken. Danach betrachtet man die Fläche im Hinblick auf Farb- und Glanzveränderungen und auf Markierungen (Bild 4).

1. unbehandelt   2. geölt   3. gewachst

3. Die Holzfarbe verändert sich durch die Oberflächenbehandlung

Wasser   Reinigungsmittel

Rotwein   Alkohol (40 %)

4. Nach einer Stunde Einwirkungsdauer zeigt die geölte und gewachste Oberfläche Veränderungen

1. Nennen Sie Ursachen für eine ungleichmäßige Aufnahme des Leinöls vom Holz!
2. Worauf muß bei der Holzauswahl geachtet werden, um große Farb- und Strukturunterschiede nach dem Ölen zu vermeiden?

1. Die Kommode soll farblos lackiert werden

Physikalisch verfestigende Lacke	Chemisch verfestigende Lacke (Reaktionslacke)
Nitrozelluloselacke (NC-Lacke) Lösungsmittel: Nitroverdünnung	**Säurehärtende Lacke** (SH-Lacke) • Siegellack
Acryllacke • Wasserlack Lösungsmittel: Glykol Verdünnungsmittel: Wasser	**Polyurethanlacke** (PUR-Lacke) • DD-Lack • Plastiklack
Schellack Lösungsmittel: Spiritus	**Polyesterlacke**

2. Transparente Lacke werden nach der Art der Verfestigung und nach der Art des Bindemittels unterschieden

Lack	Lösungsmittelanteil
Nitrozelluloselack	70 bis 80 %
Acryllack (Wasserlack)	7 bis 9 %
Polyurethanlack	50 bis 70 %
Polyesterlack (Lösungsmittel werden chemisch gebunden)	30 bis 40 %
Schellack	60 bis 80 %

3. Welchen Anteil an organischen Lösungsmitteln haben transparente Lacke durchschnittlich?

11.3 Ein transparenter Lack für Möbel

Eine Kommode aus Eiche (Bild 1) für eine Wohnzimmereinrichtung soll durch einen transparenten Lack veredelt und gegenüber normaler Beanspruchung geschützt werden. Dafür soll ein preisgünstiger und leicht zu verarbeitender Lack ausgewählt werden.

Welche Arten von Lacken gibt es?
Man unterscheidet die Lacke nach der Art der Verfestigung des Lackfilms (Tabelle 2).
Physikalisch verfestigende Lacke bestehen aus Bindemitteln und Lösungsmitteln. Im Lösungsmittel ist das Bindemittel in kleinsten Teilchen aufgelöst und dadurch verflüssigt. Der Lackfilm verfestigt durch das Verdunsten des Lösungsmittels. Die Bindemittelteilchen haften dann durch physikalische Anziehungskräfte aneinander.

> Physikalisch verfestigende Lacke besitzen eine geringe Chemikalienbeständigkeit, weil sich der Lackfilm durch Lösungsmittel wieder anlösen läßt.

Deswegen läßt sich ein schadhafter Lacküberzug aber auch leicht reparieren und auffrischen. Diese Lacke lassen sich leicht verarbeiten, trocknen schnell, je nachdem, wie schnell das Lösungsmittel verdunstet.
Chemisch verfestigende Lacke beinhalten Bestandteile, aus denen durch eine chemische Reaktion ein fester Kunststoff entsteht. Bei der Aushärtung verbinden sich die kleinen Moleküle der Lackbestandteile zu großen Kunststoffmolekülen.

> Durch die chemischen Bindungskräfte zwischen den Lackbestandteilen ist der Lackfilm sehr widerstandsfähig und läßt sich durch Chemikalien nicht anlösen.

Dagegen sind diese Lacke in der Verarbeitung etwas problematischer. Teilweise müssen sie zuvor im richtigen Mischungsverhältnis aus zwei Lackkomponenten gemischt werden (bei DD-Lack aus Stammlack und Härter). Bereits fertig angemischte Lacke haben nur eine begrenzte Haltbarkeit, weil die chemische Verfestigung z. B. durch Einwirkung von Sauerstoff oder Wasserdampf aus der Luft erfolgt. Außerdem sind sie im Durchschnitt meistens teurer als physikalisch verfestigende Lacke. Für die Eichenkommode ist durch den Gebrauch nicht mit einer starken Beanspruchung zu rechnen. Man kann hierfür also einen preisgünstigeren und leicht zu verarbeitenden **physikalisch verfestigenden Lack** wählen.

Welcher Lack soll gewählt werden?

In Tabelle 4 sind die Eigenschaften der beiden gebräuchlichsten physikalisch verfestigenden Lacke gegenübergestellt: Die Eigenschaften des **Nitrozelluloselackes** lassen sich aus der nadelartigen Struktur seiner Bindemittelteilchen ableiten. Sie sind miteinander verfilzt und bilden so einen relativ dichten und harten Lackfilm.

Acryllacke bilden wegen ihrer großen kugelförmigen Bindemittelteilchen einen „gummiähnlichen" Lackfilm. Durch die Lufteinschlüsse zwischen den Bindemittelteilchen und der Holzoberfläche wird das Holz nicht angefeuert. Im Gegensatz zum Acryllack feuert der Nitrozelluloselack das Holz an, weil das Bindemittel wegen seiner kleineren Moleküle tiefer in das Holz eindringt. Die Holzstruktur des Eichenholzes würde also durch den Lack gut zur Geltung kommen.

Durch Gegenstände auf der Kommode oder ein Gegenstoßen erfährt die Kommode eine gewisse mechanische Beanspruchung. Der Lackfilm für das harte Eichenholz sollte daher ausreichend hart und abriebfest sein. Da Acryllacke eine geringere mechanische Widerstandsfähigkeit aufweisen, sind NC-Lacke besser geeignet.

Wie umweltverträglich sind die Lacke?

Ein erheblicher Nachteil der NC-Lacke ist ihr hoher Anteil an organischen Lösungsmitteln (Bild 3) und dementsprechend niedriger Bindemittelanteil (Festkörpergehalt). Die verdunstenden Lösungsmittel können die Gesundheit des Verarbeiters und die Umwelt (Bildung von Ozon, Smog) schädigen. Der Lösungsmittelanteil der Acryllacke (Bild 3) ist wesentlich geringer und damit auch die Lösungsmittelbelastung für den Verarbeiter und die Luft. Sie erfüllen damit eine Anforderung für die Vergabe des Umweltzeichens (Bild 5). Die enthaltenen organischen Lösungsmittel, die als Lösevermittler zwischen Bindemittel und Wasser dienen, führen bei unsachgemäßer Entsorgung der Lackreste allerdings zu einer starken Verunreinigung des Wassers.

1. Welche Vorteile haben NC-Lacke?
2. Warum dürfen Acryllackreste nicht in das Abwasser gelangen?

Nitrozelluloselack	Acryllack
• Anfeuern des Holzes • Vergilben des Lackfilms durch UV-Licht	• geringes Anfeuern • keine hochglänzenden Flächen möglich (Hochquellen der Fasern)
Widerstandsfähigkeit	
• Gute mechanische Beanspruchbarkeit • empfindlich gegenüber Wasser, einigen Chemikalien, Wärme • elastisch duch Zugabe von Weichmachern und anderer Bindemittel (z. B. Acryl) • nicht beständig gegen Weichmacher des Weich-PVCs	• geringe Wasser-, Chemikalien-, Wärmebeständigkeit • Lackfilm quillt durch Wasser auf und kann sich vom Holz ablösen • geringe mechanische Widerstandsfähigkeit • elastischer Lackfilm
Verarbeitung	
• sehr kurze Trockenzeit • gut schleifbar • Lack, Schleifstaub leicht brennbar, Explosionsgefahr	• Aufrauhen des Holzes • längere Trockenzeit • mindestens 15 °C Raumtemperatur bei Auftrag • Lack frostempfindlich • Korrosionsgefahr bei Auftragsgeräten aus Metall (rostfreie Geräte)

4. Eigenschaften von NC-Lacken und Acryllacken

5. Diese Lacke haben einen geringen Lösungsmittelanteil. Sie dürfen trotzdem nicht in den Boden und das Abwasser gelangen.

UNIVERSAL NC SEIDENMATTLACK

- Elegantes Oberflächenbild
- Hervorragender Verlauf
- Schnelltrocknend
- Einfach in der Verarbeitung

Gut schütteln oder aufrühren! Auftrag im Spritzverfahren.

Grundierung: alle Nitrozellulose-Grund- oder Füllacke. Verdünner: Zellulose-Verdünner.

Vor Verarbeitung technisches Merkblatt beachten!

1. Mit diesem Lack sollen die Seitenteile lackiert werden

11.4 Lackieren mit Nitrozelluloselacken

Die Seitenteile der Eichenkommode in Bild 1 sollen mit einem Nitrozelluloselack durch Spritzen mit einem Airless-Spritzgerät (Bild 3) lackiert werden. Der Hersteller verweist auf dem Lackgebinde auf die Notwendigkeit der Grundierung.

Wie erzielt man eine gute Grundierung?
Die Grundierung ist ein speziell eingestellter NC-Lack, der mit seinen kleinen Bindemittelteilchen und seinem hohen Lösungsmittelanteil tief in das Eichenholz eindringt. Sie ist gut schleifbar. Dadurch entsteht nach dem Zwischenschliff eine glatte Oberfläche für den Lacküberzug.
In dem Technischen Merkblatt für die Grundierung (Bild 2) empfiehlt der Lackhersteller einen ein- oder zweimaligen Auftrag der Grundierung. Die Trocknungszeit bis zum Zwischenschliff beträgt für diese Grundierung mindestens 30 Minuten bei normaler Raumtemperatur (20 °C), guter Belüftung des Raumes und ausreichendem Abstand der lackierten Flächen zueinander, z. B. im Stapelwagen. Da beim zweiten Auftragen der Grundierung die erste Lackschicht etwas angelöst wird, dauert die Trocknung länger als beim ersten Auftrag.

Wie erreicht man einen einwandfreien Lacküberzug?
Die grundierte Oberfläche wird mit sehr feinem Schleifpapier (z. B. 280er Körnung) mit gerin-

	Auftrag	Verdünnung	1 Liter reicht für (praxisnahe etwa-Werte)	Trockenzeit (schleiffähig bzw. durchgetrocknet)
Nitrozellulose-Grundierungen Einlaßgrund sehr harte Grundierung Effekt: offenporig Nitrozellulose-Kombination	1–2 x Spritzen: Airless Niederdruck Hochdruck (3 bar) Walzen, Gießen	– etwa 20 % 10–15 %	4–5 m² 6–7 m² 5–6 m²	30–45 Minuten unter normalen Trocknungsbedingungen
Nitrozelluloselacke Seidenglanzlack Universal-Mattlack, seidenmatt wasser- und spirituosenfest Effekt: offenporig bis geschlossenporig Nitrozellulose-Kombination	1 x Spritzen: Airless Niederdruck Hochdruck (3 bar) Gießen	– 10–20 % 10–15 %	4–5 m² 6–7 m² 5–6 m²	etwa 2 Stunden, je nach Trocknungsbedingungen

2. Technisches Merkblatt der Grundierung und des Überzugslackes (Auszug nach Herstellerangaben)

gem Druck in Faserrichtung geschliffen. Anschließend muß sorgfältig entstaubt werden.

> Als Voraussetzung für eine glatte und gleichmäßig glänzende Lackierung muß der Untergrund nach dem Grundieren und Schleifen sehr eben und glatt sein.

Nach den Herstellerangaben (Bild 2) soll der Lack nur einmal aufgetragen werden. Er kann mit dem Airless-Spritzgerät unverdünnt gespritzt werden und ist nach etwa zwei Stunden durchgetrocknet.

Was ist beim Spritzen zu beachten?

Beim Airless-Spritzen wird der NC-Lack mit hohem Druck durch die Düse der Spritzpistole (Bild 3 und 4) gepreßt und dadurch in feinste Teilchen zerrissen. Damit sich die Lackteilchen gleichmäßig auf der Holzoberfläche verteilen können, muß die Spritzpistole mit mindestens 30 cm Abstand gehalten werden. Man führt die Spritzpistole zunächst quer zur Faserrichtung des Holzes bahnenweise über die Fläche. Dabei wechselt man die Richtung für die nächste Bahn außerhalb der Holzoberfläche. Das heißt, man führt die Spritzpistole über die Werkstückkanten hinaus. Danach wird sofort bahnenweise in Faserrichtung gespritzt. Es muß insgesamt soviel Lack aufgetragen werden, daß der Lack gut verläuft.

> Zeigen sich in der Lackoberfläche Bläschen, sind die Arbeitsbedingungen im Spritzraum ungünstig (zu hohe oder zu niedrige Raumtemperatur, Zugluft) oder der Lack zu kalt.

Welche Spritztechnik ist für den Lackauftrag vorteilhaft?

Nach den Angaben des Herstellers (Bild 2) kann der Lack statt mit Airless-Spritztechnik auch durch Niederdruck- oder Hochdruckspritzen (Tabelle 5) aufgetragen werden. Da hierbei der Lack durch Druckluft fein verstäubt wird, kann sich starker Spritznebel bilden. Dadurch gelangt ein großer Teil des Lackmaterials nicht auf die zu lackierende Oberfläche (Overspray). Bei der Airless-Spritztechnik ist die Spritznebelbildung und damit der Spritzverlust geringer. Diese Spritztechnik gewährleistet einen gleichmäßigen Lackauftrag auch an Kanten und Ecken.

1. Warum muß beim Niederdruck- und Hochdruckspritzen der Lack verdünnt werden?

3. Airless-Spritzgerät

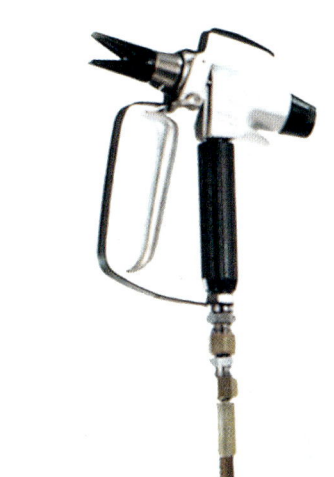

4. Airless-Spritzpistole

Spritztechnik	Wirkprinzip der Lackzerstäubung	Anwendungsbereich
Niederdruck (bis 1,5 bar)	Druckluft-Zerstäubung	niedrigviskose Spritzmaterialien, z. B. Beizen
Hochdruck (1,8 bis 4 bar)	Druckluft-Zerstäubung	niedrig- bis mittelviskose Spritzmaterialien
Airless = luftloses Spritzen (bis 500 bar)	Herauspressen des Lackes mit hohem Druck	niedrig- bis hochviskose Spritzmaterialien

5. Spritztechniken in der Tischlerei

1. Die Schreibtischplatte aus MDF ist farbig lackiert

Lackart	Abbinde-vorgang	Eigenschaften des Lackfilms
Polyure-thanlacke (PUR-Lacke)	Polyaddition	• hohe mechani-sche und chemi-sche Widerstands-fähigkeit • gute Haftung des Lackfilms am Holz • sehr lichtecht
Säure-härtende Lacke (SH-Lacke)	Polykonden-sation	• etwas geringere mechanische und chemische Widerstands-fähigkeit • gute Haftung
Polyester-lacke	Polymerisation	• hohe mechani-sche und chemi-sche Widerstands-fähigkeit • spröde, schlag-empfindlich

2. Chemisch verfestigende Lacke im Überblick

PUR-Pigmentlack
Die Vollendung der farbigen Oberfläche auf MDF oder beschichteten Werkstoffen. In allen Farbtönen nach Wunsch lieferbar.
Der PUR-Pigment-Lack erfüllt die Anforderungen der DIN 68861, Beanspruchungsgruppe B. Der aus-gehärtete Lackfilm entspricht DIN EN 71 (frei von Schwermetallen) und DIN 53160 (speichel- und schweißecht). Der PUR-Pigment-Lack ist schwer-entflammbar rezeptiert, PVC-fest und formalde-hydfrei.

3. Produktbeschreibung eines PUR-Lackes

11.5 Ein farbiger Lack für einen Schreibtisch

Bild 1 zeigt einen Schreibtisch mit einer profi-lierten und farbig lackierten mitteldichten Faser-platte (MDF) als Tischplatte. Der Lack muß sehr widerstandsfähig sein, da bei der Schreib-tischplatte mit einer stärkeren mechanischen Beanspruchung zu rechnen ist und eine Beschä-digung der farbigen Lackoberfläche besonders problematisch ist.

Mit welchen Bindemitteln erreicht man eine stark beanspruchbare Oberfläche?
Sehr widerstandsfähig sind chemisch verfesti-gende Lacke. Nach Tabelle 2 sind Polyurethan-lacke und Polyesterlacke besonders widerstands-fähig. **Polyesterlacke** finden in der Tischlerei sel-ten Anwendung, weil sie unter anderem wegen der schnellen Aushärtung nach der Härterzuga-be schwierig zu verarbeiten sind.
Für die Schreibtischplattenlackierung sollte daher ein **Polyurethanlack** gewählt werden: Neben der hohen Widerstandsfähigkeit des Lackfilms ist die Lackierung verhältnismäßig schlagunempfind-lich, weil der Lack gut an der Plattenoberfläche haftet. PUR-Lacke sind als farbige und als farb-lose Oberflächenbehandlungsmittel erhältlich. Ein Vorteil des PUR-Lackes ist außerdem die gute Lichtechtheit, so daß der Lackfarbton der Schreibtischplatte auch bei stärkerer Lichtein-wirkung erhalten bleibt.
Die im Handel erhältlichen Lacke für höher be-anspruchte Oberflächen enthalten überwiegend Kombinationen verschiedener Bindemittel (z. B. PUR-Acryl, PUR-NC, SH-NC). Dadurch werden z. T. Verarbeitungseigenschaften verbessert und die Lacke preisgünstiger. Die Eigenschaften des Lackfilms können allerdings durch die Zugabe dieser anderen Bindemittel schlechter werden. Da viele Hersteller keine Angaben über die Bin-demittelanteile machen, ist die Qualität des Lackes für den Verarbeiter schlecht einzuschätzen.

Welche farbigen Oberflächenbehand-lungsmittel sind geeignet?
Bild 4 enthält die verschiedenen Möglichkeiten farbiger Oberflächenbehandlung.

Im Gegensatz zu den Beizen, die lediglich far-bige Stoffe in das Holz einlagern, bilden farbi-ge Oberflächenbehandlungsmittel durch ihre Bindemittel auch einen schützenden Überzug.

Die farbigen Bestandteile lagern sich jedoch nur auf der Holzoberfläche an.

Um bei der Schreibtischplatte eine einheitlich farbige Oberfläche zu erhalten, darf die Plattenstruktur durch den Lack nicht durchscheinen. Außerdem muß der Lack Unebenheiten der Platte gut ausfüllen, damit eine hochglänzende Fläche erzielt werden kann. Nach Bild 4 sind **Farblacke** mit ihrer deckenden, geschlossenporigen Oberflächenwirkung geeignet. Durch den hohen Bindemittelanteil füllen sie die Oberfläche gut. Die hohe Filmdicke und der höhere Pigmentanteil bewirken ein gutes Abdecken der Eigenfarbe der Faserplatte. Da die Lackeigenschaften je nach der Zusammensetzung variieren, müssen die speziellen Eigenschaften eines Lackes den Herstellerangaben entnommen werden.

Welche Lackeigenschaften gibt der Hersteller an?

Nach der Produktbeschreibung (Bild 3) des Lackherstellers entspricht der Lackfilm in seiner Widerstandsfähigkeit der **Beanspruchungsgruppe B** der DIN 68861. Diese Norm klassifiziert Lackoberflächen im Hinblick auf ihre Chemikalien-, Abrieb-, Kratz-, Zigarettenglut-, Hitze- und Feuchtigkeitsbeständigkeit in die Beanspruchungsgruppen **A** bis **F**. Beanspruchungsgruppe **A** bezeichnet die höchste Beständigkeit. Der gewählte Lack der Beanspruchungsgruppe **B** ist also gemäß den Anforderungen der Norm stark beanspruchbar.

Wie umweltverträglich sind Polyurethanlacke?

Die beschriebenen Polyurethanlacke belasten die Umwelt und gefährden die Gesundheit des Verarbeiters durch die enthaltenen Lösungsmittel und die Isocyanate als Härterkomponente. Die Bindemittel werden unter hohem Energieaufwand aus Erdöl hergestellt, das als Rohstoff nur begrenzt vorhanden ist. Bei der Bindemittelherstellung fallen Abfallstoffe an, die als industrieller Sondermüll entsorgt werden müssen. Im Brandfall und bei der Entsorgung lackierter Teile durch Verbrennung können giftige Stoffe entstehen.

1. Nennen Sie Verwendungsbeispiele für patinierte Lacke!
2. Welche Holzarten eignen sich besonders für eine farbige Oberflächenbehandlung mit Effektlacken?
3. Vergleichen Sie in bezug auf die Umweltverträglichkeit eine Oberflächenbehandlung mit Ölen und Wachsen aus natürlichen Rohstoffen mit PUR-Lacken nach den Kriterien in Bild 5!

Patina
sichtbare Holzstruktur
Farbwirkung durch
Farbstoffe
mittlere Filmdicke

Effektlack
verdeckte Holzstruktur
offenporig
Farbwirkung durch
Pigmente
mittlere Filmdicke

Lasur
halbverdeckte
Holzstruktur
offenporig
Farbwirkung durch
geringen Pigmentanteil
geringe Filmdicke

Farblack
deckend
geschlossenporig
Farbwirkung durch
Pigmente
hohe Filmdicke

4. Welche farbigen Oberflächenbehandlungsmittel gibt es für Holz?

| **Rohstoffgewinnung:** |
| Zerstörung der Natur durch Rohstoffabbau bzw. -anbau, Freisetzen von Schadstoffen, Transport |

Produktherstellung:
Verbrauch von Rohstoffen, insbesondere knapper Rohstoffe, Bevorzugen nachwachsender Rohstoffe, Energieverbrauch, Freisetzen von Schadstoffen, Transport

Produktanwendung:
Freisetzen von Schadstoffen, Materialverbrauch, Energieverbrauch, Transport

Nutzung:
Nutzungsdauer, Freisetzen von Schadstoffen, Pflegeleichtigkeit, Wartungs- und Reparaturfreundlichkeit

Entsorgung:
Recyclingfähigkeit, biologische Abbaubarkeit, Schadstoffabgabe bei Zersetzung oder Verbrennung

5. Nach welchen Kriterien kann man die Umweltverträglichkeit von Lacken beurteilen?

1. Dieser PUR-Farblack soll gespritzt werden

Anwendung: auf MDF
1) isoliert mit **DD-Isolier- und Haftgrund**
2) grundiert mit **Füllgrund**
3) 1 x 150 g/m² **PUR-Pigmentlack**, Mischung 2:1 mit Härter • mindestens 30 Std. Trocknung (bei 20 °C) • Glätteschliff mit Korn 1200 • säubern mit Staubbindetuch
4) 1 x 150 g/m² **PUR-Pigmentlack** wie vor • mind. 24 Std. Trocknung (bei 20 °C)
Falls geschliffen und **poliert** werden soll: • 3–4 Tage Trocknung • Glätteschliff mit Korn 1200 • schwabbeln

2. Anwendungsrichtlinien für den Farblack (Auszug nach Herstellerangaben)

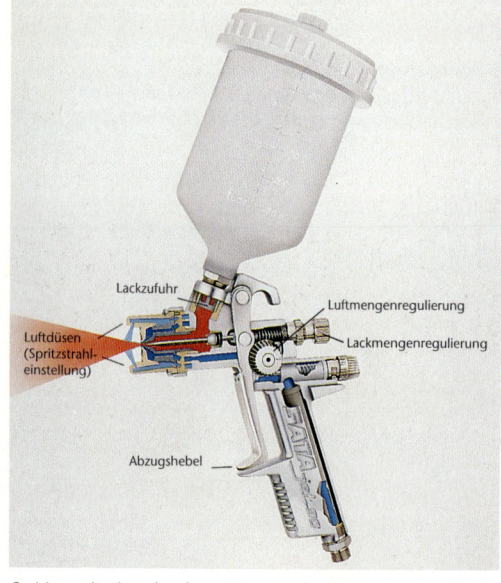

3. Nur mit einer hochwertigen und gut gereinigten Hochdruckspritzpistole lassen sich gute Oberflächen erzielen

11.6 Ein Zwei-Komponenten-PUR-Lack wird verarbeitet

Die Schreibtischplatte aus MDF soll mit dem ausgewählten PUR-Farblack (Bild 1) lackiert werden. In den Anwendungsrichtlinien des Technischen Merkblattes (Bild 2) beschreibt der Lackhersteller die einzelnen Arbeitsgänge für die Lackierung.

Welche Arbeitsgänge sind erforderlich?

Die zu lackierende Oberfläche muß zunächst durch Auftragen eines **Isoliergrundes** (Bild 2) gefestigt werden. Da die Holzfasern in der Mitte der MDF-Platte weniger verdichtet sind, muß die Mittelschicht bei den profilierten Plattenkanten besonders verfestigt werden. Im Kantenbereich empfiehlt sich daher zweimaliges Auftragen des Isoliergrundes.

Nach einem Zwischenschliff wird der **Füllgrund** (Bild 2) aufgetragen, um die feinen Hohlräume in der Oberfläche und der Kante der MDF-Platte zu füllen.

Das Grundieren der MDF-Platte ist unverzichtbar, weil die Faserplatte sehr saugfähig ist und die feinen Fasern hochquellen. Nur durch mehrfaches Grundieren und Schleifen erreicht man einen glatten Untergrund für den Farblack. Der Schliff muß mit sehr feinem Schleifpapier erfolgen und abgestuft sein.

Danach wird der **PUR-Farblack** aufgetragen. Dabei muß die Auftragsmenge von 150 g/m² (Bild 2) eingehalten werden, um eine ausreichende Schichtdicke zu erzielen. Nach einer ausreichenden Trockenzeit kann der Glätteschliff z. B. mit Körnung 1200 erfolgen und der letzte Lacküberzug aufgebracht werden.

Der Lack wird aufgetragen

Wie dem Technischen Merkblatt (Bild 4) zu entnehmen ist, muß der PUR-Lack vor dem Auftragen aus zwei Komponenten (Stammlack und Härter) im Verhältnis 2:1 angemischt werden. Wegen der geringen Topfzeit von etwa zwei Stunden darf nur die für den jeweiligen Lackauftrag benötigte Menge angesetzt werden.

Der Hersteller empfiehlt, den Lack mit einem Druck von 2 bis 2,5 bar zu spritzen, d. h. durch Hochdruck-Spritzen aufzutragen. Beim **Hochdruck-Spritzen** wird der Lack mit Hilfe von Druckluft fein zerstäubt. Der Spritzpistole (Bild 3) wird Lack und Druckluft zugeführt. Durch Betätigen des Abzugshebels öffnet sich zunächst das Druckluftventil, und die Druckluft tritt durch Luftdüsen aus. Bei weiterem Durchdrücken des

Labels on image 2: Lackzufuhr, Luftmengenregulierung, Luftdüsen (Spritzstrahleinstellung), Lackmengenregulierung, Abzugshebel

Hebels wird die Materialdüsenöffnung von der Düsennadel freigegeben, und die Druckluft reißt den Lack mit.

> Je höher der Luftdruck und je kleiner die Düsenöffnung ist, desto feiner wird der Lack zerstäubt.

Nach den Verarbeitungshinweisen für den PUR-Lack (Bild 4) soll mit einem geringen Druck (2 bis 2,5 bar) und mittlerer Düsengröße (1,8 bis 2,0 mm) gespritzt werden. Das läßt sich mit der niedrigen Viskosität des Lackes erklären. Die **Viskosität** von Flüssigkeiten kann mit einem Auslaufbecher nach DIN 53211 bestimmt werden. Die benötigte Zeit für das Auslaufen des Lackes aus dem Becher liegt bei niedrigviskosen (d. h. dünnflüssigen) Lacken unter 30 Sekunden. Die geringe Auslaufzeit von 18 Sekunden für den PUR-Lack (Bild 4) weist darauf hin, daß der Lack relativ dünnflüssig ist.

> Dünnflüssige (niedrigviskose) Lacke werden mit niedrigerem Luftdruck und kleinerer Düsenöffnung gespritzt.

Wegen der kurzen Verarbeitungszeit von einer Stunde (Bild 4) muß die Spritzpistole sofort nach dem Lackauftrag gereinigt werden, weil der ausgehärtete Lack sich nicht mehr mit Lösungsmitteln anlösen läßt. Mit der vom Hersteller angegebenen Verdünnung spritzt man solange, bis sich sämtliche Lackreste in der Spritzpistole gelöst haben. Anschließend reinigt man die Einzelteile, insbesondere die Materialdüse und die Düsennadel (Bild 3).

Im Technischen Merkblatt des Herstellers (Bild 4) ist der Lack nach der **V**erordnung über **b**rennbare **F**lüssigkeiten (VbF) mit der Gefahrenklasse A II gekennzeichnet. Das heißt, er enthält entzündliche Stoffe mit einem Flammpunkt, der zwischen 21° und 55 °C liegt. Die Lösungsmitteldämpfe des PUR-Lackes können bei einer Temperatur in diesem Bereich zu brennen beginnen. Im Spritzraum und im Lagerraum des Lackes dürfen deshalb keine offenen Flammen vorhanden sein.

Technische Daten	
Artikel-Bezeichnung	Pigmentlack
Artikel-Nr. Lacke	0600/Farbton
Artikel-Nr. Härter	06051
Mischungsverhältnis (Volumenteile)	2:1 (Lack : Härter)
Artikel-Nr. Verdünnung	0988
Gebindegröße Lacke	25, 10, 5 l
Gebindegrößen Härter	10, 5, 1 l
Bedarf/Bestellmenge für 1 m² einschl. Spritzverlust	etwa 0,5 l
Lieferviskosität Lacke (ohne Härter)	etwa 25 Sek.
Verarbeitungsviskosität (mit Härter)	etwa 18 Sek.
Verarbeitungszeit (bei 20 °C)	etwa 1 Std.
Topfzeit (bei 20 °C)	etwa 2 Std.
Auftragstechnik	Spritzen
Spritzdruck/Düsengröße	2,0–2,5 bar/1,8–2,0 mm
Auftragsmenge je Spritzgang	etwa 150 g/m²
Zwischentrockenzeit	mindestens 20 Std.
Zwischenschliff	Korn 1200
Trockenzeiten (bei 20 °C) staubtrocken	etwa 30 Min.
griffest	etwa 90 Min.
stapelfest	etwa 24 Std.
Maximale Auftragsmenge	etwa 500 g/m²
Haltbarkeit in verschlossenen, unangebrochenen Originalgebinden	etwa 12 Monate
Kennzeichnung	GGVS Kl. 3, Ziff. 3c/Vbf A II

4. Produktmerkblatt des PUR-Farblackes (Auszug nach Herstellerangaben)

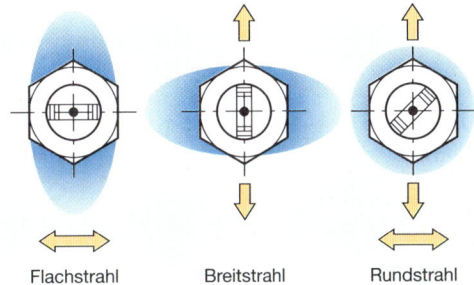

Flachstrahl   Breitstrahl   Rundstrahl

1. Nennen Sie Spritzarbeiten, bei denen jeweils ein Flachstrahl, Breitstrahl bzw. Rundstrahl zweckmäßig ist (Bild 5)!

5. Durch Verändern der Luftdüseneinstellung kann die Form des Spritzstrahls variiert werden

1. Welchen Gesundheitsgefahren ist die Verarbeiterin ausgesetzt?

Artikelbezeichnung: Härter	
1.1 Chemische Charakterisierung: Aliphatische Polyisocyanate Organische Lösemittel (Ester, aromatische Kohlenwasserstoffe)	**5.2 Persönliche Schutzausrüstung:** Atemschutz: Schutzmaske tragen, bei Überschreitung der MAK-Werte umluftunabhängiges Atemschutzgerät
5 Schutzmaßnahmen, Lagerung und Handhabung:	Handschutz: lösemittelbeständige Handschuhe tragen
5.1 Technische Schutzmaßnahmen: UVV Verarbeitung von Anstrichstoffen VBG 23 (4–79) beachten. Zündquellen fernhalten und für gute Raumbelüftung sorgen	Augenschutz: dichtschließende Schutzbrille tragen Körperschutz: antistatische Schutzkleidung tragen

2. Sicherheitsdatenblatt des Härters (Auszug nach Herstellerangaben)

Stoff	MAK-Wert in ppm (cm³/m³)	in mg/m³
Azeton	1000	2400
Ethanol (Spiritus)	1000	1900
Ethylacetat	400	1400
Formaldehyd	0,5	0,6
Hexamethylendiisocyanat	0,01	0,07
Methanol	200	260
Methylenchlorid	100	360
Terpentinöl	100	560
Trichlorethylen	50	270
Toluol	100	380
Xylol	100	440

3. Welche MAK-Werte gelten für Lösungsmittel und Härter?

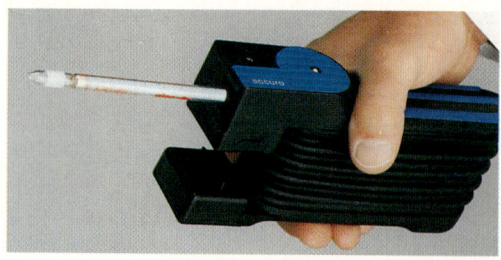

4. Die Verfärbung des Prüfröhrchens, das in die Handpumpe eingesetzt wird, zeigt die Gefahrstoffkonzentration an

11.7 Gesundheitsschäden durch das Spritzen von PUR-Lacken?

Der zu verarbeitende PUR-Lack enthält gesundheitsgefährdende Stoffe (Gefahrstoffe). Wie kann sich der Verarbeiter vor Gesundheitsschäden beim Spritzen des Lackes (Bild 1) schützen?

Welche gesundheitlichen Gefahren bestehen beim Spritzen des PUR-Lackes?

Das Sicherheitsdatenblatt des Lackes und des Härters (Bild 2) gibt Hinweise auf die Gefahren für den Verarbeiter und die Umwelt sowie auf notwendige Sicherheitsmaßnahmen beim Verarbeiten. Gesundheitlich bedenkliche Bestandteile des Lackes sind die Lösungsmittel und die Isocyanate als Härterkomponente.

Lösungsmittel können Haut- und Schleimhautreizungen sowie Nervenschäden verursachen und Allergien auslösen.

Bei **kurzzeitiger Einwirkung** werden die Nervenzellen in ihrer Funktion gestört. Die Folgen können zunächst, wie bei Alkoholkonsum, ein Rauschzustand und anschließend ein „Kater" mit Kopfschmerzen, Schwindelgefühl und Übelkeit sein.

Bei **langandauernder und häufiger Einwirkung** von Lösungsmitteln können Nervenzellen absterben. Da der Körper zerstörte Nervenzellen nicht mehr ersetzen kann, wird das Nervensystem bleibend geschädigt. Die Folgen können schwere Erkrankungen des Gehirns (z. B. Verlust des Kurzzeitgedächtnisses), Schmerzen oder Lähmungen der Muskulatur, Beeinträchtigungen des Tastsinns und des Wärmeempfindens sein.

Isocyanate können Lungenbeschwerden, z. B. Lungenentzündungen und Asthma, hervorrufen.

Wann ist mit Gesundheitsschäden zu rechnen?

Die schädigende Wirkung ist abhängig von der Einwirkungsdauer und der Konzentration des Gefahrstoffes.

Der **MAK-Wert** (Maximale Arbeitsplatz-Konzentration) gibt die zulässige maximale Konzentration eines Gefahrstoffes in der Luft am Arbeitsplatz an. Beim Einhalten dieses Grenzwertes ist nach dem aktuellen Erkenntnisstand nicht mit einer Gesundheitsschädigung zu rechnen. Dies gilt für eine Einwirkungsdauer von acht Stunden täglich.

Je niedriger der MAK-Wert eines Stoffes ist, desto gesundheitsgefährdender ist er.

Der MAK-Wert gilt jeweils nur für einen einzelnen reinen Stoff. Bei Gemischen von verschiedenen Gefahrstoffen, deren Schädlichkeit sich aufsummieren kann, ist deshalb besondere Vorsicht angeraten. Mit Hilfe von Prüfröhrchen, die in eine Handpumpe eingesetzt werden (Bild 4), läßt sich u. a. die Einhaltung des MAK-Wertes abschätzen. Gemäß Tabelle 3 beträgt der MAK-Wert für den Härter 0,07 mg/m^3 (Hexamethylendiisocyanat). Die genaue Bezeichnung der enthaltenen Lösungsmittel und ihre Anteile bzw. ihre MAK-Werte sind im Sicherheitsdatenblatt des Herstellers nicht angegeben, so daß sich die Einhaltung der für sie geltenden MAK-Werte am Arbeitsplatz nicht überprüfen läßt. Die gesundheitsschädigende Wirkung, die von diesem PUR-Lack für den Verarbeiter ausgeht, ist insgesamt nicht einschätzbar. Das Beachten der Schutzmaßnahmen (Bild 2) ist daher unverzichtbar.

Wie kann sich der Verarbeiter schützen?

Zunächst muß grundsätzlich geprüft werden, ob anstelle des gewählten Lackes ein gesundheitlich unbedenklicheres Produkt eingesetzt werden kann. Man könnte z. B. einen wasserverdünnbaren PUR-Lack oder eine Lackart mit geringerem Lösungsmittelanteil wählen.

Wenn keine geeigneten Ersatzstoffe zur Verfügung stehen, muß mit Hilfe von technischen Schutzmaßnahmen eine gesundheitliche Beeinträchtigung vermieden werden. Bild 5 verdeutlicht, daß beim Spritzen große Anteile des Lackes in die Raumluft gelangen. Für Spritzräume in Tischlereibetrieben stehen deshalb Absauganlagen und Lüftungsanlagen zur Verfügung. Bild 6 zeigt die günstigste Luftführung im Spritzraum. Ist der Schutz hierdurch nicht ausreichend oder nicht vorhanden (wie z. B. bei Arbeiten auf Baustellen oder in Wohngebäuden), muß sich der Verarbeiter gemäß Sicherheitsdatenblatt (Bild 2) durch Atemschutzgeräte (Bild 7), Handschuhe, Schutzbrille und -kleidung persönlich schützen.

1. Beschreiben Sie, auf welchen Wegen Gefahrstoffe beim Spritzen von Lacken vom menschlichen Körper aufgenommen werden können!
2. Beurteilen Sie die verschiedenen Lackauftragstechniken in bezug auf die Gesundheitsgefahr für den Verarbeiter!
3. Geben Sie gesundheitlich unbedenklichere Lacke als Ersatz für lösungsmittelhaltige PUR-Lacke an!

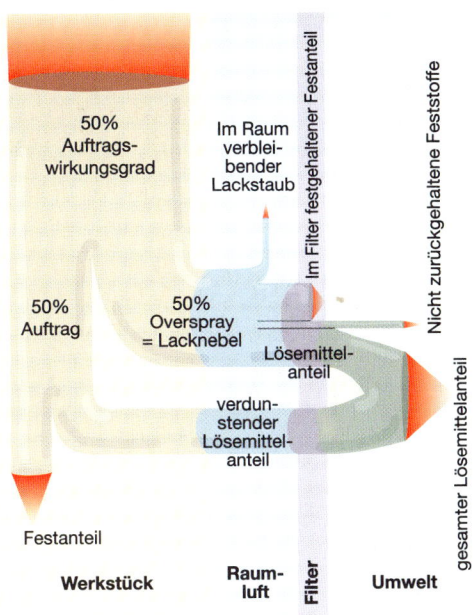

5. Welche Schadstoffmengen gelangen in die Raumluft beim Spritzen (Beispiel)?

6. Die Spritzwand saugt die Raumluft ab und filtert einen großen Teil der Feststoffe (Lackteilchen) heraus

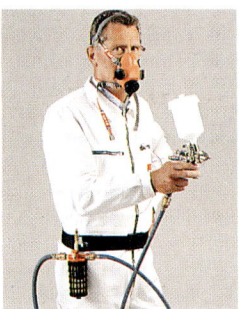

Mit Frischluft versorgte Halbmaske, GS-Ausführung mit Prüfzeichen der Berufsgenossenschaft. Absolute Sicherheit gegen lösemittelhaltige Dämpfe und Farbnebel. Extrem leichte und sicher sitzende Halbmaske mit verstellbarer 4-Punkt-Bebänderung und Schnellverschlußclipsen, leistungsstarker Aktivkohlefilter mit Indikatorstreifen und Schutzkorb.

7. Wie erreicht man einen wirkungsvollen Atemschutz?

1. Das Holzfenster aus Kiefer soll lasiert werden

Witterungseinfluß	Folgen
Sonnenlicht:	
• Wärme	• Schwinden des Holzes
	• Harzaustritt
• UV-Strahlen	• zerstören die Holzoberfläche duch Ligninabbau (Vergrauen)
	• können Bindemittel zerstören
	• Bindemittel können vergilben
Niederschläge	• Maß- und Formänderungen des Holzes
	• Unterwandern des Anstrichfilms
	• Schädlingsbefall
Luftfeuchte	• Maß- und Formänderungen des Holzes
	• Abheben des Anstrichs durch Wasserdampfdiffusion

2. Welche Folgen haben die Witterungseinwirkungen für Außenbauteile aus Holz?

Bindemittel	Eigenschaften
Alkyd	elastisch, neigt zum Vergilben, blockfest
Acryl	hohe Elastizität, Anstrichfilm quillt durch Wasser auf und behindert das Austrocknen, gilbungsbeständiger, nicht blockfest bei Wärmeeinwirkung
Öl	elastisch, diffusionsoffen, Vergilben (besonders bei geringer Lichteinwirkung), nicht blockfest

3. Welche Eigenschaften ergeben die unterschiedlichen Bindemittel für Außenanstriche?

11.8 Eine Lasur für ein Holzfenster auswählen

Das in Bild 1 abgebildete Kiefernholzfenster soll mit einer Lasur oberflächenbehandelt werden. Da das Fenster für die Westseite des Gebäudes vorgesehen ist, muß es einer starken Beanspruchung durch Witterungseinflüsse standhalten.

Welche Anforderungen muß ein wetterbeanspruchter Anstrich erfüllen?
Bild 2 führt die Folgen der Witterungseinflüsse für einen Außenanstrich auf.

> Der Anstrich muß ausreichend dehnfähig und elastisch sein, um bei Maß- und Formänderungen des Holzes nicht zu reißen.

Damit die Feuchteschwankungen reduziert werden, sollte der Anstrichfilm **wenig wasserdurchlässig** sein. Gleichzeitig muß er **diffusionsoffen**, das heißt durchlässig für Wasser in Dampfform, sein. Durchfeuchtete Bereiche des Holzes könnten sonst nicht austrocknen. Die Durchfeuchtung unterhalb des Lackfilms kann durch Risse im Lack, konstruktive Mängel des Fensters und durch sich ablösende Versiegelungen zustandekommen.
Auf durchfeuchtetem Holz und auf harzigen Flächen muß der Anstrich noch **gut haften**. Der Anstrichfarbton sollte **nicht zu dunkel** sein, damit sich die Holzoberfläche durch Sonneneinstrahlung nicht zu stark erwärmt.
Der Anstrich muß die holzzerstörenden UV-Strahlen vom Kiefernholz fernhalten. Das kann durch einen ausreichenden Anteil **deckender Pigmente** und durch eine **ausreichende Filmdicke** geschehen. Transparente Anstriche sind deshalb nicht geeignet.
Zusätzlich kann das Anstrichmittel **Holzschutzmittel** zum Schutz vor Fäulnis enthalten.

Welche Lasur ist geeignet?
Einen witterungsbeständigen Anstrichfilm erhält man mit Lasuren auf Alkyd-, Acryl- oder Ölbasis (Bild 3). **Alkydlasuren** härten durch Oxidation und durch Verdunsten der Lösungsmittel (Testbenzin) aus. Die enthaltenen Alkydharze als Bindemittel bilden einen gut schützenden Anstrichfilm, der allerdings zur Farbtonveränderung neigt. Wasserverdünnbare Alkydlasuren haben einen wesentlich geringeren Anteil organischer Lösungsmittel. Die verwendeten Glykole dienen wie bei den Acryllasuren als Lösevermittler zwi-

schen Bindemittel und Wasser. Die wasserverdünnbaren **Acryllasuren** ergeben einen gilbungsbeständigeren Anstrichfilm, der aber bei Sonneneinstrahlung in den Fensterfälzen zum Kleben neigt (geringe Blockfestigkeit).

Ölhaltige Lasuren haben einen hohen Festkörperanteil (mehr als 80 %) und dementsprechend niedrigen Anteil organischer Lösungsmittel (High-Solid-Lasuren). Sie härten durch Oxidation und Lösungsmittelverdunstung aus. Nachteilig sind die fehlende Blockfestigkeit und das Vergilben.

Für das Kiefernholzfenster sollte wegen der stärkeren Wetterbeanspruchung auf der Westseite des Gebäudes eine **Dickschichtlasur** (Tabelle 4) gewählt werden. Durch ihren höheren Bindemittelanteil bildet sie einen wasserdichteren Oberflächenschutz, so daß das Kiefernholz bei Niederschlägen nicht so stark durchfeuchtet.

Der höhere Pigmentanteil schützt das Kiefernholz ausreichend vor UV-Licht. Da die Pigmente zum Teil transparent sind (die Holzstruktur bleibt sichtbar), sollte der Anstrichfilm möglichst dick sein (mehrmaliges Auftragen).

Wie erreicht man einen chemischen Holzschutz?

Ein Schutz des Kiefernholzes vor Schädlingsbefall läßt sich durch Auftragen einer **Imprägniergrundierung** (Tabelle 4) erzielen. Sie muß dünnflüssig genug sein, um ausreichend tief in das Holz eindringen zu können. Außerdem darf das Holz nicht zu feucht sein (maximal 15 % Holzfeuchte). Nach Bild 5 läßt sich durch Spritzen, Streichen und Tauchen lediglich ein Oberflächen- bzw. Randschutz erreichen.

> Risse, lose Äste, offene Brüstungsfugen und ähnliches ermöglichen das Eindringen von Holzschädlingen in ungeschützte Holzbereiche und stellen die Wirksamkeit einer Holzschutzbehandlung in Frage.

Durch das Auftragen einer Imprägniergrundierung schützt man die Holzoberfläche allerdings vor Blaufäule, die bei dem lasierten Kiefernholz zu unschönen Verfärbungen führen kann.

1. Welche Folgen hat eine ständige Durchfeuchtung des Holzes aufgrund eines schadhaften Anstrichs?
2. Beschreiben Sie die Nachteile eines dunklen Fensteranstrichs!
3. Nach Bild 6 ist Fichte schlecht tränkbar. Wie lassen sich Fichtenholzfenster trotzdem am besten vor Fäulnis schützen?

4. Wodurch unterscheiden sich die Lasuren für den Außenbereich?

5. Welche Eindringtiefen von Holzschutzmitteln erreicht man mit den verschiedenen Einbringverfahren?

Holzart/Splintholz			
Kiefer	+	Eiche	+
Fichte	−	Esche	O
Tanne	O	Dark Red Meranti	+
Lärche	O	Afrik. Mahagoni	O
Douglasie	−	Cambale/Iroko	−
Hemlock	O	Merbau	−
Western Red Cedar	+	Azobe	−
Tränkbarkeit:	+ gut	O mäßig	− schlecht

6. Welchen Einfluß hat die Holzart auf die Eindringtiefe von Holzschutzmitteln?

Hochwetterbeständiger, farbiger, ölhaltiger Holzschutz. Hergestellt u. a. aus pflanzlichen Naturbindemitteln. Er ist offenporig, feuchtigkeitsregulierend und wasserabweisend. Besonders hoher Anteil nur lichtechter und wetterbeständiger, mikronisierter Farbpigmente. Tiefes Eindringvermögen. Wirkstoffe gegen Bläue und Fäulnis. Nach Anstrich bleibt Struktur des Holzes erkennbar, Fehler und Unebenheiten werden verdeckt.

1. Gebinde und Charakteristik der Dickschichtlasur nach Herstellerangaben

---

Holzschutz-Grundierung
Schützt Holz vorbeugend vor Insekten, Bläue und Fäulnis.

Einbringmenge
200–250 ml/m^2 bei 2 Anstrichen.

Nachanstriche
Verträglich mit allen Lasuren, Lacken und Farben.
Bei normaler, nicht zu kalter Witterung kann der Nachanstrich bzw. Anstrichaufbau nach 12 Stunden erfolgen. Anstriche jedoch innerhalb 4 Wochen vornehmen.

Sicherheitstechnische Informationen
Das Holzschutzmittel enthält biozide Wirkstoffe zum Schutz des Holzes vor Schädlingen. Es ist nur nach Gebrauchsanweisung und nur dort zu verwenden, wo Schutzmaßnahmen erforderlich sind. Mißbrauch kann zu Gesundheitsschäden führen.
Nicht spritzen und danebentropfen. Sprühnebel gefährden Gesundheit und Umwelt. Haut- und Augenkontakt vermeiden. Geeignete Schutzkleidung, wie Schutzhandschuhe, eventuell Schutzbrille, tragen.
Bei der Arbeit nicht essen, trinken, rauchen. Von Nahrungsmitteln, Getränken und Futtermitteln fernhalten. Darf nicht in die Hände von Kindern gelangen.

Lagerung/Umweltschutz
Das Mittel nur in Originalgebinden, **frostfrei** (nicht längere Zeit unter +5 °C) und nicht über +30 °C lagern.
Das Mittel ist giftig für Fische und Fischnährtiere. Nicht in Oberflächengewässer gelangen lassen.
Reinigungsreste sowie nicht restentleertes Gebinde ordnungsgemäß entsorgen (Sonderabfall-Sammelstelle). Restentleertes (tropffreies) Gebinde in Wertstoff-Sammelgefäß geben.

2. Produktmerkblatt der Imprägniergrundierung (Auszug nach Herstellerangaben)

11.9 Ein Holzfenster imprägnieren und lasieren

Das Kiefernholzfenster soll mit der Dickschichtlasur in Bild 1 oberflächenbehandelt werden. Nach den Herstellerangaben enthält die Dickschichtlasur Öle als Bindemittel und zusätzlich chemische Holzschutzmittel zum Schutz vor Pilzen. Genauere Angaben zur Zusammensetzung der Lasur fehlen, so daß der Verarbeiter nur mit Hilfe des Produktmerkblattes (Bild 4) auf ihre Eigenschaften schließen kann.
In seinem Produktmerkblatt weist der Anstrichhersteller darauf hin, daß vor dem Lasieren eine Imprägniergrundierung als Holzschutz aufzutragen ist.

Wie wird die Imprägniergrundierung verarbeitet?
Die gewählte Grundierung (Bild 2) kann durch Streichen, Spritzen oder Tauchen verarbeitet werden. Beim **Tauchen** wird das Werkstück für etwa 20 bis 30 Sekunden in einem Tränkbecken (Bild 3) in das Imprägniermittel eingetaucht und anschließend über einer Abtropffläche trocknen gelassen. Um einen gleichmäßigen Randschutz zu erhalten, wird meistens mehrmals getaucht.

> Durch Tauchen läßt sich im Gegensatz zum Streichen und Spritzen mit einem geringen Arbeitsaufwand auch ein stark profiliertes Werkstück wie ein Holzfenster gut allseitig imprägnieren.

Außerdem ist beim Tauchen die Gefahr geringer, daß der Verarbeiter und die Umwelt durch die in der Grundierung enthaltenen giftigen Holzschutzmittel z. B. durch Spritzer oder Spritznebel geschädigt wird. Dies setzt einen sachgemäßen Umgang mit der Grundierung unter Beachtung der Sicherheitshinweise in Bild 2 und Bild 3 voraus.
Das Auftragsverfahren muß sicherstellen, daß das Imprägniermittel mit den enthaltenen Holzschutzmitteln allseitig und mit ausreichender Eindringtiefe das Kiefernholz benetzt.

> Durch Spritzen und Streichen läßt sich nur ein Schutz an der Oberfläche des Holzes erzielen, durch Tauchen ergibt sich ein Randschutz mit einer Eindringtiefe von maximal 1 cm.

Wegen der geringen Eindringtiefe der Holzschutzmittel sollten vor dem Tauchen alle notwendigen Holzaussparungen (z. B. Bohrungen) am Kiefernholzfenster soweit fertiggestellt sein. Außerdem ist zu kontrollieren, ob die Grundierung dünnflüssig genug ist, damit sie nach dem Tauchen gut abläuft und abtropft.

> Dickflüssige Anstriche können beim Tauchen zu ungleichmäßigen Oberflächen und Anstrichtaschen in Vertiefungen führen.

Nach einer Trockenzeit von mindestens zwölf Stunden (Bild 2) kann die Dickschichtlasur aufgebracht werden.

Wie wird die Dickschichtlasur verarbeitet?

Hinweise zur Verarbeitung der Lasur sind dem Produktmerkblatt (Bild 4) zu entnehmen. Um sicherzustellen, daß die Oberfläche eine gleichmäßige Filmdicke und Färbung erhält, sollte der Auftrag durch Spritzen oder Streichen erfolgen. Spezielle Niederdruckspritzpistolen (Bild 5) ermöglichen das Auftragen mit geringer Spritznebelbildung und damit höherer Anstrichausbeute (Übertragungsrate) im Vergleich zum Hochdruckspritzen.

Damit die Dickschichtlasur einen ausreichend dicken Anstrichfilm auf dem Kiefernholz bilden kann, darf die Lasur nicht weiter verdünnt werden und der zweite Auftrag erst nach dem Durchtrocknen des ersten Auftrags vorgenommen werden.

Wie kann ein verwitterter Anstrich renoviert werden?

Der Lasuranstrich läßt sich durch einen erneuten Lasurauftrag ohne Entfernen des Altanstrichs renovieren. Zuvor muß der alte Anstrich durch Abbürsten und Anschleifen von Staub und Schmutz befreit und eventuell mit Lösungsmittel von Flecken oder Harz gereinigt werden.

Durch die Nachbehandlung wird insbesondere in Bereichen, in denen der Altanstrich wenig abgewittert ist, der Anstrich dunkler, die Schichtdicke größer und die Holzstruktur stärker verdeckt.

1. Stellen Sie die Vor- und Nachteile des Spritzverfahrens für das Auftragen einer Imprägniergrundierung gegenüber!
2. Erklären Sie, warum die Lasur vor der Verarbeitung gut umzurühren ist (Bild 4)!

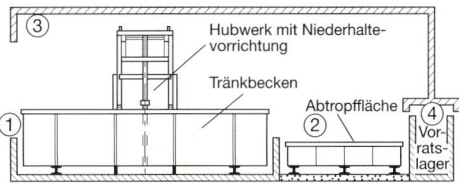

(1) Auffangwanne einbauen für Tauchwanne oder Vorratsgefäß, soweit diese nicht doppelwandig und mit selbsttätiger Leckanzeige ausgerüstet sind.

(2) Abfüll- und Abtropfflächen durch wasser- bzw. öldichte Bodenplatte absichern.

(3) Offene Tränkgefäße und Lagerbehälter regen- und oberflächenwassergeschützt aufstellen.

(4) Schutzmittel- Vorratslager stets in der Nähe der Tränkanlage als abschließbaren Raum mit wasser- bzw. öldichter Bodenplatte einrichten. Schutzmittel nur in Originalgebinden lagern.

3. Tauchanlage – Vorkehrungen für den Umweltschutz

Verarbeitung:

Holzfläche muß vor Behandlung sauber und trocken sein (maximal 20% Holzfeuchte). Raum- bzw. Außentemperatur sollte nicht unter 5 °C sein. Die Lasur ist unbedingt vor Gebrauch gründlich umzurühren. Ist die Dose länger als 30 Minuten geöffnet, erneut umrühren.

Die Verarbeitung der Lasur kann sowohl im Streichverfahren – mit Pinsel oder kurzflorigem Farbroller – als auch im Spritz- und Tauchverfahren erfolgen. Vor der Lasurbehandlung ist die Fläche mit Holzimprägnierung satt einzustreichen. Imprägnierung muß etwa 12 Std. einziehen und trocknen, danach erfolgt der 1. Lasuranstrich durch gleichmäßiges, dünnes Auftragen. Nach etwa 12-stündiger Trockenzeit erfolgt der 2. Anstrich. Die Lasur ist unverdünnt zu verarbeiten. Renovierung behandelter Holzflächen durch neuerlichen Anstrich auf schmutzgesäuberter Fläche.

Achtung: Holzschutz-Decklasur nicht bei offenem Licht und offenem Feuer verarbeiten.

4. Verarbeitungshinweise aus dem Produktmerkblatt der Dickschichtlasur (Auszug nach Herstellerangaben)

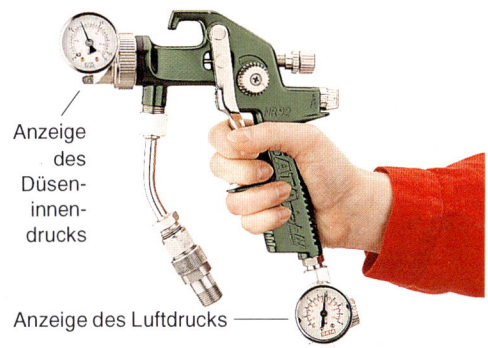

Anzeige des Düseninnendrucks

Anzeige des Luftdrucks

5. Der niedrige Düseninnendruck bei der Niederdruckspritzpistole verringert die Spritznebelbildung

1. Durch Bleichen können die Farbstreifen im Kirschbaumholz aufgehellt werden

Bleichmittel	Vorteile	Nachteile
Zitronensäure	• ungiftig • gute Aufhellwirkung bei gerbsäurehaltigen Hölzern und bei Flecken	• Nachwaschen erforderlich • gute Verträglichkeit mit Beizen und Lacken
Oxalsäure	• gute Aufhellwirkung bei gerbsäurehaltigen Hölzern und bei Flecken	• stark giftig • Nachwaschen erforderlich • verbleibende Oxalsäure kann die Lackaushärtung beeinträchtigen
Wasserstoffperoxid	• verdunstet vollständig • kein Nachwaschen erforderlich • starke Bleichwirkung	• ätzend und gesundheitsschädlich • „Totbleichen" der Farbstruktur • Brandgefahr durch Selbstentzündung (getränkter Lappen, Späne etc.)

2. Welche Bleichmittel für Holz gibt es?

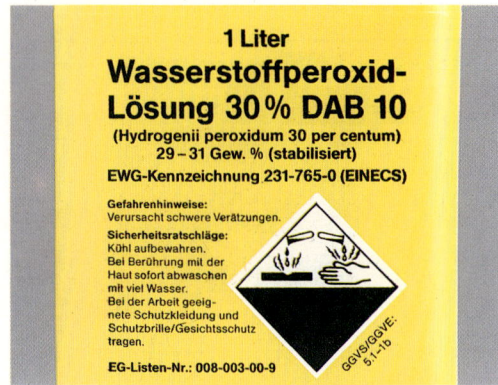

3. Der Gebindeaufkleber enthält Hinweise auf die Gefährlichkeit von Wasserstoffperoxid

11.10 Holz wird aufgehellt

Die Fronten für einen Kirschbaumschrank zeigen nach dem Beizen und Lackieren auffällige Farbstreifen (Bild 1). Um eine gleichmäßigere Farbstruktur zu erzielen, kann man die Oberfläche vor dem Beizen und Lackieren bleichen.

Welches Bleichmittel ist geeignet?

Zum Bleichen gerbstoffarmer, feinporiger Laubhölzer verwendet man bevorzugt Wasserstoffperoxid (Tabelle 2).

> Wasserstoffperoxid zerfällt leicht in Wasser und Sauerstoff. Der freiwerdende Sauerstoff zerstört die Farbstoffe des Holzes durch Oxidieren.

Wasserstoffperoxid ist mindergiftig und ätzend (Bild 3 und Bild 4).

Welche Sicherheitshinweise sind zu beachten?

Haut, Haare und Augen müssen vor Kontakt mit ätzenden Stoffen geschützt werden, weil ätzende Stoffe menschliches Gewebe zerstören: Schutzbrille, Schutzhandschuhe und Gummihaube tragen!

Metalle werden von ätzenden Stoffen angegriffen (Korrosion und Verfärbungen) und bewirken eine schnelle Zersetzung von Wasserstoffperoxid (Spritzgefahr). Deshalb sollen keine Metallgefäße und -geräte verwendet werden!

Mit Wasserstoffperoxid getränkte brennbare Stoffe (Holzmehl oder Lappen) können sich selbst entzünden: sofort auswaschen oder entsorgen!

Wie wird Wasserstoffperoxid verarbeitet?

Wasserstoffperoxid wird etwa 10 % konzentrierter Salmiakgeist zugesetzt, um die Zersetzungsgeschwindigkeit zu erhöhen (bessere Bleichwirkung). Wasserstoffperoxid ist mit Säuren stabilisiert, die durch Salmiakgeist neutralisiert werden müssen.

Für kleine Flächen mischt man die beiden Flüssigkeiten im Gefäß und trägt die Mischung sofort mit einem Kunststoffpinsel auf. Bei größeren Flächen wird zunächst Wasserstoffperoxid aufgetragen und nach kurzem Anziehen anschließend Salmiakgeist. Starkes Schäumen bedeutet, daß viel Sauerstoff ohne Bleichwirkung entweicht.

Die Flächen müssen bis zum Verdunsten aller

Chemikalien trocknen (mindestens 24 Stunden). Die Trocknungszeit kann man durch Temperaturerhöhung verkürzen.

Welche Möglichkeiten gibt es, Verfärbungen des Holzes zu beseitigen?

Eichenfurnierte Platten zeigen nach dem Wässern als Vorbehandlung für das Beizen blauschwarze Flecken (Bild 5), die entfernt werden sollen.

Da das dünne Furnier nur geringes Schleifen ermöglicht, kann die verfärbte Holzschicht nicht durch Hobeln oder Schleifen abgetragen werden. Es muß gebleicht werden.

Welches Bleichmittel ist geeignet?

Das Bleichmittel soll die Verfärbung entfernen oder abschwächen. Dabei darf der Eigenfarbton und die Farbstruktur des Holzes nicht zu stark verändert werden („Totbleichen").

Gemäß Tabelle 2 sind Zitronensäure und Oxalsäure für die Fleckentfernung geeignet. Zitronensäure sollte wegen ihrer Ungiftigkeit bevorzugt werden. Bei unzureichender Fleckentfernung kann man mit Oxalsäure stärker aufhellen. Vor dem Verwenden dieser Bleichmittel sollte kontrolliert werden, ob sie mit Beize und Lack verträglich sind. Denn trotz des Nachwaschens nach dem Bleichen könnten noch Bleichmittelrückstände im Holz verblieben sein.

Wie verarbeitet man das Bleichmittel Zitronensäure?

Hinweis: Keine Metallgefäße und -geräte bei der Verarbeitung von Säuren verwenden (Gefahr von Verfärbungen)!

Ansetzen des Bleichmittels: 30 bis 50 g Zitronensäure wird in 1 l heißem Wasser aufgelöst.

Auftragen des Bleichmittels: Die Säurelösung wird heiß auf der gesamten Fläche satt aufgetragen und die Oberfläche kräftig mit einer Kunststoffbürste ausgebürstet.

Nachwaschen: Anschließend wird die noch feuchte Fläche mit klarem Wasser mehrmals nachgespült und ausgebürstet und dann trockengerieben.

Gut trocknen lassen.

Aufgerauhte Oberfläche schleifen.

1. Wie verhält man sich bei Säurespritzern auf der Haut?
2. Welche Nachteile hat das Nachwaschen beim Verwenden von Säuren als Bleichmittel?

Die wichtigsten Gefahrensymbole

 Leicht entzündliche Stoffe, brennbare Flüssigkeiten

F Leicht-entzündlich

Flüssigkeiten mit einem Flammpunkt unter 21 °C (Gefahrenklasse A1).
Beispiele: Aceton, Benzol
Vorsicht: Von offenen Flammen, Wärmequellen und Funken fernhalten.

 Sehr giftige Stoffe

T+ sehr giftig

Gefahr: Nach Einatmen, Verschlucken oder Aufnahme durch die Haut treten meist Gesundheitsschäden in erheblichem Ausmaß oder gar der Tod ein
Beispiele: Thallium und seine Verbindungen
Vorsicht: Jeglichen Kontakt mit dem menschlichen Körper vermeiden und bei Unwohlsein sofort den Arzt aufsuchen.

 Gesundheitsschädliche Stoffe

Xn Minder-giftig

Gefahr: Bei Aufnahme in den Körper verursachen diese Stoffe Gesundheitsschäden geringeren Ausmaßes.
Beispiele: Pyridin, Dichlormethan
Vorsicht: Kontakt mit dem menschlichen Körper, auch Einatmen der Dämpfe, vermeiden, bei Unwohlsein Arzt aufsuchen!

 Reizend wirkende Stoffe

Xi Reizend

Gefahr: Das Symbol kennzeichnet Stoffe, die eine Reizwirkung auf Haut, Augen und Atmungsorgane ausüben können.
Beispiele: Ammoniak-Lösung, Benzylchlorid
Vorsicht: Dämpfe nicht einatmen und Berührung mit Haut und Augen vermeiden.

 Ätzende Stoffe

C Ätzend

Gefahr: Lebendes Gewebe, aber auch Betriebsmittel, werden bei Kontakt mit diesen Chemikalien zerstört.
Beispiele: Brom, Schwefelsäure
Vorsicht: Dämpfe nicht einatmen und Berührung mit Haut, Augen und Kleidung vermeiden.

4. Was bedeuten die Gefahrensymbole?

5. Die Flecken in der eichenholzfurnierten Oberfläche sollen entfernt werden

1. Der Eichenholztisch soll zum Farbton der Einrichtung passend gebeizt werden

Farbstoffbeize

Einfärben der Holzfasern mit aufgelösten Farbstoffen

Pigmentbeize

Auflagern von Pigmenten auf die Holzfasern; Pigmente sind fein zermahlene Farbpulver, die in der Beize dispergiert sind

Chemische Beize

Farbstoffbildung durch chemische Reaktion der Beizenbestandteile im Holz

2. Wie wirken Holzbeizen?

Beispiel: Welche Pulvermenge muß aufgelöst werden, wenn 1,7 l Beizlösung benötigt wird und der Beizenhersteller 50 g pro Liter als Mischungsverhältnis empfiehlt?

Pulver in g		Wasser in l
50 g	≙	1 l
x g	≙	1,7 l
x · 1	=	50 · 1,7
x	=	50 · 1,7
x	=	**85 g**

3. Wie ermittelt man die Mischungsmengen für eine Farbstoffbeize?

11.11. Holz wird gebeizt

Der Eichenholztisch in Bild 1 muß im Farbton der vorhandenen Einrichtung angepaßt werden. Dazu wird eine Farbstoffbeize verwendet.

Wie färbt die Beize das Holz?

Die Farbstoffbeize enthält Farbstoffe, die sich in Wasser oder anderen Lösungsmitteln auflösen. Nach dem Auftragen der Lösung dringen die Farbstoffe mit dem Lösungsmittel in die obere Holzschicht ein und lagern sich dort ein (Bild 2). Da die Farbstoffe lichtdurchlässig sind, bleibt die Zeichnung des Holzes erkennbar.

Wie wird die Beize angesetzt?

Das Beizenpulver wird im ermittelten Mischungsverhältnis (Bild 3) in abgekochtem, kochendheißem Wasser unter Rühren aufgelöst. Durch Abkochen des Wassers werden Bakterien abgetötet, die die Haltbarkeit der Beize verringern könnten. Es dürfen keine Metallgefäße und -geräte verwendet werden (Farbtonänderungen und Flecken durch Bildung von Metallsalzen).

Eine Probebeizung ist unbedingt erforderlich!

Beim Beizen des grobporigen und gerbsäurehaltigen Eichenholzes wird das Beizbild vom Gerbsäuregehalt und der Gerbsäureverteilung, sowie der Qualität der Poreneinfärbung stark beeinflußt (Tabelle 4). Das Eichenholz kann daher im Farbton sehr unterschiedlich ausfallen. Deshalb muß das Beizbild vorher durch eine Probebeizung an einem Reststück des Holzes überprüft werden.

> Die Probebeizung ist unter den gleichen Bedingungen wie für das Beizen des Möbelstückes durchzuführen.

Das gilt für Holzschliff, Mischungsverhältnis der Beize, Auftragsverfahren, Einwirkungsdauer und anderes. Nach dem Beizen muß das Probestück lackiert werden, um es mit dem Farbton der vorhandenen Möbel vergleichen zu können.

Wie kann das Beizbild verändert werden?

Bei abweichendem Farbton kann man die Beize durch Zumischen eines Farbkonzentrates oder einer gleich zusammengesetzten Beize mit anderem Farbton abtönen. Ist der Farbton wegen unterschiedlichem Gerbsäuregehalt ungleichmäßig, erreicht man durch Bleichen vor dem Beizen ein einheitlicheres Beizbild. Zu helle Poren lassen sich durch Füllen mit farbigen Pulvern angleichen. Durch Verwendung spezieller Porenbeizen werden die Poren des Eichenholzes bereits beim Beizen besser eingefärbt. Wenn das Beizbild der Probebeizung einwandfrei und übereinstimmend ist, kann der Tisch gebeizt werden.

Was ist bei Auftragen der Beize zu beachten?

Vor dem Auftragen muß die angesetzte Beize gut abgekühlt sein und gut umgerührt werden. Die benötigte Beize wird in ein Arbeitsgefäß (kein Metall!) umgefüllt. Die Beize wird gleichmäßig und im Überschuß in Faserrichtung satt aufgetragen, dann quer zur Faserrichtung vertrieben. Die Flächen müssen in einem Zug gebeizt werden, damit keine Ansätze entstehen.

> Durch Festlegen der Arbeitsreihenfolge vor dem Beizen und zügiges Arbeiten vermeidet man ein fleckiges Beizbild.

Spritzer auf noch nicht gebeizten Flächen müssen vermieden werden, daher sollte man von unten nach oben beizen.

Besondere Effekte durch chemisch wirkende Färbeverfahren

Die Holzstruktur von gutem Eichenholz läßt sich durch **Räuchern** hervorheben. Das Holz wird Salmiakgeistdämpfen ausgesetzt, die durch chemische Reaktion mit der Gerbsäure des Eichenholzes einen dunkelbraunen Farbstoff bilden. Anstelle dieses aufwendigen Verfahrens wird dieser Effekt heute überwiegend mit Räucherbeizen erzeugt, die eine Kombination aus Farbstoffbeize und chemischer Beize darstellen.

Ein antikes Aussehen und eine starke Belebung der Holzstruktur erzielt man auch durch **Laugen**. Die Färbung, die durch chemische Reaktion mit der Gerbsäure des Holzes entsteht, läßt sich ebenfalls durch entsprechende fertige Beizen erreichen. Bei den chemisch wirkenden Färbeverfahren werden überwiegend ätzende oder gesundheitsschädliche Stoffe verwendet, vor denen sich der Verarbeiter schützen muß.

1. Warum muß die Beize vor dem Auftragen gut abgekühlt sein?
2. Geben Sie Holzarten an, bei denen mit einer ungleichmäßigen Färbung gerechnet werden muß!

Beizfehler	Ursachen und Maßnahmen
zu heller, abweichender Farbton	• Beizenlösung zu schwach konzentriert • geringe Saugfähigkeit des Holzes
	• Mischungsverhältnis erhöhen • Abtönen der Beize
ungleichmäßige Färbung, unruhiges Beizbild	• unterschiedliche Saugfähigkeit (Kern-, Splint-, Hirnholz, Längsholz, unregelmäßiger Faserverlauf) • ungleiche Verteilung von Holzinhaltstoffen (z. B. Gerbsäure) • ungleichmäßiger Beizenauftrag
	• Beize mit Kunstharzzusatz (Egalisator) verwenden • Bleichen oder Bleichbeize verwenden • Beize im Überschuß auftragen
fleckiges Beizbild	• Kontakt mit Metallen • Öl-, Fett-, Harzflecken, Leimdurchschlag auf der Holzoberfläche • Beizenspritzer oder -tropfen beim Auftragen
	• keine Metallgefäße und -geräte verwenden • sorgfältige Vorbehandlung des Holzes • von unten nach oben arbeiten beim Beizen
Poren zu hell	• Holzoberfläche schlecht entstaubt • Holzart enthält nichteinfärbbare Inhaltsstoffe in den Poren
	• Poren füllen mit farbigen Pulvern • spezielle Porenbeize verwenden

4. Wie vermeidet man fehlerhafte Beizbilder?

1. *Die Türen der Kiefernholzkommode zeigen eine fehlerhafte Oberfläche*

Oberflächenfehler	Maßnahmen, Werkstoffe, Wirkungen
Druckstellen	Eingedrückte Holzfasern durch Wässern hochholen und nach dem Trocknen abschleifen.
Starke Druckstellen	Nassen, sauberen Lappen auflegen und mit Bügeleisen oder Lötkolben die Druckstelle hochholen, nach dem Trocknen nachschleifen.
Verunreinigungen	Beim Wässern entweder etwas Kochsalz gegen das Wiederaufstellen der Fasern, bei Nadelhölzern Salmiakgeist zur Entharzung, bei gerbsäurehaltigen Hölzern Essigsäure zugeben, abbürsten, nachwaschen, nach dem Trocknen nachschleifen.
Starker Harzgehalt, dadurch Flecken	Entweder mit 3%iger Holzseifenlösung, 5% Salmiakzugabe, oder Lösungen aus 6%iger Sodalösung, oder 6%iger Pottaschelösung mit 25% Aceton auswaschen, nachwaschen, trocknen, schleifen.
Leimdurchschlag von PVAc-Leimen	Im frischen Zustand mit warmem Wasser, getrocknet mit Aceton auswaschen – nur kurz anwenden, um Kürschner zu vermeiden.
Oxidationsflecken	Ausbleichen mit Wasserstoffperoxid oder Zitronensäure.
Kalk-, Gips- und Zementflecken	Mit verdünnter Essigsäure auswaschen, aber sehr gut nachspülen.
Öl- und Fettflecke	Entharzungsmittel nehmen, Brei aus Magnesia oder Schlämmkreide mit Lösungsmittel auftragen, Pulver nach Austrocknung abbürsten.
Größere Fehlstellen	Flüssiges Holz, mit Aceton verdünnt zum Ausspachteln einsetzen, Wachskitt nur nach dem Beizen einsetzen – hier müssen dann die Lacke wachsverträglich sein.

2. *Wie kann man Oberflächenfehler beseitigen?*

11.12 Die Holzoberfläche vorbehandeln

Die Türen einer Kiefernholzkommode (Bild 1) zeigen nach dem Beizen eine rauhe Oberfläche und im Beizbild helle Flecken.

Welche Ursachen gibt es für die fehlerhafte Oberfläche?

Durch das Beizen mit einer Wasserbeize sind die in der Oberfläche endenden Holzfasern hochgequollen und haben sich aufgerichtet. Durch den Zwischenschliff nach dem Grundieren werden die Faserenden herausgerissen und legen ungebeizte Flächen frei, die als helle Flecken erscheinen. Größere helle Flecken weisen darauf hin, daß die Beize an diesen Stellen schlechter vom Kiefernholz aufgenommen werden konnte. Ursachen dafür können z. B. Fett-, Ölflecken und bei Nadelhölzern insbesondere Harzflecken sein.

Durch Vorbehandlung des Holzes lassen sich Oberflächenfehler vermeiden!

Um eine einwandfreie Oberfläche durch Beizen und Lackieren des Kiefernholzes zu erzielen, muß die Holzoberfläche zuvor gewässert werden. Das **Wässern** erfolgt durch Abwaschen der Holzoberfläche mit warmem oder heißem Wasser mit Hilfe eines Schwammes.

> Durch Wässern werden Druckstellen hochgequollen. Niedergedrückte Holzfasern richten sich auf, so daß sie nach dem Trocknen abgeschliffen werden können.

Beim anschließenden Beizen quellen diese Fasern dann nicht mehr so stark hoch.

Wenn das Kiefernholz sehr harzhaltig ist, wird das **Entharzen** der Holzoberfläche erforderlich. Nach Tabelle 2 ist dafür Holzseifenlösung und Lösungsmittel (z. B. Aceton) geeignet. Die Holzseifenlösung setzt man durch Auflösen von 30 g Holzseife (Bild 3) in 1 l heißem Wasser an. Die Lösung trägt man auf die Oberfläche des Kiefernholzes satt auf und bürstet sie in Faserrichtung mehrmals mit einer Wurzelbürste oder Bronzedrahtbürste durch. Die entharzte Oberfläche muß sorgfältig mit lauwarmem Wasser nachgewaschen werden, damit Harz- und Lösungsreste gut entfernt werden. Harzgallen lassen sich auf diese Weise nicht entfernen, sie müssen herausgeschnitten werden.

Durch das Entharzen kann das Wässern entfallen.

Nach dem Trockenreiben muß das Holz ausreichend trocknen, bevor es geschliffen werden kann.

Nach dem Wässern bzw, Entharzen glättet man die aufgerauhte Holzoberfläche mit feinem Schleifpapier (z. B. 220er Körnung). Um die hochgequollenen Fasern gut zu entfernen, muß mit scharfem, nicht zugesetztem Schleifpapier und geringem Druck in Faserrichtung geschliffen werden, damit die Fasern nicht niedergedrückt werden. Anschließend entstaubt man die Oberfläche.

Durch Strukturieren wird eine Nadelholzoberfläche interessanter

Um die Holzstruktur des Kiefernholzes stärker zu betonen und der Kommode damit ein rustikales Aussehen zu geben, kann man die Holzoberfläche vor dem Beizen strukturieren.

Bild 4 zeigt das **Bürsten** der Holzoberfläche. Dabei wird mit Hilfe einer Drahtbürste das weiche Frühholz des Kiefernholzes in Faserrichtung ausgebürstet.

> Die harten Spätholzzonen treten durch das Bürsten plastisch hervor.

Außerdem wird die Holzoberfläche unempfindlicher gegenüber mechanischer Beanspruchung. Das arbeitsaufwendige Bürsten wird erleichtert durch die Verwendung einer Bohrmaschine oder eines Winkelschleifers mit Drahtbürsteneinsatz. Für die Möbelfertigung sind im Handel auch bereits gebürstete Nadelholzfurniere erhältlich.

Durch **Sandeln** mit Hilfe eines Drucksandstrahlgebläses und scharfkantigem Quarzsand läßt sich das Spätholz ebenfalls plastisch hervorheben.

Bild 5 zeigt eine durch **Brennen** des Holzes strukturierte Nadelholzoberfläche. Hierfür verwendet man einen Lötbrenner mit Breitdüse. Die verkohlte Holzoberfläche wird anschließend gebürstet, so daß nur die Spätholzzonen gebräunt stehenbleiben.

1. Was ist die Ursache für feine dunkle Streifen quer zur Faserrichtung, die sich nach dem Beizen gezeigt haben?
2. Beschreiben Sie die erforderlichen Schutzmaßnahmen beim Sandeln und Brennen!

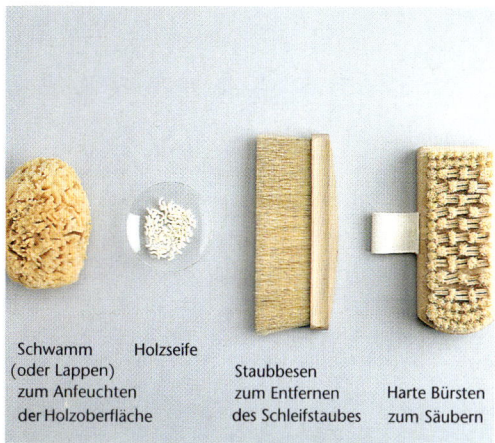

Schwamm (oder Lappen) zum Anfeuchten der Holzoberfläche   Holzseife   Staubbesen zum Entfernen des Schleifstaubes   Harte Bürsten zum Säubern

3. Welche Materialien benötigt man zum Entharzen?

4. Zum Bürsten verwendet man Messing- oder Stahlbürsten

5. Beim Brennen wird die Holzoberfläche mit einem Lötbrenner verkohlt und danach gebürstet

1. Die Lackschäden in der Tischplatte sollen beseitigt werden

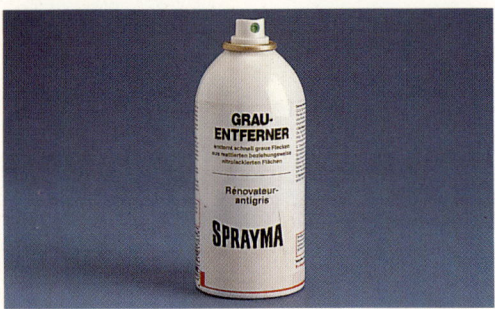

2. Mit speziellen Lacksprays lassen sich weiße Flecken entfernen

3. Die Oberfläche der Kommode soll renoviert werden

4. Der alte Lack wird abgebeizt

11.13 Auffrischen und Renovieren des Oberflächenschutzes

Die Lackoberfläche eines älteren Eßtisches aus Eiche zeigt weiße Flecken und zahlreiche Kratzer auf der Tischplatte (Bild 1). Wie können die Schäden beseitigt werden? Zunächst muß der vorhandene Lack bestimmt werden.

Mit welchem Lack ist die Oberfläche behandelt?

Mit der Lösungsmittelprobe kann man feststellen, ob es sich um einen physikalisch oder chemisch verfestigenden Lack handelt. An einer verdeckten Stelle (z. B. an der Tischunterseite) wird der Lack mit Lösungsmittel (Nitroverdünnung) benetzt. Der Lack wird klebrig. Er läßt sich also gut anlösen. Es handelt sich daher um einen NC-Lack. Chemisch verfestigende Lacke würden sich durch Lösungsmittel nicht anlösen lassen.

Wie kann die Lackoberfläche aufgefrischt werden?

Kleine Schäden, z. B. weiße Flecken und Kratzer, in der NC-Lackfläche lassen sich durch Aufsprühen von „Grauflecken-Entfernern", die den Lack anlösen, leicht beseitigen (Bild 2).

> Weiße Flecken entstehen, wenn Wasser in den Lackfilm eindringt und ihn vom Holz abhebt. Dadurch kommt es zu Lufteinschlüssen unter dem Lackfilm.

Beim Anlösen des Lacks mit dem Flecken-Entferner legt sich der Lackfilm wieder dicht an die Holzoberfläche. Bei größeren Kratzern in der Tischplatte sollte man mit NC-Lack nach vorherigem leichten Anschleifen überlackieren. Zuvor muß man durch eine Lackprobe an einer verdeckten Stelle feststellen, ob der neue Lacküberzug sich mit dem vorhandenen Untergrund verträgt.

> Ein weicher Lackuntergrund darf nicht mit einem härteren Lacküberzug versehen werden.

Die NC-Lackoberfläche kann also nicht mit einem chemisch verfestigenden Lack (z. B. SH- oder PUR-Lack) überlackiert werden.
Durchgescheuerte helle Stellen können mit Retuschen (Bild 6) vor dem Überlackieren angeglichen werden. Kratzer und kleine Fehlstellen lassen sich mit Wachs (Bild 6) füllen.

Wie renoviert man eine Schellack-oberfläche?

Die Kommode in Bild 4 zeigt starke Lackschäden und soll aufgearbeitet werden. Bei der Lösungs-mittelprobe mit Spiritus (Ethanol) hat sich der Lack langsam angelöst und vom Holz abgeho-ben. Es liegt Schellack vor. Zunächst muß man die Lackoberfläche reinigen (z. B. mit Spiritus). Schellackoberflächen lassen sich durch einen neuen Schellacküberzug leicht auffrischen. Nur bei größeren Schäden ist es sinnvoll, den Lack zu entfernen und neu zu lackieren. Da die Ober-fläche der Kommode tiefe Kratzer und Druckstel-len aufweist, muß man die Holzoberfläche aus-bessern und neu lackieren.

Wie entfernt man den alten Lack?

Die Lackschicht kann man zum einen durch Schleifen oder Hobeln abtragen. Damit würde man aber die Altersfärbung des Holzes entfernen. Bei alten Möbelstücken verwendet man daher meistens starke Lösungsmittel (Universalabbei-zer) zum Entfernen des Lackes. Der Abbeizer weicht den Lackfilm auf, so daß er mit Spachtel oder Bronzedrahtbürsten (bei Profilen) abgetra-gen werden kann (Bild 4). Anschließend wird die Oberfläche mit Verdünnung gesäubert.

> Abbeizer sind gesundheitsschädlich. Die Si-cherheitshinweise des Herstellers (Bild 5) müs-sen daher unbedingt beachtet werden.

Die Oberfläche wird ausgebessert und neu lackiert

Druckstellen und Kratzer im Holz füllt man mit Schellack oder Hartwachs (Bild 6) im Farbton des Holzes aus. Anschließend wird mit Schellack lackiert. Schellack ist ein Harz, das in Spiritus aufgelöst ist.

Beim Streichen und Spritzen muß der Lack spar-sam aufgetragen und der Überzug aus mehreren Schichten aufgebaut werden, um eine gleich-mäßig glänzende Oberfläche zu erzielen. Für die Grundierung sollte der Lack etwas verdünnt wer-den. Nach mehreren Stunden Trockenzeit wird zwischengeschliffen und eine weitere Lack-schicht aufgebracht. Die Schlußbeschichtung er-folgt nach 24 Stunden Trocknung und erneutem Zwischenschliff.

1. Beschreiben Sie das Ausbessern eines Furnierrisses in einer lackierten Oberfläche (Bild 6)!
2. Beurteilen Sie Lacke in bezug auf ihre Reparatur-freundlichkeit!

Wichtige Hinweise:
- Abbeizer enthält Methylenchlorid.
- Er soll im dicht verschlossenen Behälter an einem kühlen, gut gelüfteten Ort aufbewahrt werden.
- Berührung mit Haut, Augen und Kleidung vermei-den. Gegebenenfalls mit Wasser abspülen.
- Räume bei der Verarbeitung gut lüften.
- Soweit wie möglich direkte Einatmung der Dünste vermeiden.

5. Was ist beim Arbeiten mit dem Abbeizer zu beachten?

1 Weichwachse für nicht zu große Belastungen werden bei an-lösbaren Lackoberflächen für Löcher und Druckstellen, Schram-men, Furnierrisse und Furnierfu-gen, sowie unsaubere Schnittkan-ten eingesetzt. Bei nicht anlösba-ren Flächen ist der Einsatz proble-matisch, man sollte besser ent-sprechenden Holzkitt z. B. bei un-sauberen Schnittkanten verwen-den.

2 Hartwachse werden analog den Weichwachsen eingesetzt, sie halten Belastungen besser stand. Sichergestellt werden muß, daß eine gute Haftung erreicht wird und Ausbrüche beim Abarbeiten der Überschüsse ausbleiben.

3 Schellack erlaubt zusätzlich abgebrochene oder gestauchte Kanten wieder aufzubauen. Er ist widerstandsfähiger als Hart- und Weichwachs. Das Material wird mit dem Schellackschmelzer ge-schmolzen und in die Schaden-stelle eingetropft. Eine Mischung der Farben ist möglich. Die größe-re Härte ermöglicht eine stärkere Beanspruchbarkeit.

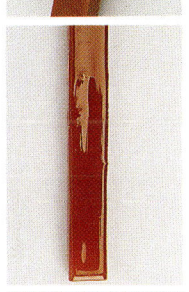

4 Deckende Retuschen erlau-ben die Aufbringung eines Grund-tones auf beschädigten Flächen, oder dessen Veränderung in einen helleren oder dunkleren Ton. Mit deckenden Retuschen kann man Maserungen aufbringen. Eine Aus-härtung durch Zugabe einer zwei-ten Komponente ist möglich.

5 Lasierende Retuschen lassen die Farbe des Holzes durchschei-nen und die Maserung weitge-hend erkennen. Durchgeschliffene und durchgescheuerte Kanten, Druckstellen, kleinflächige Farbun-terschiede u. a. m. wird mit Lasur-retusche und Pinsel beseitigt. Sie sind als Flüssigkeit in Flaschen und als Filzstifte erhältlich.

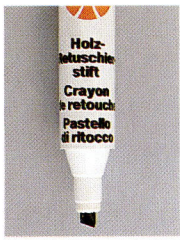

6. Wie kann man Lack- und Holzschäden ausbessern?

Einführung in die Datenverarbeitung

1. Computer – welche Geräte gehören dazu?

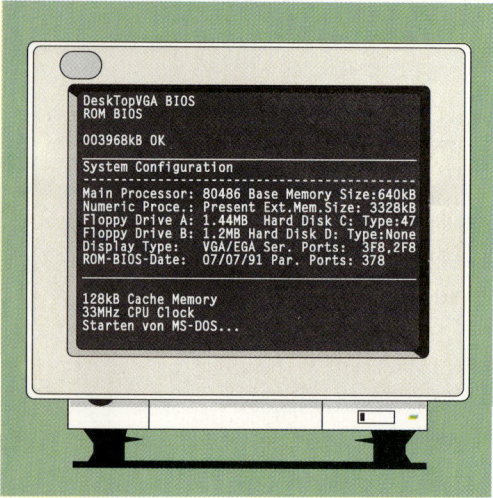

2. Nach dem Einschalten meldet sich der Computer z. B. mit dieser Bildschirmanzeige

3. Festplattenlaufwerk. Die darin befindlichen Festplatten bestehen aus Aluminiumscheiben, die zur Speicherung von Informationen auf beiden Seiten mit einer Magnetschicht überzogen sind.

12.1 Wir stellen die Betriebsbereitschaft des Computers her

Bild 1 zeigt einen Computer. Bevor wir mit ihm arbeiten können, muß seine Betriebsbereitschaft hergestellt werden. Wie geschieht das?

Übung 1: Wir schalten den Computer ein und beobachten den Bildschirm.

Der Computer-Selbsttest

Nach dem Einschalten wird im Computer ein Selbsttest durchgeführt. Dabei sehen wir eine Anzeige auf dem Bildschirm, die abhängig vom Computer unterschiedlich gestaltet ist. Bild 2 zeigt ein Beispiel.

Wer führt den Selbsttest durch?

Den Selbsttest vollzieht ein Testprogramm. Es besteht aus einer Folge von Anweisungen, durch die die Funktion des Computers geprüft wird. Das Testprogramm befindet sich abrufbereit in einem **Speicher**.

Ein Speicher ist ein Element zur Aufbewahrung von Informationen. Bei dem hier angesprochenen Speicher handelt es sich um einen **Festspeicher**. In der Fachsprache heißt er **ROM** (**R**ead **O**nly **M**emory, das heißt: Nur-lese-Speicher).

> ROM ist die Kurzbezeichnung für einen Festspeicher. Der Inhalt dieses Speichers kann nur gelesen werden.

Das Testprogramm wurde vom Hersteller eingeschrieben. Wir können den Speicherinhalt nicht verändern. Der Computer liest ihn nach dem Einschalten automatisch und erhält dabei die Anweisungen zur Durchführung des Tests. Was geschieht anschließend?

Das Betriebssystem wird geladen

Jeder Computer benötigt ein Betriebssystem. Es besteht aus einer Sammlung von Programmen, die uns den Umgang mit dem Computer erst ermöglichen. Wo befindet sich das Betriebssystem? Die meisten Computer sind mit einer Festplatte (Bild 3), auf der das Betriebssystem gespeichert ist, ausgestattet. Zur Herstellung der Betriebsbereitschaft müssen die wichtigsten Programme des Betriebssystems in den **Arbeitsspeicher** des Computers geladen werden. Diese Aufgabe übernimmt ebenfalls ein im ROM gespeichertes Programm. Wodurch unterscheidet sich der Arbeitsspeicher vom Festspeicher?

Im Unterschied zum Festspeicher kann der Inhalt des Arbeitsspeichers nicht nur gelesen, sondern auch verändert werden. Dabei wird der bestehende Speicherinhalt überschrieben. Der Arbeitsspeicher wird deshalb häufig „Schreib-lese-Speicher" genannt. Die genaue Bezeichnung für diesen Speicher lautet jedoch **RAM** (**R**andom **A**ccess **M**emory, das heißt: Speicher mit wahlfreiem Zugriff).

> RAM ist die Kurzbezeichnung für einen Arbeitsspeicher. Der Inhalt dieses Speichers kann verändert werden.

Ein weiterer Unterschied zum ROM besteht darin, daß ein RAM seinen Inhalt mit dem Abschalten der Netzspannung verliert. Speicher mit diesem Verhalten sind **flüchtige Speicher**.

Wie wird die Betriebsbereitschaft angezeigt?

Nach dem Ladevorgang meldet sich der Computer mit der Angabe des aktuellen Laufwerks, z. B. mit **C:\>** für die Festplatte.
Das bedeutet: Der Computer ist betriebsbereit. Nun kann z. B. ein Programm zum Erstellen, Bearbeiten und Drucken von Texten genutzt werden. Dazu muß dieses Programm ebenfalls in den Arbeitsspeicher des Computers geladen werden.

Häufig befindet sich das Programm, das wir nutzen wollen, auf einer Diskettte (Bild 4). Zum Laden des Programms muß die Diskette gemäß Bild 5 in das zugehörige Diskettenlaufwerk gegeben werden, das z. B. mit A: bezeichnet wird. Der Computer meldet die Bereitschaft zur Arbeit mit diesem Laufwerk mit der Anzeige **A:\>**.

Festplatten und Disketten gehören zu den **externen Speichern**. Ebenfalls dazu gehört der als **CD-ROM** bezeichnete Speicher in Bild 6. Von ihm können – im Unterschied zu Festplatten und Disketten – Informationen nur gelesen werden.
Die Speicher RAM und ROM zählen zu den **internen Speichern**.

1. Wodurch unterscheiden sich die zu einem Computer gehörenden Speicher?
2. Was sagen die Anzeigen A:\> oder C:\> aus?
3. Welche Vor- und welche Nachteile weisen Diskette, Festplatte und CD-ROM auf?

4. 3 1/2"-Diskette. Innerhalb der schützenden Plastikhülle befindet sich eine flexible, kreisrunde Platte (Floppy Disk), die mit einer magnetischen Schicht überzogen ist. Disketten speichern gegenüber Festplatten nur wenig Informationen und arbeiten erheblich langsamer.

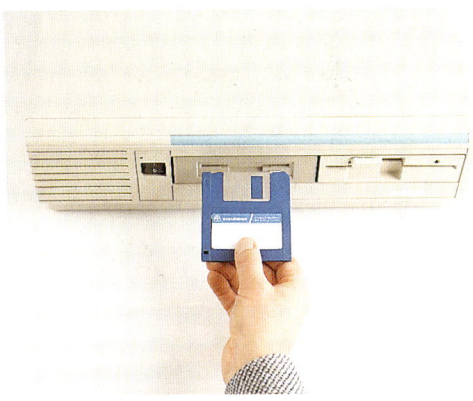

5. So wird die Diskette in das Laufwerk geschoben

6. CD-ROM (**C**ompact **D**isc **R**ead **O**nly **M**emory). Gegenüber der Festplatte können sehr viel mehr Informationen gespeichert werden.

1. Die Tastatur eines Computers enthält eine Schreibmaschinentastatur

Taste	Wirkung
↑ Shift	Die **SHIFT-TASTE** bewirkt bei gleichzeitigem Drücken einer Buchstabentaste, daß der Buchstabe groß geschrieben wird (to shift: verschieben).
↓ Caps	Die **CAPS LOCK-TASTE** bewirkt die dauernde Umschaltung von Klein- auf Großschreibung. Die Rückstellung erfolgt durch Betätigung der SHIFT-Taste. (Capitals locked: Großbuchstaben eingeschaltet)
▭ ▭	Die **SPACE**- bzw. **LEER-TASTE** bewirkt einen Leerschritt.

2. Tasten für Großschreibung und für Leerschritt. Die dauernde Umschaltung auf Großschreibung wird bei den meisten Tastaturen mit einer LED angezeigt.

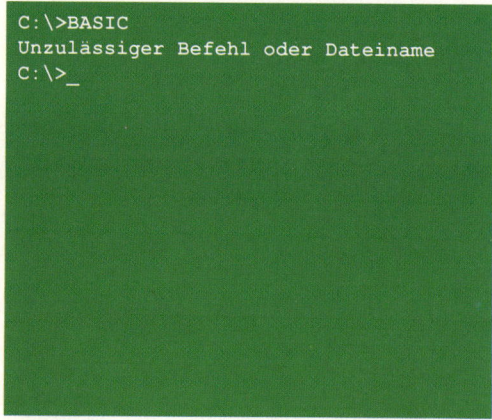

```
C:\>BASIC
Unzulässiger Befehl oder Dateiname
C:\>_
```

3. Fehlermeldung bei der Eingabe. Wir prüfen:
- *Ist BASIC richtig eingegeben?*
- *Hat der BASIC-Übersetzer einen anderen Namen?*
- *Befindet sich auf der Festplatte oder der eingelegten Diskette überhaupt ein BASIC-Übersetzer?*

12.2 Wie gelangt ein Zeichen von der Tastatur auf den Bildschirm?

Wir haben die Betriebsbereitschaft unseres Computers hergestellt. Der Prompt C:\> zeigt sie an. Wie können wir nun mit dem Computer arbeiten?

Wir rufen zunächst einen BASIC-Übersetzer auf. Das ist ein Programm, mit dem wir in der Programmiersprache BASIC arbeiten können. Dazu müssen wir dieses Programm von der Festplatte in den Arbeitsspeicher laden. Das geschieht mit der Eingabe des Programm- bzw. Übersetzer-Namens. Hier wird der Name BASIC verwendet.

Übung 1: Wir tippen den Namen **BASIC** und betätigen die Taste EINGABE.

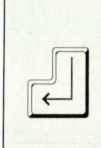 Die Taste EINGABE (auch als RETURN oder ENTER bezeichnet) bewirkt die Übernahme der zuvor geschriebenen Zeile. (carriage return: Wagenrücklauf) (to enter: eintreten)

Die Eingabe BASIC kann gewöhnlich mit Klein- oder mit Großbuchstaben erfolgen. Zur besseren Übersichtlichkeit werden im folgenden Großbuchstaben verwendet. Tabelle 2 gibt Hinweise dazu.

Der Übersetzer meldet sich auf dem Bildschirm. Wir können nun mit ihm arbeiten. Erscheint statt der Meldung des BASIC-Übersetzers auf dem Bildschirm eine Fehlermeldung (Bild 3), dann haben wir etwas nicht beachtet. Der Text zum Bild hilft weiter.

Übung 2: Geben Sie die folgende Anweisung ein:
`PRINT 5`

Der Bildschirm zeigt die BASIC-Anweisung PRINT 5 an. Nach Betätigung der EINGABE-Taste wird die 5 auf den Bildschirm geschrieben. Bild 4 gibt die Bildschirmanzeige wieder.

Woher weiß der Computer, daß die 5 auf den Bildschirm geschrieben werden soll? Hier hilft der BASIC-Übersetzer, für den die Anweisung PRINT 5 eindeutig ist. Er steuert den Computer so, daß die 5 auf dem Bildschirm angezeigt wird.

Auf welchem Weg gelangt die 5 von der Tastatur auf den Bildschirm?

Die Ziffer 5 (der Anweisung PRINT 5) wird von der Tastatur über Leitungen in den Arbeitsspeicher des Computers übertragen und dort gespeichert. Innerhalb des Computers werden diese Leitungen als **Datenbus** bezeichnet. Über ihn wird die 5 auch auf ihrem Weg zum Bildschirm übertragen. Als Übergabestelle zwischen Tastatur und Computer bzw. Computer und Bildschirm dient, wie Bild 5 zeigt, die Ein- und Ausgabeeinheit.

Alle Geräte, die um den Computer herum angeschlossen werden können, gehören zur sogenannten Peripherie. Wir unterscheiden:
- **Geräte zur Dateneingabe.** Sie haben die Aufgabe, Daten an den Computer zu übergeben.
- **Geräte zur Datenausgabe.** Sie stellen Daten in einer für den Benutzer des Computers verständlichen Form dar.
- **Externe Speichergeräte.** Sie dienen zum Speichern von Daten als Ein- und Ausgabegeräte (z. B. Festplatte, Diskette) oder nur als Eingabegeräte (z. B. CD-ROM).

Diese Geräte, wie überhaupt alle Bauteile des Computers, werden mit dem Begriff **Hardware** bezeichnet. Er steht im Gegensatz zu dem Begriff **Software**. Dieser meint alle Programme, die dazu dienen, mit dem Computer zu arbeiten und mit ihm Aufgaben zu lösen.

1. Wodurch unterscheiden sich die Funktionen der Tasten SHIFT und CAPS LOCK?
2. Warum weisen in Bild 5 die Pfeile für den Datenfluß unterschiedliche Richtungen auf?
3. Mit welchen Peripheriegeräten ist Ihr Schulcomputer ausgestattet?

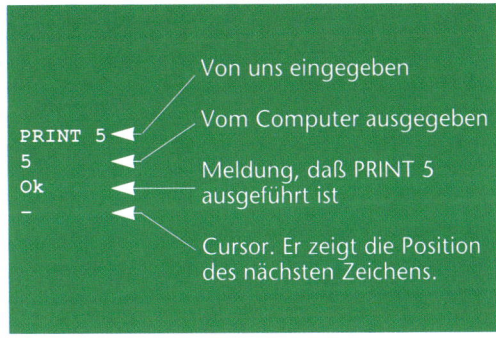

4. *Eine mögliche Bildschirmanzeige nach der Ausführung von PRINT 5*

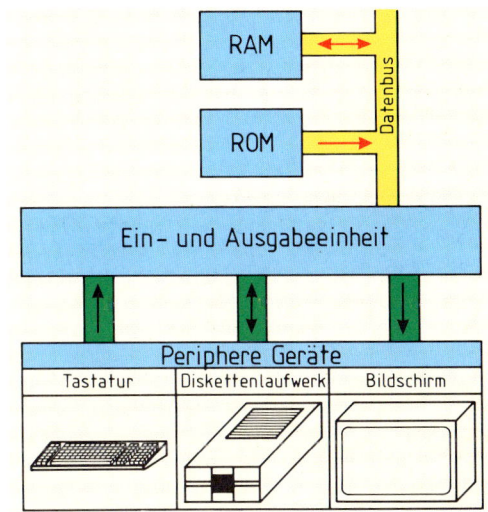

5. *Über die Ein- und Ausgabeeinheit ist der Computer mit seiner Peripherie verbunden*

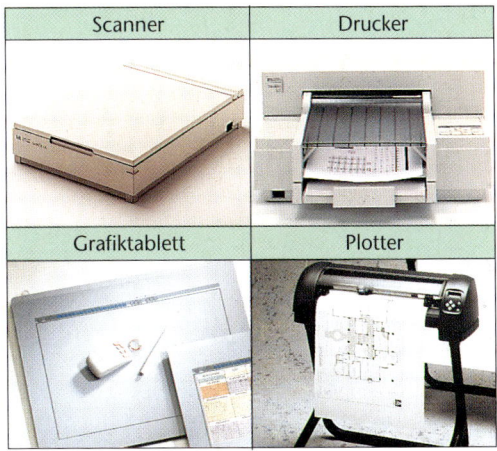

6. *Über entsprechende Ein- und Ausgabeeinheiten können weitere Peripheriegeräte angeschlossen werden*

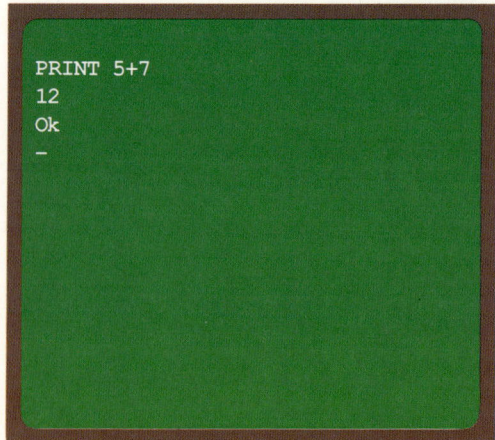

1. Wir führen mit dem Computer eine Addition durch

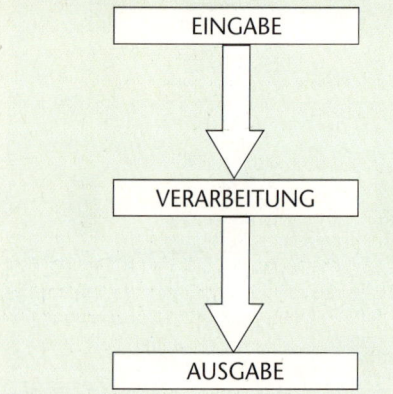

2. Das EVA-Prinzip – das Grundprinzip der Datenverarbeitung

3. So finden wir Zahlen wieder

12.3 Wie verarbeitet der Computer Daten?

Der Computer wird für die Datenverarbeitung genutzt. Was geschieht im Computer, wenn z. B. die Zahlen 5 und 7 addiert werden?

Übung 1: Wir rufen den BASIC-Übersetzer auf und geben ein:
`PRINT 5+7`

Nach Betätigung der EINGABE-Taste wird auf dem Bildschirm das Ergebnis angezeigt (Bild 1).

Wo wird das Ergebnis errechnet?
Die Zahlen 5 und 7 gelangen zunächst in den Arbeitsspeicher. Zusätzlich veranlaßt das Zeichen + den BASIC-Übersetzer dazu, die beiden Zahlen in das **Rechenwerk** des Computers zu übergeben. Dort erfolgt die Addition.
Das Ergebnis wird in den Arbeitsspeicher geschrieben und über die Ein- und Ausgabeeinheit an den Bildschirm übergeben.
Der gesamte Ablauf läßt sich in drei Schritte unterteilen:
• Eingabe der Zahlen und der Berechnungsart,
• Verarbeitung der Zahlen,
• Ausgabe des Ergebnisses.
Diese drei Schritte werden als EVA-Prinzip bezeichnet. Es stellt das Prinzip der Datenverarbeitung dar (Bild 2).

Wo sind die beiden Zahlen 5 und 7 geblieben? Verlorengegangen sind sie nicht. Vielmehr befinden sie sich weiterhin im Arbeitsspeicher. Jedoch wissen wir nicht wo. Wie lassen sich einmal eingegebene Zahlen wiederfinden?

Übung 2: Geben Sie die folgenden Zeilen ein, und drücken Sie nach jeder Zeile die EINGABE-Taste.

```
Z1=5
Z2=7
Z3=9
PRINT Z1+Z2
PRINT Z3-Z1
```

Bild 3 zeigt die zugehörige Anzeige.

Wie findet der Computer die Zahlen?
Die Zahlen 5, 7 und 9 wurden in drei verschiedene Speicherplätze eingeschrieben. Mit Z1, Z2 und Z3 haben sie Namen erhalten. Der Compu-

ter „merkt" sich nicht nur die Namen, sondern auch die zugehörigen Speicherplätze der Zahlen. Denn jeder Speicherplatz besitzt – so wie z. B. jedes Haus eine Nummer – eine Adresse (Bild 4). Soll eine Berechnung gemäß der Anweisung PRINT Z3-Z1 erfolgen, muß zunächst der Wert für Z3, dann der für Z1 in das Rechenwerk übergeben werden. Dazu muß im Speicherplatz mit der Adresse für Z3 die Zahl 9 gelesen und dann in das Rechenwerk geschrieben werden. Gleiches gilt für Z1 und die Zahl 5. Die Adressen werden über den **Adreßbus** ausgewählt. Der Datentransfer erfolgt über den Datenbus in das Rechenwerk.

Diese nacheinander ablaufenden Vorgänge werden genau gesteuert. Verantwortlich für den richtigen Ablauf der einzelnen Vorgänge ist das **Leitwerk**. Es ist über den **Steuerbus** mit den einzelnen Baugruppen des Computers verbunden.

Rechenwerk und Leitwerk sind die Hauptbestandteile eines **Mikroprozessors**. Er ist das Zentrum des (Mikro-)Computers. Man verwendet hierfür die Abkürzung **CPU** (Central Processing Unit) (Bild 5).

Die Zahl 5 kann der Computer nicht so, wie wir sie mit der Tastatur als Dezimalzahl eingeben, verarbeiten. Er muß sie erst verschlüsseln bzw. codieren.

Welchen Code versteht der Computer?
Der Computer kann nur die Binärzeichen 0 und 1 verarbeiten. Daher müssen alle Zeichen des Alphabets, alle Zahlen und alle Sonderzeichen in den Binärcode umgewandelt werden. Tab. 6 zeigt einige Beispiele.

Die kleinste Informationseinheit (0 oder 1) wird als **Bit** bezeichnet. Zur Codierung eines Buchstabens oder einer Ziffer benutzt man jeweils 8 Bit. Hierfür wird auch die Bezeichnung **Byte** verwendet (8 Bit = 1 Byte). 1024 Byte werden zu 1 KB zusammengefaßt, 1024 KB zu einem MB.

1. Eine Schreibmaschinenseite enthält etwa 3000 Zeichen. Wie viele Bytes sind zum Speichern der Zeichen erforderlich?
2. Informieren Sie sich, wie viele Bits der Prozessor Ihres Computers gleichzeitig verarbeiten kann!
3. Was versteht man im Zusammenhang mit Computern unter dem Begriff Bus?

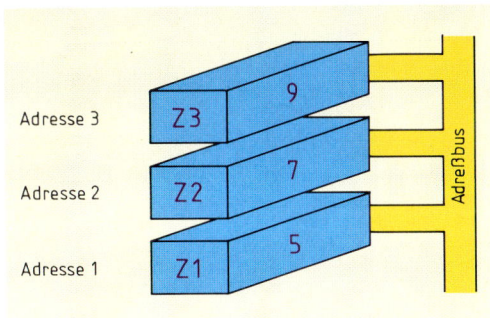

4. Z1, Z2 und Z3 sind Namen für Speicherplätze. Jeder Speicherplatz hat eine Adresse. Der Computer ordnet jedem Namen eine Adresse zu. Die Auswahl erfolgt über den Adreßbus.

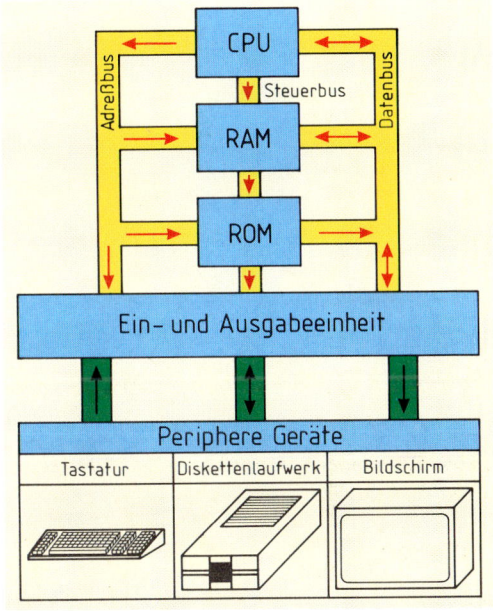

5. Die Baugruppen eines Computers sind über den Bus (Adreß-, Daten- und Steuerbus) miteinander verbunden

Zeichen	Binärcode
5	00110101
A	01000001
a	01100001
b	01100010
+	00101011

6. Der Computer kann nur binär (1 und 0) codierte Zeichen verarbeiten

Kundendatei		
Name	Anschrift	Telefon
Kämmer Klaus	Marienstr. 3 59071 Hameln	05151/ 23532
Labbadia Tobias	Mühlenstr. 13 45701 Herne	02323/ 800444
Ortmann Horst	Gut Vink 27B 50171 Kerpen	06593/ 83737
Quack Erich	Auf dem Hang 22 23553 Unna	02303/ 25338
Sommerfeld Wolfgang	Georgstr. 46 27576 Bremerhaven	0471/ 644466
Zorc Dorothe	Fabrikstr. 9 70736 Fellbach	0711/ 16105
Zyzik Klaus	Ammerweg 57 47198 Duisburg	0203/ 269233

1. Wie läßt sich eine erstellte Datei sichern?

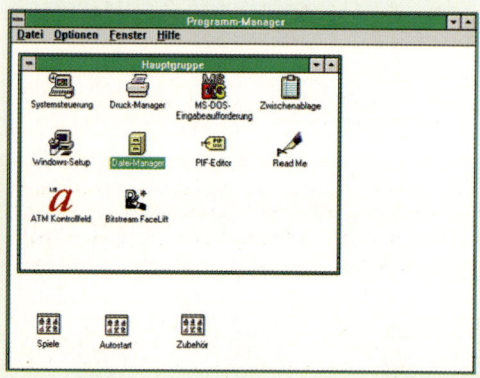

2. Die drei unterhalb des Fensters für die Hauptgruppe angeordneten Symbole kennzeichnen weitere Programmgruppen

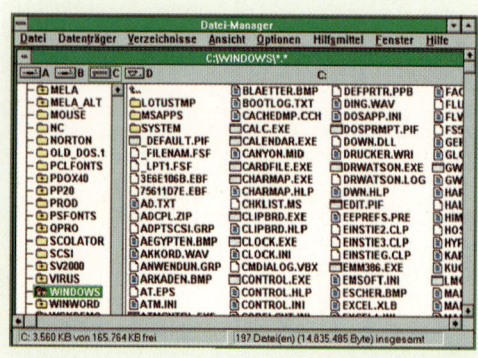

3. Das Anwendungsfenster des Datei-Managers

12.4 Disketten müssen zur Aufnahme von Daten vorbereitet werden

Mit Hilfe des Computers soll die Kundendatei eines Tischlerbetriebes (Tab. 1) auf einer Diskette gespeichert werden. Dabei ist zu beachten, daß Disketten zur Datenaufnahme vorbereitet sein müssen. Das bedeutet:

> Zur Aufnahme von Daten müssen Disketten formatiert werden.

Beim Formatieren werden die Disketten geprüft und mit einer Struktur versehen, die vom Betriebssystem benötigt wird, um die – später – auf der Diskette gespeicherten Daten zu verwalten. Wie gehen wir beim Formatieren vor?
Viele Computer sind mit grafischen Benutzeroberflächen ausgestattet. Durch sie wird die Arbeit mit dem Computer – wie z. B. beim Formatieren – erleichtert. Eine wichtige Aufgabe hat dabei der sogenannte Programm-Manager. Er wird oft nach Herstellen der Betriebsbereitschaft automatisch aktiviert.

Der Programm-Manager hilft beim Auswählen
Bild 2 zeigt einen möglichen Bildschirmaufbau. Er enthält zwei **Fenster**: das Fenster für den Programm-Manager und darin ein weiteres Fenster für die Hauptgruppe mit den Symbolen für unterschiedliche Programme.
Die in der Hauptgruppe zusammengefaßten Programme bilden die grundlegenden Programme für die Arbeit mit dem Computer. Mit welchem Programm lassen sich Disketten formatieren?

Eine Diskette wird formatiert
Übung 1: Bewegen Sie den Mauszeiger (durch Bewegen der Maus über den Tisch) auf das Symbol für den **Datei-Manager**, und drücken Sie zweimal kurz hintereinander auf die linke Maustaste.

Mit diesem **Doppelklicken** der Maustaste wird das ausgewählte Programm aktiviert. Der Datei-Manager meldet sich z. B. mit einem Anwendungsfenster gemäß Bild 3. Unter der Titelleiste befindet sich die **Menüleiste**.

Übung 2: Bewegen Sie den Mauszeiger in der Menüleiste auf das Wort **Datenträger**, und drücken Sie einmal kurz auf die linke Maustaste.

Mit diesem **Klicken** der Maustaste wird das gewählte Menü aktiviert und das entsprechende **Menüfenster** (Bild 4) geöffnet.

Übung 3: Klicken Sie im Menüfenster auf das Feld mit dem Befehl `Datenträger formatieren`. Das zugehörige **Dialogfenster** wird geöffnet. Bild 5 zeigt, welche Einstellungen zum Formatieren einer 3,5-Zoll-Diskette 2HD (Tab. 6) im Laufwerk A vorgenommen werden müssen.

Übung 4: Stellen Sie im Dialogfenster entsprechend Tab. 6 die Kapazität der von Ihnen verwendeten Diskette und das zugehörige Laufwerk ein. Geben Sie dann die zu formatierende Diskette in das gewählte Laufwerk, und klicken Sie auf die Schaltfläche `OK`.

Das Formatieren erfolgt, nachdem Sie den Hinweis, daß alle Daten auf der Diskette beim Formatieren gelöscht werden, mit `Ja` quittiert haben. Während des Formatierens zeigt ein Fenster an, wieviel Prozent der Diskette momentan formatiert sind. Nach Beendigung dieses Vorgangs erfolgt die Abfrage, ob weitere Disketten formatiert werden sollen. Mit Klicken auf die Schaltfläche `Nein` wird das Fenster `Datenträger formatieren` automatisch geschlossen.

Wie erfolgt die Rückkehr zum Progamm-Manager?

Um bei der Arbeit mit dem Computer Datenverluste zu vermeiden, gilt grundsätzlich:

> Jedes geöffnete Fenster muß auch wieder geschlossen werden.

Zum Schließen eines Fensters wird zunächst auf das **Systemmenüfeld** links neben der Titelleiste (Bild 3) geklickt und somit das **Systemmenü** (Bild 7) aufgerufen. Durch Klicken auf den Befehl `Schließen` wird das Fenster geschlossen.

Übung 5: Kehren Sie zum Progamm-Manager zurück, und schließen Sie auch dessen Fenster.

1. Geben Sie die zum Formatieren einer Diskette erforderliche Schrittfolge an!
2. Welche unterschiedlichen Wirkungen werden mit dem Klicken und dem Doppelklicken der Maustaste erzielt?

4. Das Menüfenster enthält die Befehle, die in diesem Menü ausgeführt werden können

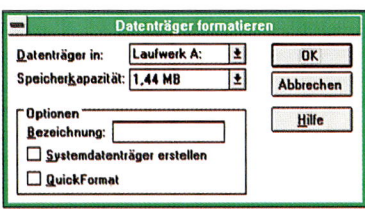

5. Bei Verwendung eines anderen Laufwerkes und/oder einer Diskette mit einer anderen Speicherkapazität (Tab. 6) muß die Einstellung durch Anklicken der Felder geändert werden

Format	Bezeichnung	Kapazität
3,5 Zoll	2DD (doppelte Dichte)	720 KB
3,5 Zoll	2HD (hohe Dichte)	1,44 MB
5,25 Zoll	2DD (doppelte Dichte)	360 KB
5,25 Zoll	2HD (hohe Dichte)	1,2 MB

6. Nicht alle Disketten können gleich formatiert werden. Die Kapazität einer Diskette ist meist auf ihrem Etikett angegeben.

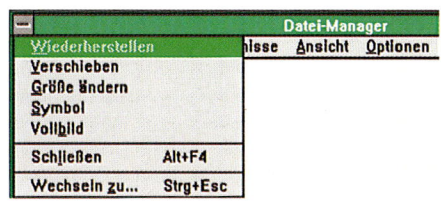

7. Systemmenüfeld: Der Befehl **Schließen** beendet das in der Titelleiste des Fensters angegebene Programm

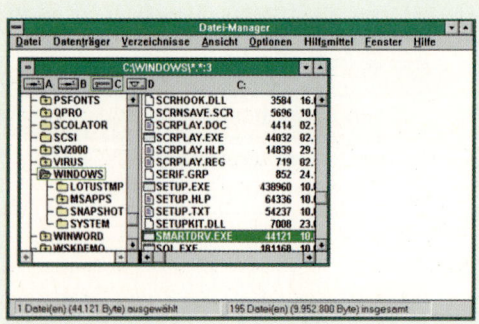

1. Welche Informationen enthält das innere Fenster?

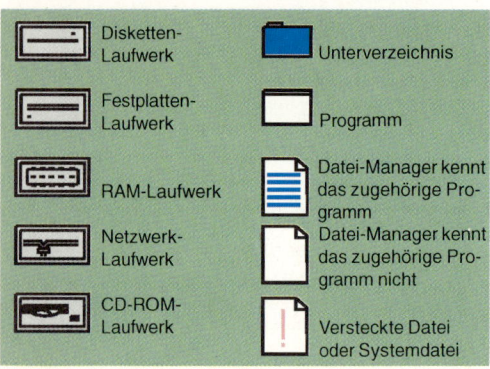

2. Symbole zur Angabe der Laufwerksart (links) und Dateiart (rechts)

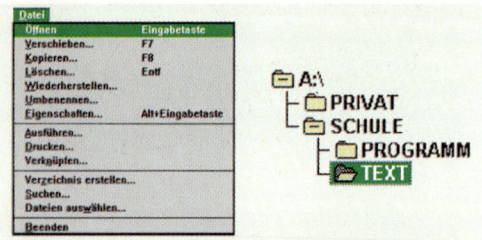

3. Mit Hilfe des Menüs **Datei** (links ein Auszug) lassen sich Verzeichnisse (rechts) erstellen und verändern

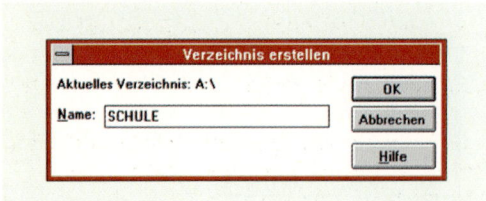

4. Über dieses Dialogfenster wird ein neuer Verzeichnisname eingegeben. Er kann maximal acht Zeichen enthalten.

12.5 Eine Datei wird kopiert

Dateien werden zur Sicherung häufig von der Festplatte auf eine Diskette kopiert. Das kann, ebenso wie das Formatieren von Disketten, mit Hilfe des Datei-Managers erfolgen. Bild 1 zeigt einen möglichen Schirmaufbau. Das innere Fenster wird als **Verzeichnisfenster** bezeichnet.

> Dateien bzw. Programme, die zusammengehören, werden in Verzeichnissen zusammengefaßt.

Struktur und Inhalt der Verzeichnisse werden im Verzeichnisfenster dargestellt. Für den Kopiervorgang muß es näher untersucht werden.

Dateien im Verzeichnisfenster suchen

Im oberen Fensterbereich werden die im Computer befindlichen Laufwerke mit Symbolen (Tab. 2) und den Laufwerksbuchstaben angezeigt. Auf der linken Seite darunter wird die Verzeichnisstruktur des aktuellen Laufwerkes C dargestellt. Es enthält die Verzeichnisse 2DISK, BRIEF und WINDOWS. Das letztgenannte enthält ein Unterverzeichnis mit dem Namen SYSTEM.
Das Verzeichnissymbol ist eine Hängemappe. Beim Verzeichnis WINDOWS ist sie geöffnet. Das bedeutet: Alle Dateien dieses Verzeichnisses werden im rechten Bereich des Fensters angezeigt. Die Wahl des Verzeichnisses erfolgt durch Klicken auf das Symbol.

Wie werden Verzeichnisse angelegt?

Übung 1: Geben Sie die zuvor formatierte Diskette in das ihr entsprechende Laufwerk (z. B. Laufwerk A), und klicken Sie im Verzeichnisfenster auf das Symbol für dieses Laufwerk.

Das gewählte Laufwerk A ist nun das aktuelle Laufwerk. Das Verzeichnisfenster meldet, daß keine Dateien gespeichert sind.

Übung 2: Rufen Sie in der Menüleiste das Menü **Datei** auf, und klicken Sie auf den Befehl **Verzeichnis erstellen...** (Bild 3 links).

Auf dem Bildschirm erscheint das Dialogfenster **Verzeichnis erstellen** (Bild 4). Nach der Eingabe des Verzeichnisnamens (z. B. SCHULE) und dem Klicken auf die Schaltfläche OK wird auf der Diskette im Laufwerk A ein Verzeichnis mit dem Namen SCHULE erstellt.

Übung 3: Legen Sie auf der Diskette eine Verzeichnisstruktur gemäß Bild 3 rechts an. Beachten Sie dabei, daß zum Erstellen eines Unterverzeichnisses das zugehörige Hauptverzeichnis angeklickt sein muß.

Manche Verzeichnissymbole enthalten Plus- oder Minuszeichen. Plus zeigt, daß das Verzeichnis ein oder mehrere Unterverzeichnisse besitzt. Minus gibt an, daß alle Unterverzeichnisse eingeblendet sind. Das Ein- und Ausblenden erfolgt durch Doppelklicken auf das Verzeichnissymbol.

Wie werden Dateien in Verzeichnisse kopiert?

Zur Darstellung eines Kopiervorgangs wird z. B. die Datei BOOTLOG.TXT aus dem **Quellverzeichnis** WINDOWS in das **Zielverzeichnis** Text kopiert. Da sich die Verzeichnisse in unterschiedlichen Laufwerken (Quellaufwerk C und Ziellaufwerk A) befinden, werden die Verzeichnisfenster für beide Laufwerke eingeblendet.

Übung 4: Rufen Sie das Menü **Fenster** auf, und klicken Sie auf den Befehl **Nebeneinander**. Doppelklicken Sie dann im Verzeichnisfenster auf das Symbol für das Laufwerk C.

Auf dem Bildschirm werden zwei Verzeichnisfenster dargestellt. Um eine Anzeige gemäß Bild 5 zu erhalten, müssen die Fenster verschoben und in ihrer Größe verändert werden.

Übung 5: Stellen Sie mit Hilfe der Angaben in Tabelle 6 eine Bildschirmanzeige entsprechend Bild 5 ein. Kopieren Sie anschließend z. B. die Datei BOOTLOG.TXT in das Verzeichnis TEXT. Tabelle 7 beschreibt die Vorgehensweise.

Beide Verzeichnisse WINDOWS und TEXT enthalten die Datei BOOTLOG.TXT. Beim Kopieren wurde ein Duplikat der Originaldatei angelegt.

Entsprechend Bild 3 links lassen sich mit dem Datei-Manager noch weitere Arbeiten durchführen, wie z. B. das Löschen von Dateien.

Übung 6: Markieren Sie die kopierte Datei im Verzeichnis TEXT, und löschen Sie sie mit Hilfe des Befehls **Löschen** im Menü **Datei**.

1. Wozu dienen Verzeichnisse?
2. Eine Datei soll innerhalb eines Laufwerkes in ein anderes Verzeichnis kopiert werden. Beschreiben Sie die Vorgehensweise!

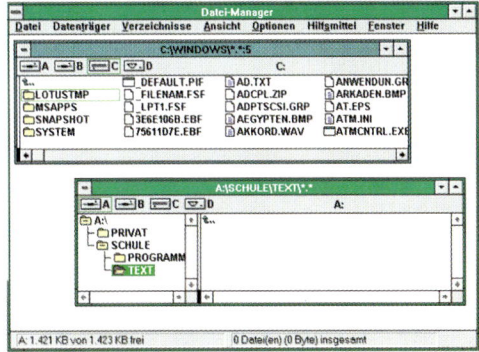

5. *Nach der Wahl des Befehls* **Nur Verzeichnis** *im Menü* **Ansicht** *wird im gesamten Verzeichnisfenster die Dateiliste angezeigt*

Fensterverschieben:

1. Mit dem Mauszeiger auf die Titelleiste des Fensters zeigen.
2. Linke Maustaste drücken und bei gedrückter Maustaste die Maus über den Tisch ziehen.

Fenstergröße verändern:

1. Mit dem Mauszeiger auf den Rahmen des Fensters zeigen.
2. Linke Maustaste drücken und bei gedrückter Maustaste die Maus über den Tisch ziehen.

6. *Mit der Maus lassen sich Position und Größe der Fenster einstellen*

1. Je ein Verzeichnisfenser für das Quell- und für das Ziellaufwerk einrichten.
2. Auf die Datei klicken, die kopiert werden soll.
3. Die Maustaste gedrückt halten und die Datei zum gewünschten „Zielort" ziehen.
4. Die Maustaste loslassen.

7. *Kopieren einer Datei. Wird eine Datei in ein anderes Verzeichnis desselben Laufwerkes kopiert, entfällt Schritt 1.*

1. Erste Seite des Berichtsheftes/Herstellen einer Dicken-
verleimung

2. Symbol „Anwenderprogramm"

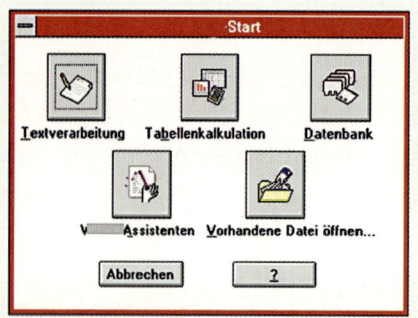

3. Die Befehle „Datei öffnen" und „Neue Datei erstellen"

4. So sieht die „Unterprogrammübersicht" aus

12.6 Schreiben eines Arbeitsablauf-
plans

In Bild 1 ist die erste Seite eines Berichtshefts mit
der Beschreibung eines Arbeitsablaufplans (hier
Kreuzüberblattung) zu sehen.
Solche Texte lassen sich heute einfach und
schnell auch mit dem Computer herstellen. In der
Informationstechnik finden wir eine Vielzahl von
verschiedenen Textverarbeitungsprogrammen,
die fast alle eine sehr hohe Benutzerfreundlich-
keit erreicht haben.

Arbeiten mit der Textverarbeitung
Übung 1: Nach dem Herstellen der Betriebsbereitschaft des Computers erfolgt der Aufruf der
Benutzeroberfläche. Im Programm-Manager
(Bild 2) findet man die unter der Benutzeroberfläche abgespeicherten Programme, darunter
auch das **Anwenderprogramm**.
Durch zweimaliges Anklicken mit der Maus öffnet sich ein Fenster mit der Fragestellung nach einer Einführung in das Anwenderprogramm
(Übersicht der Möglichkeiten des Programms)
oder nach dem direkten Starten des Programms.
Mit Hilfe der Maus wird die Schaltfläche **Anwenderprogramm starten** angeklickt. Ein neues
Fenster **Programmübersicht** (Bild 3) öffnet sich,
Datei wird angeklickt und **neue Datei erstellen** wird angewählt. Man erhält eine Übersicht der Unterprogramme des Anwenderprogramms (Bild 4). Momentan wird die Textverarbeitung benötigt. Durch Anklicken öffnet sich ein
weiteres Fenster mit der Überschrift „Text 1".

> Durch Anklicken mit der Maus lassen sich un-
> ter der Benutzeroberfläche laufende Pro-
> gramme wie hintereinanderliegende Fenster
> öffnen.

Am linken oberen Bildrand erkennt man am Aufblinken des Cursors, daß der Computer zur Eingabe des Texts bereit ist. Mit Hilfe der Tastatur
kann mit der Eingabe des Textes begonnen werden.

Hervorheben der Überschrift
Übung 2: Um die Überschrift vom Text abzuhe-
ben, soll sie von vornherein fetter gedruckt werden.

Mit Hilfe der Maus wird in der Schriftauswahlzeile das **F** (Fettdruck, Bild 5) angeklickt. Solange es

angeschaltet bleibt, wird der folgende Text fettgedruckt.

Nun kann die Eingabe der Buchstaben der Überschrift erfolgen. Ähnlich wie bei einer Schreibmaschine ist auch die Tastatur des Computers zu benutzen. Nach Beendigung der Überschrift wird der Fettdruck durch erneutes Anklicken wieder ausgeschaltet. Zeile für Zeile kann der Text eingegeben werden.

Hervorheben einer Zeile

Übung 3: Wegen der besonderen Bedeutung soll eine Zeile hervorgehoben werden. Neben dem bereits kennengelernten Fettdruck ist dies durch Unterstreichen oder Kursivdrucken möglich.

Erneut wird mit Hilfe der Maus in der Schriftauswahlzeile das entsprechende Symbol angeklickt. Hier soll die wichtige Zeile kursiv (Bild 6) gedruckt werden.

> Durch einfaches Anklicken mit der Maus lassen sich Schrifttyp, Schriftgröße und Schriftform verändern.

Nach dem Eingeben der Zeile wird der Kursivdruck durch erneutes Anklicken mit der Maus wieder ausgeschaltet.

Der weitere Text kann eingegeben werden.

Ausdrucken des geschriebenen Textes

Nachdem der Arbeitsablaufplan eingegeben ist, kann der Text über einen angeschlossenen Drucker ausgegeben werden.

Übung 4: Zu diesem Zweck wird in der Menüauswahlzeile `Datei` angeklickt, ein weiteres Fenster öffnet sich und der Begriff `Drucken` kann, ebenfalls durch Anklicken, gewählt werden.

Das Fenster „Drucken" wird geöffnet (Bild 7) und nach Abfragen der Anzahl der Kopien, dem Druckbereich und der Entwurfsqualität müssen alle Angaben (hier Anklicken von `Ok`) bestätigt werden. Automatisch werden nun die eingegebenen Daten an den Drucker weitergereicht und der Ausdruck kann erfolgen.

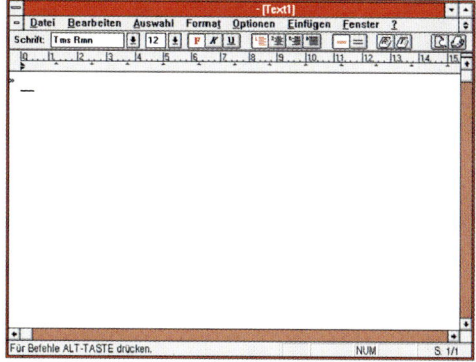

5. In der Schriftauswahlzeile wird mit der Maus das **F** angewählt

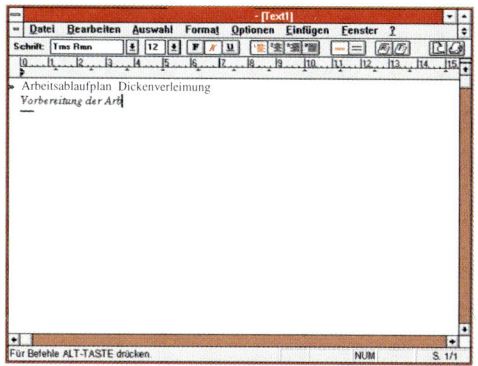

6. Die Überschrift erscheint auf dem Bildschirm in kursiver Schrift

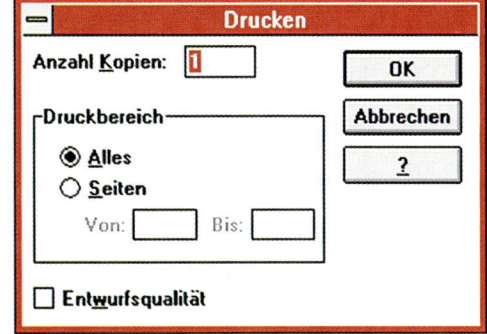

7. Vor dem Drucken müssen einige Angaben zum Druck gemacht werden

1. Wie können Textteile besonders markiert werden?
2. Welche Vorteile hat eine Benutzeroberfläche?

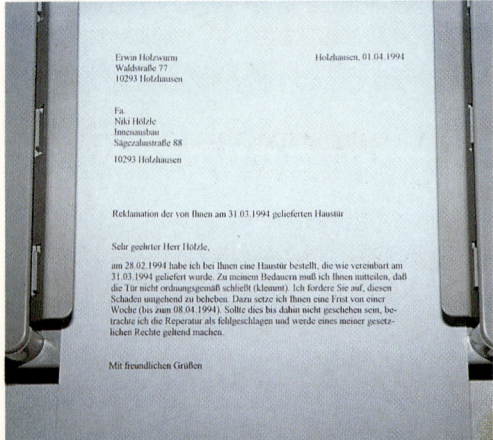

1. Solch ein Geschäftsbrief ist in einer Gesellenprüfung zu schreiben

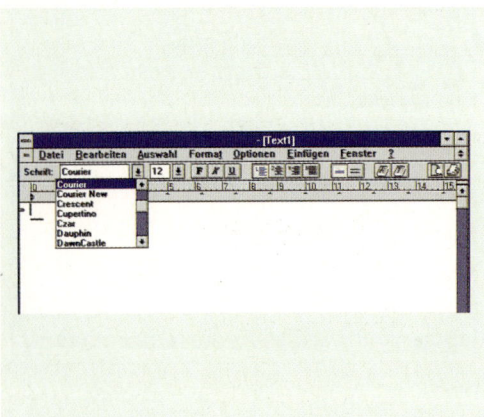

2. Aus den angebotenen Schrifttypen wird Courier gewählt

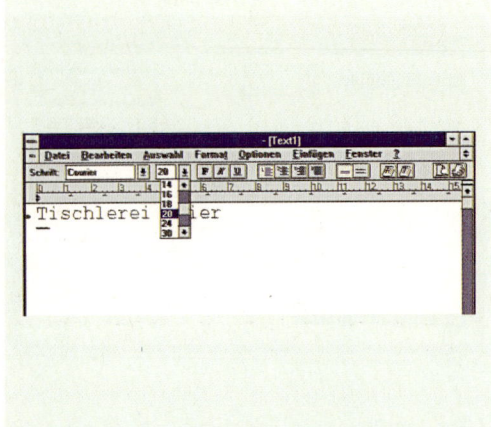

3. Auch die Schriftgröße kann beliebig verändert werden

12.7 Geschäftsbrief: Reklamation einer Lieferung

In Bild 1 ist ein typischer Geschäftsbrief zu sehen, wie er häufig auch als Prüfungsaufgabe in der Gesellenprüfung angefertigt werden muß. Auch hier leistet die Textverarbeitung wertvolle Hilfe, denn einmal angefertigte Texte können abgespeichert und bei Bedarf erneut verwendet werden. Soll aus dem Brief ein Mahnschreiben werden, bräuchte nur das Datum geändert und „1. Mahnung" hinzugefügt werden.

Schreiben eines Geschäftsbriefes
Nach dem Aufrufen der Benutzeroberfläche erfolgt erneut das Anklicken des Anwenderprogramms sowie der Textverarbeitung. Am Aufblinken des Cursors erkennt man die Bereitschaft des Computers zur Texteingabe.
Erster Arbeitsschritt ist die Herstellung des Blattkopfes. Hier kann durch die Kombination von verschiedenen Schrifttypen und Schriftformen ein eigener Blattkopf entwickelt und abgespeichert (Übernahme in die Datenbank) werden.

In der Betriebspraxis findet man aber in der Regel mit dem Firmenblattkopf bedruckte Bögen als Einzelblätter oder Endlospapier, dem angeschlossenen Drucker entsprechend.

Übung 1: Zur besonderen Betonung sollen die Zeichen im Blattkopf fettgedruckt werden. Das **F** in der Schriftauswahlzeile wird angeklickt.
Der Schrifttyp und die Schriftgröße sollen geändert werden. Hier werden einige Versuche durchgeführt werden müssen, bis der geeignete Schrifttyp mit der entsprechenden Schriftgröße gefunden wird.

Übung 2: Mit Hilfe der Maus wird in der Schriftauswahlzeile der Begriff `Schrift` angeklickt. Ein Fenster öffnet sich und zeigt eine Auswahl der Schrifttypen (Bild 2). In diesem Fall wird durch Anklicken der Schrifttyp Courier gewählt.

Übung 3: Mit Hilfe der Maus wird in der Schriftauswahlzeile das Symbol für die `Schriftgröße` angeklickt. Nach einigen Druckversuchen wird hier die Schriftgröße `20` (Bild 3) durch Anklicken gewählt.

Der Blattkopf des Geschäftsbriefs (Bild 4) kann jetzt angefertigt werden.

Eine Vielzahl von Kombinationsmöglichkeiten der Schrifttypen und der Schriftgrößen ermöglichen die individuelle Gestaltung eines Blattkopfes.

Das aktuelle Tagesdatum wird in normaler Schriftgröße eingegeben, das heißt alle Einstellungen müssen wieder in Ausgangsstellung zurückgebracht werden. Nun kann der Text der Reklamation eingegeben werden.

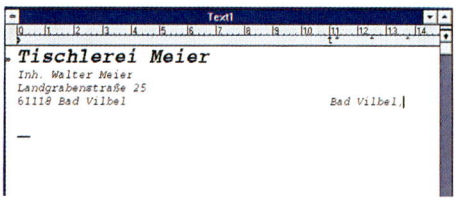

Abspeichern des Reklamationsschreibens
Nach Beendigung der Texteingabe kann der gesamte Text ausgedruckt werden. Da er aber zu einem späteren Zeitpunkt noch einmal benötigt wird, soll er abgespeichert werden.

4. Der Blattkopf kann individuell gestaltet werden

Übung 4: Mit der Maus wird in der Menüauswahlzeile `Datei` angeklickt. Im sich öffnenden Fenster (Bild 5) wählt man den Begriff `Spei-chern unter` an. Im sich jetzt öffnenden Fenster `Speichern unter` soll für den geschriebenen Text ein `Dateiname` in der Zeile „Text 1" eingetragen werden.
Der Dateiname dient der schnellen Wiedererkennung des Textes. Wenn eine große Anzahl an Texten abgespeichert worden ist, kann es schwierig sein, einen Text wiederzufinden. Man sollte deshalb bereits im Dateinamen einen Hinweis auf den Text einbauen. Der Dateiname darf allerdings maximal acht Zeichen umfassen. Diese Einschränkung gilt nur für DOS-Systeme.
In diesem Fall erhält die Datei den Namen „Reklam-1" (Bild 6), der in der Textzeile eingetragen wird. Abschließend muß der Eintrag mit `Ok` bestätigt werden.

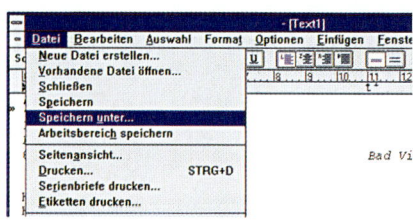

5. Jede Datei soll abgespeichert werden

Bei längeren Texten sollte zwischendurch abgespeichert werden.

Wenn zu einem späteren Zeitpunkt auf diesen Text zurückgegriffen werden muß, findet man ihn einfach und schnell unter seinem Dateinamen. Der Text kann dann einem erneuten Anschreiben mit wenigen Zusätzen als Grundlage dienen oder mit neuer Adresse versehen neu verwendet werden.

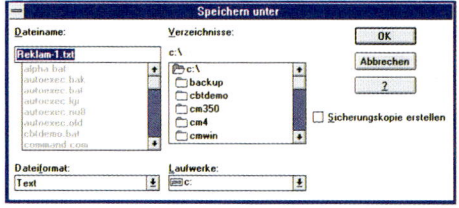

1. Entwickeln Sie weitere Blattköpfe, durch Anwendung der Schriftauswahlzeile!
2. Welche Vorteile bietet das Abspeichern von Texten?

6. Hier wird der neue Dateiname eingegeben

1. Welche Teile benötigt man für diese Fußbank?

2. Eine Tabellenkalkulation bietet als Arbeitsfläche ein Rechenblatt

```
Stückliste/Preiskalkulation

KorpusteilAnzahl Länge Breite
Dicke

Stollen     4      0,2   0,04   0,04
Zargen      2      0,28  0,04
0,024
Zargen      2      0,18  0,04
0,024
Platte      1      0,32  0,22
0,021
```

3. Die Stückliste der Fußbank

12.8 Stückliste für eine Fußbank

Für die in Bild 1 gezeigte Fußbank soll eine Holzliste erstellt werden, die Stückzahlen und Maße enthält. Einmal in den Computer eingegeben, kann man sich eine Holzliste beliebig oft ausdrucken lassen und immer wieder verwenden.

Anwendung der Tabellenkalkulation

Eine große Hilfe bietet in diesem Fall eine sogenannte Tabellenkalkulation, wobei der Bildschirm als eine Art Rechenblatt (Bild 2) verstanden werden kann.

Zahlen können in dieses Rechenblatt eingetragen und später addiert oder subtrahiert werden; letztendlich können alle für die Fußbank gängigen Kalkulationsberechnungen durchgeführt werden. Das bereits bekannte Anwenderprogramm enthält auch eine Tabellenkalkulation.

Übung 1: Nach dem Herstellen der Betriebsbereitschaft wird erneut das **Anwenderprogramm** aufgerufen. Nach Anklicken von **Anwenderprogramm starten** und **Neue Datei erstellen** erhält man wieder die Übersicht über die Unterprogramme. Die Tabellenkalkulation wird angewählt.

Durch den aufblinkenden Cursor wird man zur Eintragung von Daten aufgerufen. Mit Hilfe der Maus kann nun das Feld, welches mit Daten gefüllt werden soll, waagerecht oder senkrecht verschoben werden. Zur besseren Orientierung sind die Felder waagerecht mit Buchstaben und senkrecht mit Zahlen versehen.

Im vorliegenden Beispiel soll für eine Fußbank eine Stückliste erstellt werden. Neben den Zahlen müssen auch Begriffe eingetragen werden.

Übung 2: Die anzufertigende Stückliste (Bild 3) soll auch eine Überschrift erhalten. Das Feld **A1** wird angewählt und der Begriff **Stückliste/Preiskalkulation** wird eingetragen. Die Eintragung kann entweder direkt im Rechenfeld oder in der darüber befindlichen Eintragungsleiste vorgenommen werden.

Als nächstes wird nun das Feld **A3** angewählt. Das angewählte Feld wird auch in der Eintragungsleiste angezeigt.
Der Begriff **Korpusteil** wird eingetragen. Nun folgen nacheinander die Eintragung in die nebenliegenden Felder **B3**, **C3**, **D3** und **E3**. Nach Ein-

tragung der ersten Zahlenreihe wird ein Probe-
ausdruck gefertigt.

Bedingt durch die unterschiedliche Wortlänge
der eingetragenen Begriffe ergibt sich bei der Betrachtung des Probeausdrucks (Bild 4) ein un-
schönes Bild. Auch hier kann mit Hilfe des Programms geändert werden.

Übung 3: Mit Hilfe der Maus wird in der
Schriftauswahlzeile das Symbol **Textzentrie-
rung mitte** angewählt. Am Bildschirm wird die
Bedeutung sofort sichtbar, denn alle Worte und
Zahlen wandern in Rechenfeldmitte (Bild 5).

Anders als bei der Textverarbeitung, wo in der Regel linksbündig gearbeitet wird, sollte im Kalku-
lationsfeld mittenzentriert gearbeitet werden.
Zahlen und Worte bilden dann eine zusammen-
gehörige Einheit.

Die weiteren Zeilen der Stückliste können jetzt
entsprechend eingetragen werden.

Wenn die nunmehr komplette Stückliste auch als
Grundlage zur späteren Kalkulation und zur Ma-
terialverbrauchsberechnung genutzt werden
soll, ist es sinnvoll, immer die gleiche Einheit (zum
Beispiel **m**, weil fast alle Mengen in m^2 oder m^3
berechnet werden) zu wählen und nach Beendigung aller Eintragungen die Stückliste abzuspeichern.

Übung 4: Zum Abspeichern **Datei** und danach
Speichern unter anklicken. Das Fenster **Dateiname eintragen** (Bild 6) öffnet sich. Auch
hier gilt es, maximal acht Zeichen als Dateinamen
einzutragen.
In diesem Beispiel wird „**Kal-Fuß**" als Kürzel für
Stückliste/Preiskalkulation eingetragen. Der Eintrag muß mit **Ok** bestätigt werden.

Zum Gebrauch im Betrieb kann man sich nun die
Stückliste ausdrucken lassen und mit ihrer Hilfe
den Zuschnitt entsprechend vornehmen. Jederzeit lassen sich Änderungen einfügen und Stückzahlen verändern.

1. Fertigen Sie eine Holzliste für einen Hängeschrank
   (Maße frei wählen)!
2. Welche Vorteile bietet das Abspeichern der Holzliste?

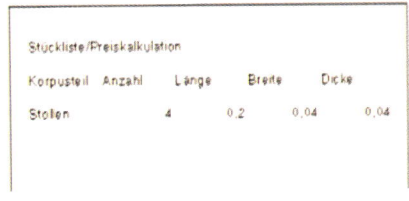

4. Jede Tabelle muß für den Ausdruck bearbeitet werden

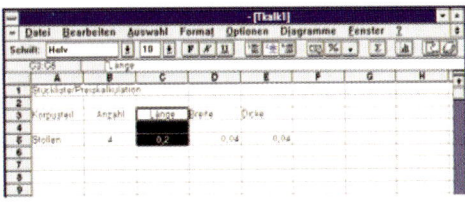

5. Der Inhalt dieses Feldes steht „in der Mitte zentriert"

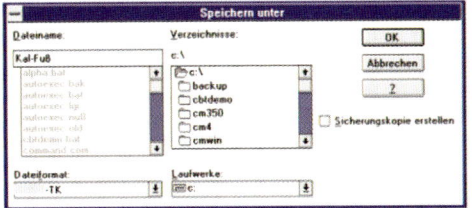

*6. Auch die Tabelle muß unter einem bestimmten Namen
abgespeichert werden*

1. Aus der Stückliste wird durch Hinzufügen neuer Informationen eine Kalkulation

Stückliste/Preiskalkulation

Korpusteil	Anzahl	Länge	Breite	Dicke
Stollen	4	0,2	0,04	0,04
Zargen	2	0,28	0,04	0,024
Zargen	2	0,18	0,04	0,024
Platte	1	0,32	0,22	0,021

2. Die bereits erstellte Holzliste wird ergänzt

3. Die Stückliste wird schrittweise um neue Elemente erweitert

12.9 Preiskalkulation für eine Fußbank

Aus der bereits gefertigten Stückliste wird durch Hinzufügen von weiteren Angaben und Formeln eine Preiskalkulation (Bild 1). Einmal eingegebene Werte lassen sich jederzeit verändern und werden automatisch zur Grundlage der Gesamtberechnung.

Aufrufen bereits erstellter Dateien
Übung 1: Nach dem Herstellen der Betriebsbereitschaft und dem Aufrufen des Unterprogramms **Tabellenkalkulation** wird in der Menüauswahlzeile `Neue Datei erstellen` abgefragt. Da in diesem Fall auf eine bereits angelegte Datei zurückgegriffen werden soll, erfolgt der Aufruf `Vorhandene Datei öffnen`. Im Kasten unter Dateiname findet man alle bereits vorher abgespeicherten Dateien, darunter auch „kalfuß.wks". Mit der Maus wird „kal-fuß" angeklickt und mit `Ok` wird die Eingabe bestätigt. Auf dem Bildschirm erscheint jetzt die bereits bekannte Stückliste zur Fußbank (Bild 2).

Ergänzung zur Tabellenkalkulation
Die bisherigen Angaben in der Stückliste sind zur Preisermittlung nicht ausreichend.
Übung 2: Mit Hilfe der Maus wählen wir in der Zeile 4 das Feld **F** an und fügen den Begriff „Menge in m³" ein. Entsprechend verfahren wir mit Feld **G** und Feld **H** der Zeile 4 und fügen „**Preis/m³**" und „**Preis DM**" ein. In dieser Tabelle soll das Programm zuerst die benötigte Materialmenge in m³ berechnen. In der Spalte H soll das Programm aus der ermittelten Materialmenge multipliziert mit dem Preis/m³ den Preis für die entsprechende Materialmenge errechnen.
Zuletzt soll das Programm die Einzelpreise addieren und als Endsumme für die Fußbank ausgeben. Aus diesem Grund wird in der Spalte G der Zeile 14 „**Summe**" eingefügt (Bild 3).

Rechnen mit der Tabellenkalkulation
Um die benötigte Materialmenge zu erhalten, müssen die Anzahl der Werkstücke mit der Länge, der Breite und der Dicke multipliziert werden.
Übung 3: Mit Hilfe der Maus wird das Feld **F4** markiert, denn hier soll das Ergebnis der Multiplikation eingetragen werden.
Dem Programm muß mitgeteilt werden, daß nun Rechenoperationen erfolgen. Dies geschieht, indem auf der Eingabetastatur die **Gleichheitszeichen gesetzt** (Bild 4) werden. Alle nun folgen-

den mathematischen Operationen führt der Rechner intern aus, bis das Ende des Rechenvorgangs mit der Eingabetaste bestätigt wird.

Nach dem Setzen der Gleichheitszeichen wird das Feld **B6** angeklickt, das **Multiplikationszeichen gesetzt**, **C6 angeklickt**, erneut das **Multiplikationszeichen gesetzt**, **D6 angeklickt**, nochmals das ***** gesetzt, und **E6 angeklickt** (Bild 5). Mit der Eingabetaste kann man nun das Ergebnis durch **Bestätigen** im Feld **F6** erscheinen lassen.

Dieser Rechenvorgang wird in der Zeile 8, 10 und 12 wiederholt.

Auch bei den folgenden Rechenoperationen muß wieder multipliziert werden. Die Preise für die Stollen werden durch Markieren des Antwortfeldes H6, Setzen der Gleichheitszeichen, Anklicken des Feldes F6, Eingeben des Multiplikationszeichens und Anklicken des Feldes G6 ermittelt. Ist auch hier der Rechenvorgang beendet, müssen die Eingaben bestätigt werden und das Ergebnis erscheint im Feld H6. Ähnlich wird auch in der Zeile für die Zargen und für die Platte verfahren.

Addition der Einzelpreise

Um die Summe der Einzelposten der Fußbank zu erhalten, müssen die Kosten für Stollen, Zargen und Platte addiert werden. In der Tabellenkalkulation können Rechenoperationen auch innerhalb der Spalten durchgeführt werden.

Übung 4: Der Gesamtpreis der Fußbank soll im Feld H14 erscheinen, wir **markieren** es mit der Maus. Nun müssen die Zeilen H6, H8, H10 und H12 addiert werden. Diesmal wird ein vereinfachtes Verfahren gewählt. Mit der Maus **markieren** wir das Feld H6, halten die linke Maustaste jedoch **gedrückt** und ziehen den Cursor über die Felder H8 und H10 bis zum Feld H12 (Bild 6). Jetzt wird die Maustaste losgelassen und das Additionszeichen eingegeben. Das Programm addiert automatisch alle gekennzeichneten Felder zusammen, das Ergebnis erscheint beim Bestätigen im Feld H14.

Sollen einmal einzelne Positionen geändert werden, bezieht das Programm die Änderungen automatisch in die Kalkulation mit ein.

1. Verändern Sie in der Tabelle den Materialpreis auf 960,– DM/m^3!
2. Erstellen Sie eine Tabellenkalkulation für einen Beistelltisch (L = 600 mm, B = 400 mm, H = 560 mm, auf Zargengestell)!

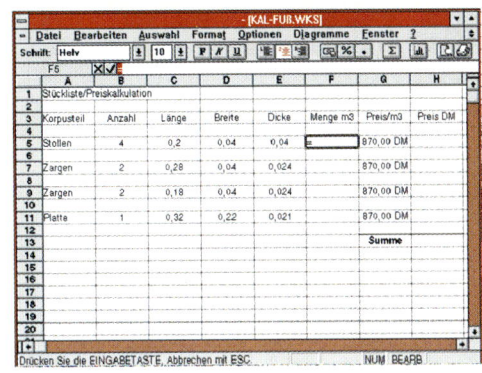

4. Die Gleichheitszeichen teilen dem Programm mit, daß eine Rechenoperation folgt

5. Nachdem alle Operanden eingegeben sind, kann das Programm die Rechenoperation durchführen

6. Mit der Maus läßt sich die Eingabe vereinfachen

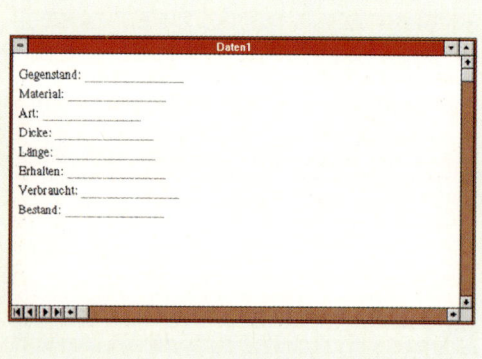

1. Auszug aus der Bestandsliste der Verbindungsmittel einer Tischlerei

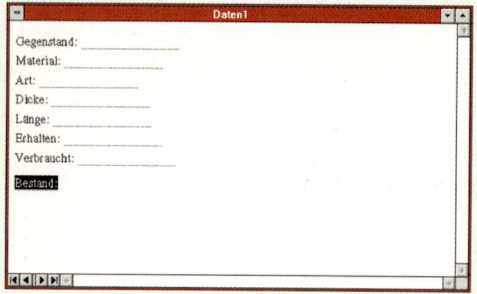

2. Sind noch weitere Informationen zur Erfassung der Verbindungsmittel nötig?

3. Die Feldnamen werden linksbündig in die Datenbankfelder eingetragen

12.10 Bestandsaufnahme mit Hilfe einer Datenbank

Das Bild 1 zeigt einen Auszug aus der Bestandsliste der Verbindungsmittel einer Tischlerei. Mit Hilfe des Computers können heute solche oder ähnliche Daten erfaßt und verwaltet werden.

Was ist unter dem Begriff „Datenbank" zu verstehen?

Unter dem Begriff „Datenbank" versteht man ein Hilfsmittel zum Speichern und Verwalten von Informationen. Das Programm übernimmt dabei die Arbeiten, die früher durch Suchen in Karteikästen oder Aktenschränken zeitaufwendig erledigt werden mußten. In einer Datenbank können Kundenadressen, Listen mit Telefonnummern, oder Warenbestände verwaltet werden.

Voraussetzung zum Erstellen einer Datenbank

Um mit einer Datenbank arbeiten zu können, müssen zuerst einmal die entsprechenden Daten erfaßt werden. Je nach Art der Daten muß hierzu ein entsprechendes Formular erstellt werden. In diesem Beispiel soll eine Datenbank für Verbindungsmittel angefertigt werden, die alle wichtigen Informationen über das Verbindungsmittel sowie dessen Bestand im Betrieb beinhaltet (Bild 2).

Übung 1: Nach der Inbetriebnahme des Computers wird das **Anwenderprogramm** aufgerufen, das Unterprogramm **Datenbank** wird angeklickt. Auf dem Monitor erscheint ein „leeres Formular", in das, ähnlich der Tabellenkalkulation, Titel und Informationen eingegeben werden können.

In der ersten senkrechten Spalte werden die Titel der Felder (Feldnamen) eingetragen. Es sind maximal 15 Zeichen möglich. Mit dem Cursor wird das erste Feld angeklickt. In diesem Fall wird als erster Feldname „Gegenstand" eingetragen. Damit das Programm weiß, das es sich hier um einen Feldnamen handelt, wird nach dem Namen ein Doppelpunkt eingegeben. Der Feldeintrag wird mit **ok** bestätigt.

> Der Doppelpunkt kennzeichnet den Eintrag als Feldname.

Nacheinander werden jetzt die weiteren Feldnamen in die erste Spalte eingetragen, jeweils mit Doppelpunkt gekennzeichnet und mit **ok** bestätigt (Bild 3).

Aus Bild 3 ist zu ersehen, daß alle Eintragungen linksbündig ausgeführt wurden. Für die nun folgenden Feldeinträge bedeutet das einen Versatz der Felder untereinander. Um mehr Klarheit zu bekommen, können die Feldbreiten verschoben werden. Die Begriffe „Gegenstand" und „Verbrauch" sind in unserem Beispiel die längsten Begriffe. Die anderen Feldnamenfelder sollen diesen Feldern angepaßt werden.

Übung 2: Mit der Maus bringt man den Cursor auf den Feldnamen „Material", betätigt die linke Maustaste und verschiebt das Feld, bis es exakt unter dem Feldnamen „Gegenstand" liegt. Nun wird die Maustaste gelöst und die Doppelpunkte der Feldnamen „Material" und „Gegenstand" befinden sich exakt untereinander. Auf gleiche Art und Weise verfährt man mit den Feldnamen „Art", „Dicke", „Länge", „Erhalten" und „Bestand". Alle Feldnamen sind jetzt ausgerichtet (Bild 4).

Übung 3: Das Feld hinter dem Feldnamen „Gegenstand" wird mit der Maus markiert. Nun können Text, Zahlen oder Formeln in das Feld eingegeben werden. In unserem Fall wird als nächstes der Begriff „Riffeldübel" eingetragen und bestätigt. Mit der Maus wird nun der nächste Feldname angeklickt. Hier wird die Materialart „Holz" eingetragen. Die Eintragungen werden fortgesetzt, bis alle notwendigen Eintragungen vorgenommen wurden (Bild 5).

Beim letzten Feldnamen angekommen, soll hier der aktuelle Bestand an Riffeldübel angegeben werden. Hierzu ist die Eingabe einer entsprechenden Formel (Erhalten – Verbraucht) notwendig.

Übung 4: Das Feld hinter dem Feldnamen „Bestand" wird markiert. Um dem Rechner zu sagen, daß eine Formeleingabe erfolgt, müssen als nächstes die Gleichheitszeichen gesetzt werden. Nun wird „Erhalten" eingegeben, das Minuszeichen gesetzt und „Verbraucht" eingegeben. Sobald die Eingabetaste betätigt wurde, erscheint das Ergebnis im markierten Feld.

Alle Feldnamen verfügen jetzt über die notwendigen Informationen, so daß die Datenerfassung abgeschlossen werden kann.

Unter dem Begriff „Daten 1" wird das erstellte Formular abgespeichert.

1. Tragen Sie weitere Sorten von verwendeten Riffeldübeln in das Formular ein!
2. Nehmen Sie Eintragungen für Spaxschrauben und Nägel vor!

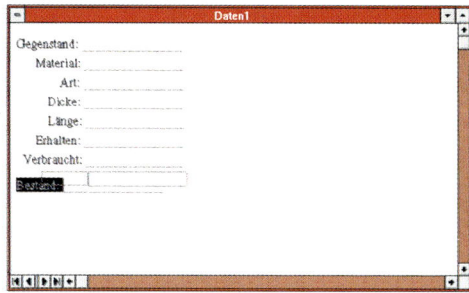

4. Durch Verschieben mit der Maus lassen sich die Feldnamen ausrichten

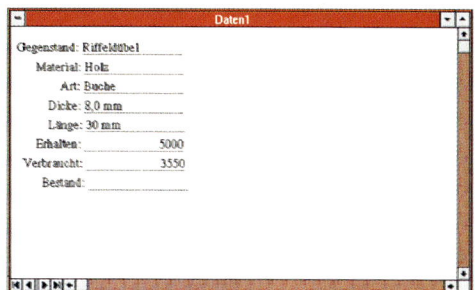

5. Alle vorliegenden Informationen sind im Bildschirmformular eingegeben.

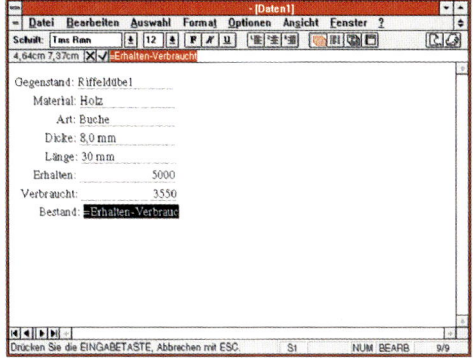

6. Durch Eingabe der mathematischen Formel ergibt sich der aktuelle Bestand

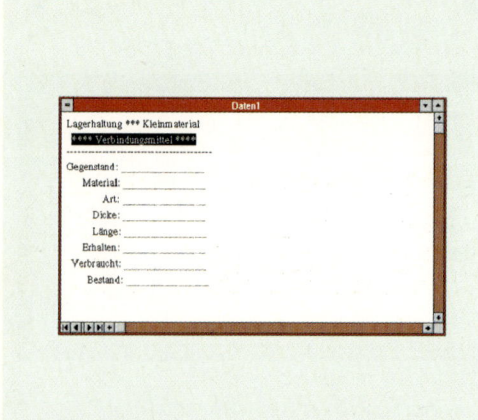

1. Formularüberschriften fördern die Übersichtlichkeit

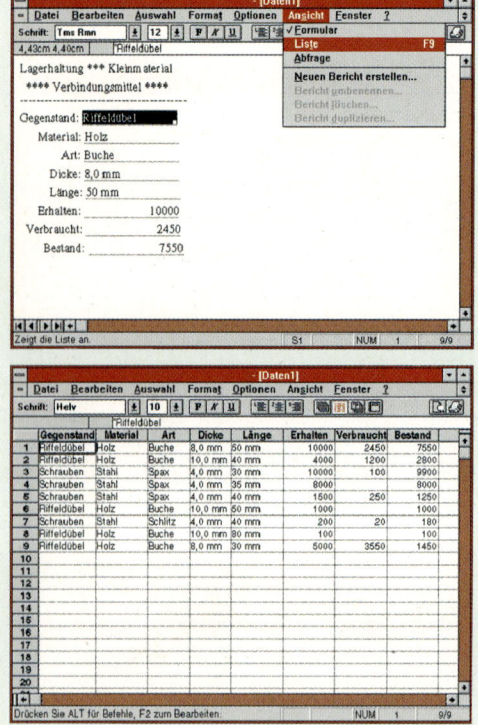

2. In der Symbolleiste kann zwischen Formular und Liste umgeschaltet werden

12.11 Arbeiten mit der Datenbank

Nach Fertigstellung des ersten Formularblattes können jetzt alle weiteren im Betrieb zur Anwendung kommenden Verbindungsmittel eingegeben werden.

Übung 1: Nach Herstellung der Betriebsbereitschaft wird **Vorhandene Datei öffnen** angeklickt und „**Daten 1**" aufgerufen. Das bereits erstellte Formular erscheint. Mit der Maus wird der Feldname „**Bestand**" angeklickt. Mit Hilfe der Tasten **STRG** und **Pfeil nach unten/oben** gelangt man in das nächste, noch leere Formular.

Auf diese Art und Weise können alle im Betrieb vorkommenden Verbindungsmittel aufgenommen werden. Dieses Verfahren gilt natürlich auch für andere zu erfassenden Daten des Betriebes. Möglicherweise müßte nur das Formular etwas verändert werden. Aus diesem Grund ist es wichtig, daß bereits am Formularkopf zu erkennen ist, für welche Daten das Formular bestimmt ist.

Einfügen einer Formularüberschrift

Übung 2: Da bei der Erstellung des Formulars am oberen Rand mit der Eingabe begonnen wurde, müssen nun, wie zuvor bereits erläutert, die Feldnamen soweit verschoben werden, daß drei Zeilen eingefügt werden können. In die erste Zeile wird „**Lagerhaltung *** Kleinmaterial**" und in die zweite Zeile „**Verbindungsmittel**" eingegeben (Bild 1). In wahloser Reihenfolge wird somit die Datenbank mit Informationen gefüllt.

Ordnen der Datenbank

Um eine Übersicht der bereits eingegebenen Daten zu erhalten, benötigen wir eine Liste.

Übung 3: Mit Hilfe der Maus wird in der Symbolleiste von **Formular** auf **Liste** umgeschaltet (Bild 2). Der Listenbildschirm zeigt alle bisher eingegebenen Datensätze in Form einer Tabelle. Hier finden wir den Datensatz waagerecht in einer Zeile, das Datenfeld hingegen senkrecht in einer Spalte. Die Reihenfolge der Datenfelder entspricht hierbei genau der Reihenfolge der Eingaben (Bild 3).

Gegenstand	Material	Art	Dicke	Länge	Erhalten	Verbraucht	Bestand
Riffeldübel	Holz	Buche	8,0 mm	50 mm	10000	2450	7550
Riffeldübel	Holz	Buche	10,0 mm	40 mm	4000	1200	2800
Schrauben	Stahl	Spax	4,0 mm	30 mm	10000	100	9900

3. Nach dem Umschalten erscheint statt des Formulars die Liste

Übung 4: In der Symbolleiste wird mit der Maus `Datensätze sortieren` angeklickt. Auf dem Bildschirm öffnet sich ein Fenster (Bild 4) mit der Fragestellung, in welchem Feld das Sortieren vorgenommen werden soll. Im ersten Feld erscheint, wenn noch keine Sortierung vorgenommen wurde, der Feldname „**Gegenstand**". Darunter kann zwischen der nun zu wählenden Reihenfolge `Aufsteigend A` (das heißt bei A beginnend) oder `Absteigend B` (das heißt bei Z beginnend) gewählt werden. In diesem Fall wählen wir `Aufsteigend A`, das heißt, alle Eingaben unter „Gegenstand" werden in alphabetischer Reihenfolge „aufsteigend" geordnet, nachdem die Eingabetaste betätigt wurde. Weitere Ordnungskriterien können im 2. und 3. Feld hinzugefügt werden. Hier tragen wir im 2. Feld „Dicke" und im 3. Feld „Länge" ein, so daß alle Verbindungsmittel auch nach Größe sortiert werden (Bild 6).

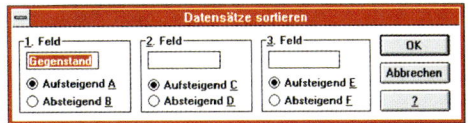

4. Die Sortierung kann genau bestimmt werden

Wie werden Einzelabfragen gestartet?

Übung 5: Mit der Maus wird in der Symbolleiste `Ansicht` gewählt und `Abfrage` angeklickt (Bild 5). Auf dem Monitor erscheint nun erneut das Formular, in das die gewünschten Abfragekriterien eingegeben werden sollen. In diesem Fall sollen nur die 8 mm Riffeldübel abgefragt werden. Nach dem Eintragen in die entsprechenden Feldspalten und anschließender Bestätigung erscheinen auf dem Bildschirm nur noch die 8 mm Riffeldübel.

1. Ordnen Sie Ihre Datenbank nach weiteren Kriterien, zum Beispiel nach „Erhalten"!
2. Starten Sie eine Abfrage nach allen 40 mm langen Schrauben!

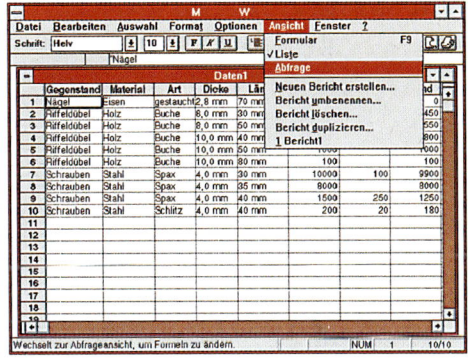

5. Spezielle Daten sucht man mit einer Abfrage

	Gegenstand	Material	Art	Dicke	Länge	Erhalten	Verbraucht	Bestand
1	Nägel	Eisen	gestaucht	2,8 mm	70 mm			0
2	Riffeldübel	Holz	Buche	8,0 mm	30 mm	5000	3550	1450
3	Riffeldübel	Holz	Buche	8,0 mm	50 mm	10000	2450	7550
4	Riffeldübel	Holz	Buche	10,0 mm	40 mm	4000	1200	2800
5	Riffeldübel	Holz	Buche	10,0 mm	50 mm	1000		1000
6	Riffeldübel	Holz	Buche	10,0 mm	80 mm	100		100
7	Schrauben	Stahl	Spax	4,0 mm	30 mm	10000	100	9900
8	Schrauben	Stahl	Spax	4,0 mm	35 mm	8000		8000
9	Schrauben	Stahl	Spax	4,0 mm	40 mm	1500	250	1250
10	Schrauben	Stahl	Schlitz	4,0 mm	40 mm	200	20	180

6. Verbindungsmittelliste, die in alphabetischer Reihenfolge und nach Größe sortiert ist

1. *Auszubildende beim Anfertigen von Handskizzen zum Gesellenstück*

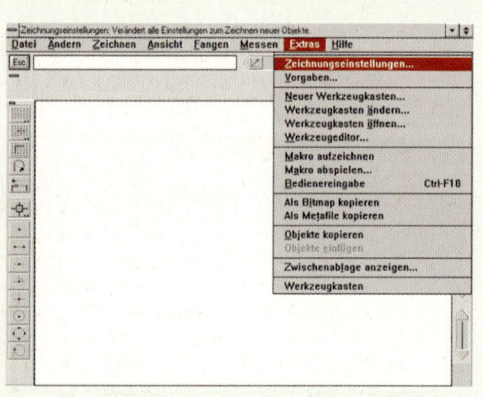

2. *Die Programmoberfläche eines CAD-Programms*

3. *Im Dialogfenster „Raster/Fang/Zeichnungsgröße" werden Grundeinstellungen eingegeben*

12.12 Zeichnen einer Schrankansicht

Eine Voraussetzung zum erfolgreichen Abschluß der Ausbildung ist das Planen und Anfertigen des Gesellenstücks. In der Planungsphase fertigen die Auszubildenden Handskizzen (Bild 1) um Maße, Maßverhältnisse und Ansichten zu fixieren. Auch hier kann der Einsatz des Computers wertvolle Hilfen bieten.

Einrichten der Arbeitsfläche

Ausgehend von der Benutzeroberfläche erfolgt das Aufrufen des CAD-Programms durch zweimaliges Anklicken und die Programmoberfläche erscheint. Jetzt könnte bereits mit dem Herstellen einer Zeichnung begonnen werden.

Um Blattgröße und Zeichnungsgröße abzustimmen, sollte allerdings zunächst die Arbeitsfläche festgelegt werden. Die zu fertigende Schrankansicht hat Abmessungen von etwa 120 mm x 90 mm. Die Darstellung erfolgt hier im Maßstab 1 : 10.

Um auch noch Bemaßungslinien anbringen zu können, sollte der Arbeitsbereich etwas größer gewählt werden.

Festlegen des Arbeitsbereichs

In der Programmoberfläche (Bild 2) wählen wir mit Hilfe der Maus aus dem Menü **Extras** die Option **Zeichnungseinstellung**. Ein weiteres Dialogfenster erscheint und wir wählen die Option **Raster/Fang/Zeichnungsgröße**. In das jetzt erscheinende Dialogfenster (Bild 3) wird der von uns benötigte Arbeitsbereich eingetragen. Im Feld **Zeichnungsgröße links/unten** befindet sich bereits eine „0". Hiermit wird die linke, untere Ecke als Ursprungspunkt für den Arbeitsbereich festgelegt. In das Feld **Rechts** wird der Wert „**160 mm**" und in das Feld **Oben** wird der Wert „**140 mm**" eingetragen. Mit diesem Eintrag ist der Arbeitsbereich der zu erstellenden Schrankansicht festgelegt.

Rastereinstellungen vornehmen

Ähnlich wie bei der Hilfe durch Millimeterpapier kann auch beim Zeichnen mit CAD auf ein Raster zurückgegriffen werden. Da die Raster jedoch von Zeichnung zu Zeichnung verschieden sein können, muß das CAD-Programm hier verschiedene Einstellungen ermöglichen. Im noch geöffneten Dialogfenster **Raster/Fang/Zeichnungsgröße** wird mit Hilfe der Maus der Begriff **Raster** (Bild 4) angeklickt.

Sind die Begriffe **Raster = Fang** mit einem Häkchen gekennzeichnet, so muß diese Funktion mit Hilfe der Maus ausgeschaltet werden. Hierzu wird der Cursor auf das Häkchen gesetzt und die linke Maustaste betätigt. `Raster = Fang` ist hiermit abgeschaltet.

Auf die gleiche Art und Weise wird jetzt der Begriff `Raster` angeschaltet. Mit Hilfe der Maus wird der Cursor direkt hinter die im `Feld x` unterhalb des Begriffs Raster eingetragene Zahl gesetzt und diese gelöscht. Wir fügen an dieser Stelle eine „2" ein. Mit dieser Einstellung erhalten wir einen Rasterpunktabstand von zwei Millimetern für die spätere Zeichnung.

Genauso verfahren wir auch mit dem `Feld y`.

Fangeinstellungen vornehmen

Sobald „**Fang**" eingeschaltet ist, kann der Cursor automatisch auf jedem Rasterpunkt „eingefangen" werden. Dieses Verfahren erleichtert das Arbeiten auf dem gedachten Millimeterpapier erheblich. Mit der Maus wird die Funktion `Fang` aktiviert und der Cursor hinter den Eintrag im `Feld x` positioniert. Der vorhandene Eintrag wird durch „2" ersetzt. Das gleiche Verfahren wird für das `Feld y` angewandt. Das Dialogfenster wird mit `ok` (Bild 5) bestätigt.

Soll diese Arbeitsfläche später wieder verwendet werden, ist es sinnvoll, sie abzuspeichern.

Zeichnen der Schrankansicht

Versuchsweise führen wir die Maus an verschiedene Stellen in der Arbeisfläche. In der Menüzeile befindet sich rechts ein Feld mit sich ständig, entsprechend der Mausbewegung, verändernden Zahlen. Dies sind die Koordinatenpunkte des momentanen Mausstandortes.

Nach einigen Orientierungsversuchen gehen wir mit dem Cursor in die Menüzeile und klicken `Zeichnen` an. Unterhalb der Menüzeile erscheint eine horizontale Statusleiste, die alle verfügbaren „Zeichenwerkzeuge" enthält.

Wir wählen aus diesem „Werkzeugkasten" das Symbol `Linie` durch Anklicken. Ziehen wir den Cursor jetzt in das Arbeitsfeld, so können wir an dem von uns gewählten Startpunkt durch betätigen der linken Maustaste mit dem Ziehen der Linie beginnen. Die Maustaste bleibt bis zum Ende der Linie gedrückt. Auf diese Art und Weise läßt sich Linie an Linie bis zu einer Ansichtszeichnung (Bild 6) aneinanderfügen.

1. Versuchen Sie, wie in Bild 6, das „Werkzeug" Kreis einzusetzen!
2. Benutzen Sie das „Werkzeug" Rechteck, um die Ansicht schneller anzufertigen!

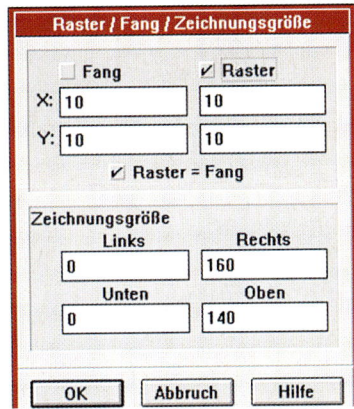

4. Die eingeschaltete Funktion „Raster = Fang" wird durch Häkchen gekennzeichnet

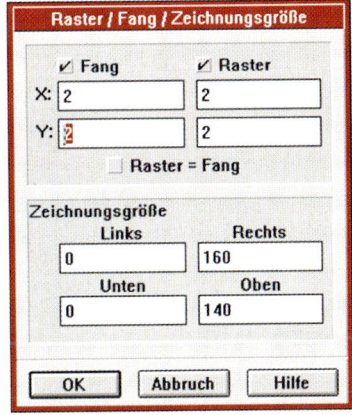

5. Nach dem Eintragen aller Einstellungen wird das Dialogfenster bestätigt

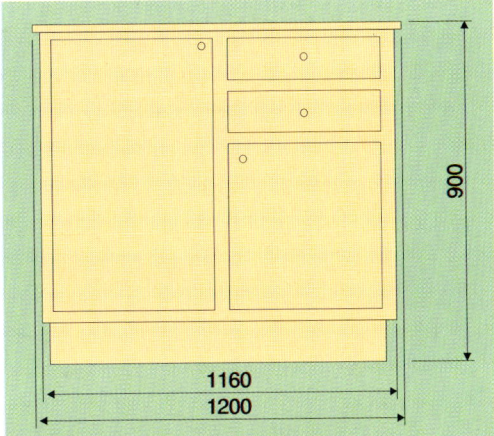

6. Mögliche Ansicht eines Schrankentwurfs

1. Computergesteuerte Holzbearbeitungsmaschine

2. 1987 wurden 1 300 000 Bildschirmterminals in Büros eingesetzt. 1992 waren es bereits 2 100 000.

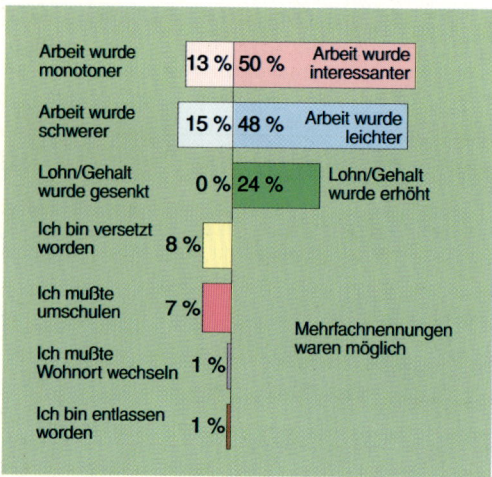

3. So wird der Einsatz von moderner Technik von Arbeitnehmern beurteilt

12.13 Der Computer – Chancen und Risiken

Bild 1 zeigt an einem Beispiel, wie der Computer immer stärker in die Arbeitswelt vordringt. Welche Arbeitsbereiche sind davon betroffen?

Der Einsatz des Computers und die damit zusammenhängende Automatisierung vollzog sich zunächst vorwiegend

- bei gesundheitsgefährdenden, schweren und schmutzigen Tätigkeiten,
- bei monotonen Routinetätigkeiten, z. B. stark zerlegter Fließbandarbeit, Bedienung von Halbautomaten.

Aufgrund der guten Erfahrungen wurden Automaten (sie sind billiger, sicherer, exakter . . .) bald auch in anderen Arbeitsbereichen eingesetzt. So wird der Computer heute nicht nur in der Produktion, sondern auch in den Büros (Bild 2) und im Dienstleistungsbereich zunehmend verwendet.

1992 hatten 37 Prozent der Erwerbstätigen in den alten Bundesländern mit Computern zu tun; für 16 Prozent war der Computer das wichtigste Arbeitsmittel. Welche Auswirkungen hat das für die Betroffenen? Bild 3 zeigt das Ergebnis einer Umfrage.

Berufe wandeln sich

Mit der Automatisierung fallen viele Arbeitsschritte weg. Wartungsarbeiten verändern sich. Dadurch sind „alte" Qualifikationen nicht mehr erforderlich. Neue müssen erworben werden.

Das bedeutet: Berufe, Berufsinhalte und Berufsausbildung wandeln sich. Alte Berufsqualifikationen müssen durch Umschulung an die neuen Forderungen angepaßt werden. Ein Beispiel soll das verdeutlichen:

Der Schweißer im Karosserie-Rohbau ist zum Roboterbetreuer geworden. Er programmiert und wartet ihn. Dabei arbeitet er in einem Fertigungsteam, dem weit mehr Verantwortung und Spielraum bei der Arbeit zukommt als früher.

Auswirkungen auf Arbeitsplätze

Roboter schaffen und ersparen Arbeitsplätze im Verhältnis von etwa 1 : 5 (ein neuer, fünf wegfallende). Das Institut für Arbeitsmarkt- und Berufsforschung hat bereits 1983 auf dieser Grundlage berechnet, daß durch den Robotereinsatz 400 000 Arbeitsplätze gefährdet sind. Neuere technische Entwicklungen geben Anlaß, diese Zahl höher anzusetzen.

Ist der Computer ein „Job-Killer"?

Diese Frage verneinen Befürworter der Automatisation mit den folgenden Argumenten:

- Computer und die von ihnen gesteuerten Geräte und Anlagen müssen entwickelt und hergestellt werden. Dadurch entstehen neue und höher qualifizierte Arbeitsplätze.
- Durch die neue Technik wird die Wettbewerbsfähigkeit erhöht, das heißt: Arbeitsplätze werden sicherer.
- Entlassungen im Produktionsbereich können durch Beschäftigungen im Dienstleistungsbereich aufgefangen werden.

Werden die wegfallenden Arbeitsplätze auf diese Weise ersetzt? Genaue Kenntnisse bzw. Zahlen über zukünftige wirtschaftliche Entwicklungen gibt es nicht. Die Frage läßt sich also nicht sicher beantworten.

Der Computer verändert die Gesellschaft

Es läßt sich z. B. absehen, daß die Arbeitsplätze in der Produktion weiter abnehmen, bei den Dienstleistungen dagegen zunehmen werden. Tabelle 4 verdeutlicht das: Unsere Gesellschaft befindet sich im Wandel von einer Industriegesellschaft zu einer Dienstleistungsgesellschaft.

Durch den zunehmenden Umgang mit Computern bzw. computergesteuerten Geräten verringert sich der Kontakt mit anderen Menschen. Dadurch entsteht, wie Text 5 zeigt, die Gefahr der sozialen Isolation.

Moderne Informationstechniken ermöglichen es, den Menschen auf seinem gesamten Lebensweg zu begleiten und so zu überwachen. Experten schätzen, daß von jedem Bürger Daten in einigen hundert verschiedenen Dateien gespeichert sind. Und diese sind – ohne die Gnade des Vergessens – ständig präsent.

Um den Umgang mit personenbezogenen Daten zu regeln – und damit die einzelne Person vor dem Datenmißbrauch zu schützen – wurden Datenschutzgesetze erlassen.

1. Wie hat sich der Einsatz von Computern bzw. computergesteuerten Maschinen in Ihrem Ausbildungsbetrieb ausgewirkt?
2. Welcher Zusammenhang besteht zwischen Automatisation und Wettbewerbsfähigkeit?
3. Welche der Aussagen in Text 6 treffen nach Ihrer Meinung zu?
4. Welchen Stellenwert sollte die Technik gegenüber dem Menschen einnehmen

Jahr	Anteile der Beschäftigten folgender Bereiche		
	Landwirtschaft	Warenproduzierendes Gewerbe	Dienstleistungen
1882	42,2%	35,6%	22,2%
1970	8,5%	48,9%	42,6%
1984	5,5%	41,5%	53,1%
Tendenz bis 2000	Abnahme	Abnahme	Zunahme

4. Die Industriegesellschaft geht in eine Dienstleistungsgesellschaft über

Die Gefahr der sozialen Isolation

Die Technisierung der Büroarbeit führt zu einer weiteren Gefahr, die wir heute in ihrer Tragweite noch kaum überblicken und der zu begegnen besonderes Gewicht beigemessen werden muß: der sozialen Isolation. „Kommuniziert" wird fast ausschließlich über technische Medien. Die *persönliche* Kommunikation *unmittelbar* von Person zu Person, von Angesicht zu Angesicht tritt demgegenüber zurück. Dies bedeutet weniger persönliche Kontakte, Nähe, Unmittelbarkeit. Die vermittelnden technischen Medien strukturieren nicht nur Kontakte, engen deren Bandbreite ein, sie reduzieren eben jene Spontaneität, Unmittelbarkeit, die gerade als Kompensation der sonst erforderlichen Arbeitsdisziplin besonders wichtig wäre.

Quelle: Die technologische Revolution und ihre Folgen, Landeszentrale für politische Bildung Baden-Württemberg, Kohlhammer Verlag, Stuttgart, Seite 64.

5. Durch die moderne Informationstechnik können Büroarbeiten als Heimarbeit in die Privatwohnung verlagert werden. Welche soziale Auswirkungen ergeben sich?

Computer am Arbeitsplatz
- erleichtern die körperliche Arbeit
- machen die Arbeit interessanter
- machen den Arbeitsplatz ungefährlicher
- verringern das Krankheitsrisiko
- erhöhen die Freude an der Arbeit
- ermöglichen mehr Freizeit
- ermöglichen mehr Zeit für Kontakte mit Kollegen
- stellen höhere geistige Anforderungen
- verlangen mehr Verantwortung
- machen die Menschen zufriedener

6. Wie beurteilen Sie diese Aussagen?

1. Hier wird mit dem Druckluftnagler gearbeitet

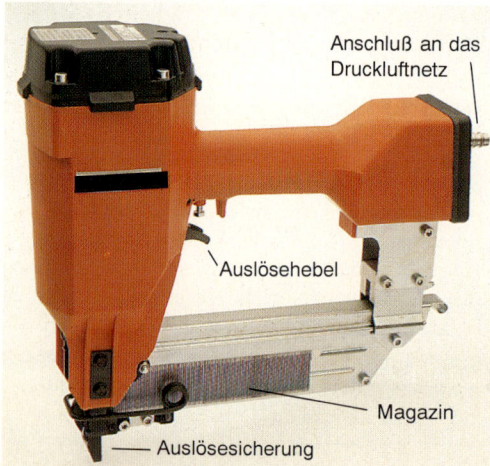

Anschluß an das
Druckluftnetz

Auslösehebel

Magazin

Auslösesicherung

2. Mit diesem Nagler werden Rahmenecken abgenagelt

13.1 Arbeiten mit dem Druckluft- nagler

Bild 1 zeigt eine typische Arbeit mit dem Druck-luftnagler. Ein Rahmen mit Schlitz-/Zapfenver-bindung wird abgenagelt. Der Druckluftnagler ist ein tragbares Eintreibgerät für vielfältige Nagel-, Heft- und Klammerarbeiten in der Werkstatt und auf der Baustelle.

Für das Abnageln der Rahmen wird der abgebil-dete Druckluftnagler (Bild 2) genommen. Mit diesem Nagler können Nägel bis zu 60 mm Län-ge verarbeitet werden.

Die Funktionsweise

Die Nägel sind in Stangenform abgepackt und werden über ein Magazin zugeführt. Betätigt man den Auslösehebel und ist zugleich die Aus-lösesicherung gedrückt, gibt ein Ventil den Zu-strom der Druckluft schlagartig auf einen Kolben frei. Mit einem Stößel schlägt der Kolben den in einer Führung liegenden Nagel in das Werkstück.

Welche Eintreibgegenstände gibt es noch?

In Bild 3 sehen wir eine Auswahl von Verbin-dungsmitteln für die Anwendung in der Tischle-rei. Es kommen hier Klammern in verschiedenen Breiten und Längen sowie Nägel in den vielfäl-tigsten Formen und Abmessungen zum Einsatz. Für jeden Verbindungstyp (z. B. Nagel oder Klammer) ist ein spezieller Druckluftnagler oder Druckluftklammerer zu verwenden.

> Mit Eintreibgeräten dürfen nur die in der Be-triebsanleitung bezeichneten Befestigungs-mittel oder Verbindungsmittel verarbeitet werden.

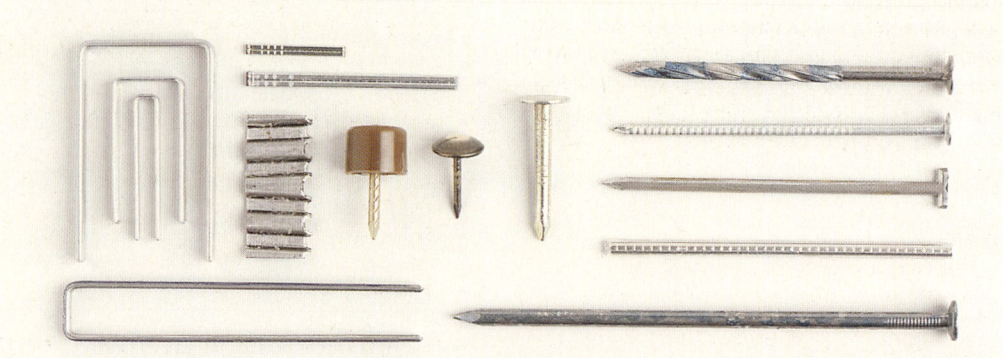

3. Verschiedene Verbindungsmittel für die Anwendung in der Tischlerei

Kennzeichnung

Bild 4 zeigt das Typenschild eines Druckluftnaglers. Hier finden wir die folgenden Angaben:

- Name oder eingetragenes Warenzeichen des Herstellers oder Lieferanten,
- Typbezeichnung,
- Bezeichnung der verwendbaren Eintreibgegenstände (Art, Typ),
- den zulässigen Betriebsdruck in bar.

Sicherung gegen unbeabsichtigtes Auslösen

Der **Auslöser** (Bild 2) muß so angeordnet sein, daß ein unbeabsichtigtes Auslösen beim Ablegen durch Anstoßen, Hängenbleiben oder Herabfallen verhindert wird. Dies ist z. B. der Fall, wenn der Auslöser im Innenbereich der Griffkontur angeordnet ist.

Auslösesicherung (Freischußsicherung)

In Bild 5 sehen wir eine **Auslösesicherung**, die sicherstellt, daß vor dem Andrücken der Mündung der Eintreibvorgang nicht freigegeben wird. Eintreibgeräte, bei denen mit einer erhöhten Verletzungsgefahr durch das Verbindungsmittel zu rechnen ist, müssen mit dieser vom Auslöser unabhängigen Auslösesicherung ausgerüstet sein.

> Druckluftnagler, die mit einem auf der Spitze stehenden Dreieck gekennzeichnet sind, müssen eine Freischußsicherung haben.

Verbindung zum Energienetz

Druckluftnagler müssen so an das Druckluftnetz angeschlossen sein, daß sie vom Energieträger schnell getrennt werden können. Dies geschieht hier durch eine Schnellkupplung (Bild 6).

Außerdem darf nach dem Trennen im Gerät keine Druckluft mehr vorhanden sein. Warum?

Um Eintreibgeräte vor Überschreiten des maximalen Betriebsdruckes (Bild 4) zu schützen, muß ein **Druckminderer** mit Sicherheitsventil vorgeschaltet werden. Ein Überschreiten des zulässigen Betriebsdruckes um mehr als 10% wird dadurch verhindert.

1. Welche Angaben müssen auf einem Druckluftnagler angebracht sein?
2. Welchen Zweck hat die Auslösesicherung?
3. Was sollte beim Anschließen von Eintreibgeräten an das Druckluftnetz beachtet werden? Begründen Sie die Antwort!
4. Warum sollte ein Druckminderer innerhalb der Druckluftverteilung installiert sein?

4. Welche Angaben findet man auf diesem Typenschild eines Druckluftnaglers?

5. Die Auslösesicherung soll niemals abgebaut werden!

6. Bevor der Druckluftnagler an das Netz angeschlossen wird, ist unbedingt das Magazin zu entleeren. Warum?

1. Tragbarer Druckluftkompressor für die Baustelle

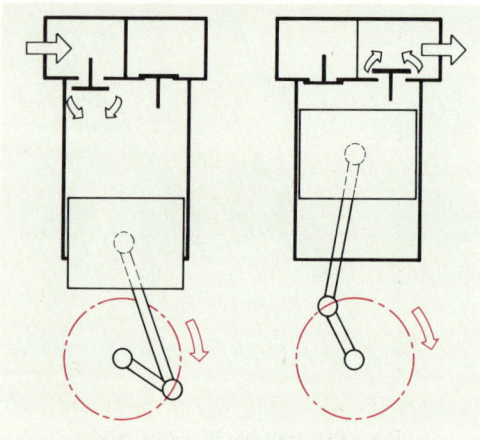

2. Funktionsschema eines Hubkolbenverdichters

3. Ein Druckluftkompressor muß regelmäßig gewartet werden

13.2 Arbeiten mit dem Druckluft-kompressor auf der Baustelle

Es werden auf einer Baustelle Profilbretter mit einem Druckluftnagler befestigt. Ein tragbarer Druckluftkompressor (Bild 1) ist mitgenommen worden.

Bei der Bauart dieses Kompressors handelt es sich um einen einstufigen Hubkolbenverdichter (Bild 2). Er eignet sich auf Grund seines geringen Gewichtes und seiner kompakten Bauart besonders für den Einsatz auf der Baustelle. Er kann einen Luftdruck von maximal 10 bar erzeugen und hat ein Windkesselvolumen (Speicher) von 20 Litern.

Welche Funktion haben die Einzelteile eines Kompressors?

Druckschalter (Bild 3). Er hält das eingestellte Druckniveau. Es sollte nicht höher als erforderlich eingestellt werden, um Energie zu sparen.

Ölstandanzeige. Die Ölkontrolle erfolgt durch Ölstab oder Schauglas. Der Ölstand ist regelmäßig zu kontrollieren und der Öl- und Filterwechsel in die Wartungsliste einzutragen.

Ventilator. Er sorgt für die Kühlung des Hubkolbenverdichters. Das Ventilatorsieb ist regelmäßig zu reinigen. Vorher ist beim Kompressor unbedingt der Stecker herauszuziehen. Warum?

Absperrventil. Das Druckluftnetz kann hier abgesperrt werden, um Leckstellen an den Anschlüssen und Leitungen zu beseitigen.
Achtung: Das Leitungsnetz steht weiterhin unter Druck.

Ansaugfilter. Er filtert die angesaugte Luft und soll regelmäßig gereinigt werden.

Kondensatablaßventil. Das Kondenswasser ist regelmäßig abzulassen, um Rostgefahr im Speicher zu vermeiden.

Die Wartungsarbeiten sind regelmäßig von **einem** Verantwortlichen vorzunehmen und in die Wartungsliste einzutragen.
Es sollte grundsätzlich klar sein, wer für die Wartung zuständig ist, denn sonst verläßt sich jeder auf den anderen, und damit ist jede systematische Wartung hinfällig.

Die fachgerechte Wartung eines Kompressors darf nicht erst beginnen, wenn es zu Störungen gekommen ist. Die **vorbeugende** Instandhaltung hat Vorrang.

Woher kommt das Wasser im Speicher?

Wir haben mehrere Tage auf der Baustelle mit dem Druckluftnagler gearbeitet. Dabei bemerken wir, daß der Kompressor in immer kürzeren Abständen anspringt.

Achtung: Kondensatwasser ist im Speicher!
Wir öffnen das Kondensatablaßventil (Bild 4), und es kommt sehr viel Wasser aus dem Speicher. Das maximale Speichervolumen im Windkessel war nicht mehr vorhanden.

> Das Ansaugen warmer und feuchter Luft führt zu erhöhtem Kondensatanfall im Windkessel.

4. Kondensatablaßventil

Luft enthält immer Feuchtigkeit, und zwar als Wasserdampf. Der Kondensatanfall im Windkessel ist ganz erheblich.

Beispiel: Bei einem Luftverbrauch von 100 m³ Ansaugluft fällt mehr als 1 Liter Wasser im Druckluftspeicher an, weil 1 m³ Druckluft nur so viel Wasserdampf aufnehmen kann wie 1 m³ atmosphärische Luft.

Der Kondensatanfall bei verdichteter Luft ist abhängig von der relativen Luftfeuchtigkeit der Ansaugluft und der Lufttemperatur (Bild 5).

Eine Wartungseinheit ist immer vorzuschalten

Wenn der Druckluftkompressor nicht mit einer Wartungseinheit ausgestattet ist, ist eine transportable Wartungseinheit für den Einsatz auf der Baustelle erforderlich (Bild 6). Die Wartungseinheit soll nicht weiter als 5 m vom letzten Verbraucher (z. B. Nagler) montiert sein. Bei längeren Leitungen schlägt sich sonst bereits vorher der Ölnebel im Druckluftschlauch nieder.

Ist keine Wartungseinheit auf der Baustelle vorhanden, so können auch vor Beginn der Arbeiten einige Tropfen Öl mit der Ölkanne direkt in den Druckluftanschluß des Naglers gegeben werden. Die Schmierung ist täglich zu wiederholen.

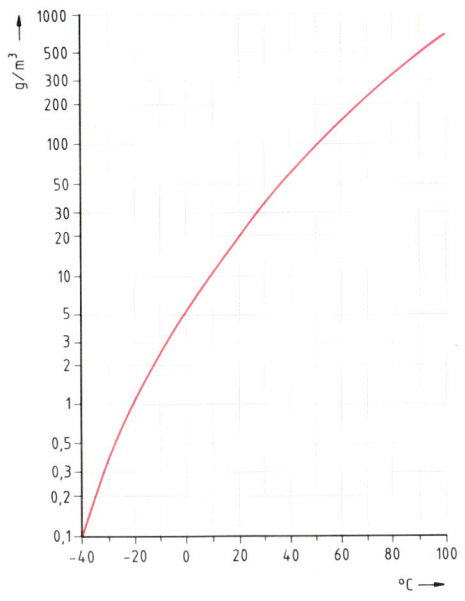

5. Wieviel Wasserdampf kann 1 m³ Luft bei 20 °C maximal aufnehmen?

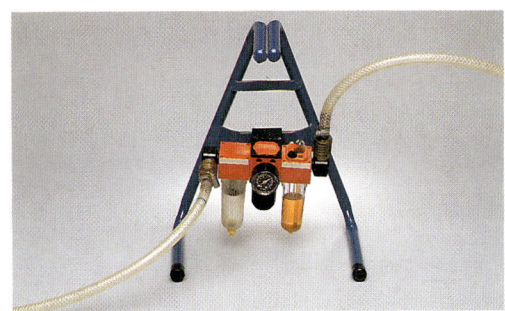

6. Auch auf der Baustelle ist immer eine Wartungseinheit vorzuschalten!

1. Das Kondensatwasser aus dem Speicher muß regelmäßig abgelassen werden. Woher kommt das Kondensatwasser?
2. Welche Wartungsarbeiten sind regelmäßig am Druckluftkompressor durchzuführen? Was ist bei den Wartungsarbeiten besonders zu beachten?
3. Begründen Sie den Einsatz einer transportablen Wartungseinheit auf der Baustelle!
4. Fertigen Sie einen Entwurf für eine Wartungsliste!

Druckluftzufuhr

Für den Betrieb des Gerätes ist ein Kompressor mit ausreichender Liefermenge vorzusehen. Zur einwandfreien Funktion des Naglers ist eine ausreichende Schmierung Voraussetzung. Am besten erreichen Sie dieses mit einer Wartungseinheit. Darin sind Luftfilter (Wasserabscheider), Regler mit Manometer und Öler in einem Gerät vereinigt. Die Montage soll möglichst unmittelbar an der Entnahmestelle der Druckluftleitung erfolgen.

1. Betriebsanweisung für einen Druckluftnagler

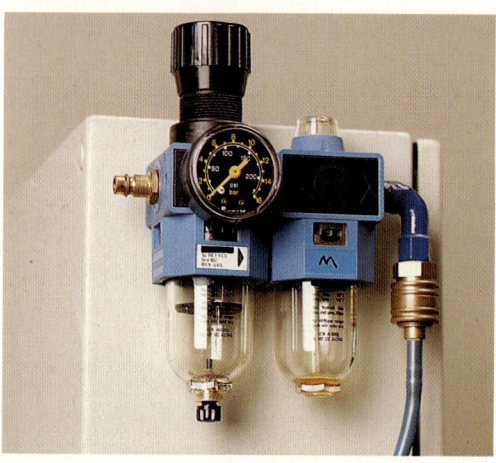

2. Fehlt die Wartungseinheit, kann die Funktion der Pneumatikelemente gestört werden

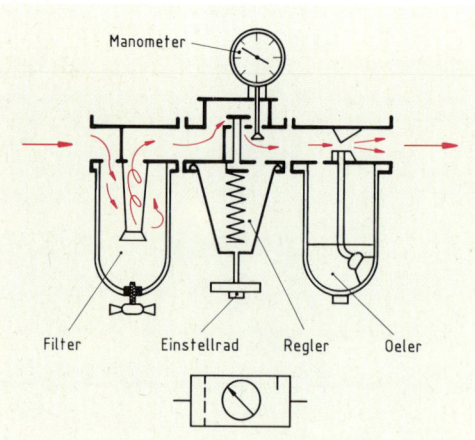

3. Schnitt durch eine Wartungseinheit mit Symbolzeichen

13.3 Die Wartungseinheit

In den Betriebsanweisungen für pneumatische Geräte wie z. B. Druckluftnagler, Druckluftschrauber oder Spritzpistole findet sich fast überall der Hinweis: „. . . das Vorschalten einer **Wartungseinheit** wird empfohlen" (Bild 1). Damit soll gewährleistet werden, daß nur aufbereitete Druckluft zum Verbraucher gelangt.

Die Wartungseinheit (Bild 2) besteht aus dem Filter, dem Regler mit Manometer und dem Öler; deshalb wird sie auch manchmal kurz **FRO** genannt.

> **Wartungseinheiten** erhöhen wesentlich die Betriebssicherheit pneumatischer Anlagen.

Der Filter

Der Filter hat die Aufgabe, die durchströmende Druckluft von sämtlichen Verunreinigungen wie **Staubpartikel, Rostteilchen** aus der Rohrleitung und **Wasserdampf** zu befreien.

Die Druckluft wird beim Eintritt in die Filterschale durch Leitungsschlitze in Rotation versetzt. Durch die Abkühlung und Zentrifugalwirkung wird der noch vorhandene Wassernebel herausgeschleudert. (Bild 3). Das Kondensat, verunreinigt mit Schmutzteilchen, sammelt sich im unteren Teil der Filterschale und muß **regelmäßig entleert** werden. Fällt eine größere Kondensatmenge an, empfiehlt es sich, anstelle der manuell bedienbaren Ablaßschraube einen automatischen Kondensatablaß (Bild 4) nachträglich anzuschrauben.

> Trockene und saubere Druckluft ist eine Vorbedingung für die einwandfreie Funktion von pneumatischen Geräten.

Der Regler

Die meisten pneumatischen Geräte werden mit einem Luftdruck von 2 bis 8 bar betrieben. Der Regler (Druckminderventil) hat die Aufgabe, den Arbeitsdruck unabhängig vom schwankenden Netzdruck und dem Luftverbrauch weitgehend konstant zu halten.

Der **Arbeitsdruck** wird am Einstellrad eingestellt, und der Regler sorgt dafür, daß der Druck gehalten wird. Die Höhe des eingestellten Luftdruckes wird am Manometer abgelesen. Der Arbeitsdruck ist immer niedriger als der vorhandene Netzdruck. Warum?

Bild 5 zeigt eine Auswahl von Druckluftgeräten. Die Höhe des einzustellenden Arbeitsdruckes ist abhängig von dem angeschlossenen Druckluftgerät.

Hefter und Nagler benötigen je nach Länge des Eintreibgegenstandes und der Holzart einen höheren Arbeitsdruck als z. B. Spritzpistolen.

> **Das Manometer** zeigt den eingestellten Arbeitsdruck an.

Der Öler

Die Druckluft muß mit Ölnebel zur Schmierung der pneumatischen Geräte angereichert werden. Die automatische Öldosierung übernimmt der Öler.

Die durch den Öler strömende Luft erzeugt, bedingt durch die verschiedenen Leitungsquerschnitte, eine Druckdifferenz (Venturi-Prinzip). Dadurch wird Öl aus dem Vorratsbehälter angesaugt und durch Berührung mit der vorbeiströmenden Luft zerstäubt. Der Öler beginnt erst dann zu arbeiten, wenn eine genügend große Strömung vorhanden ist. Bei zu kleiner Luftentnahme reicht die Strömungsgeschwindigkeit an der Düse nicht mehr aus, um Öl anzusaugen. Der Ölnebel soll genügend fein sein, damit er nicht schon an der ersten Schmierstelle ausfällt.

Bei einem Nagler ist der Öler so einzustellen, daß nach etwa **20 Schlägen ein Tropfen Öl** abfällt. Eine normale Ölfüllung reicht für ungefähr 20 000 Schläge. Es sind pro Karton zwischen 5 000 und 10 000 Nägel bzw. Klammern enthalten.

> Es ist besonders darauf zu achten, daß nur das **vom Hersteller empfohlene Öl** verwendet wird.
> Die Mindestdruckmeßwerte für Öler sind einzuhalten.

Beim Betrieb von Blas- oder Spritzpistolen ist immer **ölfreie Druckluft** gefordert. Im Bild 4 sehen wir eine spezielle Wartungseinheit mit einem gesonderten Anschluß für ölfreie Druckluft.

1. Welche Aufgaben hat der Filter einer Wartungseinheit?
2. Wo wird der Arbeitsdruck eingestellt und abgelesen?
3. Warum muß die Druckluft mit Ölnebel angereichert werden?
4. Bei welchen Arbeiten ist ölfreie Druckluft gefordert?

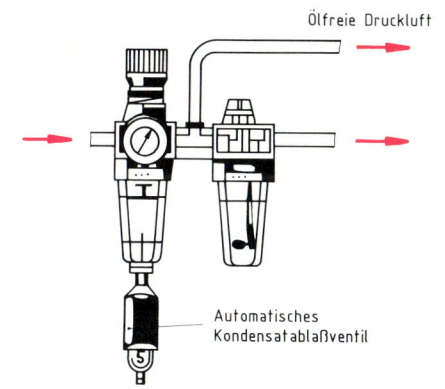

Ölfreie Druckluft

Automatisches Kondensatablaßventil

4. *Automatisches Kondensatablaßventil für größere Kondensatmengen*

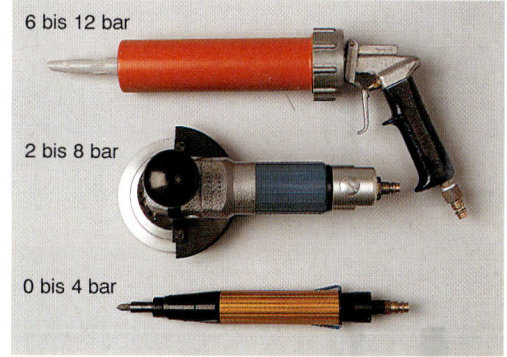

6 bis 12 bar

2 bis 8 bar

0 bis 4 bar

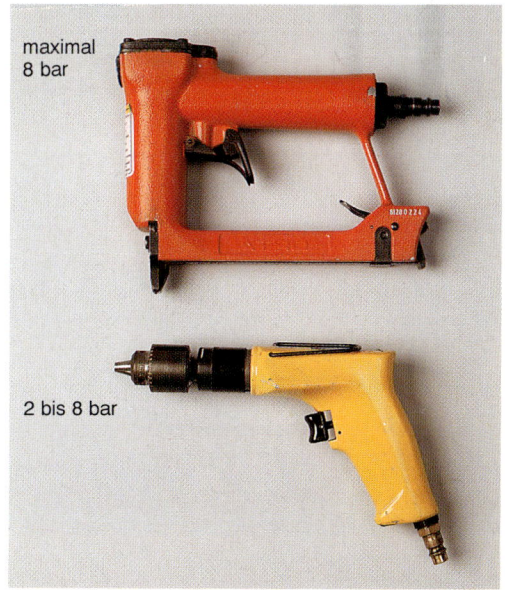

maximal 8 bar

2 bis 8 bar

5. *Jedes Druckluftgerät benötigt einen anderen Arbeitsdruck*

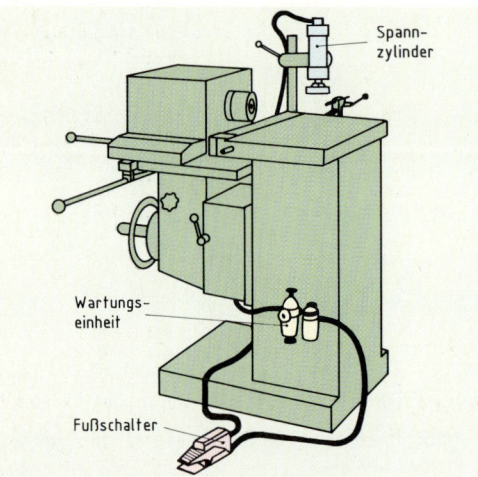

1. Eine pneumatische Spannvorrichtung dient der Arbeitserleichterung

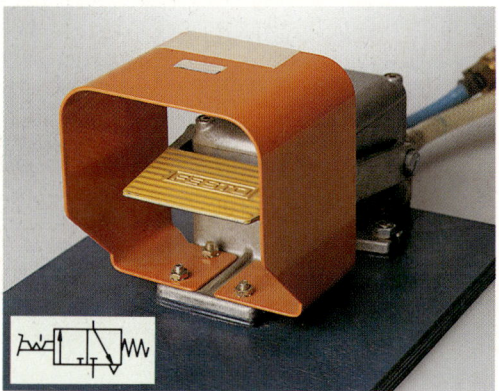

2. Durch den Fußschalter sind beide Hände frei

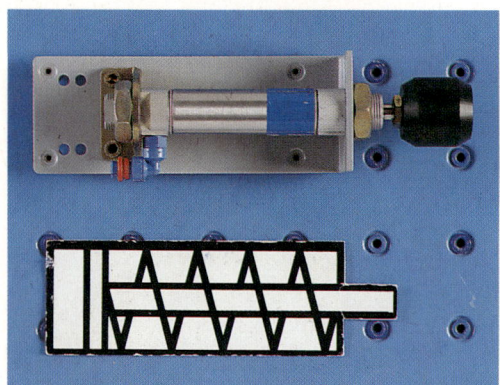

3. Einfachwirkende Zylinder leisten nur im Vorhub Arbeit. Der Rückhub erfolgt durch Federkraft. Deshalb wird dieser Zylinder hauptsächlich zum Spannen und Pressen eingesetzt.

13.4 Spannvorrichtung an der Langlochbohrmaschine

An der Langlochbohrmaschine sollen Dübellöcher in Rahmenstücke gebohrt werden.

Funktion der Spannvorrichtung
Die Spannvorrichtung in Bild 1 ist mit einem Druckluftanschluß versehen. Betätigt man den Fußschalter (Bilder 1 und 2), dann fährt der Spannzylinder aus und spannt das eingelegte Rahmenstück. Nach dem Bohren drücken wir nochmals auf den Fußschalter, und der Spannzylinder fährt wieder in die Ausgangsstellung zurück.

Wie ist die pneumatische Spannvorrichtung aufgebaut?
Beim Aufbau einer pneumatischen Steuerung benötigen wir Kenntnisse über die Funktion der möglichen Bausteine. In Bild 4 ist der **Schaltplan** der Spannvorrichtung dargestellt. Bei der Erstellung des Schaltplanes werden für die pneumatischen Bausteine einfache, aber aussagekräftige **Symbole** verwendet. Jeder Baustein ist mit dem entsprechenden Symbol gekennzeichnet (Bilder 2 und 3). Der Schaltplan enthält alle wesentlichen Angaben für die Herstellung der pneumatischen Schaltung.

Ein **Schaltplan** ist ein Plan zur Darstellung aller Geräte mit Leitungen und Leitungsverbindungen einer Steuerung.

Versuch 1: Die Spannvorrichtung hat die Funktionen: • Kolbenstange ausfahren
  • Werkstück spannen
  • Kolbenstange einfahren
Wir bauen die Spannvorrichtung mit den vorhandenen Pneumatikbauteilen nach. Der Schaltplan (Bild 4) dient uns als Bauanleitung. Nach dem Aufbau (Bild 5) können wir die Funktion der Schaltung sowie das Zusammenwirken der einzelnen Bauteile überprüfen.

Wir prüfen die Funktion
An dem Regler der Wartungseinheit stellen wir den benötigten Arbeitsdruck ein. Ein **Ventil** ist zwischen Wartungseinheit und dem Spannzylinder eingebaut. Das eingebaute Wegeventil steuert den Weg der Druckluft und wird mit einem Fußschalter betätigt. Andere Betätigungsarten von Ventilen zeigt Bild 6.

Ventile sind Bauelemente zur Steuerung oder Regelung von Start, Stop, Richtung, Druck oder Durchfluß. Die Benennung Ventil gilt übergeordnet für alle Bauarten.

Wegeventile werden nach der Anzahl der Wege und der Anzahl der Schaltstellungen bezeichnet. In unsere Schaltung haben wir ein **3/2-Wege-ventil** (sprich: „drei Strich zwei Wegeventil") eingebaut. Es hat **drei** gesteuerte Anschlüsse (Wege) – den Netzanschluß, einen Verbraucheranschluß und einen Entlüftungsanschluß. Das 3/2-Wegeventil ist außerdem durch die **zwei** möglichen Schaltstellungen AUS (0) und EIN (1) gekennzeichnet.

In der Ausgangsstellung ist die Kolbenstange eingefahren, und das Rahmenstück kann eingelegt werden. Wenn wir das 3/2-Wegeventil betätigen, strömt Druckluft in den Zylinder, und die Kolbenstange fährt aus. Betätigen wir jetzt noch einmal das Wegeventil, so fährt die Kolbenstange durch Federkraft in die Ausgangsstellung zurück. Die Spannvorrichtung funktioniert.

> Durch die Funktionsprüfung einer Schaltung können Fehler rechtzeitig erkannt und behoben werden. Das Auslösen der Rollenventile nur mit einen Schraubendreher vornehmen. Achtung Quetschgefahr!

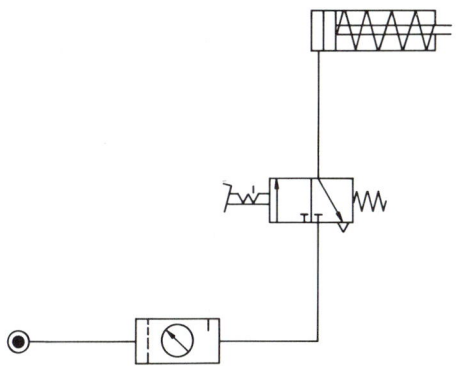

4. *Die Symbole pneumatischer Bauteile und die Schaltplandarstellung sind genormt*

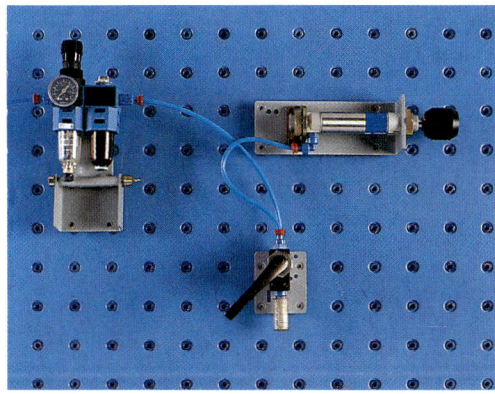

5. *Mit dieser Grundschaltung kann die Kolbenstange aus- und einfahren*

Welcher Druck ist erforderlich?

Wir benötigen eine größere **Druckkraft** am Spannzylinder. Die im Zylinder erzeugte Kraft wird oft auch Kolbenkraft genannt. Sie ist abhängig vom Kolbendurchmesser und dem Arbeitsdruck. Beim einfachwirkenden Zylinder ist die Federkraft der Rückholfeder abzuziehen. Die Druckkraft berechnet sich nach der folgenden Formel:

$$F = A \cdot p$$

F Druckkraft in N
A Kolbenfläche in mm²
p Luftdruck in N/mm²

1. Welche Vorteile hat eine pneumatische Spannvorrichtung im Vergleich zu einer mechanischen?
2. Pneumatische Bauteile werden durch Symbole gekennzeichnet. Zeichnen Sie drei Symbole auf, und bezeichnen Sie sie!

manuelle Betätigung	mechanische Betätigung	pneumatische Betätigung
Taster mit Federrückstellung	Stößel mit Federrückstellung	(12) pneumatisch direkt betätigt mit Federrückstellung
Handhebel mit Raste	Rollenhebel mit Federrückstellung	(12) (13) pneumatisch direkt Impulsbetätigt
Fußbetätigung mit Federrückstellung	Rollenhebel mit Leerrücklaufrolle und Federrückstellung	pneumatisch direkt betätigt mit federzentrierter Mittelstellung

6. *Betätigungsarten von Wegeventilen*

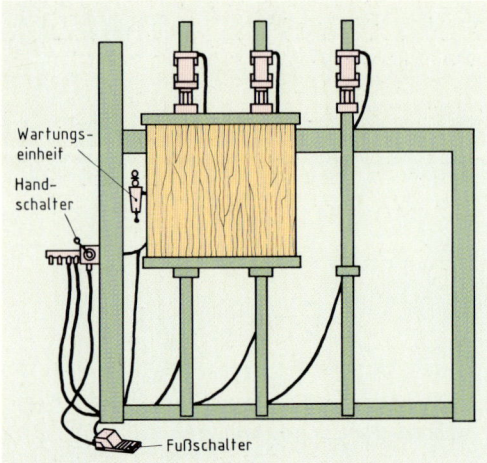

1. An der pneumatischen Kantenpresse werden Massivholzanleimer angeleimt

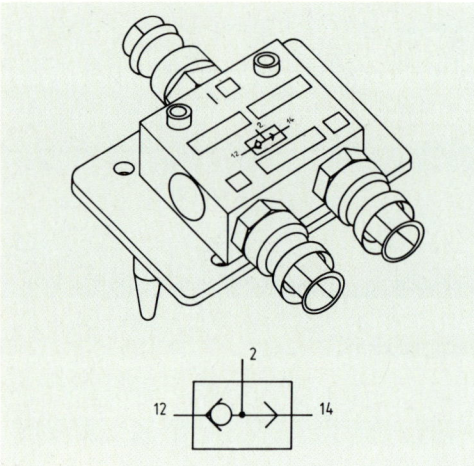

2. Durch ein Wechselventil wird eine ODER-Verknüpfung realisiert

13.5 Logische Verknüpfungen in Pneumatik – ODER

Die in Bild 1 dargestellte Kantenpresse kann von zwei Schaltern aus geschaltet werden. Von einem Fußschalter **oder** von einem Handschalter. Diese Art der Schaltung gehört in der Steuerungstechnik zu den logischen Verknüpfungen und wird **ODER-Schaltung** genannt

> Bei der **ODER-Funktion** ist ein Ausgangssignal (A) nur dann vorhanden, wenn mindestens ein Eingangssignal (E1 oder E2) vorhanden ist.

Wie realisiert man eine ODER-Schaltung?
Zur Realisierung der Schaltung benötigen wir das in Bild 2 dargestellte Wechselventil. Es wird auch **ODER-Glied** genannt und gehört zur Gruppe der Sperrventile.

> **Sperrventile** sind Ventile, die den Durchfluß vorzugsweise in einer Richtung sperren und in der entgegengesetzten Richtung freigeben.

Bild 3 zeigt den Schaltplan für die Kantenpresse.

Wir erstellen ein Weg-Schritt-Diagramm
Steuerungsabläufe lassen sich besonders übersichtlich in einem Weg-Schritt Diagramm (Bild 4) darstellen. Wir tragen hier neben den Bewegungen der Zylinder und des Werkzeugs auch die Schaltstellungen (0 und 1) der Signalglieder ein.

Bezeichnung der Anschlüsse an den Ventilen
Die Bezeichnung der Anschlüsse an den Ventilen ist notwendig, um Verwechslungen beim Schal-

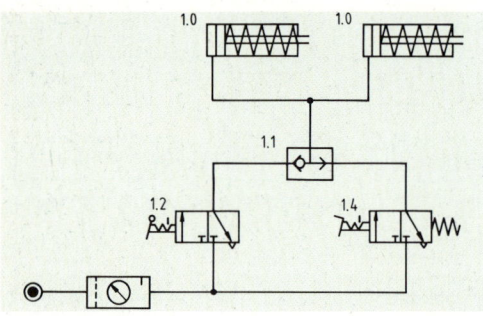

3. Schaltplan der in Bild 7 abgebildeten ODER-Schaltung. Wo muß ein Drosselrückschlagventil eingebaut werden?

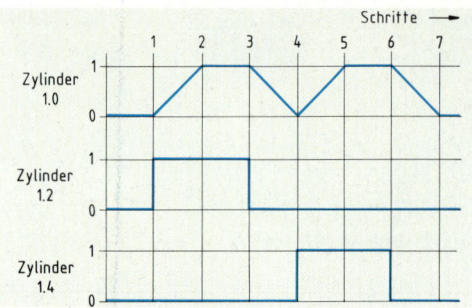

4. Weg-Schritt-Diagramm der ODER-Schaltung. Was passiert, wenn gleichzeitig die Ventile 1.2 und 1.4 betätigt werden?

tungsaufbau und damit Fehlanschaltungen zu vermeiden. Die Anschlüsse sind mit **Zahlen** gekennzeichnet. Bei den Wegeventilen ist folgende Systematik in der Anschlußbezeichnung:

1. **Weg** – Anschluß vom Netz (1)
2. **Weg** – 1. Zuleitung zum Verbraucher (2)
3. **Weg** – Entlüftung des Verbrauchers (3)
4. **Weg** – 2. Zuleitung zum Verbraucher (4)

Bezeichnung der Anschlüsse:	
Arbeits- und Zylinderleitungen	2, 4, 6
Druckluftanschluß	1
Entlüftung	3, 5, 7
Steuerleitungen	12, 13, 14

5. Die Bezeichnung der Anschlüsse findet man auf den Pneumatikelementen

Alle Anschlußbezeichnungen zeigt Bild 5.
Die **Wege der Druckluft** bei der jeweiligen Schaltstellung werden durch Pfeile und die Absperrungen durch Querstriche dargestellt.

Wie kann man die Kolbengeschwindigkeiten verändern?

Die Ausfahrgeschwindigkeit des Kolbens hängt davon ab, wie schnell die Zuluft den Zylinder füllt. Es muß daher ein **Drosselrückschlagventil** (Bild 6) vor die Zylinder in die Steuerung eingebaut werden. Das von Hand verstellbare Drosselrückschlagventil drosselt in einer **Durchflußrichtung** die Luft. In der anderen Richtung kann die Luft ungehindert über den Kugelsitz strömen und im Wegeventil in die Atmosphäre entweichen.
Bild 7 zeigt den Versuchsaufbau ohne eingebautes Drosselrückschlagventil.

> **Drosselrückschlagventile** werden in der Pneumatik als Stromventile zur Regulierung des Luftstroms eingesetzt.

1. Bauen Sie die Schaltung auf, und überprüfen Sie die Funktion!
2. Bauen Sie das Drosselrückschlagventil in die Schaltung ein.!

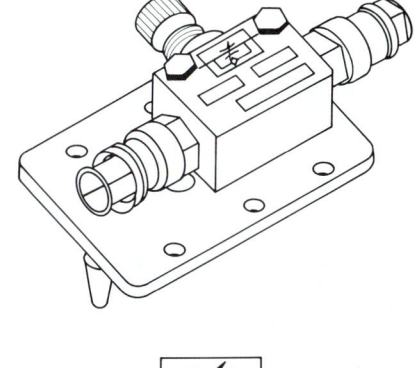

6. Mit einem Drosselrückschlagventil wird die Ein- und Ausfahrgeschwindigkeit eines Zylinders gesteuert

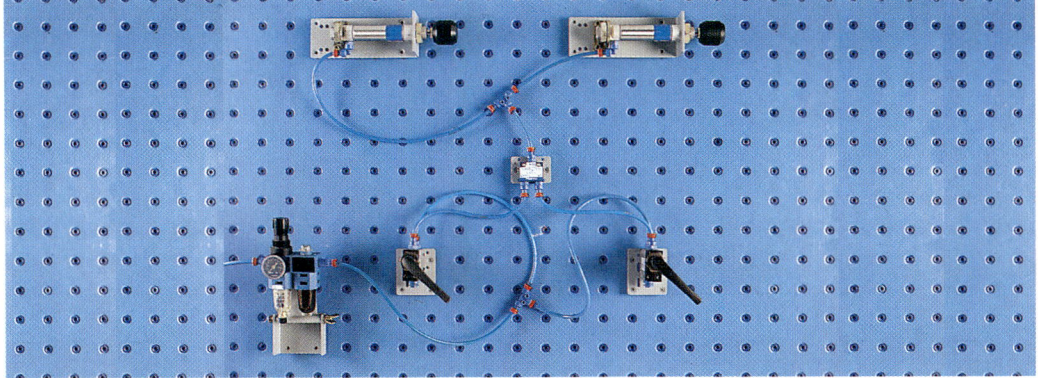

7. Schaltungsaufbau der ODER-Schaltung

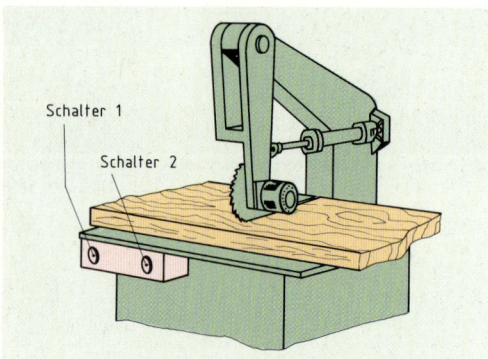

1. Prinzipskizze einer Kappsäge. Hier steuert eine UND-Schaltung den doppeltwirkenden Zylinder.

Schalter 1

Schalter 2

13.6 Logische Verknüpfungen in Pneumatik – UND

An der Kappsäge (Bild 1) sollen Bohlen abgelängt werden. Das Vor- und Zurückfahren des Sägeaggregates erfolgt mit Hilfe eines Pneumatikzylinders. Aus sicherheitstechnischen Gründen darf das Vorfahren der Kappsäge nur dann erfolgen, wenn der Schalter 1 **und** der Schalter 2 gedrückt sind. Diese Schaltung wird in der Steuerungstechnik als **UND-Schaltung** bezeichnet.

> Eine **UND-Funktion** ist dann gegeben, wenn die Eingangssignale **E1 und E2** vorhanden sind und dadurch das Ausgangssignal **A** ausgelöst wird.

Wie realisiert man UND-Verknüpfungen?

Zur Realisierung dieser logischen Verknüpfung ist das in Bild 2 dargestellte **Zweidruckventil**, auch **UND-Ventil** genannt, geeignet. Das Zweidruckventil hat drei Anschlüsse. Nur wenn an den beiden Steueranschlüssen 12 und 14 gleichzeitig ein gleich großer Druck herrscht, liegt er auch am Arbeitsanschluß 2 an.

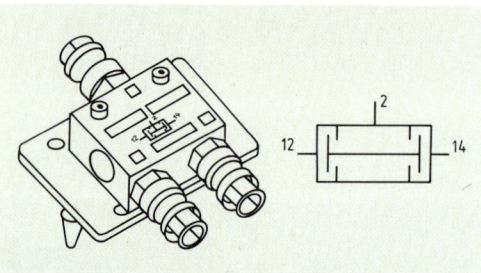

2. Mit dem Zweidruckventil werden UND-Schaltungen realisiert

Der doppeltwirkende Zylinder wird eingesetzt

In Bild 3 sehen wir einen doppeltwirkenden Zylinder, er hat zwei Druckluftanschlüsse. Der Rückhub des Kolbens erfolgt durch Druckluft. Dies hat allerdings den Nachteil, daß der Druckluftverbrauch dieses Zylinders doppelt so groß wie beim einfachwirkenden Zylinder ist. Der Vorteil des doppeltwirkenden Zylinders liegt in der sehr schnellen Vor- und Rückhubbewegung.

> Der doppeltwirkende Zylinder kann in beiden Bewegungsrichtungen Arbeit leisten.

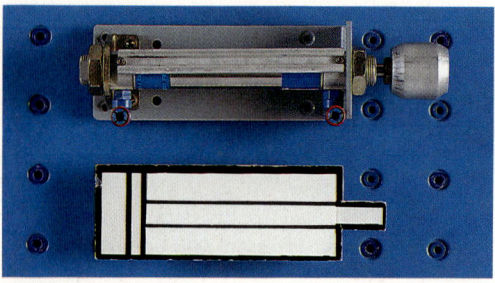

3. Der doppeltwirkende Zylinder verbraucht pro Arbeitsgang doppelt soviel Druckluft

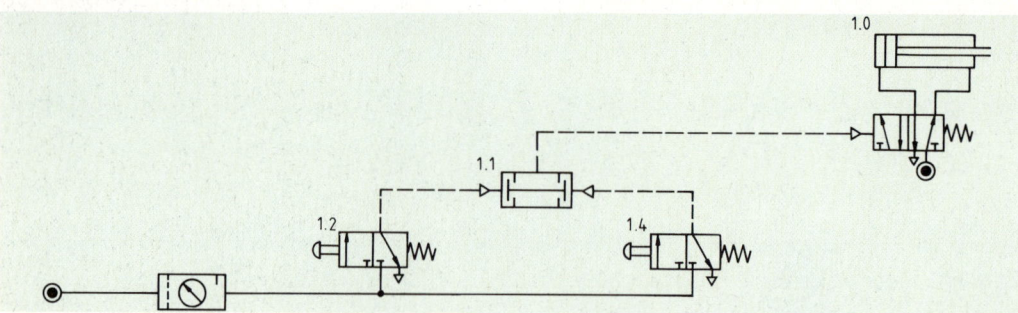

4. Schaltplan für die Kappsäge. Das UND-Glied verknüpft die Signalglieder 1.2 und 1.4.

Der doppeltwirkende Zylinder wird mit dem in Bild 5 abgebildeten **5/2-Wegeventil** angesteuert. Die Betätigung des Ventiles erfolgt durch Druckluftbeaufschlagung in der **Steuerleitung**. Ist in dieser Steuerleitung kein Druck mehr vorhanden, so erfolgt die Rückstellung des Ventiles durch die Feder. Steuerleitungen werden in Schaltplänen als Strichlinie gezeichnet. Lange Steuerleitungen (über 3 m) verursachen lange Steuerzeiten. Bild 4 zeigt den Schaltplan für die Kappsäge. Der Versuchsaufbau ist in Bild 8 dargestellt.

Kann eine UND-Schaltung noch anders reguliert werden?

Ist kein Zweidruckventil vorhanden, so kann man auch durch **Reihenschaltung** von zwei 3/2-Wegeventilen, wie in Bild 6 dargestellt, eine UND-Verknüpfung realisieren.

Wir erstellen eine Wahrheitstabelle

Die in der Aufgabenstellung geforderten Ausfahrbedingungen des Zylinders werden durch die Wahrheitstabelle (Bild 7) eindeutig wiedergegeben.

> Eine **Wahrheitstabelle** enthält die Bedingungen einer Schaltung mit allen möglichen Aussagekombinationen.

In die Wahrheitstabelle tragen wir alle Kombinationsmöglichkeiten der Aussage ein. In der rechten Spalte stehen dann die Ergebnisse der logischen Entscheidungen.

1. Bauen Sie die Schaltung auf, und überprüfen Sie die Funktion!
2. Erstellen Sie die Wahrheitstabelle für die ODER-Schaltung!
3. Erstellen Sie ein Weg-Schritt-Diagramm für die UND-Schaltung!

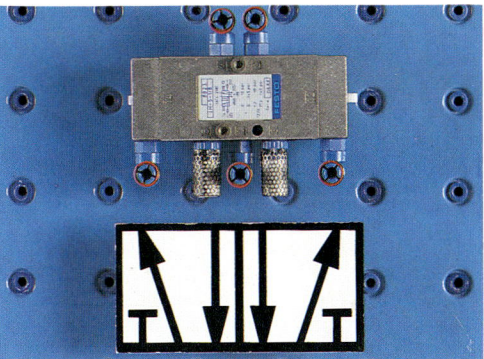

5. Mit dem 5/2-Wegeventil wird ein doppeltwirkender Zylinder geschaltet

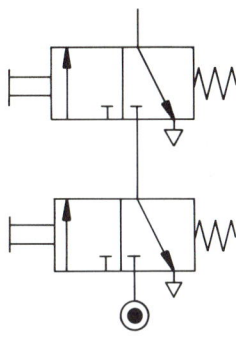

6. Eine UND-Verknüpfung kann auch durch zwei in Reihe geschaltete 3/2-Wegeventile realisiert werden

E 1	E 2	A
0	0	0
0	1	0
1	0	0
1	1	1

7. Die Wahrheitstabelle einer UND-Verknüpfung (E = Eingang, A = Ausgang)

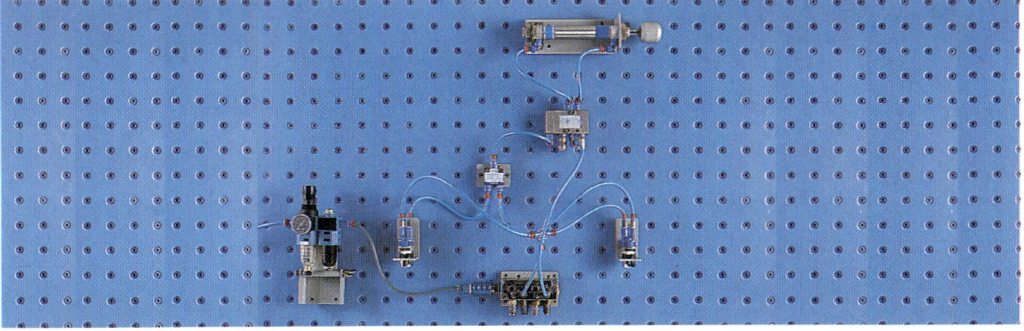

8. Aufbau der UND-Schaltung. Realisieren Sie die Schaltung auch mit zwei 3/2-Wegeventilen!

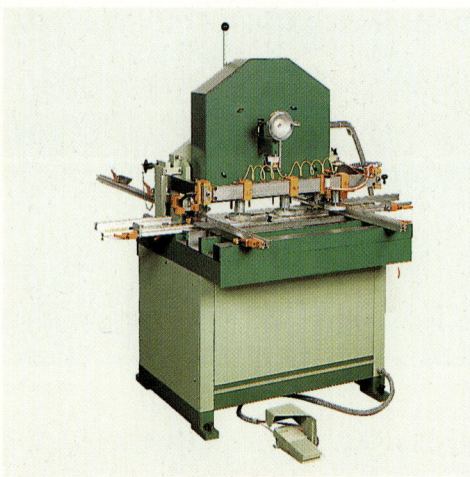

1. Halbautomatischer Dübelautomat

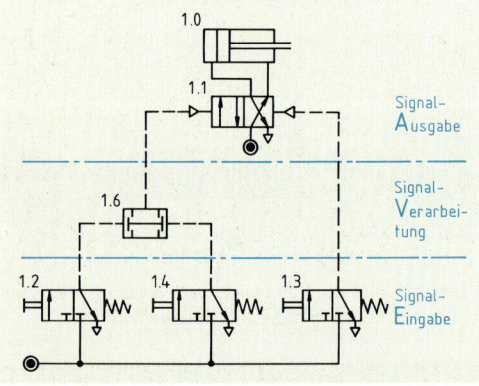

2. Steuerkette gemäß EVA-Prinzip dargestellt. Für das 4/2-Wegeventil kann auch ein 5/2-Wegeventil eingebaut werden.

13.7 Wie wird eine pneumatische Ablaufsteuerung entwickelt?

In Bild 1 sehen wir einen Dübelautomaten. Das Festspannen des Werkstückes und die Vor- und Rückhubbewegung des Bohraggregates erfolgt nach dem Betätigen des Fußschalters automatisch. Da hier die Steuervorgänge **schrittweise** ausgelöst werden, liegt hier eine **Ablaufsteuerung** vor. Sie läßt sich folgendermaßen mit Worten beschreiben:

- Spannzylinder 1.0 fährt aus
- Bohrzylinder 2.0 fährt aus
- Bohrzylinder 2.0 fährt ein
- Spannzylinder 1.0 fährt ein

Für umfangreiche Schaltungen ist diese Beschreibung in Worten nicht geeignet. Man verwendet daher eine besondere Darstellungsmöglichkeit. Für das Ausfahren des Kolbens setzt man das Zeichen + und für das Einfahren das Zeichen –. So ergibt sich folgende Kurzdarstellung:
1.0 +; 2.0 +; 2.0 –; 1.0 –

Die Anordnung im Pneumatikschaltplan
Eine **Steuerkette** (Bild 2) wird nach rein formalen Gesichtspunkten unabhängig von der wirklichen Lage der einzelnen Pneumatikelemente dargestellt.

Wir erstellen den Pneumatikschaltplan der Ablaufsteuerung
Bevor wir die Ablaufsteuerung aufbauen (Bild 3), erstellen wir ein Grundgerüst des Schaltplanes (Bild 3).

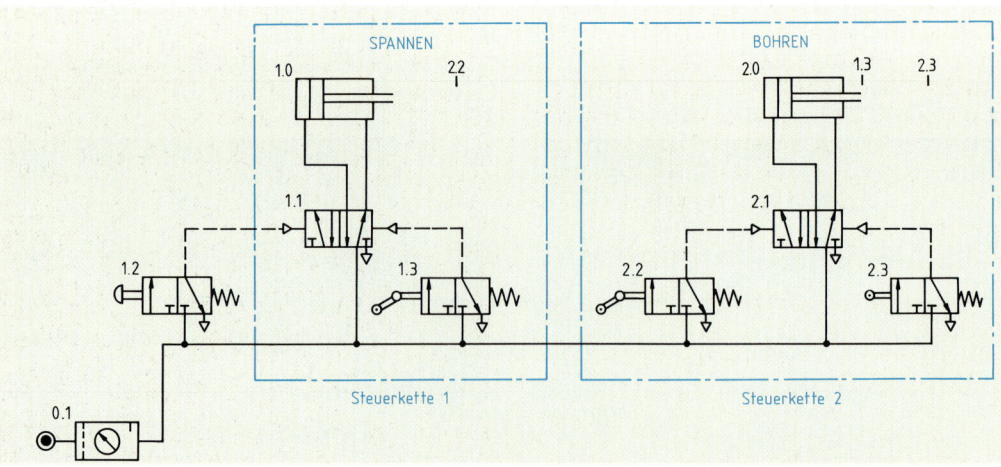

3. Vollständiger Schaltplan der Ablaufsteuerung. Bauen Sie in die Steuerung einen Not-Aus-Schalter ein!

Da bei der Steuerung **zwei Zylinder** angesteuert werden sollen, besteht sie aus **zwei Steuerketten**. Es ist hierbei noch nicht festgelegt, an welcher Stelle sich die einzelnen Signalglieder (1.2, 1.3, 2.2, 2.3) tatsächlich befinden und wie sie betätigt werden. Daher ist eine Aufgliederung in einzelne **Bewegungsschritte** sehr hilfreich.

1. Schritt: 1.0 +
Das Signalglied 1.2 ist ein 3/2-Wegeventil mit Federrückstellung. Bei Betätigung (Fußschalter) fährt der Zylinder 1.0 aus und spannt das eingelegte Werkstück fest.

2. Schritt: 2.0 +
Der Zylinder 2.0 (an ihm ist das Bohraggregat befestigt) soll ausfahren. Dies darf nur dann geschehen, wenn der Zylinder 1.0 ausgefahren ist. Deshalb betätigt der Zylinder 1.0 in seiner Endlage das Signalglied 2.2. Wir tragen deshalb dort an einem Markierungsstrich im Schaltplan (Bild 3) die Bezeichnung 2.2 ein. Das Signalglied 2.2 ist ein rollenbetätigtes 3/2-Wegeventil (Bild 4) mit Leerrücklauf (warum?) und Federrückstellung.

3. Schritt 2.0 −
Der ausgefahrene Zylinder 2.0 betätigt in der Endlage das Signalglied 2.3 (Bild 5). Dort tragen wir an dem Markierungsstrich die Bezeichnung 2.3 ein. Das 5/2-Wegeventil wird umgeschaltet, und der Zylinder fährt wieder ein. Das Wegeventil 1.3 wird betätigt. An dem Markierungsstrich tragen wir die Bezeichnung 1.3 ein.

4. Schritt: 1.0 −
Das 5/2-Wegeventil (1.1) ist von dem Signalglied 1.3 umgeschaltet worden. Der Zylinder 1.0 fährt in seine Ausgangslage zurück.
Nach dem Durchlauf der vier Schritte bleibt die Anlage stehen. Das Werkstück wird entnommen und ein neues Stück eingelegt. Durch Betätigen des Signalgliedes 1.2 wird die Anlage erneut gestartet. Bild 6 zeigt den Versuchsaufbau für diese Ablaufsteuerung.

1. Bauen Sie die Pneumatikschaltung auf, und überprüfen Sie die Funktion!
2. Welches Problem tritt auf, wenn das Signalglied 1.2 zu lange gedrückt wird?
3. Drosseln Sie die Ausfahrgeschwindigkeit der Zylinder 1.0 und 2.0!
4. Welche Elemente sind im Schaltplan anders angeordnet als im Versuchsaufbau (Bild 6)?

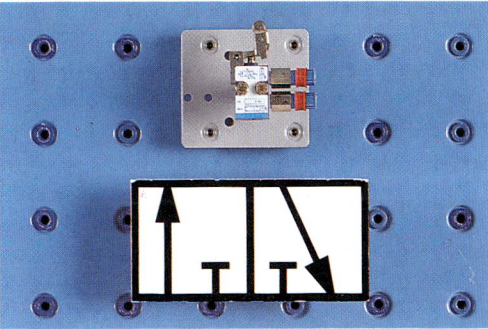

1. 3/2-Wegeventil mit Leerrücklaufrolle und Federrückstellung

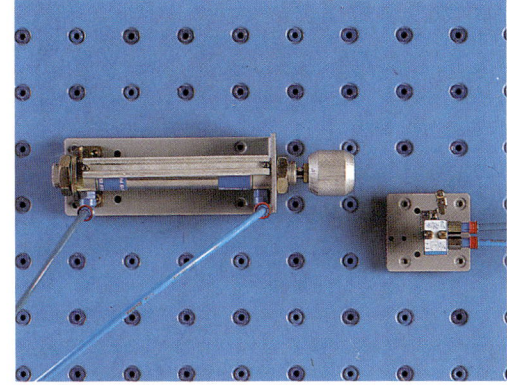

5. Die Endschalter gehören zur Gruppe der Sensoren. Hier wird die Endlage eines Zylinders erfaßt.

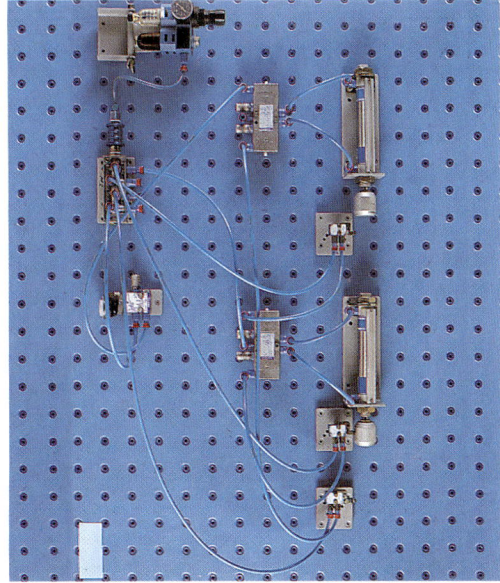

6. Der Steuerungsablauf ist nicht leicht erkennbar

1. Fertigungsanlage zur Herstellung von Fenster und Türen

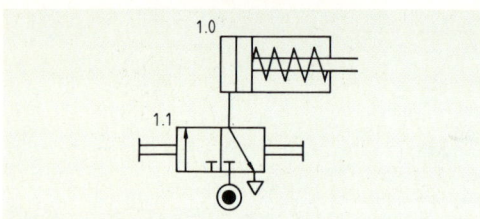

2. Direkte Steuerung eines Zylinders

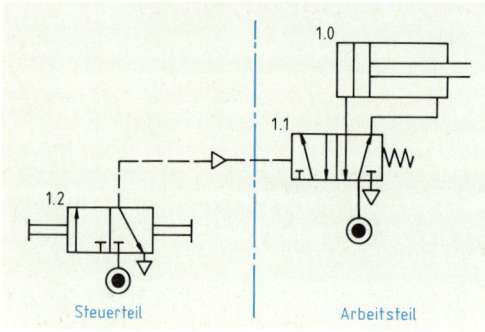

3. Indirekte Steuerung eines Zylinders

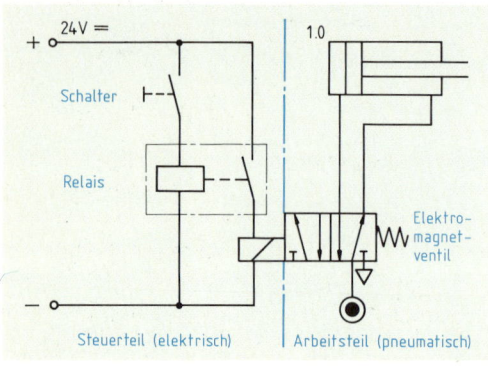

4. Indirekte, elektropneumatische Steuerung eines Zylinders

13.8 Indirekte Steuerungen sind wirtschaftlicher

Die Fertigungsanlage (Bild 1) wird zentral von einem Steuerpult überwacht. Es müssen daher von sämtlichen Antriebs- und Steuerelementen Leitungen zum Steuerpult geführt werden. Ist es nicht kostengünstiger, die gesamte Anlage an den Einzelmaschinen zu bedienen?
An einem einfachen Beispiel eines Pneumatikzylinders wollen wir diese Frage klären.

Direkte Steuerung eines Pneumatikzylinders
Die Steuerung des in Bild 2 dargestellten Pneumatikzylinders erfolgt direkt durch Betätigung des Stellgliedes 1.1. Das 3/2-Wegeventil hat zugleich auch die Funktion eines Signalgliedes.

Direkte Steuerungen werden nur angewendet, wenn Zylinder und Stellglied nahe beieinanderliegen.

Indirekte Steuerung eines Pneumatikzylinders
In Bild 3 sehen wir die indirekte Ansteuerung eines doppeltwirkenden Zylinders. Kennzeichen dieser Steuerung ist die Trennung von Signalglied 1.2 und dem Stellglied 1.1. Das Stellglied ist so nahe wie nur möglich am Arbeitselement (Zylinder) anzubringen. Die Druckluftleitungen für die Signalglieder werden lediglich so groß gewählt, daß die Druckkraft zum Betätigen des Stellgliedes ausreicht.
Da nur im Arbeitsteil mit größeren Nennweiten der Leitungen und höheren Drücken gearbeitet wird, ist ein wesentlich geringerer Energieaufwand nötig.

Die Steuerleitungen bei pneumatisch betätigten Ventilen sollten nicht zu lang sein, denn sonst werden die Umsteuerzeiten zu lang (Füllen bzw. Entlüften der Steuerleitung von Signalglied zum Steuerglied), und damit wird auch der Luftverbrauch zu hoch. Bei der Pneumatik beträgt die Signalgeschwindigkeit etwa 30 m/s.

> Die **indirekte Steuerung** kann pneumatisch oder elektrisch vorgenommen werden.

Elektropneumatische Steuerungen

Verwendet man elektrischen Strom als Steuerenergie, dann übernimmt ein **Relais** (Bilder 4 und 5) die Verknüpfung zwischen Steuerteil und Arbeitsteil. Die Betätigung der Stellglieder (z. B. 5/2-Wegeventil) erfolgt somit elektromagnetisch (Bild 6).

> Der große Vorteil elektropneumatischer Steuerungen liegt in der Schnelligkeit des Signaldurchlaufs (Lichtgeschwindigkeit).

Zusammenhängende Steuerglieder können auch über größere Entfernungen hinweg effektiver steuerungstechnisch verbunden werden. Dies ist bei Maschinenanlagen meistens der Fall.

Wie funktioniert ein Relais?

Das Relais ist ein Bauelement für die elektrische Signalverarbeitung (Bild 5) in Steuerungen.
Bei geschlossenem Stromkreis wird der Anker durch das Magnetfeld an den Spulenkern gezogen. Dadurch wird gleichzeitig der Kontaktsatz betätigt. Es werden Stromkreise geschlossen oder geöffnet. Nach Wegnahme der Spannung wird der Anker mit dem Kontaktsatz durch die Rückholfeder in die Ausgangslage gebracht.
Für den Versuchsaufbau stehen Relaisschalterplatten zur Verfügung (Bild 7). Bild 8 zeigt einige Symbole der Elektrotechnik.

> Ein **Relais** ist ein **elektromagnetischer Schalter**, der gleichzeitig mehrere Stromkreise schließen und unterbrechen kann.

1. Warum ist es vorteilhaft, wenn eine größere Fertigungsanlage zentral von einem Steuerpult aus bedient wird?
2. Nennen Sie die Vorteile der indirekten Ansteuerung von Pneumatikzylindern!

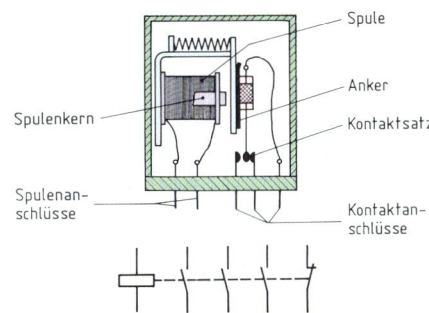

5. Mit einem Relais können gleichzeitig mehrere Stromkreise geschlossen oder geöffnet werden

6. 5/2-Wegeventil mit Leuchtdioden, beidseitige indirekte Betätigung und einer Handhilfsbetätigung

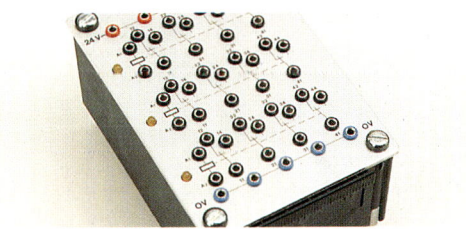

7. Drei Relais sind unter dieser Platte montiert. Die Spulen- und Kontaktanschlüsse sind nach oben gelegt.

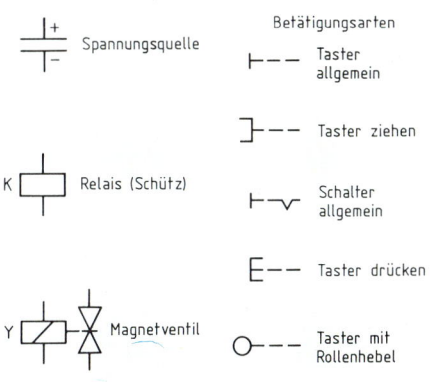

8. Symbole der Elektrotechnik

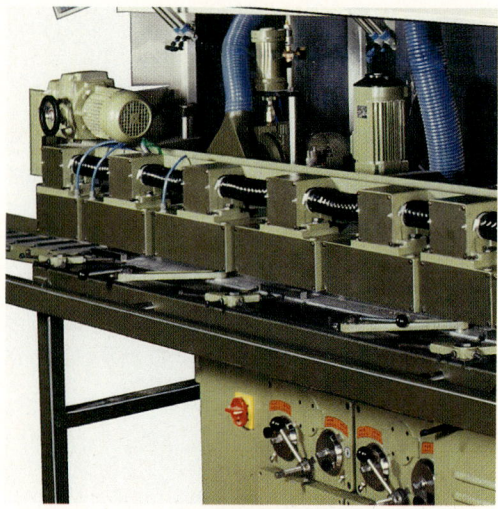

1. Elektropneumatische Bauteile an einer Kantenanleim-maschine

2. Das Netzteil liefert die 24 Volt Gleichspannung

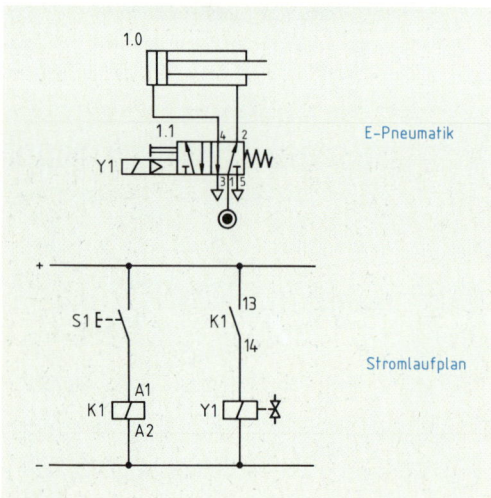

3. Steuerung eines doppeltwirkenden Zylinders

13.9 Elektropneumatische Steuerungen

Bild 1 zeigt elektropneumatische Bauteile an einer Kantenanleimmaschine. In der Elektropneumatik wird mit **Druckluft** und mit **24 Volt Gleichspannung** gearbeitet. Der Einsatz von Elektropneumatik ist immer dann sinnvoll, wenn zwischen den einzelnen Schaltern und den Ventilen größere Entfernungen zu überbrücken sind.

Durch den Einsatz von E-Pneumatik werden die Schaltzeiten minimiert. Die Steuerleitungen (E-Leitungen) haben einen sehr kleinen Querschnitt und benötigen daher weniger Platz.

Wir benötigen für den Aufbau von elektropneumatischen Steuerungen einen Druckluftanschluß und ein entsprechendes Netzteil (Bild 2).

> In der **Elektropneumatik** werden die Ventile durch elektrische Signale gesteuert.

Wie realisiert man eine elektropneumatische Schaltung?

Der Kolben eines doppeltwirkenden Zylinders soll ausfahren, wenn der Taster S1 (Bild 3) gedrückt wird. Nach dem Loslassen des Tasters soll der Kolben wieder zurückfahren.

Zur Realisierung der Schaltung sind immer zwei Schaltpläne erforderlich (Bild 3). Der **Pneumatikschaltplan** zeigt die Verknüpfung der pneumatischen Bauteile (Wegeventil und doppeltwirkender Zylinder). Im **Stromlaufplan** sehen wir die Verknüpfung der elektrischen Bauteile, hier sind es Taster und Relais. Er besteht aus einzelnen **Strompfaden**. Im linken Teil wird der Strompfad für das Relais und im rechten Teil der Strompfad für das Magnetventil gezeichnet.

In der Elektrotechnik wird die mechanische Verbindung zwischen dem Relais K1 und seinen Kontakten (hier 13 und 14) nicht gezeichnet. In der Pneumatik und der E-Pneumatik werden die gleichen Pneumatiksymbole verwendet. Die Betätigungsart am Wegeventil stellt einen Elektromagneten dar. Betätigt man den Taster, so wird der Stromkreis geschlossen, und ein Elektromagnet betätigt das Ventil. Es besitzt eine Handhilfsbetätigung für die Funktionsüberprüfung.

> In der **Elektropneumatik** verwendet man zur Kennzeichnung der Eigenschaften eines Ventiles die gleichen Symbole wie bei der Pneumatik.

Wir bauen elektropneumatische Schaltungen auf

Zuerst wird immer der Pneumatikaufbau vorgenommen. Warum? Anschließend wird dann die elektrische Schaltung realisiert. Um Fehler beim Stecken der elektrischen Verbindungen zu vermeiden, ist hierbei ein **systematisches Vorgehen unbedingt erforderlich**. Die einzelnen Strompfade werden daher immer von oben nach unten gesteckt, also vom Pluspol zum Minuspol des Netzteiles. Man beginnt immer mit dem linken Strompfad.

Logische Verknüpfung – UND

Die Realisierung dieser logischen Verknüpfung ist in Bild 4 dargestellt. Genau wie bei der rein pneumatischen Schaltung, sind hier die beiden Schalter S1 und S2 in Reihe geschaltet. Die Betätigung des 5/2-Wegeventils geschieht indirekt über das Relais K1.

Logische Verknüpfung – ODER

Vergleichen wir die Schaltpläne in Bild 4 und Bild 5, so fällt auf, daß der jeweilige Pneumatikschaltplan identisch ist. Zum Aufbau der ODER-Schaltung muß also nur der Stromlaufplan neu gesteckt werden. In Bild 6 sehen wir den Aufbau der Schaltung.

Versuch: Wir bauen die drei Grundschaltungen mit handelsüblichen Bauteilen auf und überprüfen die Funktionen.

1. Welchen Vorteil bringt die elektrische Steuerung pneumatischer Bauteile?
2. Handelt es sich bei den drei Grundschaltungen jeweils um direkte- oder indirekte Steuerungen?
3. Welche Änderungen müssen bei der Schaltung nach Bild 3 vorgenommen werden, wenn ein einfachwirkender Zylinder angesteuert werden soll?

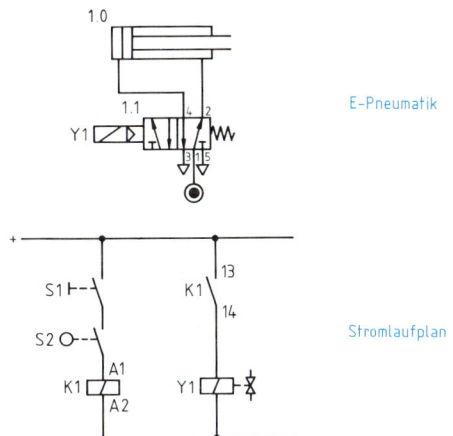

4. *Die UND-Verknüpfung wird im Stromlaufplan durch eine Reihenschaltung realisiert*

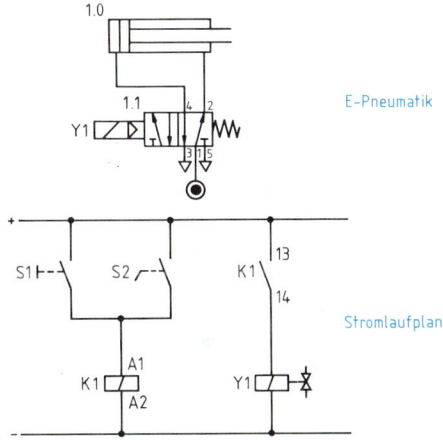

5. *Die ODER-Schaltung wird im Stromlaufplan durch eine Parallelschaltung realisiert*

6. *Elektropneumatischer Schaltungsaufbau der ODER-Schaltung*

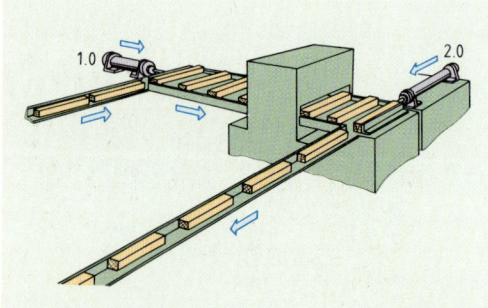

1. Umsetzen von Längs- auf Quertransport und wieder auf Längstransport mit Hilfe von Pneumatikzylindern

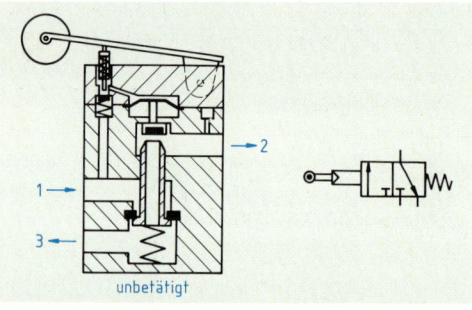

2. Dieses vorgesteuerte 3/2-Wegeventil benötigt nur eine Betätigungskraft von etwa 2 N

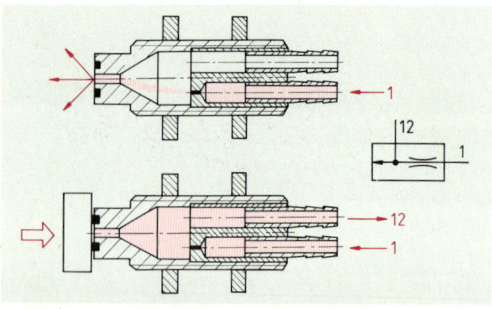

3. Mit der Staudruckdüse ist ausschließlich eine Endlagenprüfung möglich

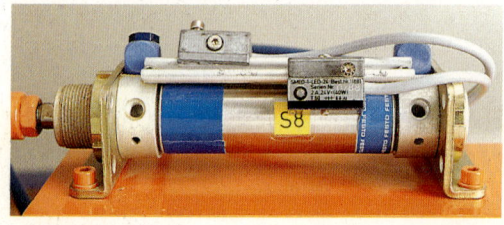

4. Da die Reed-Kontakte zu den magnetisch wirkenden Sensoren gehören, muß der Zylindermantel aus einem antimagnetischen Werkstoff sein

13.10 Endschalter und Sensoren geben in einer Steuerung Informationen weiter

Bei der in Bild 1 skizzierten Transporteinrichtung dürfen die Kolben 1.0 und 2.0 erst dann ausfahren, wenn die Werkstücke die **richtige Lage** erreicht haben. Wie kann man schnell und sicher die entsprechende Lage von Werkstücken oder von Hubkolben erfassen und an die Steuerung weitergeben?

Mechanische Sensoren
Kolbenstellungen und Werkstücke lassen sich am einfachsten durch rollenbetätigte 3/2-Wegeventile erfassen (Bild 2). Um große Betätigungskräfte zu vermeiden, sind diese Ventile meist **vorgesteuert**.
Eine andere Möglichkeit, die Lage von Werkstücken mechanisch zu erfassen, bietet die **Staudruckdüse** (Bild 3). Wird die Luft am Austritt gehindert, entsteht ein Rückstau, der als Signal an die Steuerung weitergegeben wird. Eine Berührung zwischen dem zu erfassenden Teil und der Reflexdüse findet nicht statt. Es erfolgt eine **berührungslose Signalweitergabe**.

> In der **Pneumatik** werden mit **Grenztastern** und **Staudruckdüsen** Endlagen von Werkstücken und Kolbenstangen geprüft.

Sensoren in der Elektropneumatik
In der Steuerungstechnik werden zunehmend berührungslos arbeitende Sensoren eingesetzt. Bild 4 zeigt einen **Reed-Kontakt**. Er gehört zu den magnetisch wirkenden Sensoren. Auf einer Schiene verstellbar befestigt, kann er an jeder beliebigen Stelle die erreichte Endlage der Kolbenstange an die Steuerung melden.

> **Sensoren** erfassen **physikalische Größen** und setzen diese in **Signale** um.

Kapazitive und optische Sensoren
Bei der Lageerfassung der Holzkanten gemäß Bild 1 werden in elektronischen Steuerungen kapazitive oder optische Sensoren eingesetzt. **Kapazitive Sensoren** (Bild 5) reagieren sowohl auf **Metalle** als auch auf **Nichtmetalle**. Sie sind allerdings gegen Schmutz und Feuchtigkeit empfindlich. Der Schaltabstand beträgt maximal 50 bis 100 mm, so daß sie nur begrenzt einsetzbar sind.

Optische Sensoren (Bild 6) nutzen die Reflexion von Lichtstrahlen und sind je nach Bauart für Schaltabstände bis über 100 m einsetzbar. In der Tischlerei findet man optische Sensoren z. B. auch an der Furnierpresse.

> **Optische Sensoren** reagieren, wenn das ausgesendete Licht geschwächt oder gar nicht beim Empfänger ankommt.

Je nach Anordnung von Sender und Empfänger unterscheidet man drei Bauarten (Bild 6):
Einweg-Lichtschranke. Sender und Empfänger sind in einem Gehäuse untergebracht. Ein Reflektor spiegelt das Licht wieder zum Empfänger zurück (Bild 7).
Deren Abstand kann bei optisch gebündeltem Licht bis zu 750 m betragen.
Sie werden deshalb zur Überwachung in großen Räumen eingesetzt.
Reflexions-Lichttaster. Sender und Empfänger sind separat montiert.
Ein Reflektor spiegelt das Licht wieder zum Empfänger zurück.
Die Reichweite liegt zwischen 30 cm und 10 m.
Reflexions-Lichtschranke. Sender und Empfänger sind in einem Gehäuse untergebracht. Das Licht wird vom Objekt reflektiert. Die Reichweite beträgt maximal 1 m (Bild 8).
Der Empfänger spricht auf das vom Objekt reflektierte Licht an. Die Reichweite beträgt deshalb maximal 1 m.

Welche Vorteile haben berührungslos wirkende Sensoren gegenüber mechanischen Tastern?

- Hohe Lebensdauer, da keine mechanisch arbeitenden Teile vorhanden sind.
- Keine Beeinflussung durch Erschütterungen.
- Sie sind zur Erfassung kleiner Teile geeignet.
- Sehr kleine Bauart möglich.

1. Welche Bedeutung hat die Vorsteuerung mechanischer Grenztaster?
2. Bei einem Pneumatikzylinder sollen die Lagen des Kolbens mit Sensoren erfaßt werden. Welche Sensoren sind für diese Aufgabe geeignet?
3. Welche Sensoren könnten bei der Steuerung zu Bild 1 eingesetzt werden?
4. Eine Schutzvorrichtung an einem Schleifautomaten muß vor dem Einschalten der Maschine geschlossen sein. Welcher Sensor käme hier sinnvoll zum Einsatz?

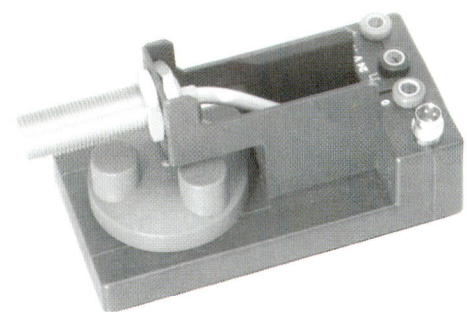

5. Kapazitiver Sensor mit einem Schaltabstand bis 20 mm

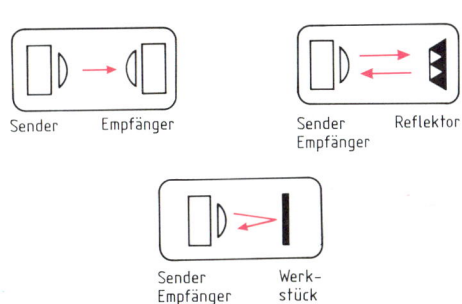

6. Funktionsweise und Einsatzmöglichkeiten von optischen Sensoren sind vielfältig

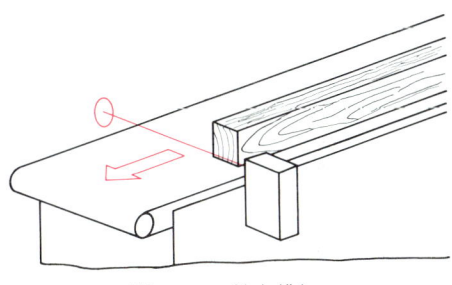

Abfragen von Werkstücken

7. Anwendungsbeispiel einer Reflexionslichtschranke

8. Bei diesem optischen Sensor wird das Licht vom vorbeigeführten Werkstück reflektiert

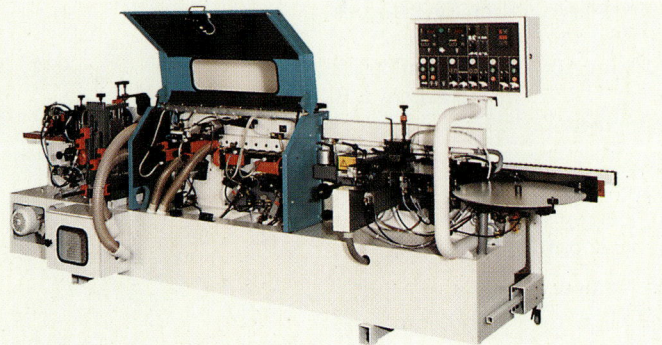

1. SPS-gesteuerter Kantenanleimautomat: Sämtliche Einstellarbeiten für die individuelle Anpassung an verschiedene Platten- bzw. Kantenstärken werden an dem Steuerpult bewerkstelligt

2. Die SPS gewährleistet ein hohes Maß an Komfort und Sicherheit hinsichtlich der Bedienung, Information und Überwachung und dadurch optimale Verarbeitungsqualität

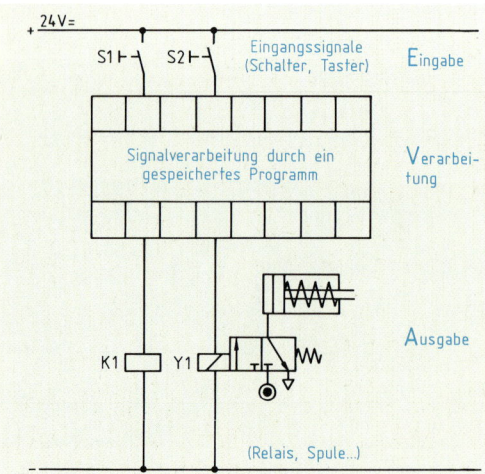

3. Prinzip der speicherprogrammierten Steuerung

13.11 Dialog Mensch – Maschine

Der Kantenanleimautomat (Bild 1) wird von einem zentralen Steuerpult bedient. Alle Maschinenaggregate für z. B. die Arbeitsgänge **Beleimen, bündig Fräsen, Kappen, Fasen** sowie für die einzelnen **Kantenmagazine** erhalten die notwendigen Informationen von der Steuerung. Die Steuerung wiederum erhält die Informationen vom Bediener. Wie geschieht nun der Dialog zwischen Mensch und Maschine?

Wann wird eine Steuerung eingesetzt?

Eine Änderung des Programmablaufes in der Technik Pneumatik und Elektropneumatik ist nur möglich durch Austausch von Bauelementen oder durch Umstecken von Leitungen. Diese Arten der Steuerungen bezeichnet man als verbindungsprogrammierte Steuerung (VPS).

Der zunehmende Automatisierungsgrad sowie die immer spezielleren Kundenwünsche stellen steigende Anforderungen an die Steuerungstechnik. **Flexible Fertigung** und **kurze Umrüstzeiten** erfordern ein schnelles Umstellen auf ein anderes Fertigungsprogramm. Beim Kantenanleimautomat ist es sinnvoll, eine speicherprogrammierbare Steuerung (SPS) einzusetzen (Bild 2).

> Bei speicherprogrammierbaren Steuerungen (SPS) ist der Steuerungsablauf durch ein eingegebenes und gespeichertes Programm vorgegeben.

Das Programm einer Steuerung wird gespeichert

Der Steuerungsablauf ist durch ein eingegebenes und gespeichertes Programm genau festgelegt.

Die von den **Sensoren** kommenden Eingangs-
signale werden durch einen **Prozessor** aufga-
bengemäß verarbeitet. Dies sind im wesentlichen
UND-, ODER-, NICHT-Verknüpfungen, Timer
und Zähler. Die Ausgangssignale gehen zu den
Relais oder direkt zu den Magnetventilen (Bild 3).
Die Relais schalten die **Aktoren**, es sind dies z. B.
Motoren für Vorschub, Fräsen, Kappen oder die
Heizung für den Schmelzkleber.

Wird ein anderer Fertigungsablauf gewünscht,
wird lediglich ein anderes gespeichertes Programm aufgerufen.

Aufbau einer speicherprogrammierten Steuerung

Speicherprogrammierte Steuerungen bestehen
aus

- dem **Programmiergerät** zur Programmerstel-
  lung (Bild 4) und
- dem **Automatisierungsgerät** zur Signalverarbeitung (Bild 5).

Über eine Leitung findet ein Datenaustausch zwischen beiden Geräten statt. In On-Line-Betrieb
sind Programmiergerät und Automatisierungsgerät miteinander verbunden. Bei dem Kantenanleimautomaten (Bild 1) sind die einzelnen Programme in einem ROM (Read Only Memory,
d. h. Nur-Lese-Speicher) installiert. Sie können
durch Knopfdruck aufgerufen werden (Bild 6).

Die Steuerung ist Schnittstelle zwischen
Mensch und Maschine.

Welchen Vorteil hat der Einsatz einer SPS-Steuerung?

Die wichtigsten Argumente für den Einsatz einer
SPS sind

- geringere Anlagekosten, denn das Preis-/Lei-
  stungsverhältnis der Steuerung ist günstig,
- große Flexibilität, denn Änderungen werden
  durch Tastendruck und nicht durch Zange und
  Schraubendreher vorgenommen,
- sehr wartungsfreundlich, denn über 95% aller
  Fehler liegen außerhalb der SPS,
- Datenaustausch ist möglich, denn die SPS läßt
  sich problemlos in vorhandene EDV-Systeme
  einbinden.

1. Erläutern Sie die Abkürzungen VPS und SPS!
2. Was ist ein ROM, und welche Aufgaben hat er?
3. Wie findet der Datenaustausch innerhalb der SPS
   statt?
4. Was wird unter dem Begriff „Aktoren" verstanden?

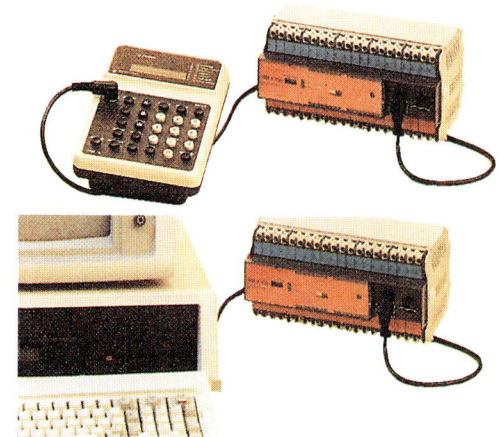

4. Je nach Aufgaben kann die Programmierung mit dem
Handprogrammiergerät oder mit dem PC erfolgen

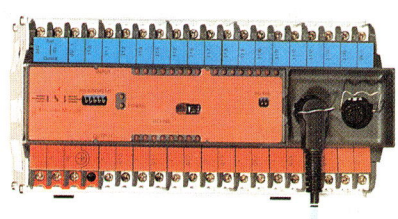

5. Dieses Automatisierungsgerät hat je 16 Ein- und Ausgänge

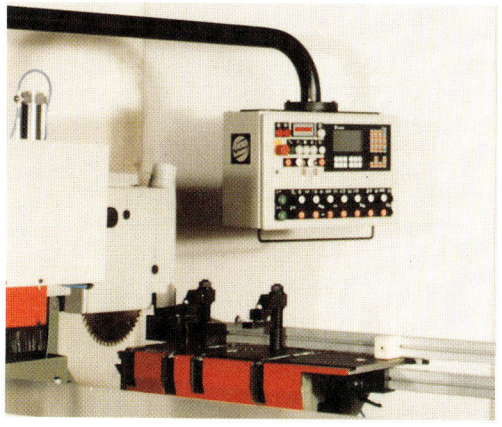

6. Das zentral gelegene Bedienertable gewährleistet einen
einfachen Dialog zwischen Bediener und Maschine

1. Aufbau einer SPS-Schaltung. Die Magnetventile werden direkt angesteuert.

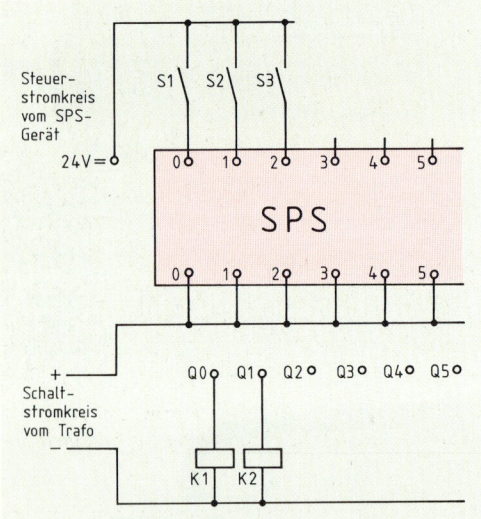

2. Der Klemmenanschlußplan zeigt, an welchen Eingängen die Schalter angeschlossen sind und an welchen Ausgängen die Relais angeschlossen sind

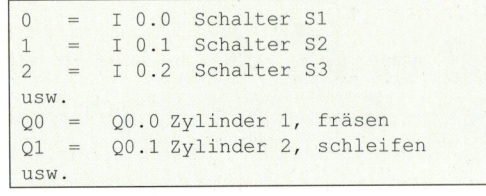

3. Zuordnungsliste einer SPS

13.12 Wir erstellen ein SPS-Programm

In Bild 1 ist der Aufbau einer SPS-Steuerung zu sehen. Mit den Zylindern 1.0 und 2.0 werden z. B. zwei Bearbeitungsaggregate eines Kantenanleimautomaten bewegt.
Die zwei Zylinder können je nach Fertigungsaufgabe von den drei Sensoren (Schaltern) indirekt über ein Relais oder wie in Bild 1 direkt geschaltet werden. Das Ein- und Ausfahren der Zylinder soll durch ein Programm gesteuert werden.

Welche Überlegungen sind zur Programmerstellung nötig?

Am **Klemmenanschlußplan** (Bild 2) sehen wir, daß die Schalter S1, S2 und S3 den Eingängen 0, 1 und 2 am Automatisierungsgerät zugeordnet sind. An den Ausgängen 0 und 1 sind jeweils Relais angeschlossen. Sie schalten die Magnetventile. Die Zuordnung der Ein- und Ausgänge wird in der **Zuordnungsliste** festgehalten (Bild 3).

> Die Sensoren und Aktoren einer Steuerung müssen eindeutig den Ein- und Ausgängen der SPS zugeordnet werden. Dies geschieht in Form der Zuordnungsliste.

Ein Kurzkommentar in der Zuordnungsliste erleichtert das Verstehen der Steuerungsbedingungen.

Wie sind die Steuerungsanweisungen aufgebaut?

Für jede Steueranweisung muß der Mikroprozessor in der SPS „wissen":

- **Was** soll gemacht werden?
- **Wo** soll es gemacht werden?

Eine Steueranweisung (Bild 4) besteht deshalb aus dem Operationsteil (**Was**. . .) und dem Operandenteil (**Wo**. . .). Die Programmdarstellung nach Bild 5 nennt man **Anweisungsliste (AWL)**. Die AWL ist eine Folge von Steueranweisungen. Sie wird zeilenweise in das Handprogrammiergerät eingegeben.

Wie wird die SPS programmiert?

Nach dem Erstellen der Zuordnungsliste kann die **Programmierung nach AWL** erfolgen. Das Programm nach Bild 5 (Identität) soll nun eingegeben werden. **Das Menü** des Handprogrammiergerätes (Bild 6) führt den Bediener durch die einzelnen Programmschritte. Nach der Programmeingabe wird es an das Automatisierungsgerät überspielt und mit dem RUN-Befehl zum „Laufen" gebracht. Die Steuerung kann nun auf ihre Funktion überprüft werden. Eventuelle Programmfehler können durch Überschreiben schnell behoben werden.

Bevor ein neues Programm eingegeben wird, muß das im Speicher vorhandene Programm gelöscht werden. Bei kleinen Änderungen kann es einfach überschrieben werden. Die UND-Verknüpfung (Bild 6) und die ODER-Verknüpfung (Bild 7) sind sehr kurz und haben nur jeweils drei Programmschritte.

Jetzt kommt deutlich der Vorteil einer SPS zum Tragen. Ohne die Schaltung neu zu verkabeln bzw. umzustecken, wird durch Eingabe eines neuen Programms ein anderer Steuerungsablauf ausgeführt.

> Ein **Programm** ist eine Folge von Anweisungen. Erst durch die Programmierung wird die Funktion einer SPS festgelegt.

1. Was wird in einer Zuordnungsliste festgelegt?
2. Geben Sie die Anweisungslisten nach Bild 5 ein, und überprüfen Sie die Steuerung auf ihre Funktion!
3. Geben Sie die Anweisungslisten nach Bild 7 und Bild 8 ein, und überprüfen Sie die Steuerung auf ihre Funktion!
4. Schreiben Sie die Programme jeweils so um, daß beide Kolbenstangen ausfahren!

```
Identität

ØØ1  L  I 0.1  Schalter S1
ØØ2  =  Q 0.0  Kolben 1.0

Negation

ØØ1  LN I 0.1  Schalter S1
ØØ2  =  Q 0.0  Kolben 1.0
```

5. Die AWL wird zeilenweise eingegeben

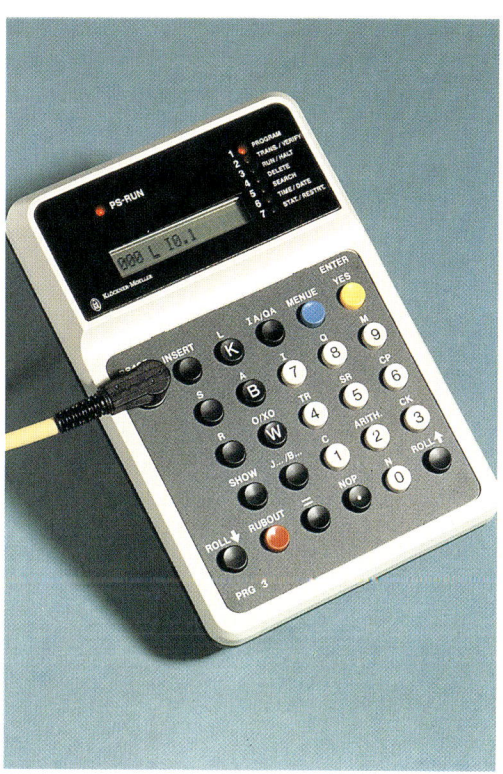

6. Das menügeführte Handprogrammiergerät erleichtert durch seine einfache Handhabung die Programmeingabe

```
UND-Verknüpfung

ØØ1  L  I 0.1  Schalter S1
ØØ2  A  I 0.2  Schalter S2
ØØ3  =  Q 0.0  Kolben 1.0
```

7. UND-Verknüpfung nach AWL

```
ODER-Verknüpfung

ØØ1  L  I 0.1  Schalter S2
ØØ2  O  I 0.2  Schalter S2
ØØ3  =  Q 0.0  Kolben 1.0
```

8. ODER-Verknüpfung nach AWL

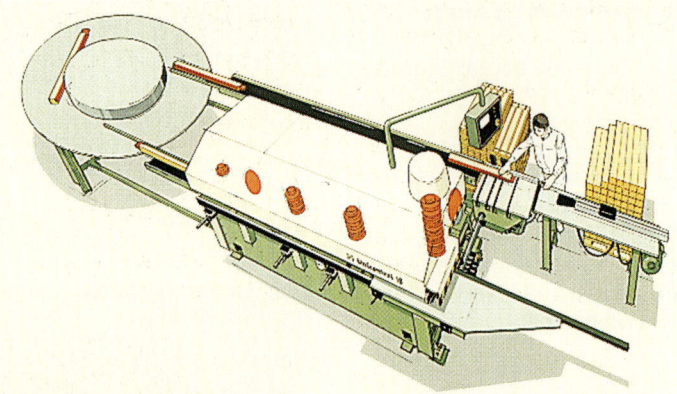

1. Dieser Fensterautomat wird von einer Person bedient

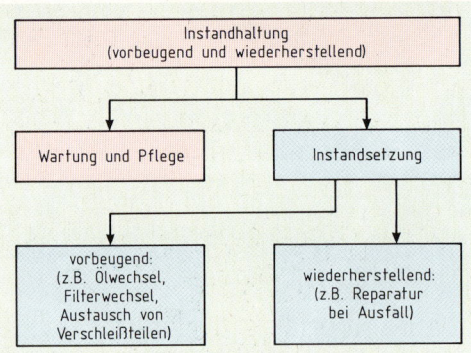

2. Die systematische Wartung und Instandhaltung verursacht keine unnötige Geldausgabe

Maschine: Fensterautomat
Verantwortlich: Meier
Wöchentliche Wartung
1. Kondensat im Filter entleeren
2. Ölstand in den Ölern kontrollieren
3. Signalglieder Nr. 1, 2, 3... auf festen Sitz prüfen
4. Schmierstellen Nr. 1, 2, 3... schmieren
5. Schläuche auf Porösität untersuchen
Monatliche Wartung
1. Sämtliche Verschraubungen nach Leckstellen absuchen und ggf. nachziehen oder ersetzen
2. Ventile auf Leckverlust überprüfen
3. Leitungsanschlüsse an den Zylindern überprüfen und nachziehen bzw. neue Dichtungen einsetzen
4. Filterpatronen in Waschbenzin auswaschen
Halbjährliche Wartung
1. Kolbenstangenführungen auf Verschleiß untersuchen
2. Baueinheiten auf Leistung, Leckverlust und mechanische Funktion überprüfen
3. Schalldämpfereinsätze erneuern

3. Wartungscheckliste für einen Fensterautomaten

13.13 Die fachgerechte Wartung vermeidet Störungen

Die sach- und fachgerechte Wartung von Steuerungen und Maschinen (Bild 1) kann nicht erst dann beginnen, wenn es zu Störungen und nachfolgend zu Reparaturen kommt. Es sollte daher vorrangig immer um eine **vorbeugende Instandhaltung** gehen (Bild 2). Die Lebensdauer und Funktionssicherheit wird dadurch gewährleistet und sogar noch erhöht.

Grundlage für die systematische Wartung bildet eine Checkliste, damit die wichtigsten Punkte nicht vergessen werden.

Eine **Wartungscheckliste** (Bild 3) gewährleistet noch keine regelmäßige Wartung. Es muß klar sein, **wer** für die Wartung zuständig ist.

Eine Steuerung ist gestört – wie sucht man den Fehler?
Längere Störungen an den Holzbearbeitungsmaschinen bzw. Anlagen führen oft zu Lieferschwierigkeiten. Was ist nun zu machen, um die Störungsursache möglichst schnell zu finden? Wie geht man am zweckmäßigsten vor?

Fehler bei der Inbetriebnahme
Versuchen Sie zunächst den Fehler durch folgende Fragen einzugrenzen:
Energie. Sind alle Versorgungsenergien wie Strom und Druckluft eingeschaltet?
Arbeitsdruck. Liegen die erforderlichen Steuer- und Arbeitsdrücke bei den Pneumatikventilen (Bild 4) an?

Endlagenschalter. Sind die Endlagenschalter noch richtig positioniert und auch fest montiert (Bild 5)?
Stellglieder. Gelangen die Signale bis zum Stellglied (Bild 6)?
Schutzvorrichtungen. Sind alle Schutzvorrichtungen geschlossen (Bild 7)?

Bei Maschinen mit elektronischen Steuerungen sind etwa nur 2 % der Fehler intern in der Steuerung zu suchen. 98 % sind externe Fehler, z. B. defekte Aktoren oder Sensoren.

Der Arbeitsablauf wird plötzlich unterbrochen

Bei komfortablen Steuerungen wird die Störung auf einem Bildschirm angezeigt (Bild 8). Besteht eine solche Möglichkeit nicht, kann man sich folgendes merken:

Steuerungen bleiben oft an der Stelle „hängen", wo das Weiterschalten auf den folgenden Programmschritt auf Grund des Fehlers nichts geschehen kann.

Wenn diese Programmstelle bekannt ist, kann die Ursache der Störung schnell eingekreist werden: defekter Sensor, fehlender Spanndruck oder ein durch Harz verklebter Rollentaster sind häufig vorkommende Fehler.

1. Warum darf nach der Beseitigung des Fehlers die Anlage von allein nicht wieder starten?
2. Warum ist eine regelmäßige Wartung auf Dauer wirtschaftlicher als die Beseitigung aufgetretener Störungen?

4. Nur innerhalb des angegebenen Druckbereiches ist die Funktion gewährleistet

5. Die Leuchtdioden erleichtern die Funktionsüberprüfung an den Sensoren (Reed-Kontakten)

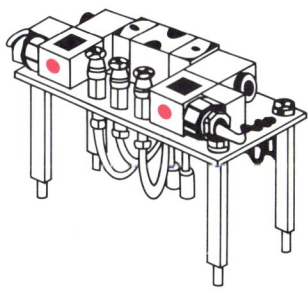

6. Leuchtdioden zeigen bei diesem Magnetventil an, welche der Spulen gerade an Spannung liegt

7. Schutzvorrichtungen erhöhen die Arbeitssicherheit

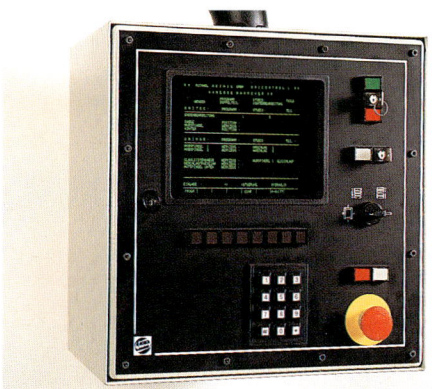

8. Fehler im Arbeitsablauf werden auf dem Bildschirm angezeigt

1. Die Formenvielfalt und die Individualität im Möbel- und Innenausbau nehmen ständig zu

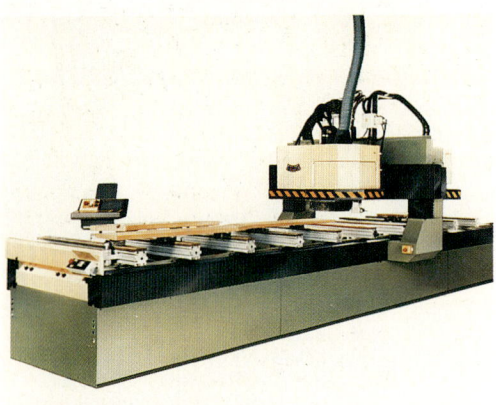

2. Eine CNC-Holzbearbeitungsmaschine, die universell einsetzbar ist, ermöglicht gleichbleibende Qualität und langfristige Kostensenkung

3. Die computerähnliche Eingabetastatur ersetzt Handräder und Einstellhebel

14.1 Fertigen mit CNC-Holzbearbeitungsmaschinen

Die Formenvielfalt im modernen Möbel- und Innenausbau kennt kaum noch Grenzen (Bild 1). Die Kundenwünsche werden individueller und sind mit einem hohen Anspruch an Verarbeitungsqualität und Dauerhaftigkeit verbunden. Hohe Fertigungsqualität, Anpassungsfähigkeit an Design und Konstruktion bei kurzen Fertigungszeiten sind notwendig, um wettbewerbsfähig zu bleiben. Welche Maschinentechnik hilft bei der Bewältigung dieser Forderungen?

> Die CNC-Technik ermöglicht es, daß trotz hoher Qualitätsansprüche größtmögliche Wirtschaftlichkeit erreicht werden kann.

Immer mehr Betriebe der Industrie wie auch des Handwerks investieren in CNC-gesteuerte Holzbearbeitungsmaschinen (Bild 2).

Rechnergesteuerte Maschinen unterscheiden sich von Standardmaschinen!

Bei herkömmlichen Holzbearbeitungsmaschinen wird das Werkstück durch ständiges Eingreifen des Maschinenbedieners gefertigt.

Die Abkürzung CNC bedeutet **C**omputerized **N**umerical **C**ontrol, also Maschinensteuerung mit integriertem Rechner. Die Vorteile der Datenverarbeitung werden unmittelbar an der Bearbeitungsmaschine genutzt. Alle Werkzeugbewegungen, Vorschubbewegungen, Spannvorgänge und andere selbsttätige Abläufe werden mit einem Computer über Daten gesteuert.

> **Hardware** sind Maschinen, Werkzeuge, Computer und Spannvorrichtungen.
> **Software** sind die Programme mit den Informationen zum Fertigungsablauf.

CNC-Maschinen haben keine herkömmlichen Bedienelemente wie Fuß- und Handhebel, Handräder, feststellbare Anschläge u. a. mehr. In der Regel werden alle Funktionen über eine Tastatur mit Bildschirm oder Display aktiviert (Bild 3).
Kurz: CNC-Maschinen führen sämtliche Arbeitsgänge ohne Eingriffe des Maschinenbedieners aus. Dazu muß die Bearbeitungsfolge festgelegt und als Programm mit allen Steuerbefehlen in den Computer der Maschine eingegeben werden.

Arbeitsweisen verändern sich!

CNC-Steuerungen verändern den Aufbau und den Einsatz der Maschinen und sie beeinflussen die Arbeitsweise und den Arbeitsablauf.

Ein Vorteil der CNC-Anwendung ist, daß die stufenweise Fertigung an Einzelmaschinen zu mehrstufigen Bearbeitungsfolgen zusammengefaßt werden können (Bild 4). Unproduktive Nebenzeiten für Transportieren, Beschicken und Abstapeln können eingespart werden.

4. Bearbeitungsbeispiele aus der Plattenbearbeitung: Bohren, Fräsen und Sägen

> Moderne Technik erfordert auch qualifiziertes und motiviertes Bedienpersonal!

Unterschiedliche Bearbeitungsverfahren bedingen unterschiedliche Steuerungsarten

Nach der Art der Bewegungsmöglichkeiten werden bei CNC-Maschinen drei Steuerungsarten unterschieden.

Punktsteuerungen ermöglichen das Positionieren an programmierbaren Punkten mit anschließender Bearbeitung (Bild 5).

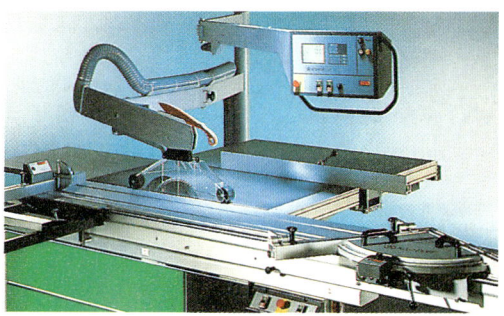

5. Der CNC-gesteuerte Parallelanschlag an der Formatkreissäge wird durch die Punktsteuerung positioniert

Streckensteuerungen ermöglichen neben dem Positionieren das achsparallele Bearbeiten mit programmierbarer Vorschubgeschwindigkeit (Bild 6).

Bahnsteuerungen ermöglichen die Bearbeitung auf beliebigen Bahnen in einer Ebene oder im Raum. Dabei kann eine gleichzeitige (simultane) Bewegung in zwei oder mehr Achsen erfolgen (Bild 7).

6. Zum perfekten Sägen der achsparallelen Schnittbilder an den CNC-gesteuerten Plattenaufteilsägen werden Streckensteuerungen eingesetzt

1. Worin unterscheiden sich herkömmliche Standardmaschinen von CNC-Holzbearbeitungsmaschinen?
2. Verdeutlichen Sie an einem Fertigungsbeispiel die unterschiedliche Arbeitsfolge zwischen herkömmlicher und CNC-gesteuerter Maschine!
3. Erstellen Sie eine Tabelle mit Vor- und Nachteilen dieser Technologie!
4. Halten Sie den Einsatz von CNC-gesteuerten Holzbearbeitungsmaschinen in Ihrem Ausbildungsbetrieb für sinnvoll?
   Begründen Sie Ihre Antwort!

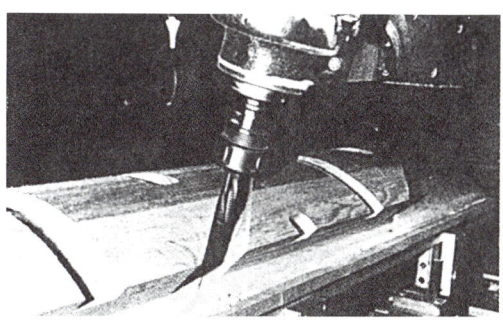

7. Bahnsteuerungen ermöglichen gleichzeitiges Bearbeiten mehrerer steuerbarer Achsen am Treppenkrümmling

1. Seitenteil mit Bohrungen, Nuten und Fräsarbeiten in der Fläche und an den Kanten

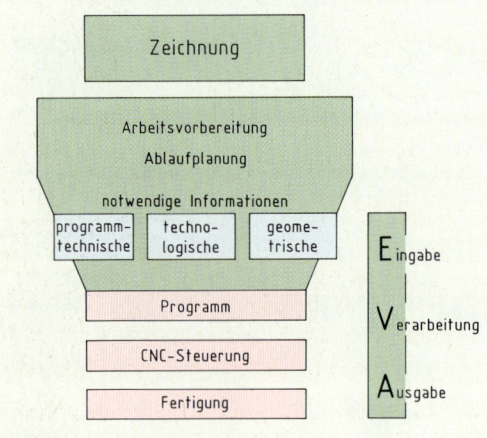

2. Von der Zeichnung zur Fertigung

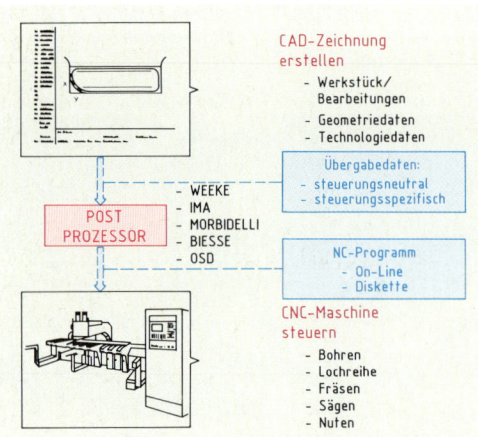

3. CAD-Informationen erleichtern die Programmierung

14.2 Von der Zeichnung zum Programm

Bild 1 zeigt ein typisches Teil für die Mehrfachbearbeitung an CNC-Holzbearbeitungsmaschinen. Bohr-, Nut-, Fräsarbeiten in der Fläche und an den Kanten sind in höchster Präzision auszuführen.

Welche Informationen braucht die Maschine?

Die Fertigung des Werkstücks erfolgt in der Regel ohne Eingriffe des Maschinenbedieners. Mehrmaliges Umspannen der Werkzeuge und der Einsatz mehrerer Maschinen entfallen.

Der Arbeitsablauf mit allen notwendigen Informationen muß sorgfältig geplant werden.

Die CNC-Steuerung benötigt drei Gruppen von Informationen (Bild 2).

Die **programmtechnischen Informationen** regeln die Abarbeitung des Programms. Dazu gehören z. B. die Programmnummer und die Reihenfolge der Bearbeitung (Satznummern).

Die **technologischen Informationen** steuern Schaltvorgänge und enthalten programm- und maschinensteuernde Zusatzfunktionen. Dazu gehören z. B. Vorschubgeschwindigkeit, Unterprogrammaufruf, Werkstückspannung, Aus- und Einfahren von Anschlägen.

Die **geometrischen Informationen** (Weginformationen und Wegbedingungen) geben verschlüsselt die Form des Werkstücks an die Steuerung.

Wie wird die Maschine informiert?

Für die **Dateneingabe** ergeben sich mehrere Möglichkeiten.

Unter **Werkstattprogrammierung** wird im einfachsten Fall die Eingabe des CNC-Programms über das Bedienfeld der Maschine verstanden. An der Maschinensteuerung befindet sich eine Tastatur zur Eingabe von Programmen und direkten Anweisungen.

Eine Alternative ist die Festlegung der Bearbeitungsschritte und die Programmierung aller Aggregate mit **Programmiersystemen in der Arbeitsvorbereitung**. Bei komplexen Fertigungsaufgaben lassen sich so unproduktive Stillstandszeiten und durch die Unruhe im Werkstattbereich mögliche Eingabefehler vermeiden.

Um den Zeitaufwand weiter zu verringern, kommt es zunehmend zu einer **Verknüpfung von CAD-Systemen und den CNC-Maschinen** (Bild 3).

Die Information muß gespeichert werden
In vielen Tischlereien wird über die Tastatur der CNC programmiert (Bild 4).

Nach der Eingabe ist das Programm im Arbeitsspeicher der Steuerung enthalten, bis es wieder gelöscht wird. Damit das Programm später wieder benutzt werden kann, wird es in der Regel zusätzlich gesichert.

Als Datenträger werden Disketten, Kassetten mit Magnetbändern oder Lochstreifen verwendet (Bild 5).

4. Der Maschinenbediener übergibt die Informationen an die Steuerung

Der in der Holzbearbeitung wegen seiner Unempfindlichkeit gegen Verschmutzung durch Holzstaub jahrelang bevorzugte Lochstreifen wird immer mehr durch die ebenfalls weitgehend unempfindlichen $3\frac{1}{2}$-Zoll-Disketten verdrängt. Disketten können große Datenmengen speichern und der Zugriff auf die gespeicherten Daten erfolgt wesentlich schneller.

On-Line-Verbindungen ersparen Übertragungsfehler und sparen Zeit
Die CNC-Maschine kann auch direkt über eine Kabelverbindung mit einem Computer in der Arbeitsvorbereitung verbunden werden. Der PC verfügt über sehr große Speicherkapazität und ermöglicht die Datenverwaltung zu mehreren CNC-Holzbearbeitungsmaschinen (Bild 6). Dies nennt man DNC-Betrieb (Direct Numerical Control).

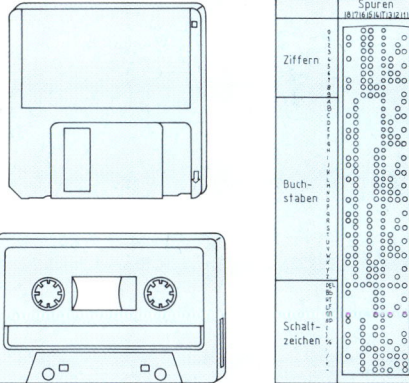

5. Neben dem Lochstreifen hat sich auch die unempfindliche $3\frac{1}{2}$-Zoll-Diskette als Datenträger durchgesetzt

1. Welche Informationen benötigt die CNC-Maschine zur Fertigung?
2. Erstellen Sie einen Arbeitsablaufplan für das in Bild 1 gezeigte Werkstück! Überlegen Sie dabei, welche Informationen notwendig sind. Eine „Verschlüsselung" bzw. Codierung in CNC-Anweisungen ist nicht erforderlich.
3. Beurteilen Sie die Tauglichkeit der Programmeingabe am Steuerungsbildschirm im Maschinenraum!

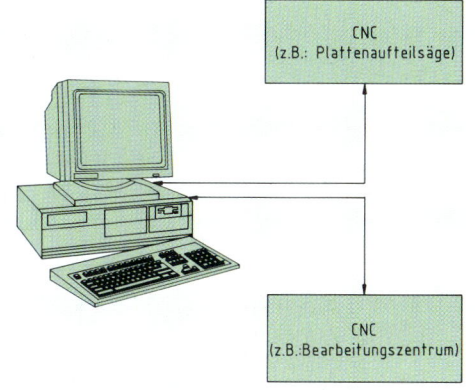

6. Von einem Betriebsrechner wird der direkte (on-line) Datenaustausch mit mehreren CNC-Holzbearbeitungsmaschinen möglich

1. *Für die Bohrarbeiten muß die CNC-Steuerung das Bohraggregat in Längs- und Querrichtung positionieren*

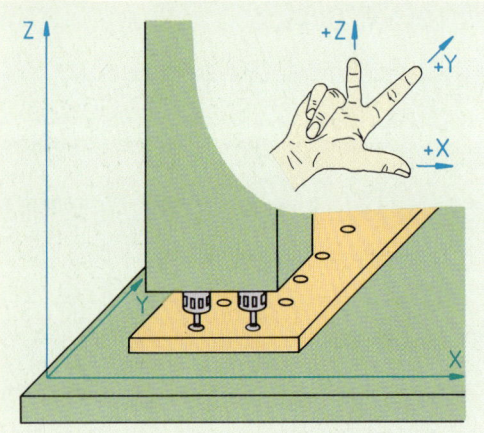

2. *Über das Achsensystem des Bearbeitungszentrums kann jeder Punkt im Arbeitsbereich eindeutig beschrieben werden*

3. *Fräsen der Außenkontur einer gekrümmten Stuhllehne*

14.3 Wir arbeiten an einer CNC-Maschine

Für die Lochreihen und Konstruktionsbohrungen unserer Seite (Bild 1) muß das Bohraggregat der CNC-Maschine Längs- und Querbewegungen zum Positionieren und Vertikalbewegungen zum Bohren durchführen. Die Maschine kann diese Bewegungen nur durch die Information eines Programmes ohne direkten Eingriff des Bedieners nachvollziehen. Die Voraussetzung für die Beschreibung von Bewegungen ist ein rechtwinkliges Achsensystem, das als **Koordinatensystem** bezeichnet wird.

Die Lage des Koordinatensystems bei CNC-Holzbearbeitungsmaschinen

Bild 2 zeigt den Arbeitsbereich eines Bearbeitungszentrums mit dem nach Norm zugeordneten Koordinatensystems.

> Die Achsen im Koordinatensystem stehen rechtwinklig zueinander und sind auf die Hauptführungsbahnen der Maschine ausgerichtet.

Die einzelnen Achsen werden mit X, Y und Z bezeichnet. Man beginnt bei der Zuordnung mit der Z-Achse.

> Die Z-Achse liegt parallel zur Arbeitsspindel.

Damit steht sie senkrecht zur Aufspannfläche. Die positive Richtung der CNC-Koordinate verläuft vom Werkstück zum Werkzeug. Die Bohrtiefe kann wahlweise manuell eingestellt oder über Programm abgerufen werden. Die X-Achse liegt grundsätzlich parallel zur Werkstückaufspannfläche. Die positive Richtung der X-Achse verläuft, wenn man vor dem Maschinengestell steht, immer nach rechts. Lage und Richtung der Y-Achse ergeben sich durch die „**Rechte-Hand-Regel**".

Drei CNC-Achsen reichen nicht immer aus

Sind bei komplizierten Werkstücken (Bild 3) Dreh- und Schwenkbewegungen notwendig, kann der Maschinenhersteller neben den Hauptachsen (X, Y, Z) zusätzliche Drehachsen (A, B, C) anordnen. Dabei sind die Achsen der Drehungen immer parallel zu den entsprechenden Koordinatenachsen.

Wir starten die CNC-Maschine

Über das Bedienfeld wird die gesamte Maschine in allen Funktionen aktiviert. Die Steuerung hat nach dem Einschalten zunächst keine Informationen über die Position des Werkzeugaggregats. Damit alle Bewegungen entsprechend dem Programm abgearbeitet werden können, muß das Meßsystem über einen zweckmäßigen **Bezugspunkt** „geeicht" werden (Bild 4). Entscheidend dafür ist der vom Maschinenhersteller festgelegte **Maschinennullpunkt**.

> Der Maschinennullpunkt ist der Nullpunkt für das Maschinenkoordinatensystem und Ausgangspunkt für alle weiteren Koordinatensysteme und Bezugspunkte an der Maschine.

Aus konstruktiven Gründen wird der Maschinennullpunkt häufig in eine Ecke des Arbeitsbereichs gelegt. Da bei vielen CNC-Maschinen dieser Bezugspunkt zur Positionserfassung nicht mit eingespanntem Werkzeug angefahren werden kann, wurde vom Hersteller der **Referenzpunkt** als zweiter Bezugspunkt zur Nullung des Wegmeßsystems festgelegt (Bild 5).

Die Referenzpunktfahrt bei Arbeitsbeginn oder nach einem Stromausfall erfolgt manuell oder automatisch über interne Programme (Bild 6).

Um Programmdaten für die Verfahrbewegungen an einem Werkstück zu erhalten, wird ein weiterer Bezugspunkt erforderlich. Der **Werkstücknullpunkt** legt das Werkstückkoordinatensystem in Bezug auf den Maschinennullpunkt fest. Er ist auch der Bezugspunkt für alle Arbeitsschritte an der Korpusseite und muß der Maschine vor dem Programmstart mitgeteilt werden. Die Steuerung speichert für alle Koordinatenachsen die Korrekturwerte und berücksichtigt sie durch eine **Nullpunktverschiebung** bei der Fertigung.

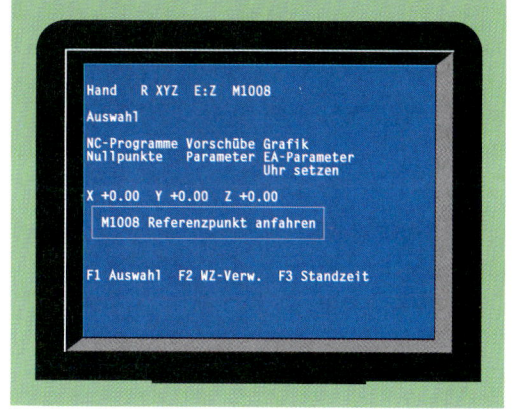

4. Nach dem Einschalten muß die CNC-Steuerung „geeicht" werden

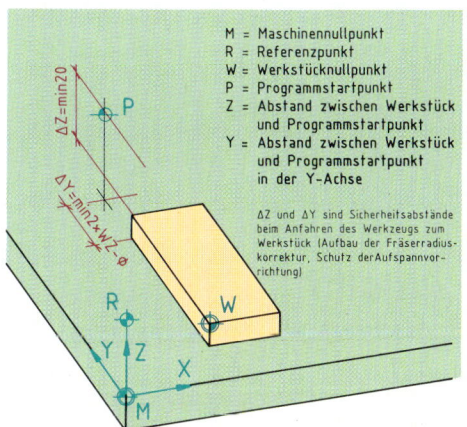

M = Maschinennullpunkt
R = Referenzpunkt
W = Werkstücknullpunkt
P = Programmstartpunkt
Z = Abstand zwischen Werkstück und Programmstartpunkt
Y = Abstand zwischen Werkstück und Programmstartpunkt in der Y-Achse

ΔZ und ΔY sind Sicherheitsabstände beim Anfahren des Werkzeugs zum Werkstück (Aufbau der Fräserradiuskorrektur, Schutz der Aufspannvorrichtung)

5. Der Maschinenpunkt ist nicht immer Referenzpunkt

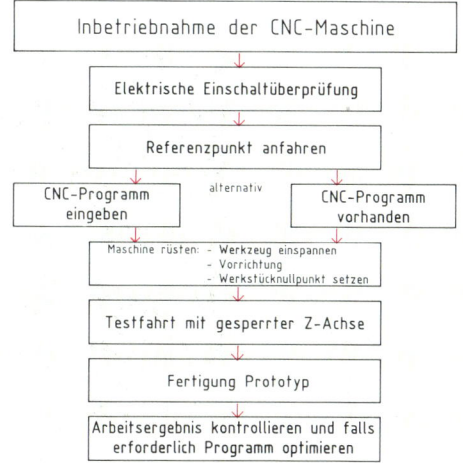

6. Die Inbetriebnahme erfolgt nach bestimmten Routinen

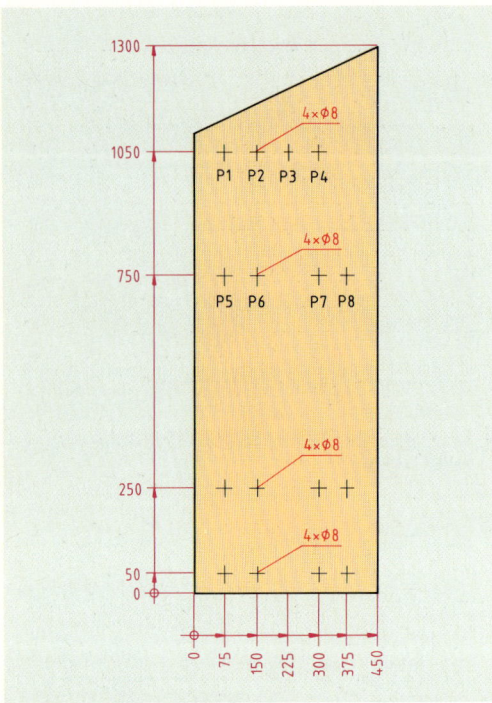

1. Bei der steigenden Bemaßung werden alle Maße „auf den (Null-)Punkt" gebracht

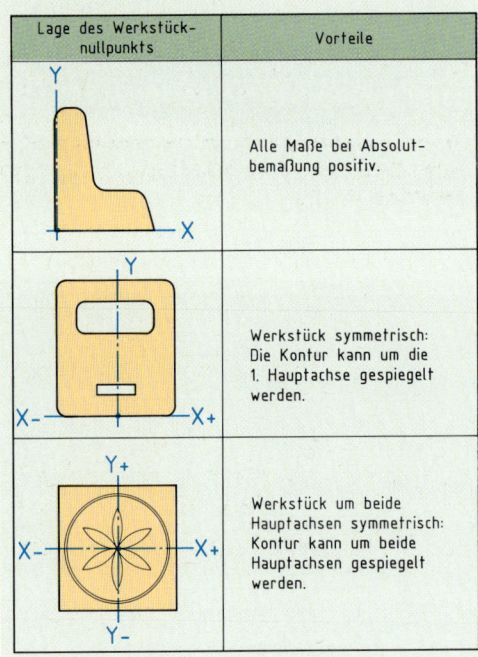

Lage des Werkstück-nullpunkts	Vorteile
	Alle Maße bei Absolut-bemaßung positiv.
	Werkstück symmetrisch: Die Kontur kann um die 1. Hauptachse gespiegelt werden.
	Werkstück um beide Hauptachsen symmetrisch: Kontur kann um beide Hauptachsen gespiegelt werden.

2. Die Wahl des „richtigen" Werkstücknullpunkts erspart Arbeit und hilft Fehler vermeiden

14.4 Das Werkstück im Koordinaten-system

Auf einem CNC-Bearbeitungszentrum mit Werkzeugwechsler sollen die Korpusseiten gebohrt, genutet und gefräst werden.

Als erste Bearbeitung werden die Konstruktionsbohrungen (Bild 1) erstellt. Bohrschablonen werden dazu nicht benötigt, das Bohraggregat wird über das CNC-Programm positioniert. Der Programmierer oder Maschinenbediener muß dazu im Programm die Lage der Bohrungen innerhalb eines Koordinatensystems beschreiben.

Zur Ermittlung der Koordinatenmaße spielt die fertigungsbezogene Maßeintragung eine wichtige Rolle. Um aufwendige Maßadditionen oder -subtraktionen zu vermeiden, empfiehlt sich deshalb für die CNC-Programmierung in der Regel die Bezugsbemaßung.

Die Wahl des Werkstücknullpunkts

In der Regel ist es nicht möglich, das Werkstück so zu positionieren, daß die Werkstückkante auf dem Maschinennullpunkt liegt. Der Werkstücknullpunkt wird vom Programmierer oder Maschinenbediener frei gewählt.

Die Lage des Nullpunktes hat nichts mit dem Ablauf des Programms zu tun. Eine sinnvolle Lage entscheidet allerdings wesentlich über Programmieraufwand und Übersichtlichkeit des Programms (Bild 2).

Als Bezugselement für das werkstückbezogene Koordinatensystem wurde in unserer Aufgabe (Bild 1) die Oberkante der linken vorderen Korpusecke gewählt.

Was ist absolute Bemaßung?

Die in Bild 1 gezeigte Bezugsbemaßung bezogen auf den gewählten Werkstücknullpunkt nennt man Absolutbemaßung. Dementsprechend erfolgt auch die Programmierung in absoluten Koordinatenwerten. Eine Umrechnung der Maßzahlen ist nicht erforderlich, sie sind in diesem Fall identisch mit den CNC-Koordinatenwerten, die sich auf den Werkstücknullpunkt beziehen.

Programme mit absoluten Koordinatenwerten lassen sich gut überprüfen, weil in jedem Satz der absolute Koordinatenwert steht.

Zur Erleichterung der Koordinateneingabe hat sich – besonders bei Bohrplänen – die tabellarische Darstellung der Bohrpositionen bewährt (Bild 3).

Was ist inkrementale Bemaßung?

Bild 4 zeigt die Bemaßung der Nutfräsungen mit Kettenbemaßung. Bei dieser Bemaßungsart wird nicht vom Werkstücknullpunkt ausgegangen, sondern von dem jeweils zuletzt bemaßten Koordinatenpunkt aus weiter bemaßt. Es wird also nur der tatsächlich zu fahrende Weg bemaßt (Inkrement = Zuwachs).

> Bei der Inkrementalbemaßung verschieben sich bei **einer** Maßänderung alle folgenden Koordinatenwerte.

Das Vorzeichen der Koordinatenachse

Die Koordinaten des Werkstücks laufen parallel und in gleicher Richtung wie die Koordinaten der CNC-Holzbearbeitungsmaschine. Die Maße sind positiv und werden größer, wenn sie sich vom Koordinatenursprung entfernen. In entgegengesetzter Richtung werden sie kleiner, bzw. haben negative Vorzeichen.

Die Maschine muß über die Art der Bemaßung informiert werden

Die Wahl der Bemaßungsart liegt im Ermessen des Programmierers oder Maschinenbedieners. Innerhalb eines Programmes kann die Bemaßungsart bei Bedarf gewechselt werden.
Bevor das Werkzeug allerdings den ersten Koordinatenwert anfährt, muß der Steuerung mitgeteilt werden, welche Art der Bemaßung vorliegt. Mit dem DIN-Befehl G90 wird die Steuerung auf Absolutbemaßung eingestellt. Durch den Befehl G91 wird die Steuerung auf Inkrementalbemaßung umgestellt.

1. Nach welchem Grundsatz soll der Werkzeugnullpunkt festgelegt werden?
2. Erläutern Sie den Unterschied zwischen den Bemaßungsarten Absolut- und Inkrementalbemaßung!
3. Ergänzen Sie die fehlenden Koordinatenwerte in Bild 3!
4. Erstellen Sie für das Werkstück in Bild 5 eine Tabelle a) mit absoluten Koordinaten; b) mit inkrementalen Koordinaten! c) Bestimmen Sie vor der Bemaßung die Lage des Werkstücknullpunkts!

Punkt	X in mm	Y in mm
1	75	1050
2	150	1050
3	225	1050
4	300	1050
5	75	750
6	150	750
7	300	750
8	375	750
9		
10		
.		
.		
.		

3. Für Bohrpläne werden die Koordinatenwerte häufig in Tabellenform aufgelistet

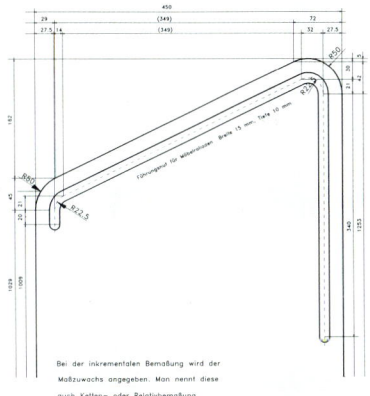

4. Bei der inkrementalen Bemaßung wird der Maßzuwachs angegeben. Man nennt diese auch Ketten- oder Relativbemaßung.

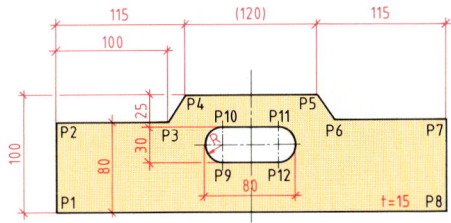

5. Absolute oder inkrementale Bemaßung? Bestimmen Sie für dieses Vorderstück die Koordinatenwerte!

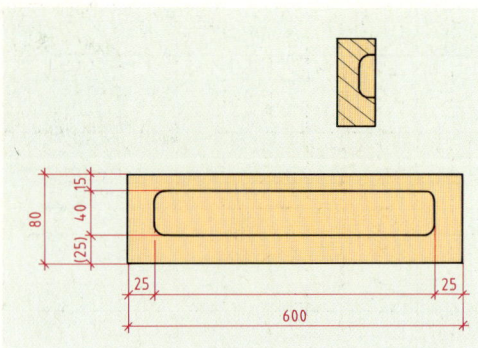

1. In den hinteren Massivholzanleimer der Ablageplatte des Stehpults soll diese Stiftablage gefräst werden

2. Das Satzwort entspricht einer codierten Anweisung an die Maschinensteuerung

Adreßbuchstabe	Bedeutung
F	Vorschubgeschwindigkeit
G	Wegbedingung
I	Interpolationsparameter (Kreismittelp. X)
J	Interpolationsparameter (Kreismittelp. Y)
M	Zusatzfunktion
N	Satznummer
P	Parameter
S	Spindeldrehzahl
T	
X	Weginformation für X-Achse
Y	
Z	Weginformation für Z-Achse

3. Diese Adreßbuchstaben werden zur Programmierung von Oberfräsen benötigt

N 10   G 54   G 01   X 0   Y 0   Z 10
            F 2500 S 1002   T 8   M 10 M 99

Satz- oder   Informationen in einzelnen
Zeilen-Nr.   Programmwörtern

4. Ein Programmsatz enthält in mehreren Programmwörtern alle Angaben für einen Arbeitsschritt

14.5 Die Struktur eines CNC-Programms

An einer CNC-Oberfräse soll in den hinteren Massivholzanleimer (Bild 1) der Pultplatte mit einem Formfräser $d = 30$ mm eine Stiftablage gefräst werden. Die Spindeldrehzahl soll 12000 1/min und die Vorschubgeschwindigkeit 2500 mm/min betragen. Vor der Fertigung müssen der Steuerung die erforderlichen Arbeitsschritte eingegeben werden.

Alle zur Fertigung eines Werkstücks benötigten und in der Abfolge aller Arbeitsschritte geordneten Informationen ergeben das Programm.

Zwischen den Steuerungsfabrikaten verschiedener Maschinenhersteller gibt es zum Teil erhebliche Unterschiede. Zur Vereinfachung gibt es die Programmierung nach DIN 66025. Welchen Aufbau hat ein Programm?

Wörter und Sätze ergeben ein Programm
Die Informationen werden der Steuerung alphanumerisch, d. h. durch Buchstaben und Zahlen, mitgeteilt.

Jedes Programm besteht aus einer beliebigen Anzahl von **Sätzen**. Jeder Satz besteht aus mehreren – unterschiedlich vielen – **Programmwörtern**.

Bild 2 zeigt ein Programmwort mit einem Adreßbuchstaben und einer Ziffernfolge. In Tabelle 3 ist eine kurze Übersicht über Adreßbuchstaben und deren Bedeutung dargestellt. Aus den einzelnen Programmwörtern eines Arbeitsschrittes wird der Programmsatz gebildet, dem mit dem Adreßbuchstaben N die laufende Satznummer vorangestellt ist (Bild 4).

Gliederung des Programminhaltes
Das CNC-Programm beginnt mit einem %-Zeichen und der Programmnummer (einige Maschinenhersteller verwenden stattdessen ein P). Danach folgen die Programmsätze, die in der Folge der Satznummern abgearbeitet werden.

Ein Programm enthält technologische, geometrische und programm- oder maschinentechnische Zusatzinformationen.

Bild 5 zeigt das vollständige Programm zur Fräsung der Stiftablage. Wie bereits angedeutet, halten sich nicht alle Hersteller an die DIN 66 025. Den Ausführungen in diesem Kapitel liegt die Programmierung nach der CNC-Steuerung *Heckler & Koch 785-M* zugrunde.

Bei einem Vergleich verschiedener Steuerungsfabrikate werden Sie allerdings feststellen, daß sich die Gliederung des Programmaufbaus weitgehend wiederholt. Eine Übertragung dieser Programmiergrundlagen auf andere Steuerungsfabrikate sollte keine Schwierigkeiten bereiten.

Wegbedingungen beschreiben die Form

Im Satz N10 des CNC-Programms (Bild 5) steht das Programmwort G00, im Satz N20 steht G01. G-Wörter sind Wegbedingungen.
Bei der Programmierung wird die Werkstückform (Kontur) auf die drei Grundelemente Gerade, linker Kreisbogen und rechter Kreisbogen zurückgeführt. Für jeden Teilschritt wird der Koordinatenwert verbunden mit der Wegbedingung programmiert.

> Wegbedingungen bestimmen zusammen mit den Koordinatenwerten die Geometrie des Werkstücks.

Die Bedeutung der wichtigsten Wegbedingungen kann Tabelle 6 entnommen werden.

Maschinen- und programmtechnische Zusatzinformationen

Zusatzfunktionen sind codierte Anweisungen für mechanische Funktionen an der Maschine und für die Steuerung des Programmablaufs (Tabelle 7). Zusatzfunktionen sind durch den Buchstaben **M** gekennzeichnet. Programmtechnische Zusatzfunktionen, z. B. Unterprogrammaufruf oder Programmende sind alle satzweise wirksam. Maschinensteuernde Funktionen lösen maschinenspezifische Funktionen z. B. Werkstückspannung, Drehrichtung der Werkzeugspindel aus. Sie bleiben so lange wirksam, bis sie mit einer neuen Aufgabe überschrieben werden:

1. Wodurch werden der Steuerung Informationen mitgeteilt?
2. Erläutern Sie den Unterschied zwischen Programmwörtern und -sätzen!
3. Erörtern Sie die Auswirkungen der Wegbedingungen und Zusatzinformationen der einzelnen Programmsätze von P1!

N	G	CNC-Achsen X	Y	Z	R	F	S	T	M	Bedeutung, Kommentar
10	00	300	45	30		2.500	1.003	1	10	
	54								16	
									99	
20	01	45		-15					81	
									03	
									91	
30		555								
40	00	300		30					81	
									05	
									99	
50			400						11	
									30	

5. Mit diesem Programm P1 oder %1 wird die Stiftablage gefräst

Wegbedingungen	Bedeutung
G 00	Positionieren im Eilgang
G 01	Geradeninterpolation
G 02	Kreisinterpolation im Uhrzeigersinn
G 03	Kreisinterpolation gegen Uhrzeigersinn
G 17	Ebenenauswahl X/Y
G 40	Fräserradius-Bahnkorrektur löschen
G 41	Fräserradius-Bahnkorrektur links
G 42	Fräserradius-Bahnkorrektur rechts
G 54 bis G 59	Nullpunkte
G 71 bis G 75	Fräszyklen
G 90	Absolutmaßeingabe
G 91	Kettenmaßeingabe
G 92	Nullpunktverschiebung

6. Die Tabelle enthält die wichtigsten Wegbedingungen

Maschinensteuernde Funktionen	Bedeutung
M 03	Arbeitsspindel ein, Rechtslauf
M 05	Arbeitsspindel aus
M 06	Werkzeugwechsel
M 10	Spannen der Vorrichtung
M 11	Lösen der Vorrichtung
M 16	Werkzeugdatenaufruf
M 81 bis M 84	Index für Arbeitsspindeln in Verbindung mit M 03 u. M 05
M 91 bis M 94	Arbeitsspindel ausfahren
M 99	Arbeitsspindel einfahren
Programmsteuernde Funktionen	**Bedeutung**
M 02	Unterprogramm-Rücksprung
M 28	Unterprogrammaufruf
M 30	Programmende

7. Die wichtigsten Zusatzfunktionen für die Programmierung von CNC-Oberfräsen

1. *Eine schwingungsfreie Lage bei der Bearbeitung gewährleistet eine hohe Oberflächengüte, verringert den Werkzeugverschleiß und schützt die Lager der Arbeitsspindel*

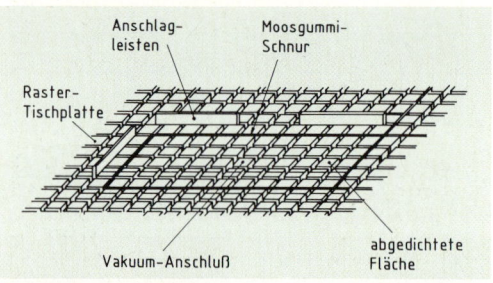

2. *Die Maschinentischausführung als Vakuumrastertisch*

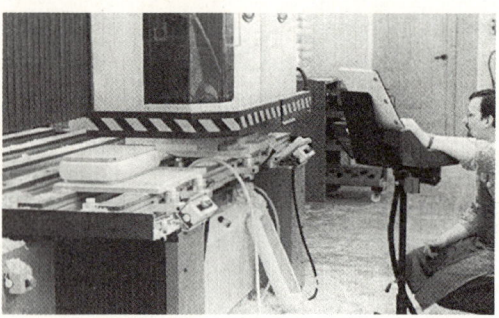

3. *Vorrichtung für die Kufenbearbeitung am Bearbeitungszentrum*

4. *Im Treppenbau werden Treppenwangen, Trittstufen und auch Krümmlinge auf hohe Vakuum-Teller gespannt*

14.6 Werkstücke rationell und sicher aufspannen

Häufig werden bei der Teilefertigung mit CNC-Holzbearbeitungsmaschinen stufenweise Bearbeitungsabläufe auf Standardmaschinen zu einer Bearbeitungsfolge zusammengefaßt.

Um die Fertigungs- und Rüstzeiten senken zu können, aber auch, um die Arbeitssicherheit zu gewährleisten, ist eine sorgfältige Werkstückaufspannung besonders wichtig (Bild 1).

> Präzision und Arbeitssicherheit werden beim Aufspannen der Werkstücke besonders groß geschrieben.

In der Holztechnik wird als häufigstes **Spannmedium Vakuum** eingesetzt. Vakuum-Spannvorrichtungen sind relativ kostengünstig und einfach zu handhaben. Die Spannkraft reicht in der Regel aus, Werkstücke sicher zu halten.

Häufig besteht die Maschinentischausführung aus einem sogenannten **Vakuumrastertisch** aus Kunstharzpreßholz. In die Tischplatte sind Nuten eingefräst, die im Raster angeordnet sind. In die Nuten können Moosgummi-Dichtschnüre eingelegt werden (Bild 2).

Bei vielen Fertigungsabläufen können die Rohlinge direkt auf dem Rastertisch gespannt werden, um dann Fräsungen auf der Oberseite vorzunehmen. Sind Umfräsungen, Profilbearbeitung oder Durchfräsungen vorzunehmen, müssen entsprechende **Vorrichtungen** (Bild 3) erstellt oder **Vakuum-Teller** (Bild 4) eingesetzt werden.

> Eine Kontrolle des Vakuums erfolgt über das CNC-Programm. Ohne ausreichendes Vakuum erfolgt kein Vorschub.

Um die Rohlinge oder Vorrichtungen im Arbeitsbereich zu positionieren, werden **Anschlagleisten** (Bild 2) oder pneumatisch **versenkbare Anschläge** genutzt.

Bei hohen Zerspanungskräften und kleiner Werkstückauflagefläche werden pneumatische, mechanische oder hydraulische Spannmittel eingesetzt.

> Optimale Auswahl und Fertigung der Aufspannelemente und der Vorrichtungen erfordert qualifizierte und motivierte FacharbeiterInnen.

14.7 Werkzeuge müssen „verwaltet" werden

Für die Komplettbearbeitung von Werkstücken werden nacheinander verschiedene Werkzeuge eingesetzt. Dazu sind CNC-Holzbearbeitungsmaschinen mit mehreren Arbeitsaggregaten (Bild 1) oder einem Werkzeugwechsler (Bild 2) ausgerüstet.

Um die Maschinenstillstandszeiten möglichst gering zu halten und eine gleichbleibende Bearbeitungsqualität zu erzielen, werden an CNC-Werkzeuge und Spannsysteme hohe Anforderungen gestellt. Das Spannsystem soll einen möglichst schnellen Werkzeugwechsel zulassen und das Werkzeug vibrationsfrei mit dem Aggregat verbinden.

Wie wir bereits wissen, werden Werkzeugwechsel und -daten durch Programmwörter aufgerufen.

Wo sind die Werkzeugdaten gespeichert?

In der Werkzeug-Verwaltung (Bild 3) sind alle (maximal 99) Werkzeugdaten mit Angaben über Länge und Radius möglich. Im Programmablauf werden die Daten mit der Werkzeugnummer (z. B. T1) und der maschinensteuernden Zusatzfunktion M16 aufgerufen.

Um eine gleichbleibende Bearbeitungsqualität nach jedem Schärfdienst zu gewährleisten, ist es notwendig, die Daten über Werkzeuglänge und Flugkreisdurchmesser in der Werkzeug-Verwaltung zu aktualisieren. Rüstzeiten werden durch eine sorgfältige Werkzeugverwaltung reduziert, Probe- und Versuchsfräsungen können wegfallen.

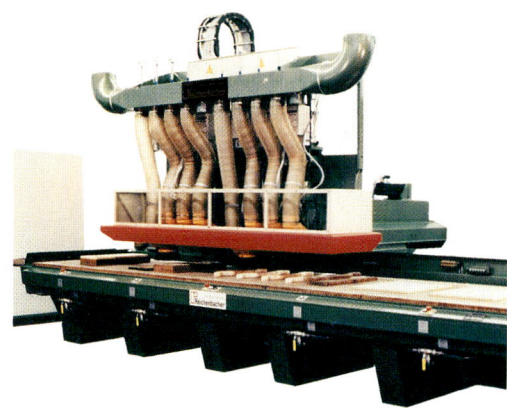

1. CNC-Oberfräse mit Ausleger und Parallelspindeln

2. Ketten-Werkzeugmagazin mit Werkzeugwechsler; einer großen Zahl von Werkzeugen steht eine längere Span-zu-Span-Zeit gegenüber

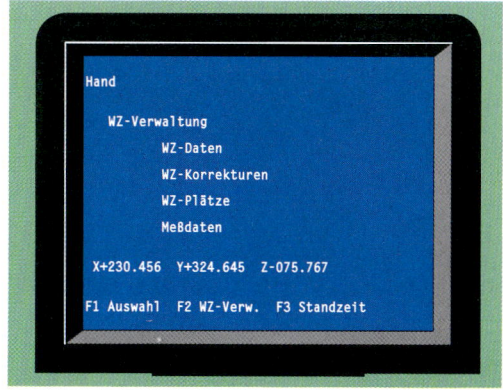

3. In der Werkzeug-Verwaltung einer CNC sind alle wichtigen Daten gespeichert

1. Welche Werkstückaufspannung wählen Sie für die Fertigungsaufgaben „Bohrprogramm" und „Stiftablage". Begründen Sie Ihre Auswahl!
2. Wodurch wird die Standzeit und die Rundlaufgenauigkeit eines CNC-Schaftfräsers beeinflußt?

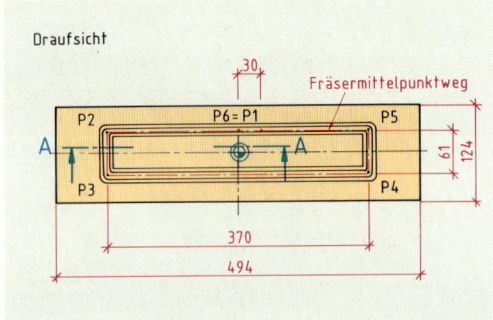

1. Das Schubkastenvorderstück soll eine rechteckige Zierfassung erhalten

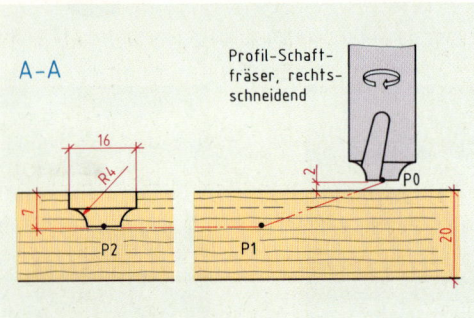

2. Fliegendes Eintauchen vermeidet Markierungen

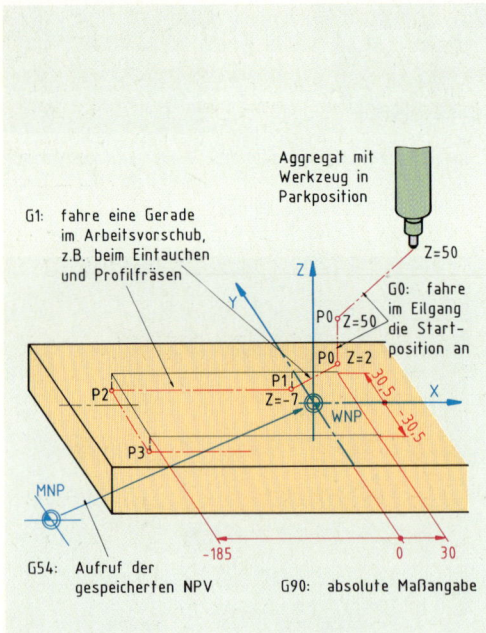

3. Wegbedingungen und Koordinatenangaben bestimmen die Werkzeugbahn (= Weginformationen)

14.8 Programmieren von Zierprofilen

Nach Bild 1 erhält ein Schubkastenvorderstück eine Zierfräsung. Aus der anzustrebenden Schnittgeschwindigkeit und dem Fräserdurchmesser wurde die erforderliche Spindeldrehzahl zu 18000 1/min ermittelt. Die Vorschubgeschwindigkeit wird vom Hersteller für kleine Rechteckkonturen mit 2 bis 3 m/min empfohlen. Um Markierungen zu vermeiden, soll der Fräser von P0 nach P1 fliegend eintauchen (Bild 2).

Vom Arbeitsfolgeplan zu den Steueranweisungen

Das Vorderstück erhält laut Arbeitsfolgeplan eine Zierprofilfräsung auf der CNC-Maschine. Aus der Einzelteilzeichnung geht die gewünschte Fräskontur hervor. Das CNC-Bearbeitungsprogramm wird auch als Teileprogramm bezeichnet. Es besteht aus Sätzen und enthält eine Folge von verschlüsselten Anweisungen.

Werkzeugbahn. Die CNC liest und arbeitet das Programm satzweise ab.

> In einem Satz kann die Werkzeugbahn in der X-Y-Ebene **entweder** nur als **eine** Gerade **oder** als **ein** Kreisbogen programmiert werden.

Bild 2 zeigt alle die Werkstückform betreffenden Überlegungen. Es wird die gespeicherte NP-Verschiebung aufgerufen (G54). Für das Programm ist hier absolute Maßangabe vereinbart (G90). Das Werkzeug fährt zweckmäßig im Eilgang (G0) zum Programm-Startpunkt. Eintauchen und Fräsen soll auf Geraden im Arbeitsvorschub geschehen (G1). G-Wörter sind Wegbedingungen. Sie legen fest, wie die nachfolgenden Wörter von der Steuerung zu deuten sind. Mit welchen Steueranweisungen gelangt das Werkzeug von der Parkposition nach P0? Erforderlich sind **Wegbedingung** und **Koordinatenangabe**(n):

G0   X30   Y30.5
Achse, Vorzeichen ▲ ▲ Betrag in mm

> Es wird also der Zielpunkt programmiert.

Analog lautet z. B. die Anweisung für den Weg von P2 nach P3:   G1 Y-30.5
Schalt- und Zusatzfunktionen. Das Werkzeug kann erst fräsen, wenn sich die Spindel dreht und der Arbeitsvorschub möglich ist. Daher müssen

Schaltanweisungen und weitere Zusatzfunktionen programmiert werden (Bild 4). Zu Beginn des Programm-Ablaufs wählt man den Arbeitsvorschub (F. . .), legt die Spindeldrehzahl (S. . .) fest, aktiviert den Motor (M81), wählt Rechtslauf (M3) und fügt gegebenenfalls eine Vakuum-Abfrage ein. Nach Vorlegen des Aggregates (M91) kann die Kontur abgefahren werden. Hiernach ruft man das Aggregat zurück (M99), setzt die Spindel still (M81, M5) und beendet das Programm (M30).

Programmieranweisungen in der richtigen Folge

Der Programmierer benötigt neben der Zeichnung einen Programmierschlüssel. Außerdem muß er spanungstechnische Grundlagen und mögliche Maschinenfunktionen kennen. Bild 5 zeigt auszugsweise die hier benötigten Programmieranweisungen. Einige Anweisungen sind nach DIN, andere nach Herstellerangaben verschlüsselt. Das Programm-Konzept kann für Maschine C mit Steuerung D wie folgt aussehen (Bild 6):

1. Positioniere im Eilgang, rufe NPV auf, halte in Z-Richtung einen Sicherheitsabstand ein, fahre den Vorschub mit 2500 mm/min, wähle die Spindeldrehzahl mit 18000 1/min, aktiviere den Motor 1 und veranlasse Rechtslauf!
2. Fahre im Eilgang auf die Startposition in der X-Y-Ebene.
3. Lege Aggregat (1) vor und fahre bis auf 2 mm auf das Werkstück zu.
4. Tauche auf einer Geraden zum Punkt 1 fliegend ein mit 2500 mm/min.
5. Fahre auf einer Geraden den Punkt 2 an.
.. ...
9. Fahre auf einer Geraden den Punkt 6 (= 1) an.
10. Fahre im Eilgang auf Sicherheitsabstand, nehme Aggregat zurück und setze Spindel still.
11. Fahre in Y-Richtung das Werkzeug nach hinten. Kehre zum Programm-Anfang zurück.

Fräsen des Zierprofils

Nach Einsetzen des Werkzeuges laufen üblicherweise die Einschaltvorgänge ab. Nun spannt man das Werkstück am Anschlag auf und fährt den WNP an. Die ermittelte Nullpunktverschiebung wird abgespeichert. Ist das Programm in die CNC eingegeben, kann man die Konturfräsung auf dem Bildschirm simulieren lassen. Nach Aufruf und Start von % 10 entsteht die Fräsung (Bild 4).

1. Schreiben Sie die Sätze N40 bis N90 in G91!

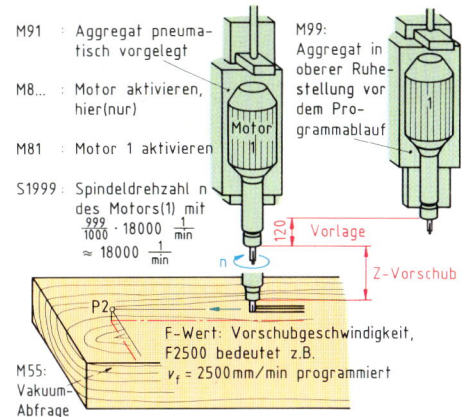

4. Mit F-, S-, T- und M-Wörtern werden die Schalt- und Zusatzfunktionen der Maschine aufgerufen

Verschlüsselung mit Adreßbuchstaben und Ziffernfolge			
Programmieranweisung	Masch. A u. Steuer. B	DIN 66025	Masch. C u. Steuer. D
Wegbedingungen mit G-Wörtern			
Fahre die Position im Eilgang an		G0	
Fahre eine Gerade im Arbeitsvorschub		G1	
absolute Maßangabe		G90*	
Aufruf der NPV	G54 bis G57	G54 bis G59	G54 bis G59
Stetigbahnbetrieb	G64		G29*
Schaltfunktionen (mit F-, S-, T-Wörtern) **und Zusatzfunktionen** (mit M-Wörtern)			
Vorschubgeschwindigkeit in mm/min		F...	
Spindeldrehzahl	S...	S...	S1...
Spindelstillstand	S0	M5	M5
Aggregat vor	T1, T2, T3		M91
Aggregat in Ruhestellung	T0		M99
Motorspindel aktivieren	M81, M82, M83		M81
Motorspindel einschalten, rechtsherum	–	M3	M3
Vakuum-Abfrage	M51, M52		M55, M56
Programm-Ende		M30	

* Einschaltzustand

5. Wegbedingungen, Schalt- und Zusatzfunktionen werden z.T. nach DIN, z.T. nach Herstellerangaben verschlüsselt

```
        Verschlüsselte Programmieranweisungen
%10    (Zierfräsung für Schubkastenvorderstück
        mit Geraden in G90)
N10    G0 G55 Z50 F2500          N10 bis N30 =
        S1999 M81 M3          $ Programm-
N20    X30 Y-30.5        (P0)  $ einstieg
N30    Z2 M91            (  ”)  $
N40    G1 X0 Z-7         (P1)  $ N40 bis N90 =
N50    X-185             (P2)  $ Geometrieteil
N60    Y-30.5            (P3)  $
N70    X185              (P4)  $
N80    Y30.5             (P5)  $
N90    X0                (P6)  $
N100   G0 Z50 M99 M81 M5(P”)  $ N100 bis N110 =
N110   Y400 M30                $ Progr.ausstieg
```

6. CNC-Programm für die Zierfräsung

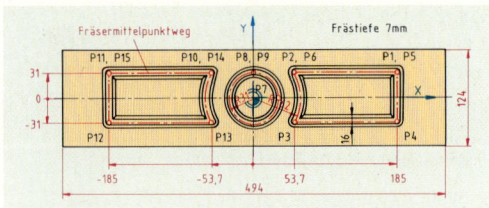

1. *Das Schubkastenvorderstück soll eine Zierfräsung aus Geraden und Kreisbögen erhalten. Es wird ein Profil-Schaftfräser mit 16 mm Außendurchmesser eingesetzt.*

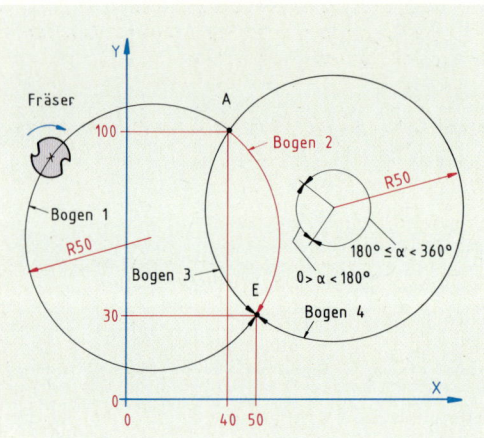

2. *Wegbedingungen, Koordinatenangaben und Vorzeichen bestimmen einen Kreisbogen.*
Bogen 2 in G90: G2 X 50 Y 30 R50,
Bogen 2 in G91: G2 X 10 Y-70 R 50

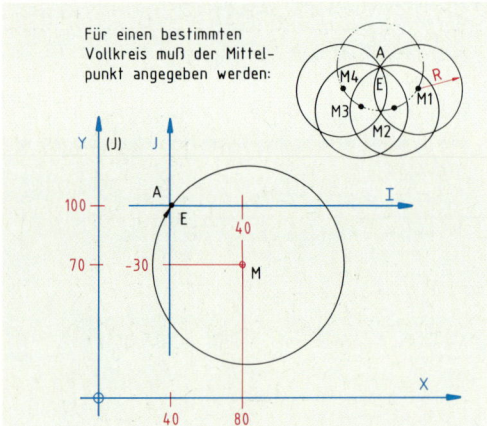

3. *Vollkreise können nur mit dem Interpolationsparametern I und J in der X-Y-Ebene programmiert werden.*
in G90: G2 X 40 Y 100 I 40 J -30 (B) bzw.
in G90: G2 X 40 Y 100 I 80 J 70 (D)
in G91: G2 X 0 Y 0 I 40 J -30 (B u. D)

14.9 Geraden und Kreisbögen programmieren

Für eine Einbauküche werden Schubkastenvorderstücke mit einer Zierfräsung benötigt. Bild 1 zeigt das Werkstück in der Draufsicht mit den erforderlichen Maßangaben. Die Spindeldrehzahl ist mit 18000 1/min, die Vorschubgeschwindigkeit mit 2,5 m/min vorgesehen. Der Fräser soll von P1 nach P2 fliegend eintauchen.
Wie werden die beiden Kreisbögen und der Vollkreis programmiert?

Programmieren von Kreisbögen

Ein Kreisbogen wird bestimmt durch den Anfangspunkt, den Endpunkt und die Lage des Mittelpunktes (Bild 2). Der Anfangspunkt A ist der CNC aus dem vorhergehenden Satz bekannt. Die Steuerung benötigt aber die von A abweichenden Koordinaten des End- oder Zielpunktes E und Angaben zur Mittelpunktlage. Das Programmieren nach Zeichnung ist einfacher, wenn nicht der Mittelpunkt, sondern der Radius **direkt** angegeben wird. Für den Radius ist die Adresse nicht genormt. Die Steuerungshersteller belegen den Radius z. B. mit U oder R. Endpunkt und Radius reichen für eine vollständige Beschreibung des Kreisbogens noch nicht aus. Bei gleichem Anfangspunkt und gleichem Radius ist der gleiche Endpunkt auf vier verschiedenen Bögen zu erreichen. Blickt man von der Spindel aus auf die X-Y-Ebene, so kann der Endpunkt entweder im Uhrzeigersinn oder entgegen dem Uhrzeigersinn angefahren werden. Der Durchlauf für die Bögen 2 und 4 erfolgt im Uhrzeigersinn, für die Bögen 1 und 3 entgegen dem Uhrzeigersinn. Es muß also die Wegbedingung für den Kreisbogen angegeben werden:

> G02 = berechne und fahre im Uhrzeigersinn,
> G03 = . . . entgegen dem Uhrzeigersinn.

Außerdem muß der CNC mitgeteilt werden, ob der größere oder kleinere Kreisbogen gemeint ist. Für Bögen mit einem Mittelpunktswinkel zwischen 180 und 360° setzt man ein Minuszeichen zwischen die Radiusadresse und den Betrag.
Die Spindeldrehrichtung – im Bild rechtsrum – hat mit der Kreisprogrammierung nichts zu tun.

Programmieren eines Vollkreises

Der Kreis wird mit der Lage seines Mittelpunktes und mit seinem Radius festgelegt. Anfangs- und

Endpunkt fallen zusammen (Bild 3). Der Steuerung muß der Zielpunkt E mitgeteilt werden. Die direkte Angabe des Radius ist beim Vollkreis zwecklos, weil es unendlich viele Kreise mit A = E und dem Radius R gibt. Hier ist der Mittelpunkt anzugeben.

Steuerung D bezieht den Mittelpunkt in G90 auf den WNP, in G91 auf den Anfangspunkt A, Steuerung B dagegen immer auf den Anfangspunkt A. In einem Satz dürfen die Adreßbuchstaben X und Y nur einmal genannt werden. Aus diesem Grunde verwendet man für die Koordinatenangabe des Mittelpunktes die Adreßbuchstaben I und J. Der Rechner bestimmt mit Hilfe von I und J die erforderlichen Zwischenwerte des Kreisumfanges. Daher heißen I und J Interpolationsparameter. Der Mittelpunkt wird in X-Richtung mit I, in Y-Richtung mit J angegeben. Programmiert man mit relativer Maßangabe, legt man gedanklich in den Anfangspunkt ein I-J-Koordinatenkreuz. Auf diese Weise ist der Mittelpunkt sehr einfach zu beschreiben.

Mit einer Wegbedingung teilt man der Steuerung mit, ob das Werkzeug den Kreisumfang im Uhrzeigersinn (G02) oder entgegen dem Uhrzeigersinn (G03) abfahren soll.

Tabelle 4 enthält alle Anweisungen für das Programmieren von Kreisbögen und Vollkreisen.

Programmieren des Zierprofiles

Soll für Maschine C mit Steuerung D das Programm erstellt werden, können die Sätze des Programmeinstiegs und -ausstiegs aus %10 übernommen werden (Bild 5). In Satz 20 ist nur ein anderer Startpunkt anzufahren. Der Geometrieteil beschreibt die das Werkstück verändernde Werkzeugmittelpunktbahn. Für diesen Teil werden die Informationen der Zeichnung nach den Regeln der Geraden- und Kreisprogrammierung satzweise in Steueranweisungen umgesetzt.

Fräsen des Zierprofiles

Nach dem Einrichten der Maschine, der Programmeingabe und der Simulation am Bildschirm erfolgt der Programm-Ablauf (Bild 6). Zeigen sich Faserausrisse, muß die Vorschubgeschwindigkeit reduziert werden.

1. Ergänzen Sie bitte die Sätze 140 bis 180!
2. Schreiben Sie die Programmsätze 40 bis 190 in G91!
3. Schreiben Sie für die Bögen 1, 3 und 4 (Bild 2) die Sätze in G90 und G91!

Verschlüsselung mit Adreßbuchstaben und Ziffernfolge			
Programmieranweisung	Masch. A u. Steuer. B	DIN 66025	Masch. C u. Steuer. D
Wegbedingungen mit G-Wörtern			
Kreisbogen im Uhrzeigersinn		G2 (G02)	
Kreisbogen entgegen dem Uhrzeigersinn		G3	
Koordinatenangaben			
Achsen		X, Y, Z	
Radius, $\alpha \leq 180°$	P... od. U...		R...
Radius, $\alpha \geq 180°$	P-... od. U-...		R-...
Interpolationsparameter			
parallel zur X-Achse	(auch in G90 auf A bezogen)	I...	(in G90 auf PNP, in G91 auf A bezogen)
parallel zur Y-Achse		J...	

4. Wegbedingungen und Koordinatenangaben für die Programmierung von Kreisbögen

```
%20    (Zierfräsung für Schubkastenvorderstück
        mit Geraden und Kreisbögen in G90)
N10    G0 G55 Z50 F2500        N10 bis N30 =
       S1999 M81 M3         $  Programm-
N20    X185 Y31       (P1)  $  einstieg
N30    Z2 M91         ( ")  $
N40    G1 X53.7 Z-7   (P2)  $  N40 bis N190 =
N50    G2 Y-31 R62    (P3)  $  Geometrieteil
N60    G1 X185        (P4)  $
N70       Y31         (P5)  $
N80       X53.7       (P6)  $
N90    Z2             ( ")  $
N100   X31 Y0         (P7)  $
N110   G3 X0 Y31 R31
       Z-7            (P8)  $
N120      X0 Y31 I0 J0 (P9) $
N130   G1 Z2          (P")  $
N140   ...            (P10) $
N150   ...            (P11) $
N160   ...            (P12) $
N170   ...            (P13) $
N180   ...            (P14) $
N190   G1 X185        (P15) $
N200   G0 Z50 M99
       M81 M5         (P")  $  N200 bis N210 =
N210   Y400 M30       (P")  $  Progr.ausstieg
```

5. CNC-Programm für Zierfräsung

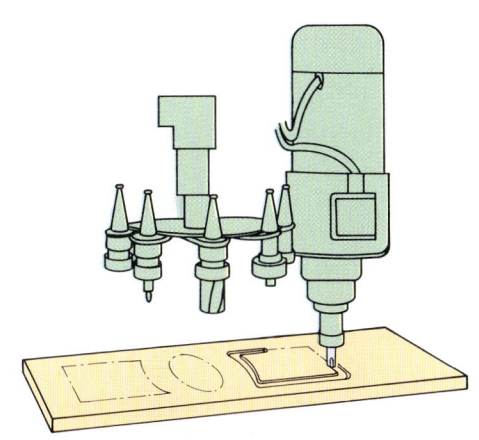

6. Das Programm wird erprobt und optimiert

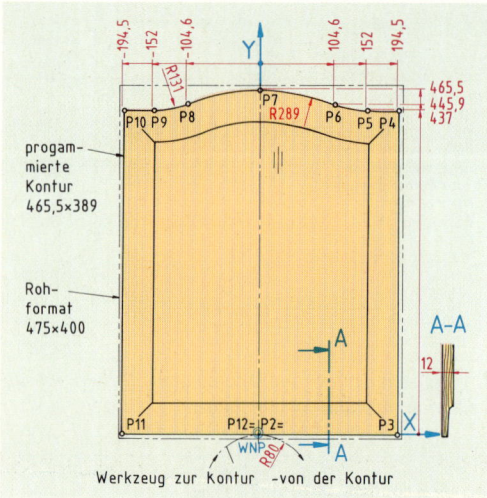

1. Vollholz-Füllung mit Karniesbogen und Abplattprofil in CNC-gerechter Bemaßung

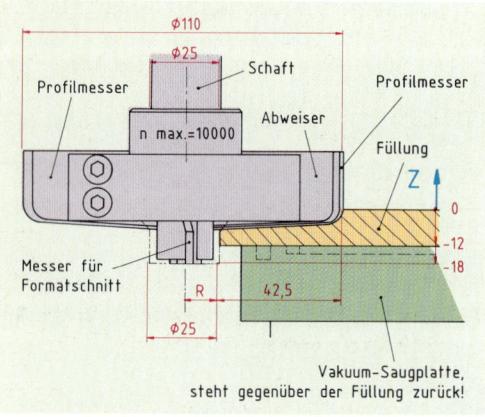

2. Der rechtsschneidende Schaftmesserkopf plattet die Füllung ab und formatet sie zugleich

3. Eckige Konturen von Vollholzteilen werden im Gegenlauf gefräst

14.10 Fräserradius berücksichtigen

Bild 1 zeigt die Füllung einer Rahmentür aus Vollholz. Die Füllung soll auf Format gefräst und abgeplattet werden. Sie wird von einer 10 mm tiefen Rahmennut aufgenommen.

Vor dem Programmieren sind einige Fragen zu klären. Sie betreffen die Werkzeugauswahl, Spannmöglichkeit, Fräsrichtung und Fräsermittelpunktbahn.

Werkzeugeinsatz und Werkstückaufspannung

Bild 2 zeigt ein taugliches Werkzeug in der Ansicht und die Füllung im Schnitt. Das Werkstück wird von einer genügenden Anzahl Saugplatten gehalten. Ausfahrbare Nocken gewährleisten für das Rohformat einen genauen Anschlag. Die aus dem Schaftmesserkopf nach unten herausstehenden beiden Messer erzeugen den Formatschnitt, die seitlichen Messer das Abplattprofil. Wegen des großen Flugkreis-Durchmessers darf die Spindeldrehzahl 10000 1/min nicht überschreiten.

Eckige Kontur im Gegen- oder Gleichlauf fräsen?

Wird ein rechtsschneidendes Werkzeug für eckige Konturen eingesetzt, so sind die rechte untere Ecke (I) und die linke obere Ecke (III) ausrißgefährdet. Beim Fräsen im Gegenlauf (Bild 3) mit Schnittrichtung senkrecht zur Faser (A) können sich zwar Splitter vom Rohformat lösen. Der nachfolgende Schnitt parallel zur Faser (B) erzielt jedoch die gewünschte Fertigkontur. Ist nur **ein** **rechts**schneidendes Werkzeug verfügbar, so gilt:

> Eckige Konturen werden im Gegenlauf, gerundete Konturen im Gleichlauf gefräst.

Im Gleichlauffräsen könnten in diesem Falle Absplitterungen nicht verhindert werden.

Wie wird der Werkzeugradius berücksichtigt?

Bild 4 verdeutlicht, daß die Fräsermittelpunktbahn um den Fräserradius nach außen versetzt werden muß. Andernfalls ensteht ein um den Fräserdurchmesser schmaleres und kürzeres Werkstück. Der Programmierer kann aus der Zeichnung mühelos die Koordinaten der Punkte P2, P3 ... P11 entnehmen. Das Ermitteln neuer Stützpunkte für die Mittelpunktbahn wäre sehr umständlich, besonders für die Kreisbögen. Es gibt aber Wegbedingungen für den automatischen Versatz der Fräsermittelpunktbahn. In Vorschubrichtung gesehen bedeuten:

G41 = Versatz von der Kontur nach links,
G42 = Versatz von der Kontur nach rechts.

G40 wählt den Versatz wieder ab.
Der Betrag für den Versatz – in der Regel der Radius – wird nicht im Programm aufgeführt, sondern über die Tastatur in den Werkzeugdatenspeicher eingegeben. Vom Programm muß jedoch erst der betreffende Werkzeugdatenspeicher aufgerufen werden, bevor G41 oder G42 wirksam werden können. Tabelle 5 enthält alle notwendigen Anweisungen und Eingaben für den Fräsermittelpunktversatz.
Zu Beginn des Fräsvorgangs wäre ein stoßartiger Anstieg des Schnittdruckes nachteilig. Aus diesem Grunde empfiehlt sich ein Anfahrweg von P1 nach P2 auf einem Kreisbogen.

Koordinaten der Konturstützpunkte

Kann der Programmierer ein grafisch unterstützendes System nutzen, so genügen Angaben über die gesamte Höhe und Breite (Bild 1) sowie über die Radien und den Karniesansatz z. B. in Y-Richtung. Andernfalls bestimmt man die Koordinaten von P5 und P6 zeichnerisch oder rechnerisch und stellt sie CNC-gerecht dar.

Programmieren der Werkstück-Kontur

Die Gliederung des CNC-Programms ist bereits bekannt (Bild 6). Neu anzuwenden sind jedoch die Anweisungen für den Mittelpunktversatz:
Einstieg. Startpunkt P0 in N20 anfahren, Werkzeugdatenspeicher T11 in N30 aufrufen!
Geometrieteil. Fräsermittelpunktversatz nach rechts in N50 aufrufen, abwählen in N180!

Fräsen der Füllung

Zunächst wird die Maschine wie üblich eingerichtet. Zur Nullpunktverschiebung in Z-Richtung können die Formatschnittmesser des Werkzeuges auf die Werkstückoberfläche gesetzt werden. Dann sind 18 mm Frästiefe nach Bild 2 erforderlich. Die Radiuskorrektur ist unter T11 mit R=12.5 einzugeben. Nach der Programmeingabe kann die Füllung gefräst werden.

1. Welche Bedeutung hat S1555 in Satz 10?
2. Weshalb steht F2000 in Satz 120?

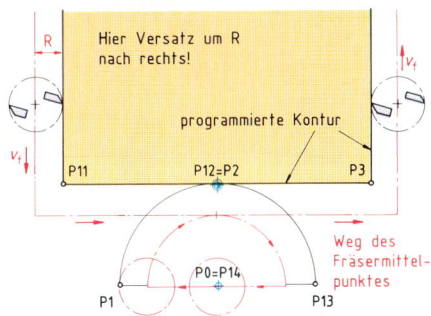

4. Der Fräsermittelpunktversatz wird auf einer Geraden auf- und abgebaut

Verschlüsselung mit Adreßbuchstaben und Ziffernfolge			
Programmieranweisung	Masch. A u. Steuer. B	DIN 66025	Masch. C u. Steuer. D
Werkzeugdatenspeicher aktivieren	–		M16
Werkzeugdatenspeicher-Nr. aufrufen	D01 bis D99	D...	T01 bis T99
Werkzeugdatenspeicher-Nr. abwählen	D0		
Fräsermittelpunkt nach links versetzen		G41	
Fräsermittelpunkt nach rechts versetzen		G42	
Fräsermittelpunkt-Versatz abwählen		G40	
Eingabe des Versatzes über Tastatur in den **Werkzeugdatenspeicher** der CNC	z. B. D/R 12.5		z. B. R = 12.5

5. Programmieranweisungen und Eingaben für den Fräsermittelpunktversatz (= Fräserradiuskorrektur)

```
%30    (Füllung mit Karniesbogen für
        Modell 123)
N10    G0 G56 Z50 F3000           N10 bis
        S1555 M81 M3          $ N30 =
N20    X0 Y-80          (P0) $ Progr.-
N30    Z2 M91 M16 T11   (P0) $ einstieg
N40    G1 Z-18          (P0) $
N50    G42 X-80         (P1) $ N40 bis
N60    G2 X0 Y0 R80     (P2) $ N180 =
N70    G1 X194.5        (P3) $ Geome-
N80       Y437 F4000    (P4) $ trieteil
N90       X152 F3000    (P5) $
N100   G2 X104.6 Y445.9
        R131            (P6) $
N110   G3 X0 Y465.5 R289 (P7) $
N120   X-104.6 Y445.9
        R289 F2000      (P8) $
N130   G2 X-152 Y434 R131 (P9) $
N140   G1 X-194.5       (P10) $
N150      Y0 F4000      (P11) $
N160      X0 F3000      (P12) $
N170   G2 X80 Y-80 R80  (P13) $
N180   G1 G40 X0        (P14) $
N190   G0 Z50 M99 M81 M5 (P14) $ Progr.-
N200   Y600 M30         $ ausstieg
```

6. CNC-Programm für Türfüllung

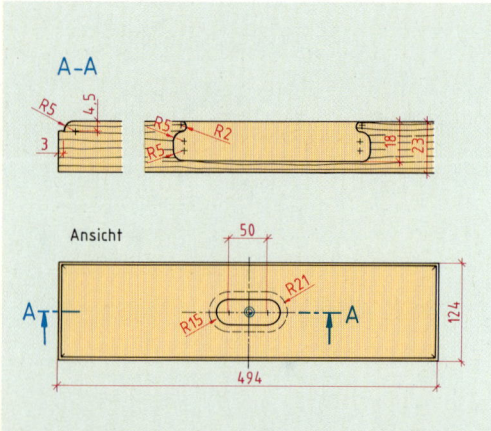

1. Das Schubkastenvorderstück wird ringsum profiliert und erhält eine hinterschnittene Griffaussparung

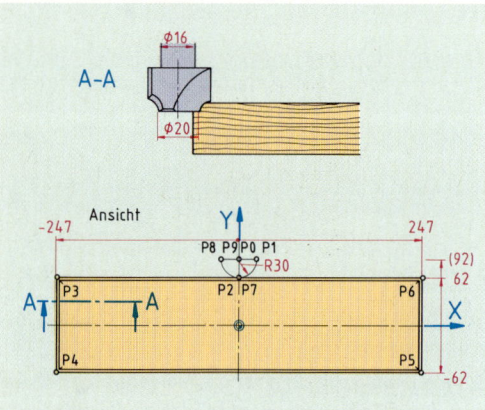

2. Das Außenprofil wird im Gegenlauf gefräst

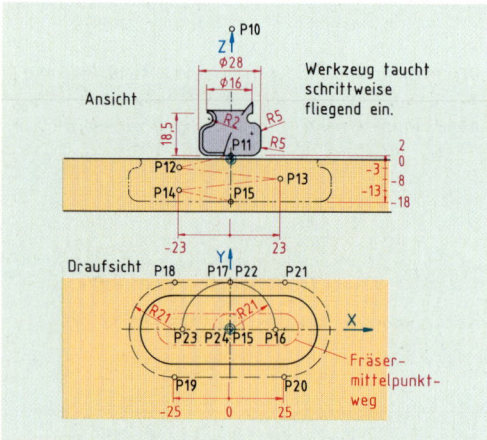

3. Die Griffaussparung wird nach dem Eintauchen im Gleichlauf gefräst

14.11 Zwei Werkzeuge nacheinander einsetzen

Am Schubkastenvorderstück (Bild 1) sind ein Außenprofil und eine Griffaussparung mit zwei unterschiedlichen Werkzeugen zu fräsen. Ist die Maschine mit mehreren Aggregaten oder einem Werkzeugwechsler ausgestattet, so können die Fräsarbeiten während einer Aufspannung erfolgen. Diese Arbeitsweise ist im Vergleich zum mehrmaligen Aufspannen rationeller und genauer. Das Werkstück soll auf einer Maschine mit Trommel-Werkzeugwechselmagazin bearbeitet werden. Es sind also nacheinander zwei Werkzeuge in das Aggregat einzuwechseln. Die Fräswerkzeuge ragen in der Regel unterschiedlich weit aus der Spannzange heraus.

Wie veranlaßt der Programmierer den Werkzeugwechsel? Muß der Längenunterschied berücksichtigt werden?

Außenprofil mit Werkzeug I fräsen

Für das Außenprofil ist ein Viertelstab-Schaftfräser verfügbar (Bild 2). Da der Fräsermittelpunktweg gegenüber der bemaßten Kontur versetzt liegt, ist eine Fräserradiuskorrektur erforderlich.

Griffaussparung mit Werkzeug II

Die Grifflochbreite ist etwas größer als der Außendurchmesser des Werkzeuges (Bild 3). Das Werkzeug muß kopfschneidend sein, damit es überhaupt eintauchen kann. Unter der Fräsermitte sollen die Fasern möglichst wenig gequetscht werden. Daher empfiehlt sich der Eintauchweg von P11 bis P15. Anschließend soll eine Radiuskorrektur aufgebaut werden.

Programmieren

Das Programm %40 läßt sich in fünf Abschnitte einteilen (Bild 4). Es bezieht sich auf Maschine C mit Steuerung D.

Einstieg. In N10 Werkzeug I von Platz 2 einwechseln. Startpunkt in N20 anfahren und Werkzeugdatenspeicher für I aufrufen, Aggregat in N30 vorlegen und Spindel rechtsherum drehen lassen.

Erster Geometrieteil. Korrektur nach rechts in N50 aufbauen, in N130 abbauen.

Werkzeugwechsel. Aggregat in N140 zurücknehmen, in N150 Werkzeug II von Platz 6 einwechseln, Startpunkt in N160 anfahren und Werkzeugdatenspeicher für II aufrufen, Aggregat in N170 vorlegen und Spindel ein. Würde eine Maschine ohne Werkzeugwechselmagazin, aber mit mehreren Aggregaten am Portal eingesetzt, müßte noch eine programmierbare Nullpunktverschiebung mit G92 aufgerufen werden. Hiermit kann der Abstand zweier Aggregate rechnerisch berücksichtigt werden.

Zweiter Geometrieteil. Eintauchen in N180 bis N210, Radiuskorrektur in N220 nach links aufbauen, Innenkontur fräsen in N230 bis N290, Radiuskorrektur in N300 abbauen!

Ausstieg. In N310 Aggregat zurücknehmen und Spindel stillsetzen, in N320 Sicherheitsabstand anfahren, Programm beenden.

Korrekturwerte für Werkzeuge ermitteln

Bild 5 zeigt beide Werkzeuge, links auf dem Werkstücknullpunkt und rechts in Fräsposition. Fährt man die Werkzeuge vor der Nullpunktverschiebung auf die Werkstück-Bezugsfläche, so sind die zugehörigen Z-Werte auf dem Bildschirm in der Positionsanzeige abzulesen. Da der MNP von Maschine C in Z-Richtung mit dem RP zusammenfällt, erscheinen hier negative Z-Werte.

Fräserradiuskorrektur. Für beide Werkzeuge ist in der dargestellten Fräsposition der erforderliche Mittelpunktversatz erkennbar.

Fräserlängenkorrektur. Werkzeug II steht bei Z = –90 auf der Bezugsfläche, d. h. es ist um 90 mm – 84 mm = 6 mm kürzer als Werkzeug I. Dann muß für Werkzeug II die Länge um Z = – 6 korrigiert werden.

> Längenkorrekturen werden nach oben mit positiven, nach unten mit negativen Werten angegeben

Wie wird der Werkzeugdatenspeicher belegt?

Im Programm sollen die Speicher T11 für Werkzeug I und T12 für Werkzeug II aufgerufen werden (Bild 6). Dann wählt man über die Tastatur der CNC die Bildschirmanzeige für die Werkzeugdaten an und gibt die Werte ein. Der Fräser ohne Längenkorrektur heißt Nullwerkzeug.

Fräsvorgang

Nach dem Einrichten der Maschine, dem Abspeichern des WNP und der Programmeingabe müssen die Werkzeugdatenspeicher belegt werden. Erst dann kann das Programm ablaufen.

1. Weshalb steht in N140 die Anweisung M99?
2. Programmieren Sie N190 bis N310 in G91.

```
%40   (Schubkastenvorderstück mit 2 Werkzeugen)
N10  G0 G57 Z50 F3500        N170 Z2 M81 M3 M91 (P11) $
     S1999 T2 M6        $     N180 G1 X-23 Z-3  (P12) $
N20  X0 Y92 T11              N190 X23 Z-6      (P13) $
     M16        (P0)  $      N200 X-23 Z-13    (P14) $
N30  Z2 M81 M3 M91 (P0)  $   N210 X0 Z-18      (P15) $
N40  G1 Z-4.5      (P0)  $   N220 G41 X21
N50  G42 X30       (P1)  $        F1500        (P16) $
N60  G2 X0 Y62 R30 (P2)  $   N230 G3 X0 Y21 R21 (P17) $
N70  G1 X-247      (P3)  $   N240 G1 X-25      (P18) $
N80  Y-62 F2000    (P4)  $   N250 G3 Y-21 R21  (P19) $
N90  X247 F3500    (P5)  $   N260 G1 X25       (P20) $
N100 Y62, F2000    (P6)  $   N270 G3 Y21 R21   (P21) $
N110 X0 F3500      (P7)  $   N280 G1 X0        (P22) $
N120 G2 X-30                 N290 G3 X-21
     Y92 R30       (P8)  $        Y0 R21       (P23) $
N130 G1 G40 X0     (P9)  $   N300 G1 G40 X0    (P24) $
N140 G0 Z50 M99    (P9)  $   N310 G0 Z50 M99
N150 T6 M6 F200         $        M81 M5 (P24)       $
N160 X0 Y0 T12 M16 (P10) $   N320 (X0) Y300 M 30     $
```

4. CNC-Programm für Schubkastenvorderstück mit Werkzeugwechsel

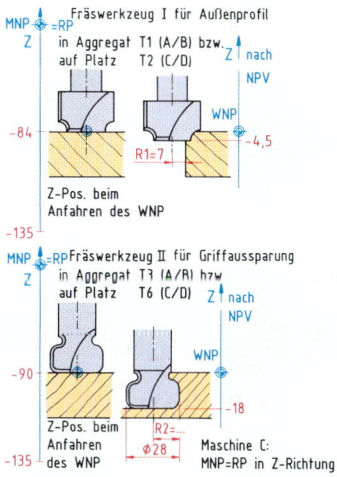

5. Längenunterschiede der Fräser sind zu berücksichtigen: Werkzeug II bei Z = – 90 auf Bezugsfläche, d. h. es ist um 90 mm – 84 mm = 6 mm kürzer als Werkzeug I. Dann Länge für II um Z = – 6 korrigieren!

	Masch. A u. Steuerung B		Masch. C u. Steuerung D	
gewählte: Werkzeugdatenspeicher für Aggregat bzw. Werkzeugplatz	D11	D12	T11	T12
	T1	T3	T2	T6
einzugebende Werkzeugverrechnung für Länge: für Radius:	L1 = 0	L1 = 6	L = 0	L = – 6
	D/R = 7	D/R = 14	R = 7	R = 14

6. Vor Ablauf des Programms müssen die angewählten Werkzeugdatenspeicher belegt sein

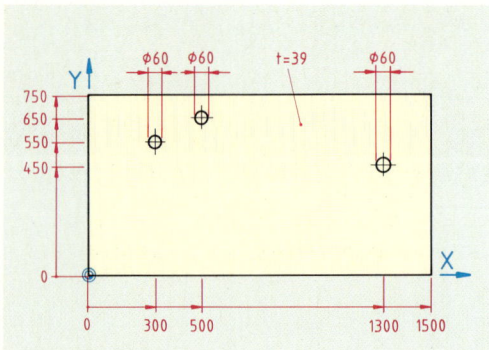

1. *Eine Arbeitsplatte erhält drei gleiche kreisförmige Durchbrüche für Kabel*

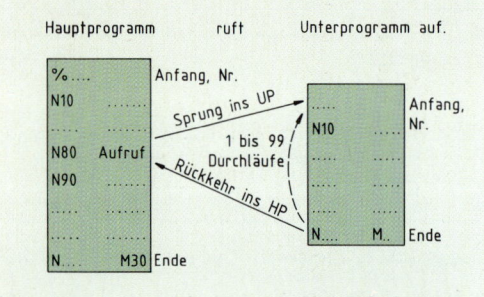

2. *Anfang, Anzahl Durchläufe, Aufruf und Ende der Unterprogramme sind unterschiedlich vereinbart*

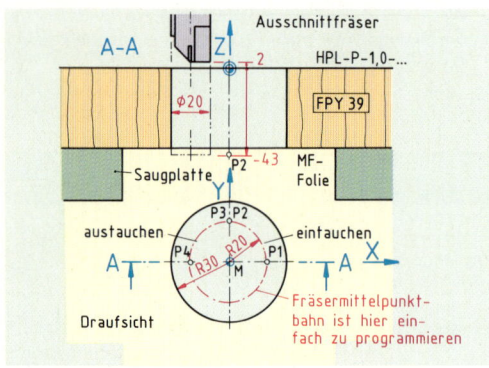

3. *Für das Fräsen der Durchbrüche lohnt sich ein Unterprogramm*

14.12 Unterprogramme sparen Zeit

Eine HPL-beschichtete Schreibtischplatte soll nach Bild 1 mehrere kreisförmige Durchbruchfräsungen erhalten. Würde man wie bisher programmieren, müßte der Geometrieteil für den Durchbruch dreimal geschrieben werden. Wie kann man den Programmieraufwand verringern?

Regeln für die Unterprogrammtechnik

Der wiederholt auftretende Programmteil kann als Unterprogramm (= UP) geschrieben werden. Ein Hauptprogramm (= HP) muß allerdings diesen Teil aufrufen (Bild 2). Das HP besteht mindestens aus Einstieg, Aufruf und Ausstieg. Unterprogramme haben wie Hauptprogramme einen Anfang, eine Nummer, Sätze und ein Ende. Soll ein UP mehr als einmal ablaufen, ist die Anzahl anzugeben.

Durchbrüche in Unterprogrammtechnik fräsen

Für die kreisförmigen Durchbrüche ist ein 20er Ausschnittfräser (Bild 3) verfügbar. Der Fräsermittelpunktweg soll hier ohne Radiuskorrektur auf einem Kreis mit R20 programmiert werden. Zwei Möglichkeiten bieten sich für den Aufbau des Haupt- und Unterprogramms an.

Haupt- und Unterprogramm in G90 für Maschine C mit Steuerung D (C/D)

Für das **Unterprogramm** %51 ist M als Bezugspunkt gewählt (Bild 4). Das Werkzeug fährt in N10 P1 an und fräst in N20 bis N30. In N50 erfolgt die Rückkehr ins Hauptprogramm.
Das **Hauptprogramm** %50 veranlaßt in N40, N60 und N80 ein Verschieben des Bezugspunktes auf die Mitte M des Durchbruchs:

```
%50  (HP für            %51 (UP für Durch-
      Arbeitsplatte)         bruch)
N10  G0 G54 Z50         N10  X20 Y0            $
     F2000 S1999        N20  G3 X0 Y20
     M81 M3          $       R20 Z-43          $
N20  X300 Y550      $   N30     X0 Y20 I0 J0 $
N30  Z3 M91         $   N40     X-20 Y0
N40  G92 X300 Y550  $           R20 Z2         $
N50  M28.51         $   N50  G0 M2             $
N60  G92 X500 Y650  $
N70  M28.51         $
N80  G92 X1300 Y450 $
N90  M28.51         $
N100 Z50 M99 M81 M5 $
N110 G92 X0 Y0      $
N120 Y850 M30       $
```

4. *Haupt- und Unterprogramm in G90*

G92 = programmierbare, d. h. additive Nullpunktverschiebung, bezogen auf den WNP.

Die Anweisung G92 X... Y... bewirkt nur eine
rechnerische Verschiebung. In N50, N70 und
N90 wird das UP %51 aufgerufen. Es gilt bereits
G0. Erst mit der Koordinatenangabe X20 Y0 in
N10 des UP fährt das Werkzeug auf den Programm-Startpunkt P1. Im Ausstieg hebt N110
die additive NPV auf.

```
%54   (HP für Arbeitsplatte)
N10   G0 G54 Z50 F2000        %52  (UP für Durchbruch)
      S1999 M81 M3         $  N10  G91 X20
N20   X300 Y550            $  N20  G3 X-20 Y20
N30   Z2 M91               $            R20 Z-45       $
N40   M28.52               $  N30       X0 Y0 I0 J-20  $
N50   X500 Y650            $  N40       X-20 Y-20
N60   M28.52               $            R20 Z45        $
N70   X1300 Y450           $  N50  G0 G90 M2           $
N80   M28.52               $
N90   Z50 M99 M81 M5       $
N100  Y850 M30             $
```

5. Hauptprogramm in G90, Unterprogramm in G91

Hauptprogramm in G90, Unterprogramm in G91 (C/D)

Im **Unterprogramm** %52 gilt ab N10 relative
Maßangabe (Bild 5). P1 wird angefahren. Nach
der Fräsung in N20 bis N30 ist ab N50 wieder absolute Maßangabe vereinbart. Es findet der Rücksprung ins HP statt. Im Einstieg des **Hauptpro-
gramms** %54 wird zunächst der Mittelpunkt der
linken Fräsung angefahren. Hierauf bezieht sich
der erste Weg im UP. N40 ruft das Unterprogramm auf. Entsprechend gelten N50 bis N60 für
die mittlere, N70 bis N80 für die rechte Durch-
bruch-Fräsung.

Hohlkehlen in regelmäßiger Anordnung fräsen

Der zugehörige Schubkasten des Schreibtisches
soll mit einer verschiebbaren Aufnahmeplatte
(Bild 6) für Füller und Stifte ausgestattet werden.
Zu diesem Zweck sind Hohlkehlen mit gleichem
Abstand in ein Brett zu fräsen. Der Fräsvorgang
muß siebenmal ablaufen.

Hauptprogramm in G90, Unterprogramm in G91 mit mehrfachem Durchlauf für C/D

In N10 des **Unterprogramms** %53 ist relative
Maßangabe vereinbart (Bild 7). Das Werkzeug
taucht 7 mm tief ins Werkstück ein. In N20 entsteht die Hohlkehle, in N30 taucht das Werkzeug
auf und in N40 wird der nächste Startpunkt angefahren. Nach dem letzten Durchlauf geschieht
in N50 der Rücksprung ins HP. Das **Hauptprogramm** %58 veranlaßt im Einstieg das Anfahren
des Startpunktes P1. N40 vereinbart Schleifen-
anfang und siebenmaligen Durchlauf. N50 ruft
das Unterprogramm auf, N60 beendet den
Schleifendurchlauf.

1. Bietet die UP-Technik weitere Vorteile?
2. Weshalb werden UP oft in G91 geschrieben?
3. Programieren Sie die Olympischen Ringe in den hier
   dargestellten Techniken (Bild 8)!

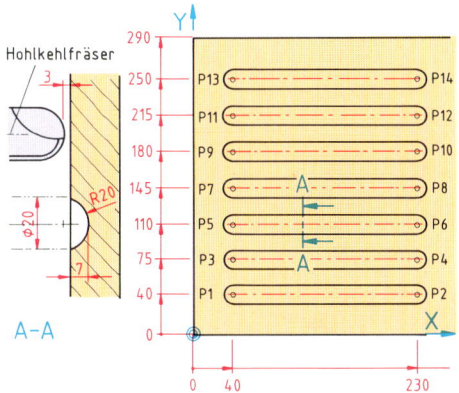

6. Die Hohlkehlen der Aufnahmeplatte können mit mehrfachem Unterprogrammaufruf gefräst werden

```
%58   (HP für Aufnahmeplatte)
N10   G0 G55 Z50 F2000        %53  (Hohlkehle)
      S1999 M91 M3         $  N10  G91 G1 Z-9        $
N20   X40 Y40              $  N20  X190              $
N30   Z2 M91                  N30  G0 Z9             $
N40   M24.7                $  N40  X-190 Y35         $
N50   M28.53               $  N50  M2                $
N60   M25                  $
N70   G90 Z50 M99
      M81 M3               $
N80   Y400 M30             $
```

7. Hauptprogramm in G90, Unterprogramm in G91 mit
mehrfachem Aufruf

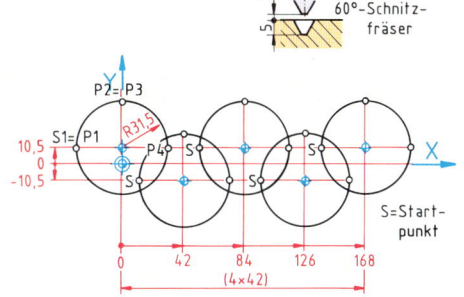

8. Olympische Ringe in Unterprogrammtechniken fräsen

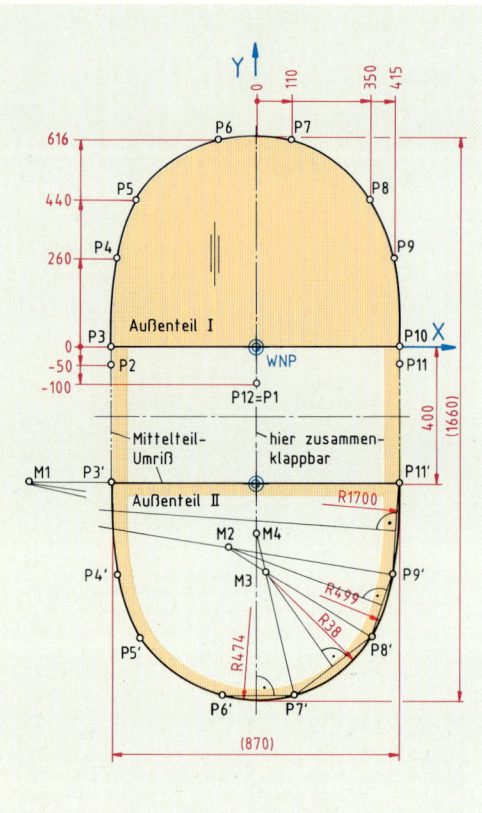

1. Die Ausziehtischfläche besteht aus dem versenkbaren Mittelteil und den Außenteilen

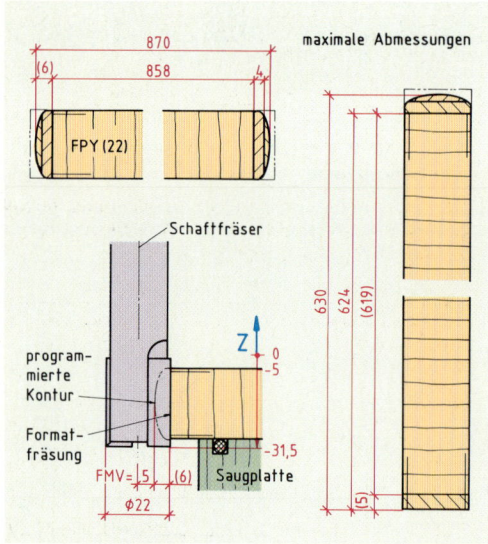

2. Für die Formatfräsung der runden Kontur ist ein geeigneter Mittelpunktversatz zu wählen

14.13 Formteil auf Format fräsen, profilieren und schleifen

Es soll eine vierteilige furnierte Ausziehtischplatte gefertigt werden (Bild 1). Das Mittelteil ist zusammenklapp- und versenkbar. Beide Außenteile bilden zusammen ein Oval. Der Gestalter hat die Kontur durch die Punkte P3 bis P10 vorgegeben. Die Anleimer der inneren Schmalflächen werden überfurniert. Die äußeren Anleimer bleiben sichtbar.

Wie fertigt man ein Außenteil?

Verfügt der Betrieb über eine CNC-Maschine mit Werkzeugwechselmagazin, bietet sich diese Arbeitsfolge an:

Man beginnt mit dem Zuschnitt des Rohformates 837 x 625, bringt an der inneren Schmalfläche den Anleimer 8 x 25 an, fräst ihn bündig und kalibriert die Platte. Dann furniert man die Platte über, sägt an der Anleimerseite eine Bezugskante und fräst die Platte auf der CNC-Maschine auf Format. Nach dem Einlassen der Beschläge leimt man einen zweilagigen Anleimer an die runde Kontur und sägt ihn bündig. Nun wird dieser Anleimer auf der CNC-Maschine profiliert und geschliffen. Abschließend schleift man die Ober- und Unterseite. Die CNC-Maschine kann also für die runde Kontur dreimal eingesetzt werden.

Radien für die vorgegebene Kontur ermitteln

Zum Programmieren sind bereits die X- und Y-Koordinaten vorgegeben (Bild 1). Die zugehörigen Radien der Kreisbögen sollen so gewählt werden, daß an den Übergangspunkten kein Knick entsteht. Im Außenteil II ist die richtige Lage der Mittelpunkte zu erkennen. Die Radien können berechnet oder mit Konturzugunterstützung ermittelt werden. In diesem Falle sind die Radien jedoch einem maßstäblichen Aufriß entnommen.

Überlegungen zum Programmieraufwand

Die Bemaßung in Bild 1 gilt für die fertige Außenkontur. Im Programm können daher die Koordinaten und Radien sowohl für das Profilieren als auch für das Schleifen verwendet werden. Bei der Formatfräsung muß jedoch die Fräskontur um die fertige Anleimerdicke nach innen versetzt werden (Bild 2). Mit einem geschickt gewählten Fräsermittelpunktversatz ist hier die Formatfräsung nach der Außenkontur zu programmieren. Der Geometrieteil kann so als Unterprogramm für das Formatfräsen, Profilieren und Schleifen geschrieben werden. In diesem Falle wird die Eintauchtiefe vom Profilieren für das Formaten und Schleifen übernommen. Die Programme gelten für Maschine C mit Steuerung D.

Programme für die Formatfräsung

Das **Unterprogramm** %61 (Bild 3) wird für Gleichlauf geschrieben: Startpunkt in N10, Arbeitshöhe in N20 anfahren, Mittelpunktversatz nach links zwischen P1 und P2 aufbauen. N50 bis N110 beschreiben die runde Kontur. In N120 wird der MPV abgebaut. N130 nimmt Teile des Programm-Ausstiegs auf.

Das **Hauptprogramm** beschränkt sich auf vier Sätze. N20 ruft den Werkzeugdatenspeicher, N30 das Unterprogramm auf.

T13 ist über Tastatur anzuwählen und mit R = 5 zu belegen.

Längen- und Radiusverrechnung für das Profilier- und für das Schleifwerkzeug

Bild 4 zeigt die zum Einwechseln vorgesehenen Werkzeuge. Zum Profilieren muß der Fräser auf Z = −31,5 fahren. Für das Schleifwerkzeug liegt damit die Ausgangshöhe 31,5 mm über der Arbeitshöhe. Aus den Positionsanzeigen für die Werkzeuge in Ausgangshöhe ist die erforderliche Längenkorrektur zu ermitteln. Der Mittelpunktversatz muß für den Fräser 12 mm, für das Schleifwerkzeug 15 mm betragen.

Programme für das Profilieren und Schleifen

Das **Unterprogramm** %61 wird unverändert übernommen. Das **Hauptprogramm** (Bild 5) besteht aus sieben Sätzen. Der Profilfräser wird in N10 eingewechselt. N20 ruft den Werkzeugdatenspeicher, N30 das UP %61 zum Profilieren auf. N40 wählt eine geeignete Spindeldrehzahl und wechselt das Schleifwerkzeug ein. N50 ruft den Werkzeugdatenspeicher, N60 das UP %61 für den Schleifvorgang auf.

Programmabläufe

%60 und %65 dürfen erst ablaufen, wenn der bzw. die Werkzeugdatenspeicher richtig belegt sind. Falls erforderlich, kann der Schleifvorgang mit einer Spiegelanweisung im Gegenlauf erreicht werden.

1. Wieviel Sätze konnten für das Außenteil durch UP-Technik eingespart werden?

```
%60   (HP für Außenteil auf Format)

N10   G0 G55 Z60 F3000
      S1999 T1 M6 M81 M3    $
N20   T13 M16               $      Für Maschine C mit
N30   M28.61                $      Steuerung D ist der
N40   Y700 M30              $      Werkzeugdatenspei-
                                   cher so zu belegen:
%61   (UP für Kontur in G90)
```

Speicher	T13
für Werkzeug	T1
Verrechnung	
für Radius	R=5

```
N10   X0 Y-100             $
N20   Z-31.5 M91           $
N30   G0 G41 X-435 Y-50    $
N40   G1 Y0 F1500          $
N50   G2 X-415 Y260 R1700
      F3500                $
N60      X-350 Y440 R499   $
N70      X-110 Y616 R384   $
N80      X110     R474     $
N90      X350 Y440 R384    $
N100     X415 Y260 R499    $
N110     X435 Y0 R1700     $
N120  G1 G40 Y-50          $
N130  G0 Z60 M99 M81 M5    $
N140  M2                   $
```

3. Haupt- und Unterprogramm für Formatfräsung

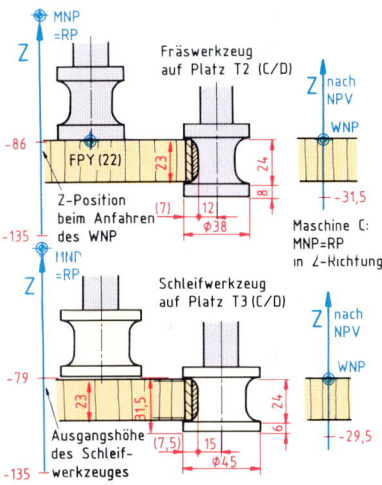

4. Die Fertigkontur soll in einer Aufspannung gefräst und geschliffen werden. Das Schleifwerkzeug ist um 86 mm − 79 mm = 7 mm länger.

```
%65   (HP für Außenteil profilieren und schleifen)
                              Für Maschine C mit
N10   G0 G55 Z60 F3000        Steuerung D
      S1999 T2 M6      $       sind die Werkzeugdaten-
N20   T14 M16 M81 M3   $       speicher so zu belegen:
N30   M28.61           $
N40   S1194 T3 M6      $
N50   T15 M16 M81 M3   $
N60   M28.61           $
N70   Y700 M30         $
```

Speicher	T14	T15
für Werkzeug	T2	T3
Verrechnung		
für Länge	L=0	L=+7
und Radius	R=12	R=15

5. Das Hauptprogramm ruft das Unterprogramm %61 für den Profilier- und Schleifvorgang auf

1. *Individuelle Kundenwünschen und rationelle Fertigung erfordern moderne Technologien*

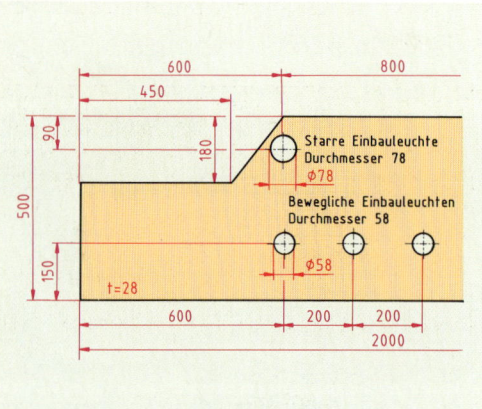

2. *Nach dem Umfräsen der Kranzplatte werden die Ausfräsungen für die Einbauleuchten vorgenommen*

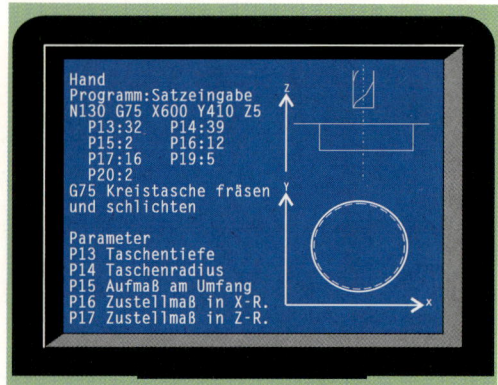

3. *Der Grafik-Bildschirm mit den Parametern des vorgesehenen Kreistaschenzyklus ermöglicht dem Bediener fortlaufend die Kontrolle der Bearbeitungsdaten*

14.14 Komfortabler programmieren mit Fräszyklen

Ein Innenausbaubetrieb fertigt ein Badmöbelprogramm (Bild 1). Während sich Formate und Größen der Blenden und Türen kaum verändern, ergeben sich je nach Kundenwunsch immer neue Varianten für die obere Kranzplatte sowie für die Ausfräsungen der Waschtischplatten. Nachdem die Kranzplatte (Bild 2) auf Format gefräst wurde, sollen die Ausfräsungen für die Einbauleuchten gefertigt werden. Welche Programmiertechnik ist am rationellsten?

Neben der Unterprogrammtechnik bieten CNC-Steuerungen die Möglichkeit, bestimmte Bearbeitungsabläufe über **Fräszyklen** zu programmieren.

> Fräszyklen werden für Fräsarbeiten eingesetzt, deren Form gleich oder ähnlich ist und deren Abmessungen über Variablen (Parameter) bestimmt werden.

Zyklen sind nicht genormt. Die hier verwendeten Satzwörter sind deshalb nicht für alle Steuerungen zutreffend. Die Erkenntnisse sind jedoch auf andere Systeme übertragbar, weil sie dem gleichen Prinzip folgen. Häufig wird diese weiterführende Programmiertechnik auch als **Parameterprogrammierung** bezeichnet.

Bei der Programmierung von Fräszyklen werden alle notwendigen Bearbeitungsdaten in einem Programmsatz zusammengefaßt. Zur besseren Bedienerführung kann die grafische Darstellung des Taschenfräszyklus aufgerufen werden (Bild 3) Durch dieses visuelle Kontroll- und Hilfsmittel ergibt sich für den Anwender im Dialog mit der Steuerung ein Höchstmaß an Sicherheit und Unterstützung.

Bearbeitungszyklen ersparen dem Bediener erhebliche Rechenarbeit. Nachdem das Werkzeug auf die Taschenmitte positioniert wurde, errechnet sich die Steuerung nach den vorgegebenen Parametern den Fräsweg. Die Fräserradiuskorrektur übernimmt automatisch der Fräszyklus.

> Bearbeitungszyklen werden auch für **Bohrzyklen** und **-bilder** eingesetzt.

1. Vergleichen Sie die Unterprogrammtechnik mit der Programmierung über Bearbeitungszyklen. Worin besteht der Vorteil von Zyklen?

14.15 Auch kleine Werkstücke müssen sorgfältig geplant werden

Für einen Weihnachtsbasar soll eine Tischlerei 80 Puppenbetten aus Erle (Bild 1) fertigen. Hierfür bietet sich die Fertigung auf dem CNC-Bearbeitungszentrum an. Die Auszubildenden des dritten Lehrjahres erhalten den Arbeitsauftrag, nach vorgegebener Zeichnung (Bild 4) und Holzliste (Bild 2) die Planung und Fertigung zu übernehmen.

Der Arbeitsauftrag läßt sich in folgende **Teilaufgaben** untergliedern:
1. Erstellen Sie einen Fertigungsablaufplan!
2. Entwickeln Sie die notwendigen Vorrichtungen!
3. Erstellen Sie die CNC-Teileprogramme!
4. Rüsten Sie das CNC-Bearbeitungszentrum!
5. Fertigen Sie ein Musterstück!
6. Beurteilen Sie das Arbeitsergebnis und optimieren Sie die Programme!

Für die Fertigung ist zu berücksichtigen: Das Bearbeitungszentrum besitzt einen Vakuumrastertisch. Zur Profilbearbeitung mit einem Halbstabfräser bedarf es einer Vorrichtung. In der Werkzeugverwaltung stehen für diese Teilefertigung sechs Werkzeuge zur Verfügung (Bild 3).

1. Lösen Sie die oben beschriebene Fertigungsaufgabe! Orientieren Sie sich an den aufgelisteten Teilaufgaben.
   Diskutieren Sie Ihre Lösungen mit Ihren MitschülerInnen!

1. Das Puppenbett stellt die Verkleinerung eines Erwachsenenbettes im Maßstab 1:4 dar

Bezeichnung	Material	Stück	Länge	Breite	Dicke
Kopfteil	ER	1	300 mm	340 mm	18 mm
Fußteil	ER	1	240	340	18
Seiten	ER	2	500	140	18
Boden	FU	1	510	290	6

2. Holzliste für Puppenbett

Werkzeugart	Werkzeug-Nr.	Werkzeug-Durchmesser	Schaftdurchmesser
Schaftfräser	T 11	5,5 mm	12 mm
Halbstabfräser	T 12	5,5 mm	12 mm
Schaftfräser	T 13	6,5 mm	10 mm
Schaftfräser	T 14	5,5 mm	10 mm
Bohrer	T 15	6 mm	10 mm

3. Die Werkzeugliste beschreibt die notwendigen Fräser und Bohrer

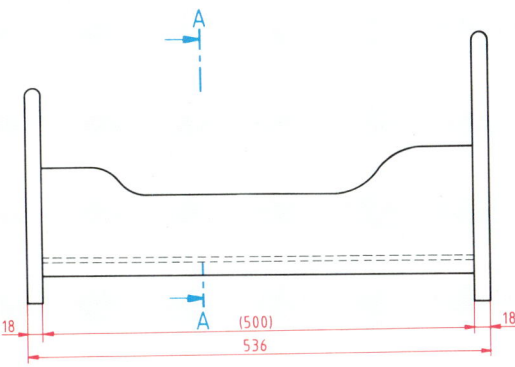

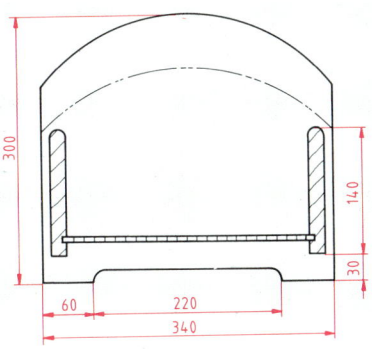

4. Entwurfszeichnung Puppenbett

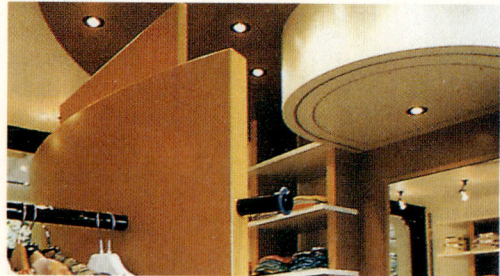

1. Ansprechende Ladeneinrichtungen locken ihre Kunden mit weichen runden oder ovalen Formen

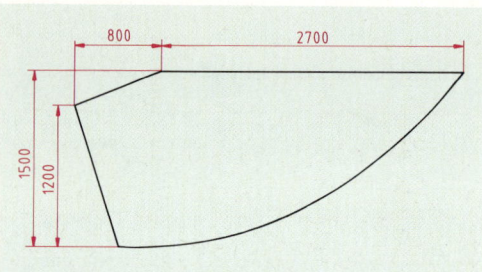

2. Ein Ladentresen für eine Boutique soll gefertigt werden

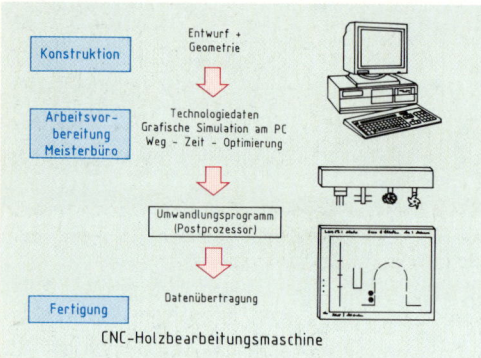

3. Bei der CAD/CAM Programmierung werden die Geometriedaten eines Werkstücks gleich für die automatische Erstellung des CNC-Programmes genutzt

4. Von vorhandenen Schablonen können die Konturpunkte auf Digitalisiertischen abgetastet werden

14.16 Von der Konstruktion direkt zum Maschinenprogramm

Nicht nur in der Industrie, sondern auch in Tischlereien ist eine schnelle und komfortable Auftragsabwicklung enorm wichtig. Nur mit akzeptablen Lieferzeiten kann man im Wettbewerb bestehen. Dabei hilft neben dem Einstieg in eine flexible Fertigungstechnologie per CNC auch das Ausnutzen aller Möglichkeiten der Elektronischen Datenverarbeitung.

Eine informationstechnische Verknüpfung der Arbeitsbereiche Konstruktion, Arbeitsvorbereitung und Fertigung erzielt weitere Vorteile für eine wirtschaftliche Fertigung.

Durch die moderne Design-Entwicklung wird ein Ladenbaubetrieb vor ständig neue Herausforderungen gestellt (Bild 1). Runde, ovale oder vieleckige Werkstückformen müssen rational gefertigt werden (Bild 2).
Obwohl die heutigen Maschinensteuerungen bereits recht leistungsfähig geworden sind, können für komplizierte Werkstückformen sogenannte **rechnerunterstützte Programmiersysteme** benutzt werden. Das zeitintensive Programmieren an der Maschinensteuerung wird an den PC verlagert.

Dafür wird besondere **Programmsoftware** angeboten. Wenn diese Software alle Aufgaben von der Erstellung der zeichnerischen Grunddaten, über die vollautomatische Übersetzung (Generierung) in ein lauffähiges Programm, bis zur direkten Datenübertragung (on-line) an die Bearbeitungsmaschine übernimmt, spricht man von einem **CAD/CAM-System** (Bild 3).

Die Werkstückgeometrie kann entweder über ein integriertes CAD-Programm eingegeben werden oder die Konstruktionszeichnung wird aus einem marktgängigen CAD-System eingelesen. Es ist auch möglich, Konturen von Werkstücken einzulesen, die nur als Musterteile oder unbemaßte Konturaufrisse vorliegen. Die notwendigen Konturpunkte werden vom Zeichenbrett mit einer mausähnlichen Lupe mit Fadenkreuz maßstabsgerecht abgetastet (Bild 4) und an den Rechner zur Aufbereitung übertragen. Man spricht von einer **Digitalisierung** der Kontur.

Wir arbeiten mit CAD/CAM

Als erstes wird mit dem CAD-Modul die **Werkstückkontur** erstellt. Dabei unterscheiden sich CAD/CAM-Systeme von üblichen CAD-Programmen. Beim Vergleichen des Bildschirmaufbaus sind deutliche Unterschiede feststellbar. Ein CAD-Bildschirm (Bild 5) beinhaltet lediglich Menübereiche zum computerunterstützten Zeichnen. Kann das **CAD-Programm** seine Werkstücksgeometrien im sogenannten DXF-Dateiformat schreiben, ist es möglich, diese anschließend mit dem CAD/CAM-System weiterzubearbeiten.

Dagegen wird bei einem **CAD/CAM-System** bereits bei der zeichnerischen Konturerstellung Vorschubgeschwindigkeit, Fräsrichtung und Frästiefe sowie die Zuweisung von Aggregaten und Werkzeugen berücksichtigt (Bild 6).

Auch spezielle Anwendungen, die auf die bei der Verarbeitung von Holz auftretenden Problemstellungen zugeschnitten sind, gehören zu den Bestandteilen dieser Software. Damit sind insbesondere **holzspezifische Routinen** wie das tangentiale Anfahren einer Kontur und das sogenannte fliegende Eintauchen gemeint, die per Mausklick aufgerufen werden können. Sollte das zu bearbeitende Material in der Längs- und Querrichtung unterschiedlichen Holzfaserverlauf aufweisen, kann bei jedem Konturteil der Vorschub und die Drehzahl angepaßt werden.

Ist die Kontur mit den maschinentechnischen Daten erstellt, übernimmt ein Übersetzungsmodul (Bild 7) in Bruchteilen von Sekunden die Übertragung **(Generierung)** in ein CNC-Programm. Dabei kann die Bearbeitungsfolge nach optimaler Fräsrichtung und minimaler Produktionszeit automatisch optimiert werden. Zur Kontrolle steht eine **grafische Simulation** der Bearbeitungsschritte zur Verfügung. Damit werden Probefräsungen an der CNC-Holzbearbeitungsmaschine weitgehend überflüssig und kostenintensive Maschinenzeit steht der Produktion zur Verfügung.

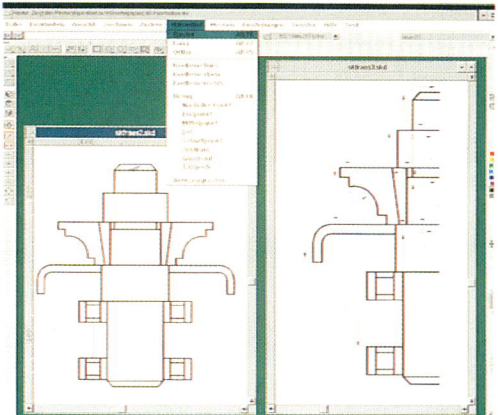

5. Der Bildschirmaufbau eines CAD-Programms

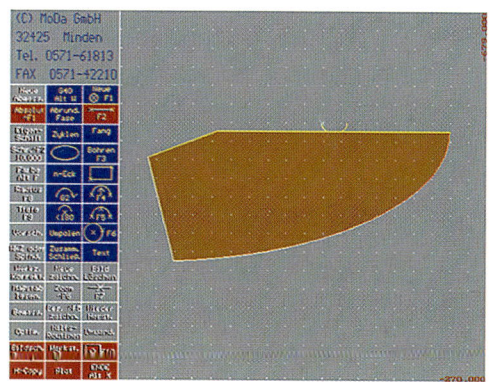

6. Der Bildschirmaufbau eines CAD/CAM-Systems umfaßt neben den Funktionen zum Zeichnen Menüs für maschinenspezifische Daten und Zyklen

7. Mit dem Übersetzungsmenü wird die automatische CNC-Generierung eingeleitet

Bildquellenverzeichnis

3M, Neuss 3.9.7; Alno, Pfullendorf 6.2.1; Altendorf, Minden 6.14.1; Autodesk, München 14.16.5; BASF AG, Ludwigshafen 12.1.4; Bayerische Verwaltung der staatlichen Schlösser, Gärten und Seen, München 7.2.4; BG Holz, Sankt Augustin 6.7.2, 6.7.6; Blomberger Holzindustrie, Blomberg, Panzerholz ® 2.4.3; Blötz, Coppenbrügge 14.4.4; Brandt, Hannover 8.7.1; Brandt, Lemgo 6.19.4, 6.19.6; Brück 3.3.6 unten; Bütfering, Beckum 6.21.1, 6.21.2; CalComp GmbH, Neuss 12.2.6 unten links, 12.2.6 unten rechts; Casala, Lauenau 2.5.1; Danzer, Reutlingen 1.1.5, 1.2.1, 1.18.6, 2.12.4; Deyda, Hannover 11.13.1; Drägerwerk, Lübeck 11.7.4; Dyes, Bad Münder 6.4.3; Erco-Leuchten, Lüdenscheid 8.14.1; Festo, Esslingen 3.9.7, 13.8.6, 13.8.7, 13.9.2, 13.10.5; Fischerdübel, Fischer-Werke, Tumlingen 8.17.3; Flachglas AG, Gelsenkirchen 8.12.6; Fliether, Velbert 10.6.3; Focke-Museum, Bremen 7.2.6; Friedrich, Staufen/Breisgau 7.8.6; Gamm Meß- und Regeltechnik, Stuttgart 1.11.4; Geiger, Wolfach 8.3.1; Glunz, Hamm 2.8.2, 2.15.1, 2.15.3, 2.15.4; Dagmar Grauel, Isernhagen NB 2.11.1; Gretsch-Unitas, Ditzingen 9.8.2, 9.8.7, 9.9.2, 9.9.3, 9.9.7, 9.16.4, 9.16.5, 9.16.6; Grünzweig + Hartmann AG, Ludwigshafen 8.16.1; Gubisch, Flensburg 13.8.1; Häfele, Nagold 4.13.6, 7.15.3, 8.6.3, 8.6.4, 8.6.5, 8.6.6, 8.7.4, 8.7.6, 8.8.6; Hautau, Helpsen 9.8.3; Hema, Frickenhausen 6.8.3; Hess, Balingen 6.22.5, 6.22.6; Hetal, Alpirsbach 7.15.1; Hettich, Vlotho 7.8.5, 7.10.6, 7.12.2, 7.12.6, 7.16.3, 8.10.3; Hewlett-Packard, Böblingen 12.1.1, 12.2.6 oben links, 12.2.6 oben rechts; Holzma, Calw 14.1.6; Hornitex, Horn-Bad Meinberg 2.8.1 unten, 2.9.1; Hülsta, Stadtlohn 7.4.4, 7.5.5, 7.9.1, 7.11.1, 7.12.1; Ihlenfeldt, Bad Vilbel 2.4.6, 2.8.1 oben, 6.7.1, 12.1.2, 12.2.2, 12.4.2, 12.4.3, 12.4.4, 12.4.5, 12.4.7, 12.5.1, 12.5.2, 12.5.3, 12.5.4, 12.5.5, 12.6.2, 12.6.3, 12.6.4, 12.6.5, 12.6.6, 12.6.7, 12.7.2, 12.7.3, 12.7.4, 12.7.5, 12.7.6, 12.8.2, 12.8.4, 12.8.5, 12.8.6, 12.9.1, 12.9.3, 12.9.4, 12.9.5, 12.9.6, 12.10.1, 12.10.2, 12.10.3, 12.10.4, 12.10.5, 12.10.6, 12.11.1, 12.11.2, 12.11.3, 12.11.4, 12.11.5, 12.11.6, 12.12.2, 12.12.3, 12.12.4, 12.12.5, 12.13.3, 14.3.4, 14.7.3, 14.14.3, 14.16.7; Ikon-Zeiss, Berlin 10.6.5; Informationsdienst Holz, Düsseldorf 1.10.5, 8.10.6, 8.12.1, 8.15.1, 8.19.1, 9.11.2, 9.11.3; INTERPANE, Lauenförde/Weser 9.3.3, 9.3.5; IMA Maschinenfabriken Klessmann GmbH, Lübbecke 14.1.4; Johannsen, Battenberg/Eder 6.20.4; Kaeser, Coburg 13.2.3; Kämmler, Litzendorf-Naisa 1.17.1, 1.17.3, 1.17.4, 1.17.6 links, 1.19.1, 9.2.4, 9.2.5; Kleberit, Klebchemie Becker, Weingarten 8.9.4; Klöckner Möller, Bonn 13.11.4, 13.12.5; Kölle, Esslingen 6.13.4, 6.13.5, 6.13.6, 6.13.7; Edmund J. Kratz, Hamburg 7.1.6 rechts; Kreutz, Aachen 8.2.1, 8.11.7; Kugel, Plüderhausen 8.20.6; Kunstindustrimuseet I Oslo 7.1.4 links; Kuper, Rietberg 6.18.5; Gebrüder Leitz GmbH & Co., Oberkochen 6.13.5; Magdeburger Museen, Magdeburg 7.1.3; Markert, Hannover 2.12.3, 2.14.2; Marley, Wunstorf 8.7.2; Max Mayer Maschinenbau GmbH, Neu-Ulm 12.13.1; 14.1.2; Mayer, Loßburg-Lombach 6.18.4; Menzels Alpenwerkstätten, Ruhpolding 8.17.1; Metabo, Nürtingen 3.10.6, 6.23.2, 6.23.5, 6.23.6; Mitutoyo, Neuss 3.15.6; Moda GmbH, Minden 14.16.6; Prämeta, Köln 7.14.3, 7.14.4; Rampa, Schwarzenbek 3.14.5; Reich, Nürtingen 6.18.1, 6.18.2, 6.18.3, 13.1.2, 13.1.4, 13.11.1; Reichenbacher, Dörfles-Esbach 14.7.1, 14.7.2; Rohlfs, Schortens 5.2.1, 9.13.3, 12.6.1, 12.7.1, 12.8.1, 12.12.1; Roset GmbH, Gundelfingen 7.4.5; Roto-Frank, Leinfelden-Echterdingen 9.16.3, 11.8; Sata Farbspritztechnik, Kornwestheim 11.6.1, 11.6.3, 11.7.7, 11.9.5; Scheer, Stuttgart 6.22.1, 6.22.2, 6.22.3, 6.22.4; Schildknecht, Remseck bei Stuttgart 8.18.6; Schleicher, Geretsried 13.7.1; Siemens Nixdorf, Hannover 12.13.2; Sikkens, Garbsen 9.10.4, 9.10.5, 9.13.1; Stiftung Schlösser und Gärten, Potsdam-Sanssouci 7.2.2; Toshiba, Düsseldorf 12.1.6; Treppenmeister, Partnergemeinschaft Holztreppenhersteller, Jettingen 8.20.1; Ulmia, Ulm 3.1.5, 3.1.6, 3.2.4, 3.2.7, 3.3.5, 3.3.6 oben, 3.4.3, 3.4.5 oben, 3.4.6, 3.4.7, 3.6.5 unten, 3.6.6, 3.6.8, 3.11.5; Umweltbundesamt, Berlin 11.3.5; Vegla, Aachen 9.1.1, 9.14.1; Vekaplast, Sendenhorst 9.13.2; Vennekamp, Lingen 7.4.1, 7.4.2, 7.8.1, 7.11.4, 7.14.8, 7.15.4, 7.17.6, 7.18.4; Vollmer, Biberach/Riss 3.6.5; Wartburg-Stiftung, Eisenach (Günter Pambor, Kerspleben) 7.2.1; Weinig, Tauberbischofsheim 13.11.6, 13.13.1, 13.13.7, 13.13.8; Wera, Wuppertal 4.12.5, 4.12.6; Wigo-Werkzeug GmbH, Neresheim 6.16.6; Wilkhahn, Bad Münder 2.3.1, 2.3.2, 7.1.6, 14.1.1; Winkelmann Holzbau, Eschede 1.20.1; Wolter, Hannover 9.15.1, 9.15.2, 9.15.3, 9.15.4, 9.15.5, 9.15.6, 9.16.1, 9.16.2, 9.16.7, 9.16.8, 9.16.9.

Hemlock (HEL)

Oregon (OGA)

Abachi (ABA)

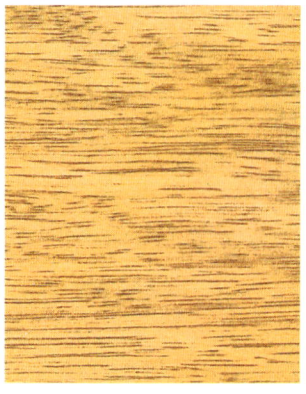

Limba (LMB)

Mahagoni (MAE)

Okoume (OKU)